"十二五"普通高等教育本科国家级规划教材

作物栽培学 （第2版）

主　编　胡立勇（华中农业大学）　　丁艳锋（南京农业大学）

副主编　周伟军（浙江大学）　　　谢甫绨（沈阳农业大学）

　　　　戴其根（扬州大学）　　　李存东（河北农业大学）

　　　　郭华春（云南农业大学）　　王季春（西南大学）

　　　　刘立军（华中农业大学）

参　编（按姓氏笔画排序）

　　　　于海秋（沈阳农业大学）　　万素梅（塔里木大学）

　　　　王永华（河南农业大学）　　王晓玲（长江大学）

　　　　方正武（长江大学）　　　　卢碧林（长江大学）

　　　　刘飞虎（云南大学）　　　　江立庚（广西大学）

　　　　朱　艳（南京农业大学）　　宋　碧（贵州大学）

　　　　李金才（安徽农业大学）　　李彩凤（东北农业大学）

　　　　陈兵林（南京农业大学）　　陈建军（华南农业大学）

　　　　陈超君（广西大学）　　　　陈国林（浙江农林大学）

　　　　汪　波（华中农业大学）　　杨德光（东北农业大学）

　　　　杨国正（华中农业大学）　　周宇飞（沈阳农业大学）

　　　　贺德先（河南农业大学）　　张美良（江西农业大学）

　　　　张旺锋（石河子大学）　　　唐湘如（华南农业大学）

　　　　郭玉春（福建农林大学）　　郭彦军（西南大学）

　　　　黄瑞冬（沈阳农业大学）　　彭定祥（华中农业大学）

　　　　靳德明（华中农业大学）

高等教育出版社·北京

内容简介

　　《作物栽培学》是普通高等教育"十一五"国家级规划教材、"十二五"普通高等教育本科国家级规划教材,并于2009年被评为国家级精品教材。本教材第1版发行10多年来,为近30所高等院校所选用。本版教材基于国家级精品资源共享课程建设成果,采用"纸质教材＋数字课程"的新形态教材模式修订出版。

　　本书分为上、下两篇,共18章。上篇5章系统介绍作物栽培学的基本概念、作物生长发育特性、作物产量与品质形成、作物栽培基本技术、作物栽培新技术等共性知识。下篇13章,重点分章介绍水稻、小麦、玉米、大豆、马铃薯、甘薯、棉花、苎麻、油菜、花生、甘蔗、烟草等12种主要农作物,并在第18章介绍大麦、粟、高粱、荞麦、木薯、大麻、亚麻、红麻、向日葵、芝麻、甜菜、绿肥作物与饲料作物等13种小宗特色作物。本书在内容组织上尽力兼顾学术性与实用性,知识结构上力求系统性与完整性,积极追溯传承我国农耕思想文化的经典与精华,注重追踪引入现代生物科学技术的创新与应用。纸质教材力求重点突出、文字精练、深入浅出、循序渐进,每章均设置了本章提要、名词解释、问答题和分析思考与讨论等导学部分。配套数字课程以增强教材的前沿性、启发性、直观性与可读性为目标,由推荐阅读、深入学习、应用实例、彩图等不同部分组成,可供教师与读者选择使用。

　　本书可作为农学类专业(包括农学、植保、园艺、农业资源与环境等)学生的专业课或专业基础课教材,其他相关专业学生的选修课教材,以及从事农业科技、管理、教育和培训人员的农业科技用书与拓宽知识领域的参考用书。

图书在版编目（CIP）数据

　　作物栽培学 / 胡立勇,丁艳锋主编 . －－2 版 . －－ 北京：
高等教育出版社,2019.7 (2024.12重印)

　　ISBN 978−7−04−051954−9

　　Ⅰ. ①作… Ⅱ. ①胡… ②丁… Ⅲ. ①作物−栽培学−高等
学校−教材 Ⅳ. ① S31

　　中国版本图书馆 CIP 数据核字（2019）第 091549 号

Zuowu Zaipeixue

| 策划编辑 | 郝真真 | 责任编辑 | 高新景 | 特约编辑 | 郝真真 | 封面设计 | 汪　雪　杨立新 |
| 责任绘图 | 黄云燕 | 责任印制 | 高　峰 | | | | |

出版发行	高等教育出版社	网　　址	http://www.hep.edu.cn
社　　址	北京市西城区德外大街4号		http://www.hep.com.cn
邮政编码	100120	网上订购	http://www.hepmall.com.cn
印　　刷	北京市艺辉印刷有限公司		http://www.hepmall.com
开　　本	889mm×1194mm　1/16		http://www.hepmall.cn
印　　张	31	版　　次	2008 年 11 月第 1 版
字　　数	820 千字		2019 年 7 月第 2 版
购书热线	010-58581118	印　　次	2024 年 12 月第 6 次印刷
咨询电话	400-810-0598	定　　价	58.00元

数字课程（基础版）

作物栽培学

（第2版）

主编　胡立勇　丁艳锋

Abook

作物栽培学（第2版）

　　"作物栽培学（第2版）"数字课程与纸质教材一体化设计，紧密配合。数字课程包括推荐阅读、深入学习、应用实例、彩图等多项内容，可供不同层次高等院校的师生根据实际需求选择使用，也可供相关科学工作者参考。

| 用户名： | 密码： | 验证码： | 5360 | 忘记密码？ | 登录 | 注册 |

http://abook.hep.com.cn/51954

扫描二维码，下载 Abook 应用

第 2 版前言

　　《作物栽培学》（第 1 版）于 2008 年出版，并于 2009 年获得国家级精品教材称号。在本教材第 1 版出版发行后的 10 年期间，作物栽培学及其相关学科的理论与技术发生了深刻的变化，特别是在作物功能基因组学、表观遗传学、表型组学、代谢组学、蛋白质组学等领域的研究取得了长足进步，在作物的光合特性、干物质积累、群体结构、源库关系与产量形成的关系上得到更加系统的了解与阐述。与此同时，计算机模拟、虚拟可视化技术、人工智能机械、互联网＋农业等科学技术快速发展，并且在作物栽培理论研究与大田生产实践上得到了广泛应用。随着这些理论与技术的进步，现代作物栽培学正在向着机械化、规模化、信息化、智能化、自动化的方向发展。为适应作物栽培科学的新发展，本次修订特别增加了第 5 章作物栽培新技术的内容，主要介绍了作物机械化生产、标准化生产、精准栽培、分子栽培等新技术，并将第 1 版原第 5 章的作物化学调控与设施栽培内容精简删减之后调整并入第 4 章。

　　为保证本教材原有的特点与优势，本书依然保持第 1 版的格局，分为上、下两篇。第 1～5 章为上篇，系统介绍作物栽培学的基本概念、作物生长发育特性、作物产量与品质形成、作物栽培基本技术、作物栽培新技术等共性知识。下篇 13 章，涵盖水稻、小麦、玉米、大豆、马铃薯、甘薯、棉花、苎麻、油菜、花生、甘蔗、烟草等 12 种主要农作物；因作物种植结构的变化，本次修订删减了第 1 版第 14 章的黄红麻，增加了第 18 章其他作物部分，介绍大麦、粟、高粱、荞麦、木薯、大麻、亚麻、红麻、向日葵、芝麻、甜菜、绿肥作物与饲料作物等 13 和中国小宗特色作物。同时根据教学需求在第 2 章增加了作物的器官建成部分，在第 4 章增加了作物覆盖栽培技术及灾害防控技术等内容。

　　本次修订同时增加了数字课程资源，其中推荐阅读及深入学习部分提供了我国精耕细作及代表农具、二十四节气与作物生产等农耕知识与文化资料，以及农业大数据、表型组学、遥感监测、作物栽培生理的分子水平研究等现代作物栽培科学技术新进展资料；在彩图部分提供了大量由本书作者及团队人员在科研、教学中拍摄的彩色图片；应用实例介绍了相关作物的发展与成就等，便于教学及自学时参考。

　　参加本书修订编写的共有 21 所高校、38 位长期从事作物栽培教学与科研工作的教师。各章编写修订人员为：第 1 章胡立勇、丁艳锋，第 2 章张美良、刘立军，第 3 章谢甫绨，第 4 章周伟军、万素梅、陈国林、王晓玲，第 5 章卢碧林、郭玉春、戴其根、朱艳，第 6 章丁艳锋、靳德明、戴其根、唐湘如，第 7 章贺德先、李金才、王永华，第 8 章宋碧、杨德光，第 9 章谢甫绨，第 10 章郭华春、王季春，第 11 章王季春、郭华春，第 12 章杨国正、陈兵林、李存东、张旺锋，第 13 章彭定祥，第 14 章胡立勇、周伟军，第 15 章于海秋，第 16 章陈超君，第 17 章陈建军，第 18 章王永华（大麦）、黄瑞冬和周宇飞（粟、高粱）、方正武（荞麦）、江立庚（木薯）、刘飞虎（大麻、亚麻）、汪波（红麻）、周伟军（向日葵）、王晓玲（芝麻）、李彩凤（甜菜）、郭彦军（绿肥作物与饲料作物）。

　　本次修订是在全体编写人员认真讨论、充分交流之下完成的，但由于相关学术知识宽广与博大以及作物栽培学科的交叉性、综合性与复杂性，因此本版教材难免存在错误、错漏及不妥之处，敬请同行与读者批评指正，以便日后不断完善与提升。

编　者

2019 年 2 月

目 录

上篇 总 论

下篇　各　论

上篇 总 论

1

绪 论

【本章提要】 农业生产是国民经济的基础，作物生产是基础的基础。农业的问题主要是粮食问题。解决14亿多人口的吃饭问题始终是我国国民经济的头等大事，是国家经济发展、社会安定的基础。作物栽培学是一门古老而又不断更新的科学，伴随着农业生产方式的改变与进步，作物栽培学也正在向着机械化、规模化、信息化、智能化、自动化方向发展。其理论研究和技术应用，对于提高作物产品的数量和质量具有十分重要的作用，对于建设现代化农业也具有重要意义。

本章重点介绍了作物的概念、作物栽培学的性质和任务、作物生产的特点及重要性等基本内容。概述了世界及中国作物生产的最新发展情况、中国作物的种植业分区及区域特点。讨论了作物的起源中心、我国作物的来源和作物的分类，分析了作物栽培的历史与现状，以及未来作物栽培科学与技术的发展趋势。

作物生产是农业生产的根本。作物栽培学的研究和应用，对于提高作物产品的数量和质量、降低生产成本、提高劳动效率和经济效益具有重要意义。随着不同学科的相互渗透，以及计算机模拟技术、虚拟可视化技术、人工智能机械、互联网＋农业等新技术的发展与应用，作物栽培学的研究内容及研究方法正在不断发生改变，并提高到一个新的层面。

1.1 作物及作物栽培学的概念

1.1.1 作物的概念

作物（crop）的概念分为广义和狭义两种。广义的作物是指由野生植物经过人类不断的选择、驯化、利用、演化而来的具有经济价值的被人们所栽培的一切植物。

目前世界上被人们所栽培的大致可分为农作物、园艺作物、林木三类，包括粮、棉、油、麻、桑、茶、糖、菜、烟、果、药、杂等。对这种广义的作物进行栽培与管理的行业即种植业。狭义的作物则指田间大面积栽培的农艺作物，即粮、棉、油、麻、糖、烟和饲料等作物，又称大田作物（field crop）、农作物等，俗称庄稼。对狭义的作物进行栽培与管理，即作物栽培。

1.1.2 作物的分类

我国栽培的作物种类繁多，目前已知收集保存的各种作物品种材料有 20 多万份，但常见农作物为 50～60 种。改革开放以来，中国种植业结构开始进行有步骤的调整优化，特别是充分利用中国植物资源和气候资源丰富多样的优势，开发特种植物，积极发展具有地域特色的名特优农业产品和产业，也使大田作物的类型在不断增加和发生变化。

1.1.2.1 按植物学系统分类

一般是采用双名法对植物进行命名，称为学名，为国际上所通用。例如玉米属禾本科，其学名为 *Zea mays* L.，第一个单词为属名，第二个单词为种名，第三个字母为命名者的姓氏缩写。常见作物的学名见表 1-1。

表 1-1 常见作物中文名、学名、英文名对照表

科	中文名	学名	英文名
禾本科 Gramineae	稻	*Oryza sativa* L.	rice
	小麦	*Triticum aestivum* L.	wheat
	大麦	*Hordeum vulgare* L.	barley
	黑麦	*Secale cereale* L.	rye
	燕麦	*Avena sativa* L.	oat
	玉米	*Zea mays* L.	corn（maize）
	高粱	*Sorghum bicolor* Moench	sorghum
	黍（稷）	*Panicum miliaceum* L.	millet
	粟（谷子）	*Setaria italica* Beauv.	foxtail millet
	薏苡	*Coix lacrymajobi* L.	job's tears
	甘蔗	*Saccharum officinarum* Linn.	sugarcane
蓼科 Polygonaceae	荞麦	*Fagopyrum esculentum* Moench	buckwheat
豆科 Leguminosae	大豆	*Glycine max* Merr.	soybean
	花生	*Arachis hypogaea* Linn.	peanut
	蚕豆	*Vicia faba* L.	broad bean
	豌豆	*Pisum* spp.	garden pea
	绿豆	*Vigna radiata* Wilczek	mung bean
	紫云英	*Astragalus sinicus* L.	Chinese milk vetch
	紫苜蓿	*Medicago sativa* L.	alfalfa
	野豌豆（苕子）	*Vicia* spp.	vetch
	田菁	*Sesbania cannabina*	sesbania
	草木犀	*Melilotus* spp.	sweet clover
旋花科 Convolvulaceae	番薯（甘薯）	*Ipomoea batatas* Lam.	sweet potato
薯蓣科 Dioscoreaceae	薯蓣（山药）	*Dioscorea polystachya* Turcz.	Chinese yam

续表

科	中文名	学名	英文名
茄科 Solanaceae	阳芋（马铃薯）	*Solanum tuberosum* L.	potato
	烟草	*Nicotiana tabacum* L.	tobacco
锦葵科 Malvaceae	棉花	*Gossypium* spp.	cotton
	大麻槿（红麻）	*Hibiscus cannabinus* Linn.	kenaf
	苘（青）麻	*Abutilon theophrasti* Medicus	China jute
椴树科 Tiliaceae	黄麻	*Corchorus* spp.	jute
荨麻科 Urticaceae	苎麻	*Boehmeria* spp.	ramie
桑科 Moraceae	大麻	*Cannabis sativa* L.	hemp
亚麻科 Linaceae	亚麻	*Linum usitatissimum* L.	common flax
石蒜科 Amarylidaceae	剑麻	*Agave sisalana* Perr. ex Engelm.	sisal
十字花科 Cruciferae	油菜	*Brassica* spp.	rape
胡麻科 Pedaliaceae	芝麻	*Sesamum indicum* L.	sesame
菊科 Compositae	向日葵	*Helianthus annuus* L.	sunflower
大戟科 Euphorbiaceae	木薯	*Manihot esculenta* Crantz	cassava
藜科 Chenopodiaceae	甜菜	*Beta vulgaris* L.	sugar beet
山茶科 Theaceae	茶	*Camellia sinensis* O. Ktze.	tea

1.1.2.2　按用途和植物学系统相结合分类

按照作物的主要用途及植物学形态特征分类，传统上一般将大田作物分为下述三大部分八大类。

（1）粮食作物（food crop）　包括禾谷类作物、豆类作物及薯类作物。

① 禾谷类作物（cereal crop）　属禾本科，主要作物有水稻、小麦、大麦、燕麦、玉米、高粱、粟（谷子）、黍（稷）、薏苡等。蓼科的荞麦，习惯上也包括在此类。

② 豆类作物（legume crop）　属豆科，主要作物有大豆、蚕豆、豌豆、绿豆、小豆、饭豆、豇豆等。

③ 薯类作物（tuberous crop）　主要作物有甘薯、马铃薯、木薯、山药、芋、菊芋等。

（2）经济作物（cash crop）　又称工业原料作物，包括纤维作物、油料作物、糖料作物和嗜好作物。

① 纤维作物（fiber crop）　主要作物有棉花、苎麻、黄麻、红麻、大麻、亚麻、苘麻、剑麻、蕉麻等。特种纤维作物有龙须草、席草、芦苇、芦荻等。

② 油料作物（oil crop）　主要作物有油菜、花生、芝麻、向日葵、胡麻、蓖麻等。近年来随着大豆油用量的增长，也将大豆列为油料作物，红花、苏子为近年开发利用的特种油料作物。

③ 糖料作物（sugar crop）　主要作物有甘蔗、甜菜，以及新兴的糖料甜叶菊、甜茶等。

④ 嗜好作物（stimulant crop）　主要作物有烟草、茶、咖啡等。

（3）饲料及绿肥作物（forage and green manure crop）　主要作物有苕子、紫云英、紫苜蓿、草木犀、柽麻、田菁、三叶草、紫穗槐、水浮莲、红萍等。

不同作物可以有多种用途，例如玉米可食用，又是优质饲料；马铃薯可做粮食，又可做蔬菜；大豆可食用，又可榨油。因此上述分类不是绝对的。

随着我国农作物结构的调整，药材、香料、色素类用途的作物发展较快，原有分类有待进一步完善。如药用作物（medicinal crop）主要有三七、天麻、人参、黄姜、黄连、贝母、枸杞、白术、白芍、甘草、半夏、红花、百合、何首乌等。其中具有保健作用的药用作物绞股蓝、薏苡、魔芋、山药等近年来发展较快。香料作物（spice crop）主要有薄荷、留兰香、香茅、薰衣草、香叶天竺葵、迷迭香、百里香、柠檬草等。色素作物（pigment crop）主要有红花、藏红花、苏丹草、黑麦草、姜黄、玫瑰茄等。

1.1.2.3 按生物学性状分类

（1）按作物感温特性分类　可分为喜温作物和耐寒作物。喜温作物（temperate crop）在全生育期需要的积温较高，如水稻、玉米、高粱、棉花、烟草、甘蔗、红麻、花生、粟等。耐寒作物（chilly resistant crop）全生育期需要的积温比较低，如小麦、大麦、黑麦、油菜、蚕豆等。

（2）按作物感光周期反应特性分类　可分为长日作物（long day crop）、短日作物（short day crop）、中性作物（day neutral crop）和定日作物（day fixed crop）。长日作物如麦类作物、油菜等。短日作物如水稻、玉米、棉花、烟草、黄麻、红麻等。开花与日长没有关系的作物称中性作物，如荞麦、豌豆等。定日作物要求一定时间的日长才能完成其生育周期，如甘蔗。

（3）按作物对 CO_2 同化途径分类　可分为 C_3 作物、C_4 作物和 CAM（景天酸代谢）作物。C_3 作物光合作用最先形成的中间产物是带三个碳原子的磷酸甘油酸，其光合作用的 CO_2 补偿点高，有较强的光呼吸，如水稻、麦类、大豆、棉花等。C_4 作物光合作用最先形成的中间产物是带四个碳原子的草酰乙酸等双羧酸，其光合作用的 CO_2 补偿点低，光呼吸作用也低，在强光高温下光合作用能力比 C_3 作物高，如玉米、高粱、甘蔗等。CAM 作物很少，除凤梨科外，仅有龙舌兰、菠萝麻等少数纤维作物，但在花卉植物中却较多。CAM 作物 CO_2 代谢的特点是：晚上气孔开放吸收 CO_2 形成苹果酸；白天气孔关闭，苹果酸氧化脱羧放出 CO_2 参与卡尔文循环形成淀粉。因而其光合碳代谢与细胞体内的有机酸合成日变化有关。

1.1.2.4 其他分类

按作物播种季节分为春播（夏播）大春作物和秋播（冬播）小春作物。按收获季节分为夏熟作物和秋熟作物。按播种密度和田间管理可分为密植作物和中耕作物等。

随着生产的发展和科学技术的进步，人类对野生植物的利用会不断增强，预计会有更多的野生植物进入到栽培作物的行列中来，作物分类的概念与方式也会随之发生一定的改变。

1.1.3 作物栽培学的性质和任务

1.1.3.1 作物栽培学的性质

作物栽培学（crop cultivation science）是研究作物生长发育、产量和品质形成规律及其与环境条件的关系，探索通过栽培管理、生长调控和优化决策等途径，实现作物高产、优质、高效及可持续发展的理论、方法与技术的科学。

作物栽培学是一门综合性、理论性很强的应用学科，是农业科学的重要组成部分。其理论基础具有多学科融合发展的特点，其研究领域宽广，涉及作物生理学、作物生态学和作物管理学等不同的学科领域。

作物栽培学又是一门密切联系实际、直接服务于作物生产、实践性极强的学科。作物栽培学研究对象（作物种类、品种特性，气候、土壤和生物因子及栽培措施等方面）的复杂性、作物生产的季节性和地区性要求其研究内容必须具有针对性、可操作性和灵活性。另外，随着人们对作物产量和品质形成规律认识的深入、新品种的引种和创新，以及新技术措施的引进，作物栽培学的研究内容也在不断地调整，在发现问题、分析和解决问题的实践中丰富和发展自身的理论。

1.1.3.2　作物栽培学的任务

作物栽培学的主要任务是围绕高产、优质、高效、生态和安全的目标，深入研究作物的生长发育、产量和品质形成规律及其与环境条件的关系和控制措施；探索如何充分利用自然资源、合理使用生产资料，注意保护生态环境，保持作物生产可持续发展，发挥作物最大生产潜力的生产技术体系及其系统理论；获得最大的经济效益、社会效益、生态效益。

作物栽培研究的对象包括粮、棉、油、糖、绿肥、饲料等各种作物。各种作物的生长发育、器官建成、产量和品质形成规律是作物栽培学的主要研究内容之一。

外界环境条件（光、温、水、气、二、肥等）对作物生长发育具有重要影响。不同的作物、不同的品种、不同的生育阶段、不同器官的形成过程，对外界环境都有着不同的要求。因此，作物与外界环境条件之间的关系也是作物栽培学的主要研究内容之一。

在明确作物的生理特性和作物与环境关系的基础上，作物栽培学还必须研究相应的栽培措施，以改善环境条件，满足作物的要求，促进作物生长发育，实现高产、优质、高效、生态和安全的作物生产。

1.1.3.3　作物栽培学与相关学科的关系

作物栽培学涉及植物学、植物生理学、生物化学、遗传学、土壤学、植物营养学、农业生态学、农业气象学和农业信息学等众多学科领域。

研究作物内在因素的学科，是作物栽培学的基础理论来源。传统作物栽培学与植物生理学和遗传学关系最为密切。植物生理学是研究植物生命活动规律的科学；遗传学研究作物产量、品质性状的遗传规律，其在基因型与环境互作上的研究结果对特定生态条件下作物品种和栽培措施的选择具有重要的指导作用。

研究作物环境因子的学科，也是作物栽培学的重要理论基础。研究作物与环境关系（主要是光、温、水和肥等）的植物生态学、农业气象学、土壤学、植物营养学等，研究作物病虫草害综合管理的农业昆虫学、植物病理学和机械化作业的农机学等都与作物栽培学有密切联系。

上述学科各自从作物生长发育的原理，或从作物所处的环境条件，为作物的高产、优质、高效、生态和安全生产提供理论依据和措施。作物栽培学需要在充分掌握作物生长发育规律、产量品质形成规律及其环境要求和响应规律基础上，综合运用相关学科的理论方法和技术成果，并进行集成组装和创新完善，从而形成具有自身理论基础和关键技术支撑的学科体系。

另一方面，由于作物栽培学是一门应用学科，其理论研究和应用实践也为相关学科的发展提出了新的课题。如近年来随着直播稻、麦套稻技术的推广，"杂草稻"在江苏稻区的危害越来越大，已严重影响稻米产量和质量，这就促进了杂草稻的形态学、生理学、遗传学和生态学研究。再如 20 世纪 50 年代施肥量的增加致使当时主栽的高秆水稻品种倒伏而产量不稳，这就为水稻育种工作提出了矮化植株的新课题。后来，矮秆基因的发现及其在育种中的广泛利用，增强了水稻的耐肥性，产量得以大幅度提高，这就是所谓的第一次绿色革命。但是，以肥料

📖 推荐阅读 1—1
转型期作物生产发展的机遇与挑战

高投入高产出为特征的现代稻作技术带来了严重的水体富营养化等环境问题，于是合理减施化肥、提高养分利用效率就成为当前植物营养学、遗传学及育种学的热点领域。这些实例充分表明，作物栽培学的研究和实践对植物遗传学、育种学和生态学等学科发展具有重要的促进作用。

1.2 作物生产的特点及重要性

1.2.1 作物生产的特点

作物有其本身的遗传特性，也受其生活环境条件的影响，因此作物生产具有如下特点。

1.2.1.1 作物种植的地域性

太阳辐射到达地面的光和热，随不同地区的地理纬度、海拔高度而有所不同，不同地区的地形、地貌、气候、土壤、水利等自然条件千差万别，其社会经济、生产条件、技术水平等也有很大差异，从而构成了作物生产的地域性。因此，作物生产必须根据各地的自然和社会条件，因地制宜进行布局，建立合理的农业区域生产结构，采用适宜的作物类型、品种、耕作制度和栽培管理技术，使作物、环境、措施达到最佳配合，获得高产优质的农产品。

1.2.1.2 作物种植的季节性

不同作物对生长的气候环境条件如温、光、水等都有自身的特殊要求，而一年四季的光、热、水等自然资源的状况是不同的，所以作物生产不可避免地受到季节的强烈影响。生长在不同季节的作物也是不同的，不同作物也有不同的适宜生长时期。因此，一定地区的作物生产必须在特定的月份和季节进行，必须合理掌握农事季节，使作物的生长发育期与最佳环境条件同步。否则人误地一时，地误人一年。

不同地区自然环境的影响还表现在作物生产的波动性。自然界大范围的长期变化如地质变化、温室效应和臭氧层的破坏等无疑对农业生产产生长期影响。短期影响最主要的是灾害性的天气如旱、涝、风、雹和霜冻，可能导致农业生产年度间的剧烈变化，因此减灾防灾在农业生产上有特殊的意义。

1.2.1.3 作物生长的周期性

作物有机体的生长发育过程就是农产品的生产过程。在与生态环境相适应的进化中，作物的生长发育与产量、品质的形成过程表现出明显的周期性和次序性。每一种作物都有其生活周期，在生活周期内又有不同的生长发育时期，前一个周期或时期的生长发育是后一个周期或时期的基础，整个过程是有序的、紧密衔接的，不能任意中断，也不能颠倒逆转。如作物特有的春化作用、光周期现象等必须在特定的环境条件下进行，不满足其特定要求就不能完成作物的生活周期。

1.2.1.4 作物生产的持续性

作物生产是周期性不断循环的持续过程，是在同一种土壤及栽培条件下，一个生产周期接一个生产周期，前茬作物接后茬作物的连续过程。每年每一个季节，生产周期之间，前后茬作物之间是紧密相连，相互影响，相互制约的。因此栽培技术措施既要符合本季作物生长发育的要求，又要为以后作物的生长发育创造有利条件。做到前季为后季，季季为全年，今年为明年，年年为将来。

1.2.1.5　作物生产的综合性

作物生产受多种因子的影响与制约，既是一个大的复杂系统，又是一个统一的综合体。从大的方面来说，作物生产与林、牧、副、渔等部门之间存在相互依赖、相互促进的关系，需要建立一个良性循环的生态系统。从作物生产本身来说，要实现某一作物的优质高产，需要涉及生物、植物生理生化、农业生态、农业气象、土壤肥料、植物保护以及信息、计算机等多门学科的基本理论与技术，解决产量与品质、个体与群体、形态与生理、农艺与环境等一系列问题，最终才能获得最佳的经济、社会和生态效益。

1.2.2　作物生产的重要性

农业是国民经济的基础，这是由于农产品具有特殊的使用价值，是人类生存最基本、最必需的生活资料。作物生产又是农业生产的基础，这是由于作物生产不但直接供给人类所需的生活资料，而且还要供给农业中的畜牧业、渔业等所需的饲料、作物加工产品的原料等。可见，作物生产的发展对整个国民经济的发展和社会的稳定均起着十分重要的作用。

1.2.2.1　人民生活资料的主要来源

人类的第一个社会活动就是物质资料的生产，以此来满足人们所必需的衣、食、住、行及其他需求。古人曰："人之情不能无衣食，衣食之道必始于耕织。"尽管 20 世纪中叶以来合成纤维产量迅速增长，但是天然纤维在纺织纤维年总产量中仍占约 50%。可见农业生产是人类生存之本，衣食之源。中国是一个发展中的农业大国，面临人口的刚性增长和人民需求的不断提高以及资源与环境等方面的恶化，如何解决我国十多亿人口优质农产品的安全供给问题，是我国国计民生的头等大事。

📖 推荐阅读 1−2
中国粮食生产时空演变规律与耕地可持续利用研究

1.2.2.2　工业生产的重要原料

目前我国约 40% 的工业原料、70% 的轻工业原料来源于农业生产，有些轻工业，如制糖、卷烟、造纸、食品等的原料只能来源于农业，且主要来自作物生产业。因此，在今后一个较长的时期内，我国轻工业的发展仍处于受制于农业产品，特别是受制于经济作物及优质作物的生产状况。随着我国工业的发展和人民消费结构的变化，人们对原粮的需求会有所下降，但对农作物加工品的需求会不断增加。

1.2.2.3　出口创汇的重要物资

中国作为一个农业大国，农产品对外贸易在整个国际贸易中的地位举足轻重。自加入世界贸易组织（简称世贸组织，WTO）后，我国农产品贸易规模持续扩大，展示了我国农产品对外贸易的巨大潜力。但是随着加入 WTO 和经济全球化，我国农产品对外贸易在巨大的机遇面前面临着严峻的挑战，尤其是国际贸易的技术壁垒、绿色壁垒以及非关税政策，对出口农产品提出了更高的要求。从发展趋势看，农副产品中粮油产品的出口比重会有所下降，但仍是出口物资的重要来源之一。为提高我国农产品的国际竞争力，我国需要实现初级农产品多样化，加快建设现代农业，进一步提高作物生产的科技含量，降低生产成本，同时发展有机食品、绿色食品以及用于化工、造纸等不同行业的工业用作物，增加产品加工附加值。

1.2.2.4 重要的生物质能源

由于石油资源的短缺，越来越多的国家重视利用生物质资源。目前世界各国都在致力于开发稳定高效、安全无污染的生物质能利用技术，以保护本国的矿物能源资源，为实现国家经济的可持续发展提供根本保障。生物质资源主要包括农作物秸秆、农产品加工业废弃物、畜禽粪便、能源作物、薪炭林、林业生产及加工业废弃物。

能源植物是直接用于提供能源为目的的植物，通常包括速生薪炭林、含糖或淀粉植物、可榨油或产油植物，以及其他可提供能源的植物。目前利用甘蔗、甜高粱、玉米等生产燃料乙醇，利用油菜、大豆生产生物柴油已经得到了快速发展与应用。可见，不仅大量农作物的副产物是重要的生物质能源，而且未来的作物生产将包括能源作物的生产。但值得一提的是，在发展生物质能源时要协调好能源危机与粮食安全的关系。

1.3 作物生产概况

1.3.1 世界作物生产概况

据联合国粮食及农业组织（简称粮农组织，FAO）统计，2016 年世界耕地面积为 $14.25 \times 10^8 \ hm^2$，人均耕地面积仅为 $0.32 \ hm^2$，但世界人口的迅猛增长却在继续，给农业生产带来巨大的压力。因此，各国都十分重视依靠科技进步、提高复种指数和作物单产量来保持农产品总量的增加。

目前联合国粮农组织统计的世界主要农作物生产数据中，2016 年种植面积排在前 10 位的是小麦、玉米、水稻、大豆、大麦、高粱、油菜籽、粟、籽棉、花生。除了根茎类作物外，总产量排在前 10 位的是玉米、小麦、水稻、大豆、油棕果、大麦、油菜籽、籽棉、高粱、葵花籽（图 1-1，表 1-2）。与 1990 年相比，种植面积增加较大的是油棕果、大豆、葵花籽、油菜籽、芝麻、马铃薯、甘蔗、木薯、玉米，分别增加 251.1%、115.6%、114.3%、95.1%、79.0%、70.9%、56.5%、56.1%、52.8%。总产量增加较多的为油棕果、大豆、葵花籽、油菜籽、芝麻、玉米、马铃薯、花生，分别增加了 394.7%、211.9%、201.0%、189.6%、170.6%、129.6%、90.9%、90.0%。很明显，在近 26 年的时间中，世界油料作物无论是面积和总产量都在快速增长。

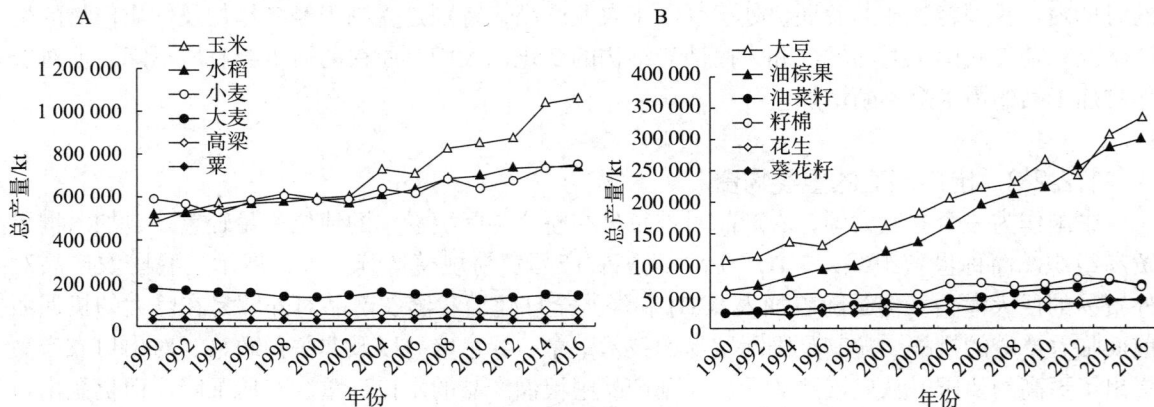

图 1-1 世界主要作物总产量变化（1990—2016）

注：根据 FAO 粮农统计数据库 2018 年 4 月 15 日下载资料整理

表 1-2 世界主要农作物种植面积（khm²）与产量（kt）（2016）

作物	产量	面积	作物	产量	面积	作物	产量	面积
玉米	1 060 107	187 959	其他谷类	6 948	4 321	籽棉	65 392	30 207
水稻	740 961	159 808	大豆	334 894	121 532	麻类	6 463	2 871
小麦	749 460	220 108	油菜籽	68 855	33 709	甘蔗	1 890 662	26 774
大麦	141 278	46 923	花生	43 982	27 661	甜菜	277 231	4 565
高粱	63 931	44 771	葵花籽	47 345	26 205	马铃薯	376 827	19 246
粟	28 357	31 705	芝麻	6 112	10 577	木薯	277 103	23 482
燕麦	22 992	9 433	油棕果	300 252	21 087	甘薯	105 191	8 624
黑麦	12 944	4 403	其他油料	4 586	1 877	烟叶	6 664	3 757

注：根据 FAO 粮农统计数据库 2018 年 4 月 15 日下载资料整理

在全球农产品的生产中，粮食生产占有重要地位。世界粮食作物包括小麦、水稻、玉米、大麦、高粱、燕麦、黑麦和粟等八种，在联合国粮农组织的统计中统称谷物（cereal，grain）。在中国粮食产量中还包括薯类（5 kg 鲜薯折合 1 kg 粮食）和大豆。世界谷物总产量一直保持上升状态，从 1990 年的 17.02×10^8 t，至 2016 年达到 28.27×10^8 t。以 1990 年与 2016 年相比，世界谷物单产量由 2 912 kg/hm² 增加到了 3 985 kg/hm²，提高了 36.84%。小麦、水稻、玉米被称为三大粮食作物，2016 年三者合计种植面积达 5.68×10^8 hm²，约占世界粮食总播种面积的 80.0%；产量合计为 25.5×10^8 t，约占世界粮食总产量的 90.2%；三者中收获面积最大的为小麦，但总产量则以玉米最高。

世界主要经济作物的生产高度集中在发展中国家，发达国家仅仅在某些温带经济作物（如甜菜、大豆和某些油料作物）及少数亚热带作物（如棉花、葡萄）生产方面占的比重较大。主要原因是这些经济作物的生长大多对自然条件有特殊要求，同时商品率很高，因此通过竞争逐步集中到了少数环境条件最有利的地区。另外，许多经济作物的生产需要大量劳动力而不宜实行机械化，因此趋向于在人口密集、劳动力便宜的少数发展中国家和地区发展。

世界油料作物多以一年生作物为主，包括大豆、油菜、花生、向日葵、芝麻等；此外，棉籽、亚麻籽、大麻籽也是榨油原料。但 1990 年以来，木本油料棕榈的产量增长十分迅速。根据美国农业部（USDA）资料，2016 年全球主要食用油料产量达到 1.86×10^8 t，不同油料比例为：棕榈油 35%、大豆油 29%、油菜籽油 14%、葵花籽油 9%、油棕仁油 4%、花生油 3%、棉籽油 2%、椰子油 2%、橄榄油 2%。与 2006 年相比，大豆和棕榈种植面积占油料总面积的比重分别提高了 4.2% 和 0.8%。受生产技术发展和需求影响，全球油料生产有逐渐向美洲集中的趋势。2016 年全球食用油料出口量居前五位的国家分别是巴西、美国、加拿大、阿根廷、巴拉圭。

世界天然纤维原料作物有棉花、麻类和木棉等，其中主要是棉花。1990 年以来，棉花、麻类作物种植面积变化不大，但棉花的总产量在 2002 年以后上升了一个阶梯。棉花是世界上分布最广的纤维作物，但生产和消费在地区分布上不一致，种植面积主要集中在亚洲和美洲，中国、印度、巴基斯坦、美国和巴西是世界上较大的棉花生产国。除美国、俄罗斯和澳大利亚棉花自给有余外，其他发达国家所需棉花几乎全部依赖进口。黄麻、红麻、苎麻、亚麻等麻类作物生产也是以亚洲为主。

糖料作物主要是甘蔗和甜菜。世界每年生产糖约 9×10^7 t，其中近 2/3 为蔗糖，其余为甜菜糖。世界上的甘蔗生产绝大部分分布在发展中国家,其中南美洲约占 1/2,亚洲占 1/4。欧洲是甜菜最大产区,约占世界总产量的 80% 以上。

世界主要饮料作物有咖啡、可可和茶。茶几乎全部产在发展中国家。咖啡主要产于南美洲(以巴西、哥伦比亚为最多)和非洲,可可多集中在西非和巴西,茶则以亚洲的印度、中国和斯里兰卡为主要生产国。咖啡与可可的消费地主要是发达国家,发展中国家茶的消费量较大。

1.3.2 中国作物生产概况

根据统计,截至 2016 年末,全国耕地面积为 $1.35 \times 10^8 \text{ hm}^2$,人均耕地面积为 0.097 hm^2,这个数字仅为世界平均水平的 40%。人口与耕地的矛盾一直是中国农业发展的严峻问题。

2015—2016 年我国种植面积最大的前 10 种作物是玉米、水稻、小麦、油菜籽、大豆、花生、棉花、甘蔗、烟叶、向日葵(表 1-3,表 1-4)。在政策推动与市场引导的双重作用下,农作物地区种植结构出现积极变化。曾有一段时间内我国粮食作物面积持续减少,占农作物播种总面积的比例由 1995 年的 73.43%,下降到 2003 年的 65.22%。为了保证粮食作物的生产,近年来国家实行粮食补贴政策,使粮食作物(谷物、豆类、薯类)面积保持稳定,2015 年占农作物播种总面积的比值为 70%(表 1-3)。其中玉米、马铃薯的播种面积有较大幅度的增加。经济作物中药材的种植面积大幅增加,甘蔗、花生、向日葵也有一定增加。

表 1-3 中国农作物种植面积比例的变化 /%(1995—2015)

作物	1995	2015	作物	1995	2015	作物	1995	2015
谷物	59.59	57.48	水稻	20.51	18.16	花生	2.54	2.77
豆类	7.49	8.10	小麦	19.26	14.51	油菜籽	4.61	4.53
薯类	6.35	5.31	玉米	15.20	22.91	芝麻	0.43	0.25
油料作物	8.74	8.44	粟	1.02	0.50	胡麻	0.41	0.18
纤维作物	3.87	2.33	高粱	0.81	0.35	向日葵	0.54	0.62
糖料	1.21	1.04	大豆	5.42	3.91	棉花	3.62	2.28
蔬菜瓜类	7.08	14.76	杂豆	2.07	1.42	亚麻	—	0.02
青饲料	1.22	1.20	马铃薯	2.29	3.32	甘蔗	0.75	0.96
药材	0.19	1.23	烟叶	0.98	0.79	甜菜	0.46	0.08

注:由中国统计局网站资料整理而得

表 1-4 中国主要农作物生产情况(2016)

作物	面积 /khm²	总产量 /kt	单产量 / (kg·hm⁻²)	作物	面积 /khm²	总产量 /kt	单产量 / (kg·hm⁻²)
水稻	30 178	207 075	6 862	向日葵	1 153	2 990	2 593
小麦	24 187	128 845	5 327	芝麻	402	631	1 569
玉米	36 768	219 552	5 971	胡麻	282	403	1 426

续表

作物	面积 /khm²	总产量 /kt	单产量 /（kg·hm⁻²）	作物	面积 /khm²	总产量 /kt	单产量 /（kg·hm⁻²）
大麦	429	1 752	4 089	棉花	3 345	5 300	1 584
高粱	625	2 985	4 775	苎麻	52	103	1 973
马铃薯	563	1 948	3 462	亚麻	3	16	4 924
大豆	7 202	12 938	1 796	甘蔗	1 527	113 825	74 550
油菜籽	7 331	14 546	1 984	甜菜	166	9 567	57 703
花生	4 727	17 290	3 657	烟叶	1 273	2 726	2 141

注：引自中国种植业信息网农作物数据库

多年来，我国一直是世界上最大的谷物生产国，产量大致占世界的 20%。但从人均水平来看，加拿大、澳大利亚通常可以达到 2 000 kg 左右，美国和法国也都超过 1 000 kg，而我国大致在 350 kg 上下。我国是世界上谷物产量波动最小的国家，目前谷物单产量比世界平均水平高 57%。中国水稻、小麦、玉米的单产量分别比世界平均水平高 60%、40% 和 10%。

我国薯类作物以马铃薯为主，约占薯类面积的 63%，其次为甘薯和少量木薯。2016 年全国薯类作物种植面积和产量分别占粮食总种植物面积和总产量的 7.9% 和 5.4%。甘薯除青藏高原外，各地均有，以黄淮海平原、长江中下游、珠江流域和四川盆地最多。马铃薯主要分布在东北、内蒙古和西北各地。木薯集中分布在南岭以南的两广、滇南地区。

中国是世界油料生产大国，大宗油料作物为大豆、油菜籽、花生、芝麻、向日葵、胡麻。其中大豆主要分布在东北、黄淮海地区，在油料作物中收获面积最大。油菜主要分布在长江流域，2014 年种植面积最高达到了 7.59×10^6 hm²。花生主要分布在黄淮平原和华南沿海，2006—2016 年全国种植面积在（4~5）$\times 10^6$ hm²。油用向日葵（油葵）近 40 年来总产量呈不断增长趋势，近年来常年种植面积保持在 1×10^6 hm²。胡麻（油用亚麻）主产于内蒙古、甘肃等省（区），近年来在中国的种植面积为 0.3×10^6 hm² 左右。

近十多年来我国纤维作物面积有下降趋势，但棉花单产量水平在不断提高。麻类作物面积受国内外市场影响波动较大。苎麻主要分布在长江流域，近十年种植面积为（5~15）$\times 10^4$ hm²，纤维总产量在（10~25）$\times 10^4$ t。亚麻主要分布在东北三省和内蒙古、甘肃、宁夏等地，2000 年以后向云南等南方区域发展，种植面积曾经有较大的增长，2005 年最高达到 15.8×10^4 hm²（不包括油用亚麻），但近年来下降明显。黄麻与红麻主要分布在黄河、淮河流域、长江中下游和华南地区。大麻分布在安徽、山东、河南等地。剑麻分布在华南一带。2006—2016 年，我国主要麻类作物面积总计在 10×10^4 hm² 左右。

我国甘蔗主要分布在长江流域以南的广东、广西、云南等省（区），2006—2016 年全国种植面积在 150×10^4 hm² 以上。甜菜生产以黑龙江、新疆、内蒙古和甘肃为主，1995 年以来，我国甜菜种植面积呈不断减少趋势，1995 年为 69.5×10^4 hm²，2016 年下降至 16.6×10^4 hm²。

我国烟草主要以烤烟为主。云南是最大的烟草生产省。烤烟种植面积在 1997 年达到高峰为 216.13×10^4 hm²，2006—2016 年的种植面积在 130×10^4 hm² 左右。

1.3.3　中国种植业分区

对种植业进行区划（regionalization），有利于农业资源的合理开发利用，调整种植业结构

深入学习 1-1
我国优势农产品区域布局

和布局；同时也有利于选建作物商品生产基地，促进作物生产的产业化。

根据发展种植业的自然条件和社会经济条件，作物结构、布局和种植制度，以及种植业发展方向和关键措施的区内相似性，在保持一定行政区界完整的原则下，全国农业区划委员会将我国种植业划分为 10 个一级区和 31 个二级区（图 1-2）。一级区是以地理位置、农业地貌类型和在全国所占地位命名，二级区则仅以地理位置及地貌类型命名。

Ⅰ. 东北大豆、春麦、玉米、甜菜区　该区包括黑龙江、吉林、辽宁、内蒙古的大兴安岭地区和通辽市中部的西辽河灌区，共 180 个县、旗、市，总耕地占全国的 16.5%。大部分地区一年一熟，南部地区可二年三熟或一年两熟。主要作物有大豆、玉米、高粱、粟、春小麦、马铃薯、水稻、甜菜、亚麻及早熟棉花等，其中大豆、春小麦、高粱的产量和质量均居全国之冠，玉米面积居首位。该区是我国甜菜和亚麻基地，该区北部是马铃薯集中产区。该区分 6 个二级区：（Ⅰ1）大小兴安岭区，（Ⅰ2）三江平原区，（Ⅰ3）松嫩平原区，（Ⅰ4）长白山区，（Ⅰ5）辽宁平原丘陵区，（Ⅰ6）黑吉西部区。

Ⅱ. 北部高原小杂粮、甜菜区　该区位于我国北部，包括内蒙古包头以东地区，辽宁西部朝阳、铁岭地区和阜新等 11 个县。冀、晋、陕西北部，甘肃中、东部，青海东部和宁夏南部，共 275 个县、旗、市，总耕地占全国的 14.4%。大部分地区一年一熟，以旱粮为主，经济作物有甜菜、油菜、胡麻和向日葵等，是我国旱地农业较为集中的地区之一，也是农、牧交替区。该区盐碱、滩川、荒地较多，日照充足，温度日差较大，有利甜菜生长和糖分积累，播种面积和产量居全国第三位。该区分 3 个二级区：（Ⅱ1）内蒙古北部区，（Ⅱ2）长城沿线区，（Ⅱ3）黄土高原区。

Ⅲ. 黄淮海棉、麦、油、烟、果区　该区位于长城以南，太行山以东，渭北高原以南，秦

图 1-2　中国种植业区划（引自全国农业区划委员会）

岭淮河以北，包括京、津，鲁全省，冀、豫大部，苏、皖二省淮河以北，山西南部和关中平原，共456个县、市，总耕地占全国的25.6%。作物二年三熟或一年二熟。该区作物种类繁多，主要有冬小麦、棉花、花生、芝麻、烤烟，是我国重要的粮、棉、油、烟、果等集中产区。该区分5个二级区：（Ⅲ1）燕山太行山山麓平原区，（Ⅲ2）冀、鲁、豫低洼平原区，（Ⅲ3）黄淮平原区，（Ⅲ4）山东丘陵区，（Ⅲ5）汾渭谷地豫西平原区。

Ⅳ．长江中下游稻、棉、油、桑、茶区　　该区位于秦岭、淮河以南，南方丘陵山地以北，西接鄂西山地，东临黄海，地跨上海市、安徽、江苏、湖北省大部，浙江、江西、湖南省三省北部的太湖、鄱阳湖、洞庭湖平原，共243个县、市，耕地以水田为主。该区素有"鱼米之乡"的称号，是我国粮、棉、油、麻、丝、茶等重要产地，水稻、棉花、油菜播种面积和总产量均分别占全国的1/3左右。该区分3个二级区：（Ⅳ1）长江下游平原区，（Ⅳ2）鄂、豫、皖丘陵山地区，（Ⅳ3）长江中游平原区。

Ⅴ．南方丘陵双季稻、茶、柑橘区　　该区位于长江中下游平原区以南，华南区以北，雪峰山脉以东至东海之滨，包括湘、浙、赣、闽四省大部，皖南、鄂东南、粤北、桂东北区297个县、市，耕地以水田为主。双季稻栽培面积占水田面积的73%，是我国双季稻比重最高的一个区。该区分两个二级区：（Ⅴ1）江南丘陵区，（Ⅴ2）南岭山地丘陵区。

Ⅵ．华南双季稻、热带作物、甘蔗区　　该区包括福建南部，广东中部和南部，广西、云南南部，共191个县、市，以及台湾省。作物种类繁多，粮食作物中双季稻占90%以上，甘蔗面积和产量占全国的2/3，龙舌兰麻、香茅、咖啡等热带作物都分布在这一地区。该区分4个二级区：（Ⅵ1）闽、粤、桂中南部区，（Ⅵ2）云南南部区，（Ⅵ3）海南岛、雷州半岛区，（Ⅵ4）台湾区。

Ⅶ．川陕盆地稻、玉米、薯类、柑橘、桑区　　该区包括陕西秦岭以南地区，鄂西山区，四川盆地，甘肃东南部，豫西的西峡、淅川二县，共199个县、市。该区丘陵、山地约占全区土地总面积的90%，耕地中旱地占58%，水田占42%。粮食作物中，水、旱粮并重，水稻占主要地位，其次是玉米、甘薯、小麦等。经济作物以油菜、桑、柑橘为主，其次是甘蔗、烤烟、药材等。该区分两个二级区：（Ⅶ1）秦岭大巴山区，（Ⅶ2）四川盆地区。

Ⅷ．云贵高原稻、玉米、烟草区　　该区包括黔、滇中北部，湘西及桂西北、川西南地区，共247个县。山地高原占总面积的95%左右，海拔1 000～2 000 m，丘陵起伏，地形复杂，气候差异大，有高寒山地，也有温暖盆地，立体农业明显，种植制度复杂多样，烤烟品质较佳。该区分两个二级区：（Ⅷ1）湘西、黔东区，（Ⅷ2）黔西、云南中部区。

Ⅸ．西北绿洲麦、棉、甜菜、葡萄区　　该区包括新疆全区、甘肃河西走廊、青海柴达木盆地、宁夏西北部及内蒙古西部，共137个县、市。土地面积大，耕地少，必须灌溉才能种植。全区90%左右的耕地是灌溉区，有灌溉水源的地被垦为农田，种植作物，成为绿洲。粮食作物以小麦为主，南疆有长绒棉，北疆有甜菜基地，葡萄总产量约占全国的一半。该区分两个二级区：（Ⅸ1）蒙、甘、宁、青、北疆区，（Ⅸ2）南疆区。

Ⅹ．青藏高原青稞、小麦、油菜区　　该区包括西藏自治区，青海南部和东北部，川西，甘南，云南西北德钦、中甸二县，共129个县、市。土地总面积大，可耕地少。农作物一年一熟，作物多为喜凉耐寒作物，其中青稞、小麦、豌豆、油菜四种作物的面积最大，占播种面积的90%左右。该区分两个二级区：（Ⅹ1）藏东南、川西区，（Ⅹ2）藏北、青南区。

1.4 作物的起源及作物栽培的历史沿革

1.4.1 作物的起源

栽培植物均由野生植物驯化而成，原始农业的出现也就是人类驯化野生植物的开始。几乎所有作物都有几千年的驯化史，其中只有少数变为栽培种。最早的农业遗址发现于泰国，约在公元前 11 000 年（Gorman，1969），近东约在公元前 9 000 年（Camble 等，1970），我国河南新郑裴李岗遗址的绝对年龄为 8 100 年，浙江余姚河姆渡炭化谷绝对年龄为 7 000 年，由此可知，至少在公元前 6 000—公元前 5 000 年前，我国已有水稻栽培。

📖 推荐阅读 1—3
中国古代作物学发展研究

1.4.1.1 世界作物起源中心

从 19 世纪末以来，各国学者一直在研究栽培植物的起源（origin）中心。最早提出相关学说的是瑞士植物学家德·康多尔（de Candoll），他研究了 477 种栽培植物，于 1882 年出版了《栽培植物起源》一书。德·康多尔划分了三大栽培植物起源地区为西南亚、中国和热带美洲。其后，俄国植物学家瓦维洛夫于 20 世纪 20—30 年代对世界作物进行了广泛考察、搜集和研究后，1935 提出了栽培作物的 8 个"基因中心"或起源中心学说（theory of origin center of cultivated plants），即根据地球上栽培植物种类分布的不平衡性，将种类异常丰富、存在着大量变异的几个地区命名为作物起源中心，并于 1935 年确定了主要栽培植物的 8 个独立起源地。J. 阿玛尔（J. Ammal）于 1945 年在瓦维洛夫的基础上划分了 12 个栽培植物起源中心，又称为基因中心。由于有些作物起源于瓦维洛夫提出的起源中心之外，1968 年茹可夫斯基提出大基因中心概念，将瓦维洛夫的 8 个起源中心扩大到 12 个大基因中心。1975 年瑞典的泽文与茹可夫斯基共同编写了《栽培植物及其变异中心检索》，重新修订了茹可夫斯基提出的 12 个中心，简述如下：

（1）中国–日本起源中心 这一中心具有丰富的特有种。中国基因中心是主要的和初生的，由它发展了日本基因中心。主要作物有黍（稷）、粟、高粱、大麦、荞麦、大豆、红小豆、山药、苎麻、大麻、苘麻、黄麻、桑、紫云英及桃、李、苹果、橙、梅、梨等。

（2）印度支那–印度尼西亚起源中心 该中心是爪哇稻、甘蔗特有种或变种的原产地，也是香蕉、槟榔、波罗蜜、竹、椰子、芋等的原产地，并具有丰富的热带野生植物区系。

（3）澳大利亚起源中心 该中心是某些种棉花、多种桉树及烟草初生基因中心之一，并有稻属的野生种。

（4）印度斯坦起源中心 该中心是稻、甘蔗、鸡脚棉、柠檬、杧果、柚、胡椒、茶的某些种和绿豆、豇豆、茄等的原产地。

（5）中亚细亚起源中心 该中心是小麦、小籽亚麻、蚕豆、小扁豆、大麻、胡桃、胡萝卜、洋葱、甜菜、芜菁、橡胶草、豌豆、山黧豆等的原产地。

（6）近东起源中心 该中心是栽培小麦、黑麦、紫苜蓿、驴喜豆、甜瓜、葡萄、扁桃等很多果树的原产地。

（7）地中海（次生）起源中心 很多作物在此区被驯化，如燕麦、甜菜、亚麻、三叶草、羽扇豆、无花果、石榴、油橄榄、大籽亚麻等。

（8）非洲起源中心 该中心是高粱、棉花、红麻、长果黄麻、大麦、油棕果、葫芦、枣椰等的原产地，该中心对世界作物影响很大。

（9）欧洲－西伯利亚起源中心　该中心是二年生糖用和饲用甜菜、紫苜蓿、大麻、啤酒花、甘蓝、草莓、三叶草等的原产地。

（10）南美洲起源中心　该中心是马铃薯、番薯、番茄、花生、木薯、烟草、木棉、某些棉花、可可、橡胶树、古柯、苋菜等经济作物的原产地。

（11）中美洲－墨西哥起源中心　该中心的主要作物为甘薯、玉米、陆地棉等。

（12）北美洲起源中心　该中心是向日葵、羽扇豆、栗、柿、山核桃等的原产地。

1.4.1.2　我国作物的来源

中国是独立发展起来的古老农业中心之一，又是世界栽培植物起源中心和多样性中心之一。我国现今栽培的大田作物有 60~70 种。这些作物中，有些是我国土生土长的本土作物，有些是在不同的历史时期从世界各地传入或引进的。

（1）本土作物起源于我国本土的作物有稻、小麦、裸燕麦、六棱大麦、粟、黍（稷）、高粱、大豆、赤小豆、荞麦、苦荞、山药、芋、紫芋、麻芋、白菜型油菜、紫苏、大麻、苎麻、苘麻、中国甘蔗、紫云英、草木犀等。

（2）公元前 100 年前后从中亚和印度一带引入的作物这一时期引入我国的大田作物有蚕豆（胡豆）、豌豆、绿豆、黑绿豆、芝麻（胡麻、油麻）、红花（红蓝花）、紫苜蓿等。

我国西汉外交家张骞（?—公元前 114）于公元前 139 年和公元前 119 年两次出使西域，开拓了丝绸之路，沟通了我国同西域各国的联系。与此同时也把那里的许多栽培植物，如葡萄、核桃等带回了我国。

（3）公元后从亚、非、欧各洲引入的作物　公元后的 2 000 年中，随着我国同亚、非、欧各洲交往的增加，相互之间的栽培植物交换和交流也增多了。这一时期，从海路和陆路引入我国栽培的大田作物包括：燕麦、黑麦、硬粒小麦、圆锥小麦、非洲高粱、魔芋、饭豆、蓖麻、红麻、草棉、三叶草等。在这些作物中，有的（如麦类、非洲高粱、甘蔗）增加了我国原有作物的类型；有的（如魔芋、蓖麻、亚麻、三叶草等）则填补了我国这类作物的空白。

（4）从美洲引入的作物哥伦布于 1492 年发现了新大陆，使这个大陆的许多珍贵作物传遍全世界。我国引入的美洲起源作物包括玉米、甘薯、马铃薯、粒用菜豆、花生、向日葵、陆地棉（美洲棉）、海岛棉、红麻、剑麻、烟草等。

1.4.2　作物栽培的历史沿革

原始的作物栽培技术产生于人类最初的农业生产活动中。中国历代农书记录了十分丰富的古代作物栽培经验。虽然人们在长期生产实践中积累起来的作物栽培学知识可以追溯到远古，文献记载也有几千年的历史，但作物栽培学作为一门较完整的学科诞生时间并不长，作物栽培学是一门古老且不断更新的科学。

1.4.2.1　作物栽培是我国古代农业的主要内容

我国农业历史悠久，农作文明灿烂辉煌。在汉代的《氾胜之书》、后魏贾思勰的《齐民要术》、北宋的《陈旉农书》、元代的《王桢农书》、明代徐光启的《农政全书》、清代的《授时通考》等我国古代农学著作中，作物栽培均是其主要的记述内容。在众多古籍以及历代农民的生产实践中，始终贯穿着一种观念：天、地、人统一，即"天人合一"。例如，先秦《吕氏春秋》

"审时"篇在论述作物生产时写道:"夫稼,为之者人也,生之者地也,养之者天也"。把天放在最后,意在突出其重要性。随着历史的发展,古人逐渐强调人的主观努力,认为不能消极地顺应天和地,而应在不违背自然规律的前提下,充分发挥人的主观能动作用。明代马一龙所著的《马说》中有如下精辟论断:"知时为上,知土次之,知其所宜,用其不可弃,知其所宜,避其不可为,力足以胜天矣。"书中关于"合天时、地脉、物性之宜,而无所差失,则事半而功倍矣"的观点更能显示出人在作物栽培实践中的主导地位。清代张标在《农丹》一书中则更明确地道出了不论天时、地利如何,作物的生长发育都要由人来掌控的观点:"天有时,地有气,物有情",但它们"悉以人事司其柄"。

天、地和人的统一,天人合一,处理好人与自然的关系,是我国古代农学思想的核心。在这一核心思想的指导下,形成了以精耕细作为代表的我国传统农作技术。我国古代精耕细作传统主要表现在深耕细锄、多施肥料、少种多收、合理利用天时地利并维持土壤肥力等几个方面。特别是开辟了粪肥、绿肥、泥肥和灰肥等多种肥源,创造了沤肥、堆肥和熏土等一系列肥料积制方法,从而使地力得到了维持和提高,并在此基础上创造了一系列的轮作复种方法,使地力保持不衰,复种指数不断提高,土地利用率达到了世界最高水平,作物生产水平逐渐提升,粮食产量稳步提高。这就为我国古代社会、经济的长期稳定发展和文化的繁荣昌盛奠定了坚实的物质基础。

1.4.2.2 我国作物栽培学的建立与发展

1950 年以前,我国无专门的作物栽培学,它只是作物学的一个分支。直到 20 世纪 50 年代末期,随着科学技术的发展、生产的需要,作物学开始分化,走向了以专业为主的教学和论著,作物栽培学成为农业院校的一门专业主课。

在作物栽培基本研究方法和作物栽培学理论体系上,以作物生理生态研究结果为基础,形成了以作物高产为主线,作物 – 环境 – 措施三位一体的作物栽培基本研究方法。进一步研究提出了包括以下三个基本组成部分的作物栽培学理论体系:一是作物器官建成和产量形成规律及机制、高产群体生育期的形态生理特征和指标;二是各环境因素与作物之间、群体与个体之间、各部器官之间的关系和矛盾,以及综合诊断的原理和方法;三是栽培措施的作用原理和高产群体的调控原则。

在作物栽培技术体系上,推广了育苗移栽、高效肥水管理(如配方施肥)、地膜覆盖、立体种植、设施栽培、化学调控、超高产栽培、作物群体质量栽培、优质无公害栽培、保护性耕作栽培、作物生产智能化等技术,并在多种作物上建立了叶龄模式,形成规范化、模式化栽培技术。在高产条件下,研究并提出了稻麦精播、稀植、小群体、壮个体、高积累的高产栽培途径和精确定量栽培技术体系,以及棉花、玉米密植增产技术体系。我国的多熟制及其多熟种植条件下的多作共栖、周年高产栽培技术,逆境条件下的作物抗逆、稳产增产栽培技术和一些重大栽培技术成果,保持世界先进水平。

我国的作物栽培科学在某些现代化技术的研究和应用上目前还不如发达国家。但是,上述栽培理论与技术体系的提出、推广和普及,解决了大量的作物生产难题,为我国作物生产水平的提高、粮食增产增收奠定了坚实的理论依据和技术支撑。经过半个世纪的发展,作物栽培科学已经成为一门重要学科。作物栽培学的进一步完善必将对我国经济、社会的繁荣、稳定继续产生重要的推动作用。

深入学习 1—2
二十四节气与作物生产

深入学习 1—3
我国作物栽培学的建立与发展

推荐阅读 1—4
发达国家农业科技化发展的经验与启示

1.5　未来作物栽培科学与技术的发展趋势

1.5.1　作物生产发展的目标

21世纪作物生产的目标与以往相比有了更高的要求。在农产品供不应求的时期，作物生产一直将高产作为追求的目标；目前，农产品达到供求基本平衡，丰年有余，环境问题日益突出，作物生产的目标要兼顾高产、优质、高效、生态和安全。具体表现在以下几个方面：

（1）满足粮食需求，保证食物安全　作物生产是我国农业发展的主体，直接关系到农业乃至整个国民经济的发展和稳定。随着我国人口持续增长，农业资源日益紧缺，对粮食需求迅速扩张，特别是21世纪前30年，我国人口将增长到极限峰值，资源承载能力将下降至最低水平，在这样严峻的人口与资源配置条件下，农业，尤其是作物生产的发展如何满足人口增长对粮食需求的不断增加，长期保证我国的食物安全，是一个必须高度重视的战略问题。

（2）提高作物产品的质量，增加供给的多样性　随着我国农业由单纯数量增长型向质量效益增长型转变，以及城乡人民生活水平的不断提高，农产品的品种问题、质量问题更加突出。必须进行种植业结构调整，以满足经济和社会的发展对农产品质量、花色和多样性的要求，改善我国人民的食物构成。为此，要深入研究作物品质形成理论和优质栽培技术，开发名优新特稀农产品品种及其配套栽培技术，发展优质、专用、无公害农产品，借以提升我国作物产品的国际竞争力，促进农民增收。

（3）提高作物生产效益　长期以来，我国的作物生产一直将高产作为追求的目标，围绕作物高产，技术超常密集，无节制地追加物化技术，过量使用化肥、农药、生长调节剂，造成流失多、利用率低、污染环境、成本高、效益低。现代农业科学技术要求利用最合理的自然资源配置，以最低的能耗获得最大的经济效益。因此，研究发展精确、适度、简化的高效栽培技术，降低生产成本，提高效益是作物栽培学的一项新内容。

（4）实现可持续发展　我国现行作物生产的显著标志是水、肥反应型高产作物品种大批育成推广，种植业化肥、农药、农膜使用量迅速增长，农业机械化初具规模。这种高投入、高产出的农业发展模式在促进农业生产发展、满足社会经济发展对农产品需求的同时，却在一定程度上导致了生态系统退化、生物多样性降低、土壤和水体环境污染等严重问题。由此带来的农产品硝酸盐含量超标问题已严重影响了我国农业产业化、市场化和商品化的发展前景。因此，未来的作物生产必须以农业的可持续发展为目标，通过科学和技术的进步促进作物生产和生态环境之间的协调发展。

1.5.2　作物栽培学的发展方向

1.5.2.1　作物栽培学科研究的发展趋势

以信息技术和生物技术为代表的新技术革命的兴起，导致世界的科学技术发生了日新月异的变化。作物栽培的目标由过去主要追求高产成为现在的高产、优质、高效、生态、安全的协调统一。新仪器、新设备的问世和测试手段的进步，促进了研究手段由传统的称量、基本形态生理分析向细胞、亚细胞、激素、酶学和分子生物学等方面发展；研究内容向作物产量、品

深入学习1-4
作物栽培学在分子水平的研究及其发展趋势

质、作物生长环境，以及与农产品安全有关的农艺、生理、生态和调控技术等方面扩展；研究层次从群体、个体、组织、器官、细胞，一直延伸到分子；研究方法从形态解剖、生理生化延伸到分子生物学技术和纳米技术。

1.5.2.2　优质高产栽培

我国粮食生产面临着严峻的形势。一方面，我国耕地总量下降趋势仍难遏止，人口增长对粮食和其他农产品的需求仍将与日俱增，我国作物生产必须挖掘产量潜力。另一方面，由于有机肥施用量少，化肥用量大且氮、磷、钾比例失调，部分作物中甚至大量使用激素等生长调节剂，使我国农产品的食味和营养品质不断下降，难以满足人民生活水平提高对优质农产品的需求。

为此，未来作物栽培学的工作重点是研究主要作物高产、优质相结合的机制并开发出综合配套的栽培技术体系。这些工作将包括：作物产量、品质形成的生理生化生态规律及高产、优质同步的调控途径；主要作物高产、优质相结合的形态、生理指标与综合调控途径；主要农作物高产、超高产机制与技术；作物生长发育系统调控技术的优化与规范化；作物高产、优质、高效相结合的栽培技术体系；限制条件下作物抗逆增产综合技术。

由于全球的温室效应和环境恶化，使得自然灾害频繁发生，严重威胁作物生产的稳定和发展，同时我国需要积极进行中低产田（旱地、盐碱地等）治理、边缘土地利用等逆境条件下的作物生产。研究作物对逆境响应（response to stress）的机制和应对逆境的调控技术已是作物栽培学研究的一个重要任务。

1.5.2.3　节本简化栽培

随着城乡经济一体化进程的加快，农村劳动力转移越来越多，特别是在农村二、三产业发达、农业适度规模经营得到发展的地区，劳动力结构发生了很大变化，对简化程序、减少用工、降低作业成本的节本简化栽培技术的要求更为迫切。

节本简化栽培（cost minimized and work simplified production）技术的定义为：简化种植业程序，改变或优化传统技术措施，降低劳动力和物质的消耗，从而达到以高产、优质、高效为目的的综合栽培技术。它包括了大麦、小麦、油菜、豆、水稻等作物免耕、少耕的耕作技术，主要农作物直播栽培技术、水稻抛秧栽培技术，作物高效利用水分、养分技术，广谱高效、低毒新型除草剂的开发和应用技术，以烯（多）效唑等农业化学物质应用为主要的化控技术等。节本简化栽培技术能够大幅度减少用工量，降低劳动强度和成本，提高种植效益和农民生产积极性，提高劳动生产率和规模效益，有利于农业机械化和农业社会化服务的发展。

发展现代节水农业、大规模提高农业用水效率，是保障我国食物安全、水安全、生态安全及整个国家安全的重大战略。作物栽培在农业节水方面大有可为，主要工作包括创造作物良好的节水环境，构建适宜节水冠层（减少无效分蘖、降低叶面积等），调节叶片气孔开闭，提高物质生产效率及收获指数等。

1.5.2.4　机械化栽培技术

随着我国农村劳动力的转移和土地流转政策的完善，土地向种田大户集中是必然趋势，适度规模经营及机械化栽培（mechanized production）必将相应发展。因此，农艺与农机结合，发展适宜于机械化生产的栽培技术，是提高劳动生产率和规模效益的需要。目前，南方地区作物生产在土壤耕作、收获等生产环节的机械化作业发展迅速，但劳动强度大、耗工多的播种和移栽环节仍以人工作业为主，实现播栽环节的机械化是关键。

1.5.2.5　绿色安全栽培

随着人民生活水平的提高和参与国际市场竞争的需要，人类对农产品提出了更高的要求。因此，绿色安全农产品生产的综合技术研究必将成为作物栽培学的一个热点领域。绿色安全栽培（green and safe production）技术的关键是科学施用农药和化肥，广泛采用降解薄膜。其主要内容有：改进化学防治技术，开发高效、低毒、低残留农药，提出药效与残留监测技术标准及评估方法；改进施药技术与机械，大量发展生物防治，研制高效微生物农药；利用生物技术，开发生物肥料；增施有机肥肥料，减少单一化肥施用；制定无公害栽培标准，完善环境与品质检验监测技术体系。

1.5.2.6　标准化栽培

随着农业产业化进程的加快，对农作物生产技术的规范化、标准化要求日趋强烈。作物栽培标准化是农业标准化的重要组成部分。它是指以工业化的理念发展农业生产，用工业化以及安全的生产经营方式管理作物生产。即作物生产内部分工要科学，工作程序要明确，技术措施要标准，产品质量要标准，实行专业化生产、集约化经营和社会化服务，以提高作物产业的整体质量和效益，提高作物生产的竞争力。作物栽培标准化包括了农业生态环境、农业生产资料投入、农作制度与生产操作技术、生产管理与服务、产品质量及其监控等诸方面标准的制定与贯彻实施。因此，大力推进作物标准化栽培（standardized production），对促进农业产业化发展，提高我国农产品国内外市场竞争力具有重要的意义和作用。

1.5.2.7　设施栽培

随着设施农业在我国的加快发展，急需研发与各种设施相配套的标准化栽培管理技术。就目前大田作物设施栽培（protected production）而言，要开展的工作是：① 进一步探索扩大覆膜栽培的地区和作物种类、覆膜作物的生育特点和相应技术，研究防止和减轻白色污染、降低成本的措施；② 研究提高种子活力和壮苗的种子包衣加工技术、种苗脱毒和商品化育苗等物化栽培技术。

1.5.2.8　信息化栽培

作物栽培科学发展的一个主要趋势是定量化和信息化，以使作物的监测诊断和栽培决策趋于精确和快速。作物栽培定量研究的核心是建立规律性的定量方法，找出关键的定量指标，提出可靠的定量模型。特别是作物生产在实现优质、高产、高效和安全诸目标的过程中，对各种环境要素的要求也是不同的，要寻求它们之间的综合平衡点，必须靠现代的定量研究方法，创造新的定量栽培技术体系。尤其在优质高产和资源环境关系上，要找到数量上的平衡模型和协调点。

现代信息技术的发展使人类社会开始步入数字化时代，信息科学和作物栽培科学的交叉渗透催生了信息化栽培（information based production）这一新兴的高技术领域，对于作物栽培的定量化、数字化、科学化和工程化具有重要推动作用。当前，随着作物栽培学与系统模型技术、遥感监测技术、决策支持技术等领域的交叉与融合，作物栽培管理不断向精确化和数字化方向迈进。因此，将数字化信息技术应用于作物栽培学，对作物栽培学所涉及的对象和过程进行数字化表达、设计、控制和管理，是信息农业理论与技术在作物栽培学上的拓展和深化，也

推荐阅读 1—5
农业大数据研究应用进展与展望

是当今作物栽培学发展的前沿领域和必然趋势。

名词解释

作物 大田作物 粮食作物 经济作物 喜温作物 耐寒作物 长日作物 短日作物 中性作物 定日作物 大春作物 小春作物 作物栽培学 节本简化栽培 绿色安全栽培 设施栽培

问答题

1. 作物与作物栽培学的概念是什么？
2. 简述作物生产的特点与作物栽培学的性质。
3. 简述作物生产在国民经济中的重要作用。
4. 作物有哪些分类方法？
5. 我国种植业如何分区，进行种植业分区有什么意义？
6. 哪些作物起源于中国？哪些作物在世界分布较广？

分析思考与讨论

1. 简述作物栽培科学及作物栽培技术的发展趋势。
2. 转型期我国作物生产发展有哪些机遇与挑战？
3. 中国作物生产存在的主要问题是什么？

2

作物的生长发育特性

【本章提要】 作物的生长发育是一个极其复杂的过程，它在各种物质代谢的基础上，表现为种子发芽、生根、长叶、开花、结果，最后成熟、衰老、死亡等现象。作物生长发育的特点是：在其生活史的各个阶段总在不断地形成新的器官，是一个开放系统；作物生长到一定阶段，光照、温度等条件调控着由营养生长转向生殖生长；在一定外界条件刺激下，作物细胞表现高度的全能性；固着在土壤中的作物必须对复杂的环境变化做出多种反应。

本章重点讲述作物生长发育的一般规律，作物生长的一些相关现象，作物生长发育与环境的关系。要求学生掌握作物的生育期、生育时期、物候期、作物生长的 S 形曲线、作物器官同伸和同伸器官等基本概念。掌握作物营养生长与生殖生长、地上部分与地下部分、个体与群体之间的相互关系及其调节原理。了解温度、光照、水分等主要环境因子对作物生长发育的影响，掌握作物温光反应基本理论以及在作物生产上的科学应用。

2.1　作物的生长发育

任何一种作物个体，总是有序地经历种子萌发出苗、营养生长、生殖生长、种子形成及植株衰亡等生长发育阶段，人们把作物个体从发生到死亡所经历的过程称为生命周期。但在生产实际中，人们常把出苗到植株成熟收获看作是作物的一个生命周期。

一年生作物指播种后当年可开花结果，形成新的种子的作物；多年生作物指播种后多年才能开花结果，形成新的种子的作物。在作物生命周期中，伴随着器官、组织的形态建成，植株个体进行着生长、分化和发育等外在与内在的变化，习惯上把生命周期中呈现的个体及器官形态结构的形成过程，称为形态发生或形态建成。以种子或果实为播种材料和收获对象的作物，生命周期要经过胚胎形成、种子萌发、幼苗生长、营养体形成、生殖体形成、开花结实、衰老和死亡等阶段；以营养器官为播种材料或收获对象的植物，如甘薯、马铃薯、苎麻、甘蔗等，其植物学生命周期和作物栽培学生命周期，则不是同一个概念。

🖼 彩图 2—1
植物学与作物栽培学
生命周期定义

2.1.1　作物生长、分化和发育的概念

2.1.1.1　生长

作物个体、器官、组织和细胞在体积、数量和重量上不可逆的增加过程称为生长（growth）。生长通过原生质的增加、细胞分裂和细胞体积的扩大来实现，如根、茎、叶、花、

果实和种子的体积扩大或干重增加都是典型的生长现象。通常将营养器官（根、茎、叶）的生长称为营养生长（vegetative growth），生殖器官（花、果实、种子）的生长称为生殖生长（reproductive growth）。

2.1.1.2 分化

从一种同质的细胞类型转变成形态结构和功能与原来不相同的异质细胞类型的过程称为分化（differentiation）。它可在细胞、组织、器官的不同水平上表现出来。例如：从受精卵细胞分裂转变成胚胎；从生长点转变成叶原基、花原基；从形成层转变成输导组织、机械组织、保护组织等。正是由于这些不同水平上的分化，作物各部分才具有异质性，即不同的形态结构与生理功能。

2.1.1.3 发育

在作物生命周期中，其组织、器官或整体在形态结构和功能上的有序变化称为发育（development），通常将作物一生所经历的生命周期称为作物的个体发育，它泛指作物的发生与发展，是广义的概念。例如，从叶原基分化到长成一片成熟叶片的过程是叶的发育；从根原基发生到形成完整根系的过程是根的发育；由茎端分生组织形成花原基，再由花原基转变为花蕾，以及花蕾长大开花，是花的发育；而受精的子房膨大，果实形成和成熟则是果实的发育。狭义的发育，通常指作物从营养生长向生殖生长的有序变化过程，其中包括性细胞的出现、受精、胚胎形成以及新的繁殖器官的产生等。

作物的发育是其遗传信息在内外条件影响下有序表达的结果，在时间上有严格的进程，如种子发芽、幼苗成长、开花结实、衰老死亡都按一定时间顺序发生。同时，发育在空间上也有巧妙的布局，如叶原基就是按一定的顺序排列形成叶序；花原基的分化通常是由外向内进行，首先发生萼片原基，以后依次产生花瓣、雄蕊、雌蕊等原基。

2.1.1.4 生长、分化和发育的相互关系

生长、分化和发育之间关系密切。一方面，发育包含了生长与分化，如花的发育包括花原基分化和花器官各部分的生长；果实的发育包括了果实各部分的生长和分化等。这是因为发育只有在生长和分化的基础上才能进行，没有生长和分化，就不能进行发育过程。同样，没有营养物质的积累、细胞的增殖、营养体的分化和生长，就没有生殖器官的分化和生长，也就没有花和果实的发育。另一方面，生长和分化又受发育的制约。作物某些部位的生长和分化往往要通过一定的发育阶段后才能开始。如水稻必须生长到一定叶数以后，才能接受光周期诱导；油菜在抽薹前后长出不同形态的叶片。

在生产上，作物生长、分化与发育的关系可大致分为四个类型：

（1）协调型　生长、分化和发育良好且协调，能全面发挥品种潜力，高产、优质、低耗、高效。

（2）徒长型　营养生长过旺，生殖器官分化发育延迟或不良，低产、品质差、高消耗。

（3）早衰型　营养生长不足，生殖器官分化发育过早过快，不能发挥品种潜力，减产严重。

（4）僵苗型　前期僵苗，生长不良，生长、分化和发育迟缓，导致成熟迟、产量低、品质差。

2.1.2 作物生长的一般过程

2.1.2.1 S形生长进程的理论

作物的个别器官、整个植株的生长以及作物群体的建成和产量的积累均经历前期缓慢、中期加快、后期又减缓以至停滞衰落的过程，在坐标图上（图 2-1）可用曲线表示。在相对生长速率不变，且空间和环境不受限制的条件下，作物生长呈指数增长，呈 J 形曲线（A）。实际上，当器官、个体、群体以 J 形曲线生长到一定的阶段后，因内部和外部环境限制，相对生长速率下降，曲线不再按指数增长方式直线上升，而是右偏斜，形成 S 形曲线（B）。

S 形生长若按作物种子萌发至收获来划分，可分为四个时期：

（1）缓慢增长期 种子内部发生变化，细胞数量虽能迅速增多，但生长量增加较小，生长缓慢。

（2）快速增长期 细胞体积迅速增大，物质合成旺盛，生长量增加最显著，生长迅速。

（3）减速增长期 生长继续以接近最高生长速率生长，生长量最大，生长最快。

（4）缓慢下降期 生长量非但不增加，反而减少，生长速率均逐渐趋向于零值。

以玉米株高为例，播种后 0~18 d 为缓慢增长期；播种后 18~45 d 为快速增长期；播种后 45~55 d 为减速增长期；播种后 55~90 d 为缓慢下降期（图 2-2）。

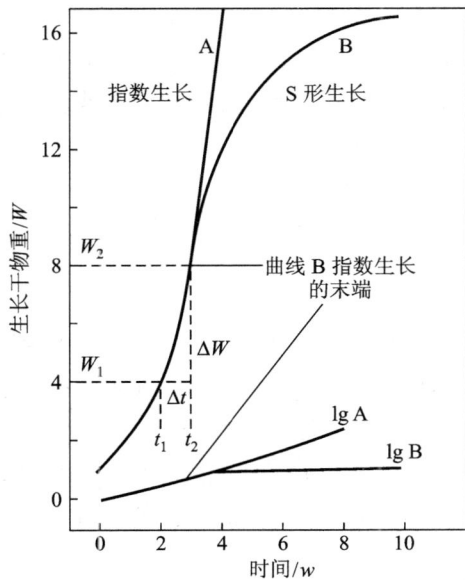

图 2-1 作物生长的 S 形模型
（引自 Leopold 和 Kriedemann，1975）
W_1 和 W_2 是作物生长的两个相邻时间 t_1 和 t_2 时的干毪重

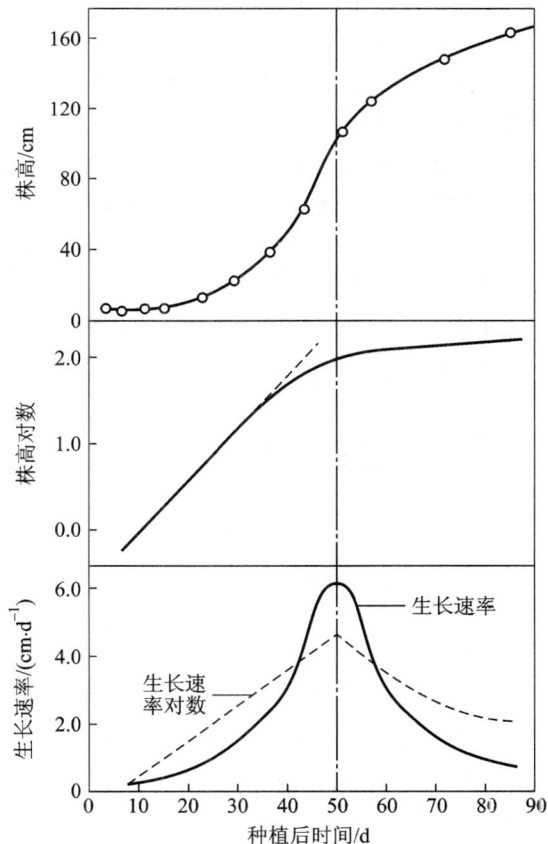

图 2-2 玉米株高变化曲线
（引自潘瑞炽等，1999）

作物群体生长也符合 S 形曲线，王天铎等（1961）把水稻群体干物质积累过程划为三阶段，即指数增长期、直线增长期和减缓停滞期。

（1）指数增长期 生长初期，群体叶面积很小，叶片互不遮蔽，且新生器官（主要是叶片）还能进行再生产，这时群体干物质积累与叶面积成正比，呈指数增长。

（2）直线增长期 群体干物重积累速率比较快而稳，积累量大，随着植株生长和叶面积增加，叶片遮蔽加重，以单位叶面积计算的净同化率值随叶面积增加而下降。但此期叶面积总量大，单位土地面积上群体干物质积累速率加快。

（3）减缓停滞期 随叶片机能衰退、变黄和脱落，及同化产物由营养器官向生殖器官运输和转化，群体干物质积累速率减缓。在成熟期，植株生长进入停滞状态，干物质累积停止。

各种作物的干物质累积大体符合 S 形生长曲线。不过，不同作物的不同品种，在不同的生态环境中和栽培条件下种植，其生长过程又各有不同。植株实际生长曲线与典型的 S 形曲线有一定的偏离，有时某一个生长期间可能完全消失或特别突出；有时中间有一段时间由于生长停顿而形成双 S 形曲线。这些变异的产生主要取决于不同生长条件下器官和植株的发育情况。

2.1.2.2 S 形生长进程理论的应用

作物群体、个体、器官、组织和细胞，如在某一个阶段偏离了 S 形曲线，即未达到或超过，均会影响其生育进程，从而最终影响作物的产量和品质。根据 S 形生长进程理论，在生产中应注意以下三方面。

（1）各种促进或抑制作物生长的措施，应在作物生长最快速率到来前应用。如用矮壮素控制小麦拔节，应在基部节间尚未伸长前施用，如基部节间已伸长再施矮壮素，就达不到控制该节间伸长的效果；水稻晒田可使基部 1~2 节间矮化，若晒田过迟，不但起不到矮化效果，反而可能影响穗分化。

（2）同一作物的不同器官，通过 S 形生长周期的步伐不同，在控制某一器官发育的同时，应注意该措施对其他器官的影响。如拔节前对稻、麦施速效氮肥，虽能对穗形大小或小花分化起促进作用，但同时也能使基部 1~2 节间伸长，易倒伏。

（3）作物生育是不可逆的，在作物出苗到成熟的整个过程中，应密切注视苗情和各个同步发育的器官，提前采取调控措施，协调不同器官之间的关系，使植株达到不同生育时期应有的长势和长相。若作物器官已经形成，再采取措施也无法补救。

2.1.3 作物的生育期和生育时期

2.1.3.1 作物的生育期

（1）作物生育期的概念 作物从播种出苗到成熟收获的整个生长发育过程所需的时间称为作物生育期（growing period），以天数表示。以子实为播种材料又以新的子实为收获对象的作物，其生育期一般是指从播种到新种子成熟所持续的天数；以营养体为收获对象的作物，生育期则是指从播种材料出苗到主产品收获适期的天数。进行育秧（育苗）移栽的作物，通常还将生育期分为秧田（苗床）生育期和大田生育期。秧田（苗床）生育期是指从出苗到移栽的天数，大田生育期是指从移栽到成熟的天数。

（2）作物生育期的长短 主要是由作物的遗传特性和环境条件决定。不同作物的生育期长短不同，如长江流域，一季中稻 140 d 左右，棉花 120 d 左右，油菜 210 d 左右。同一作物生育期长短因品种而异，有早熟、中熟及晚熟之分。早熟品种生长发育快，主茎节数少，叶片少，成熟早，生育期较短；晚熟品种生长发育缓慢，主茎节数多，叶片多，成熟迟，生育期较长。中熟品种介于两者之间。相同环境条件下，各品种生育期长短相对稳定。

作物生育期的长短也受环境条件的影响，其中又以光周期及温度所起的作用最大。另外，栽培措施对生育期长短也有影响。作物生长在肥沃的土地上，或施氮肥较多，水分适宜，茎叶生长过旺，则生育期延长。反之，土壤缺少氮素，生育期缩短。同一作物生育期长短的变化，主要是营养生长期长短的变化，生殖生长期长短变化较小。

（3）作物生育期与产量　一般说来，早熟品种单株生产力低，晚熟品种单株生产力高。相同种植密度下，早熟品种主茎形成叶片较少，叶面积也较小，最大叶面积指数和光合势都达不到该品种的最适宜值。因此，早熟品种不可能表现出本身的潜力，产量低于晚熟品种。在不同种植密度下，即早熟品种适当密植，晚熟品种适当稀植，早熟和晚熟品种的群体都可达到其最适叶面积系数，则早熟品种的产量不一定比晚熟品种低。

2.1.3.2　作物的生育时期

（1）生育时期的概念　在作物的一生中，其外部形态特征总是呈现若干次显著的变化，根据这些变化，可将作物的整个生育期划分为若干个生育时期（growing stage）。对生育时期的含义有两种不同的解释：一种是把各个生育时期视为作物全田出现形态显著变化的植株达到规定百分率的日期；另一种是把各个生育时期看成形态出现变化后持续的一段时期，并以该时期始期至下一生育时期的天数计。例如，分蘖期按前一种解释是指全区50%的植株出现分蘖的那一天，即某月某日；而按后一种解释则是指从分蘖始期起至拔节始期之间的天数。在实际进行记载时，常采用前一种方法。

（2）生育时期的划分　各种作物生育时期划分方法目前尚未统一，国内外也存在划分方法的差异。

① 中国的作物生育时期划分方法　中国在科研观察记载及生产实践中对主要作物的生育时期划分如表2-1。不同作物形态特征不同，在生育期的划分上也会有一些差异。如禾谷类作物中的玉米、高粱等不利用分蘖，可不必列出分蘖期。为了更详细地进行观测与记载，还可将个别生育时期划分得更细，如开花期可分为始花期、盛花期、终花期，成熟期又可分为乳熟期、蜡熟期、完熟期等。不同作物的生育时期划分标准并不尽相同。

表2-1　主要农作物生育时期的划分

作物类型	生育时期划分
水稻、麦类	出苗期、分蘖期、拔节孕穗期、抽穗开花期、结实期
玉米	出苗期、苗期、拔节孕穗期、抽穗开花期、结实期
大豆	出苗期、苗期、分枝期、开花结荚期、鼓粒期、成熟期
甘薯	出苗期、苗床期、栽插至苗期、分枝结薯期、薯蔓并长期、块根盛长及茎叶渐衰期
马铃薯	出苗期、匍匐茎伸长期、块茎形成期、块茎增长期、淀粉积累期、成熟收获期
棉花	出苗期、苗期、蕾期、花铃期、吐絮期
油菜	出苗期、苗期、蕾薹期、开花期、角果成熟期
黄麻、红麻	出苗期、苗期、旺长期、现蕾期、开花结果期、蒴果成熟期
甘蔗	萌芽期、幼苗期、分蘖期、蔗茎伸长期、工艺成熟期

a. 禾本科作物相对统一的生育时期划分标准为：

出苗　不完全叶或第一片真叶突破芽鞘；

分蘖　第一个分蘖露出叶鞘；

拔节　第一伸长节间伸长达 1 cm 以上；

抽穗　水稻、麦类等作物穗顶露出倒数第一叶叶鞘；

开花　雄蕾花药露出或花粉散出；

成熟　子粒具本品种固有特征与色泽。

b. 双子叶作物相对统一的生育时期划分标准为：

出苗　子叶平展；

现蕾　幼蕾苞叶达一定大小，或一定条件下肉眼能看到花蕾；

开花　花冠张开，雌雄蕊露出；

成熟　种子具本品种固有特征与色泽，或所收获器官停止生长、部分及全部叶片变黄。

以上判断标准为观察单个植株时的标准。群体生育时期的判断标准通常是：当 10% 左右的植株达到某一标准时称为这一生育时期始期，50% 以上植株达到标准时称为盛期。

② 国际作物生长发育阶段的划分方法　国际上对作物生长阶段的相关记录方法形成于1940 年，1960 年后被广泛被采用。主要有三种记录编码方法：

a. 菲克斯标准　由 Feekes（1941）提出并经过 Large（1954）修改和完善的禾谷类作物生长阶段划分标准，目前在美国广泛应用于作物生产规划管理，并根据植物生长信息使用农药和化肥，实现环保及效率最大化获得作物产量。此方法将禾谷类作物易于识别的主要形态学特征按其个体发育的顺序从出苗到子粒成熟记录为 1～11，其中 1～5 为分蘖期，6～10 为茎伸长期，10.1～10.5 为抽穗期，10.51～10.54 为开花期，11 为成熟期。

📖 推荐阅读 2—1
菲克斯标准的谷物
生长阶段

b. Zadoks 标准　J. C. Zadoks 等 1974 年公布了一种以十进制编码的性状记录方法，在此基础上不断得到补充发展使之更为严谨，目前为国际农业科学工作者普遍公认和广泛应用（表2—2）。此方法将作物分为 0～9 共 10 个发育阶段，每阶段又分 10 个时期。即 00～99。其中 0为发芽，1 为幼苗生长（主茎叶数），2 为分蘖，3 为茎伸长（拔节），4 为孕穗，5 为抽穗，6为开花，7 为结实，8 为成熟，9 为衰老。例如，15 代表植株处于主茎具 5 叶时期；22 代表两个分蘖时期；31 代表主茎有一个伸长节时期。

📖 推荐阅读 2—2
谷物生长阶段的十
进制代码

表 2-2　基于 Zadoks 标准的作物主要生长阶段划分（引自 Hack *et al.*，1992）

阶段	英文描述	中文描述
0	germination / sprouting / bud development	萌动 / 发芽 / 芽发育
1	leaf development（main shoot）	叶发育（主茎）
2	formation of side shoots / tillering	侧芽 / 分蘖的形成
3	stem elongation or rosette growth / shoot development（main shoot）	茎伸长或莲座期生长 / 主茎发育
4	development of harvestable vegetative plant parts or vegetatively propagated organs / booting（main shoot）	可收获的营养植物部分的发育或营养繁殖器官 / 孕穗（主茎）
5	inflorescence emergence（main shoot）/ heading	花序出现（主茎）/ 抽穗
6	flowering（main shoot）	开花（主茎）
7	development of fruit	果实发育
8	ripening or maturity of fruit and seed	成熟或果实和种子成熟
9	senescence，beginning of dormancy	衰老，开始休眠

c. 费尔标准　Water R. Fehr 等 1971 年建立并逐渐完善。该方法将作物一生分为营养生长期（V）和生殖生长期（R），并根据不同作物生育习性定义营养生长期与生殖生长期的各个不同生育阶段。如大豆的营养生长期中，VE 表示出苗期，VC 表示子叶期，Vn 表示第 $n-1$ 个复叶展开期。生殖生长期分为 R1 ~ R8 八个阶段，分别表示开花至成熟等不同生长过程。

📖 推荐阅读 2-3

费尔标准的大豆生长阶段

2.2　作物的器官建成

2.2.1　作物种子与发芽出苗

2.2.1.1　种子结构与类型

（1）种子构造　不同种子形状有圆形、椭圆形、心形和肾形等；颜色有白、红、黄、绿和黑等，许多种子具花纹。种子的基本结构由胚、胚乳和种皮三部分组成，有些种子具有外胚乳或假种皮。

🖼 彩图 2-2

不同农作物种子外形

① 胚　胚是种子的最重要部分，是新一代作物体的幼体，作物器官的形态发生从胚开始。胚由胚根、胚轴、胚芽和子叶四个部分组成。胚根由根端生长点和根冠组成；胚芽由茎端生长点和幼叶组成；连接胚根和胚芽的轴状结构为胚轴，当种子萌发时，胚轴随之伸长。子叶可认为是作物最早的叶，不同种子有一片或两片，以此为特点分为单子叶作物和双子叶作物。

② 胚乳　胚乳位于种皮和胚之间，是贮藏的场所，所贮藏的营养物质供种子萌发时利用。胚乳或子叶含有丰富的营养物质，主要是糖类、脂质和蛋白质，亦有少量的无机盐和维生素，这些化合物在种子中的相对数量随作物种类不同而变化很大。以干重为指标，禾谷类作物小麦和玉米的淀粉含量较高，占干重的 70% ~ 80%；而豆类作物如豌豆和菜豆中约为 50%；油菜和芥菜种子中含有 40% 的脂质和 30% 的蛋白质，大豆中则含有 20% 的脂质和 40% 的蛋白质。

③ 种皮　种皮是包被在种子最外面的结构，可保护种子内的胚，避免水分的丧失、机械损伤和病虫害的侵入，有些作物的种皮还与控制萌发的机制有关。棉花种皮具有很长的表皮毛，是收获的产品纤维。种皮细胞内含有色素使种子呈现不同的颜色。

成熟种子的种皮上一般还有种脐、种孔和种脊等结构。种脐是种子成熟后与果实脱离时留下的痕迹；种孔是原来胚珠时期的珠孔，种子萌发时，胚根首先从种孔处突破种皮。

（2）种子的类型　根据种子成熟后是否具有胚乳，可将种子分为有胚乳种子和无胚乳种子。

① 有胚乳种子　种子成熟后具有胚乳，并占据种子的大部分。多数单子叶作物和部分双子叶作物的种子都是有胚乳种子，如小麦、水稻、蓖麻、荞麦、黄麻、烟草等的种子。

② 无胚乳种子　在种子成熟过程中，胚乳中养料转移到子叶中，因此常具有肥厚的子叶，如花生、蚕豆、棉花、油菜、大豆、芝麻、甜菜、大麻等的种子。

2.2.1.2　作物种子发芽出苗

成熟、干燥的种子在合适的环境条件下，胚就转入活动状态并开始生长，这一过程称为种子萌发（seed germination）。萌发所不可缺少的外界条件是：充足的水分、适宜的温度和足够的氧气；有些种子萌发时需要光。

（1）种子的萌发条件　种子萌发必须满足一定的温度、水分、氧气等环境条件需求。

① 温度　种子萌发对温度要求表现出三基点，即最高温度、最低温度和最适温度（表 3-1）。在一定温度范围内，随温度升高，种子萌发速率加快。其原因是温度适当升高，可加快

酶促反应，加强种子吸水，促进气体交换以及物质的运输和转化。当温度低于最低限度时，呼吸弱，种子发芽缓慢，消耗有机物质多，苗细弱，易受病菌危害和烂种。但温度过高会使苗长得细长而柔弱。低温是影响春播种子正常萌发的主要因素。春播作物要做到早出苗、出壮苗，必须解决低温的影响。故常采用火炕、温床、温室、地膜覆盖等措施进行育苗移栽，使播期提前并能培育壮苗。

表 2-3　不同作物种子萌发温度要求（引自王维金，1998）

作物种类	最低温度 /℃	最适温度 /℃	最高温度 /℃
小麦	3 ~ 5	15 ~ 31	30 ~ 43
大麦	3 ~ 5	19 ~ 27	30 ~ 40
油菜	3 ~ 5	20 ~ 25	30 ~ 40
水稻	10 ~ 12	30 ~ 37	40 ~ 42
玉米	8 ~ 10	32 ~ 35	40 ~ 44
棉花	10 ~ 13	25 ~ 32	38 ~ 40
大豆	9	15 ~ 25	35 ~ 40
花生	12 ~ 15	25 ~ 27	40 ~ 45
苎麻	6 ~ 8	20 ~ 25	—
黄麻	14 ~ 15	25 ~ 28	—
烟草	7.5 ~ 10.0	25 ~ 28	30 ~ 35

② 水分　种子吸水后首先为种皮膨胀软化，以透入氧气促进细胞呼吸和新陈代谢；其次，水分供给促使贮藏的营养物质在酶作用下分解加快而转运到胚，供胚利用；同时种皮软化后，利于胚根、胚芽突破种皮。一般含蛋白质多的种子萌发时吸水量较大，如大豆种子萌发时吸水达到种子重量的 120% 左右；含淀粉量多的种子萌发时吸水量小，如玉米种子萌发时吸水 37.3% ~ 40.0%、水稻为 22.6%、小麦为 45.6% ~ 60.0%；含脂肪较多的种子（如油菜）萌发时吸水量介于两者之间。

③ 氧气　种子萌发时需要充足的氧气保证有氧呼吸正常进行，以提供所需的能量。缺氧时种子进行无氧呼吸，消耗了有机物质，同时还会积累过多的乙醇使种子中毒，不能正常萌发。花生、棉花、大豆等含脂肪较多的种子萌发时需氧较多。一般作物种子在空气中含氧量为 11% 以上时可正常萌发，氧气含量下降到 5% 以下时不能萌发。土壤板结或水分过多都会造成土壤缺氧。作物播前的整地等耕作措施可以增加土壤通透性，从而促进种子萌发。

（2）种子萌发的过程　种子萌发的过程包括吸水膨胀、萌动和发芽 3 个阶段。

① 吸水膨胀　种子内含有的蛋白质、淀粉、纤维素等亲水物质，具有吸胀作用，能与水分子结合。水分进入细胞后，有机物逐渐变成溶胶状态，种子慢慢膨胀，这是一个物理过程。

② 萌动　种子吸水膨胀后，胚乳和子叶中的养分分解转化，淀粉转化成葡萄糖，脂肪先转化为甘油和脂肪酸以后再转化为糖类，蛋白质转化为氨基酸。这些可溶性物质被运送到胚供其吸收利用，一部分用于呼吸消耗，一部分用于构成新细胞，使胚生长，这是一个生化过程。当胚细胞不断增多、体积增大，顶破种皮时，称为萌动（露白）。

③ 发芽　种子萌动后胚根和胚芽继续生长。当胚根长度与种子长度相等，胚芽长度约为种子长度的 1/2 时，称种子发芽。随后胚根和胚芽逐步分化成根、茎、叶，形成幼苗。由于不

同作物胚轴生长状态不同，幼苗表现为子叶出土与子叶不出土两种类型。前者在种子发芽后下胚轴伸长将子叶送出土面，如棉花、大豆、油菜、芝麻等；后者为上胚轴或中胚轴（禾谷类作物盾片节与胚芽鞘节之间的一段茎）伸长将胚芽及胚芽鞘带出土面，子叶留在土中，如水稻、小麦、蚕豆、豌豆。花生较特殊，种子发芽时下胚轴伸长将子叶及胚芽推向土表，但子叶出土见光后下胚轴则停止生长而上胚轴开始生长，称为子叶半出土作物。作物萌发出苗类型与种子的播种深度有密切关系。一般情况下，子叶出土幼苗的种子播种宜浅。子叶留土幼苗的种子，播种可以稍深。

2.2.2 作物的器官

📖 推荐阅读 2—4
植物表型组学的发展、现状与挑战

农作物的器官包括根、茎、叶、花、果实和种子，它们是在作物生长的不同时期逐步建成的。

2.2.2.1 根

根的主要功能是吸收、输导、支持、合成和贮藏。根从土壤中吸收水、二氧化碳和无机盐，并合成某些氨基酸、激素和碱等，通过维管组织将这些物质输送到茎和叶。根系固着在土壤中，使茎、叶得以伸展，并能经受风雨和其他机械力量的袭击，多数作物根群主要分布在 0~30 cm 耕层内。

（1）根和根系的形态 种子作物的根有主根、侧根和不定根之分。由种子中的胚根发育形成的根称为主根或初生根。主根垂直于地面向下生长，达到一定长度后，生出许多分枝，称为侧根或次生根。在主根和侧根以外的部分如茎、叶、胚轴或老根上产生的根统称为不定根。

作物根的总和称为根系。大多数双子叶作物如棉花、麻类、豆类、油菜等的根系有明显的主根和侧根之分，称为直根系。在单子叶作物中，如水稻、小麦等由胚根发育形成的主根只生长很短的时间便停止生长，然后在胚轴或茎基部长出许多不定根，所有根的粗细相近，没有明显的主根，称为须根系。一般直根系作物主根长，可以向下生长到较深的土层中；而须根系作物主根短，侧根和不定根向周围发展，分布较浅。

（2）根瘤和菌根 有些土壤微生物能侵入某些植物根部，与宿主建立互助互利的共生关系，种子植物和微生物之间的共生关系，最常见的为根瘤和菌根。

① 根瘤 在豆科作物中发现较多，由根瘤菌和豆科作物有选择性的共生形成，通常一种豆科作物只能与一种或几种根瘤菌共生。根瘤菌能将空气中游离氮转变为氨，供给作物生长发育的需要，同时也从根的皮层细胞中吸取其生长发育所需的水分和养料。农业生产上常施用根瘤菌肥或利用豆科作物与其他农作物轮作、套作或间作的栽培方法，可达到少施肥料，用地养地的目的。

② 菌根 为作物根与土壤中真菌形成的共生体，它不但能够加强根的吸收能力，帮助作物生长，还能产生植物激素和维生素 B 等，刺激根系发育，分泌水解酶类，促进根周围有机物的分解。而高等植物又将其制造的糖类及氨基酸等有机养料提供给真菌。小麦、葱的根系均能与真菌共生。

（3）根的变态 在长期的生态适应过程中，很多作物的根形态及功能发生变化。

① 贮藏根 主要功能是贮藏大量营养物质，根据来源不同可分为肉质直根和块根两大类。肉质直根主要由主根发育而成的。一棵植株上仅有一个肥大的直根，常常包括下胚轴和节间极度缩短的茎，如甜菜和人参的肉质直根。块根由侧根和不定根发育形成，在一株作物上可形成

多个，如甘薯。

② 气生根 广义的植物气生根包括了所有生活在空气中的不定根，包括支持根、攀缘根、呼吸根、寄生根等。农作物气生根的主要类型为支持根，如玉米、高粱等作物，在茎基部的节上发生许多不定根，先端伸入土壤中，并继续产生侧根，成为增加作物整体支持的辅助根系。

（4）根的生长发育

① 单子叶作物 种子萌发时先长出初生胚根，然后在下胚轴上长出次生胚根3~7条，统称为种子根或胚根。它们在作物幼苗期至生育中期，甚至到成熟期均对养分、水分的吸收起着重要作用。禾谷类根的数量和重量随分蘖发生而不断增加，一般在最高分蘖期根数量达最大，抽穗前后根总重量达最大，以后逐渐衰亡。出苗期至分蘖期，禾谷类作物的根系主要是横向发展，拔节后向纵深发展。

② 双子叶作物 豆类、棉花、油菜等作物在生长前期主根生长很快，迅速下扎，苗期主根生长比地上部茎的生长快4~5倍。现蕾后主茎迅速伸长进入旺长期，根系生长速率渐缓，但仍是形成大量侧根和根系增重的生长盛期。开花后根系主根和大侧根生长缓慢，但小支根和根毛大量滋生，是根系吸收的高峰期。生长后期根系不再生长，小支根逐渐衰亡，进入根系机能衰退期。

2.2.2.2 茎、芽和分枝

茎的主要功能是支持和运输，其次也有贮藏和繁殖的功能。叶制造的有机物经过茎输送到根。

（1）茎的基本形态 一般作物的茎多为圆柱形，但也有三棱形和四棱形的。禾谷类作物的茎多数为圆形中空，如水稻、小麦等，但玉米、高粱、甘蔗的茎为髓所充满而成实心。双子叶作物的茎一般为圆形实心，但油菜中上部的茎以及芝麻的茎有棱。

茎上着生叶和芽的位置叫节，两节之间的部分为节间。各种作物茎的节间长短不一。禾谷类作物基部茎节的节间极短，密集于近地表处，称为分蘖节。油菜基部茎节也紧缩在一起，称为缩茎段。

（2）芽的类型及构造 芽是幼小未伸展的枝、花或花序。按芽在茎上发生的位置不同可分为顶芽和腋芽。顶芽生于主干或侧枝顶端；腋芽生于叶腋处，也称侧芽。顶芽和腋芽均为定芽。生长在茎的节间、老茎、根或叶上的没有固定位置的芽，称为不定芽，可营养繁殖。按芽所形成的器官不同可分为叶芽、花芽和混合芽。叶芽形成茎、枝和叶；花芽形成花或花序。按芽的生理状态又可分为活动芽和休眠芽。活动芽在当年可形成新枝、新叶、花和花序，一般一年生草本作物的芽都是活动芽。

（3）茎的生长习性和分枝 一般垂直向上生长的直立茎是茎的普遍形式。但有些作物的茎适应外界环境而产生变化，如豌豆的攀缘茎。还有些作物的茎是平卧在地面上蔓延生长的匍匐茎，如草莓、甘薯等。

禾谷类作物茎的生长除了顶端生长以外，每个节间基部的居间分生组织的细胞也进行分裂和伸长，使每个节间伸长而逐渐长高。双子叶作物茎的生长主要靠茎顶端分生组织的细胞分裂和伸长，使节数增加，节间伸长，植株长高。

分枝由主茎叶腋的腋芽萌生而成。双子叶作物主茎每个叶腋的腋芽都可长成分枝，一般称为第一次分枝，从第一次分枝上长出第二次分枝，依次还可长出第三、第四次分枝。油菜、棉花、花生、豆类的分枝性很强，分枝的多少对其单株产量影响很大。不同作物形成分枝的能力及其利用价值各异，如棉花和留种用的红麻、黄麻、亚麻需要萌生较多而茁壮的分枝以提高产量，而纤维用红麻、苎麻、亚麻在栽培上则要抑制其发生。

禾本科作物如小麦、水稻等接近地面几个节和节间密集形成分蘖节。分蘖节贮藏有丰富的有机养分，能产生腋芽和不定根，由腋芽形成的分枝称为分蘖，分蘖上又可以产生新的分蘖。分蘖和作物产量有直接关系，分蘖数过少则产量低；分蘖数目过多则后期分蘖为无效分蘖，收获时穗成熟较迟，易引起病害。适当施肥，争取植株初期生长快，分蘖多，对于增产有重大意义。

（4）茎的变态　包括地上茎变态与地下茎变态。

① 地上茎变态　地上茎的变态常见的为叶状枝，如芦笋的拟叶、黄瓜的茎卷须、山楂的枝刺、莴苣的肉质茎。

② 地下茎变态　地下茎的变态比较常见，包括根状茎、块茎、球茎和鳞茎。根状茎匍匐生长在土壤中，有顶芽和明显的节与节间，节上有退化的鳞片状叶，叶腋有腋芽，可发育出地下茎的分枝或地上茎，有繁殖作用，节上有不定根，如芦苇、苎麻的根状茎。块茎是作物基部腋芽伸入地下形成的分枝，一定长度后先端膨大形成，如马铃薯、菊芋等。块茎有顶芽和缩短的节和节间，叶退化为鳞片状叶，脱落后留下条形或月牙形的叶痕，叶痕内侧为凹陷的芽眼，其中有腋芽一至多个，叶痕和芽眼规则排列，相当于节的位置。球茎是球形或扁球形的地下茎，短而肥大，节和节间明显，节上有退化的鳞片状叶和腋芽，顶端有一个显著的顶芽，茎内贮藏着大量的营养物质，有繁殖作用，如荸荠、芋等。鳞茎是扁平或圆盘状的地下茎，节间极度缩短，顶端一个顶芽，称鳞茎盘。鳞茎盘的节上生有肉质化的鳞片状叶，叶腋可生腋芽，如百合和大蒜等。

2.2.2.3　叶

作物叶的主要功能是光合作用、蒸腾作用及一定的吸收作用，少数作物的叶还具有繁殖功能。

（1）叶的组成　完全叶由叶片、叶柄和托叶三部分组成。叶片多为薄的绿色扁平体，利于光能的吸收和气体交换。叶柄连接叶片和茎，是物质交流通道并支持叶片处于光合作用有利位置。托叶是叶柄基部的附属物，通常细小早落，托叶的有无及形状因不同作物而异，如豌豆的托叶为叶状，比较大。有些作物的叶为不完全叶。如无托叶的作物有甘薯、油菜、芝麻。普通烟草的叶属于无托叶也无叶柄类型。

禾本科等单子叶作物的叶从外形上仅能区分为叶片和叶鞘两部分，为无柄叶。一般叶片呈带状，扁平，而叶鞘往往包围着茎，保护茎上的幼芽和居间分生组织，并有增强茎的机械支持力的功能。在叶片和叶鞘交界处的内侧着生有很小的膜状突起物，称为叶舌，能防止雨水和异物进入叶鞘。在叶舌两侧，有由叶片基部边缘处伸出的两片耳状的小突起，为叶耳。叶耳和叶舌的有无、形状、大小和色泽等，可作为鉴别禾本科作物依据。

（2）叶的形态

① 叶的大小和形状　叶的大小和形状在不同作物中有很大的差异。植物叶片形状有披针形叶（如水稻、小麦叶等）、卵形叶（如向日葵叶）、心形叶（如苎麻叶）、肾形叶（如棉花、红麻的子叶）、椭圆形叶（如黄麻叶）。

② 叶脉　叶脉是贯穿在叶肉内的维管组织及外围的机械组织，叶脉在叶片中分布的形式叫脉序，主要有网状脉序和平行脉序两大类。平行脉序是单子叶作物叶脉的特征。

③ 单叶和复叶　一个叶柄上只生一个叶片的叶称单叶，如棉花、苎麻、油菜、甘薯等。一个叶柄上生有两个以上叶片的叶称复叶，根据复叶中小叶的数量和排列方式不同，可将复叶分为三出复叶（如大豆）、掌状复叶（如大麻）、羽状复叶（如豌豆、花生）。

（3）叶的变态 叶是容易变化的器官，农作物叶变态的主要类型有：①苞片和总苞，生于花下的变态叶，称苞片。数目多而聚生在花序基部的苞片称为总苞。②叶卷须，如豌豆羽状复叶先端的一些小叶片变成卷须。③鳞叶，在藕、荸荠地下茎的节上生有膜质干燥的鳞叶，为退化叶。在洋葱、百合鳞茎上的鳞叶肥厚多汁，含有丰富的贮藏养料。

（4）叶的生长 作物的真叶起源于茎尖基部的叶原基。在茎尖分化成生殖器官之前，可不断分化出叶原基。叶原基经过顶端生长伸长，变为锥形的叶轴，分化出叶柄；经边缘生长形成叶的雏形，再从叶尖开始向叶基部的居间生长后长成一定形态的叶。

叶的一生经历分化、伸长、功能、衰老四个时期。能制造和输出大量光合产物的时期称为功能期，一般是达到定长至全叶 1/2 变黄的时期。栽培条件对叶片功能期的长短影响很大，适当的肥水管理、适宜的密度可延长叶片功能期。

2.2.2.4 花

作物生长至一定阶段，茎的顶端分生组织转向分化形成花原基。发育完成的花，经有性生殖过程，产生果实与种子。

（1）花的组成与基本结构 双子叶植物的花多为典型花，由花柄、花托、花被、雄蕊群和雌蕊群五部分组成。禾谷类作物的花序统称为穗，常由小穗排成穗状（小麦、黑麦、大麦）、肉穗状（玉米的雌穗）、圆锥状（水稻、燕麦、高粱、粟和黍）等。

（2）开花、授粉和受精 当雌雄蕊发育成熟时，花被打开，花粉散放，完成传粉过程。然后花粉管萌发，通过花柱进入子房（胚囊），完成双受精。即花粉粒中一个精细胞与卵细胞结合后发育成胚，另一个精细胞与极核结合后发育成胚乳，从而完成有性发育过程。

花粉借助于一定的媒介力量被传送到同一朵花或另一朵花的柱头，称为授粉。花粉落到同一朵花柱头上称自花授粉，有些作物是严格自花授粉的，如水稻、小麦、大麦、大豆、豌豆、花生。一朵花的花粉落在另一朵花柱头上称为异花授粉，如苎麻、大麻、油菜、玉米等。棉花、高粱、蚕豆等作物的异交率在 5% ~ 40%，属常异花授粉作物。传送花粉的外力有风、动物、水等。

2.2.2.5 果实与种子

（1）果实的形成与结构 受精后胚珠发育成种子，子房发育成果实。果实由果皮和种子组成，果皮之内包藏种子。果皮可分为外果皮、中果皮和内果皮。在仅由子房发育形成的果实中，果皮是由子房壁发育成的，有些作物的花托等结构也参加了果皮的形成。

果实停止生长后发生的一系列生理生化变化过程为果实的成熟过程。成熟的果实色、香、味及质地等都发生了一系列的转变。其生物学意义在于有利于种子的传播，而为人类食用的果实，其商品价值也很重要。果实自身产生的乙烯和外源的乙烯都能诱导果实成熟。

（2）种子 作物胚囊内的受精卵产生合子，经球形胚、心形胚、鱼雷胚和成熟胚四个发育阶段，形成具有胚根、胚轴、胚芽和折叠子叶的成熟胚，即种仁部分。与胚发育的同时，初生胚乳核细胞增殖发育形成胚乳。

2.2.3 作物生长的相关关系

2.2.3.1 营养生长与生殖生长的关系

两者既相互依赖又相互制约。通常以花芽分化作为生殖生长开始的标志。小麦、玉米、高粱、向日葵等作物特点是营养生长在前，生殖生长在后。开花后，营养器官所合成的有机物，主要向生殖器官转移，营养器官逐渐停止生长，随后衰老死亡。小麦、水稻等禾谷类作物，从萌发到花芽分化是营养生长，从拔节前到开花是营养生长与生殖生长并进时期，而从开花到成熟是生殖生长；棉花、大豆等作物的特点是营养生长与生殖生长有较长时间重叠，在开花结实的同时，营养器官还继续生长。不过通常在盛花期以后，营养生长速率降低。

（1）营养生长期是生殖生长期的基础　如果作物没有一定的营养生长期，通常不会开始生殖生长。如水稻早熟品种一般要到 3 叶期以后才开始幼穗分化；发育快的春性小麦品种需到 5~6 叶期后开始幼穗分化；早熟玉米品种要到 6 叶期开始雄穗分化，晚熟品种在 8~9 叶期；棉花 2~3 叶时才能进行花芽分化；油菜极早熟品种 3~5 叶期才能进行花芽分化。

营养生长的优劣，直接影响到生殖生长的优劣，最后影响到作物的产量。一般说来，营养生长必须适度，生殖生长才较好，作物产量也较高。

（2）营养生长和生殖生长并进阶段要促使两者协调发展　在作物营养生长和生殖生长并进阶段，营养器官和生殖器官之间会形成一种彼此消长的竞争关系，加上彼此对环境条件及栽培技术的反应不尽相同，从而影响到营养生长和生殖生长的协调和统一。营养器官生长过旺，往往不能正常开花结实，或者导致花、荚、果严重脱落。生殖生长也会抑制营养生长。特别在肥水不足的条件下，由于开花结果过多，对养分的竞争力大，会使营养生长减弱，出现后期果实或产品的发育不良。

（3）在生殖生长期应保证适当的营养生长　作物生殖生长期主要进行生殖生长，但营养器官的生理过程还在进行，并且对生殖生长的影响还很大，若后期营养生长过旺，易贪青倒伏，影响种子和果实充实形成；若营养生长太差，又会引起作物早衰，同样影响种子和果实的形成。

在协调营养生长和生殖生长的关系方面，生产上积累了很多经验。如加强肥水管理，既可防止营养器官早衰，又可不使营养器官生长过旺。生产中，可通过打顶、打老叶、摘除无效花蕾、化学调控等措施使营养生长和生殖生长平衡，从而获得高产。以营养器官为收获物的作物，如麻类、甘蔗、薯类、烟草、甜菜等，可通过供应充足的水分，增施氮肥，摘除花芽等措施促进营养器官生长，从而抑制生殖器官的生长。

2.2.3.2　地上部分生长与地下部分生长的关系

（1）地上部分和地下部分物质的相互交换　作物地上部分和地下部分处在不同的环境中，两者间通过维管束进行营养物质与信息物质的大量交换。根部的活动和生长有赖于地上部分所提供的光合产物、生长素、维生素等；而地上部分的生长和活动则需要根系提供水分、矿质营养、氮素以及根中合成的植物激素（细胞分裂素、赤霉素与脱落酸）、氨基酸等。通常说的"根深叶茂""本固枝荣"就是指地上部分与地下部分的协调关系。一般说，根系生长良好，其地上部分的枝叶也较茂盛；同样，地上部分生长良好，也会促进根系的生长。

（2）地上部分和地下部分重量保持一定比例

① 根冠比的概念　对于地上部分与地下部分的相关性常用根冠比（root-canopy ratio）来衡量。所谓根冠比是指作物地下部分与地上部分干重或鲜重的比值，它能反映作物的生长状况及环境条件对地上部分与地下部分生长的不同影响。不同作物有不同的根冠比，同一作物在不同的生育期根冠比也有变化。如一般作物在开花结实后，同化物多用于繁殖器官，加上根系逐渐衰老，根冠比降低；而甘薯、甜菜等作物在生育后期，因大量养分向根部运输，贮藏根迅速膨大，根冠比反而增高；多年生作物的根冠比还有明显的季节变化。

② 影响根冠比的因素 土壤中常有一定的可用水，所以根系相对不易缺水。而地上部分则依靠根系供给水分，又因枝叶大量蒸腾，所以地上部分水分容易亏缺。因此土壤水分不足对地上部分的影响比对根系的影响大，导致根冠比增大。反之，若土壤水分过多，氧气含量减少，则不利于根系的活动与生长，根冠比减少。水稻栽培中的落干晒田以及旱田雨后的排水松土，由于能降低地下水位，增加土中含氧量，而有利于根系生长，因而能提高根冠比。

不同营养元素或不同的营养水平，对根冠比的影响有所不同。氮素少时，首先会满足根的生长，运到冠部的氮素就少，根冠比增大；氮素充足时，大部分氮素与光合产物用于枝叶生长，供应根部的数量相对较少，根冠比降低。磷肥和钾肥有调节糖类转化和运输的作用，可促进光合产物向根和贮藏器官的转移，通常能增加根冠比。因此生产上，常通过肥水来调控根冠比，对甘薯、马铃薯等这类以收获地下部分为主的作物，在生长前期应该注意氮肥和水分的供应，以增加光合面积，多制造光合产物，中后期则要施用磷肥、钾肥，并适当控制氮素和水分的供应，以促进光合产物向地下部分的运输和积累。

在一定范围内，光强提高则光合产物增多，这对根、冠的生长都有利。但强光下，空气中相对湿度下降，植株地上部蒸腾作用增加，组织中水势下降，茎叶的生长受到抑制，因而使根冠比增大；光照不足时，向下输送的光合产物减少，影响根部生长，而对地上部分的生长相对影响较小，所以根冠比降低。

通常根部的活动与生长所需要的温度比地上部分低些，故在气温低的秋末至早春，作物地上部分的生长处于停滞期，根系仍有生长，根冠比因而加大；但当气温升高，地上部分生长加快时，根冠比下降。

不同的管理措施也会影响作物的根冠比。整枝、割叶等措施去除了部分枝叶和芽，当时效应是增加了根冠比，然而其后效应是减少根冠比。因为整枝等措施刺激了侧芽、侧枝和叶的生长，使大部分光合产物或贮藏物用于新枝叶生长，削弱了对根系的供应。另一方面，因地上部分减少，留下的叶与芽从根系得到的水分和矿质（特别是氮素）的供应相应地增加，因此地上部分生长要优于地下部分的生长。中耕措施引起部分断根，降低了根冠比，并暂时抑制了地上部分的生长。但由于断根后地上部分对根系的供应相对增加，土壤又疏松通气，这样为根系生长创造了良好的条件，促进了侧根与新根的生长，因此其后效应是增加根冠比。作物移栽时也有暂时伤根，以后又促进发根的类似情况。三碘苯甲酸、整形素、矮壮素、缩节胺、多效唑等生长抑制剂或生长延缓剂对茎的顶端或亚顶端分生组织的细胞分裂和伸长有抑制作用，使节间变短，可增大植物的根冠比。赤霉素、油菜素内酯等生长促进剂，能促进油菜等茎叶的生长，降低根冠比而提高产量。

2.2.3.3 作物器官的同伸关系

作物各个器官的分化和形成是有一定程序的，同时又因外界环境条件的影响而发生变化。各个器官的建成呈一定的对应关系。在同一时间内某些器官呈有规律的生长和发育，称为作物器官的同伸关系（simultaneous growth），这些同时生长和发育的器官就是同伸器官。一般说来，环境条件和栽培措施对同伸器官有同时促进或抑制的作用。因此，掌握作物器官的同伸关系，可为调控作物器官的生长发育提供依据。依据作物器官相关的外在表相判断各部位的生育进程，在禾谷类作物栽培上已广泛应用。例如，以叶龄系数或叶龄余数做鉴定穗分化和同伸器官生长发育进程的外部形态指标，在稻麦高产栽培上应用，收到了增产效果。同样，以叶龄为指标，也可指导生产中技术使用的适宜时期。

（1）禾谷类作物营养器官间的同伸关系

① 主茎叶和分蘖的关系 主茎第 n 叶伸出时，主茎叶与分蘖呈 $n-3$ 的同伸关系。

② 叶片、叶鞘和节间的关系 第 n 叶叶片，第（$n-1$）叶叶鞘和第（$n-2$）叶至（$n-3$）叶节间为同伸器官。当第 n 叶处于抽出期，第（$n+1$）叶处于叶片伸长期，第（$n+2$）叶处于叶组织分化后期，第（$n+3$）叶处于叶组织分化前期，（$n+4$）叶为组织突起状。

③ 地上部器官与根的关系 水稻、小麦等在分蘖出现时，同一节位地上还同时形成不定根，因此出叶与根的同伸关系也是 $n-3$。玉米生育初期，保持 $n-3$ 的关系，随后出叶速率加快，大约每出 2 叶长出 1 层不定根。高粱与玉米类似，主茎叶数大致是出根层数的 2 倍加 2（后期为 3）。

（2）禾谷类作物幼穗与营养器官的同伸关系 禾谷类作物的幼穗分化过程一般要在双解镜下才能观察到。而利用器官间的同伸关系则可推定幼穗发育进程。目前常用的方法有：

① 叶龄法 即直接以叶片数为指标。多数麦类作物在幼穗分化开始后，基本上是每出 1 叶，幼穗分化推进 1 期。而粟进入幼穗分化后，基本上是每展开 2 叶，幼穗分化推进 1 期。

② 叶龄余数法 某品种一生的总叶数减去已抽出的叶数，即为叶龄余数。如水稻从倒 4 叶抽出的后半期开始每出 1 叶或每经历 1 个出叶周期，穗分化进程就推进 1 期。

③ 叶龄指数法 已抽出（或已展开）叶片数占作物一生总叶数的百分数，即为叶龄指数。目前在水稻、玉米、粟等作物上应用较多。

（3）双子叶作物器官间的同伸关系 双子叶作物的器官的同伸关系没有禾谷类作物那么明显。根据对蚕豆的观察，主茎叶与一级分枝的同伸关系，在生育初期也基本保持 $n-3$ 的关系，但随后便失去同伸关系。但在棉花上，器官的同伸关系表现出较强的规律性，如主茎叶的生长与主茎节间的同伸。

作物器官生育的同伸关系有其内部结构上的根源，也有各器官间物质供求和激素交流上的原因。如随着根的生长，为茎叶提供的水分和养分增加，促进了茎叶生长，长大了的茎叶也为根系提供养分，促进其生长。这是相互促进的关系。在结实期，由于养分更多地流向正在发育的果实和种子，茎叶生长显著削弱。这和相关是相互竞争的。至于像顶端优势所引起的对侧芽生长的抑制，则是由于顶端生长点产生的生长素向下传导，使侧芽不能生长的缘故。因顶端优势而被抑制的侧芽，一旦有机会（如顶端受到损伤）便会抽生出来。向日葵植株的顶端优势是极强的，然而顶芽受损后，侧芽会立即发生，有时还会形成若干个小花盘。

📖 深入学习 2-1
作物叶龄模式研究
与应用

2.3 作物的温光反应特性

2.3.1 作物的发育特性

作物温光反应特性（crop reacting character to temperature and light）是指作物从营养生长向生殖生长转变的若干特性，包括作物的感温性、感光性和基本营养生长性。

2.3.1.1 作物的感温性

作物因温度高低的影响而改变其发育进程，导致生育期缩短或延长的特性称为作物的感温性（temperature sensitivity）。如冬小麦、冬大麦、冬黑麦、冬油菜等一些二年生作物，其营养生长期必须经过一段较低温度诱导，才能转为生殖生长，这种低温诱导促进作物开花的作用称春化作用（vernalization）。高温也有促进作物发育进程的作用。如水稻、玉米、高粱、大豆、棉花等作物，在其适宜生长发育的温度范围内，高温可加速其发育进程，缩短生育期；而较低温度则可延缓其发育进程，使生育期延长。

不同作物和同一作物不同品种由于其起源和所处的生态条件不同，对低温的范围和时间要求不同，其感温性一般可分为冬性型、半冬性型和春性型三种类型。

（1）冬性型（winter type） 这类作物品种春化必须经历低温，春化时间也较长，如没经过低温条件则作物不能进行花芽分化和抽穗开花。一般为晚熟品种或中晚熟品种。

（2）春性型（spring type） 这类作物品种春化对低温的要求不严格，春化时间也较短。一般为极早熟、早熟和部分早中熟品种。

（3）半冬性型（half-winter type） 这类作物品种春化对低温的要求介于冬性型和春性型之间，春化时间相对较短，如果没有经过低温条件则花芽分化和抽穗开花大大推迟。一般为中熟或早中熟品种。

一般作物从种子萌动后到幼苗期都可感受低温而通过春化阶段。例如，冬小麦、冬黑麦等作物除在营养体生长期外，在种子吸胀萌动时就能进行春化，甚至种子成熟过程中的幼胚遇到低温也能满足春化要求。一般认为绿色体春化比种子春化效果好。作物春化阶段感受低温的部位是分生组织和某些能进行细胞分裂的部位。

2.3.1.2 作物的感光性

作物因日照长短的影响而改变其发育进程，导致生育期缩短或延长的特性，称为作物的感光性（light reaction）或光周期反应（photoperiod reaction）。作物光周期反应可分为四种类型：

（1）长日照作物 日照长度必须大于某一时数（临界日长），或者说暗期必须短于一定时数才能形成花芽，否则植株停留在营养生长阶段。属于这一类作物的有小麦、大麦、黑麦、油菜、甜菜、豌豆、蚕豆、马铃薯等。

（2）短日照作物 日照长度短于其要求的临界日长或者说暗期超过一定时数才能开花。如处于长日照条件下，则只进行营养生长而不能开花。属于这一类作物的有粟、水稻、玉米、高粱、大豆、棉花、苎麻、黄麻、红麻、烟草等。

（3）日中性作物 这类作物的花芽分化受日照长度的影响较小，只要其他条件适宜，一般四季都能开花。属于这一类作物的有菜豆、荞麦等。

（4）中日照作物 只有在某一中等长度的日照条件下才能开花，而在较长或较短日照下均保持营养生长状态的作物。如华南地区的某些甘蔗品种在其发育过程中必须要求 11.5 ~ 12.5 h 的光照。

在理解作物对日照长度的反应时，应注意以下几点：第一，作物在达到一定生理年龄才能接受光诱导。日照长度是作物从营养生长向生殖生长转化的必要条件，并非作物一生都需要这样的日照长度。例如，小麦需要 17 d 的长日照，满足了这一条件，一般在任何光周期下均能开花。第二，对长日照作物来说，绝非日照越长越好，对短日照作物亦然。如大豆在每天日照短于 6 h 时，营养生长和生殖生长都将受到抑制。第三，在自然条件下，昼夜总是在 24 h 的周期内交替出现的，因此与临界日长相对应的还有临界暗期。临界暗期是在昼夜周期中短日照作物能够开花所必需的最短暗期长度，或长日照作物能够开花所必需的最长暗期长度，临界暗期比临界日长对开花更重要。短日照作物实际上是长夜作物，长日照作物实际上是短夜作物。第四，作物品种由于人们的不断驯化，对日照长度的适应范围逐渐增大。如水稻的野生种和晚稻是典型的短日照作物，早稻感光性弱或无感光性。

作物接受光周期诱导的部位是叶片，而花的形成却在茎的顶端，这表明叶片接受光信号后，可能产生某种物质，传输到植株顶端而引起开花。

2.3.1.3 作物的基本营养生长性

作物的生殖生长是在营养生长的基础上进行的，其发育转变必须有一定的营养生长作为物质基础。因此，即使作物处在适于发育的温度和光周期条件下，也必须有最低限度的营养生长，才能进行幼穗（花芽）分化，这种特性称为作物的基本营养生长性（minimum vegetative growth）。这种在作物进入生殖生长前，不受温度和光周期诱导影响而缩短的营养生长期，称为基本营养生长期。

不同作物品种的基本营养生长期长短各异，这种基本营养生长期长短的差异特性，称为作物品种的基本营养生长性。营养生长期中可受温度和光周期的影响而缩短的那部分生长期，称为可消营养生长期。

2.3.2 作物温光反应类型及其形成

作物完成生命周期，要经过几个循序渐进的质变阶段，每个阶段的进行，除要求综合环境外，往往有一个因素起主导作用，目前的研究认为作物有感温和感光两个发育阶段。

根据作物对温度和光周期反应特性的不同，可把作物分为低温长日型作物和高温短日型作物两种类型。例如，小麦、油菜、甜菜、蚕豆、豌豆、马铃薯等属于低温长日型作物，它们要在较低的温度和较长的日照条件下才能正常完成发育进程。水稻、玉米、高粱、大豆、棉花、苎麻、黄麻、红麻、烟草、甘薯等属于高温短日型作物，它们要在较高的温度和较短的日照条件下才能完成发育进程。如果温度高低和日照长短不能满足其要求，作物则延长或者缩短生育期，甚至不能完成其发育进程。同一作物的不同品种，其温光反应特性也不相同，如油菜可分为冬性－弱感光型、半冬性－弱感光型、半春性－弱感光型、半春性－强感光型等四种类型。

作物温光反应特性的形成，以及不同品种对温光反应特性的差异，是作物在世界各地长期系统发育中经过自然选择和人工选择的结果，是适应于原产地纬度、气候、地势、海拔的生态型。因此，必须从作物的起源进化和系统发育过程来理解温光反应特性。例如，在我国冬麦种植范围内，38°N 以北，随纬度升高，冬性逐渐增强，春化反应强，光照反应也敏感；28°N ~ 38°N 为过渡类型即半冬性品种，春化、光照反应中等；28°N 以南主要为春性品种，春化、光照反应迟钝。春播麦区种植的春性品种由于播后温度、日照逐渐增加，春化反应弱，对光照反应敏感。水稻品种的温光反应类型是在原产地的气候条件下和栽培制度的长期影响下形成的。就感光性而言，分布于低纬度的品种，比高纬度品种强；而同一地区，晚稻比早稻强，迟熟品种比早熟品种强。感光性强弱大体相同的品种，短日高温生育期较长的，一般迟熟，反之则早熟。一般而言，感光性强的品种，对地域及季节的适应性相对较小；而感光性弱或钝感的品种，对季节的适应性较大。在不感光或感光极弱的品种中，其短日高温生育期中等，且感温性不太强，适应性最大。

作物在通过感温阶段和感光阶段中，温度和光周期分别是主导因素，但其他外界条件也有一定作用，并影响到作物对温度和光照的反应。特别是在感光阶段，温度影响最为显著。温度不仅影响光周期通过的时间，而且可改变作物对日照的要求。温度降低可以使长日作物在较短的日照下诱导开花。例如，豌豆、黑麦、紫苜蓿等长日作物在较低的夜温下会失去对日照长度的敏感而出现中间性作物的特征。甜菜通常只有在长日照下成花，但在18℃的较低夜温下，8 h日照也能开花。对短日作物来说，降低夜温也可使其在较长日照下开花。许多要求低温春化的作物经过春化后还要求在长日照条件下才能开花，如冬性谷类作物和甜菜等。

📖 深入学习 2—2
作物生长发育的分
子机制研究进展

2.3.3 作物温光反应特性对植株形态结构和生理生化的影响

2.3.3.1 在形态结构上的变化

作物在适宜的温度和光周期诱导下开始生殖生长，这时植株形态和结构发生一些变化。如主茎略有伸长，幼苗叶片由匍匐变为半直立或直立，叶色略变淡等。从解剖结构看，稻麦生长锥表面一层或数层细胞分裂加速，细胞小而细胞质变浓，而中部的一些细胞分裂减慢，细胞变大，细胞质稀薄，有的出现了液泡。同时生长锥表面的细胞具有较高的蛋白质和核糖核酸（RNA）含量。此后，由于表层分生细胞的迅速分裂，使生长锥表面出现皱褶，在原来形成叶原基的地方形成花原基，在花原基上再分化出花的各部分原基。

2.3.3.2 在生理生化上的变化

二年生作物在春化过程中体内核酸和蛋白质代谢有很大变化。如核酸含量（尤其是RNA含量）增加，代谢加速，而且RNA性质也有所变化，相对分子质量大的信使核糖核酸（mRNA）开始合成。在经过低温处理的冬小麦种子中，游离氨基酸和可溶性蛋白质含量增加。电泳分析显示，经春化处理的冬小麦有新的蛋白质谱带出现，而未经低温处理的冬小麦幼苗体内却没有这些蛋白质，表明这些蛋白质是由低温诱导产生的，是生长点可进行穗分化的物质基础。此外，小麦、油菜、燕麦等多种作物经过春化处理后，赤霉素含量增加。这些现象都被认为是作物由营养生长转入生殖生长所必须具备的生化条件。

2.3.3.3 光敏色素的变化

研究表明，短日照作物与长日照作物对日长的本质区别在暗期的前期。光的信号是由光敏色素接受的，光敏色素影响成花过程。光敏素是色素–蛋白质复合体，是一种蓝色蛋白质，主要以两种形式存在：红光吸收型pr和远红光吸收型pfr。两者可以相互转化。光照有利于远红光吸收型pfr的形成，使pfr/pr值升高，有利于长日植物开花。pfr/pr值降低则有利于短日植物开花。

2.3.4 作物温光反应特性在生产上的应用

2.3.4.1 在作物引种上的应用

不同地区的温光条件不同，引种时必须考虑品种的温光反应特性。总的来说，从相同纬度或温光生态条件相近的地区引种易于成功；如果纬度相差不大，引进生育期长的品种，一般容易成功；感光性弱、感温性亦不甚敏感的作物品种，只要不误季节，且能满足品种所要求的热量条件，异地引种也较易成功。但在不同纬度地区间引种时，要加以注意。一般将喜温短日作物从北方引种到南方，由于南方比北方生长季节内的日照时数短，气温比北方高，会出现提前开花现象，如所引品种是为了收获果实或种子，应选择生育期长的晚熟品种；反之从南方引种到北方，则应选择生育期短的早熟品种。如果从北方将耐寒长日作物引种到南方宜选择早熟品种，因南方温度升高及日照缩短，可能会出现营养生长期延长，开花结实推迟甚至不开花结实的现象；反之则应选择晚熟品种。

2.3.4.2 在作物布局和栽培上的应用

作物布局、确定播期和田间管理等方面，均需考虑作物品种的温光反应特性。

（1）作物布局 低纬度地区多分布喜温短日作物，高纬度地区多分布耐寒长日作物，中纬度地区则长短日照作物共存。在同一纬度地区，耐寒长日作物多在温度较高、日照较长的春末和夏季开花，如小麦等；而喜温短日作物则多在温度较高、日照较短的秋季开花，如棉花等。由于自然选择和人工培育，同一种作物可以在不同纬度地区分布。

（2）品种的搭配、播期安排 如在我国南方双季稻地区，早稻应选用感光性强、感温性中等、基本营养生长期较长的迟熟早稻品种。且在栽培上还应培育适龄嫩壮秧，加强前期管理，有利于获得高产。冬小麦和冬油菜若在晚播条件下，要选用偏春性的品种，且要抓好田间管理。而对冬性强的品种，则应该适时播种。短日照作物在北方如播种延迟，会加快生育进程、产量下降，为获得高产，须适当增加种植密度。

（3）调控营养与生殖生长 对以收获营养体为主的作物，可通过控制温度和光周期来抑制其开花。如喜温短日作物烟草，原产热带或亚热带，引种至温带时，可提前至春季播种，利用夏季长日照及高温多雨的气候条件，促进营养生长，提高烟叶产量。对高温短日植物麻类，南种北引可推迟开花，使麻秆生长较长，提高纤维产量和质量，但种子不能及时成熟，在留种地对苗期采用短日处理，可解决种子问题。

此外，在作物育种工作中，常根据作物温光反应特性，使杂交亲本花期相遇，或进行冬繁或夏繁加速种子繁殖；或对冬小麦、油菜亲本进行春化处理，使其在春播区能正常开花，进行杂交。

2.4 作物生长发育与环境的关系

作物生长发育的环境包括自然环境和栽培环境，农业生产必须为作物的生长发育创造良好的生活条件。在环境中，与作物的生存、分布、生长发育、形态结构以及生理功能等有密切关系的因子，称为生态因子。将其中作物生命活动不可缺少的生态因子，包括光、温、水、养分和空气等，称为生活因子。这是农业生产必不可少的条件。

2.4.1 光照

太阳光是一切绿色植物生命活动的重要条件，植株干重的 90%～95% 是其进行光合作用的产物。由于光照强度、日照长度和光谱成分等随着时间和空间的不同而发生变化，所以，光对作物的生长、发育、生物量的生产和积累、产品的品质以及作物的地理分布等方面都有着十分深刻的影响。

2.4.1.1 光照强度

光照强度即光照度或光强度，单位为勒克斯（lx），它与作物光合作用有着直接关系（图2-3）。夜晚没有光照时，作物只进行呼吸作用，消耗有机养分，释放 CO_2，因此没有光合产物的积累。当有光照后，作物开始进行光合作用，且随光强增加光合速率（photosynthetic rate）

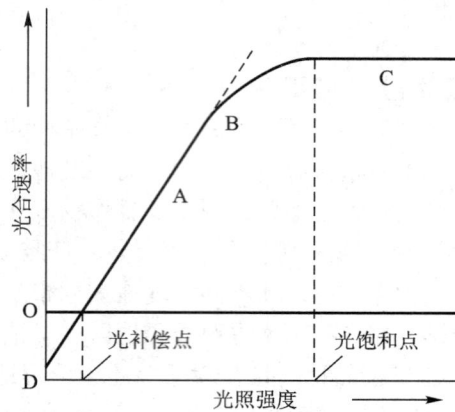

图 2-3 光照强度与光合速率关系
A. 直线增加阶段 B. 过渡阶段 C. 光饱和阶段 O～D. 呼吸速率

相应提高，当达到一定光照强度时，叶片光合速率与呼吸速率（respiratory rate）相等，表观光合速率为零，此时的光照强度即为光补偿点（light compensation point）。在一定范围内（低光强区），光合速率随光强增加而呈直线增加（A）；超过一定光强后，光合速率增加变慢（B）；当达到某一光强后，光合速率就不再随光强增加而增加，呈现光饱和现象。开始达到光合速率最大值时的光强为光饱和点（light saturation point）。此点以后的阶段称为光饱和阶段（C）。作物群体需光特性与个体不同，群体光饱和点很高，如玉米夏季在光照强度达 10 万 lx 时光合速率仍有增加。

充足的光照对于作物的生长发育是不可缺少的。作物细胞的增大和分化、体积的增长、重量的增加都与光照强度有密切的关系。光可抑制细胞过度伸长，充足的光照可促进作物健壮生长，子粒饱满，粒重增加。光也是叶绿素形成的必要条件，在黑暗中生长的植物不能形成叶绿素，只能形成胡萝卜素和叶黄素，植株呈现黄色或黄白色。

强光对作物也有一定的伤害——即光抑制现象。光抑制在自然条件下经常发生。晴天作物冠层叶片处于光饱和点以上，就会造成光抑制。水稻、小麦、棉花、大豆等一些 C_3 作物，在中午前后经常会出现光抑制，轻者光合速率暂时降低，重者叶片发黄，光合活力不能恢复。

2.4.1.2 日照长度

Garner 和 Allard（1920）发现了烟草和大豆开花受昼夜长度控制。随后，Hamner 和 Bonner（1938）研究证明，对于花原基诱发起重要作用的不是日照长度，而是黑暗长度。作物对日照长短的反应，即光周期反应如本章前面所述。

2.4.1.3 光质与作物的关系

光质即不同光谱成分，一般用辐射波长表示。不同辐射波长在作物的生长发育中所起的作用不同。作物主要利用的是太阳光 300～700 nm 的可见光部分，即在七色光中，红光、橙光被叶绿体的集光色素吸收得最多，光合活性也最大，其次是蓝光、紫光，绿光被反射、透射得最多。红光有利于糖类的形成，蓝光则对蛋白质的合成有利，紫外线照射有利于果实着色。据此，人们利用不同颜色的薄膜大棚进行育秧或蔬菜栽培，可提高作物的产量和品质。

深入学习 2-3
作物光能利用率的影响因素及提高途径

2.4.1.4 作物的光能利用率

作物的光能利用率（light utilization rate）是指单位面积上干物质总量所含的热量与相同面积土地上作物生育期内接受的太阳能总量的百分比。现阶段作物的光能利用率还很低，大多数国家低于 1%，在农业生产水平较高的国家也仅达到 2% ~ 3%。

提高光能利用率可以大幅度提高作物产量。我国长江中下游地区，如果要使水稻光能利用率提高到 5%，则稻谷产量平均可达到 18 000 kg/hm^2。提高作物光能利用率的措施很多，一般常用改进栽培措施、改变种植方式、改革种植制度与选育优良品种等方法，以使农田中作物既有适当的叶面积，又尽可能充分地利用光照条件和提高单位叶面积的光合生产率。

2.4.2 温度

温度是作物必需的生活条件之一。任何植物的生长都有一个最适宜的温度范围，温度过高或过低都会抑制植物的生长，甚至死亡。我国大部分地区有明显的一年四季之分。根据季节（也就是温度）安排农事，不违农时，是作物生产的根本原则之一。温度与热量关系密切，作物对温度的要求（包括气温、地温）实质上是对热量的要求。

根据各种作物对温度的不同要求，一般将作物分为耐寒作物和喜温作物。麦类、豌豆、蚕豆、油菜、亚麻等作物生长发育的适温较低，在 2 ~ 3℃时也能生长，幼苗能忍耐 −6 ~ −5℃的低温，属于耐寒作物。大豆、玉米、水稻、甘薯、棉花等作物生长发育适温较高，一般在 10℃以上才能生长，幼苗期温度下降到 −1℃（个别作物为 −4 ~ −3℃）即造成伤害，属喜温作物。

2.4.2.1 作物的三基点温度

在作物生长发育过程中，就其生理过程来说，都有三个基点温度，即最低温度、最适温度和最高温度，称之为三基点温度（three basic temperature）。在最低和最高温度时作物停止生长，但仍可维持生命活动。如果温度再下降或上升，就发生危害，直至死亡。作物生命活动的基本温度是在一个颇大的范围内变动着的，它因作物的种类、品种、发育时期以及其他环境因子的不同而有差异（表 2-3）。从作物所要求的最适温度来分析，作物早期要求的温度稍低，生长盛期要求的温度较高，到成熟期要求的温度又稍低。

表 2-3　主要作物的三基点温度（引自 Haberlandt，1890）

作物名称	基本温度 /℃		
	最低温度	最适温度	最高温度
小麦	3.0 ~ 4.5	25	30 ~ 32
黑麦	1 ~ 2	25	30
大麦	3.0 ~ 4.5	20	28 ~ 32
燕麦	4 ~ 5	25	30
玉米	8 ~ 10	32 ~ 35	40 ~ 44
水稻	10 ~ 12	30 ~ 32	36 ~ 38
牧草	3 ~ 4	26	30

续表

作物名称	基本温度 /℃		
	最低温度	最适温度	最高温度
烟草	13 ~ 14	28	35
甜菜	4 ~ 5	28	28 ~ 30
紫苜蓿	1	30	37
豌豆	1 ~ 2	30	35
扁豆	4 ~ 5	30	36

2.4.2.2 作物生产常用的温度指标

（1）农业界限温度 农业界限温度（critical temperature）的出现日期、持续天数和持续时间内的热量多少，决定了一个地区内的作物布局、耕作制度、品种搭配和季节安排等。农业界限温度一般有：

0℃ 冻结与解冻的标志。0℃以上的持续天数为农耕期。

5℃ 温带作物开始或结束生长的标志。5℃以上的持续天数为作物生长期。

10℃ 喜温作物开始播种与生长的标志。日平均气温 10℃以上的持续期，称为喜温作物生长活跃期。

15℃ 喜温作物开始旺盛生长的标志。

（2）变温 在适宜的温度范围内，白天温度较高，光合作用强，夜间温度低，作物呼吸消耗少，有利于有机物质的积累和作物生育。如白天 24 ~ 26℃、夜间 14 ~ 16℃是水稻灌浆的最适温度。白天 20℃、夜间 17℃是小麦小穗形成的理想温度。作物种类或品种特性是在一定的生态条件下（其中包括温度的日变化和年变化）长期形成的。为了完成正常的生育周期，作物要求有与其自身特性相符的变温（temperature variation）条件。

（3）积温 只有当气温积累到一定程度时，作物才能完成其发育周期，这一温度的总和称为积温（accumulated temperature）。积温能表明作物在生育期内对热量的总要求，它包括活动积温（active accumulated temperature）和有效积温（effective accumulated temperature）。活动积温包含了低于生物学下限温度的那一部分无效积温。温度越低，无效积温的比例就越大，对农业生产真实性的反映就越差。作物生育期间有效温度积累的总和，叫有效积温。不同作物或同一作物不同发育期的有效积温是不相同的。有效积温比较稳定时，能更确切地反映植物对热量的要求。

根据一个地区的积温，可以合理安排作物布局，确定种植制度。如哈尔滨地处 45°45′N，年平均温度是 3.5℃，比 51°11′N 的伦敦低 6℃以上，但是哈尔滨大于或等于 10℃的积温比伦敦多 500℃，因此，哈尔滨可以种植水稻，而且产量很高，但伦敦附近却只能种植麦类、马铃薯、甜菜等作物。

（4）极端温度 在作物生育期间出现的反常高温或低温，即使时间不长，也会对作物生长发育产生强烈影响。这种对作物生长发育不利的温度（低温或高温）即为作物生长发育的极端温度（extreme temperature）。

作物生产过程中要避免极端温度的危害，不论是低温还是高温。低温危害包括冻害（frozen damage）、冷害（chilly damage）和霜害（frost damage）。0℃以上低温危害称冷害；0℃以下低温危害称为冻害；霜害则是指秋、春季节由于气温急剧下降到 0℃或 0℃以下，在作物叶面结霜（或者未结霜）使其受害。高温伤害是当温度超过最适温度后，继续上升对作物造成的伤害，如小麦干热风。

（5）无霜期　无霜期（frost-free period）是指某地春季最后一次霜冻到秋季最早一次霜冻出现之间的天数，如黄淮平原为 170～200 d，长江中下游为 210～280 d。无霜期也是满足作物生长安全温度的指标，在无霜期内各种作物均能正常生长。因此，无霜期的长短也是作物布局和确定种植制度的重要依据。

2.4.2.3　温度的调节

目前条件下，直接调节影响温度的太阳辐射是困难的，但采取一些措施调节近地气层和土壤层中的温度还是可行的。通常采用的调节温度的措施有：

（1）覆盖　如春季苗床上撒草木灰、有机肥料或其他深色增温剂，提高土壤对太阳辐射的吸收率，达到苗木增温的目的。用塑料薄膜覆盖，能更有效地增温，形成特有的小气候环境。

（2）耕作措施　采取镇压、中耕松土、垄作等可以提高土壤温度。土壤镇压后，热量传递加快，白天高温时段土表热量向下输送，夜晚降温时下层热量向上输送，土壤温度的日变化较小。早春进行土壤中耕既保墒又保温。中耕后上层土壤疏松，空气含量增加，土壤热容量和导热率降低，接受太阳辐射的面积增大，提高了上层土壤温度，促进了作物生长和土壤根际微生物的活动；中耕后切断了土壤上层的毛细管，土壤下层水分不能沿毛细管上升而蒸发，蒸发少，热量消耗也少，既保墒又保温。垄作增加土壤对太阳辐射的吸收面积，提高 20%～25%；垄背的反射率较低（比平作低 3%），有利于土壤温度的提高。但垄作的增温效应在作物封垄后消失。

（3）灌溉　在夏季灌溉可以降温，在冬季灌溉可以增温。南方水田多，还可利用灌溉以水调温。近年来喷灌发展迅速，喷灌对调节气温和空气温度的作用较大，特别是用于防高温干旱的效果好。

2.4.3　水分

水是维持作物生命活动的重要因素，是连接土壤－作物－大气这一系统的介质。水分供应状况不仅影响大范围的作物布局与复种，也影响小范围的作物的生长与产量。水的收支平衡是作物高产的前提条件之一。

2.4.3.1　水分对作物生长的影响

水是作物生命活动必不可少的物质。水分在作物的生长发育、对养分的吸收与运转、光合作用和体温的维持等诸多方面都非常重要，影响着作物的生长发育和品质的形成。绿色植物含水量可达 80%～90%。

土壤供水状况影响着种子的萌发、生长发育和产量形成。土壤中水分含量的多少，直接影响到根系的生长：在潮湿土壤中，作物根系生长缓慢，不发达，且根系主要分布于土壤浅层；土壤干燥，可促进作物根系深扎，伸展至土壤深层，故生产上常通过蹲苗控制苗期水分，以促使根系深扎。土壤中水分低于作物需要量，作物就会萎蔫，生长停滞，甚至枯萎；高于作物需要量，往往会使土壤水气比例失调，致使根系缺氧、窒息，直至死亡。只有土壤水分适宜，根系吸水和叶片蒸腾才能达到平衡。一般豆类、马铃薯等作物最适土壤含水量相当于田间持水量的 70%～80%，禾谷类为 60%～70%。

土壤水分对作物的品质有较大影响。夏季高温、少雨，作物子粒中蛋白质的含量高；低温、多雨有利于子粒中淀粉的形成。土壤水分充足，利于油料作物子粒中油分的积累。而适时适量地保证水分供应，则能促进甜菜糖分的积累及纤维作物优质韧皮纤维的形成。

2.4.3.2　作物需水量

作物需水量又称作物的耗水量，是指作物一生在单位土地面积上全生育期叶面积蒸腾量和株间（土壤）蒸发量之和，对水稻而言，还包括渗漏量。

需水量（mm 或 m^3/hm^2）= 播种时的土壤贮水量 + 生育期内的有效降水量 + 总灌水量 – 收获时的土壤贮水量

作物需水量可用蒸腾系数（transpiration coefficient），又称耗水系数（water consumption coefficient，K）来表示，即作物每制造 1 g 干物质所消耗水分的克数，即耗水量与子粒产量的比值。K 值大小说明水分有效利用率的高低。蒸腾系数是一个无量纲数，值越大说明植物需水量越多，水分种用率越低（表 2–4）。

表 2–4　主要农作物的蒸腾系数

作物	粟、高粱	玉米、棉花	小麦、马铃薯	蚕豆、豌豆	荞麦、向日葵	水稻	大豆	油菜
蒸腾系数	200～400	300～400	400～600	400～800	500～600	600～800	600～900	700～900

蒸腾作用（transpiration）是水分通过作物表面向大气中散失的过程，蒸腾作用为有效耗水，而通过地表散失的蒸发耗水为无效耗水。不同作物对水分的需要量是不同的，同一作物不同品种之间也有差异。作物一生中对水分的需要量大体上是生育前期和后期较少，中期生长旺盛，需水较多。作物需水量大小受气候、土壤、营养状况和栽培条件的影响。因此，在生产中采取适当栽培措施可减少作物的水分消耗，达到节水的目的。如在河北吴桥，节水栽培的小麦耗水可比普通大田低 100 mm 左右。

2.4.3.3　作物需水临界期

作物生长发育不同阶段对水分的敏感程度不同，大体上是由低到高再到低，即生长前期、后期需水量少，而中期需水量多。作物一生中对水分最敏感的时期，称为需水临界期（water critical period）。在需水临界期，若水分供应不足，对作物生长发育和最终产量影响最大。生产上要考虑作物需水临界期的水分管理。大多数作物需水临界期与花芽分化旺盛期相联系。冬小麦、春小麦的需水临界期是孕穗、开花期，水稻是从孕穗到开花，玉米是"大喇叭口"和吐丝期，高粱、粟是孕穗和开花期，棉花是开花至成铃期，大豆、花生为开花期。需水量最大的时期称最大需水期（water maximum demand period）。一般禾谷类作物的最大需水期在抽穗开花期，大豆最大需水期在开花鼓粒期。在水资源有限的地区，可根据作物缺水的敏感程度和土壤及天气状况合理安排用水。

2.4.4　空气

空气成分复杂，包括 N_2、O_2、CO_2、CH_4 等多种气体，其中以 CO_2 与作物关系最密切，它是光合作用的原料。在水肥等环境条件基本满足的农田，光照和 CO_2 质量分数决定着作物群体的干物质生产速率，CO_2 质量分数越高，光合强度越强，作物群体干物质生产速率越高。如果 CO_2 质量分数过低（低于 0.005%），光合作用吸收的 CO_2 与呼吸作用放出的 CO_2 相等，这时的净光合强度便等于零，此时 CO_2 的质量分数即为补偿点。当 CO_2 质量分数长期处于补偿点时，任何作物都会因有机物的亏缺而饥饿死亡。

空气中 CO_2 与 O_2 比例大小影响光合强度。一般情况下，空气中 CO_2 质量分数为 0.03%，能够满足光合作用的需要。但在夏季高温群体密闭情况下，影响光合作用。一是由于夏季中午光合作用强，CO_2 消耗大；二是由于植物群体密闭，通风性差，作物群体下部可能出现 CO_2 不足。故而在温室栽培下，施二氧化碳肥也能明显提高产量。

需要指出，作物进行光合作用所需要的 CO_2 不但来自作物群体上部空间，同时也来自群体下部，其中包括土壤表面枯枝落叶分解、土壤中活着的根和微生物的呼吸、已死的根和有机质腐烂等所释放出来的 CO_2。据外国学者估计，群体下部供应的 CO_2 约占总量的 20%。通过增施优质有机肥，增加土壤中好气性微生物的数量，增强其活力，可释放出更多的 CO_2，是一项提高空气 CO_2 质量分数的有效措施。

2.4.5 养分

养分是作物必需的生活因子。农民说："有收无收在于水，多收少收在于肥，"准确地反映了水分代谢、矿质营养和作物产量之间的关系。作物的生物学产量是净光合产物和根系吸收同化的营养物质之和。虽然光合产物占 90%~95%，根系吸收的营养物质仅占 5%~10%，但不容忽视。例如，玉米每公顷生物学产量为 25 500 kg，子粒产量为 9 350 kg 时，需从土壤中吸收约 285 kg 氮、52.5 kg 磷、255 kg 钾及其他营养物质。可见，作物吸收矿质养分的数量是相当可观的。

在农业生产中用量最多的矿质养分是氮、磷、钾三种营养元素。氮素是蛋白质、核酸、叶绿素、酶和多种维生素的重要组成成分。它们在遗传、光合作用及许多生理生化过程中起着重要作用。磷素是组成核酸、核蛋白、磷脂、高能化合物和多种酶的重要组成成分，它参与作物体内的各种代谢过程。钾素在植物体内具有维持细胞膨压、调节气孔关闭、促进叶绿素合成、促进光合产物向贮藏器官转运、改善品质以及提高抗逆性等功能。

名词解释

生长　营养生长　生殖生长　分化　发育　作物S形曲线生长　生育期　生育时期作物温光反应　作物感温性　作物感光性　作物基本营养生长性　根冠比　作物器官同伸关系作物光能利用率　作物三基点温度　农业界限温度　冷害　冻害　霜害　作物需水量　蒸腾系数作物需水临界期

问答题

1. 区分作物的生长与发育现象主要依据是什么？试举例说明。
2. 作物生长的S形变化过程有何应用价值？
3. 简述作物生育期、生育时期的影响因素及其调控措施。
4. 作物"三性"理论在引种、栽培上如何应用？

5. 作物营养生长和生殖生长关系如何？

6. 作物地上部分生长与地下部分生长有何依赖关系？

7. 简述环境因素对作物生长发育的影响。

8. 简述作物光能利用率的定义及提高光能利用率的途径。

分析思考与讨论

1. 研究作物器官的同伸关系有何实际意义？

2. 如何使作物在当今和未来面临的环境挑战中发挥其生长与抗逆潜能？

3

作物产量与品质形成

【本章提要】 作物产量的形成与器官分化发育、光合产物的累积和分配密切相关，了解其形成规律是采用先进栽培技术，进行合理调控，实现高产的基础。各产量因素的形成是在作物整个生育期内不同时期依次而重叠进行的。只有营养器官生长良好，才能保证生殖器官的形成和发育，最终获得较高的产量。作物品质是指收获目标产品达到某种用途要求的适合度。作物产量和品质常常是相互制约的，因此在栽培过程中需要综合考虑才能实现高产优质的目标。

本章重点介绍作物产量、品质及其形成的基本知识及理论。要求掌握作物产量的基本概念，了解作物产量的形成过程、特点以及高产作物群体的构建途径。掌握作物品质的基本概念，分析与思考提高作物品质的途径与措施。

3.1 作物产量及产量形成

3.1.1 作物产量

作物产量（yield）是指单位面积土地生产的作物产品数量。简单地说，就是栽培作物的收获物。它包括生物产量和经济产量两个概念。

3.1.1.1 生物产量和经济产量

生物产量（biological yield）是指作物在一定的生育阶段或全生育期内，单位面积所积累的干物质总量，即作物的根、茎、叶、花和果实等各器官干物质的总重量，由于根往往难以获取，除收获土中块根或块茎类作物，一般生物产量仅指地上部分干物质总量（不包括根系）。在作物的生物产量中，有机物质占总干物质的 90% ~ 95%，矿物质占 5% ~ 10%。

经济产量（economic yield）是指单位面积上收获的有经济价值的主产品的数量，也就是生产上所说的产量。作物不同，其经济产品器官也各异。例如，禾谷类、豆类和油料作物的主产品是子实；薯类作物的产品是块根或块茎；棉花是种子上的纤维；黄麻、红麻为茎秆的韧皮纤维；甘蔗为茎秆；烟草和茶是叶片；绿肥作物是全部茎叶。同一作物因利用目的不同，其经济产量的概念也不同。如玉米作为粮食作物时，其经济产量是指子粒；作为饲料作物时，其经济产量指地上部植株，包括叶、茎、果穗等。可见，由于人们利用目的不同，对经济产量所指的产品也就不一样。

作物生产中，经济产量收获后的剩余部分称为副产品，这些副产品往往也有较好的综合利用价值。如利用禾谷类作物的秸秆培养食用菌；通过氨化处理玉米秸秆生产饲料；利用麻秆进行全秆造纸等。因此，进一步开发利用作物的副产品，提高附加值，对发展农村经济以及保护环境等均有积极的意义。

3.1.1.2 收获指数（经济系数）

收获指数（harvest index）也称经济系数，是指作物经济产量与生物产量的比值，反映了作物生物产量转化为经济产量的效率。

收获指数（或经济系数）= 经济产量／生物产量

收获指数高，表明光合作用积累的有机物质分配转运到产品器官中的能力大，作物生产效率高；但收获指数高并不表明作物的经济产量也一定高。因为在正常情况下，经济产量的高低与生物产量的高低成正比，要提高经济产量，只有在提高生物产量的基础上，提高收获指数，才能达到提高经济产量的目的。

收获指数与作物遗传基础、收获器官及其化学成分有关，同时也受栽培技术和环境对作物生长发育的影响，所以不同作物的收获指数有所不同（表 3-1）。一般而言，收获营养器官的作物，其收获指数比收获子实的作物要高；同为收获子实的作物，产品以糖类为主的比以含蛋白质和脂肪为主的作物要高。因为营养器官的形成过程较简单，子实的形成则须经历生殖器官的分化发育和结实成熟的复杂过程；糖类如淀粉、纤维素等形成过程中需要能量相对较少，而蛋白质、脂肪的形成要经过同化物的进一步转化，需要能量较多。

表 3-1　不同作物的收获指数

作物	收获指数	作物	收获指数
水稻、小麦	0.24～0.51	大豆	0.25～0.35
玉米	0.30～0.50	籽棉	0.35～0.40
薯类	0.70～0.85	皮棉	0.13～0.16
油菜	0.25～0.30	甜菜、烟草	0.60～0.70

收获子实作物的收获指数与植株高度有相关性。在一定范围，相对矮小的植株比高大植株的收获指数要高。研究表明，株高不同的小麦品种，其收获指数差异明显。当株高由 60 cm 增高到 100 cm 以上，其收获指数由 0.51 下降到 0.34。但株高在 50 cm 左右的超矮秆品种，收获指数却非常低，仅为 0.24 左右。可见，植株偏高或过矮，对提高收获指数不利，产量也相应降低。虽然同一作物的收获指数相对稳定，但是，通过品种改良、优化栽培及改善环境条件等，可以使收获指数达到高值范围，在较高的生物产量基础上获得较高的经济产量。

3.1.2 产量构成因素

3.1.2.1 作物产量构成因素

作物产量是以单位面积上作物产品器官数量来计算的，因此，可以把单位面积上的产量分解为不同的组分，这些组分就是产量构成因素（yield component）。各类作物的产量构成因素见表 3-2。

深入学习 3-1 产量构成理论的提出与研究

表 3-2　各类作物的产量构成因素

作物种类	产量构成因素
禾谷类（稻、麦、玉米、高粱等）	穗数、每穗实粒数、粒重
豆类（大豆、蚕豆、豌豆等）	株数、每株有效分枝数、每分枝荚数、每荚实粒数、粒重
薯类（甘薯、马铃薯）	株数、每株薯块数、单薯重
韧皮纤维作物（苎麻、黄麻、红麻、亚麻等）	有效茎数、单株鲜茎或鲜皮重量、出麻率
棉花	株数、每株有效铃数、单铃籽棉重、衣分
油菜	株数、每株有效角果数、每角果粒数、粒重
甘蔗	有效茎数、单茎重
烟草	株数、每株叶数、单叶重
绿肥作物（紫苜蓿、紫云英、苕子）	株数、单株鲜重

　　研究不同作物产量各构成因素的形成过程及其相互关系，有利于针对性地采取相应措施，协调产量构成因素之间的关系，获得高产。

3.1.2.2　作物产量构成因素的相互关系

　　理论上讲，各个产量因素中，每个因素的值越大，产量就越高。但生产上不可能每个因素都同时增大，它们之间存在制约关系。例如，禾谷类作物如果穗数增多，则单穗粒数或单粒重就有减少的趋势；油菜的株数增加时，每株角果数减少，每角果粒数和粒重也呈下降趋势；以营养器官块根为产品的甘薯，单株结薯数和单株薯重随栽植密度加大而降低。因此要获得高产，必须使产量构成的各个因素有一个最佳的组合，使各因素的乘积达到最大。不同作物及同一作物在不同地区、不同栽培措施下，获得高产的最佳组合是不同的。例如，每公顷产9 000 kg 小麦，山东以精播大穗途径获高产，穗数、穗粒数、千粒重三个产量因素分别是每公顷 450 万穗、每穗 40 粒、千粒重 50 g；河北吴桥则是在晚播条件下，通过增大播种量，以主茎成穗为主来获得高产，产量构成为每公顷 750 万穗，每穗 30 粒，千粒重 40 g。

　　作物产量构成因素间除存在制约关系外，还存在相互补偿作用，即后形成的产量因素可以补偿前期形成的产量因素的不足。如水稻、小麦等禾谷类作物基本苗不足或播种密度低，可通过发生更多的分蘖和形成较多的穗数来补偿；穗数不足，每穗粒数和粒重的增加，也可加以补偿。但生长前期的补偿作用往往大于生长后期，而补偿的程度则因作物种类、品种、环境等的差异而不同。

3.1.3　作物的产量形成与生长分析

3.1.3.1　作物产量形成过程

　　作物产量各构成因素的形成是先后有序的，在作物整个生育期内不同时期依次而重叠进行的。如果把作物的生育期划分为三个阶段，即生育前期、中期和后期，则以子实为产品器官的作物，生育前期为营养生长阶段，光合产物主要用于根、叶、分蘖或分枝的生长；生育中期为生殖器官分化形成和营养器官旺盛生长并进期，生殖器官形成的多少决定产量潜力的大小；生育后期是结实成熟阶段，光合产物大量运往子粒，营养器官停止生长且重量逐渐减轻，果实干物质重量急剧增加，直至达到潜在贮存量。一般说来，前一个生育时期的生长程度有决定后一个时期生长程度的作用，营养器官的生长和生殖器官的生长相互影响、相互联系。生殖器官生长所需要的养分，大部分由营养器官供应，因此，只有营养器官生长良好，才能保证生殖器官的形成和发育。

3.1.3.2 作物干物质积累与分配

作物在生育期内通过光合器官，将吸收的太阳能转为化学潜能，将叶片和根系从环境中吸收的 CO_2、水及矿质营养合成糖类，然后再进一步转化形成各种有机物，最后形成有经济价值的产品。因此，作物产量形成的全过程包括光合器官、吸收器官及产品器官的建成及产量内容物的形成、运输和积累。从物质生产的角度分析，作物产量实质上是通过光合作用形成的，并取决于光合产物的积累与分配。作物光合物质生产的能力与光合面积、光合时间及光合效率密切相关。光合面积，即包括叶片、茎、叶鞘及结实器官能够进行光合作用的绿色表面积，其中绿叶面积是构成光合面积的主体；光合时间是指光合作用进行的时间；光合效率指的是单位时间、单位叶面积同化 CO_2 的毫克数或积累干物质的克数。一般说来，在适宜范围内，光合面积越大，光合时间越长，光合效率又较高，光合产物呼吸等消耗少，分配利用较合理，就能获得较高的经济产量。

作物的干物质积累动态遵循 Logistic 曲线（S 形曲线）生长模式，即一般要经历三个阶段：缓慢增长期、指数增长期或直线增长期和减慢停止期。作物生长初期，植株较小，叶片和分蘖或分枝不断发生，此期干物质积累量与叶面积成正比。随着植株的生长，叶面积的增大，净同化率因叶片相互荫蔽而下降，但由于单位土地面积上叶面积总量大，群体干物质积累近于直线增长。此后，叶片逐渐衰老，功能减退，群体干物质积累速率减慢，同化物由营养器官向生殖器官转运，当植株进入成熟期，生长停止，干物质积累亦停止，进入衰老期时，干物质反而有减少的趋势。作物种类或品种不同，生态环境和栽培条件不同，各个时期所经历的时间、干物质积累速率、积累总量及在器官间的分配均有所不同（图 3-1，图 3-2）。

干物质的分配随作物种类、品种、生育时期及栽培条件而异。生育时期不同，干物质分配的中心也有所不同。以玉米为例，拔节前以根、叶生长为主，地上部分叶子干重占全干重的99%；拔节至抽雄，生长中心是茎叶，其干重约占全干重的90%；开花至成熟，生长中心是穗粒，穗粒干物质积累量显著增加。品种间干物质的分配特点与生物产量高低有关，大豆早熟

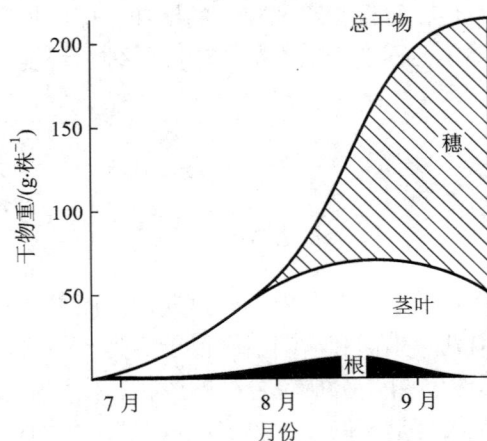

图 3-1 大麦生育期间干物重的变化
（引自杨守仁等，1999）

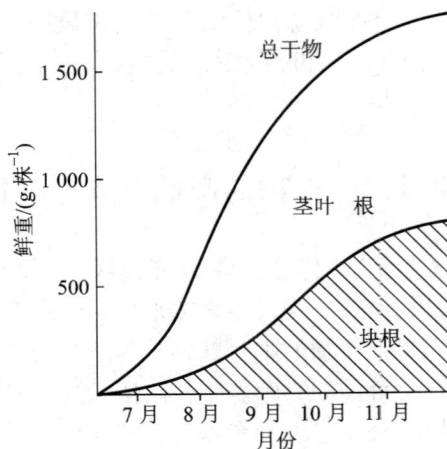

图 3-2 甘薯生育期间干物重的变化
（引自杨守仁等，1999）

品种，生物产量较低，茎叶干重所占比例绞小，荚粒所占比例较大，晚熟品种则相反。同一大豆品种在不同肥力条件下种植，干物质在各器官的分配比例存在差异，土壤肥沃，茎叶生长繁茂，荚粒干重所占比例较小；中肥条件下，荚粒所占比例较大。稻、麦的谷粒与叶秆比（谷草比）也是衡量干物质在器官间分配的指标之一。Bingham（1969）对冬小麦干物质分配的研究指出，矮秆品种的粒秆比为 1.15 ~ 1.49，高秆品种为 0.9 ~ 1.10，表明矮秆品种的干物质分配对子粒产量形成有利。这正是近年来稻、麦中矮秆品种很受重视的原因之一。

3.1.3.3 作物生长分析

作物的干物质生产和积累是通过作物的生长过程实现的。生长既能描述植物大小的不可逆性，还能描述数量的变化，如用重量来表示，干重即是干物质生产量的指标。

作物生长过程中，植株个体和群体生物产量的增长与增长速率、光合器官生产干物质的能力等有关。

（1）相对生长率（relative growth rate，RGR） 相对生长率即单位时间单位重量植株的重量增加速率，通常用 g/（g·d）或 g/（g·w）表示。在对不同作物群体或植株生长能力进行比较时，生长速率是一个重要度量。相对生长率主要由遗传特性控制，但环境条件对其影响也较大。一般在作物生长初期，相对生长率较大，生长后期，由于老化组织增加，或养分供应不充足，相对生长率下降。

（2）净同化率（net assimilation rate，NAR） 净同化率表示单位叶面积在单位时间内的干物质增长量。植物的干物质积累主要是通过叶片的光合作用而产生的。Gregory（1918）研究发现，单位叶面积的净得重量（同化作用的平均速率）可能是生长最有意义的指数。

（3）叶面积比率（leaf area ratio，LAR） 叶面积与植株干重之比（L/W）称叶面积比率，即单位干重的叶面积。实际上，相对生长率即是叶面积比率与净同化率的乘积。

（4）比叶面积（specific leaf area，SLA） 比叶面积也称叶面积干重比，为叶面积与叶干重之比，在某种意义上是叶子相对厚度的一种度量。在作物生长过程中，SLA 易受环境和个体发育变化的影响。

（5）作物生长率（crop growth rate，CGR） 作物生长率又称为群体生长率，它表示在单位时间、单位土地面积上所增加的干物重。作物生长率与 NAR 和叶面积指数（leaf area index，LAI）成正比。Watson（1958）认为，NAR 变幅较窄，LAI 变幅较大，因而产量增长主要取决于LAI。LAI 随作物种类、生育时期、种植密度及栽培环境等而变化。禾谷类作物群体 LAI 比阔叶类群体的大。在作物生长发育过程中，LAI 于生育中期达最大值，并保持一段平稳期，生育后期逐渐下降。在一定范围内，LAI 随种植密度和氮肥施用量增加而增大，高产群体的产量增长是LAI 与 NAR 相辅相成作用的结果，但生产上并非叶面积越大越好，叶面积过大反而会引起减产。

生长分析法的基本观点是以测定干物质增长为中心，同时也测定叶面积，计算与作物光合作用生理功能相关的参数，比较不同作物、不同品种、不同生态环境下生长和产量形成的差异。

3.2 作物源、库、流理论及其应用

3.2.1 源

源（source）是指植物生产和输出同化物的器官或组织。源提供了光合作用制造的同化物

深入学习 3—2
作物光合性能与作物生长分析

深入学习 3—3
作物库、源、流理论的建立与发展

的供应，它是作物发育及产量形成的物质基础。从生产和输出同化物的部位来讲，源应该包括两个方面内容：

（1）光合源 包括叶片、叶鞘等器官。小麦的茎、穗、芒，玉米的苞叶等也是光合器官，但叶片是光合产物的主要供源。作物群体和个体的发展只有达到叶面积大，光合效率高，才能使源充足，为产量库的形成和充实奠定物质基础。

（2）暂存源 即先前的光合产物贮存在暂存库中，在子粒灌浆过程中，再调运到子粒中，如禾谷类作物开花前光合作用生产的营养物质主要供给穗、小穗和小花等产品器官形成的需要，并在茎、叶、叶鞘中有一定量的贮备。开花后的光合产物供给产品器官，作为产量内容物而积累。

从同化物供应角度来讲，源的强度包括了两个方面的内容，即源的大小和源的活性。其中源的大小表示所提供光合产物来源的大小，它的大小由叶片数、叶面积指数、营养器官内贮存的物质含量三方面组成。叶片是作物最主要的供源器官，所以叶面积大小能直接影响供源特性。源的活性是指源的干物质生产效率，可以用叶片的光合速率及绿叶面积持续期的长短来表示。

源在产量形成中的意义，一方面在于促进库的建成，源是产品器官发育的物质基础；另一方面在于进行库的充实，即充足的物质供应为子粒的进一步生长与充实提供保障。当子粒库容潜力建成以后，能否使子粒达到最大潜力，获得最高物质产量，主要取决于源的供应强度，即同化物能否满足子粒生长发育的需要。

3.2.2 库

库（sink）是指接受和贮藏同化物的器官或组织。库反映了产品器官的容积和接纳营养物质的能力，库的潜力存在于库的构建中。产品器官的容积随作物种类而异，禾谷类作物产品器官的容积决定于单位面积穗数、每穗颖花数和子粒大小的上限值；薯类作物则取决于单位面积块根或块茎数和薯块大小上限值。穗数和颖花数在开花前已决定，子粒数决定于开花期和花后，子粒大小则决定于灌浆成熟期。同样，块根或块茎数于生育前期形成，薯块大小则决定于生长盛期。

库的大小对产量形成十分重要。首先，库大小影响有机物质的分配。作物形成库的能力和库的强度大，则把同化物转化为子粒产量的能力就强，产量潜力就高。其次，库影响干物质生产。叶片光合强度受光合产物需求的影响，子粒库强度对光合作用有很大的反馈作用。库强度大能促使光合能力增强，反之则使之削弱。

3.2.3 流

流（flow）是指作物植株体内输导系统的发育状况及其运转速率。流的主要器官是叶、鞘、茎中的维管系统，其中同化物运输的途径是韧皮部，韧皮部薄壁细胞是运输同化物的主要组织。在韧皮部运输的同化物中，大部分是糖类，少部分是有机氮化合物。同化物的运输受多种因素的制约。韧皮部输导组织的发达程度，是影响同化物运输的重要因素。

流的效率对产量形成有重要影响。因为作物光合器官的同化物除小部分供自身需要外，大部分运往其他器官供生长发育及贮备之用。光合作用形成的大量有机物质构成了较高的生物产量，如果运输分配不当，使较多的有机物留在茎和根之中，经济产量就会降低。

3.2.4 源、流、库的协调及其应用

综上所述，源、流、库是决定作物产量的三个不可分割的重要因素，只有当作物群体和个体的发展达到源足、库大、流畅的要求时，才可能获得高产。实际上，源、流、库的形成和功能的发挥不是孤立的，而是相互联系、相互促进的，有时可以相互代替。

从源与库的关系看，源和库是产量形成中的两个重要方面。源是产量库形成和充实的物质基础，源充足可以促使形成较大的库，库大又能提高源的能力。当源和库都得到相当发展，而且互相协调时，便可获得最佳产量。此外，源、库器官的功能是相对的，有时同一器官兼有两个因素的双重作用。例如，作物开花前的营养生长阶段，叶片是光合作用的主要器官，同时，由于叶片自身生长的需求，又是光合产物的贮存器官。

源、库的发展及其平衡直接影响产量的形成。通常，在产量水平较低时，源不足是限制产量的主导因素。同时，库容小也是造成低产的原因。增产的途径是增源与扩库同步进行，重点放在增加叶面积指数上。当叶面积达到一定水平，增源的重点应及时转向提高光合速率或适当延长光合时间两方面。

从库、源与流的关系看，库、源大小对流的方向、速率、数量都有明显影响，起着"拉力"和"推力"的作用。源、流、库在作物代谢活动和产量形成中构成统一的整体，是决定作物产量高低的关键因素。

一般而言，在实际生产中，除非发生茎秆倒伏或遭受病虫危害等特殊情况，流不会成为限制产量的主导因素。但是，流是否畅通直接影响同化物的转运速率和转运量，也影响光合返率，最终影响经济产量。

3.3 作物群体及其层次结构

3.3.1 作物群体

3.3.1.1 作物群体的概念
所谓作物群体（crop population）是指同一块地上的作物个体群，包括单作群体和复合群体两大类。仅由一种作物组成的群体称单作群体，如水稻田、玉米田、小麦田；由两种或两种以上作物组成的群体则为复合群体，如玉米大豆间作、小麦套种玉米、马铃薯套种玉米等。

作物生产是作物群体的生产，作物的产量就是单位面积上作物的群体产量。群体产量虽然取决于每个个体的产量，但并不是每个个体产量的无限提高的总和。众所周知，作物单株单独生长的长势长相与群体中生长的长势长相是截然不同的。例如，棉花、油菜、大豆、大麻等分枝作物，单独生长情况下，分枝多且分枝部位低，而在群体中生长却分枝相对较少且分枝部位高。因此，群体虽然是个体组合的整体，但已与组成群体的个体不同，有着独有的特征与特性。

3.3.1.2 作物群体的特征
作物个体组成了群体，同时也就逐渐形成了群体内部的环境。从种子发芽出苗、生根长叶、分枝（分蘖）增加到整个个体加大，扩大了占据的空间，而群体内部环境日渐加深了对个体生长的影响，致使个体受光照强度减弱，水分和养分的供给相对减少，从而使个体受到

抑制，分枝（分蘖）减少，茎秆变细，果实减少。这种在群体中个体的生长发育变化，引起了群体内部环境的改变，改变了的环境反过来又影响个体生长发育的相互作用过程叫"反馈"（feed-back）。

作物群体生长是一个动态发展过程，普遍存在"自动调节"现象。自动调节（self adjustment）是通过个体对变化着的环境条件的反应而发生的，包括植物对刺激的感受（感应性）、传递和反应（如向性、生长、运动等）。这种作物与环境相互作用的结果，是通过反馈作用进行的。群体自动调节作用表现在生长发育过程中的许多方面，例如，稻、麦等分蘖作物群体中常常反映在分蘖数的消长、穗数和粒数的调节、叶面积指数和干物重变化。当然，自动调节能力是相对的，是有一定范围的。如种植过稀，个体间彼此不妨碍，则不存在调节。相反，如种得太密，超出调节的范围，也没有调节的基础。自动调节现象不仅存在于禾谷类作物，其他作物如油菜的分枝、角果数、粒数和粒重变化；棉花的分枝与结铃数；甘蔗的茎数与茎重变化等都是如此。

作物群体的自动调节，在地上部分的植株是争取光合营养，而在地下部分的根系则争取水和无机养分。合理的耕作栽培措施，是充分认识作物群体的形成和发展规律，掌握群体的自动调节能力，运用人为干预手段，协调和控制群体中个体间的矛盾，使个体良好地生育，也使群体得到充分的发展，从而达到充分利用地上部分的光热能量和地下部分的水分和矿质营养，实现提高产量的目的。

3.3.2 作物群体的层次结构与光能利用

3.3.2.1 作物群体的层次结构

作物的群体结构（population structure）是指组成作物群体的各个单株及总叶面积、总茎数、总根重在空间的分布和排列的动态情况。如前所述，作物生产既要追求个体的健壮发育，又要实现群体稳健、合理的发展。作物栽培的任务就是协调群体和个体的矛盾，创造合理的群体结构，使个体潜力得到发挥，群体产量能够显著提高。

作物群体是一个有结构的整体，其地上部分在空中可达到一定的高度，地下部分在土壤中可达到一定深度，在不同层次上发挥不同的作用。根据作物群体结构的功能及其与环境条件的关系，把整个群体分为三个层次（图 3-3）。

光合层（叶穗层） 位于光合补偿点以上的群体上部，包括所有绿色叶片、穗或果实以及茎的一部分。它的主要功能是吸收日光能和二氧化碳进行光合作用，并进行水分的蒸腾，是同化物形成的场所。

支架层（茎层） 位于光合层之下，包括茎秆和分枝，主要功能是支持光合层，使叶片能有序地排列在空间，扩大中层空间，使空间内部有良好的光照和通风条件。它涉及作物高矮、节间长短和稀密、叶序的排列等。并行使地上部分和地下部分之间水分和养分的运输传导功能。

吸收层（根层） 在地面以下，主要功能是吸收水分和养分，并进行一些代谢与合成作用。

群体各层之间相互联系、相互制约，任何一层的加强或削弱，都会促进或抑制其他层次的发展。另外，各层与环境因素之间也相互作用、相互影响。这些环境因素主要包括光照、温度、空气、水分、养分、土壤微生物等。作物群体与气候因素相互作用，形成了田间小气候。

不同生育时期，群体各层的结构和关系不同，对环境条件的反应也不同。作物栽培的任务就在于在作物群体发展的各个时期，协调好群体中个体间及群体各层间的关系，达到优良的群

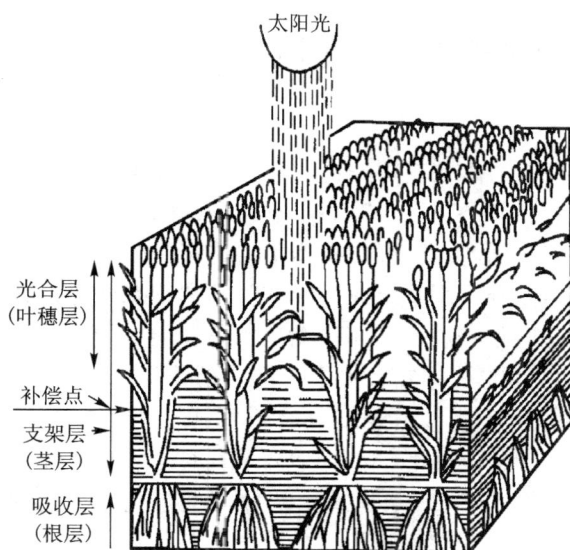

图 3-3 冬小麦群体的层次结构（引自王璞，2004）

体生产结构，使光合层能最有效地利用太阳能，根层能最有效地吸收土壤中的水分和养分，最终有利于同化物的积累和经济产量的形成。

3.3.2.2 作物群体的光能利用

作物群体的光合作用能源来自于太阳能，辐射能量以每单位面积上每分钟所接受的能量计，即 1.98 Ly/min（1 Ly=4.18 J/cm^2），这个数值称为太阳常数。

投射到植物群体的太阳能，一部分为植物体所反射，一部分透过群体而达到地面，剩下的一部分则为植物所吸收而用于光合作用。作物群落吸收的光能中，被光合作用所固定的能量，一般以能量转换率（E_ψ）和能量利用率（E_μ）表示：

$$E_\psi = \frac{K \cdot \Delta W}{\Sigma \alpha \cdot S}$$

$$E_\mu = \frac{K \cdot \Delta W}{\Sigma S}$$

式中，K 为 1 g 干物质的燃烧热（×4.18 J/g），一般糖类为 $4 \times 10^3 \times 4.18$ J/g；ΔW 为干物质的增长量（g/m^2）；α 为能量吸收率 =100− 反射率 − 透射率；S 为日射量（×4.18 J/m^2/d）。

E_ψ 和 E_μ 并非固定值，随作物品种或不同生育阶段而变化。日本国际生物计划（JIBP/PP）的研究表明，光能利用率因作物而异，以玉米最高（1.36%~1.52%），大豆最低（0.76%~0.81%）。就水稻而言，每公顷经济产量为 6.08~6.33 t 时，光能利用率仅 1.17%~1.26%。如果能使光能利用率提高到 2.5%，则产量可望增加 1 倍。

📖 推荐阅读 3-1
作物群体质量及其关键调控技术

3.3.3　影响作物群体结构及物质生产的因素

3.3.3.1　株型

株型（plant type）是指植物体在空间的存在样式。株型不仅包括作物植株的形态特征，而且也包括生理特性，良好的株型是建立作物高产群体结构的基础。

作物生产是群体的生产。因此，良好的株型不仅应考虑个体的茎、叶合理配置，更应考虑群体的生产结构，使群体的光合作用系统在空间和时间的动态变化达到最优。一般而言，各种作物的理想株型都应当具有适于密植栽培而不倒伏、群体的生物产量及收获指数大等形态生理特性。但作物种类不同，株型的具体要求也不一样。据研究，叶片倾斜度对 C_3 谷类作物的产量比对 C_4 作物的产量有更好的效果。例如，玉米在灌溉条件下，叶面积指数达 3 以上，明显地以直立叶型为有利；但在干旱条件下，水分平衡不利时，则直立叶型显然不利。

当然，矮秆株型的紧凑程度也是有限度的，并不是越矮越紧凑越好。植株过矮，叶片密集重叠，也使植株受光条件恶化，特别像棉花、大豆等这类作物，植株中部、下部结实，必须使冠层为窄叶蓬型，才能使全株受光良好。所以，从群体结构的动态发展来说，必须达到同化系统的较早发展和较长时间保持良好的同化系统态势，以及较长时间的产品器官形成。

3.3.3.2　种植密度和种植方式

作物的种植密度和种植方式在很大程度上影响着作物群体结构，从而影响到作物群体的光能利用和干物质生产。

（1）种植密度　种植密度（planting density）实质上是指作物群体中每一个体平均占有的营养面积大小。而种植方式则指每一个体所占营养面积的形状，即行、株距的宽窄。

作物群体内的个体之间围绕着光合作用有关的各种环境因子存在竞争，大量研究发现环境因子中的光因子是随植物群体的形成而发生最显著变化的。种植密度是人们拥有的所有协调群体的栽培措施中最重要的措施之一。

一般说来，作物群体的单位面积产量在一定范围内随密度的增加而提高，达到一定密度时产量达到最高值，此后，密度再增加，不仅不会使产量增加，反而使产量下降。另一方面，种植密度的不同，也影响到群体内透光性和通风性，同时使土壤温度和二氧化碳浓度等群体内的环境因子发生变化，而这些方面的变化，又会影响到土壤有机质的分解和微生物的活动。此外，病虫害和倒伏等各种生理障碍的发生程度也会有所不同。所以，确定种植的适宜密度和形式，不论从提高产量或改进抗逆性方面都很重要。

（2）种植方式　种植方式（planting way）是使田间个体配置得当，充分利用光能，在生育前期要尽量减少太阳光未被叶片吸收而漏射到地面上的损失，而又要注意到生育后期的底叶是否早衰。由于作物的生长是由小到大，对成株合适的密度，在苗期就显得过稀，仍有大量光能漏射到地面上浪费掉。间作套种就是解决这个问题的有效措施。据赖众民（1985）的田间试验结果，玉米间套种植马铃薯和大豆的复合群体的物质生产和光能利用均比各自单作的效果好。复合群体的 NAR、CGR 和干物产量一般在南方各省的结果均比各作物净作的高。

作物群体叶面积指数达一定程度时，对于镶嵌良好的水平叶型的群体（如棉花、大豆等），南北行向与东西行向没有很大区别。而对直立叶型群体（如稻、麦等），在春分、秋分时节，中午时刻南北向光能的利用没有浪费，而在早、晚则与中午相反。在夏至期间，情况就两相颠倒过来。因此，对一个作物一生总光合产量来说，就应该动态地考虑作物生长与季节变化的关系，因为作物从出苗到成熟要经历几个月，可能苗期以东西行略有利，而到成熟期就变为南北行略有利了。所以说东西行与南北行对光能利用没有明显的优劣之分。况且在生产上决定行向，还不能单纯从光能利用来考虑，更重要的因素常常是管理操作的方便。

3.3.3.3 肥料

作物生长发育必须从环境中吸收营养物质，施肥是满足作物营养的重要手段，也是实现优质高产的有效栽培措施之一。虽然各种营养元素的含量相差几十到几十万倍，生理功能也各不相同，但它们对作物所起的作用是同等重要和不可替代的。例如，氮、镁、铁、锰等是叶绿素生物合成所必需的矿质元素；钾、磷等参与糖类代谢，缺乏时便影响糖类的转变和运输，这样也就间接影响了光合作用；同时，磷也参与光合作用中间产物的转变和能量传递，所以对光合作用影响很大；氮不能代替磷，磷不能代替钾。因此强调有机无机相结合，氮、磷、钾平衡施肥对作物优质高产栽培十分重要。

同时，肥料的适时施用与适量施用也十分重要。为满足作物正常生长发育的需要，在作物栽培上一般苗期要施足基肥、早施速效追肥，促进早而快地出叶、发根和分枝，为中后期生长奠定良好的基础，生产上称之为"长好苗架"。但如果营养体茎叶生长过旺，就会削弱根系的发育，所以又要适当控制水肥，生产上称为"蹲苗"。在营养生长与生殖生长并进的时期，一方面要供应充足的水肥，保证长茎、长叶的需要，另一方面又要防止氮素过多，造成徒长。因为中期徒长会造成荫蔽，致使群体内光照质量下降。防止徒长的主要措施，是结合看苗诊断节水控肥。在生殖生长期，全株应转入以生殖器官充实成熟为主，要保持叶片较长时间的光合功能，相应的还要保证根部有较好的吸收能力。为此，要防止受旱、脱肥，避免早衰。但已要防止后期的贪青晚熟。

3.4 作物的品质及品质形成

3.4.1 作物品质的概念及评价指标

3.4.1.1 作物品质的概念

作物品质（crop quality）是指收获目标产品达到某种用途要求的适合度。作物种类和用途各有不同，人们对它们的品质要求也各异。一般而言，根据人类栽培作物的目的，可大致将作物分为两大类，一类是为人类及动物提供食物的作物，如各种粮食作物和饲料作物等；另一类是为轻工业提供原料的作物，如各种经济作物。对提供食物的作物，其品质主要包括食用品质和营养品质等方面；对提供轻工业原料的作物，其品质主要包括工艺品质和加工品质等。

同一作物也会因产品用途不同，对品质的要求不同。如大麦作为饲料作物栽培时，要求蛋白质含量高，淀粉含量低；而作为啤酒大麦栽培时，则要求淀粉含量高，蛋白质含量低。又如，大豆子粒用于榨油时，要求脂肪含量高；用于做豆腐时要求蛋白质含量高。再如，油菜籽油作为工业用油时，要求芥酸含量高；但作为食用油时，由于芥酸对身体有害，要求芥酸含量必须低。

随着市场经济的发展，有时人们根据各自的经济利益，也会制定不同的质量标准。例如，同样是小麦子粒，种植者追求的是子粒饱满、整齐度好、容重大等外观品质；面粉厂家则要求的是子粒出粉率高、易磨等物理品质；而消费者则希望口感好等食用品质和营养丰富等营养品质。再如，同样是大豆子粒，农户追求的是子粒光亮、饱满、淡脐等外观品质；豆腐作坊要求的是出豆腐率高；榨油厂要求的是出油率高等加工品质。

实际上，作物品质的优劣是相对的，它随着人类的需要、科学技术的进步和社会的发展等而发生变化。例如小麦的品质与加工产品有关，在不考虑加工产品时，其品质主要根据子粒的容重划分，但要加工制作面包时，要求用强筋小麦（角质率不低于 70%）；制作蛋糕和酥性饼干等食品时则要求用弱筋小麦（粉质率不低于 70%）。随着人们生活水平的提高，作物产品的保健作用将会引起重视。因此，作物品质的评价标准也是相对的，不可能用统一的标准去衡量种类繁多、用途各异的各种作物。

3.4.1.2 作物品质的评价指标

尽管对作物品质的评价不可能有统一的标准，但随着人们对作物品质研究的深入，逐渐建立了一些评价作物品质优劣的指标。当前，用于评价各种作物品质的指标归结起来主要有两类，即形态指标和理化指标。

（1）形态指标 形态指标（morphological index）指根据作物产品的外观形态来评价品质优劣的指标，包括形状、大小、长短、粗细、厚薄、色泽、整齐度等。如大豆子粒的大小、棉花种子纤维的长度、烤烟的色泽等。

（2）理化指标 理化指标（physical and chemical index）指根据作物产品的生理生化分析结果评价品质优劣的指标，包括各种营养成分如蛋白质、氨基酸、淀粉、糖分、纤维素、矿物质等的含量，各种有害物质如残留农药、有毒重金属的含量等。对于某一作物而言，通常以一两种物质的含量为准。例如，小麦子粒的蛋白质含量，大豆子粒的蛋白质、油分含量，玉米子粒的赖氨酸含量，甘蔗、甜菜的含糖量，油菜籽的芥酸含量，特用作物的特定物质含量等。

在评价作物品质时，一般需要对形态指标和理化指标加以综合评价，才能确定其优劣。作物的形态指标与理化指标不是彼此独立的，某些理化指标常与形态指标密切相关。例如，优质啤酒大麦的特点为：发芽率和发芽势高，机械损伤的破粒少，啤酒酿造力高，谷壳比重小，蛋白质含量低，淀粉含量高。

3.4.1.3 作物品质的主要类型

对大多数粮食作物及饲料作物来说，除了其产品需要有良好的外观形态品质以外，判断其品质优劣的主要指标是理化性状。具体体现在食用品质和营养品质两个方面。而对大多数经济作物而言，评价品质优劣的标准通常为工艺品质和加工品质。

（1）食用品质 食用品质（taste feature）指蒸煮、口感和食味等的特性。例如，水稻加工后的精米，大约 90% 的内含物是淀粉，因此大米的食用品质很大程度上取决于淀粉的理化性状，如直链淀粉含量、糊化温度、胶稠度、胀性和香味等。又如，小麦子粒中含有的面筋是谷蛋白和醇溶蛋白吸水膨胀后形成的凝胶体，小麦面团因有面筋而能拉长延伸，发酵后加热又变得多孔柔软。为此，小麦的食用品质很大程度上取决于面筋的特性，如谷蛋白和醇溶蛋白的含量及其比例等。

（2）营养品质 营养品质（nutrition feature）指作物被利用部分所含有的供人体所需要的有益化学成分及对人体有害和有毒的成分。

人体除食用淀粉和糖获得能量外，还必须从食物中摄取大约 50 种必需的物质：8~9 种作为蛋白质成分的氨基酸，按其需要量的大小依次为：亮氨酸、缬氨酸、赖氨酸、异亮氨酸、苏氨酸、苯丙氨酸、色氨酸、甲硫氨酸、组氨酸。三种必需的脂肪酸，包括亚油酸、亚麻酸和花生四烯酸。约需 15 种维生素，特别是脂溶性维生素 A、D、E、K；水溶性维生素 B、B_2 复合物（四种维生素）、B_6、Biz、C、H。20 种矿质元素，包括 P、K、Ca、Mg、Fe、Mn、Cu、Zn、Mo、Cl、Na、I、Co、Se、Cr、Sn、V、F 等。

作物还可提供对人体有益的物质，包括芳香物质（有味道和香味的物质）、特殊的活性物质、抗生素类。

不同作物的营养成分存在很大差异。禾谷类作物主要指蛋白质含量及其氨基酸组成，特别是赖氨酸、苏氨酸、色氨酸等人体必需氨基酸的含量；油料作物主要是脂肪、不饱和脂肪酸和必需脂肪酸含量；薯类作物以淀粉含量等作为评定营养品质的主要指标。一般来说，有益于人类健康的成分丰富，如蛋白质、必需氨基酸、维生素和矿物质等的含量越高，则产品的营养品质就越好。例如，高赖氨酸玉米植株外观上与普通玉米没有什么不同，高赖氨酸玉米的主要特点是营养价值高，生物效价比普通玉米高。胚乳赖氨酸含量一般在 0.4% 以上，是普通玉米的 2 倍多。胚乳中蛋白质总含量与普通玉米相同，但优质蛋白质（非醇溶蛋白）的含量是普通玉米的 1.5 倍左右。再如，小麦子粒的蛋白质含量是小麦营养品质中最重要的指标，一等优质强筋小麦子粒的蛋白质含量必须高于 15%（干基）。

有些作物含有一定的有害或有毒成分，评价这些作物的营养品质时，往往会将这些有害或有毒成分列为评价指标之一。如棉花中的棉酚，高粱、油菜种子中的鞣质，油菜籽中的芥酸、硫代葡萄糖苷，大豆的胰蛋白酶抑制剂、植物凝血素、龙葵素等。

（3）工艺品质 工艺品质（technical feature）指影响产品质量的原材料特性。例如，棉花纤维的长度、细度、整齐度、成熟度、强度等。烟叶的色泽、油分、成熟度等外观品质也属于工艺品质。不同工艺品质可以加工成不同质量的产品，为了保证产品质量的稳定性，必须根据工艺品质对原材料进行分级。不同等级的原材料用于生产不同的产品，做到物尽其用。例如，棉花纤维长度与成纱指标有密切的关系，在其他品质指标相同时，纤维越长，其纺纱支数越高，强度越大。优质棉要求纤维长度在 29~31 mm。棉花纤维成熟度差时，纱布棉结多，染色性能较差，纺织价值较小。

（4）加工品质 加工品质（processing feature）指不明显影响加工产品质量，但又对加工过程有影响的原材料特性。例如，糖料作物的含糖率，油料作物的含油率，棉花的衣分，向日葵和花生的出仁率，水稻的出糙率和小麦的出粉率等，均属于加工品质性状。作物的加工品质会直接影响企业的效益，例如，大豆子粒的脂肪含量不同，加工后单位重量的产油量也不同，尽管产出的油质量没有大的差异，但生产同样量的产品，加工成本会明显增加，使效益降低。

3.4.1.4 作物产量与品质的关系

一般来说，作物产量和品质是相互制约的，产量高往往品质较差。例如，禾谷类作物的蛋白质含量与产量、油料作物的含油量与产量、棉花纤维强度与皮棉产量之间常呈负相关关系。这种关系往往是由于淀粉、脂肪、蛋白质在形成过程中所消耗的能量不同造成的。虽然这种关系并不是绝对的，但无疑会加大作物品质改良的难度。既高产又优质的农作物新品种是作物品质改良的重点发展方向。

另外，作物品质内部成分间也会出现相互制约现象，使作物产量与品质的矛盾更加复杂。例如，大豆的含油量与蛋白质含量之间呈负相关关系。由于油分含量和蛋白质含量均是大豆品质的重要指标，因此在确立大豆育种目标时必须根据实际需要协调两者关系，或者有所取舍，即培育专用的高油大豆或高蛋白大豆。再如，水稻子粒的蛋白质含量与食用口感之间常呈负相关，蛋白质含量越高，往往口感越差，有"食味与营养不可兼得"之说，因此在品质改良时要协调大米营养与食用口感之间的矛盾。

3.4.2 作物品质的形成及其生理基础

3.4.2.1 禾谷类作物的品质形成

禾谷类作物的品质成分主要是淀粉（starch），淀粉的种类和含量直接影响着禾谷类作物的产品质量。在作物体内，淀粉可作为长期和短期贮存多糖（polysaccharide）。种子中的淀粉一般是长期贮存，只有在种子萌发时才动用；而光合速率快时在叶绿体中会形成短期贮存淀粉，随后转化为蔗糖（sucrose）运出。淀粉分直链淀粉（amylose）和支链淀粉（amylopectin）两种。直链淀粉是由 α-1,4-糖苷键连接的一百到数千个葡萄糖组成的长链。支链淀粉具有高度分支的树状构造，其主体由 α-1,4-糖苷键连接而成，在每个分支点上有 α-1,6-糖苷键，形成分支链。直链淀粉和支链淀粉的比例与作物种类有关，受遗传因素控制。大多数作物合成的淀粉粒含 15%~25% 的直链淀粉和 75%~85% 的支链淀粉，然而，某些玉米和水稻品种，如糯玉米和糯稻，产生的淀粉粒中几乎全部是支链淀粉。

📖 深入学习 3-4
淀粉的合成、贮存与转化

通常禾谷类作物在开花几天后，就开始积累淀粉。另外，由非产量器官内暂时贮存的一部分蔗糖（如麦类作物茎、叶鞘）或淀粉（如水稻叶鞘），也能以蔗糖的形态（淀粉需预先降解）通过维管束输送到产量器官后被贮存起来。

3.4.2.2 豆类作物的品质形成

豆类作物种子内含有特别丰富的蛋白质（protein），因此，豆类作物的品质主要是指蛋白质的含量和组分。植物在发育阶段中合成的蛋白质如果要到另一发育阶段中才发挥作用，为那时的生物合成提供含氮的中间化合物，那么这类蛋白质称为贮存蛋白。豆类作物种子的贮存蛋白是最主要的蛋白质来源。

在子粒形成过程中，氨基酸（amino acid）等可溶性含氮化合物从植株的各个部位转移到子粒中，然后在子粒中转变为蛋白质，以不溶性蛋白质体的形态贮藏于细胞内。在豆类子粒成熟过程中，荚壳常常能起暂时贮藏的作用。即从植株其他部位运输而来的含氮化合物及其他物质先贮存在荚壳内，到子粒形成后期才转移到子粒中去。所以，在豆荚发育早期，荚壳内的蛋白质含量增加；到发育后期，荚壳内的蛋白质则开始降解、转移，含量也就随着下降。大豆在开花后 10~30 d 内种子中氨基酸增加最快，此后氨基酸含量迅速下降，说明后期氨基酸向蛋白质转化的过程加快。蛋白质的合成和积累，通常在整个种子形成过程中都可以进行，但后期蛋白质的增长量可占成熟种子蛋白质含量的 1/2 以上。

📖 深入学习 3-5
不同作物种子蛋白质含量及种类

豆类作物的品质除了受蛋白质含量影响外，还与氨基酸的含量密不可分，理想的蛋白质应当富含各种人体必需的氨基酸，但现实中豆类作物的蛋白质往往缺乏某些氨基酸成分，比如，大豆蛋白质往往缺乏含硫氨基酸，因此，提高和改良豆类作物的品质，必须增强这些氨基酸的合成能力，增加其含量。

3.4.2.3 油料作物的品质形成

作物种子中贮藏的脂质（脂肪或油分）主要为三酰甘油（triglyceride），它是由甘油（glycerin）与各种脂肪酸（fatty acid）在脂肪酶作用下形成的产物，其合成途径如图 3-4 所示。三酰甘油存在于植物的所有器官中，但在营养器官含量很少，大部分存在于果实和种子中。三酰甘油以小油滴状态悬于细胞质中，在含油量低的营养器官中，三酰甘油分散为很小的油滴，在含油量高的种子或果实中，这些小油滴聚合成大油滴。由于三酰甘油不溶于水，不能在植物体内移动，所以，在植物的所有器官和组织中都能合成三酰甘油。油料作物种子萌发时，作为贮藏物质的三酰甘油在酯酶作用下分解很快，所形成的甘油和脂肪酸被生长的幼苗利用并合成其他各种物质。

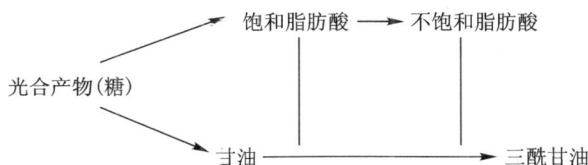

图 3-4　三酰甘油合成简图

油料作物种子富含脂肪（fat），例如向日葵可达 56% 左右，花生 50% 左右，油菜 40% 左右，大豆 20% 左右。在种子发育初期，光合产物和植株体内贮藏的同化物以蔗糖的形态被输送至种子后，并以糖类的形态积累起来，以后随着种子的成熟，糖类转化为脂肪，脂肪含量逐渐增加。

📖 深入学习 3-6
油料作物种子脂肪的"碘价"

3.4.2.4　纤维作物品质的形成

纤维素（cellulose）是植物体内广泛分布的一种多糖，即由葡萄糖残基通过 β-1，4- 糖苷键连接而成的聚糖，它一般作为植株的结构成分存在。纤维素的积累过程与淀粉的积累过程基本相似。纤维素的合成在质膜上进行，以 UDP- 葡萄糖为糖基供体，通过纤维素合酶的催化作用，形成纤维素。生成的许多条 β-1，4- 糖苷链随即自动缔合成晶体化的纤维素微纤丝。在纤维素微纤丝的合成过程中，不断定向排列，沉淀在胞壁内层上。纤维素不属于贮藏物质，一般也不能为人类作为食物利用。被人类利用的纤维作物中，棉花是种子表皮纤维（epidermal fibre），麻类作物是韧皮纤维（phloem fibre）。棉纤维中纤维素的含量可达 93%～95%；苎麻的纤维素和半纤维素含量可占到原麻的 85%，黄麻也可达 70% 以上。

📖 深入学习 3-7
棉花与麻类作物纤维发育阶段

3.4.2.5　糖料作物的品质形成

糖料作物的品质主要是蔗糖，例如甘蔗和甜菜中其含量分别可达 12% 和 20% 左右。蔗糖以液体的形态积累于薄壁细胞内。蔗糖的积累过程比较简单，即通过叶片等器官形成的光合产物，以蔗糖的形态经维管束输送到贮藏组织后，先在细胞壁部位被分解成葡萄糖和果糖，然后进入细胞质合成蔗糖，最后转移到液泡中被贮存起来。

3.4.3　环境条件对品质的影响

很多品质性状都受环境条件的影响，这是利用栽培技术改善作物品质的理论基础。

📖 深入学习 3-8
不同生态型"代谢物"决定作物品质

3.4.3.1　光照

由于光合作用是形成作物产量和品质的基础，因此光照充足有利于农产品糖分、淀粉、纤维素、蛋白质、脂肪等物质的合成与积累，光照不足会严重影响作物的品质。弱光条件下，植株光合作用受到严重抑制，氮素积累量减少、向子粒分配的比例降低，在产量、子粒脂肪含量明显降低的同时，子粒蛋白质含量及小麦湿面筋含量会相对升高。南方麦区的小麦品质差，其原因之一就是春季多阴雨、光照不足引起的子粒不饱满、容重低。遮光可使棉花纤维长度增加，但比强度和麦克隆值则显著下降。光照强度对不同生物学特性、不同用途作物的品质影响不同，如较多的散射光条件有利于提高麻类作物的纤维细度，优质烟叶不能种植在过于强烈的光照条件下，有些作物如魔芋、绞股蓝、黄连等需要在遮阴或半遮阴的条件下种植才能优质高产，或有利于药用有效成分的合成。

日照长度也会对作物品质造成影响。有研究表明，子粒形成阶段日照长，有利于改善稻米品质。春小麦蛋白质含量、湿面筋含量、沉降值和降落值与抽穗—成熟期间的平均日照时数均呈正相关。长光照下大豆蛋白质含量下降，脂肪含量上升；脂肪中棕榈酸和油酸所占比例下降，亚油酸和亚麻酸所占比例有所升高。甘蔗的含糖量也与日照时数有关，9—11月的日照时数累计在126 h以下时，含糖量为11.17%；日照时数累计在133～188 h时，含糖量为12.02%；日照时数累计在200～220 h时，含糖量为12.65%。

3.4.3.2　温度

温度适宜有利于作物品质形成，温度过高或过低都不利于优质农产品的生产。水稻结实期在日平均气温23～26℃、日均差6.9～8.4℃条件下有利于稻米综合品质的提高；遇15℃以下的低温，会降低子粒灌浆速率，米质差；日均温超过30℃则使稻米整精米率、直链淀粉含量、食味和香味等显著降低；垩白度会增加，胶稠度变硬。小麦子粒蛋白质含量与抽穗—成熟期的平均气温呈极显著正相关，日平均气温在30℃以下，随着温度升高，面团强度随之增强，面包烘烤品质得到改良。研究也表明，增温有利于马铃薯干物质和淀粉的积累，不利于粗蛋白和还原糖的形成。温度是制约纤维生长发育与纤维壁增厚的主要因素之一，形成纤维素的最适温度为25～30℃，日平均温度低于21℃，还原糖不能转化为纤维素，低于15℃，纤维就不能伸长。一般说来，油料作物在10～22℃的较低温度下，种子中积累脂肪多，碘价（不饱和脂肪酸）也高。烟草是喜温作物，特别是烟叶成熟时要求的温度较高，以昼夜平均温度24～25℃，并能持续30 d左右最佳。

昼夜温差也会在一定程度上影响作物品质，在作物适宜生长的范围内，昼夜温差大有利于白天进行光合产物合成，以及夜晚进行淀粉、纤维、脂肪等物质的积累与转化，有利于品质形成。甘蔗在9—10月温度日均差为3.1～6.2℃，含糖量为10.00%～11.76%；温度日均差为6.56～7.53℃，含糖量为10.84%～13.66%；温度日均差为11.6℃，含糖量为14.22%。

3.4.3.3　水分

作物品质的形成期大多处于作物生长发育旺盛期，因此需水量多、耗水量大。如果此时遭遇干旱或渍水，一般都会明显降低品质。水分不足不仅会影响外观品质，也会影响内在品质。水分过多则会抑制根系的生理功能，从而影响地上部分的物质积累和代谢，降低品质。作物形成蛋白质、脂肪、糖分、纤维素等物质对水分的要求有差异。干旱或少雨条件有利于氮素和蛋白质的形成和积累。在适宜的范围内土壤含水量增高时，脂肪含量和油的碘价都有增高的趋势；但在渍水条件下脂肪含量会显著下降，蛋白质含量有上升趋势。土壤含水量减少时，作物糖分、淀粉含量相应减少，同时木质素和半纤维素有所增加，纤维素不变，果胶质则减少。作物纤维合成可能在水分含量相对较低的环境下更为有利，棉花和黄麻适宜纤维发育的水分含量比适宜生长所需的土壤水分含量要低。但纤维伸长期对水分十分敏感，当土壤相对含水量低于55%时，纤维长度减短；在纤维细胞加厚期，若天气干旱而又不能及时供水，纤维细胞壁薄，品质差。

空气相对湿度如果较长时间维持在90%以上，会使作物茎秆嫩弱，易于倒伏，影响开花授粉，延迟成熟和收获，甚至造成子粒发芽和霉变，降低产品质量。空气湿度太大还是棉花蕾铃脱落的重要原因。在温暖季节里空气潮湿病虫害也容易发生，稻瘟病、小麦锈病、赤霉病等都是在高湿条件下发生的。

3.4.3.4 大气污染

大气污染不仅会对作物产量造成巨大损失，对作物品质也会造成极大的影响。例如，臭氧浓度的提高会降低大豆的油酸含量，而提高二氧化碳浓度则会增加脂肪中油酸的含量。大气二氧化碳浓度的升高会使作物体内糖类向氨基酸和蛋白质转换的速率下降，使作物体内氨基酸和蛋白质的含量下降。

3.4.3.5 土壤

通常肥力高的土壤和有利于作物吸收矿质营养的土壤，常能使作物形成优良的品质。如酸性土壤施用石灰改土，可起到明显提高作物蛋白质含量的作用。

土壤质地会影响作物的品质，在壤土、沙土上种植的花生总糖和蔗糖含量明显地比黏土上种植的花生高些；种植在砂土上的花生油酸/亚油酸比率（O/L）最高，黏土上的次之，壤土上的最低。

土壤的盐碱含量不但会影响作物产量，而且还会影响作物的品质。盐胁迫会影响大豆子粒蛋白质含量，对大豆子粒的脂肪含量影响不大，但对脂肪酸的组成有一定影响。但在非氯化钠盐土上种植红麻，因为麻皮/麻骨值一般大于非盐碱地麻，有利于提高红麻纸浆质量。

3.4.3.6 病虫害

病虫（disease and pest）的危害对作物的外观品质（如子粒大小、外观光泽度和整齐度等）和营养品质（如降低有益成分，增加有害物质含量等）会造成严重影响，有的甚至不能食用。例如，灰斑病会降低大豆子粒蛋白质含量，影响营养价值；黄曲霉危害严重的花生会因黄曲霉素含量过高，引发癌病而影响消费者健康。

3.4.4 栽培措施对作物品质的影响与调控

作物品质性状除受遗传因素影响外，还受环境条件的影响。合理的栽培技术能起到提高产量和改善品质的作用，但过于偏重高产的和不合理的栽培技术也会导致作物品质的下降。

3.4.4.1 种植密度和播种期

合理密植是提高和保证作物品质的重要措施。不同的种植密度主要是改变了作物生长的光照条件及单株营养供应水平。生产上常出现因种植密度过大、群体过于繁茂，引起后期倒伏，导致品质严重下降的现象。但是，对于收获韧皮部纤维的麻类作物而言，在不造成倒伏的前提下，适当密植可以抑制分枝生长、促进主茎伸长，从而起到改善品质的效果。

播种期不同，植株生长发育和物质形成期间所遇到的温、光、水等条件也不同，这些条件的变化会对作物的品质产生很大的影响。吴春胜等在1996年所做的向日葵大田播种试验表明：在4月11日至5月1日期间播种，不同播种期从开花至成熟日数均在35 d以上，子实含油量以早播和晚播为高，含油差异似乎与生育日数无关，而与当时的温度（含昼夜温差）、太阳辐射、降水等环境因素有关，其中温度的差异可能是导致早播与晚播向日葵含油率较高的主导原因。因此，不同作物有利于品质提高的适宜播种期，需要在确定品质形成的环境条件限制指标的基础之上，针对当地的气候变化条件加以探讨和确定。

3.4.4.2 施肥

施肥种类、施肥量、施肥时间和施肥方式的不同，可以起到改善品质的作用，但也可能对品质产生不良影响。总的来说，有机无机配合、氮磷钾配合，可提高作物品质。平衡施肥有利于提高作物品质。

（1）肥料种类对作物品质的影响　一般认为，施用较多有机肥时，作物品质较好；过量施用化肥，作物品质较差，而且会因化肥中有毒物质的残留影响人们的健康。有机肥养分释放缓慢，适合作物对养分的吸收，土壤中有机质能促进土壤的硝化速率，从而有效地降低土壤中硝态氮的浓度，减少了作物对硝态氮的吸收。有机肥较施用纯无机肥可提高果实还原糖、维生素 C 含量。肥土和堆肥中的某些真菌可促进作物产生维生素及抗生物质。因此高产优质栽培应强调有机肥与化肥配合施用。

氨基酸作为植物有机营养早已被肯定，但对作物产量和品质的作用尚未深入研究。有机酸对作物品质的改善作用主要有四个方面：提高瓜果类的糖分、维生素 C 含量，降低总酸含量；增加薯蓣类蔬菜可食部分的糖分、维生素 C 和蛋白质含量，改善品味，耐贮藏；提高经济作物含糖量，协调烟叶品质，提高上中等烟比例；提高谷物蛋白质和淀粉含量及花生含油量。

（2）不同矿质元素对不同农产品、不同营养成分影响不同　分述如下：

① 氮肥　在所有的肥料中，一般氮肥对改变品质的作用最大。特别是在地力较差的中低产田，适当增施氮肥和增加追肥比例通常能提高禾谷类作物子粒的蛋白质以及谷氨酸和脯氨酸的含量，可增加植物叶绿素、胡萝卜素、维生素 B、维生素 C 含量，起到改善品质的作用。但单增施氮肥会降低油料作物脂肪的积累以及蛋白质中赖氨酸含量。过量施氮可能使硝酸盐在叶片及农产品中的积累，形成使人体胃肠消化道癌变的物质亚硝胺，以及增加对人畜有害的草酸、氢氰酸的含量。

② 磷肥　施用磷肥到"适量"水平时，绿色植物各部位的粗蛋白增加，子粒中必需氨基酸含量部分增加，糖类含量增加，某些维生素（如维生素 B）含量增加，烟草中的烟碱含量和叶片中的草酸含量下降，牧草中的香豆素含量先增后减。

③ 钾肥　钾可增加作物的含糖量，改进纤维的品质，增加维生素的含量等。在施用氮磷肥的基础上施用钾肥可以提高谷类作物子粒中必需氨基酸的含量。钾能够促进更多的糖类从营养器官转入贮藏器官，促进单糖合成多糖、淀粉，提高块根、块茎类作物的品质。如施钾会显著提高香稻的糙米香气 Z– 乙酰 –1– 吡咯啉含量，并降低垩白粒率和垩白度。施用钾肥还可以减轻马铃薯切片颜色变黑的情况。钾与卷烟制品的燃烧性有关，也与烟叶的香味等品质有关。钾肥可以普遍降低病虫害对植物的危害，通过提高作物抗病虫害的能力来提高农作物的产量和品质。罗一鸣等（2014）探明了钾肥对香稻香气及稻米品质的影响，结果表明提高蛋白质含量和直链淀粉含量，但对稻米的加工品质影响较小。

④ 微量元素　作物对微量元素的反应，取决于土壤中的丰缺程度、各种元素的互作和氮、磷、钾大量元素的供应状况。钙、铁、硒、锌是人体需要的营养元素，合理施用相关肥料可提高食物中这些元素的含量及营养品质。钙可促进果实和贮藏组织的生长发育。镁可改善叶菜类作物叶色，提高油料子粒含油量、小麦子粒蛋白质和面筋含量以及菠萝果实内糖和酸含量。硫是甲硫氨酸、胱氨酸、半胱氨酸等蛋白质的组分，氮硫平衡有利于蛋白质的合成。硫和其他营

养元素一起能改变种子中蛋白质成分，从而改变蛋白质的营养价值和加工品质。缺硫影响面粉中半胱氨酸的含量、豆类作物种子中甲硫氨酸的含量，降低其营养价值。合理施硫可以增加花生、芥菜、油菜、亚麻和大豆等作物的含油量。硫代葡糖苷（简称硫苷，glucosinolate）是作物吸硫的重要贮存库，施硫和种子中硫苷含量之间存在正相关，因而在低硫苷含量油菜的种植中需要加以注意。硫还有提高纤维长度与整齐度的作用。锌肥可提高油菜含油量，改善食品的营养品质。硒能明显改善产品的营养质量和感官质量。小麦施硒后，子粒中多种氨基酸含量增加，其中胱氨酸含量增加最多。

（3）肥料用量和施用时间对作物品质的影响　肥料施用过少，作物生长发育不良，干物质积累少，产量低，品质也差；同样，肥料施用过量，尤其是化肥施用过多，容易引起物质转运不畅和倒伏等问题，反而导致品质下降，甚至会因有毒物质残留超标而影响消费者健康。研究表明，随着氮肥用量的提高，水稻直链淀粉含量和蛋白质含量随之增高，但氮肥施用过多会使蛋白质含量下降。适量施磷能显著提高小麦子粒蛋白质含量，延长面团形成时间和稳定时间，改善加工品质；但在施磷过量时，小麦子粒加工品质会下降。

从目前的研究结果来看，基肥与追肥的比例、追肥的施用次数与时间对不同作物、不同品质指标影响不同。一般来说，与作基肥相比，氮素作追肥更有利于提高子粒蛋白质的含量。生育中后期追施氮肥比例大有利于提高子粒蛋白质，但有降低脂肪含量的趋势。某种施肥方式对某一品质成分的影响是有利还是有害，应该根据产品的用途来决定，同时应考虑以下两个因素。第一，某一施肥方式可能对某一品质成分是正效应，而对另一品质成分是负效应，要根据正副效应的大小及产品用途来权衡该方式是否可取；第二，某种施肥方式对某一品质成分的作用效果还与当地气候、土壤、品种、密度、播种期等有关。

（4）不同肥料形态对作物品质的影响　许多田间试验表明，以铵态氮状态进入作物体内的氮素是提高作物品质的关键。硝态氮和硫酸钾对烟叶的产量和品质有良好作用，铵态氮和氯化钾有提高烟叶中蛋白质含量和降低燃烧性的不利影响。氮肥形态对春小麦淀粉及其组分积累的调节效应因品种而异，且对支链淀粉的调节效应高于直链淀粉。

3.4.4.3　灌溉

根据作物需水规律，适当地进行补充性灌溉，通常能改善植株代谢，促进光合产物的积累，因而能改善作物的品质。对于大多数旱田作物来说，追肥后进行灌溉，能起到促进肥料吸收、增加蛋白质含量的作用。特别是当干旱已经影响到作物正常的生长发育时，进行灌溉补水，不仅有利于高产，而且有利于保证品质。例如，大豆花期灌水能提高子粒含油量0.39%～0.53%；结荚期灌水能提高0.03%～1.6%，鼓粒期灌水能提高0.01%～0.45%。田华等（2014）的研究结果表明，轻度控水灌溉会显著提高香稻糙米香气量，同时对香稻的糙米率、整精米率、稻米的外观品质和蒸煮品质均有不同程度的影响。

3.4.4.4　生长调节剂

不同内源激素含量及相互比例的动态变化，调节着作物生长发育进程与物质的合成运输，因此在作物的生育过程中，可通过施用生长调节剂改善品质。首先，在生育前期，针对不同发育状态的作物施用生长调节剂可建立合理的群体结构，提高作物的光合生产能力，扩库强源，有利于产品器官的形成，产生养分积累的拉力；第二，在生育后期使用调节剂可直接调控种子成熟、产品器官形成过程中同化物的运输分配，促进子粒、块根、块茎等收获产物的发育充实，提高有益物质的含量。例如，对早熟棉花和一年两熟地区棉花采用40%的乙烯利进行喷雾，可以提高部分棉铃的铃重和品质，增加霜前花的产量。喷施多效唑可提高水稻的精米率和胶稠度，减少水稻的垩白粒率和直链淀粉含量，有利于改良米质；喷施多效唑也有提高小麦蛋白质含量及油菜含油量的作用。水稻齐穗期喷施增香剂则能显著提高香稻糙米的香气含量。

3.4.4.5 收获时期

适时收获是获得高产优质的重要保证。不同作物、不同产品用途有不同的最佳收获期。禾谷类作物大多数在蜡熟期或黄熟期收获产量最高、品质最优。但鲜食甜玉米在果穗授粉后20~23 d收获，饲用青贮玉米在乳熟末期至蜡熟期收获，含水量适中，品质好。纤维作物收获过早，纤维素含量低，成熟度不够；收获过晚纤维色泽不良，棉花纤维强度降低、长度变短，麻类纤维由于木质化加大而变得粗硬。

名词解释

作物产量 生物产量 经济产量 收获指数 产量构成因素 作物生长分析 相对生长率 净同化率 叶面积比率 比叶面积 作物生长率 作物源库流 作物群体 作物群体结构 作物株型 种植密度 种植方式 作物品质 食用品质 营养品质 工艺品质

问答题

1. 作物生物产量与经济产量的关系如何？
2. 阐述作物产量与产量构成因素间的关系。
3. 作物生长分析的主要指标与内容有哪些？
4. 作物群体的特征与层次结构是什么？
5. 简述作物群体结构及物质生产的影响因素。
6. 简述生态环境对作物品质的影响？
7. 在作物生产中如何采用适宜的栽培措施来改善品质？

分析思考与讨论

1. 如何通过各种栽培措施协调作物的源、库、流？
2. 如何协调作物个体与群体的关系获得高产？

4

作物栽培基本技术

【本章提要】 我国传统的作物栽培基本技术可以追溯到古老的原始社会，经过几千年或上万年的积累与发展，形成了以精耕细作为代表的农耕思想与文明，不但影响了中国历史的发展，而且仍在继续影响着中国农业现代化的道路。我国传统的栽培耕作思想与技术精华在现代科学理论支持之下，正在与当今作物栽培高新技术相融合，为我国在有限的土地上持续获得作物丰产，为满足国家粮食与工业原料需求做出巨大贡献。

本章系统介绍作物播种育苗、田间管理及收获等基本操作技术，简要介绍种植制度、土壤耕作的基本概念与技术。通过学习本章应掌握种子播种前的选种及种子处理技术，作物覆盖栽培技术，作物主要育苗方法与特点，种植密度和植株配置方式，作物施肥量的确定、肥料种类及施肥时期，作物需水特性及灌溉技术，作物产后处理和贮藏方法等内容，并能根据不同作物、品种、环境条件、农时季节对上述基本技术加以应用。

作物栽培是以高产、稳产、优质、低成本和安全生产为目标，根据不同作物、不同品种的特性和各地土壤、气候等生态条件，对土壤耕作、播种或育苗、肥水管理等各项技术进行合理的安排，以建立一个使作物个体和群体协调发展的技术体系，从而发挥作物的最大生产潜力。

4.1 种植制度

种植制度（planting/cropping system）是指一个地区或生产单位的作物组成、空间配置、种植熟制、种植方式与种植顺序的综合技术体系，主要包括以下内容：

作物布局（crop composition and distribution）是指一个地区或一个生产单位作物结构与配置的总称。主要包括决策种植作物的种类、面积比例以及区域或田块的安排。合理的作物布局不仅可以增加农产品的数量、种类，而且还可以有利于资源的合理利用。

熟制（cropping）主要是指作物在同一土地上一年内如何安排，是种一茬或几茬，即复种还是休耕等。

种植方式是指一种或几种作物采用何种方式在田间种植，包括单作（sole cropping）、间作（intercropping）、混作（mixed cropping）、套作（relay cropping）以及立体种植等。单作指在同一块田地上种植一种作物的种植方式，也称纯种、清种、净种。间作是指在同一田块上同一生长期内，分行或分带相间种植两种或两种以上作物的种植方式。混作是指在同一田地上，同期混合种植两种或两种以上作物的种植方式。套作是指在前季作物生长后期的株行或畦间种植或移栽后季作物的种植方式。立体种植是指在同一田地上，两种或两种以上的作物（包括木本植物）从平面上、时间上多层次利用空间的种植方式，立体种植实际上是间作、混作、套作的总称。

间作、混作、套作等人工复合群体具有明显的增产增效作用，其原理在于种间互补和竞争。间作、混作、套作主要技术要点是：① 选择适宜的作物和品种；② 建立合理的田间配置；③ 调控作物生长发育。间作主要是禾谷类作物与豆类作物间作、禾谷类作物与薯类作物间作、经济作物与其他作物间作、农林间作、果林间作等；套作的种类很多，增产幅度也较大，主要有以棉花为主的套作、以玉米为主的套作、以水稻为主的套作和以花生为主的套作等。

复种（multiple cropping, sequential cropping）是指在同一田地上在一年内顺序接茬种植两季或两季以上作物的种植模式，即轮作和连作的种植模式，它是我国耕作制度的重要特色。复种受多种因素制约，如热量、水分、地力与肥力、劳畜力与机械和经济效益等。目前我国主要复种方式有两年三熟、一年两熟和一年三熟等。

轮作（rotation）是指在同一田块上有顺序地轮换种植不同作物的种植方式。如一年一熟条件下的大豆—小麦—玉米 3 年轮作；在一年多熟条件下，轮作由不同复种方式组成，称为复种轮作，如油菜—水稻—绿肥—水稻—小麦 / 棉花—蚕豆 / 棉花四年轮作。轮作的优点主要有：① 均衡利用土壤养分；② 减轻作物的病虫危害；③ 减少田间杂草的危害；④ 改善土壤理化性状。因此，在安排轮作时应遵循"高产高效、用地养地、协调发展和互为有利"的原则，充分发挥轮作的作用，以获得最高的经济、社会和生态效益。

连作（continuous cropping）也称重茬，是在同一田块上连年种植相同的作物或采用同一复种方式的种植方式，前者称为连作，后者称为复种连作。在同一块地里种植的作物与前两茬相同被称为迎茬，若在同一块地里种植的作物与前两茬都不同则称正茬。连作与轮作相反，弊多利少，主要表现为：① 导致某些土传病虫害严重发生；② 伴生性和寄生性杂草滋生，难以防治，与作物争光、争肥、争水矛盾加剧；③ 土壤理化性质变劣，肥料利用率下降；④ 过多消耗土壤中某些易缺乏的营养元素，影响土壤养分平衡；⑤ 土壤积累更多的有害毒物。

4.2 土壤耕作

土壤耕作（soil tillage）是指通过农机具的机械力量作用于土壤，调整耕作层和土面状况，以调节土壤水、肥、气、热的关系，为作物生产提供适宜土壤环境的农业技术措施。根据农机具对土壤影响的深度和强度的不同，可划为基本耕作和表土耕作。

4.2.1 基本耕作

彩图 4—1
不同人工整地方式

深入学习 4—1
传统耕犁定型的标志——江东犁

基本耕作（primary tillage）是指入土较深、作用较强、能显著改善耕层物理形状、后效较长的一类土壤耕作措施，包括翻耕、深松耕和旋耕。

翻耕（plowing）是用有壁犁进行全耕层翻土，主要作用是翻转耕层土壤，改善耕层的理化和生物状况，将上下层土壤交换，并通过晒垡、冻融、干湿交替或冻融膨胀收缩等作用，促进土壤熟化，还可疏松耕层，使总体积增加，总孔隙量和非毛管孔隙量也相应增多，增强土壤的通气性，提高土壤的氧化还原电位，促进好气性微生物活动，使养分分解释放，扩大根系活动范围。确定翻耕深度的依据一是土层的厚度和可能熟化的程度，二是作物根系发育的特点。鉴于大多数作物根系密集在 50 cm 土层内，以及目前的生产水平，大田的耕层宜在原有基础上逐年加深。

翻耕的主要工具有铧犁，有时也用圆盘犁。翻耕基本方法有全翻垡、半翻垡、分层翻垡三种。全翻垡是用螺旋形犁壁将垡片翻转 180°，这种方法覆土严密，灭草作用强，但碎土差，消耗动力大，不适宜熟耕地；半翻垡是用半螺旋形（熟地型）犁壁将垡片翻转 135°，这种方法牵引阻力小，适宜一般耕地；分层翻垡是采用复式犁将耕层上下分层翻转，耕地质量较高。

深松耕（subsoiling）是利用无壁犁或深松铲进行不翻土的耕作。这种耕作能使耕层疏松，破除犁底层，改善耕层构造，改进土壤三相比例，协调水、肥、气、热状况。由于只松土不翻土，土壤微生物区系不乱，既加深了耕层，又对种子发芽无不良影响。深松耕的深度取决于机械水平、作物根系特点、气候及土壤条件等多种因素。但深松耕不能翻埋绿肥、作物残茬和杂草，故最好翻耕和深松两者交替使用，相互补充。

深松耕以无壁犁、深松铲、凿形铲对耕层进行全面的或间隔的深位松土，适合于干旱地区、半干旱地区和丘陵地区，以及耕层土壤为盐碱土、白浆土的地区。

旋耕（rotary tillage）使用旋耕机进行作业，既能松土又能碎土，土面平整，集犁、耙、平三次作业于一体。旋耕可用于水田和旱地，既省工省时，又节约成本。但多年旋耕易导致耕层变浅，土壤理化性状退化，故旋耕应与翻耕轮换应用。

4.2.2 表土耕作

表土耕作（surface tillage）或称次级耕作（secondary tillage）是用农机具改善 0～10 cm 的耕层土壤状况的措施。它是配合基本耕作措施使用的入土较浅、作用强度较小，旨在破碎土块、平整土地、消灭杂草的一类土壤耕作措施。主要包括耙地、镇压、中耕、作畦、起垄等作业。

耙地（harrowing）是进行破碎土块、平地，形成地表土覆盖。一般用钉齿耙进行，但在秋耕质量好而且土壤疏松的农田，可用耱（dragging）代耙；在秋耕质量差，而且土壤黏重紧实的农田，可用圆盘耙进行。

镇压（compacting）具有压实土壤、破碎土块的作用。旱地顶凌耙耱，播前镇压，可起到保墒、提墒的作用。播后镇压可使上下层土壤毛细管连接起来，并使种子和土壤紧密接触，以利种子发芽。但在土壤黏重、紧密和湿度大的情况下，播后不能镇压。镇压的方式因作物不同而异，一般在密植作物地里进行全面镇压，中耕作物地里进行局部镇压。

中耕（cultivating）在作物播种后生育期间进行。中耕可增加土壤通透性，减少水分蒸发，消灭杂草等。早期中耕还有松土提高地温的作用。

开沟（furrowing）、作畦（bedding）、起垄（ridging），这些操作可提高地温，促进养分转化和防止作物倒伏，是中耕作物地中一项必要的土壤耕作措施，对块根、块茎作物和高秆作物尤为重要。如块茎、块根作物通过起垄栽培，可增厚耕层并提高土温，不仅有利排水和防止风蚀，还能加大昼夜温差，有利于薯块增重。此外，多雨、低湿的地区，开沟起垄有利排水；风沙地区又可防止土壤风蚀；丘陵地区按水平线作垄还能防止冲刷，减少水土流失。灌溉地区，开沟是进行沟灌的必要手段。开沟培垄常和施肥、灌溉、中耕除草等结合进行。

多数表土作业在翻耕后进行，以便对耕翻的田地作进一步整理，创造适于作物播种、出苗及生育的土壤条件。

4.2.3 保护性耕作法

1985 年，Allmaras 提出了保护耕作（conservation tillage）的定义：即在一季作物之后地表

彩图 4-2
传统的中耕除草操作

残茬覆盖至少为 30%，使土壤侵蚀控制在约 50% 的一种耕作和种植体系。其技术体系是采用少（免）耕、覆盖等耕法，结合施用除草剂，减少对土体的扰动和破坏，增加地表残茬，达到保持水、土资源，使土壤能维持相对高产的一套农艺和农机相结合的耕作技术体系。其实质就是改善土壤结构，减少水蚀风蚀和养分流失，保护土壤，减少地面水分蒸发，充分利用宝贵的水资源；减少劳动力、机械设备和能源的投入，提高劳动生产率，达到高产、高效、低耗、优质、可持续发展的目的。

我国目前进行保护性耕作的技术要点是：秸秆覆盖、免耕播种、以松代翻、化学除草。其技术原理是以生物措施代替机械的基本耕作措施松土，改善土壤耕层构造；以化学措施代替传统措施的机械除草、翻埋害虫和病菌。

（1）免耕或少耕栽培 免耕（no-tillage）又称零耕（zero tillage），指作物播种前不用犁、耙整理土地，以秸秆覆盖和除草剂代替土壤耕作，在播后和作物生育期间也不使用农具进行土壤管理的耕作方法。具有省工节本、减少水土流失和风蚀、维护和提高土壤肥力等优点，但在低湿地及通透性不良的土壤上不宜采用。少耕（minimum tillage）是指常规耕作基础上尽量减少土壤耕作次数或全田间隔耕作，减少耕作面积的一类耕作方法。此方法利用残茬覆盖，具有蓄水保墒和防水蚀与风蚀的作用，但杂草危害严重，应配合杂草防除措施。我国目前已在各种作物实现了免耕播种机械的使用，可用免耕播种机或带状旋耕播种施肥机一次完成开沟、播种、施肥、覆土、镇压作业。

（2）秸秆残茬处理与秸秆覆盖（residue coverage） 农作物秸秆经机械作业处理后留在地表做覆盖物，是保护性耕作技术体系的核心，秸秆的处理方法主要有以下四种方式：

① 粉碎秸秆处理 粉碎前茬作物秸秆后抛撒，使秸秆均匀的覆盖在地表。

② 直立秸秆处理 在风沙大的地区，收获后对秸秆不做处理，秸秆直立在地里，播种时将秸秆按播种机行走方向撞压，使其倒伏在地表。

③ 留根茬处理 在使用作物秸秆的地区，作物收获时，留根茬高度到 20～30 cm。

④ 粉碎浅旋处理 在风沙较大的地区，秸秆粉碎后，用旋耕机浅旋表土，使作物秸秆与旋耕层土壤混合。

4.3 播种与育苗移栽技术

4.3.1 播种期的确定

4.3.1.1 确定播种期的原则

作物播种期（sowing date）不仅要保证发芽所需的各种条件，满足作物各生育期处于最佳的环境条件，还要考虑避开低温、阴雨、高温、干旱、霜冻和病虫等不利因素，使作物生长良好，达到高产优质。适期早播可延长生长期，提高产量，并在茬口衔接上为后作适时播种创造有利条件，达到季季高产，全年增产。确定各种作物的适宜播种期，一般根据气候条件、种植制度、品种特性、病虫害发生规律和种植方式综合考虑。

（1）气候条件 根据各地气候变化规律、早春气温回升早迟、灾害性天气出现时段和作物对温度的要求来确定适宜播种期。在气候条件中，气温或地温是影响播种期的主要因素。春播作物播种过早，易遭受低温危害，不易全苗；播种过迟，因气温升高，生长发育加速，营养体生长不足，或延误最佳生长季节，遭受伏旱或秋雨、霜冻或病虫危害，也不易获得高产。因此，通常以当地气温或地温能满足作物发芽的要求时间作为最早的播种期。如日平均气温稳定通过 12℃的日期是早稻最早播种期，日平均气温稳定通过 10℃时作为春玉米最早播种期，日平均气温稳定在 12℃以上为棉花最早播种期。

确定适宜播种期应考虑使作物在关键生育期避开不良的环境条件。如水稻抽穗期对温度反应敏感，日平均温度低于 20℃或高于 30℃，都会导致空壳率增加；棉花吐絮期连遇阴雨，会使棉铃迟熟，僵黄花增多，纤维品质下降；秋播作物（如油菜、大麦、小麦等）播种过早，造成冬前旺长、易受冻害，播种过迟则越冬期苗龄太小，耐寒力弱，不利于次春早发。此外，土壤水分也是影响播种期的因素，在适期播种范围内土壤过湿，影响整地播种质量，应适当推迟播种，避免烂耕烂种；如已过适期播种范围，则应抢早播种，争取季节，播后加强管理，加以弥补。尤其是北方干旱地区，为保证种子正常出苗，也须重视播种时的墒情，适时早播。

（2）种植制度 根据当地种植制度和作物换茬衔接来考虑适宜播种期，有利于周年各季作物的增产。特别是多熟制地区，收种时间紧、季节性强，应以茬口衔接、适宜苗龄和移栽期为依据，全面安排，统筹兼顾。如油、稻、稻三熟制，油菜、早稻和晚稻任何作物播种期过早，都会因苗龄太长，形成老苗，甚至提早抽薹现蕾或者拔节孕穗，达不到高产目的；反之播种期过迟，苗龄太小，达不到壮苗标准，会延迟生育期影响后作。因此，应根据前作收获期决定后作移栽期，同时根据后作的适宜苗龄决定适宜的播种期，使作物播种期、苗龄、移栽期相互衔接。间套作栽培应根据适宜共生期长短确定间套作物的播种期。

（3）品种特性 作物品种类型不同，生育特性有很大差异。如春性强的小麦、油菜品种，早播易引起早穗或早花，降低产量，播期应适当推迟；冬性强的品种适时早播能发挥品种特性，生长繁茂，分蘖或分枝多，不致出现早穗或早花现象，利于高产；感光性强的水稻品种早播会延长生育期，感温性强的水稻品种在高温季节生长发育会缩短生育期。同类型的品种间特性也有差异，亦应分别对待。一般生育期长的迟熟品种播期较早，生育期短的早熟品种播种期适当推迟。

（4）病虫害 根据作物种类和病虫发生规律，适当提前或延迟播种期可避开或减免病虫危害。如玉米适期早播，有利于苗期避免地下害虫（如小地老虎等）、后期玉米螟危害，以及减少黑穗病、大斑病的发生；水稻适期早播种可避免螟虫、飞虱和稻瘟病等危害；但在有些地区油菜早播因气温高，病毒病和虫害常较迟播为重。因此，调节播种期是作物综合防治病虫害有效措施之一。

4.3.1.2 不同生长季节作物的播种期

（1）春播作物 如早稻、早大豆、早红薯、早花生、春玉米、棉花、甘蔗、烟草等作物种子萌发的起点温度大多为 12~14℃，适宜播种期主要由当地气候条件而定。我国中部、南部大多数地区播种期多在清明至谷雨前后，随纬度升高而推迟，平原地区偏早，丘陵山区稍迟。

（2）夏播作物 如晚稻、夏大豆、晚花生、夏玉米等播种时温度较高，温度并非限制因子。但却正值夏收季节，时间短、任务紧，因此机械、劳力条件和前作让茬时间、土壤墒情等是确定播种期的重要因素。此外，晚稻种植还要考虑安全剂穗期。

（3）秋冬播作物 如冬小麦、油菜、蚕豆、豌豆、红花草等，播种时的温度足够，但适时播种仍很重要，播种过早则植株生长过旺，抗寒力差，不利于安全越冬；过迟则幼苗生长弱，积累养分少，抗寒力也差，一般都在寒露至立冬前后播种，随纬度降低而推迟，山区宜早，平原、低丘区稍迟。

4.3.2 播种技术

4.3.2.1 种子清选

播种用种子必须保证纯度 98%、净度 90% 及发芽率 95% 以上，但收获的种子多混有泥沙、茎叶、草子及虫瘿等，故有空、秕、机械损伤和病虫子粒，应在播前清选。常用的清选法有：

（1）筛选（sieving selection） 根据作物种子形状、大小、长短及厚度，选择适当筛孔的筛子。一般采用长形孔筛分选不同厚度的种子或方形孔筛分选不同宽度的种子，而长度大宽度小的种子，因不能直立，只有用蜂窝筒分选。

（2）风选（wind selection） 利用种子的乘风率不同进行分选。乘风率是指种子对气流的阻力和种子在气流压力下飞越一定距离的能力。乘风率（K）可用种子的横断面积（C）与种子重量（B）之比来表示，即 $K（cm^2/g）= C/B$。

从式中可知，横断面积越大和重量越小的种子乘风率越大，飞越的距离越远。反之则不然。如在风车的风力作用下，乘风率大的空壳、秕粒就在较远处降落，而乘风率小的饱满种子，则在近处降落。

（3）比重法分选（specific gravity selection） 利用液体比重（现称为相对密度或密度）分选轻重不同种子，充实饱满的种子下沉，秕粒上浮，中等重种子则悬浮在液体中部。常用的液体有清水、盐水、泥水、硫酸铵水等。液体比重的配置须根据作物种类和品种而定，例如水稻比重为 1.08～1.13，小麦比重为 1.16，油菜比重为 1.05～1.08。经溶液选后的种子须用清水洗净。

（4）精选机分选 精选机将种子落在振荡而倾斜的筛台上，筛台下的风扇所产生的气流使筛台上不同比重的种子向不同的方向移动，比重轻的空秕子粒从台上边筛落，比重大的饱满子粒从下边筛落，而比重中等的子粒从筛台中间筛落，从而分离出饱满的种子。

📖 推荐阅读 4—1
农作物种子处理方法研究进展

4.3.2.2 种子处理

为使种子播种后发芽迅速整齐，出苗率高，苗全苗壮，在保证种子质量的基础上，常需对种子进行下列处理。

（1）晒种（dry in the sun） 种子贮藏期间生理代谢微弱，播种前晒种 1～2 d，可提高种子酶的活性，提高胚的生活力，增强种皮透性，并使种子干燥一致，吸水均匀，提高发芽率和发芽势；同时由于太阳光谱中的短波光和紫外线具有杀菌能力，故晒种也能起到一定杀菌作用。

（2）消毒（disinfection） 种子消毒是预防作物病虫害的重要环节之一。如水稻的恶苗病、稻瘟病、白叶枯病、干尖线虫病、稻粒黑粉病，棉花的炭疽病、枯萎病、黄萎病，油菜的霜霉病、白锈病等。经过消毒处理即可把病虫消灭在播种之前。常用的消毒方法有：

① 1% 的石灰水浸种（soaking seed） 利用石灰水膜将空气和水中的种子隔绝，使种子上附着的病菌得不到空气而窒息而死。石灰水面应高于种子 10～15 cm。浸种过程中，不要弄破石灰水膜，以免空气进入而影响杀菌效果。浸种时间视气温而定，气温高则浸种时间短，气温低则浸种时间长，一般 1～3 d，浸种后要用清水洗净种子。

② 药剂浸种 农用链霉素 100～200 mg/kg 浸种 24 h，可防治水稻白叶枯病；0.1% 的"402"药液浸种 48 h，可防治水稻稻瘟病、恶苗病，棉花炭疽病、立枯病；0.5% 的多菌灵浸泡棉花毛籽 24 h，对枯萎病、黄萎病均有良好的防治效果。其他常用的浸种药剂有强氯精、浸

丰、咪鲜胺等。浸种必须严格掌握药剂浓度和处理时间，否则易发生药害。

③ 药剂拌种（seed dressing）　常见的有多菌灵、托布津、敌克松、福美双等，使用剂量因药型和作物种类而异。如用 50% 多菌灵可湿性粉剂，按花生种子重量的 0.2% ~ 0.5% 拌种，可防治花生茎腐病；用 50% 多菌灵可湿性粉剂，按棉籽重量的 1% 拌种，可防治棉花立枯病、炭疽病；用 25% 多菌灵可湿性粉剂，按小麦种子重量的 0.4% 拌种，可防治小麦腥黑穗病；用 50% 多菌灵可湿性粉剂，按高粱或粟种子重量的 0.8% ~ 1% 拌种，可防治高粱散黑穗病，或粟白发病、粟黑穗病。拌过药的种子可立即播种，也可贮藏一段时间播种。

4.3.2.3　浸种催芽

种子发芽除种子本身需有发芽力外，还需一定的温度、水分和空气。浸种是在播种前用清水浸泡种子，让种子吸足水分。种子吸水不足，则发芽率低，但吸水过度却会使养分外溢，播后易烂种。催芽（pre-germination）是人为创造一个适宜温、湿度，促使种子发芽。浸种催芽就是创造种子发芽所需的适宜条件，促进种子迅速发芽，提高发芽率和发芽势。浸种时间和催芽温度，随作物种类和季节而异。浸种过程中要注意换水，保持水质清洁。

水稻、棉花等作物早春播种常采用浸种或浸种催芽的方式。低温季节浸种时间较长，高温季节浸种时间较短，如早稻在早春气温较低条件下，浸种约 3 d，晚稻在气温较高条件下，浸种只需 1 ~ 2 d。催芽方式很多，如水稻有温室催芽、地坑催芽、围囤催芽等。

4.3.2.4　播种方式

播种方式关系到作物种子在单位面积上的分布状况，合理的播种方式能充分利用土地和空间，改善植株的营养面积，利于通风透光和田间管理。生产上因作物生物学特性及栽培制度不同，分别采用不同的播种方式。

（1）撒播　农业生产中最早采用的播种方式是撒播（casting）。优点是单位面积内的种子容纳量较大，土地利用率较高，省工抢时。缺点是种子分布不均，深浅不一，出苗率低，幼苗不整齐，杂草较多，田间管理不便。所以撒播要求精细整地、落种均匀、深浅一致，才能提高播种质量，出苗整齐。水稻、油菜等育苗采用撒播；南方稻麦多熟地区，小麦播种季节如果秋雨连绵，土质黏重，排水不良，整地困难，也可直接板田免耕撒播种麦。

（2）条播　条播（row seeding）具有植株分布均匀、覆土深浅较一致、出苗整齐，后期通风透光良好，便于田间管理和间作、套作种植其他作物，以及经济用肥等优点。条播有下列几种形式：

① 窄行条播　麦类作物多采用窄行条播，行距一般为 15 ~ 20 cm。

② 宽行条播　凡植株高大、营养面积大、需要中耕的作物，如玉米、高粱、棉花等多采用之，行距一般为 45 ~ 75 cm。

③ 宽幅条播　在播幅内撒播，幅间为空行，幅宽和幅距视需要而定。这种形式有利于提高播种密度，便于田间管理，如小麦等。

④ 宽窄行条播　窄行有利提高种植密度，宽行有利通风透光、田间管理和间套作。多在中耕作物中采用，如小麦、棉花和玉米等。

（3）穴播　穴播（hole seeding）是按一定的行株距开穴播种，又称点播。种子播在穴内，深浅一致，出苗整齐，便于增加种植密度，集中用肥和田间管理。在丘陵山区应用较为普遍，如油菜等。

（4）精量播种　精量播种（minimum sowing）是在点播的基础上发展起来一种经济用种的

📖 深入学习 4—2

播种机的始祖——耧车

播种方法。精量播种能将单粒种子，按一定的距离和深度，准确地播入土内，获得均匀一致的发芽条件，促进每粒种子发芽，达到苗齐、苗全、苗壮的目的。精量播种需要精细整地，精选种子，防治苗期病虫害，要选择性能良好的播种机，才能保证播种质量和全苗，现在玉米等主要作物采用精量播种的已日渐增多。

4.3.3 育苗与移栽技术

4.3.3.1 育苗移栽的意义

农作物生产有育苗移栽（seedling raising and transplanting）和直播（direct sowing）栽培两种方式。水稻、甘薯、烟草等作物以育苗移栽为主，油菜、棉花、玉米等作物，在复种指数较高的地区，为解决前后作季节矛盾，培育壮苗，保证全苗，也采用育苗移栽方式。育苗移栽和直播栽培相比，可缓和季节矛盾，充分利用土地和光、温等自然资源，延长作物生长期，增加复种指数，促进各种作物平衡增产；苗床（seedbed）面积小，便于精细管理，有利于培育壮苗；能实行集约经营，节约种子、肥料、农药等；育苗移栽可按计划规格进行移栽，保证单位面积上的合理密度和苗全、苗壮，但移栽幼苗根系易受到损伤，有一段时间的缓苗期，且费工较多。

4.3.3.2 育苗方式

育苗有露地育苗、温床育苗和覆膜保温育苗等。露地育苗方法简便、省工、省料、管理方便，适用范围广，如湿润育秧、方格育苗、营养钵或营养块育苗等。温床育苗有酿热温床育苗、蒸气温床育苗、电热温床育苗、日光能温床育苗等，塑盘育苗便于抛秧或机插，有水稻软盘育秧、硬盘育秧和双膜育秧等。

（1）湿润育秧　湿润育秧是水稻育秧的一种方式，是根据天气情况进行前期沟内灌水，畦面保持湿润，以利发芽出苗，后期保持浅水层，以利秧苗生长，便于拔秧。

（2）方格育苗　苗床浇水至现泥浆时，将床面整平，苗床晾至紧皮时，将畦划成6～7 cm见方，深4～6 cm的土块，趁土湿润时，在每个方块中部打孔播入精选过的种子2～3粒，盖细土3～5 cm厚。出苗后加强管理，移栽时每方块连苗带土取出移栽，适用于棉花、玉米等大株作物。

（3）营养钵育苗　营养钵（nutrient soil cubic）育苗在移栽时起苗易，不伤根，成活率高。一般按肥沃表土70%~80%，加入腐熟细碎的堆肥、厩肥20%~30%及适量磷肥、钾肥等，边拌边加水配制成营养土，含水量为25%~30%。将营养土压制成直径为6～7 cm，高8～9 cm的营养钵，将钵在苗床上排列整齐，畦宽1.2 m，钵间空隙填沙或过筛细土，四周用土围好，每钵播种1～2粒，盖细土1 cm左右，浇水湿润，以利出苗。适用于棉花、玉米及瓜菜类作物育苗。

（4）酿热温床育苗　酿热温床育苗是利用切碎的作物秸秆、牲畜粪、绿肥、青草等分解发酵产生的热能，提高床温，促进发芽和幼苗生长，常用于早春的甘薯育苗，以其发热部位的位置不同，可分为地上式和地下式两种。地上式温床的发热部分在地面以上，适用于气温较高，地下水位较高的地区；地下式温床发热部位在地表以下，保温性能良好，适用于寒冷地区。

（5）塑盘育苗

① 硬盘育秧　硬盘育秧是用专用硬盘装床土进行育秧的一种方式，该育秧方式育秧质量好，成功率高。但所采用的硬盘成本较高，一次性投入大，目前较少使用。

彩图 4-3
不同育苗方式

② 软盘育秧 软盘育秧是用专用软盘装床土进行育秧的一种方式，该育秧方式简便易行，成本较低，质量好，成功率高。目前使用较为广泛。

作业流程：

$$
\left.\begin{array}{l}
床土准备→碎土拌肥过筛→堆闷熟化 \\
晒种→发芽→选种→药剂浸种→催芽 \\
秧田准备→精做秧板
\end{array}\right\} \begin{array}{l}
→铺放空盘→装盘土→洒水→播种→覆土→ \\
封膜盖草→揭膜炼苗→肥水管理→起盘移栽
\end{array}
$$

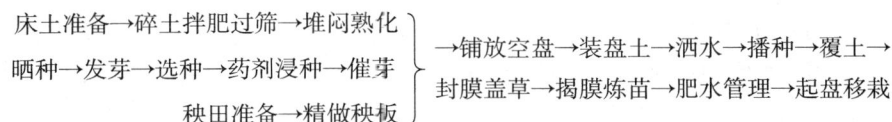

③ 双膜育秧 双膜育秧是利用农用地膜代替秧盘的一种育秧方法，与软盘育秧相比双膜育秧具有投资更少、成本更低、操作管理更方便的优势，是目前较为简易的育秧方式。

作业流程：

$$
\left.\begin{array}{l}
床土准备→碎土拌肥过筛→堆闷熟化 \\
晒种脱芒→发芽→选种→药剂浸种→催芽 \\
秧田准备→精做秧板 \\
地膜打孔
\end{array}\right\} \begin{array}{l}
→铺放孔膜→铺撒床土→洇足底水→ \\
均匀播种→覆土→封膜盖草→揭膜 \\
炼苗→肥水管理→起盘移栽
\end{array}
$$

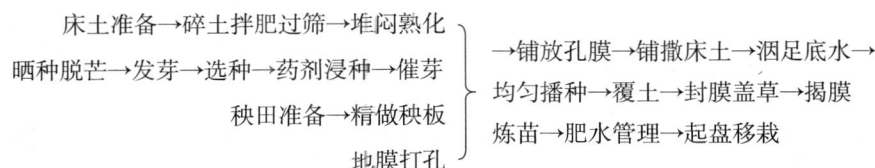

4.3.3.3 苗床管理

苗床管理的基本要求是调节温度、湿度、光照和养分，以满足种子发芽和幼苗生长的需要，达到培育壮苗，保证大田生产对秧苗质量和数量的要求。

（1）调节温度、湿度 早春育苗除了温床育苗外，覆膜是调节温度、湿度的主要方式。发芽出苗阶段膜内宜保持在 32~35℃，超过 35℃时应揭膜一角降温；床土相对湿度保持 70% 左右，膜内相对湿度在 95% 左右。幼苗生长阶段保持在 20~25℃，床土相对湿度 70%~80%。2~3 片叶后晴天逐渐揭膜透光炼苗。

（2）灌溉排水 旱地育苗应保证充足水分，使土壤相对含水量达 70%~80%，促进出苗和幼苗生长。但浇水次数和数量不宜过多，否则土面板结，且幼苗抗逆性差，栽后易凋萎。水稻湿润育秧应根据天气情况进行灌溉，一般 3 叶期后开始灌水上畦。

（3）施提苗肥 苗床施肥要注意氮、磷、钾三要素的配合，不宜偏施氮肥，肥力差的苗床施 2~3 次，肥力好的追肥一次，移栽前一周施"送嫁肥"，以促进移栽苗返青成活。

（4）疏苗除草 苗过密则会出现高脚苗、弯脚苗，应及早疏苗、匀苗。如油菜第一次疏苗在齐苗后进行，疏至不挤时为止。棉花或玉米营养钵和营养块育苗，在子叶平展时疏苗，每钵（或块）留苗一株。

（5）防治病虫 要在床土消毒和种子消毒的基础上，根据病虫发生情况及时把病虫消灭在苗床期。同时还应在移栽前 5~7 d 施用一次"起身药"，以防止将病虫带入大田。

4.3.3.4 移栽

移栽（transplanting）时期应根据作物种类、适宜苗龄和茬口而定，旱田作物按作物种类及计划的行株距开沟或开穴移栽。移栽前浇水湿润，以不伤根或少伤根为好，水沉下后覆土。移栽时将大小苗分级移栽，保证行距、株距和深浅一致，栽后及早浇水、追肥，促进成活和幼苗生长。水稻移栽有手插秧、抛秧及机械插秧等方式。

4.3.4 种植密度和种植方式

4.3.4.1 种植密度

单位面积产量决定于群体生产力（population productivity），群体生产力受单位面积的株数和单株生产力两因子的影响。种植密度是指作物群体中每个个体占有的营养面积的大小。过稀不仅产量低，而且浪费土地；过密，植株间通风透光不良，易感病害，产量也不高。在通常情况下，土壤肥力高、施肥多，或有灌溉条件的地块，由于肥力充足，植株生长繁茂，需占据较大空间，故种植密度小（稀）些；相反，土壤贫瘠、施肥水平低，或较干旱而又无灌溉条件的地块则密度应大些。移栽作物的种植密度由行株距来控制，直播作物则主要由播种量来调节。

直播作物的播种量主要考虑以下因素：

（1）气候条件　在温度高、雨量充沛、相对湿度较大、生长季节长的地区，植株较高大，分蘖或分枝多，播种量宜小些；反之，宜大些。在其他条件相同的情况下，晚播的要比适期播种的适当增加播量。

（2）土壤肥力　一般在肥力水平高或施肥量大的土地上，植株生长繁茂，分蘖或分枝较多，播种量宜小；在肥力偏低或施肥量少的条件下，应适当增加播种量，依靠群体生产力提高单位面积产量。但在瘠薄的土壤上过于增加播种量反而对增加产量不利。

（3）作物种类和品种类型　作物种类不同，植株形态特征和生长习性都有很大差异，如玉米植株高大，小麦植株矮小，棉花具有分枝。同一作物品种类型间也有差别，如水稻的分蘖力有强有弱，植株有高有矮；棉花果枝有长有短等。因此，应根据作物或品种植株高矮、分蘖或分枝强弱等生长习性来考虑种植密度和播种量。有些作物如棉花、玉米、向日葵、甜菜等需要间苗，其播种量应根据间苗量相应增加，通常播种量是留苗量所需种子的 2 ~ 5 倍。

（4）种子质量和田间出苗率　种子质量包括粒重、种子净度、发芽率等，在播种前通过种子检验求得。

根据作物种植密度，确定每公顷的基本苗数，再根据种子质量和田间出苗率等来计算播种量。计算公式如下：

$$每千克种子粒数 = 1\,000 \times 1\,000 (g) / 千粒重 (g)$$

$$播种量 (kg/hm^2) = 每公顷基本苗数 / 每千克种子粒数 \times 种子净度 (\%) \times 发芽率 (\%) \times 田间出苗率 (\%)$$

田间出苗率与整地质量、土壤水分和播种质量有关。一般来说，整地精细，土壤水分适宜，播种均匀，深浅适中，覆土一致，田间出苗率在 80% 左右；整地粗糙，土壤黏重或过干过湿，播种深浅不一，田间出苗率则下降。此外，在病虫严重和自然灾害频繁地区，应适当增加播种量，保证全苗。

4.3.4.2 种植方式

种植方式是指每一个体所占营养面积的形状，即确定合理的行距与株距。确定合理行距与株距的原则是既要保证每个单株发育良好，确保目标产量，同时也便于田间耕作管理。在密度或叶面积指数相同的情况下，种植方式不同，群体内的光分布也不同。合理种植方式能使叶面积指数发展动态合理，减少光反射，增加光的截获和吸收量，所有叶片都进行较旺盛的光合作用，提高光能利用率，使群体内部受光良好，制造较多的干物质。

行距、株距的大小根据作物种类、土壤肥力、施肥水平和灌溉条件等确定。大株作物（如玉米、棉花等）行距、株距较大，小株作物（大豆、水稻等）较小。一般采用宽行窄株方式配置有利于通风透光，并有利于间作、套作。肥水条件较差的条件下也可采用等行株距方式配置。

关于与种植方式有关的行向问题，一般水平叶型的群体（如棉花、大豆等），南北行向与东西行向无大的区别；直立叶型群体（如稻、麦等），在春、秋季节，中午时刻南北向的光能利用率高，早晚则相反，夏季期间则颠倒过来，水稻主要在夏季生长，一般东西行向较好。

4.4 作物覆盖栽培技术

在农田上覆盖泥沙、谷草、树叶、畜粪、卵石等不同物质，是一项具有悠久历史的农业技术措施。早在2 000年前中国西汉的《汜胜之书》中就有秋季用草和土覆盖麦根，以获取丰收的记载。1 500年前北魏贾思勰的《齐民要术》中有用谷草和牛粪混盖农田，起保护和施肥作用的记载。欧美各国采用覆盖措施也有三四百年的历史。

4.4.1 覆盖的作用

覆盖栽培（mulching cultivation）是改善农田小气候的重要措施之一。利用不同物质所具有的蓄水、保水、保土、培肥、增温、抑草等作用，可促进作物生长发育并提高产量。因此覆盖栽培是旱地农业的重要耕作栽培技术措施。

近年来，随着覆盖材料和技术迅速发展，覆盖栽培应用面积在不断扩大。对覆盖材料、覆盖方式、覆盖技术及覆盖对土壤环境、作物生长发育和产量影响等进行了多方面研究。特别是对塑料薄膜、土面增温剂等材料的增温机制，覆盖层的光学特性及效应、覆盖条件下田间水热运移理论等进行了系统研究与数值模拟，得出了许多有参考价值的结论。

4.4.2 覆盖栽培技术的类别

根据采用物质材料的属性，可将覆盖栽培技术分为沙石覆盖、土层覆盖、秸秆覆盖、薄膜覆盖、化学覆盖等五类。

（1）沙石覆盖 利用卵石、石砾、粗沙和细沙的混合体，在土壤表面铺设一层厚度5～15 cm的覆盖层，它是沙田的主要组成部分。这种覆盖技术自400多年前在甘肃诞生以来，在中国西北旱区得到了一定发展。该措施的应用使干旱地区获得了稳定的产量，扩大了果、菜等作物的栽培范围。但是由于费工多、成本高，加上其他新型农业技术的发展，沙石覆盖应用逐渐减少。

彩图4—4
不同类型的作物覆盖栽培

（2）土层覆盖 早在千余年前，中国北方旱农地区就采用具有保墒增温作用的"耙糖耕作技术"，即土层覆盖栽培技术。在农田土壤0～10 cm层，通过农具的机械作用，创造一层松紧适度的土壤覆盖层，以调节土壤水分、温度、结构等状况。主要包括耙糖保墒、镇压提墒、中耕保墒等内容。此项栽培技术在中国旱地农业生产上发挥了重要作用，并且不断发展成为我国广泛应用的表土耕作技术的重要组成部分。

（3）秸秆覆盖 是将作物残茬秸秆、粪草、树叶等覆盖于土壤表面，起到蓄水、保水、保土、培肥、抑草、调温、少耕等多种功效的耕作栽培技术。早在2 000多年前的中国和300多年前的欧美各国就已开始采用秸秆残茬覆盖栽培技术。

（4）薄膜覆盖　将厚度 0.006 ~ 0.050 mm 聚乙烯或聚氯乙烯薄膜覆盖于地表面或近地面表层，利用其透光性不同，导热性差和不透气等特性，促进作物生长发育的栽培方式。薄膜覆盖技术 1978 年以后在我国大面积应用。

（5）化学覆盖　是将高分子成膜乳剂应用于土面保墒增温的技术。1951 年美国研制出人工合成制剂阳离子沥青乳剂覆土种草。1960 年以后，不同国家提出了表面活性剂加沥青、树脂、塑料等成膜乳剂。国内外研究表明，沥青乳液覆盖有明显的增加土壤温度、减少土壤水分蒸发、促进作物生长发育的作用。但由于合成工艺困难、成本昂贵，使化学覆盖剂的应用一直处在研究阶段，尚没有在生产上大面积推广应用。

目前大面积推广应用的覆盖栽培方法主要是秸秆覆盖与薄膜覆盖栽培技术。

4.4.3　秸秆覆盖栽培技术

20 世纪以来秸秆覆盖栽培技术在全世界得到广泛应用，实现了少耕免耕栽培，减少了土壤蒸发，取得了显著增产效果。

4.4.3.1　秸秆覆盖的主要作用

秸秆覆盖具有增加雨水入渗、减少地表径流、抑制水分蒸发、减少风蚀等蓄水保水保土作用，同时可增加地表空气中的二氧化碳含量，提高土壤微生物活性。秸秆腐烂利于土壤有机质形成，改善土壤养分供应状况；还具有抑制田间杂草以及调节地温等多方面作用。如美国中部大平原和北部大平原，休闲期每公顷覆盖麦秸 6 750 kg，可使降雨贮积量达 37%，比不覆盖提高 21%。

4.4.3.2　秸秆覆盖的主要方式

（1）直接覆盖　秸秆直接覆盖和免耕播种相结合，蓄水、保水和增产效果明显。

（2）高留茬覆盖还田　小麦、水稻收割时留高茬 20 ~ 30 cm，然后用拖拉机犁翻混入土中。

（3）带状免耕覆盖　用带状免耕播种机在秸秆直立状态下直接播种。

（4）浅耕覆盖　用旋耕机或旋播机对秸秆覆盖地进行浅耕地表处理。

4.4.3.3　秸秆覆盖栽培的主要技术要求

（1）秸秆还田一般作基肥用　秸秆养分释放慢，作基肥当季作物才能吸收利用。

（2）秸秆还田数量要适中　一般每公顷秸秆粉碎还田不超过 4 500 kg，否则会影响秸秆的分解速率及作物生长。

（3）秸秆施用要均匀　不均匀使部分秸秆难于耕翻入土，且田面高低不平，造成作物生长不齐、出苗不匀等现象。

（4）适量深施速效氮肥以调节适宜的碳氮比　多数秸秆的碳氮比高达 75：1，腐解时易出现与作物争氮的现象；因此适当增施氮肥可加速腐解并保证作物苗期旺盛生长。

4.4.3.4　秸秆覆盖栽培存在的主要问题

（1）增加种子发芽与扎根困难　秸秆翻压还田土壤变疏松，大孔隙增加，土壤与种子接触不紧密，影响发芽与根系生长。须进行碾压或者是加大粉碎细度。

（2）易发生病虫害　秸秆中的虫卵、带菌体等留在土壤里，会提高病虫害发生率。

（3）小面积粉碎作业成本高、污染大　我国大面积机械作业程度不够，小面积秸秆粉碎还田成本高，晴朗干燥天气易造成尘土飞扬及污染。

（4）增加灌溉与播种困难　秸秆直接覆盖在地表会给灌溉带来不便，严重影响播种。

4.4.4　地膜覆盖技术

4.4.4.1　地膜覆盖的作用

（1）提高地温　白天由于短波辐射大量透过透明塑料地膜（plastic film），加之地膜又减少了水分蒸发的潜热放热，而使地温升高。夜间土壤长波辐射不易透过地膜而比露地土壤放热少。地膜覆盖的增温效果，因覆盖时期、覆盖方式、天气条件及地膜种类不同而异。一般可使0～10 cm地温增高2～6℃，有时可达10℃以上。

（2）减少土壤水分蒸发和节约用水　覆盖地膜后，土壤水分蒸发量显著减少，故可较长时间地保持土壤水分的稳定。据测定，地膜覆盖一般可节约用水30%～40%。

（3）提高土壤肥力　由于膜下土壤中温度、湿度适宜，微生物活动旺盛，养分分解快，因而速效氮、磷、钾等营养元素含量均比露地增加。

（4）改善了土壤的理化性状　由于地膜覆盖后减少了人工和机械操作的践踏而造成的土壤板结现象以及能避免因土壤表面风吹、雨淋的冲击，使土壤容重、孔隙度、三相（气态、液态、固态）比和团粒结构等均优于未覆盖地膜土壤。

（5）防止地表盐分集聚　地膜覆盖由于切断了水分与大气交换的通道，大大减少了土壤水分的蒸发量，从而也减少了随水分带到土壤表面的盐分，能防止土壤返盐。

（6）提高作物产量　地膜覆盖后使作物提早出苗并提高出苗率，促进苗齐苗壮；同时使作物的生长发育速度加快，可以提早成熟；地膜覆盖后栽培环境条件得到改善，植株生长健壮、抗性增强，不同作物可增产20%～60%。

（7）增强作物抗病虫性　某些病虫危害减轻。如乳白膜、银色反光膜有明显的驱蚜效果，而普通透明膜、黑色膜和绿色膜则有明显的诱蚜作用，诱蚜效果分别为30%、44%和49%。

4.4.4.2　地膜的种类及特点

地膜种类较多，主要有无色地膜和有色地膜及功能性特种地膜等不同类型。

（1）无色地膜　无色地膜是应用最普遍的地膜，因此也称为普通透明地膜，厚度0.004～0.015 mm，幅宽80～300 cm。其透光率和热辐射率达90%以上。可明显提高地温，提高作物对光能的利用率，加速土壤有机质的腐化过程，提高肥效，保水抗旱，促进作物早熟、高产。缺点是土壤湿度大时，膜内形成雾滴会影响透光。

在无色地膜中添加防雾流滴剂后可制成流滴（无滴）地膜，能使靠近棚膜的空气中的水汽形成水膜向下流滴，从而防止雾气，降低空气相对湿度，可比普通地膜提高透光率10%左右。

（2）有色地膜　有色地膜是在地膜原料中加入各种颜色的染料制成的地膜。目前主要应用得有黑色地膜、银灰地膜、黑白条带地膜等。除有无色地膜的增温、增光、保墒及防病虫作用外，不同颜色地膜对太阳光谱有不同的反射与吸收规律，因而对作物、害虫也有不同的影响。银灰地膜能反射紫外线，有明显的驱避蚜虫的效果；可增加地面反射光，利于果实着色；夏季使用可降低地温。黑色地膜有除掉各种杂草的良好效果，夏季也可显著降低地温，利于根系的生长。黑白条带地膜中间为白色，利于土壤增温；两侧为黑色，可抑制垄帮杂草滋生。此外，绿色地膜、乳白地膜可防止杂草，蓝色地膜保温，红色地膜可促进作物生长等，具有不同的使用效果。

由于太阳光照射的强弱与不同地区的地理纬度有关，光质与光量的关系又十分复杂，因此在使用有色塑料薄膜时，须经过系统研究与实践再加以推广。

（3）特种地膜 特种地膜是指有特殊功能的地膜，主要有除草膜、有孔膜、反光膜、渗水地膜等。除草膜覆盖后单面析出除草剂达 70% ~ 80%，膜内凝聚的水滴溶解除草剂后滴入土壤，或在杂草触及地膜时被除草剂杀死。有孔膜是在地膜吹塑成型后，根据作物对株行距的要求，经切割，在膜上打上大小、形状不同的孔，即可播种或定植，既省工，又标准。反光膜是采用特殊的工艺将由玻璃微珠形成的反射层和 PVC、PU 等高分子材料相结合而制成，能起到补光增温作用。渗水地膜也称为微孔地膜，是在普通地膜上用激光打出微孔（孔径 2 ~ 3 mm，200 ~ 2 000 孔 /m^2），可使雨水渗入膜下，同时又能增加土壤的通透性。

📖 深入学习 4—3
农用地膜厚度选择

4.4.4.3 地膜覆盖的方式

采取何种地膜覆盖方式，应根据作物种类、栽培时期及栽培方式的不同而定。

（1）平畦覆盖 在原栽培畦的表面覆盖一层地膜。平畦覆盖可以是临时性的覆盖，在出苗后将薄膜揭去；也可以是全生育期的覆盖，直到栽培结束。平畦规格和普通露地生产用畦相同。平畦覆盖便于灌水，初期增温效果较好，但后期由于随灌水带入的泥土盖在薄膜上面，而影响阳光射入畦面，降低增温效果。

（2）高垄（畦）覆盖 高垄（畦）覆盖是在整地施肥后，按要求高度和宽度起垄（畦），每一垄（畦）或两垄（畦）覆盖一条地膜。其增温效果一般比平畦覆盖高 1 ~ 2℃。

（3）沟畦覆盖 沟畦覆盖又叫改良式高畦地膜覆盖，俗称天膜。即把栽培畦做成沟，在沟内栽苗，然后覆盖地膜。当幼苗长至将接触地膜时，把地膜割成十字孔将苗引出，使沟上地膜落到沟内地面上，故将此种覆盖方式称作"先盖天，后盖地"。采用沟畦覆盖既能提高地温，也能增高沟内空间的气温，使幼苗在沟内避霜、避风，所以这种方式兼具地膜与小拱棚的双重作用。可比普通高畦覆盖提早定植 5 ~ 10 d，早熟 1 周左右，同时也便于向沟内直接追肥、灌水。

4.4.4.4 地膜覆盖管理技术

地膜覆盖栽培，要求整地、施肥、做垄（畦）、盖膜要连续作业，不失时机，以保持土壤水分，提高地温。在整地时，要深翻细耙、打碎，保证盖膜质量。垄（畦）面要平整细碎，以便使地膜能紧贴垄（畦）面，不漏风，四周压土充分而牢固。灌水沟不可过窄，以利灌水。做垄（畦）时要施足有机肥和必要的化肥，增施磷肥、钾肥，以防因氮肥过多而造成作物徒长。同时，后期要适当追肥，以防后期作物缺肥早衰。地膜覆盖虽然比露地减少灌水大约1/3，但每次灌水量要充足，不宜小水勤灌。一般情况下，地膜要一直覆盖到作物出苗，但如遇后期高温或土壤干旱而无灌溉条件，影响作物生育及产量时，应及时揭膜或划破，以充分利用降雨，确保后期产量。

残存土中的旧膜，会污染环境，影响下茬作物的耕作和生长，造成死亡率上升、主根下扎深度变浅、土壤物理性状恶化等，应及时用人工或机械清除干净。为此，国内外众多单位着眼于开发降解性地膜。在光降解地膜、生物降解地膜、光—生物降解地膜、非完全降解的淀粉填充塑料膜等方面已取得了一定的应用成果。

4.5 作物肥水管理技术

4.5.1 作物施肥技术

4.5.1.1 施肥原则

合理施肥应根据当地自然条件、肥料状况和不同作物的要求，有助于恢复和提高地力，使有限的肥料能较好地适应不同种植制度中多数作物的需要，确保农田地力经久不衰，作物持续增产，合理施肥应根据以下原则：

（1）保证重点，兼顾一般　有限的肥料尽可能多地供应给增产潜力大、经济价值高、对生产全局有举足轻重作用的作物，再兼顾其他作物，实现全面增产。

（2）注重中低产田的投入　依照边际效益原理，中低产农田的培肥远较高产田培肥效果明显。施肥不应追求少量田块最高产量，力求均衡增产。

（3）协调生物培肥与人工培肥的关系　人工肥源不足时，应扩大种植豆类作物、绿肥及其他养地作物；肥源丰足时，养地作物面积可相应收缩。

（4）坚持有机培肥与无机培肥的结合　土壤有机质是土壤肥沃程度的重要指标，增施有机肥料可增加土壤有机质，改善土壤理化性质，提高土壤保水、保肥能力，增强土壤微生物的活性，促进化肥利用率的提高。在化肥投入量日益增长的现阶段，坚持多种形式的有机肥料投入，培肥地力，实现农业可持续发展。

（5）实施配方施肥，投入与产出相平衡　配方施肥是指根据不同作物、不同产量水平和不同土壤条件下的各营养元素的施肥量，依照各营养元素同等重要与不可代替规律，实行大量元素、微量元素的配合施用。配方施肥能有效地提高肥料效果，一般在产量水平低的情况下，施用氮肥的增产效果显著；随着产量提高，对磷肥、钾肥的配合显得很重要，若氮、磷、钾比例失调，必然会限制施肥的增产效果，某些作物（如油菜、水稻）对某种微量元素（如硼、锌）需求较敏感而土壤比较缺乏的，应将该微量元素补充到配方中。

（6）协调与其他农业技术措施的关系　合理施肥必须与作物种植制度、土壤耕作、农田防护等协调。如小麦套作棉花，有机肥除少量作小麦基肥外，在预留的棉花空行内重施有机肥对两种作物均有利；绿肥、厩肥等有机肥施用应与耕翻结合，追肥要与中耕培土结合，尽量减少生态环境污染。

4.5.1.2 施肥量的确定

作物所需要的营养元素除由施肥供给外，还可由土壤供给，但施用肥料的养分也不是全为作物吸收利用的，其利用率因肥料种类、气候条件、土壤供肥保肥能力和施肥方法等不同而异。因此，决定施肥量时，应根据单产量水平对养分的需要量，土壤养分供给量，所施肥量的养分含量及其利用率等因素进行全面考虑。理论上施肥量可根据下式计算：

理论施肥量 =（计划产量所需养分量 – 土壤养分供给量）/ 肥料中该养分含量（%）/ 肥料利用率（%）

推荐施肥量一般是指纯氮（N）、五氧化二磷（P_2O_5）、氧化钾（K_2O）的用量。计划产量所需养分量，可根据对收获物各元素的分析来确定，土壤养分供给量可通过土壤普查，也可通过不施肥的空白对照的产量为土壤基础肥力提供参考，肥料利用率因肥料种类、施肥方法、土壤环境等不同而异。

4.5.1.3 肥料种类

肥料品种繁多，按物理形态分类有固体肥料、液体肥料，固体肥料又分为粉状和粒状肥料。液体肥料是常温常压下呈液体状态的肥料。根据肥料的来源、提供植物养分的特性和成分，分为有机肥料和无机肥料。

（1）有机肥料 有机肥料通常是指农家肥，即厩肥、堆肥、沤肥、人畜粪尿、河塘泥、饼肥、沼气肥和绿肥等。有机肥料含有多种营养元素，属于完全肥料，一般都是迟缓性肥料，养分含量较低但具有改良土壤、调节土壤肥力的作用。

近年来逐步发展生产出的现代有机肥料有微生物肥料、腐殖质类肥料、合成有机肥等。微生物肥料是指用特定微生物菌种培养生产的具有活性微生物的制剂，可增加土壤有益微生物数量，增强土壤微生物的活性，改良土壤，促进土壤养分有效化或提高作物生物固氮能力。微生物肥料可分为以下几类：根瘤菌肥料（有花生、大豆、绿豆等根瘤菌剂）、固氮菌肥料（有自生固氮菌、联合固氮菌等）、磷细菌肥料（有磷细菌、解磷真菌、菌根菌等）、硅酸盐细菌肥料（又称生物钾肥）、复合菌肥料（能活化两种营养元素以上，并能有效提高植物的抗病能力）等。

腐殖质类肥料是指由泥炭、褐煤、风化煤等含有丰富腐殖酸类物质加工而成的肥料。其结构与土壤腐殖质相似。它能促进植物生长发育、提早成熟、增加产量、改善品质。此类肥料一般作基肥，量大时能明显改善土壤的理化性状，提高土壤肥力。

合成有机肥是指用化学的方法，把大多数植物不能吸收利用的气体或不含植物矿质营养元素的有机物同植物所需的矿质元素化合而成的有机肥料，可有效地提高其所需的矿质元素有效性和利用率。目前合成有机肥的养分类型较单一，一般都是单元素肥料。如氮气在合成塔中被合成植物可利用的尿素，尿素可同甲醛或乙醛化合成缓释脲醛类肥料，尿素同腐殖酸类物质合成缓释型的腐脲。

（2）无机肥料（化学肥料，化肥） 无机肥料是工业合成的肥料，一般都具有养分含量高、速效性强、施用方便等特点。通常所用的无机肥料主要是指含有氮、磷、钾三要素的肥料。长期使用单一无机肥料，易使土壤板结，所以一般应与有机肥配合使用。

① 氮素肥料 主要有碳酸氢铵（含氮 17%）、硫酸铵（含氮 21%）、氯化铵（含氮 26%）、硝酸铵（含氮 34%）、尿素（含氮 46%）等。

② 磷素肥料 主要有过磷酸钙（常称为普通过磷酸钙，简称普钙，含磷 14% ~ 18%）、重过磷酸钙（含磷 36% ~ 52%）、钙镁磷肥（含磷 14% ~ 19%）、磷矿粉等。

③ 钾素肥料 主要有硫酸钾（含钾 50%）、氯化钾（含钾 60%）、磷酸二氢钾（含钾 34%）等。

④ 复合肥料 是指同时含有氮、磷、钾三要素或其中任何两种的肥料。按其制造方法可分为化合（成）、混合和掺和复合肥料三种，按主要成分可分为二元和三元复合肥料两大类。二元复合肥如磷酸铵、硝酸磷肥、磷酸二氢钾、硝酸钾、聚磷酸铵和偏磷酸铵等，三元复合肥如尿磷钾肥和铵磷钾肥。不同作物对复合肥养分比例的要求不一样，一般作物以选用氮、磷复合肥或三元复合肥为主，豆类作物宜选用磷、钾复合肥为主。复合肥应作基肥，且宜深施。

⑤ 微量元素肥料 有硫酸锌、硫酸锰、硼砂、硫酸铜、螯合铁、螯合铜和螯合锰等。微量元素肥料一般只在微量元素缺乏的土壤上施用，其用量、浓度和施用方法都必须特别注意，施用过量往往产生毒害。施用方法因肥料种类而异，可作基肥和根外追肥，也用作种肥。

4.5.1.4 施肥时期

作物在不同生育期中，对营养元素的吸收并不相同。在萌发期间，因种子本身贮藏养分，故不需要吸收外界肥料，随着幼苗长大，吸肥渐强，将近开花、结实时，营养元素进入作物体内最多，以后随着生长的减弱，吸收下降，至成熟期则停止吸收。根据作物不同生育时期对养分的要求，施肥时期一般分为以下三种。

（1）基肥　基肥（fertilizer applied before planting）又称底肥，一般结合整地进行，即在作物播种或移栽前施入土壤中。施用基肥可满足作物生长中期以前的营养需要，有提高肥料利用率，增强土壤养分供给能力，改善土壤环境，防止地力下降，增强作物抗逆力等多种功能。基肥一般以迟缓性农家肥为主，搭配一定量的速效性化肥，以供给幼苗期生长的需要。根据作物种类的不同，基肥施用量一般占总施肥量的 40%~50%。

（2）种肥　种肥（seed fertilizer）是指播种或定植时施在种子附近或与种子混合施用的肥料。种肥可以补充基肥的不足，为作物初期生长供应养分。种肥施用得当可及早满足作物对养分的需要，又可省追肥用工，反之，会危害种子造成损失。所以施用种肥时，要注意以下几点：不选有腐蚀性作用的肥料，如碳酸氢铵、过磷酸钙；不选有毒害作用的肥料，如尿素；不选有害离子的肥料，如氯化钾、氯化铵、硝酸铵、硝酸钾；不选强碱性化肥，如窑灰钾肥、钢渣磷肥；不选没腐熟的农家肥。

（3）追肥　追肥（topdressing fertilizer）是指作物生长发育期间施入的肥料，不同生育阶段根据需要均可追肥，但它们增产效果有很大差别，其中施用肥料营养效果最好的时期称为最高生产效率期。一般作物的最高生产效率期是产品器官形成期，此时吸收养分最多，增加养分供给可促进产品器官的分化形成，以获得最大的经济效益。例如，水稻和小麦的幼穗分化形成期，油菜和大豆的现蕾开花期，棉花的花铃期，甘薯的块根、甘蔗的茎秆形成期。因此，作物的追肥主要集中在生育中期，即经济器官形成期进行。根据生育状况，如果基肥不足或后期脱力，也可在生育前期（苗期）或后期（经济产品形成期）适量追肥。追肥一般以速效性化肥为主，追肥量一般占总施肥量的 50%~60%。

4.5.1.5 施肥方法

（1）撒施　撒施（casting application）是将肥料均匀撒布于土壤的一种施肥方法。追肥撒施适用于种植密度较大或根系遍布于整个耕作层的作物，其优点是简便、易行，随时可以给作物补充营养元素，缺点是肥料利用率不高，因为撒施时肥料在土壤表层，易引起 NH_3 的挥发损失，水田条件下也会因反硝化作用引起脱氮损失。基肥一般在撒施后进行耕翻，因此肥料利用率高。

（2）集中施肥　集中施肥（fertilizer concentrated application）是将肥料施于作物根系附近，容易被作物吸收利用，所以肥料的利用率较高。集中施肥包括穴施、开沟条施和拌种等，穴施和开沟条施将肥料施入种子的底下，或施在一侧或两侧作种肥，也可在生育中期穴施、开沟施作追肥，拌种是将一定量的肥料与种子均匀搅拌，故不能用对种子发芽出苗有影响的肥料。化肥开沟条施和穴施于表土下 10~20 cm 称为集中深层施肥，能提高化肥的利用率。

（3）分层施肥　分层施肥（applied in layers）是将迟效性肥料施于土壤耕层的中下部，速效性肥料施在土壤耕层的上部。一般土壤肥力不高，特别是土壤上层速效养分不足时，采用分层施肥法效果较好。本着下粗肥、上细肥的原则，于耕前撒施有机粗肥，耕后再撒有机肥细肥和化肥，用旋耕犁旋耕平整。无有机细肥，也可单施化肥。由于深浅分层施用，迟效与速效结合，既可满足作物幼苗阶段对速效养分的需要，也可较多地满足后期对养分的需要。

（4）叶面喷施　叶面喷施（spraying）是将肥料按一定浓度配成溶液喷于作物叶片上，叶面喷施见效快，肥料利用率高。当作物出现营养元素缺乏症状时，喷施是最好的补救方法。新叶比老叶吸收能力强，因此叶面喷施主要喷洒于作物上部。

（5）灌施　灌施（irrigation）是将肥料溶解成溶液与灌溉水充分混合，随水流入田间，也可利用喷灌和滴灌系统在灌水的同时进行施肥，具有省水、省工、省肥和增产等优点。喷灌、滴灌施肥的原理是利用水泵加压，通过管道系统将水和肥料溶液滴加到作物根系最发达的区域或利用喷头将肥料溶液喷到作物上。灌施可以根据作物的需要在整个生长期内补充养分，在沙土上喷灌尤为优越。喷灌的缺点是因风力过大而可能造成养分分布不均匀。

（6）注施　注施（injection）是指液体肥料的施用可通过注射器注入土壤，使肥料深施入土，减少挥发损失。但液氨的注入要选择适宜的土壤水分条件，过干或过湿，均易发生挥发损失。

为适应农业现代化发展的需要，化学肥料生产除继续增加产量外，正朝着高效复合化，并结合施肥机械化、运肥管道化、水肥喷灌仪表化方向发展。液氨、聚磷酸铵、聚磷酸钾等因具有养分浓度高或副成分少等优点，成为大力发展的主要化肥品种。很多化学肥料还趋向于制成流体肥料，并在其中掺入微量元素肥料和农药，成为多功能的复合肥料，便于管道运输和施肥灌溉（喷灌、滴灌）的结合，有省工、省水和省肥的优点。

4.5.2　作物水分管理技术

4.5.2.1　作物灌溉需水量

作物需水量随气候、产量水平和栽培技术等因素的不同而有变化：气温高、湿度小、风速大时，耗水量较大；气候条件相同，水浇地耗水量较多；产量水平高时，耗水量较大；栽培技术水平提高，土壤的抗旱保墒能力增强，耗水量减少。

作物的灌溉需水量根据不同作物单位面积干物质生产量、气候（温度、湿度、日照、降雨量、风速等）、土壤（结构、性能、质地等）而有很大的不同。一般蒸腾系数高、单位面积干物质生产量大、温度高、湿度小、降雨量少、风速大、日照强、土壤保水能力差的，灌溉需水量大。不同作物或不同地区差异很大，一般旱地作物的灌溉需水量为 150 ~ 300 mm，水稻的灌溉需水量为 400 ~ 600 mm。

作物不同生育时期对水分的要求也不同，需水临界期和最大需水期是作物遇旱灌溉的关键时期，作物的灌溉需水量主要依据该两期的灌溉需求而定。

4.5.2.2　作物灌溉制度

作物的需水量一部分是由生长季节内降水供给的，另一部分是由人工灌溉补给的。人工灌溉补给的灌水方案称为灌溉制度。其内容包括作物生长期间内的灌水时间、灌水次数、灌水定额和灌溉定额（irrigation water quota）等。灌水定额指单位面积上的一次灌水用量，常用 m 表示。灌溉定额是指单位面积上作物全生育期内的总灌溉水量。通常按水分平衡原理确定灌溉定额，采用如下计算公式：

$$M = \sum m \quad 或 \quad M = E + W - P_o - W_o - K$$

式中，M 表示灌溉定额（m^3/hm^2）；E 表示全生育期作物田间需水量（m^3/hm^2）；P_o 为全生育期内有效降雨量（m^3/hm^2）；W_o 为播种前土壤计划层的原有储水量（m^3/hm^2）；W 为作物生育期末土壤计划湿润层的储水量（m^3/hm^2）；K 为作物全生育期内地下水利用量（m^3/hm^2）。

根据作物生产主要目标，灌溉制度可分为丰产灌溉制度和节水灌溉制度。

4.5.2.3 作物灌溉指标

（1）土壤含水量指标　一般作物在土壤含水量为田间持水量的 60%~80% 时，水气供应协调，根系生长较好。但这个数值因不同作物种类和生育期而有所差异。耐旱作物可适当低些，湿生作物适当高些。

（2）作物形态指标　作物枝叶生长对水分亏缺反应敏感，轻度缺水，光合作用虽未受影响，但生长已受到抑制，生长速率下降，叶绿素浓度相对增加，甚至叶色变红。水分严重亏缺时，幼嫩叶片发生萎蔫。因此，可根据生长速率、叶片变化，判断土壤水分是否亏缺，实施灌溉。

（3）灌溉的生理指标　叶水势能灵敏反应植物水分状态。当植物缺水时，叶水势下降，细胞液浓度升高，就会阻碍植株生长。如引起玉米光合速率下降的叶水势值为 –0.8 MPa。冬小麦拔节孕穗期功能叶的细胞液浓度以 6.5%~8.0% 为宜，9.0% 以上表示缺水。

4.5.2.4 作物灌溉技术

（1）普通灌溉技术　普通灌溉技术主要分为淹灌（basin irrigation）、畦灌（bed irrigation）和沟灌（furrow irrigation）三类。淹灌需水量大，适用于水稻灌溉，改良盐碱地和其他适于淹灌的经济作物。淹灌要求水层深浅一致，关键要保持田面平整，要求建立完整的田间灌排系统。除水稻外，旱地作物一般在播种造墒、需水临界期和最大需水期进行灌溉，地形不平整应依据等高线作畦，灌溉时以浸透耕作层土壤为原则，不可淹水时间过长。普通地面灌溉简单易行，但用水不经济。此外，某些地区采用"大水漫灌"（flooding irrigation）的方法，是一种田面不修畦、沟、埂，任水漫流的粗放灌溉方式。其缺点为土壤湿润不均，破坏土壤结构，浪费水量。

（2）节水灌溉技术

① 喷灌技术　喷灌（sprinkler）是利用水泵加压或自然落差将水通过压力管道送到田间，经喷头射到空中，形成细小的水滴，均匀喷洒，为作物正常生长提供必要水分的一种先进的灌水方法。喷灌与传统的地面灌溉相比，灌水均匀、节水、增产、省力、节地、适应性强，同时还可以调节田间小气候、防止干热风和霜冻对作物的伤害，可广泛地应用于各类作物。存在的问题主要是设备投资大，大面积农田短期难以普遍应用。

② 微灌技术　微灌（microirrigation）包括滴灌（drip irrigation）、微喷灌（microsprinkler）、涌泉灌（spring irrigation）和地下渗灌（drenching irrigation）四种灌溉方法。根据作物的需水要求，通过管道系统与安装在末级管道上的灌水器，将作物生长中所需的水分和养分以较小的流量均匀、准确地直接送到根部附近的土壤表面或土层中，相对于地面灌和喷灌而言，微灌属局部灌溉、精细灌溉，水的有效利用程度最高，比地面灌节水 50%~60%，增产 20%~30%，比喷灌省水 15%~20%。但微灌的工程投资更高，一般只用于水果、蔬菜、花卉等产值高、收益高的经济作物。

③ 膜上灌水技术　膜上灌水（irrigation on film）技术是在地面沟灌、畦灌基础上一种改进的地面灌溉技术，其基本形式仍然以地面灌溉的沟灌、畦灌等技术为主，通过地膜的不同铺设方式与渗水孔的不同结构加以区别，形成畦田膜上灌、膜孔沟灌、膜缝沟灌、细流膜上灌、格田膜上灌、喷灌膜上灌等多种膜上灌溉形式。

④ 膜下滴灌技术　膜下滴灌（drip irrigation under film）技术是一种结合了以色列滴灌技术和国内覆膜技术优点的新型节水技术。通过可控管道系统供水，将加压的水经过过滤设施滤"清"后，和水溶性肥料充分融合，形成肥水溶液，进入输水干管 – 支管 – 毛管（铺设在地膜

📖 深入学习 4—4
不同形式膜上灌溉技术

下方的灌溉带），再由毛管上的滴水器一滴一滴地均匀、定时、定量浸润作物根系发育区，供根系吸收。

⑤ 地下灌技术　地下灌（subirrigation）技术利用管道将水通过直径约 10 mm 毛细管上的孔口或滴头送到作物根部进行局部灌溉，再借助毛细管作用或重力扩散到整个作物根层的灌溉技术。由于灌溉过程中对土壤结构的破坏轻，有利于保持作物根层疏松通透，并能减少水分的蒸发损失，不仅节水增产效益明显，而且自动化程度高，可大量节省劳力和能源。在干旱地区，应用这种技术还能有效地抑制田间杂草。

（3）作物调亏灌溉技术　调亏灌溉（deficit irrigation）是以作物与水分关系为基础，在作物的某一（些）生长阶段有目的地使其产生一定的水分亏缺，而对作物产量没有不利影响，从而达到省水、高产和提高作物水分利用效率的一种灌溉技术。调亏灌溉既有经济效益，又具生态效益，特别是在水资源短缺或用水成本较高的地区。

① 调亏灌溉的时间　作物不同时期对缺水的敏感度不同，所以，施加主动亏水的阶段（调亏灌溉的时间）是调亏灌溉的关键之一。对于大多数作物来讲，早期阶段植株较小，而且气温也较低，蒸发强度小，需水强度也小，也就是说作物缺水的发展速度比较慢，较慢的水分亏缺发展速度对作物产量的影响较小。而在作物的生长中期阶段，植株生长旺盛，需水强度大，作物缺水的发展速度比较快，不适于进行调亏灌溉。

② 调亏灌溉的亏水度　调亏灌溉的亏水度应控制在适度缺水的范围内，但何为适度很难有一个标准，因为不同地区、不同作物及同一作物的不同阶段其亏水度的标准都不同。Meyer 和 Gree（1981）在南非用蒸渗仪对冬小麦的研究发现，当 1 m 土层的土壤水分消耗低于 33% 可利用水量时，伸长生长开始下降，为了避免伸长生长开始下降，他们建议以土壤水分消耗到 50% 可利用水量作为灌溉标准。

4.5.2.5　排水技术

（1）农田排水的作用及要求　农田排水（drainage）是农田水利的重要组成部分，农业的发展需要灌溉，也离不开排水。在冲积平原、被开垦的三角洲及其沼泽边缘地带，发展农业生产的关键在于改善排水条件。对这类地区而言，没有排水，就没有持续、稳定发展的农业。另一方面，即使在需要灌溉的干旱地带，排水也不容忽视。

（2）地面水的田间排水系统　田间排水调节网的作用是汇集地面的降雨积水，降低地下水位和防止涝、渍及土壤次生盐碱化。田间排水调节网分明沟、暗沟（管）、竖井等几种。

排水沟道一般分为干沟、支沟、斗沟等数级，当排水面积较大或地形较复杂时，排水沟道级数可适当增加。它主要用以排水，有时也起到蓄水和滞水作用。常采用明沟将涝（渍）水自流排入容泄区。但一些地区，汛期外江水位高于排水区内的沟道水位，涝水不能自流排出，须设置泵站抽排。为了节省排水费用和能源，可利用排水区内的湖泊、洼地滞蓄部分涝水。

（3）控制地下水位的田间排水方法　排水系统的布置应全面规划，尽量做到：

① 排水沟道要处于控制面积的最低处，以求尽量自流排水。

② 根据地形应将排水地区划分为高、中、低等片，做到高水高排，低水低排，自排为主，抽排为辅。

③ 排水干沟的出口应选择在容泄区水位较低和河床比较稳定的地方。

④ 下级排水沟道的布置要为上级沟道排水创造良好的条件，干沟要尽可能布置成直线。此外，排水沟布置要避开土质差的地带，以节省工程费用并使排水安全及时。

⑤ 在有外水入侵的排水区，应布置截流沟或撇洪沟，使外来的地面水和地下水直接引入

深入学习 4-5　田间排水调节网几种类型的特点

排水干沟或容泄区。

4.5.3 水肥耦合技术

耦合（coupling）是物理学的一个概念，它是指两个（或两个以上的）体系或运动形式之间，通过各种相互作用而彼此影响的现象。水肥耦合（water and fertilizer coupling）则是物理学概念的借用，指水分和肥料两因素或水分与肥料中的氮、磷、钾等之间的相互作用对植物生长及其利用效率的影响。

水肥耦合技术指通过对土壤肥力的测定，建立以肥、水、作物产量为核心的耦合模型和技术，合理施肥，培肥地力，以肥调水，以水促肥，充分发挥水肥协同效应，提高作物抗旱能力和水分利用效率。在不增加施肥量的条件下，节约水肥资源，减少污染，增产增收。

4.5.3.1 技术原理

作物根系对水分和养分的吸收虽然是两个相对独立的过程，但水分和养分对于作物生长的作用却是相互促进和相互制约的，无论是水分亏缺还是养分亏缺，对作物生长都有不利影响。这种水分和养分对作物生长相互作用的现象，称为水肥耦合效应。耦合效应有正效应、负效应和叠加效应三种。

从水、肥对作物的生理生长影响过程来看，这两个因子在很大程度上既相互制约，又互相影响，水分不足影响作物根系对肥料的吸收，并直接影响作物的产量；养分不足则同样限制作物对水分的充分利用并降低作物产量。增水能促进肥料的增产效应；增肥可明显改善旱作物叶片水分状况，增加光合速率、延缓叶片衰老，有利于作物后期维持一定的光合面积和作用时间，减小了土壤水分不足对产量的影响。

在实际农业生产中研究和发展水肥耦合机制及其技术，对节约并高效利用有限的农业水资源对农业可持续发展具有重要意义。只有合理匹配水肥因子，才能起到以肥调水、以水促肥，达到水分和养分的高效利用，并充分发挥水肥因子的整体增产作用。

4.5.3.2 技术要点

（1）平衡施肥　采集土样分析；确定土壤肥力基础产量；确定最佳元素配比与最佳肥料施用量；合理施用。

（2）有机肥、无机肥结合施用　根据有机肥料和无机肥料种类的特点，适时、适量运用，以提高土壤调水能力以及增产效果。

（3）采用适宜的施肥方式　对密植作物宜用耧播沟施，对宽行稀植作物以穴施为好，施肥后随即浇水；油菜、花生、棉花等作物根据生长需要还可结合运用根外追肥。

（4）控制灌水　利用管道灌溉系统，将肥料溶解在水中，灌溉与施肥同时进行，实现水肥同步管理和高效利用。灌溉上限为田间持水量85%~95%，下限为田间持水量55%~65%。应优先施用能满足农作物不同生育期养分需求的水溶复合肥料。按照农作物目标产量、需肥规律、土壤养分含量和灌溉特点制定施肥制度。一般按目标产量和单位产量养分吸收量，计算农作物所需氮（N）、磷（P_2O_5）、钾（K_2O）等养分吸收量；根据土壤养分、有机肥养分供应和在水肥一体化技术下肥料利用率计算总施肥量；根据作物不同生育期需肥规律，确定施肥次数、施肥时间和每次施肥量。

4.6 作物生长调控技术

4.6.1 作物生长人工与机械调控技术

4.6.1.1 中耕培土

作物生长过程中由于田间作业、人畜践踏、机械压力及降雨等使土壤逐渐变紧，孔隙度降低，表层板结，影响土壤空气与大气的气体交换，所以必须进行松土（即中耕），以及在植株基部壅土（培土）。有的作物在整个生育期中需要进行多次中耕培土，如玉米、棉花、甘蔗、花生、甘薯、甜菜等。中耕可疏松土壤，消灭杂草，减少地力消耗，增加土壤通透性，利于土壤微生物活动，促进有机物质分解，提高土壤有效养分，抑制盐分上升。

中耕进行时间、次数、深度和培土高度，因作物、环境条件、田间杂草和耕作精细程度而定，一般 2～3 次，以保持田间表土疏松，无杂草。北方玉米、高粱、粟用机器中耕，大致是第一次中耕深 8～10 cm，第二次中耕深 7～8 cm，第三次中耕深 5～6 cm；直根系作物如棉花等，苗期中耕深 6～8 cm，蕾期中耕深 8～12 cm，开花以后中耕深 8～l0 cm，以不伤根、不压苗为原则。

培土的作用主要是增加土温，提高玉米、棉花等大株植物的抗倒伏能力，有利于花生下针结荚和甘薯块根形成膨大，在雨水多的地方有利于排水防涝。培土一般结合中耕进行。

4.6.1.2 压苗

压苗主要用于麦类。苗期麦苗出现旺长时，可用木碌或其他工具、机械压苗，使地上部麦苗受压损，控制其生长，从而促进根系生长。压苗可具有一定的改善麦行通风透光条件，促进有效分蘖早发，并抑制无效分蘖发生的作用。但压苗一定要掌握好时机，一般应在拔节前进行。拔节后压苗，会造成过大损伤，一般弊大于利。

4.6.1.3 晒田

晒田（又称搁田、烤田、落干）是水稻生产特有的先控后促的高产栽培技术措施。晒田的主要作用是更新土壤环境，促进根系发育，抑制茎叶徒长和控制无效分蘖。一般在水稻对水分不太敏感的分蘖末期至幼穗分化初期进行排水晒田，生产上在田间茎蘖数达到预期的穗数时即可晒田，称为"够苗晒田"。

4.6.1.4 打（割）叶

采用手摘或刀割的办法，去掉一部分叶片，减少消耗并改善田间通风透光条件，促进植株健壮生长及生殖器官的发育。禾谷类作物如小麦和水稻出现过分旺长时，将上部叶片割去一部分，以控制其徒长；玉米在保留"棒三叶"的情况下可割去茎秆基部脚叶；无限花序作物棉花、油菜、豆类等出现茎叶旺长时，可摘去中基部的老叶，以缓解营养器官和生殖器官争夺养分的矛盾，促进花蕾的发育，同时具有一定的抑虫防病作用。

4.6.1.5 整枝

整枝指摘除植株主茎顶尖（打顶）、侧枝顶尖、无效枝与无效芽等操作，这一技术在棉花、烟草、豆类作物上应用较多。棉花、烟草摘除主茎顶尖，能停止或减少花蕾生长，使养分重新分配。棉花、豆类的叶枝或无效芽会徒耗大量养分，造成铃荚大量脱落；因此适时进行去叶枝、去侧枝顶端、去无效芽等操作，不但可以减少营养消耗，提高结实率，而且可以改善株间通风透光条件，有利于农作物增产。

4.6.1.6 提蔓

为防止甘薯蔓与薯块争夺养分，在高温多雨季节及土壤湿度过大的条件下，进行提蔓操作，可减少供给叶片水分和养分，控制茎叶徒长与不定根的生长；同时可以晾晒垄土，改善土壤通透性，有利于薯类作物增产。

4.6.2 植物生长调节剂应用技术

4.6.2.1 植物生长调节剂的概念

植物生长调节剂（plant growth regulator）指一些天然产生或人工合成的具有植物激素类似效应的有机化合物，但不是营养物质，当以低浓度（一般 < 1 mmol/L）施用于植物时，即能调节植物的生长发育和生理过程；合成工序简单（植物激素提取很难且量微），故能得以大量应用。因具有与天然植物激素相同或相类似生物活性，又称为植物外源激素。

植物生长调节剂和除草剂以及农药没有明确的界限。有些化合物在高浓度时起除草作用，但在低浓度时则有调节植物生理过程的活性，如 2,4-二氯苯氧乙酸（2,4-dichlorophenoxyacetic acid，2,4-D）和三氯苯氧乙酸（2,4,5-T）等。同时，在不同用量下，对不同种类的植物以及同一植物不同部位，会产生不同的甚至相反的生理效应：如 0.1% 2,4-D 对单子叶植物无明显影响，而双子叶植物却受害致死，故用于防除双子叶的宽叶杂草。有些杀虫剂（如西维因）与杀菌剂（如甲基氨基甲酰）也有类似植物生长调节剂的活性。

4.6.2.2 植物生长调节剂的类型与作用

植物生长调节剂可分为植物生长促进剂、植物生长抑制剂和植物生长延缓剂等三大类。

（1）植物生长促进剂　植物生长促进剂（plant growth promoter）指具有促进细胞分裂、分化和延长的化合物，既促进营养器官的生长，又促进生殖器官的发育，包括种子萌发、器官生长和伸长、花芽分化与开花、抗逆、衰老成熟、脱落等作用的一类调节剂。

① 生长素类　大多集中分布在根尖、茎尖、嫩叶、正在发育的种子和果实等植物体内分裂和生长代谢旺盛的组织，包括吲哚乙酸（indole-3-acetic acid，IAA）及其同系物吲哚丁酸（indolebutyric acid，IBA），萘乙酸（1-naphthalene acetic acid，NAA）及其同系物萘乙酸甲酯（methyl ester naphthalene acetic acid，MENA），以及苯酚化合物 2,4-D、2,4,5-T、对氯苯氧乙酸（防落素，p-chlorophenoxyacetic acid，PCPA）、对碘苯氧乙酸（增产灵）、对溴苯氧乙酸（增产素）等。其中 2,4-D 和防落素应用较多，两者比 NAA 和 IAA 类的活性高 8~10 倍，而且对不同植物起不同的反应。生长素的主要生理作用有：促进胚芽鞘和茎的生长及叶片扩大；促进插枝生根和不定根的形成；抑制根的生长，维持顶端优势；推迟叶片衰老，防止器官脱落；诱导雌花分化和单性果实发育，形成无子果实；促进果实生长发育，延迟果实成熟等。

② 赤霉素类　主要在植物胚、茎尖、根尖、生长中的种子和果实等组织中合成。赤霉素是植物激素中被发现种类最多的激素，达 135 种，但植物体内只有少数几种赤霉素（如 GA_1、GA_2、GA_3、GA_4、GA_7）具有生理活性，其他的赤霉素没有生物活性。作为商品用于植物生长

发育调控的主要是赤霉素 3（gibberellin，GA_3），又称九二〇。赤霉素最显著的生理作用是促进植物茎的伸长，对矮化植物的调控作用非常明显；另外还可诱导植物开花，赤霉素对未经春化作用的植物和长日照植物诱导开花效果显著；打破休眠，促进种子发芽，促进块茎形成；促进雄花分化，诱导单性结实，提高坐果率；抑制成熟和器官衰老等。

③ 细胞分裂素类 是一类腺嘌呤衍生物，高等植物中细胞分裂素主要在根尖、茎端、发育中的果实和萌发的种子等组织合成。人工合成的细胞分裂素有：N6-呋喃甲基腺嘌呤（激动素，kinetin or 6-furfurylamino-purine，KT）、6-苄基腺嘌呤（6-benzylamino-purine，6-BA）、玉米素（zeatin）。细胞分裂素的生理作用主要有：促进细胞质分裂，扩大细胞体积；诱导芽分化；消除顶端优势，促进侧芽生长；延缓植物衰老等。

④ 乙烯发生剂和乙烯抑制剂 乙烯常温下为气体，容易燃烧和氧化，是目前发现的唯一的气态植物激素。因此，农业生产上有乙烯发生剂和乙烯抑制剂，前者如乙烯利（ethrel，2-氯乙基膦酸），pH 4.1 以上即分解产生乙烯而起作用；后者如 AVG（氨乙氧乙烯基甘氨酸）为乙烯发生抑制剂，能延迟芽的发育，花期推迟。乙烯的主要生理作用有：破除休眠芽，促进发芽及生根；抑制植株生长及矮化；引起叶子的偏上生长；促进果实成熟等。

乙烯既可作为生长促进剂，又可作为生长延缓剂。研究证明乙烯能抑制多种作物茎秆和细胞的伸长，特别是对小麦、大麦、燕麦、黑麦、玉米等作物抑制效果更好，但水稻对乙烯不敏感。后来发现这种抑制作用是由于乙烯的存在降低了生长素的有效性，即生长素的转运和生长素的合成受到抑制。

⑤ 油菜素内酯 又称芸薹素内酯，芸薹素甾醇类，是 1998 年才得到公认的一类新植物激素。油菜素内酯（brassinolide，BR）最初是从油菜花粉中提取出来的甾体物质，分子式为 $C_{28}H_{48}O_6$，溶于甲醇、乙醇、丙酮等多种有机溶剂。其生理作用主要有：促进植物细胞伸长和分裂，促进气孔的形成与光合作用，抵抗低温伤害，提高植物对于干旱的抵抗能力，提高抗逆性等。

⑥ 茉莉素 是广泛存在于植物体内的一类化合物。茉莉酸（jasmonic acid，JA）和茉莉酸甲酯（methyl jasminate，MJ）是茉莉（Jasminum）等植物的芬芳油组分，是植物组织中最主要的茉莉素。茉莉素有着广泛的生物学功能，包括调控雄蕊发育、花瓣生长、侧根形成、促进叶片衰老；介导植物对昆虫和病原菌的抗性反应；调控植物对干旱、高温、臭氧和紫外线辐射等逆境胁迫的应答反应等。

⑦水杨酸 水杨酸（salicylic acid，SA）是植物体内产生的一种简单的酚类物质，能诱导多种植物对病毒、真菌及细菌等病害产生抗性，是植物产生过敏反应和系统获得抗病性必不可少的条件。此外，水杨酸还可促进植物体细胞胚胎发育，延迟果实成熟，尤其是在抵抗环境胁迫方面具有明显作用。

⑧ 独脚金内酯 独脚金内酯（strigolactone）主要在植物根部合成。其主要生理作用是诱导寄生植物种子萌发，促进丛枝菌根真菌菌丝产生分枝，直接或间接抑制植物侧芽萌发（即抑制植物分枝）。其生理作用发挥与生长素和细胞分裂素有相互作用；独脚金内酯可降低生长素的运输作用从而减少植物分枝的发生。

⑨ 多胺类化合物 多胺类化合物（polyamine，PA）包括二胺（diamine）和多胺，普遍存在于植物界，其中以腐胺、亚精胺及精胺分布最广。其生理功能主要有：促进植物生长，调节与光敏色素有关的生长和形态建成，延缓植物衰老，提高植物抗逆性。

⑩ 三十烷醇 三十烷醇（triacontanol）多以酯的形式存在于多种植物和昆虫的蜡质中，是一种三十碳原子的饱和脂肪醇。三十烷醇具有增加干物质的积累、改善细胞膜的透性、增加

叶绿素的含量、提高光合强度、增强抗寒、抗旱能力的作用。能促进作物发芽生根、茎叶生长、开花及早熟，提高结实率，增加产量、改善产品品质。但效果有时不稳定。

（2）植物生长抑制剂 植物生长抑制剂（plant growth inhibitor）具有对植物永久性的抑制作用，是一类具有阻碍顶端分生组织细胞核酸和蛋白质合成，抑制顶端分生组织细胞伸长和分化的调节剂，可使作物顶端优势丧失，具有增加侧枝数目，使叶片变小，植物形态发生显著变化的作用。

① 脱落酸 脱落酸（abscisic acid，ABA）主要存在于休眠态和将要脱落的植物器官内。其生理作用主要有：抑制胚芽鞘、胚轴、嫩枝、根等伸长生长，引起气孔关闭，增加植物的抗逆性，因此脱落酸又称为胁迫激素或应激激素。此外，脱落酸还具有促进休眠，抑制萌芽的作用。

② 三碘苯甲酸 三碘苯甲酸（2,3,5-triiodobenzoic acid，TIBA）可与生长素竞争作用位点，使生长素不能与受体结合而发挥生理效应，表现出抗生长素的特性。TIBA 同时又可阻碍生长素的极性运输，使植物顶端优势丧失，导致植株矮化、分枝增多、花数增加。TIBA 可促进大豆侧枝发生，已在生产上应用。

③ 青鲜素 青鲜素（maleic hydrazide，MH）又称抑芽丹，马来酰肼。MH 进入植物体后可代替尿嘧啶的位置，但不能发挥尿嘧啶在代谢中的作用，从而阻止核酸的合成，具有抑制顶端分生组织的细胞分裂与萌芽作用，延长花期。MH 曾广泛用于抑制烟草的侧芽生长和防止洋葱抽芽，现由于发现具有致癌、致畸、致突变的效应，已被限制使用。

④ 整形素 整形素（morphactin）又称形态素、绿甲丹、绿芬醇。整形素阻碍生长素从顶芽向下转运，提高吲哚乙酸氧化酶的活性，使生长素含量下降。具有抑制顶端分生组织、矮化植株和促进侧芽发生，缩短枝节的作用。

⑤ 增甘膦 增甘膦（glyphosine）被植物吸收后，使植株生长受抑制，也抑制酸性转化酶活性，增加糖分的积累和贮藏，主要用于甘蔗和甜菜的催熟增糖。

（3）植物生长延缓剂 植物生长延缓剂（plant growth retardant）主要通过抑制植物体内赤霉素合成，从而抑制植物近顶端分生组织细胞分裂和延长，使植物节间缩短，株型紧凑矮小，但叶数、节数及顶端优势保持不变，植株虽矮小但株型紧凑，形态正常。植物生长延缓剂的效应可用赤霉素来逆转。

① 矮壮素 又名氯化氯代胆碱。矮壮素（chlorocholine chloride 或 chlormequat，CCC）能使植物矮化，茎粗，叶色加深，增强抗逆性能力，如抗倒伏、抗旱、抗盐等。矮壮素不易被土壤所固定或被土壤微生物分解，一般作土壤施用效果较好。

② 皮克斯 又名缩节胺、助壮素。皮克斯（mepiquat chloride，PIX 或 DPC）抑制细胞伸长，植株矮化，提高同化能力，促进成熟，增加产量。在棉花上已经广泛应用。

③ 多效唑 又名氯丁唑。多效唑（paclobutrazol，PP_{333}）减缓植物细胞的分裂和伸长，抑制茎秆伸长，同时还有抑菌作用，可作杀菌剂。20 世纪 80 年代中期有关多效唑的应用研究成为我国作物化学调控研究的热点之一，广泛地用于作物生产。但多效唑在土壤中的半衰期较长（6~12 个月），残留量较大，影响后茬作物的正常生长，因次长久使用会影响农业生态环境。

④ 烯效唑 又名优康唑、高效唑。烯效唑（uniconazole，S-3307）抑制细胞伸长的效果强烈。有矮化植株、抗倒伏增产、增强植株抗逆性，以及除草和杀菌（黑粉菌、青霉菌等）作用。喷洒烯效唑于茎叶，吸收后向上传导而不向下传导，因此土壤施用比叶施效果好。

4.6.2.3 植物生长调节剂在作物生长中的应用

作物生长发育的化学调控（简称作物化控），是 20 世纪中叶农业上兴起的新事物。目前植物生长调节剂在作物生产上主要应用于以下几个方面：①打破休眠，促进发芽与成苗；②培育矮壮苗，使植株矮壮抗倒伏；③增强作物抗逆性及恢复生长能力；④增蘖促根，促进生长与结实，防止落花落果，增加粒数，促进灌浆，提高粒重；⑤延缓衰老，延缓叶片叶绿素降解，提高产量；⑥促进成熟。

4.7 作物灾害防控技术

4.7.1 作物病虫害防控技术

4.7.1.1 作物病害

作物病害主要是指在生物或非生物因子的影响下，发生一系列形态、生理和生化上的病理变化，阻碍了正常生长、发育的进程，最后发生局部乃至全株性病变或死亡，并导致产量和品质下降的现象。

引起作物病害的原因有两大类：由不良环境条件引起的称非侵染性病害（生理性病害），由病原物引起的称为侵染性病害。通常侵染性病害危害较大，是作物栽培关注的重点。引起植物感染侵染性病害的生物称病原生物，被侵染的植物称为寄主植物。植物病原生物主要有真菌、细菌、病毒、线虫和一些寄生性种子植物和藻类也可引起植物病害。

4.7.1.2 作物虫害

作物虫害主要是指植食性昆虫和螨类对植物造成的危害。这两类动物均属于节肢动物门，前者属昆虫纲，后者属蛛形纲。昆虫的危害方式和特点如下。

（1）取食器官分化，扩大了取食范围 其中包括咀嚼、潜叶、卷叶、缀叶、钻蛀、刺吸、成瘿等。

（2）传播病害 可通过产卵、分泌蜜露、土壤穿行等损伤植物，造成病原物侵入或直接传播病害，对植物造成损害。

（3）生活周期短，繁殖力强 一旦条件适宜，便能大量繁殖，短期内形成高密度种群，给寄主植物造成灾害。如小地老虎一年平均产卵约 1 000 个。

（4）对环境适应性强 有翅能飞（有利远距离迁飞、觅食、求偶、逃避敌害）；身体较小（能生存在一些大动物不能达到的场所，生存需食物少）；生长发育过程中有明显阶段性（适应环境）。

4.7.1.3 作物病虫害防治技术

作物病虫害防治技术主要包括植物检疫、抗病虫品种、农业防治、物理防治、生物防治和化学防治等六大类。植物检疫主要通过健康种苗繁育、产地检疫、关卡检疫和入境后检疫等环节实施。灯光诱杀、诱捕等物理防治方法大面积应用效率相对较低，一般作为辅助手段使用。因此，生产上主要使用抗病虫品种、农业防治、生物防治和化学防治等技术。

（1）抗病虫品种 利用抗害品种防治植物病虫害是一种经济有效的措施。首先，它对环境影响小，也不影响其他治理措施的实施，在综合防治中具有很好的相容性。其次，这一措施使用方便，潜在效益大。抗害品种一旦培育成功，不需或很少需要额外费用，便能产生巨大的经济效益。但抗害品种的应用也有很多局限性，首先是抗性基因资源并不丰富，不是所有有害生

🖼 彩图 4—5
不同物理防治病虫方法

物都能利用抗害品种得到有效控制；其次是有害生物具有变异适应能力，如病原物的生理小种和昆虫的寄主生物型，可使作物抗害品种很快被适应而失去抗性，单基因控制的抗性更是如此。

（2）农业防治 农业防治主要是利用栽培措施来减轻有害生物的危害，其中比较突出的是轮作倒茬，如水旱轮作可有效控制一些二传病害和地下害虫的危害。间作、套作可有效改变农田生物群落单一的状况，有利于利用生物环境控制有害生物。如麦套棉，当小麦成熟时，其上的天敌大量转移到棉花上，可有效控制棉花苗期蚜虫。高矮秆作物间作可有效改变农田小气候，以减轻病害的发生。适时深耕翻土不仅能改变土壤环境，其机械作用也可杀伤大量土栖或越冬害虫。此外，清洁田园、灌溉施肥、合理密植都会影响田间有害生物的发生和危害。这是传统的有害生物防治技术，其效率常较低，一般需与其他技术措施配合，才能起到控制有害生物的作用。

（3）生物防治 生物防治是以生物控制有害生物种群数量的植保措施。传统的生物防治主要是指利用生物活体，即捕食性或寄生性天敌来控制有害生物，如利用赤眼蜂防治松毛虫，利用瓢虫防治蚜虫等。现代生物防治的概念扩宽到"生物及其产物"，如微生物发酵产物制成的农药，无论其毒性还是对环境的影响，均与活体生物有很大差异而更接近化学农药。

（4）化学防治 化学防治是利用化学农药进行病虫害防治是迅速有效的防治措施。防止作物病虫害的农药可分为杀虫剂与杀菌剂。

① 杀虫剂 可分为胃毒剂、触杀剂、熏蒸剂、内吸剂等四种主要类型。

胃毒剂 经害虫口器及消化系统进入虫体使之中毒死亡的药剂，如敌百虫。主要防治咀嚼式口器害虫，如蝗虫、黏虫、蝼蛄等。

触杀剂 接触害虫的体壁渗入虫体使其中毒死亡的药剂，如辛硫磷。对各种口器的害虫都有防治效果，但对体表被有蜡质（如蚧、粉虱）的效果较差。

熏蒸剂 在常温、常压下能气化或分解生成毒气，经害虫的呼吸系统进入虫体使之中毒死亡的药剂，如敌敌畏。常在密闭条件下（如温室、仓库）使用。

内吸剂 可经植物的根、茎、叶或种子吸收进入植物体内后传导至全株，害虫取食后中毒死亡，如乐果、乙酰甲胺磷。主要用于防治刺吸式口器害虫，如蚜虫、红蜘蛛等。

有的药剂兼有多种作用。另外还有一些特异型农药，如拒食剂（消除食欲）、忌避剂（使之不敢接近）、不育剂、保幼激素（抑制昆虫变态发育）。

② 杀菌剂 可分为保护剂和治疗剂两种类型。

保护剂 在病原物接触植物之前，或虽已接触植物但尚未侵入植物体内以前，用药剂处理植物或环境（土壤），保护植物免受危害的药剂，如代森锌、波尔多液等。可防治多种病害，如苹果和梨黑腥病、马铃薯晚疫病。

治疗剂 病原物已侵入植株体内，但植株尚未发病，或植株已出现病状时，用药剂处理植株，以杀死或抑制病原物，使之不再受害，如多菌灵、托布津。

4.7.2 作物草害防治技术

杂草与作物争光、争肥水、争空间，降低土壤养分和土壤温度，直接影响作物产量。杂草也可能分泌有害物质对农作物造成的损害。杂草也是病虫的中间寄主和越冬场所，杂草多则增加病虫传播和严重程度，降低作物产量和品质。

4.7.2.1 农业防治技术

（1）中耕除草 中耕除草是传统的除草方法。生长在作物田间的杂草通过人工或机械中耕可及时防除杂草。针对性强，干净彻底，技术简单。在作物生长的整个过程中，根据需要可进行多次中耕除草，除草时要抓住有利时机除早、除小、除彻底，不得留下小草，以免引起后患。人工中耕除草操作方便，不留机械行走的位置，除草效果好，不但可以除掉行间杂草，而且可以除掉株间的杂草，但工作效率低。机械中耕除草比人工中耕除草先进，工作效率高，但灵活性不高，一般在机械化程度比较高的农场采用这一方法。

（2）其他耕作农艺措施除草 合理轮作，通过更换作物类型，可除去伴生性杂草，尤其是水旱轮作，除草效果尤其明显。通过不同精选措施可清除作物种子中混杂的杂草种子。播种前在连续晴天时，耕翻田地两遍，可促使杂草种子枯死。采用适当的覆盖栽培技术对防止杂草具有良好作用，特别是采用含除草剂的地膜，以及合理应用黑地膜防除杂草的作用十分显著。

4.7.2.2 化学除草技术

化学除草具有省工、高效、增产的优点，也可应用相关机械完成化学除草操作。但化学农药存在着残留、抗性和再猖獗问题。因此，如何综合利用其他措施、减少化学农药用量、减轻农药选择压力、阻止和延缓杂草抗性的发展，以保证杂草长期有效的控制，是需要研究解决的问题。

（1）除草剂的选择 除草剂有不同类型，应根据田块状况和作物类型进行科学施用。除草剂主要包括以下三种分类方法。

① 按作用方式分类 可分为灭生性除草剂和选择性除草剂。灭生性除草剂可将接触到的植物全部杀死。灭生性除草剂如草甘膦、五氯酚钠、氯酸钠等。选择性除草剂是在一定条件与用量范围内，能够有效防治杂草，而不伤害作物，或只杀死某一类杂草的除草剂。如盖草能、敌稗、灭草灵、2,4-D、杀草丹等。选择原理包括：

a. 形态选择 不同形态作物对药剂反应不同。单子叶作物叶片狭长，表面蜡质层和角质层较厚，分生组织被叶片保护，药液不易黏附，抗药性强；常用 2,4-D 杀死小麦、稻田中的双子叶类杂草。而精喹禾灵则为高度形态选择性杀死禾本科杂草的除草剂。

b. 生理生化选择 利用植物之间存在不同的生理生化反应。如敌稗杀稻田稗草，因为水稻有分解敌稗的酶，稗草没有。由于水稻对敌稗的降解能力比稗草大 20 倍，所以对水稻安全。

c. 人工选择 人为调整施药时间和位置。一般播种或栽插的作物根系较深，杂草多发芽于表层，可施药剂于土壤表层。

② 按农药在植物体内的输导性分类 可分为输导型除草剂（草甘膦）和触杀型除草剂（除草醚）。

（2）除草剂的使用方法 除草剂可采用土壤处理和茎叶处理两种方法。土壤处理法即喷洒在土表形成药层，又分播前土壤处理（包括播前土表处理和播前混土处理）、播后苗前土壤处理和播后苗后土壤处理等不同处理方式。茎叶处理法包括播前茎叶处理（播前或移栽前先用药剂喷洒除去已经长出的杂草）和生育期茎叶处理（作物出苗后喷洒除草剂处理杂草的茎叶）。

（3）除草剂的安全应用 首先正确选择合适的除草剂类型，要严格掌握施药时间和浓度。避免不良天气，注意施药方法。均匀喷雾，交替不同药剂等。出现药害后的主要救治措施有速喷清水冲洗，降低农药浓度，同时根据药害的性质，选用解毒剂，如赤霉素、油菜素内酯等。

4.7.3 气象灾害防控技术

4.7.3.1 高温危害防控

（1）高温热害 我国气象部门规定日最高气温≥35℃统计为一个高温日。连续 3 d≥35℃高温称为高温过程或高温热浪。高温热害中对作物危害较大的是干热风和高温逼熟。长江中下游夏季高温热害频发，日最高气温连续 3 d≥35℃高温出现时，即对水稻抽穗开花、灌浆结实和棉花开花、结铃造成危害，严重时可减产50%以上。高温逼熟是单纯的高温造成作物生育后期叶片和果穗早衰成熟，使作物生育期缩短，穗型或果实变小，导致产量下降。长江中下游地区冬小麦和冬油菜常受到高温逼熟危害。

（2）高温热害的防御措施

① 生态防御 例如针对北方麦区的干热风，可以营造防护林，小麦和泡桐间作可降温增湿，减弱干热风风速，减少蒸发。

② 农业防御 包括选育耐热作物和品种类型，适时合理灌溉，近年来喷灌发展迅速，喷灌对调节气温和空气温度的作用较大，特别是用于防高温干旱的效果好。调节播期，使灌浆乳熟期和当地干热风频发期错开，避开热害，也可减轻高温逼熟的危害。

③ 化学防御 使用药剂如氯化钙、复方阿司匹林等处理种子，可增强小麦抗御干热风的能力。小麦生育后期干热风来临前，适时喷洒磷酸二氢钾和矮壮素等药剂，增强抵御力。

4.7.3.2 低温与冻害防控

（1）低温冷害与低温冻害 冷害具有明显的地域性，在不同的地方有不同的称呼和发生特点，包括倒春寒、夏季低温、秋季低温和冬季寒害等。冷害危害的作物有玉米、棉花、水稻、油菜等，多发生在作物的苗期、孕穗期、抽穗期、开花期和灌浆期。冻害包括霜冻和寒潮冻害，一般发生在秋季、冬季和春季，在中纬度、高纬度地区多发。

（2）冷害与冻害的防控技术

① 选择抗寒品种 根据地域特点，选择适合本地的耐低温品种，确定种植的纬度界限和海拔高度上限。

② 越冬作物适时播种，集中育苗 掌握适宜播种深度，培育壮苗，增加苗期对低温冷害抵御力，还能延长作物生育期，利于增产。

③ 合理耕作，增墒保苗促长 采取镇压、中耕松土、垄作等措施可以提高土壤温度。对于春季低温，播前、播后镇压可增墒保墒。苗期深松耕法，既能疏松土壤又不翻动耕层，有利于蓄水保墒；除草松土培土利于提高地温。垄作增加土壤对太阳辐射的吸收面积，作物封行前提高 20%~25%。

④ 覆盖 春季苗床上撒草木灰、有机肥料或其他深色增温剂，提高土壤对太阳辐射的吸收率，达到增温的目的。薄膜覆盖具有增温、保持水分、改善土壤养分和促苗生长的多重效应，是常用的抵御低温冷害的技术措施。

⑤ 增施有机肥，配合施用磷肥 有机肥养分齐全，颜色深，利于增温保墒，是抵御低温冻害的重要措施。施用磷肥能促苗早发、早熟。

⑥ 适时灌溉增温 在冬季灌溉可以增温。南方水田多，还可利用灌溉以水调温。早春低温，水稻田采用全天灌深水或日排夜灌的方法，能保温护苗。

4.7.3.3 干旱危害防控

（1）干旱危害 按干旱出现的季节，一般分为春旱、夏旱和秋旱。春旱发生在 3—5 月，夏旱发生在 7—8 月，秋旱发生在处暑至秋分。从干旱持续的时间看，有时出现春夏连旱或夏秋连旱，严重时甚至出现春、夏、秋三季连旱。我国旱灾有出现频繁、持续的时间长、灾害面积大、分布不均和常常伴随高温出现加重对农作物的危害等特点。

（2）干旱灾害的防御措施

① 区域防御工程 一是进行造林植草，以涵养水源，预防区域干旱化；二是通过兴建水库、兴修水塘和蓄水池等工程蓄水，旱灾一旦发生能有水可调，保证有灌溉水源。

② 作物布局调整 缺水易旱的地区，不适合发展耗水量大的作物和品种类型，例如我国北方的粟、高粱、甘薯、马铃薯等作物耗水量相对小，属于抗旱作物。

③ 培育抗旱品种 具有株型紧凑、根系发达且根冠比较高，输导组织发达，叶直立、厚、小，有密集茸毛和角质或蜡质，气孔下陷等形态特征的品种，抗旱能力较强。

④ 采用节水灌溉技术和抗旱耕作栽培技术 制定合理的灌溉制度，做到既能满足作物的水分需要，又能节约用水。根据不同地区的气候特点和土壤水分情况，采用喷灌、滴灌、地下水灌溉等节水灌溉技术和作物节水栽培技术，提高水分利用效率。如采用覆盖、免耕、深松、垄作、间歇灌溉、调亏灌溉等高效节水技术；或在作物种子萌动期进行抗旱锻炼、苗期进行蹲苗操作等，可提高作物抗旱性。

⑤ 科学施肥 合理施用磷钾肥，适当控制氮肥，可提高作物抗旱能力。磷通过促进有机磷化合物的合成，提高原生质胶体的水合度，增加抗旱性。钾能改善作物的糖代谢，增加细胞的渗透浓度，保持气孔保卫细胞的紧张度，利于光合作用。

⑥ 施用植物生长调节剂或抗蒸腾剂 植物激素脱落酸、植物生长延缓剂矮壮素和多效唑等能提高作物的抗旱性。抗蒸腾剂（antitranspirant）是一类能降低蒸腾作用的化学药剂。不同药剂的作用机制有差异，主要有通过控制气孔开度减少蒸腾（黄腐酸、苯汞乙酸），或形成单分子薄膜直接阻止水分散失（鲸蜡醇），或造成叶面反光达到降低叶温从而减少蒸腾作用（高岭土）等。但需要综合考虑生态环保性和经济效益等问题加以应用。

4.7.3.4 涝渍灾害防控

（1）涝渍危害 我国南方以及其他多雨、土壤排水不良地区，湿害成为制约产量水平提升和影响稳产性的主要气象灾害之一。涝害是指地面积水，淹没作物一部分或全部而造成的伤害。在低洼地带，洪水和暴雨常常引发涝害，轻则减产，重则绝收。

（2）涝渍灾害的防控技术

① 兴修水利，搞好农田基本建设 对于区域化和地域性的大范围涝渍害的防控，兴修水利，搞好农田区域沟渠管网建设和大型抽水泵站的建设，是至关重要的防控措施。

② 三沟配套，及时排涝降湿 成片的农田耕整时，做到围沟、厢沟、腰沟配套，遇雨成涝能及时排掉明水，滤掉暗渍。对于低洼地区，需要进行农田改造，通过硬化围沟，降低地下水位，达到降湿的目的。

③ 选育抗涝渍品种 涝渍频发的地区，选择适合当地的抗性品种栽培，能有效降低涝渍灾害造成的损失。

④ 栽培措施防控 湿害重的田块，冬季增施热性有机肥，如厩肥、草木灰等，化肥多施磷钾肥，喷施 ABA 等植物生长调节剂等有利于减轻湿害。发生涝渍灾害后作物可能出现倒伏、抗性降低，发生病虫害等现象。应及时扶正和清洗植株、去掉基部黄叶、死叶。土壤达到宜耕

时及时采用增施肥料、喷施调节剂、中耕降湿增温、防治病虫等措施；做到以肥促苗，增加土壤通透性，提高地温，促进根系生长，并根据苗情适时喷施药剂预防或防治病虫害。

4.7.3.5 风灾防控

（1）风灾对农作物的危害　风灾造成农作物的机械损伤，例如东南沿海夏秋热带风暴和台风常使水稻倒伏，其他地区夏秋季的雷雨大风常常造成玉米、粟、水稻、油菜等的倒伏或折断，收获期造成落粒；大风可加速作物叶面蒸腾，造成作物过度失水引起气孔关闭，降低光合强度，严重的甚至引起失水萎蔫，造成生理危害；此外，大风极易传播病虫，引发病虫发生；风灾破坏农业设施，造成损失。

（2）风灾的防控措施　在风灾频发地区和平原地带，营造防风林带和风障，可有效降低风灾的危害；种植抗风抗倒作物品种类型；加强管理，苗期注重促进根系构建，使根系入土深，拔节期前可以施用生长延缓剂，使基部茎秆短粗，提高作物抗倒力；风灾后多点调查病虫动态，注意及时施药防控病虫；关注天气预报，及时加固大棚等农用设施，减少损失。

4.8 收获与贮藏

4.8.1 适时收获

各种作物的成熟，大致可分为生理成熟（physiologic maturing）和工艺成熟（technical maturing）。作物的收获期（harvest stage），因作物种类、品种特性、休眠期（dominancy）、落粒性、成熟度和天气状况而定。收获过迟，由于气候条件不适，如干旱、阴雨、低温、风雹、霜雪等引起发芽、霉变、落粒，产量和品质下降，并影响后作的播栽；过早收获，由于未达到成熟期，产量和品质都达不到最高水平，也不能丰收。

（1）以种子为产品作物的收获期　禾谷类、豆类、花生、油菜、棉花等作物其生理成熟期即为产品成熟期。禾谷类作物可在蜡熟（wax maturing）末期到完熟（full maturing）期收获。棉花因棉铃部位不同，成熟不一致，棉铃开裂后才能收获。油菜为无限花序，开花结实延续时间较长，收获时以全田 70%～80% 植株黄熟，角果呈黄绿色，分枝上部尚有部分角果为绿色时收获。花生一般以荚果已饱满，中下部叶脱落，上部叶片转黄，茎秆变黄色时收获。

（2）以地下根茎为产品作物的收获期　甘薯和马铃薯的收获物为营养器官，无明显的成熟标志，地上部分茎叶也无显著成熟标志。一般以地上部分茎叶停止生长，并逐渐变黄，地下部分贮藏器官基本停止膨大，干物重达最大时为收获适期。同时还应结合产品用途、气候条件等而定。甘薯在温度较高条件下收获不易安全贮藏，春马铃薯在高温时收获，芽眼易老化，晚疫病易蔓延，低于临界温度收获也会降低品质和贮藏性。

（3）以茎叶为产品作物的收获期　甘蔗、烟草、麻类作物等产品为营养器官，其收获期常常不是以生理成熟为标准，而是以工艺成熟为收获适期。甘蔗在蔗糖含量最高、还原糖含量最低、蔗汁最纯、品质最佳时收获为好，同时结合糖厂开榨时间、品种特性分期砍收。烟叶成熟顺序由下而上逐渐成熟，凡叶片由深绿变为黄绿，厚叶起黄斑，叶面茸毛脱落，有光泽，茎叶角度加大，叶尖下垂，主脉乳白、发亮变脆即为工艺成熟标志。麻类作物以茎中部叶片变黄，下部叶脱落，纤维量高，品质好，易于剥制时为工艺成熟期，也是收获适期。

4.8.2 收获方式

4.8.2.1 人工收获

（1）刈除法 禾谷类作物、油菜、芝麻等多用此法收获，一些牧草作物也用刈除（cutting）法收获。我国过去以人工为主，用镰刀刈除后脱粒，效率低，劳动强度大。

（2）摘取法 棉花、绿豆等作物多用此法。棉花在棉铃吐絮后人工采摘（picking），绿豆收获是根据果荚成熟度，分期分批采摘，集中脱粒。

（3）掘取法 主要用于甘薯、甜菜、马铃薯等地下块根或块茎等作物的收获。收获时一般先将地上部分用镰刀割去，然后用锄头挖掘（digging）。

4.8.2.2 机械收获

随着农村大量劳力向第二、三产业转移，机械收获已成为收获的主要方式，其具有工效高、收获时间短和损失少等优点。机械收获目前主要应用于谷类作物，按收获工艺的不同，主要分为两类。

（1）分段收获 即用机械将作物割倒，铺放在田间，打捆运输后进行脱粒、分离和清理等作业，包括收割机、割晒机或割捆机、脱粒机，脱粒机有半喂入式和全喂入式两种，半喂入式脱粒后，茎秆可基本保持完整，有利于秸秆的再利用。分段收获（separate harvest）机械成本较低，但收获效率较低，谷粒损失较大。

（2）联合收获 用联合收获机在田间一次完成切割、脱粒、分离和清粮的全部作业，联合收割机有半喂入式和全喂入式两种。联合收获（combined harvest）可大幅度提高劳动生产率，降低劳动强度，减少谷粒损失，有利于及时收获，但联合收获机结构复杂，价格昂贵，对驾驶员的技术要求也较高。

棉花、大豆等作物机械收获较复杂，要求一定的株行距、植株生长一致、株高适度，收获前喷施落叶剂后进行机械收获。薯类也可采用挖掘器进行机械收获。

4.8.3 干燥与贮藏保鲜

4.8.3.1 种子干燥

禾谷类、豆类及油料等作物种子收获后应立即进行脱粒（threshing）和干燥（drying），至安全含水量时入仓贮藏。因季节、劳力紧张等原因不能立即脱粒时，应将作物捆好堆垛覆盖，待收获结束后集中脱粒。种子脱粒后，必须尽早晒干或烘干扬净，否则容易因霉变、发芽、病虫危害而降低食用价值或种子品质。棉花必须分级、分晒、分轧，以提高品质，增加经济效益。干燥方式主要有自然干燥和机械干燥两种，自然干燥是通过晾晒的方法，降低作物种子的含水量，机械干燥使用升温和鼓风设备使作物种子干燥。不同作物种子安全贮藏的含水量标准不同，不同作物种子干燥的要求是：禾谷类作物的子粒含水量不高于 12% ~ 13%，油料作物的种子含水量不高于 9% ~ 10%。

4.8.3.2 产品初加工

甜菜、甘蔗、麻类、烟草等经济作物的产品，一般需加工后才能出售。甜菜收获后，块根根头，特别是着生叶子的青皮含糖量低、制糖价值小，必须切削。同时，切除干枯叶柄和不利于制糖的青顶和尾根，然后尽早向糖厂交售。甘蔗的蔗茎在收获前应先剥去蔗叶，收获后再切去根、梢，打捆装车抓紧交售。

麻类作物在收获后，应先进行剥制和脱胶等加工处理，然后晒干、分级整理，即可交售或保存。烟草因晒烟、烤烟等种类的不同，其处理方法也不同。晒烟在收获后，通过晒、晾使鲜叶干燥、定色，有的还需发酵调制后，才可作为卷烟原料出售或直接吸用。烤烟则需通过烤房火管加热调制后，才可作为卷烟原料出售。

4.8.3.3　贮藏与保鲜

不同作物产品的贮藏（storage）方式有所不同，一般谷类、豆类及油料作物的种子采用仓储、袋储和囤储等方式。甘薯则需在安全温度、湿度和空气条件下窖藏，烟草、麻类等在烘烤或剥制干燥等特殊处理后贮藏。

由于一般大田作物的种子仓库没有调控温度的设备，因此，种子安全贮藏主要着眼于控制种子水分和仓库的湿度。在种子入库前必须进行含水量检验，一般种子含水量高于14％，就有可能使种子寿命缩短，甚至发生霉变等意外事故。种子含水量低于13％，就比较安全。含水量能稳定在6％～8％，则各种不利因素的影响几乎均可排除，最为安全。但含水量也不能过低，低于4％～5％时也会影响种子寿命。在种子贮藏期间，要建立种子保管制度，定期、定点检查库内温、湿度的变化和种子含水量。如果发现不正常情况，应立即采取措施，如通风、降温、散湿、熏蒸等。

以营养器官为播种材料的甘薯、马铃薯、甘蔗等作物，其种薯、蔗种等的贮藏不同于一般的作物种子，通常需要较高的温度、湿度和较好的通风条件。生产上大都采用特制的贮藏窖进行贮藏。

薯类作物主要以食用为主，民食习惯一般为鲜薯，因而薯类的保鲜极为重要。由于薯块体大皮薄，含水量高，组织柔软，极易在收、运、贮的过程中损伤，感染病菌，遭受冷害，造成贮藏期间的腐烂损失。薯类保鲜必须注意三个环节：一是在收、运、贮过程中要尽量避免损伤破皮；二是在入窖前要严格选择，剔除病、虫、伤薯块；三是加强贮藏期间的管理，特别要注意调节温度、湿度和通风。

📖 深入学习 4—6
轻简化栽培技术的
发展与应用

名词解释

种植制度　作物布局　熟制　单作　间作　混作　套作　复种　轮作　连作　土壤耕作　基本耕作　翻耕　旋耕　深松耕　表土耕作　保护性耕作　免耕　少耕　秸秆覆盖　筛选　风选　比重选　浸种　催芽　撒播　条播　穴播　育苗移栽　直播　精量播种　基肥　种肥　追肥　集中施肥　分层施肥　灌施　注施　灌溉制度　灌水定额　灌溉定额　微灌　滴灌　膜下灌　膜上灌　调亏灌溉　水肥耦合

问答题

1. 为使种子发芽整齐，出苗率高，常对种子进行哪些处理？
2. 农业生产上，在确定播种期和播种量时各应考虑哪些因素？
3. 简述育苗移栽的意义及生产上常采用的育苗方式。
4. 比较说明秸秆与薄膜覆盖栽培的优缺点及关键技术。

5. 简述确定种植密度和种植方式的基本原则。

6. 简述作物的施肥原则与施肥技术。

7. 简述作物不同生育期的水分管理特点与原则。

8. 作物的不同灌溉方式各有何优缺点?

9. 什么是作物的调亏灌溉? 如何正确进行作物的调亏灌溉?

10. 可采用哪些农业栽培措施防治作物病虫草害?

11. 可采用哪些综合措施防治气象灾害?

12. 如何正确使用植物生长调节剂?

分析思考与讨论

1. 采用哪些措施可提高作物的播种质量并实现一播全苗与壮苗?

2. 如何通过作物生长过程中合理的施肥与水分管理实现水肥耦合提高种植效益?

3. 在不同增产途径下如何调整播期、密度及施肥等措施实现作物高产?

5

作物栽培新技术

【本章提要】 我国作物栽培的基本技术具有深厚的积淀与实践根基,同时作物栽培技术的科技创新也在与时俱进不断发展之中。几千年的精耕细作技术正在现代农业机械化、标准化的作物生产中得到持续应用,并且在生态农业、持续农业、信息农业、精准农业中得到回归与完善,并且将在分子栽培的新发现与新技术中得到检验与响应。

本章介绍了作物机械化生产技术、标准化生产技术、精确栽培技术、分子栽培技术的相关概念及发展趋势。重点总结了作物机械化生产的优势及主要环节,标准化生产的原理、方法及实施,精确栽培的内涵及关键技术,并对分子栽培学的概念、特点、学科关联及应用实例进行了归纳与阐明。

5.1 作物机械化生产技术

作物机械化是指用机器逐步代替人、畜力进行农业生产的技术改造和经济发展过程。作物机械化生产技术是在作物的产前、产中和产后的整地、播种、管理、收获与加工等生产环节中实现机械化作业的技术,通过品种选育、栽培管理和机械装备的集成配套,简化农作物生产环节,节约生产和人力成本,提高劳动生产效率,增加作物种植综合效益。

5.1.1 作物机械化生产的优势与特点

5.1.1.1 作物机械化生产的优势
作物机械化生产技术相对于传统作物生产技术,具有以下优势。

(1)简化田间作业工序 机械化生产通过对作业环节合并,将传统的分段作业转变为联合作业或一次完成。如播种作业可一次性完成耕整、施肥、播种、覆土和封闭除草等生产环节,中耕作业可同时完成松土、追肥和打药治虫等生产环节。

(2)提高生产质量和效率 机械化作业效率和质量都远远高于人的劳作,效率是人工的 80~100 倍,如机械耕整播种 0.5~2.0 hm^2/h,耕层深浅一致,犁底层土壤疏松,地表平整;机械栽插 0.3~0.5 hm^2/h,栽插均匀;机械喷药 0.2~1.0 hm^2/h,药液喷雾分散、均匀度好。

(3)节约生产种植成本 机械化生产一般可降低生产成本 1 500~3 000 元 /hm^2,采用优化作业方式比一般机械作业可节约 10% 的作业成本与 15% 的作业时间。

(4)增加农田经济效益 机械化生产降低了作物生产过程中的耕整地、种植、田间管理、收获成本和作物在灾害天气收获的经济损失,单位面积农田获取的效益高。

（5）优化农业资源环境 机械化生产技术能够改善农业生产条件，抗旱节水，改良土壤，防止水土流失；改造中低产田能够保持生态环境，解决秸秆、农膜、化肥和农药的污染问题。

5.1.1.2 作物机械化生产的特点

农机和农艺融合是实现作物机械化生产的关键。以良种、良法相配套为切入点；以节地、节水、节肥、节种、节能和资源的综合利用机械技术为重点；发展保护性耕作；普及先进适用农机化技术、机具，促进农业节本增效、可持续发展。

在作物生产活动中，农机具在耕整地环节，机具的耕深、幅宽等结构参数应能满足农艺方面对耕地深度和耕地宽度的要求；在机械播种/移栽环节，机具的播种/栽插密度、深度、行距和株距等结构参数要求能满足农艺方面对种植密度、插秧深度、移栽行距和株距的要求；在开沟环节，机具的沟距、沟宽、沟深等结构参数要求能满足农艺方面对畦宽、沟宽、沟深的要求；在机械收获环节，机具的割茬高度、行数、割台宽度等结构参数要求能满足农艺方面对割茬高度、收割行数和收割宽度的要求。为发挥机械的作用，农艺在品种选择、水肥管理方式等方面应适应农机具作业带来的变化。

🖼 彩图 5-1
机械化整地

5.1.2 机械化耕整地技术

机械化耕整分为旱地和水田两类，同时包括前茬作物秸秆还田环节。传统耕地机械主要有铧式犁、圆盘犁、凿形犁（深松犁）三类。铧式犁在形式上派生出具有现代特征的新型犁，如双向犁、栅条犁、调幅犁、滚子犁、高速犁等。整地机械的种类很多，包括钉齿耙、圆盘耙、旋耕机、滚轧耙、镇压器等。其中圆盘耙和旋耕机的机械化应用较多。

5.1.2.1 机械化秸秆还田技术

机械主要形式有秸秆粉碎直接还田、秸秆覆盖还田、秸秆过腹还田等。有效的秸秆还田要求前茬收获机械具有切碎、匀铺装置，碎草长度控制在 10 cm 以内，留茬高度 10 cm 以下，在切碎匀铺（或留高茬）的基础上采用专用秸秆粉碎机进行二次粉碎。墒情适宜，采取 55.162 kW 以上耕翻、旋耕机械等方式进行灭茬埋草整地、确保埋草深度达到 15 cm 以上。

5.1.2.2 机械化旱地耕整技术

包括机械化翻耕、深松、旋耕整地等操作。目前，我国已推广使用一次完成耙茬、碎土、深松、合墒、平整作业的联合整地机，以及一次完成土壤深松（旋耕）、化肥深施、播种，覆土镇压，农药喷施等多项作业的多用机。

（1）机械翻耕整地 耕深 20～25 cm，深耕后应立即进行土地平整和耙耱保墒。

（2）机械深松整地 深度 30～45 cm，只松土，不翻土。深松能打破多年形成的犁底板结层，加深耕层，形成"虚实并存"的耕层构造，主要适用于北方旱田。根据作业方式可分为留茬、平茬松、松耙深松三类，主要使用凿式深松机、全方位深松机、振动式深松机等。

（3）机械旋耕整地 适宜深度 18～20 cm。一次作业完成灭茬、切土碎土、平整田面。旋耕机应用的历史较短，多用于耕后松碎土壤和整平地表。

5.1.2.3 机械化水田耕整地技术

主要指耕、耙、平地，以利于水稻机械化播种插秧的作业。使用水田耕整机、驱动耙或旋耕机等机械对水田进行水整，要求晒垡 2～3 d 后进行，达到土壤柔软无僵垡。水田旋耕可一次完成机翻机耙，省工省时省油，节省泡田用水 30%～50%；且旋耕作业碎土能力强，地表平整，耕层透气、透水性好，有利于根系发育。移栽稻地面高度差不得超过 3 cm，直播稻地表平整度高度差在 2 cm 以内，避免积水较深而造成的缺苗。

5.1.2.4　激光平地机械化技术

激光平地机械化技术是目前世界上最先进的土地平整技术，由美国 AGL 公司率先开发研制成功。该技术是利用激光辐射在田面上方形成的平面作为土地平整的控制标准，用液压控制系统自动、灵敏、快速、精确地控制平地铲升降，实施土地的精平作业。可实现地表水平一致，减少水田筑埂量，利于机械作业；同时水层一致利于播种插秧及水肥管理。

5.1.3　精量播种与育苗移栽机械化技术

5.1.3.1　机械化播种技术

（1）机械化直播　按作业机械类型分为飞机撒播和机械播种，按农田类型分为水直播和旱直播，按播种方式分为机械条播和机械穴播。根据播种方法将播种机械分为谷物条播机、中耕作物穴播机、精密播种机等不同类型。三种机型主要是核心工作部件排种器有较大差异。

彩图 5-2
机械化播种

（2）机械化精量播种　使用机械将适量种子准确、定量播到土壤或秧盘预定位置上。包括机械精量直播和育苗苗床精量播种。机械精量直播按精确的粒数、间距、行距、播深将种子播入土壤的方式，是穴播的高级形式。大田精密播种可节省种子和减少间苗工作量，但要求种子有较高的田间出苗率并预防病虫害，以保证单位面积内有足够的植株数。目前我国开发的小麦、玉米、油菜、花生等不同作物播种机大多数都可以进行开沟、播种、覆土等作业，或一次完成起垄、播种、施肥、喷洒除草剂、覆膜、膜上覆土等联合作业过程。育苗苗床精量播种是使用机械将定量作物种子播在苗床上育苗。包括秧盘育苗、营养钵育苗等育苗方式等。

（3）机械化播种的主要农艺要求

① 保证播种量与出苗率　播前将种子须进行拌药处理，以防止虫害和其他动物破坏。

② 种子在田间的分布应均匀合理　保证作物的行株距和密度要求。

③ 种子损伤率低　大豆小于 1%，小麦小于 0.5%；要求种子大小均匀、无破损。

④ 开沟、覆土深度应均匀一致　一般谷物播深要求 2～5 cm。

⑤ 控制施肥量与施肥位置　要求种肥分开，肥料施于种子下层或侧边。侧位深施的种肥应施在种子的侧下方 2.5～4 cm 处，肥带宽度大于 3 cm。正位深施的种肥应施在种床的正下方，肥层与种子之间的土壤隔离层应大于 3 cm，肥带宽度略大于种子播幅的宽度。

（4）工厂化育苗技术　工厂化育苗（industrial seedling）将现代生物技术、环境调控技术、施肥灌溉技术、信息管理技术贯穿种苗生产过程，以现代化、企业化的模式组织种苗生产和经营，从而实现种苗的规模化生产。一般以大型日光温室、标准塑料大棚群为基础，配备培养土配置混合机、育苗播种机、育苗催芽室、绿化室、机械传送系统、秧苗生长控制系统及自动喷灌等设施，是作物全程机械化生产的重要组成部分。工厂化育苗可以做到周年连续生产，具有用种量少、占地面积小、节省育苗时间；幼苗生长健壮、抗逆抗病虫力强；降低成本、提高育苗生产效率等优点。目前水稻工厂化育秧发展十分迅速，育苗作业过程为：在播前准备好播种室、育秧室、营养土和种子催芽基础上，进行自动化精量播种，再进入大棚管理，包括浇水、施肥、控温、增光、通风和防病等工作。

彩图 5-3
工厂化育苗

彩图 5-4
机械化移栽

5.1.3.2 机械化移栽技术

机械化幼苗移栽主要采用半自动和全自动机械作业。按其作业的对象分为水稻和旱田移栽机；按照行走方式有手扶式和乘座式两种类型；按照作业速度有步进式（手扶式）和高速两种类型；按照作业行数有 2 行、4 行、6 行和 8 行等类型。一般步进式价格便宜、小巧灵活、劳动强度大；乘座式高速（6 行、8 行）效率高、劳动强度小。

目前我国的移栽机具主要是插秧机、抛栽机、移栽机、钵苗移栽机。插秧机用于水稻毯状苗移栽；抛栽机用于水稻穴苗移栽；移栽机用于油菜毯状苗移栽；钵苗移栽机用于钵苗移栽，旱田移栽主要是钵苗移栽。

水稻移栽一般在育苗播种 18~25 d 后进行。毯苗移栽苗高在 15~20 cm，叶龄在 3 叶 1 心；钵苗移栽苗高 15~20 cm，叶龄在 3 叶 1 心至 4 叶 1 心。油菜移栽一般在育苗播种 25~35 d 后进行，行距 30~40 cm，苗高 15~20 cm，叶龄在 3 叶 1 心至 4 叶 1 心。棉花移栽一般在育苗播种 30~40 d 后进行，苗高 15~20 cm，苗龄 2~3 片真叶。玉米移栽苗龄为 3 叶 1 心至 4 叶 1 心，以苗根系盘结实，脱穴孔后的苗株土单体不散时为准。

5.1.4 机械化施肥技术

彩图 5-5
机械化施肥

机械化施肥技术包括机械撒施基肥、机械施播种肥、机械布施追肥等三类。

机械撒施基肥技术选用先进、适宜的旋耕施肥播种复式作业机械，一次完成旋耕、施肥、播种、覆土、镇压等作业。主要有三种方式：一是采用厩肥撒布机，将厩肥撕碎成小块，并均匀地抛撒在田面上，在随后的耕地作业中厩肥随土垡翻转混合埋入土层；二是采用化肥撒布机施撒粉状或颗粒状化肥；三是采用液肥洒施机，通过输肥管将水溶性肥料注入由开沟器疏松的土壤中，利用回落的土壤覆盖。

机械施播种肥技术是在播种机上加装排肥器与施肥开沟器等施肥装置，在播种的同时施用种肥。主要方法有：种肥混施法，将化肥与种子排入同一输种管中，施于同一开沟器所开的沟底；化肥正深施法，利用组合式开沟器将化肥施在种子的正下方；化肥侧深施法，在播种机上加装单独的输肥管与施肥开沟器进行侧位深施。

机械布施追肥技术是在通用中耕机上装设排肥器与施肥开沟器，在作物生长期间，将固态化肥施于作物根系的侧深部位；或者采用喷灌设备、植保机械或农用飞机上的喷洒部件将液肥、化肥溶液喷施于作物叶面上，进行根外追肥。

5.1.5 机械化中耕除草技术

彩图 5-6
机械化中耕除草

（1）播种前机械土壤耕作除草 播种前采用浅松机、旋耕机，或播种时用旋耕播种机旋播，松、旋土深度 5~8 cm，可除掉 70%~75% 的一年生的杂草。北方播前机械除草最好与播种连续作业，严防松后跑墒；0~10 cm 耕层中的土壤含水率必须大于 10%。

（2）机械化中耕除草 主要指在作物生长过程中采用土壤耕作机械进行松土、除草、培土、开沟等作业。旱地中耕机包括除草铲、框架铰链式通用铲、凿形松土铲、培土器（开沟培垄）、垄作铧子等机具，水田中耕机包括人力耘禾器、机力水稻中耕机。浅根性作物（小麦）中耕除草深度为 3~4 cm，深根性作物（棉花）中耕除草深度为 5~10 cm。对深根性而且行距比较宽的作物（玉米）还可用深松机进行深松除草，深度一般在 25~30 cm。不同机械除草率均可达 95% 以上。

实现高效机械化除草，宜在保证种植密度的基础上，适当加宽种植作物的行距，并设固定作业道，如小麦、油菜种植行距加宽至 30 cm。机械中耕除草适宜期为主要杂草第一次出苗高峰期后，作物幼苗不易被土埋时，尽早晴天进行。需要进行第二次机械中耕除草的应在条播作物封垄前完成。除草保持在两行苗中间，偏离中心不大于 3 cm。不铲苗、压苗、伤苗。

5.1.6 机械化收获技术

彩图 5-7
机械化收获

由于各种作物的收取部位、形状、机械物理性质和收获的技术要求不同，因此需利用不同种类的作物收获机械，采用切割、挖掘、采摘、拔起和振落等方式进行收获。有些收获机械还可同时完成脱粒、摘果、去顶、剪梢、剥苞叶、分离秸秆和清除杂质等工序。目前收获机械有分段收获、联合收获两种形式。

5.1.6.1 分段收获

将水稻、麦类、大豆、油菜等作物先利用割晒机进行收割，待晾晒 3~7 d 后用带有捡拾器的收获机进行捡拾、脱粒、分离和清选作业的方式。优点是机具成本低、损失小、机动灵活、动力易于配套，适宜收获作业时间较长；同时晾晒使作物子粒饱满、有利提高产量。缺点是增加油耗与土壤压实，阴雨天条铺易发芽发霉。要求割茬高度 15~20 cm，条铺适当，首尾相接。

此外玉米的分段收获可用割晒机割倒放铺，晾晒至子粒湿度降到 20%~22%，用机械或人工摘穗剥皮晾晒后脱粒；也可先用摘穗机采收玉米棒，再用剥苞叶机去苞叶；或由玉米摘穗剥苞叶机一次完成玉米摘穗、剥皮工序，然后由人工或脱粒机完成脱粒；玉米子粒含水量大于 30% 宜采用机械摘棒方式。甘蔗的分段收获可先采用整杆式甘蔗收割机完成割倒、铺放等工序，然后通过配套的剥叶机进行切梢、剥叶，由人工集堆后装载运输到糖厂。花生、甜菜、薯类分段收获由多种不同设备分别完成割秧（或称杀秧、割蔓）及打叶、挖掘、去土、捡拾、分选及集果等收获作业。甜菜去土后需要进行切削处理。

谷物、玉米、大豆、油菜等作物分段收获适宜收获期为子粒黄熟期，子粒含水率为 25%~35%。一般可在作物 ≥75% 成熟度开始收获，可比联合收获提早 5~15 d。

5.1.6.2 联合收获

利用联合收获机一次完成作物的收割、脱粒、分离和清选等多项作业的方式。优点为生产率高、作业周期短、积累损失小、作业质量好。但设备投资大、机器利用率低、技术水平要求高，同时适宜收获的时间短，对作物株型要求较高。目前已推广应用的有谷物、玉米、大豆、棉花、油菜、花生、薯类、甜菜、甘蔗联合收获机等。

水稻、小麦、大豆、油菜联合收获了采用联合收割机一次完成收割、脱粒、茎秆分离、清选、装袋或随车卸粮等工序。玉米联合收获可一次完成玉米茎秆切割、摘穗、剥皮、集穗、秸秆处理还田等项作业一体化，留茬高度小于 10 cm。我国新疆目前多使用摘锭式采棉机收获籽棉，一次完成籽棉采摘、打包成型、装载运输等工序。适用于棉桃吐絮期比较集中、抗风性较强的棉花品种。花生、马铃薯、甜菜等作物可一次性完成挖掘、输送、去土、清选、装袋（箱）多项作业。不同之处在于花生直接挖掘，在去土之后有摘果环节，薯类及甜菜在挖掘前有去秧或打叶环节。甘蔗采用切段式甘蔗联合收割机，一次性完成扶倒、切梢、收割、切段、清选、装载、蔗叶切碎还田等工序，结合配套运输车等，可实现收获全程机械化。

谷物、玉米、大豆、油菜等不同作物进行联合收获的适宜成熟度为腊熟末期至完熟期。联合收获要求子粒含水率为10%~20%，茎秆含水率为20%~30%。青贮玉米联合收获最适收割期为玉米籽实的乳熟末期至腊熟前期。棉花在吐絮率达到30%~40%时，进行催熟脱叶后进行收获。

实现机械化收获，应在种植时注意选择适宜品种，并设置适宜的行株距利于后期机械作业。收获前，要对作物的倒伏程度、种植密度和行距、最低结穗结果高度等情况做好田间调查。填平地块横向沟埂、深沟、凹坑，使之不超过10 cm；清除田间障碍物；若不能清除，应设立明显标记，以免碰坏割刀，并利于安全作业。清理地头地边，并提前用人工割出机组地头转弯的地段。

📖 深入学习 5—1
不同作物适宜机械化收获的品种要求

5.2 作物标准化生产技术

作物标准化生产（crop standardized production）是按照作物生产技术标准化要求进行各项技术的系统实施和管理。作物标准化生产，首先是解析决定与影响生产目标的关键环节、关键要素及其关键技术；其次是关键技术按标准化原理进行规范化，形成技术标准；第三是有序衔接配套与系统优化各项技术标准，形成一定范围内相互联系的有机整体，构成作物生产标准化技术体系；第四是通过作物生产标准化技术体系的实施，实现作物生产的优质、高产、生态、安全的综合目标，以尽可能最少的投入，获得尽可能最大的产出，提高作物产业化水平。作物生产的标准化，已成为世界农业的发展趋势。

5.2.1 作物标准化生产的特点

（1）自然适应性 由于生物和环境之间相互关系的复杂性，使得作物生产标准化必须遵守自然法则、适应它们之间相互作用关系的要求。因此，对于变化的生物或环境，不能用同样的标准来限制，而必须适应这种变化做出相应的调整。

（2）很强的区域性 现代农业生产需要发挥区域特色，尤其对于我们这样一个幅员辽阔的国家，农业发展的区域性十分明显，更加要注意作物标准化生产的区域性。因此，现代作物生产标准化的发展包含了大量地方标准、企业标准的制定以及实施和监督工作。

（3）具有多样性、复杂性与综合性 由于作物标准化生产的自然适应性和区域性，决定了作物栽培标准化既要有统一性，又要允许有多样性。多样化不是杂乱，而是在统一的基础上合理的多样化。通过标准化去掉不必要的、重复杂乱的部分，保留和发展必要的、急需的部分，即通过标准化获得合理的多样化。

作物标准化生产面向的是广大农民，作物生产过程已延伸到的产前、产后，要求做到科学合理、简明易行、文字标准与实物标准必须一致。同时，作物生产是受大自然因素控制的产业，受到社会、经济、科技发展的影响与制约，涉及面广，制约因素多，推广难度大。因此，与其他标准化比较而言，具有更大的复杂性和综合性。

（4）须与经济、社会发展相适应 作物标准化生产受到农业发展、农民素质、农村政策和体制等的影响，因而要与之相适应。随着新时期我国作物生产经营主体的变化，作物生产趋向规模化、集约化、机械化，优质化，作物标准化生产的作用也比以往任何一个时期都更重要，标准可成为作物生产诸环节中的技术纽带与质量依据。要以科研成果为依托，通过加强作物生产关键技术体系与管理体系的标准化研究，按区域或基地、按专用品种类型、按品牌分别制定相应的生产技术规程和质量标准，构建作物生产产前、产中、产后相配套的标准体系，并不断加以完善和提高。

5.2.2   作物标准化生产的作用

我国改革开放 40 年来，作物生产的技术标准体系不断得到强化并施行，较好地展现了促进作物产业发展的诸多重要作用，已成为提高作物产业化水平、促进农业增效、农民增收的重要途径，对国家的粮食安全战略实施起了积极贡献。作物标准化生产是现代农业发展的重要标志，是作物现代化的基础，也是保证农产品质量安全的关键。作物标准化生产有以下多方面的作用：①有利于推行环境友好，促进作物生产的可持续发展；②有利于节约资源，提高资源利用效率；③有利于生产源头控制，促进农产品安全与质量提升；④有利于先进实用生产技术的高效传播，提升农民的综合素质；⑤有利于指导企业标准制定，促进新型经营主体的发展；⑥有利于推进作物标准化生产基地建设，推动特色品牌建设，提高农产品市场竞争力。

5.2.3   制定作物生产标准的原理与方法

标准是经济、社会活动的技术依据，通过制定和实施标准，对经济、社会活动形成最佳秩序和效益。作物生产标准化是作物标准化生产必不可少的一项基础性工作，对产地环境、投入品、产出品及其生产经营活动所做的统一规定和制定的技术要求。它以作物科技的创新成果和生产的先进经验为基础，经各方协商一致，由主管机构批准，以特定形式发布，作为共同遵守的准则和依据。

5.2.3.1   制定作物生产标准的基本原理

（1）简化原理   对作物生产标准化对象的数量、规格或其他特性进行筛选提炼，剔除多余的、低效能的环节，精炼并确定出能满足各项活动全面需要所必要的、高效能的环节。文字也要简洁明了、无歧义，技术参数要明确，尽可能定量。

（2）统一原理   为了保证作物生产发展所需的秩序和效率，对各项活动管理、农产品品质、规格或其他特性，确定适用于一定时期和一定条件下的一致规范。

（3）协调原理   标准制定的重要过程和步骤，一个好的标准必须在尽可能大的范围内取得统一，这就必须经过认真而又反复地讨论、协商，最后达到一致，取得共识。

（4）选优原理   指按照特定的目标，在一定的限制条件下，以作物科学技术和生产实践的综合成果为基础，对作物生产标准化对象的大小、形状、品质、色泽、气味、生产成本等参数及其组合的选优，使之达到最理想的效果。

（5）区域性原理   作物生产受生态、社会、经济条件的制约，具有明显的区域特征，因而作物生产标准化必须因地制宜，发挥区域特色。

5.2.3.2   制定作物生产标准的方法

（1）解析   理清生产的关键环节、要素和技术。特别是针对安全性，应用危害分析与关键控制点（HACCP）原理与方法，建立作物生产过程中污染预防性体系与保障体系。

（2）熟化   对关键技术进行必要的熟化，明确关键技术参数、诊断指标与适宜范围。

（3）简化 在一定范围内缩减作物生产标准化对象的类型数目，使之在一定时间内足以满足一般需要，是控制复杂性，防止多样性自由泛滥的一种手段。

（4）统一化 把同类作物生产标准化对象两种以上的表现形态归并为一种或限定在一定范围内的标准化形式，其目的是为消除由于不必要的多样化而造成的混乱，为正常的作物生产活动建立共同遵循的秩序。

（5）综合标准化 将作物科技成果和实用技术，按产前、产中、产后的投入产出全过程，融种子、技术、作业、管理和产品为一体的活动。

（6）超前标准化 提出在一定期限（即超前期）应达到的超前指标，以避免作物生产标准滞后于实际，其目的在于使最主要的农产品质量指标随着时间的变化而变化，促进作物生产、加工、管理技术水平和质量水平的不断提高。

（7）动态标准化 作物生产标准化应随着农业新品种的培育和新技术的研制同时进行。当作物新品种、生产新技术进入推广普及阶段时，相应的生产标准应基本完成制定工作。在作物生产过程中，边持续生产，边结合实际情况再不断地进行修订。

5.2.4 作物标准化生产技术及其体系

我国现有作物生产相关的有国家标准、行业标准、地方标准、企业标准，都涉及产品质量、检验检测方法、产地环境、生产资料、病虫害防治、生产技术规程、加工工艺等方面。水稻上已建立 400 多项标准（图 5-1），其中水稻大田生产的国家或行业技术标准达 30 多个。作物标准化生产技术体系，主要包括三个方面生产技术标准，一是产地环境的技术规范；二是大田生产的技术操作规程；三是生产资料（投入品）技术控制规则。此外，还有病虫害防控的技术规范、加工技术规范，以及检测、运输、包装、管理等规范。

5.2.4.1 产地环境的技术规范
从利用环境和保护环境并有利于作物生产安全与可持续发展目标出发，国家制定实施了相

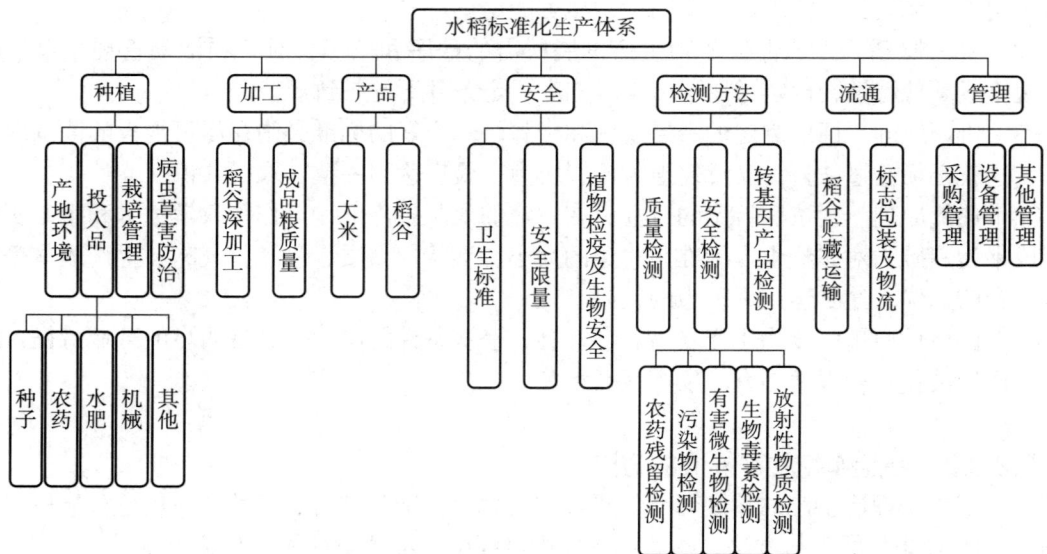

图 5-1 水稻标准化生产体系

应的作物产地环境技术规范。这些技术规范主要分为两大类型，一是强制性基础控制标准，如 GB 3095《环境空气质量标准》、GB 15618《土壤环境质量标准》、GB 5084《农田灌溉水质标准》。二是专项指导性实施标准，为了使标准更具针对性，针对性制定一些指导性标准。例如，为了确保稻米的食用安全，从生产源头控制开始，国家先后推出了 NY 5116《无公害食品水稻产地环境条件》、NY/T 391《绿色食品产地环境技术条件》和 GB/T 19630.1《有机产品生产》等专项指导性实施技术标准。

5.2.4.2　大田生产的技术操作规程

我国作物种植区域广、生态类型复杂、品种多，且南北方种植制度不一，要制定全国统一并普遍适用的大田生产技术操作规程比较困难。因此，目前已制定的这类标准或限于某种类型，或拘于某个区域。

大田生产的技术操作规程，一般就是指狭义上作物栽培规程，其特征是：在适用范围、品种选择、栽培技术、肥料和农药的施用、病虫害防治等方面提出了一般性规范要求。大田生产的技术操作规程一般为地方标准或企业标准。

5.2.4.3　生产资料（投入品）技术控制规则

作物生产相关生产资料中的投入品包括种子、农药、肥料，是作物生产过程必不可少的物质，也是作物质量安全达标涉及的重要控制要素。国家对此类标准的制定和实施已日趋重视。目前已有的标准可分为：种子、农药、肥料及综合类。

5.3　作物精确栽培技术

5.3.1　作物精确栽培的内涵

作物精确栽培（precise cultivation of crop）是研究作物栽培学中栽培方案设计、生长动态监测、因苗管理调控、产量品质预测及农情信息服务等精确化关键技术及相应的应用平台和系统，从而对作物栽培管理过程的信息流实现全面的精确化表达和整合。

精确栽培的理论基础广泛涉及多个学科领域，但其主要学术思想是将系统科学和信息技术等创造性地应用于作物栽培学的研究和管理。精确栽培的支持技术主要为现代空间信息技术和现代信息管理技术。精确栽培的应用系统以精确栽培的关键技术为基础，实现栽培方案的精确化设计、生长指标的动态化监测、实时苗情的定量化调控、产量品质的数字化预测及农情信息的智能化服务。

5.3.2　作物精确栽培的关键技术

5.3.2.1　数据库技术

数据库系统是一种能有组织地和动态地存储、管理、利用一系列有密切联系的数据集合（数据库）的计算机系统。作物栽培体系是一个复杂的大系统，涉及的信息很多，要使各种各样的信息变成能为作物栽培管理决策服务的信息资源，目前最普遍、最实用的方法是将数据和信息加工成数据库，并建立起数据库系统，以有效地管理和利用各类信息。

农业数据库主要包括农业资源信息数据库、农业生产信息数据库、农业技术信息数据库、农产品市场信息数据库、农业政策法规数据库、农业机构数据库等。在此基础上，可以进一步构建综合基础数据库，作为农业生产要素的数字化信息的贮存库。同时应进一步建立数据库管理系统和信息管理系统，以科学地发挥综合基础数据库的应用价值和功能。

5.3.2.2 空间信息管理技术

空间信息技术主要包括地理信息系统（geography information system，GIS）和全球导航卫星系统（global navigation satellite system，GNSS）。

地理信息系统是 20 世纪 60 年代开始迅速发展起来的关于整个或部分地球表面空间中有关地理分布数据输入、管理、分析、检索、图示与输出的计算机技术系统。将 GIS 与作物栽培学相结合，可以实现空间（田块的经度和纬度）和属性（气象、土壤、品种特性及苗情资料）数据的管理、属性数据的空间差异分析、空间差异的专题图制作及输出，多要素综合分析和动态预测能力等，从而为作物栽培管理提供技术支持。

全球导航卫星系统（GNSS）包含了美国的全球定位系统（global positioning system，GPS）、俄罗斯的全球轨道导航卫星系统（global orbiting navigation satellite system，GLONASS）、中国的北斗导航系统（Beidou navigation satellite system，BDS）、欧盟的导航卫星系统（Galileo satellite navigation system），可用的卫星数目达到 100 颗以上。GNSS 在作物栽培方面的应用包括：①空间变量信息采集的定位，如作物苗情、产量的定位计算等；②农田面积和周边的测量；③引导农业机械实施操作。需要指出，GNSS 通常与 GIS 和遥感监测（remote sensing，RS）结合应用，组成 3S 技术，更能有效地发挥整体作用和效能。

5.3.2.3 遥感监测技术

遥感监测（RS）技术是指把传感器获得的目标物体或自然现象的信息信号（以图像或数字表现形式），通过数据处理和图像判读，来识别目标物体或自然现象的技术方法。与作物栽培学传统的信息获取技术相比，遥感监测技术具有以下几个方面的优点：①无损性，信息的获取一般来说是非接触性的，不需要通过破坏性取样进行；②覆盖面大，宏观性强；③波谱视域宽，波段多，所获取的信息丰富多样；④多时相，速度快，有利于动态监测现势性。

目前，RS 在农业上的应用已经由遥感估产拓展到农业资源环境与农业生产过程的监测，包括作物类型、面积、长势、灾害、产量和品质等农情信息的监测，特别是在耕地面积估算、作物长势监测和产量预测预报方面已达到较高的可靠性和准确性。

由于遥感资料的获取具有其固定的周期，且遥感图像的解译受到天气状况的显著影响，加上高分辨率遥感资料的价格比较昂贵，目前越来越多的科学家开始利用地面遥感监测技术，如多（高）光谱地物分析仪、车载式和无人机等近地遥感平台，来研究农情信息的实时无损获取，在叶面积指数（LAI）、生物量等指标的监测技术上已趋于成熟，在色素和氮素营养等生理生化指标上也取得了显著进展。

遥感监测技术在作物栽培学上的应用主要表现在以下几个方面：作物生长环境的实时监测（土壤水分、养分指标的监测）、作物生长特征的监测（LAI、生物量、营养状况、水分状况等）、病虫草害发生情况的监测及产量和品质指标的监测等，从而为栽培管理过程中的苗情诊断和因苗调控提供实时信息。

5.3.2.4 系统模拟技术

系统模拟技术的思想是运用系统学原理，根据事物发生和演变的动态过程，对系统结构成分与系统环境之间的机制性关系进行定量描述和动态模拟，并建立相应的计算机模型与实验系统。作物模拟模型以作物生育的内在规律为基础，综合作物遗传潜力、环境效应、技术调控之间的因果关系，对作物生长发育过程及其与环境和技术的动态关系进行定量描述和预测，是一种面向作物生育过程的生长模型或过程模型。

系统模拟技术在作物栽培学中的应用主要体现在以下几个方面：①作物生长模拟模型本身可以对作物阶段发育与物候期、形态发生与器官建成、光能利用与同化物生产、物质分配及产量品质形成等过程进行动态的预测；②基于模拟模型的作物管理决策支持系统可以实现气候变化、土壤改良、品种更新和措施优化等效应的评估，对包括不同类型品种、播期、播栽密度、肥料运筹、水分管理等栽培方案进行精确设计，实现理想品种和株型的数字化设计，并提出作物生产力提升的技术途径等；③模拟模型与 GIS、RS 的结合可以实现作物生长发育及产量品质指标在时间和空间上的定量化模拟与特征分析。

5.3.2.5 人工智能技术

人工智能是研究人类智能规律，构造具有一定智能行为，以实现用计算机部分取代人脑劳动的综合性科学。在农业方面，人工智能的应用主要包括专家系统、神经网络、遗传算法等，且以专家系统为代表的研究最多。专家系统是以知识为基础，在特定问题领域内能模仿专家解决复杂现实问题的计算机系统。目前，国内外农业专家系统已广泛应用于农业生产管理、灌溉施肥、品种选择、病虫害控制、温室管理、畜禽饲料配方、水土保持等不同领域，大大优化了生产结构，提高了工作效率，并降低了生产成本。

5.3.2.6 管理决策技术

1971 年 Scott Morton 在《管理决策系统》一书中提出了决策支持系统（decision support system，DSS）的概念，随后决策支持系统得到了迅速的发展。作物栽培管理决策支持系统主要是为作物生产管理经营单位提供技术支持服务，解决"怎么生产"的问题，通过优化管理决策服务，以最低的生产成本取得最高的产量和最佳的经济效益，并能改善资源利用和环境质量，实现作物生产的可持续发展。

20 世纪 90 年代以来，在欧美、日本等发达国家，以作物模型为主的农业模型系统、农业专家系统、决策支持系统、管理信息系统等为农业生产管理决策与产业经营提供了现代化的管理手段和技术支持。特别在美国，基于模拟模型的作物生产管理决策支持系统已经覆盖水稻、小麦、大麦、玉米、大豆、棉花等 10 多种不同作物类型，为区域性综合作物生产管理奠定了很好的基础。在北美、西欧和澳大利亚等发达国家，将作物模型及决策支持系统与"3S"技术相集成，进行不同时空条件下的农业资源环境监测、农产品生态区划、农业生产管理、病虫害预测和防治、农田灌溉管理、肥料运筹管理、土地评价与利用等，极大地提高了农业生产管理决策的科学性和定量化水平，取得了显著的经济、社会和生态效益。

5.3.2.7 信息服务技术

作物管理信息服务系统是以网络数据库、空间信息管理、知识工程、电子商务、物联网等现代信息技术的综合运用为基础，以产前、产中、产后全过程的作物生产信息流为主线，开发和完善基于网络数据库和 Web GIS 的作物信息服务系统、基于空间信息和优化技术的作物生态区划系统、基于模型和遥感耦合的作物生产精确管理系统、基于物联网的农田感知和智慧管理系统、基于电子商务的作物产品在线物流系统，进一步建立系统化、标准化和综合性的作物生产管理信息综合数据库与服务系统，通过示范应用，实现作物生产管理信息分析、管理和服务的数字化和智能化，使作物生产者更为及时、准确、完整地获得各种资源、生产、市场和科技信息。

5.3.3 作物精确栽培的应用实例

5.3.3.1 栽培方案的精确化设计

通过分析和提炼作物栽培理论与技术方面的大量文献资料，结合田间试验，综合研究解析作物生育指标与栽培技术指标的地域性和季节性变化规律及定量化关系，找出作物生长发育和产量品质形成指标及栽培管理技术规范与生态环境因子及生产条件之间的定量化函数关系，建立广适性和数字化的作物栽培管理知识模型。该模型可以为不同条件和不同生产系统设计出适宜的播前栽培管理方案和产中生育指标动态，其中播前栽培管理方案包括产量和品质目标、适宜品种、播种期、基本苗和播种量、肥料运筹（氮、磷、钾总施用量，有机氮与无机氮的比例，基肥与追肥的比例）、水分管理方案等，适宜的产中生育指标动态包括生育进程、生长指标动态（叶龄、绿色面积指数、干物质积累、群体茎蘖数）、植株养分指标动态（氮、磷、钾含量和积累量动态）、源库指标等，从而克服了传统栽培模式和专家系统较强的地域性和经验性等弱点，真正实现栽培管理方案的精确化设计。

栽培方案的精确化设计（左栏边注）

5.3.3.2 作物生长指标的动态化监测

以大量田间试验为依托，将遥感技术和作物生理生化分析技术相结合，对不同处理条件下作物全生育期反射光谱、农学参数（叶面积指数、生物量、茎蘖数等）、体内氮素状况（叶片含氮量、植株含氮量、叶片氮积累量、植株氮积累量等）、水分状况（植株含水率、冠层叶片含水率、叶片水势等）、子粒产量成分和品质指标（蛋白质含量等）进行系统分析，筛选对作物生长指标敏感的特征光谱波段，并对特征光谱波段与作物生长状况、体内氮素营养状况、水分状况和品质指标之间的关系进行定量化研究，建立基于光谱指数的作物长势及子粒产量品质指标的实时监测模型和基于监测模型的作物生长无损监测系统，进一步与遥感影像、无人机平台或便携式监测仪、物联网技术相结合实现作物生长动态的实时无损监测。

彩图 5-9 农田感知物联网节点（左栏边注）

5.3.3.3 实时苗情的数字化调控

以知识模型设计的作物适宜生育指标范围为标准"专家曲线"，当遥感技术监测的实际作物生长发育状况偏离标准"专家曲线"时，或与专家知识不符时，系统分析原因，推荐一个适宜的调控措施（如肥料运筹与水分管理等技术措施）以及调控时期，同时修订适宜生育指标动态，从而使得作物按照修订的标准"专家曲线"进行生长（图5-2）。

彩图 5-10 基于实时苗情的水稻追肥处方（左栏边注）

5.3.3.4 作物产量品质的数字化预测

以作物生理生态过程为主线，将田间试验研究与模拟研究相结合，运用系统分析方法和动态模拟技术，构建作物生长模拟模型。模型系统一般包括作物的阶段发育与生育期子模型、光合生产与物质积累子模型、器官间物质分配与器官生长子模型、产量与品质形成子模型、土壤-作物系统水分（包括干旱和渍水）平衡子模型、氮磷钾养分动态子模型六个模块。模型

彩图 5-11 作物产量品质的数字化预测（左栏边注）

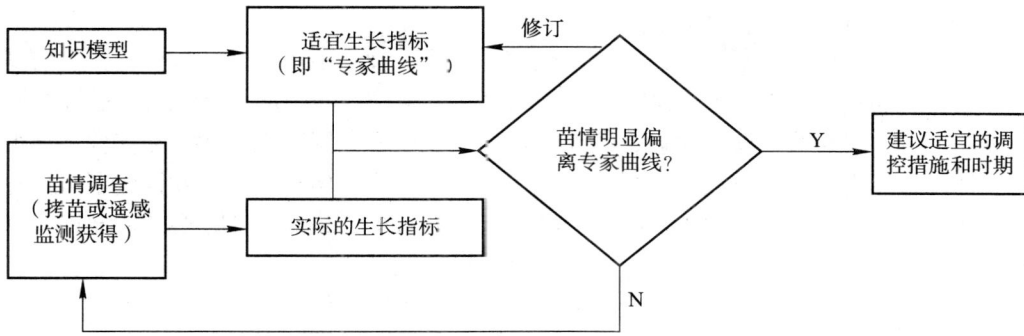

图 5-2　基于实时苗情的动态调控原理

系统可以用于不同品种、不同地域、不同年份、不同生长条件下作物生长动态及产量与品质形成的定量化动态预测。图 5-3 为南京农业大学研制的作物系统模拟模型的结构框架。

　　另外，基于作物生长过程及器官建成规律，结合大量田间试验观测资料，通过分析研究作物主要器官的形态变化过程，可建立作物形态结构建成模拟模型，包括对叶片（叶长、叶宽、幅宽、叶面积、叶色、茎叶夹角、叶片倾角、叶片衰亡动态等）、茎（茎长、茎粗）、叶鞘（叶鞘长度和颜色）、穗子（穗长、穗宽、穗厚、穗的颜色、芒的形态）等形态变化过程的动态模拟。将作物形态结构建成模拟模型与作物生长模拟模型相结合，可实现作物生长发育过程的可视化预测。

🖼 彩图 5-12
水稻、小麦可视化效果图

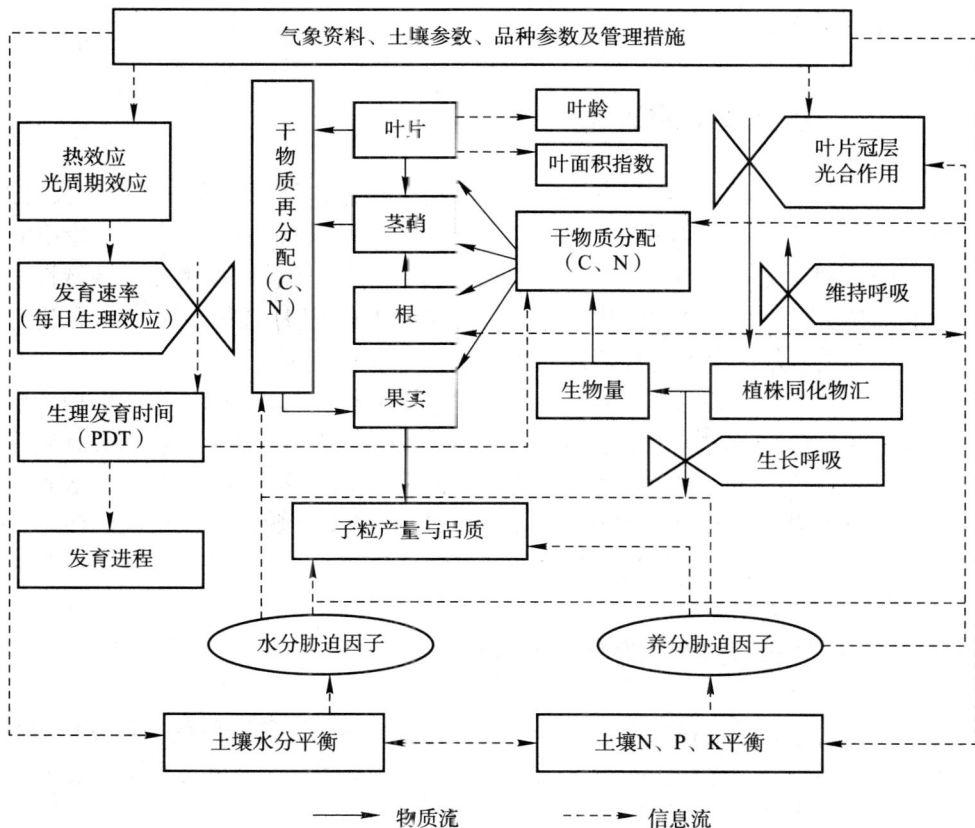

图 5-3　作物系统模拟模型结构

5.3.3.5 农情信息的数字化服务

以 GIS 为空间信息管理平台，以气候、土壤、作物品种、生产条件、苗情特征等农情信息为基础，以作物布局系统为作物配置的定量依据，以作物模拟模型为作物生长系统的预测器，以监测模型为作物实时苗情获取手段，以作物栽培知识模型为管理决策的智能支撑，遵循面向对象的软件设计原则，运用三层（数据层、应用层、表现层）架构模式开发构建了数字化作物生产管理决策系统，实现了多种关键技术在同一平台上的有效耦合与集成。系统具有作物区划、方案设计、模拟预测、策略分析、生长监测、动态调控、精确农作、生产力分析、智能学习、信息管理、系统维护和帮助等综合功能，基本实现了农情信息的数字化服务。

彩图 5-13
基于模型和 3S 的数字麦作系统主界面

5.3.3.6 农田感知与智慧管理

农田感知与智慧管理通过有效集成南京农业大学国家信息农业工程技术中心多年潜心研发的"基于模型的作物生长预测与精确管理技术""作物生长指标光谱监测与定量诊断技术"等国家级研究成果，结合物联网、大数据、云计算等，创制出的一种现代化作物管理新模式。依托高空卫星遥感、低空无人机、地面农田传感网和便携式作物诊断仪等不同平台，实时获取作物生长信息（叶层氮含量、叶层氮积累量、生物量、叶面积指数等）和农田环境信息（冠层温湿度、二氧化碳浓度、光辐射、土壤温湿度等），利用农田感知与智慧管理平台，即可实现田块、园区、区域等不同尺度下作物播前栽培方案的精确设计、产中苗情的实时诊断、肥水方案的动态调控、产量品质的定量预测。

彩图 5-14
农田感知与智慧管理系统

5.4 作物分子栽培技术

5.4.1 作物分子栽培的定义

作物栽培学经过 60 多年几代人的长期大量的理论研究和科学实践，取得了长足的进展。但与作物学的其他学科相比，存在着学科界定过窄、多学科交叉融合不足，理论研究重宏观（作物群体）、轻微观（分子水平），技术措施定性过多、定量较少，技术体系区域性强、普适性不足等问题，为适应学科发展的时代要求，需要建立从宏观层面到微观层面的研究思路，明确从分子水平易于阐明栽培学中的普适性问题，促进学科的纵深发展。

作物分子栽培（molecular cultivation）是以系统生物学为基础，运用作物生理、生化、遗传、生态等学科的最新成果与各类组学等现代生物技术的方法，从微观层次研究作物生长发育与产量品质形成的分子机制，进而通过环境因子对作物产量品质等基因进行正向表达的分子调控，在此基础上探讨栽培措施调控基因表达的新方法及相关物化产品，从而为作物优质、高产、高效、生态、安全生产提供新技术的一门新兴分支学科。

彩图 5-15
作物分子栽培学的相关学科

5.4.2 作物分子栽培学的相关学科

作物分子栽培学作为作物栽培学的分支学科，是从分子水平研究作物生长发育与产量品质形成的机制及分子调控，与之相关的学科众多，其中分子生物学、系统生物学、分子生态学和各类组学与之关系最为密切。

从系统角度来看，作物本身就是一个基因系统。以中心法则为理论基础的分子生物学，自

1958 年 Crick 提出后的 30 多年里，生命科学研究的思路是将复杂的生物体层层分解，从个体到器官，从器官到组织，从组织到细胞，再从细胞到分子，最终力求在基因水平上寻找个体生命现象的分子本质，生命科学的研究呈现出以基因为中心的势态，同时对各种基因的研究也侧重于对单个基因的寻找、分离和克隆。随着分子生物学迅猛发展，人们对生物体的认识逐渐从表型深入到分子层次，毫无疑问这是人类认识上的重大进步。但是，仅注重把复杂生物体层层分解到分子水平，侧重研究单个分子的功能在某些研究中出现了困境。例如，在高等植物转基因研究中常出现外源目的基因表达沉默，表达水平太低，引起相邻其他基因突变，后代遗传特性不稳定等困扰。为此，Silverman（2004）提出基因调节中有多种不确定因素。Goodman（2005）也认为复杂多细胞生物的基因调控受多个层次的相互制约，有机体个体调节、细胞调节、转录调节、翻译调节和后加工调节等相互影响，且各层次均离不开它们所处环境的作用。为此，系统生物学孕育而生。

系统生物学是研究一个生物系统中所有组成成分（基因、mRNA、蛋白质等）的构成，以及在特定条件下这些组分间的相互关系的学科。也就是说，系统生物学有别于以往的分子生物学，是进行基因群、蛋白质群和组分间相互关系的研究。所以，系统生物学是以系统性、整体性研究为特征的一门新兴生物学交叉学科。近代生物学研究主要是以分子生物学和细胞生物学研究为主，但对生物体整体的行为却很难给出系统、圆满的解释。系统生物学依托各种组学进行研究，包括基因组学、转录组学、蛋白质组学、代谢组学、相互作用组学、表型组学和生物信息学，这些高通量的组学实验构成了系统生物学的技术平台，提供建立模型所需的数据，并辨识出系统的结构，解释系统整体整合功能的来源，充分揭示一个生物系统的信息以及系统各个层面的交互、支持、整合等作用。目前，从系统角度来进行生物学研究逐步成为现代生物学研究方法的主流。

现代作物分子生态学十分重视研究作物环境因子的分子生态效应，内容包括研究作物生长发育过程中环境因素的变化规律、成因、机制及其生态效果，并由此引发作物生长发育的相应变化及其分子响应机制与调控技术。随着环境表观遗传学研究的不断发展，作物分子生态学的研究也日趋深入，特别是基于基因组学和蛋白质组学的成果，研究环境因子与表观遗传之间的关系，加深人们对作物分子适应与分子进化的理解。表观遗传学研究认为，每个多细胞生物体不同类型的细胞均拥有相同的基因型，但其表型可以迥异，这是由于细胞之间存在基因表达时空模式的差异。基因表达模式在细胞世代之间的可遗传性并不完全取决于细胞内 DNA 的序列信息，这种不涉及 DNA 序列改变的基因表达和调控的可遗传变化称之为表观遗传（epigenetic）。表观遗传机制引起的基因表达调控及其可遗传变化虽与 DNA 序列变异无明显相关，但涉及目标 DNA 和染色质的修饰、DNA 甲基化组蛋白修饰、染色质重塑、基因组印记等生物学过程。因此，表观遗传学为我们深入研究作物在逆境胁迫下的分子适应与调控提供重要的理论依据。

彩图 5-16
系统生物学中整体水平的基因调控模式

5.4.3　作物分子栽培学的特性

5.4.3.1　联系性

作物本身就是一个基因系统，基因与基因之间的联系是错综复杂的，例如基因功能表达不仅与体内基因有关，而且还与外界环境有关。如在光形态建成中，光敏色素感受周围环境的光信号，即红光或远红光，通过两种色素状态的可逆性转化来调节基因功能，从而控制发育的形态发生过程。中国发现的光敏核不育水稻，也是通过光调节光敏色素而影响基因的育性表达，如"农垦58A"具有短日（＜13.45 h）诱导可育，长日（＞14.00 h）诱导不育的特性。此外，温度、水、氧气、矿质营养同样可以通过其特定的顺式元件调控基因的功能表达。因此，运用联系观点去探讨环境对基因的生态作用，很有实际意义。

5.4.3.2　有序性

基因生态系统由各遗传因子和外界环境因子按严密的等级和层次构成，各因子在系统中有明确的地位和作用。系统的运动变化则遵循着一定的内在规律，该系统中的基因是核心，是结构基因与外界环境联系的有序性，基因系统高度有序的耗散结构，对整个生命体（基因组）来讲，是个开放系统，必须与周围环境进行极其频繁的物质和能量交换以维持系统的稳定。元生朝等在研究"农垦58S"等粳型光敏核不育的光周期区反应特性时，提出了光敏核不育水稻存在两个光周期敏感期和三个发育阶段的假设，即感光叶龄至第二枝梗原基分化期为影响幼穗发育的光周期敏感期，称为第一光周期；第二枝梗原基分化至花粉母细胞形成期为影响育性转换的光周期敏感期，称为第二光周期。两个光周期敏感期有明显的顺序性，从而形成三个发育阶段，包括诱导阶段（感光叶龄期至一次枝梗原基分化期）、育性诱导阶段（二次枝梗原基分化期至花粉母细胞形成期）和育性表达阶段（花粉母细胞形成期至抽穗期）。研究还表明两个光周期反应间的遗传关系是十分复杂的，特别是不育基因的遗传表达是其生育期间与外界温、光、环境综合作用的结果。农业生产上应根据其有序性及其内在规律，合理利用栽培促控技术，促进基因有序地形成和顺利更替，达到高产、优质、高效的目的。

5.4.3.3　平衡性

📖 深入学习 5-2
基因自动调节的平衡性

从分析外界生态因子对基因的生态作用可知，生态因子能激发或抑制基因活性。基因为了适应环境的波动性在其反应规范内进行积极有效的自动调节与饰变（modification），以保持内外关系的协调性，即平衡性，包括调节的时间性、顺序性和稳定性。

5.4.4　作物分子栽培技术实例

5.4.4.1　作物诱导抗性与免疫栽培

植物抗逆性是一个复杂的生理表型，是一个数量性状，由许多逆境胁迫应答基因及调控基因共同维系。植物诱导抗病性利用诱导因子激发植物自身的抗病性，以达到控制植物病害的目的，既不污染环境，又有利于农业的可持续发展，因此越来越受到人们的重视。目前用于植物抗逆性改良的基因主要有以下两类。在植物抗逆反应中直接起保护作用的功能蛋白基因；在信号传输和胁迫应答基因表达中起调节作用的调控基因。诱导抗病性现象又称为"获得性生理免疫""抗性位移""植物免疫作用"和"诱导系统抗性"等。当前，利用物理的、化学的以及生物的方法预先处理植株，使植株对不同病害的反应发生改变，从而产生局部或系统的抗性成为应用预防免疫、生理免疫和生态免疫原理，通过多种生态调控措施，为作物育苗创造一个最大限度减少病原菌数量的环境和利于秧苗发育的生态环境，并通过使用一种免疫增效剂诱导作物产生抗病性，在苗期使原来感病作物的潜在抗病基因被激活，从而表达为对病原菌的高抗或免疫，具有十分重要的生态学意义。

作物诱导抗病性的研究不仅可以揭示作物和微生物之间复杂的相互关系，具有十分重要的理论价值，而且对于作物病害的防治工作也具有重要的应用价值和现实意义。越来越多的研究证明，作物具有抵抗各种病害的潜在能力，人们可以采用适当的诱导处理使这种潜能表达出来，从而抵抗多种病害，这是利用作物自身的防卫体系进行病害防治的一种新思维。它克服了以往一些防治措施存在的不足，如抗病育种年限太长，抗病品种的产量往往不如感病品种，化学防治易造成环境污染和病菌的抗药性等。

早期利用作物病原真菌、细菌或病毒的弱致病菌株或无毒菌株以及非致病性微生物作为生物诱导因子，由于在应用上存在保存困难、作用不稳定以及潜在致病性风险等缺点，人们开始转向从微生物中分离鉴定具有诱导活性的成分，其中包括以下两个方面。

（1）生物诱导因子

① 寡糖类诱导因子　来自真菌、甲壳类动物等的 β-1,3- 葡聚糖、寡聚几丁质、脱乙酰几丁质等寡糖类诱导因子是一类熟知的诱导因子。

② 蛋白质类诱导因子　从梨火疫病菌、丁香假单胞菌中分离得到 hrp 基因产物 harpin 蛋白富含甘氨酸，缺少半胱氨酸，热稳定，对蛋白酶敏感，不直接作用于病原菌本身，而能刺激植物产生诱导免疫，从而防治细菌、真菌和病毒病害的发生。

③ 其他诱导因子　一些来自病菌或微生物的糖蛋白也具有诱导因子活性，且其活性与其中的蛋白质有关。如烟草疫霉中的纤维素结合激发子凝集素，无纤维素酶活性而有类似凝集素的活性，能诱发烟草产生诱导免疫反应。

（2）非生物诱导因子　水杨酸的结构类似物苯并噻二唑（benzothiadiazole，BTH）和 2,6-二氯异烟酸（2,6-dichloroisonicotinic acid，INA）都能诱发植物产生对真菌、细菌、病毒等多种病害的诱导免疫，在烟草、瓜类、水稻、麦类等作物上均有作用，如小麦经 BTH 诱导后对叶枯菌、叶锈菌和白粉菌有显著的抗病作用，在苗期使用可保护整个生长季节不受白粉菌的侵染。

非蛋白质氨基酸 β- 氨基丁酸（β-aminobutyric acid，BABA）在茄科、葫芦科、豆科、十字花科、禾本科、锦葵科、葡萄科等几十种作物上具有诱导广谱抗性的作用。

噻菌灵及其他相关化合物对水稻稻瘟病、白叶枯病等病害也有防效，其本身对病菌仅有微弱杀菌作用，但能有效激发体内的防卫基因表达和防御酶活性提高。

油菜素内酯（BR）是一种在植物生长发育中起重要作用的激素。BR 处理可诱发烟草对烟草花叶病毒（TMV）、野火病、白粉病，以及水稻对白叶枯病、稻瘟病和纹枯病等的抗性。

许多无机盐也具有诱导免疫活性的能力，如二价和三价磷酸盐处理后的黄瓜表现出对炭疽病的诱导免疫，而且这种诱导免疫与细胞过敏性死亡和活性氧产生有关。

5.4.4.2　农田基因多样性重建与分子生态对策

农业在基因层次可以生物多样性作为基因库来提高作物的生产力。生物多样性包括基因多样性、物种多样性、群落与生态系统多样性、生境多样性几个层次。农业生物多样性是指与食物及农业生产相关的所有生物的总称。农业生物多样性也可分为农业产业结构多样性、农业利用景观多样性、农田生物多样性、农业种质资源与基因的多样性几个尺度水平。农业产业结构多样性用以描述包括农、林、牧、副、渔各业的组成比例与结构变化，它反映了某一区域农业生产的总体状况；农业利用景观多样性主要刻画农业景观的异质性，包括农业土地利用景观类型及其分布格局的变异性，以及农业生态系统类型的多样性；农田生物多样性主要指农田生态系统中的农作物、杂草、害虫、天敌等生物多样性；农业种质资源与基因多样性主要包括栽培作物及其野生亲缘动植物的遗传基因与种质资源的多样性等。

研究发现，作物的多样性培育可以有效地保护或修复根际土壤微生物的多样性，从而可以改善土壤肥力，控制作物病害发生，达到有效克服作物连作障碍，提高作物产量和质量的目的；另外也可以通过使用菌肥，改良根际微生物区系组成、增强作物根际生态效应、协调根际微生物与根际酶活性、抑制土传病害发生与发展等，也可以通过强化菌根菌与作物的相互作用诱导作物对病虫害的抗性等技术促进植物生长与发育，获得高产。在土壤肥力培育上，可以通过现代生物学技术激活土壤中无机磷细菌、把难溶性的磷酸盐转化为速效磷，有机磷细菌把有机磷转化为速效磷，钾细菌把原生矿物中的钾转化为速效钾，固氮菌把氮气转化为铵态氮、亚硝态氮和硝态氮，腐生菌把有机物质转化为无机养分元素，以提高土壤营养有效性，改善作物营养条件，提高作物产量与品质。

此外，通过研究目前主要农业生物种群、地方种、农家品种、野生近缘种中的基因型和遗传多样性，明确核心种质重要农艺性状基因结构多样性与功能多样性及其应用价值，研究控制营养高效、抗病、产量等重要农艺性状基因的种类、数目、基因互作与进化，重要目标基因在种质资源中等位基因的结构变异特点、种类及分布，不同等位基因的功能及利用价值，建立遗传种质信息库并高效发掘新基因。研究遗传多样性在抗灾害、稳产、维持生态平衡中的作用以及主要农业生物种群、地方种、农家品种、野生近缘种中的基因型保护途径都是重建农业基因多样性的关键。

随着分子生物学、系统生物学和表观遗传学等相关学科的不断发展，作物分子生态学的研究不断深入，将促进分子栽培技术相关体系的不断成熟并深入农业生产的各个领域，分子农业的前景将十分喜人。

> 深入学习 5-3
> 分子栽培学的研究
> 内容与进展

名词解释

工厂化育苗　作物标准化生产　作物精确栽培　地理信息系统　全球导航卫星系统　遥感技术　系统模拟　作物模拟模型　人工智能　作物栽培管理决策支持系统　作物分子栽培　系统生物学　作物分子生态学

问答题

1. 作物机械化生产的优势有哪些？
2. 机械化耕整地有哪些机械类型及关键技术？
3. 如何进行机械化精量播种与育苗移栽？
4. 采用机械进行中耕除草与施肥有哪些农艺配套技术？
5. 机械收获的主要方式有哪些？不同作物实现机械化收获的品种有哪些要求？
6. 作物标准化生产的定义与特点是什么？
7. 制定作物生产标准依据哪些原理与方法？
8. 简述作物标准化生产的技术及其体系。
9. 作物精确栽培的内涵是什么？
10. 作物精确栽培有哪些关键技术？
11. 作物分子栽培的定义是什么？
12. 作物分子栽培的特性有哪些？
13. 何为作物的诱导抗性与免疫栽培？

分析思考与讨论

1. 如何进行农情信息的数字化服务及农田智慧管理?
2. 如何进行作物栽培方案的精确化设计?
3. 如何进行作物生长指标的动态化监测及实施苗情的数字化调控?
4. 如何进行作物产量品质的数字化预测?
5. 如何进行农田基因多样性重建与采用分子生态对策?

下篇 各 论

6

水　稻

【本章提要】　水稻是禾本科稻属植物。水稻所结子实为稻谷，稻谷脱去谷壳后称糙米，糙米碾去米糠层即是大米，世界上半数以上人口以大米为主食。稻米不仅能果腹，而且"种"出了中国文化。中国是具有悠久农耕文明历史的国家，稻作文明是中国农耕文明最典型的代表。无论是1万年前江西万年仙人洞内的栽培稻植硅石标本，还是7 000年前浙江余姚河姆渡的炭化稻谷，都可以考证的农业文明的先河。

　　本章讲述了水稻的生产概况、生物学特性及栽培技术的发展，介绍我国水稻种植分区和各区的气候条件。学习本章要求了解水稻的生长发育过程和不同阶段的生育特点及管理目标，掌握籼稻与粳稻、水稻与陆稻等不同类型的形态特点，以及水稻发育的光温反应特性等基本理论。掌握移栽水稻的各种育秧、移栽和大田管理技术，以及直播稻和再生稻等栽培管理技术，水稻优质高产高效栽培技术。了解水稻的综合利用途径，应用相关基本理论分析不同稻区的生态条件及适宜的生产技术。

6.1　概述

6.1.1　发展水稻生产的意义

　　水稻、小麦和玉米是世界三大主要粮食作物，全球半数以上人口以稻米为主食，包括亚太地区15国、非洲8国、南美洲7国和近东1国。仅在亚洲，就有20亿以上人口以稻米为主食。

　　水稻也是大多数中国人的主食。稻米的营养价值较高。稻米的淀粉粒小，易于消化吸收；稻米中还含有蛋白质、脂肪、维生素、矿物质等，各种营养成分配合相对比较合理，且可消化率和吸收率都较高。稻米便于加工、运输和贮藏，是最重要的商品粮之一。稻谷还是重要的加工、酿造业原料，稻糠、稻草等副产品可作为饲料和造纸等工业原料。

　　中国水稻种植面积约占世界水稻面积的1/4，仅次于印度，居世界第二。稻谷总产量纵占世界稻谷总产量的1/3，居世界第一。近年来，我国水稻种植面积和总产量仅次于玉米，而单产量居三大粮食作物首位。全国约有2/3的人口以稻米为主食，发展水稻生产对保障我国粮食安全具有特殊的重要意义。

6.1.2　世界水稻生产概况

　　世界各大洲均有水稻栽培，主要集中在亚洲，占世界水稻总产量的近90%，美洲纵占

5%，非洲约占 4%（表 6-1）。此外，欧洲和大洋洲亦有一定面积的水稻栽培。

表 6-1 世界水稻生产统计（2016）

地区	总产量 /10^6 t	比例 /%	面积 /10^6 hm²	比例 /%	单产量 / (t·hm⁻²)
亚洲	667.93	90.14	140.49	87.91	4.75
美洲	36.03	4.86	6.12	3.83	5.88
非洲	32.50	4.39	12.50	7.82	2.60
欧洲	4.22	0.57	0.67	0.42	6.34
大洋洲	0.28	0.04	0.03	0.02	9.37
世界	740.96	100.00	159.81	100.00	4.64

注：数据来源于联合国粮农组织 FAOSTAT 网站

根据联合国粮农组织统计，2016 年各大洲的水稻生产情况如下。

（1）亚洲地区 中国水稻总产量居世界第一位。印度水稻总产量居世界第二位。亚洲其他主产国包括印度尼西亚、孟加拉国、越南、缅甸、泰国、菲律宾和巴基斯坦。其中泰国、越南、印度和巴基斯坦是主要大米出口国。亚洲其他重要产稻国还有柬埔寨、日本、韩国、尼泊尔、老挝、斯里兰卡、马来西亚和朝鲜等国。

（2）美洲地区 栽培面积和总产量以巴西最多，居世界第九位；巴西还是全球陆稻种植面积最大的国家。其次为美国，总产量居世界第十一位，生产的稻米约 2/3 供出口，为重要大米出口国之一。美洲种稻的国家还有哥伦比亚、秘鲁、古巴和墨西哥等。

（3）非洲地区 尼日利亚的水稻栽培面积和总产量均居非洲第一位，埃及的水稻单产量居非洲第一位，总产量居非洲第二位，是非洲主要的大米输出国。非洲其他产稻国还有马达加斯加、几内亚和坦桑尼亚等。

（4）欧洲地区 欧洲主要产稻国家有意大利、西班牙、葡萄牙和法国等，其中意大利主要种植单季粳稻，面积和总产量居欧洲第一位，是欧洲主要大米生产国和出口国。

（5）大洋洲地区 该地区主要产稻国家为澳大利亚，其水稻面积占比很小，但平均单产量最高。由于水资源紧缺，澳大利亚的水稻生产面积近年呈逐渐缩小的趋势。

在世界十大水稻生产国（按 2016 年总产量排序）中，除巴西为南美洲国家外，其余九国均属于亚洲国家（表 6-2），2016 年十大水稻生产国的总产量和收获面积分别占世界的 85.4% 和 82.3%。

表 6-2 世界十大水稻生产国家（2016）

位次	国家	总产量 /10^6 t	收获面积 /10^6 hm²	单产量 / (t·hm⁻²)
1	中国	211.09	30.45	6.93
2	印度	158.76	42.96	3.70
3	印度尼西亚	77.30	14.28	5.41
4	孟加拉国	52.59	11.39	4.62

位次	国家	总产量 /10⁶ t	收获面积 /10⁶ hm²	单产量 / (t · hm⁻²)
5	越南	43.44	7.78	5.58
6	缅甸	25.67	6.72	3.82
7	泰国	25.27	8.68	2.91
8	菲律宾	17.63	4.56	3.87
9	巴西	10.62	1.94	5.46
10	巴基斯坦	10.41	2.77	3.76
	合计	632.77	131.53	
	世界	740.96	159.81	4.64
	占比 /%	85.40	82.30	

注：数据来源于联合国粮农组织 FAOSTAT 网站

6.1.3　我国水稻生产与分区

我国稻区分布辽阔，南至海南（18°9′ N），北至黑龙江的漠河地区（52°29′ N），东至台湾，西达新疆，低至海平面以下的东南沿海潮田，高达海拔 2 710 m 以上的云贵高原，均有水稻种植。水稻种植面积的 80% 以上分布在秦岭、淮河以南地区，成都平原、长江中下游平原、珠江流域的河谷平原和三角洲地带、黑吉平原河谷和辽河沿海平原，是我国水稻主产区。此外，云南、贵州的坝子平原，浙江、福建沿海地区的海滨平原，也是我国水稻的集中产区。各地自然生态环境、社会经济条件和水稻生产状况都有明显差异。

据中国农业年鉴数据，2016 年我国水稻播种面积 3 016.24 × 10⁴ hm²，总产量 20 693.4 × 10⁴ t，单产量 6 860.7 kg/hm²。水稻产量达千万吨以上的有湖南、黑龙江、江西、江苏、湖北、四川、安徽、广西、广东共 9 省（区），合计占全国总产量的 3/4 以上（表 6-3），其他重要水稻产地包括云南、浙江、吉林、河南、重庆、福建、辽宁和贵州八省（市），以上各省水稻年产量分别在（4～6）× 10⁶ t。

表 6-3　我国主要稻作区各省（区）水稻种植面积和产量（2016）

位次	省（区）	总产量 /10⁶ t	收获面积 /10⁶ hm²	单产量 / (t · hm⁻²)
1	湖南	26.02	4.09	6.37
2	黑龙江	22.55	3.20	7.04
3	江西	20.13	3.32	6.07
4	江苏	19.31	2.29	8.42
5	湖北	16.94	2.13	7.95
6	四川	15.58	1.99	7.83
7	安徽	14.02	2.27	6.19

续表

位次	省（区）	总产量 /10⁶ t	收获面积 /10⁶ hm²	单产量 / (t · hm⁻²)
8	广西	11.37	1.96	5.80
9	广东	10.87	1.89	5.76
	全国	207.08	30.18	6.86

注：数据来源于《中国统计年鉴》

　　我国稻作区划以自然生态环境、品种类型、栽培制度为基础，结合行政区划，划分为 6 个稻作区（一级区）和 16 个稻作亚区（二级区）（图 6-1）。

　　Ⅰ. 华南双季稻稻作区　该区位于南岭以南，包括广东、广西、福建、海南和台湾（未纳入统计数据）五省（区）。其下划分为闽、粤、桂、台平原丘陵双季稻亚区（Ⅰ₁），滇南河谷盆地单季稻稻作亚区（Ⅰ₂）和琼雷台地平原双季稻多熟亚区（Ⅰ₃）。该区稻作面积居全国第二位，不包括台湾约占全国稻作总面积的 20%，≥ 10℃积温 5 800 ~ 9 300℃，水稻生产季节 260 ~ 365 d，年降雨量 1 300 ~ 1 500 mm。品种以籼稻为主，山区也有粳稻分布。

　　Ⅱ. 华中单双季稻稻作区　该区位于南岭以北和秦岭以南，包括江苏、上海、浙江、安徽的中南部、江西、湖南、湖北、四川（除甘孜藏族自治州外）八省（市），以及陕西和河南两省的南部。其下划分为长江中下游平原单双季稻亚区（Ⅱ₁）、川陕盆地单季稻两熟亚区（Ⅱ₂）和江南丘陵平原双季稻亚区（Ⅱ₃）。该区稻作面积居全国首位，约占全国稻作总面积的 57%，其中的江汉平原、洞庭湖平原、鄱阳湖平原、皖中平原、太湖平原和里下河平原，历来

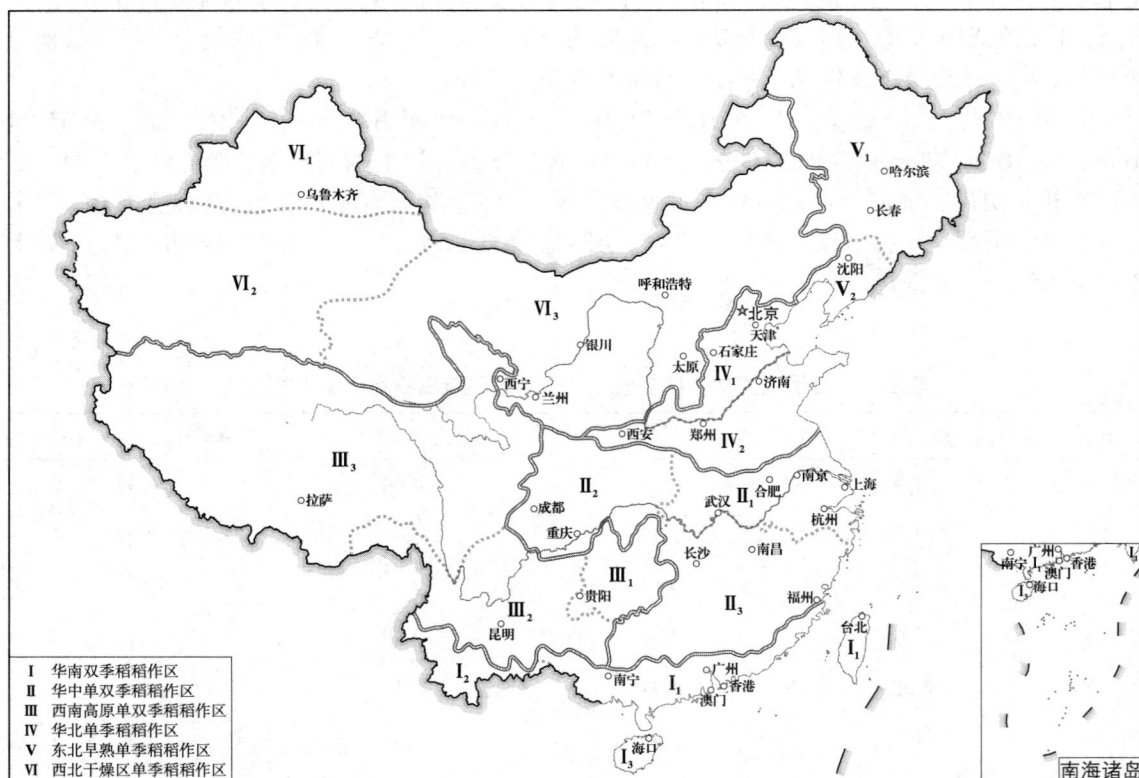

图 6-1　中国水稻种植区划（引自周立山，1993）

都是我国著名的稻米产区；≥10℃积温 4 500～6 500℃，水稻生产季节 210～260 d，年降水量 700～1 600 mm。早稻品种多为常规籼稻或籼型杂交稻，中稻多为籼型杂交稻，连作晚稻和单季晚稻为籼型、粳型杂交稻或常规粳稻。

Ⅲ. 西南高原单双季稻稻作区　该区位于云贵高原和青藏高原，包括湖南西部、贵州大部、云南中北部、青海、西藏和四川甘孜藏族自治州。该区分为黔东湘西高原山区单双季稻亚区（Ⅲ₁），滇川高原岭谷单季稻两熟亚区（Ⅲ₂）和青藏高寒河谷单季稻亚区（Ⅲ₃）。该区稻作面积约占全国稻作面积的 5%，≥10℃积温 2 900～8 000℃，水稻生产季节 180～260 d，年降水量 500～1 400 mm。水稻类型垂直分布带差异明显，低海拔地区为籼稻，高海拔地区为粳稻，中间地带为籼粳交错分布区。

Ⅳ. 华北单季稻稻作区　该区位于秦岭、淮河以北，长城以南，包括北京、天津、河北、山东、山西等省（市）和河南北部、安徽淮河以北、陕西中北部、甘肃兰州以东地区。该区分为华北北部平原中早熟亚区（Ⅳ₁）和黄淮平原丘陵中晚熟亚区（Ⅳ₂）。该区稻作面积约占全国稻作面积的 2%，≥10℃积温 4 000～5 000℃，无霜期 170～230 d，年降水量 580～1 000 mm，降水量年际间和季节间分配不匀，冬春干旱，夏秋雨量集中。品种以粳稻为主。

Ⅴ. 东北早熟单季稻稻作区　该区位于黑龙江以南和长城以北，包括辽宁、吉林、黑龙江和内蒙古自治区东部。该区分为黑吉平原河谷特早熟亚区（Ⅴ₁）和辽河沿海平原早熟亚区（Ⅴ₂）。稻作面积居全国第三位，约占全国稻作面积的 15%，≥10℃积温为 2 000～3 700℃，年降水量 350～1 100 mm。稻作期一般在 4 月中下旬或 9 月上旬至 10 月上旬。品种主要是常规粳稻，单产量较高，其中黑龙江水稻生产近年来发展较快，目前该区已成为我国重要的水稻主产区之一。

Ⅵ. 西北干燥区单季稻稻作区　该区位于大兴安岭以西，长城、祁连山与青藏高原以北地区，包括新疆维吾尔自治区、宁夏回族自治区、甘肃西北部、内蒙古西部和山西大部。该区分为北疆盆地早熟亚区（Ⅵ₁）、南疆盆地中熟亚区（Ⅵ₂）和甘宁晋蒙高原早中熟亚区（Ⅵ₃）。该区稻作面积不到全国稻作面积 1%，≥10℃积温 2 000～4 500℃，无霜期 100～230 d，年降水量 50～600 mm，大部分地区气候干旱，光能资源丰富。主要种植早熟粳稻。

6.1.4 稻的起源与分类

6.1.4.1 栽培稻种的起源

栽培稻在植物分类学上属禾本科（Gramineae），稻属（Oryza）植物，全球稻属植物有 20 多个种。栽培种有 2 个，即普通栽培稻或亚洲栽培稻（common rice 或 Asian rice，O. sativa）（图 6-2）和非洲栽培稻（African rice，O. glaberrima），其余为野生种。

我国已发现的野生稻有三个种，即普通野生稻（O. rufipogon）、药用野生稻（O. officinalis）和疣粒野生稻（O. granulata）（图 6-2），其中普通野生稻分布较广。普通野生稻生长于沼泽地，茎叶多带紫红色，一般为多年生，多蘖散生，穗枝梗散开，着粒少，结实少，谷粒多具长芒，自然落粒性强。普通野生稻与普通栽培稻杂交后代结实率较高，说明其亲缘关系较近。所以，一般认为普通栽培稻由普通野生稻进化而来。

普通栽培稻又称亚洲栽培稻，起源于亚洲的中国长江以南地区，后被引种到世界各大洲，现广泛分布于亚洲、非洲、美洲、欧洲及大洋洲，为目前世界水稻规模化生产应用的唯一栽培种；非洲栽培稻起源于热带非洲尼日尔河三角洲，目前仅在西非尚有零星栽培。非洲栽培稻与

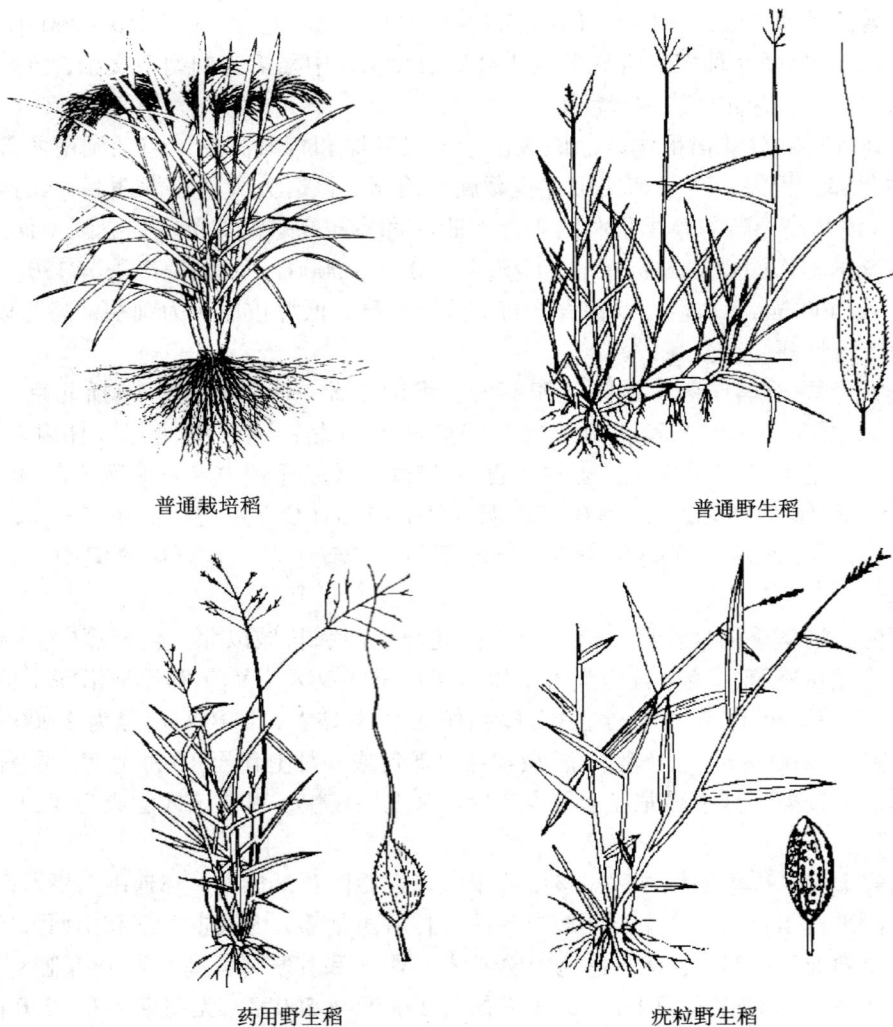

图 6-2　普通栽培稻和三种野生稻（引自南京农业大学等，1979）

深入学习 6-1

普通栽培稻起源地的不同学说

普通栽培稻比较，其穗小粒少，无二次枝梗；叶舌较短，且叶舌的尖端钝圆；秆毛、叶茸毛少或无；谷粒两侧有较长的护颖。

6.1.4.2　中国栽培稻的演变和分类

（1）栽培稻的系统分类　普通栽培稻种类繁多，其中我国栽培稻品种有 4 万余个。丁颖等（1961）根据各类稻种的起源、演变、生态特性及栽培发展过程，对水稻类型进行了系统分类，其关系系统如图 6-3 所示。

① 籼稻（indica rice）和粳稻（japonica rice）　籼稻是基本型，一般认为粳稻是在较低温度气候生态条件下，由籼稻经过自然选择和人工选择逐渐演变而形成的变异型，近年也有学者认为它们分别起源于不同生态型的普通野生稻。籼稻、粳稻在植物学分类上属于相对独立的两个亚种，其亲缘关系相距较远，杂交亲和力弱，杂交结实率低。典型的籼稻和粳稻在形态上和生理上具有明显的差别（表 6-4），但由于自然和人为的籼粳杂交等原因，存在一些中间类型品种，必须根据其综合性状表现鉴别籼稻和粳稻。

普通栽培稻
- 籼亚种(基本型)
  - 晚季稻(基本型)
    - 水稻(基本型)
      - 黏稻(基本型)
      - 糯稻(变异型)
    - 陆稻(变异型)
      - 黏稻(基本型)
      - 糯稻(变异型)
  - 早中季稻(变异型)
    - 水稻(基本型)
      - 黏稻(基本型)
      - 糯稻(变异型)
    - 陆稻(变异型)
      - 黏稻(基本型)
      - 糯稻(变异型)
- 粳亚种(变异型)
  - 晚季稻(基本型)
    - 水稻(基本型)
      - 黏稻(基本型)
      - 糯稻(变异型)
    - 陆稻(变异型)
      - 黏稻(基本型)
      - 糯稻(变异型)
  - 早中季稻(变异型)
    - 水稻(基本型)
      - 黏稻(基本型)
      - 糯稻(变异型)
    - 陆稻(变异型)
      - 黏稻(基本型)
      - 糯稻(变异型)

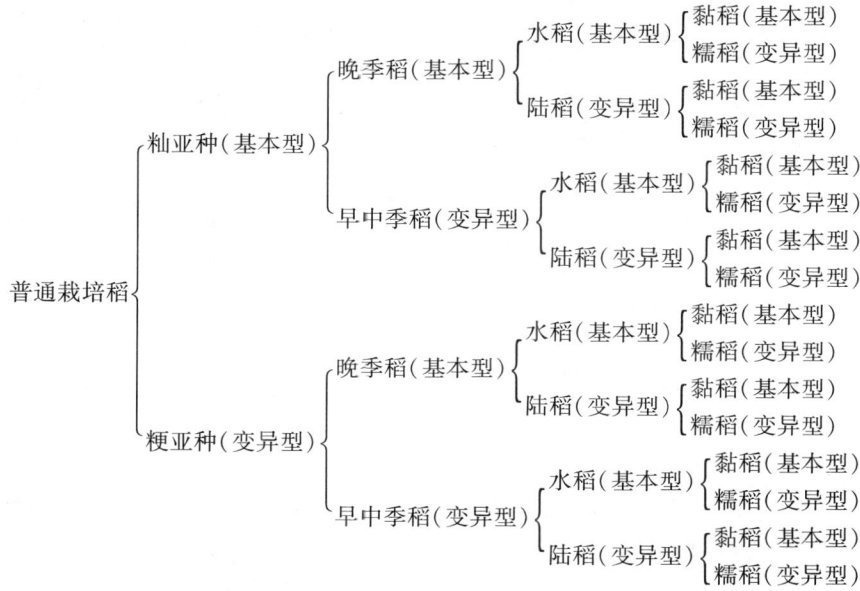

图 6-3 普通栽培稻的系统分类

表 6-4 籼稻与粳稻主要形态特征及生理特性比较

	籼稻	粳稻
形态特征	株型较散，顶叶开角度小； 叶片较宽、叶毛多； 子粒细长略扁，颖毛短而稀，散生颖面； 无芒或短芒	株型较竖，顶叶开角度大； 叶片较窄，色较浓绿，叶毛少或无； 子粒短圆，颖毛长而密，集生颖尖、颖棱； 无芒或长芒
生理特征	抗寒性较弱，抗旱性较弱，抗稻瘟病性较强； 分蘖力较强，耐肥抗倒一般； 易落粒，出米率低，碎米多，黏性小，胀性大； 在苯酚中易着色	抗寒性较强，抗旱性较强，抗稻瘟病性较弱； 分蘖力较弱，较耐肥抗倒； 难脱粒，出米率较高，碎米少，黏性大，胀性小； 在苯酚中不易着色

② 晚稻（late rice）和早稻（early rice） 籼稻和粳稻中都有晚稻和早稻，它们在外形上没有明显的区别。它们之间的主要区别在于一对光照长短的反应特性不同。晚稻对日长反应敏感，即在短日照条件下才能进入幼穗发育阶段和抽穗；早稻对日长反应钝感或无感，只要温度等条件适宜，即使在长日照条件下，同样可以进入幼穗发育阶段和抽穗。华南地区可将早稻品种作晚稻种植，称为早稻"翻秋"。

晚稻和早稻是在不同栽培季节中形成的两个生态型，其中晚稻的感光特性与野生稻相似，因此认为晚稻为基本型；早稻是通过长期的自然与人工选择逐步从晚稻中分化出来的变异型；中稻对日长的反应处于晚稻与早稻之间的中间状态，其中的早熟、中熟品种与早稻相似。

③ 水稻（paddy rice）和陆稻（upland rice） 根据栽培稻对土壤水分适应性的不同，分为水稻（包括灌溉稻 irrigated rice，低地雨育稻 rain-fed lowland rice，深水稻 deep water rice，浮稻 floating rice）和陆稻（又称旱稻）两大类型。上述不同生态类型的主要区别在彼此耐旱性不同，它们在形态解剖上和生理生态方面存在一些差别，都是其耐旱性不同的表现。从稻的系统分类中已知，在籼粳稻的早、中、晚稻中都存在水稻和陆稻。水稻在整个生育期中，都可适应于有水层的环境，是一种水生或湿生植物；而陆稻则和其他旱作物一样，可在旱地栽培。水稻

的水生环境与野生稻生长在沼泽地带相似，因此认为水稻为基本型，而陆稻是变异型。

④ 黏稻（non-glutinous rice）和糯稻（glutinous rice） 各稻种类型中都有黏稻（又称非糯稻）和糯稻。两者的主要区别只是因个别主效基因的差异，导致淀粉组成不同和米粒颜色各异。黏米呈半透明，含支链淀粉70% ~ 80%，直链淀粉20% ~ 30%。糯米为乳白色，几乎全部为支链淀粉。所以，黏稻煮的饭黏性弱，胀性大；糯稻煮的饭黏性强，胀性小。野生稻都属黏稻。因此，可认为黏稻为基本型，糯稻是由于其淀粉成分的变异，经人工选择而演变成的变异型。

（2）栽培稻品种分类 作物品种是人们针对农艺性状或经济性状如生育期、株高、产量、品质、抗性等，经过人工选择育种而形成的。在近半个世纪内，栽培稻品种选育工作发展快，品种类别丰富。通常根据栽培稻品种的熟期、株型、穗型、种子繁殖方式和稻米品质等特征进行分类。

① 按熟期分类 一般将早稻、中稻和晚稻分别分为早熟、中熟、迟熟品种，共9个类型。熟期的早迟，是根据品种在当地生育期长短划分的。在不同的耕作制度或生态条件下，选用不同熟期的品种进行合理搭配，有利于获得最佳的经济效益和生态效益。

② 按株型分类 主要按其茎秆长短划分为高秆、中秆和矮秆品种。一般将茎秆长度在100 cm以下的为矮秆品种，长于120 cm者为高秆品种，100 ~ 120 cm的划为中秆品种。矮秆品种一般耐肥抗倒，但过矮，其生物学产量低，难以高产；高秆品种一般不耐肥抗倒，生物学产量虽高，而收获指数低，也不易高产，目前生产上很少利用。因此，当前生产上利用的水稻品种多为矮中偏高或中秆品种类型。

③ 按穗型分类 分为大穗型和多穗型两种。大穗型品种一般秆粗、叶大、分蘖少，每穗粒数多；多穗型品种一般秆细、叶小、分蘖较多、每穗粒数较少，而每穗粒数多少，又往往受环境和栽培条件的影响。在栽培上，多穗型品种必须在争取足够茎蘖数的基础上，提高成穗率而获取高产；大穗型品种，除在一定成穗数的基础上，应主攻大穗，以发挥其穗大、粒多的优势而充分挖掘其生产潜力。

④ 按稻种繁殖方式分类 分为杂交稻种和常规稻种。杂交稻遗传基础丰富，具有杂种优势，通常产量较高。目前推广的杂交稻品种，以中秆、大穗类型的籼稻较多，且根系发达，分蘖力强。当前我国南方稻区杂交稻以籼稻为主。

⑤ 按稻米品质分类 可分为优质稻、中质稻和劣质稻。目前我国仍以生产中质稻为主。随着人民生活水平不断提高，对优质稻米的需求量将越来越多。近年来，优质稻种植有较大发展，但由于多数常规优质稻品种产量不高，故发展速度受到一定限制。随着高产优质稻品种选育的进展，今后我国优质稻种植面积将进一步扩大。

（3）特种稻 水稻在长期演化中还形成了香稻（aromatic rice）和其他一些特种稻品种。随着我国消费者对香稻等特种稻的需求不断增长，其生产规模呈增长趋势。

香稻是能够散发出香味的品种，通常的香稻除根部外其茎、叶、花、米粒均能产生香味。一般认为香稻的香气主要来自2-乙酰-1-吡咯啉，不同的香稻类型可能具有不同的香味物质。用香米蒸煮的米饭会散发出诱人的香味。国际稻米市场上的香米类型主要有两类，一类是产于印度和巴基斯坦米粒细长的巴斯马蒂香米（Basmati rice），另一类是产于泰国等东南亚国家的茉莉香米（Jasmine rice）。

有色稻米包括红米、黑米和绿米，色素多积聚颖果果皮内很薄的一层种皮细胞中，因为加工成精米时果皮种皮和胚都会被碾去，所以市场上出售的有色稻米都是糙米。

甜米是指淀粉含量相对较少而可溶性糖含量相对较大，米饭有甜味的稻米。用它制成各种食品，可减少食糖用量，制出高质量保健食品。

巨胚稻的胚占糙米 25% 左右，是普通稻米胚的 2～3 倍。糙米中蛋白质、脂肪、纤维素、烟酸等营养成分的含量明显高于普通稻米。其糙米可用作保健食品原料。

🔖 深入学习 6-2
我国稻作科学的发展

6.2　水稻的生长发育与温光反应特性

6.2.1　水稻的生育过程

通常将稻种萌发到新种子成熟的生长发育过程，称为水稻的一生。水稻一生可划分为营养生长期（vegetative growth phase）和生殖生长期（reproductive growth phase）两个阶段（图 6-4）。种子发芽，分蘖，根、茎、叶的生长为营养生长；幼穗分化、稻穗形成、抽穗开花、灌

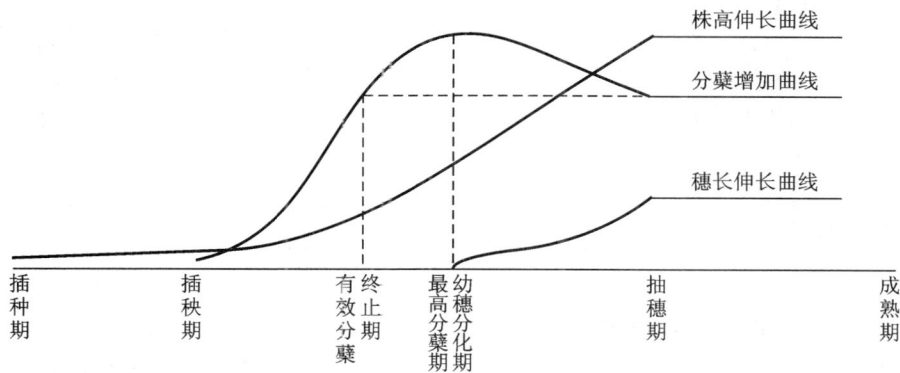

幼苗期	秧田分蘖期	分　蘖　期			幼穗发育期			开花结实期		
秧　田　期		返青期	有效分蘖期	无效分蘖期	分化期	形成期	完成期	乳熟期	蜡熟期	完熟期
营养生长期					营养生长与生殖生长并进期			生殖生长期		
		穗数决定阶段			穗数巩固阶段					
		粒数奠定阶段			粒数决定阶段					
					粒重奠定阶段			粒重决定阶段		

图 6-4　水稻生长发育过程与生育期（引自南京农业大学等，1979）

浆结实为生殖生长。

6.2.2　水稻的生育期、生育阶段和生育时期

6.2.2.1　水稻生育期的概念

水稻从播种至成熟的天数称为生育期，其中从移栽至成熟称大田（本田）生育期。水稻生育期主要由遗传特性决定，但可随其生长季节的温度、日照长短变化而变化。生产上所指水稻生育期是指某品种在当地正常水稻生长季节适时播种至成熟的天数。同一品种在同一地区，在适时播种和适时移栽的条件下，其生育期是相对稳定的，它是品种固有的遗传特性。华中稻区单双季稻的生育期如表 6-5。

表 6-5 华中稻区水稻生育期一览表

品种类型		全生育期 /d	播种期	抽穗期	成熟期
早稻	早熟	115 左右	3 月下旬—4 月初	6 月中旬	7 月中旬
	中熟	120 左右	3 月下旬—4 月初	6 月中、下旬	7 月中、下旬
	迟熟	125 左右	3 月下旬—4 月初	6 月下旬—7 月上旬	7 月下旬—8 月初
连作晚稻	早熟	110 ~ 115	7 月初	9 月上旬	10 月中旬
	中熟	120 左右	6 月下旬	9 月中旬	10 月中、下旬
	迟熟	135 ~ 140	6 月中旬	9 月中、下旬	10 月下旬—11 月上旬
一季中稻		130 ~ 140	4 月中旬—5 月上旬	8 月下旬	9 月中、下旬
一季晚稻		150 ~ 160	5 月中旬—6 月上旬	9 月下旬	10 月中、下旬

6.2.2.2 水稻生育期的变化及特点

（1）水稻的生育期 水稻的生育期，短的不足 100 d，长的超过 180 d。不同品种生殖生长期差异不大，幼穗分化至成熟一般为 60 ~ 70 d。但不同品种营养生长期差异较大，同一品种在不同地区或在同一地区不同时期种植，其营养生长期长短也会有变化。品种生育期长短的差异主要在于营养生长期。

（2）水稻生育期的变化规律 在同一地域，随纬度增高，生育期延长；纬度相近，随海拔增高，生育期延长；在同一地点，随播种期推迟，生育期缩短。

6.2.2.3 水稻的生育阶段和生育时期

根据水稻生长发育过程中外部形态所发生的变化将水稻划分为不同的生育时期。划分方法因工作目的和研究角度不同有很大差异，国内外采用的方法也不尽相同。

（1）水稻生育时期的国际划分方法 国际水稻研究所将水稻生育时期划分为三个生长阶段和 10 个生育时期，分别以数字 0 ~ 9 作为各生育时期的代码（表 6-6）。

表 6-6 水稻生育时期的划分

生长阶段	时期		形态特征
	代码	简称	
Ⅰ营养生长阶段	0	发芽期	从种子萌发到出苗。首先长出白色的芽鞘和胚根，接着从芽鞘中长出只有叶鞘的不完全叶
	1	幼苗期	从出苗至三片完全叶展开，称为幼苗期。三叶期种子胚乳中营养基本耗尽，此后稻苗进入自养阶段
	2	分蘖期	从第四叶期开始发生分蘖，直到分蘖停止，称为分蘖期。由主茎分蘖节腋芽发生的分蘖为一次分蘖，由一次分蘖发生的分蘖为二次分蘖
	3	拔节期	分蘖后期，50% 的茎蘖基部节间伸长至 1 ~ 2 cm 时称为拔节期
Ⅱ生殖生长阶段	4	长穗期	从幼穗分化（panicle initiation）开始至孕穗（booting），称为长穗期。长穗期是营养生长和生殖生长并进期
	5	抽穗期	稻穗上部颖花从剑叶鞘中露出即为抽穗。50% 稻穗（不包括芒）自叶鞘伸出的日期为抽穗期

续表

生长阶段	时期		形态特征
	代码	简称	
Ⅲ 灌浆结实或成熟阶段	6	开花期	穗顶端的颖花露出剑叶鞘的当日或次日开始开花，第3 d前后开花最盛。开花时颖壳张开，花丝迅速伸长，花药开裂
	7	乳熟期	子粒中开始积累淀粉，手指挤压子粒冒出乳状液体
	8	蜡熟期	子粒充实物变成面团状物质，随后逐渐变硬
	9	成熟期	谷粒变硬，谷壳变黄，稻谷成熟

注：引自国际水稻研究所（IRRI）

（2）水稻生育时期的中国划分方法　中国学者总体上也将水稻生长过程分为营养生长期和生殖生长期。在营养生长期水稻植株的生长表现为叶片增多、分蘖增加、根系增长，为生殖生长积累了必需的营养物质。生殖生长期完成幼穗分化、抽穗扬花与灌浆结实。生产上习惯将水稻生育时期分为幼苗期、分蘖期、长穗期、抽穗扬花期及灌浆结实期。

① 幼苗期（seedling stage）　从种子萌动开始至三叶期，称幼苗期（图6-5）。胚根与种子等长，胚芽为种子一半长度时，称为发芽；当不完全叶突破芽鞘，叶色转青时称出苗，或称现青。幼苗至三叶期末胚乳基本耗尽，称为断乳期，此后秧苗由异养阶段转入自养阶段。移栽水稻通常在秧田度过幼苗期。

② 分蘖期（tillering stage）　从第四叶出生开始发生分蘖，直到拔节分蘖停止，称为分蘖期。杂交稻通常播种密度较小，秧苗可在秧田发生分蘖；常规稻品种则播种密度较大，在秧田很少发生分蘖。秧苗移栽后到秧苗恢复生长时，称为返青期（reviving period）；返青后分蘖发生，至拔节时分蘖停止，分蘖数达最高峰。发生较早的分蘖由于具有较多自身根系，通常能生长发育至抽穗结实，称为有效分蘖（effective tiller），而迟发生的分蘖则可能生长逐渐停滞直至

彩图 6-1
水稻主要生育时期

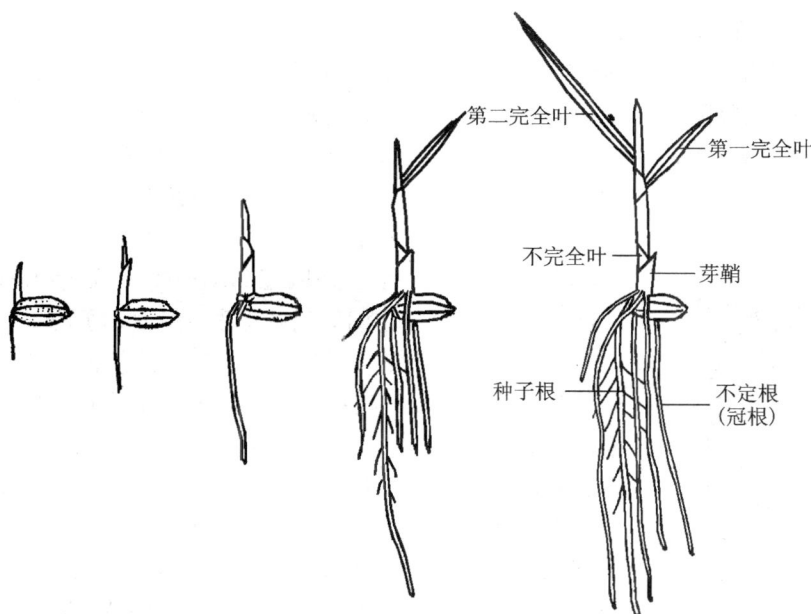

图 6-5　水稻种子萌发与幼苗生长（引自刁操铨，1994）

死亡，称为无效分蘖（ineffective tiller）。分蘖前期产生有效分蘖，称有效分蘖期；分蘖后期产生无效分蘖，称无效分蘖期。在生产上要求无效分蘖数越少越好。

③ 长穗期（panicle growth stage） 长穗期从幼穗分化（panicle initiation）开始至抽穗（heading）为止。剑叶（flag leaf）叶鞘包被的稻穗在发育接近完成时向外凸起，俗称打苞，即孕穗（booting）。稻穗自叶鞘伸出称为抽穗。长穗期一般为 25~30 d，生育期短的小穗型品种长穗期较短，生育期长的大穗型品种长穗期较长。

在长穗期间，营养生长如茎节间伸长、上位叶生长和根系发生仍在进行，长穗期是营养生长和生殖生长并进期。幼穗分化与拔节的衔接关系因水稻品种生育期长短而异。生育期短的品种一般幼穗分化在拔节之前，称重叠生育型；中熟品种一般幼穗分化与拔节同时进行，称衔接生育型；生育期长的品种一般幼穗分化在拔节之后，称分离生育型。

④ 抽穗扬花期（heading and flowering stage） 发育完全的幼穗从剑叶鞘内伸出时即为抽穗。记载时常以幼穗中部露出剑叶鞘时作为抽穗标准。全田 50% 植株抽穗时为抽穗期，80%植株抽穗时为齐穗期。水稻穗的柱头伸出，花粉飞散，称扬花。水稻扬花期一般是一周左右。晴天水稻在上午 9 时后扬花，下午 2 时前收花。

⑤ 灌浆结实期（grain filling stage） 灌浆结实期所经历的时间，因当时的气温和品种特性而异，一般为 25~50 d，早稻偏短，晚稻偏长。灌浆结实期稻谷的成熟过程分为乳熟期、蜡熟期和完熟期三个时期。

a. 乳熟期（milk grain stage） 开花后 3~10 d，米粒内开始有淀粉积累，呈现白色乳液，直至内容物逐渐浓缩，胚乳结成硬块，米粒大致形成，背部仍为绿色。

b. 蜡熟期（dough grain stage） 在开花后 11~17 d，米粒逐渐硬结，与蜡质相似，手压仍可变形，米粒背部绿色渐消失，谷壳渐转黄。

c. 完熟期（mature grain stage） 谷壳已呈黄色，米粒硬实，不易破碎，并具固有的色泽。

6.2.3　水稻的器官建成

6.2.3.1　根的形态与生长

彩图 6-2
水稻的根

稻根属于须根系，有种子根和不定根之别。种子根又称初生根，只有一条，由胚根直接发育而成，在幼苗期具吸收作用，以后枯死。不定根又称节根，由茎基部的茎节上生出，其上再发生支根（图 6-6）。从种子根和不定根上长出的支根，叫第一次支根；从第一次支根上长出的支根，叫第二次支根；依此类推，条件好时最多可发生 5~6 级分枝。

水稻根系在移栽后的生育初期向横、斜下方伸展，在耕作层土壤中呈扁圆形分布。到抽穗期，根的总量达到高峰，根系向下发展，其分布由分蘖期的扁圆形发展为倒卵形。

陆稻、旱播稻湿润管理时，根尖伸长区之上表皮细胞外壁延伸出大量根毛，但在水层中生长的水稻不长根毛或根毛极少。根的顶端有生长点，外有帽状根冠保护。根的数量、长度、分布、伸展角度等因环境条件而变化。

根的横剖面由中柱、皮层和表皮三部分构成，中柱内有木质部的大导管十余个呈辐射状排列，韧皮部与后生木质部相间排列。皮层细胞间隙扩大呈空洞，裂生成辐射状排列的气腔，与茎叶的气腔联通，形成发达的通气组织（图 6-7）。

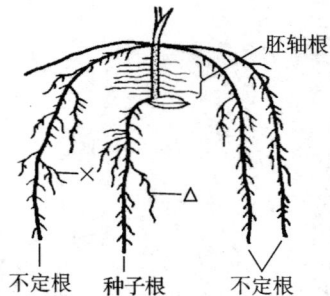

图 6-6　水稻根系的形态
（引自南京农业大学等，1979）
△第一次支根，× 第二次支根

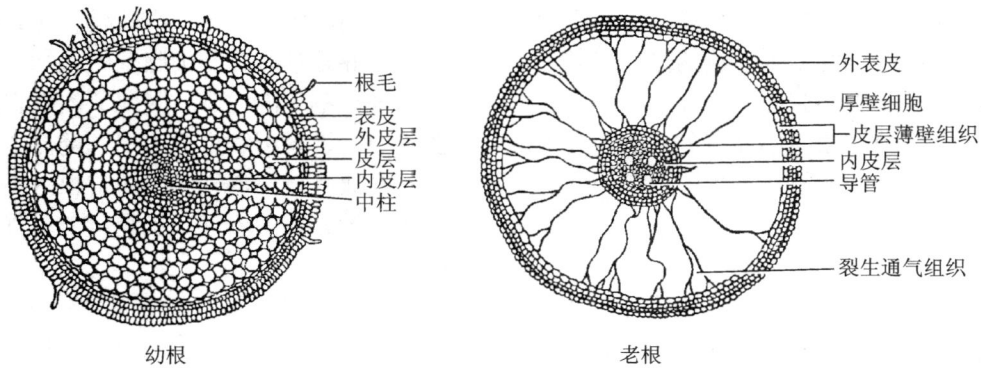

图 6-7　水稻根的横切面

（引自南京农业大学等，1979）

6.2.3.2　茎的形态与生长

稻茎一般呈圆筒形，中空，茎上有节。叶着生在节上，上下两节之间称节间（图 6-8）。茎基部有 7～13 个节间不伸长，称为分蘖节（tillering node）；茎的上部有 4～7 个明显伸长的节间，形成茎秆；下部节间的薄壁组织中形成有气腔（图 6-9）。

一般生育期长的品种茎节数和伸长节间数较多，生育期短的品种较少。节表面隆起，内部

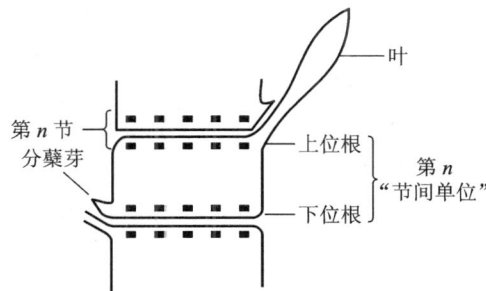

图 6-8　水稻茎节的结构

（引自南京农业大学等，1979）

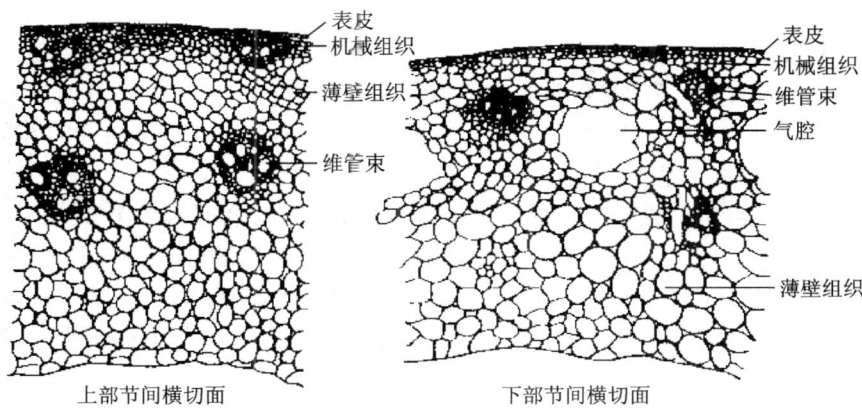

图 6-9　水稻茎秆节间部分横切面

（引自王维金，1998）

充实，外层是表皮，细胞壁很厚，节组织中的厚壁细胞充满原生质，生活力旺盛，比其他部分含有较多的糖分、淀粉等。节的髓部与其上下节中心腔分界处具有肥厚细胞壁的石细胞层，称横隔壁，将两个中心腔隔开。叶、分蘖及根的输导组织都在茎节内汇合，因此节内维管束的配置比较复杂。节间的横剖面可分为表皮、下皮、薄壁组织、维管束和机械组织各部分。茎节是稻株体内输气系统的枢纽，各方面的通气组织在此相互联通，节部通气组织还与根的皮层细胞相连，所以这种从叶片到根系间以茎节部通气组织为枢纽的完善的输气系统是旱生禾谷类作物所没有的。

节间伸长初期，是节间基部分生组织细胞增殖与纵向伸长引起的，生产上称为拔节（jointing）。节间伸长先从下部节间开始，一般是基部节间伸长末期正是第二间伸长盛始，顺序向上，但在同一时期中，有 3 个节间在同时伸长，一般是基部节间伸长末期正式第二节间伸长盛期，第三间伸长初期。基部节间伸长 1 ~ 2 cm 时称为拔节期。伸长期后，节与节间物质不断充实，硬度增加，单位体积重量达到最大值。

彩图 6-3
水稻的分蘖

6.2.3.3 分蘖的生长

分蘖是由稻株分蘖节上各叶的腋芽（分蘖芽），在适宜条件下生长形成的。从主茎上长出的分蘖称第一次分蘖，从第一次分蘖上长出的分蘖称第二次分蘖，生育期长的品种可能有第三次、第四次分蘖。分蘖在母茎上所处的叶位称分蘖位。凡分蘖叶位数多的品种，分蘖期长，生育期一般也较长。对温、光、水、肥等条件敏感的品种，当条件不宜时，分蘖芽处于休眠状态，分蘖发生率低。一般情况下，籼稻分蘖发生率较高，粳稻较低；同为籼稻或粳稻，也有强弱之分。伸长节间的叶腋内形成休眠的潜伏芽，在收割了前季稻穗后，如稻株内养分积累充足，水分和光温条件适宜时，这些潜伏芽可很快发育成分枝穗，即为再生稻。

水稻主茎出叶和分蘖存在同伸规则，即 n 对 $n-3$ 的同伸关系。当主茎第 4/0（0 代表主茎，4 代表第四片叶）叶抽出，第 1/0 叶腋内伸出第一分蘖的第一叶。生产上可以根据叶、蘖同伸现象的表现对分蘖期间田间管理好坏和禾苗生长状况进行诊断，为栽培措施的合理运用提供依据。

在正常群体条件下，分蘖要长出第四叶时才能从第一节上长出独立的根系，才能进行自养生长，此前主要是靠母茎提供养分。当母茎开始拔节时，分蘖必须有 3 片以上叶才有较高的成穗可能性。在分蘖期，每长 1 片叶需 5 ~ 6 d，3 片叶合计要 15 ~ 18 d，因此，在拔节以前 15 d 发生的分蘖，其后形成有效穗的可能性较大。

彩图 6-4
水稻的叶

6.2.3.4 叶的形态与生长

稻叶互生于茎的两侧，为 1/2 叶序。主茎叶数与茎节数一致，其数目多少与品种、生育期有直接关系。早熟品种有 9 ~ 13 片叶，中熟品种有 14 ~ 16 片叶，晚熟品种的叶数在 16 片以上。水稻最后生长出来的那片叶称为剑叶。

稻叶可分为叶鞘和叶片两部分，在其交界处有叶枕、叶耳和叶舌（图 6-10）。发芽时最先出现的为芽鞘，其次在茎基上长出一片不完全叶，呈筒状，以后顺次长出有叶鞘和完整叶片的完全叶。叶鞘卷抱在茎的周围，在鞘的两缘重合部分为膜状（图 6-11）。鞘呈绿色或红色、紫色，也能进行光合作用。叶舌为膜状，无色。叶耳较小，由较肥厚的薄壁细胞组成，边缘有茸毛，在叶鞘上端环抱茎秆，叶枕与叶片主脉连接成三角形。叶片上有平行的叶脉，剖面分表皮、薄壁组织、机械组织和大小维管束等部分，表皮有表皮细胞、茸毛、气孔和泡状细胞。气孔排列整齐，茎秆上部的叶气孔较多，同一叶中亦以顶端较多，上表面比背面多。叶肉细胞中

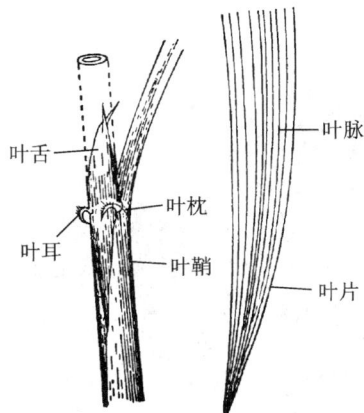

图 6-10 水稻完全叶的结构
（引自南京农业大学等，1979）

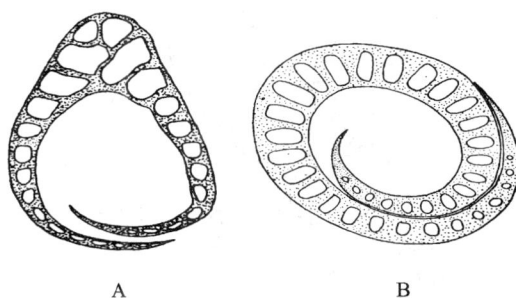

图 6-11 水稻叶鞘横切面（示气腔）
（引自南京农业大学等，1979）
A. 分蘖节上的叶鞘略呈三角形
B. 伸长节上的叶鞘略呈圆形

含很多叶绿体，光合作用在叶绿体内进行。叶片的长短、大小、弯直和叶色浓淡，都因品种类型、环境条件和栽培措施而不同。

相邻两片叶伸出的时间间隔，称为出叶间隔（又称出叶速度）。水稻一生中各叶的出叶间隔，随生育期的进展而变长。幼苗期 2~4 d 出 1 片叶，着生在分蘖节上的叶，出叶间隔 4~6 d；着生在茎秆节上的叶，出叶间隔 7~9 d。出叶的快慢因环境条件不同而有很大变化，特别是温度对出叶速度的影响最为明显，在 32℃ 以下，温度越高出叶越快；水分对出叶速度也有影响，土壤干旱时出叶速度变慢；栽培密度对出叶速度的影响表现为稀植的出叶快，而且出叶数增加，单本栽插的往往要比多本栽插的多出 1~2 片叶。

稻株各叶位叶的长度，有一相对稳定的变化规律。从第一叶开始向上，叶长由短而长，至倒数第二至四叶又由长到短。叶长在品种间差异较大。在同一地区、同一品种、同一栽培条件其各叶长往往稳定在一定的幅度之内。

6.2.3.5 穗和小穗形态与发育

稻穗（panicle）为复总状花序，由穗轴（主梗）、一次枝梗、二次枝梗（间或有三次枝梗）、小穗梗和小穗（spikelet）组成。穗轴上一般有 8~15 个穗节，穗颈节为最下 1 个穗节。每个穗节上着生 1 个枝梗。每个枝梗上着生若干个小穗梗，小穗梗末端着生 1 个小穗，即颖花。小穗基部有两个颖片，退化呈两个小突起，称副护颖。每个小穗有 3 朵小花，只有上部 1 朵小花发育正常，下部 2 朵小花退化，各剩 1 个颖片，称为护颖。水稻颖花包括内外颖各 1 枚、雄蕊 6 枚、浆片 2 枚和雌蕊 1 枚。雄蕊有花丝和花药两部分，雌蕊由二裂的帚状柱头、花柱和子房组成（图 6-12）。

稻株经适宜的日长诱导后，茎端生长点在生理和形态上发生转变，基部分化出第一苞原基，经一系列变化形成稻穗。丁颖将穗发育过程分为八个时期，即第一苞分化期、第一次枝梗原基分化期、第二次枝梗及颖花原基分化期、雌雄蕊形成期、花粉母细胞形成期、花粉母细胞减数分裂期、花粉内容物充实期和花粉成熟期。

幼穗开始分化时，首先在生长锥基部，剑叶原基的对面分化出环状突起，即第一苞原基（图 6-13）。第一苞即分化穗颈节，其上部就是穗轴，所以又称穗颈节分化期，是生殖生长的

🖼 彩图 6-5
稻穗

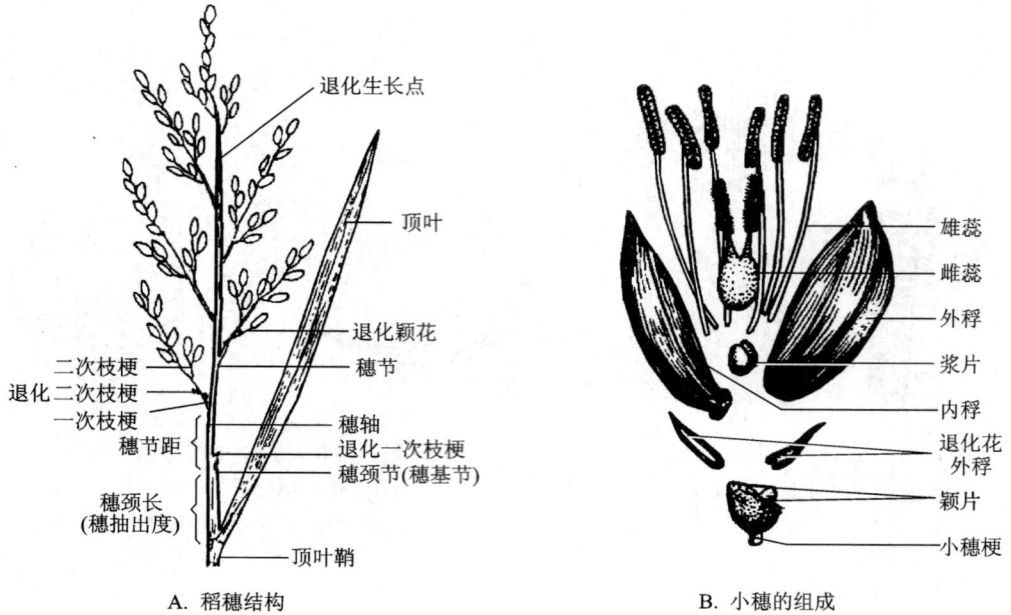

A. 稻穗结构　　　　　　B. 小穗的组成

图 6-12　稻穗（A）和小穗（B）的结构图

（引自王维金，1998）

起点。当第一苞原基增大后，生长锥基部继续分化新的横纹（图6-14A），即第二苞、第三苞原基。

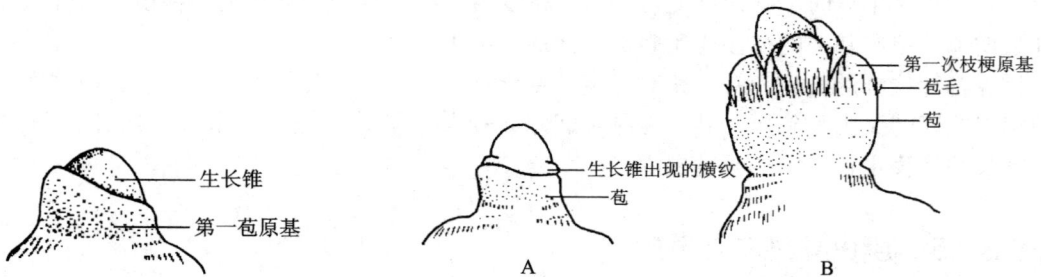

图 6-13　第一苞原基分化期

（引自南京农业大学等，1979）

图 6-14　第一次枝梗原基分化期

（引自南京农业大学等，1979）

A. 分化初期的幼穗外形　B. 分化后期的幼穗外形

接着在这些苞的腋部生出新的圆锥形突起，这些突起就是第一次枝梗原基（图6-14B）。一次枝梗原基分化的顺序是由下而上，逐渐向生长锥顶端进行的，当分化达到生长锥顶端时，在苞着生处开始长出白色的苞毛，至此第一次枝梗原基分化结束（图6-15）。

在第一次枝梗原基的下部相继出现第二次枝梗原基，而上部逐步出现颖花原基。待第二次枝梗长成后，即在二次枝梗上分化出颖花原基。第二次枝梗的基部密生较长的苞毛，被覆着幼穗和颖花（图6-15）。此时是决定第二次枝梗和颖花数目的重要时期。

穗上部发育最快的颖花原基，在内外颖内又出现一些小突起，即雌雄蕊原基，为内颖和外颖所包围，显微镜观察似一窝鸡蛋。雌雄蕊原基分化由穗上部的颖花向穗下部的颖花推进（图6-16）。当最下部的二次枝梗上颖花的雌雄蕊原基分化完毕时，全穗最高颖花数已定。

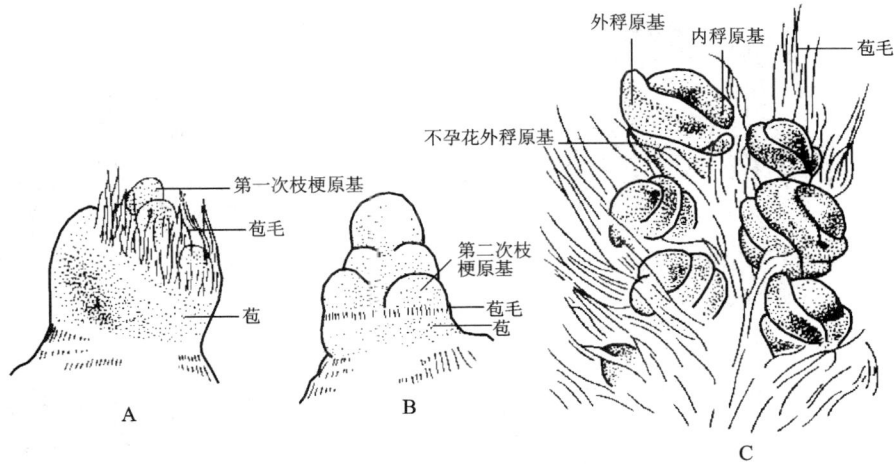

图 6-15 第二次枝梗及颖花原基分化期
（引自南京农业大学等，1979）

A. 分化初期的幼穗外形　B. 从 A 剥下的一个枝梗　C. 分化后期幼穗上的一个枝梗

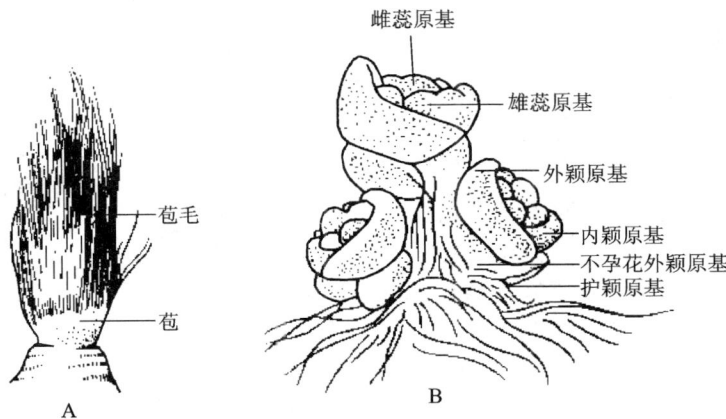

图 6-16 雌雄蕊形成期（引自南京农业大学等，1979）
A. 幼穗外形　B. 从 A 剥下的一个枝梗

随后，穗轴、枝梗开始迅速伸长，内外颖也伸长而相互合拢，雄蕊分化出花药和花丝，雌蕊分化出柱头、花柱和子房。至此，穗部各器官全部分化完毕。幼穗雏形已经形成，全穗长 5～10 mm。此后转入生殖细胞形成期，即孕穗期。

内外颖合拢后不久，雄蕊的花药分化为 4 室，此时将花药的内容物取出加以镜检，便可见到体积较大而不规则的花粉母细胞（图 6-17）。同时雌蕊原基顶端出现柱头突起。此时剑叶正处在抽出过程中，颖花长度接近 2 mm，约为最终长度的 1/4，幼穗长 1.5～4.0 cm。

花粉母细胞经过连续两次的细胞分裂（第一次为减数分裂，第二次为有丝分裂），形成 4 个具有 12 条染色体的子细胞，称为四分体（图 6-18）。

颖花长达最终长的 85% 左右时，四分体分散成为单核花粉粒。不久，体积迅速增大，同时形成外壁和发芽孔，花粉内容物不断充实。随着花粉内容物的充实，单核经过分裂，形成一个生殖核和一个营养核，称二核花粉粒。此时颖壳叶绿素开始增加，柱头出现羽状突起。

抽穗前 1～2 d，花粉内容物充满，花粉内的生殖核又分裂成两个精核，加上一个营养核，

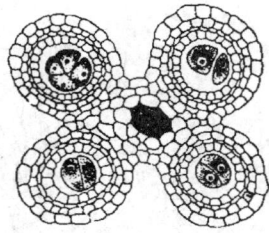

图 6-17 花粉母细胞形成期
（引自王维金，1998）

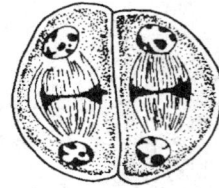

图 6-18 花粉母细胞减数分裂期
（引自王维金，1998）

称为三核花粉粒，至此花粉的发育全部完成（图 6-19），即将抽穗开花。此时，内外颖叶绿素大量增加，花丝迅速伸长，花粉内淀粉含量增多，花药呈黄色。

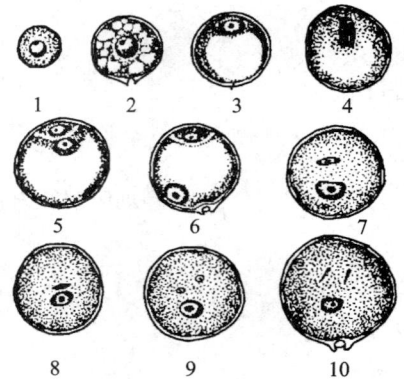

6.2.3.6 抽穗、开花与授粉受精

在穗上部颖花的花粉和胚囊成熟后 1～2 d，穗顶即露出剑叶鞘，即为抽穗。从穗顶露出到全穗抽出约需 5 d，温度高抽出快，温度低抽出慢。一般穗顶端颖花露出剑叶鞘的当天或露出后 1 d 即开始开花（anthesis），全穗开花过程需 5～7 d，而第三天前后开花最盛。

一天中的开花时间主要受温度制约，气温高开花早，气温低开花迟。一般粳稻开花时间晚于籼稻 1～2 h。温度低于 23℃（籼稻）或高于 35℃，花药开裂则受到影响。开花时颖壳张开，花丝迅速伸长，花药开裂，花粉多散向同粒颖花的柱头。异花授粉率通常低于 1%。

图 6-19 小孢子（1）经过
花粉内容物充实期（2～9）
发育为成熟花粉粒（10）
（引自王维金，1998）

落到柱头上的花粉 2～3 min 即发芽，经 0.5～1 h 花粉管可达子房基部的珠孔，进入胚囊后释放出内容物和 2 个精子，分别与卵细胞和 2 个极核结合。受精 3～4 h 后开始胚胎发育。

6.2.3.7 稻谷和糙米形态

颖花受精后经灌浆结实形成谷粒（rice grain），谷粒内部通常含 1 粒糙米（brown rice），即颖果，颖果由受精子房发育而成（图 6-20）。谷粒外部是内外颖（谷壳），颖的表面有钩状或针状茸毛，其边缘互相钩合，钩合的缝线在扁形稻粒的中间而不在两边，此为稻属的分类特征。谷粒颖色因品种而异，一般为谷黄色，也有黄、棕、褐、红、紫、条斑等色，颖的顶端为颖尖，有黄、褐、淡黑褐、紫黑褐等色，外颖颖尖可伸长为芒，颖尖颜色和芒的有无或长短均为品种特征。谷粒形状有椭圆形、阔卵形、短圆形、直背形、新月形等。

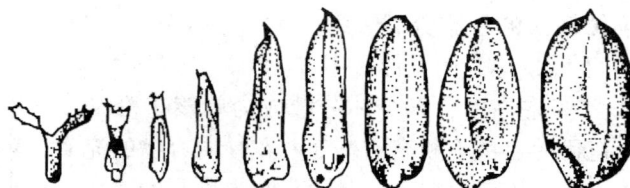

图 6-20 水稻颖果的发育过程（引自王维金，1998）

彩图 6-6
水稻抽穗与扬花

彩图 6-7
谷粒与米粒

米色有白、乳白、红、紫等色，米的色素在种皮内。米粒构造分果皮、种皮、糊粉层、胚乳和胚等部分。胚乳在种皮之内，占米粒最大部分，由含淀粉的细胞组织构成，是精米的主要成分（图6-21）。稻米胚乳中不透明的部分称垩白（chalkness），不透明是因为其淀粉粒排列疏松，颗粒间充气，引起光折射所致；按其发生部位可将垩白分为腹白、心白、背白。垩白的形成与稻米品种的遗传特性、灌浆期间的气象条件，特别是高温的影响有关。

胚由卵细胞的卵核与精子受精后发育而成，为新的有机体的原始体，由胚轴、盾片、胚芽、胚芽鞘、胚根等组成（图6-22）。

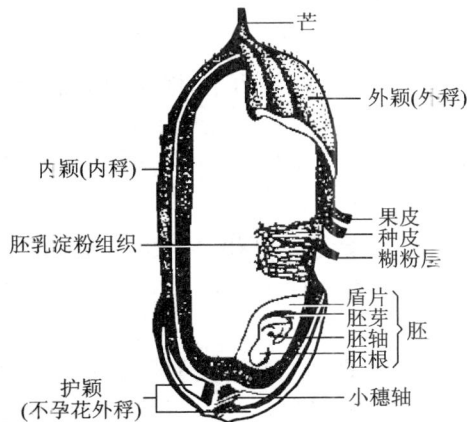

图6-21　稻谷及糙米的形态结构
（引自王维金，1998）

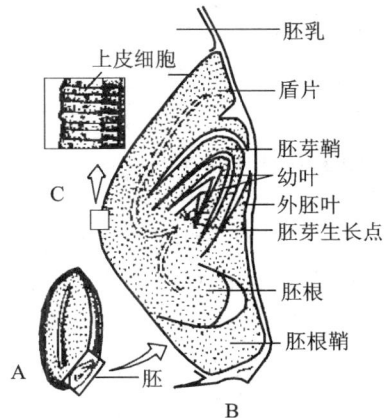

图6-22　稻胚的形态结构
（引自王维金，1998）

6.2.4　水稻光温反应特性及其在生产上的应用

6.2.4.1　水稻光温反应特性

光温反应特性主要表现为品种的感光性、感温性和基本营养生长性，通常称为水稻的"三性"。"三性"是水稻的遗传特性，因品种而异。不同品种在同一地区同一生长季节种植，生育期长短不同；同一品种在不同地区或不同季节种植，由于环境光温条件的变化，其生育期的长短亦不同。水稻从播种到抽穗的天数，基本上取决于品种"三性"与所处环境条件（光周期、积温）的相互作用。

（1）水稻品种的感光性　水稻是短日照性植物。在适于水稻生长发育的温度范围内，短日照可使生育期缩短，长日照可使生育期延长，这种受日照长短的影响而改变生育期的特性称为水稻品种的感光性。衡量水稻品种感光性强弱的指标以"短日出穗促进率（%）"表示。

$$短日出穗促进率（\%）=\frac{长日高温出穗日数-短日高温出穗日数}{长日高温出穗日数}\times100\%$$

原产低纬度地区的水稻品种感光性强，而原产高纬度地区的水稻品种对日长的反应钝感或无感。南方稻区的晚稻品种感光性强，其中华南的晚稻品种较华中的晚稻品种感光性更强；早稻品种的感光性钝感或无感；中稻品种的感光特性介于早稻、晚稻之间，其中偏早熟的品种的感光特性则与早稻相似。一般晚稻品种感光性强，越是晚熟的品种，其感光性越强，属于对日长反应敏感的类型；而早稻、中稻品种感光性弱，越是早熟的品种，其感光性越弱，属于对日长反应迟钝或无感的类型。

由于晚稻品种感光性强，它的感温特性必须在短日条件下才可能表现出来，影响其生育期变化的主要因素是日照长度。感光性强的品种，在长日照条件下不能抽穗。

我国南北稻区水稻生育期的日长大致都在 11～17 h，诱导感光性品种形成幼穗的日长一般为 12～14 h。人工控制光照条件下 9～12 h 促进出穗最显著。

（2）水稻品种的感温性 在适于水稻生长发育的温度范围内，高温可使生育期缩短，低温可使生育期延长，这种受温度高低的影响而改变生育期的特性称为水稻品种的感温性。目前，衡量水稻品种感温性强弱的指标以"高温出穗促进率（％）"表示。

$$高温出穗促进率（％）= \frac{低温短日出穗日数 - 高温短日出穗日数}{低温短日出穗日数} \times 100\%$$

各地晚稻品种高温出穗促进率为 28.77 ％～40.74 ％，而各地早稻品种仅为 7.28％～32.72％。说明大多数晚稻品种在短日条件下，高温对其生育期缩短幅度较早稻为大，表明晚稻感温性比早稻强。通常粳稻感温性比籼稻强，北方的早粳稻品种比南方的早籼稻品种的感温性强一些。

水稻生长发育所需积温与感温性有关。为简便起见，在计算水稻积温时，一般籼稻品种以 12℃和粳稻品种以 10℃计算生育下限温度。水稻品种的积温往往会随着其生长季节中温度的高低而发生相应的变化，一般有效积温较活动积温稳定。

感光性弱或钝感的早稻品种和部分中稻品种，影响其生育期的决定因素是温度，因而同一品种在不同地区或在同一地区不同季节播种，其有效积温是相对稳定的；而感光性强或较强的晚稻品种和部分偏迟熟的中稻品种，影响其生育期的主导因素是日照时间长短，同一品种在同一地区和在相同季节播种，其有效积温是相对稳定的，而同一品种在不同生态地区或在同一地区的不同季节播种，因受其光照长度的影响，其有效积温会产生较大差异。

水稻全生育期的积温，即使是感光性弱或钝感的早中稻品种，同一品种在不同纬度地区或在同一地区的不同季节、不同年份种植，也会发生一定变化。据王维金（1976，1985）研究，籼型水稻品种，一般生长发育温度在 12～20℃，其生长发育缓慢，称为"低效温度"，"低效温度"持续日数之和为"低效积温"；在恒温温室条件下初步研究结果为，水稻的"发育上限温度"在 24～27℃，不同品种的"发育上限温度"各异，"发育上限温度"越高，感温性越强；反之越弱。超过"发育上限温度"界限的温度为"无效高温"。因此，凡在水稻生长发育过程中，"低效温度"或"无效高温"占总积温的比例越大，其积温相应增多；而"高效积温"（20℃以上至发育上限温度）占总积温的比例越大，其积温也相应减少。水稻生育期的积温，随着纬度北移，海拔升高和播种季节提早而递增，在高温季节播种，其生育期虽未延长，但有效积温相应增多。

（3）水稻的基本营养生长性 水稻进行生殖生长之前，不会因短日、高温影响而进一步缩短的最短营养生长期，称为基本营养生长期，或短日高温生育期。不同水稻品种的基本营养生长期长短各异，基本营养生长期长短因品种而异的特性称为水稻品种基本营养生长性。实际营养生长期中可受光周期和温度影响而变化的部分生长期，则称为可消营养生长期。

据江苏省农业科学院研究（1973），感光性强的晚稻品种，其可被短日、高温缩短的营养生长期（即可消营养生长期）最长（达 74.2 d），基本营养生长期最短；感光性钝感或无感的早稻品种，可消营养生长期最短（只有 23 d），基本营养生长期较晚稻稍长；中稻品种可消营养生长期介于早稻、晚稻之间（为 53.5 d），基本营养生长期较长（表 6-7）。

表 6-7　不同类型稻种的可变营养生长期（引自江苏省农业科学院，1973）

类型	品种	播种至抽穗的天数 /d		可变营养生长期 /d	可变营养生长期中	
		常温、自然日照	高温、短日照		为高温所缩短 /d	为短日所缩短 /d
早稻	"二九南2号"	61	44	17	18	−1
	"矮南早1号"	65	43	22	23	−1
	"二九青"	67	45	22	24	−2
	"矮南早39号"	70	44	26	25	1
	"广陆矮4号"	79	51	28	28	0
	平均	68.4	45.4	23.0	23.6	−0.6
中稻	"IR8"	110	76	34	11	23
	"农垦57"	102	53	49	30	19
	"京引15"	105	46	59	35	24
	"桂花黄"	111	39	72	38	34
	平均	107.0	53.5	53.5	28.5	25.0
晚稻	"沪选19"	109	44	65	34	31
	"嘉农482"	112	46	66	38	28
	"苏粳2号"	120	43	77	32	45
	"农虎6号"	122	45	77	30	47
	"农垦58"	122	45	77	32	45
	"宇红1号"	126	43	83	38	45
	平均	118.5	44.3	74.2	34	40.2

6.2.4.2　水稻"三性"在生产上的应用

（1）在引种上的应用　北种南引，因原产地在水稻生长季节的日照长、气温低，引种到日照较短、气温较高的南方地区种植，其生育期缩短，特别是长春以北地区感温性强的早粳品种，引种到长江流域，其生育期大大缩短，会因营养生长量不足而造成严重减产。如1956年长江中下游地区从东北引种"早粳青森5号"普遍遭到失败。在适宜纬度范围之内，如从华南地区向华中地区引种感光性弱或钝感、感温性中等的早稻、中稻品种，只要能保证其生长季节，引种较易成功。广东的"矮脚南特""广陆矮4号""珍珠矮"，福建的杂交稻"汕优63"等，引到长江流域栽培，生育期稍有延长，表现产量高而稳定。菲律宾国际水稻研究所选育的"IR8"，在当地生育期120 d左右，向北引至我国长江中下游地区种植，生育期延长到145～150 d，作一季迟熟中稻栽培，单产量可达7.5 t/hm²左右。华南的感光、感温性强的晚稻品种，引到长江流域种植，往往不能抽穗，纬度接近的东西相互引种，生育期变化不大，容易成功；纬度相近而海拔不同地区之间引种，一般由低向高处引种，生育期延长，宜引用早熟品种，由高向低处引种，生育期缩短，引种迟熟品种为宜。

（2）在栽培方面的应用　在南方多熟制稻区，为满足各季作物对光温条件的要求，达到季季高产的目的，必须根据水稻品种光温特性，合理进行品种搭配。在一年三熟制的双季稻区，早稻品种应选用感光性弱、全生育期要求有效积温较多的迟熟类型的品种，比较能耐迟播，秧龄可稍长，栽培上要求稀播培育老壮秧，插足基本苗；而若采用早熟早稻品种，由于全生育期要求有效积温少，为了适应冬作物收后插秧，延长秧龄或推迟播种，会引起早穗或株矮穗小而减产。

早稻、中稻品种感光性弱或钝感，可作连作晚稻栽培，但秧龄不宜过长，否则，可发生早穗减产。用早稻种子"翻秋"，应在7月上旬播种，秧龄15 d左右，在加强管理的前提下，仍可获得好收成。一季晚稻作连作晚稻栽培，要特别注意安全齐穗期，应适当早播、稀播，培育老壮秧；晚稻因感光性强，早播也不可能明显早熟，更不能在早稻生长季节的长日照条件下抽穗，因此不能作早稻栽培。

6.2.5 水稻生长对环境条件的要求

（1）温度 水稻分蘖的最适温度为30~32℃，气温低于15~16℃或高于38~40℃，均不利于分蘖发生。在大田条件下，日平均气温20℃以上才能发生分蘖。稻穗发育的最适温度为26~30℃，最低温度为17~19℃，最高温度为40~42℃。但昼温35℃和夜温25℃，对稻穗发育更为有利。水稻开花的最适温度为25~30℃，最高温度为40~45℃，最低温度为13~15℃。但裂药受精对温度适应范围较小，气温低于20（粳稻）~23℃（籼稻）或高于35℃，裂药就受影响。气温低于20℃，裂药散粉困难，花粉粒发芽慢，花粉管伸长迟缓；气温高于40℃，花药易干枯，花粉管伸长变态，导致受精不良。

📖 深入学习6-3
全球气温升高对水稻产量的影响

（2）光照 水稻分蘖期需要充足阳光，以提高光合强度，促进发根分蘖。在自然光照下，返青3 d后可开始分蘖，光照减至自然光强的50%和20%时，分蘖始期分别推迟8 d和10 d。当本田叶面积系数达到4.0时，因株间相互遮阴，群体内部光照不足而使分蘖停止。

（3）水分 分蘖期受旱，稻株体内各种生理功能受阻，主茎对分蘖及分蘖芽的营养供应减少，也不利于分蘖成长。在气温26~36℃，土壤持水量80%时分蘖最多；在气温16~21℃，土壤持水量达到100%时，分蘖最少，故灌深水和重晒田均能抑制分蘖。穗分化期是水稻生理需水最多的时期，尤其是花粉母细胞减数分裂期对水分最敏感。一般要求土壤含水量达到最大持水量的90%以上，土壤持水量为45%~50%时影响颖花发育。孕穗期受淹2 d以上，会出现畸形穗或颖花，其受害程度随淹水时间和深度而变化。抽穗扬花期缺水，影响开花受精，空粒增多。灌浆期缺水，影响有机物向子粒输送；但如长期深灌，土壤缺氧，则根活力和叶片同化能力削弱，稻株早衰，均使秕粒增多，粒重减轻。

6.3 水稻产量的形成与调控

6.3.1 生物产量与经济产量

水稻的经济产量是指种子的收获量。一般报道的水稻产量是指含水量14%的稻谷产量，只有少数国家和地区例外，如日本和朝鲜，它们按照糙米，有时按照精米计算稻谷产量。由糙米换算成稻谷产量时，一般换算系数为1.25。

凌启鸿等（2005）通过实验研究，首先验证了成熟期的干物质量与产量呈正相关关系，这是以往的产量公式：经济产量=生物产量×收获指数（K），成立的依据；其次，揭示了抽穗期的群体光合生产积累量（x）与产量（y）之间的非线性关系（$y=a+bx-cx^2$），即经济产量≠生

物产量 ×K；最后，发现了抽穗期至成熟期的干物质积累量和产量呈极显著的相关，表明抽穗期至成熟期的群体光合生产积累量是决定水稻产量的首要因素。这一研究结果，把作物生理学家沿用几十年的经济产量 = 生物产量 ×K 的理论公式，修改为经济产量 = 花后光合积累量 + 花前贮藏物质 × 运转率（R）。据此，提出了应通过控制群体数量、提高群体质量（population quality）和提高花后光合生产力等途径提高后期群体光合效率的栽培理论，这对于我国水稻栽培学研究和高产栽培实践均具有重要的指导意义。

6.3.2　水稻产量构成因素的形成过程与调控

水稻产量是由单位面积上的有效穗数（effective panicle number）、每穗颖花数（spikelets per panide）、结实率（seed setting rate）和千粒重（1 000-grain weight）构成的。

稻谷产量（t/hm²）= 穗数 /m² × 粒数 / 穗 × 结实率（%）× 千粒重（g）× 10⁻⁵

上述各因素的形成与各器官建成、群体物质生产、运输和积累过程紧密相关。按时间进程，水稻产量形成可分为穗数形成、粒数形成以及结实率和粒重形成三个阶段。

6.3.2.1　单位面积穗数的形成及其调控

单位面积的有效穗数是构成水稻产量的第一因素，也是其他三个因素形成的基础。水稻单位面积穗数是由基本苗和单株有效分蘖数两个因素所决定。生产上把单位面积上主茎和分蘖的总数合称总茎蘖数；把从起始分蘖开始，总茎蘖数增加到与最后穗数相等的时期，称有效总茎蘖数（有效穗数）决定期；把分蘖增加到拔节后不再发生分蘖的时期称最高茎蘖数期。

在基本苗数确定后，穗数的形成主要决定于有效分蘖的比例。大多数能够成穗的分蘖几乎全在最高分蘖前 12 ~ 15 d 出现，其在拔节期长有 3 叶和 3 叶以上，已形成自身根系，能独立吸收水分、养分，这些分蘖一般可成为有效分蘖。因此，根据在最高分蘖期已具备 3 片叶以上的茎蘖数就可以预测最后的成穗数。一般高产稻田的成穗率为 60% ~ 85%，早稻偏低，单季中晚稻偏高。长江中下游单季稻的高产田成穗率为 70% ~ 80%。

从播种开始到最高分蘖期后的 10 d，这一期间的各种环境条件的变化都对穗数有影响，一般以分蘖盛期的条件对穗数影响最大（图 6-23）。秧苗壮弱、栽植密度大小对穗数影响较大，而土壤耕作、栽插深度和肥水管理等栽培措施也有一定的影响。水稻高产栽培上要做到培育壮秧和适时早插，提高插秧质量，插足基本苗，早施分蘖肥，加强田间管理，促进分蘖早生快发，争取低位分蘖。在群体总茎蘖数达到预期穗数的 80% 时及时控制肥水，调节分蘖的发生与发育，使最高茎蘖数适宜，成穗率提高，实现预期的穗数。

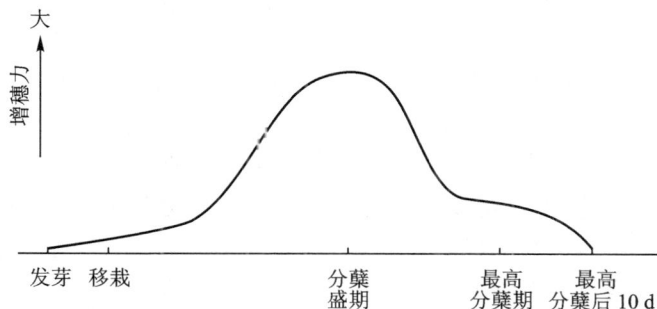

图 6-23　不同生育期外界条件对穗数的影响力变化

（引自南京农业大学，1991）

6.3.2.2　每穗颖花数及其调控

在单位面积上穗数基本确定后，每穗平均着生的颖花数就决定了单位面积的总谷粒数。每穗颖花数是由分化颖花数和退化颖花数决定的。分化颖花数与秧苗和茎秆的粗壮程度密切相关，在生产上应注意培育壮秧和壮秆。

颖花分化的敏感时期始于穗轴分化期，以二次枝梗分化期对环境条件最为敏感。对颖花退化影响最大的时期是减数分裂期。减数分裂期正是幼穗从 2~3 cm 急剧伸长达到全长的时候，此时每穗所有颖花也几乎分化完毕，弱势颖花退化正在加剧。这个时期正是水稻每穗颖花数从分化增加到退化减少的消长转折时期，对环境条件最为敏感。过了减数分裂末期，每穗颖花数就基本确定了。

增加每穗颖花数有两个途径：一是促使颖花多分化，二是减少颖花退化。积极地促进颖花多分化，必须使植株在穗轴分化期到颖花分化期的 7~10 d 保持良好的营养状况，特别是氮素营养。但是在栽培实践中，穗轴分化期追施氮肥往往引起基部节间显著伸长，恶化稻株受光姿态，造成一系列不良后果。因此，调节颖花数目的施肥应推迟至颖花分化期，这样既可以促进颖花适量增加，又利于减少颖花退化。

6.3.2.3　结实率及其调控

结实率是指饱满谷粒占总颖花数的百分率。在产量构成因素中，结实率是支配作用较强的因素。单位面积穗数和每穗颖花数的乘积，是单位面积产量的"容纳能力"。在每穗颖花数确定后，这个"容纳能力"已基本确定，其充实程度则在很大程度上取决于结实率的高低。我国中南部多熟制地区的双季稻往往会遇到不良环境条件，结实率大大降低，对产量影响很大。近年来推广的大穗型杂交稻也有结实率偏低的倾向，影响了其优势的发挥。

影响结实率的时期是从穗轴分化开始到胚乳大体完成增长的时期，而影响最大的时期，抽穗前是颖花分化和减数分裂两个时期，抽穗后则以开花到胚乳增长盛期最显著，接近胚乳增长末期结实率受环境条件影响甚微。在抽穗前的这两个时期如遇不良条件，易致雄性不育或受精不良而形成空粒；在抽穗后胚乳增长盛期如遇不良条件，则易形成秕粒。

抽穗前水稻植株体内的物质组成、输导组织和着生颖花数对结实率影响较大。稻株的物质组成包括抽穗以前蓄积的糖类、含氮化合物以及其他成分。其中，谷粒的糖类有 20%~40% 是抽穗前茎秆及叶鞘中暂存的淀粉转运而来，其余 60%~80% 是由抽穗后光合产物的直接供应。植株含氮量影响抽穗后的光合作用，进而影响结实率。输导组织发育的好坏也是影响结实率的因素之一。穗轴中大维管束分别伸入到第一次枝梗中，大维管束多、粗，则输导组织发达，利于养分转运；结实不良的弱势颖花的小穗梗，其维管束不仅数目少而且形状细小。颖花数对结实率的影响程度，因灌浆物质供应的多少而不同，一般来说，在糖类供应相同时，颖花数越多，结实率趋于降低。

抽穗以后到胚乳大体完成增长期间光合量的多少对结实率有着决定性意义。抽穗后决定光合量的外因主要是光照，内因则为水稻叶面积、稻株含氮量与糖类的运转效率。抽穗后叶面积开始下降，而后期净光合率以乳熟期为最高。因此，强调后期"养根保叶"的目的就是增加光合量。顶部 3 片叶对后期光合量影响最大，尤以剑叶最甚，因其在顶部，受光最好，且与穗的距离近，灌浆物质能更快地送到子粒。从茎和叶向子粒转运的氮素是与糖分平行进行的，多数是以氨基酸形态转运，成熟时土壤中氮素供应大大减少，所以子粒中的含氮量绝大部分是由茎秆、叶片和叶鞘中的贮存氮素而来。因此，在一定范围内，稻株含氮量高对提高结实率有利。抽穗后叶片中糖分浓度越高，向子粒的转运越多。

6.3.2.4　千粒重及其提高

稻谷粒重是由谷壳体积和胚乳发育好坏两个因素决定的。谷壳体积是粒重大小的前提。糙米的形状和体积大多决定于颖壳的形状和体积，谷壳越大，糙米也可能越大。谷粒的大小存在一个由遗传决定的上限，谷壳体积从颖花形成内外颖时即受影响，但以颖花生长最旺盛的减数分裂期影响最大，常常称之为粒重第一决定期。造成谷壳小的重要原因是由于稻穗内外颖形成期，体内特别是幼穗部分糖类不足。抽穗前的环境条件也影响颖壳的大小，特别是在减数分裂期营养供应不足或遇到不良环境条件会导致颖花变小。

决定粒重的另一个因素是胚乳发育的好坏，即稻谷的充实程度。抽穗后，谷壳大小已经固定，胚乳的充实程度则第二次决定糙米的体积和重量，因此把子粒灌浆盛期称为粒重第二决定期。此外，决定千粒重的时期也是决定结实率的时期，也就基本决定了最终的产量。

提高粒重，第一要增大颖壳的体积。除选用大粒品种外，从二次枝梗分化期开始，应使颖花分化时稻体的营养状况和生理机能保持良好的状态，尤其以减数分裂期为中心的颖花生长最快时期，外界条件和营养状况对颖壳大小影响最大。在花粉母细胞形成期至减数分裂期追施速效氮肥，对增大颖壳体积有明显的促进作用。第二要增大充实米粒。提高抽穗后叶片的光合效率，降低呼吸强度，改善灌溉条件，使植株贮藏的和抽穗后合成的光合产物顺利地转运到谷粒中去。

6.3.2.5　产量构成因素之间的关系

在水稻产量构成因素中，千粒重相对比较稳定，其他三个因素的变异较大。理论上讲，单位面积的水稻产量随着各产量构成因素数值的增大而增加。但在群体栽培条件下，各产量构成因素之间很难实现同步增长，而具有相互制约和相互补偿的关系。研究结果表明，结实率与千粒重呈显著正相关，与其他产量因素之间均呈负相关。单位面积穗数与每穗总粒数呈极显著负相关，每穗总粒数与结实率呈显著负相关，即当穗数或每穗粒数超过一定范围后，每穗总粒数或结实率呈下降趋势。但我国水稻的高产栽培实践表明，在叶面积指数适宜条件下，穗数和穗粒数可以实现同步增长。目前栽培上采取的大穗增产途径、穗粒兼顾增产途径及多穗增产途径，主要就是利用穗粒互补关系。

此外，生态条件、品种特性和养分供应对每个产量构成因素都有很大影响。不同品种在不同地区和栽培条件下，有其获得高产的产量因素最佳组合。为此，需要结合品种的光温特性，探明其产量构成因素的形成规律，选择适宜的产量因素组合，并通过栽培措施调控，促进各因素协调发展，提高水稻产量。

6.3.3　水稻群体质量指标及高产优质群体的构建

6.3.3.1　水稻群体质量指标体系

各产量构成因素的形成过程以及产量物质的生产、积累与分配，从本质上讲都贯穿在水稻群体发育过程中，受群体发育的影响。因此，群体质量优劣是水稻各产量构成因素形成是否协调和产量水平高低的决定因素，水稻产量水平的不断提高是群体质量不断优化的结果。

所谓群体质量，是反映群体发育优劣的多项性状指标优化值的综合状况。水稻高产群体应是高光效的群体，应具有优质的形态空间结构和生理功能，具有最大的产量生产潜力。对群体光合积累和产量起决定作用的形态和生理指标称之为群体质量指标，这些质量指标的优化组合使高产能稳定重演，形成了水稻群体质量指标体系。

（1）结实期群体光合生产积累量 子粒产量来自于抽穗前的贮藏糖类和抽穗后的光合产物两部分。抽穗前的光合产物一般占灌浆物质的 20% ~ 40%，抽穗后的光合产物占 60% ~ 80%。因此，构成子粒产量的绝大部分物质来源于抽穗期到成熟期的光合生产积累。成熟期群体干物重的高低在很大程度上是由抽穗期至成熟期干物质积累量的多少决定的，提高抽穗后干物质积累量及提高其在总生物量中的比例是实现高产的主要途径。在栽培技术上，应适当控制抽穗前的干物质积累使其达到适宜值，着重提高后期的群体光合生产积累量。

高产水稻子粒产量中，一般有 80% 以上来自抽穗后的光合积累，每 667 m² 产 700 kg 稻谷，有 560 kg 以上来自抽穗后，折合干重应在 500 kg 以上。江苏高产田的实际资料是，每 667 m² 产 700 kg 的群体，抽穗期生物量在 800 kg 左右，成熟期 1 300 kg 左右；每 667 m² 产 800 kg 的群体，抽穗期（850 ~ 900 kg）至成熟期（1 420 ~ 1 470 kg）的干物质积累量在 570 kg 左右。在云南永胜县涛源乡获得世界纪录的"协优 107"高产田，每 667 m² 产 1 287 kg，其齐穗期的生物量为 1 229.9 kg，成熟期为 2 240.0 kg，抽穗期至成熟期增加了 1 010.1 kg，折合产量为 1 202.5 kg，占子粒产量的 93.43%。

（2）适宜的叶面积指数（LAI） 高产群体适宜的最大 LAI 是库源关系协调和各部器官（地上部分和地下部分）平衡发展的基础。适宜的 LAI 能最大限度地截获太阳能，获得最大的作物生长率，保持基部叶片有高于光补偿点受光量的群体叶量。高产田的最大适宜叶面积应在孕穗期至抽穗期达到，群体在抽穗期适时封行，同时单株保持具有和伸长节间数相等绿叶数。这样一方面可使抽穗后群体叶面积能截获 95% 的太阳辐射，达到充分利用光能的目的；另一方面可使群体在拔节期至抽穗期，中下部有充足的受光条件，保证上层根充分发根生长和壮秆大穗的形成。而且抽穗封行后，群体尚有约 5% 的透光率，保证基部叶片的受光量在补偿量的 2 倍以上，以延长基部叶片的寿命和生理功能，保证根系活动有充足的养分供应，利于形成抽穗后各部器官协调生长的高光效群体。

适宜 LAI 指标值因地区和品种的株型而不同。江苏高产水稻的适宜 LAI 为 7 ~ 8（粳稻）或 7.0 ~ 7.5（杂交籼稻）。单茎叶面积大的大穗型品种，每公顷的适宜穗数较低。生产地区日辐射量大，每公顷的穗数和 LAI 可显著提高。南京水稻生长期平均日辐射量为 1 610 J/cm²，杂交稻"汕优 63"的每公顷适宜穗数为 255 万左右，适宜 LAI 为 7.0 ~ 7.5；云南永胜县涛源乡的日辐射量达 2 602 J/cm²，比南京高出 62%，高产田的适宜 LAI 可达 11 ~ 12，每公顷穗数可高达 405 万，均比南京高出 60%。

（3）较高的总颖花量 总颖花量是提高产量的基础。对同一品种而言，只有在适宜 LAI 基础上形成较多的总颖花数，才能提供巨大的光合作用贮藏库，促进光合生产，进而提高结实率和粒重。中华人民共和国成立时，老品种每公顷颖花数一般为 2.25×10^8 朵，现代品种则达 5.25×10^8 朵以上，产量成倍提高。随着总颖花数的增长而产量得以提高，是由内在生理基础所决定的。即稻穗不仅是光合产物被动的受容器官，还具有主动向光合生产系统"提取"光合产物的能力，调节"流"的转运方向和速度，形成所谓受容器官的"拉力"，从而促进叶片光合生产效率。

（4）较高的粒叶比 粒叶比是衡量水稻库源关系是否协调的一个重要指标。粒叶比有三种表示方法，即最大叶面积期的叶面积与该群体的总颖花数、总实粒数和总粒重（产量）的比值，分别记为颖花 / 叶（cm²）、实粒 / 叶（cm²）和粒重（mg）/ 叶（cm²）。这三种表示方法有其各自的生理意义：颖花 / 叶反映了单位叶面积所负载的库容大小；实粒 / 叶不仅反映单位叶面积负载库容量的大小，而且反映了抽穗前灌浆物质的积累情况和抽穗后的光合生产力；粒重 / 叶是源对库的实际贡献，它既反映了源与库的两个方面，又表达了"流"的信息。水稻要高产，关键是在适宜的 LAI 基础上提高粒叶比。在高产栽培中，衡量一个栽培技术措施是否合理，主要看它分别对叶面积和颖花量的促进程度，凡较多地促进颖花量的增长，而较少地促进叶面积增长的措施是合理的，反之则是不合理的。

可以采用三种途径提高粒叶比：

① 在保持原来的粒叶比情况下，提高 LAI，从而获得更多的总颖花量而增产。实践表明，这一途径在低中产向高产过渡中是可行的。

② 保持原来的适宜 LAI，提高粒叶比来增加产量，这在高产栽培中是十分有效的。

③ 既提高叶面积指数的适宜值，又提高粒叶比，大幅度地提高群体总颖花量和它的总容积量，以实现水稻的超高产。

在稳定适宜 LAI（或略有增大）的基础上，通过提高粒叶比来增加总颖花量，是提高群体质量、实现高产的有效途径。江苏在 20 世纪 50—70 年代，水稻每 667 m² 产量由 400 kg 提高到 600 kg 的品种，主要通过提高适宜 LAI（由 5.3 提高到 7.0 左右）的途径。当产量由 600 kg 提高到 850 kg 时，群体 LAI 上升不大，主要靠提高粒重（mg）/叶（cm²）值（14～17 mg）。云南永胜县涛源乡单产量 19 305 kg/hm² 的群体，主要靠 LAI（11.0）和粒重（mg）/叶（cm²）（17.55 mg）的双突破。这是在干热河谷地区特殊生态条件下才能实现的，但它向人们显示了超高产水稻栽培的技术途径。

📖 深入学习 6—4
江苏不同产量水平水稻的 LAI 和粒叶比演进

（5）良好叶系配置 在群体叶面积适宜条件下，要提高群体总颖花量和粒叶比，需要改善叶系的组成和配置，提高有效叶面积率及高效叶面积率。有效叶面积指有效茎蘖的叶面积，有效叶面积在总叶面积中的比例，称有效叶面积率。群体有效叶面积率越高，群体质量越高，高质量群体的有效叶面积率应达 95 % 左右。高效叶面积指有效茎上部 3 片叶的面积。上部 3 叶与穗生育同步、受光条件好且生理代谢旺盛，提高这 3 片高效叶的面积率，可以延缓抽穗后叶面积的衰减率、提高群体的净同化率，有利于提高成穗率和形成大穗，并获得高总颖花量和高粒叶比。

（6）较高的单茎茎鞘重 茎秆是高光效群体的主要支撑系统，也是大穗形成的结构基础。粗壮的茎秆内大维管束数多，穗部的一次枝梗数也多，每穗颖花数也随之增多。单茎茎鞘重高的个体，其干物质生产速率较高，茎鞘转运率也高，有利于提高结实率，增加粒重。此外，较高的单茎茎鞘重有助于前期贮藏在茎鞘内的物质向穗部转运，从而提高收获指数和产量。因而，抽穗期的单茎茎鞘重，综合反映了地上部分营养生长和生殖生长、有效生长和高效生长的协调状况，是对抽穗后水稻群体质量的一个全面反映。

（7）较高的根活量 结实期根活量是抽穗期至成熟期根系对群体质量促进程度的指标。根系活力通常以根系氧化 α- 萘胺的量来表示。将水稻结实期根活量（根量与活力的乘积）与颖花量的比值称作颖花根活量，以 α- 萘胺（μg）/（颖花·h）表示。颖花根活量与粒叶比之间呈极显著正相关，与净同化率、光合产物向子粒的运转率、结实率和千粒重之间均存在极显著正相关。抽穗后基部间的伤流量与每穗颖花数、结实粒数、粒重之间关系密切。基部节间的伤流量，按每朵颖花、每颗子粒和单位粒重占有的数量来表示，分别是 ng/（朵·h）、mg/（粒·h）、mg/［粒重（g）·h］，即为颖花根流量。在单位面积有足够总颖花量前提下，水稻具有较高的颖花根活量，实质是库大与源强两者协调程度的重要标志。颖花根活量（或颖花根流量）是根系活力（根源）与颖花总量（库）之间的一种源库关系表示方法。它把根系活力与颖花的结实性状密切联系起来，且测定方法比较简便，是群体质量的重要指标。

6.3.3.2　水稻群体质量指标体系的应用

水稻高产群体质量的核心指标是提高抽穗期至成熟期的群体光合生产积累量。因此，抽穗期的群体必须具有适宜的 LAI，这是提高抽穗后光合生产能力的基础指标。同时，还应该提高群体总颖花量、粒叶比、有效叶面积率及高效叶面积率、单茎茎鞘重和颖花根活量。以上各项反映水稻高产群体质量优劣的指标是高产栽培的预期目标，并作为评判群体质量优劣和措施合理与否的诊断指标，但不易在群体培育过程中掌握应用。生产上必须有一个能够全面优化群体各项质量指标，而且直观、简便、科学，易被生产者应用的动态综合质量指标。

各地高产群体的实践资料证明，在足穗的基础上，尽量减少无效分蘖，压缩高峰苗数，提高茎蘖成穗率（粳稻 80%~90%，籼稻 70%~80%）是全面提高群体质量的一项最直接、易掌握诊断的综合性指标。控制无效分蘖，同时控制有效茎蘖基部叶片生长，是提高上部高效叶面积比例的先决条件。无效分蘖减少，茎基部叶片变短小，改善中后期群体的光照条件，可促进上部高效叶的生长，促进大穗的形成和单茎茎鞘重的增加以及颖花根活量的提高，从而提高后期的光合生产能力和产量。因此，群体茎蘖成穗率是高产群体苗、株、穗、粒合理发展的、可直接掌握与应用的综合性指标。

6.3.3.3　水稻高产群体的构建

凌启鸿等（2007）根据江苏单季稻产量 10 500~12 000 kg/hm² 的 22 个高产田（方）的田间资料，按水稻叶龄模式和群体质量原理，对高产田的实际资料归纳，制作出具有普遍指导作用的群体发展动态的形态、生理指标值（图 6-24）。

高产群体发展的目标是形成抽穗期 LAI 7~8，生物量 850~900 kg，成熟期生物量 1 450 kg 左右，抽穗期至成熟期生物量增加 500~570 kg 的高产群体。

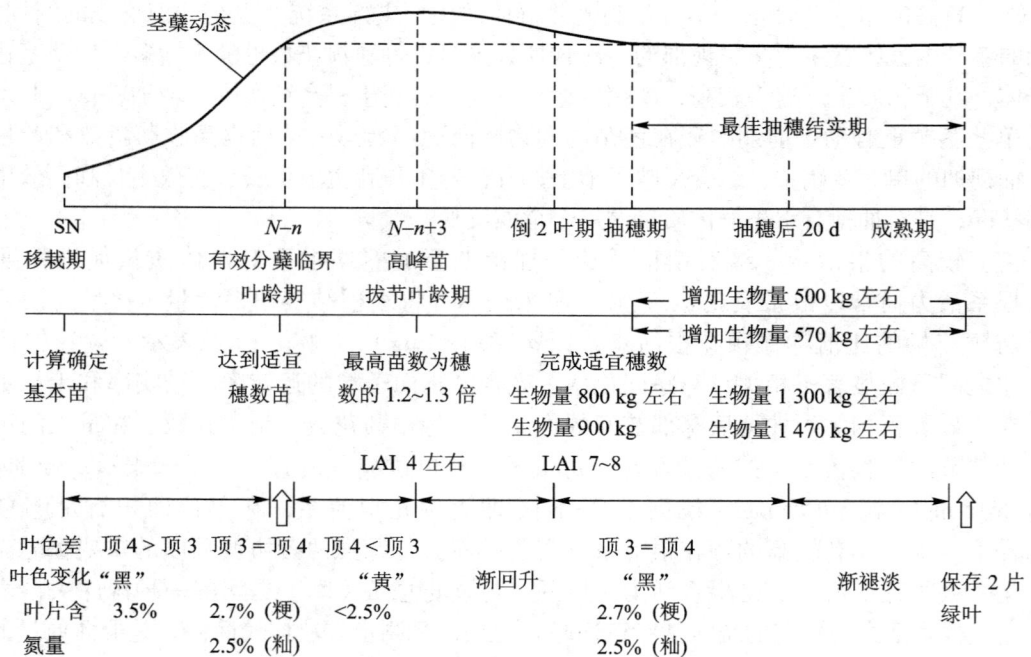

图 6-24　10 500~12 000 kg/hm² 群体发展动态形态生理指标

图中 N 为主茎总叶数，n 为伸长节间数

　　高产群体培育的途径是在保证完成高产的适宜穗数（因具体品种而不同）的前提条件下，通过提高茎蘖成穗率（80%～90%）来全面达到高产群体的质量指标。即以合理的茎蘖动态作为诊断的主线，在合理基本苗的基础上，于 N-n 叶龄期之初适时够苗；其后及时控制无效分蘖和低效叶的生长，把拔节叶龄期的高峰苗控制在预期穗数的 1.2～1.3 倍，群体 LAI 控制在 4 左右；再通过肥水调节，使有效分蘖充分发育、抽穗期完成预期穗数和适宜 LAI 指标；抽穗期—成熟期叶片光合旺盛，LAI 衰减缓慢，成熟期仍保留 2 片以上绿叶。为实现上述发展目标，各阶段相应的叶色和叶片含氮量的适宜指标详见图 6-24。

　　图 6-24 是一个通用模式图，具体到一个品种，可将该品种高产群体的具体资料填到图中，如基本苗可以填上具体数值，N-n 叶龄期可以填上具体的叶龄值、预期的日期和够苗的茎蘖数，N-n+3 叶龄期的具体日期、叶龄值和高峰苗数，以及抽穗期的叶龄、茎蘖数、有效穗数，兼配上各叶龄期的顶 4、顶 3 叶叶色差等。

6.4　稻米品质的形成与调控

6.4.1　稻米品质的概念与内涵

　　稻米品质的优劣不仅取决于稻米本身的内在理化特性，而且与稻米加工、处理、贮藏等环节有着一定的联系。对稻米品质的评价主要是根据稻米的加工、销售、应用等方面要求进行的，分为碾米品质、外观品质、蒸煮食味品质和营养品质四类。

6.4.1.1　碾米品质

　　碾米品质（milling quality）是在稻谷加工过程中所表现的特性，与稻米生产得率紧密相关，深受稻米加工厂的关注。衡量碾米品质的指标有糙米率、精米率、整精米率。糙米率是指净稻谷脱壳后的糙米占试样稻谷的百分率，一般为 78%～80%。去掉糠皮和胚的米为精米（milled rice），精米占试样稻谷的百分率为精米率。糠皮和胚一般占稻谷的 8%～10%，因而一般稻谷的精米率仅在 70% 左右。整精米占试样稻谷的百分率为整精米率。整精米率的高低因品种不同而差异较大，一般在 25%～65%。一般而言，糙米率是一个较为稳定的性状，主要取决于环境因子，而精米率、整精米率受环境影响较大。不同的水稻品种因谷壳的厚薄、谷粒充实程度、糠层厚薄及子粒大小的不同，糙米率和精米率有较大的差别。整精米率与稻米的粒形、软硬程度、组织结构松紧程度及米粒裂纹有关。优质米品种要求三率高，其中整精米率是碾米品质中最为重要的指标。整精米率越高，说明加工的出米率高，碾米品质好。

6.4.1.2　外观品质

　　外观品质（appearance quality）是指糙米子粒或精米子粒的外表物理特性，是大米面对消费者的第一感官印象，作为稻米交易评级的主要依据，也称其为商品品质。主要包括米粒的粒形、垩白度（垩白米率和垩白大小）和透明度等指标。对糯米来说，还包括白度和阴糯率。此外，国家对商品米的外观还有加工精度的要求。加工精度是稻米子粒表面除去糠皮的程度。精度按照国家标准可分为四级，即特等、标一、标二和标三，一般用石炭酸法或 new May-Granwald 法进行染色测定。

6.4.1.3 蒸煮和食味品质

蒸煮和食味品质（cooking and taste quality）是指在蒸煮过程及食用时稻米所表现的理化特性和感官特性，如吸水性、溶解性、延伸性、糊化性、膨胀性、热饭或冷饭的柔软性、黏弹性等。蒸煮和食味品质是稻米品质的核心，决定了稻米的消费区域和途径。最为直接的是由训练有素的人员组成品尝小组对稻米进行食味品尝鉴定，这一方法在稻米贸易中仍被广泛应用。通常还可以借助测定稻米淀粉的主要理化指标，即直链淀粉含量、糊化温度（gelatinization temperature）和胶稠度（gel consistency）等来间接评价稻米的蒸煮和食味品质。这些指标均与淀粉有关，它们的合理组合形成良好的稻米品质。一般情况，直链淀粉含量在 17.0% ~ 21.4%，食味在中等以上；胶稠度在 45 mm 以下，食味不好；直链淀粉含量在 21.4% 以下，胶稠度在 45 mm 以上，食味可能好；直链淀粉含量在 26.2% 以下，胶稠度在 45 mm 以上，食味可能在中等以上。

直链淀粉含量是指精米中直链淀粉的百分率。它与米饭的黏性、硬度及吸水性等密切相关，通常用碘比色法测定。反映在稻米的蒸煮和食味品质特征上，低直链淀粉含量的品种在蒸煮时较为黏湿，且较有光泽，过熟则很快散开分解；而高直链淀粉含量的品种在蒸煮时则干燥而蓬松，色暗，冷却后变硬；中等直链淀粉含量的品种，蒸煮时具有蓬松性，且冷却时仍能维持柔软的质地，食味较好。

糊化温度是指米粒在热水或加热过程中淀粉粒崩解，失去结晶结构，发生不可逆膨胀时的温度。不同水稻品种的糊化温度变化于 55 ~ 79℃，一般采用碱消解法测定。碱消值分为 7 级：1 ~ 3 级相当于高糊化温度（75℃）；4 ~ 5 级相当于中糊化温度（70 ~ 74℃）；6 ~ 7 级相当于低糊化温度（69℃）。糊化温度较高的品种需要更多的水和更长的蒸煮时间，且易产生夹生饭。

胶稠度是指精米粉经碱解糊化后米胶冷却时的流动长度。支链淀粉含量高的胶稠度大，一般糯米 > 粳米，粳米 > 籼米。胶稠度反映的是稻米淀粉糊的流体特性，它与米饭的柔软性、黏弹性有关。其测定方法一般为米胶延长法，以一定浓度的米胶流动长度来表示。分为软（≥61 mm）、中（41 ~ 60 mm）、硬（≤40 mm）。

6.4.1.4 营养品质

营养品质主要指稻米中的营养成分，包括淀粉、脂肪、蛋白质、氨基酸、维生素类及矿物质元素的含量。在含水量为 14% 的精米中，淀粉占 76.7% ~ 78.4%，蛋白质占 6.3% ~ 7.1%，粗脂肪占 0.3% ~ 0.5%，灰分占 0.5% 左右。

稻米营养品质的开发利用正在发展中，如富硒米、竹颐米（竹叶汁加工米）、黑米等，但目前主要以稻米的蛋白质含量作为营养品质的指标。为了避免碾米精度的影响，统一使用糙米测定蛋白质含量。

6.4.2 稻米品质评价

1986 年，农业部颁布了我国第一个优质米标准 NY 20—1986《优质食用稻米》，根据稻米商品性，从五方面按四类稻对稻米品质进行系统评价（表6-9）。① 碾米品质：糙米率、精米率、整精米率；② 外观品质：粒形、垩白度、透明度；③ 蒸煮和食味品质：糊化温度、胶稠度、直链淀粉含量；④ 营养品质：蛋白质含量；⑤ 食味鉴定：气味、色泽、适口性、冷饭柔软性。要求优质食用稻米应该具有：整精米率高；籼稻粒形细长，粳稻粒形团圆适中；垩白小；透明度高；糊化温度低（碱消值大）；胶稠度长；黏稻的直链淀粉含量适中，糯稻的直链淀粉含量低；蛋白质含量高，食味好。

为解决我国粮食结构性过剩引起的稻谷积压问题，实行商品稻谷收购及市场流通过程中安质论价，国家颁布了 GB/T 17891—1999《国家优质稻谷质量标准》。2017 年再次修订，形成了 GB/T 17891-2017《国家优质稻谷质量标准》（表6-10），并于 2018 年生效。根据《国家优质稻谷质量标准》，优质稻谷的判定规则为：整精米率、垩白度、食用品质均达到本标准规定的某等级指标且直链淀粉含量在标准规定的范围内，判定为该等级优质稻谷；其他指标按国家有关规定执行；定级指标中有一项达不到三级要求，或直链淀粉含量不在标准规定范围内的，不得判定为优质稻谷。

表 6-9 农业部优质食用稻米标准（NY 20—1986）

项目	籼黏		粳黏		籼糯		粳糯	
	一级	二级	一级	二级	一级	二级	一级	二级
糙米率 /%	>81	>79	>83	>81	>81	>79	>83	>81
精米率 /%	>72	>70	>74	>72	>72	>70	>74	>72
整精米率 /%	>59	>54	>65	>60	>59	>54	>65	>60
子粒长 /mm	6.5～7.5	5.6～6.5	5.0～5.5		6.5～7.5	5.6～6.5	5.0～5.5	
长宽比	>3.0	2.5～3.0	1.5～2.0		>3.0	2.5～3.0	1.5～2.0	
垩白米率 /%	<5	<10	<5	<10	—	—	—	—
垩白度 /%	<1	<5	<1	<5	—	—	—	—
透明度 / 级	1	2	1	2	—	—	—	—
糊化温度 / 级	>4		>6		>6		>6	
胶稠度 /mm	>60	41～60	>70	61～70	100	>95	100	>95
直链淀粉含量 /%	17～22	<25	14～18	<20	0	<2	0	<2
蛋白质含量 /%	>8		>7		>7		>7	

表 6-10 国家优质稻谷质量标准（GB/T 17891—2017）

类别	等级	整精米率 /% ≥			垩白度 /% ≤	直链淀粉（干基）/%	食味品质 / 分 ≥	不完善粒 /% ≤	异品种粒 /% ≤	谷外糙米含量 /% ≤	黄粒米含量 /% ≤	杂质含量 /% ≤	水分 /% ≤	色泽气味
		长粒 >6.5 mm	中粒 5.6～6.5 mm	短粒 <5.6 mm										
籼稻谷	1	56.0	58.0	60.0	2.0		90		1.0					
	2	50.0	52.0	54.0	5.0	14～24	80		2.0				13.5	
	3	44.0	46.0	48.0	8.0		70	3.0	3.0	2.0	1.0	1.0		正常
粳稻谷	1		67.0		2.0		90		1.0					
	2		61.0		4.0	14～20	80		2.0				14.5	
	3		55.0		6.0		70		3.0					

注：本标准适用于收购、贮存、运输、加工、销售的优质商品稻谷

我国从战国时期开始就有对稻米品质的记载，一些地方稻米享誉海内外，如广东的增城丝苗米、马坝油占米和东莞齐眉米；云南的云南软米和广南县八宝乡的八宝米；江西万年贡米、奉新红米和南城麻姑米；江苏的无锡大米；湖北孝感的东坡玉粒黏；山东的曲阜香米（用泉水灌溉）、明水香稻和临沂塘米；陕西的洋县黑米和汉中黑糯；天津的小站稻；北京丰泽园的御稻米和玉泉山大米；辽宁的京租稻谷和盘锦大米；黑龙江的响水大米；新疆的米泉大米；等等。这些地方特色大米的形成，来自于特定的优质品种、良好的灌溉条件、适当的地理位置和特定的生态环境。

6.4.3 稻米品质形成的生理生态基础

6.4.3.1 稻米的化学组成

稻米的化学成分，除维生素、色素、香味等微量成分外，其他各类成分皆属于一般化学成分，有水分、灰分（矿物质及微量元素）、粗蛋白、粗脂肪、粗纤维、淀粉等六大类。稻谷含有较高的粗纤维，但蛋白质和有效糖类的含量较少；糙米的非淀粉组分——蛋白质、脂肪、纤维、灰分、戊糖苷、木质素含量比精米高，通常水分为 14% 时糙米的蛋白质含量在 8% 左右；游离糖、游离氨基酸和香味主要存在于米糠中（表 6-11）。

表 6-11 14% 含水量下稻谷及加工产品的成分

成分	稻谷	糙米	精米	壳	糠	胚
蛋白质 /%	5.8 ~ 7.7	7.1 ~ 8.3	6.3 ~ 7.1	2.0 ~ 2.8	11.3 ~ 14.9	14.1 ~ 20.6
粗脂肪 /%	1.5 ~ 2.3	1.6 ~ 2.8	0.3 ~ 0.5	0.3 ~ 0.8	15.0 ~ 19.7	16.6 ~ 20.5
粗纤维 /%	7.2 ~ 10.4	0.6 ~ 1.0	0.2 ~ 0.5	34.5 ~ 45.9	7.0 ~ 11.4	2.4 ~ 3.5
粗灰分 /%	2.9 ~ 5.2	1.0 ~ 1.5	0.3 ~ 0.8	13.2 ~ 21.0	6.6 ~ 9.9	4.8 ~ 8.7
有效糖类 /%	63.6 ~ 73.2	72.9 ~ 75.9	76.7 ~ 78.4	22.4 ~ 35.3	34.1 ~ 52.3	34.2 ~ 41.4
淀粉 /%	53.4	66.4	77.6	1.5	13.8	2.1
中性可食纤维 /%	16.4	3.9	0.7 ~ 2.3	65.5 ~ 74.0	23.7 ~ 28.6	13.1
戊糖苷 /%	3.7 ~ 5.3	1.2 ~ 2.1	0.5 ~ 1.4	18.4	8.3	6.4
游离糖 /%	0.5 ~ 1.2	0.7 ~ 1.3	0.22 ~ 0.45	0.6	5.5 ~ 6.9	8.0 ~ 12.0
木质素 /%	3.4	—	0.1	9.5 ~ 18.4	2.8 ~ 3.9	0.7 ~ 4.1
能量 / (kJ · g^{-1})	15.8	15.2 ~ 16.1	14.6 ~ 15.6	11.1 ~ 13.9	16.7 ~ 19.9	—

淀粉是稻米的最主要成分，精米 90% 的干物质由淀粉组成。通常糯稻品种的直链淀粉含量在 0.8% ~ 1.3%，非糯稻品种的直链淀粉含量在 7% ~ 33%。淀粉的特性是决定稻米品质的主要因素，碾米品质、外观品质、蒸煮和食味品质均与淀粉有密切关系。

直链淀粉与支链淀粉的比率是决定稻米蒸煮和食味品质的主要因素之一。它直接影响稻米在蒸煮过程中水分的吸收和体积扩张，以及饭粒的散裂性。直链淀粉含量越高，饭粒抗裂性越好。米饭的质地及色泽主要也是由直链淀粉与支链淀粉的比率所决定，直链淀粉含量越高，黏性越小，米饭越硬，饭粒干燥而蓬松，色暗。相反，直链淀粉含量越低，米饭软，黏性大，饭粒光泽度好。

稻米中的直链淀粉、支链淀粉对稻米的糊化和老化有很大影响。直链淀粉在沸水中比支链淀粉易于溶解，也更早老化，老化后其分子不是正规地平行排列，而是链与链乱绕在一起呈密集状态，形成不溶于水微溶于碱溶液的坚固结合物，老化变硬的米饭再加热也不如原来的饭好，其原因可能与此有关。尽管直链淀粉含量是影响稻米食味品质的重要因子，但不是唯一的因子。有研究证据表明，稻米蒸煮食味品质不仅取决于两种淀粉的比率，而且与支链淀粉的分子大小及链长分布有关。

蛋白质在稻米中的含量仅次于淀粉，稻米中的蛋白质是品质良好的植物蛋白，居谷物之首，必需氨基酸含量丰富，生物价（可消化程度）高达75。稻米中主要脂肪酸的组分是亚油酸、油酸、棕榈酸。无机质在米中的含量较少。稻米中的维生素有维生素 B_1、烟酸、维生素 B_6、泛酸和肌醇等，大部分存在于糙米的表层。

稻米的气味组分有100多种，包括13种烃类、13种醇类、16种醛类、14种酮类、14种酸类、8种酯类、5种苯酚类、3种嘧啶类和6种吡嗪类。2-乙酰-1-吡咯啉是最重要的米饭香味物质，有些消费者认为它具有爆米花香味，在水溶液中很不稳定。

📖 深入学习 6-5
稻米中的蛋白质、脂肪体、无机质与维生素

6.4.3.2　稻米品质形成的生理生化基础

在谷粒发育成熟过程中，化学成分和物理结构有规律地变化，最终形成了一定的稻米品质。本节主要介绍稻米主要化学组分——淀粉的生化合成过程。

由水稻叶片合成的蔗糖运输到子粒后，首先通过蔗糖合成酶途径，经蔗糖转化为1,6-二磷酸果糖，继而在果糖磷酸化酶、果糖磷酸异构酶、葡糖磷酸变位酶等酶的催化下分别转化成6-磷酸果糖、6-磷酸葡糖和1-磷酸葡糖。最后以1-磷酸葡糖的形式进入淀粉体（图6-25）。淀粉代谢中降解酶类的存在，如淀粉去分支酶（DBE）、磷酸化酶和葡糖苷转移酶（D酶），使得淀粉结构还可能发生进一步改变。目前，人们研究发现对淀粉形成影响较大的酶有分支酶（SBE，分为淀粉分支Q酶和淀粉分支R酶，即Q酶和R酶）、蔗糖合成酶、ADP葡糖焦磷酸化酶、可溶性淀粉合成酶（SSS）、颗粒结合淀粉合成酶（GBSS）、1,6-二磷酸果糖酯酶、蔗糖磷酸酯合成酶和UDP葡糖焦磷酸化酶等。其中，蔗糖合成酶、ADP葡糖焦磷酸化酶、Q酶、可溶性淀粉合成酶及颗粒结合淀粉合成酶等五个酶与稻米品质的关系最密切。

优质食用米和普通米Q酶活性的变化类型是完全不同的。在扬花后8~14 d，普通米的淀

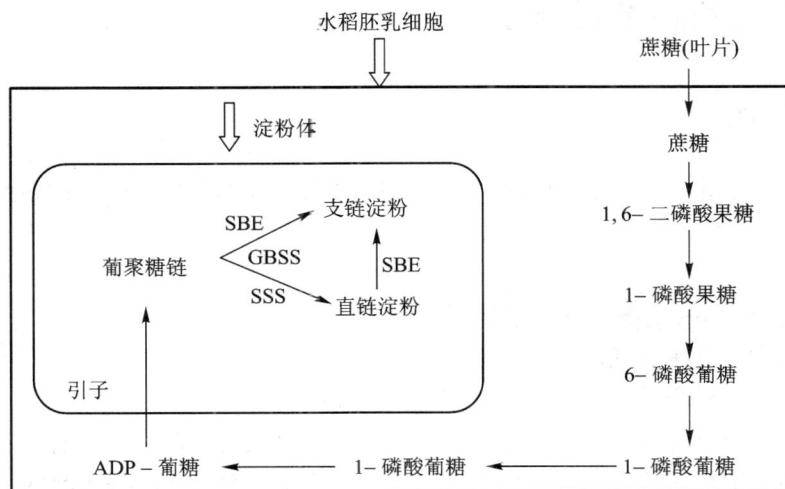

图6-25　水稻子粒中淀粉的生物合成途径（引自程方民，2002）

粉粒形成酶活性远低于优质食用米的。低温下蔗糖合成酶、ADP 葡糖焦磷酸化酶、Q 酶及可溶性淀粉合成酶的活性减低，淀粉粒形成酶的活性提高，增加了粳稻的直链淀粉含量。可溶性淀粉合成酶在淀粉合成中起主要作用，这可以理解为淀粉合成酶与直链淀粉的合成密切相关。这些酶的活性受环境影响较大，尤其是开花后 15～20 d 最为活跃，如果这几天受到异常天气的影响，稻米品质就会变劣。目前对淀粉合成有关酶的遗传基础、酶学特性及变构调节等方面都已有较清楚的了解，但其调控机制以及淀粉合成酶系之间的相互作用还很不清楚，有待研究。一旦在这方面取得突破，人们就能对某个或某些淀粉合成的酶实现调控，达到改良淀粉品质的目的。

6.4.3.3 稻米品质形成的生态基础

（1）气候因子对稻米品质的影响 水稻灌浆结实期间的温度对稻米品质影响最大。现已明确控制稻米垩白、整精米率、直链淀粉含量等品质性状的有关基因，其表达对水稻灌浆结实期间的温度具有很强的敏感性。水稻灌浆结实期的高温不仅使稻米的垩白增加，外观品质变差，而且可导致其碾米品质下降、食味变劣。播期调整及海拔高度不同等引起稻米品质的变化均与温度因子的差异有着密切的联系。温度对稻米直链淀粉含量的影响则与品种本身的直链淀粉含量高低存在着密切的联系，一般情况下，中、低直链淀粉含量品种的直链淀粉含量在高温下有降低的趋势，而高直链淀粉含量品种的直链淀粉含量则有所升高或对温度不敏感。总的来讲，当水稻灌浆结实的日平均温度在 21～24℃时，最有利于优质米的形成。

（2）土壤生态条件对稻米品质的影响 稻作土层厚度、耕层厚度、pH、土壤养分、质地及地区海拔高度等都不同程度地影响稻米的品质，而且不同的品质性状表现也不相同。其一般趋势是土壤肥力中等以上的黏壤土，稻米口感稠软，沙壤土相对松脆；而且土层深厚、有机质丰富，少施化肥，有助于减少垩白，改善口感；增施氮素化肥虽能增加产量和提高蛋白质含量，但影响稻米光亮色泽和食味口感。

发展优质稻米生产，在做好气候生态区划的基础上，要重视土壤肥力的培育和有机肥的施用，同时适量减少化肥用量，注意三要素的合理配比，建立具有优质稻米生产特色的标准化、规范化栽培技术体系，既减少环境污染，又节约成本，更有利于稻米品质的改善和提高。

6.5 水稻的基本栽培技术

6.5.1 育秧

育秧（raising seedling）移栽种植水稻在我国已有 2 000 多年的历史。育秧作业集中，便于精细管理，有利于培育壮秧。

6.5.1.1 壮秧的形态特征与生理特性

水稻秧田期常占全生育期的 1/4～1/3，占营养生长期的 1/2，秧苗品质对产量的影响很大。壮秧移栽后返青快、分蘖早、穗大粒多，容易实现高产。

（1）秧苗的类型及特点 小苗一般指 3 叶期内带土移栽的秧苗，多在密播、保温育秧方式下培育，广泛用于抢早移栽、两段育秧的第一段秧。中苗一般指 3.0～4.5 叶内移栽的秧苗，多用于抢早移栽、机插秧和抛秧。大苗可分为两类：一类是指 4.5～6.5 叶移栽的秧苗，广泛用于双季早稻和一季晚稻。另一类为 6.5 叶以上移栽的秧苗，在稀播时可充分利用秧田低位分蘖，多用于双季晚稻与迟茬一季稻。

（2）壮秧的形态特征　从个体形态看，要求茎基粗扁、叶挺色绿、根多色白、植株矮健。其中茎基粗扁是评价壮秧的重要指标，俗称壮秧为"扁蒲秧"。茎基较宽的秧苗，其体内维管束数目较多。从群体看，要求较高的成秧率（80％以上）与整齐度（脚秧率低于 10％），使移栽本田后生长整齐。

彩图 6—8
达到壮秧标准的幼苗

（3）壮秧的生理特性　壮秧的光合能力强，有利于干物质生产与积累，特别是叶鞘内糖类含量高。由于发根主要依靠贮存于叶鞘的养料，所以茎基粗壮的秧苗形成的根原基多，发根力强，根的总长度也长。壮秧的碳氮比（C/N）适中，如中苗 7～9，大苗 11～14。秧苗的碳氮比随秧苗生长而增大：小苗叶面积小，同化作用形成的糖类大部分立即与氮结合形成蛋白质，苗体氮化合物含量较高，碳氮比小；随着秧苗长大，光合作用增强，糖类积累增多，碳氮比逐渐增大。此外，壮秧的束缚水含量高，有利于保持秧苗水分平衡，抵抗干旱、冷害和温差剧变等不良条件。

6.5.1.2　萌发与环境条件

（1）水分　水稻种子萌发吸水过程可分为三个阶段：第一阶段是急剧吸水的物理学吸胀过程，这一阶段吸收了露白所需吸收水分的 1/2 以上；第二阶段是缓慢的生化吸水过程；第三阶段是大量吸水的新生器官生长过程。水稻种子的吸水速度与温度有密切关系，在低于 30℃ 的温度范围内，温度越高吸水越快。稻种的吸水速度还与品种类型有关，一般粳稻吸水慢，籼稻吸水快。在同一类型的水稻品种中，谷壳薄的吸水快，谷壳厚的吸水慢。

（2）温度　稻种发芽的最低温度，粳稻为 10℃，籼稻为 12℃。萌发的最适温度为 28～36℃。热带品种偏高，北方粳稻品种偏低。

水稻出苗及幼苗生长的最低温度，粳稻为 12℃，籼稻为 14℃。温度高于 16℃，粳稻、籼稻的出苗及生长均较顺利。水稻芽期忍耐短时间低温的能力较强。出苗后至 3 叶期前短期日最低气温降至接近 4℃，秧苗不会明显受冷害；3 叶期后，抗寒力下降，日最低气温低于 5℃，秧苗会受到冷害。长期低温（日均气温低于 10℃ 左右）会造成病原菌的侵染，引起烂秧死苗。

（3）氧气　在水稻种子萌发与幼苗生长的过程中对氧气的需求情况，可分为两个阶段：露白前，由于谷壳、果皮和种皮的阻隔，外界的氧气不易进入，胚的生长主要依靠无氧呼吸途径提供能量，其生长与氧气条件关系不大；露白后，胚与外界气体接触，转为有氧呼吸为主，这时氧气条件对根、芽的生长有明显影响。

在缺氧条件下，水稻的幼苗进行无氧呼吸，胚乳物质转化效率降低、器官建成畸形，秧苗的抗逆力下降。缺氧条件还会使胚乳淀粉酶的活性下降，阻碍淀粉水解，影响对幼苗的养分供应，而削弱幼苗的抗性。

（4）氮素营养　水稻幼苗期外界的氮素供应，对胚乳消耗和幼苗生长均有明显影响。土壤氮素营养供应充足，幼苗吸收的氮素多，胚乳消耗快，幼苗干重增长也快，秧苗的超重期提前，秧苗生长健壮。

6.5.1.3　育秧技术

（1）播种期、秧龄（seedling age）和播种量的确定原则

① 播种期　应从有利于出苗、分蘖、安全孕穗和安全齐穗出发，确定适宜播种期。

早播界限期要根据发芽出苗对温度的要求确定。在自然条件下，当日平均气温稳定通过

10℃或12℃的初日，分别作为粳稻或籼稻的早播界限期，再根据当年气象预报，抓住冷尾暖头，抢晴播种。早播还要考虑能适时早栽，安全孕穗。水稻安全移栽的温度指标为日平均温度15℃以上。早稻如果移栽过早由于前期低温的影响会推迟返青，甚至导致死苗或僵苗。

迟播界限期是要保证安全齐穗。水稻抽穗期低温伤害的温度指标为日平均温度连续 3 d 以上低于 20℃（粳稻）、22℃（籼稻）或 23℃（籼型杂交稻）。一般以秋季日平均温度稳定通过20℃、22℃、23℃的终日，分别作为粳稻、籼稻与籼型杂交稻的安全齐穗期。根据各品种从播种到齐穗的生长天数，就可向前推算出该品种的迟播界限日期。

确定播种期还要考虑有些地区常有的旱、涝、台风、低温、高温等灾害性天气，避灾保收。播种期还要和耕作制度以及品种类型相适应，应做到播种期、移栽期、秧龄三对口。

② 秧龄 一般用播种到拔秧的日数来表示，但由于不同播期所处的温、光条件各异，在秧田相同日数的秧苗，其生育进程并不相同，因而常不能反映秧苗的实际生理年龄。同一品种在正常栽培条件下的主茎总叶数相对稳定，应同时参考叶龄作为适宜秧龄指标。高产栽培要求秧苗移栽后至少能长出 5 片新叶。这是因为幼穗开始分化时叶龄余数为 3.5 左右，移栽后大田营养生长期要求至少长出 2 片新叶。因此，最迟秧龄的叶龄为该品种主茎总叶数减去至少 5 片叶的叶龄。在生产中，根据播种到拔秧的天数和叶龄就可掌握该品种的适宜秧龄。

③ 播种量 播种量对秧苗素质的影响，随着秧龄的延长而增大，秧龄越长，秧苗个体受抑制程度越大。所以，秧龄越长越要注意稀播。适宜播种量的标准，以掌握移栽前不出现秧苗群体因受光照不足而影响个体生长为原则。播种量的确定也和育秧季节温度高低有关，高温季节的秧苗生长快，群体发展迅速，个体受抑制时间早。

播种量还因育秧方式不同而有差别。短龄早栽的小苗或中苗，播种量可增大，而长秧龄大秧则播种量相应减少。

（2）种子处理和浸种催芽

① 晒种 晴天晒种 1~2 d 即可，要薄摊勤翻，防止谷壳破裂。

② 选种 可用风选、筛选或溶液选种。溶液一般用黄泥水、盐水，溶液密度为 1.05~1.10 g/cm³。通过密度选种后，用清水冲洗干净。杂交稻种子饱满度差，一般仅用清水选种。

③ 浸种 作用是使种谷较快地吸足水分，促进发芽整齐。达到稻种萌发要求的最适水分，相当于种子重的 25%（籼稻）和 30%（粳稻）。所需的吸水时间，水温 30℃时约需 30 h，水温 20℃时约需 60 h。浸种时间不宜过长，以免使种子养分外溢，且易缺氧窒息，造成乙醇发酵，反而降低发芽率和抗寒性。杂交稻种子不饱满，发芽势低，采用间隙浸种或热水浸种的方法，以提高发芽势和发芽率。

④ 消毒 常用抗菌剂或强氯精浸种消毒，可结合浸种进行。种子经过消毒，如已吸足水分，可不再浸种；吸水不足时，应换清水继续浸种。凡用药剂消毒的稻种，都要用清水冲洗干净后再催芽，以免影响发芽。

⑤ 催芽 要求达到"快"（2~3 d 内催好芽）、"齐"（发芽率 90% 以上）、"匀"（芽长整齐一致）、"壮"（芽色白，无异味，芽长半粒谷，根长一粒谷）。催芽方法有地窖催芽、温室催芽、酿热物温床催芽等。催芽过程可分为以下四个阶段。

a. 高温露白 指种谷开始催芽至破胸露白阶段。种谷露白前，呼吸作用弱，温度偏低是主要矛盾。可先将种谷在 50~55℃温水中预热 5~10 min，再起水沥干，上堆密封保温，保持谷堆温度 35~38℃，15~18 h 后开始露白。

b. 适温催根 种谷破胸露白后，呼吸作用大增，产生大量热能，使谷堆温度迅速上升，如超过 42℃，持续时间 3 h 以上，就会出现"高温烧芽"。露白后要经常翻堆散热，并淋温水，保持谷堆温度 30~35℃，促进齐根。

c. 保湿促芽　齐根后要控根促芽，使根齐芽壮。根据"干长根、湿长芽"的原理，适当淋浇 25℃左右温水，保持谷堆湿润，促进幼芽生长。同时仍要注意翻堆散热保持适温，可把大堆分小，厚堆摊薄。

d. 摊凉锻炼　根芽长度达到预期要求，催芽即结束。播种前把芽谷在室内摊薄炼芽 1 d 左右，以增强芽谷播后对环境的适应性。遇低温寒潮不能播种时，可延长将芽谷摊薄时间，结合洒水，防止芽、根失水干枯，待天气转好时，抓住冷尾暖头，抢晴天播种。

连作晚稻播种时气温高，种谷经浸种消毒后，放置室内 1~2 d 便自然发芽；或采用日浸夜露 2~3 d 亦可发芽。

（3）几种主要育秧方式及其技术要求

① 露地湿润育秧　露地湿润育秧（open wet nursery）又称半旱秧田育秧，大多应用于中稻、一季晚稻和双季晚稻，是我国水稻生产最主要的育秧方式。该方式技术要求主要有三条。

一是选择适合的秧田，精细整地。秧田应选排灌方便、土质松软、肥力较高、杂草少和无病原的田块。秧田宜干耕干整，开沟作畦，畦宽约 150 cm。沟宽约 20 cm，沟深 15 cm 左右。畦面达到"上糊下松、沟深面平、肥足草净、软硬适中"的要求，这样的秧田通气性好，透水性强，有利根系生长，育成壮秧。

二是秧田要施足底肥，精细播种。早稻、中稻秧田一般施用腐熟优质厩肥或人粪尿 10~15 t/hm²，或施用硫酸铵或碳铵 225 kg/hm² 作基肥，还应施用过磷酸钙 450 kg/hm²，氯化钾 150 kg/hm²，结合耕地在整畦前施下。晚稻育秧期间气温高，可少施或不施用基肥。同时注意播种质量，分畦定量播种，播后塌谷。

三是根据芽期、幼苗期和成苗期的秧苗生长特点，精细管理。从播种到第一完全叶展开之前为芽期。此时秧苗耐低温能力较强，供氧好坏是影响扎根立苗的关键。采用"晴天满沟水、阴天半沟水、雨天排干水、烈日跑马水"的灌水技术，保持秧板土壤湿润和供氧充足。如出现霜冻、大风、暴雨等特殊天气，应暂时灌水护芽，风雨过后再排水晒芽。连作晚稻播种时气温高，为防止秧板晒白，晴热天可在傍晚灌跑马水，次日中午前秧板水层渗干，切忌秧板中午积水，造成高温烫芽。

幼苗期指出苗到 3 叶期。此时秧苗通气组织尚未健全，根系生长所需氧气主要依靠空气直接供应，故要采取露田与浅灌相结合的灌水方法，2 叶期前露田为主，2 叶期后浅灌为主。早稻、中稻秧苗如遇寒潮低温，则应灌深水护苗，低温过后逐步排浅水层，以免造成秧苗生理失水，导致青枯死苗。带土秧幼苗期仍保持秧板湿润，有利增氧促根和秧苗控长。三叶期幼苗转入自养，关键在于及早补充营养（早施断奶肥）。由于秧苗在利用氮素过程中，先是"得氮耗糖"，即施氮被秧苗吸收的同时，需要相应的消耗糖类（酮酸、烯酸），使叶鞘内贮藏的淀粉减少。施氮后，随着叶色变浓和叶面积增大，光合产物相应增加，又表现出"得氮增糖"现象。及时施用断奶肥能使 3 叶期处于得氮增糖期，成为 4 叶期长粗的物质基础。

成苗期是指 3 叶期到移栽。秧苗体内通气组织已发育健全，同时水层灌溉有利于秧苗吸水、吸肥。因此，3 叶期后稀播大秧应采用浅水灌溉，不宜时灌时排，防秧根下扎，拔秧困难。带土秧仍要保持土壤湿润，不留水层，以水控苗，防止徒长。移栽前再施一次起身肥（fertilizer applied before transplanting）。促秧苗吸氮转色而不嫩，增氮仍有贮糖时移栽，使秧苗体内碳氮水平较高，有利移栽后发根分蘖。

② 地膜（薄膜）保温育秧　地膜（薄膜）保温育秧（plastic-film covering nursery）大多应

用于双季早稻。盖膜方式有搭拱形架覆盖和平铺覆盖两种。搭架覆盖的优点是膜内温度、湿度均匀，秧苗生长整齐，覆盖时间长。盖膜后秧苗管理可分以下三个时期。

a. 密封期 从播种到 1 叶 1 心，要密封创造一个高温、高湿环境，使芽谷迅速扎根立苗。膜内适宜温度为 30～35℃，如超过 35℃，则两端暂时揭膜通风降温。密封期只在沟中灌水，水不上秧板。

b. 炼苗期 从 1 叶 1 心到 2 叶 1 心，膜内适宜温度为 25～30℃，温度过高要通风炼苗，以防秧苗徒长。一般晴天上午在膜内温度接近适温，气温在 15℃以上，便可采取逐日扩大通风面积，逐日延长通风时间的炼苗措施，使秧苗逐渐适应外界自然条件。通风时要先灌水上秧板，避免水分失去平衡而死苗，下午天气转凉时重新盖膜保温。

c. 揭膜期 3 叶以后当日平均气温稳定在 15℃左右，日最低气温在 10℃以上时，便可揭膜。一般选择气温较高的阴天或晴天上午将膜完全揭去，揭膜前先灌深水，揭膜后即按一般湿润秧田管理。

③ 温室育秧 温室育秧（green house nursery）省种、省工、省秧田，有利于实现育秧工厂化和机插。一般在温室内培育 7 d 左右，苗高约 10 cm 和两片叶时移栽。温室可用旧房改装，也可用薄膜搭成棚架，以能密封、保温、调湿、侧面和顶部透光为原则。室内搭秧架，放数层秧盘，层距 25 cm 左右，秧盘长方形，大小要便于搬运或适合与机插配套，可用塑料盘或其他代用品。育秧过程可分为以下三段管理。

a. 竖芽期 从播种到现青，约需 2.5 d，控制室温 35～38℃，湿度 95% 以上，保持高温、高湿，促使发芽整齐。

b. 一叶盘根期 从第一完全叶伸出到全展，约需 3 d。随着第一叶伸展，次生根迅速增多伸长，交错盘结。温度要先高后低，一叶初展期室温保持 32～35℃，初展后逐渐降低到 30℃左右。湿度保持在 80% 左右，以秧尖有露珠为宜。

c. 二叶壮苗期 第二完全叶伸出到全展，约需 2 d。此时宜保持室温 25～28℃，湿度 70% 以上，并注意秧盘上下调位，增强光照，以利于叶片形成叶绿素和提高光合能力，促使绿化。苗长至 2 叶 1 心，高 8～9 cm 时，将秧苗整块移至室外，在有水层田上寄放 1～2 d，待秧根向下伸展后，即可移栽。

6.5.1.4 早稻烂秧的原因与防止

早稻常因早春低温，发生烂秧现象。烂秧是烂种、烂芽和死苗的总称。烂种是盲谷播种后，不发芽就腐烂。其主要原因是：种子成熟不良或在收获、贮藏、种子处理、浸种催芽过程中，措施不当，使种谷的发芽势和发芽力降低，乃至丧失。

烂芽是芽谷播种后，未扎根转青就死亡。其主要原因是：播后深水淹灌，低温缺氧，芽鞘徒长，根不入泥，根浮芽倒；秧板过烂，塌谷过重，芽谷陷入泥中；秧板过硬，不易扎根；有毒物质毒害芽谷，种根发黑，幼芽枯黄等，上述原因如在低温条件下，易使种芽生活力降低，引起土壤和种谷的病菌侵害，而造成烂芽。

死苗有黄枯死苗和青枯死苗两种。黄枯死苗为慢性生理病害，常成片发生。秧苗在低温下缓慢受害后，从叶尖到叶基，从老叶到嫩叶，逐渐变黄褐色枯死，由于秧苗基部常被病菌寄生而腐烂，叶根容易脱离，常在 2 叶期发生。青枯死苗为急性生理病害，常成簇发生；秧苗受低温影响，晴后温度剧变，未及时灌水，造成秧苗生理失水而死亡，先从最易失水的心叶部分萎卷，然后叶色呈暗绿色整株枯死，常在 3 叶期发生。

6.5.2　稻田耕整

6.5.2.1　水稻土的特点

水稻土（paddy soil）是在周期性水旱交替耕作管理条件下，经历物质的氧化还原，有机质的分解、积累和矿物质的淋浴与淀积等过程而形成的。

稻田灌水后，耕作层为水分所饱和，土壤的氧化还原电位（E_h 值）降低，呈还原状态；在排水、晒田和冬干期，E_h 值增高。在较轻的还原状态下，对于减少肥料损失，提高土壤养分的溶解度，以及调节土壤酸碱度是有利的。但是如果还原作用过盛，会产生大量的还原物质，对水稻体内含铁氧化还原酶的活性有抑制作用，使稻根受到毒害，妨碍呼吸作用和养分的吸收，甚至使稻根发黑死亡。

水稻土中的氮素主要来自施肥、灌溉水、生物固氮、降水和有机物分解，其含氮物质大多数呈有机态存在，无机态氮 2% ~ 4%。在嫌气状况下，经过一系列生物化学过程转化为 NH_4^+-N，成为易于被水稻所吸收的氮素形态。

水稻适宜于微酸到中性的土壤，稻田淹水后 pH 的高低可以得到调节，到最后平衡时趋向中性。

6.5.2.2　水稻对土壤的要求及高产稻田的基本特征

（1）土壤整体构造良好　土壤剖面层次鲜明，水、肥、气、热协调；耕作层 15 ~ 18 cm，肥厚松软；犁底层厚度 10 cm 左右，紧密适度，有保水、保肥能力，又有一定的渗水性。

（2）土壤中养分含量充足而协调　高产水稻的土壤 pH 6.0 ~ 7.0，有机质含量 25 ~ 40 g/kg，全氮含量 1.5 ~ 2.5 g/kg，全磷含量 1.1 g/kg 以上，速效钾（K_2O）> 100 mg/kg，以及有较高的阳离子代换量（一般有 20 cmol/kg）和较高的盐基饱和度（60% ~ 80%），一般不缺微量元素。

（3）适当的保水、保肥力　高产稻田要求有较好的保水性，避免有效养分的流失。稻田的日渗漏量以 7 ~ 20 mm 较合适，一次灌水能保持 5 ~ 7 d。土壤的阳离子代换性能是保肥的重要机制，高产水稻土的阳离子代换量绝大部分在 10 ~ 20 cmol/kg 土。一般低于 10 cmol/kg 或高于 20 cmol/kg 时均不利于水稻高产。

（4）土壤中有益微生物活动旺盛　生化强度（呼吸强度、氨化强度、铵态氮）高。保热和保温性能良好，升温、降温比较缓和。

6.5.2.3　稻田的耕整

（1）绿肥田　绿肥田的翻耕时期，既要考虑插秧季节，又要照顾绿肥产量和肥效。一般应于绿肥盛花期翻耕，泡田沤熟 10 ~ 15 d，再犁耙使土壤平整后才能栽秧。

（2）冬闲田　冬干田要在前作收获后及时翻耕晒垡，开春时结合施基肥，再耕一次，晒数日后灌水泡田，随泡随耕，使土肥相融，耙平栽秧。冬水田在前季水稻收获后及时翻耕，翻埋残茬，泡水过冬，栽秧前浅耕细耙，耙平插秧。"烂泥田"由于土壤团聚性差、土粒悬浮，且因土层深厚，犁耙次数应少，以免插秧后造成浮秧。"烂泥田"也可以采用半旱式栽培，以防止僵苗。沙田宜少耙或不耙，以免因耙后泥沙分离，使土壤紧实，影响插秧后根系生长。

（3）夏熟作物田　应按作物成熟先后，抢收、抢耕、抢栽。尤其是三熟制田，一般只进行一犁一耙一秒后插秧，但对土壤黏重的水田，最好采用三犁二耙和短期晒垡，使土壤细碎松软后插秧，以利早发。起垄栽培的半旱式小春作物田，可实行免耕或浅耕后栽秧。

6.5.3 移栽与密度

6.5.3.1 插植密度与方式

高产水稻插植密度与方式，是协调群体与个体的主要手段。我国不同稻区插植密度和基本苗差异较大。实践中必须根据品种特性、土壤肥力及管理水平，水稻生长期间的气候条件，耕作制度，茬口的早迟以及秧苗素质等具体条件来决定。

我国水稻插植方式已由正方形密植发展为宽行窄株的条栽方式，或宽窄行条栽。后者有利于改善田间通风、透光条件，使植株增加有效受光量，提高光合生产率，有利于改善田间小气候，扩大温差，降低温度，减少病虫害发生。例如，南方双季稻常规品种行距为 20.0 ~ 23.3 cm，株距为 13.3 cm；一季杂交中稻宽行窄株条栽行距为 23.3 ~ 26.7 cm，株距为 16.7 cm，宽窄行条栽的宽行距为 26.7 ~ 34.0 cm，窄行距为 16.7 cm 左右，株距为 13.3 cm 左右。

6.5.3.2 栽插质量

在适期早插的基础上，注意提高移栽质量。插秧要做到浅、匀、直、稳。浅插能促进分蘖节位降低，早生快发；匀是指行株距规格要均匀，每穴的苗数要匀，栽插的深浅要匀。直、稳是要注意栽直，既栽得浅又要求栽稳，不浮秧；浅泥脚田栽"浑水秧"。栽后保持适当水深，减少叶面蒸腾，有利于早返青。

6.5.4 水稻营养与施肥

6.5.4.1 水稻的需肥特性

（1）水稻对主要元素的吸收量 根据国际水稻研究所近年的研究，每生产 1 000 kg 稻谷的养分吸收量（含稻草）与施肥量及土壤供肥能力的关系为：在适量施肥条件下，氮（N）、磷（P）、钾（K）吸收量分别为 14 ~ 16 kg、2.4 ~ 2.8 kg、14 ~ 16 kg；在足量施肥条件下，其 N、P、K 吸收量分别为 17 ~ 23 kg、2.9 ~ 4.8 kg、17 ~ 27 kg。我国籼型杂交水稻的 N、P、K 吸收量分别为 17 ~ 18 kg、2.7 ~ 3.4 kg、17 ~ 20 kg。考虑到稻根所需要的养分和水稻未收获前由于淋洗作用及落叶已损失的养分，水稻实际所吸收的养分总量应高于此值，且随品种、气候、土壤和施肥等条件的不同而有一定变化。水稻吸收硅的数量也很大。生产中稻草还田，施用堆肥或硅酸肥料，以满足水稻对硅的需要。

（2）水稻各生育时期的需肥规律 随水稻生育进程，植株干物质积累量增加，植株养分含量渐趋减少。但不同水稻类型、不同施肥水平和不同营养元素，其变化情况不同。

水稻植株的氮素含量为每千克干重 10 ~ 40 g，以分蘖期含量最高。植株氮素吸收量也是以分蘖期最高，达总吸收量的 50% 左右，其次为幼穗发育期。水稻分蘖期氮素水平高，分蘖发生早而快，分蘖期增长；反之，分蘖发生迟而慢，分蘖期缩短。据研究，分蘖期叶片含氮量在 35 g/kg 以上时分蘖旺盛，减少到 25 g/kg 时分蘖停止，下降到 15 g/kg 以下时则弱小分蘖逐渐死亡。抽穗灌浆期要求稻株含氮量不低于 12.5 g/kg，叶片含氮量不低于 20 g/kg。因此，抽穗期巧施粒肥，能延长叶片寿命，提高光合效率，防止根系早衰。

水稻植株的磷（P_2O_5）含量为 4 ~ 10 g/kg，以拔节期含量最高，以后逐渐下降。植株磷素吸收量则以幼穗发育期为最高，占总吸收量的 50% 左右，其次为分蘖期；高产水稻结实成熟期磷素吸收量占 16.1% ~ 19.6%。

水稻植株的钾（K_2O）含量为 20～55 g/kg，其高峰值出现在拔节期，以后逐渐下降；抽穗期植株的钾素积累量达到 90% 以上，抽穗后吸收量较少。

6.5.4.2　水稻的施肥量和施肥时期

（1）水稻的施肥量　应根据目标产量的需肥量、土壤供肥能力和肥料养分利用率确定。其中，肥料养分利用率与肥料种类、施肥方法、土壤环境等有关。我国水稻当季化肥的利用率大致范围是：氮肥为 35%～40%，磷肥为 15%～20%，钾肥为 40%～50%。

（2）施肥时期　应根据水稻的需肥规律，结合产量构成因素的形成时期确定：一是增加有效穗数的施肥时期，以基肥和有效分蘖期内施用促蘖肥效果最好。但若稻田肥力水平高，底肥足，则不宜多用分蘖肥。二是增加每穗粒数的施肥时期，在第一苞分化至第一次枝梗原基分化时追肥，有促进第一次、第二次枝梗和颖花分化的作用，增加每穗颖花数，称为促花肥。在雌雄蕊形成至花粉母细胞减数分裂期（即倒 2 叶期）施肥，能减少每穗的退化颖花数，称为保花肥。对于生育期长的品种，同时施用促花肥和保花肥，增粒效果显著。三是提高千粒重和结实率的施肥时期，水稻在抽穗后施肥有延长叶片功能期，提高光合强度，增加粒重，减少空秕粒的作用。

6.5.4.3　施肥技术

（1）前促施肥法（early-weighted fertilizer practice）　在重施基肥的基础上，早施、重施分蘖肥，使稻田在水稻生长前期有丰富的速效养分，特别是氮肥，能促进分蘖早生快发，确保增粒多穗。一般基肥占总施肥量的 70%～80%，其余肥料在移栽返青后即全部施用。

（2）前促、中控、后补施肥法（early-weighted，mid-restricted and late-compensated fertilizer practice）　在施足基肥的基础上，前期早攻分蘖肥，促进分蘖确保多穗；中期控氮，使水稻有利于由氮　代谢向以碳代谢为主的方向转化，协调穗多与穗大的矛盾；后期（抽穗前后）适当补施氮肥，保持叶片有较高的光合效率和较长的功能期，以提高结实率和增加粒重。

（3）前稳、中促、后保施肥法（early-restricted，mid-weighted and late-regulated fertilizer practice）　在栽足基本苗的前提下，减少前期施肥量，使水稻稳健生长，着眼于依靠主穗，本田期不要求过多分蘖。中期重施穗肥，以充分满足稻株对氮素营养的吸收，促进穗大粒多；后期适当施用粒肥，以增加糖类积累，增加结实率和粒重。要达到前期早生稳长，中期不疯长，后期不早衰、不过头。

（4）实地施肥法（site-specific nutrient management，SSNM）　该方法是国际水稻研究所近年研究形成的施肥方法，与传统施肥方法的区别是：① 基肥减氮（占 35%～40%）；② 推迟分蘖肥到移栽后 12～15 d 施用；③ 测苗定氮，即用比色卡（LCC）诊断水稻植株的氮素含量，以确定不同时期的氮肥用量。其基本原理是基于水稻叶色变化与叶片含氮量有关。LCC 叶色有 6 级，临界值为 3.5～4.0 级。施肥量由 LCC 临界值确定，即在临界值以上，按计划用量的下限施肥，相反则按计划用量的上限施肥。

📖 深入学习 6—6
计算机决策支持系统指导施肥

6.5.5　稻田水分管理

6.5.5.1　水稻的生理需水和生态需水

（1）水稻的生理需水　直接用于水稻正常生理活动以及保持体内平衡所需的水分为生理需水。稻株吸收的水分绝大部分是蒸腾作用散失的，蒸腾作用通常用蒸腾系数表示，它因土壤水分、气候环境、品种类型、生育阶段和全生育期不同而异。随着水稻叶面积增加，蒸腾量也增加；孕穗期到出穗期，是蒸腾强度高峰期，以后随叶面积的下降，蒸腾量减少。蒸腾量的变化还与栽培地区、栽培季节有关。一般单季中稻、晚稻在孕穗期达到或接近最大值，此后明显下降。南方双季早稻前期气温低，蒸腾高峰到来迟，接近开花期达到最大值，其后气温高，衰减较少。双季晚稻移栽后前期气温高，蒸腾高峰到来早，孕穗期达到最大值，其后随温度降低而下降。

（2）水稻的生态需水　用于调节温度、湿度、抑制杂草等生态平衡，创造适于水稻生长发育的田间环境所需要的水分为生态需水。水层对稻田的温度和湿度的调节作用较大，因为在土壤的水、气、土三相中，以水比热最大，汽化热亦高，仅传导热比较低。

在水层条件下，造成土壤还原状态，有机质分解慢、积累多。稻田灌水期间土壤氨化细菌增高，铵化作用旺盛，增加氮的供给。保持水层有利于土壤中保持其铵态氮不易流失，利于根系吸收。水层还使磷、钾、硅等养分易于释放出来，有利于水稻吸收利用。

6.5.5.2　稻田需水量和灌溉定额

（1）稻田需水量　水稻在本田生长期间，群体叶面蒸腾量在各生育期是不相同的。它随着水稻生育进展和绿色叶面积的增大而增加，达高峰期以后随叶面积的减少而降低，呈一单峰曲线。稻田穴间蒸发量，受植株荫蔽的影响很大，移栽初期，植株幼小，蒸发大于蒸腾；在水稻分蘖盛期以后蒸发小于蒸腾，并有随着荫蔽的增加而减小的趋势。

渗漏量因稻田的整田技术、灌水方法、地下水位高低，尤其是土壤质地差异而有很大不同。在一定条件下，土壤越黏重，渗漏量越小，土质越沙，渗漏量越大。

我国稻田需水量差异大，有由南到北逐渐增大的趋势。一般种植一季稻的需水量为 380 ~ 2 280 mm，双季稻为 680 ~ 1 270 mm，大多数地区稻田日平均需水强度为 5 ~ 15 mm。

（2）灌溉定额　整田用水量与自然条件、地形地貌、土壤种类、整田前的土壤含水量，以及耕作方式有关。我国南方稻区稻田灌溉定额（irrigation requirement）：一季稻为 300 ~ 420 mm，双季稻为 600 ~ 860 mm。而北方稻区灌溉定额变化较大，一般在 400 ~ 1 500 mm。

6.5.5.3　稻田灌溉技术

（1）水稻不同生育期对水分的要求与灌溉方法　返青期稻田保持一定水层，为秧苗创造一个温湿度较为稳定的环境，促进早发新根，加速返青。水稻分蘖期土壤由饱和含水到浅水层之间，稻田土壤昼夜温差大，光照好，促进分蘖早发，单株分蘖数多。稻穗发育期的需水量最多，占全生长期需水量的 30% ~ 40%，适宜采用水层灌溉，但淹水深度不超过 10 cm，维持深水层的时间也不宜过长。出穗开花期要求有水层灌溉。我国南方稻区早稻、中稻抽穗开花期常有高温伤害问题，稻田保持水层，可明显减轻高温影响。灌浆结实期宜采用间歇灌溉，保持土壤湿润，使稻田处于水层与露田交替状态，做到"以水调气，以气养根，以根保叶"。

灌水方法是以生理需水为基础，结合生态需水来制订，总的灌溉原则是有水活兜，浅水分蘖，中期搁田，湿润长穗，干湿壮籽。

（2）晒田的作用及技术　晒田（field drying）又称烤田或搁田，其生理生态作用是：

① 改变土壤的理化性状，更新土壤环境　晒田后，大量空气进入耕作层，土壤氧化还原电位升高，二氧化碳含量减少，原来渍水土壤中甲烷、硫化氢和亚铁等还原物质得到氧化，含量减少，加速有机物质的分解矿化，土壤中有效养分含量提高。但铵态氮易被氧化和逸失，磷则由易溶性向难溶性方向转化，导致晒田过程中耕层土壤内有效性氮、磷含量暂时降低，但待复水后土壤中的养分则迅速提高。

② 调整植株长相，促进根系发育　晒田对水稻地上部分营养器官生长有暂时的抑制作用，但促进了稻株的物质运输中心和生产中心的转移，主茎和早生分蘖的养分得到加强。晒田使叶色变淡、株型挺直，部分无效分蘖死亡，茎的1、2节节间变短，秆壁变厚，增强了植株的抗倒力，改善了群体结构和光照条件。晒田期间，由于土壤养分状况的改变，根系吸收力暂时减弱，促进根系下扎，白根增多，根系的活动范围扩大，根系活力增强，复水后提高了根系的吸收能力，植株生长速度又日趋加强。

晒田时期主要根据苗数决定，即"够苗晒田"，当全田总茎蘖数超过计划穗数的85%时进行晒田；或在有效分蘖临界叶龄期（总叶片数 – 伸长节间数）开始晒田，考虑到晒田效应滞后，实际晒田时间应提早一个叶龄期。若生长过旺，还可再提前一个叶位，称"晒田够苗"。

晒田程度要根据苗情和土壤而定。苗数足、叶色浓、长势旺、肥力高的田应早晒，其标准为：田边开大裂口，中间开"鸡爪裂"，叶片明显落黄；反之，应迟晒、轻晒或露田（晾田）。轻晒标准为：田边开"鸡爪裂"，叶片略逞淡；晾田则只排干水，土壤湿润。

6.5.6　水稻大田生长发育诊断

6.5.6.1　水稻品种叶龄模式与调节对策

（1）叶龄模式根据水稻品种的叶龄模式，可制订出该品种以叶龄为指标，作为预测生育过程、看苗诊断和确定技术措施的依据（表6-12）。

表 6-12　水稻品种叶龄模式与调节对策示意表

代表品种	叶龄			叶龄余数				抽穗成熟期
12片叶，4个伸长节间	4	（5~6）→9	10~11	3.5 ~ 3.0	3.0 ~ 2.1	2.0 ~ 1.6	0.8 ~ 0	抽穗成熟期
15片叶，5个伸长节间	4	（7~8）→10	11~13					
18片叶，6个伸长节间	4	（8~9）→12	13~15					

生育期	秧田分蘖始叶龄期	移栽期	有效分蘖期	有效分蘖终期	无效分蘖期	拔节期	穗分化始期	枝梗分化期	颖花分化期	减数分裂期	抽穗期	灌浆期	成熟期

代表品种	叶龄					叶龄余数		抽穗成熟期	
产量调节	争穗	基本苗		有效总茎蘖数增加		总茎蘖数增加	总茎蘖数减少	有效穗数形成	
	争粒	—				每穗总粒数增加		每穗实粒数决定	
	争重	—				第一次粒重增加		第二次粒重增加	
	生长阶段	25~30 d		20~25 d	不确定	30 d		30~50 d	
灌溉方法		—		水层→浅水→露田	晒田	浅水		湿润	
施肥时期		基肥		分蘖肥	—	促花肥		饱粒肥	

注：引自刁操铨（1994），略有改动

（2）几个关键的叶龄期　有效分蘖临界叶龄期是指主茎总叶数减去伸长节间数的叶龄期（四个伸长节间的，还需加一）。主要诊断指标是群体总茎蘖数。高产的适宜总茎蘖数为预期穗数，若茎蘖数不足则应追肥促蘖，若茎蘖数过多则应及早晒田控蘖。

拔节始期的叶龄期，是指伸长节间数减 2 的倒数叶龄期。若某品种伸长节间数为 5 个，则倒 3 叶期为拔节始期。确定拔节始期的叶龄理由是，依据前述 n 叶抽出与（$n-1$）～（$n-2$）的节间伸长同时，则茎秆基部第一节间伸长时抽出叶的下方必将有两个伸长节间。所以，该叶的倒数叶序为伸长节间数减 2。主要诊断指标是总茎蘖数与叶色。各类品种均应在此时达分蘖高峰，叶色应退淡。若总茎蘖数不足，且叶色已退淡，即可酌情施用保蘖促花肥；若总茎蘖数达到了预期数，叶色偏深，则应偏重晒田，并延长晒田期，以抑制茎叶生长，改善群体内后期的光照条件，促进根系生长，防止倒伏。

倒 2 叶抽出期，是指稻穗颖花分化期，即是保花肥的施用期。若颖花量不足，保花肥应偏早、偏重；若颖花量过剩则可不施，并应适当延长晒田期。

6.5.6.2　水稻的看苗诊断与调节对策

水稻看苗诊断以叶色、长相、长势和群体动态结构作为衡量个体与群体协调发展的诊断指标。

（1）前期诊断　叶色深浅主要受叶片内叶绿素含量和氮素含量多少的影响，在外表特征上则呈"黑""黄"变化。判断叶色深浅，一般多凭经验目测；或用深浅不同的叶色卡（LCC）；也可利用叶鞘颜色作天然色卡，若叶色深于叶鞘时，表示叶色转黑，浅于叶鞘时，表示叶色转黄。

长势主要指稻苗的生长数量和速度。叶尖距指相邻两叶叶尖的距离。水稻拔节以前，各叶着生节位极密，相邻两叶定型叶片的叶尖距离，即为两叶长度之差。如上下两叶叶尖距离很小，呈"平头叶"时，表示稻苗生长差，长势弱；如上下两叶叶尖距离大，呈"抢头叶"时，则表示生长旺盛，长势强。

分蘖动态是稻苗长势的重要标志。分蘖期是不定根大量发生的时期，要求移栽后 1～2 d 就能发生数条甚至十多条新根，以后发根更快。叶型反映稻株代谢状况。氮代谢越旺，生长越迅速，叶片组织越柔嫩，则叶片披垂严重。反之，稻株向积累型代谢转移时，生长减慢，叶片伸长受到抑制，叶型逐渐挺直。株型（丛株）是品种特征。插秧返青后，株型渐趋直立。进入分蘖期后，随着新叶和分蘖的发生，株型逐渐散开，称为散蔸。散蔸快，表示生长旺盛。分蘖末期晒田后，株型再度竖立，有利通风透光。

（2）中期诊断　双季稻全生育期出现"二黑一黄"的叶色变化。中稻在孕穗中期出现"二黑"，抽穗前出现"二黄"，有"二黑二黄"的叶色变化。单季晚稻在稻穗发育阶段出现"三黑"，抽穗前再度转"黄"，有"三黑三黄"的叶色变化。

水稻最后 3 片叶与稻穗发育同步进行。生产上常以顶部 3 叶来诊断长期稻田的营养水平和穗型大小。顶 3 叶长度不足，表明长势不旺，穗小粒少，影响子粒充实；若顶 3 叶过长，叶面积过大，则表明长势过旺，虽穗大粒多，但易贪青倒伏。

单产量 7.5 t/hm^2 左右的高产水稻，当叶面积指数大于 4 时即达封行期（150 cm 之外看不见两行间的田面），高产水稻的封行期应在剑叶露尖前后，叶龄余数在 1.0 左右为宜。封行过早，下部透光差，不利穗粒发育；封行过迟或封行不足，则不能充分利用光能。

支根多少和根端白色部分长度，是诊断根系好坏的主要形态指标。支根数量多，根端白色部分长，根系深扎，拔起困难，表示根系生长健壮；反之，则根系衰弱。叶尖吐水也是根系活力的诊断指标。根系活力强的，吐水早，水珠大；根系活力弱的，吐水迟，水珠小。

（3）后期诊断　抽穗后稻株绿叶数多少，直接影响子粒充实程度。高产水稻要求抽穗后到灌浆期单株能保持3~4片绿叶，以后随谷粒成熟，下部叶片逐渐枯黄，到黄熟期仍有1~2片绿叶。

正常稻株在开花灌浆阶段，茎、叶都应保持青绿色，这表明氮代谢正常，光合效率高。灌浆后，茎色、叶色逐渐退谈，枝梗保持绿色，以利糖类向子粒转运。成熟时全田呈现出"青茇绿叶、黄丝亮秆、谷粒金黄"的丰产长相。

保持根系活力，以根养秆。诊断根系活力的方法，一是看白根、褐根（尖端仍为白色）的多少。如这两类根占总根数一半以上，表示根系活力较强；如黑根、腐根占一半以上，表示根系活力衰退。二是用手拔稻株，如不易拔起或拔起后稻根带泥土多，表示根系活力良好。

6.5.6.3　水稻生理障碍诊断

表6-13列举了水稻主要的生理障碍类型、症状、发生原因及其防治措施。

表6-13　水稻常见生理障碍类型、症状、发生原因和防治措施

	主要症状	发生原因	防治措施
中毒发僵	①插后落黄不转青。②老叶先枯死，叶尖干枯，远看苗色黄中透红，稻丛簇立。③根深褐色，掺有黑根和畸形根，白根甚少，软绵无弹性	①未腐熟有机肥用量过多，绿肥翻耕过迟。②土壤通透性差，糊烂、缺氧或长期积水，还原物质增加。③有机肥分解时，产生还原性物质毒害根系，影响秧苗生长	①适时翻耕绿肥，施用腐熟的有机肥。②提高翻耕质量干耕湿泅，配施石灰、石膏。③降低地下水位，增强土壤通透性。④晒田增温、增氧，消除毒害
泡土发僵	①土壤浮烂，插后秧苗下沉。②稻苗簇立，返青慢，分蘖迟，形成僵苗。③叶片发黄，地下拔节，根位上移。④不发新根，老根变黄褐色，黑根增多	①地下水位高或有冷泉涌出的烂糊田、冷水田，田脚深，土壤通气性差，还原性强，插后秧苗深陷，根系生长不良。②新改水田，表土浮松，插后秧苗随泥下沉	①开深沟排水，降低地下水位。冬耕晒垡，增施磷钾肥，改善土壤理化性状。②新改水田提早耙秒，土壤沉实后再插秧，或施用石膏，加速土粒下沉
缺磷发僵	①生长缓慢，迟不分蘖，呈簇状。②叶片直立，叶色暗绿带紫灰色，叶片短、叶鞘长，严重时呈纵状卷缩。③根细长，黄褐色或黑色，软绵无弹性	①土壤有效磷低。②低温或冷水田，根系吸磷能力弱。③土壤还原性物质危害，抑制磷素吸收。④绿肥分解中，磷被生理固定	①增施磷肥。②排水耘田、搁田，提高土温、改善土壤通透性，消除还原性物质，使根系增加吸磷量。③施用石灰、石膏等间接肥料
缺钾发僵	①株型矮小，分蘖很少。②叶片有不定型的赤褐色斑点，称赤枯病。③根系老化腐朽，后变黑腐烂。④病株极易拔起。⑤重病田与胡麻叶斑病并发	①土壤有效钾含量低。②重氮轻钾，氮钾比例失调、钾氮比越低，病越重。③中毒发僵和冷害发僵稻根生长差，减少钾素吸收，常与之伴随并发	①增施、早施钾肥。②开沟排水，降低地下水位。③浅水勤灌，提高水温，增氧通气。④发病田立即排水，增施磷钾肥，中耕，搁田
缺锌发僵	①基叶尖干枯，随后下部叶出现褐色锈斑块。②出叶慢，心叶卷曲，失绿白化，老叶叶脉易脆断。③稻株变矮，迟不分蘖。④根细短，如与中毒发僵并发，呈黑褐色	①土壤有效锌含量低。②土壤pH偏高，锌溶解度降低。③尿素水解增加碳酸根浓度，抑制稻苗对锌的吸收。④大量施用石灰，锌被碳酸钙颗粒表面固定	①增施、锌肥。②缺锌土壤，氮肥施用氯化铵、硫酸铵等生理酸性肥料。③磷肥与锌肥配合施用，改善磷、锌平衡，提高对磷、锌的吸收利用

续表

	主要症状	发生原因	防治措施
冷害发僵	①稻苗细长软弱，淡绿带黄，簇立不发。②叶尖干枯，严重时有不规则斑点，从叶尖向基部沿边缘枯焦。③稻根褐色，新根少。④昼夜温差大时出现"节节白"或"节节黄"	①插秧太早或插后遇寒潮低温侵袭（日平均气温低于15℃），出现寒害型发僵。②丘陵山区冷水田、山荫田，土温、水温低，肥料分解慢，容易引起冷害型发僵	①培育壮秧，日均温稳定在15℃以上时插秧。②返青后浅灌勤搁，增温增氧，促使发根分蘖。③山垄田开"环山沟"，冷水田开"避水沟"排除冷水，降低地下水位
早穗	①秧田期间，幼穗已开始分化或形成，插秧后过早抽穗。②主茎缩短、叶片减少，稻穗变小；缺陷穗期长，成熟不一致	①秧龄过长是造成早穗的主要因素。②播种过密，或缺肥缺水，或育秧期气温偏高，则早穗现象加重	①根据品种特性，确定播种期和秧龄，做到壮苗适龄移栽。②秧田适当稀播，保证移栽时秧苗个体生长不受到限制
早衰	①一般在乳熟期后出现早衰。②叶色初呈橘黄或棕红，以后逐渐枯黄，叶片顶端污白色枯死，叶薄而弯曲，远看一片枯焦，未老先衰	①品种抗逆力差，上位叶较薄，易失水早衰。②早稻高温热风，晚稻低温寒潮影响。③后期断水过早，脱肥。④稻田土壤缺氧，还原性强，使根早衰	①选用抗逆力强，不易早衰的品种。②后期适量施肥或叶面肥，结合湿润灌溉。③早稻遇高温灌深水降温，晚稻遇低温灌深水保温

注：引自刁操铨（1994），略有改动

6.5.7 水稻的收割与贮藏

南方双季早稻谷粒成熟度达85%、中稻和晚稻谷粒成熟度达90%时，应及时抢晴收割。

传统的水稻收割方法是人工收割，近年机械收割得到快速发展。水稻收获机械的选择，单季稻产区（如东北、西北地区）和稻麦两熟制水稻产区，经营规模比较大的地方，可选用生产效率高、技术性能先进的联合收割机收获水稻。经营规模较小的农区可选择全喂入自走式联合收割机收获，也可以选用全喂入背负式联合收割机收获。

收割后的稻谷要分品种单晒、单收、单贮，并做到薄摊勤翻，谷粒干燥均匀。稻谷干燥的标准，应达到安全贮藏的含水量，即籼稻低于13.5%，粳稻低于14.5%。对于优质水稻，还要求选用竹晒垫进行薄晒勤翻，防止稻米在暴晒时断裂，降低整精米率。

在一定的温度和湿度条件下，稻谷的谷壳（内外颖）能阻止虫害和霉变，以及抵御外界环境不利变化的影响，对吸湿也有一定的缓冲作用，有利于安全贮藏。但是，稻谷无明显的后熟作用，如果在收割期遇长期阴雨，又不能及时干燥，往往导致稻谷发芽。因此，生产上应抢晴收割，及时晾晒，使稻谷含水量达到安全贮藏的标准。

6.6 水稻其他栽培技术

6.6.1 水稻抛秧栽培

水稻抛秧（broadcasting seedling rice culture 或 throwing seedling rice culture）是指用塑料软盘

或常规育秧等方法培育带土秧苗，以人工或机械将秧苗往空中定向抛撒，利用带土秧苗自身重力落入田间定植的一种水稻秧苗移栽方式。

彩图 6—10
水稻抛秧栽培

6.6.1.1　抛栽稻的生育特点

（1）软盘秧苗的生长特点　生产上常用的蜂窝式薄型压塑软盘育秧，简称软盘秧。由于受蜂窝式钵体小的限制，秧苗生长与常规育秧的秧苗相比，其叶龄进程稍缓，秧苗高度一般比常规育秧小，单株绿叶数和茎基宽较小；根的生长呈卷团状，单株总根数比常规苗少，但均为白根，且无黄、褐、黑根，根系活力高。

（2）抛栽稻本田期的生育特点　抛秧苗带土，空中抛撒，呈均匀而无规则的水平分布，呈满天星状；姿态为直、斜、平多样化。因此，生育特点主要是：

① 秧苗植伤轻　无明显生长停滞期，分蘖起步早，发生快，缺位少，而且低位分蘖较多，高峰苗量大，群体有效穗数多，但成穗率偏低。

② 叶面积大　由于分布不规则，株型较松散，叶片开张角大，田间叶片分布较均匀，最大叶面积指数高于手插秧，且其中下层叶量所占比重相对较高。因而抛秧水稻群体的光合能力较强。

③ 根系发达　一般抛后 1 d 露白根，2 d 扎新根，3 d 长新叶，7 d 出分蘖，单株根干重比手插秧明显增多。但秧根入土较浅，通常不超过 2 cm；在群体偏大，田间肥水调控不当时可能发生根倒。

6.6.1.2　抛栽稻的配套栽培技术

（1）软盘育秧技术包括苗床准备、秧龄、播种和苗期管理等技术环节。

① 苗床准备　软盘湿润育秧技术与常规湿润育秧相类似，但因有软盘孔穴分隔，便于分苗抛栽。按湿润育秧方法，将秧床耙烂耙平、开沟整板、整平推光、露干沉实，一般秧板宽以两片秧盘竖放的宽度为宜。软盘旱育秧与旱育秧相类似，其最大优势在于秧龄弹性大，可培育不同品种、不同茬口需要的秧苗。选择土质松软肥沃、靠近水源的旱地或菜地作为苗床，按每 667 m² 大田需苗床 8 ~ 10 m²，畦宽 1.3 m 左右，畦与畦之间留 40 cm 宽的沟。摆盘前要将床面压平、压实，最好铺一层泥土，以便于秧盘与苗床接触紧密。

② 秧龄　一般以 5 叶以内的中小苗为佳，其秧龄为 20 ~ 30 d。对于中稻、晚稻迟抛长秧龄大苗，应注意控制苗高，具体技术一是控水，通过控水可有效控制苗高，使秧苗敦实粗壮；二是用 80 ~ 100 mg/kg 的烯效唑溶液浸种 12 h，或在苗期用 250 ~ 300 mg/kg 的多效唑液喷施，可防止秧苗徒长和控制苗高。

③ 播种　播种量以移栽前不出现死蘖现象为宜。一般小苗、中苗（5 叶内）的播种量为每片 40 ~ 50 g（常规稻）或 30 ~ 35 g（杂交稻），大苗（5 叶以上）的播种量为每片 30 ~ 35 g（常规稻）或 25 ~ 30 g（杂交稻）。播种后用营养土或肥沃细土均匀覆盖芽谷，苗床均要做好保湿覆盖或遮阴覆盖以及预防鼠、雀危害等。苗期管理技术与常规湿润育秧基本一致。

（2）抛秧技术　包括大田准备和抛秧方法。

① 大田准备　抛秧稻高产、稳产的关键是整地质量，要求达到"平、浅、烂"的标准。平是指田面要平整。抛栽秧对大田的平整程度要求更高，应控制整块田高低差异在 3 cm 以内。浅是指水层应浅。耙田时水浅，不但易于整平，而且对于沙性土还可趁耙后田面烂糊时抛栽，不必因撤水浪费肥水。烂是指耙平后土壤糊烂有糊泥，抛栽秧苗入土较深，直立苗比例高，立苗快；反之则秧苗根系不易入土或入土太浅，导致较多根系及分蘖节裸露在地面，直立苗比例

低，立苗慢，后期易发生根倒伏。

② 抛秧方法　为防止高温烈日对秧苗的灼伤，利于缓苗，抛栽最好选择阴天或晴天午后作业，双季晚稻，应在下午 4 时后进行。抛秧时人在人行道中操作，采取抛物线方位用力向空中高抛 3 ~ 4 m，以土坨入土深度达 1 ~ 2 cm 为佳，如秧苗入土浅，平躺苗多，则应增加抛散高度。抛秧时，一次抓秧不可过多或过少，以免抛散不匀。遇风时，多采用顶风抛秧。抛秧时注意先抛远后抛近，先稀后密，第一次作业先将计划抛秧量的 2/3 抛入田中。抛完 2/3 后，每隔 3 ~ 4 m，清出一条宽 30 ~ 35 cm 的空幅带，留作挖搁田沟或作管理行。然后将剩下的 1/3 秧苗进行第二次抛秧，主要用于补稀、补缺、补边角。最后将留下的少部分秧苗，一厢一厢进行清理，力求分布均匀。

（3）田间管理技术　包括施肥技术和灌溉技术。

① 施肥技术　抛秧稻前期发育快、扎根浅，施肥应注意适当控氮增钾。原则包括：一是适当增施有机肥，以保证土壤平衡供肥；二是施足基肥，以满足其早期的养分供应。一般基肥占总施氮量的比例，双季稻为 50% ~ 60%，中稻及一季稻为 50% 左右；三是减少分蘖肥，有利于提高分蘖成穗率和控制后期分蘖；四是适施穗肥，以促进幼穗分化，达到穗足、穗大高产。一般穗肥施用量占总施肥量的 20% ~ 30%，以穗分化始期施用为宜。

② 灌溉技术　抛秧根系入土浅，上深水后易漂秧，其灌溉原则是：a.薄水立苗，采用薄水灌溉使秧苗尽快扎根，而在晴天中午前后建立薄水层护苗；b.浅水分蘖，分蘖期应采取浅水层结合适当露田，促分蘖发生；c.晒田控苗，抛秧稻分蘖节入土浅，分蘖快而多，应提前排水晒田；d.水层孕穗，孕穗阶段以浅水层为主，结合断水露田；e.湿润灌浆，出穗到出穗后的 15 ~ 20 d 保持浅水层以利灌浆，后期间歇灌溉，收获前 5 ~ 7 d 断水。

病虫草防治技术。抛栽后 5 ~ 7 d，用抛栽稻除草剂防除杂草。在用药后 5 d 内，田面应保持 3 ~ 6 cm 的水层，以增强防治效果，防止伤苗。对于一些顽固性杂草如稗草等，可采用人工拔除。同时，抛秧稻生长为无序状态，群体也较大，要特别注意对纹枯病的防治。

6.6.2　水稻机插栽培

机械栽插（machine transplanting rice culture）是水稻生产机械化的重要内容。一台步行式插秧机每小时可插秧 0.15 ~ 0.20 hm^2，一台高速插秧机每小时可插秧 0.43 hm^2，分别相当于 15 ~ 20 个、50 个人工的插秧面积。同时，机插秧能实现定苗栽插，插秧有序，能充分利用光能，插植深度适中，中后期抗倒性好。

6.6.2.1　机插稻的生育特点

（1）秧苗的生育特点　苗期密度大，幼苗生长较整齐，但个体生长空间小，株间竞争强，苗体活力与抗逆性相对较弱。机械插入大田后缓苗期长，一般约经 14 d 才开始分蘖。

（2）本田期的生育特点

① 分蘖的特点　一般机插水稻的移栽叶龄为 3 ~ 4 叶期，其分蘖节位多、分蘖期长。同时，机插浅栽等亦促进了分蘖的发生，不仅本田期分蘖节位多，而且分蘖发生较为集中而势旺，高峰苗多，但茎蘖成穗率低。

② 全生育期及产量特点　机插水稻比常规手插中苗、大苗水稻播期推迟，全生育期缩短，个体生产量略小，叶片数少，植株稍短，且单位面积穗数多而穗型偏小。

6.6.2.2　机插稻的配套栽培技术

（1）机插稻育秧技术　包括营养土准备、苗床准备、精细播种和苗期管理等技术环节。

① 营养土准备　选用菜园土、耕作熟化的旱土、冬前耕翻的稻田土等适合作床土。床土培肥可采用有机肥和无机肥相结合的培肥方法，取土过筛进行堆制，并覆盖遮雨，以防养分淋失及便于播种时床土铺设的操作。

② 苗床准备　宜选择相对集中、灌排通畅及便于操作管理的田块作苗床。以秧田与大田面积比 1：（100～120）配置，大田应备足苗床 45～60 m^2/hm^2。可采用干整法或水做法整地，干整法在播种前 3～5 d 进行，水做法在播种前 5 d 进行；都要施肥后做秧板，秧板要验平沉实后使用放秧盘。

③ 精细播种　a.催芽播种，人工播种的根长为半粒谷长，芽长为 1/4 谷长；机械播种的以露白为宜；b.精量播种，在晒干的秧板上先铺衬套，两张对齐横排，再在衬套上填底土，用木尺刮平后，上跑马水后立即排干，再定量播种；c.撒土盖籽，落谷后要及时撒土盖籽，盖土不宜过厚，以不见芽谷为度；d. 容足底墒，不管采用旱育或水育方式，播种后应及时进行造墒，实行沟灌容墒，切莫大水漫灌或冲浇，以防造成土壤板结，影响成苗；e.播后盖膜，播种后立即覆盖膜或盖无纺布，盖膜前如发现营养土未完全吸湿，应再喷水，防止土壤干旱。

④ 苗期管理　a.揭膜炼苗，覆盖时间一般 5～8 d，揭膜时间掌握在当秧苗出土 1 叶 1 心时进行，揭膜后及时补一次水；b.科学管水，出苗至 3 叶前以湿为主，确保秧沟保持晴天平沟水，阴天半沟水，雨天排干沟中水；c.因苗追肥，在 1 叶 1 心期适量追施断奶肥。

（2）田间管理技术　机插秧要求田块平整无残茬杂物，高低差不超过 3 cm。表面软硬度适中，泥浆沉实达到泥水分清，泥浆深度 5～8 cm，水深 1～3 cm。在 3 cm 水层下，高不露墩，低不淹苗，以利于秧苗返青活棵，生长整齐。整地后黏土应沉淀 2～3 d，壤土 1～2 d，达到泥水分清，沉淀不板结，水清不浑浊。

彩图 6-11
水稻机插大田

本田期管理要求做到：① 合理密植，一般行距 30 cm，株距 11.0～11.7 cm，每公顷栽（27～30）×10^4 穴，每穴 3～4 苗，基本苗（100～120）×10^4；并对大田四周及断垄地方及时人工补苗；② 管好水浆，栽后深水护苗，活棵后及时施好分蘖肥和除草剂，保持浅水层 4～5 d 后排干水，露田透气 1～2 d，促进新根生长和分蘖发苗；③ 合理施肥，机插秧秧苗偏小，在轻施基肥基础上，早施、重施分蘖肥，重施促花肥，不施或少施保花肥。

6.6.3　水稻直播栽培

6.6.3.1　水稻直播栽培的类型

水稻直播（direct seeding）是美、欧、澳等发达国家及南美和非洲大部分国家的水稻栽种方式。随着农业结构调整、化学除草剂的广泛应用及农业机械化程度的提高，我国直播稻栽培发展迅速。

水稻直播栽培是指直接将稻种播于本田而省去育秧和移栽环节的种植方式。可分为水直播、旱直播和湿直播。

① 水直播　稻田前作收获后经过水耕水整或旱耕旱整水平，在浅水层（或湿润）状况下播种，播后继续保持水层（或湿润），待幼芽、幼根伸出再排水落干，保持田土湿润，促进扎根立苗。至 2 叶 1 心后再建立稳定的浅水层。

② 旱直播　在旱田状态下整地和播种，种子播入 1～2 cm 的浅土层内，播后再灌水，种子在浅水层下长芽长根，出苗后再排水落干，促进扎根立苗，至 2 叶 1 心期后建立浅水层。

彩图 6-12
不同直播方式的水稻
大田

③ 湿直播 土壤在干耕干整的基础上，再经过灌水整平，排水后在田面湿润状态下播种。在田沟有水、田面湿润状态下扎根长芽，待 2 叶 1 心后建立浅水层。

6.6.3.2 直播稻的生育特点

（1）全生育期及主茎叶片数 由于一般播种较迟，加上浅植，有利于发根和分蘖，加速了生育进程，因此全生育期有所缩短，以营养生长期缩短最显著，始穗至成熟天数变化较小。同时植株明显变矮，主茎叶片数减少，个体生产量较小，穗型略小。

（2）分蘖及其成穗 播种浅，且无移栽过程，避免了移栽植伤等抑制生长的因素，因而直播稻分蘖早，分蘖节位低，分蘖快而多，高峰苗数多且出现早，最终有效穗数多，但分蘖成穗率低。值得注意的是，直播栽培的有效穗数不仅取决于分蘖发生数及其成穗率，还与播种量、成苗率等有关，而成苗率的高低又受耕作栽培措施所制约。

（3）根系生长及其分布 没有移栽且播种较浅，利于根系发生和生长。同等条件下直播稻单株根数较移栽稻多，根系分布面广，根重量高，但根系分布在表层土壤中。

6.6.3.3 直播稻的配套栽培技术

（1）整地技术 由于直接播种于大田，因此对整地的要求比移栽稻要高。首先要做到田面平整，稻田于播前 7~10 d 耕（旋）平整后起畦、耥平，标准是田面高低差不超过 3 cm，接近秧田水平。在田平的基础上，再进行起沟作畦。沟宽 15~20 cm，沟深 10~15 cm，畦宽 2.0~2.5 m 为宜，同时加开横沟，达到沟沟相通，灌排畅通。

（2）播种技术 直播稻栽培品种要求前期早发，后期株型紧凑、茎秆粗壮、耐肥抗倒。并根据直播稻前茬作物成熟情况，选择生育期适中的早熟、中熟品种。

① 播种期 播种的最低临界温度为日均温 15℃以上，既要提早播种，又要保证全苗。

② 播种方式 有撒播、穴播、条播三种，其中穴播仅限于湿润播种。条播易于机械化操作，条播适于密植和中耕除草，北方大型农场多采用。

③ 播种量 根据种子千粒重、发芽率、品种生育期、种植密度、播种方式、整地质量，以及天气、土壤条件、田间可能的成苗率等各种因素综合考虑确定播种量。一般生育期较短的品种，播种量可适当增加，条播或穴播比撒播的播种量可适当减少。播种时应做到分畦均匀播种。当发生缺苗时，及时补苗，可在 2 叶 1 心期进行移密补稀，保证全田匀苗。

（3）田间管理技术施肥原则是"控氮配磷增钾"，施肥方法宜"一基三追"。在土壤肥力中等的田块，每 667 m² 大田施氮肥 9~11 kg、磷肥（P_2O_5）4~5 kg、钾肥（K_2O）7.5~10.0 kg。其中，氮肥的 60%~70% 作基面肥，20%~25% 作分蘖肥，5%~10% 作穗肥；磷肥全部作基肥施用，钾肥作基肥和分蘖肥各占 50%。在总施肥量中有 30% 左右的有机肥为佳。

水分管理的原则有以下四点：① 湿润出苗，从播种到 2 叶 1 心期要保持土壤湿润，以利于发芽整齐，根芽协调生长，一般晴天灌满沟水，阴天半沟水，雨天排干水；至 2 叶 1 心时结合施"断奶肥"，灌水建立浅水层；此后随着秧苗长高建立 2~3 cm 的水层；② 浅水分蘖、多次轻晒，3 叶期后宜建立浅水层，促进分蘖发生；当分蘖盛期苗数达到计划穗数 80% 时，及时排水晒田；③ 水层孕穗和抽穗，拔节后及时复水，在孕穗至抽穗时建立浅水层，壮苞攻大穗；④ 干湿壮籽，灌浆后应采取间隙湿润灌溉，一般晴天灌一次水后，自然落干，断水 1~2 d 再灌，防止田面发白，成熟前 5~7 d 断水。

早期封闭灭草。播种前或播种后用直播稻除草剂全田喷雾，喷药时田块应保持湿润或薄水层状态。苗后杀草，防除第一次化学除草后的残留草及第二个出草高峰内出的杂草。在秧苗

2～3 叶期（稗草 3 叶期前）田水落干后，视草情可选择适当除草剂进行补除。直播稻病虫害发生和防治与移栽稻基本相同。但由于直播稻田特别是撒播稻田，中后期群体较大，田间郁闭度高，易遭病虫危害，要特别注意中后期的纹枯病和稻飞虱的防治，确保高产。

6.6.4 再生稻栽培

再生稻（ratooning rice）是利用头季稻稻桩上的腋芽，在适宜条件下萌发成苗并抽穗结实再次收获的稻，在我国已有 1 700 多年的栽种历史。再生稻是以充分利用秋季温、光、水资源，建立一季中稻－再生稻的种植制度为目标的一种栽培技术，适宜于在我国南方稻区的"二季紧张，一季有余"的生态区域应用。

6.6.4.1 再生稻的生长发育特点与环境条件
（1）再生稻生长发育的环境条件　头季收获后要求有较高的温度、湿度，以有利于休眠芽的萌发，抽穗快，苗数多。再生稻抽穗开花期的安全温度与双季晚稻一样，连续 3 d 的日平均温度，一般籼稻不低于 23℃，粳稻不低于 20℃，保证率在 80% 以上。此外，头季稻抽穗成熟期宜保持浅水和湿润灌溉，成熟前适量施用肥料，促进休眠芽的萌发与成活。

（2）再生芽的发育特点　稻茎上最高分蘖节至倒数第 2 节一段的茎节上，都分布着可利用的再生芽，相同水稻品种地上部分伸长节间的茎节数一致，即早稻有 4 个，中稻有 5 个。籼稻品种上位芽活芽率高，下位芽活芽率低；粳稻品种下位芽活芽率比籼稻高。此外，活芽率的高低还与头季稻生育状况、病虫害及栽培管理有关。

彩图 6-13 再生稻不同生长阶段

再生芽的幼穗分化发育一般在头季齐穗后 15 d 开始幼穗分化，分化早迟与再生稻抽穗时间早迟呈正相关。再生芽幼穗分化至齐穗一般为 38～40 d，所需积温为 950～1 050℃。倒 2 芽与倒 3 芽穗分化早，进程虽较长，但仍旱抽穗；倒 4、倒 5 芽穗分化迟、进程短，抽穗期仍偏迟。因此，再生稻的抽穗期不整齐也不集中，一般始穗至齐穗要经历 10～12 d。

6.6.4.2 再生稻的配套栽培技术
（1）选用良种，合理布局　应在水源条件好、肥力中等以上的田块，相对集中成片蓄留再生稻。宜选择生育期适中、头季优质高产、再生力较强的品种（组合）。

（2）种好头季稻，为再生稻高产打好基础　头季稻应提早播种，培育壮秧，合理密植，保证早熟早收，以利于再生稻有较长的适宜生长期和安全齐穗期。采用宽行窄株或宽窄行栽插方式，改善头季稻群体通气、透光条件，保持植株健壮，以有利于再生芽苗壮发育。合理调节肥水，确保移栽后 15～20 d 发足相当于计划穗数的茎蘖数，中后期实行间歇灌溉，促进头季高产，为再生稻打好基础。

头季稻施肥量要依地力、有机肥施用量和产量水平而定。例如，产量 10～12 t/hm² 的高产田，施氮肥 180～200 kg/hm²、磷肥（P_2O_5）80～100 kg/hm² 和钾肥（K_2O）150～180 kg/hm²。其中，氮肥按 3∶3∶1∶2∶1 的比例作基肥、促蘖肥（移栽后 5～7 d）、接力肥（够苗烤田后）、穗肥（枝梗分化期）和粒肥（剑叶露尖期）分次施用。

一般畦宽约 1.6 m，沟宽约 25 cm，沟深 15～20 cm。分蘖期浅水勤灌，够苗期烤田，复水后采用间歇灌溉，改善土壤氧化还原条件，促进头季稻根系生长和收割后再生芽的萌发。

（3）适时足量施好促芽肥　促芽肥是保证再生芽早发、快发、多发的关键。在头季稻齐穗后 15～20 d，施尿素 120～150 kg/hm²。

（4）适时收割头季稻，保留适当稻茬高度不同地区供再生稻利用的时间长短不同，为保证再生稻安全齐穗，应采取不同的留茬高度达到高产的目的。一般留茬高度以 33 ~ 40 cm 为宜。若可利用的季节长，留茬高度可适当降低。头季收获时灌水打谷，保护好稻茬。

- - - - - - - - - - - - - - - -
⚠️ 应用实例 6-1
再 生 稻 的 发 展 与
成就

（5）再生稻的田间管理　头季收获后及时搬出稻草、扶正稻茬，并保持水层。如遇高温，可在收割后 1 ~ 3 d 内浇水泼稻茬，防止因稻茬上部失水过快，而影响再生芽萌发。在头季齐穗后 20 d 施用促芽肥的基础上，收割后 1 ~ 2 d 施氮肥 30 ~ 40 kg/hm² 作再生芽苗肥，促进多发再生苗。及时清除杂草，因地制宜补施发苗肥或用磷酸二氢钾根外追肥。

6.6.5　水稻旱种栽培

水稻旱种（dry land cultivation of rice）可节省用水，扩大水稻种植范围。但是水稻旱种也存在肥料利用率低、抗稻瘟病和胡麻叶斑病能力弱等问题，推广应用受到一定的限制。

6.6.5.1　水稻旱种栽培模式

（1）水稻旱种栽培　种子不经育苗和插秧，而在旱整地条件下进行旱直播或者旱育旱栽，全生育期实行旱管理，其他诸如施肥、除草、防治病虫害等田间作业均在旱田条件下进行。水稻生育期间所需水分以自然降水为主，只是在水稻生育的关键需水期，遇旱时适当补给水分，使水稻在土壤水分接近于旱田条件下生长。主要技术为：① 定墒下种旱直播，播后覆土；② 苗期旱长，一般在 4 叶期后灌水；③ 中后期充分利用雨水，通过间歇灌溉，保持土壤墒情。

（2）水稻覆膜旱种栽培　采取地膜覆盖种植水稻，能够防寒、抗旱、节水，有效地使土壤增温保墒。主要有覆膜旱直播和覆膜旱插秧两种形式，均具有操作简便、省工省力、群众易接受等优点。技术要点是：① 选择适宜的优良品种，品种的生长期可比常规栽培长 10 ~ 15 d；② 选择低洼易涝的旱田，要求耙细耙平，确保出苗整齐和栽插作业；③ 采用育苗移栽，便于管理和保证全苗；④ 合理施肥，搞好后期的管理。

6.6.5.2　旱种水稻的生长发育特点

旱种水稻一般生育期比水插秧短 4 ~ 7 d，叶片数少 2 ~ 3 叶，下部叶片功能期较水稻长，中上部叶片功能期比水稻短。群体在相当长时期内叶面积指数偏低，光能利用率低，杂草危害严重。株高比水插秧低 10 ~ 15 cm，茎秆细，但茎秆维管束数目多，机械组织发达，加之穗小，所以抗倒伏能力强于水稻。旱种水稻根细长、分枝多、根毛多，白根多、无黑根，近地表根系分布较多，0 ~ 3.3 cm 土层内的根量占总根量的 60%，而水稻占 30%。旱种水稻单位土地面积内分布的根系多于移栽水稻，根系活力高。旱种水稻分蘖发生早，分蘖节位低，随后因旱生环境的限制分蘖发生少，总分蘖数少于水稻。旱种水稻低位分蘖成穗率高，穗粒数和结实率也高，粒重与水稻差异不大。

总的来说，旱种水稻个体生长不如水稻，但光合效率和光合产物分配并不比水稻差，生产上如能合理运用，扬长避短，就能建成高产群体，获得理想的产量。

6.6.5.3　水稻旱种的配套栽培技术

（1）选用适宜品种　根据当地的生态环境条件，选择生育期适中，耐旱能力强，成穗率高，抗稻瘟病和胡麻叶斑病的高产优质品种。

（2）抓好种子处理和保苗措施　播种前进行晒种、精选和药剂拌种等处理，以增强发芽出苗能力和减少稻瘟病、恶苗病、胡麻叶斑病、干尖线虫病及地下害虫的危害。不宜选用沙性和黏性过大以及盐碱严重的地块。整地要平整细碎，保好墒情。播深 3 cm 左右，覆土深浅一致，播后适度镇压提墒，以保证全苗。如播后遇雨，造成土壤板结，要及时松土。

（3）防除杂草　要求做到：① 播前灭杀，整地前或播种前 3 ~ 5 d 施用广谱性除草剂消灭已出土杂草；② 苗前封闭，播种后 7 ~ 10 d 喷施除草剂，喷药后尽量减少农事操作，以免破坏药膜；③ 苗期除草，出苗后施用以防除稗草为主的除草剂，或人工拔除个体较大的杂草。

（4）平衡施肥　施肥方法是：① 施足基肥，最好以农家肥为主，采用全层施肥法，先施肥后整地；一般施磷肥 750 kg/hm²、猪牛粪 15 t/hm² 或者厩肥 15 ~ 20 t/hm²；② 适施种肥，在开沟播种时，施 30% ~ 35% 的复合肥 300 ~ 350 kg/hm²，并随播后整地覆土耙入土层；③ 分期追施氮肥，根据旱种水稻的需肥规律和田间群体诊断，分次适量追施氮肥和钾肥。

（5）节水灌溉　水稻苗期具有较强的耐旱性，出苗后保持田间相对持水量为 70%。在 4 叶期前不补水，有利于根系下扎，增强抗旱力；但土壤过干时，必须灌跑马水。5 叶期后要酌情补水，水稻出现萎蔫时应及时补水。分蘖期、花粉母细胞减数分裂期前后、抽穗后 5 ~ 15 d 的灌浆期不能缺水。

（6）防除病虫　水稻旱种的主要病害有稻瘟病、胡麻叶斑病、纹枯病、赤枯病等，主要虫害有蓟马、稻飞虱、稻苞虫、稻纵卷叶螟和叶蝉等，应注意进行防治。

📖 深入学习 6—7
发展中的水稻栽培技术

名词解释

籼稻　粳稻　晚稻　早稻　陆稻　粘稻　糯稻　离乳期　有效分蘖　返青　打苞　孕穗　抽穗　分蘖节　再生稻　拔节　剑叶　出叶间隔　谷粒　糙米　谷壳　断奶肥　水稻生理需水　水稻生态需水　水稻群体质量指标　碾米品质　糊化温度　胶稠度　秧龄　露地湿润育秧　晒田　叶龄模式　抛秧栽培

问答题

1. 我国稻作区划的主要依据是什么？试比较不同稻作区的气候条件和稻作类型。

2. 水稻产量构成包括单位面积穗数、每穗粒数和千粒重，它们的奠定阶段、决定阶段和巩固阶段分别在哪些生育时期？

3. 丁颖的系统分类将栽培稻分为哪些类型？其中哪些是基本型？哪些是变异型？

4. 水稻"三性"指水稻的哪三种生理特性？比较早稻、中稻、晚稻的"三性"特点并了解其在水稻生产中的重要应用。

5. 水稻有哪些主要品质指标？环境条件与栽培措施对稻米品质有哪些影响？

6. 比较水稻旱育秧、湿润育秧和塑盘育秧 3 种育秧技术的特点与异同。

7. 分析水稻烂秧和插秧后僵苗不发的原因及其防治方法。

8. 比较水稻抛秧栽培、机插栽培、直播栽培的特点，讨论并明确因地制宜的原则。

9. 再生稻高产栽培有哪些关键技术措施？

分析思考与讨论

1. 说明水稻群体质量主要指标之间的关系及其在调控群体质量过程中的作用。

2. 根据需肥规律与营养特性提出水稻优质、高产协调同步提高的施肥方案。

3. 根据水稻需水特点，探讨水稻高效用水与节水栽培的途径与措施。

4. 近年来我国常规稻种植面积有扩大趋势，你认为当前水稻生产推广应用的栽培模式如人工直播、机械化精量穴直播、机插稻、再生稻、籼改粳、稻田养虾等，其中哪些更有利于常规稻？哪些更有利于杂交水稻？

7

小 麦

【**本章提要**】 小麦是新石器时代人类对其野生种进行驯化的产物，栽培历史已有 1 万年以上。小麦的进化是近缘物种染色体重新组合，形成异源多倍体物种的过程。因此，生产上栽培的六倍体普通小麦含有多个二倍体的遗传物质，生态变异大，适应性强，可充分利用晚秋、冬春和初夏季光、温、水资源进行间套复作，在世界上分布十分广泛。小麦子粒营养价值高，全世界约有 40% 的人以小麦为主食。小麦是目前机械化程度最高的作物，有利于规模化生产和提高劳动生产率。

　　本章介绍了小麦的生产概况及栽培技术的发展、中国小麦生态区划、小麦的起源与分类；论述了小麦阶段发育特性及其应用，种子、根、茎、叶、蘖等器官的形成及分蘖成穗、幼穗分化及子粒灌浆与成熟过程，小麦产量形成及高产群体结构的质量指标、培育途径和调控程序；明确了子粒品质和专用小麦的概念与指标，以及强筋、弱筋和中筋小麦优质高效生产技术；提出了高产小麦的土壤条件、需肥特性与施肥技术、需水特性与灌排水技术，阐述了小麦苗期、中期和后期阶段的生长发育特点、主攻目标与关键栽培技术，以及收获、加工与贮藏技术。本章还介绍了春小麦的生产状况及其关键栽培技术。

7.1　概述

7.1.1　发展小麦生产的意义

　　小麦（wheat）是人类最重要的食物和营养来源之一，全世界约有 40% 的人以小麦为主食，口粮比重超过 60%。小麦子粒营养价值高，含有多种适于人体吸收的氨基酸，子粒蛋白质含量一般可达 11%~14%，最高可达 18%~20%，可为人类提供 20.3% 蛋白质和 18.6% 热量，超过其他任何作物；且其含有独特的麦谷蛋白和醇溶蛋白，水解后可以洗出面筋，加工性能好，能制作出各种各样的食品。此外，小麦子粒加工后的副产品麦麸含有蛋白质、糖类、维生素等，是发展畜牧业的精饲料。麦秆可编织手工艺品，也可作为造纸、造肥的原料。

　　小麦的适应性广，可充分利用晚秋、冬春和初夏季温、光、水资源，进行间套复作，有利于提高土地利用率，改善生态环境。冬小麦生长周期长，栽培管理回旋余地大，生育期间自然灾害相对较少，产量较稳定。此外，小麦在耕作、播种、除草、收割、脱粒等环节中均易实行机械化，是目前机械化程度最高的作物，有利于规模生产和提高劳动生产率。

7.1.2　小麦的起源与生产概况

7.1.2.1　小麦的起源与栽培历史

小麦原产地一般认为在中亚、西亚。迄今，在土耳其、叙利亚、伊朗等地，还分布有乌拉尔图小麦、野生一粒小麦、栽培一粒小麦、野生二粒小麦和栽培二粒小麦等原始种。中国在新石器时代就有麦类种植，河南陕县东关庙底沟原始社会遗址的麦类印痕距今约 7 000 年；1955年在安徽亳州出土了西周时期炭化麦粒。

7.1.2.2　世界小麦生产概况

小麦在世界上分布广泛，从南极圈、北极圈附近到赤道，除少数炎热低湿地区及酷寒两极外，几乎都有栽培，但小麦产区主要集中在 30°N ~ 60°N 的温带地区和 23°S ~ 40°S 的地区。从各大洲分布来看，小麦生产主要集中在亚洲，面积约占世界小麦面积的 45%，其次是欧洲，占 25%，美洲占 15%。世界栽培小麦主要是冬小麦，春小麦的面积约为 20%，且主要集中在俄罗斯、美国和加拿大，约占世界春小麦总面积的 90%。

2016 年，世界小麦种植面积为 2.20×10^8 hm^2，总产量为 7.49×10^8 t，占谷类作物总产量的 30.6%。其中，印度种植面积最大，为 3.023×10^7 hm^2，俄罗斯（2.731×10^7 hm^2）、中国（2.434×10^7 hm^2）和美国（1.776×10^7 hm^2）次之，其他种植大国有澳大利亚、哈萨克斯坦、加拿大及土耳其，种植面积超过或接近 1.000×10^7 hm^2。中国总产量最高，达到 13.170×10^7 t，为世界第一主产国，其次为印度（9.350×10^7 t）、俄罗斯（7.329×10^7 t）及美国（6.286×10^7 t）。世界上小麦单产量较高的国家有荷兰、法国、德国、英国、荷兰、比利时、丹麦等，单产量水平在 6 500 ~ 8 700 kg/hm^2，为世界平均单产量的 2.5 ~ 3.0 倍。

世界各国发展小麦生产的途径不尽相同，俄罗斯、加拿大、澳大利亚等国土地面积大，主要靠扩大种植面积增加总产量，耕作粗放、单产量较低；荷兰、德国、英国、法国土地资源较少，主要靠高度机械化和科学管理，提高单产量。单产量增加主要是由于普遍采用高产、抗病、耐肥、抗倒伏品种，增施肥料（包括有机肥和无机肥），秸秆还田和种植绿肥作物培肥地力，扩大灌溉面积，改善灌溉方法，实行合理密植，进行化学除草等。

7.1.2.3　中国小麦生产概况

中国小麦分布地域辽阔，南至热带地区的海南（18°N），北到严寒地带的黑龙江漠河（53°29′N），西起新疆，东抵台湾及沿海诸岛均有栽培，主要分布在 20°N ~ 41°N。

小麦为我国第三大粮食作物。中华人民共和国成立以来，我国小麦生产水平不断提高，至 2016 年全国小麦总产量已实现"十二连增"。据国家统计局数据，2014 年小麦种植面积达 $2 418.7 \times 10^4$ hm^2，总产量达 1.29×10^8 t，单产量为 5 327.1 kg/hm^2；与 1949 年相比，种植面积增加 12.4%，单产量增加 833.1%，总产量增加 730.0%。小麦种植面积排前十位的省（区）是河南、山东、河北、安徽、江苏、四川、陕西、新疆、湖北和甘肃；其中河南种植面积 546×10^4 hm^2，山东种植面积 383×10^4 hm^2，河北、安徽、江苏种植面积在（218 ~ 244）$\times 10^4$ hm^2。中国小麦生产发展主要是依靠单产量的提高，由于已形成了间套复作、高效施肥、节水灌溉、机械化操作等一系列规范化、模式化、科学化的高产栽培技术体系，单产量大幅度提高。2016 年，山东莱州创出单产量超 12 427 kg/hm^2 的高产典型。

近些年来，中国小麦生产和消费形势发生了根本变化，普通品质的小麦积压，优质专用型小麦则需大量进口。在政策扶持、科技支撑和产业引导等因素的综合作用下，全国优质专用小麦发展迅速，逐步形成"区域化种植、标准化生产、产业化经营"的小麦生产格局。

中国小麦生产存在的主要问题是平均单产量较低，各地发展不平衡，2016 年全国还有福建、内蒙古、贵州、江西、云南、广西 6 个省（区）的平均单产量低于 3 000 kg/hm²；其次是优质专用品种少、规模小、品质不稳定、栽培技术不配套、产业化经营能力低、效益不高等。

7.1.3　我国小麦产区划分

7.1.3.1　我国小麦种植分区

中国兼种冬小麦和春小麦，但生产上以冬（秋播）小麦为主，且普通小麦占绝对多数，密穗小麦、圆锥小麦、硬粒小麦则只有零星种植，主要分布在长城以南、岷山以东地区，并以秦岭和淮河为界，分为南北两大冬麦区。其中前者占全国小麦播种面积的 60%，后者占 30%。春小麦主要分布在长城以北、岷山以西。

以 1996 年金善宝先生主编《中国小麦学》分区为主，并参考中国农业科学院最新划分，将我国小麦种植区域划分为 4 个主区，即北方冬麦区、南方冬麦区、春麦区和冬春兼播麦区，并进一步划分为 10 个亚区，即北部冬麦区、黄淮冬麦区、长江中下游冬麦区、西南冬麦区、华南冬麦区、东北春麦区、北部春麦区、西北春麦区、新疆冬春麦区和青藏冬春麦区。

（1）北方冬麦区　北方冬麦区的范围为长城以南，岷山以东，秦岭、淮河以北的地区，是我国主要麦区。小麦面积及总产量占全国总产量的 60% 以上。

① 北部冬麦区　该区地势复杂、冬季严寒少雨、春季干旱多风，以杂粮为主，小麦单产量较低。包括河北的长城以南、山西的中部和东南部、陕西北部、宁夏和辽宁南部、甘肃陇东及北京、天津。种植制度以二年三熟为主，旱薄地为一年一熟，小麦使用冬性或强冬性品种。干旱频繁是生产中的主要问题。

② 黄淮冬麦区　该区生态条件最适宜小麦生长，是中国小麦主产区，面积最大、产量最高。包括山东全部、河南大部、河北中南部、江苏北部、安徽北部、陕西关中、山西南部、甘肃天水等地。种植制度为一年两熟为主，旱地实行两年三熟，小麦生产使用冬性、半冬性和春性品种。该区应合理利用水资源，提高灌溉技术，促进生产发展。

（2）南方冬麦区　南方冬麦区是指我国秦岭、淮河以南的广大麦区，位于 33°N 以南，100°E~120°E，东至黄海、南邻南海、西接青藏高原，北部毗邻黄淮海平原。总面积、总产量分别占全国的 22% 和 18%。

① 长江中下游冬麦区　该区自然条件优越，比较适宜小麦生长，但其水田面积约占耕地面积的 74%，以种植水稻为主。包括浙江、江西及上海全部，河南信阳及江苏、安徽、湖北、湖南的部分地区。种植制度为一年两熟或一年三熟，小麦使用半冬性和春性品种，湿涝和赤霉病危害是制约该区生产的主要因素。

② 西南冬麦区　该区地形复杂，以山地为主，冬季气候温和，日照不足。包括贵州全部、四川和云南大部、陕西南部、甘肃东南及湖南和湖北。该区以种植水稻为主，一年两熟或三熟，小麦多使用春性品种，日照不足是生产中最不利的自然因素。

③ 华南冬麦区　该区地形复杂，多为山地丘陵，小麦面积小，产量低而不稳。包括福建、广东、广西、台湾、海南全部以及云南的一部分。种植制度多为一年三熟，部分地区为稻麦二熟或二年三熟，小麦多使用春性品种。该区雨量充沛，但季节间分布不均，与小麦需水规律不相协调，给麦田管理带来诸多不利。

（3）春麦区 春小麦在全国不少省（区）均有种植，但主要分布在长城以北，岷山、大雪山以西。这些地区冬季严寒，最冷月（1月）平均气温及年极端最低气温分别为 -10℃左右及 -30℃左右，秋播小麦不能安全越冬，故种植春小麦。种植制度以一年一熟为主。

① 东北春麦区 该区在中国各春麦区中面积最大，总产最高，但单产量较低。包括黑龙江、吉林两省全部，辽宁除大连、营口两市和锦州市个别县以外的大部，内蒙古东北部的呼伦贝尔、兴安和哲里木3个盟以及赤峰市。该区西部干旱多风沙、东部部分地区雨多低洼易涝、北部高寒热量不足，是生产的不利因素。

② 北部春麦区 该区自然条件差、土地贫瘠、管理粗放，平均单产量全国最低。包括大兴安岭以西，长城以北，西至内蒙古的鄂尔多斯市和巴彦淖尔市。全区虽日照充足，但水资源贫乏，干旱十分严重，是生产水平低而不稳的主要原因。

③ 西北春麦区 小麦为该区的主要粮食作物，在春麦区中单产量最高。包括甘肃、宁夏和内蒙古、青海、新疆的小部分地区。该区地处内陆，生育期短、热量不足、干旱少雨、多风沙，是制约生产的主要原因。

（4）冬春兼播麦区 该区以高原为主，兼有高山、盆地、平原和沙漠，地势复杂，气候多变，差异极大。雨量较少但雪水丰富，冬小麦一般可安全越冬，干旱发生较少。

① 新疆冬春麦区 该区包括新疆南部和北部，自然条件具有明显差异，种植制度以一年一熟为主，小麦类型繁多，包括春性、半冬性及冬性品种。新疆北部温度偏低，雨量稍多，以春小麦为主，但耕作管理粗放，地力不足，常年发生春旱、冻害及后期干热风危害。新疆南部气温稍高，为中国最干旱地区，以冬小麦为主。

② 青藏冬春麦区 该区气温偏低、无霜期短，热量严重不足，有的地区全年霜冻，降水量分布不均，一年一熟。该区包括西藏全部，青海大部，四川、甘肃西南等地。

7.1.3.2 中国小麦品质分区

依据生态条件和品种的品质表现，将小麦生产地区划分为不同类型。农业部2005年组织有关单位拟定的《中国小麦品质区划方案》，综合考虑了生态环境因子、土壤类型、质地和肥力水平对小麦品质的影响，以及消费习惯、市场需求、优质专用小麦生产现状和发展趋势等因素，将全国分为三个大区十个亚区：

（1）北方强筋、中筋冬麦区 该大区分为三个亚区。

① 华北北部强筋麦区 包括北京、天津，山西中部，河北中部、东北部地区，宜种植强筋小麦。

② 黄淮北部强筋、中筋麦区 包括河北南部，河南北部，山东中部、北部，山西南部，陕西北部和甘肃东部等地。土层深厚、土壤肥沃地区宜发展强筋小麦，其他如胶东半岛等地则宜种植中筋小麦。

③ 黄淮南部中筋麦区 包括河南中部、山东南部、江苏和安徽北部、陕西关中、甘肃天水等地。一般以发展中筋小麦为主，肥力较高的砂姜黑土和潮土发展强筋小麦，沿河冲积沙壤土发展白粒弱筋小麦。

（2）南方中筋、弱筋冬麦区 该大区分为三个亚区。

① 长江中下游中筋、弱筋麦区 包括江苏、安徽两省淮河以南、湖北大部以及河南南部。大部地区适宜发展中筋小麦，沿江及沿海沙土地区可推广弱筋小麦。

② 四川盆地中筋、弱筋麦区 包括盆西平原和丘陵山地。大部分地区宜发展中筋小麦，部分地区可种植弱筋小麦。

③ 云贵高原麦区　包括四川西南部、贵州全部以及云南大部地区。以发展中筋小麦为主，也可发展弱筋或部分强筋小麦。

（3）中筋、强筋春麦区　该大区分为四个亚区。

① 东北强筋春麦区　包括黑龙江北部、东部和内蒙古大兴安岭等地，适于发展红粒强筋或中强筋小麦。

② 北部中筋春麦区　主要包括内蒙古东部、辽河平原、吉林省西北部、河北、山西、陕西等地，宜发展红粒中筋小麦。

③ 西北强筋、中筋春麦区　主要包括甘肃中西部、宁夏全部以及新疆麦区。河西走廊宜发展白粒强筋小麦，银宁灌区宜发展红粒中筋小麦，陇中和宁夏西海固地区适于发展红粒中筋小麦，新疆麦区肥力较高时宜发展强筋白粒小麦，其他地区可发展中筋白粒小麦。

④ 青藏高原春麦区　宜种植红粒中筋小麦。

7.2　小麦栽培的生物学基础

7.2.1　小麦的植物学分类与栽培种

普通小麦（*Triticum aestivum* L.）属于禾本科（Gramineae）小麦属（*Triticum* Linn.）植物，栽培小麦起源于野生小麦。小麦进化是近缘物种染色体重新组合，形成异源多倍体物种的过程。栽培小麦（AABBDD）由野生种经过长期的演变进化而形成，其体细胞染色体数（六倍体）为42。

因此，普通小麦是异源多倍体，含有多个二倍体的遗传物质，生态变异大，生产上经济价值最高、种植也最广。它具有来自野生一粒小麦的优良穗部结构和抗性，也有来自野生二粒小麦的抗热性；从四倍体到六倍体的进化过程中，引进了"节节麦"的遗传基础，既提高了面筋品质，也加强了对冬季严寒气候的适应性。

📖 **深入学习 7-1**
糯小麦的研究与应用

7.2.2　小麦的生长发育过程

7.2.2.1　小麦的一生

小麦的一生是指从种子萌发到产生新种子的过程，或称（全）生育期。生产上，通常以播种至收获的天数表示其长短。小麦的一生既反映了不同时期的生物学特点，也反映了产量构成因素的陆续形成过程。小麦的全生育期长短差别较大。我国南方冬小麦生育期为120~200 d，北方冬小麦为230~280 d，西藏冬小麦可长达300 d以上。春小麦生育期一般为100 d，最短的仅70~90 d。

7.2.2.2　小麦的生育时期

根据器官形成顺序和外部特征的明显差异，以及生产管理的方便性，常将小麦生育期划分成若干个时期。划分方法国内外有所不同。

（1）小麦生育时期的国际划分方法　国际上通常采用菲克斯（Feekes）标准和Zadoks标准进行小麦生育时期划分。依据Zadoks标准将小麦分为0~9共10个发育阶段，每阶段又分10个时期，不同生育时期描述见表7-1。

🖼 **彩图 7-1**
Feekes标准和Zadoks标准的小麦生育时期比较

表 7-1 Zadoks 十进制数字记载法的小麦生育时期描述

基本生长时期		二级生长时期	
代码	形态描述	代码	形态描述
0	萌发	00-09	00- 干种子，09- 叶刚出现在胚芽顶端
1	幼苗生长	10-19	10- 第 1 叶露出叶鞘，19- 第 9 叶或更多叶露出叶鞘
2	分蘖	20-29	20- 只有主茎，29- 主茎发生 9 个或更多分蘖
3	茎秆伸长	30-39	30- 主茎直立，39- 旗叶叶舌露出（孕穗前期）
4	孕穗	40-49	41- 旗叶鞘伸长，47- 旗叶鞘开裂
5	抽穗	50-59	50- 第 1 小穗刚可见，59- 全部抽穗
6	开花	60-69	60- 扬花开始，69- 扬花结束
7	乳熟	70-79	71- 颖果充满清浆，77- 子粒乳熟后期
8	蜡熟	80-89	83- 子粒开始有蜡状，87- 子粒变硬
9	完熟	90-99	91- 子粒坚硬，93- 子粒变松，94- 子粒过熟

注：根据 Zadoks（1974）整理

（2）小麦生育时期的中国划分方法　我国北方冬麦区和南方麦区的北部，由于冬季寒冷，小麦生长延缓或停止生长，其生育时期包括出苗期、三叶期、分蘖期、越冬期、返青期、起身期（生物学拔节）、拔节期、孕穗期、抽穗期、开花期、灌浆期、成熟期 12 个时期。春小麦无越冬期和返青期。长江以南和四川盆地冬小麦也无越冬期和返青期。田间有 50% 以上麦苗达到以下各时期植株形态标准时，即为该田块进入该生育时期。

彩图 7-2
小麦主要生育时期

① 出苗期　小麦的第一片真叶露出地表 2 ~ 3 cm。

② 三叶期　麦苗主茎第三片真叶生长至 2 cm，此时幼苗由异养转向自养生长。

③ 分蘖期　麦苗第一分蘖露出叶鞘 2 cm 左右。

④ 越冬期　冬麦区冬前日平均气温降至 0 ~ 1℃，麦苗基本停止生长，称为越冬（overwintering）。

⑤ 返青期　越冬期的冬麦区翌年春季气温回升时，麦苗叶片由青紫色转变为鲜绿色，部分叶心露头时为返青（turning green, reviving）。

⑥ 起身期　翌年春季麦苗由匍匐状开始挺立，主茎第一叶叶鞘拉长并和年前最后叶的叶耳距相差 1.5 cm 左右，茎部第一节间开始伸长，但尚未伸出地面时为起身（erecting）。

⑦ 拔节期　植株茎部第一节间露出地面 1.5 ~ 2.0 cm 时，用手指捏其基部易碎且会发响时称为拔节（jointing）。

⑧ 孕穗期　孕穗又称挑旗（booting）。茎蘖旗叶叶片全部抽出叶鞘，旗叶叶鞘包着的幼穗明显膨大时，为孕穗。

⑨ 抽穗期　顶小穗（不包括芒）露出旗叶鞘 1/2 时即为抽穗。

⑩ 开花期　麦穗中上部小花的内外颖张开，花药散粉时，为开花（anthesis）。

⑪ 灌浆期　小麦子粒外形已基本形成，其长度达种子最大值的 3/4，胚乳由清浆转为乳状称为灌浆。

⑫ 成熟期　小麦成熟期又可分为蜡熟期和完熟期。当小麦植株茎叶基本变干，子粒大小、颜色接近正常，胚乳呈蜡状，子粒开始变硬时称为蜡熟期；当子粒具备品种正常大小和颜色、内部变硬、含水率降至 20% 以下时，干物质积累停止，称为完熟期。

7.2.3 小麦的阶段发育特性及其应用

7.2.3.1 阶段发育特性

小麦阶段性的质变发育过程称为小麦的阶段发育。通过大量研究，明确提出了春化和光照两个阶段发育理论。

（1）春化阶段 即小麦的感温性。小麦在春化阶段分化叶片和茎节，是决定叶片和分蘖原基数量的时期，延长春化阶段可以增加小麦分蘖数量。通过春化阶段后，植株水肥吸收及干物质累积速率加快，呼吸及蒸腾强度显著提高，分为冬性品种、半冬性品种和春性品种三种类型。

① 冬性品种 对温度要求极为敏感，一般在 0 ~ 3℃ 条件下需要 35 d 以上才能完成春化阶段。经春化处理可明显缩短生育期，未经春化的种子春播一般不能抽穗。这类品种在低纬度、低海拔地区作为冬小麦栽培或在高纬度、高海拔地区作为春小麦栽培均不能正常抽穗。

② 半冬性品种 在 0 ~ 7℃ 的条件下，经 15 ~ 35 d 可通过春化阶段，未经春化处理的种子春播，则不能正常抽穗或抽穗不整齐。这类品种在冬季温暖地区作为春小麦栽培，其抽穗期延迟或不能抽穗。

③ 春性品种 对低温要求不甚严格，在 0 ~ 12℃ 的条件下，经 5 ~ 15 d 可通过春化阶段，未经春化处理的品种也能正常抽穗。这类品种在冬季温暖地区作为冬小麦或在高纬度地区春播和夏播一般能正常抽穗。

我国栽培小麦的冬性程度总趋势是南方品种冬性较弱，向北推移冬性增强。

（2）光照阶段 即小麦的感光性。冬小麦幼苗通过春化阶段后，还需要一段对光照周期比较敏感的阶段才能抽穗结实，这一现象称光照现象，完成光照的一段时间称为光照阶段。光照阶段从幼茎生长锥伸长期开始，至雌雄蕊原基分化（即顶小穗形成）时结束。小麦拔节和幼穗已分化出雌雄蕊原基突起标志着光照阶段结束。小麦光照阶段是分化小穗和小花的时期，延长光照阶段，能推迟顶小穗的形成，有利于增加小穗数和小花数，从而实现穗大粒多。这一阶段生育进程的主要影响因素是光照的长短，表现为有的品种（特别是冬性）在短日照条件下迟迟不能抽穗，延长光照则可大大加速抽穗进程。没有通过光照阶段，小麦也不能正常抽穗，不能完成正常的生活周期。感应日长的部位为叶，故营养体生长状况、光照强弱等均会影响光照阶段进行。通过光照阶段后，小麦新陈代谢明显加强，抗冻性减弱。根据冬小麦通过光照阶段对日照长短的要求和反应，把小麦的感光性分为三种类型。

① 反应迟钝型 每天 8 ~ 12 h 光照条件下，经 16 d 左右即可通过光照阶段，原产低纬度的春性品种多属此类，南方冬播春性品种亦属于此类。

② 反应中等型 每天 8 h 光照条件下不能通过光照阶段，但 12 h 光照经 24 d 左右可通过光照阶段，一般半冬性品种属于此类。

③ 反应敏感型 每天 12 h 以上光照条件下经 30 ~ 40 d 才能通过光照阶段，冬性品种和高纬度的春性品种属于此类。

（3）外界条件对阶段发育的影响 温度低于 0℃ 时春化速率降低，低于 -4℃ 时春化停止；适温条件下，春性品种春化时间短，而冬性品种则较长。光照阶段的最适温度为 15 ~ 20℃，4℃ 以下时光照阶段不能通过，低于 10℃ 或高于 25℃ 则影响光照阶段通过的速率。光照强度不足，植株合成的有机养分减少，春化与光照阶段进行缓慢。土壤水分过多或不足，植株生长停止，春化与光照阶段受抑。氮肥过多，根、茎、叶等器官的生长消耗过多有机营养，导致生长锥有机营养供应减少，通过春化与光照阶段的时间延长。

7.2.3.2 阶段发育理论在生产中的应用

小麦的春化和光照现象均是在漫长的进化过程中形成的对自然条件的一种适应性。研究和了解小麦的春化和光照阶段发育理论对小麦生产中的引种和栽培管理具有重要指导作用。

（1）不同感温品种的农艺性状 一般冬性品种迟熟，耐寒抗冻，分蘖力强，植株匍匐；而春性品种早熟，不耐寒抗冻，分蘖力弱，植株直立；半冬性品种居中。

（2）不同种植区域的品种选择 中国33°N附近的黄淮麦区，一月温度最低，平均温度多在0℃左右，冬、春日照长度在12 h左右，以种植半冬性、光反应中等型品种为主。由此向高纬度逐渐过渡到冬性和光照反应敏感型的品种；而向低纬度则逐渐过渡到春性和光照反应迟钝型的品种。

（3）阶段发育理论在栽培与育种上的应用

① 引种 生产中要根据区域生态特性与品种特性进行引种，一般从同纬度、同海拔或温光生态条件相近的地区引种易于成功。小麦北种南引，因南方温度高，日照时间短，难以满足其对低温和长日照的要求，会延缓其春化和光照阶段发育，导致引种后表现为迟熟，甚至不能正常抽穗，引种不易成功；南种北引，由于北方温度低、日照较长，低温、长日照能够满足，一般表现为早熟，但抗寒性弱，易遭受冻害，难以越冬。

② 播种期与品种布局 冬性品种感温阶段要求温度低且持续时间长，早播情况下年内不会拔节抽穗，同时有利于扎根分蘖，增穗增产；春性品种若播种过早，年内就有可能拔节抽穗，抗寒能力降低，易遭受冻害而减产，须适期晚播。

③ 种植密度 生产上可根据小麦温光反应特性与器官形成的关系来调整播种量。冬性品种，感温阶段较长，分蘖力强，可适当降低种植密度，以充分利用分蘖成穗达到增穗增产目标。春性品种感温阶段较短，分蘖力弱，以主茎成穗为主，应适当增加种植密度，以达到高产所需成穗数。

④ 肥水管理 春化阶段较长的冬性小麦的绿叶和分蘖数多于春化阶段短的春性小麦，延长春化阶段可增加分蘖数；延长光照阶段有利于增加小穗数和小花数，从而形成大穗。科学研究和生产实践证明，充足的底肥和苗肥，有利于培育壮苗；中期管理好肥水，可有效延缓光周期反应、增加小穗和小花数；孕穗期保证充足的肥水供应，可减少小花退化，提高结实粒数，增加穗粒数。因此，对春性品种，冬前宜加大肥水以促进低位分蘖的发生，冬季控群体；对冬性、半冬性品种，冬、春应合理调控群体，使群体、个体充分协调。

⑤ 加速育种世代 缩短小麦感温阶段，可缩短其生育期，育种上可用此理论加速育种进程。

7.2.4 小麦的器官建成

7.2.4.1 种子形态

（1）种子的形态与构造 小麦的子实在植物学上称颖果（caryopsis），在生产上叫种子或子粒。子粒的果皮和种皮紧密相连，其外形可分为圆形、卵圆形和椭圆形等多种，横切面呈三角形或心形。麦粒有红、白及中间过渡色等色泽。种子腹面有凹陷的腹沟，腹沟两侧为果颊。与腹面对应的是种背或种脊，在其基部1/4～1/3处着生胚，顶端的一簇茸毛称为冠毛。

种子由胚（embryo）、胚乳（endosperm）和皮层（cortex）三部分构成（图7-1）。

彩图7-3
小麦子粒

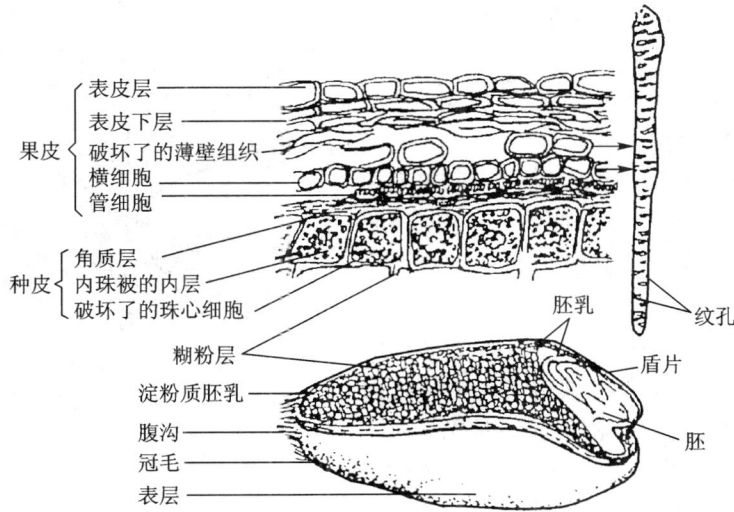

图 7-1 小麦的颖果及其果皮的纵切面（引自敖立万，2002）

① 胚   由胚芽、胚轴、胚根和盾片等几部分组成（图 7-2），占种子重的 2%～3%。胚芽被胚芽鞘包被，里面有生长锥及 3 片已分化的幼叶原始体与 1 个胚芽鞘腋芽原基。胚根外包着胚根鞘。盾片与胚乳接触，萌发时盾片上表皮细胞不断伸长，其尖端膨大伸入胚乳中，并且释放多种酶类，分解胚乳内贮存的营养物质运输到正在生长的胚中。胚的营养价值高，蛋白质占 37.6%，糖类占 25%，脂肪占 15%。

② 胚乳   约占种子重的 90%，分为糊粉层（外层）与淀粉层（内层）两部分。糊粉层约占种子重量的 7%。淀粉层由胚乳细胞组成，含大小不同的淀粉粒和蛋白质。胚乳中淀粉约占 3/4。根据蛋白质含量的差异，胚乳可分为粉质、角质、半角质三种类型。角质胚乳蛋白质含量高，质地透明，结构紧实，

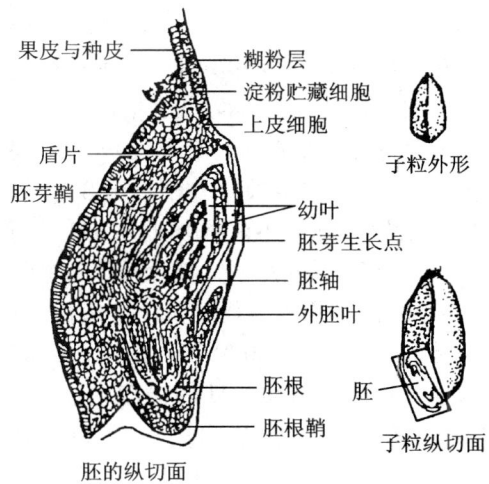

图 7-2 小麦胚的纵切面
（引自敖立万，2002）

面筋含量高，宜制馒头、面包和面条；粉质胚乳充满淀粉粒，只有少量蛋白质，宜制饼干。

③ 皮层   由果皮和种皮组成，主要成分为纤维素，占种子重的 5.0%～7.5%。加工过程中皮层与糊粉层一起，称为麦麸，占子粒重量的 15%～17%。皮层中有一层薄壁细胞，因其所含色素多少不同，故有红粒和白粒之分。红粒种子皮层厚，透性差，休眠期长；白粒种子皮层薄，透性强，休眠期短，收获前遇雨易发生穗萌现象。中国南方多雨，麦粒皮层厚，色泽呈红色，休眠期较长；而北方气候干燥，麦粒皮层薄，色浅，休眠期短。

（2）种子萌发与出苗过程   当种子吸水达粒干重的 42%～45% 时，种子由凝胶变成溶胶状态；吸水 45%～50% 时进入发芽过程，胚根鞘首先突破种皮（称"露白"）。当胚根与种子等长、胚芽达种子 1/2 长时称为发芽。

（3）种子萌发与出苗的条件   发芽出苗的适宜温度为 20℃ 左右，最低为 0～4℃，最高为 35～40℃。冬小麦适宜播种期的平均温度应适当低于最适发芽温度，一般在 14～18℃。适于

种子萌发出苗的土壤相对含水量为 70% ~ 80%,
低于 60% 时发芽困难。

7.2.4.2 根的生长

小麦根系为须根系。根据发生时间和部位
的不同,将之分为初生根（又叫胚根、种子根）
和次生根（又叫节根、不定根）两种类型（图
7-3）。

（1）初生根（primary root） 细而坚韧,在
种子萌发时陆续发生,至第一真叶展开时停止发
生,故又称种子根或胚根。种子发芽时先长出一
条主胚根,随后在胚轴基部两侧长出 1 ~ 3 对侧
根,种子根数目基本稳定,但也依品种、子粒大
小、饱满程度及萌发条件而定,一般有 3 ~ 5 条,

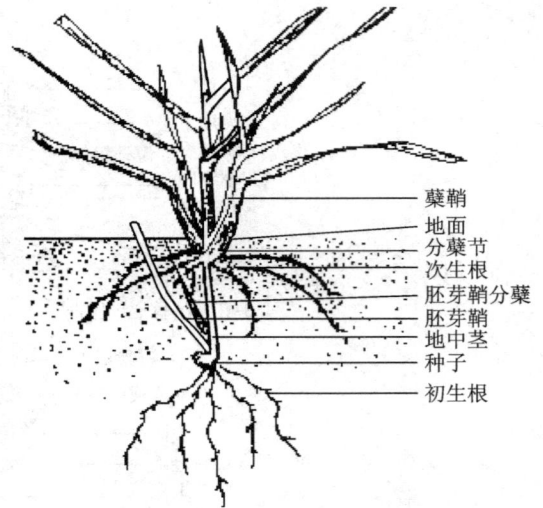

图 7-3 小麦的根（引自王荣栋,尹经章,2004）

多的达 7 ~ 8 条。根的生长速率在苗期超过地上部分,三叶期入土可达 60 cm。初生根垂直向
下生长,入土较深,最深处达 200 ~ 300 cm,在小麦一生中都起着重要作用,其中出苗至拔节
是其发挥功能的最主要时期。由于初生根生长稳定,因而与稳产性关系密切。

（2）次生根（secondary root） 于分蘖期间在主茎和分蘖的基部分蘖节上发生,每节位上
一般发生 2 ~ 3 条,上部节发根 3 ~ 5 条。一般主茎基部节上每生长 1 个分蘖,就在同一节上
生长 1 ~ 3 条次生根;分蘖长出 3 片叶后,也从基部节上开始发生分蘖和次生根。次生根数在
分蘖期随分蘖的不断增加而增加,从而形成强大的根系。其发生一般可延续到旗叶抽出,在
低密度高氮量条件下,甚至持续到抽穗才终止发根。单株次生根总数多的达 70 ~ 80 条,少则
10 ~ 20 条,因品种类型和环境条件不同而异。小麦次生根的分化与发生顺序与叶片发生存在
一种同步关系:n 叶叶片抽出时,$n–3$ 叶节节根（次生根）发生。次生根粗壮,吸收与运输能
力强,一般呈锐角向四周横向生长,然后下扎,入土相对较浅。越冬期间,地上部生长缓慢或
停止,但根的生长并不停止,表现出明显的"上闲下忙"现象。拔节期前后,尤其是分蘖进入两
极分化后,是次生根数和生长速率最快的时期。孕穗期次生根生长渐缓,开花期根量达最大值,
灌浆期根系活力衰退。次生根发根时间长、数目多、功能强,因而对小麦增产起重要作用。

（3）影响根生长的环境条件 适宜于小麦根系生长的土壤水分是田间最大持水量的
70%~80%,适宜温度为 16 ~ 22℃。在 0 ~ 2℃时,根系生长极为缓慢;当温度超过 30℃时,根
系的生长受到抑制,甚至会大量死亡。黏性土壤中小麦根系细长且分枝多,沙性土壤中根系粗
壮而分枝少。

7.2.4.3 茎的生长

（1）茎的形成与伸长 茎秆可分为地上、地下两部分。地下 3 ~ 8 节,节间不伸长;地上
4 ~ 6 节,多为 5 节,节间伸长,构成茎秆的主体部分。节间长度由下而上逐渐增长,穗下节
间最长。第二节间直径较细,自下而上逐节变粗,穗下节间又较细。当分蘖发生基本停止时,
节间开始自下而上伸长,且相邻节间有快慢重叠的共伸期:第一节间显著伸长时,第二节间开
始缓慢伸长;第一节间定长时,第二节间迅速伸长,第三节间开始缓慢生长。拔节到抽穗是茎
生长最快的时期,至开花结束,穗下节停止伸长,株高定型。伴随茎秆伸长,茎干重不断增
加,通常在子粒快速灌浆期前后达最大值,此后因茎中贮藏物质向穗部运转而干重下降。

（2）茎秆性状与产量　株高30～150 cm，其中，抗倒伏品种株高为65～80 cm。过矮则叶片过于密集，影响光能的利用，后期灌浆落黄也差；过高则易倒伏，收获指数较低。茎秆的解剖结构与穗部性状关系密切，如茎秆直径、大维管束数及面积等均可作为每穗粒数及穗重的预测指标。抗倒能力强的茎秆，其薄壁组织木质化程度高，机械组织发达，大维管束长且宽、数量多，基部节间较短、髓腔大小适中，单位长度的干重高。一般株高适宜、茎秆粗壮的品种或植株，穗部发育良好。因此，在集约栽培和高产育种中，要求选用重心较低的矮秆品种，既耐肥、抗倒，又提高收获指数。

7.2.4.4　叶的生长

（1）叶的建成　小麦的叶片有5种，即盾片（退化叶）、胚芽鞘（不完全叶）、分蘖鞘（不完全叶）、壳（变态叶）和绿叶（完全叶）。通常说的叶片是指发育完全的绿叶，这种叶由叶片（叶身）、叶枕、叶鞘、叶耳和叶舌5个部分组成（图7-4）。第一真叶尖端较钝。同一茎上的叶片，自下而上渐次增长、增宽，以倒二叶为最长，倒一叶为最宽。倒一叶又称为旗叶（flag leaf）。叶片的建成历经分化、伸长和定型过程。除1～3叶在种子胚中已分化外，其余叶片均由茎生长锥的叶原基发育而成。伸长期的叶片，光合产物多为自身所利用，输出甚少。叶片全展、定型后，开始大量输出光合产物，从定型到枯黄50%前为叶片功能期，南方麦区一般1～3叶的功能期最长，可达80 d左右，以后各叶逐渐减少，旗叶最短，为45～50 d。叶片衰老变黄时，光合能力下降，以至于不能维持呼吸消耗而死亡。

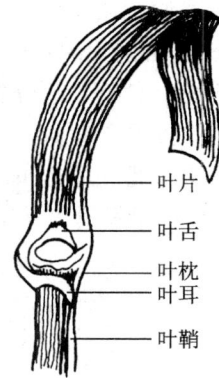

图7-4　小麦的叶
（引自梁金城和高尔明，1993）

叶片　　叶舌
叶枕
叶耳
叶鞘

（2）叶片分组及其功能　主茎叶片数因品种、阶段发育特性、播种期、气候和栽培条件的不同而异。冬性品种较多，为13～15片，半冬性品种11～13片，春性品种9～11片。同一品种的叶片数一般较稳定，早播及肥水充足时稍多。根据主茎叶片发生时间、着生位置及功能的不同，可分为三组。

① 近根叶组　拔节前出生和定型的、着生在分蘖节上的叶片，数目多少由品种特性、播种期及栽培条件所决定，其光合产物主要供应根、中下部叶片、分蘖、基部节间及早期幼穗。生产上常把近根叶生长的程度及长势作为划分壮苗或弱苗的重要指标。

② 中层叶组　着生在伸长茎节最下面的3片叶，主要功能是促进穗的发育，提高分蘖成穗率，促进第一至第二节间伸长、长粗和充实。中层叶组叶片健壮、分布合理，才能实现壮秆大穗。

③ 上层叶组　旗叶及倒二叶、倒三叶，对结实率、穗粒数以及上部节间的伸长和充实、子粒灌浆等具有重要作用，其中，以旗叶对产量的贡献为最大。因此，延长上部叶片的功能期，对形成大穗、增加粒重和提高产量具有重要意义。

7.2.4.5　分蘖及成穗

（1）分蘖节　麦苗基部没有伸长的若干密集在一起的节、节间和腋芽组成的器官叫分蘖节，其上着生分蘖、次生根和近根叶。分蘖节是养分的贮藏器官，可溶性糖含量高，因此具有较强的抗寒能力。在寒冷地区，只要分蘖节不被冻死，气温回升时麦苗仍可恢复生长。分蘖节是整个植株物质分配和运输的枢纽，它通过维管束群，使根系与地上部分形成一个整体。分蘖节是活跃的分生组织，呼吸作用强，需要充足的养分、水分和空气，因此，它一般都位于接近地表的土层里。分蘖节和外界条件共同作用调节分蘖的发育状况。分蘖节的节数因品种而异，冬小麦一般为 7~8 个，同时亦受播种期、播深、营养状况及土壤水分的影响。生产上，播种深度应适宜（以 5 cm 为宜），如过深，地中茎上举分蘖节至地表时需消耗大量营养物质，导致分蘖数量减少；过浅则分蘖节裸露于地表，易遭受冻害。

（2）分蘖发生与叶蘖同伸规律　小麦分蘖的发生，在分蘖节上自下而上逐个进行。适期播种条件下，出苗后 15~20 d 就进入分蘖期。直接发生于主茎上的分蘖为一级分蘖，用 Ⅰ、Ⅱ、Ⅲ……表示；一级分蘖所发生的分蘖为二级分蘖，用 Ⅰ₁、Ⅱ₁、Ⅲ₁……表示，依此类推。每个分蘖的第一片叶均是不完全叶，薄膜鞘状，因分蘖由此伸出而称之蘖鞘。分蘖与主茎叶片发生具有同伸关系（图 7-5）：主茎第三叶长出，少部分幼苗可长出胚芽鞘分蘖（C），胚芽鞘分蘖的有无与品种特性、播种深度、地力水平有关；主茎第四叶长出时第一叶分蘖（Ⅰ）发生，第五叶长出时第二叶分蘖（Ⅱ）发生。分蘖发生后，主茎每长一叶，分蘖也长一叶，叶蘖发生也遵循上述同伸规律。在不计算 C 蘖及其二级分蘖的情况下，主茎叶片数与单株茎蘖数之间的关系符合斐波那契（Fibonacci）数列：

n 叶期茎蘖数 = （n–1）叶期茎蘖数 + （n–2）叶期茎蘖数

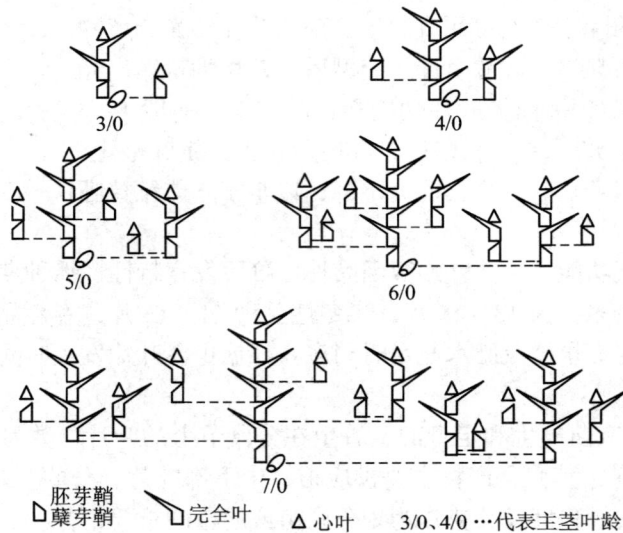

图 7-5　小麦分蘖与主茎叶片的同伸关系
（引自王维金，1998）

（3）分蘖与成穗　从四叶期至越冬期，小麦冬前分蘖旺盛发生，进入越冬期分蘖发生停滞，春季温度回升后分蘖发生速率加快，从而在年前及春季各形成一个分蘖盛峰，分蘖动态为双峰曲线。南方冬小麦冬季一般并不停止发生分蘖，春麦区播后因温度一直上升，两者的分蘖动态均只有一个高峰，呈单峰曲线。小麦分蘖一般在起身期开始发生两极分化，随着生长和营养中心转移，有的分蘖（如冬前低位蘖）穗分化赶上主茎，完成抽穗结实进程，成为有效蘖；而有的分蘖（冬前晚生分蘖和春分蘖）逐渐枯亡，成为无效蘖。随着分蘖的分化，群体总茎数下降，直到抽穗前后茎（蘖）数基本稳定。分蘖的两极分化是生长发育与外界条件相互适应的结果，只有那些在拔节时有足够的光合面积和自身根系，能够保证独立生长以至拔节、抽穗的分蘖，才能成为有效分蘖。拔节期是小麦两极分化的高峰期，也是肥水管理的关键时期。

（4）影响分蘖力（tillering ability）的主要因素

①　品种类型与种子质量　品种类型不同，分蘖力明显不同。冬性、半冬性品种春化发育时间较长，分蘖力强，而春性品种则较弱。大粒或饱满种子的分蘖力较小粒或瘪粒的高。

②　栽培技术措施　播种期较早，分蘖数增加。播种量减少，单株分蘖数增多。相同密度条件下，窄行条播比宽行条播的分蘖数多。种子覆土过深，地中茎延长，单株分蘖数大为减少。适于分蘖生长的土壤含水量是 70% 左右。如果土壤水分大于 85%，分蘖迟迟不长；土壤水分小于 60%，分蘖生长受到影响，严重时停止发生。分蘖期间追施氮肥、磷肥或氮磷配合作种肥，可以促进分蘖发生与发育。但氮素过多时，群体较大，田间郁蔽，分蘖虽多但成穗数少。苗期镇压、深中耕对主茎及大分蘖有抑制作用，但对小蘖有促进作用。

③　气象条件　分蘖生长起始温度为 2~4℃，6~13℃ 低温下分蘖生长缓慢；适于分蘖生长的温度为 13~18℃，18℃ 以下，随着温度升高，分蘖的发生和生长加快；温度高于 18℃，分蘖的发生与生长速率减慢。分蘖期阴雨天多、日照量少，分蘖力及成穗率较低；反之则较高。

④　植株状态　通常只有那些拔节时有足够光合面积和自身独立根系的分蘖，才能成为有效分蘖。一般低级、低位蘖的成穗率高于高级、高位蘖。冬前具有 4 片以上叶的分蘖都可成穗；少于 4 片叶者，群体小时成穗率高，群体大时成穗率低。在一定的播种量范围内，其他条件相同时，单株营养面积大者，分蘖成穗率高。

7.2.4.6　穗的分化与形成

彩图 7-4 麦穗

（1）麦穗构造　麦穗（ear）为复穗状花序，由穗轴和小穗组成（图 7-6）。穗轴曲折状，由短短的锲状节片组成。每个节片基部狭而顶部宽，外侧凸出，内侧凹平或扁平，节片两侧边缘着生长短、疏密不同的茸毛。穗轴每一节片上端着生 1 枚小穗，小穗互生排列于穗轴上。顶端小穗着生在穗轴顶端，其正面与侧生小穗成直角。小穗由小穗轴、2 片护颖和 3~9 朵小花组成，但通常仅 2~3 朵结实。小花由外稃、内稃、3 个雄蕊、1 个雌蕊和 2 枚鳞片组成。芒是外稃的延伸物，着生在外稃顶端，其颜色与外稃颜色相同或不同。

（2）穗分化（spike differentiation）过程　麦穗由茎端生长锥分化而成。穗分化前，茎生长锥未伸长，其外形为半圆球体，宽大于高，基部陆续分化叶、腋芽和茎节原基。通过春化阶段后，生长锥不断分化出生殖器官。穗分化的顺序是先分化穗轴节片，然后逐渐分化护颖、小花、雌雄蕊及生殖细胞。根据分化过程中的明显形态特征，整个分化过程可分为八个时期（图 7-7）。

①　伸长期（幼穗原基分化期）　茎、叶原基分化停止，生长锥的形状由半圆球形变为圆锥体，高大于宽，是小麦从纯营养生长进入生殖生长的开始。

②　单棱期（苞叶原茎分化期）　从生长锥基部，由下而上分化出环状苞叶原基突起。由于苞叶原基突起呈棱形，故称为单棱期。两苞叶原基之间的组织形成穗轴节片，故单棱期也称穗轴分化期。

③　二棱期（小穗原基分化期）　当分化出 8~9 个苞叶原基时，幼穗分化进入二棱期。由于小穗原基出现后，在解剖镜下可以观察到苞叶原基和小穗原基两种棱形突起，故称为二棱期。该期是分化形成小穗原

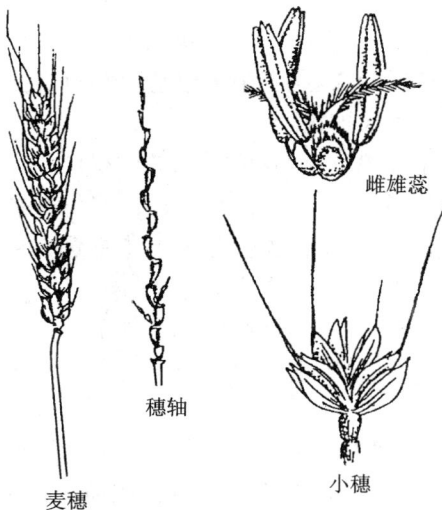

雌雄蕊

穗轴

小穗

麦穗

图 7-6　小麦穗部结构

（引自敖立万，2002）

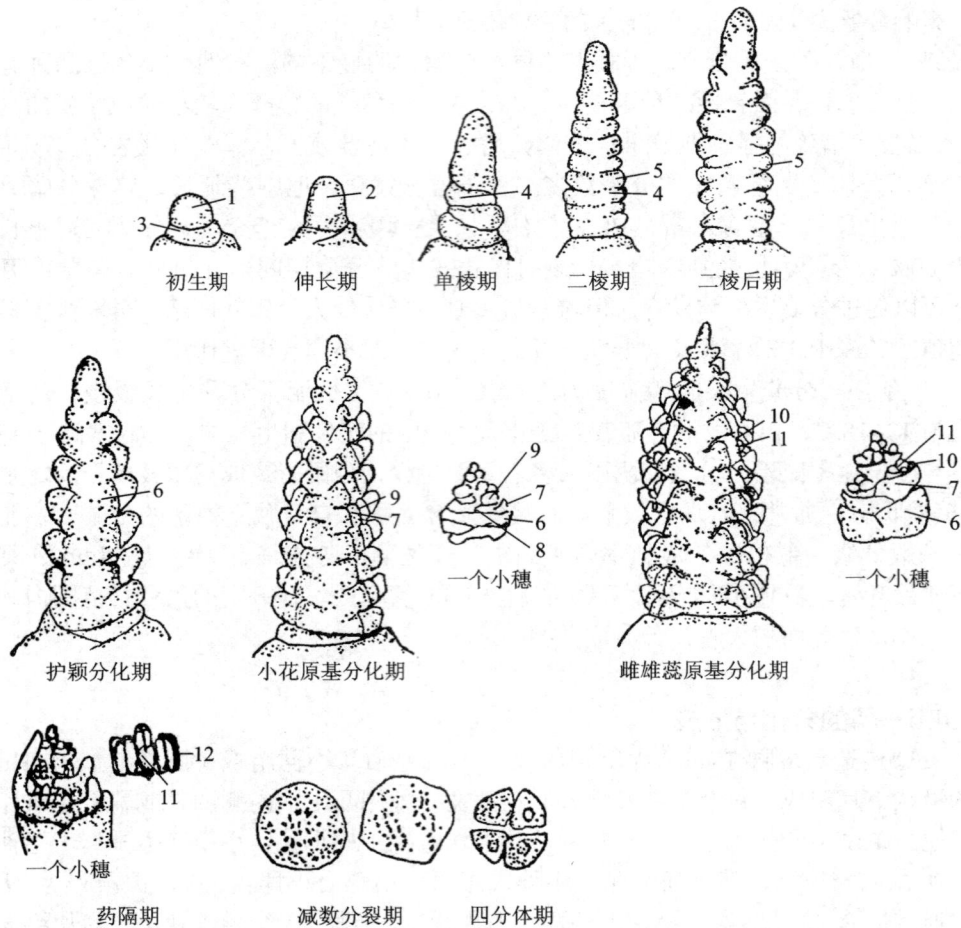

图 7-7　小麦穗分化形成过程（引自刁操铨，1994）
1. 生长点　2. 生长锥　3. 绿叶原基　4. 苞叶原基　5. 小穗原基　6. 护颖原基　7. 外稃原基
8. 内稃原基　9. 小花原基　10. 雄蕊原基　11. 雌蕊原基　12. 已分化出四个花粉囊的雄蕊

基的时期。

④ 护颖原基分化期　二棱末期后不久，在穗中部最先形成的 3~4 个小穗原基基部两侧各分化出一浅裂片突起，即护颖原基突起（线状裂片），将来发育成护颖。

⑤ 小花原基分化期　护颖原基分化后，很快在中部最先分化形成的小穗的下位护颖内侧，分化出第一朵小花的外稃原基，接着在外稃腋内分化出小花原基，然后再依次分化其他小花原基。在同一小穗内小花原基分化呈向顶式，而在整个幼穗上，中部小穗先分化出小花原基，然后再向上、向下分化。此期是决定单株成穗多少的关键时期。

⑥ 雌雄蕊原基分化期　幼穗中部小穗分化出 3~4 朵小花原基时，基部第一小花几乎同时分化出内颖和 3 个雄蕊原基，随后在雄蕊原基中间出现雌蕊原基，即进入以 4 个小突点为特征的雌雄蕊原基分化期。此时植株处于拔节期。

⑦ 药隔分化形成期　当中部小穗第三朵小花进入雌雄蕊原基分化时，其第一朵小花的雄蕊原基沿体积进一步增大，由球形变成短柱形，并沿中部自顶向下出现纵沟，分化成药隔和 4 个花粉囊。同时，雌蕊原基顶端凹陷，分化成两枚叉状柱头原基，以后逐渐形成羽状柱头。进入药隔形成期后不久，颖片、内外稃等覆盖器官迅速伸长，幼穗体积迅速增加。此期是决定每

穗粒数多少的关键时期。

⑧ 四分体形成期　花粉囊内孢原组织发育为花粉母细胞（小孢子母细胞），经减数分裂形成二分体，再经有丝分裂形成四分体。同时，胚囊母细胞（大孢子母细胞）也经减数分裂而形成极核和卵细胞。至此，幼穗分化完毕，体积迅速增长，旗叶完全展开（可见叶耳），恰值小花两极分化的转折点。植株旗叶叶耳和到二叶叶耳之间的距离一般为 4～6 cm，这是判断四分体形成期的重要标志。

（3）影响幼穗分化的主要因素

① 光照　长日照可加速光照阶段的通过，缩短幼穗分化进程，导致每穗小穗数和每小穗小花数减少；而短日照可延长光照阶段，有利于增加每穗小穗数。

② 温度　温度首先影响幼穗分化开始的时间。不同类型的品种必须经过一定时间和程度的低温才能通过春化发育，继而开始幼穗分化。其次，温度影响幼穗分化进程。一般认为，10℃以下的温度延缓分化进程，延长分化时间，有利于形成大穗。因此，春季气温回升慢的年份，易形成多粒。通常在其他条件相同的情况下，高温加速光周期反应进行，致使小穗和小花数目减少；反之，则易形成大穗。

③ 土壤水分　土壤水分不足，加速幼穗分化进程，缩短穗分化时间，致使穗短而粒少。伸长期缺水，小穗数减少；二棱期缺水，小穗数减少，但减少幅度低于伸长期；小花分化期缺水，小花数减少；药隔形成期至四分体形成期，是小麦对水分反应最敏感的时期，此期缺水，退化小花比率增加。

④ 矿质营养　充足供应氮素，可延缓穗分化进程，使穗部器官数目增加；缺氮加速幼穗分化进程，小穗数目减少。适宜磷素可促进穗的发育，但对小穗和小花数的影响不大；药隔至四分体期间缺磷，退化小花比率增大。适量钾素有促进壮秆大穗的功能，缺钾则穗发育不良。

⑤ 有机营养　幼穗分化过程中，植株体内有机营养水平的高低及其与氮素水平的比例关系，与幼穗不同分化发育时期出现的早晚、穗部不同器官的分化数目及质量等都具有密切关系。如在药隔形成期间，植株体内的可溶性糖含量高时，退化小花数目则减少。

7.2.3.7　子粒发育与灌浆成熟

（1）抽穗、开花与受精　从主茎抽穗开始到整株抽穗结束，需 3～5 d。全田有 50% 以上的植株抽穗，为田间抽穗期。抽穗后一般 2～7 d 开花（anthesis）。单穗第一朵小花开放时为开花期，全田有 50% 植株达此标准为田间开花期。单穗开花持续 3～5 d，全田需 6～10 d。小麦为典型的自花授粉作物，昼夜均可开花，但主要集中在 9—11 时和 15—17 时。花粉粒在柱头上萌发，经双受精（double fertilization）过程，胚和胚乳开始发育。

开花和授粉受精过程需要晴朗的天气。最适温度为 18～22℃，低于 -2℃ 或高于 30℃，花药受害或雌雄蕊失去受精能力，结实率降低。最适宜的大气相对湿度为 70%～80%。如开花时湿度过大或遇雨，花粉粒吸水膨胀而破裂，受精过程不能正常进行。但若大气相对湿度过低（低于 30%），花粉粒失水，失去受精能力。适宜的土壤相对湿度为 70%～80%。土壤水分不足（低于 60%）或过多（高于 85%），开花与受精过程受到影响。

（2）子粒形成与灌浆成熟　从受精到子粒成熟，一般历时 30～40 d。其间，子粒经过四个形态变化时期。

① 坐脐　开花后 3 d 左右，子房开始膨大，呈盾状，胚乳清水状，子粒灰白色。

② 多半仁　开花后 10～15 d，子粒体积达最大值的 3/4，子粒含水量急剧增加，可达 70% 以上，胚乳为清乳状，干物质增加很少，子粒灰绿色，胚具有一定的发芽能力。

③ 顶满仓　开花后 30 ~ 35 d，子粒体积达最大值，干物质迅速增加，胚乳为炼乳状，鲜重达最大值，含水量下降到 45% 左右，子粒呈黄绿色。

④ 硬仁　开花后 35 ~ 40 d，含水量大幅下降，体积缩小，呈现小麦品种固有色泽，子粒变硬。

子粒从受精到成熟要经历子粒形成、灌浆和成熟三个过程。

① 子粒形成过程　从坐脐到多半仁。受精后麦粒外形基本形成。此期子粒长度增长最快，可达最大长度的 3/4，宽度、厚度增长相对缓慢，干物质（主要为含氮物质）积累量占子粒重的 14% ~ 15%。此期胚乳细胞数目最后决定，因而是形成子粒潜在库容的关键时期，如遇不良环境或有机营养不足，常有部分子粒停止发育。

② 子粒灌浆过程　从多半仁到顶满仓，是子粒累积干物质最快和决定粒重的重要时期，积累量占总干重的 70% 左右。其中，用手指可挤压出白色乳浆的时期为乳熟期，子粒呈黄绿色，胚乳呈面筋状，可捏成团，体积开始缩小，灌浆接近停止的时期为面团期。

③ 子粒成熟过程　从顶满仓到硬仁时期，该阶段干物质积累量占总干重的 10% ~ 15%。灌浆速度减慢，子粒干重达最大值，含水量由 45% 降到 20% ~ 22%，子粒由黄绿色变为黄色，胚乳呈蜡质状，叶片大部或全部枯黄，穗下节间呈金黄色的时期为蜡熟期（蜡熟末期为田间成熟期，也是收获适期）；干物质积累停止，含水量下降到 20% 以下，子粒变硬，不能用指甲掐断，植株枯黄的时期为完熟期，此时收获易断穗落粒，并因呼吸消耗而粒重下降。

（3）影响小麦子粒灌浆成熟的主要因素

① 温度　适宜的温度指标为 20 ~ 22℃。当日均温在 15 ~ 25℃时，灌浆速度随温度的升高而提高。温度高于 25℃，失水过速，茎叶早衰，灌浆进程缩短，干物质积累提前结束，粒重降低。同时，高温加强子粒的呼吸作用，消耗较多糖类，降低粒重。温度低于 12℃，光合强度大大削弱，子粒灌浆不畅，粒重降低。如果温度稳定在 15 ~ 16℃，则子粒干物质积累时间延长 5 ~ 10 d，粒重显著提高。灌浆期间温度适宜，昼夜温差大，粒重增加。

② 光照　开花到成熟期间，要求天气晴朗，光照充足。在日照时数为 7 h 以下时，子粒灌浆速度随日照时数延长而提高。光照不足，光合作用强度减弱，有机物质向子粒中的运转受阻，粒重降低。子粒形成期间光照不足，胚乳细胞数目减少；灌浆期间光照不足，降低灌浆强度，影响胚乳细胞充实度；两者最终均导致粒重降低。

③ 大气相对湿度　适宜的大气相对湿度为 60% ~ 80%。湿度过低，且气温高、风速大时，植株蒸腾失水多，气孔关闭，植株体内温度升高，植株青枯死亡，子粒干瘪；而湿度过大时，则易引起病虫害发生，粒重也降低。

④ 土壤水分　抽穗后最适的土壤含水量为田间最大持水量的 70% ~ 75%，灌浆期为 60%~70%。如果土壤含水量低于 55%，植株早衰，光合强度降低，子粒退化或灌浆进程缩短，子粒瘪瘦；但如土壤水分过多，则植株贪青晚熟或感染病虫害，千粒重亦降低。

⑤ 矿质营养　后期适当的氮素供应可延长功能叶的功能期，增加粒重，并提高子粒蛋白质含量。缺氮时，叶片功能期缩短，光合产物减少，粒重降低。但若氮素供应过多，会过分加强叶的光合作用，植株贪青，粒重亦降低。磷素能促进糖类和含氮物质的转移，提高子粒灌浆强度。钾和微量元素对粒重的提高亦有明显的积极作用。

⑥ 栽培技术措施　适当早播，可延长子粒形成、灌浆与成熟过程，增加粒重；而晚播时，子粒形成、灌浆与成熟进程缩短，粒重降低。基本苗过低时，分蘖穗所占比例较大，千粒重下降；但若基本苗过多，群体与个体矛盾激化，个体发育不良，千粒重亦不高。

7.3 小麦产量形成与高产群体的培育

7.3.1 小麦产量及产量构成因素

小麦单位面积上的产量由单位面积穗数、每穗粒数和粒重所构成。一般情况下，产量构成因素有一定制约性和协调性，一定范围内产量构成因素之间呈负相关。相同的产量可以通过不同的产量构成因素组合来实现，如可以通过较多的穗数和较少的穗粒数来达到，可以通过较少的穗数和较多的穗粒数来达到，可以通过多粒、轻粒来实现，也可以通过少粒、重粒来实现。

7.3.2 小麦产量构成因素的形成

各产量构成因素在不同生育时期依次（或重叠）进行。生育前期（营养生长阶段）的光合产物主要用于根、叶、蘖的生长，生育中期（并进生长阶段）的光合产物既供应营养器官也供应生殖器官生长所需，生育后期（生殖生长阶段）的光合产物则大都运往子粒。在其形成过程中，生长后期的产量因素可以补偿生长前期所损失的产量因素。例如，幼苗不足或播种密度较低，可以通过大量发生分蘖和形成较多（分蘖）穗来补偿；穗数不足时，则通过每穗粒数和粒重的增加也可略微补偿。

7.3.2.1 穗数的形成与调控

单位面积穗数由主茎穗和分蘖穗构成，最终在分蘖两极分化时决定，是分蘖发生、发展和消亡的结果。所以，生长发育前期以及返青至拔节阶段，是奠定和决定单位面积成穗数的关键时期。高产田应主要依靠冬前分蘖成穗，抑制春季分蘖过多，以免造成群体过大，田间郁蔽，后期倒伏、品质下降。而晚播小麦冬前分蘖少，群体不足，应力促春季分蘖成穗。

提高分蘖成穗率、保证足穗的主要措施有以下三点。

（1）掌握适宜的基本苗数与改革种植方式 在一定范围内，随着基本苗数增加，群体增大，中、小分蘖营养状况变劣，成穗率明显降低。因此，生产上应根据品种类型、产量水平等条件来确定出适宜的基本苗数。在高水肥地上，适当降低基本苗数；而在一般田块上，则不宜大幅度降低基本苗，而应靠主茎穗或主穗、蘖穗并重来实现高产。在基本苗相同的情况下，改变种植方式也影响到分蘖成穗率。如在高产条件下，改行距由常规23 cm等行距条播缩至等行距17 cm或13 cm×20 cm宽窄行种植，也可采用8 cm苗带，12～15 cm缩行扩株宽幅（播幅6～8 cm）播种，可有效改善田间植株分布均匀度，增大单株营养面积，优化群体质量，增强田间通风、透光，提高分蘖成穗率。

（2）培肥地力 施肥使主茎与分蘖生长能得到充足的营养，分蘖力和成穗率提高。

（3）培育壮苗 壮苗一般都具有Ⅰ、Ⅱ和Ⅲ蘖，而这些分蘖的成穗率则较高。对弱苗植株，应结合浅中耕，在起身以前实施肥水措施，以增加春季分蘖，适当扩大群体，同时也促进部分小蘖赶大蘖。对旺苗植株，应在拔节后酌量追肥、灌水；对年前达到壮苗标准、返青后群体又比较大的麦田，返青至起身期间以控为主，进行深耕断根以减少无效分蘖，创建合理的群体结构；待到两极分化开始时实施肥水措施，以提高分蘖成穗率。

7.3.2.2 穗粒数的形成与调控

从幼穗分化开始至子粒形成这一阶段，是影响穗粒数的关键时期。每穗结实粒数主要取决于每穗总小花数和结实小花数。大量研究表明，单棱期至小花分化期是争取小穗粒数的关键期；小花分化期至四分体期是防止小花退化、提高结实率的关键时期。促进穗大粒多的主要途径有以下两种。

（1）适期播种，培育壮苗 充分发挥幼穗分化过程中前几个时期持续时间相对较长的优势，增加小穗数，为形成大穗奠定基础。护颖分化以前是决定小穗数目的关键时期，只要能保证使幼穗以二棱期越冬，小穗数目就会增多。欲使幼穗在入冬时节进入二棱期，生产上就要通过适期量播种以保证冬前有足够的积温，同时加强田间管理，力使幼苗在冬前形成壮苗。

（2）改善田间光照条件，增加植株营养 冬小麦分化的小花数180朵左右，小花结实率一般只有20%～30%，其他不实小花大都集中在药隔至四分体期间退化。不同花位小花能否均衡发育是小花能否成粒的重要原因。因此，生产上要促控结合，促进分蘖两极分化，力使株间通风透光良好，最大限度地制造并积累有机营养，从而减少退化小花比率。如在小花退化高峰前的10~15 d（拔节中后期）追施氮肥（生产上叫"氮肥后移"），保证了小花发育的氮素营养需要，就可减少小花退化，提高完善小花的比例，增加穗粒数，并为粒重提高打下基础。

7.3.2.3 粒重的形成与调控

保证开花后地上部分功能叶有较长时间的光合高值持续期，防止早衰，有利于提高粒重和改善品质。提高子粒粒重的主要途径有以下四点。

（1）强"源" 即增加子粒干物质来源。子粒干物质的来源有两个方面，一是抽穗前茎、叶、鞘等器官中所贮藏的营养物质，占子粒所积累干物质总量的1/4～1/3；二是抽穗后植株功能叶、穗部、穗下节、芒、颖壳等光合器官所制造出来的营养物质，占子粒所积累干物质总量的2/3～3/4。如果抽穗前植株生长发育不正常，后期就很难达到提高粒重之目的。而增加抽穗后干物质积累量，后期应注意养根护叶、防早衰、防治病虫害、防止干热风等，以利于营养物质的制造、运转和积累，提高粒重。

（2）扩"库" 即扩大子粒容积。子粒容积大小与千粒重具有密切关系，它一方面决定于品种本身的遗传特性，另一方面决定于子粒形成过程中胚乳发育状况（胚乳细胞的数目和大小）。如果子粒形成期间遭遇干旱、雨涝、高温、病虫害等，子粒容积缩小，粒重降低。

（3）疏"流" 即疏导物质"流"和能量"流"，就是要延长灌浆时间和提高灌浆强度。高温加速灌浆进程，缩短灌浆期，导致粒重降低。日照充足且昼夜温差大时，灌浆期长而粒重高。因此，生育后期应注意改善环境条件（尤其是水肥条件），以加快灌浆速度和提高灌浆强度，延长灌浆时间。

（4）节"耗" 即减少干物质消耗。子粒干物质消耗是指子粒干重达最大值后由于多种原因而造成的各项损耗。蜡熟末期，子粒干重达最大值，此时收获最为适宜。若早于此期收获，子粒灌浆正在进行，粒重较低。若收获过晚，由于子粒本身较高的呼吸作用以及因遇雨、多露而造成的淋溶作用等，粒重反而降低。

7.3.3 小麦高产群体结构与质量指标

所谓高产群体结构，就是指根据当地自然条件、生产条件、栽培技术，以及所选用品种的特征特性而建立的合理群体结构。该群体的组成、大小、分布、长相和动态变化等均有利于群体与个体协调发展,有利于光能和地力的有效利用,有利于穗足、粒多、粒饱,最终实现高产、稳产、优质、高效之目的。

7.3.3.1 群体结构的主要指标

高产群体质量指标是指能反应个体与群体源库关系协调、具有高的光合效率和经济系数的群体的主要形态特征与生理特性的数量指标。

(1)开花期至成熟期群体光合生产量 小麦子粒干物质的 70%~90% 来自开花后积累的光合产物,子粒产量水平主要决定于群体花后光合生产能力,花后干物质积累量可反映群体质量的好坏,是群体质量的核心目标。一般 9 000 kg/hm² 的小麦,成熟期生物产量宜在 19 500 kg以上,花后干物质积累量 7 500 kg 左右;7 500 kg/hm² 的小麦群体成熟期生物产量一般在16 500~19 500 kg,花后干物质积累量达 5 250 kg 以上。

(2)适宜的叶面积指数(LAI) 高产小麦群体应具有大小适宜、功能持续期长的群体叶面积。长江中下游麦区小麦 7 500 kg/hm² 群体适宜 LAI 动态指标为越冬始期 1.5 左右,拔节期3.0~3.5,孕穗期达最大值 6.0~7.0,开花期 5.0~6.0,灌浆期保持在 3.0~4.0。即高产群体LAI 生育前期(出苗期至越冬始期)不宜太低;生育中期要平稳增长,有效控制无效分蘖发生;花后衰减应缓慢,使生育后期(产量形成期)具有较大的光合面积、较高光合势和光合产物积累量,为子粒形成与灌浆充实提供丰富的物质基础。

(3)较高的总结实粒数 小麦子粒数的多少反映了库容量的大小,提高总结实粒数既是进一步高产的形态指标,也是提高群体结实期光合生产量的生理指标。综合大田试验和生产资料,目前生产上 7 500 kg/hm² 的小麦群体适宜总结实粒数指标为 $(1.8~2.1) \times 10^8$ 粒。

(4)较高的粒叶比 粒叶比是衡量群体库源协调水平的综合指标。在适宜 LAI 基础上,粒叶比越高,群体质量越高,产量水平越高。7 500 kg/hm² 以上的高产小麦群体适宜的最大LAI 为 6.0~6.5 时,粒叶比约为 0.35 粒 /cm²(叶)或 12.5 粒 /cm²(叶);当最大 LAI 适宜值为7.0~7.5 时,粒叶比约为 0.3 粒 /cm²(叶)或 11.0 粒 /cm²(叶)。

(5)茎蘖成穗率 在适宜穗数范围内,茎蘖成穗率越高,总结实粒数越多,粒叶比越高,花后积累量越多,最终产量也高。茎蘖成穗率可作为群体质量的诊断指标。应控制高峰苗数,在保持适宜穗数的前提下,提高茎蘖成穗率。一般高产田冬前单位面积总茎数为计划穗数的1.2~1.5 倍,春季最大总茎数是计划穗数的 2 倍。

7.3.3.2 高产群体的培育途径

科学研究和生产实践证明,低产变中产应满足小麦生长发育过程中对水、肥、土的要求。中产变高产,应主要处理好群体、个体发育的矛盾,即要建立合理的群体结构。其高产群体的培育途径有以下三点。

(1)以主茎穗为主 基本苗较多,每公顷 $(4.5~6.0) \times 10^6$ 株苗。通过增加苗数以弥补单株分蘖数之不足,最终争取足够穗数。适用于晚播麦田。采用这一途径的晚播麦田,拔节前应适度控制无效分蘖,避免因群体过大而倒伏。

(2)以分蘖穗为主 基本苗较少,每公顷 $(1.2~1.8) \times 10^6$ 株苗,群体较小,分蘖成穗率较高,一般达 50% 以上。通过减少基本苗数,控制无效分蘖,以防止群体过大。通过提高分蘖成穗率以保证单位面积穗数,从而达到个体发育健壮,群体结构合理,穗足穗大,粒多粒饱之目的。但采用这条途径时,对土壤肥力条件和栽培技术水平要求较高。

(3)主茎穗与分蘖穗并重 每公顷基本苗适中,为 $(2~3) \times 10^6$ 株苗,总穗数中主茎穗与分蘖穗约各占 50%。通常选用分蘖力中等或偏上、穗型较大、秆壮抗倒的品种，利用冬前分蘖成穗，群体并不太大，个体发育较好，通过争取较高的穗粒重而增产。这一途径适于中高产麦田，为当前生产中所普遍采用者。

7.3.3.3　高产群体的调控程序

在小麦的一生中，可以通过合理的调控，创建高光效群体。扬州大学研究认为，高产群体的调控程序包括五个方面：① 根据当地生态和生产条件、品种特性、产量与适宜穗数指标等，确定出合理的基本苗数；② 在有效分蘖期（叶龄指数为 45%～55%）内促进有效分蘖发生，保证群体总茎蘖数和预期穗数相当；③ 在有效分蘖终止临界叶龄期控制无效分蘖发生，使之不超过预期穗数的 2.0（大穗型品种）～2.5 倍（多穗型品种）；④ 控制最大 LAI 为 6～7，并保证群体于挑旗期至孕穗期出现并封垄（行）；⑤ 开花后控制 LAI 的衰减速度，增加后期光合产物生产与积累。

7.4　小麦子粒品质及其调控技术

7.4.1　小麦子粒品质的概念与指标

由于人们对小麦（主要是面粉）使用目的不同，对品质的要求各异。从不同角度看，品质有不同标准。因此，实践中需要采用多指标体系来反映品质的内涵。通常所指的小麦品质，主要包括形态（外观）品质、营养品质和加工品质。

7.4.1.1　形态品质

形态品质就是小麦子粒外观特性，主要包括子粒形状（圆形，卵圆形）、整齐度、饱满度、粒色（红粒，白粒）和胚乳质地（硬度，角质率）等。这些性状不仅直接影响商品价值，而且与加工品质和营养品质具有一定关系。

7.4.1.2　营养品质

在小麦营养品质中，最重要的指标是蛋白质含量、蛋白质各组分含量和比例，及组成蛋白质的氨基酸种类、淀粉的含量和组成。普通小麦子粒蛋白质含量为 6.9%～22.0%，大多数为 12%～16%。子粒蛋白质由 20 多种基本氨基酸组成，其中赖氨酸、苏氨酸和异亮氨酸含量较低。子粒中淀粉占 57%～67%，同时还富含 B 类维生素，但维生素 A 含量很少。

7.4.1.3　加工品质

（1）一次加工品质　即磨粉品质，是指在碾磨为面粉的过程中，子粒对磨粉工艺所提出要求的适应性和满足程度，常用子粒容重、硬度、出粉率、面粉的灰分含量、面粉白度、加工耗能等作为指标。

（2）二次加工品质　即食品加工品质，是指在加工成食品时，面粉对食品在加工工艺和成品质量上所提出要求的适应性和满足程度。不同筋力小麦的区分标准主要以二次加工品质为主，通常以面粉吸水率、面筋含量、面团特性、稳定时间等为指标进行评价。

① 面粉理化性质　常用面筋含量、沉降值、伯尔辛克值等指标进行评价。

深入学习 7-2
小麦二次加工品质指标

② 面团流变学特性　指面粉和水经揉制形成面团前后所表现出的、特有的耐揉性、黏弹性、延伸性等。

③ 烘焙特性　主要有面包体积、比容、面包心纹理结构、面包评分等。

7.4.2　专用小麦及其分类

专用小麦是指那些具有不同品质特性、专门用以制作某类或某种食品，如面包、面条、馒头、饺子、糕点、饼干等，或专门用作某种特定用途的小麦。目前中国将专用小麦分为以下五类。

（1）强筋小麦　国标中的一等强筋小麦（strong-gluten wheat），适合制作面包、通心粉等。

（2）准强筋小麦　国标中的二等强筋小麦，适合制作优质面条、（北方）馒头等。

（3）中筋小麦　中等筋力的小麦。中筋小麦（medium-gluten wheat）适合制作种类繁多的食品，如面条（挂面、通心面、方便面）、（北方）馒头、饺子、包子、油条等。

（4）准弱筋小麦　筋力较弱的小麦，适合制作（南方）刀切馒头、发酵饼干及酿造啤酒。

（5）弱筋小麦　国标中的弱筋小麦，适合制作蛋糕、糕点、酥性饼干、酥饼等。

📖 深入学习 7–3
中国优质专用小麦品质的国家标准

7.4.3　小麦的品质调控技术

（1）选择适宜种植区域　应在强筋、中筋、弱筋小麦品质生态区内发展各类小麦生产。

（2）选择适宜的强筋品种　不同地区可根据当地的自然和生产条件、茬口早晚等，因地制宜地选用优质品种，如强筋品种"淮麦20号""烟农19号""皖麦38号"等，选用中筋品种"华麦1号""徐麦856""淮麦19号"等，弱筋品种"徐州25""皖麦33号""皖麦47号"等。

（3）土壤类型适宜　高肥力黏壤土适宜发展强筋小麦，中高肥力土壤适宜发展中筋小麦，中等肥力灌排条件良好的沙性土壤或稻茬地适宜发展弱筋小麦。

（4）改进施肥与灌水技术　强筋小麦应稳定氮肥用量，控制磷肥用量；减少底氮用量，加大追氮比例；同时增施硫肥。中筋小麦宜增施有机肥，实施前氮后移和配方施肥。弱筋小麦应适量减氮，总施氮量比强筋小麦少10%~15%；稳定或增施磷肥。强筋小麦应减少灌水次数，一般抽穗后不再灌水，并注意水、氮配合。

（5）综合防治病虫害　及时选用高效低毒农药进行防治，既要确保小麦不受病虫危害，又要尽可能减少农药污染。强筋小麦生产要求的总氮量比传统栽培略高，返青期、起身期应注意防治纹枯病、白粉病、锈病、赤霉病、叶枯病及穗蚜，避免使用粉锈宁等药剂。弱筋小麦产区雨水较多，在早春及时防治纹枯病，中后期防治白粉病、锈病、叶枯病和穗蚜等。

📖 深入学习 7–4
优质专用小麦标准化种植和规模化生产技术研究

7.5　小麦栽培技术

7.5.1　高产小麦的土壤条件

7.5.1.1　对土壤的要求

（1）土层深厚，结构良好　小麦根系分布在0~40 cm的土层内。麦田耕层的土壤容量以

1.1 ~ 1.3 g/L 为宜，要求固、液、气三相比为 50∶30∶20，且具有良好的团粒结构。

（2）土壤养分含量丰富　高产条件下，沙土的有机质含量应达到 10 mg/g 土，轻壤土、沙壤土应达到 10 ~ 13 mg/g 土，重壤土和黏土达到 15 mg/g 土或以上。土壤全氮含量应为 1 mg/g 土左右，有效氮、磷、钾的含量分别为 50 ~ 80 mg/kg、30 mg/kg、80 ~ 150 mg/kg 土。

（3）土壤酸碱度和含盐量适中　可在微酸性或微碱性的土壤上生长发育，但以在中性（pH 6.8 ~ 7.0）土壤上的生育状况为最好。含盐量高于 2.5 mg/g 土时生长受抑，高于 4 mg/g 土时植株逐渐死亡。植株的耐盐能力随着生育期的推进而逐渐增强。

7.5.1.2　麦田土壤耕作技术

（1）合理轮作倒茬，用地养地相结合　地多且肥力差的地区采用"一麦一肥"或"两粮（小麦、玉米）一肥"的轮作方式，一般地区采用与豆科作物间作、套作或轮作的方式；稻茬麦区采用水旱轮作的方式来改善土壤的水、肥、气、热等状况，夺取稻麦双丰收。

（2）麦田整地技术　整地的质量标准是"早""深""净""透""实""平""细""足"。"早"是指"早腾茬、早整地"，即前作物收获一块及早耕耙一块，及早整地，以便保墒；"深"是指适当加深耕层，一般机械深耕宜确保耕深在 25 cm 以上，机械深松以 30 cm 以上为宜；"净"是指及时灭茬，并拾净残存根茬；"透"是指耕深、耕透、耕到地边，不漏耕、漏耙；"实"是指土壤上虚下实，即表层不板结，下层不翘空；"平"是指地面平坦，畦平埂直，一般应在耕前粗平，耕后复平，做畦后细平，使耕层深浅一致；"细"是指土垡翻平、扣严，耙深、耙细，无明、暗坷垃；"足"是指底墒充足。

整地包括灭茬（秸秆还田）耙糖保墒、深耕耙糖和平地筑畦等机械作业。高质量整地应达到"耕层深厚、土碎地平、松紧适度、上虚下实"的十六字标准。其整地方式有机械化整地、机畜结合整地和人畜结合整地等多种。一般应以深耕为基础，以少耕为方向，简化耕作次数，减少能源消耗，降低耕作费用。

7.5.2　小麦播种技术

7.5.2.1　小麦的播种期

📖 **深入学习 7-5**
冬小麦播种期遥感监测技术

适时播种能充分利用秋末冬初一段适宜的生长季节，使幼苗在越冬前生长一定数量的分蘖和根系，积累较多的养分，有利于安全越冬。气温是决定播种期的主要因素。日平均气温 17 ~ 18 ℃是适宜播种的始期，15 ~ 16 ℃为最适期，末期不可低于 11 ℃。全国平原地区冬小麦播种适期从北到南，大体上纬度每递减 1°，播种期推迟 4 d 左右，同一地区，海拔每增加 100 m，播种期提早 4 d 左右。

冬小麦播种适期，如北方麦区北部为 9 月中旬到 10 月上旬，黄淮海平原 9 月下旬到 10 月中旬，长江中下游在 10 月中旬到 11 月中旬，长江上游地区自 10 月下旬到 11 月中旬；华南地区在 10 月下旬到 11 月中下旬。

冬性品种、半冬性品种比春性品种播种期早，当日平均温度降至 18 ℃时便可播种。因此，冬性品种宜安排在早茬地上，半冬性品种安排在中茬地上，春性品种则安排在晚茬地上。在既可种植半冬性品种又可种植春性品种的地区，应首先播种半冬性品种，然后是春性品种，顺序不可颠倒。

冬小麦如播种过早，年前地上部分生长过旺，养分积累少，易遭冻害和病害。播种过晚，因温度低，出苗缓慢，出苗率低而不整齐，冬季幼苗瘦弱，冬前分蘖少，甚至不分蘖，次生根少，抗寒力亦差，分蘖成穗少，抽穗成熟迟，严重影响产量。

7.5.2.2　小麦的播种量和播种方式

适宜的播种量和播种方式，可使单位面积内有足够的苗数，并使幼苗在田间分布合理，充分利用光能和地力。

（1）播种量　小麦的播种量应根据土壤肥力、品种分蘖力和播种期早晚来决定。中等肥力水平的麦田，单株分蘖少，分蘖成穗率低，为了保证预期穗数，必须有较多的基本苗。依靠主茎穗，争取部分分蘖成穗，是中等肥力条件下增产的可靠途径。这类麦田里的早中茬麦，每公顷需要有（300~375）× 10^4 基本苗，晚茬麦增至（375~450）× 10^4 苗为宜。在高产栽培条件下，肥水充足，单株分蘖多，成穗率高。这类麦田以分蘖成穗为主，每公顷基本苗数应适当减少，适时播种的每公顷基本苗数 $225 × 10^4$ 左右即可。在肥力较差的山岭、旱薄地，基本苗应少于中等肥力水平的田地，播种量过多，麦苗生长不良，发生死苗或形成蝇头小穗，显著减产。

在同等肥力条件下，冬性品种分蘖力比春性品种强，基本苗效应少些。晚播麦田分蘖极少，应相应增加播种量。

（2）播种方式

① 条播　有窄行条播、宽窄行条播和宽幅条播三种。窄行条播是我国主要麦区应用最广泛的一种方式。机械化播种大多采用 15~20 cm 行距，部分为 12.5 cm 行距。北方冬麦区和春麦区亦有用 7.5 cm 的。丰产田行距常扩大到 20~25 cm。窄行条播植株分布均匀，但返青后封行早，田间管理作业容易伤苗。有些地区，在宽行条播基础上改用宽窄行条播。1 个宽行，1~3 个窄行。宽行 30 cm 左右，窄行 10~20 cm。高产田和套作田常采用这种方式。宽幅条播一般用无壁犁冲沟或人工开沟后撒种。南方麦棉两熟区应用较广，播幅 15~20 cm，行距 15~25 cm，或是播幅 22.5 cm，行距 22.5 cm；如超过 25 cm，幅内植株拥挤，发育受到影响。

② 撒播　在一年多熟地区，晚茬麦田，由于播种季节紧张，常应用撒播以利于抢时播种，特别是南方稻麦地区，宽畦撒播在生产上应用相当普遍。撒播比人工条播、点播省工，苗期个体分布较均匀，但覆土不易一致，播后浮子多，出苗率低，后期通风透光差，麦田管理不便，杂草多。因此要求精细整地，提高播种质量，播种后要注意覆土盖子，消灭露子，提高成苗率，并适当增加播种量。

③ 穴播　南方土壤黏重地区及北方丘陵干旱地区常采用此法。其优点是播种深浅一致、出苗整齐，且便于集中施肥和管理。但穴播地区原来行穴距较大，土地利用率低，产量不高。据大田试验，如缩小行穴距，行距 16 cm，穴距 10~13 cm，每穴播种子 10 粒左右，增加播种量到 20 万苗上下，产量可显著提高。

7.5.2.3　播种深度

小麦苗在深播的条件下，根间伸长，不仅出苗晚，而且幼苗细弱，叶片细长，分蘖发生晚而少。但播种过浅，种子易落在干土上，影响出苗，且分蘖节浅不利于安全越冬。小麦的适宜播种深度，应从防旱、防寒和促早苗、壮苗等方面考虑。北方冬麦区气候干旱，冬季寒冷，播种宜深些，一般以 3~5 cm 为宜。冬季严寒地区，冬小麦应深播到 5~6 cm。南方冬麦区气候温暖湿润，可稍浅些，2~3 cm 即可，稻田土壤黏重更不能深播。

小麦播种要求覆土均匀一致，一般要实行镇压，在天气干旱，整地质量较差的麦田，播种后镇压更加重要。但在盐碱土，黏重土壤、湿度大的田块上则不宜进行。

7.5.3 小麦的需肥特性与施肥技术

7.5.3.1 小麦的需肥特性

（1）需肥量及氮、磷、钾的吸收比例　小麦以氮、磷、钾肥料三元素的吸收量因品种、土壤条件、气候条件、生产条件、产量水平和栽培技术的不同而有差异。综合各地研究资料表明，小麦每生产100 kg子粒，需纯氮（N）（3.1±1.1）kg、磷（P_2O_5）（1.1±0.3）kg、钾（K_2O）（3.2±0.6）kg，三者的比例约为2.8∶1.0∶3.0（表7-2）。

表7-2　不同产量水平下小麦对氮、磷、钾的吸收量

产量水平 / （kg·hm^{-2}）	吸收总量 / （kg·hm^{-2}）			100 kg子粒吸收量 /kg			吸收比 N∶P∶K	资料来源
	N	P_2O_5	K_2O	N	P_2O_5	K_2O		
1 965	116.7	35.6	54.8	5.94	1.81	2.79	3.3∶1.0∶1.5	山东农业大学
3 270	120.3	40.1	90.3	3.69	1.23	2.76	3.0∶1.0∶2.2	河南省农业科学院
4 575	125.9	40.2	133.7	2.75	0.88	2.92	3.1∶1.0∶3.3	山东省农业科学院
5 520	142.5	50.3	213.5	2.58	0.91	3.87	2.8∶1.0∶4.3	河南农业大学
6 420	159.0	73.6	166.5	2.48	1.15	2.59	2.2∶1.0∶2.3	山东烟台农业科研所
7 650	182.9	75.0	212.0	2.39	0.98	2.77	2.4∶1.0∶2.8	山东农业大学
8 265	229.2	99.3	353.3	2.77	1.20	4.27	2.3∶1.0∶3.6	河南农业大学
9 150	246.3	85.5	303.0	2.69	0.93	3.31	2.9∶1.0∶3.6	山东农业大学
9 810	286.8	97.4	330.2	2.92	0.99	3.37	2.9∶1.0∶3.4	山东农业大学
平均	178.8	66.3	206.4	3.13	1.12	3.18	2.8∶1.0∶3.0	

（2）氮、磷、钾吸收的阶段性变化　随着生育进程的推进，干物质积累量增加，氮、磷、钾的吸收量也相应增加。起身以前，麦苗较小，氮、磷、钾吸收量较少；起身以后，植株生长迅速，养分需求量急剧增加；拔节至孕穗期间是氮、磷、钾的吸收盛期；氮、磷的吸收量在成熟期达最大值，钾的吸收在抽穗期达最大值以后出现外排现象（exocytosis）。不同生育时期营养元素的吸收、积累与分配，随生长中心的转移而变化。氮在苗期主要用于分蘖和叶片等营养器官的生长；拔节至开花期间，主要用于茎秆和分化中的幼穗；开花以后，则主要流向子粒。磷的积累分配与氮基本相似，但吸收量远小于氮，而钾向子粒中的转移量却很少。已有研究表明，小麦对氮的吸收有两个高峰，分别处于分蘖期至越冬期和拔节期至孕穗期两个生育阶

段，前者的吸氮量占总吸收量的13.5%，是群体发展较快的时期，后者的吸氮量占总吸收量的37.3%，是吸氮量最多的时期。

7.5.3.2　小麦施肥技术

（1）施肥量的确定　高产小麦地力水平要求达到有机质含量12 g/kg以上，全氮1 g/kg以上，水解氮80 mg/kg以上，速效磷15 mg/kg以上，速效钾100 mg/kg以上。一般产量水平7 500～9 000 kg/hm²的麦田，每公顷施纯氮（N）210～240 kg，磷（P_2O_5）105～120 kg，钾（K_2O）105～120 kg；产量水平在9 000 kg/hm²以上时，每公顷施纯氮（N）240～270 kg，磷（P_2O_5）120～150 kg，钾（K_2O）120～150 kg。

彩图 7-5
不同施肥量的麦田

（2）施肥原则　冬小麦生育期长，易出现前期生长过旺而后期脱肥的现象。生产上应根据小麦需肥特性进行肥料运筹。一般冬前分蘖期应有适量的速效氮、磷、钾供应，以满足第一个吸肥高峰对养分的需求，促进分蘖、发根和壮苗形成。越冬至返青期间是小麦一生中需肥较少时期，应适当控制肥料供应以控制无效分蘖的发生，培育高光效群体。拔节期至开花期是一生中的第二个吸肥高峰，也是施肥最大效率期，应适当增加肥料供应量，巩固分蘖成穗，培育壮秆，促花保花，争取穗大粒多。开花后要维持适量的氮磷营养，以延长产量物质生长期的叶面积持续时间，提高后期光合生产量，促进子粒灌浆，提高粒重。

（3）施肥技术　在秸秆还田、增施有机肥，持续培肥地力的基础上，按照"氮肥实行总量控制，分期调控；磷肥、钾肥依据土壤丰缺状况进行恒量监控"，做到氮、磷、钾科学配施，并有针对性地补施中微量元素肥料。中高产麦田和种植优质强筋小麦的田块，要大力推广氮肥后移施肥技术；连年秸秆还田的麦田可酌情少施或不施钾肥，并注意适当增施氮素化肥。

各地高产典型和生产经验表明，中筋小麦和强筋小麦高产栽培中可采用氮肥后移技术，即将氮素化肥的底肥比例减少到50%，追肥比例增加到50%，土壤肥力高的麦田底肥比例为30%～50%，追肥比例为50%～70%，并根据品种、地力水平、墒情和苗情将一般生产中的返青期或起身期的春季水肥管理后移至拔节期至挑旗期。弱筋小麦宜采用底追比例7∶3的运筹方式。采用独秆栽培法的晚播小麦，氮肥基追比宜为（3～4）∶（6～7），以保穗数、攻大穗。

7.5.4　小麦的需水特性与灌排水技术

7.5.4.1　小麦的需水特性

深入学习 7-6
小麦耗水总量及适宜土壤含水量指标

（1）需水规律　小麦一生的总耗水量为400～600 mm（4 000～6 000 m³/hm²），其中植株蒸腾占60%～70%。据单玉珊（2001）研究，在产量为2 250～7 500 kg/hm²，随产量提高，耗水量呈线性增加，耗水系数降低，水分生产率提高。

单位面积麦田在1 d之内损耗于株间蒸发与叶面蒸腾的水分总量称日耗水量。出苗前后，日耗水量约为7.5 m³/hm²；以后随着分蘖发生，日耗水量稍有增加，为9.0～10.5 m³/hm²；越冬期间，气温较低、麦苗幼小，株间蒸发量小，植株蒸腾弱，日耗水量低至7.5 m³/hm²以下；返青以后，随着气温日渐回升和植株生长速率加快，日耗水量迅速增加，即从返青期的15 m³/hm²左右增加到挑旗期的45 m³/hm²以上（需水高峰期）；高峰期过后，随着植株逐渐衰老，蒸腾量慢慢减少，日耗水量随之下降，到成熟期时仅为30 m³/hm²左右。

（2）不同生育时期的适宜土壤含水量指标　一般冬前要求土壤相对含水量为70%～80%，越冬期间为65%～75%，返青期至灌浆期为70%～80%，成熟期为60%左右。

7.5.4.2 麦田灌排水技术

（1）灌水技术 麦田每次灌水量一般控制在 $600 \sim 900$ m³/hm²，实践中可视不同情况而上下浮动，在土壤含水量低于田间持水量的 60% 时就要进行灌溉。在一般年份，高产田灌水 $3 \sim 4$ 次，低产田灌水 $2 \sim 3$ 次。

① 底墒水 播种前所浇灌的水叫底墒水，播种前土壤含水量低于 70% 时就应浇灌底墒水，并通过耕作措施减少播种后蒸发。播种后浇"蒙头水"是一种在播种季节，限于水源、提灌动力等原因，不能及时灌底墒水而采取"时到不等墒"的应变措施，以解决底墒充足与适期播种的矛盾。

② 越冬水（封冻水） 临近越冬时的麦田灌水叫冬灌。冬灌可以提高地温或缓和地温的剧烈变化，缩小昼夜温差，防止麦苗受冻；冬灌后土壤的"冻一消"作用使表土疏松、细碎，土体紧密，减少根系架翘空现象；冬灌的水分效应可维持到翌年春季，即可起到"冬灌春用"的作用。适宜冬灌的温度为 3℃左右（日消夜冻）。一般要求从 5℃时始灌，到 3℃时灌溉结束。低于 3℃时冬灌，灌后麦苗有遭受冻害或窒息死亡的危险。下湿地、上浸地、稻茬麦田可不灌。单根独苗或弱苗因易受冻而不灌，旺苗不缺水肥，亦无须灌水。

③ 返青水 返青期灌水，可巩固冬前分蘖和争取部分早春分蘖成穗，同时增加穗粒数。浇灌返青水的时间，应掌握在 5 cm 地温稳定通过 5℃以后，因为灌水过早，土温下降，返青推迟。

④ 拔节水 拔节水可加速分蘖两极分化进程，提高成穗率，同时减少不孕小穗数目，增加穗粒数。晚播弱苗分蘖少，应提前浇灌拔节水。旺苗则应通过控制拔节水来控制对氮的吸收，加速中、小分蘖死亡，提高成穗率。

⑤ 孕穗水 挑旗前后及时浇好孕穗水，可满足小麦在需水临界期对水分的需求，有明显增加穗粒数的效应。

⑥ 开花灌浆水 抽穗期至灌浆初期灌水，利于开花和授粉受精，促进子粒形成，增加穗粒数，并提高千粒重，其具体灌水时间应掌握在开花后 $5 \sim 20$ d。

（2）排涝防渍技术 筑造或健全干、支、斗、农、毛等灌排渠系，可有效排出田间积水、降低地下水位。稻茬麦整地时筑造厢沟、腰沟、边沟，做到深沟高厢，沟沟相通，主沟通河（渠）是排涝防渍的重要技术。可采取的栽培措施包括：培肥地力，改善土壤环境；连片种植，杜绝水包旱或水旱互包；加深耕层，破除犁底层，有效减少浅层水；生育期间勤中耕培土，勤清沟理厢，破除土壤板结，改善土壤通透性，调节土壤含水量；增施有机肥，并配合施用磷肥，降低土壤容重。

7.5.5 小麦各生育阶段的栽培管理技术措施

7.5.5.1 苗期栽培管理技术

（1）查苗补种，疏苗补缺 生产上常因漏种、播种技术、地下害虫危害等原因发生缺苗（10 cm 左右无苗）、断垄（16.7 cm 以上无苗）现象。出苗后，应及时查苗补种或补栽。

（2）合理肥水，看苗运筹

① 弱苗管理 对因误期晚播，积温不足，苗小根少、根短的弱苗，冬前一般不宜追肥浇水，以免降低地温，影响幼苗生长；对于因地力、墒情不足等造成的弱苗（每公顷群体在 750 万以下），要抓住冬前有利时机追肥浇水，一般每公顷追施尿素 $75 \sim 150$ kg，促苗升级转化。除氮肥外，基肥中没施磷钾肥的麦田，还应在冬前追施磷钾肥。

② 壮苗管理　对肥力差,但底墒充足的麦田,可趁墒适量追施尿素等,以防脱肥变黄;对肥、墒均不足,生长尚正常的麦田,应及早施肥浇水,防止由壮变弱;对底肥足、墒情好,生长正常的麦田,可采用划锄保墒的办法,一般不宜追肥浇水。若长期干旱,可普浇一次分蘖盘根水;若麦苗长势不匀,可结合浇分蘖水点片追施尿素等速效肥料;若土壤不实,可浇水以踏实土壤或进行碾压,以防止土壤空虚透风。

（3）中耕镇压,防旱保墒　分蘖开始至封冻期间均可进行中耕。降雨或浇水后要适时中耕保墒,破除板结,促根蘖健壮。此外,下湿地、稻茬麦地、盐碱地宜早中耕、勤中耕以散墒。弱苗冬前只宜浅中耕,以松土、增温、保墒、促苗早发快长为目的。

对秸秆还田且底墒不足的麦田,播种后必须进行镇压,使种子与土壤接触紧密。对秋冬雨雪偏少,底墒较差,且坷垃较多的麦田应在冬前适时镇压,保苗安全越冬。镇压在一般田块具有促根增蘖作用。在群体过大的旺长麦田可使主茎粗壮,提高抗寒能力与抗旱性,抑制大分蘖徒长,缩小大、小分蘖间的差距。但应注意土壤过湿、盐碱地、沙土地、播种过深或麦苗过弱的田块,不宜镇压。

（4）适时冬灌,保苗越冬　冬灌是麦苗安全越冬、早春防旱、防倒春寒的重要措施。对秸秆还田、旋耕播种、土壤悬空不实或缺墒的麦田必须进行冬灌。

① 冬灌要适时　适时冬灌的时间一般在夜冻昼消,日平均气温3~4℃时进行。若冬灌过早,气温过高,易导致麦苗过旺生长,反而蒸发量大,入冬时失墒过多。灌水过晚,温度太低,土壤冻结,水不易下渗,很可能造成积水结冰而严重死苗。

② 冬灌要合理　一要看墒情,凡冬前土壤含水量沙土地在15%左右,两合土在20%左右,黏土地在22%左右,地下水位又高的麦田可以不冬灌;凡冬前田间持水量低于80%的水浇麦田,都应进行冬灌;二要看苗情,单株分蘖在1.5~2.0的麦田,冬灌比较适宜。弱苗冬灌易发生冻害。

③ 冬灌方法要适宜　灌水量不可过大,以能浇透当天渗完为宜,小水慢浇,切忌大水漫灌,以免造成地面积水,形成冰层使麦苗窒息而死苗。浇过冬水后的麦田,在墒情适宜时要及时划锄松土,以免地表板结龟裂,透风伤根造成黄苗、死苗。

（5）防治病虫草害　加强对丛矮病、黄矮病、土传花叶病和地下害虫等病虫害的防治工作。即在合理轮作倒茬、选用抗病品种并进行药剂拌种的基础上,冬前及早清除田边杂草,消灭病虫寄主;在丛矮病区,防治灰飞虱、蚜虫等传播媒介;对地下害虫用锌硫磷或敌百虫、乐果等制成毒饵进行防治。积极推广“杂草冬治”,杂草于冬前11月中下旬至12月上旬进行防除,可一次施药,基本全控;而且施药早、间隔时间长,对后茬作物影响小。

7.5.5.2　返青至抽穗阶段的栽培管理技术

（1）因时因苗制宜,灵活运用肥水　高产田壮苗,以减少无效分蘖、防止群体过大、争取穗大粒多为主;而低产田弱苗,以争取足够穗数为主,并兼顾穗大粒重。返青期肥水可增加春生分蘖,提高分蘖成穗率,但使穗子不整齐。高产麦田为防止中期旺长,应严格控制返青肥,尤其在肥力较高且冬季已施肥灌水的麦田,或群体过大、苗旺的麦田,返青期肥水通常不用。而对于群体较小、苗弱的麦田,或晚茬麦田、旱地麦田、早播脱肥麦田,返青期肥水的作用显著。起身期施肥灌水,分蘖成穗率的提高幅度大于返青期施肥水,穗子整齐,穗大粒多。对群体较小的壮苗麦田,以及群体大小适当且冬季未施肥的麦田,起身期肥水的效果较好;对群体过大且返青时进行过深中耕控制的麦田,此期应少施或不施肥。拔节期施肥灌水,可明显减少无效分蘖,促进大蘖成穗,提高分蘖成穗率;有利于小穗、小花发育,不孕小穗和退化小花数目减少，增加穗粒数；有利于塑造旗叶、倒 2 叶健挺的株型，促使穗下节生长健壮，建立开花后光合产物积累多、向子粒分配比例大的合理群体结构，有利于较大幅度提高生物产量和经济系数，显著提高子粒产量，改善品质。对高产田，肥水十分重要。挑旗期施肥灌水，能促进花粉粒良好发育，提高结实率，增加穗粒数；延长后期功能叶的功能期，提高灌浆强度，增加粒重。对叶片发黄、氮素不足的麦田，此时适量追施氮肥并灌水。

（2）中耕、耙耱与镇压　早春浅中耕（1.5 ~ 2.0 cm）可破除板结、增温保墒，同时更重要的是促进麦苗早返青。在无灌水条件的地区，应勤中耕、细中耕，雨后必中耕。深中耕（3.3 ~ 6.7 cm）损伤麦根较多，可控制春蘖滋生，抑制中、小分蘖生长，促进主茎和大蘖生长，改善穗部性状。早春耙耱具有良好的保墒作用，同时也可提高地温，促进微生物活动。早春镇压具有压掉枯叶，压碎坷垃，踏实土壤，防冻保苗，控上促下，抑制旺长，促蘖成穗，壮秆防倒伏的作用。对整地效果不良、坷垃多、土壤孔隙度大的麦田，低洼易涝麦田等，可进行镇压。

（3）清沟排渍　南方麦区，春季雨水多，麦田土壤湿度增大。因此，清沟理厢，并适当加深沟的深度，控制麦田地下水位在 1 m 以下，对防渍防病、养根保叶具有重要作用。

（4）防止倒伏　倒伏现象发生在后期，但其致因却在前期、中期，尤其是在中期。除品种特性外，栽培措施不当是发生倒伏的主要原因：耕层浅、整地粗糙、播种太浅、土壤水分过多等导致根倒，施氮过多、追肥时期不当、播种密度过大等导致茎倒。防止倒伏的措施主要有：采用高产、矮秆、抗倒伏性强的品种；加深耕层，提高整地质量；根据当地自然与生产条件等实行合理密植；合理运筹肥水措施，创建合理群体结构；分蘖末期至拔节期，喷施矮壮素、壮丰胺、多效唑等化学控制剂预防倒伏。

（5）预防"倒春寒"和晚霜冻害　倒春寒是指春季天气变暖后又突然变冷，地表温度降到 0℃ 以下致使小麦出现霜冻危害。小麦进入起身期、拔节期后抗寒性降低，一旦气温突然下降，极易发生冻害。近年来，春季冻害已成为限制小麦产量提高的重要因素。因此，应在寒流来临前，及时灌水提高地温。一旦发生冻害，要及时采取结合浇水追施速效化肥、叶面喷肥或喷施植物生长调节剂等补救措施，一般每公顷追施尿素 150 kg。

（6）防治病虫害　春季随气温回升，麦田病虫草害加重发生和危害，应重点防治纹枯病、锈病、白粉病和麦蚜、麦蜘蛛，补治全蚀病。冬前未能及时除草，而杂草又重的麦田国，此期应及时进行化除。

7.5.5.3　抽穗至成熟阶段的栽培管理技术

（1）灌溉与排渍　根据需水特点和土壤墒情，开花后 15 d 前后浇灌灌浆水以养根护叶，防早衰，增粒重。与此同时，南方大部分麦区生育后期降水量大大超过小麦生理需水量，土壤湿寒和植株病害加重，生产中应加强田间排涝防渍工作。

（2）叶面喷肥　抽穗至灌浆期间，当叶色转淡、旗叶含氮量低于 30 mg/g、叶绿素含量低于 5 mg/g 时，每公顷喷洒 20 ~ 30 g/L 的尿素或 20 ~ 40 g/L 的过磷酸钙或 3 ~ 4 g/L 的磷酸二氢钾溶液 750 ~ 900 kg，以增加粒重。

（3）防御干热风与雨后青枯　连续 2 d 以上 14 时气温 ≥ 30℃、大气相对湿度 ≤ 30%、风速 ≥ 3 m/s 的天气，便为"干热风"。干热风袭来，减产幅度严重者达 30% 以上。高温危害的另一种形式是雨后青枯：成熟前 1 周左右，阴雨过后天气骤然放晴（并伴以 30℃ 以上高温），此时土壤水分较多，根系缺氧、活力降低，而地上部分蒸腾剧烈，常导致水分失衡，植株正常生理活动受阻，茎叶在叶绿素来不及分解的情况下即行干枯，引起减产 10% ~ 20%。干热风和雨后青枯的防止措施是，选用耐高温、抗干热风的早熟品种；适期稍早播种使成熟期提前，避开危害；合理运筹肥水措施，提高植株的抗逆性。

（4）防治病虫害　生育后期常发生锈病、白粉病、赤霉病，以及黏虫、蚜虫、吸浆虫。小麦白粉病、锈病、蚜虫等病虫混合发生区，可采用杀虫剂和杀菌剂各计各量，混合喷药，进行综合防治。每公顷可用 15% 三唑酮可湿性粉剂 1 500 g，或 12.5% 烯唑醇（禾果利）可湿性粉剂 600 ~ 900 g，或 25% 丙环唑乳油 450 ~ 525 g，或 30% 戊唑醇悬浮剂 150 ~ 225 mL 加 10% 吡虫啉可湿性粉剂 300 g，或 40% 毒死蜱乳油 750 ~ 1 125 mL 兑水 750 kg 喷雾。

（5）防止倒伏　抽穗前后倒伏减产 30% ~ 40%，灌浆期间倒伏减产 10% ~ 30%。生育后期防倒伏，主要通过改进灌水技术实现：减少灌水次数，即在灌好灌浆水的情况下，不再灌水，尤其是种植强筋小麦的麦田要严禁浇麦黄水，以免发生倒伏，降低品质；掌握好灌水时间，即及早灌水，因为随子粒灌浆进程的推进，穗部重量越来越重；选择灌水天气，即在无风晴朗天气条件下进行灌溉；控制灌水量，即小水浇灌，灌水时保证地面不积水，以免土壤呈泥浆状，招致根倒伏。

7.5.6　小麦收获、加工与贮藏

7.5.6.1　适时收获

收获过早，子粒灌浆不充分，千粒重低；收获过晚，呼吸、淋溶作用降低粒重，同时落粒、掉穗也增加损失。一般蜡熟末期为人工收割的适宜收获期，而机械（尤其是联合收割机）收获则以完熟初期为宜。在蜡熟末期，植株全部枯黄，茎秆尚有弹性，子粒较为坚硬，色泽和形状已接近本品种固有特征，含水率为 22% ~ 25%。到完熟初期，植株全部枯死和变脆，易折穗、落粒，子粒全部变硬，呈现本品种固有特征，含水量低于 20%。

7.5.6.2　粗加工与安全贮藏

（1）粗加工技术　脱粒有简易脱粒法和机械脱粒法两种。干燥的方法有自然干燥法和机械干燥法。去杂方法通常是风扬法。

（2）贮藏技术　子粒贮藏期间，尤其是在夏季，气温高、湿度大，麦堆易发热、受潮或生虫。伏天应通过防热、防湿、防虫、防鼠害，以确保安全贮藏。干燥子粒含水率 12% ~ 13%、牙咬有响脆声时，于下午 3—4 时趁热进仓。应注意做到以下三点。

① 含水量要低　谷物含水量高，呼吸作用加强，谷温升高，霉菌、虫害繁殖速度加快，粮堆发热，种子和粮食损坏。贮藏实践中，安全的水分含量应低于 13%。

② 温、湿等贮藏条件适宜　空气湿度低时子粒的水分向外散失，含水量下降，湿度高时子粒吸湿，含水量升高，与 65% 的空气相对湿度相平衡的子粒水分含量为长期贮藏的安全水分含量最大值。温度在 15℃ 以下时，昆虫和霉菌生长停止；30℃ 以上时，生长繁殖速度加快。通常要求贮藏期间谷仓内的谷温均匀一致。

③ 严格仓库管理　谷物入仓前对仓庠进行清洁消毒，彻底清除杂物和害虫，贮藏期间监测温度变化，定期记录仓温和测定水分，严格控制谷物含水量，注意适度通风，并注意消灭鼠害。

7.5.7　春小麦关键栽培技术

7.5.7.1　春小麦生产概况

我国春小麦种植面积仅占全国小麦播种总面积的 15% 左右，多集中在纬度高、海拔高、气候冷凉、干旱少雨、土壤贫瘠等自然条件差的西部、北部地区。但该区也具有人均耕地面积大、光热资源丰富、小麦增产潜力大的优势。随着生产条件改善和科学技术的进步，春小麦单产量水平不断提高，2014 年全国春小麦平均单产量已达 4 069.5 kg/hm²。

7.5.7.2 春小麦品种选用

（1）东北春麦区 要求小麦生育前期慢，后期快，抗秆锈病、叶锈病、白粉病、根腐病及赤霉病，前期耐旱，后期耐湿、耐肥，秆壮抗倒伏，叶枯病轻的春性品种。如"龙麦 26""龙麦 30""龙麦 33""克丰 13 号""克旱 21 号"等。

（2）北部春播麦区 宜选择早熟、抗旱、抗干热风、抗病、稳产的品种。早熟品种前期发育快，可以避开或减轻麦秆蝇的危害，在本区有重要应用价值。如"辽春 10 号""辽春 20 号""晋春 15 号"等。

（3）西北冬春混播麦区 宜选择抗逆、抗病、稳产的品种。如"甘春 20 号""宁春 4 号""宁春 50 号""陇春 20""西旱 2 号"等。

（4）新疆冬春混播麦区 宜种植分蘖力强，抗倒伏、耐寒、耐旱、耐瘠、耐盐碱，还要求品种具备耐霜冻，抗条锈病、叶锈病和适应性强等特性。如"新春 6 号""新春 17 号"等。

（5）青藏春冬混播麦区 青海高原要求丰产，兼具早熟、耐盐碱、耐旱和后期耐霜冻等。西藏高原要求早熟，耐寒，抗黄条花叶病、锈病和白粉病等。如"高原 412""高原 766"等。

7.5.7.3 春小麦肥料运筹技术

春小麦生长期短，从播种到成熟仅 100~120 d；生长期间对氮、磷、钾吸收有两个高峰期，一为拔节期至孕穗期，二为开花期至乳熟期，且前者略高于后者。对磷吸收从出苗期开始一直呈上升趋势，拔节期剧增，乳熟期达到最高值。

根据春小麦生育规律和营养需求特点，应重施基肥和早施追肥。春小麦施基肥以秋翻、春耙两次施肥效果最好，秋翻施基肥次之，春耙前施肥最差。春小麦属"胎里富"作物。

7.5.7.4 田间管理要点

秋冬春干旱、地力贫瘠是春小麦生产的主要限制性因素。因此蓄水保墒培肥、抢时抢墒播种、苗后压青蹲苗、及时收获、轮作倒茬等是春小麦生产全程的主要耕作栽培技术。适宜采取保护性耕作措施，如免耕、少耕、深松、秸秆还田、秸秆覆盖、留茬越冬、镇压耙耱等综合技术。

（1）适期早播 适期早播是春小麦获得增产的关键措施。适期早播，利于延长分蘖期，分蘖多，质量好，成穗率高，且延长幼穗分化时期，增加小穗数，形成大穗、多粒。一般当日平均气温稳定在 2 ~ 4℃，白天地表化冻 5 ~ 7 cm 深且昼消夜冻时，即可抓住时机顶凌播种。

（2）不同生育阶段田管技术

① 出苗期至拔节期 以肥水为主，结合压青苗，早管促早发。对生长过旺麦苗及早镇压，控制水肥；对地力差，由于早播形成的旺苗，要加强肥水管理，防止早衰。因欠墒或缺肥造成的黄苗，酌情补肥水，可采取疏松表土，破除板结，结合灌水开沟补施磷钾肥。应在 3 叶期或 3 叶 1 心时重施分蘖肥，占追肥量的 60% ~ 70%。每公顷施尿素 225 ~ 300 kg，以提高分蘖成穗率，促壮苗早发，为穗大粒多奠定基础。

② 拔节期至抽穗期 此阶段调控目标为：控制基部节间过度伸长，防止后期倒伏；减少退化小穗和不孕小花数，提高单株穗粒数，提高分蘖成穗率；延长中上部叶片及旗叶的功能

期，为粒重打下基础。调控措施以肥水管理为主，促进幼穗分化，提高分蘖成穗率。

拔节至挑旗（孕穗）是春小麦需水肥"临界期"，通常采用"早灌、勤灌、轻灌"的方法，即增加灌水次数，减少一次灌水用量。原则上头水（3叶期）后二水（拔节水）紧跟，以第一节间定长为标准，间隔 10～15 d，灌透、灌匀，灌量 1 050～1 275 m^3/hm^2；三水（挑旗水）要缓，一般在第二节间定型、无效蘖死亡后再灌三水，灌量 1 050～1 275 m^3/hm^2。

结合灌水追施拔节肥尿素 105～150 kg/hm^2（机力条施），占追施量的 30%～40%；没有条件追施分蘖肥的地块，应早施、重施拔节肥。孕穗期酌量施保花增粒肥，可施用穗肥尿素 75 kg/hm^2，或用磷酸二氢钾 3 kg/hm^2 加尿素 3 kg/hm^2 兑水，或用有机络合微肥加氧化乐果 1.5 kg/hm^2，叶面喷施，防止脱肥。针对旺苗可采用矮壮素或缩节胺进行化控。

③ 抽穗期至成熟期　此阶段调控目标为养根护叶、保花增粒、提高粒重。主要调控措施为合理根外追肥。每公顷可喷洒 2%～3% 的尿素溶液或 2%～4% 的过磷酸钙溶液或 0.3%～0.4% 的磷酸二氢钾液 750～900 kg，或 5 倍的草木灰浸泡 1 d 后的过滤液，以增加粒重。也可适当喷洒微量元素、植物生长调节剂等叶面肥，调控物质运输，争取粒多、粒重。

（3）适时收获　小麦成熟后马上组织收割机抢收、抢打，尽快晾干入库。

名词解释

冬小麦　春小麦　返青期　起身期　挑旗　旗叶　分蘖节　坐脐　多半仁　顶满仓　硬仁专用小麦　强筋小麦　弱筋小麦

问答题

1. 小麦阶段发育的概念是什么？生产中怎样应用阶段发育理论？
2. 试述小麦根系发育和植株地上部分生长的相互关系。
3. 小麦茎秆性状与产量的关系是什么？如何增强茎秆的抗倒性？
4. 小麦幼穗分化发育的特点是什么？生产中如何增加穗粒数？
5. 影响子粒形成、灌浆与成熟过程的主要因素有哪些？生产中如何提高子粒千粒重？
6. 小麦产量构成因素有哪些？不同产量构成因素之间的相互关系是什么？
7. 简述小麦品质指标和中国专用小麦品质分类情况，并论述不同筋力型小麦的优质高效调控技术。
8. 根据小麦对土、肥、水的要求，阐述高产麦田的土壤耕整、施肥和灌排水技术。

分析思考与讨论

1. 根据小麦分蘖的发生消长规律、影响因素，讨论提高分蘖成穗率的途径与措施。
2. 小麦高产群体结构的概念和具体指标是什么？其调控程序如何？
3. 根据其生长发育特点，试述高产小麦不同生育阶段的田间管理主攻方向和具体措施。

8

玉 米

【本章提要】 玉米原产于美洲，现在世界各地均有栽培，主要分布在 50°N~30°S。玉米传入中国有 400 多年，由于其产量高，品质好，适应性强，栽培面积发展很快，近年来我国玉米播种面积居世界之首。玉米是一年生雌雄同株异形异位异花授粉植物，植株高大，茎强壮，是重要的粮食作物和饲料作物，也是全世界总产量最高的农作物。

本章介绍了玉米在国民经济中的地位、玉米的起源与传播、玉米生产概况、分类与区划、玉米栽培的生物学基础、玉米栽培技术和特用玉米及其栽培技术。学习本章要认识和理解玉米的生长发育阶段、产量和品质形成的生理基础，了解影响玉米生长发育的环境条件；掌握玉米优质、高产、高效、生态、安全栽培的原理和技术，如田间管理、播种、合理密植、平衡施肥、地膜覆盖栽培技术和育苗移栽技术等；了解特用玉米种类及其栽培技术。

8.1 概述

玉米（maize，corn）又称玉蜀黍、苞谷、苞粟、苞米、苞芦、棒子、玉茭、六谷、珍珠米、观音粟等。玉米既是世界三大粮食作物之一，又是重要的饲料和工业原料作物。

8.1.1 玉米在国民经济中的地位

玉米是重要的粮食作物。目前玉米在我国种植面积已超过水稻、小麦，居第一位，成为种植面积和总产量最大的作物。玉米生产对国家粮食安全起着至关重要的作用。

玉米是重要的传统食品。玉米子粒中含有丰富的营养。玉米的蛋白质含量高于大米，脂肪含量高于面粉、大米和小米。含热量高于面粉、大米及高粱。除了是重要的食粮外，玉米还是调剂口味不可缺少的食品之一，如目前已生产出的产品有玉米片、玉米面、玉米渣、特制玉米粉、速食玉米、玉米蛋白、玉米油、味精、酱油等。

玉米是重要的饲料作物，有"饲料之王"之称。玉米无论是子粒还是茎叶，都称得上是优质饲料。一般 2~3 kg 玉米子粒可转化 1 kg 肉产品。50 kg 玉米子粒的饲用价值大致相当于 75 kg 稻谷或 61.5 kg 大麦。

玉米是重要的工业原料。子粒中的淀粉含量达 70% 以上，国内外的玉米淀粉工业均发展很快。以玉米淀粉为原料发展了新兴的乙醇、制糖工业。玉米胚含油量高，每 50 kg 可榨油 15~20 kg。玉米茎秆可加工制造纤维素、纸张和胶版；玉米苞叶质地坚韧，可编织精美的工艺品。玉米还是重要的药用原料。现代医药工业以玉米为原料的药品有葡萄糖、青霉素、链霉素、金霉素、麻醉剂以及利尿剂，玉米油还能降低血清胆固醇，预防高血压和冠心病的发生等。中国传统医学认为，玉米味甘性平，有调中开胃、止血、利尿、利胆及降脂的功效。

8.1.2 玉米的起源与传播

玉米起源于美洲大陆。但起源中心至今尚有几种不同的观点。华德生、瓦维洛夫等认为，玉米的起源地在中美洲的墨西哥、危地马拉和洪都拉斯。达尔文、德·康多尔等认为，玉米的起源地在南美洲的秘鲁和智利海岸的半荒漠地带。韦瑟伍克斯、曼格尔斯多夫等认为，玉米起源地有两个，初生起源中心在南美洲的亚马孙河流域，包括巴西、玻利维亚、阿根廷等；中美洲墨西哥和秘鲁是第二起源中心，包括从墨西哥向南沿安第斯山的狭长地带。布卡索夫登认为，玉米有多个起源中心。

玉米在 16 世纪首先从美洲传到西班牙，随着世界新航线的开辟，基本上是沿着三条路线传播到世界各地。传入我国的途径可能有三条：第一条，先从北欧传至印度、缅甸等地，后从印度或缅甸引种到我国的西南部；第二条，先从西班牙传至麦加，后由麦加经中亚引种到我国西北；第三条，先从欧洲传至菲律宾，后经海路引种到我国东南沿海。

8.1.3 玉米生产概况与栽培技术发展趋势

8.1.3.1 玉米生产概况

玉米的种植范围在 48°N 至 40°S，青饲玉米已达 60°N。全世界玉米收获面积以亚洲和北美洲最大，其次是非洲、南美洲、欧洲、大洋洲。世界上最适宜种植玉米的三大玉米带：一是美国中北部玉米带；二是中国玉米带；三是欧洲玉米带，包括多瑙河流域的法国、罗马尼亚、德国、意大利等国家。

据联合国粮农组织的统计数据，2016 年世界玉米收获面积最大的前 5 个国家依次是中国 $38.979\ 5 \times 10^6\ hm^2$、美国 $35.106\ 0 \times 10^6\ hm^2$、巴西 $14.958\ 9 \times 10^6\ hm^2$、印度 $10.200\ 0 \times 10^6\ hm^2$、墨西哥 $7.598\ 1 \times 10^6\ hm^2$；玉米总产量最高的前 5 个国家依次是美国 $384.780 \times 10^6\ t$、中国 $231.840 \times 10^6\ t$、巴西 $364.413 \times 10^6\ t$、阿根廷 $39.792 \times 10^6\ t$、墨西哥 $28.251 \times 10^6\ t$；玉米单位面积产量最高的国家（收获面积 $\geqslant 10^4\ hm^2$）依次是塔吉克斯坦 $12.36\ t/hm^2$、乌兹别克斯坦 $11.95\ t/hm^2$、新西兰 $11.68\ t/hm^2$、西班牙 $11.56\ t/hm^2$ 和智利 $11.54\ t/hm^2$。世界玉米单产量纪录为春玉米 $31\ 067.1\ kg/hm^2$（美国 2014 年）和夏玉米 $21\ 042.9\ kg/hm^2$（中国 2005 年）。

据中国农业部统计（中国种植业信息网），2016 年我国玉米收获面积为 $3\ 676.8 \times 10^4\ hm^2$，总产量达 $21\ 955.29 \times 10^4\ t$，平均单产量为 $5\ 971.4\ kg/hm^2$。玉米种植面积最大的省（区）依次为黑龙江、吉林、河南、内蒙古、山东、河北、辽宁、山西。

近年来，随着我国经济的快速增长，玉米工业转化量猛增，玉米淀粉广泛运用在替代糖、化工、食品加工与医药等领域，尤其是淀粉、糖需求的增加，促使国内玉米需求快速增长，这不仅改变了玉米供求总量平衡关系，而且进一步加大了产销区供求矛盾；同时受国际能源紧张的影响，生物能源特别是乙醇产业的快速发展，世界范围内的玉米需求量增加，生产形势十分看好，这些都将促使玉米产业不断发展。受耕地资源制约，我国玉米生产迫切需要通过改进栽培技术来提高单位面积产量。

8.1.3.2 我国玉米栽培科学的发展

中华人民共和国成立以来，我国玉米栽培研究从经验指导为主转向以科学指导为主，以定性研究为主转向定性与定量研究相结合，形成了较为完善的科学理论和技术体系。总结我国玉米栽培科学的发展历程，大致可划分为三个阶段。

第一阶段（20 世纪 50—70 年代） 以产量为目标，主要通过筛选和推广良种，精耕细作，合理密植、科学施肥、耕作制度的改革和农田条件的改善为主要手段来提高产量，这一时期的栽培技术主要是针对单项生产技术的改善。

第二阶段（20 世纪 80—90 年代） 在充分研究器官建成、生长发育特点的基础上，以建立高光效群体为目标，通过技术集成和模式化栽培进一步提高产量。

第三阶段（21 世纪） 以简化、节本、高产、优质、高效为主攻目标，高产与高效相结合，以耐密、抗逆品种和机械化作业为载体，实行玉米高产、高效栽培。

8.1.4 我国玉米产区分布

中国玉米分布很广，东起台湾和沿海各省，西至新疆和青藏高原，南自海南南端以及云南西双版纳，北达黑龙江黑河附近都有玉米种植。但主要产区集中在从东北斜向西南狭长分布的玉米带上。

依据自然条件和种植制度，中国玉米产区可分为六个大区。

（1）北方春播玉米区 该区自 40° N 的渤海岸，经山海关，沿长城顺太行山南下，再沿太岳山和吕梁山，直至陕西秦岭以北一线到甘肃南部界内，与西南山地玉米接壤的以北地区。该区是我国主要玉米产区之一，包括黑龙江、吉林、辽宁全省，内蒙古和宁夏的全区，山西的大部以及河北、陕西和甘肃的部分地区，常年玉米播种面积 500×10^4 hm^2 左右，约占全国玉米栽培面积的 30%，产量占全国总产量的 35% 左右。

（2）黄淮平原春夏播玉米区 该区南至 33° N 的江苏东台市，沿淮河经安徽、河南入陕西，西沿秦岭至甘肃，包括山东、河南全省，河北大部，京、津两市，山西中南部，陕西关中地区和江苏徐淮地区。该区是我国玉米的集中产区，占全国玉米栽培面积的 40% 以上，总产量占全国玉米产量的 50% 左右。

（3）西南山地丘陵玉米区 该区东从湖北襄阳向西南到宜昌，入湖南常德南下到邵阳，再经贵州、广西到云南，北从甘肃向东至秦岭与夏播玉米区相交，西与青藏高原玉米区为邻，包括四川、云南和贵州全省，湖北、湖南和广西的西部，陕西南部，甘肃部分地区。该区玉米栽培面积约占全国玉米栽培面积的 25%，其中有 90% 以上的地区为丘陵山地和高原，海拔在 200 ~ 2 500 m。

（4）南方丘陵玉米区 该区与黄淮平原春、夏玉米区相连，西接西南山地套作玉米区，东部和南部临东海和南海，包括广东、福建、浙江、江西、台湾等省全部，江苏、安徽的南部，广西、湖南和湖北的东部。该区玉米栽培面积较小，约占全国玉米栽培面积的 5%。

（5）西北灌溉玉米区 该区包括新疆全区和甘肃河西走廊，属于大陆性干燥气候，全年降水仅 200 ~ 400 mm，但该区昼夜温差较大，对玉米生长发育有利。玉米栽培面积占全国玉米栽培面积的 2% ~ 3%，以一年一熟春玉米为主。

（6）青藏高原玉米区 该区包括青海和西藏，高寒是该区的主要特点，该区光热资源丰富，是全国太阳辐射量最多的地区，一般为 150 ~ 190 kcal/cm^2。日照时间长，一般为 2 400 ~ 3 200 h/ 年，平均气温日较差在 14 ~ 16℃，植株净光合效率高，有利于干物质积累。该区玉米播种面积小，栽培历史短，但增产潜力较大。

8.1.5　玉米的类型

8.1.5.1　按子粒形态与结构分类

（1）硬粒型［*Zea mays*（L.）*indurate* Sturt.］　亦称硬粒种或燧石种，一般硬粒型品种具有早熟、耐旱、耐瘠、结实性好、适应性强等特点，产量不高但较稳定，是我国长期以来栽培较多的一种玉米。

（2）马齿型［*Z. mays*（L.）*indentata* Sturt.］　亦称马牙种，马齿型品种植株较高，增产潜力较大，品质较差。是我国高产地区的主要栽培类型之一，栽培面积大。

（3）半马齿型［*Z. mays*（L.）*semindentata* Kulesh.］　亦称半马齿种或中间型，半马齿型品质比马齿型好，系马齿型与硬粒型的杂交种衍生而得到的。生产上应用的品种（杂交种）也较多。

（4）糯质型［*Z. mays*（L.）*ceratina* Kulesh.］　亦称蜡质型或蜡质种，子粒胚乳全部为角质淀粉组成，淀粉黏性大，可用作布匹的浆剂，也是食品加工和酿造业的重要原料。目前栽培面积不大，各地和城市郊区有少量种植。

（5）甜质型［*Z. mays*（L.）*saccharata* Sturt.］　亦称甜玉米或甜味玉米，胚乳中含有较多糖及水分，成熟时水分蒸散，种子皱缩，坚硬呈半透明状。乳熟期子粒含糖量为15%~18%。在我国栽培很少，在城市郊区有少量栽培，用于嫩食和加工制罐头。

（6）爆裂型［*Z. mays*（L.）*everta* Sturt.］　亦称爆裂种或爆花玉米，胚乳几乎全部为角质淀粉，仅中部有少许粉质淀粉，品质良好。子粒加热时，由于淀粉粒内的水分遇到高温，形成蒸气而爆裂，子粒胀开如花。子粒形状有米粒形和珍珠形两种，爆裂型玉米在我国有零星种植。

（7）粉质型［*Z. mays*（L.）*amylacea* Sturt.］　亦称软粒种或软质种，胚乳完全由粉质淀粉组成，或仅在外表有很薄一层角质淀粉，容易磨粉，是制造淀粉和供酿造用的优良原料。我国很少栽培。

（8）有稃型［*Z. mays*（L.）*tunicata* Sturt.］　亦称有稃种，是一种较为原始的类型。植株多叶，果穗有的具芒，产量很低，无大栽培价值。

（9）甜粉型［*Z. mays*（L.）*amylacea-saccharata* Sturt.］　亦称甜粉种，子粒上部为角质胚乳，含糖质淀粉较多，下部为粉质胚乳。生产价值较小。

8.1.5.2　按生育期分类

根据玉米的播种期、生育天数和一生中所要求的积温可将玉米品种大致分为三类（表8-1）。生育期少于70 d的为极早熟品种，超过150 d的为极晚熟品种。

表 8-1　玉米不同生育期类型的主要性状

生育期分类	生育期 /d	积温 /℃	株高 /cm	叶片 / 张	千粒重 /g	果穗大小（粗 × 长）/（cm × cm）
早熟种	70~100	2 000~2 200	150~200	14~18	150~250	3.5 × 15
中熟种	100~120	2 300~2 600	200~250	16~20	200~300	4.0 × 18
晚熟种	120~150	2 500~2 800	260~350	22~25	250~350	4.5 × 20

8.1.5.3 按株型分类

根据玉米叶片着生角度和叶片生长姿态等指标将玉米分成三种不同的株型，即紧凑型、半紧凑型、平展型。但是玉米叶片着生角度和叶片生长姿态的准确区别比较复杂，玉米株型分类的具体标准还不完全统一。王忠孝（1997）以植株定型（抽雄）后穗位上和穗位下茎叶夹角及叶向值的大小为标准，将玉米划分为紧凑型、半凑型（中间型）和平展型三类（表 8-2）。

表 8-2 玉米株型分类标准（引自王忠孝，1997）

株型	穗位以上叶片平均			穗位以下叶片平均			代表品种
	茎叶夹角 $\beta/°$	叶向值（LOV）	叶姿	茎叶夹角 $\beta/°$	叶向值（LOV）	叶姿	
紧凑型	$\beta<20$	LOV>50	直立上举	$\beta<35$	LOV>30		"掖单 4 号"
半紧凑型	$20<\beta<35$	$35<$LOV<50	较直立上举	$35<\beta<50$	$20<$LOV<30	较平展	"烟单 14 号"
平展型	$\beta>35$	LOV<35	拱形	$\beta>50$	LOV<20	半展下垂	"中单 2 号"

在穗位以上和穗位以下不统一时，以穗位以上叶片的茎叶夹角和叶向值为主。现在的玉米紧凑型品种，一般表现为上部叶片上冲直立，中部及下部叶片趋于平展。

8.2 玉米栽培的生物学基础

玉米属一年生禾本科作物，玉米族（Tripasacea），玉米属（*Zea*）中仅有的一个玉米种（*Z. mays* L.）。

8.2.1 玉米的生育期

8.2.1.1 玉米的一生

玉米的一生从播种至新的种子成熟为止，经过种子萌动发芽、出苗、拔节、孕穗、抽雄开花、吐丝、受精、灌浆直到新的种子成熟，完成整个生长发育过程需 70~150 d（图 8-1）。

8.2.1.2 玉米的物候期

从播种到种子成熟的整个生长发育过程中，植株外部形态和内部组织也随之发生不同的变化，由此划分为若干个物候期。

（1）出苗 播种后第一片叶出土，苗高 2 cm。

（2）拔节 雄性生长锥伸长，伸长节间伸长 2~3 cm 时，叶龄指数 30 左右。

（3）大喇叭口 外形是穗叶及其上、下两片叶（棒三叶）伸出，但果穗上部叶还未全部展开，心叶丛生，形成大喇叭口（big trumpet-shaped object）状，内部雄核分化进入四分体期，雌穗正处于小花分化期，叶龄指数在 60 左右。此外，生产上常用小喇叭口期，即把节后雌穗进入伸长期，雄穗进入小花分化期，叶龄指数 46 左右。

（4）抽雄 雄穗（tassel）主轴从顶叶抽出 3~5 cm 时，称为抽穗抽穗或抽雄（tasseling）。

（5）吐丝 雌穗（ear）花丝开始露出苞叶（husk）2 cm 左右称为吐丝（silking）。

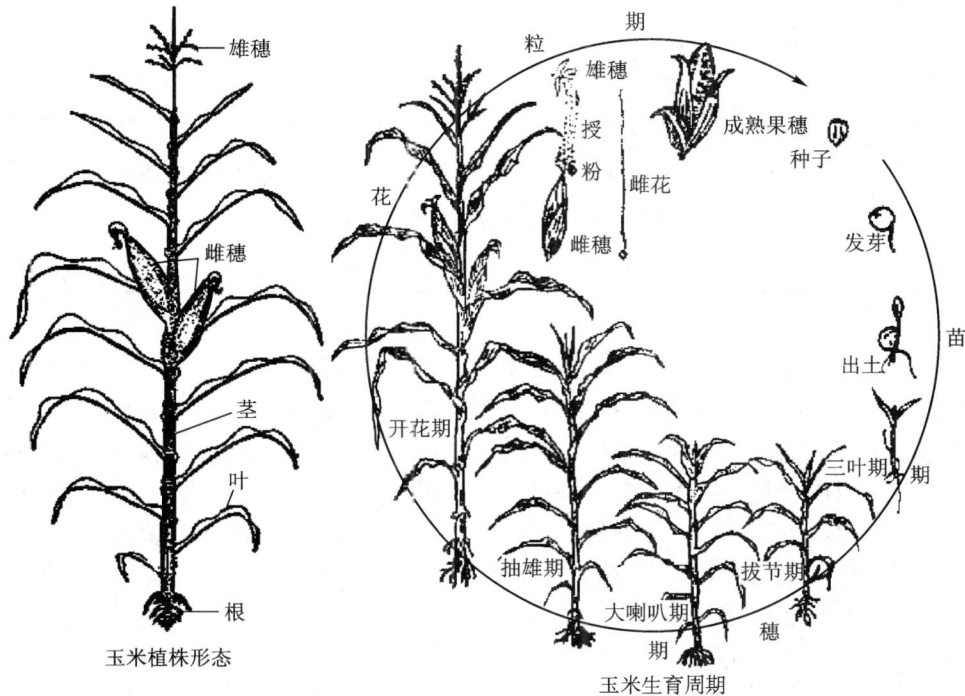

图 8-1　玉米的一生（引自山东省农业科学院，1986）

（6）成熟　苞叶变黄而松散，子粒胚下端出现黑色层（表示生理成熟的特征），乳线消失，子粒脱水变硬，呈现品种固有的颜色和光泽。

通常将以上述性状在群体中达到 50% 以上作为全田进入该时期的标志。

8.2.1.3　玉米的生育时期

玉米的生育时期在我国一般划分为出苗期、苗期、拔节孕穗期、抽穗开花期、结实期。国际上主要根据费尔（Water R. Fehr）的方法进行划分（表 8-3）。

表 8-3　玉米生长时期的划分

发育时期代号	发育时期简称	外形表现
营养生长期		
VE	出苗期	子叶露出土面
V1	1叶期	第 1 片完全展开的叶片
V2	2叶期	第 2 片完全展开的叶片
V3	3叶期	第 3 片完全展开的叶片
V（n）	n叶期	第 n 片完全展开的叶片
VT	抽雄期	雄穗完全抽出
生殖生长期		
R1	吐丝期	花丝露出苞叶之外
R2	子粒形成期	吐丝后 10～14 d，形成泡状具白色内核的子粒

续表

发育时期代号	发育时期简称	外形表现
R3	乳熟期	吐丝后 18 ~ 22 d，形成充满乳状液体具黄色内核的子粒
R4	蜡熟期	吐丝后 24 ~ 28 d，子粒中液体变为糊状稠度
R5	子粒凹陷期	吐丝后 35 ~ 42 d，子粒中间凹陷
R6	生理成熟期	子粒变硬，下端出现黑色层

在栽培管理上可将玉米分为三个生育时期。

（1）苗期（播种期至拔节期） 指从种子萌动到拔节（雄穗开始分化）阶段，因品种类型的不同需 30 ~ 50 d。此期生育特点是生长锥进行茎叶分化，器官建成上以根系生长为中心，次生根逐层生长。到拔节时，强大的次生根群基本形成，能产生 3 ~ 4 层根，地上部分长出 5 ~ 6 片展开叶。此期的栽培管理中心任务是促进根系发育，培育壮苗，为丰产奠定良好的基础。

（2）穗期（拔节期至开花期） 指从拔节到抽穗这一段时期。此期生育特点是叶片不断增多、增大，茎秆不断加粗和延长，生长非常旺盛和迅速。穗期结束时，根系量已达到最大值，叶片全部展开，株高达到顶峰，雌雄穗分化完成，此阶段属于营养生长和生殖生长并进期，是整个生育期中生长发育最旺盛的阶段，是决定玉米穗数、穗的大小、可孕花、结实的粒数的关键时期，此期历时 30 d 左右。此期的栽培管理中心任务是促进中上部叶片增大，茎秆粗壮，建成丰产长相。

（3）粒期（开花期至成熟期） 指从抽雄到成熟这一段时期。此期生育特点是营养生长基本停止，进入以开花、受精、子粒形成等生殖生长为主的时期，是子粒产量形成的中心阶段，进一步决定粒数和粒重时期，此期经历 40 ~ 60 d。此期的栽培管理中心任务是养根保叶，防止根叶早衰，确保粒多、粒重。

在玉米栽培管理上，要根据玉米不同生育阶段的基本特点，结合实际长势、长相灵活运用促、控措施，协调群体与个体、植株地下生长与地上生长、营养生长与生殖生长间的矛盾，让玉米沿着群体较大、结构合理和株壮、穗大、粒多、粒重的方向发展。

8.2.2 玉米器官形态与发育

8.2.2.1 根

（1）根的形态 玉米属须根系，由初生根和次生根组成（图8-2）。

① 初生根 又称胚根或种子根。最先由胚长出的一条幼根称为初生根或主胚根，经 1 ~ 3 d 由中胚轴基部、盾片节上陆续发生的 3 ~ 7 条幼根，称次生胚根。主胚根和次生胚根组成初生根系，是幼苗期的主要根系，随着玉米的生长，其功能渐为地下节根所代替。

② 次生根 又称节根节根或永生根（permanent root），着生在茎的节间居间分生组织基部，植物学上称为不定根。着生在地

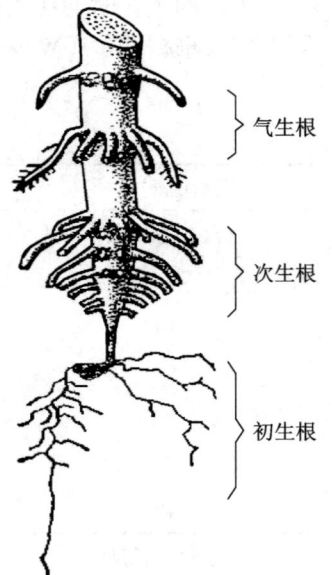

图 8-2 玉米根系
（引自山东省农业科学院，1986）

彩图 8-2
玉米不同生育时期

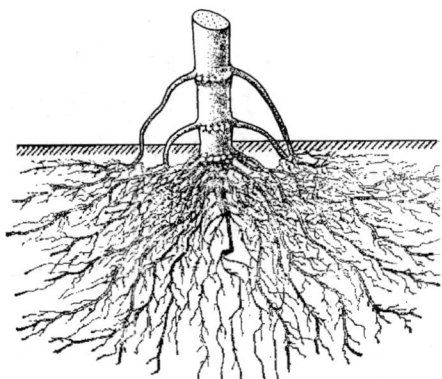

图8-3　玉米根系在土壤中的分布
（引自山东省农业科学院，1986）

下茎节上的根称地下节根（nodal root）；着生在地上茎节的根称地上节根，通称气生根（aerial root）或支持根（prop root，brace root）。

（2）根系的生长　当幼苗出生2~3片叶时，开始发生第一层地下节根，一般4~6条。随着茎叶的生长，依次向上发生，可达4~8层，1~4层节根因节短而比较密集。地下节根是玉米的主要根系。玉米一生中根系重量变化的过程可分为指数增长期、直线增长期、稳定期和下降期。除了在前期促进根的增长，更要注意稳定期、下降期时间的长短对维持生育后期叶片功能和子粒灌浆的重要意义。生产上应加强后期管理，延长根系稳定期、减缓根系下降速度，对提高玉米子粒重量非常重要。

（3）根系在土壤中的分布　根系的垂直分布，最深可入土2 m以上，但多数集中于耕作层内。据研究，有85%以上的根集中于0~40 cm的土层内，其中0~20 cm土层内有60%左右。在水平方向，根系最远可伸展1 m左右，一般伸展到离植株50~60 cm远的地方。一株玉米的次生根数可达50~120条。根的分枝达2~3层，分枝旺盛，根的总长度可达1~2 km。总表面积为地上部分绿色面积的200倍左右（图8-3）。

（4）根的生理功能　根系每层根所吸收的矿物质主要输往该层根所在节位以上的叶，而不向下位叶输送。根系吸收的水分和养分均直接运往当时已经伸出的绿色叶片，而不运往包在内部尚未伸出的分化叶和正在分化的性器官。

根系可合成有机酸，再进一步合成各种氨基酸。根还能合成细胞激动素。移栽后苗变黄，茎叶暂时停止生长，主要是根尖受伤，不能合成细胞激动素的缘故。

（5）影响玉米根系生长和功能的因素　土壤物理性状的好坏影响对根系的氧气、水分、养分供应。玉米呼吸强度比小麦高约10倍，多中耕，保持土壤疏松，确保通气状况良好和提高地温是促进玉米根系发育的重要措施，因此也称玉米为中耕作物。

土壤含水量对根系生长和功能都会发生强烈影响。一般田间持水量在60%~70%有利。土壤严重干旱或受涝时，根系活力衰退甚至停止生长，吸收表面积减少，吸收速度降低。

耕层下的土壤肥力状况可影响根系的下扎深度。施肥方式不同，根系在土壤中的分布范围亦有所不同，如撒施基肥有利于根系朝各个方向均衡发展，带状施肥可使根在带内或带附近有较多的生长，种肥则可增加次生根的层数和根量。

8.2.2.2　茎

（1）茎的形态　胚轴分化发育形成茎，由若干节和节间组成。茎节数目与叶片数目相同。

茎秆最外由表皮细胞组成，其细胞外壁增厚含角质，有保护作用。表皮内由2~3层木质化厚皮细胞组成的机械组织，是茎秆最坚硬的部分，有抗倒伏功能。茎中其余部分多为薄壁细胞组成的髓质，其中排列许多椭圆形无形成层的维管束，不能形成次生结构。

抽穗开花后，在茎秆储存有光合产物。这些储存性有机养分对增加粒重和茎秆抗倒抗病有密切关系。据胡昌浩（1982）报道，茎秆转移到子粒的干物质约占粒重的6.9%；不同部位节间对子粒的贡献大小的顺序为：下部节间＞中部节间＞上部节间＞基部节间。

（2）茎的生长　茎节伸长的一般规律是，茎的纵向生长是顶端分生组织与居间分生组织活动的结果。茎的长粗是靠初生构造的每个细胞体积的增大，增大可以达几十倍甚至几百倍，因此长到一定程度后即不再增粗。

通常位于地下部分有3~7个节间为不伸长茎节。节间伸长开始于雄穗生长锥伸长期。节间伸长主要靠节间基部的居间分生组织的分裂活动。各节间伸长的顺序是由下而上逐渐进行的，有重叠性，通常有3~5个节间同时在伸长，但每个节间的生长速度并不相等。节间的固定则是由下而上逐个完成的。各节间伸长的关系是某节间定长时其上第一、二、三节间同时在快速伸长，再其上第四节间在缓慢伸长，第五节间刚开始伸长。浇水追肥对已经定长的节间不起促进作用，对正在快速伸长的节间影响很小，而对正在缓慢伸长和刚开始伸长及其以上各节间影响最大。

生产上对玉米茎秆的长相要求是，下部节间粗而短，上部节间特别是穗位以上的节间要拉长。适度控制前期水分供应可使植株下部节间缩短增粗，这一措施称为蹲苗。而在上部节间伸长时，要进行肥、水促进。

玉米茎节上的腋芽能否得到发育，与其着生部位关系很大。一般茎顶端倒数第5~7节上的芽能发育成果穗，果穗位以上的节不能分化出腋芽，果穗位以下的腋芽通常不发育，基部节上的腋芽有可能发育成分蘖。玉米的分蘖能力较弱，能否分蘖与品种类型、栽培条件有关。植株高大的马齿种分蘖少，植株矮的甜质种、爆裂种分蘖多，而且分蘖能够形成果穗，但比主茎果穗小而迟熟，在稀植、水足、肥多的条件下分蘖较多。而马齿种、半马齿种和硬粒种的分蘖大多不能形成果穗，反而消耗养分，应及时除掉，以免影响主茎生长。但饲用玉米与杂交制种的父本可留下分蘖，以增加饲料产量和花粉量。

8.2.2.3 叶

（1）叶的形态 叶着生在茎节上，由叶鞘、叶片、叶舌组成。叶鞘紧包茎秆，质地坚硬，有保护茎秆和增强茎秆抗倒、抗折能力的作用。叶片中央有一条明显的主脉，叶片边缘有明显的皱褶，叶片基部与叶鞘交界处有环状而加厚的叶环。叶舌着生在叶片与叶鞘交接的内侧，有的品种无叶舌（图8-4）。

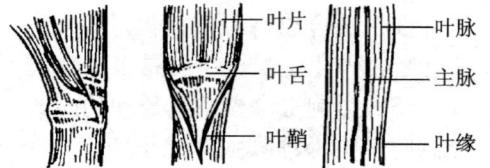

图8-4 玉米叶（引自南京农学院，1979）

（2）叶的生长 叶片数为14~24片，根据单株叶片的多少可以判断品种的熟期。一般说来，同一品种在同一地区适期栽培的叶片数目是比较稳定的，年际间变化很小。叶片的长度和宽度因品种与栽培条件而异，但一般各叶位的长宽有相对稳定的变化规律，即从下向上叶片由短变长，由窄变宽，果穗节或其下一节的叶片最长，以后又由长变短，并相对变宽。一般最长的叶片长达80~100 cm，宽8~10 cm，但也有长达150 cm，宽15 cm的。第13、第14叶展开时是生产上所谓的"大喇叭口"期，对水分反应敏感，要求迫切，缺水会影响上部节间伸长，形成"卡脖旱"，所以生产上在玉米的大喇叭口期都要追肥灌水以促进其生长。

玉米叶面积指数的变化呈单峰曲线，表现为苗期小，拔节后急剧上升，抽雄至灌浆达到最大，以后下降（下部叶枯萎）。一般生产条件下，平展型品种最大叶面积指数在3.5~4.0，丰产条件下为4.0~4.5，紧凑型最大叶面积指数大于5。

（3）叶的功能分组 玉米不同部位叶片对器官建成的作用不同，按"供长中心叶"和"生长中心叶"的关系，把叶片分为4组，即根叶组、茎叶组、穗叶组和粒叶组。不同节位叶对产量的贡献也有差别，一般中部叶片贡献大于上部叶片，上部叶片又大于下部叶片。以穗位及其上、下三叶对产量作用最大。剪叶试验表明，剪去穗三叶单株产量减少40%~50%。穗三叶距离库近，有利于光合产物向子粒运转。因此，栽培上要在雌穗小花分化期前加强肥水管理，以促进穗三叶的生长，充分发挥其功能潜力。

8.2.2.4 花序与穗的发育

（1）花序的形态玉米属雌雄同株异花、异形、异位的异花授粉作物。

雄花序为圆锥花序（图8-5），由主轴和若干分枝组成，主轴上着生若干行成对小穗，分枝较细，着生两行成对小穗。每个小穗由2片护颖和2朵小花组成，每朵小花由内颖、外颖、鳞片和雄蕊组成。发育正常的雄蕊可产生大量的花粉粒。据观察，1个雄穗可产生（15～30）×10^6粒花粉。雄穗抽出后2～7 d开花，据山东农学院（1976）观察，夏播玉米开花后2～5 d开花数占单株开花总数的77.7%～84.5%，全穗开花历时7～10 d。一天内盛花时间在上午7—11时；以8—10时最盛，占一天内开花总数70%；午后开花较少，仅占15%左右。一朵小花自张颖到最大角度约需1 h。

彩图 8-3 玉米果穗

雌花序属肉穗状花序（图8-6），结实后称为果穗（ear, corn ear）。雌穗为变态的侧枝，由茎节上叶腋中的腋芽形成，由穗柄、苞叶和果穗组成。穗柄由多个短的茎节组成，果穗着生于穗柄上。苞叶相互重叠，包住果穗。果穗的穗轴由侧枝顶芽形成。穗轴粗大，红色或白色。穗轴节很密，每节着生2个无柄小穗，成对纵行排列，每个雌小穗基部有2片护颖，中可2朵小花，一为退化花，仅留内颖、外颖和退化的雌雄蕊痕迹；一为结实小花，有内颖、外颖和1个雌蕊及退化的雄蕊。玉米果穗子粒行数呈偶数，一般多为14～18行。结实小花雌蕊基部是1个膨大的子房，上面着生花柱与花丝（柱头）。子房由2个心皮组成，其内为1个胚珠。玉米花柱极短，花丝很长，上面着生茸毛，花丝与花柱相连的基部是花丝生长区，细胞分裂旺盛，使花丝不断伸长，直到授粉才停止生长。

雌穗抽出比雄穗稍晚，有的晚5～6 d。雌穗吐丝（开花）比雄穗开花晚2～3 d。果穗中下部花丝最先开始伸长，所以果穗基部的花丝最长，顶部最短。花丝受精能力一般可保持5～7 d，抽丝后2～5 d受精能力最强。抽丝后7～9 d花柱生活力衰退，11 d后丧失受精能力。花丝受精后即停止伸长，颜色变红，逐渐枯萎。

（2）雌雄穗的分化与发育 雌雄穗分化发育过程可分为生长锥伸长期、小穗分化期、小花分化期及性器官发育形成期等主要时期，只是雌雄穗的形态变化有差异。

① 雄穗的分化与发育 分为以下五个时期。

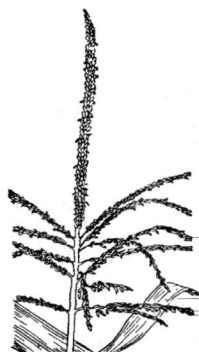

图 8-5 玉米的雄花序
（引自南京农学院，1979）

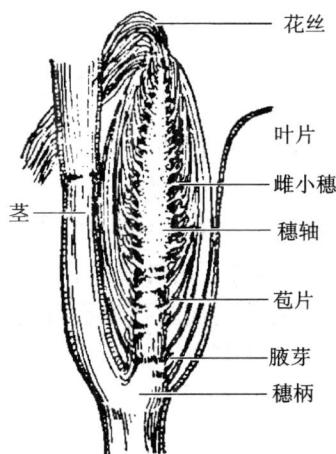

图 8-6 玉米雌穗切面
（引自南京农学院，1979）

花丝 叶片 雌小穗 穗轴 苞片 腋芽 穗柄 茎

a. 生长锥未伸长期 生长锥突起，表面光滑呈半球状圆锥体，长宽相近，基部由叶原基包围，植株尚未拔节。

b. 生长锥伸长期 生长锥已明显伸长，表面仍为光滑的圆锥体，长度约为宽度的 2 倍。随着生长锥的分化，其下部形成叶原基突起，中部开始分节，节上着生小穗原基。

c. 小穗分化期 生长锥基部出现分枝原基，中部出现小穗原基（裂片）。之后，每个小穗原基又形成 2 个小穗突起，大的在上发育为有柄小穗，小的在下发育为无柄小穗，其后在小穗基部可形成颖片原基。同时，生长锥基部的分枝原基发育成分枝并进一步分化出成对排列的小穗。

d. 小花分化期 每 1 个小穗的颖片原基上方又分化出 2 个大小不等的小花原基，随后小花原基形成 3 个雄蕊原始体，中央为 1 个雌蕊原始体，表现为两性花。以后，雌蕊退化，雄蕊继续发育。每朵小花都形成内稃、外颖和 2 片浆片。

e. 性器官形成期 雌蕊迅速生长并产生花药，花粉囊中花粉母细胞进入四分体期，随后花粉粒形成，内容物充实，穗轴节片迅速伸长，护颖与内稃、外颖也迅速生长，雄穗体积迅速增长，外部形态进入孕穗期。

② 雌穗的分化与发育 分为以下五个时期。

a. 生长锥未伸长期 生长锥表面光滑，体积很小，宽度大于长度。生长锥下方已分化出节和缩短的节间，将来发育为穗柄。每节上有叶的原始体，以后发育成苞叶。

b. 生长锥伸长期 生长锥有明显伸长，长度大于宽度，其后基部出现分节和叶原基突起。此期约相当于雄穗小花分化期，是争取大穗的关键时期。

c. 小穗分化期 生长锥继续伸长，在叶原基突起的叶腋间出现小穗原基（裂片）。每个小穗原基进一步分化出峡谷两个并列的小穗突起，继而形成并列的小穗。小穗原基的分化是从穗的中下部开始，渐次向上和向下进行分化的。生长锥中下部及基部出现并排小穗突起时，生长锥的顶部还是光滑的圆锥体。只要肥水条件适宜，可继续分化出小穗原基，并延续到以后几个分化时期。因此，可分化出更多的小穗。

d. 小花分化期 小穗原基分化出上下两个大小不等的小花原基，上方较大的发育为结实花，下方较小的退化为不孕花。此时，在小花原基基部分化出 3 个雄蕊原始体，中央出现 1 个雌蕊原始体。在小花分化末期，雄蕊退化，雌蕊原始体发育成单性花，此期是影响果穗粒数和整齐度的关键时期。在良好的条件下，形成的粒数较多，行粒整齐；反之，则部分小花不能继续发育，行粒数较少，且长成畸形或行粒不整齐的果穗。

e. 性器官形成期 雌蕊柱头渐长，基部遮盖胚珠并形成柱头通道，顶部分叉。同时，子房膨大，胚囊母细胞发育成熟。果穗急剧增长，花丝抽出苞叶。

8.2.2.5 开花授粉与受精

当雄穗散出花粉，雌穗花丝露出苞叶时称为开花。花粉落在花丝上，在柱头上萌发和完成受精。在温度为 25 ~ 30 ℃，相对湿度 85% 以上时，花粉授在柱头上 10 min 后开始萌发，30 min 后大量萌发，1 ~ 2 h 花粉管进入花丝中。从授粉到受精结束，约需经过 24 h，多者达 36 h。受精后，整个雌蕊的代谢强度显著提高，而且落在花丝上的花粉数量越多，代谢强度提高的幅度越大。同时，大量的花粉授于柱头，还能促进花粉粒的萌发和花粉管的伸长。这是人工辅助授粉和多量花粉授粉提高玉米结实率的重要理论基础。

8.2.2.6 子粒形成与发育

子粒的发育过程可分为 4 个时期，即子粒形成期、乳熟期、蜡熟期和完熟期。

（1）子粒形成期　在授粉后 1～15 d。种子像半透明的小珠子，先呈桃形，后转变成扁圆形，此期的主要特点是种子体积和含水量迅速增加，本期末胚部各器官已基本上分化，胚乳轴含清浆，含水率达 80% 以上，种子体积达到最后体积的 1/4。此期叶片的光合产物主要用于穗苞叶和果柄的生长，种子干物质累积很少。

（2）乳熟期　在授粉后的 15～35 d。种子由扁圆形逐渐变为长圆形，本期末顶部出现凹陷（马齿类型），外皮由白色逐渐转为淡黄色。胚乳内含物由清浆变为混浆。此时种子体积和干物重急剧增加，种子含水量在授粉 25 d 左右上升到最高水平，直至授粉后 35～40 d。种子体积比原来增大 3 倍，并在本期末达到最大值。千粒重的平均日增值为 7～8 g，为子粒形成期的 4～6 倍。此期是子粒产量形成的最关键时期，延长乳熟时间并提高灌浆强度，有利于增加粒重。

（3）蜡熟期　在授粉后 36～50 d。随着淀粉的沉积和含水量的下降，子粒内含物逐渐浓缩而呈蜡状，子粒上下部仍有乳浆，表面逐渐具有光泽，颜色加深，果穗苞叶渐枯萎。子粒含水率下降到 35% 左右。干物质积累仍保持相当高的水平，千粒重的平均日增值为 3.5～4.0 g，可积累占最后粒重 15% 左右的干物质。

（4）完熟期　在授粉后 50 d 左右。进入子粒的脱水过程，但仍有少量干物质积累，可占最后子粒干重的 5%～10%。子粒达到生理成熟的标准是：苞叶完全干枯并散开；子粒顶部干硬而富有光泽，在联结穗轴的子粒基部挤不出孔浆并有"黑层"出现；干重达到最大值，而子粒含水率在 30% 以下。

8.2.3　玉米器官的相关生长

8.2.3.1　营养器官之间的生长相关性

（1）叶片与根层、节间生长的相关性　一般 1、3、5 叶全展与 1、2、3 层节根出现呈同伸关系；6、7、8 叶全展与 4、5、6 层节根呈同伸关系。当 10 叶全展时，中熟种和晚熟种出现第 7 层次生根，早熟和部分中熟种根层不再增多。这表明，玉米第 8～10 叶展开后，节根已基本形成。在拔节至抽穗阶段，展开叶与长度大于 1 cm 的始伸节间具有同伸关系，其趋势为下部茎生叶的展开与其上一个节间开始伸长相对应。中上部展开叶与其上一叶节间同伸关系为，叶序在 7～9、10～12、13～15 和 16～17 的情况下，叶片伸展与节间的对应为：$n_{叶} \approx n+1$，$n_{叶} \approx n+2$，$n_{叶} \approx n+3$，$n_{叶} \approx n+5$（n 为始伸节间）。

（2）出生叶与展开叶、叶片与叶鞘的同伸关系　玉米叶尖伸出 1 cm 为出叶，叶片的叶环从下一叶叶鞘中露出称展开。

玉米出生叶与展开叶间存在一定的对应关系。在 1～3 叶时，出生叶与展开叶的关系为 $n_{出} \approx 2n+1$；4～7 叶时 $n_{出} \approx 2n$；8～9 叶时 $n_{出} \approx 2n+3$（n 为展开叶）。

展开叶与叶鞘生长之间具有同伸关系。在 1～5 叶时 $n_{鞘} \approx n+1$；6～8 叶时 $n_{鞘} \approx n+3$；9～14 叶时 $n_{鞘} \approx n+6$（n 为展开叶）。

生育后期玉米叶片生长重叠，展开叶与出生叶、叶鞘和节间的同伸关系不易区分。

8.2.3.2　营养器官与生殖器官生长的相关性

同一品种或总叶数相同的品种，在相似的栽培条件下，幼穗分化进程与展开叶数、见展叶差、叶龄指数等保持着较稳定的关系。

（1）展开叶龄与幼穗分化的关系　据贵州农学院研究表明，雄穗生长锥伸长期早熟种在展开4~5叶，中熟种在展开5~6叶，晚熟种在展开7~8叶；雌穗生长锥伸长期，早熟种在展开7~8叶，中熟种在展开8~9叶，晚熟种在展开9~19叶；雌穗小穗分化期，早熟种在展开8~9叶，中熟种在展开9~12叶，晚熟种在展开10~14叶；雌穗小花分化期，早熟种在展开10~13叶，中熟种在展开12~15叶，晚熟种在展开14~17叶。

（2）见展叶差与穗分化的关系 见展叶差指可见叶与展开叶的差数。一般可见叶6~7叶之前时，见展叶差为2，7~10叶为3。20叶左右的杂交种，可见叶11~15时，见展叶差为4，15叶以后为5。见顶叶后，各叶位叶片相继展开，见展叶差由5、4、3、2下降到4、3、2、1，顶叶全展时，叶差为0，称退差期。见展叶差与幼穗分化的关系为：见展叶差为4时，雌穗进入生长锥伸长到小穗分化期；见展叶差为5时，雌穗进入小花分化期，向性器官形成期过渡；见展叶差达到退差期，雌穗已到性器官形成期；见展叶差退到1或0时，玉米达到抽雄吐丝期。按照见展叶差判断玉米生育进程，在生产上具有实用价值。例如，见展叶差为5时，正值雌穗小花分化期，是施用穗肥的适宜时期。

（3）叶龄指数（leaf number index）与穗分化的关系 叶龄指数=（主茎展开叶数／主茎总叶数）×100。据胡昌浩报道，三种类型的10个玉米品种的穗分化期叶龄指数的均数标准差较小，变异系数都小于5%。叶龄指数与穗分化的对应关系基本符合二次函数关系式$y=-k(x-100)^2+12$。式中，$k=0.002\,49$；x为叶龄指数；y为预测的穗分化期（表8-4）。如实测叶龄指数为61，按上式计算，$y=-0.002\,49(61-100)^2+12=8.212$，即对应得穗分化是第8期，雄穗进入四分体期，雌穗处于小花分化期。

表8-4 穗分化期与叶龄指数的关系（引自胡昌浩，1972）

分期	穗分化期（y）		叶龄指数（x）			
	雄穗	雌穗	10个品种叶龄指数	平均（$\bar{x}$）	标准差（$\pm s$）	变异系数（$C \cdot V$）/%
1	伸长		29.6~32.7	31.6	1.33	4.20
2	分节					
3	小穗原基		36.4~39.9	37.8	1.06	2.80
4	小穗分化		40.3~43.6	42.6	1.05	2.46
5	小花分化	伸长	46.5~48.9	47.6	0.92	1.93
6	雌雄蕊分化	分节	48.5~49.2	48.9	0.32	0.65
7	雄蕊生长 雌蕊退化	小穗分化	54.4~58.3	55.9	1.34	2.40
8	四分体	小花分化	60.6~63.2	61.7	0.95	1.54
9	花粉粒形成	雌蕊生长 雄蕊退化	64.8~69.2	67.2	1.31	1.95
10	花粉粒成熟	花丝伸长	76.4~83.7	80.0	3.45	4.31
	抽雄穗	果穗增长	87.7~96.5	92.1	3.54	3.84
	开花	吐丝	100	100	0	0

8.2.4 玉米生长发育对环境条件的要求

8.2.4.1 温度

玉米在系统发育过程中形成了喜温特性，对温度很敏感，整个生育期内要求较高的温度。通常以10℃作为其生物学起点温度，10℃以上的温度才是玉米生长发育的有效温度。

玉米发芽最适宜的温度为25～35℃，但10～12℃即可发芽，表土温度稳定在10～12℃时是播种的适宜时期。苗期温度过低或过高均对玉米生长不利。土温较低，影响根的代谢，抑制磷向地上部分输送以及含磷有机物的合成，使苗色发黄、发红，易形成弱苗。土温较高，达到20～24℃时，对根系发育也不利。玉米苗期对低温具有一定的抗性，-3～-2℃时，苗将受到伤害，但低温持续时间短，并且通过加强管理，幼苗可以恢复生长。

当日平均温度达到18℃以上时，植株开始拔节，在一定范围内，温度越高，生长越快，但以20～23℃为适宜。温度过高，生长速度虽快，但节间较长，机械组织不发达，容易倒伏，超过32℃时，伸长生长又趋于缓慢。在较低的温度下，茎秆生长虽然较慢，但茎秆粗壮。

抽雄开花期要求日平均温度25～28℃，温度适宜，授粉良好。在温度达到32～35℃，相对湿度30%的条件下，花粉易失水而迅速干枯，丧失生命力；花丝也出现枯萎，使受精不良，造成缺粒现象。

子粒形成期和灌浆期，要求温度以20～24℃为宜，若温度低于16℃或高于25℃，对养分的转运与积累均不利。前者将延迟成熟，造成子粒不饱满，产量下降；后者若再遇上干旱，易受高温逼熟，使千粒重下降。

玉米生育期间对有效积温的要求比较稳定。广西大学农学院研究表明，不同播种期条件下，玉米生育期有较大差异，但有效积温的要求是相对稳定的。在其他条件适宜的情况下，温度是影响玉米生育期长短的主要因素。在生产上，适期早播，延长出苗至抽雄阶段的时间，有利于营养物质的积累和幼穗的分化，有利于提高玉米产量。

📖 深入学习 8-1
气温升高对玉米生产的影响

8.2.4.2 光照

玉米属喜温短日照作物。短日照可以加速生育进程，但生育进程的加速又与温度高低密切相关。研究表明，温度较高时，在8～12 h光照条件下，生育加快；在18 h以上的长日照条件下，生育期延迟，但能开花结实。玉米杂交种对光照的反应不同，早熟品种不敏感而迟熟品种相对敏感，即迟熟品种在短日照下生育加快，而在长日照下生育延迟但仍可抽穗。据报道，迟熟品种"金皇后"在北京春播由出苗到抽雄需65～70 d；在广西柳州春播，受短日照的影响，从出苗到抽雄仅需56 d。

玉米对光质反应也比较明显。雌穗的小穗和小花处于含蓝紫光等短波光较多的12 h光照条件下比含长波光较多的12 h光照条件下小穗和小花发育迅速，在长波光时，小花发育受到抑制较大。

8.2.4.3 水分

（1）需水特性　玉米的蒸腾系数为250～320，比小麦（400～450）、大麦（280～400）低。但玉米产量高，因此所消耗水的绝对数量大。

播种期至出苗期，需水量少，占总需水量的3.1%～6.1%。玉米播种后，需要吸收本身绝对干重的48%～50%的水分，才能膨胀发芽。一般土壤水分保持在田间持水量70%左右，对玉米发芽出苗最有利。玉米播前浇足底墒水，是保证全苗的有效措施。

出苗期至拔节期，植株矮小，生长缓慢，叶面蒸腾量少，耗水量不大，占总需水量的17.8%~15.6%。此时生长中心是根系，应保持土壤疏松，水分适宜。一般土壤水分保持在田间持水量的60%左右为好，适当"蹲棵"可促根壮苗，培育壮秆。

拔节期至抽雄期，茎叶增长迅速，雌雄穗不断分化和形成，干物质积累增加。同时，气温升高，叶面蒸腾强烈。因此需水量增大，占总需水量的29.6%~23.4%。抽穗开花前约一个月的时间，是玉米对水分要求的"临界期"。这时，玉米对水分的要求最为敏感，必须保持土壤水分在田间持水量的70%~80%。特别是抽穗前10 d左右，雄穗进入四分体期，雌穗进入小花分化期，对水分要求更高，为需水临界期的始期。如水分不足，就会引起雌穗小花的大量退化而减少穗粒数，最后容易形成秃顶、秕粒。同时造成雄穗"卡脖旱"，雌雄穗出现的时间延长，甚至抽不出穗子，影响授粉，降低结实率，严重时影响产量。

抽雄期至子粒形成期，玉米进入开花、受精和子粒体积建成期，是决定穗粒数的关键时期。这时叶面积大而稳健，植株代谢旺盛，对水分要求达一生中的最高峰，日需水量达55.35~48.45 m³/hm²。

子粒形成期至蜡熟期，是玉米子粒增重最迅速和穗重建成时期，对水分的敏感程度虽比前一时期有所降低，但仍需要充足的水分，才能保证光合作用和蒸腾作用的旺盛进行，并将茎叶中生产和积累的营养物质顺利地运到子粒中去。如此期缺水会因粒重降低而减产。

蜡熟期至完熟期，子粒成熟，进入干燥脱水过程。仅需少量水分来维持植株生命活动，保证子粒正常成熟。

（2）水分代谢与玉米生长 玉米的水分平衡状况受外界条件影响而变化，这些变化分为以下三种情况。

① 水分的吸收超过水分的消耗 玉米吸收水分过多，在短时间内对生长的影响不大。如果时间较长则会造成玉米的植株徒长，从而严重影响其生长发育。

② 水分的吸收等于水分的消耗 玉米体内吸收的水分和蒸腾散失所消耗掉的水分相等称为不亏缺平衡。这种情况对玉米的生长发育最为有利。

③ 水分的吸收少于水分的消耗 玉米体内水分的进入少于消耗这种情况称为亏缺现象。由于玉米细胞水分亏缺而丧失膨压，组织失去紧张度，叶和茎的幼嫩部分即下垂，植株呈暂时萎蔫或永久萎蔫状态。

萎蔫对玉米生长的影响主要表现在萎蔫之后影响原生质的胶体性质，引起胶体过早衰老，胶体的亲水性和膨胀能力降低。另外，萎蔫可使新陈代谢发生变化，使叶片中酶的水解作用占优势，因而叶片内积累较多的可溶性物质，细胞渗透压提高，抑制光合作用，有机物质的合成降低。萎蔫超过一定限度，合成作用即完全丧失。

玉米发生萎蔫时，叶片绝对干重降低，光合器官生长速率受到抑制，呼吸增强，物质运输变慢，影响玉米的生长和产量的提高。玉米在其水分代谢过程中，为了达到水分平衡必须根据其需水规律、需水量，在萎蔫发生之前即应合理灌溉。

8.2.4.4 土壤及养分

玉米根系发达，根量大，分布广，入土深度可达2 m以下。土壤耕作层要求在30 cm以上深厚的耕作层，是保证玉米高产、稳产的基础。玉米全生育期吸收的养分比小麦多。种植玉米的土壤应具有较高的肥力。玉米是需氧较多的作物，根系呼吸活动强烈，必须由土壤供给充足的氧气。良好的通透性有利于根系发育，进而促进地上茎叶生长，植株上下部分营养物质顺利转运和交换。玉米抗盐碱能力比小麦、棉花、甜菜等作物弱，在盐碱地上种玉米很难获得高产，须先行洗盐改良，保证土壤含盐量在 0.3% 以下。玉米在生长发育过程中，需要的矿质元素有 20 多种，其中大量元素有氮、磷、钾，中量元素有钙、镁、硫，微量元素有铁、硼、锌、锰、铜等。当前的玉米生产中氮、磷、钾三要素的供应仍然是主要矛盾。

（1）氮的吸收与积累 玉米的吸氮量随着产量水平的提高而随之增加，王庆成（1990）汇集了单产量 4 500～13 500 kg/hm² 的氮吸收量资料，归纳为产量在 4 500～6 000 kg/hm²，吸氮量为 120～180 kg；产量在 7 500～9 000 kg/hm²，吸氮量为 165～225 kg；产量在 10 500～13 500 kg/hm²，吸氮量为 225～270 kg。因此高产条件下，必须增加氮肥的投入，才能发挥出品种生产潜力，获得高产。

从阶段吸收量来看，玉米吸收氮的特点是：苗期较少，穗期最多，粒期其次。玉米一生中有两个重要阶段吸收氮最多，即拔节期至大喇叭口期（占 37.27%）和吐丝期至子粒建成期（占 31.62%），从拔节期至子粒建成期占全生育期的 1/2，但吸氮量占总吸收量的 80% 以上。每日的吸收强度，拔节以后逐日增多，以大喇叭口期到子粒建成期，即抽雄前 10 d 到抽雄后 20 d 最大，这就是高产玉米重施大喇叭口肥的科学依据。因此，根据此吸收特点，应将氮肥分次施用以满足各重要阶段对氮的需要，同时要加强穗期氮的营养。

（2）磷的吸收与积累 随着玉米产量水平的提高，吸磷量也随之增加，两者呈极显著正相关。产量在 4 500～6 000 kg/hm²，吸磷量为 45～75 kg；产量在 7 500～9 000 kg/hm²，吸磷量为 60～90 kg；产量在 10 500～13 500 kg/hm²，吸磷量为 75～135 kg。生产 100 kg 子粒吸磷量随产量的提高而降低。据王庆成分析，产量为 1 770～6 000 kg/hm²，每 100 kg 子粒需磷量为 1.33 kg；产量为 6 210～7 395 kg/hm²，则每 100 kg 子粒需磷量 1.16 kg；产量为 7 665～18 960 kg/hm²，则每 100 kg 需磷量为 0.83 kg。这表明越是高产，磷肥效益越高，用肥越经济。

玉米前期吸磷量较少，后期吸磷量较多。从阶段吸收量来看，玉米一生中有两个重要阶段吸收磷最多，拔节期至大喇叭口期（占 26.07%）和灌浆中期（占 35.87%）。显然，磷的后期吸收高峰比氮推迟。抽雄前磷吸收的累积量占总吸收量的 36.98%，抽雄后约占 63.02%（张智猛，1992），磷日吸收强度在玉米拔节以后逐渐增多，大喇叭口期达第一个吸收高峰，以子粒建成期到灌浆中期出现第二高峰，且日吸收量达到最大。因此，根据此吸收特点，既要加强前期磷的营养，还要对玉米后期磷肥的供应引起重视。

（3）钾的吸收与积累 玉米吸收钾的数量多少与植株吸收特点和产量关系十分密切，随着其产量的提高，吸钾量也随之增加，两者呈极显著正相关。产量在 4 500～6 000 kg/hm²，吸钾量为 90～150 kg；产量在 7 500～9 000 kg/hm²，吸钾量为 150～285 kg；产量在 10 500～13 500 kg/hm²，吸钾量为 255～450 kg。生产 100 kg 子粒吸钾量随产量提高稍有增长。据王庆成分析，子粒产量在 1 770～6 000 kg/hm²，每 100 kg 子粒需钾 2.41 kg；子粒产量在 6 210～7 395 kg/hm²，需钾 2.48 kg；子粒产量在 7 665～18 960 kg/hm²，需钾 2.61 kg。

在抽雄期以前（尤其在大喇叭口期）吸收了大量的钾，后期吸钾很少。从阶段吸收量来看，玉米一生中拔节期至大喇叭口期吸钾最多，占植株总吸收量的 71.62%，显著高于氮和磷在此期的吸收比例。到抽雄期，已吸收了总量的 86.54%（张智猛，1992）。若施肥量少，至抽雄期几乎吸收积累了全部的钾。日吸收强度呈一单峰曲线，拔节以后逐渐增多，到大喇叭口期达最高点，以后下降，至灌浆末期不再吸收。因此，根据此吸收特点，钾肥作为基肥及早期（拔节）追肥施用效果较好。

综合上述资料，将生产 100 kg 玉米子粒对养分的吸收量总结如表 8-5。

表 8-5 不同产量水平下每生产 100 kg 玉米子粒对氮、磷、钾吸收量

子粒产量 / (kg · hm^{-2})	氮（N）/ (kg · 100 kg^{-1})	磷（P$_2$O$_5$）/ (kg · 100 kg^{-1})	钾（K$_2$O）/ (kg · 100 kg^{-1})
1 770 ~ 6 000	3.01	1.33	2.41
6 210 ~ 7 395	2.86	1.16	2.48
7 665 ~ 18 960	2.18	0.83	2.61

8.2.5 玉米产量形成的生理基础

8.2.5.1 玉米的光合作用

（1）光合作用特点　玉米是 C$_4$ 植物，光合速率高。据测定，C$_3$ 植物小麦和水稻的光合速率分别为 17 ~ 31 mg CO$_2$/（dm^2 · h）和 12 ~ 30 mg CO$_2$/（dm^2 · h），而玉米的光合速率则达 36 ~ 63 mg CO$_2$/（dm^2 · h）。玉米能利用低浓度的 CO$_2$ 进行光合作用，其 CO$_2$ 补偿点为（0 ~ 10）× 10^{-6}，而 C$_3$ 植物为（21 ~ 80）× 10^{-6}。水稻光呼吸为 3.61 mg CO$_2$/（dm^2 · h）时，玉米光呼吸为 0.06 mg CO$_2$/（dm^2 · h），因此光合产物耗损少。在自然日照条件下，玉米的光合速率始终是随着日照强度增大而增加的，甚至在中午，玉米的光合速率仍然处于高水平。因而玉米光合速率高，光合产物多，可以在单位面积上获得高额产量。在玉米个体生长发育中，应根据叶片发育规律，利用栽培措施增大穗三叶面积，延长光合作用时间，充分发挥其高光效的潜力，提高产量。

（2）群体光合速率变化特点　据董树亭（1992）研究，玉米群体光合速率在一生中的变化呈单峰曲线。自出苗以后，随着植株的生长发育，群体光合速率逐渐增强，至开花前后达最大值，而后急剧下降。在整个生育期间，群体光合的发展可划分为三个时期：大喇叭口期前，为直线增长期，随着叶面积的增长，光截获率的增加，群体光合速率迅速提高；大喇叭口期至开花期为群体光合的稳定期，并达到一生中的最大值；开花期至成熟期是群体光合的下降期，其下降速度因品种、密度等因素而异。

玉米群体光合速率的日变化。在晴朗微风天气，高产夏玉米群体光合速率的日变化为单峰曲线。一天内，从早上 6 时开始，群体光合速率逐渐增强，到中午 12 时前后达最大值，然后下降，至日落结束，群体光合速率的日变化与植株内部节奏有关，更与环境条件的变化有关。一天内光照强度的变化是影响群体光合速率变化的首要因素。上午随光照强度的增强而逐渐升高，下午随光照减弱而逐渐降低，中午光照强度最高时也是群体光合速率最大的时期。

玉米群体的田间光能利用率一般只有 0.5% ~ 1.5%，高的可达 2% ~ 3%，少数达到 4% ~ 5%。玉米群体田间叶面积的冠层截光效率对光能利用和光合产物有直接影响，不同大小群体间截光效率和漏射率存在明显差异，在每公顷 30 000、45 000 及 60 000 株密度下，截光效率分别为 67.8%、78.7% 及 81.8%，而漏射率却由 23.8% 下降到 12.5% 和 7.3%。据 Duncan 估算，玉米截光效率可达 95%，由此可见，玉米具有较大的增产潜力。据测算，在我国东北地区，春玉米光温生产力可达到 30 000 ~ 33 000 kg/hm^2；在黄淮海平原，夏玉米可达到 15 000 ~ 21 000 kg/hm^2；在西南山区春玉米可达 18 990 ~ 23 385 kg/hm^2，也足见增产潜力很大。

（3）合理密植的理论基础　合理密植的实质就是建成合理的群体结构，充分利用光、气、热、肥、水等自然条件增加单位面积上的光合产物。合理密植就是要根据当地的自然条件，找出最适宜的叶面积指数，使群体和个体得到协调发展，以达到穗多、穗大、粒饱、高产的目的。

扩大叶面积系数通常有两种途径，一是加强营养，促使单株叶面积的扩大，但增加的幅度有限；二是增加株数，玉米单株叶片数比较稳定，且不分蘖，增减株数直接影响叶面积系数的大小，所以对玉米来说，增株是增加群体叶面积系数最有效的途径。

在整个生育期间，田间叶面积的发展与上述群体光合的发展是同步的，也存在上升、稳定、下降三个时期。生产上要求叶面积上升期增长越快越好，以便及早建成光合器官，积累光合产物；对稳定期要求越长越好，稳定期内营养器官不再生长，绝大部分的光合产物都用于子粒形成，所以时期越长越有利于产量的提高，凡是叶面积下降快的产量都低。叶面积稳定期持续时间的长短和下降的快慢除受栽培条件影响外，受群体密度影响很大，一般来说，密度小，叶面积达到最大值后持续时间长，下降较为平稳；密度大，群体下部透光差，光强度低，叶片受光不足，光合积累低于呼吸消耗，叶片易衰老黄化，叶面积下降快，稳定期短。

8.2.5.2 干物质积累

（1）干物质积累动态 光合产物的积累可以用干物质产量来表示。植株的生长过程，实际上是干物质不断积累的过程。子粒产量形成的实质是光合物质的积累及其在各器官中的分配。因此，干物质生产是形成子粒产量的物质基础，提高干物质生产能力，增加干物质在子粒中的分配比率，是增加子粒产量的根本途径。

玉米植株个体和群体干物质积累速率，一般表现为生育前期和后期较低，中期较高。植株干重与时间的关系呈现为"S"形曲线（图 8-7）。根据干物重的增长曲线，可将植株的生长过程划分为三个阶段。

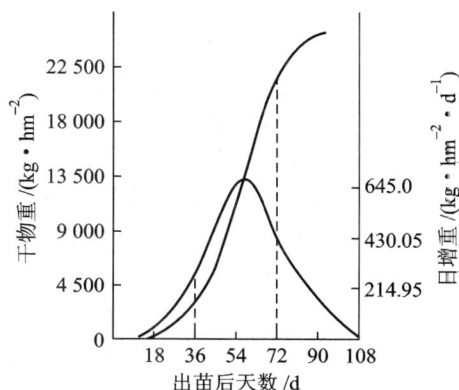

图 8-7　玉米干物质增长与日增重
（引自郭庆法等，2004）

① 指数增长期 从出苗期至大喇叭口期，干物质绝对重量增长小，而相对重量增长大，干重增长符合指数曲线，为指数增长期。

② 直线增长期 从大喇叭口期至吐丝期，干物质重量增长数量大，是玉米一生中生长最旺盛、增长速率最快的时期，干物质增加量与时间呈直线关系，为直线增长期。

③ 缓慢增长期 从吐丝期至完熟期，干物质积累速率逐渐减慢，日增重降低，该期称为干重缓慢增长期。

（2）各器官的干物质积累与转移 根系干重最大的时期一般出现在抽雄散粉期，早熟品种约为出苗后 55 d，晚熟品种约为出苗后 60 d，单株根系平均干重约 70 g 和 115 g。此时，地上部干重仅为自身最大干重的 20% ~ 30%；抽雄散粉后，随着子粒灌浆进程，地上部干重剧增，根系内营养物质开始转移，干重下降；到成熟时，根系干重只有最大干重的 1/2，为单株总干重的 10% 左右。

单株叶片干重在拔节前为缓慢增长期，拔节至抽雄阶段为迅速增长期，抽雄至乳熟阶段为高速增长期，乳熟至收获阶段为干重下降期。同一叶位叶片的重量，随着叶龄增长，由轻到重，当干物质积累达到最大值后，随着其他器官的生长发育，叶中积累的养分不断输出，重量逐渐下降，直至枯黄。叶片干重最高的时期，也是叶片功能最旺盛的时期。叶鞘干物质积累情况与叶片大致相同。从全株看，以穗三叶的叶鞘最重。从整个生育期来看，抽雄期达最大值，子粒灌浆后，营养物质转移，干重开始下降。同一叶鞘的重量，先由轻到重，随着积累养分的不断输出，又由重到轻。

茎秆总干重的变化趋势是：拔节期至灌浆（子粒形成）期干重逐渐增加，灌浆期茎秆最重，灌浆期至成熟期干重逐渐减少。

雌穗干重在吐丝前增长速率比较缓慢，受精后干重急剧增加，直至成熟。受精前雌穗干重一般占成熟时的 4% ~ 7%，绝大部分干物质是在受精以后积累的，平均日增重 4~5 g，高者达 8 g。在子粒形成期至乳熟期，穗轴和子粒同时增重，以后雌穗干重的增加主要是由子粒增重引起的。雄穗的干重从雄穗分化开始一直缓慢增加，开花前达到最大值，散粉后下降，蜡熟期仅占全株干重的 1% 左右。

各器官中干物质分配的情况有所不同。由于各器官所处的位置各异，转移给子粒营养物质数量也不一样，所以对粒重的贡献也不相同。根据胡昌浩（1982）的研究表明，各器官转移率（以各器官最大干重与成熟期干重之差作为转移量，转移量占本器官最大重量的百分率）的大体趋势是：茎秆 27.0%、苞叶 31.8%、穗轴 16.3%、叶片 9.0%、叶鞘 1.7%、穗柄 36.9%；各器官转移量对粒重的贡献率（转移量占粒重的百分率）为：茎秆 6.9%、苞叶 5.2%、穗轴 3.4%、叶片 1.8%、叶鞘 1.7%、穗柄 1.3%。总计 6 个器官的运转量约占成熟期粒重的 20.3%。这说明，在形成时期，子粒重量直接来自叶片光合产物的约有 79.7%。

品种、环境条件和栽培措施不同时，各器官的转移量和对粒重的贡献也会相差很大。抽雄后，若环境和栽培措施不利于群体进行光合作用时，光合能力降低，光合产物减少，则各器官的营养物质转移早，转移快，转移量多，若转移过早、过快、过多，会导致植株早衰，不易获得高产；相反，则转移量少，转移慢，若转移量太少，也不利于提高粒重，增加产量。

8.2.5.3 玉米子粒产量形成与源、库、流的关系

玉米单位面积上的子粒产量是由单位面积上的有效穗数、每穗粒数和粒重（常用千粒重表示）三者的乘积组成。

（1）单位面积的穗数 单位面积的穗数决定于种植密度与平均每株穗数。在较低的种植密度范围内，单位面积穗数几乎与种植密度成比例地增加，因为每株穗数受种植密度的影响较小，不出现空株或空株率很低。当种植密度增加到一定程度后，穗数增加幅度逐渐降低，双穗率显著减少，空株率明显增加。由于玉米与稻、麦相比，其单株穗数的调节能力低，一般每株只结 1 个果穗，而在不良条件下则会出现大量空株。因此培育适宜密植的品种，通过密植增加单位面积穗数，对于提高玉米产量具有重要意义。目前国内外报道的玉米高产纪录均是通过增加穗数实现的。当密度确定后，单位面积上的穗数受到单株穗数和空秆率的影响。

① 单株穗数的决定时期与单株结穗潜力 玉米的雌穗是由腋芽分化发育而成。栽培品种植株基部有 4~5 个腋芽不发育，或形成分蘖，其他腋芽有分化发育成雌穗的能力。但通常只有上部的 1~2 个腋芽能形成果穗。上部雌穗分化起步早，进度快。当上部雌穗吐丝时，其他雌穗处于不同的分化期，以后，这些雌穗停止分化，成为败育穗。山东省玉米研究所（1986）观察到雄穗败育的临界期是吐丝期前后。[14]C 示踪研究表明玉米性器官形成期至吐丝后的 10 d 内，是决定每株穗数的时期，其中吐丝期前后为关键时期。同时，王忠孝（1986）的研究表明：吐丝期摘除上部雌穗，其他雌穗仍能吐丝授粉，发育成有效果穗。去掉上部 3 个雌穗后，第 4~6 个雌穗都能继续分化，吐丝结实。这些特点表明玉米形成果穗的潜力是很大的。

② 空秆形成原因分析 空秆是玉米高产、稳产的重要限制因子。形成空秆的原因很复杂，与品种特性、病虫害和栽培管理水平有密切关系。在玉米群体中，有的植株生长细弱，干物质积累少，吐丝迟，花期不协调，失去授粉机会，成为空秆；有的植株虽能授粉，但因营养不足，雌穗败育。因此从栽培管理的角度，营养不足或养分分配失调是造成空秆的主要原因。顾

慰连（1988）的研究表明，灌浆时的植株干重与空秆率呈极显著负相关关系。开始灌浆时的植株干重与前期生长状况有关。因此，空秆发生的系统变化过程为：叶面积变化→干物质积累差异→个体竞争→生育不平衡→散粉与吐丝不协调→受精、灌浆失败→形成空秆。生产上要减少空秆，必须从苗期抓起，即在精选种子、合理密植的前提下，提高播种质量，提高苗期群体的整齐度，合理运用肥水，使植物生长发育健壮、协调。

（2）每穗粒数 玉米穗粒数是构成库容量的重要因素之一。穗粒数的多少，取决于雌穗分化的小花数、受精的小花数以及受精后的小花能否发育成有效的子粒。花数主要受基因型制约，是相对稳定的。粒数主要受环境条件的影响，变动较大，两者结合好能实现花多、粒多、高产。玉米总粒数的多少，决定于受精的小花数。

① 雌穗小花变化与粒数 雌穗上受精的小花可发育成子粒，果穗上的总粒数包括正常粒和败育粒。发育正常，具有品种特征，对构成产量起作用的子粒称为正常粒（有效粒）。通常所说的穗粒数即指正常粒。败育粒是指在生长发育过程中，先后停止生长发育而瘪缩，不能发芽或发芽率很低的子粒。败育粒主要发生在果穗上端，少数分散在正常粒之间。败育粒、败育花和未受精小花构成了果穗的秃尖。

花丝伸长生长对环境条件比较敏感，往往因高温干旱或光照不足而停止生长或生长缓慢，造成花期不遇。改善抽雄期前后的光照和营养条件，以及及时灌水都可以促进花丝生长，使抽丝快而集中，从而增加粒数。抽雄时人工去雄可促进花丝的伸长生长，有利于吐丝和增加粒数。吐丝期间如遇高温、干旱，花丝虽能适时抽出，但花粉和花丝的生活力衰退，以致丧失受精能力。散粉期间如遇连阴雨，花粉易吸水胀破，不能受精。若因种植密度过大导致有的花丝被叶片覆盖，阻碍授粉，这时可采用人工辅助授粉以减少不受精小花数，增加穗粒数。

② 败育粒发生原因 败育粒（abortive grain）从果穗顶端逐渐向下发展。根据发生的时期、形态和发芽率，把败育粒的发生分为两期（王忠孝，1986）。第一期败育粒主要发生在子粒形成期，出现在授粉后 8~12 d，无发芽能力，粒重在正常粒的 2% 以下，成熟时为膜状或棕褐色。第二期败育粒主要发生在子粒内出现淀粉后至灌浆速率高峰日之间，子粒虽能合成淀粉，但速度慢、数量少、停止早。败育粒的数量变化很大，可由几粒到二三百粒，其中以第一期败育粒最多，占败育总粒数的 1/3~1/2。

从吐丝期至灌浆高峰期（授粉后 24 d 左右）是穗粒数（有效粒）的决定时期，其中以吐丝至吐丝后 14 d 为关键时期。一个雌穗分化的总小花数，在发育过程中，经过不同层次的削减，最后才能形成对构成产量有作用的有效粒，有效粒成粒率一般占总花数的 55%~80%，占总粒数的 80%~90%。

败育粒的多少除受品种遗传特性影响外，受环境条件影响也很大。种植密度过大，生育中后期植物脱肥、缺水、早衰，败育粒数显著增多。营养特别是有机营养不足是导致子粒败育的主要原因。王忠孝（1986）的研究表明，在子粒发育过程中，败育粒比正常粒的呼吸强度弱，上升慢，下降早，淀粉磷酸化酶活性低，合成淀粉能力弱，过氧化物酶活性高。这些差别都与子粒败育有关。因此合理密植、加强中后期的肥水管理、防止植株早衰、增加光合势和延长最大叶面积持续期是减少子粒败育、增加有效粒数的重要措施。

（3）粒重 粒重的高低取决于"子粒库容"的大小、灌浆速率的快慢及灌浆时间的长短。子粒库容（即子粒体积）决定了粒重的最大潜力，而灌浆速率和灌浆持续期则决定了最大潜力可能实现的程度。库容量大、灌浆速率高、灌浆持续时间长，则粒重大。

① 子粒体积（库容量）增大 包括胚、胚乳和果皮体积的增长，它们的增长状况决定了子粒库容的大小。吐丝后，子粒中的养分丰富，有利于胚乳细胞的增殖和扩大。营养不良、吐

丝期缺水会降低光合作用，减少光合物质生产，影响胚乳细胞的分裂和扩大，导致子粒库容减小。

② 子粒的灌浆速率 光合产物和其他营养物质不断地输送到子粒中去，在子粒中转化为贮藏物质，此为灌浆。每日每粒增加的干重为子粒灌浆速率。灌浆速率高有利于粒重的增加。研究表明，玉米吐丝至授粉后 35 d 左右灌浆，其中授粉后 20 d 左右是灌浆速率的高峰期，而灌浆速率受品种、环境条件的影响很大，因此加强开花后的肥水管理可以有效地提高灌浆速率。

③ 灌浆持续期 子粒灌浆从授粉开始，直至乳线消失、黑层形成后才停止。从灌浆开始到停止，经历的时间为灌浆持续期。该期长短对子粒库的充实度和粒重影响很大。一般灌浆速率高、持续时期长，则子粒饱满，千粒重高。灌浆持续期的长短受品种和环境条件影响大，一般，中熟品种在授粉后 40 d 到乳线消失前，每延迟 1 d 收获，即延长 1 d 灌浆持续期，千粒重可增加 2.2 g 左右。因此，生产上适当晚收可最大限度地实现子粒库容潜力，也是充分发挥子粒库增产潜力的重要措施之一。

总之，虽然玉米不同品种的千粒重有显著差异，但是同一品种在各种条件下，粒重比每穗粒数的变化幅度小得多。青岛农业大学的研究表明，当密度从每公顷 5.10 万株增加到 5.55 万株和 6.00 万株时，每穗实粒数分别降低 3.3% 和 10.3%，变异系数为 5.0%，而千粒重仅分别降低 1.2% 和 4.9%，变异系数为 3.9%。由此可见，在不同密度下，每穗粒数比千粒重的波动大，千粒重是比较稳定的产量构成因素。这是因为粒数取决于小花分化、授粉、受精、子粒形成和发育等一系列过程，而粒重仅取决于受精后胚和胚乳细胞数目的增加、体积扩大和胚乳细胞干物质的积累。显然，粒数比粒重有更多的机会遭受到不良环境的威胁。子粒形成期和灌浆成熟期是粒重的决定时期。

8.3 玉米栽培技术

8.3.1 品种选用

全国玉米杂交种品种繁多，在选用时首先要注意玉米对温光的反应，要因地制宜。两熟制的春玉米，应选用中迟熟、高产杂交种；夏玉米或三熟制的秋玉米，应选苗期长势旺、后期灌浆快、丰产性能好的早中熟杂交种；套种玉米应选苗期耐阴、中后期生长旺盛、丰产性能好的杂交种。机械化生产应选用高产、稳产、茎秆坚韧、抗倒伏能力强，穗位整齐，苞叶长短适中且后期松开，子粒灌浆快，后期脱水快的中早熟品种。

8.3.2 土壤耕作

玉米适应性较强，对土壤要求不太严格，但需水、需肥量大，耐涝性较差。因此，玉米丰产的土壤条件有以下的要求：① 土层深厚，土壤有机质和速效养分含量较高，高产玉米土壤分析结果表明，一般耕层土壤中有机质含量为 2% ~ 3%，全氮含量为 0.1% ~ 0.2%，速效磷为 40 mg/kg 以上，速效钾为 80 mg/kg 以上；② 有良好的土壤结构，渗水与保水性能好，适宜玉米生长的土壤容重，壤质土以 1.1 ~ 1.4 mg/cm³ 较好；③ 土壤酸碱度适宜范围为 pH 5 ~ 8。

深耕结合增施有机肥，有利于玉米生长，防止倒伏。从大面积生产看，耕层由 9 ~ 12 cm 逐步加深到 21 ~ 24 cm 可以显著增产。深耕可以采用全面深耕和局部深耕。全面深耕一般在秋冬季进行，在前茬作物收获后，掌握宜耕期。局部深耕是在耕耙后，拉线定畦，按玉米行距，用犁开沟，将土扒开，再犁松沟土，或人工挖深窝，逐年轮换，经2~3年达到全面深耕的要求。

播种前的整地一般要达到土壤细碎、平整，以利于出苗、保苗。在春旱情况下，只耙不耕翻，可以保持土壤水分。为了防止玉米受涝，应在整地作畦后，开好排水沟。

8.3.3　施肥技术

8.3.3.1　不同产量的肥料用量

玉米的施肥量通常可按照养分平衡法决定，对不同土壤肥力、不同玉米产量条件的施肥量研究结果见表8-6、表8-7。

表8-6　玉米建议施肥量方案

计划产量 / （kg·hm⁻²）	元素	土壤速效养分 / （mg·kg⁻¹土）	土壤养分总量 / （kg·hm⁻²）	土壤养分利用率 /%	土壤供肥量 / （kg·hm⁻²）	需肥量 / （kg·hm⁻²）	肥料利用率 /%	计划施肥量 / （kg·hm⁻²）
6 000	N	60	135.0	70~80	94.5~108.0	138.0	40~50	75.0~87.0
	P_2O_5	10	51.0	80~90	40.5~46.5	66.0	30~40	63.0~64.5
	K_2O	60	162.0	35~40	57.0~64.5	126.0	30~40	172.5~204.0
7 500	N	80	180.0	50~60	90.0~108.0	172.5	40~50	162.0~165.0
	P_2O_5	20	103.5	70~80	72.0~82.5	82.5	30~40	0~27.0
	K_2O	80	216.0	30~35	64.5~75.0	157.5	30~40	232.5~274.5
9 000	N	100	225.0	40~50	90.0~112.5	207.0	40~50	234.0~237.0
	P_2O_5	30	154.5	60~70	93.0~108.0	99.0	30~40	0~15.0
	K_2O	100	270.0	25~30	67.5~81.0	189.0	30~35	216.0~303.0

（引自郭庆法等，2004）

表8-7　玉米不同产量水平的施肥量

播种季节	产量水平 / （kg·hm⁻²）	施肥量 / （kg·hm⁻²）		
		N	P_2O_5	K_2O
春玉米	>12 750	300~375	150~180	150~225
	>11 250	315~395	158~183	—
夏玉米	>13 500	465~480	150~165	420~450
	10 500	330~375	120~180	75~150

*：引自全国紧凑型玉米科研组，1992；年澄嬴，1990；王忠孝，1991

8.3.3.2　施肥时期与方法

玉米前期吸收磷、钾养分较多，后期吸收氮较多。

深入学习8-2

玉米水肥一体化技术

（1）基肥　有机肥料、氮、磷、钾等配合，其中氮肥占总用量的30%左右，磷、钾肥料可全部作基肥施用。用开沟的形式将肥料进行条施。有机肥料要先堆沤后再施用。微量元素肥料可以拌种或浸种施用。

（2）追肥　玉米一生中有三个施肥高效期，即拔节期、大喇叭口期和吐丝期。

① 苗肥　亦称提苗肥。一般在幼苗4~5叶期施用，或结合间苗（定苗）、中耕除草施用，应早施、轻施和偏施。一般，玉米苗期不至于缺肥，但对于苗期环境不良，影响群体整齐度时，可每公顷45~50 kg尿素兑水或兑清粪水浇灌。

② 秆肥　又称拔节肥，一般在拔节前施用，即基部节间开始伸长时追施。在土壤肥力中等情况下，秆肥、穗肥采用前重中轻模式，秆肥的用肥量占总追肥量的50%~60%。在土壤肥力较高、计划产量也高的情况下，秆肥、穗肥、粒肥的施用采用前轻、中重、后补的模式。即拔节期、大喇叭口期和抽雄开花期分别占30%、50%、10%~15%。此外还要注意追肥位置，拔节期应距玉米10~15 cm，拔节期至开花期距15~20 cm，深度不应低于6 cm，以10 cm为宜。

③ 穗肥　是指雄穗发育期至四分体期、雌穗发育期至小花分化期追施的肥料。此时为玉米大喇叭口期，距出穗10 d左右，是决定雌穗大小和粒数多少的关键时期。根据具体情况，土壤肥力和植株长势，合理安排秆肥和穗肥的比重。一般来说，土壤肥力较高、基肥足、苗势较好的，可以稳施秆肥，重施穗肥；反之，可以重施秆肥，少施穗肥。

④ 粒肥　是指玉米授粉前后所施用的追肥。在穗肥不足，果穗节以下黄叶多的田块，补施粒肥有很好的效果。但对穗肥足、长势旺、叶色深、果穗节下绿叶多的不宜施用。根据情况，粒肥一般在抽雄开花到吐丝时施用，使肥效在灌浆乳熟期发挥作用。粒肥用量不多，对施用时间和施用对象要掌握好，因此通常称巧施粒肥。

8.3.4　播种和种植密度

8.3.4.1　种子处理
播种前晒种2~3 d。浸种可用冷水浸24 h，或"两开一凉"的温水浸6~8 h。但在天气干旱、土壤水分不足的条件下，不宜浸种催芽。播种前可用药剂拌种，以防治地下害虫和鸟兽危害。

8.3.4.2　适时播种
春玉米一般以10 cm土温稳定在10~12℃时播种为宜。南方各省玉米适宜播种期差异很大，如广东、广西可在2月初，贵州在3月中下旬—4月上旬，湖南、湖北在4月下旬。夏玉米、秋玉米适宜早播的时间，取决于前作收获的迟早，也应争取早播。秋玉米延迟播种，后期易遭受地温危害，影响产量和品质。套种玉米还必须掌握适宜的共生期，小麦、玉米共生期一般不宜超过20 d。

8.3.4.3　直播技术
根据各地气候和土质不同，直播可分为垄作、平作和分厢种植3种方式。播种方式有开沟条播和挖穴点播两种。适宜播种量应根据种子大小及播种密度不同而定。一般点播每穴3~5粒，每公顷用种量22.5~37.5 kg；条播每公顷为60~75 kg。要求播种均匀，深浅一致，播种后均匀覆土3~4 cm，最好用土杂肥盖种，以利出苗整齐。

8.3.4.4 育苗移栽

育苗方式一般有营养球、营养块、营养钵（袋）等。

育苗移栽要抓好三个环节：

① 培育壮苗　选择靠近本田、土质疏松、排灌方便的地块做苗床。苗床整地要求达到细、净、平，畦宽为 1.3 ~ 1.6 m。采用腐熟有机肥配合少量磷、钾化肥来配制营养土，装钵（袋）或制成球或制成营养块后播种。播种后浅土覆盖或盖土杂肥，稍加镇压，在苗床表面可覆盖农膜或作物秸秆。播种至出苗，苗床应保持湿润，出苗后根据天气及苗情适当浇水。

② 适期早播，适龄移栽　育苗移栽的播种期比直播一般提早 15 d。播种期的确定，主要依前作而定，冬闲地，小麦（马铃薯）套作的于 3 月中下旬播种，油菜地于油菜终花期播种。当玉米长到 2 叶 1 心 ~ 3 叶 1 心时为移栽适宜期。一般，春玉米苗龄 20 d 左右移栽，夏秋玉米苗龄 7 ~ 10 d 移栽。

③ 提高移栽质量　选择晴天下午或阴天进行移栽，带土移苗，去掉弱苗和病苗，分级移栽，移栽后埋土 3 cm，覆土要严实，立即浇定根水。

8.3.4.5 合理密植与种植方式

南方气温高，日照短，玉米生长发育较快，植株较矮，应适当密植。株型紧凑、矮秆、生育期短的品种可适当密些，反之宜稀。育苗移栽的玉米，植株较矮，可比直播的适当密些。地膜玉米集约耕作，发育进程快而整齐，株间条件比较一致，可比露地栽培适当增加株数。一般来说，高秆大穗的平展型玉米，每公顷密度为 52 500 ~ 60 000 株，紧凑型玉米为 67 500 ~ 75 000 株。玉米的种植方式有以下三种。

（1）等行距单株留苗　一般行距 50 ~ 65 cm，株距 20 ~ 30 cm。其特点是植株分布均匀，前中期充分利用地力和阳光，但是后期行间通风透光较差，适于肥力较低，种植较稀时采用。

（2）等行距双株留苗　一般行距 60 ~ 75 cm，株距 35 ~ 60 cm，每穴留双苗，苗距 6 ~ 10 cm，相邻两行以错穴呈三角形为宜。也可采取株距相等方式，此方式在山区较普遍，行间适宜间作豆类。

（3）宽窄行　宽行距 85 ~ 100 cm，窄行距 30 ~ 48 cm，株距视密度而定。窄行以三角形错穴种植，宽行可以套种其他作物，这种方式种植密度较大，既保证了单位面积总株数，又便于田间操作，适用于肥力较高的土壤种植。

8.3.4.6 玉米地膜栽培技术

选地、整地和施基肥等技术与常规种植相同。

（1）覆膜　采取宽窄行起畦种植，选膜厚 0.006 ~ 0.008 mm 的微膜，膜宽 80 cm，用膜量为 45 kg/hm² 左右。播种期比露地栽培可提早 7 ~ 15 d。播种后有条件的可喷化学除草剂，然后盖膜。盖膜要拉紧铺平，紧贴地面，四周各开一条浅沟，将膜埋入，用土压实，一般压土 7 cm 左右。如膜有破损、露边，要及时用细土盖严。

在海拔较高，春雨早，土壤墒情好的情况下可播种或移栽后盖膜，出苗破膜，避免灼伤；干旱少雨，土壤墒情差的可在等雨足墒时提前盖膜，等播种适期一到，在膜面按要求株行距用打孔器打孔（亦可直接用播种器）播种或移栽。

（2）及时放苗出膜　当幼苗第一叶展开时，即用小刀破膜放苗，然后用细土把膜口盖严，以便保湿、保温。育苗移栽的可先移栽，后覆膜，并注意将植株破口处和膜边用细土盖严。

（3）田间管理　地膜玉米发根多，但根系分布浅，中期要注意高培土，以防倒伏。追肥用

彩图 8-4
玉米壮苗

深入学习 8-3
玉米机播技术

彩图 8-5
玉米地膜覆盖栽培

深入学习 8-4
玉米地膜覆盖栽培技术及其发展

重点是穗肥，不揭膜的可以在植株基部破膜追肥。根据各地的研究可知，随着高温多雨季节的来临，地膜增温保墒作用消失，如果地膜继续留在田间，会影响根系发育，也不便于中耕追肥，待 7 叶期后揭膜为佳。

8.3.5　田间管理

8.3.5.1　苗期管理
管理目标为保证苗全、苗齐、苗匀、苗壮，促进根系发育良好，植株敦实。

（1）防旱、防板结、助苗出土　播种后遇天气干旱，土壤水分低于田间持水量的 60% 时，应及时采取浇水和松土保墒。夏秋玉米播后遇大雨，土壤板结，应及时松土，破除板结，散墒透气，助苗出土。

（2）查苗、补种、育壮苗　对缺苗断垄的要及时催芽补种或带土移栽。适时间苗、定苗，一般 3 叶间苗，4 ~ 5 叶定苗。对于地下害虫发生较重的地块，可以推迟定苗 1 个叶龄。间苗、定苗应按密度要求，去弱留壮，去杂苗、病苗。育苗移栽，发现缺苗，要及时补栽。

（3）中耕施肥除草　玉米苗期中耕一般进行 2 ~ 3 次，定苗前进行第 1 次浅中耕（3.0 ~ 4.5 cm 深）；拔节前进行 1 ~ 2 次中耕，苗旁宜浅，行间宜深（9 ~ 10 cm）。苗期中耕对套种玉米尤为重要，在前作收获后，要及时进行中耕灭茬，追肥浇水，以保证全苗、壮苗。

（4）防治病虫害　玉米苗期主要害虫有地老虎、黏虫、金针虫等，要及时防治。

8.3.5.2　穗期管理
管理目标为使玉米植株敦实粗壮，叶片生长挺拔有劲，营养生长与生殖生长协调，达到壮秆、穗大、粒多的目的。

（1）中耕施肥培土　穗期一般进行两次中耕培土，在拔节前期至小喇叭口期，结合施秆肥进行深中耕、小培土，将肥料埋入土中，行间的泥土培到玉米根部形成土垄。在大喇叭口期结合施穗肥，再进行 1 次中耕高培土。

（2）灌溉与排水　玉米穗粒期（抽穗期到开花灌浆期）需水量最多，占总需水量的 43.3% ~ 51.2%，因此拔节后应结合施肥浇拔节水，使土壤水分保持在田间持水量的 65% ~ 70% 为宜。从大喇叭口期到抽雄期为玉米需水临界期，对水分反应十分敏感，应结合重施穗肥，重浇攻穗水，使土壤水分保持在田间持水量的 70% ~ 80%。若干旱缺水，低于田间持水量的 40% 时，就会造成干旱，使雄穗、雌穗不能正常发育，抽丝散粉延迟，授粉不良。但土壤水分过多时，土壤缺氧，会使雌穗、雄穗发育受阻，空秆率增加，或造成倒伏，应注意做好排水工作。

（3）去除分蘖　在土肥水足、植株营养条件好的情况下，玉米茎基部的分蘖可伸出地面迅速生长。分蘖夺取主茎养分而影响产量，因此应经常检查，及时拔除，以利主茎生长。

（4）防治病虫害　穗期主要害虫有玉米螟、黏虫、蚜虫、铁甲虫等。主要病害有大斑病、小斑病、纹枯病，要注意勤查，一旦发现，及时防治。

8.3.5.3　花粒期管理
管理目标是养根保叶，延长功能期，防止贪青或早衰，以提高结实率和粒重，达到丰产、丰收。

（1）根外追肥　根据玉米长势、长相，追施 1 ~ 2 次叶面肥，可用商品叶面肥，也可每次每公顷用磷酸二氢钾 3.0 ~ 7.5 kg 和尿素 7.5 kg，兑水 750 kg 喷施。

（2）人工辅助授粉　在开花吐丝的晴天上午 9—11 时，先用采粉盘收集 50~100 株花粉混合后，用授粉器逐株均匀地授在雌穗花丝上，隔天授粉 1 次，连续进行 3~4 次。

（3）灌溉与排水　玉米抽雄期到蜡熟期需水量约占总需水量的 45%，特别是抽穗开花期对水分反应敏感。土壤水分保持在田间持水量的 70%~80%，空气相对湿度为 65%~90%，有利于开花受精。天气干旱，空气相对湿度低于 30% 时，会严重影响开花受精，应及时进行灌溉。玉米乳熟期降雨过多，土壤水分长时间超过田间持水量的 80% 以上，或田间渍水时，会使根的活力迅速下降，叶片变黄，也易引起倒伏，应注意做好排水。

8.3.6　收获与贮藏

8.3.6.1　收获
食用玉米一般于苞叶干枯变白、子粒变硬的完熟期收获。收获过早，子粒不饱满，影响产量；收获过晚，如遇阴雨天气，果穗易发霉。玉米收获后子粒成熟的生理生化反应并未结束，物质的转化过程还在进行，所以一般收获的玉米果穗待晾干后再进行脱粒，以利子粒后熟。

8.3.6.2　贮藏
玉米子粒含水量在 13% 以下，贮藏温度不超过 30℃，即可安全贮藏。食用玉米贮藏要求仓库干燥，通风凉爽，便于密闭，防潮隔热性能良好。入库前将仓库清洁消毒，保证无虫。子粒在库内应按品种、质量等分类进行散装堆放或包装堆放。贮藏过程发现子粒发热时，应立即翻仓晾晒。玉米果穗宜搭架贮藏，因其基部隐蔽，子粒的顶部有角质层和果皮掩盖，微生物不易侵染，可以减轻玉米的霉变发热，贮藏性能好。

📖 深入学习 8—5
玉米收获机械化技术

8.4　特用玉米及其栽培技术

特用玉米又称专用玉米，是指玉米子粒中某一特殊物质含量较高，或是利用玉米的不同器官、又或是在特殊的采收时期用于特殊用途，是普通玉米以外的具有特殊的营养品质或适合特种需要的各种玉米类型。特用玉米是近代玉米科技进步的产物，与普通玉米相比，它具有更高的经济价值，主要作为食品、医药、饲料、编织及化学工业的原料。

8.4.1　特用玉米的种类

特用玉米根据其市场用途可分为：以加工利用为主的，主要有优质蛋白玉米、高油玉米、高淀粉玉米、爆裂玉米、笋玉米等；以鲜食为主的，又称果蔬玉米，主要有甜玉米、糯玉米等；以饲用为主的，主要有优质蛋白玉米、青饲玉米等。

8.4.1.1　优质蛋白玉米
优质蛋白玉米（quality protein maize，QPM）又称高赖氨酸玉米，是由一种叫奥帕克 -2（O_2）的隐性基因控制的一种胚乳突变体，其特点是赖氨酸含量高，约为 0.4%，比普通玉米高一倍以上。高赖氨酸玉米主要有软质胚乳型、半硬质胚乳型和硬质胚乳型三种，目前高赖氨酸玉米育种正向半硬质胚乳型和硬质胚乳型发展，如"中单 9409""新玉 6""鲁玉 204""云优

167"和"黔单 11 号"等品种，其产量相当或略低于普通玉米。

8.4.1.2 高油玉米

高油玉米（high oil corn）是指子粒中含油量比普通玉米高一倍或一倍以上的一种特殊的高附加值玉米类型。普通玉米含油量为 4% ~ 5%，目前生产上推广的高油玉米高油玉米含油量在 7% ~ 9%，如"农大 1 号""高油 115"等。含油量在 10% 以上的高油玉米正在示范中，不久将投入生产。高油玉米油分的 85% 左右集中在种胚，因而高油玉米的胚较大。高油玉米是优质的饲料玉米，其种胚大、脂肪含量高、饲料能量高、蛋白质和氨基酸含量也较高。高油性状涉及 50 多个基因位点的数量性状，不必与其他品种隔离种植，具有花粉直感的遗传效应和普通玉米杂交的杂交优势效应。

8.4.1.3 爆裂玉米

爆裂玉米（pop corn）又称爆花玉米或爆炸玉米，膨爆系数可达 25 ~ 40，是一种专门供做爆玉米花食用的特用玉米。爆裂玉米的蛋白质、氨基酸、磷、铁、钙及维生素的含量都相当丰富，能提供等量牛肉所含蛋白质的 67%、铁质的 110% 和等量的钙质。

8.4.1.4 甜玉米

甜玉米（sweet corn）为玉米属的 1 个甜质型玉米亚种，可分为普通型、超甜型、加强甜型、甜脆型和甜糯型。甜玉米子粒在乳熟期含较多的糖分，含糖量达 10% ~ 20%，为普通玉米的 2 ~ 8 倍；水溶性多糖为普通玉米的 2.5 ~ 10 倍；蛋白质含量在 30% 以上，还富含多种维生素和 18 种氨基酸，鲜嫩多汁，所以又称"水果玉米"。

8.4.1.5 糯玉米

糯玉米（waxy corn）又称黏玉米和蜡质玉米，富有糯性。其子粒不透明、无光泽，胚乳全为角质支链淀粉。糯玉米子粒黏软清香，皮薄无渣，比甜玉米含有更丰富的营养物质，有更好的适口性，且易消化吸收，极具开发潜力。近年来，各地先后选育出一批优质糯玉米杂交种，其产量和品质都有较大提高。

8.4.1.6 笋玉米

笋玉米又称玉米笋（baby corn），是玉米吐丝后尚未授粉时采收下来的幼嫩玉米果穗，含有丰富营养物质，是一种低热量、高纤维、无胆固醇、具有保健作用的特种蔬菜。生产上以多穗的宝塔形或柱形为好，有的还利用笋玉米的多穗和双穗特性，保留上位穗收甜玉米，同时采收下位穗做玉米笋。

8.4.1.7 青饲玉米

青饲玉米（silage corn）也称青贮玉米，是指收割玉米鲜嫩植株，或收获乳熟初期至蜡熟期的整株玉米，或在蜡熟期先采摘果穗，然后再把青绿茎叶的植株割下，经切碎加工后直接用作牲口饲料，或贮藏发酵后用作牲畜饲料。青饲玉米具有较高的营养价值和单位面积产量，可用作直接喂养反刍动物，还可以晒制干草备用，贮存条件和设施都比较简单，而且其营养物质可以保存很长一段时间，节省大量的建库资金，发展青饲玉米可以很好地解决玉米秸秆的利用问题。根据植株特征和生物学特性，青饲玉米可分为单杆和分枝两种类型，近年引进的墨西哥玉米就是典型的分枝青饲玉米。

8.4.1.8　高直链淀粉玉米

玉米是高淀粉、高能量作物，根据不同淀粉成分及含量将玉米分为支链淀粉玉米和直链淀粉玉米。高支链淀粉玉米（high amylopectin corn）主要是指糯玉米，支链淀粉含量高。高直链淀粉玉米（high amylose corn）是指玉米淀粉中直链淀粉含量在 50% 以上的玉米品种，而普通玉米的直链淀粉含量仅为 27% 左右。直链淀粉的用途很广，已应用到纺织、石油钻井、可降解塑料等 30 多个领域。目前我国已培育出高直链淀粉特用玉米，如"京科 15 号"。

8.4.2　特用玉米栽培技术

特用玉米（特别是以鲜食为主的专用玉米）的特殊用途决定了其栽培技术上的特殊要求。

（1）精细整地　大部分特用玉米（甜、糯、爆裂等）的子粒秕瘦，幼芽顶土能力差，苗瘦弱，要选择土质肥沃、不板结、保水保肥性能好的地块，精细整地，做到土壤疏松、平整、无坷垃，土壤墒情均匀、良好。结合整地施优质有机肥，并配合施入适量磷肥、钾肥和氮肥。

（2）品种隔离　特用玉米（尤以鲜食为主的特用玉米）的性状多由隐性基因控制，种植时需要与其他玉米品种隔离，以尽量减少其他玉米花粉的干扰，否则将失去或弱化其原有特性，影响品质，降低或失去商品价值。生产上隔离距离应在 100 m 以上，或利用山岗、树林等自然隔离和利用授粉的时间差进行时间隔离。

（3）适时播种　根据种植类型、品种特性、自然条件及市场需求和加工需要，确定不同的播种时间和采收相应的种植形式。根据市场行情确定播种期，可春播或夏播。春播要在地温稳定通过 10℃ 左右时播种。或采用地膜覆盖或育苗移栽形式，可提早上市，取得较好的经济效益。另外，为使新鲜玉米果穗分期均衡上市，可采用分期播种。精选种子，应采用种子包衣技术。因其种子瘦秕，发芽顶土能力差，要适当浅播，少覆土。

（4）合理密植　以鲜食和青饲为主的特用玉米一般在乳熟期采收，应根据其品种特性，比普通玉米适当增加种植密度。

（5）田间管理　鲜食特用玉米长势弱，应在保全苗上下功夫。苗期应早追肥，促苗早发，加强开花授粉和子粒灌浆期的肥水管理。早除杂株和分蘖。采用人工辅助授粉，减少秃尖，提高商品质量。

（6）防治病虫害　特用玉米的子粒和植株营养成分高，品质好，极易招致玉米螟、金龟子、蚜虫等害虫，玉米果穗受害后，严重影响其商品质量和市场价格。对此，要早防早治，以防为主。为防止农药污染，鲜食特用玉米在授粉后采用生物防治和生物农药防治，尽量不用或少用化学农药，禁止使用残留期长的剧毒农药。

（7）适时收获　特用玉米的收获应根据不同的需要和市场需求适时采收，以保证其最佳品质和适口性，获取最大经济效益。

名词解释

硬粒型　马齿型　半马齿型　糯质型　爆裂型　甜质型　粉质型　有稃型　紧凑型　半紧凑型　平展型　大喇叭口期　抽雄　吐丝　花粒期　地下节根　支持根　初生根系　次生根系　蹲苗　见展叶差　叶龄指数　优质蛋白玉米　高油玉米　笋玉米　青饲玉米

问答题

1. 简述玉米生育阶段的划分及各阶段的生育特点。
2. 试述玉米高产种植对土壤及整地的基本要求。
3. 试述玉米苗期的田间管理措施。
4. 试述玉米穗期的田间管理措施。
5. 试述玉米花粒期的田间管理措施。
6. 简述玉米子粒产量形成与源、库、流的关系。
7. 简述特用玉米的种类及其栽培技术。

分析思考与讨论

1. 讨论玉米败育粒发生的原因和对策。
2. 根据玉米的养分吸收特征设计玉米的高产施肥技术方案。
3. 讨论玉米具有高产潜力的生理基础及提高产量潜力的途径。
4. 根据玉米高产产量构成，对品种选用、播种期、种植密度、施肥管理等措施进行选择确定，设计一个玉米达到当地高产水平的种植方案。

9

大　豆

【本章提要】 大豆原产中国，已有 5 000 年栽培历史，古称菽。现在大豆仍是中国重要粮食作物之一，中国各地均有栽培。大豆在 1804 年被引入美国，至 20 世纪中叶，在美国南部及中西部成为重要作物。现在亦广泛栽培于世界各地。大豆种子中含有丰富的植物蛋白质，最常用来做各种豆制品，是数百种天然食物中最受营养学家推崇的食物。大豆同时也可榨取豆油、酿造酱油等。

本章介绍了大豆的用途，大豆的生产概况及栽培技术的发展。通过本章的学习应掌握大豆的生长发育过程及不同阶段的管理目标，大豆的营养器官形成过程与特点，大豆产量与品质形成的基本规律。了解大豆有限生长、无限生长、亚有限生长三种习性的生育特点及其地理分布规律，掌握大豆的根瘤固氮规律及施肥技术、机械化生产技术。

9.1　概述

9.1.1　发展大豆生产的意义

大豆（*Glycine max* Merr.） 起源于我国，是我们的祖先将野生大豆驯化成栽培大豆。近半个世纪以来，美国、巴西和阿根廷等国家的大豆生产发展迅速，在国际贸易上占主导地位。我国因受人口多、耕地少等客观因素的限制，大豆生产的发展速度相对较慢。

9.1.1.1　大豆是主要的油料作物和高蛋白饲料作物

大豆子粒含有 20% 左右的油分，是世界上主要的植物油来源作物之一。2016 年大豆的产量占世界油料作物（oil crop）产量的 29%，低于油棕果（35%），远高于油菜、向日葵、花生、棉籽、椰子和橄榄，居八大油料作物之二。大豆子粒含有 40% 左右的蛋白质，榨油后的豆粕是养殖业不可缺少的主要蛋白饲料来源。大豆蛋白质消化率高，易被禽畜吸收利用，特别适合猪、家禽等不能大量利用纤维素的单胃动物。大豆秸秆营养成分高于麦秆、稻草、谷糠等，是牛、羊的好粗饲料。豆秸、豆秕磨碎可以喂猪，嫩植株可作青饲料。

9.1.1.2　大豆是优质食品和轻工业的重要原料

大豆是重要的食品工业原料，可加工成大豆粉、组织蛋白、浓缩蛋白、分离蛋白等。大豆蛋白业已广泛应用于面制食品、烘烤食品、儿童食品、保健食品、调味食品、冷饮食品、快餐食品、肉灌食品等的生产，直接增加了人们的蛋白质摄入量。大豆油不含胆固醇，吃豆油可预防血管动脉硬化。大豆含有丰富的维生素 B_1、维生素 B_2、烟酸，可预防由于缺乏维生素、烟酸引起的癞皮病、舌炎、口角炎等疾病。大豆糖类主要是乳糖、蔗糖和纤维素，淀粉含量极小，是糖尿病患者的理想食品。大豆蛋白质中人体必需的 8 种氨基酸含量丰富，尤其是赖氨酸在谷类粮食中普遍缺乏，而在大豆子粒中却非常丰富。大豆脂肪中不饱和脂肪酸含量约占 85%，其中，油酸（oleic acid）约占 23%，亚油酸（linoleic acid）53%，亚麻酸（linolenic acid）9%。

大豆还是制作柴油、油漆、印刷油墨、甘油、人造羊毛、人造纤维、电木、胶合板、胶卷、脂肪酸、卵磷脂等工业产品的原料。

9.1.1.3　大豆在作物轮作制中占有重要的地位

大豆根瘤菌能固定空气中游离氮素，在作物轮作制中适当安排种植大豆，可以把用地养地结合起来，维持地力，使连年各季均衡增产。用根瘤菌固定空气中的氮素，既可节约生产化肥的能源消耗，又可减少化肥对环境的污染。

9.1.2　大豆的起源与生产概况

9.1.2.1　大豆的起源

大豆（soybean）起源于我国，但栽培大豆究竟起源于我国何地，学者们有不同的看法。吕世霖（1963）指出，古代劳动人民的生产活动是形成栽培大豆的关键，并提出栽培大豆起源于我国的几个地区。王金陵等（1973）也认为，大豆在我国的起源中心不止一个，而是多源的。徐豹等（1986）比较研究了野生大豆（wild soybean）和栽培大豆（domesticated soybean）对昼夜变温和光周期的反应，证实 35°N 的野生大豆与栽培大豆之间的差别最小；品质化学分析结果也表明，我国 34°N ~ 35°N 地带野生大豆与栽培大豆的蛋白质含量最为接近；种子蛋白质的电泳分析又证明，胰蛋白酶抑制剂 T_1^a 等位基因的频率，栽培大豆为 100%，而野生大豆中只有来源于 32°N ~ 37°N 者才是 100%。基于以上三点，他们认定大豆应起源于黄河流域。

9.1.2.2　世界大豆生产概况

在 20 世纪 30 年代，我国是世界上最大的大豆生产国和贸易大国，但从 20 世纪 50 年代开始，美国的大豆生产量和贸易量超过我国，成为世界第一大大豆生产国，后来巴西和阿根廷又先后超过我国。目前，美国、巴西、阿根廷和中国是世界上四大大豆生产国。根据 FAO 数据统计，2016 年全世界大豆播种面积为 1.22×10^8 hm²，总产量 3.35×10^8 t，单产量 2 755 kg/hm²，四个主产国的播种面积和总产量分别占世界总量的 80% 和 85%，其中美国的总产量为 1.17×10^8 t、单产量为 3 500 kg/hm²，巴西的总产量为 0.96×10^8 t、单产量为 2 905 kg/hm²，阿根廷的总产量为 0.59×10^8 t、单产量为 3 015 kg/hm²，印度的总产量为 0.14×10^8 t 、单产量为 1 218 kg/hm²。

随着人们生活水平的提高，大豆产品需求激增，1995 年我国开始批量进口大豆，随后进口量迅速攀升，2017 年进口大豆高达 9.554×10^7 t，远远超过了国产大豆总量，对我国大豆产业构成了严重威胁。

9.1.2.3　我国大豆生产和科研展望

改革开放以来，我国的大豆生产有了很大的发展。种植面积由 1978 年的 7.144×10^6 hm²，增加到 2004 年的 9.589×10^6 hm²，年均增加 9.4×10^4 hm²；大豆总产量由 1978 年的

7.565×10^6 t 增加到 2004 年的 17.404×10^6 t，年均增加 37.8×10^4 t；单产量由 1978 年的 1 059 kg/hm²，增加到 2004 年的 1 815 kg/hm²，年均增加 1.9%，与世界大豆单产量年递增率 1.8% 相近。最近十几年，受进口转基因大豆的冲击，我国的大豆生产下滑明显，2016 年大豆种植面积为 6.64×10^6 hm²，总产量为 1.197×10^7 t，单产量为 1 801 kg/hm²。

📖 深入学习 9-1
我国大豆生产存在的主要问题

与发达国家相比，我国大豆生产水平还比较低，但经过我国科研人员的不懈努力，技术水平也得到了一定提高。在高产栽培方面也取得了很大进展。例如，研制成功了根瘤菌剂用于大豆生产。再如，为了解决人工中耕除草效率低的问题，研发了旋转锄、中耕机等配套农机械，并研究了高效、低毒、低残留化学除草技术。在施肥方面，还研制了大豆复合肥料和长效肥料等多种新型肥料，有些地区还研制了配方施肥技术。针对大豆重茬、迎茬问题，提出了包括种子包衣等新技术的重茬、迎茬大豆高产管理综合措施。当前，我国大豆生产技术正在实现单一措施向综合配套措施的转变，这有利于实现大豆高产再高产。"三垄栽培模式"和"窄垄密植栽培模式"就是通过综合配套措施的组装、改进，使大豆单产量大幅度提高的典型代表。

📖 深入学习 9-2
大豆高产高效综合栽培技术模式

9.1.3　我国大豆生产的分区

我国绝大多数省都种植大豆，集中产区主要在黑龙江、吉林、辽宁、内蒙古和黄淮海的部分地区。根据自然条件、耕作栽培制度等，可将我国大豆产区划分为五个栽培区。

（1）北方春大豆区　该区分为以下三个亚区。

① 东北春大豆亚区　包括黑龙江、吉林、辽宁、内蒙古东部四盟。它是我国最主要的大豆产区，集中分布在松花江和辽河流域的平原地带。该区大部分大豆品质优良、含油量高、种皮黄色、浅色脐、光泽好，在国际上享有很高的声誉。

② 黄土高原春大豆亚区　包括河北北部、山西北部、陕西北部、内蒙古河套灌区及宁夏。该区气候寒凉，土质瘠薄，品种以耐瘠薄、耐旱的黑豆较多。

③ 西北春大豆亚区　包括新疆和甘肃部分地区。该区年降雨量少，土壤蒸发量大，种植大豆必须灌溉。由于日光充足又有人工灌溉条件，单位面积产量较高，百粒重也高。

（2）黄淮流域夏大豆区　该区分为以下两个亚区。

① 冀晋中部春夏大豆亚区　包括河北长城以南，石家庄、天津一线以北，陕西中部和东南部。该区 6 月中下旬播种，9 月中下旬收获。该区年降雨量少，小粒椭圆品种居多，另有部分黑豆。

② 黄淮海流域夏大豆亚区　包括石家庄、天津一线以南，山东、河南大部，江苏洪泽湖和安徽淮河以北，山西西南部，陕西关中地区，甘肃天水地区。该区 6 月中下旬播种，9 月中下旬—10 月初收获。该区实行两年三熟或一年两熟，大豆生长期短，须采用中熟或早熟品种。

（3）长江流域春夏大豆区　该区分为以下两个亚区。

① 长江流域春夏大豆亚区　包括江苏、安徽两省长江沿岸部分，湖北全省，河南、陕西南部，浙江、江西、湖南的北部，四川盆地及东部丘陵。该区春作时，4 月上旬播种，7 月中下旬收获。夏作时，5 月下旬—6 月上旬播种，9 月下旬—10 月上旬收获。

② 云贵高原春夏大豆亚区　包括云南、贵州两省绝大部分，湖南和广西的西部，四川西南部。该区春作时，4 月上中旬播种，8 月下旬—9 上旬收获。夏作时 5 月上旬播种，8 月中旬—9 月上旬收获。

（4）东南春夏秋大豆区　该区包括浙江南部，福建和江西两省，台湾，湖南、广东、广西的大部。该区春作时，4 月上旬播种，7 月上中旬收获。夏作时，5 月下旬—6 月上旬播种，9

月下旬—10月中旬收获。秋作时，7月下旬—8月上旬播种，11月上旬收获。

（5）华南四季大豆区 该区包括广东、广西、云南的南部边缘和福建的南端。该区全年几近无霜，春作时，2月下旬播种，6月上中旬收获。夏作时，5月下旬—6月上旬播种，8月中下旬收获。秋作时，7月上旬播种，9月下旬收获。冬作时，12月下旬—次年1月上旬播种，次年4月下旬收获。

9.1.4 大豆的分类

大豆为豆科大豆属（*Glycine*）一年生草本植物。根据大豆的结荚习性（又称生长习性，growth habit）一般可分为无限、有限和亚有限三种类型。

（1）无限结荚习性（indeterminate） 具有这种结荚习性的大豆茎秆尖削，始花期早，开花期长。主茎中下部的腋芽首先分化开花，然后向上依次陆续分化开花。始花后，茎继续伸长，叶继续产生。如环境条件适宜，茎可生长很高。主茎与分枝顶部叶小，着荚分散，基部荚不多，顶端只有1~2个小荚，多数荚在植株的中部、中下部，每节一般着生2~5个荚，这种类型的大豆，营养生长和生殖生长并进的时间较长。

（2）有限结荚习性（determinate） 具有这种结荚习性的大豆一般始花期较晚，当主茎生长高度接近成株高度前不久，才在茎的中上部开始开花，然后向上、向下逐步开花，花期集中。当主茎顶端出现一簇花后，茎的生长终结。茎秆不那么尖削。顶部叶大，不利于透光。由于茎生长停止，顶端花簇能够得到较多的营养物质，常常形成数个荚聚集的荚簇，或成串簇。这种类型的大豆，营养生长和生殖生长并进的时间较短。

（3）亚有限结荚习性（semideterminate） 这种结荚习性介乎以上两种习性之间而偏于无限习性。主茎较发达。开花顺序由下而上。主茎结荚较多，顶端有几个荚。

大豆的结荚习性是重要生态性状，在地理分布上有着明显的规律性和地域性。从全国范围看，南方雨水多，生长季节长，有限结荚习性品种多。北方雨水少，生长季节短，无限结荚习性品种多。从一个地区看，雨量充沛、土壤肥沃，宜种有限型品种；干旱少雨、土质瘠薄，宜种无限型品种。雨量较多、肥力中等，可选用亚有限型品种。当然，这也并不是绝对的。

栽培大豆除了可按结荚习性进行分类外，还有以下几种分类法。大豆种皮（seed coat）颜色有黄、青（绿）、黑、褐及双色等。子叶（cotyledon）有黄色和绿色之分。粒形有圆、椭圆、长椭圆、扁椭圆、肾状等。成熟荚的颜色由极淡的褐色至黑色。茸毛（pubescence）有灰色、棕黄色两种，少数荚皮（pod wall）是无色的。大豆子粒按大小可分为七级，即百粒重（100-seed weight）5 g以下为极小粒种，5.0~9.9 g为小粒种，10.0~14.9 g为中小粒种，15.0~19.9 g为中粒种，20.0~24.9 g为中大粒种，25.0~29.9 g为大粒种，30 g以上为特大粒种。若按播种期进行分类，我国大豆可分作春大豆型、黄淮海夏大豆型、南方夏大豆型和秋大豆型。

9.2 大豆栽培的生物学基础

9.2.1 大豆的生长发育过程

9.2.1.1 大豆的生育时期

大豆的一生要经历种子萌发、出苗、幼苗生长、分枝、开花、结荚、鼓粒、成熟等过程。

其生育时期（growing stage）在我国一般划分为 6 个时期：出苗期、幼苗期、开花期、结荚期、鼓粒期、成熟期。国际上比较通用的是费尔（Water R.Fehr）等的划分方法。该方法根据大豆的植株形态表现记载生育时期（表 9-1 和表 9-2）。

彩图 9-1
大豆生育时期费尔划分方法示意图

表 9-1　大豆营养生长时期的划分

发育时期代号	发育时期简称	外形表现
V_E	出苗期	子叶露出土面
V_C	子叶期	真叶叶片未展开，但叶缘已分离
V_1	第 1 节期	真叶全展，第 1 复叶小叶叶缘分离
V_2	第 2 节期	主茎第 1 个复叶全展
…	…	…
V_n	第 n 节期	主茎第 $n-1$ 个复叶全展

表 9-2　大豆生殖生长时期的划分

发育时期代号	发育时期简称	外形表现
R_1	开花始期	主茎任一节上开一朵花
R_2	开花盛期	主茎最上部 2 个全展复叶节上任一节开一朵花
R_3	结荚始期	主茎上最上部 4 个全展复叶节中任一节上一个荚长 5 mm
R_4	结荚盛期	同上部位荚长 2 cm
R_5	鼓粒始期	同上部位一个荚中子实长达 3 mm
R_6	鼓粒盛期	同上部位一个荚中有一粒绿色子粒充满荚腔
R_7	成熟始期	主茎上有一个荚达到成熟颜色
R_8	成熟期	全株 95% 的荚达到成熟颜色，在干燥天气下，在 R_8 时期后 5～10 d 子粒含水量可下降到 15% 以下

9.2.1.2　大豆主要生育时期的生长特点

彩图 9-2
大豆不同生育时期

（1）种子萌发和出苗期　播种层温度稳定在 10℃时，大豆种子即可发芽。条件适宜，播种后 4～6 d 即可出苗。种子发芽需要吸收相当于本身重量 120%～140% 的水分。种子发芽时，胚根先伸入土中，子叶出土之前，幼茎顶端生长锥已形成 3～4 个复叶、节和节间的原始体。随着下胚轴伸长，子叶带着幼芽拱出地面。

（2）幼苗期　从出苗到花芽分化前为幼苗期，历经 20～25 d，占整个生育期的 1/5。出苗后 2 片子叶展开，其幼茎继续伸长，经过 4～5 d，上面的 2 片对生的单叶随即展开，此时称单叶期。这时幼苗已具有两个节并形成了第一个节间。随着幼茎不断伸长，长出第一片复叶，称 3 叶期。从原始真叶展开到第一复叶展平大约需 10 d。此后，每隔 3～4 d 出现一片复叶，腋芽也跟着分化。3 叶期地上部分增长速度较慢，地下根系生长较快形成根瘤。此期末根系初步形成，开始需要较多的水分和养料。幼苗期是长根期，应注意蹲苗，加强田间管理，达到苗全、苗匀、苗壮，为丰产打下基础。

（3）花芽分化期　从花芽开始分化到始花为花芽分化期，也是分枝期。一般经 25 ~ 30 d。当复叶出现 4 ~ 5 片时，主茎下部开始发生分枝，同时分化花芽。大豆花芽的分化和现蕾是在短日照条件下进行的。花芽开始分化，植株进入生殖生长和营养生长并进时期，根系发育旺盛，茎叶生长加快，花芽相继分化。这时必须加强肥水管理，同时注意协调营养生长与生殖生长，达到株壮、枝多、花芽多、花健的要求。

（4）开花结荚期　从始花到终花为开花期，有限型品种单株自始花到终花约 20 d；无限型品种花期长达 30 ~ 40 d 或更长。从软而小的豆荚出现到拉板（形容豆荚伸长、加宽的形成过程）为结荚期，由于大豆开花与结荚是并进的，所以这两个时期统称开花结荚期。开花结荚期是大豆生育最旺盛的时期，营养器官和生殖器官之间对光合产物竞争比较强烈，无限型品种尤其如此。开花结荚期是需要水分和养料最多的时期，同时需要充足的光照。在前期苗全、苗壮、分枝多的基础上，花期应加强肥水管理，并使通透良好，以达到花多、荚多、粒多和减少花荚脱落的要求。

（5）鼓粒期　从豆荚内豆粒开始膨大起，直到达到最大的体积和重量时止称鼓粒期，历经 30 ~ 40 d。大豆从开花结荚到鼓粒阶段，没有明显的界线。在田间调查记载时，把豆荚中子粒显著突起的植株达一半以上的日期称为鼓粒期。在荚皮发育的同时，其种皮已形成，荚皮近长成后，豆粒才鼓起。开花后 10 d 内，种子内的干物质积累增加缓慢，之后的 7 d 增加很快，大部分干物质是在这以后约 21 d 内积累的。每粒种子平均每天可增重 6 ~ 7 mg，多者达 8 mg 以上。荚的重量大约在第 7 周达到最大值。鼓粒完成时的种子含水量约 90%。

鼓粒期是大豆种子形成的重要时期，这个时期大豆生育是否正常将决定每荚粒数的多少、粒重的高低和种子的化学成分。此时干旱或多雨致涝会造成死荚、秕粒、粒重下降而严重影响产量。保证种子正常发育要满足两个条件：① 植株本身贮藏物质丰富，根系不衰老，叶片的同化作用旺盛；② 要有充足的水分供应。

（6）成熟期　叶片变黄脱落，豆粒脱水，呈现品种固有性状，这时种子含水量已降至 15% 以下，直到摇动植株时荚内有轻微响声，即为成熟期。此时应当降低土壤水分，加速种子和植株变干，便于及时收获，同时防止肥水过多造成贪青晚熟，影响及时收获和倒茬。此期天气晴朗干燥可促进成熟且有利于提高品质。

9.2.2　大豆的植物学性状

9.2.2.1　根和根瘤

大豆根由初生根（primary root）、次生根（secondary root）和根毛（root nair）组成。初生根由胚根发育而成，次生根在发芽后 3 ~ 7 d 出现，根的生长一直延续到地上部分不再增长为止。在耕层深厚的土壤条件下，大豆根系发达，根量的 80% 集中在 5 ~ 20 cm 土层，主根在地表下 10 cm 以内比较粗壮，越向下越细，几乎与支根很难分辨，入土深度可达 60 ~ 80 cm。次生根是从初生根中柱鞘分生出来的。一次次生根先向四周水平伸展，远达 30 ~ 40 cm，然后向下垂直生长。一次次生根还再分生二次、三次支根。根毛是幼根表皮细胞外壁向外突出而形成的。根毛寿命短暂，约几天更新一次。根毛密生使根具有巨大的吸收表面。

随大豆根系的生长，土壤中原有的根瘤菌（rhizobium）沿根毛或表皮细胞侵入，在被侵入的细胞内形成感染线，根瘤菌进入感染线中，感染线逐渐伸长，直达内皮层，根菌瘤也随之进入内皮层中，在这里根菌瘤的后产物诱发细胞进行分裂，形成根瘤（root nodule）的原基。大约在侵入后 1 周，根瘤向表皮方向隆起，侵入后 2 周左右，皮层的最外层形成了根瘤的表皮，

大豆的根与根瘤

皮层的第 2 层成为根瘤的形成层，接着根瘤的周皮、厚壁组织层及维管束也相继分化出来（图 9-1）。根瘤菌在根瘤中变成类菌体。根瘤细胞内形成豆血红蛋白，根瘤内部呈红色，此时根瘤开始具有固氮（nitrogen fixation）能力。

大豆根瘤中的类菌体具有固氮酶。在刮氮酶的催化作用下，根瘤菌能将空气中的氮转化为 NH_3。NH_3 与 α- 酮戊二酸结合成谷氨酸，并以这种形态参与代谢过程。大豆植株与根瘤菌之间是共生关系。大豆供给根瘤糖类，光合产物的 12% 左右被根瘤菌所消耗，而根瘤菌供给寄主以氨基酸。一般地说，根瘤菌所固定的氮可供大豆一生需氮量的 1/2 ~ 3/4。这说明，共生固氮是大豆的重要氮源，然而单靠根瘤菌固氮是不能满足其需要的。据研究，植物生长早期固氮较少，自开花后迅速增长，开花至青粒形成阶段固氮最多，约占总固氮量的 80%，在接近成熟时固氮又下降。

9.2.2.2　茎

大豆的茎包括主茎（main stem）和分枝（branch）。茎发源于种子中的胚轴。下胚轴末端

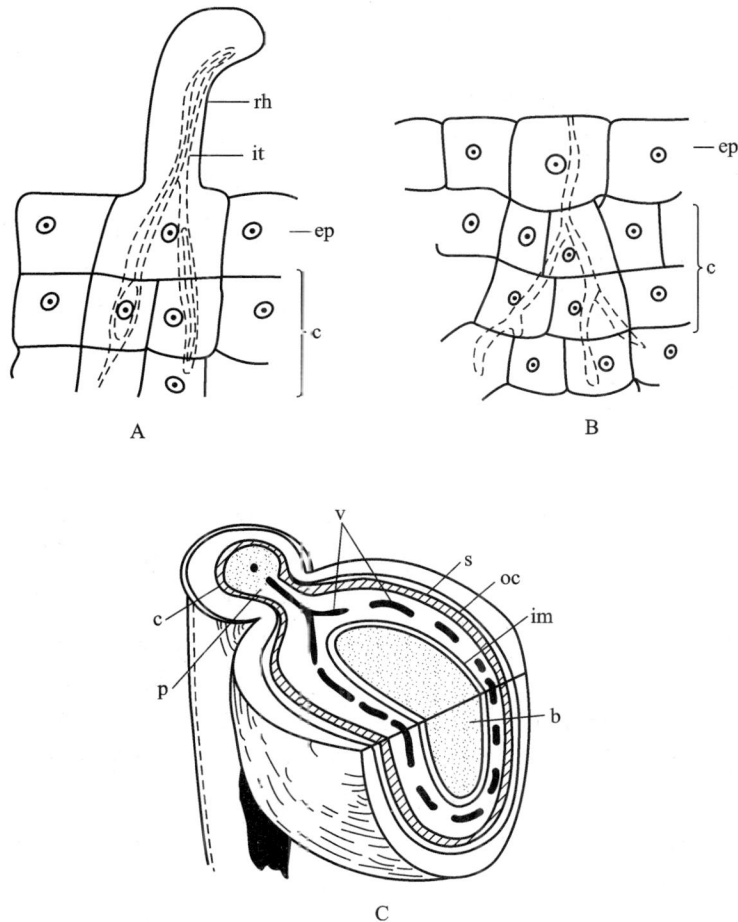

图 9-1　根瘤菌侵入根和根瘤的构造（引自 Bieberdorf，1938；池田，1955）

A. 由根毛侵入：rh. 根毛　ep. 表皮细胞　c. 皮层　it. 感染线

B. 根瘤菌由表皮侵入，形成感染线，向皮层细胞内延伸：ep. 表皮细胞　c. 皮层

C. 根瘤的内部构造：c. 根的木栓形成层　p. 原形成层 v. 维管束 s. 厚壁细胞层

oc. 根瘤的木栓形成层　im. 内部形成层　b. 含类菌体的细胞组织

与极小的根原始体相连；上胚轴很短，带有两片胚芽、第一片三出复叶原基和茎尖。在营养生长期间，茎尖形成叶原始体和腋芽，一些腋芽后来长成主茎上的第一级分枝。第二级分枝比较少见。栽培品种有明显的主茎，主茎高度 50~100 cm，茎粗 6~15 mm，主茎一般 12~20 节。

大豆幼茎有绿色与紫色两种，绿茎开白花，紫茎开紫花。茎上生茸毛，灰白或棕色，茸毛多少和长短因品种而异。

按主茎生长形态，大豆可分为蔓生型、半直立型、直立型。栽培品种均属于直立型。大豆主茎基部节的腋芽常分化为分枝，多者可达 10 个以上，少者 1~2 个或不分枝。分枝与主茎所成角度的大小、分枝的多少及强弱决定着大豆栽培品种的株型（plant type），按分枝与主茎所成角度大小，可分为张开、半张开和收敛三种类型。按分枝的多少、强弱，又可将株型分为主茎型、中间型和分枝型三种。

9.2.2.3　叶

彩图 9-4
大豆的叶

大豆叶有子叶（cotyledon）、单叶（simple leaf）、复叶（compound leaf）之分。子叶（豆瓣）出土后展开，经阳光照射即出现叶绿素，可进行光合作用。在出苗后 10~15 d，子叶所贮藏的营养物质和自身的光合产物对幼苗的生长是很重要的。子叶展开后约 3 d，随着上胚轴伸长，第二节上先出现两片单叶，第三节上出生一片三出复叶。

大豆复叶由托叶、叶柄和小叶三部分组成。托叶一对，小而狭，位于叶柄和茎相连处两侧，有保护腋芽的作用。大豆植株不同节位上的叶柄（petiole）长度不等，这对于复叶镶嵌和合理利用光能是有利的。大豆复叶的各个小叶以及幼嫩的叶柄能够随日照而转向。大豆小叶（leaflet）的形状、大小因品种而异。叶形（leaf shape）可分为椭圆形、卵圆形、披针形和心形等。有的品种的叶片形状、大小不一，属变叶型。叶片寿命 30~70 d 不等，下部叶变黄脱落较早，寿命最短；上部叶寿命也比较短，因出现晚却又随植株成熟而枯死；中部叶寿命最长。

另外，在分枝基部两则和花序基部两侧各有一对极小的尖叶，称为前叶，已失去功能。

9.2.2.4　花和花序

彩图 9-5
大豆的花

（1）花和花序的形态　大豆的花序着生在叶腋间或茎顶端，为总状花序。花序的主轴称花轴。大豆花轴的长短、花轴上花朵的多少因品种而异，也受气候和栽培条件的影响。花轴短者不足 3 cm，长者在 10 cm 以上，现有品种中花序有的长达 30 cm（如"凤交 66-12"）

一个花序上的花朵通常是簇生的，俗称花簇（flower cluster）。每朵花由苞片（bract）、花萼（calyx）、花冠（corolla）、雄蕊（stamen）和雌蕊（pistil）构成。苞片有两个，很小，成管形。苞片上生有茸毛，有保护花芽的作用。花萼位于苞片的上方，下部联合呈杯状，上部开裂为 5 片、色绿、着生茸毛。花冠为蝴蝶形，位于花萼内部，由 5 个花瓣组成。5 个花瓣中上面一个大的称为旗瓣（standard），旗瓣两侧有两个形状和大小相同的翼瓣（wing）；最下面的两瓣基部相连，弯曲，形似小舟，称为龙骨瓣（keel）（图 9-2）。花冠的颜色分白色、紫色两种。雄蕊共 10 枚，其中 9 枚的花丝联在一起成管状，1 枚分离，花药（anther）着生在花丝的顶端，开花时，花丝伸长向前弯曲，花药裂开，花粉散出。一朵花的花粉约有 5 000 粒。雌蕊包括柱头（stigma）、花柱和子房三部分。柱头为球形，子房内含胚珠（ovule）1~5 个，以 2~3 个居多。

（2）花芽分化（flower initiation）　大豆花芽分化的迟早，因品种而异。早熟品种较早，晚熟品种较迟；无限型品种较早，有限型品种较迟。大豆花芽分化可分作花芽原基形成期、花萼

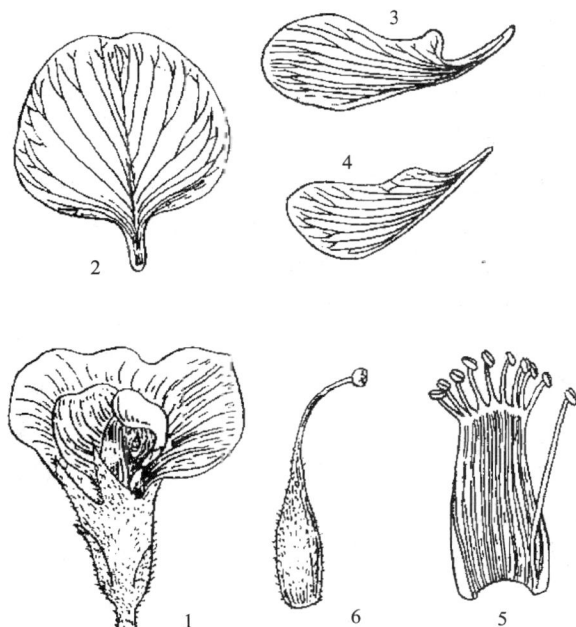

图 9-2　大豆花的构造（引自王树安，1995）
1. 开放的花　2. 旗瓣　3. 翼瓣　4. 龙骨瓣　5. 雄蕊　6. 雌蕊

分化期、花瓣分化期、雄蕊分化期、雌蕊分化期以及胚珠花药、柱头形成期。最初，出现半球状花芽原始体，接着在原始体的前面发生萼片，继而在两旁和后面也出现萼片，形成萼筒。花萼原基出现是大豆植株由营养生长进入生殖生长的形态学标志。然后，相继分化出极小的龙骨瓣、翼瓣、旗瓣原始体。跟着雄蕊原始体成环状顺次分化，同时心皮也开始分化。在 10 枚雄蕊中央，雌蕊分化，胚珠原始体出现，花药原始体也同时分化。花器官逐渐长大，形成花蕾。随后，雄蕊、雌蕊的生殖细胞连续分裂，花粉及胚囊形成。

（3）授粉授精与种胚发育　从大豆花蕾膨大到花朵开放需 3 ~ 4 d。一般从上午 6 时开始开花，8—10 时最盛，下午开花甚少。

花朵开放前，雄蕊的花药已裂开，花粉粒在柱头上发芽。花粉管在向花柱组织内部伸长的过程中，雄核一分为二，变成两个精核，从授粉（pollination）到双受精只需 8 ~ 10 h。授粉后约 1 d，受精卵开始分裂。最初二次分裂形成的上位细胞将来发育成胚，下位细胞发育成胚根原和胚柄。受精后第四周子叶长到最大，此后复叶叶原基分化形成。

花冠在花粉粒发芽后开放，约 2 d 后凋萎。随后子房逐渐膨大，幼荚形成（拉板）开始。开始荚发育缓慢，从第 5 d 起幼荚迅速伸长，大约经过 10 d，长度达到最大值。荚达到最大宽度和厚度的时间较迟。嫩荚长度的日增长约 4 mm，最多达 8 mm。

大豆是自花授粉作物，花朵开放前即完成授粉，天然杂交率不到 1%。和水稻等其他作物一样，大豆也具有较强的杂种优势。我国已经建立了大豆杂交种生产技术，但由于有些技术尚需完善，制种产量较低，因此，近期内难以大面积推广应用。

9.2.2.5　豆荚和种子

大豆荚由子房发育而成。荚的表皮被茸毛，个别品种无茸毛。荚色有黄、灰褐、褐、深褐以及黑等颜色。豆荚形状分直形、弯镰形和弯曲程度不同的中间形。有的品种在成熟时沿荚果

彩图 9-6

大豆的荚果

的背腹缝自行开裂（炸裂）。

栽培品种每荚多含 2 ~ 3 粒种子。荚粒数与叶形有一定的相关性。有的披针形叶大豆，四粒荚的比例很大，也有少数五粒荚；卵圆形叶和长卵圆形叶品种以二三粒荚为多。

成熟的豆荚中常有发育不全的子粒，或者只有一个小薄片，通称秕粒。秕粒率常在 15% ~ 40%。秕粒发生的原因是，受精后结合子未得到足够的营养。一般先受精的先发育，粒饱满；后受精的后发育，常成秕粒。在同一个荚内，先豆由于先受精，养分供应好于中豆、基豆，故先豆饱满，而基豆则常常瘦秕。开花结荚期间，阴雨连绵、天气干旱均会造成秕粒。鼓粒期间改善水分、养分和光照条件有助于克服秕粒。

彩图 9–7
大豆的种子

种子形状可分为圆形、卵圆形、长卵圆形、扁圆形等。种子大小通常以百粒重表示。子粒大小与品种和环境条件有关，东北大豆引到新疆种植，其百粒重可增加 2 g 左右。种皮颜色与种皮栅栏组织细胞所含色素有关，以黄色居多，种脐（hilum）是种子脱离珠柄后在种皮上留下的疤痕。在种脐的靠近下胚轴的一端有珠孔，当发芽时，胚根由此出生；另一端是合点，是珠柄维管束与种脉连接处的痕迹（图 9–3）。脐色的变化可由无色、淡褐、褐、深褐到黑色。圆粒、种皮金黄色、有光泽、脐无色或淡褐色的大豆最受市场欢迎，但脐色与含油量无关。

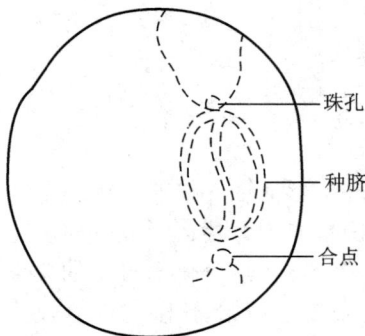

图 9–3　大豆种子的外形
（引自王树安，1995）

种皮共分三层：表皮、下表皮和内薄壁细胞层。由于角质化的栅栏细胞实际上是不透空气的，种脐区（脐间裂缝和珠孔）成为胚和外界之间空气交换的主要通道。

胚由两片子叶、胚芽和胚轴组成。子叶肥厚，富含蛋白质和油分，是幼苗生长初期的养分来源。胚芽具有一对已发育成的初生单叶。胚芽的下部为胚轴。胚轴末端为胚根。有的大豆品种种皮不健全，有裂缝，甚至裂成网状，致使种子部分外露。气候干旱或成熟后期遇雨也常常造成种皮破裂。有的子粒不易吸水膨胀，变成"硬粒"，种皮栅栏组织外面的透明带含有蜡质或栅栏组织细胞壁硬化。土壤中钙质多，种子成熟期间天气干燥往往使硬粒增多。

9.2.3　大豆的产量及品质形成

9.2.3.1　大豆产量的构成因素

大豆的子粒产量是单位面积的株数、每株荚数、每荚粒数、每粒重的乘积，即：

子粒产量（kg/hm^2）= [每公顷株数 × 每株荚数 × 每荚粒数 × 每粒重（g）] /1 000

产量构成因素中任何一个因素发生变化都会引起产量的增减。理想的产量构成是四个产量构成因素同时增长。但是，在大豆生产实践中，这四个产量构成因素是相互制约的，在同一品种中，将荚多、每荚粒数多、粒大等优点结合在一起是比较困难的。

大豆品种间的株型不同，对营养面积的要求各异，因此，适宜种植密度也不一致。单株生长繁茂、叶片圆而大、分枝多且角度大的品种，一般不适于密植，主要靠增加每株荚数来增产。株型收敛、叶片窄而小、分枝少且角度小的品种，一般适于密植，通常靠株数多来提高产量。

对同一个大豆品种来说，在子粒产量的四个构成因素中，单位面积株数在一定肥力和栽培条件下有其适宜的幅度，但伸缩性不大。

9.2.3.2 大豆的产量形成与物质分配

（1）产量的形成 大豆生物产量（biological yield）形成的过程大体可分为三个时期，即指数增长期、直线增长期和稳定期。大豆植株生长初期，叶片不遮阴，光合产物与叶面积成正比，增长速率缓慢，此时，生物产量的积累曲线如指数曲线。从分枝期起，叶面积增长迅速，光合产物积累速率大大提高。从分枝期至结荚期，生物产量增加最快，基本上呈直线增长。结荚期之后，叶片光合速率降低，生物产量趋于稳定，在鼓粒中期前后达到最大值。生物产量是经济产量的基础。要获得高额的子粒产量，首先必须千方百计地提高生物产量。与此同时，应注意光合产物多向子粒转移。

大豆生长发育的重要特点是生殖生长开始早，营养生长和生殖生长并进的时间长。一个生育期为 125 d 的有限结荚习性品种，出苗后 60 d 始花，此时生物产量占总生物产量的 20%~25%。由此可见，大豆的大部分干物质是在营养生长和生殖生长并进的时期内积累起来的。大豆早熟品种在出苗后 50 d 左右、晚熟品种在出苗后 75 d 左右，荚中子粒即已开始形成。整个子粒形成期为 45~50 d，最初 10 d 左右增重较慢，中期增重较快，后期又较慢。

（2）物质分配 大豆植株的物质分配（器官平衡）是指大豆地上部分各个器官在生物产量中所占的比率。大豆晚熟品种（late-mature cultivar）的叶片、叶柄、茎秆、荚皮和子粒在生物产量中的最优比例应为 24%、9%、20%、12% 和 35%，即经济系数（economical coefficient）为 35%。早熟品种（early-mature cultivar）的茎秆比例应更小些（春播 15%，夏播 10%），子粒比例则应更大些，在 42%~45% 或更高。从大豆栽培角度看，应当选择在高肥水条件下生物产量高、器官平衡合理、经济系数高的品种，加之采用各种栽培措施，以较小的叶片、叶柄、茎秆和荚皮比率，取得较多的子粒产量。

（3）产量形成的生理基础

① 叶片光合速率（photosynthetic rate）和光呼吸（photorespiration） 大豆作为典型的 C_3 作物，光合速率比较低。大豆叶片光合速率大致在 5.06~25.32 μmol CO_2/（$m^2 \cdot s$），有的品种在适宜的栽培条件下，最高时可达 37.98 μmol CO_2/（$m^2 \cdot s$）。叶片的光合速率因种、品种、同一品种不同生育时期，甚至一天中都有明显的变化。一般来说，栽培种大豆叶片的光合作用速率大于野生种；大多数新品种或高产品种大于老品种或低产品种；早熟品种高于晚熟品种；高光效品种的光合速率大于高产品种。就整个生长季而言，大豆的光合速率高峰出现在结荚鼓粒期。在一天之中，早晨和傍晚光合速率低，中午最高，并持续几个小时。国内外的许多研究者都指出，大豆叶片的光合速率和子粒产量之间不存在稳定的和恒定的相关性。大豆的光呼吸速率是比较高的。由光合作用固定下来的 CO_2 有 25%~50% 又被光呼吸作用所消耗。

② 叶面积指数（leaf area index）和光合势（photosynthetic potential） 适当地增大叶面积指数是现阶段提高大豆产量的主要途径。大豆出苗到成熟，叶面积指数有一个发展过程，一般在开花末期至结荚初期达到高峰，大致呈一抛物线。叶面积指数过小，即光合面积小，不能截获足够的光能；叶面积指数过大，则中部、下部叶片被遮阴，光合效率低或变黄脱落。适宜的叶面积指数动态是：苗期 0.2~0.3、分枝期 1.1~1.5、开花末期至结荚初期 5.5~6.0、鼓粒期 3.0~3.4。叶面积指数在 3.0~6.0 时，与生物产量、经济产量的相关性是极显著的。较大的叶面积指数维持较长的时间对产量形成是有利的。

光合势是指叶面积的延续时间的总和。光合势以（$m^2 \cdot d$）为单位。研究证明，总光合势与生物产量、经济产量相关极显著。春播秋收大豆要获得 3 000~3 750 kg/hm² 子粒产量，总光合势通常应在（270~300）× 10^4 m²/d。

9.2.3.3 大豆品质形成

（1）大豆子粒蛋白质的积累 大豆子粒的蛋白质含量十分丰富，一般含量为 40%，比大米高 4 倍，比面粉高 2～3 倍。从人体对各种氨基酸的需要来看，大豆蛋白质的氨基酸组成最接近"全价蛋白"，而食用谷类作物蛋白质中则往往缺乏赖氨酸、苏氨酸、甲硫氨酸或色氨酸。大豆蛋白质中谷氨酸占 19%，精氨酸、亮氨酸和天冬氨酸各占 8% 左右。人体必需氨基酸赖氨酸占 6%；可是色氨酸及含硫氨基酸——胱氨酸、甲硫氨酸含量偏低，均在 2% 以下。

在大豆开花后 10～30 d，氨基酸增加最快，此后，氨基酸迅速下降。这标志着后期氨基酸向蛋白质转化过程大为加快。大豆种子中蛋白质的合成和积累，通常在整个种子形成过程中都可以进行，开始是脂肪和蛋白质同时积累，后来转入以蛋白质合成为主。后期蛋白质的增长量占成熟种子蛋白质含量的一半以上。

（2）大豆子粒油分的积累 大豆子粒的油分含量在 20% 左右，比小麦高 12 倍，比玉米和大米高 4～5 倍。大豆油中含有棕榈酸（16∶0）和硬脂酸（18∶0）两种饱和脂肪酸和油酸（18∶1）、亚油酸（18∶2）、亚麻酸（18∶3）三种不饱和脂肪酸。大豆油中的饱和酸约占 15%，不饱和酸约占 85%。

对于大豆油分的积累规律，大多数研究结果均表明，无论油分的相对含量还是绝对含量在开花后至成熟前，一直是逐渐增加的，开花后 30 d 左右有一快速积累期，到成熟后又稍有下降。Sale 等（1980）以大豆品种"Lee"为试验材料，自开花后第 4 周起，每周取样一次，测定了油分含量的变化动态，结果表明子粒形成初期，油分含量只有 5%，之后迅速增长到最高限（25%），而在叶片衰老的最后一周，油分的浓度又由 25% 下降到 21%。子粒中油分绝对含量的变化动态与相对含量是一致的。

（3）生态环境对大豆品质的影响 大豆子粒的品质与气候条件密切相关。对不同生态区域大豆子粒品质的测定结果表明，大豆蛋白质含量与生育期间的气温、降水量呈正相关，与日照和昼夜温差呈负相关（胡明祥，1990）。而大豆子粒含油量与生育期间的气温高低和降水多少呈负相关，与日照长短和昼夜温差呈正相关（祖世亨，1983）。总的来说，气候凉爽、雨水较少、光照充足、昼夜温差大的气候条件有利于大豆含油量的提高。

我国大豆子粒的蛋白质和油分含量与地理纬度有明显的相关性。总的趋势是：原产于低纬度的大豆品种，其蛋白质含量较高，而油分含量较低；相反，原产于高纬度的大豆品种，其油分含量较高，而蛋白质含量较低。因而，东北大豆以油用为主，子粒的蛋白质含量相对较低而含油量较高；南方一些地区的大豆以加工豆腐等食用为主，子粒的含油量相对较低而蛋白质含量较高。

（4）农艺措施对大豆品质的影响 大豆播种期不同，植株生长发育所遇到的环境条件各异，这些环境条件会对大豆子粒品质造成一定影响。一般认为，春播大豆蛋白质含量较高，夏播或秋播稍低；油分含量春播普遍高于夏播或秋播。播种期不仅影响大豆油分的含量，而且影响脂肪酸的组成。春播大豆子粒的棕榈酸（软脂酸）、硬脂酸、亚油酸和亚麻酸含量低，而夏播或秋播的则较高。油酸含量则与此相反，春播高于夏播或秋播。

施肥能明显改善大豆子粒品质。据报道，给大豆单施氮肥、磷肥或者氮磷混施均可增加子粒的蛋白质含量。给大豆单施农家肥会使子粒的含油量下降；在施用农家肥基础上再增施磷肥、氮磷肥、磷钾肥，或者不施农家肥而施氮、磷、钾化肥，都可以提高大豆子粒的含油量。施硫均可增加高蛋白大豆品种和高油品种的蛋白质含量；施锌可增加高蛋白大豆品种蛋白质含量，硼、钼、锌同时施用也可增加高油品种大豆的蛋白质含量。氮、磷、钾对大豆脂肪含量具有显著影响，在高脂肪品种中，钾单独处理能显著增加脂肪含量，磷－钾配合施用、氮－钾配合施用、氮－磷配合施用都能不同程度地增加子粒脂肪含量。适量的施用钙、钼也具有增加大豆子粒脂肪含量的趋势（王继安等，2003）。国内外的研究结果还表明，硫、硼、锌、锰、钼和铁等元素均会对大豆子粒的品质形成产生影响。另外，灌水、茬口、病虫害等也会对大豆子粒的品质带来影响。

9.2.4　大豆的生态适应性

9.2.4.1　大豆对环境条件的要求

（1）光照　大豆是喜光作物，夏大豆品种（系）青壮龄叶片的光合速率随光强增强而升高。幼龄叶片在低光强下，光合速率随光强增强而升高；当光强增加到 500 μmol/（m² · s）左右时，光合速率不再增加，呈现光饱和现象（徐冉等，2005）。

大豆属于对日照长度反应极度敏感的作物。大豆开花结实要求较长的黑夜和较短的白天。严格地说，每个大豆品种都有其对生长发育适宜的日照长度。只要日照长度比适宜的日照长度长，大豆植株即延迟开花；反之，则提早开花。

（2）温度　大豆是喜温作物。不同品种在全生育期内所需要的 ≥ 10℃ 的活动积温相差很大。晚熟品种要求 3 200℃ 以上，而夏播早熟品种则要求 1 600℃ 左右。同一品种，随着播种期的延迟，所要求的活动积温也随之减少。春季，当播种层的地温稳定在 10℃ 以上时，大豆种子开始萌动发芽。夏季，气温平均在 24～26℃，对大豆植株的生长发育最为适宜。当温度低于 14℃ 时，生长停滞。秋季，白天温暖，晚间凉爽但不寒冷，有利于同化产物的积累和鼓粒。

大豆不耐高温，温度超过 40℃，着荚率减少 57%～71%。北方春播大豆在苗期常受低温危害，温度不低于 –4℃，大豆幼苗受害轻微，温度在 –5℃ 以下，幼苗可能被冻死。大豆幼苗的补偿能力较强，霜冻过后，只要子叶未死，子叶节还会出现分枝，继续生长，大豆开花期抗寒力最弱，温度短时间降至 –0.5℃，花朵开始受害，–1℃ 时死亡；温度在 –2℃，植株即死亡，未成熟的荚在 –2.5℃ 时受害。成熟期植株死亡的临界温度是 –3℃。秋季，短时间的初霜虽能将叶片冻死，但随着气温的回升，子粒重仍继续增加。

（3）水分　大豆需水较多，形成 1 g 大豆干物质需水 580～744 g。大豆产量高低与降水量多少有密切的关系。东北春大豆区，大豆生育期间（5—9 月）的降水量在 600 mm 左右，大豆产量最高，500 mm 次之，降水量超过 700 mm 或低于 400 mm，均造成减产。黄淮海流域夏大豆区，6—9 月的降水量若在 435 mm 以上，可以满足夏大豆的要求。夏大豆鼓粒最快的 9 月上旬、中旬降水量多在 30 mm 以下，即水分保证率不高是影响产量的重要原因。

大豆靠根尖附近的根毛和根的幼嫩部分吸收水分。大豆根主要是从 30 cm 以内的土层中吸收水分的。在根系强大时，也能从 30～50 cm 土层中吸收水分。大豆的根压为 0.051～0.253 MPa，由于有根压，大豆根能主动从土壤中吸收水分。为保障叶片的正常生理活动，其水势应维持在 –1 MPa 以上。当水势大于 –0.4 MPa 时，叶片生长速率快；当水势小于 –0.4 MPa 时，叶片生长速率很快下降；当水势在 –1.2 MPa 左右时，叶片生长接近于零。春播大豆各生育时期的单株平均日耗水量分别为：分枝末期之前 66 mL，初花期 317 mL，花荚期 600 mL，荚粒期 678 mL，鼓粒期 450 mL，成熟期 175 mL。由此可见，结荚期至鼓粒期是春播大豆耗水的关键时期（王琳，1992）。

9.2.4.2　大豆对土壤条件的要求

（1）土壤有机质、质地和酸碱度　大豆对土壤条件的要求不是很严格。土层深厚、有机质含量丰富的土壤最适宜大豆生长。大豆比较耐瘠薄，但是在瘠薄地种植大豆或者在不施有机肥的条件下种植大豆，从经营上讲是不经济的。大豆对土壤质地的适应性较强。沙质土、沙壤土、壤土、黏壤土乃至黏土，均可种植大豆，当然以壤土最为适宜。大豆要求中性土壤，pH宜在 6.5 ~ 7.5。pH 低于 6.0 的酸性土往往缺钼，也不利于根瘤菌的繁殖和发育。pH 高于 7.5 的土壤往往缺铁、锰。大豆不耐盐碱，总盐量 < 0.18%，NaCl < 0.03%，植株生育正常，总盐量 > 0.60%，NaCl > 0.06%，植株死亡。

（2）土壤矿质营养　大豆需要矿质营养的种类全，且数量多。大豆根系从土壤中吸收氮、磷、钾、钙、镁、硫、氯、铁、锰、锌、铜、硼、钼、钴等十余种营养元素。相比而言，大豆对磷素需要较多，是喜磷作物。

大豆植株生育早期阶段，叶片、叶柄、茎秆中的 N、P_2O_5 和 K_2O 的百分浓度较高。随着植株的生长发育，特别是随着子粒的形成，全株的养分浓度逐渐下降，如出苗后 15 d 叶片的 N、P_2O_5 和 K_2O 的百分含量分别为 5.43%、1.10% 和 1.81%，而成熟期（出苗后 127 d），相应的下降为 2.99%、0.61% 和 0.82%。子粒中氮、磷和钾的百分含量基本上呈上升趋势。成熟期子粒的含氮量在 6% 以上。大豆植株对 N、P_2O_5 和 K_2O 吸收积累的动态符合 Logistic 曲线，即前期慢，中期快，后期又慢。对于一个生育期为 127 d 的春播大豆品种（"辽豆 3 号"）来说，吸收 N 和 P_2O_5 最快的时间在出苗后第 71.5 d 和 71 d，而吸收 K_2O 最快时间则在第 63.9 d。

大豆对微量元素的需要量极少。各种微量元素在大豆植株中的百分含量为：镁 0.97%、硫 0.69%、氯 0.28%、铁 0.05%、锰 0.02%、锌 0.006%、铜 0.003%、硼 0.003%、钼 0.000 3%、钴 0.001 4%（Ohlrogge，1966）。由于多数土壤尚可满足大豆微量元素的需要，常被忽视。近些年来，有关大田试验已证明，为大豆补充微量元素收到了良好的增产效果。

（3）土壤水分　大豆不同生育时期对土壤水分的要求不同。发芽时，要求水分充足，土壤含水量在 20% ~ 24% 较适宜。幼苗期比较耐旱，此时土壤水分略少一些，有利于根系深扎。开花期，植株生长旺盛，需水量大，要求土壤相当湿润。结荚鼓粒期，干物质积累加快，此时要求充足的土壤水分。如果墒情不好，会造成幼荚脱落，或导致荚粒干瘪。

土壤水分过多对大豆的生长发育也是不利的。据报道，大豆植株浸水 2 ~ 3 昼夜，水温没有变化，水退之后尚能继续生长。如渍水的同时又遇高温，植株则会大量死亡。不同大豆品种的耐旱、耐涝程度是不一样的。例如，秣食豆、小粒黑豆等类型具有较强的耐旱性；农家品种"水里站"则比较耐涝。

9.3　大豆栽培技术

9.3.1　轮作和间作

9.3.1.1　轮作倒茬

大豆对前作要求不严格，凡有耕翻基础的谷类作物，如小麦、玉米、高粱、亚麻、甜菜等经济作物都是大豆的适宜前作。大豆茬是轮作中的好茬口。大豆的残根落叶含有较多的氮素，豆茬土壤较疏松，地面较干净。因此，适于种植各种作物，特别是谷类作物。

大豆忌重茬和迎茬。据报道，重茬大豆减产 11.1% ~ 34.6%，迎茬大豆减产 5% ~ 20%。减产的主要原因是：以大豆为寄主的病害如胞囊线虫病等容易蔓延；危害大豆的害虫如食心虫等愈益繁殖。土壤化验结果表明，豆茬土壤的 P_2O_5 含量比粟茬、玉米茬分别少 2.0 mg/mL、0.8 mg/mL。这样的土壤再用来种大豆，势必影响其产量的形成。迄今，只知道大豆根系的分泌物（如 ABA）能够抑制大豆的生长发育，降低根瘤菌的固氮能力，但是对分泌物的本身及其作用机制却知之甚少。

在我国东北地区较好的轮作方式有：大豆—玉米—玉米；大豆—春小麦—春小麦；大豆—春小麦（亚麻）—玉米等。在黄淮海地区可采用冬小麦—夏大豆—冬小麦、冬小麦—夏大豆—冬小麦—夏杂粮、冬小麦—夏大豆—冬闲后种植春玉米、高粱、棉花等轮作倒茬方式。南方地区大豆与其他作物的轮作方式有：冬播作物（小麦、油菜）—夏大豆（一年两熟制）、冬播作物（小麦、油菜）—早稻—秋大豆（一年三熟制）和冬播作物（小麦、油菜）—春大豆—晚稻（一年三熟制）、春大豆—杂交水稻（一年两熟制）等方式。

正确的作物轮作不但有利于各种作物全面增产，而且也可起到防治病虫害的作用。例如，在胞囊线虫（cyst nematode）大发生的地块，换种一茬蓖麻或万寿菊之后再种大豆，可有力地抑制胞囊线虫危害。

9.3.1.2 大豆与其他作物的间作、套作、混作

大豆可以和许多其他作物进行间作、套作，特别在我国南方种植制度比较复杂的地区更是如此。例如，甘蔗地套种早熟春大豆，甘薯与早熟夏大豆进行间作，玉米和大豆间作等。近年来，四川农业大学研制的玉豆带状种植（strip cropping）模式，在适宜地区可以实现玉米不减产，间作大豆获得 1 500 kg/hm^2，套作大豆获得 1 950 kg/hm^2 以上的产量。一般在不影响主要作物产量的情况下，间作、套作还可多收一熟大豆，实现高产、高效。

我国水稻面积大，可以充分利用水田田埂来种植大豆。田埂豆的种植南北方都有，一般山区、半山区和北方稻田水渠两侧的田埂较宽，种植田埂豆其产量相当可观。在南方随着水稻种植类型的不同，田埂豆也有几种不同的种植类型。例如，在浙江有单季稻区的单季田埂豆、双季稻区的单季田埂豆、双季稻区双季田埂豆。但不论何种种植类型，田埂豆品种选用的原则是：不影响水稻田间作业的前提下，尽可能选用生育期适宜，植株生长繁茂性适中，产量潜力比较高，抗逆性较强的品种。

9.3.2 整地

大豆整地基本实现了机械化，整地二作内容或方式包括平翻、垄作、耙茬和深松。

9.3.2.1 平翻

多在北方一年一熟的春大豆地区应用。翻地时间因前作而不同，有时也因气候条件限制有所变化。平翻作业标准为：麦茬实行伏翻，应在 8 月翻完，黑土耕深 25～35 cm；黄土、白浆土、轻碱土或土层薄的地块翻深不宜超过肥土层。玉米茬、粟茬和高粱茬应进行秋翻。秋翻必须在结冰前结束，深度可达 20～25 cm。秋翻地应在耕后立即耙耢，在次年春播前再次耙平并镇压，防止跑墒。秋翻时间短促，一旦多雨，则无法进行，只能待翌年春翻。春翻应在土壤"返浆"前进行，耕深 15 cm 为宜。一般来说，伏翻好于秋翻，有利土壤积蓄雨水；秋翻好于春翻，防止春播前水分过多丧失。但如果秋翻不适时，水分过多，形成大土块，效果反而不如春翻。

9.3.2.2 垄作

垄作（ridge tillage）是东北地区常用的传统耕作方法。耕翻后作垄，能提高地温，加深耕作层，增强排涝、抗旱力。前作为玉米、高粱或粟，以原垄越冬，早春解冻前，用重耢子耢碎茬子，然后垄翻扣种，垄翻后及时用木滚子镇压垄台，防止跑墒。起垄标准为：垄向要直，50 m 长直线度误差为 ±5 cm，垄距误差 ±2 cm，垄幅误差 ±3 cm。垄体压实后垄沟至垄台的高度为 18 cm，垄高误差 ±2 cm。

9.3.2.3 耙茬

耙茬是平播大豆的浅耕方法，东北春大豆区和黄淮流域夏大豆区均有采用。此法可防止过多耕翻破坏土壤结构，造成土壤板结，并可减少深耕机械作业费用，提高标准化生产效益。东北春大豆区，耙茬浅耕主要用于前作为小麦的地块。小麦收后，用双列圆盘耙灭茬，对角耙两遍，翌年播前再耢一遍，即可播种。黄淮流域夏大豆区，前作冬小麦收后，先撒施底肥，随即用圆盘耙灭茬 2~3 遍，耙深 15~20 cm，然后用畜力轻型钉齿耙浅耙一遍，耙细、耙平后播种。

9.3.2.4 深松

深松耕法在黑龙江机械化程度较高的农场，大豆种植区 80% 以上已经采用。利用深松铲，实行间隔深松，打破平翻耕法或垄作耕法的犁底层，形成虚实并存的耕层结构。垄底深松深度一般 15~20 cm，不宜过深，垄沟深松可稍深，一般可达 30 cm。同时，以深松为手段还可同时完成追肥、除草、培土等作业，有利于大豆标准化高效生产。

9.3.3 施肥

9.3.3.1 基肥

大豆是需肥较多的作物，它的需氮量是谷类作物的 4 倍，它对氮、磷、钾三要素的吸收一直持续到成熟期。长期以来，对于大豆是否需要施用氮肥一直存在某些误解，似乎大豆依靠根瘤菌固氮即可满足其对氮素的需要。

大豆对土壤有机质含量反应敏感。种植大豆前土壤施用有机肥料，可促进植株生长发育和产量提高。当每公顷施用有机质含量在 6% 以上的农肥 30.0~37.5 t 时，可基本上保证土壤有机质含量不致下降。大豆播种前，施用有机肥料结合施用一定数量的化肥尤其是氮肥，可起到促进土壤微生物繁殖的作用。适宜的施肥比例是 1 t 有机肥掺和 3.5 kg 氮肥。

9.3.3.2 种肥

种植大豆，最好以磷酸二铵颗粒肥作种肥，每公顷用量 120~150 kg。在高寒地区、山区、春季气温低的地区，为了促使大豆苗期早发，可适当施用氮肥作为"启动肥"，即每公顷施用尿素 52.5~60.0 kg，随种下地，但要注意种、肥隔离。经过测土证明，缺微量元素的土壤，在大豆播种前可以采用微量元素肥料拌种。

9.3.3.3 追肥

大豆开花初期施氮肥，是国内外公认的增产措施。做法是：于大豆开花初期或在最后一遍松土的同时，将化肥撒在大豆植株的一侧，随即中耕培土。氮肥的施用量为尿素 30~75 kg/hm^2

或硫酸铵 60~150 kg/hm², 因土壤肥力植株长势而异。为了防止大豆鼓粒期脱肥, 可在鼓粒初期进行根外（即叶面）追肥。可供叶面喷施的化肥和每公顷施用量如下: 尿素 9 kg, 磷酸二氢钾 1.5 kg, 钼酸铵 225 g, 硼砂 1 500 g, 硫酸锰 750 g, 硫酸锌 3 000 g。以上几种化肥可以单独施用, 也可以混合在一起施用, 可根据实际需要而定。

9.3.4 良种选用

在大豆生产中, 良种是实现高产、优质、高效的基础。任何地区的大豆生产, 品种选择都是至关重要的, 特别是生产专用型大豆（高蛋白、高油、纳豆等）时, 良种的作用对最终产品的达标将会起到决定性的作用。不同类型优良品种审定时, 除要求生育期与对照品种相同或提早、对当地主要病害具有较好的抗性外, 还应在产量和品质上达到一定标准。

由于品种在生产上使用的年限是有限的, 一般 3~5 年就完成一轮品种更换。因此, 生产上选用具体品种时, 应根据当地农业生产管理部门的推荐意见, 结合具体土壤、生态条件等进行慎重抉择。表 9-3 为不同种植地区对大豆品种生态型的要求, 可供品种选择时参考。

深入学习 9-3

不同类型大豆优良品种审定时应达到的标准

表 9-3 不同种植地区对大豆品种的生态型要求

种植区	种植亚区	品种生态型要求
北方春大豆	东北春大豆	对长光照不敏感, 但对温度敏感。北部以无限型、亚有限型品种为主, 南部以有限型品种为主。生育期 100~155 d。代表品种主要有"黑农""垦农""合丰""绥农""东农""吉育""长农""铁丰""沈农""辽豆"系列等
	黄土高原春大豆	以耐旱类型为主, 有大量黑豆品种, 多为无限型品种, 生育期 105~145 d, 代表品种主要有"冀豆""晋豆""承豆"系列
	西北春大豆	品种多从纬度相近的东北地区引进, 有有限型和无限型品种, 生育期 110~120 d
黄淮夏大豆	冀晋中部春、夏大豆	以长日照不敏感的无限型或有限型品种为主, 生育期在 90 d 以内, 晋中、晋东南则要求在 85 d 以内
	黄淮流域夏大豆	该区多为一年两熟制, 大豆品种的生育期要求在 90~110 d, 以有限型品种为主。代表品种主要有"中黄""冀豆""晋豆""鲁豆""皖豆""豫豆"系列等
长江流域夏大豆	长江流春、夏大豆	该区春夏大豆同等重要, 春大豆为对日照长度不敏感类型, 而夏大豆则对日照长度敏感。春、夏大豆均以有限型品种为主。代表品种主要有"中豆""南农""浙春""皖豆""豫豆""赣豆""湘豆"系列等
	云贵高原春、夏大豆	大豆多种植在海拔 1 500 m 以下的农区, 春大豆多接油菜茬, 夏大豆多接小麦茬。以有限型品种为主, 生育期 100~150 d。代表品种主要有"川豆"系列等
东南春、夏、秋大豆	东南春、夏、秋大豆	有春播、夏播、秋播等大豆类型。春大豆品种以选用对光照不敏感, 夏、秋大豆以选用对光照敏感品种为宜, 春大豆品种可用作夏、秋大豆品种, 但夏、秋大豆品种不能春播
华南四季大豆	华南四季大豆	该区一年四季均可种植大豆, 多与玉米、甘薯、甘蔗、木薯等作物间作、套作。多为对光照不敏感品种, 生育期在 90 d 左右

9.3.5 适时播种与合理密植

9.3.5.1 播前准备

播种前要进行选种，使种子的纯度高于98%，发芽率高于85%，含水量低于13%，种子净度达到98%以上。有条件的地区可以进行根瘤菌拌种和药剂拌种。

9.3.5.2 播种期的确定

当春天气温稳定高于8℃时，可开始播种。除地温之外，土壤墒情也是限制播种早晚的重要因素。一个地区、一个地点的具体播种时间，须视品种生育期的长短、土壤墒情好差而定。早熟些的品种晚播，晚熟些的品种早播；土壤墒情好些，可晚些播，墒情差些，应抢墒播种。

南方春播大豆在3月底、4月初播种，夏大豆一般在5月中旬至6月下旬播种，主要决定于前茬收获期，同时考虑夏大豆开花结荚期避开高温干旱季节。秋大豆适宜播种期在7月下旬至8月上旬，一般在早稻收获后播种。夏、秋大豆播种时，若土壤过干，应在雨后或灌水湿润后播种，以利出苗。

9.3.5.3 播种方法

播种方法因地区、生产水平和生产规模而异，但要实现高产栽培，都必须进行等距播种，具体来说有精量点播、垄上机械双条播、窄行平播等方法。精量点播又分为机械垄上单双行等距精量点播、人工点播（或人工穴播）。无论采用何种播法，均要求覆土厚度3~5 cm。过浅或过深都不利于保全苗。

9.3.5.4 播前或播后机械镇压

（1）播前镇压（compaction）要求地面平整，表土与心土紧密结合，以便保墒和控制播种深度。如土壤墒情良好，土质黏重，也可不进行播前镇压。

（2）播后镇压 作用是压紧土壤，使土壤与种子紧密接触，以利种子发芽出苗。在干旱地区，播后镇压就显得尤为重要。在风蚀严重地区，播后镇压还有防止风蚀的作用。

9.3.5.5 种植密度

彩图 9-8
大豆窄行密植栽培模式

以黑龙江为例，春大豆的适宜种植密度为：中部、南部保苗（19.5~30.0）×10⁴株/hm²，北部则需保苗（34.5~39.0）×10⁴株/hm²。夏大豆的适宜密度一般为（19.5~45.0）×10⁴株/hm²，分枝能力强的品种早播或育苗移栽时，种植密度在（9~12）×10⁴株/hm²。秋大豆种植密度一般较大，多数品种在30×10⁴株/hm²以上，有的适宜密度达到（45~60）×10⁴株/hm²。

在同一地点，大豆品种的株型不同，适宜种植密度也各异。即：植株高大、分枝型品种宜稀；植株矮小、独秆型品种宜密。

9.3.6 田间管理

9.3.6.1 间苗

间苗宜在大豆齐苗后，第一片复叶展开前进行。间苗时，要按规定株距留苗，拔除弱苗、病苗和小苗，同时剔除苗眼草，并结合进行松土培根。

9.3.6.2　中耕

大豆生育期间进行 2~3 次中耕除草。人工中耕方式包括出苗前耙地除草，大豆子叶刚拱土时趟蒙头土，在豆苗显行时铲前趟一犁。

机械化中耕除草可采取以下几种方式。

（1）播种前封闭除草　在播种前，用中耕机安装大鸭掌齿，配齐翼形齿，进行全面封闭浅中耕除草。在杂草严重的地块采用此法，除草效率高，效果好。

（2）苗前耙地与苗后耙地　苗前耙地具有伤苗少、灭草多的优点，因此，在耙地除草上应以苗前耙为重点。苗后耙地伤苗重，不宜广泛应用。为了搞好机械耙地，以下几个方面要注意。第一，选择适宜耙地时期。苗前耙地的适宜时期为大豆萌动扎根到子叶拱土，离地表 2 cm 以下时最佳。大豆一对真叶展开到第一对复叶展开，株高 10 cm 左右是苗后耙地的适宜期。第二，做到"三看"，即"一看苗情，二看天气，三看墒情"。第三，选用适宜机具。地松应选用轻型机具；地硬应选用中型钉齿耙。第四，坚持标准作业。耙地方向以斜耙或横耙为好，切忌顺耙。

（3）盖蒙头土　蒙头土是在草苗齐出的情况下，压住草势的应急办法。当大豆子叶开始拱土至子叶与幼根呈 30°~90° 角时，为蒙头土的最适期。蒙头土的厚度以 2~3 cm 为好。如果土壤湿度大、土质黏重、整地质量差，都不宜采用蒙头土的办法。

（4）苗间中耕除草　在大豆苗期，用中耕苗眼除草机，边中耕边除草。大豆一对真叶展开至第三片复叶展开时为苗间除草适宜时期。阴雨天或湿度大时不宜进行。锄齿入土深度以 2~4 cm 为好。

9.3.6.3　灌溉

大豆需水较多。当大豆叶水势为 -1.6~-1.2 MPa 时，气孔关闭。当土壤水势小于 15 kPa 时，就应进行灌溉。土壤水势下降到 -0.5 MPa 时，大豆的根就会萎缩。

大豆主产区除少数国有农场有灌溉条件外，一般生产田均不能进行灌溉。东北春大豆区，自 7 月中旬—8 月下旬，为大豆开花结荚期，也是多雨季节，但仍有不同程度的旱象，如能及时灌溉，一般可增产 10%~20%。鼓粒前期缺水，影响子粒正常发育，减少荚数和粒数。鼓粒中期、后期缺水，粒重明显降低。

9.3.6.4　化学除草

（1）大豆除草剂的选择　选用田苗前安全性好的除草剂，如速收、广灭灵、金都尔、普施特等。苗后防治禾本科杂草的除草剂可选拿捕净、精稳杀得、高效盖草能等。慎用苗后防阔叶杂草的除草剂，如杂草焚、克阔乐、虎威等。限制长残效除草剂如普施特、阔草清等的应用。目前出现了不少复配的除草剂，如豆乙微乳剂就是由氯嘧磺隆和乙草胺复配而成。60% 的豆乙微乳剂（有效成分 900 g/hm²）在播种后立即喷药，喷药量为 750 kg/hm² 时，除草效果要显著好于单用 50% 乙草胺乳油的效果。

（2）除草剂增效剂的使用　苗后除草剂施药时，药液中加入除草剂增效剂，具有增效作用，可减少除草剂用药量，且对作物安全。

（3）使用除草剂应注意的问题　一些土壤处理剂易光解、易挥发，喷药后要立即与土壤混合，可用钉齿耙耙地，耙深 10 cm，然后镇压。此项措施在早春干旱的地区不宜采用。为提高农药的使用效率，减少药害事故，机动喷雾器必须统一标准，认真执行喷雾机械的正确调整和使用规章制度，在作业前用喷雾机调试台调整喷雾机，并在使用中严格执行作业标准。

9.3.6.5 生长调节剂的应用

大豆在生长发育的不同阶段有时会出现生长发育不协调的现象，植物生长调节剂的应用为防止大豆徒长、减少花荚脱落找到了新途径。目前使用的植物生长调节剂主要有以下三种。

（1）三碘苯甲酸（TIBA） 三碘苯甲酸是一种生长抑制剂，能抑制大豆顶端优势，使植株矮壮，有利于通风透光，防止倒伏，促进早熟，一般可增产 5% ~ 15%，早熟矮秆品种不必施用。初花期喷药 45 g/hm^2，盛花期喷药 75 g/hm^2，此药溶于醚、醇，而不溶于水，药液配成 2 000 ~ 4 000 μmol/L，在晴天下午 4 时以后喷施。

（2）增产灵（4- 碘苯氧乙酸） 大豆应用增产灵能促进同化器官的代谢功能，增强叶片光合作用，干物质积累多，可防止花荚脱落，促进增粒增重，一般可增产 10% 左右。以开花期到结荚期喷施为好，一般喷施两次，间隔 7 ~ 10 d。于盛花期和结荚期喷施，浓度为 200 μmol/L。

（3）矮壮素（2- 氯乙基三甲基氯化铵） 矮壮素可使大豆节间缩短，茎秆粗壮，叶片加厚，可抑制徒长，防止倒伏，对增强大豆抗病、抗逆力有一定作用。矮壮素不适于瘠薄田和弱苗田块，也不能与强碱性农药混合使用，且对人畜略有毒性。花期喷施，能抑制大豆徒长。喷药浓度为 0.125% ~ 0.250%。

对于作物生长不协调现象，也可用人工调节，当水肥充足，生育后期可能会发生徒长倒伏时，可用人工摘心控制营养生长。方法是从大豆盛花期到末花期，人工摘除主茎顶端 2 ~ 3 cm，使无限型或亚有限型的品种增产。

9.3.6.6 病虫害防治

大豆主要病害有霜霉病、病毒病等。虫害有豆天蛾、造桥虫、卷叶螟、食心虫、蚜虫等。草害除禾本科杂草和阔叶杂草外，还有寄生性杂草菟丝子。病虫害防治应充分利用大豆品种的遗传抗性与耐害补偿功能，通过种植抗病、抗虫品种，协调栽培技术，保护和利用天敌，科学使用农药，达到理想防治效果。在病虫害严重时，可考虑采取化学药剂进行防治，如用 40% 乐果或氧化乐果乳油防治蚜虫和红蜘蛛。在食心虫发蛾盛期，用 80% 敌敌畏乳油制成毒秆熏蒸，或用 25% 敌杀死乳油进行喷施防治。

9.3.7 收获与贮藏

9.3.7.1 收割方法

（1）人工收割 人工收获大豆最好趁早晨露水未干时进行，以防豆荚炸裂，减少损失。大豆割倒后，应运到晒场上晒干，然后脱粒。大面积种植户宜选用脱粒机进行脱粒，种植规模较小的农户可选用牵引的镇压器打场或人工敲打脱粒。

（2）机械收获 目前采用直接收割法和分段收获法两种类型。直接收割即用联合收割机直接收获。采用此法，要把收割台下降前移，降低割茬，还应尽量应用小收割台，以减少收获损失。分段收获即先用割晒机或经过改装的联合收割机把大豆割倒铺开，待晾晒干后，再用联合收割机安装拾禾器拾禾并脱粒。分段收获与直接收获比较，具有收割早、损失小、炸荚、豆粒破碎和泥花脸少的优点。

9.3.7.2 收获时期

适宜收获期因收获方法不同而异。人工收获适宜时期是大豆茎秆呈棕黄色，有 7% ~ 10% 的叶片尚未落尽时。目前生产上往往收获时期偏晚，炸荚多，损失大，这是值得注意的问题。

机械联合收获的最适宜时期是在完熟初期。此期叶片全部脱落，茎、荚和子粒均呈现出原有品种的色泽，子粒含水量已下降到 20%～25%，用手摇动植株会发出清脆响声。如用分段收割的方法，一般认为黄熟期是最适收割期，即叶片脱落 70%～80%，豆粒开始发黄，少部分豆荚变成原色，个别仍呈现青色，这是割晒的最适时期。

彩图 9-9
大豆机械收获

9.3.7.3　收获质量

机械联合收割时，割茬高度以不留荚为度，一般为 5 cm。要求综合损失不超过 4%。人工收割时，要求割茬低，不留荚，放铺规整，及时拉打，损失率不超过 2%。

9.3.7.4　贮藏

由于大豆富含蛋白质和脂肪，在同样条件下，大豆的贮藏期远远短于其他作物。为了保证大豆达到安全贮藏，应做到充分干燥（长期安全贮藏时，水分必须在 12% 以下），低温密闭贮藏，及时倒仓过风散湿；种子不宜堆放过高，贮藏温度最好不超过 3℃；做到专仓专用，库内不能同时堆放化肥或农药等有毒物品，以免造成污染。

高油、高蛋白加工专用型大豆或绿色食品大豆，在收入场院晾晒后，应及时入库，并实行单品种单放、单保管，定期检温，注意防虫、防霉。

名词解释

无限结荚习性　有限结荚习性　亚有限结荚习性　直立型　半直立型　半蔓生型蔓生型　鼓粒期　根瘤　重茬　迎茬

问答题

1. 试述大豆生长发育与环境条件的关系。
2. 试述大豆的结荚习性与产量的关系。
3. 试述大豆的品质形成规律。
4. 简述大豆轮作倒茬的重要性。
5. 如何选择确定大豆适宜播种期？
6. 大豆生长过程中如何合理使用生长调节剂？
7. 大豆高产优质栽培的关键技术有哪些？

分析思考与讨论

1. 根据大豆对环境条件的要求，分析我国南方大豆产量限制因素及增产途径。
2. 试述大豆的根瘤固氮规律，在大豆高产栽培中如何进行氮肥的合理施用？

10

马 铃 薯

【本章提要】 马铃薯原产于南美洲安第斯山区，人工栽培历史最早可追溯到公元前 8 000 年到公元前 5 000 年的秘鲁南部地区。16 世纪马铃薯从南美洲引入欧洲时，开始仅仅是观赏其美丽的花朵，后来才发现它能食用并成了欧洲主要粮食作物。大约 17 世纪马铃薯传播到中国，因酷似马铃铛而得名。目前中国是世界马铃薯种植面积与总产量最多的国家。

本章介绍了马铃薯的用途，马铃薯的生产概况及栽培技术的发展。要求掌握马铃薯的生长发育过程及不同阶段的管理目标，马铃薯的营养器官形成过程与特点，马铃薯块茎膨大规律及产量形成特点；马铃薯的繁殖方法、种薯处理与催芽、收获与贮藏。了解茎尖组织培养生产无病毒种薯、利用种子育苗移栽及加工用马铃薯栽培技术。

10.1 概述

10.1.1 马铃薯在国民经济中的地位

马铃薯（potato）是全世界最广泛栽培的植物之一，又称土豆、洋芋、洋山芋、山药蛋、馍馍蛋、薯仔（香港、广州人的惯称）等。国外对它的称谓主要有：意大利称地豆，法国称地苹果，德国称地梨，美国称爱尔兰豆薯，俄罗斯称荷兰薯。

在现代社会中，马铃薯已经成为粮、菜、饲、工业原料等多种用途的作物，在国民经济中的各个方面都发挥了巨大的作用。近年来，马铃薯被列为第四大主粮，在保障国家食物安全方面显得更为重要。

（1）营养丰富的保健食品 马铃薯一直是国内外消费者喜爱的食品与蔬菜。据研究，马铃薯块茎中一般含淀粉 13.2% ~ 20.5%；其蛋白质质量高，与动物蛋白相近，可与鸡蛋媲美；其脂肪含量低，相当于其他粮食作物的 1/5 ~ 1/2。同时，马铃薯具有营养丰富和养分平衡的特点（表 10-1），因此在欧美一些国家把马铃薯当作保健食品。据研究，一个 148 g 重的马铃薯可提供人体每日所需 Vc 的 45%，所需钾的 21%。

表 10-1 每 500 g 鲜马铃薯营养成分含量（引自黑龙江农业科学院马铃薯研究所，1994）

蛋白质	脂肪	糖类	热量	粗纤维	矿物质				维生素				
					钾	钙	磷	铁	胡萝卜素	硫胺素	核黄素	烟酸	抗坏血酸
8.4	3.1	123	554	6.2	5.3	48	260	4.0	9.04	0.44	0.13	1.8	79

（2）重要的食品、化工原料　目前在美国、荷兰的马铃薯加工占 50% 以上，我国的马铃薯主要被用来加工粗淀粉，然后再加工成粉丝、粉皮等初级产品，一少部分用于薯条、薯片和全粉等附加值高的产品加工。马铃薯是制造淀粉、葡萄糖和乙醇的主要原料，用其淀粉生产的精细化工产品可达 2 000 多种，并广泛应用于食品、饲料、医药、纺织、化工、造纸、环保、石油钻井等行业。

（3）饲用价值高的好饲料块茎可作饲料，茎叶可作青贮饲料和青饲料，饲料单位为 2 764.4 kg/hm²，比玉米的 2 362.3 kg/hm² 和甘薯的 1 181.1 kg/hm² 都高（契莫拉，1956）。

（4）在农业中占有重要地位马铃薯一般单产量可达（$1.50 \sim 2.25$）$\times 10^4$ kg/hm²，高产者可达 7.5×10^4 kg/hm² 以上，比其他粮食作物干物质产量高 2～4 倍。种植马铃薯可使土壤肥沃、疏松，因而成为良好的轮作前茬作物。马铃薯植株矮小，生长期短，播期、收期的伸缩性大，因而可作填闲作物和救荒作物。在复种轮作中是谷类作物的优良前作，并适于多种作物间套种植，它在南方多熟制地区的复种轮作中占有重要位置。尤其对农业产业结构的调整和南方冬作农业发展具有极其重要的作用。

据估计，在发达国家一般马铃薯总产量的 30%～40% 用于鲜食，30%～40% 用于薯片、薯条加工，10%～20% 作淀粉及其深加工，5% 作种薯，5% 损耗。中国马铃薯的鲜食消费大约占 36%，淀粉、全粉和休闲食品等加工品消费占 22%，出口及饲料占 31%，种薯占 6%，其他占 5%。

10.1.2　马铃薯的起源、生产概况与发展趋势

考古学考证马铃薯驯化距今 7 000 年左右，也有考证认为其栽培距今 4 500 到 3 500 年。其栽培起源中心极可能在秘鲁南部的安第斯山山区和玻利维亚北部。在系统发育上形成了适应于冷凉、湿润和昼夜温差大而不耐高温、干旱的特性。大约于 1570 年首先进入西班牙，1590 年进入英格兰（Hawkes，1990）。1691 年从百慕大传入北美殖民地。公元 17 世纪，英国传教士带马铃薯到印度和中国，大约同期，马铃薯传入日本和非洲各地。据考证，马铃薯最早传入中国的时间是在明朝万历年间（1573—1619），在 18 世纪中叶，京津地区已有广泛的马铃薯栽培，此后为福建沿海和台湾，随后西南、西北有马铃薯的大量栽培，而东北辽、吉、黑三省在清末 20 世纪初期起，才逐步有较大面积的发展。

据 FAO 数据统计，2016 年全世界马铃薯种植面积为 $1.924\ 6 \times 10^7$ hm²，总产量为 3.76×10^8 t，单产量为 19.6 t/hm²，种植马铃薯的国家有 160 多个，总产量仅次于小麦、玉米和水稻，居第四位。种植面积较大的国家有中国、俄罗斯、印度等。荷兰是世界上单产量和生产水平最高的国家和种薯出口最大的国家，70% 的种薯用于出口，单产量达 45 t/hm²。世界马铃薯生产的发展正朝着品种专用型多样化（分蔬菜型、食用型、食品加工型和淀粉加工型四大类型），种薯基地建设规范化、质量控制标准化，种薯和商品薯栽培技术规范化、生产机械化、马铃薯生产加工产业化等方面发展。

中国马铃薯种植面积为 5.626×10^6 hm²，产量为 1.948×10^6 t，单产量为 3.46 t/hm²（中国种植业信息网，2016），占世界面积的 30.2%，占世界产量的 26.3%，均居世界第一位，但单产量低于世界平均水平。我国马铃薯分布特点原来是北方多，南方少；山区多，平原少；近年来重心有由东向西移、北向南移的趋势，由于市场驱动，南方冬马铃薯发展迅速。成为薯农增收致富的亮点。

深入学习 10—1
中国马铃薯生产的发展及主要问题

10.1.3　我国马铃薯栽培区划

（1）北方一作区　由昆仑山脉由西向东，经唐古拉山、巴颜喀拉山脉，沿黄土高原700～800 m一线到古长城为南界的各省区。该区包括黑龙江、吉林、辽宁（辽东半岛除外）、河北北部、山西北部、内蒙古、陕西北部、宁夏、甘肃、青海东部和新疆天山以北地方。此区年平均气温4～10℃，最热月平均气温不超过24℃，大于5℃的积温2 000～3 500℃，无霜期110～170 d，年降雨量500～1 000 mm。日照充足，昼夜温差大，适于马铃薯生育。栽培面积较大，是我国马铃薯商品生产和种薯生产基地。一般4月或5月上旬播种，9月或10月上旬收获。

（2）中原二作区　位于北方一作区南界以南，大巴山、苗岭以东，南岭武夷山以北各省。包括辽宁、河北、山西、陕西4个省南部，湖北、湖南2省的东部，河南、山东、江苏、浙江、安徽、江西诸省。年平均温度10～18℃，最热月平均气温22～28℃，>5℃的积温3 500～6 500℃，无霜期180～300 d，年降雨量500～1 750 mm。马铃薯春秋两季栽培，春作商品薯，于2月下旬至3月下旬播种，5月下旬至6月中下旬收获，多与其他作物间套作。秋作马铃薯于8月播种，11月收获作为留种。

（3）南方二作区即苗岭、武夷山以南各省，包括广西、广东、福建、台湾等省（区）。年平均气温18～24℃，最热月平均气温28～32℃，>5℃的积温6 500～9 500℃，无霜期300 d以上，年降雨量1 000～3 000 mm。栽培季节多在冬春两季，马铃薯在水稻收后秋播或冬播。秋播在10月下旬，12月末至1月初收获；冬播在1月中旬，4月上中旬收获。

（4）西南一二季作混作区　该区包括云南、贵州、四川、重庆、西藏等省（区），湖南、湖北的西部山区以及相邻的陕西安康市。年平均气温6～22℃，>5℃积温2 000～8 000℃，无霜期150～350 d。除西藏高原年降雨量较少仅280～670 mm外，其余地区降雨量1 000～1 500 mm。该区地势复杂，海拔高度变化大，立体气候特点突出，温度变化大。该区中高原和高寒山区，马铃薯多为一季作，但土地瘠薄、耕作粗放，晚疫病严重。低山及平坝地区，可利用大量冬闲地进行秋冬作。

10.2　马铃薯栽培的生物学基础

马铃薯属茄科（Solanaceae）茄属（*Solanum*）的一年生草本植物，至今发现有154个野生二倍体种（2*n*=24）和8个栽培种（2*n*=2*X*～5*X*，*X*=12）。最重要的栽培种是四倍体马铃薯种（*S. tuberosum* L.），含适应短日照的安第斯亚种（*andigena*）和适应长日照的马铃薯亚种（*tuberosum*）。20世纪60年代，英国植物学家Simmonds从美洲广泛收集了若干安第斯亚种的不同类型，经过在欧洲长日照下5年的轮回选择种植，获得了结薯习性近似普通栽培的马铃薯亚种的新类型*neo tuberosum*，我国将其翻译成"新型栽培种"，该材料不是分类学上的亚种，但在育种工作中被广泛应用。而目前世界上广泛栽培的是马铃薯亚种。

10.2.1　马铃薯的形态特征

不同类型的马铃薯植株，其形态特征基本接近（图10-1），正常株型为直立型、平卧型或半匍匐型和莲座型或匍匐型，以直立型为多。

10.2.1.1　根

马铃薯用块茎繁殖时，其植株所发生的根为纤维根系；用种子繁殖时，所发生的根为圆锥根系，具有明显的主根及许多支根。马铃薯的根系一般为白色，少数有色。当块茎开始发芽时，在幼芽基部近芽眼处一小段聚缩的节上形成初生根（芽眼根），为主要的吸收根系。以后植株生长期间由地下茎节形成次生根。根系早期横向生长，长到一定程度垂直生长，根系分布的深度与品种和土壤质地有关，一般在 30 cm 以内而不超过 70 cm。马铃薯根系的总量仅占植株体总量的 1%~2%。

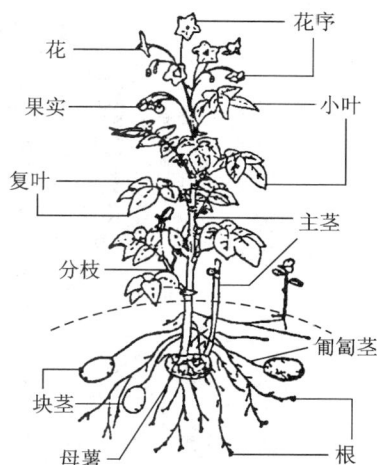

图 10-1　马铃薯的植株
（引自国际马铃薯中心，1985）

彩图 10-1
马铃薯植株

10.2.1.2　茎

马铃薯的茎可分为地上茎和地下茎，地下茎又分为匍匐茎和块茎。

（1）地上茎　地上茎是由块茎芽眼中抽出来的枝条。一个块茎通常是顶芽先萌发，渐次至下，在相同条件下发芽的幼芽色泽、形状、绒毛疏密等是鉴别品种的重要依据。地上茎草质多汁，一般为绿色间有紫色，与品种有关。上披茸毛，成长时逐渐脱落。茎有三棱和四棱之别，在棱上形成突起，称为翅。翅沿茎呈直线着生，按其形状有直翅、波状翅、宽翅与窄翅之分，为鉴别品种的标志之一。一般早熟品种植株较矮小，茎较细，分枝较少而节位较高。中熟、晚熟品种植株高大，节间长，茎较粗，分枝较多。

（2）匍匐茎　匍匐茎（stolon）俗称走茎，由地下茎的未伸长节处腋芽伸长所形成的侧枝，是形成块茎的器官。较地上茎细，其节部的叶片退化成鳞片，顶端节间约 8 节呈钩曲状。匍匐茎具有横向生长的习性。匍匐茎的长短因品种而异，一般为 3~10 cm，早熟种较短，晚熟种较长。如因环境条件不利（如覆土不够和高温多湿或氮肥过量等）而露出地面，则变为地上茎，发生新叶，成为侧枝。由种子长成的植株，在对生的子叶腋发生第一对带有退化鳞片状的匍匐茎，其后，再由近土面的真叶叶腋间陆续发生匍匐茎。

（3）块茎　块茎（tuber）是由匍匐茎顶端分生组织的极度缩短的伸长节间积蓄大量养分缓慢膨大而成的变态茎，是马铃薯的主要经济器官，同时又是繁殖器官。块茎上有芽眉（cicatricle of dormant bud）和芽眼（bud eye）。芽眉是块茎上鳞片凋萎而留下叶痕，其上部凹陷处，即为芽眼。芽眼在块茎上呈螺旋状排列，基部稀、顶端密，其排列次序和地上茎的叶序相同（图 10-2）。每个块茎上芽眼多少、深浅和颜色，因品种而有差异。每个芽眼里有一个主芽和两个以上的侧芽，发芽时，主芽首先萌发，侧芽呈休眠状态，如主芽受到损害，则侧芽萌发。块茎与匍匐茎连接的部分称脐部，另一端称顶部。顶部芽眼密集，一般先发芽，有顶端优势。块茎大小与品种和栽培条件有关，一般把小于 50 g 的薯块称为小薯，50~100 g 大小的称为中薯，大于 100 g 的称为大薯。

彩图 10-2
马铃薯块茎

块茎的解剖结构（图 10-2），外面是表皮，当块茎有豆粒大小时，表皮脱落而由木栓形成层细胞分裂产生的周皮代替。周皮之下为皮层，皮层由薄壁细胞组成，含淀粉较多。层内为维管束环，与块茎各芽眼和匍匐茎的维管束相连接，是块茎的输导系统，茎叶输送的养分和根系吸收的水分养分通过它转运到块茎各部分，块茎内贮藏的养分和水分通过它向芽眼输运。块茎的最内部为髓部，由薄壁细胞组成，分为髓层和内髓层。外髓层占块茎的大部分，淀粉含量较

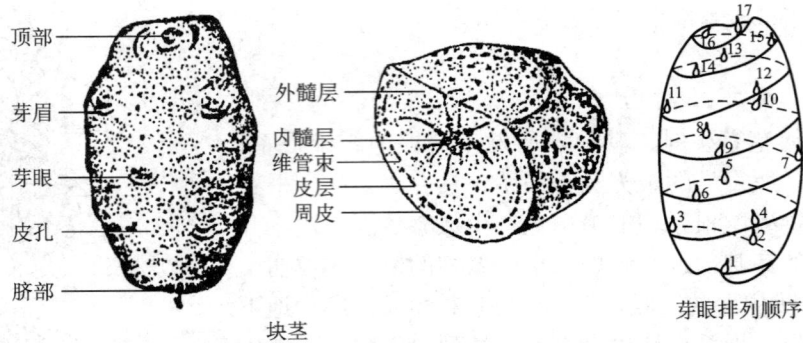

图 10-2 马铃薯的块茎及芽眼排列顺序（引自孙晓辉，2002）

内髓层多；内髓层居块茎中心，呈星芒状，含水分多，淀粉含量较少。

　　块茎的形状有圆、椭圆及长形等；皮色有白、黄、红及紫色等；肉色有白、黄、浅红及紫色。当生长旺盛期间，养料向下输送受阻，则从地上茎的叶腋间发生绿色块茎，称为气生块茎；有时由于环境条件不良，往往产生畸形薯块，或在芽眼处继续膨大，形成小块茎，这些现象称为二次生长。

10.2.1.3　叶

　　马铃薯初生叶为单叶，全缘。后出叶为奇数羽状复叶，复叶由顶小叶、侧小叶、小裂叶和叶柄基部的假托叶组成。顶生叶一般较大，侧小叶成对排列，有短柄。叶片平展或微皱，上被茸毛和腺毛。叶色或叶节色浓淡，叶面茸毛多少，叶面光滑或折皱程度，小叶的形状、大小、疏密、对数及"托叶"的形状等，皆可作为鉴定品种的依据（图 10-3）。

🖼 彩图 10-3
马铃薯的叶、花和果

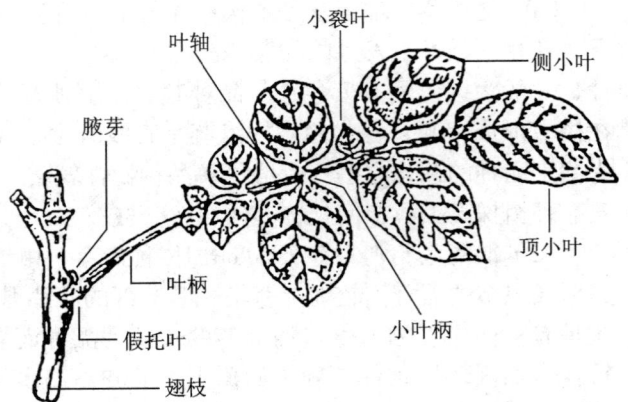

图 10-3　马铃薯植株叶（引自孙晓辉，2002）

10.2.1.4　花

　　马铃薯的花序为分枝型的聚伞花序，花着生于细长的花柄上，花柄节（"离层环"）的色素有无、花柄长短都是品种的特征之一。花冠呈五角形，有白、浅红、紫色及蓝色。雄蕊 5 枚，着生于花瓣基部，花丝粗短。雌蕊的子房由三心皮构成，子房上位，胚珠多数。花冠基部和子房断面有红色或紫色时，其块茎也相应有色。马铃薯属自花授粉作物，但开花结实情况，因品种及栽培地区不同，变化极大。马铃薯一般上午 7—8 时开花，下午 4—6 时闭合。晚熟品种大多开花繁茂。每朵花持续时间约 5 d，一个花序开花持续时间为 15～40 d。

10.2.1.5　果实与种子

　　马铃薯的果实为浆果，呈球形或椭圆形。果皮淡绿或紫绿色，有的表皮有白点。果实内含很多种子，一般为 100～300 粒。种子极小，千粒重 0.5～0.6 g，为扁平卵圆形，呈淡黄色和暗灰色，表面粗糙，胚弯曲于胚乳中。新鲜种子当年发芽率低，隔年种子发芽率一般可达 70%～80%，条件良好时可达 100%。

10.2.2　马铃薯的器官生长和产量形成

10.2.2.1　马铃薯的生育过程划分

马铃薯块茎出苗到块茎停止膨大和茎叶枯黄的整个生育过程日数，称为马铃薯的生育期。马铃薯的生育期在品种间有较大的差异，根据结薯早迟、块茎膨大的速率以及光温反应特性等的差异，按从出苗到茎叶枯黄的时间，将马铃薯品种划分为 5 种熟性类型，即早熟（75 d）、中早熟（76～85 d）、中熟（86～95 d）、中晚熟（96～105 d）和晚熟品种（105 d 以上）。

马铃薯的生育过程有多种划分方式。Milthorp（1963）划分为出苗前生长、茎叶生长和块茎生长三个阶段。田口亮平根据块茎形成过程分为四个时期，即匍匐茎伸长期、块茎形成期、块茎膨大期和块茎完熟期。门福义等（1993）划分为芽条生长期、幼苗期、块茎形成期、块茎增长期、淀粉积累期和成熟收获期。蒋先明（1984）分为发芽期、幼苗期、发棵期、结薯期和休眠期五期。以下按门福义等划分标准论述其器官生长和产量形成过程。

10.2.2.2　马铃薯的生育过程和产量形成

（1）块茎的萌发和出苗　马铃薯块茎的萌发和出苗是指种薯在解除休眠后，芽眼处开始萌芽和抽生芽条直至幼苗出土的过程。萌发期长短因品种、贮藏条件、栽培季节和栽培技术水平等而变化，春薯短者 30 d 左右，而长者达数月之久。本过程的生长中心是芽条的伸长和根系的生长，需要的营养主要靠种薯供给。马铃薯块茎的休眠主要是受脱落酸（ABA）等块茎内的天然植物激素的影响与制约所致。马铃薯休眠期、休眠强度与品种、栽培条件、贮藏条件、生理年龄等有密切关系。不同品种的休眠期长短为 1～3 个月，也有无休眠期的类型。块茎在低温条件下（1～3℃）贮藏，除个别无休眠期的品种外，多数品种可保持长期不发芽。短日条件下比长日照条件形成的块茎休眠期较短。块茎生理年龄越小的，休眠期越长。发芽的快慢与好坏，首先受制于种薯是否通过休眠、休眠解除的程度或种薯生理年龄（physiological age）的大小；其次取决于种薯的营养成分及其含量和是否携带病毒；第三取决于发芽过程中需要的环境条件。所谓块茎的生理年龄是指块茎作为种薯栽培时的生理状况，以及栽培后植株在田间生长过程中所表现的年龄状态。块茎生理年龄大小的度量指标目前已见报道的有芽龄、芽生长锥分化程度、芽条的长度及收获至播种的天数。用芽条数及其发育程度来表示，可划分为四个年龄状态，即没有萌芽的休眠块茎、只具 1 个顶芽发育的块茎、具 5～6 个短壮芽的块茎和具多数衰老细芽的皱缩块茎，分别代表生理幼龄、少龄、壮龄和老龄块茎。

（2）幼苗生长和匍匐茎的伸长（出苗期至孕蕾期）　幼苗期是以茎叶生长和根系发育为中心，同时伴随匍匐茎的伸长和花芽分化。完成幼苗期的时间只需 15～20 d。马铃薯幼苗出土后，主茎叶片的展开和生长以及主茎的伸长都很快。一般出苗后 3～5 d，便有 4～5 片叶展开，至出苗后 20～30 d，早熟品种就已出叶 7～8 片，晚熟品种出叶 10～13 片，并伴随分枝发生和分枝叶的扩展，马铃薯出苗后主轴继续伸长并发生合轴分枝。此期末植株主茎叶片展开完毕，第一段茎的顶芽开始现蕾，幼苗期结束。一般当出苗 7～15 d，地下匍匐茎陆续发生并相继伸长并逐渐横向生长。匍匐茎的形成受激素平衡所控制，GA 和 IAA 能够促进匍匐茎的形成，ABA 和生长延缓剂则抑制匍匐茎伸长。匍匐茎发生的早晚因品种、播种期、种薯生理年龄和环境条件而有很大变化。一般早熟种的匍匐茎层次较少，6～7 层，而能结薯的仅基部 3～4 层；中熟、晚熟品种的匍匐茎层次较多，有 9～12 层，而能形成块茎的有 6～8 层。在播种早，土温低，出苗推迟或播薯经催芽处理时，往往匍匐茎在出苗前或出苗同时即开始伸长。长日照下匍匐茎形成的数量较多。

（3）块茎形成和茎叶生长（孕蕾期至开花初期） 此期从孕蕾起，地上部分生长速率最快，至主茎出现9~17片叶，10~15 d后，植株开始开花，历时20~30 d。大多数情况下，马铃薯植株主茎开始现蕾时，地下部分匍匐茎顶端停止极性生长，开始钩曲膨大而成块茎（图10-4）。一般匍匐茎成薯率为50%~70%。通常地下茎中部节位的匍匐茎，块茎形成较早，生长迅速，块茎较大，上部和下部节位的块茎则较小。早熟品种的块茎形成时期，较中熟品种早4~5 d，比晚熟品种早10~15 d。

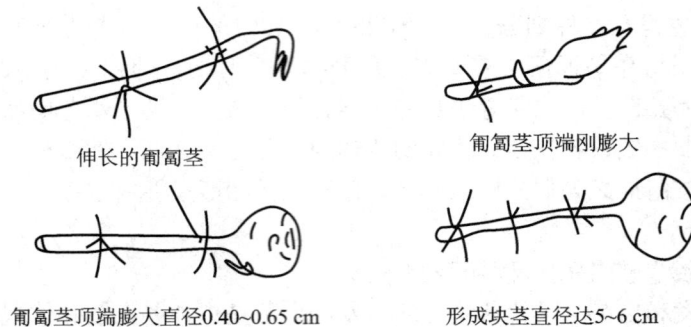

伸长的匍匐茎

匍匐茎顶端刚膨大

匍匐茎顶端膨大直径0.40~0.65 cm

形成块茎直径达5~6 cm

图10-4 匍匐茎顶端膨大形成块茎过程
（引自孙晓辉，2002）

块茎的形成最初是匍匐茎顶端末节和次末节之间的伸长节间髓部薄壁细胞首先恢复分裂活动，产生形成层，迅速进行辐射状分裂，使髓的体积大大增加，迫使维管束环向外弯曲，继而皮层、韧皮部及木质部的薄壁细胞也变为形成层，与髓的增粗活动相配合，不断分裂和增大，并开始不断积累淀粉。与此同时匍匐茎顶端钩曲部分伸直，密集的伸长节间也逐渐发育为块茎上的茎轴，从而形成幼小的块茎。

块茎的形成是在外界温、光、营养、水分等因素的影响下，体内多种激素共同参与综合调控的结果。一般认为氮素营养、光周期和温度对块茎形成的调控是通过改变植株体内的激素水平而实现的。同时，低温使块茎形成提早，块茎数量增多。此外，薯块萌芽后如放在适宜的温度、湿度和黑暗条件下，也会产生无秧小薯，其营养和能量来自母薯的糖类。一般认为，赤霉素即使在短日照条件下也可延迟或抑制块茎形成，细胞分裂素特别是激动素有诱导结薯和提早结薯的作用，而 Melis 和 van Staden（1984）则认为，细胞分裂素的作用可能是调节块茎的生长，是块茎形成后块茎生长的促进因素，而不是策动块茎的形成。脱落酸对块茎形成有明显的促进作用，且脱落酸与赤霉素的比值与块茎数量呈显著正相关。

（4）块茎的增长和茎叶繁茂（盛花期至茎叶衰老期） 盛花期至终花期通常是分枝生长达到高峰，地上部分重量达最大值以及块茎增重的最大期。终花期后，地上部分茎叶开始逐渐枯黄，重量下降，直至收获。

块茎生长膨大过程中，细胞不断分裂和体积相继增大同时进行，在生长前期以细胞分裂为主，开花后则以细胞体积膨大较快，但更重要的是受细胞分裂所致。Plaisted（1957）指出，当块茎重由37 mg增加到200 g时，细胞数增加近500倍，而细胞体积增加10倍。生长速率是影响块茎大小的主要因素，块茎的最后体积与块茎绝对生长率的加权平均数呈极显著的直线相关（谢从华，1990）。据研究，此期单株块茎体积增长最快，所增加的块茎鲜重占总鲜重的40%~50%，干重占总干重的50%~60%。同时发现同一植株上的不同块茎以及不同品种其块茎生长速率不同，且与 GA、IAA、ABA 等激素含量呈显著的正相关。

马铃薯盛花至茎叶衰老期间，伴随着茎叶的增长和块茎的膨大，地上部分 / 地下部分（T/R）随之发生变化，存在一个干重、鲜重平衡（T/R=1）。此时期一般都出现在苗后 50 ~ 60 d，早熟品种出现的时间稍早于中晚熟品种。根据何卫等（1997）研究表明，成都万县春薯早熟品种"川芋 56"干重、鲜重平衡期出现在出苗后 45 ~ 51 d。

（5）淀粉积累与成熟（茎叶衰老期至茎叶枯萎期）　开花结果后，茎叶生长缓慢直至停止，植株下部叶片开始枯黄，进入块茎淀粉积累期，此期块茎不再膨大，茎叶中贮藏的养分继续向块茎转移，淀粉不断积累，块茎重量迅速增加，周皮加厚，但茎叶完全枯萎，块茎充分成熟，逐渐转入休眠。此期特点是以淀粉积累为中心，淀粉积累可以持续到茎叶完全枯死之前。因而，应防止叶片早衰，也要防止后期水分过多和氮素过多，贪青晚熟，降低产量和品质。淀粉的积累速率与 ABA 含量和淀粉磷酸化酶活性呈正相关。淀粉产量的高低与品种、膨大盛期的茎叶生长量以及光、温、水、营养有关。一般，长日照下块茎淀粉含量高于短日照，提高植株氮、磷、钾含量有利于淀粉积累，但氮肥过多，淀粉含量反而下降。

10.2.3　马铃薯生长发育与环境条件的关系

10.2.3.1　温度

大量研究指出，马铃薯栽培以 7 月等温线为 21℃或较低的地区最为适宜，若 7 月温度过高，则多作春秋两季栽培，若夏季高温期过长，只宜作秋冬季栽培。通过休眠期的块茎，在 7 ~ 8℃的条件下，芽就能萌动。但在 12 ~ 18℃条件下芽的生长较快，较粗壮，芽眼根发生早，数量多，扩展速度快，为萌芽至幼苗出土最适宜的温度。马铃薯茎叶生长的最适温度为 17 ~ 21℃，最低为 7℃左右。如日平均温度超过 24℃，叶尖及叶缘变为黄褐色，茎基部叶片易萎黄脱落；若日平均温度超过 29℃，匍匐茎不断伸长，而顶端却不膨大，结薯延迟，甚至匍匐茎伸出地面，变成地上茎。块茎形成和膨大的最适温度为 16 ~ 18℃，当温度达 20℃时，块茎生长渐慢，25℃时，块茎几乎停止生长，当温度高达 30℃左右时，块茎完全停止生长，甚至已形成的块茎，也可以发芽长出地面。Vanider 等（1998）指出，高于 20℃，每增加 5℃，光合速率下降 25%。结薯期要求低的夜温条件，否则对块茎形成和膨大的影响极为不利。当温度低到 -2 ~ -1℃时，地上部分即遭冻害；低到 -4℃时，植株死亡，块茎也受冻害。收获的马铃薯在 3 ~ 6℃的低温下贮藏会发生糖化现象。但耐低温与种、类型有关，如无茎薯（*S. acaule*）可耐 -6 ~ 4℃的低温，孔目松薯（*S. commersonii*）还可耐 -11.5℃的低温。

10.2.3.2　光照

马铃薯喜光，强光下块茎形成较早，块茎产量和块茎干物质含量较高，但后期植株易早衰。因此，种植过密，植株相互遮阴，会使茎叶徒长，延迟块茎形成，削弱抗病力，降低产量。每天日照超过 15 h，植株茎叶生长繁茂，匍匐茎大量发生，但块茎产量下降；每天日照 12 ~ 13 h，植株虽较矮小，但块茎形成较早，且产量较高。但品种间有差异，早熟品种对日长反应不敏感，晚熟品种则必须经过渐次缩短的日照条件，才能获得高产。一般说来，高温、长日照和弱光照对马铃薯地上部分生长有利；而较低温度、短日照和强光照，则有利于块茎形成。因此，栽培马铃薯通过调整其生长前期，使之处于长日照下，形成强大的同化器官和较多的匍匐茎，生长后期使之处于日照渐次缩短的条件下，有利于块茎形成和膨大，可望获得高产。

10.2.3.3 水分

马铃薯在整个生长期中需水量较大，其蒸腾系数为 400 ~ 600。马铃薯生长期间，0 ~ 40 cm 土层内土壤湿度以达到田间最大持水量的 60% ~ 80% 最适宜。幼苗期需水量占总需水量的 10% ~ 15%，干旱将会延迟出苗和结薯。现蕾期至开花期需水量占全生育期耗水量的 60% ~ 70%，是马铃薯需水量最多和最敏感的时期。据研究，此期灌水在干旱年份较对照增产 30.4%，在晴雨协调年份也可增产 6.5%。早期的水分胁迫，引起块茎尾部淀粉的耗竭，导致两端半透明糖化或浆状，其淀粉含量低而还原糖含量高。块茎形成膨大期间，如干湿失调，块茎时长时停，容易形成次生块茎和畸形薯。盛花期以后，需水量逐渐减少，此时灌水必须根据土壤湿度和气温高低而定，特别是生育后期块茎逐渐成熟时，若水分过多，影响块茎膨大和干物质积累，严重时还可导致田间烂薯和贮藏期烂薯。

10.2.3.4 营养

马铃薯对肥料三要素的要求，以钾最多，氮次之，磷最少。氮素过多，则茎叶徒长，增加地上部分的比例，减少块茎收获量，延迟成熟。如磷缺乏，则植株矮小，叶面发皱，叶柄和小叶直立向上生长，淀粉的积累减少，产量降低，块茎皮层和髓部都产生锈斑，降低利用价值。缺钾，植株节间缩短，变成密集丛生，叶面缩小，暗绿色，后期呈古铜色，叶缘枯死卷曲，地下部分匍匐茎缩短，块茎细长，根系衰弱。一些微量元素如铜、锰、硼、镁、钼、钙等能不同程度地加速马铃薯植株的发育，增强植株抗性，提高产量和品质。

马铃薯不同生育阶段需要的营养物质种类和数量有差异（图 10-5）。随着植株生长时间的推移，株重的增加，幼苗期吸肥很少，以后猛增，到结薯期达到总吸肥量的顶峰，然后又急剧下降，呈一单峰曲线。其氮的吸收量发芽出苗期占 6% ~ 9%，幼苗期约占 18%，块茎形成期约占 35%，块茎膨大期约占 35%，淀粉积累期约占 9%。磷的吸收在整个生育期间保持较少而平稳吸收，只是后期略有增加。钾的吸收在块茎形成期和膨大期增长最快，吸收量远高于氮。不同器官对氮、磷、钾等元素的吸收情况随各器官生长量的变化而变化，如根、茎、叶对氮的吸收随着结薯而减少，但块茎则保持着平稳的吸收状态，茎对磷的吸收在结薯盛期有一个高峰。

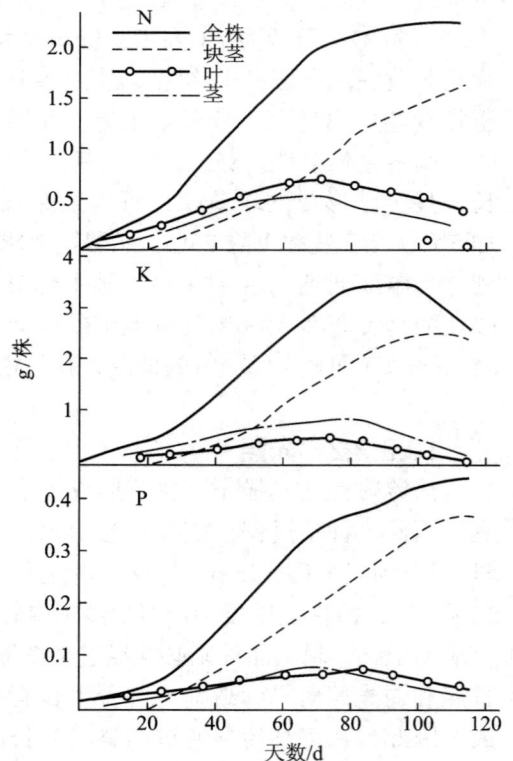

图 10-5 马铃薯吸收氮、钾、磷动态
（引自高炳德，1984）

10.3 马铃薯栽培技术

10.3.1 选地整地

10.3.1.1 选地

马铃薯对土壤要求以表土深厚，结构疏松，排水、通气良好，富含有机质的土壤最为适合。因而在沙壤土上栽培的马铃薯，出苗快，植株生长发育良好，块茎形成早，而且薯形整齐，薯皮光滑，产量和淀粉含量均高，抗病力也强。马铃薯在弱酸性土壤上生长发育良好，土壤 pH 以 5.5 ~ 6.0 最为适宜且淀粉含量较高，种在碱性土壤上则易发生疮痂病。块茎淀粉产量随土壤溶液中氯离子含量的增高而降低。氯离子浓度在 100 mg/kg 以下为适宜浓度，大于 570 mg/kg 为致害浓度。

马铃薯适宜与禾谷类作物、豆类作物、纤维作物轮作和间套作；不宜与烟草、茄子、辣椒等茄科作物轮作和间套作，否则茄科作物共有的青枯病、疫病、病毒病、瓢虫等病虫害严重；也不宜与甘薯、甜菜等需钾较多的块根作物轮作，否则会感到钾素不足或受疮痂病、线虫病危害。

10.3.1.2 整地

马铃薯栽培地一定要深翻，整地要精细，避免大土块。深耕细耙后，可视地势作畦，排水良好的可作宽畦，排水差的地方可作窄畦。同时，畦宽窄还要依间作、套作物的行距来决定。一般作畦方式有小垄单行，行距 60.0 ~ 66.7 cm 起垄，垄上穴距 25.0 cm。排水不良的低凹田地，还宜作高畦，尤其是稻田秋作，更应早排水晒田，起高垄。即在水稻"散籽"（蜡熟期）时立即开沟排水晒田。稻收后深耕至 25 cm 左右或免耕栽培。免耕稻草覆盖栽培马铃薯田播种前分厢开沟，沟宽 30 cm，深 20 cm，周边沟深 30 cm，厢宽 1.3 ~ 1.5 m。南方冬闲田春马铃薯栽培采用高畦或高垄栽培，高畦栽培以宽 1.6 m，高 0.25 m，畦沟宽 0.4 m 为宜；高垄栽培以宽 0.8 m，高 0.25 m，垄沟宽 0.45 m 为宜。

10.3.2 种植

10.3.2.1 品种选用

马铃薯栽培中品种选用包含两层含义，一是选择恰当的品种，二是选择优质的种薯。采用何种品种栽培，应根据市场需求、当地自然条件、复作轮作制度和生产水平而定。如春秋二季作区，应选用休眠期短、早熟、抗晚疫病、抗退化和耐高温的稳产、高产品种；高海拔一季作区生长季节较长，主要选择抗病高产、适应性强的中晚熟品种；间套作栽培，宜选用早熟、植株矮而紧凑、耐阴性强的高产品种。作鲜食菜用的秋冬作马铃薯，宜选用早熟品种；作加工用栽培的宜选用专用型品种。优质的种薯一般要求选用具有本品种特征、无病虫害、无伤冻、表皮柔嫩、色泽光鲜、大小适中、生理壮龄的脱毒种薯。生理壮龄块茎作种，出苗早而齐，茎数多，根系强，叶面积发展快而大，产量高。生理老龄的块茎作种，虽然出苗早、苗数多，但茎叶衰败迅速，产量低（图 10-6）。

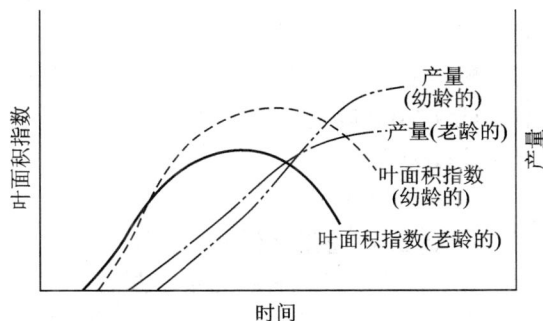

图 10-6　由生理上老龄和幼龄的种薯栽培的马铃薯叶和块茎发育的典型模式
（引自孙晓辉，2002）

10.3.2.2 种薯处理

（1）种薯消毒　为杀灭如疮痂病、粉痂病等薯块表面所带病菌，可用 1 mg/kg 高锰酸钾液浸 10 ~ 15 min 或用 40% 福尔马林液 1 份加水 200 份，喷撒种薯表面，或浸 5 min 后，再用薄膜覆盖 2 h，再晾干进行种薯消毒。

（2）种薯大小与切块　马铃薯种薯大小与生长、产量、繁殖倍数极为有关。王志强

（1989）以平均重 10 g、30 g、50 g、80 g、150 g 种薯作试验表明，其繁殖倍数分别为 45.2、17.6、11.3、7.1 和 3.9；30~50 g 的种薯，净产量较高。北方干旱一季作地区种薯一般以 50~80 g 为宜，南方种薯以 20~50 g 为宜。

为节约种薯和打破休眠，提早发芽和出苗，生产上对大薯块常采用切块播种，但要求每切块带 1~3 个芽眼。切块前、后要用 0.5% 高锰酸钾或用 75% 乙醇消毒切刀以防传病，切下的薯块用多菌灵、百菌清和石膏粉按 1：1：50 拌种。切块时，一般应采取自薯顶至脐部纵切，使每一切块都带有块茎上部芽眼，以保证顶端优势；若种薯较大，切块时应从脐部开始，按芽眼顺序螺旋向顶部斜切，最后再把顶芽切成两块。要避免切薄片、小块、挖眼作种等不合理措施。切块时应在栽植前 1~2 d 进行，切块过早，通风条件不良时，堆积易感染病菌，甚至腐烂；切块过晚，伤口未充分愈合，在田间仍易感染病菌。生产上最好选用小整薯作种，可避免病害传染，也不影响产量。

（3）催芽　在春秋二季作区，春薯秋播和秋薯春播，种薯播种时须打破休眠并催芽，方能保证按期出苗、出苗整齐并避免秋季烂种。研究发现，随着休眠期的推移，块茎中赤霉素的含量大量增加，到萌芽时可增至 30 多倍，因此可用赤霉素打破休眠。浸种用的赤霉素浓度，因品种、种薯贮存天数、薯块大小、催芽或直播而稍有差别，浓度一般为 0.2~1.0 mg/kg，浸泡时间 10~15 min，浸种毕捞出。选通风阴凉，没有阳光透射的地方放置，务必在 1~2 h 内晾干。对于切块不可晾干过度，否则切面边缘变色，周皮易与薯肉分离，常由此处发生烂薯。晾干后，即可置砂床或土床上分层催芽。床应设在通风遮阴避雨处，床土以沙壤土或河沙适宜，过湿引起烂块，过干不能发芽，切忌上床前后喷水。切块上床时应紧密排列，切面朝下，块间错开一缝，不使切块相碰触。每排完一层用一指厚湿润沙（土）隔开，共 5~6 层，最上层及四周覆沙 6.6~10.0 cm，以利保墒。芽长度达到 3 cm 左右时，扒出薯块，堆放在原地经散射光照射使嫩黄芽绿化变紫，如此锻炼嫩芽 1~3 d 即可播种。

10.3.2.3　播种期

确定马铃薯播种适期的重要条件是温度。并结合各耕作制度来确定和安排各地的播种适期。春播在 10 cm 土层的温度达 6~7℃ 时，即可播种，春播越迟，产量越低。秋薯播种的适期，根据种薯的来源、处理方法、秋霜日期、接茬时期、土质等确定，共同的原则是秋薯生长期保证在 70 d 以上。南方冬闲田种植冬马铃薯应根据各地气候，安排在 11 月中旬至 12 月中下旬播种为宜。

10.3.2.4　密度与种植方式

（1）确定合理的种植密度　过稀、过密均不能获得高产。马铃薯播种密度的确定，应依生产条件、品种、种薯大小、栽培方式、播种季节、气候土壤条件及栽培目的而定。晚熟品种、整薯或大块、净作、春季播种和高温、高湿地区宜稀；早熟品种、小薯块、间套作、秋冬季播种和冷凉地区应稍密。随着水肥的改善，尤其是钾肥的增加，可加大种植密度而提高产量。为提高大中薯率、结薯整齐而早熟，采用一穴单株（只留一个主茎），适于密植；为使薯数和中小薯比例增加，采用一穴多株，可加大密度。同时考虑叶面积指数，一般每公顷播株（穴）数 =（最高叶面积指数 × 1 hm²）/ 单株叶面积（m²）。一般高产田最高叶面积指数在 3.5~4.5，单株叶面积早熟品种在 0.3~0.5 m²，中晚熟品种在 0.4~0.7 m²。根据目前生产水平，一般以（5.5~7.5）× 10^4 株 /hm² 或（2.2~2.7）× 10^5 茎 /hm² 为宜。在此范围内，套作、秋冬作、土壤瘠薄或耕作粗放的宜密。

（2）种植方式与播种　如马铃薯与玉米套作，一般采用宽窄行。不论海拔高低，其最佳套作行比为2：2，宽行种两行玉米，窄行种两行马铃薯。套夏玉米，则在马铃薯收获前20～30 d播种玉米，使共生期一般不超过30 d。并采取双行错窝播种，种薯摆在垄的阴坡的2/3处，使种薯上面覆土厚度有12～13 cm。播种时应选择晴天。秋播一定要浅播种、厚培土，起大垄。南方免耕稻草覆盖栽培春马铃薯田一定要带芽、带薯移栽，每畦4～5行，按品字形摆种。摆薯施肥后，立即用8～10 cm厚约稻草，按与厢面垂直方向双向整齐均匀覆盖。稻草覆盖后，宜灌一次跑马水或浇水湿润土壤和稻草，有条件的再加盖一层薄膜增温。

彩图 10-4
马铃薯不同种植方式

10.3.3　施肥

10.3.3.1　施肥量的确定

马铃薯对主要元素的吸收量，因不同土壤条件、品种、密度、产量水平等而有差异。高炳德（1984）认为，每生产1 t块茎，需吸收氮、磷、钾分别为（4.38±0.36）kg、（0.79±0.04）kg、（6.55±1.78）kg。据内蒙古农业科学研究所试验，每生产1.5 t块茎，需吸收氮8.8 kg，磷（P_2O_5）3.3 kg，钾（K_2O）15.3 kg，三要素的比例为2：1：（3～4）。施用三要素的实际用量，因气候、肥料的种类和数量以及块茎的用途而有差异。如作种薯，一般应减少氮肥的施用量，增加磷肥、钾肥和农家肥的施用量。

微量元素对产量影响极大，一般在碱性土壤上易缺乏锌和锰，泥炭土与腐殖质土需要铜，在长期淋溶的土壤上缺乏镁和硫。根据日本大琦亥佐雄试验表明，生产1 t块茎需要从土壤中吸收钙0.9 kg、镁0.6 kg。可据表10-2确定微量元素的施用与否。

表 10-2　微量元素丰缺评价指标

评价	Zn	Mn	Mo	B	Cu	Fe
丰富（暂可不施）	> 1.25	> 16	> 0.20	> 1.0	> 2.0	> 10.0
缺乏边缘值（应该施用）	0.50 ~ 1.25	7 ~ 15	0.15 ~ 0.20	0.5 ~ 1.0	0.2 ~ 2.0	2.5 ~ 10.0
缺乏临界值（必须施用）	< 0.50	< 7	< 0.15	< 0.5	< 0.2	< 2.5

注：引自潘连公等，1990（有效态：mg/kg）

10.3.3.2　施肥时期和方法

施肥时应做到农家肥与无机氮、磷、钾等化肥和微量元素肥料配合施用。根据各地生产实践的经验，每1.5～2.5 kg土杂肥，约可生产0.5 kg块茎。马铃薯生产上必须重施底肥，合理搭配底肥与追肥，才能获得高产。底（基）肥施用量一般应占总肥量的3/5或2/3。播种时做到"三肥"（水粪、渣肥、磷钾化肥）下种，水粪浸窝，渣肥盖种，以保温防寒，促苗生长。播种时将农家肥与化肥拌匀，穴施于10 cm以下2个种薯中间的土层中，种薯与肥料间距5～8 cm。这样既可避免化肥伤害薯块，引起烂种缺苗，也有利于植株吸收养分和提高养分利用率，还可疏松结薯层。生育期间通过早期测定株顶以下第3～4片展开叶的叶柄中植株养分状况再确定追肥施用与否。马铃薯的氮、磷、钾营养状况的诊断指标见表10-3。

表 10-3 马铃薯营养诊断的指标

生育时期	营养元素	在倒数第四叶叶柄干物质中的含量		
		不足	中等	充足
初期	NO₃-N	8 000	10 000	12 000
	PO₄-P	1 200	1 600	2 000
	K	9	10	12
中期	NO₃-N	6 000	7 500	9 000
	PO₄-P	800	1 200	1 600
	K	7	8	9
后期	NO₃-N	3 000	4 000	5 000
	PO₄-P	500	800	1 600
	K	4	5	6

注：引自 Geraldson，1973（氮、磷：mg/kg，钾：%）

10.3.4 田间管理

10.3.4.1 发芽出苗期管理

出苗前一般不浇水，需要灌水只能小水浅灌并松土。此外，注意播前或播后除草。稻田秋薯覆土宜浅，播种后垄面土壤要适当耙细，做好排水工作，雨后土壤板结立即破壳耙松土面，不让土壤发生闭气现象。

10.3.4.2 幼苗期管理

（1）查苗补苗 齐苗后及时查苗补苗和定苗。定苗时每块马铃薯保留 1~2 株壮苗，疏除多余弱苗、小苗，以利结大薯。马铃薯覆盖稻草不整齐时会出现"卡苗"，需人工用手扒开稻草拉出薯苗。补苗时，须从茎数较多的穴内取苗，栽时挖穴要深并用水浇透，去掉下部叶，仅留顶稍 2~3 片叶后或浸生根剂插下，气温高时，可用树枝遮阳保湿以利生根成活。

（2）中耕培土 当马铃薯幼苗出土高达 7~10 cm 时，可进行第一次中耕，深度 10 cm 左右，结合除草。10~15 d 后进行第二次中耕，稍浅。现蕾时，进行第三次中耕，且离根系远些，更浅些，以免损伤匍匐茎，影响结薯。后两次中耕的同时结合培土，培土逐渐加厚。

（3）肥水管理 马铃薯幼苗出土后，需肥逐渐增多。根据黑龙江农业科学研究所试验表明，在苗期、蕾期、花期追肥，增产率依次为 17.0%、12.4%、9.4%，随施用时期推迟效果递减。因此，追施苗肥的增产效果极显著。一般于齐苗前用清粪水加尿素 75~150 kg/hm²，施用效果良好。春马铃薯苗期遇冬春干旱，出苗时和齐苗后应适度灌溉，使表土经常保持湿润状态。

（4）防治虫害 出苗期须用杀虫剂防治地上部分和地下部分的害虫。如蚜虫、瓢虫、地下蛴螬、蝼蛄、金针虫、地蚕等害虫。一般每 667 m² 用 60% 的敌百虫，0.5 kg 兑 250~400 kg 水喷雾或用阿维菌素、抗蚜威、灭蚜松等防治二十八星瓢虫和蚜虫。

10.3.4.3 块茎形成期管理

管理目标以促为主，促控结合，促苗壮早结薯多结薯，并注意防治晚疫病。一般在现蕾期进行最后一次中耕并进行高培土，并追第二次结薯肥，以钾为主，结合施氮。此期需水量最大，应防止土壤干旱，保持 60% ~ 75% 的土壤含水量。此期，如有徒长，在现蕾开花期喷施生长延缓剂，延缓茎叶生长，可使株高降低 15 ~ 25 cm，促薯膨大，提高大中薯比例。一般每公顷用 600 kg，浓度为 2 000 ~ 2 500 mg/kg 的矮壮素或 90 ~ 120 mg/kg 多效唑（PP_{333}）喷施 1 ~ 2 次，效果较好。晚疫病防控应加强病情监测，指导药剂防治。甲霜灵类、烯酰吗啉、霜霉威氟吡菌胺等可以有效控制病害流行。发现青枯病株一般可拔除病株淹埋或烧毁，或用 72% 农用硫酸链霉素 400 倍液灌根或 50 ~ 100 mg/kg 喷雾防治。

10.3.4.4 块茎增长与淀粉积累期管理

此期必须依据品种特性，植株长相及栽培条件，适时地进行各种促控措施，防止茎叶发展不足或徒长，才能使地上部分和地下部分生长协调，有利于养分的积累运转，加速块茎膨大。此期需水量逐渐减少，宜用小水勤浇，经常保持土层湿润。由于植株已封行，一般不再进行根际追肥，若后期表现脱肥的，可进行根外追肥，可用 1% 过磷酸钙、0.02% 硫酸钾和 0.1% 磷酸二氢钾溶液，并结合微量元素喷施，一般能增产 14% ~ 30%。生长后期也可使用块茎膨大素促薯膨大，一般用 150 ~ 225 g/hm² 即可。

10.3.5 收获与贮藏

10.3.5.1 马铃薯的收获

马铃薯成熟后即可收获。马铃薯成熟期的标志是：大部分茎叶由绿转黄达到枯萎，块茎易与植株脱落而停止膨大。但根据商品需要（如作蔬菜或种薯）也可提前收获，保证较高的产量或种用价值。收获时一定要避免碰伤、擦伤等机械损伤和品种混杂。

10.3.5.2 马铃薯的贮藏

（1）贮藏期间薯块的生理、生化变化 马铃薯块茎贮藏期中呼吸作用放出大量热能和二氧化碳，使薯堆温度和湿度迅速增高，又进一步加强块茎细胞内部的代谢作用，致使块茎大量失水，块茎重量减轻，薯皮皱缩，芽眼老化，不宜供食用和种用。同时二氧化碳过多积累，温度、湿度增高，引起微生物活动，还会导致块茎腐烂。据研究，贮藏温度在 10 ~ 15℃，淀粉含量保持稳定，如低于 10℃，则随温度的降低，块茎内的淀粉分解转化为蔗糖，使块茎变甜，出现"低温糖化"现象。低于 0℃，种薯易受冻腐烂。

（2）块茎安全贮藏的基本条件及其控制 基于上述原因，块茎安全贮藏就需要对薯块质量以及贮藏窖的温湿度、通气状况、防病虫传播等条件有所要求。收获后要晾干，剔除破伤薯、病薯和畸形薯。贮藏前先在通风处摊晾（春薯约半个月，秋薯约一周），使薯皮坚实，进行"预贮"，并再次剔除病薯，然后贮藏。作为种薯贮藏，最好是在散射光下，窖温控制在 1 ~ 5℃，最高 7℃，相对湿度以 85% ~ 95% 为宜；作为食用薯贮藏，窖温一般应保持在 10 ~ 15℃，不使见光，以免积累茄素（龙葵碱素）降低品质。

10.3.5.3 贮藏方式与方法

（1）堆藏 冬季温度较低的地区，可在室内堆藏冬贮，但室温要 0℃以上。一般用围席围住薯堆，以便随时取用。有些地方，利用甘薯窖贮马铃薯，也能取得较好效果。

（2）架藏　种薯贮藏可采用此方式，一般用架藏或竹楼贮藏，可以上下通风，薯堆温度不致过高，架藏结构简单，选阴凉通风有散射光的地方（室内、室外均可），用粗竹、木制成架床，分层放薯，每层距离 0.5 ~ 0.7 m，每架之间留有通道，以便管理操作。

（3）室外沟藏　冬季严寒地区，可采用沟贮法，沟深 1.0 ~ 1.7 m，沟两侧挖排水沟，装薯时，每放 0.3 ~ 0.7 m 厚的薯，上浅盖 0.17 m 沙土，直至距沟面 1/3 深度时，上盖一层干细沙土，为了保温，再在上面加盖一层稻草。放入薯块后，在沟的中部一侧安置温筒，以便随时检调温度。

（4）通风贮藏库　此外，可利用夏季地下室温度较冷的特点，作为冷库进行大量贮藏。国外马铃薯主要生产地区，多利用有空调装置的贮藏窖，保持窖温 1 ~ 5 ℃，配上通风装置以调节温度。

10.3.6　加工用马铃薯的栽培

10.3.6.1　加工用马铃薯的品质要求

（1）外部质量　外部质量要求块茎形状规则，整齐一致，薯皮光滑，芽眼浅。炸片用薯块直径为 40 ~ 60 mm，炸薯条用直径要大于 50 mm，长椭圆形、白皮、白肉；生产淀粉的皮肉色浅、皮光而薄、芽眼浅又少。

（2）干物质含量　块茎干物质含量的高低，关系到加工制品的质量、产量和经济效益。不同加工产品对薯块干物质含量要求为：油炸食品和干制品 22% ~ 25%；煎炸食品 20% ~ 24%；生产淀粉 25% 以上，且淀粉含量 18% 以上，同时块茎糖、蛋白质及纤维素含量少。

（3）含糖量　块茎还原糖含量高，会使薯条、炸片色泽变黑。因此，油炸薯片工厂把含糖量列为主要检测指标之一，要求还原糖含量不得超过 0.4%。

10.3.6.2　加工用马铃薯栽培的基本要求

（1）品种与种薯要求　根据生产的加工薯种类和栽培地区的种植条件和气候特点，选择适应性强、抗病性好的专用加工品种。种薯必须纯度高、健康不带病，薯块均匀一致且无严重的机械创伤，贮藏良好，生理年龄适中，没有腐烂和过分萌芽。二季作地区应选择早熟或中熟品种，一季作地区应选择耐旱、休眠期长的中晚熟或晚熟品种。目前，中国适合淀粉加工的品种较多，而适宜薯片、薯条加工的品种不多，且大多来自国外。如"Atlantic""Shepody""Snowden""赤褐布尔斑克""鄂薯 3 号""尤金""春薯 5 号"等。

（2）播种要求　一般当土壤墒情（田间持水量 60% ~ 80%）较好时，土温 10 ℃ 以上可用整薯播种。炸片加工用薯密度应略高，炸条薯要求大薯率高，种植密度应低于商品薯和种薯。

（3）施肥要求　在加工用马铃薯的栽培中，要注意多施农家肥，少施化肥（尤其要少施氮肥），以利于块茎内干物质的积累。要采用有效的栽培技术，促进苗期地上部分生长发育旺盛，在较长的时间内保持较高效率的干物质生产能力。据许多试验表明，与淀粉含量关系较密切的是氮和钾，多施用这两种肥料淀粉含量就下降，特别是氮肥随施用量的增加其吸收量也增加，致使茎叶过于繁茂，徒长而倒伏，不利于淀粉形成，同时易产生小薯、畸形薯和裂薯。还会延迟成熟，易感晚疫病和疮痂病。马铃薯需钾较多，缺钾不仅减产，而且收获后块茎易发生褐心腐烂症，但适当多施可以减少薯块黑斑和空心。施用磷肥使成熟期提早，且淀粉含量提高，表皮增厚，增强了在收获和运输时对机械损伤的抵抗能力，从而减少加工过程中的挑选与修理，使耐贮性、产量稳定性与品质均得以提高。

（4）水分管理要求　加工用薯生产田的灌溉要根据品种差异适时适量，如"Shepody""赤褐布尔斑克"不抗旱、不抗涝，"Atlantic""鄂薯3号""尤金"等又较耐肥水。一般要求在薯块膨大期要均匀供水，土壤湿度不应低于田间持水量的65%，否则会引起产量降低、裂薯、内部坏死、空心等问题。水分过多又要注意排水。

（5）病虫害防治要求　影响加工马铃薯块茎品质的病害有病毒病、晚疫病、环腐病、疮痂病等病原菌病害。尤其是"Shepody""Snowden""赤褐布尔斑克""Atlantic"等国外品种，感晚疫病和病毒病尤其严重。一定要加强晚疫病的药剂防治工作，采取早防治、多次防治的措施确保其正常的生长发育，获得高额的产量和优质的薯块供加工利用。

此外加工薯常由于环境条件的不良或未能满足其自身的需要，引起代谢紊乱而发生块茎畸形、块茎裂口、褐色心腐、皮孔肥大、中心空洞、块茎黑心病等生理病害。为预防块茎畸形、裂口、褐色心腐应该保持适宜的块茎膨大条件，增施有机肥，适当深耕，注意中耕，保持良好的土壤通透性，注意浇水。预防皮孔肥大、中心空洞主要是要保持适宜的土壤湿度，保持良好的土壤通透性，并要合理密植，增施钾肥，注意培土。

10.4　马铃薯的退化及其防止

10.4.1　马铃薯退化现象及其影响因素

马铃薯经一年或数年种植后，株小，茎秆纤弱，叶卷曲、皱缩或花叶，块茎变形，瘦小，薯皮龟裂，产量降低，这种现象称为马铃薯的退化（retrogression）。退化的原因直到20世纪才认识到主要是由病毒引起的，并提出了病毒侵染学说。

中国科学院微生物研究所从1956年起，在北京一般春播条件下，连续11年使用"男爵"品种天然实生苗单株获得的无病毒种薯进行人工接种病毒，以无病毒种薯作对照，分别在人工控制的低温（15℃）和高温（25℃）的防虫网室试验（表10-4）。结果表明，无病毒种薯低温下生长发育完全正常，毫无退化现象。高温条件下栽培略有退化，但无病毒种薯并不能将受高温的影响传递给无性繁殖后代。人工接种病毒后，第二季无论在高温、低温条件下栽培，均表现皱缩花叶型症状，产量较对照低得多，且在高温下产量更低。因此证明，马铃薯退化是由病毒侵染，并在无性世代中积累病毒的结果，这是内因，而温度是导致病毒发展的外因。

表10-4　中国科学院微生物研究所马铃薯病毒与温度相互作用试验研究结果（1956—1966）

病毒种类	15℃			25℃		
	第一季产量/g	第二季产量/g	第二季减产/%	第一季产量/g	第二季产量/g	第二季减产/%
X	242.7	213.3	12.1	280.9	123.9	55.9
Y	414.0	237.8	42.6	319.2	167.3	47.6
XY	284.4	99.1	65.2	235.0	95	59.6
不接种	370.8	360.4	2.8	275.1	232.8	15.4

已报道有 25 种以上不同的病毒和病毒病，其中依赖马铃薯存活和传播的病毒有 15 种或 18 种。迄今为止，PLRV（马铃薯卷叶病毒）和 PVY（马铃薯 Y 病毒）是危害最为严重的病毒，其次是 PVX（马铃薯 X 病毒）、PVM（马铃薯 M 病毒）、PVS（马铃薯 S 病毒）、PVA（马铃薯 A 病毒）、PSTVd（马铃薯纺锤形块茎类病毒）和其他一些区域性分布的病毒。由于病毒种类不同，有的是一种病毒单独侵染，也有由两种或多种病毒复合侵染，因而引起的症状是多种多样的。病毒的侵染主要是通过机械摩擦、蚜虫、叶蝉和土壤中的线虫等媒介而传播。病毒侵入后，通过无性世代传递至后代。引起 30%～50% 减产，重感染损失 80% 以上。马铃薯的退化与否和退化的轻重，取决于品种抗病力和病毒致病力的大小，如品种的抗病力、耐病力大于病毒的致病力，则植株表现生育健壮而抗退化；反之，使植株表现病态。这种带病植株的块茎都带有潜伏病毒，如留作下年作种，就会一代代传下去，从而加重退化。

10.4.2　防止退化的途径和主要措施

（1）培育和选用抗病品种　积极选育和推广抗退化的高产、稳产品种，并建立良种留种地，健全良种繁育制度，是防止退化的主要措施。

（2）实行秋播和晚播留种　春秋两季作地区，利用当年收获的春马铃薯再行秋播，不但可以增收一季粮食，而且由于结薯期处于低温和昼夜温差较大的条件下生长，可以复壮种薯，增强抗病力。一季作地区，马铃薯的块茎仍有轻微退化现象。距正常播期推迟至晚夏播种，防退化的效果较好。

（3）利用实生薯留种　马铃薯种子播种生长的幼苗结的块茎称为实生薯。实生薯作种能防止退化，这是由于马铃薯病毒能系统侵染植株各个器官而很少能侵入花粉、卵和种胚，能产生无病毒的种子，从而中断无性繁殖积累的病毒，防止退化。但实生薯后代分离严重，必须强调单株选择留种以及用分离小的杂交实生种子作种。

（4）建立无病毒种薯（苗）繁育体系　White（1943）和随后的 Limasset 与 Cornuet（1949）相继发现植物病毒随寄主的输导组织传遍全身，但是它的分布并不均匀，在茎尖分生组织部位由于维管束发育不完全，具较少的病毒或无病毒。植物组织培养方法就是把植株的茎尖分生组织分离下来，在体外进行无菌培养，从而产生健康植株。自 1955 年法国植物学家 George Morel 以马铃薯为材料获得无病毒植株以来，现在几乎所有生产马铃薯的国家，都在生产中使用这一技术，进行脱毒马铃薯种薯的生产。中国 20 世纪 70 年代就利用脱毒技术繁殖马铃薯脱毒种薯，解决了马铃薯的退化问题。脱毒种薯一般比非脱毒种薯增产 30%～50%。

（5）改进栽培技术和贮藏条件　各地经验证明，采用沙壤土、高肥水、合理密植、合理轮作、加强田间管理和适时早收等措施，都可提高种薯抗退化能力。也有报道称美国于 6 月末—7 月初喷施 5 次 1% 的无机油乳剂使马铃薯病毒病降低 62.8%。马铃薯块茎要求冷凉的贮藏条件。因此，必须改进贮藏方法，调节温湿度及空气状况，防止种薯衰老。

名词解释

地上茎　匍匐茎　块茎　芽眉　芽眼　堆藏　架藏　室外沟藏　马铃薯退化　实生薯

深入学习 10-2
马铃薯微型薯"雾培"繁育技术

深入学习 10-3
马铃薯脱毒种薯生产繁育体系

问答题

1. 简述马铃薯的生育过程及其特点。
2. 试述马铃薯匍匐茎和块茎的形成机制。
3. 简述马铃薯与环境条件的关系。
4. 简述马铃薯退化的机制。
5. 防止马铃薯退化有哪些对策与措施？

分析思考与讨论

1. 根据当地生产实际，试拟订马铃薯的丰产优质栽培技术方案。
2. 马铃薯加工对块茎品质有何要求？获得丰产优质的加工产品应该考虑哪些栽培技术？

11

甘　薯

【本章提要】 埃德蒙等认为甘薯起源于墨西哥以及从哥伦比亚、厄瓜多尔到秘鲁一带的热带美洲。甘薯约在 16 世纪末通过多条渠道传入中国，又名红薯、甜薯等。其根可分为须根、柴根和块根。块根一般为纺锤形、长筒形、椭圆形、球形和块状等，皮色有白、黄、红、紫等，深浅不一。块根是贮藏养分的器官，也是食用的部分，除含大量淀粉外，也含有丰富的蛋白质、维生素、矿物质以及膳食纤维等，并含有脱氢表雄酮、黏液蛋白等具有保健功能的特殊物质。

本章介绍了甘薯的价值、起源与分类及甘薯的生产概况。详述了甘薯的器官与发生特点、生长发育过程及特点；阐述了甘薯产量形成、块根膨大的细胞学机制及影响因素。就提高普通甘薯和蔓尖菜用型甘薯产量，从品种选择、播种育苗、需肥特性与施肥技术、栽插技术、田间管理，以及收获与贮藏等提出了针对性地技术措施。

11.1　概述

11.1.1　发展甘薯生产的意义

甘薯（sweet potato）又称地瓜、红苕、番薯、红薯、山芋等，具有抗逆、高产、营养丰富等重要特性，是世界和中国重要的粮食、饲料和工业原料作物。

11.1.1.1　重要的粮食、蔬菜和保健作物

甘薯全身都是宝（表 11-1），块根中除含大量淀粉外，还含有丰富的蛋白质、维生素、矿物质以及膳食纤维等。多数品种块根蛋白质含量较低，但其蛋白质的氨基酸组成较平衡，一些人体必需氨基酸如赖氨酸和苏氨酸等含量高于米、面。块根中维生素 C 含量较高，橙红、橙黄色的块根中含丰富的 $\beta-$ 胡萝卜素（维生素 A 原），紫肉色甘薯含有花青素（紫色素）。另外，甘薯中还含有脱氢表雄酮、黏液蛋白等具有保健功能的特殊物质。

甘薯茎叶也含有丰富的营养物质，叶菜专用型甘薯嫩茎叶食用品质优良，被营养学家们称为营养最均衡的保健食品，2007 年世界卫生组织推出的健康食品排行榜中将其列为 13 种最佳蔬菜之首。据《本草纲目》记载，甘薯有"补虚乏、益气力、健脾胃、强肾阴"的功效，"甘薯蒸、切、晒、收，充作粮食，使人长寿"。对甘薯品种"西蒙一号"的药用机制研究，初步明确了它在防治白血病、糖尿病等多种疾病的疗效。

表 11-1 甘薯块根和茎叶主要营养成分含量

食物类型	蛋白质/%	脂肪/%	糖类/%	纤维/%	营养元素/（mg·100 g⁻¹）			维生素/（mg·100 g⁻¹）			
					钙	磷	铁	V$_A$	V$_{B1}$	V$_{B2}$	V$_C$
熟块根/100 g	2.3（g）	0.3（g）	25.8（g）	1.2（g）	46	51	1.0	2.13	0.8	0.05	20
鲜块根/100 g	1.03 ~ 1.60	0.12 ~ 0.60	2.38 ~ 9.70	1.64 ~ 2.50	22 ~ 30	31 ~ 51	0.4 ~ 1.1	0.011 ~ 0.690	0.086 ~ 0.110	0.031 ~ 0.700	15 ~ 34
鲜茎叶	2.8 ~ 4.0	0.3 ~ 0.8	—	1.2 ~ 1.9	37 ~ 110	30 ~ 94	1.0 ~ 4.5	0.18 ~ 2.7	0.09 ~ 0.16	0.26 ~ 0.37	20 ~ 58
鲜茎尖	2.7	—	—	2.0	74	—	4.0	1.67		0.35	41

11.1.1.2 重要的饲料和工业原料作物

甘薯用途广泛，其块根和茎叶的营养丰富，可作为牲畜及家禽的重要饲料，可以加工成地瓜干及多种食品。利用块根中的淀粉，可以加工成变性淀粉、粉条、粉丝、系列化工产品、燃料乙醇，成为重要的食品与工业原料作物。

📖 深入学习 1-1
甘薯的综合利用

11.1.1.3 重要的救荒作物

在我国，甘薯曾作为救荒作物对粮食安全具有巨大的贡献。甘薯生物产量高，增产潜力大，在优良的生产条件下，每公顷鲜薯产量可达 60 ~ 75 t，在较差的栽培条件下，每公顷仍可获得 7.5 ~ 15.0 t 的产量。这是由于甘薯具有以下特性：① 薯块形成与膨大期长，块根形成期和膨大期占全生育期 3/4 以上，约 100 d，促使薯数和单薯重增加潜力巨大；② 光合生产率高，块根积累的主要物质以糖类为主，形成过程较简单，需要的能量少；③ 块根积累光合产物比例高，经济系数可达 70% ~ 85%，明显高于其他作物；④ 适应性广，抗逆性强，对自然灾害有较高的耐受力。

11.1.2 甘薯的起源与生产概况

11.1.2.1 甘薯的起源

一般认为甘薯起源于墨西哥以及从哥伦比亚、厄瓜多尔到秘鲁一带的热带美洲，哥伦布发现新大陆后将其带回到欧洲大陆（1492 年），之后西班牙殖民者将甘薯传至菲律宾的马尼拉和马鲁谷群岛，再从菲律宾传至亚洲各地。据各种史料记载，甘薯传入我国途径可能不止一条。明朝万历年间传入我国，最早在福建、广东种植，而后向长江流域、黄河流域和台湾等地传播，至今已有四百多年的历史。

11.1.2.2 甘薯的生产概况

根据 FAO 的数据统计，2016 年全世界共有 117 个国家种植甘薯，收获总面积为 8.62×10^6 hm²，总产量 1.23×10^8 t；栽培面积较大的国家依次为中国、尼日利亚、坦桑尼亚、乌干达、安哥拉、马达加斯加、印度尼西亚等。

我国甘薯种植面积在改革开放前一直稳定在 9×10^6 hm² 左右，主要以食用为主。1978 年至 1985 年以 6.28% 的速率快速递减，1986 年至 1999 年稳定在 6×10^6 hm² 左右，以饲用、食用并重，2000 年以来呈下降趋势。2016 年种植面积已降至 3.3×10^6 hm²，占世界总种植面积的 38%，总产蛋为 0.71×10^8 t，占世界总产量的 67%，单产量达到 22 t/hm²。国内甘薯种植面积较大的省（市）依次为四川、重庆、河南、贵州、山东、福建等，主要以加工为主，食饲兼用。预计未来甘薯的种植面积总体将下降，但单产量和总产量则不断提高，品质不断提升，主要发挥其保健功能，满足人们的需求。

11.1.3　我国甘薯的产区划分

我国幅员辽阔，以气候条件和栽培制度为主要依据，同时参考地形、土壤条件，将甘薯生产划分为五个栽培区域，从北到南有规律地从一个区过渡到另一个区，区界大体上与纬度平行。这五个区是：北方春薯区、黄淮河流域春夏薯区、长江流域夏薯区、南方夏秋薯区和南方秋冬薯区（图 11-1）。

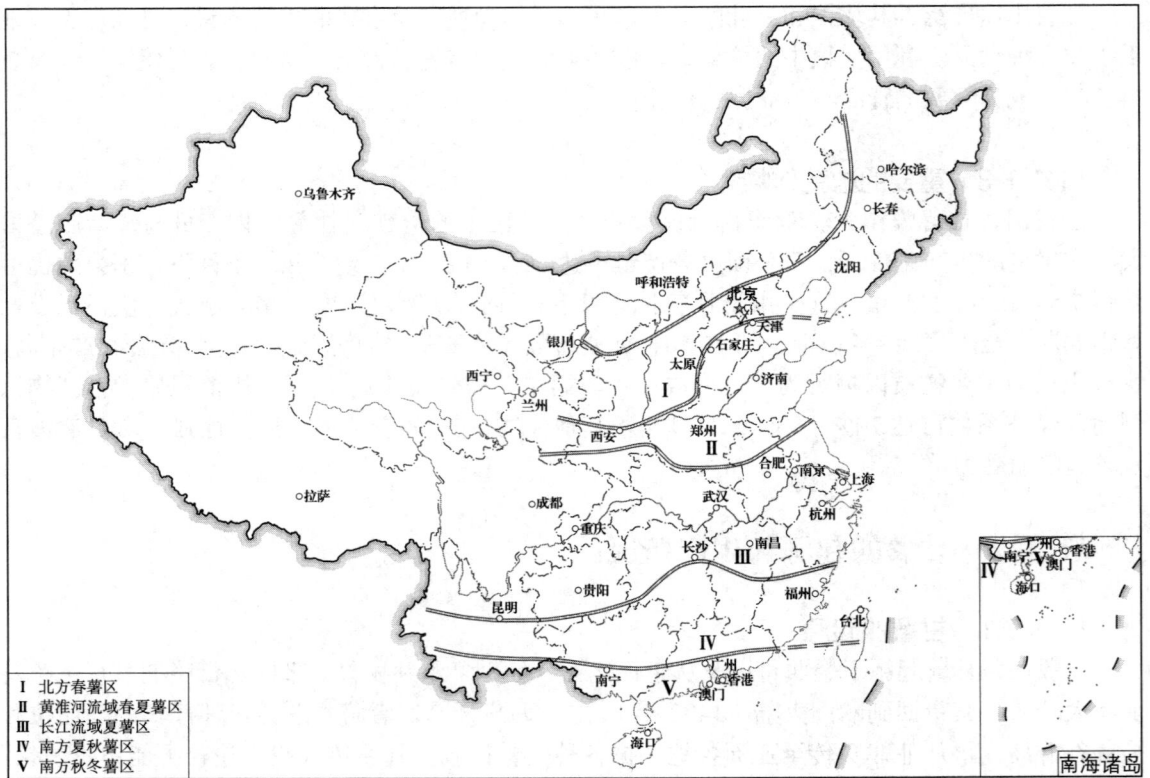

图 11-1　中国甘薯栽培区划图

11.2　甘薯栽培的生物学基础

甘薯为旋花科番薯属番薯种 [*Ipomoea batatas* (L.) Lam.]，蔓生草本植物，一年生或多年生。栽培甘薯为六倍体，染色体数 $2n=90$。

11.2.1　甘薯的形态特征

11.2.1.1　根

甘薯在发育过程中，分化形成三种不同类型的根（图11–2）。

（1）细根　细根（fibrous root）即吸收根，形状细长，有许多分枝和根毛，具有吸收水分和养分的功能，主要分布在40 cm土层中，在深耕条件下可超过1 m。

（2）柴根　柴根（pencil root）又称牛蒡根，是肉质根，粗如手指，细长如鞭，无利用价值，主要是不良气候和土壤条件引起，也与品种特性有关，是块根膨大中途停止加粗而形成。

（3）块根　在适宜生长条件下，幼根经过一系列组织分化和贮藏养分发育成块根（storage root），甘薯块根是贮藏养分的器官，是收获的产品器官，同时由于其强烈的出根、出芽特性，又是重要的繁殖器官。

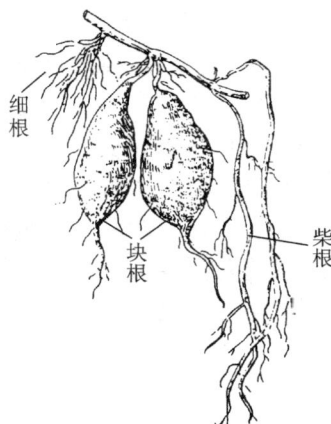

图11–2　甘薯细根、柴根与块根
（引自刁操铨，2002）

彩图11–1
甘薯的块根

甘薯块根多生长在5～25 cm土层中，形态主要由品种特性决定，也受土壤和栽培条件影响，大致可分为纺锤形、长筒形、椭圆形、球形和块状等（图11–3）。在较疏松、氮肥偏多或较潮湿的土壤中，薯形偏长；在板结、钾肥偏多或干燥的土壤中，薯形多为纺锤形或球形。块根表面或光滑平整，或有纵沟，或有突起的脊，或有许多芽眼（bud eye），都与品种特性有关。甘薯块根多个部位薄壁细胞能分化形成不定芽原基，但多发生于中柱鞘。在薯块膨大过程中不定芽原基逐渐分化，并潜伏在周皮凹陷的根眼（root eye）处，在适宜条件下可萌发成苗。

块根皮色有白、黄、红、紫等，深浅不一，由周皮中的色素决定。薯肉基本色有白色、橘黄、红、橘红、紫等，也可能黄带紫、红带紫等。白肉甘薯几乎不含胡萝卜素，黄色、红肉色甘薯含有较多胡萝卜素，其中大部分为 β– 胡萝卜素，紫肉甘薯块根内含花色素苷（anthocyanin）。甘薯块根内色素含量主要由品种决定，也受环境条件和栽培季节的影响。

彩图11–2
甘薯不同的块根肉色

图11–3　甘薯块根形态
从左到右依次为纺锤形、长筒形、椭圆形、块状和球形

11.2.1.2　茎

甘薯茎又称为薯蔓（藤，vine），主要有两种类型。多数品种为匍匐型（spreading），伏地生长；另一种为半直立型，能直立生长到一定高度后再长成蔓状。蔓长度因品种而异，短蔓型不足1 m，长蔓可达3～4 m或更长。茎粗4～8 mm。茎和茎节色有绿、紫、绿带紫、褐、红等。茎中含乳白色汁液，主要成分是糖类、蛋白质、无机盐和鞣质等。茎节着生叶片，发生分枝，长出花序和不定根。较粗壮的薯苗节部两侧根原基发育较好，栽插（plant）后易形成块根。

11.2.1.3 叶

叶形是品种的主要特征，但有时在同一植株同一茎段会出现两种叶形。基本叶形有掌状、心形、三角形或戟形（图 11-4），叶缘有全缘、带齿、浅或深单、复缺刻。叶片裂口长度超过主脉一半的为深裂，小于一半的为浅裂。叶色一般为绿色，但浓淡程度不同，顶叶色、叶脉色和叶柄基部颜色可分为绿、绿带紫和紫色，也是鉴别品种的形态特征。

根据甘薯叶龄和叶片组织结构的不同，叶片可分为嫩叶、功能叶、老叶和徒长叶四种。叶柄的构造和茎相似，主要功能是输导和支持作用，兼有调节叶片受光位置，提高光合能力及暂时贮存养分的功能。

图 11-4　甘薯基本叶形
从左到右依次为掌状、心形、三角形和戟形

彩图 11-3
甘薯的叶和花

11.2.1.4 花、果实和种子

甘薯花单生或数十朵丛集成聚伞形花序，一个花序通常有花 3~15 个花蕾，着生于叶腋或茎顶。花形呈喇叭状，与牵牛花相似（图 11-5）。花冠由 5 个花瓣联合成漏斗状，一般为紫红色，也有蓝、淡红和白色，雄蕊 5 枚，花丝长短不一。雌蕊 1 枚，柱头呈球状。甘薯为异花授粉植物，大多数品种自交结实率很低。甘薯是短日照和喜温植物，在我国广东、海南、福建和台湾等低纬度的省，许多品种在自然条件下能开花。但在我国中部和偏北地区，大多数甘薯品种在自然条件下难以开花。

甘薯果实为球形或扁圆形蒴果，幼嫩时呈绿色或紫色，成熟时为褐色。每个蒴果有种子 1~4 粒，多数为 1~2 粒。种子褐色，形状因蒴果内结子粒数而不同，分为球形、半球形或多角形。种子较小，千粒重 20 g 左右。种皮较坚硬，表面有角质层，透水性差，直接播种出苗慢且极不整齐，因此种子需经硫酸浸种或割破、擦伤种皮后再催芽。

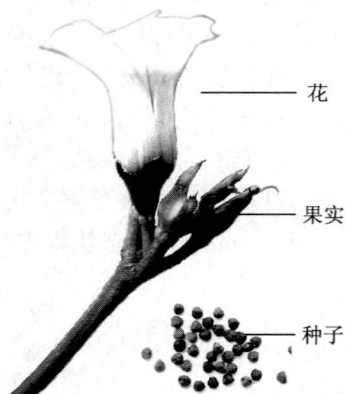

图 11-5　甘薯花、果实和种子

11.2.2 甘薯的生长发育过程

甘薯生产过程可分为育苗、大田生长和贮藏三个阶段。大田生长阶段都是营养器官的生长，没有明显的发育阶段和成熟期，但在不同时期，不同器官的生长是有主次的，因此可人为地分为以下四个时期。

11.2.2.1 发根还（缓）苗期

薯苗栽插后，从入土的茎节部两侧和薯苗切口部位，先后长出不定根。当新根吸收水分和养分，薯苗地上部分开始抽出新叶或新腋芽时，称为还（缓）苗（seedling recovery）或活棵（seedling survival）。此期以吸收根系的生长为中心。一般春薯栽插后 3～6 d 发根（rooting），7～12 d 还苗，吸收根系的基本形成约需 30 d；夏薯、秋薯栽插后 3～4 d 发根，5～7 d 还苗，吸收根系基本形成需 15～20 d。

11.2.2.2 分枝结薯期

从薯苗分枝到封垄（furrow overgrown）的时期，一般春薯需 30～50 d，夏薯和秋薯需 20～35 d，此期以茎叶生长和块根形成为中心。通常在栽后 10～20 d，吸收根开始分化为块根。在栽后 20～30 d，地上部分茎叶生长缓慢，叶腋萌发小腋芽，此后生长转快，腋芽抽出并长成分枝。到本期末，单株分枝数和结薯数基本固定，茎叶开始封垄。

11.2.2.3 薯蔓并长期

从结薯数基本固定到茎叶生长达高峰，是生长的中期，春薯在栽插后 40～90 d，夏薯和秋薯在栽插后 35～80 d。此期以茎叶盛长为中心，由于处于高温多雨季节，茎叶旺盛生长达到高峰，栽后 90 d 左右功能叶片数达到最大值，生长量占全期鲜重的 60% 以上。但黄叶、落叶也陆续出现，形成新老叶片相互交替现象。

此期薯块也迅速膨大，积累干物质量占全生育期的 30%～40%，一些早熟品种积累量更多。茎叶生长是块根膨大的物质基础，茎叶生长量不足或生长过旺，新老叶交替频繁或茎叶早衰等，均会影响同化物质的积累和正常分配，不利于块根膨大。因此高产甘薯茎叶生长高峰时要求叶面积指数保持在 3～4，蔓薯比（T/R）达到 1 左右，之后要保持一定的叶面积而不早衰。

11.2.2.4 块根盛长、茎叶渐衰期

此期从茎叶生长高峰期开始直到收获为止，是生长的后期。春薯、夏薯历时 60 d 左右，秋薯历时 40～50 d。此期生长中心为块根膨大，是甘薯块根物质积累的主要时期。由于气温降低，雨水减少，茎叶转向缓慢生长直至停滞，叶色变淡落黄，基部分枝枯萎，叶片脱落，逐渐呈现衰退现象。这时同化物质加速向地下部分运转，薯重积累量一般占全生育期总重量的 50% 以上。块根重量增长快，干率不断提高，达到最高峰。

甘薯四个生长时期是相互联系相互交错的，管理时要根据各期的生长中心加以促控，使地上部分、地下部分生长协调，达到"前结薯、中旺藤、后大薯"的要求。

11.2.3 甘薯产量形成

11.2.3.1 块根的形成与膨大

（1）块根形成 初生形成层活动决定幼根的发育方向，通常薯苗栽插发根后 10～25 d 为初生形成层活动与块根形成时期。块根形成过程包括以下三步。① 初生形成层的发生：在幼根中柱部位的原生木质部两侧部分薄壁细胞出现具分裂能力的初生形成层，呈弧形，彼此分离；② 初生形成层连成环：初生形成层形成之后，在近原生木质部外端（靠近中柱鞘）的薄壁组织发生初生形成层细胞，原来分离的各个形成层弧连接成圈（图 11-6）；③ 形成块根：初生形成层不断向外分化次生韧皮部，向内分化次生木质部。同时产生大量薄壁细胞，促使根的中柱部分增大，形成块根雏形。

幼根发育成为块根两个影响因素：① 初生形成层活动强弱程度；② 发根初期中柱细胞

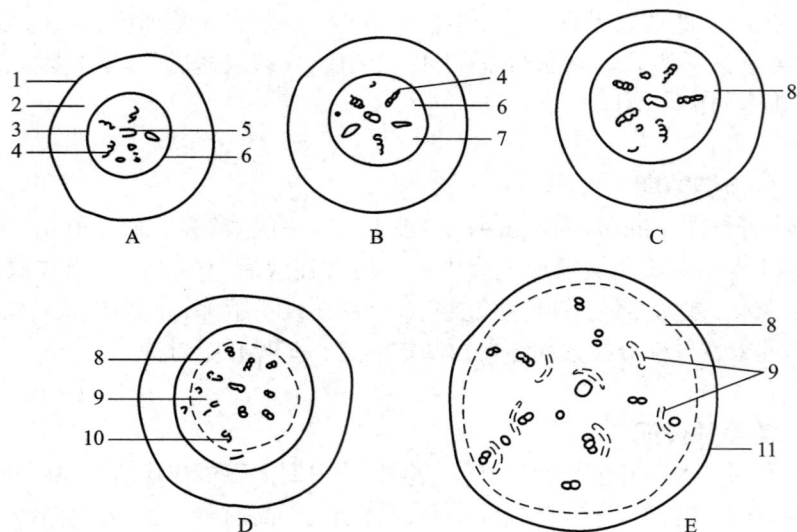

图 11-6　甘薯块根分化示意图（引自刁操铨，2002）

A. 幼根初生结构（发根 5 d 内）　B. 形成层开始发生（发根后约 10 d）　C. 形成层发展成环（发根后 5~20 d）

D. 次生形成层发生（发根后 20~25 d）　E. 已形成的块根，各部位发生次生形成层（发根后约 30 d）

1. 表皮　2. 皮层　3. 中柱鞘　4. 原生木质部　5. 后生木质部　6. 韧皮部

7. 形成层　8. 形成层环　9. 次生形成层　10. 次生木质部　11. 周皮

木质化程度。由图 11-7 可见，如果初生形成层活动程度大，但中柱细胞迅速木质化，则因不能继续加粗而成为柴根。如果初生形成层活动很弱，不能产生初生形成层，则形成细根。影响幼根分化的因素很多，包括品种特性、薯苗长势、气候及土质条件、茎叶生长和养分供应等。

（2）块根膨大　次生形成层（副形成层）活动时期，决定块根的膨大程度。块根形成后，在许多部位出现数量较多的次生形成层，产生大量的贮藏薄壁组织，促进块根膨大。

次生形成层不断形成次生木质部和次生韧皮部以及大量的贮藏薄壁组织，使块根膨大增粗。膨大主要是靠增加薄壁细胞数目，其次是靠细胞体积的增大。甘薯块根的大小由次生形成层活动范围、强度及时期的长短所决定，只要环境条件适宜，形成层的活动就不停止，块根就持续膨大，没有明显的终止期。

甘薯块根早在形成期就开始积累淀粉，以后随着块根膨大，细胞内淀粉粒逐渐增多，淀粉

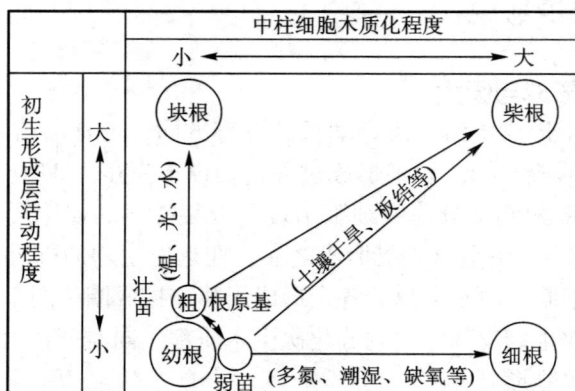

图 11-7　甘薯幼根分化途径示意图（引自刁操铨，2002）

粒体积也由小变大，块根淀粉含量相应提高。

块根在膨大过程中，皮组织破裂，表皮脱落。同时，中柱鞘细胞中出现木栓形成层，分生出由木栓组织、木栓形成层和栓内层，三者组成具多层细胞的周皮，代替表皮包覆于块根外。周皮中含有不同色泽和数量的花青素，形成了不同的皮色。

甘薯块根形成与膨大主要受细胞分裂和细胞体积增大所致，但也与激素有关。据研究块根形成前后及块根膨大中期和高峰期，块根干重与块根脱落酸（ABA）、玉米素核苷（ZR）和二氢玉米素核苷（DHZR）含量呈显著（或极显著）正相关，与生长素（IAA）、异戊烯基腺嘌呤核苷（IPA）和赤霉素（GA）无明显相关性。ABA、ZR 和 DHZR 含量的高低，在不定根能否转化形成块根和块根膨大的速率方面起关键的作用。

11.2.3.2　茎叶生长

在生育中期以后，出现老叶死亡和新叶出生的交替现象，甘薯叶片是合成同化产物的器官，又是消耗养分的器官。因此，生产上应注意减少新老叶的交替，延长叶片寿命。甘薯新叶的光合作用强度高于老叶。在一定范围内，叶片叶绿素含量与光合强度呈正相关，同一薯蔓上，叶龄小的顶部展开叶的叶绿素含量最高，随着叶龄增大，叶绿素含量下降，基部老叶片叶绿素含量最低。

甘薯生产过程中，叶面积指数动态呈坡状曲线，表现为"上坡快，坡顶宽，下坡慢"，即前期叶面积指数上升较快，至中期达到最大值后保持时间较长，生长后期叶面积指数下降缓慢，这样有利于充分利用光能，增加薯块干物质积累量。较高的叶面积指数是提高光能利用率和增加块根产量的生理基础，甘薯最适叶面积指数在 3.5～4.5。叶面积指数超过 5，属徒长型；叶面积指数低于 2，属茎叶生长不良的低产田。

11.2.3.3　块根膨大与产量形成

生长前期以茎叶生长为中心，中期以茎叶生长和块根膨大为中心，输送到地下部分的有机物质增加，后期块根成为植株干物质主要分配部位。随着生长进程的推移，块根积累干物质量不断增加，至收获期达到最大值。

甘薯块根膨大过程及其增长速度，受气候及栽培条件等的影响，主要取决于地上部分光合物质向地下部分的运转量。如南方地区的春薯，生长期经历低—高—低的温度变化过程，使块根膨大出现两次高峰。栽插 70 d 左右出现第一次高峰，以后进入高温多雨或干旱季节，块根膨大速度明显转慢；之后气温下降，光照充足，昼夜温差大，块根膨大进入第二个高峰，并持续到临近收获期。南方早栽的夏薯块根膨大也出现两次高峰，但时间推后，膨大速度也较低。迟栽夏薯和秋薯在茎叶生长高峰期后即进入块根迅速膨大期。

甘薯地上部分与地下部分重量的比值称为 T/R，生育过程常以 T/R 的变化作为光合产物分配是否协调的标志。正常情况下，生长前中期 T/R 值较大。此后比值下降早、下降速度较快，表示块根形成早，膨大快。在生长后期 T/R 值下降过快，常表现茎叶早衰，下降过慢表示茎叶徒长。T/R 值为 1 的出现时间因品种、栽培条件及长势而异。如早熟品种 T/R 值为 1 出现的时间早于晚熟品种。南方地区高产夏薯、秋薯通常在栽插后 80～100 d 时 T/R 值达到 1。

甘薯品种间块根发育特性存在明显差异，大致可分三种类型：前期增长速度快，后期慢；前期增长速度慢，后期快；前后期增长速度较平稳。早熟型甘薯块根形成早，前期膨大快；晚熟型则块根形成迟，前期膨大慢，后期膨大快；而结薯早期、前后期膨大均快的品种则是属于增产潜力大的高产类型。

11.2.4 甘薯生长与环境条件的关系

11.2.4.1 温度

甘薯为喜温作物，忌低温及霜冻。薯苗发根最低温度为 15℃，但发根缓慢；17~18℃发根正常；较高温度发根加快，根量增多。

茎叶生长适宜温度在 18~35℃，在此范围内温度越高，茎叶生长越快。温度低于 15℃，茎叶生长停止；10℃以下持续时间长或霜冻，地上部分即受到伤害或冻死。叶片光合作用最适温度为 23~33℃。在 35~38℃高温下，呼吸强度过大，光合强度下降，茎叶生长缓慢。

块根形成和膨大的适宜土温为 20~30℃。在 22~24℃土温条件下，初生形成层活动较强，中柱细胞木质化程度较小，适于块根形成。块根膨大的最适土温为 20~25℃，最低温度因品种而异，有些品种低于 20℃时块根即停止膨大，有些品种在 17~18℃仍继续膨大。在适温范围内，昼夜温差大有利于块根膨大。

11.2.4.2 光照

甘薯为喜光的短日照作物。在一定范围内甘薯叶片光合强度与光照强度呈正相关关系。甘薯叶片的光饱和点为 30 000~40 000 lx，光补偿点为 6 000 lx。同时，充足光照还能提高土温，扩大昼夜温差，有利于块根形成与膨大。甘薯不耐荫蔽，遮光过多产量降低。

11.2.4.3 水分

甘薯对水分的利用率较高，蒸腾系数在 300~500。生长期适宜的土壤水分为田间最大持水量的 60%~80%。生长前期土壤干旱（持水量低于 50%），薯苗发根还苗缓慢，茎叶生长差，幼根中柱薄壁细胞木质化程度大，不利于块根形成，结薯迟而少，且易形成柴根。生长中期、后期土壤干旱，茎叶生长量不足又易早衰，养分积累少，块根膨大缓慢导致减产。反之，如雨水过多，垄土过湿（持水量高于 90%），土壤通气性差，易使茎叶徒长，根形成层活动弱，也影响块根形成、膨大，降低产量与品质。生长后期如田间积水，块根会因缺氧呼吸导致腐烂，同时由于薯块中不溶于水的原果胶含量增多而易发生"硬心（hard core）"。

甘薯具有较强的耐旱能力，主要是因为：① 根系发达、入土较深、叶片内胶体束缚水含量较高以及遇旱时耐脱水等特性；② 甘薯收获的目的物是营养器官，栽培过程主要进行营养生长，一生中没有明显的水分敏感临界期。遇旱时茎叶生长和块根膨大缓慢甚至停滞，一旦旱情解除，茎叶仍能恢复生长，块根也能继续膨大。

11.2.4.4 土壤

甘薯适应性广，耐酸又耐碱，在 pH 4.2~8.3 的各种土壤上都能生长。甘薯还具有一定的耐盐能力，在含盐量不超过 0.2% 的土壤上种植，仍可获得一定的产量。但在土层深厚、土质疏松、透气性好、有机质含量高的沙壤土中，甘薯生长最为适宜。

良好的土壤通气是块根形成和膨大所要求的重要条件之一。通气条件好，根的呼吸旺盛，有利于细胞分裂活动和地上部分光合产物向块根运转和积累。土壤透气，昼夜温差大，也有利于块根的膨大。土壤含水过多引起通气不良，往往导致幼根在发育过程中形成畸形的柴根。

11.3 甘薯栽培技术

11.3.1 品种选择

目前甘薯品种朝着专用型发展，主要包括淀粉型、鲜食紫肉或红心型，蔓尖菜用型、高色素加工型（薯片、薯条、全粉）等。生产上选择甘薯品种，主要有以下几个原则：① 根据土壤类型、生产季节、栽培条件、生态环境等选用具有相应适应性的品种；② 根据当地病虫害发生及危害情况选用具有相应抗性的品种；③ 根据不同用途选用相应专用型品种。

📖 深入学习 11-2
紫心甘薯不是转基因品种

11.3.2 育苗

11.3.2.1 甘薯块根萌芽特性及影响因素

甘薯属于无性繁殖作物，由于薯块富含营养物质，且表皮有许多潜伏的不定芽原基，薯块出苗多且壮，大田生产中通常采用薯块育苗繁殖，即利用薯块萌芽（sprout）长苗，再剪苗直接栽插大田，或先剪苗在采苗圃繁苗后，再剪苗栽插大田。在华南有些冬暖地区，可剪取藤蔓于苗圃，越冬后再剪苗繁苗，称越冬蔓繁苗。

📖 深入学习 11-3
甘薯脱毒技术的研究与利用

薯块不同部位萌芽性有差异。顶部萌发快而多，中部次之，尾部最差，存在着明显的顶端优势。在同一个薯块，隆起的"阳面"萌芽性优于凹陷的"阴面"。不同品种块根萌芽特性差异也很明显。萌芽性好的品种，一般"薯皮"较薄或芽眼较多（图 11-8）。

薯块大小也与萌芽性有关。大薯单位重量萌芽数少，但成苗壮。小薯单位重量萌芽数较多，但成苗较弱。故生产上一般选用 100~200 g 重的中等大小薯块作种薯较适宜。

生长期长短对薯块萌芽性有明显的影响。生长期较短的夏薯、秋薯，生活力旺盛，抗逆性强、病害少，萌芽性优于生长期长的春薯。故生产上一般用夏薯、秋薯留种。

贮藏条件对薯块萌芽也有影响。贮藏较好，贮藏期未受过高温、冷、湿、干、病害的薯块，生活力旺盛，发芽性能好。

伴随甘薯块根萌芽，呼吸作用增强，薯块中淀粉迅速分解为糖，供呼吸作用并促进幼芽生长，从而大量消耗块根中贮藏的有机物质，并使块根变得松软。

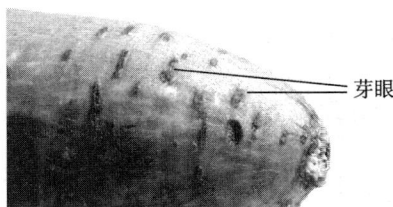

芽眼

图 11-8 甘薯块根表面的芽眼（突起部分）

11.3.2.2 南方甘薯的育苗方法

🖼 彩图 11-4
甘薯育苗

甘薯育苗是生产上一个非常重要的环节，搞好育苗，则有足够的壮苗确保早栽密植；否则，苗细弱、产苗晚造成迟栽，或产苗量不足造成分次栽插而减产。同时育苗方式上要做到成本低、方法简、易于操作。

（1）酿热温床覆盖薄膜育苗　利用微生物分解牲畜粪、作物秸秆以及杂草等酿热物的纤维素发酵产生的热量，并结合覆盖薄膜吸收太阳辐射热能提高苗床温度的育苗方法。

床址选择在背风向阳，地势较高，排水良好和管理方便的地方。苗床长度视地形及需要而定，一般长 5~7 m，宽 1.2~1.3 m，床深 0.4 m 左右。床底挖成中间高四周低和南深北浅，使

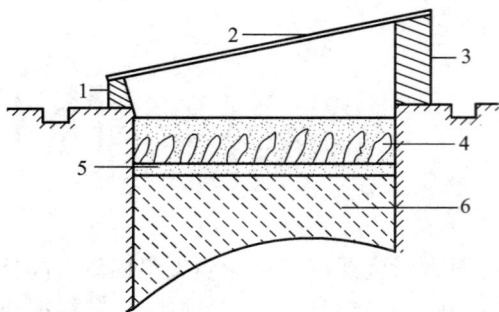

图 11-9 酿热温床剖面图（引自刁操铨，2002）
1. 南面矮墙 2. 覆盖薄膜 3. 北面矮墙
4. 种薯类薯 5. 床土 6. 酿热材料

床温均匀、出苗整齐（图 11-9）。

酿热物用高热的驴粪、马粪和低热的牛粪、作物秸秆配合使用。填放前，酿热物要晒干搞碎，秸秆切成 6~10 cm 小段，畜粪和秸秆配合使用，分层填放。填放时注意松紧适度，调节酿热物的水分和补充氮素。酿热物填放厚度为 25~30 cm，填放后略微拍实，保持不松不紧状态，其上铺 4~5 cm 细土，并覆盖薄膜增温。待床温升高至 33~35℃，即可排放种薯。

（2）塑料薄膜覆盖育苗 苗床无酿热物，仅覆盖薄膜，利用薄膜吸收和保存太阳热能提高床温，比露地育苗出苗早且多。也可在覆盖薄膜的基础上，在床上再盖一层地膜，在幼苗顶土后即揭开地膜。采用这种双膜覆盖育苗能进一步提高床温，比单膜覆盖提早出苗，产苗量明显增加。

（3）露地育苗 利用自然温度培育薯苗，方法简便，省工省料。但薯苗生长缓慢，育苗期长，成苗较迟，且用种量较大。苗床大多为 1.0~1.3 m 宽平畦，畦土混合适量土杂肥，待气温稳定达到育苗要求时，即可排种。

（4）催芽移栽育苗 利用火坑、土温室、高温窖等进行种薯高温催芽后，再移栽至室外育苗。此法发芽的温湿度易调节，长芽快而整齐。同时种薯（seed storage root）经高温处理兼有防治黑斑病效果。高温催芽时，种薯先在 35~37℃高温条件处理 3 d，此后降温至 30~32℃保持 4~5 d，注意调节水分保持湿度。待芽长 1 cm 时，移至室外进行盖膜或露地育苗。

11.3.2.3 排（殡）种

用种量与育苗方法、栽插时间、栽植密度及品种萌芽特性有关。采用加温育苗，一般春薯大田用种量 1 125 kg/hm² 左右，华南地区加温育苗多结合采苗圃繁殖，用种量需 150~225 kg/hm²，需要苗床面积 60~80 m²。

排种前，种薯需进行选择与消毒。要选择具本品种特征、大小适中、未受伤害的健康薯块。种薯消毒可用温水浸种，即用 50~54℃温水浸种 10 min；也可用 50% 托布津可湿性粉剂 400 倍液，或 25% 多菌灵粉剂 500 倍液，浸种 10 min。

排种时要注意密度与方法。一般加温育苗时排种较密，且多采用斜排方式。露地育苗排种较稀，采用斜排或平放。排种时，薯块头部及阳面朝上，尾部及阴面朝下。大薯排放深些，小薯排放浅些，做到上齐下不齐，使盖土深浅一致，出苗整齐。

11.3.2.4 苗床管理

（1）萌芽期 薯块萌芽最低温度为 16℃，最适温度为 28~32℃。此期苗床管理以催芽为主，床温保持 30~35℃。在床温不高时，晴天应揭去膜上的草苫等覆盖物，使阳光直射提高床温，晚间再盖好覆盖物保温。保持床土相对湿度 80% 左右。

（2）幼苗期 幼苗在 16~35℃，随温度升高生长加速，在 10~14℃停止生长，在 9℃下则受冷害。此期管理仍以催苗为主，催中有炼，催苗生长和培育壮苗。保持苗床温度 24~28℃，床土相对湿度 70%~80%。出苗后，随根、芽生长，从床土吸收养分逐渐增多，因此要适当施用速效氮肥。

（3）炼苗与剪苗期 苗高 25 cm 左右时，应注意炼苗（hardening seedling），停止浇水，充分见光，强光下薯苗生长快而壮，经 3 d 锻炼后即可剪苗栽插。华南地区在苗高 18 cm 左右时进行拔苗假植，即将生长的小苗拔起，假植于采苗圃，可增加产苗量。剪苗、拔苗后，苗床管理又转为催苗为主，促使小苗快长。应再升高床温和适当增加浇水量，并结合追施速效氮肥。

11.3.3　整地做垄

甘薯根系和块根伸展膨大多分布在 30 cm 土层内，薯地耕翻深度以 25~30 cm 为宜。栽种甘薯除沙性重的土壤或陡坡山地可进行平作外，一般都采用垄作，便于排灌，这样能加厚土层，扩大根系活动范围，增大受光面积，增加土壤通气性能，加大昼夜温差。因此垄作有利于甘薯根系吸收养分，促进同化物质积累运转及块根的形成与膨大。通常垄作甘薯蔓较长、分枝多、叶面积增加，有利于高产。常用的垄作方法及规格有以下两种。

① 大垄栽单行　垄距带沟 0.8 m 或 1.0 m，垄高 20~26 cm 或 33~40 cm，每垄插苗 1 行。1.0 m 垄多在雨水多或易涝地应用，0.8 m 垄多在土壤贫瘠、土层较浅的山地或坡耕地应用。

② 大垄栽双行　垄距带沟 1.0~1.2 m，错窝双行插苗。适用于栽插密度较大、产量较高薯田。对于麦（马铃薯）/ 玉 / 苕旱三熟间套作，垄距已固定，在宽行中起独垄大厢，栽双行。株距依密度而定，一般 20 cm 左右。

11.3.4　需肥特性与施肥技术

11.3.4.1　甘薯对营养元素的要求

甘薯一生中需钾最多，其次是氮素，第三是磷素。除此之外，还需钙、镁、硫、锌、铁、铜等。甘薯施钾肥增产最显著，钾能延长叶片功能期，提高叶片的光合效能和淀粉酶的活性，促进淀粉合成和块根膨大。甘薯叶片含钾量低于 0.5% 时，即出现缺钾症状，但单独过量施用钾肥会降低钾肥的利用率和薯块烘干率。

氮素能促进茎叶生长，缺氮时生长不良，但如供氮过多，叶片含氮量超过 4% 则导致茎叶徒长，影响产量，叶片含氮量低于 1.5% 时，呈现缺氮症状。

磷能促进甘薯根系生长，增加块根淀粉和糖的含量，叶片中含磷量低于 0.1% 时即出现缺磷症状。

11.3.4.2　不同生长阶段的需肥特性

在大田生长过程中，氮素的吸收一般以前期、中期多；当茎叶进入盛长阶段，氮的吸收达到最高峰；生长后期吸收氮素较少。钾素在整个生长期都吸收较多，尤以后期薯块膨大阶段更为明显。因此，氮肥应集中在前期施用，主要用作基肥和前期追肥；中后期宜看苗补施氮肥。钾肥各个阶段需要量较多，除在基肥中占较大比重外，还要按生育特点和要求作追肥施用。如在茎叶盛长时适当追施钾肥，能提高植株钾氮比，对防止徒长和提高光合效能有良好作用，后期追施钾肥也能促进块根膨大。磷肥宜与有机肥料混合沤制后作基肥施用，也可在生育中期追施或后期以根外追肥施用。

11.3.4.3　不同产量水平的施肥量

甘薯对养分的吸收与品种、产量、生长状况、土壤肥力及其气候特点等有关。众多研究认为，每生产 500 kg 薯块，需从土壤中吸收有效氮 3.6 kg，有效磷 1.8 kg，有效钾 5.4 kg，有效氮、有效磷与有效钾之间比例为 2∶1∶3。研究发现随产量增加钾肥、磷肥的施用量有所增加。产 2 500 kg/667 m² 左右的田块，每生产 1 000 kg 鲜薯，施氮 4.0~5.0 kg，磷 2.5~3.0 kg，钾 6.5~7.0 kg；产 5 000 kg/667 m² 左右的田块，每生产 1 000 kg 鲜薯，约施氮 5.0 kg，磷 4.0 kg，钾 8.0 kg，氮、磷、钾的比例多在 1.0∶（0.3~0.4）∶（1.5~1.7）。

11.3.4.4 基肥、追肥比例及追肥的施用

基肥、追肥比重因地区气候和栽培条件而异。长江流域春薯生长前期气温较低，肥料分解较慢；夏薯生长期短，且时有伏旱，故多采用重施基肥（占总肥量的 70%~80%）和早施促苗肥的方法，以促进早发棵，茎叶早封垄，以增强抗旱能力，防止后期早衰。华南薯区一般生长期较长，且雨水多、温度高，肥料分解快，故多采用适量施用基肥结合多次追肥，基肥比重较小。

基肥以有机肥为主。多采用集中施肥方法，如结合耕地作垄时进行条施，即将肥料施在垄心内，或作垄后于垄顶开沟施入（包心），使肥料流失少，吸收快，肥效高。基肥用量较少时，也可采用栽前穴施的集中施肥方法。一般每公顷施人畜粪 15.0~22.5 t，或施土杂肥 22.5~30.0 t。

11.3.5 剪苗与栽插

11.3.5.1 剪苗

彩图 11-5
甘薯栽插

选用壮苗栽插是保证全苗的重要环节，也是获得高产的前提。壮苗茎较粗壮，老嫩适度，节间较短，叶片肥厚，浆汁多，无气生根和病虫害。顶段苗比二段苗和基段苗好，发根成活快，产量高。

剪苗时要在离苗床土壤 3 cm 以上位置剪，这样高剪苗有利于防病、保证新芽及时萌发和苗床内小苗快速生长。剪口要平，尽可能随剪随栽，以利于薯苗成活。在干旱条件下，栽插前进行"饿苗"，即将薯苗在荫蔽处放置几天，提高薯苗原生质浓度，使栽插后吸水多、发根快，有利于成活。

11.3.5.2 栽插

甘薯适宜栽插期主要根据当地的气温。当气温稳定在 15℃ 以上，表土温度 17~18℃，达到薯苗发根所需的最低温度以上，即可栽插。栽插方法主要有以下三种方式（图 11-10）。

（1）直插（straight cutting） 直插需苗长 18~20 cm，垂直插入土中 2~3 个节。直插的薯苗入土深，能利用土壤深处的水分，栽后还苗快，较耐旱，成活率高。由于直插入土较深，只

| 直插 | 斜插 | 水平插 |

图 11-10 甘薯常用的三种栽插方式

（引自江苏省农业科学院等，1984）

有少数节位分布于结薯的表层土中，薯块集中在上部节位，故单株结薯数较少，但薯块膨大速度快，大中薯率高。直插法适用于干旱瘠薄的山坡地或生长期短的夏薯、秋薯栽培，但应注意适当增加栽插密度，以弥补单株结薯少的不足。

（2）斜插（oblique cutting） 斜插法是目前各地生产最为常用的方法，所用薯苗稍长，约23 cm，斜插入土中。薯苗入土节位3~4个，露出土表2~3个节，单株结薯数较多，近土表节位结薯较大，下部节位结薯少而小。苗栽插较深，也较抗旱，成活率较高，适用于较干旱的地区。

（3）水平插（level cutting） 水平插需薯苗较长，平插入土中3~5个节，外露约3个节，入土节数较多，入土节位较浅。适合于水肥条件好和生产水平高的薯地。如在良好的土壤环境和较高的栽培水平下，结薯早且多，薯块大小均匀，产量较高，但用苗量多，栽插也较费工。这种方式薯苗较不耐旱，如遇高温、干旱等不良气候，且土壤较瘠薄时，保苗较困难，容易出现缺株或小株，并因结薯多而得不到充分营养，薯块膨大不快，小薯率增多，产量不高。

薯苗栽插后，如遇晴天干旱，应连续浇水2~3 d，以保证薯苗发根成活。

11.3.5.3 栽插密度

甘薯栽培密度应根据品种、土壤、水肥条件、栽插期及栽插方法决定。如短蔓品种、贫瘠地、水肥条件差、直斜插或生长期较短的夏薯、秋薯，个体生长受到一定的限制，栽插密度宜大些；反之，宜小些。综合各地经验，一般春夏薯密度为每公顷（4.5~6.0）×10^4株，秋薯每公顷（6.0~7.5）×10^4株。

11.3.6 田间管理

11.3.6.1 查苗补苗

及时查苗补苗，以确保全苗和均匀生长，在栽插后1周左右完成。补苗时要选用壮苗补栽和浇透水护苗，成活后多施速效肥，促使后补苗生长。

11.3.6.2 中耕、除草和培土

甘薯中耕时间在还苗后至封垄前，一般进行1~2次，中耕时藤头附近只需刮破表土，垄脚宜耕深。甘薯地培土能防止露根、露薯以及虫鼠为害，预防涝害。培土结合中耕除草进行，茎叶封垄前，普遍进行中耕培土。培土不宜过高或过宽，不宜盖掉甘薯植株的拐头部分，否则会降低土壤温度和透气性，影响结薯和薯块膨大。

11.3.6.3 追肥

甘薯追肥原则上要"前轻、中重、后补"。前期促苗肥宜早施，一般在栽后7~15 d进行，以促进发根和幼苗早发。每公顷施尿素45~75 kg，基肥、苗肥不足或土壤肥力低的薯地，可在分枝结薯阶段（栽后30 d左右）追施壮株肥，每公顷施尿素75~90 kg，以促进分枝与结薯。

中期施夹边肥促使薯块持续膨大。福建、浙江、广东等地在薯蔓伸长后至封垄前，结薯数基本定型，用牛耕或人工在垄侧破开1/3，暴晒0.5~1.0 d，将肥料（有机肥为主，配合部分化肥）施入垄的两侧，然后培土恢复原垄，注意覆土不要过多过高。夹边肥的用量约占总施肥量的40%。本次施肥对促进茎叶生长，提早进入高峰期和防止后期脱肥有明显作用，尤其是南

方薯区前期多雨，土壤过早沉实，通过破土晒白和追肥，改善了垄土通气条件，对促进薯块膨大效果显著。

后期根据长势确定追施裂缝肥，对前期、中期施肥不足，长势差的薯苗，裂缝肥有增产效果。在垄顶出现裂缝时每公顷用尿素 75~120 kg 兑水或稀薄人粪尿 15 t 沿裂缝浇施。根外追肥也有一定增产效果，根外追肥常用 0.5% 尿素液、0.2% 磷酸二氢钾液、2%~3% 过磷酸钙液、5% 草木灰水。对于麦（马铃薯）/玉/薯旱三熟制，一般在收玉米前 20~30 d 穿林追肥产量较高，每公顷施人畜粪水(1.5~3.0)×10⁴ kg,纯氮45~75 kg。

11.3.6.4　灌溉与排水

甘薯茎叶盛长阶段，南方春夏薯此时正处于多雨季节，要及时清沟排水，避免水分过多影响生长。生长后期薯块迅速膨大阶段，遇旱时灌水增产显著，灌水深度以垄高 1/3 为宜，灌完后即排干，防止土壤含水量过大，特别是生长后期，垄土过湿影响薯块膨大，甚至导致烂薯。收获前半个月应停止灌水。

11.3.6.5　田间控旺

因氮肥过多、水肥过大、高温多雨等外界因素致使甘薯旺长，甚至出现"只长秧子不结薯的现象"。控旺要抓住关键时期：第一次控旺在栽后 50~60 d，蔓长 45~50 cm，薯蔓已经从垄上垂下，俗称"下梁子"，雅称"两垄似牵手非牵手"；第二次控旺在栽后 60~70 d 的封垄期，蔓长 80 cm 左右，此时是甘薯发育的黄金期，应重控。如果高温多雨长势很旺，可以适当增加一次。可通过人工摘去主蔓和分枝顶芽；或用多效唑、矮壮素、缩节胺等植物生长调节剂控制茎叶旺长，但要掌握适宜浓度。

11.3.7　收获与贮藏

11.3.7.1　收获

当气温降至 15℃时，薯块基本上已停止膨大，即可开始收获，至 12℃时收获结束。收获过早，缩短生育期，降低产量，同时因此时温度较高，薯块呼吸及发芽消耗养分多；收获过迟，淀粉糖化会降低块根出干率与出粉率，甚至遭受冷害降低耐贮性。

甘薯收获应选择晴天进行，从收获至入窖，都应认真操作，做到细收、收净、轻刨、轻装、轻运、轻放，尽量减少薯块破伤，以避免传染病害。

11.3.7.2　贮藏

（1）薯块贮藏期的生理变化　贮藏期间，薯块的生理活动有呼吸作用、愈伤组织（callus）形成、淀粉糖化、果胶质变化和抗坏血酸损失等，但以呼吸作用和愈伤组织形成与安全贮藏关系最为密切。

① 呼吸的变化　贮藏期间薯块出现有氧呼吸与无氧呼吸。正常的有氧呼吸，消耗糖分、释放二氧化碳、水和热量，释放热量可提高窖温。但呼吸强度过大，呼吸热过高还会引起病害发生与蔓延。无氧呼吸会产生乙醇，引起烂薯。

② 愈伤组织的形成　刚入窖的薯块，周皮常有不同程度损伤，在合适环境条件下，损伤处自然形成愈伤木栓组织，增强薯块的抗病性，减少干物质的消耗，提高耐贮性。环境中高温高湿（温度 32℃，相对湿度 90%）有利于愈伤组织的形成。高温愈合处理分升温、保温和降

温三个阶段。在升温阶段，利用加温设备，1~2 d 将薯堆温度提高到 35℃ 左右；然后，薯堆温度在 34~37℃ 保持 4 d；保温阶段结束后，立即降温，使薯堆温度快速降至 15℃ 左右。

（2）薯块安全贮藏的技术措施　主要有以下五个方面的措施。

① 薯块选择　薯块质量是影响薯块能否安全贮藏的重要因素。在大田生长期间遭受水渍、冷害、冻害、破伤或带病的薯块，生理活动表现不正常，养分消耗加剧，生活力下降，抗病力减弱，贮藏时遇到不良的温湿度或病害最易腐烂。所以应严格选择未受冷害、冻害，不带病虫害的健康薯块入窖贮藏。

② 控制温度　贮藏期窖温宜控制在 10~15℃，最好是 10~13℃。低于 9℃ 就会受冷害，甘薯代谢受损，抗性降低，易受软腐等腐生病菌侵入引起烂薯。温度超过 15℃ 时，薯块易发芽消耗养分而降低品质。

③ 控制湿度　控制窖内相对湿度 80%~90%，可较好保持薯块鲜度。若相对湿度低于 70%，薯块易失水导致生理失调，易发生皱缩、糠心或干腐。

④ 适当通风　在贮藏前期，薯块呼吸旺盛，应注意贮藏场所的通气，不宜过早封窖。在正常高温愈合时，以含氧量不低于 18%、二氧化碳含量不超过 3% 为宜。贮藏期间，薯块进行有氧呼吸，使窖内氧气减少，如果通气不良，二氧化碳增多，会导致缺氧呼吸，产生乙醇使薯块自体中毒腐烂。

⑤ 控制病害发生　黑斑病与软腐病是引起烂窖的主要原因之一，因此旧窖要经过严格消毒方可继续使用。入窖前严格精选薯块，确保无病害，无破损，不同品种和不同收获期的鲜薯，最好分开贮藏。创造和调节适宜的贮藏环境，避免或减轻因病害发生而造成烂薯。

11.3.8　蔓尖菜用型甘薯的栽培技术

蔓尖菜用型甘薯与一般甘薯不同，只采收地上部分鲜嫩茎叶，可不考虑地下部分块根的产量与品质。地上部分生长旺盛，分枝数多。采摘后，只要供给足够的养分和水分，茎叶生长十分迅速。温度适宜，可一次栽插周年生长，可以生产商品菜 37.5~45.0 t/hm²。

11.3.8.1　品种选择

蔓尖菜用型甘薯品种主要以幼嫩的茎叶作为产品，应选用茎尖与叶面绒毛少、纤维少、分枝力强、节间短、产量高、食味清甜、无苦涩味、脆嫩度好，并能适应当地栽培条件的品种。

11.3.8.2　整地做畦

选择肥力较好、排灌方便、土层深厚、土壤富含有机质、周围无污染的地块，深耕、晒垄、碎土后，整地成平畦，每 667 m² 施入腐熟有机肥（厩肥）1 500~2 000 kg、磷肥 30 kg，或人粪尿 1 500 kg、氯化钾 15 kg。另外，根据土壤情况适当增施钙肥。南方因为雨季长、雨量大，采用高畦栽培，畦高 15~20 cm、畦面宽 1.2 m。

11.3.8.3　合理密植

畦上 6 株行距 20 cm×20 cm、25 cm×15 cm、30 cm×20 cm 均可，栽插密度不超过 $3×10^5$ 株/hm²。保留足够的空间便于采摘作业和田间管理。

11.3.8.4 水肥管理

定植后要浇定根水,尽量保持土壤湿润,要求土壤湿度 70%～80%。多雨季节要注意及时排涝,防止烂苗。薯苗种植成活后,及时查补苗,并进行打顶促分枝,以保证全苗和均匀生长。还苗成活后,用稀薄人粪尿 15 000 kg/hm² 浇施。追肥应以人粪尿为主,栽后 20～30 d 结合中耕除草分别用 15 000 kg/hm² 稀薄的人粪尿加配 150 kg/hm² 尿素和 30 kg/hm² 氯化钾浇施。采摘后及时补肥,以 75 kg/hm² 尿素和稀释 2～3 倍的人粪尿 15 000 kg/hm² 浇施,促进分枝和新叶生长。

11.3.8.5 合理调控温度、湿度和光照

蔓尖菜用型甘薯栽培对水分温度和光照要求较高,其生长最适温度为 18～30℃,在这范围内温度越高生长越快。气温较低时,可在玻璃温室或塑料大棚内种植,以提高温度。要求土壤湿度保持在 80%～90%,可采取小水勤灌的措施进行频繁补水,有条件的可采用喷灌。在光照过强时,宜适当遮阴,防止纤维提前形成和增加,促进产量和食用品质的提高。

11.3.8.6 防治病虫害

菜用型甘薯以幼嫩的茎叶为产品,组织柔嫩、含水量高,极易遭受斜纹夜蛾、玉米螟、繁叶蛾等食叶性害虫危害。要保持较高的产品档次,生产上应以轮作、套作、捕捉诱杀、防虫网隔离等综合措施为主,防治药剂宜选用高效、低毒、低残留的生物农药进行防治,确保产品达到安全的标准。

11.3.8.7 适时采摘、及时修剪

在较高的温度条件下,春薯栽后 30 d 左右、夏薯栽后 20～25 d就可以采摘,以后每隔 10 d 采摘一次,即封行后就可以开始采摘。应根据蔬菜市场供求情况分期分批采收,以调整价格,保证长期供应。菜用型甘薯主要产品为幼嫩茎叶,含水量高,较易脱水萎蔫,要保持较高的产品档次,应及时收获,尽量缩短和简化产品运输流通时间和环节,采取剪割采收、小包装上市或集装运输批发销售。采摘完蔓尖后应及时修剪,保留离基部 20 cm 以内,且长度在 20 cm 以内的分枝,去掉底部发分枝能力弱的老茎或其滋生的畸形小芽,保证群体的通风透光。修剪后,隔天待刀口稍干,应及时补肥以保证养分供应,促进分枝和新叶生长。

名词解释

细根 柴根 块根 芽眼 根眼 薯蔓 匍匐型生长 半直立型生长 还苗 活棵 硬心 越冬蔓繁苗 薯块阳面 薯块阴面

问答题

1. 甘薯的幼根为什么会形成细根、柴根和块根三种类型?怎样诱导甘薯块根的形成?
2. 简述甘薯块根形成和膨大的细胞学基础。
3. 甘薯生产上多用薯块育苗繁殖的原因是什么?
4. 甘薯高产栽培中为什么要进行藤蔓选择,怎样选择?

分析思考与讨论

1. 试从甘薯不同生育时期的生长发育特点，谈田间管理的对策和措施。
2. 从甘薯贮藏期间的生理变化与环境条件的关系，分析甘薯安全贮藏的基本要求和措施。

12

棉　花

【本章提要】 棉花的原产地是印度和阿拉伯国家。在棉花传入中国之前，中国只有可供充填枕褥的木棉。南宋开始出现棉纺织品，中国老百姓在元朝开始普遍穿着棉纺织品，此后棉花种植才在我国真正发展起来。因此宋朝以前，中国只有带丝旁的"绵"字，没有带木旁的"棉"字。"棉"字是从《宋书》起才开始出现的。现在中国广泛栽培的棉花是 19 世纪末引自美国，原产于中南美洲的陆地棉。我国棉区范围广阔，目前主要划分为三大棉区：长江流域棉区、黄河流域棉区和西北内陆棉区。21 世纪以来，新疆棉区发展迅速，已成为我国最具有发展潜力的优势棉区。

本章介绍棉花的生产概况、棉花生长发育规律及其与环境条件的关系，以及棉花栽培技术。要求学生了解棉花的基本用途、国内外生产概况，掌握棉花生长发育过程、器官形成过程与特点，以及外界环境因子对棉花生长发育的影响，并据此理解棉花栽培技术。掌握生育期、红茎比、叶枝、果枝、成铃、四桃、铃重、衣分、籽棉、皮棉、籽指、衣指、纤维长度、纤维强度、麦克隆值等基本概念。掌握高产棉田实现营养生长与生殖生长协调、个体发育与群体相适应的合理生育动态，以及棉花追肥、打顶整枝、人工与化学调控等基本栽培技术。能够运用基本理论分析不同棉区的技术要点。

12.1　概述

棉花（cotton）是重要的经济作物，其分布范围之广、种植面积之大，决定了棉花是世界性的、举足轻重的农作物之一。棉花最重要的用途是利用其天然纤维（fibre）生产纺织品，因此棉花成为当今世界最重要的纤维作物，尽管近来棉花产品的综合利用途径很多，但棉花仍然主要作为纤维作物。

纤维是指一类丝状物质，有单细胞纤维，也有多细胞纤维。可以纺成丝、线或绳子，也可以混纺成织物，还可用于编织草席、造纸或生产毛毡等。纤维可分为天然纤维和人造纤维两类，前者包括植物纤维、动物纤维和矿物纤维。

根据纤维着生部位植物纤维可分为以下几类：

（1）种子纤维（seed fibre）　纤维着生在植物种子表面，如棉花、木棉。

（2）韧皮纤维（phloem fiber）　纤维着生在植物茎秆的表皮或韧皮上，如黄麻、红麻、苎麻、工业大麻、亚麻等，韧皮纤维拉伸强度大于其他纤维，故常用来制作缆绳、包装物、纸张等。

（3）叶纤维（leaf fibre）　纤维着生于植物叶片上，如龙舌兰。

（4）果实纤维（fruit fibre）　纤维着生于植物果实上，如椰子。

（5）茎秆纤维（stem fibre）　植物茎秆主要由纤维组成，如禾本科植物的水稻、小麦、大麦、竹、草等。

纤维作物是指以收获纤维为主要目的的一类大田种植植物，一般为一年生，如棉花、麻类作物等。

12.1.1　棉花生产在国民经济中的地位

棉花的经济产量中纤维约占 40%，棉籽约占 60%。棉籽表面有 7% ~ 10% 的短绒，40% 为棉籽壳，其余为棉仁。棉仁中，油脂含量为 30% 左右，蛋白质含量为 30% ~ 35%。因此棉花不仅是重要的纤维作物，还是重要的油料作物、蛋白质作物。

棉花既是世界最重要的天然纤维作物，也是世界上栽培最广的纤维作物。20 世纪初，棉花纤维已取代羊毛、丝、亚麻、苎麻等纤维，在世界范围内成为最主要的衣着原料。20 世纪 30 年代和 50 年代，人造丝和化学合成纤维先后兴起，产量和消费量迅速增长，使棉花纤维的生产和消费受到冲击，棉花在世界主要纺织纤维量中所占的比重由 1945 年的 82% 下降到 1985 年的 47%。但是随着时间的推移，化学合成纤维的缺点逐渐显露，崇尚自然的浪潮使人们回归自然的理念不断深入，因此棉纤维所具有的吸湿性强、透气性好、保暖、容易染色、能捻曲、纺纱时抱合力强、不带静电等优良特性重新受到重视。同时，随着纺织加工技术的改进，棉纤维制品也具备了易保管、不皱褶、耐穿等化学合成纤维所具有的优点，观念的转变及技术的发展促使棉纤维消费所占的比重上升，尤其是医疗耗材 70% 的原料都是棉花，如纱布、绷带、手术片都是纯棉产品。

棉籽油是世界上重要的食用油，不饱和脂肪酸含量高，可制造高级色拉油，在工业上也有广泛的用途，如制造肥皂、油漆等。棉粒含蛋白质 43% ~ 50%，其组成中，人体所必需的各种氨基酸的含量都超过或接近联合国粮农组织标准，经过去棉酚等加工后，食用或饲用价值很高，有望成为人类植物蛋白的来源之一，如人造奶粉、浓缩蛋白、高蛋白饼干等。

棉花的其他副产品也有着广泛的用途。每吨棉秆可造 350 kg 刨花板或 120 块纤维板，可代替木材 0.9 m³；也可作造纸或生产葡萄糖和乙醇的原料。棉茎皮纤维可制作成麻袋和各种绳索。棉短绒可生产各种高级纸张、人造纤维和粗织品，也可用作医药、火药等工业原料。各种加工废弃短绒还是生产食用菌及药用菌的良好原料。棉酚在医药和化工方面有重要用途。精制棉酚用于治疗肺癌、肝癌、子宫肌瘤及功能性出血等。此外，棉纤维还用于制作降落伞、汽车轮胎帘子线、传动带、电线包皮布及脱脂棉等。

12.1.2　棉花的分布与生产概况

12.1.2.1　世界棉花分布与生产概况

棉花的栽培利用历史十分悠久。在印度，发现了公元前 2 700 年的纺织品碎块及线段，其原料是亚洲棉。据此，人们认为亚洲棉起源于印度。在美洲，发现了公元前 2 500 年的纺织品，其原料是海岛棉。在墨西哥发现，该地区约在 5 500 年前就已经存在大铃类型的栽培种——陆地棉。

棉花是世界性的经济作物，其分布范围很广。自 47°N 至 32°S 的亚洲、非洲、美洲、欧洲及大洋洲都有棉花的种植，但主要集中分布在 15°N ~ 40°N，以亚洲（占 60.0%）和北美洲（占 18.4%）为主，其次为南美洲和非洲。

　　根据棉花种植集中程度和地理分布，可将世界分成四大产棉区：① 亚洲，主要包括东亚的中国，南亚的印度和巴基斯坦，西亚的土耳其、伊朗和叙利亚，中亚的乌兹别克斯坦、土库曼斯坦和哈萨克斯坦等；② 北美洲，美国南部形成世界著名的棉花带，二次大战前曾占世界总产量的 2/5，是最大的棉花生产区和出口区，战后美国棉花生产发展缓慢，现退居第三位；③ 南美洲，巴西、墨西哥和阿根廷为主要棉花生产国；④ 非洲，埃及、苏丹以生产长绒棉著称。近年，澳大利亚植棉业也有所发展，并进入世界前列。

　　近 50 年来，世界棉花生产发展很快，棉花产量平均每年增加 81×10^4 t（R^2=0.896 1）。全世界棉花籽棉总产量，从 20 世纪 60 年代初的 2×10^7 t，自 1963 年起稳定在 3×10^7 t 以上，70 年代突破 4×10^7 t，80 年代接近 5×10^7 t，90 年代维持在 5×10^7 t 以上，21 世纪快速上升到 6×10^7 t 以上，近 6 年上升到 7×10^7 t 以上（表 12-1）。

表 12-1　世界及主产国棉花产量（籽棉，$\times 10^6$ t）及其占全球的比例（%）

年份	全球	中国		印度		美国		巴基斯坦		巴西		五国占全球比例
	产量	产量	比例	产量	比例	产量	比例	产量	比例	产量		
1961—1965	31.80	3.91	12.30	3.22	10.13	8.80	27.67	1.14	3.58	1.45	4.56	58.24
1966—1970	34.56	6.84	19.79	3.26	9.43	5.71	16.52	1.56	4.51	1.88	5.44	55.69
1971—1975	38.92	6.88	17.89	3.79	9.74	6.54	16.80	1.93	4.96	2.01	5.16	54.34
1976—1980	39.72	6.71	16.89	3.91	9.84	7.07	17.80	1.76	4.43	1.61	4.05	53.01
1981—1985	47.73	12.96	27.15	4.15	8.69	7.16	15.00	2.58	5.41	2.05	4.29	60.54
1986—1990	50.20	12.14	24.18	4.60	9.16	7.71	15.36	4.38	8.73	2.06	4.10	61.53
1991—1995	54.12	13.82	25.54	6.01	11.10	9.97	18.42	5.02	9.28	1.58	2.92	67.26
1996—2000	53.76	12.93	24.05	6.22	11.57	9.58	17.82	5.03	9.36	1.29	2.40	65.20
2001—2005	62.03	16.28	26.25	7.15	11.53	11.19	18.04	5.87	9.46	2.90	4.68	69.96
2006—2010	68.44	20.53	30.00	13.63	19.92	8.88	12.97	5.93	8.66	3.37	4.92	76.47
2011	79.51	19.77	24.86	19.18	24.12	9.74	12.25	6.61	8.31	5.07	6.38	75.92
2012	79.28	20.52	25.88	18.18	22.93	10.28	12.97	6.37	8.03	4.97	6.27	76.08
2013	73.05	18.93	25.91	18.91	25.89	7.63	10.44	6.24	8.54	3.42	4.68	75.46
2014	76.66	18.53	24.17	18.49	24.12	9.79	12.77	6.82	8.90	4.24	5.53	75.49
2015	66.78	16.83	25.20	16.02	23.99	8.38	12.55	4.87	7.29	4.01	6.00	75.03
2016	65.39	16.03	24.51	14.41	22.04	10.05	15.37	4.94	7.55	3.46	5.29	74.76

　　注：根据 http://www.fao.org/faostat/en/#data/QC 资料整理

　　中国、印度、美国、巴基斯坦和巴西是世界上最大的棉花生产国，五国棉花总产量占全世界的比例在 20 世纪六七十年代为 55%，80 年代上升到 60%，90 年代为 65%，21 世纪初为 70%，目前为 75% 以上。其中，中国棉花产量及其占全世界的比例从 20 世纪 60 年代以来持续增加，到 80 年代初超过美国，成为世界第一产棉大国，其产量占全世界的 1/4，并基本维持这一比例至今。印度棉花产量占全世界的比例在 20 世纪 90 年代以前不到 10%，进入 90 年代后的 15 年间维持在 10% 以上，近 20 年来超过 20%，直逼中国产量，超过美国成为世界第二大产棉国。

根据联合国粮农组织 2018 年统计资料，世界棉花种植面积总体变化不大，从 1961 年的 3.186×10^7 hm^2，到 2016 年最小，只有 3.021×10^7 hm^2，其中 1995 年面积最大达到 3.554×10^7 hm^2。其变化趋势可明显地分为以下几个阶段：20 世纪 60 年代为缓慢增加阶段，70 年代为相对稳定阶段，80 年代为略微减少阶段，90 年代至今为大幅波动阶段。世界五大棉花主产国种植面积始终占全世界的 2/3 以上，近 10 年达到 70%。其中，印度占世界的 1/4，近几年达到 35% 左右；中国和美国分别占世界的 15% 和 14%。

虽然世界棉花种植面积变化不大，但棉花单位面积籽棉产量 1961 年为 862 kg/hm^2，2016 年为 2 165 kg/hm^2，增加了 1.5 倍，平均每年增加 25 kg/hm^2（R^2=0.943 4）。其中，中国单产量增加幅度最大，从 621 kg/hm^2 增加到 4 748 kg/hm^2，增加了 6.6 倍；巴西增幅其次，从 631 kg/hm^2 增加到 3 477 kg/hm^2，增加了 4.5 倍；此外，印度增加了 2.8 倍，美国增加了 1.9 倍。另外，中国单产量最高，美国其次，均始终高于世界平均水平，21 世纪以来巴西棉花单产量直线上升，超过了世界平均水平，也超过美国位居第二（图 12-1）。

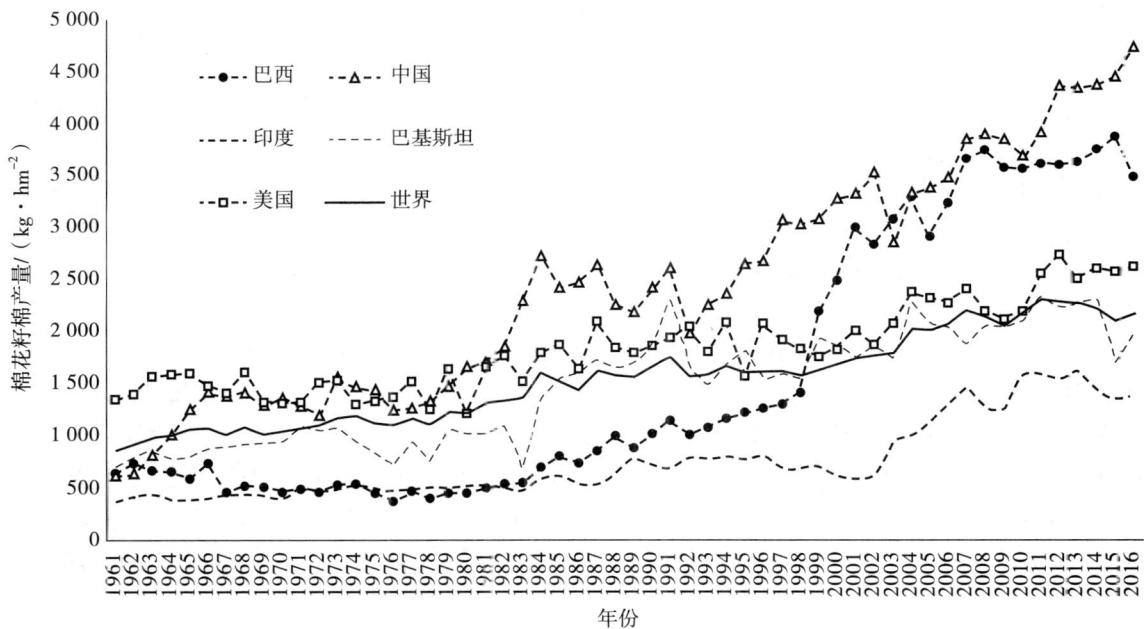

图 12-1　世界及主产国棉花单位面积籽棉产量

美国国家棉花理事会（national cotton council of America）统计了 2017 年世界前 30 个国家的棉花生产、贸易、消费状况，表 12-2 列出了其中前 10 个国家的概括，这 10 个国家的数量占 30 个国家总量的 88%（进口量、出口量）和 91%（生产量、消费量）。从表 12-2 可以看出，2017 年中国棉花生产量退居第二，印度上升为第一生产大国，美国仍为第三；中国棉花进口量退居第三，孟加拉国、越南分列第一、第二；但中国仍保留棉花消费量第一的位置，印度、巴基斯坦紧随其后；棉花出口量，美国仍为第一，澳大利亚、印度相当，位居第二。

表 12-2 2017 年世界棉花（皮棉）生产、贸易、消费概况 /1 000 t

排序	国家 / 地区	生产量	国家 / 地区	进口量	国家 / 地区	出口量	国家 / 地区	消费量
1	印度	6 385.1	孟加拉国	1 579.9	美国	3 225.2	中国	8 716.8
2	中国	5 753.1	越南	1 438.3	澳大利亚	937.1	印度	5 393.5
3	美国	4 633.6	中国	1 089.6	印度	937.1	巴基斯坦	2 266.4
4	巴基斯坦	1 786.9	土耳其	762.7	巴西	893.5	孟加拉国	1 569.0
5	巴西	1 699.8	印度尼西亚	762.7	乌兹别克斯坦	261.5	土耳其	1 525.4
6	澳大利亚	1 002.4	巴基斯坦	588.4	布基纳法索	250.6	越南	1 362.0
7	土耳其	871.7	印度	348.7	马里	250.6	印度尼西亚	751.8
8	乌兹别克斯坦	806.3	泰国	272.4	希腊	239.7	巴西	740.9
9	墨西哥	335.6	韩国	223.4	贝宁	147.1	美国	730.0
10	土库曼斯坦	310.5	墨西哥	179.8	科特迪瓦	130.8	乌兹别克斯坦	501.2

注：根据 http://www.cotton.org/econ/cropinfo/cropdata/index.cfm 资料整理

12.1.2.2 我国棉花分布与生产概况

我国宜棉区域辽阔，其范围为 18°N ~ 47°N，76°E ~ 124°E，东起辽河流域和长江三角洲，西至新疆塔里木盆地，南自海南三亚，北抵新疆北部的玛纳斯河流域，东西纵横 4 000 km 以上，南北绵延近 3 000 km。除西藏、青海、内蒙古、黑龙江、吉林五省（区）外，其余各省（区）均可植棉。

但直到 12 世纪，我国棉花种植主要集中在西部和南部边沿地区。自宋代棉花分别由南路和西路向我国内地传播，到元代中后期逐渐扩展至长江流域和黄河中下游地区。到 19 世纪末，我国棉花生产不但自给有余，而且开始出口。19 世纪末至 20 世纪中，我国棉花产业日渐萎缩，纺织工业濒于破产。直到 20 世纪 70 年代，我国棉花产量始终徘徊在 22×10^5 t 左右，不能满足国内纺织工业需求。进入 20 世纪 80 年代，中国棉花生产迅速发展。从 1982 年到 1984 年连跨三大步：1982 年棉花生产量基本能满足国内需求；1983 年自给有余；1984 年猛增到 62.5×10^5 t，成为世界第一生产大国，也是迄今为止我国的第三个高产年。此后，我国棉花生产量维持在 45×10^5 t 左右，徘徊在自给线左右。但是我国棉花消费量在 1999 年上升到 46×10^5 t，棉花生产出现供不应求的局面。此后，我国棉花消费量猛增，一年上一个新台阶。2001 年超过 57.2×10^5 t，接着棉花消费量每年以 10×10^5 t 的数量增加，到 2007 年达到最大值 111.1×10^5 t。消费需求极大地刺激了棉花生产，导致棉花产量在 2001 年上升至 53.1×10^5 t，2004 年达到创纪录的 63×10^5 t 大关，2006 年再破高产纪录，达到 77.3×10^5 t，2007 年更达到 80.6×10^5 t。此后持续下降，2015 年降至谷底为 47.9×10^5 t。但生产量仍然远远不能满足市场需求，导致棉花进口数量逐年增加，2001 年达到历史最大值 53.5×10^5 t。

20 世纪 50 年代，冯泽芳根据积温的多寡、纬度的高低，将中国东部季风区用 ≥ 15℃活动积温的 5 500℃、4 000℃ 和 3 500℃ 三条等温线为界限，划分为华南棉区、长江流域棉区、黄河流域棉区和北部特早熟棉区；用年平均干燥度 3.4 的等值线，将大于这一数值的中国西北内陆干旱地区称为西北内陆棉区，这就是我国的五大棉产区（图 12-2）。20 世纪 80 年代，我国

深入学习 12-1
中国历年（1970—2017）棉花生产与消费概况

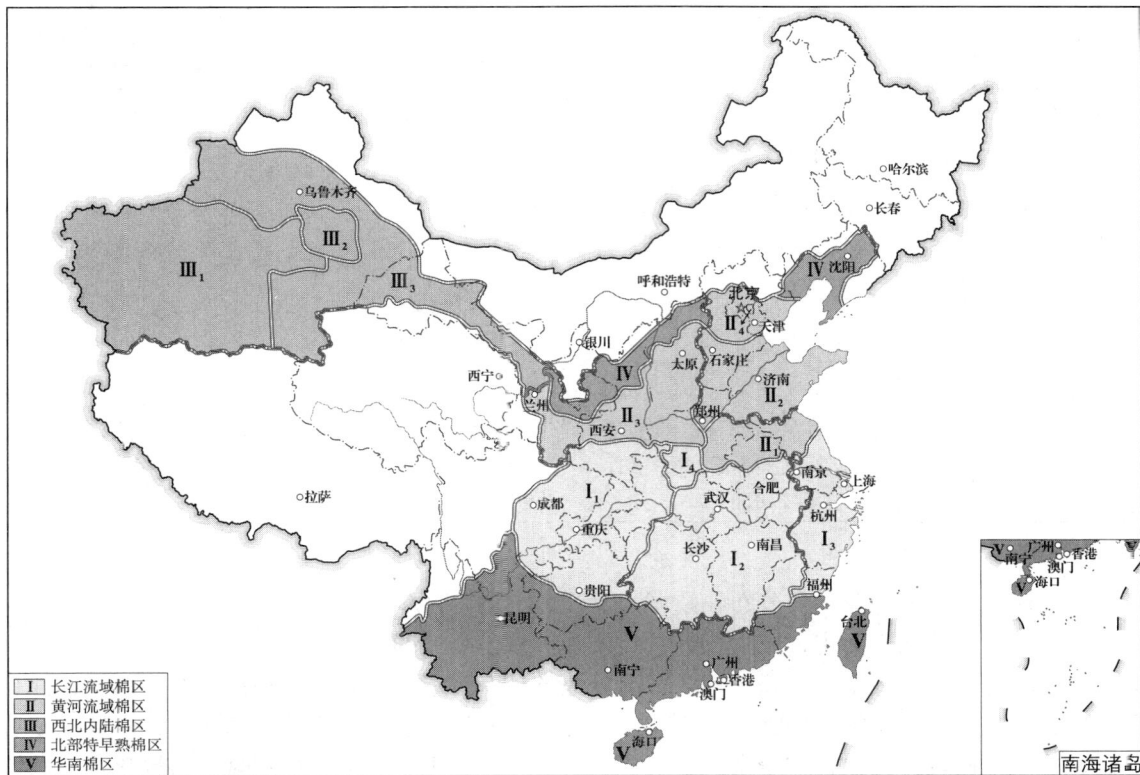

图 12-2 我国棉花五大产区及亚区（中国农业区划的理论与实践，1987）

图例：
Ⅰ 长江流域棉区
Ⅱ 黄河流域棉区
Ⅲ 西北内陆棉区
Ⅳ 北部特早熟棉区
Ⅴ 华南棉区

棉花科技界在肯定这一划分方案的基础上，将长江流域棉区进一步划分为长江上游、长江中游、长江下游及南襄盆地四个亚区；将黄河流域棉区划分为华北平原、淮北平原、黄土高原和京津唐四个亚区；将西北内陆棉区划分为南疆、北疆、河西走廊三个亚区（图12-2）。

目前，我国棉花种植面积主要集中在黄河流域、长江流域、西北内陆棉区，其余两个棉区的植棉面积已大为缩减，甚至只有零星种植。因此，2003年农业部又将我国棉花生产区域划分为三大优势产区：长江流域棉区、黄河流域棉区和西北内陆棉区（表12-3）。

表 12-3 优势棉区主要生态条件（引自中国农业科学院棉花研究所，1983）

优势产区名称	长江流域棉区	黄河流域棉区	西北内陆棉区
棉区范围及主要区界	戴云山、九连山、五岭、贵州中部分水岭至大凉山一线以北，黄河流域棉区以南，东起海滨，西至四川盆地西缘	秦岭、伏牛山、淮河、苏北灌溉总渠以北，北部特早熟棉区以南，西起陇南东至海滨	六盘山以西，包括新疆、甘肃和宁夏的沿黄河灌区
气候带	中亚热带至北亚热带湿润区	南温带亚湿润区	南温带及中温带干旱区
气温≥10℃天数 /d	220~270	195~220	160~215
气温≥10℃积温 /℃	4 600~6 000	4 000~4 600	3 100~5 500
气温≥15℃积温 /℃	4 000~5 500	3 500~4 000	2 500~4 900
年平均气温 /℃	15~18	11~14	7~14

续表

优势产区名称	长江流域棉区	黄河流域棉区	西北内陆棉区
气温年较差 /℃	20 ~ 26	27 ~ 31	32 ~ 44
全年降水量 /mm	1 000 ~ 1 600	600 ~ 1 000	< 200
年干燥度	0.75 ~ 1.00	1.0 ~ 1.5	> 3.5
年日照时数 /h	1 200 ~ 2 400	2 200 ~ 2 900	2 700 ~ 3 300
年均日照百分率 /%	30 ~ 55	50 ~ 65	60 ~ 75
年总辐射量 / (kJ·cm^{-2}·a^{-1})	378 ~ 525	462 ~ 588	567 ~ 630
主要土壤类型	潮土、紫色土、黄棕壤、红壤、水稻土	潮土、褐土、滨海盐土、潮盐土	灌淤土、旱盐土、棕漠土、灰棕漠土

长江流域棉区的棉花主要分布在沿海、沿江、沿湖的冲积平原，部分在丘陵坡地。平原地区土壤以潮土和水稻土为主，肥力较好；丘陵棉田多为酸性的红壤、黄棕壤，肥力较差；沿海有大片盐碱土，适宜栽培中熟陆地棉。大部分地方具有春季多雨高湿，初夏常有梅雨，入伏高温少雨，秋季多连阴雨的气候特点。棉花病虫害发生较重：前期根病、叶病严重，中期枯萎病蔓延，后期铃病较重；虫害有蚜虫、盲椿象、蓟马、红铃虫、叶螨、烟粉虱、斜纹夜蛾、棉铃虫等，害虫发生世代较多。其主要自然条件列于表 12-4。

表 12-4 长江流域棉区各亚区主要自然条件（引自黄骏麒，1998）

亚区名称	无霜期 /d	≥ 15℃ 积温 /℃	生长期日照 /h	生长期降水量 /mm	海拔高度 /m	灾害天气
长江上游	280 ~ 300	> 4 500	1 100	1 000	250 ~ 500	秋季阴雨连绵
长江 沿江	250 ~ 280	4 000 ~ 4 500	1 400 ~ 1 500	900 ~ 1 000	30 ~ 40	初夏洪涝、伏秋连旱
中游 丘陵	260 ~ 280	> 4 500	1 400 ~ 1 500	> 1 000	80 ~ 100	伏秋高温干旱
长江下游	220 ~ 250	4 100 ~ 4 500	1 400	800 ~ 1 000	< 20	梅雨、台风、秋雨
南襄盆地	240 ~ 260	4 000	1 400 ~ 1 500	600 ~ 700	50 ~ 150	伏秋连旱

12.1.3 棉花的栽培种

棉花有四大栽培种，其中两个二倍体种：亚洲棉（*Gossypium arboretum* L.）和非洲棉（*G. herbaceum* L.）；两个异源四倍体种：海岛棉（*G. barbadense* L.）和陆地棉（*G. hirsutum* L.）。二倍体栽培种原产于旧大陆——亚洲和非洲，被称为旧世界棉；四倍体种形成于新大陆——美洲及太平洋岛屿，被称为新世界棉。目前世界棉花总产量中，陆地棉约占 90%（本章所涉及的也是陆地棉），海岛棉占 8%，亚洲棉和非洲棉仅占 2%。

📖 深入学习 12-2
四大棉种识别

12.2　棉花栽培的生物学基础

12.2.1　棉花的生长发育过程

棉花自播种（seeding）至拔秆（plant withdrawal）所经历的时间，称为大田生长期（field grown period）；自播种到吐絮所经历的时间，称为全生育期（whole growing period）；而从出苗到吐絮所经历的时间，称为生育期。在相同或相似气候条件下，同一品种或同一类型的品种，其生育期比较一致。

彩图 12-1
棉花主要生育时期

棉花从播种到吐絮，在整个生长发育过程中，不同器官依次出现，可明显地划分为：播种出苗期（seeding to emerging period）、苗期（seedling period）、蕾期（budding period）、花铃期（flowering and bolling period）和吐絮期（boll opening period）五个生育时期。

（1）播种出苗期　从播种到出苗所经历的时间，一般 7～10 d。当棉花胚根长度达到种子长度的 1/2 时称为发芽。棉花幼苗下胚轴拱出土面，两片子叶平展时即为出苗（emerging）。

种子的萌发与出苗要经历四个紧密相连的阶段：① 吸胀阶段，棉籽吸水后，坚硬的种皮逐渐软化，水分经合点区和种皮向胚组织渗入，蛋白质、糖类等大量吸水使棉籽体积膨胀；② 萌动阶段，棉籽吸水后，胚根尖端突破种皮外伸，此时酶的活动显著加强，子叶中贮藏的脂肪、蛋白质及淀粉等分解为可溶性物质，供幼胚生长吸收利用；③ 发芽阶段，棉籽萌动后，胚根和胚轴伸长，胚芽分化新的叶原基。当胚根伸长达种子长度的 1/2 时，称为发芽；④ 出苗阶段，在适宜的条件下，下胚轴伸长形成幼茎。幼茎起初弯曲呈膝状（称子叶膝），把子叶及胚芽带出土面，然后幼茎伸直，两片子叶展平。

（2）苗期　棉花从出苗到现蕾所经历的时间，称为苗期，一般 40～50 d。大田进入苗期以群体中 50% 的个体出苗为标准。

苗期是棉苗扎根、长茎、生叶的营养生长阶段，是为生殖生长打基础的时期，也是生产上保全苗、育壮苗、争早发的关键时期。苗期的生长特点是：地上部分的茎叶生长缓慢，与外界环境条件关系十分密切；但地下部分的根系生长则很迅速。

（3）蕾期　棉花从现蕾到开花所经历的时间，称为蕾期，一般 25～30 d。棉株第一果枝上出现肉眼可见（3 mm 长）的三角形苞片（即幼蕾）时，称为现蕾；大田进入现蕾期以群体中 50% 的个体现蕾为标准。

现蕾标志着棉花已进入生殖生长时期，但此时的营养生长远比生殖生长占优势，特别是叶的生长最活跃，其次是茎秆的生长等。随着茎节的增长，叶片数和单株叶面积不断增加，同化面积逐渐扩大，为棉株的营养生长和生殖生长积累大量的有机物。所以，此时叶片的生长动态及叶片的功能，是影响果枝与花蕾出生速度的重要因素。

（4）花铃期　棉蕾花冠开放、柱头外露时，称为开花；群体中 50% 的棉株开花时，称为开花期。由于棉花开花后，即进入结铃期，所以从开花到开始吐絮所经历的时间，称为花铃期，一般 50～60 d。大田进入开花期以群体中 50% 的个体开花为标准。生产上将开花后的前 15 d，称为初花期；之后 15 d 称为盛花期。

花铃期是棉花的大生长期，营养生长和生殖生长都很旺盛，所积累的干物质占一生总干物质量的 60%～65%。其中初花期（early blooming stage）营养生长达到最高峰，盛花期（blooming stage）生殖生长达到最高峰。花铃期是棉花一生中需要养分和水分最多的时期，均超过一半。花铃期也是各种矛盾，如营养生长和生殖生长、个体和群体、棉花正常生长发育与不良环境条件等，表现最为集中的时期。

（5）吐絮期 棉铃（cotton boll）铃壳开裂、纤维外露时，称为吐絮。大田棉花群体中50%的个体吐絮时，称为吐絮期。从开始吐絮到全田收花基本结束所经历的时间（即吐絮期），一般70～90 d。

吐絮期棉花营养生长逐步趋向停止，棉株定型。进入吐絮期时，棉株下部少量棉铃已经成熟，中部棉铃正在充实，上部棉铃增大体积，同时还在继续开花结铃；以后随着时间的推移，棉铃由下而上，由内而外地逐步成熟吐絮。吐絮期棉株体内有机营养的分配，几乎90%以上供应给棉铃的发育。因而，吐絮期也是增加铃重的关键时期。

12.2.2 棉花的器官形成

12.2.2.1 根的生长

棉花根系由主根、侧根、支根、毛根和根毛组成。棉花各级侧根和主根的根尖10 cm内是根系吸收和合成机能的活动区域，近根端约1 cm是根的生长区域。棉花是深根作物，其主根入土可达2 m左右，侧根横向扩展可达60～100 cm。大部分侧根分布在10～30 cm深土层内。根系约占棉株干重的7%～10%。

（1）根的形态 棉花属直根系，由胚根形成主根，向下生长；在主根上分生侧根，近乎水平生长；侧根上长支根（又称二级侧根），支根上生出许多毛根（又称三级侧根），在各级侧根前端的表皮上着生很多根毛，组成一个倒圆锥形的根系网。

育苗移栽的棉花，其主根被切断，并损伤了一部分侧根。但棉花苗期根系的再生能力较强，能在较短的时间里再生出大量的侧根、支根，使棉株恢复正常生长。因此，移栽的棉花侧根发达，根系呈鸡爪形，入土较浅，水平分布范围较广。但如遇干旱条件，由于不能吸收深层水分，移栽棉花耐旱、抗倒能力不及直播棉花。

（2）根系的生长 棉籽萌动后，胚根不断延伸，穿出珠孔扎入土壤，即为初生根。初生根进一步生长，形成棉株的主根。主根的生长速度远远大于地上部分主茎的生长。主根在进行伸长生长的同时，约在根尖端后面10 cm的地方分化出侧根原基，它们在主根上排成四列。在侧根尖端后面5 cm处，又会分化出支根的原基，继而随着棉株的生长，形成庞大的根系网。棉花根系建成过程分为四个时期（图12-3）。

① 根系发展期 从棉籽萌发到现蕾为根系发展期。子叶展平，叶基点出现红色时，开始发生一级侧根。第一片真叶平展前，开始发生支根。三叶期侧根数可达80～90条，根冠比为4～5。现蕾时主根长达70～80 cm，上部侧根向四周扩展达40 cm，此时各级侧根布满耕作层，株间根系已经交叉。育苗移栽棉花在移栽前，根冠比值小，主根长度短。

② 根系生长盛期 蕾期是棉花根系的生长盛期。主根每天可伸长1.2～2.5 cm，蕾期末，深度达100～170 cm，开花前棉花根系基本建成。移栽棉花主要是侧根的伸长和支根数的增多，所以也是移栽棉花的扩根期，现蕾前上层根群的生长占优势，蕾花期下层根群的生长占优势。

③ 根系吸收高峰期 初花期侧根的生长开始减弱，盛花期后，主根和大侧根的生长基本停止，毛根和根毛大量滋生，活动根大多分布在10～40 cm土层，形成根系吸收高峰时期。移栽棉花侧根密集层短，着根密度高，侧根粗，单株根重增加速度快，称为长粗增重期。

④ 根系活动机能衰退期 吐絮期耕作层中的毛根数量大为减少，根系生长机能逐渐衰退，

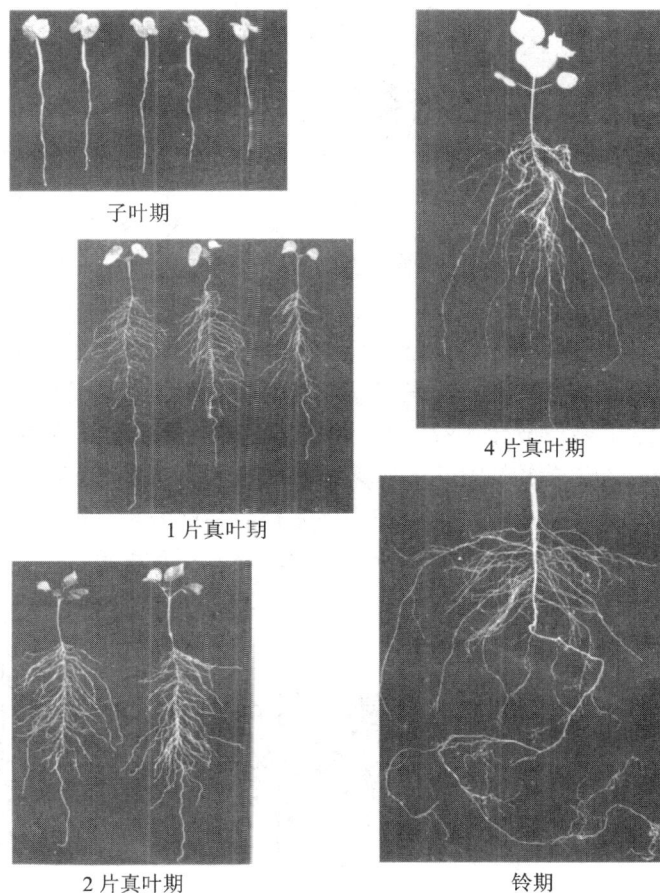

子叶期

1 片真叶期

4 片真叶期

2 片真叶期

铃期

图 12-3　棉花不同生育期根系生长情况
（引自石鸿熙，1988）

吸收矿质养分和水分的能力明显下降。

12.2.2.2　茎与枝的生长

棉籽萌发出苗后，随着根系的发育．由胚芽的生长锥经过增殖、分化和生长逐步形成主茎，并在其节上产生侧生器官：叶和腋芽；再由腋芽形成分枝：果枝（fruit branch）或叶枝（vegetative branch）。

茎是支撑棉株地上部分的骨干，其上着生叶、分枝、花和棉铃。叶着生的位置为节，两节之间的部分为节间。枝着生于主茎叶腋处。茎、枝有运输水分、无机盐、光合产物以及其他有机合成物，以及贮藏营养物质的功能。

（1）主茎与分枝的形态

① 主茎的形态　出苗后，棉苗下胚轴伸长为幼茎（子叶节以下），上胚轴伸长为主茎（子叶节以上）。成熟茎段一般呈圆柱形。子叶着生处称子叶节。主茎一般有 20~25 节，茎高 1.0~1.5 m，茎表常呈绿色。随着主茎的成长，阳光照射，花青素大量形成，茎色表现为下红上绿。茎色的变化可作为衡量棉株长势的标志。棉花的红茎比（或红绿比），以苗期、蕾期 50% 左右，见花前后 60%~70%，打顶前达到 70%~80% 为宜。

② 分枝的形态　棉花的分枝有叶枝和果枝两种（图 12-4）。叶枝的形态与主茎相似，着

彩图 12-2
棉花的果枝与叶枝

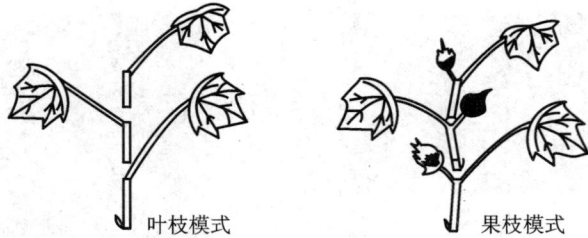

图 12-4 棉花分枝类型（引自刁操铨，1994）

生在主茎下部，与主茎夹角较小，叶螺旋互生，蕾铃着生于叶枝发生的（二级）果枝上。果枝着生在棉株中上部，枝条近水平曲折生长，叶与铃对生，蕾铃直接着生在果枝上。

③ 果枝类型　棉花果枝节数因品种而不同，可分为多节、一节和零节三种（图 12-5）。果枝只有一个节，顶端着生蕾铃，称为有限果枝。果枝没有（零）节，蕾铃直接着生在主茎叶腋内称无果枝或零式果枝。果枝有多节的称无限果枝。目前栽培品种大多属无限果枝类型，但有的品种其棉株上兼有有限果枝和无限果枝，甚至还兼有零式果枝。

图 12-5　棉花果枝类型（引自刁操铨，1994）

④ 株型　根据棉株高矮、节间长短和茎、枝、叶着生状况，将棉花株型分为四种：宝塔形、筒形、伞形和丛生形。

宝塔形或塔形，就个体而言，棉株下部果枝伸展最远，由此往上果枝逐渐变短，形成有一根中间立柱的三角形，即形似宝塔；就群体而言，棉田形成"下封上不封，中间一条缝"的结构，收到"阳光照得进，空气又流通"的效果。

筒形，就个体而言，棉株上下果枝伸展长度大致相同，所以棉株直径上下大体相等，形似水桶；就群体而言，棉田上下齐封行，形似一床厚厚的被子覆盖在棉田上。

伞形，就个体而言，棉株中上部果枝伸展较远，而中下部果枝较短，近似伞形。其与宝塔形的区别就在于，伞形的最长果枝着生部位上升（较高），宝塔形的最长果枝着生部位较低；就群体而言，棉田中上部封行，下部空隙较多。

丛生形，就个体而言，棉株具有多个纵向生长点（由于棉苗早期打顶，或保留部分或全部叶枝形成），而且每个生长点的生长高度相差不大，呈丛生状；就群体而言，棉田封行程度较高，上下齐封行，冠层可见众多不成行的"头"（生长点）。

（2）主茎顶芽与腋芽的分化　主茎顶端分生组织逐步分化出主茎叶原基、节和节间等，并相继分化出侧生器官的腋芽。

① 主茎顶芽的分化　棉花的主茎由顶芽发育而来。顶芽的分生组织不断地向上分化和生

长，形成主茎的节和节间，节上形成叶片和腋芽。棉籽休眠时，胚芽顶端有分生组织（生长点）和1个叶原基（节），萌动时有2个叶原基，子叶期顶芽有4个叶原基。随着主茎叶龄的增长，顶芽加速分化。在节分化的同时，节间也相应地分化，发育成主茎。

② 腋芽分化与发育 主茎每片叶的叶腋里有一个腋芽，称为一级腋芽。一级腋芽先出叶的叶腋里分化出二级腋芽。组织解剖表明，两个等级腋芽的维管束系统是互相连接的。

每个腋芽既可以潜伏也可以活动。潜伏芽在内、外条件的影响下，通过生理激发而发生质变，转变为活动芽。活动芽可发育为叶芽，也可以形成混合芽（果枝芽），即腋芽能发育成叶枝芽，也能发育成混合芽。当腋芽分化出缩短节间和先出叶后，顶端分生组织不断分化出伸长节间和真叶原基，则为叶枝芽，以后发育形成叶枝。由于只有一个枝轴，称为单轴分枝。若腋芽原基首先分化出缩短节间和先出叶，接着分化出伸长节间和真叶原基，顶端分生组织分化出花芽的苞叶原基，则该芽为果枝芽，并构成第一个枝轴（果节）。然后在枝轴的叶原基腋芽里，按上述的顺序形成第二个枝轴，循此分化形成多轴的果枝，称为多轴分枝。

（3）主茎和分枝的生长 主茎和分枝的生长，一般苗期慢，现蕾后加速，盛蕾后明显加快，开花前后株高（子叶节到主茎顶芽或最上一片展开叶叶柄基部的高度）达最终高度的50%，盛花后生长速度减慢，并逐渐停止。棉株高度取决于主茎节数和节间的长短。

① 主茎的生长 主茎节间伸长的起止日数，一般是9~15 d。主茎节间一般平均每2 d有一个节间基本固定，同时相继出现一个新节间。同一天内，主茎一般有3~6个节间同时伸长。一般由固定的一节算起，向上的第二个节间伸长最快。

棉花主茎的生长（表现为株高的增长）速度，是诊断棉花长势的重要指标之一。通常棉株高度增长速度在苗期较慢，蕾期较快，始花期达到高峰，开花结铃盛期渐趋减慢，直至停止。

② 叶枝的生长 棉花的叶枝又称懒汉枝、营养枝、公枝、单轴枝等，发生于主茎下部的几个节上。从解剖结构来看，叶枝与主茎相似，因此，叶枝的生长与主茎的生长类似，其长度也由节和节间所组成。叶枝枝条较直（单轴枝），与主茎的夹角小，叶呈螺旋形排列，与主茎叶序相同。叶枝第一节间不伸长，其余各节间伸长。在叶枝叶腋中，同样有腋芽的生长和分化，一般也可生长出二级果枝而结铃，即叶枝只能间接结铃。但是由于二级果枝分化发育比较迟，其上着生的花蕾分化发育更迟，因此对棉花产量的影响不大。传统棉花生产中，一般当棉株出现果枝时，应及时把叶枝去掉，以促进果枝与花蕾的生长发育。当前棉花轻简栽培技术，通常保留叶枝以减少整枝用工。

③ 果枝的生长 棉花的果枝又称母枝、合轴枝等，位于叶枝之上，即在正常情况下，叶枝以上的茎节上均发育出果枝。果枝枝条呈曲折状，与主茎的夹角大，几乎呈水平横向生长，叶片左右对生，在叶片的对面，直接着生花蕾。果枝分化的迟早，及其在主茎上发生节位的高低，直接影响成铃的迟早和品质的好坏。

果枝生长的一方面表现为果枝数目的增加。果枝的增长速度与棉株的生长势密切相关。在棉花现蕾以后，果枝数目的增加一般表现为与主茎的出叶速度相同，即主茎每增加一片叶，果枝就增加一个。正常情况下，果枝出生的速度随主茎的生长速度而波动，并与花蕾的增长速度相平行，即三者的增长速度是同步的。但如果棉株出现旺长或疯长的情况，在果枝带的茎节腋芽也可分化发育为叶枝，有时甚至会出现2~3个叶枝，并会出现赘芽。果枝生长的另一方面表现为果枝长度的增加。果枝长度由果节数和果节间距所组成，两者的乘积即为果枝长度。

12.2.2.3 叶的生长

（1）叶的形态 棉叶分为子叶、先出叶（prophyll）和真叶三类（图12-6）。子叶两片（大小不等），对生，肾形，绿色，叶基红色，为不完全叶。先出叶位于分枝基部，是分枝和枝轴的第一片叶，呈长椭圆形、披针形、卵圆形或分叉形等。先出叶极小，宽 5～6 mm，无托叶，叶柄有或无，为不完全叶。真叶为完全叶，具有托叶、叶柄和叶片。第 1 片真叶最小，全缘，此后出生的叶片逐渐增大，并出现掌状分裂。果枝叶的外形与典型的主茎叶基本相同，但裂片只有 3 个。棉株以主茎叶最大，叶枝叶次之，果枝叶最小。主茎叶和叶枝叶的叶序为 3/8，果枝叶为对生。叶面有茸毛和腺毛。叶肉里有多酚色素腺，外观棕褐色。叶背中脉离基点 1/3 处有一个蜜腺。

A. 棉花常见先出叶形状

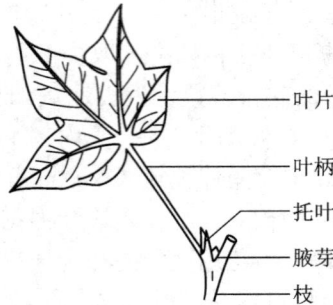

B. 棉花真叶形状

图 12-6 棉花叶片形态

（A 引自中国农业科学院棉花研究所，1983；B 引自王维金，1998）

（2）叶的分化　叶由叶原基分化发育而来的。叶原基的生长包括顶端生长、边缘生长和居间生长。首先是叶原基顶端细胞分裂，使叶原基伸长，进行顶端生长，形成未分化的叶片和叶柄。不久顶端生长停止，叶轴两侧各出现一行边缘分生组织，进行边缘生长，分化出裂片，形成扁平的叶片，无边缘生长的叶轴分化为叶柄。叶片形成后，裂片分化也随之完成，其细胞继续分裂、长大，进行居间生长，以达到叶片的完全成长。在叶原基基部的细胞，进行分裂、生长和分化，形成托叶，包围叶轴。

（3）叶的生长　棉叶从分化至展开，经四个分化时期：叶原基突起期、叶原基分化期（称分化叶）、叶原基发育期（称形成叶）、展平叶期。

子叶在展平后第 3～6 d 为叶面积扩展期，功能期持续 30 d 以上，在适宜条件下，可存活 50～60 d。先出叶的生长与腋芽的发育有关，存活时间仅 10～30 d。

就单叶的生长而言，以叶片平展后的第 4～7 d 生长最快，以后逐渐下降，至第 11 d 后生长速度明显变慢，14 d 后叶片基本定型，此时的叶片已生长成熟。棉花真叶的一生可分为三个阶段：一是幼叶（平展至其后 14 d）阶段，本叶制造的营养物质不能满足自身生长发育的需要；二是成长叶（平展后 14～42 d）阶段，制造的营养物质除用于呼吸消耗外，全部外运，供应其他器官的生长；三是老叶（平展后 42～56 d）阶段，光合作用下降，56 d 以后快速衰老直至脱落。

就单株叶片来说，主茎下部叶较小，中部叶较大，顶部叶又变小。主茎叶现蕾期至初花期增长最快，盛花期主茎叶面积达高峰。果枝叶在现蕾后增长很快，其面积在开花期约占单株总叶面积的50%，开始吐絮时果枝叶面积达高峰。

就群体叶片而言，棉田的叶片数和叶面积，随着棉株生长发育进程的推进而呈现出有规律的消长。叶面积增长速度在苗期慢，蕾期加快，开花结铃期叶面积达到高峰，到了吐絮期随着下部叶片枯黄脱落，叶面积也开始下降。通常用叶面积指数来衡量群体叶面积大小，即单位土地面积上棉花全部叶片面积之和。实践表明，产量为 1 500 kg/hm^2 皮棉的棉用，苗期叶面积指数为 0.03，现蕾期为 0.2，开花期为 1.5，盛花期为 3.5，不宜超过 4.0，吐絮期为 2.5 左右。

12.2.2.4　花蕾的发育及开花

（1）花的构造　棉花的花为完全花、两性花（图12-7），具有虫媒花的特征，可由昆虫传粉，一般异花授粉率为3%~20%，故称为常异花授粉作物。

① 花柄　也叫花梗。棉铃形成后，花柄则成为铃柄。一般铃柄较短，硬而直，使花朵（铃）向上生长。铃柄还具有输导养分的作用。

② 苞叶　为花朵的最外层，一般有3片，边缘有深裂的锯齿形叶裂，开花前完全包裹幼蕾，形成三角形。苞叶内有叶绿素，其光合作用产物直接输送给幼铃；有叶脉，从基部中间（即与铃柄交界处）向外散射呈扇形；外侧基部，着生有蜜腺。

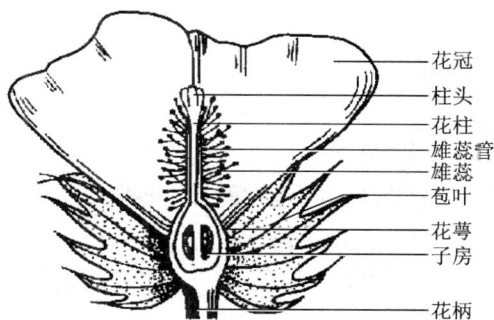

图 12-7　棉花花朵的形态（引自中国农业科学院棉花研究所，1983）

彩图 12-3
棉花的花

③ 花萼　位于苞叶以内、花瓣以外。5个萼片联合，着生在花瓣基部，成为波浪形的一圈。花萼黄绿色，花朵凋萎脱落后，可见其紧贴于棉铃基部，并随棉铃长大而扩大。花萼基部外侧着生3个蜜腺，分别位于2片苞叶之间；内侧还分布着一圈乳头状突起的蜜腺，称为萼内蜜腺，能分泌蜜汁，吸引昆虫，利于传粉。

④ 花冠　由5片花瓣组成。

⑤ 雄蕊　位于花冠之内，分为花丝和花药。花丝基部联合成管状，称雄蕊管，并与花瓣基部相连，包围在雌蕊的子房和部分花柱外面。雄蕊在管上排成五棱，与花瓣对生，每棱上有两列，有雄蕊60~100个。

花丝的一端与雄蕊管相连，另一端与横向花药的中间相连，成"T"形。开花时，花药至背面开裂，花粉粒随即散出，进行授粉。雄性不育的棉花，花药小而瘪，里面没有花粉粒。

⑥ 雌蕊　位于花朵的中央，包括柱头、花柱和子房。柱头是雌蕊顶端接受花粉的部分，上有纵棱，棱数同子房室数。柱头的组织通过花粉传递组织与子房内的胚珠相连。传递组织是花粉管生长的通道，且提供其生长所需的营养。

花柱是柱头以下连接子房的部分。开花前1 d花柱生长最快，开花当天上午6时之前，生长速度较快，8时以后生长速度渐慢，至14时即停止生长。受精以后，柱头、花柱连同雄蕊管和花冠一起脱落，露出子房。如果柱头没有授粉，则花柱继续伸长，使柱头高高地突出于雄蕊群之上，直至丧失生活力。

子房位于花柱下面，是雌蕊的主要部分，呈圆锥形。受精后，子房就是幼小的棉铃。棉花的子房由 3~5 个心皮组成，相邻两个心皮以其边缘在子房中央愈合成一个中轴，成为胚珠着生的地方，故称为中轴胎座。各心皮在中央愈合后，形成隔膜与中轴，将子房分成 3~5 室，每室着生 7~11 个胚珠。胚珠受精后发育为棉籽，未受精的则形成不孕籽。

（2）花蕾分化　棉花的花蕾从花原基开始分化，到花器的各部分分化完成时，花蕾已长达 3 mm 左右，肉眼清晰可见，棉株进入现蕾期，经历 3 周左右。

棉花的花蕾由混合芽中的花芽发育而成。当棉苗的第 2~3 片真叶平展时，棉苗已分化出 8~10 个叶原基（包括展开叶），在较高节位（一般是第 5~7 节，不包括子叶节）幼叶叶腋里的腋芽，发育成果枝原基，顶芽发育成花原基。

深入学习 12-3
棉花花器原基的分化过程

棉花花器原基的分化由外向内依次连续发生。其分化过程可分为花原基伸长期、苞叶原基分化期、花萼原基分化期、花瓣原基分化期、雄蕊原基分化期和心皮分化期六个时期（图 12-8）。

现蕾后花芽在果枝上的分化顺序，相邻果枝同一果节位（纵向间隔），花芽分化进程相差 1 个分化时期；同一果枝相邻果节位（横向间隔），花芽分化进程相差 2 个分化时期。

棉株的现蕾顺序，由下而上、由内向外进行，以第一果枝第一果节为中心，呈螺旋曲线由内圈向外圈发生。纵向间隔 2~3 d，横向间隔 4~6 d。距主茎越远，出现花蕾的间隔时间越长。后期现蕾间隔时间比前期长。

（3）开花受精

① 开花　开花前 4~5 d，花冠生长加速，到开花前 1 d 下午，花冠急剧伸长，突出苞叶外，至开花当天上午 8 时以后，由于花瓣生长的不平衡作用而使花冠开放。开放的花瓣似三角形，乳白色。花瓣开花当天下午渐变成微红色，第 2 d 变成红色凋萎状，第 3 d 花冠脱落。

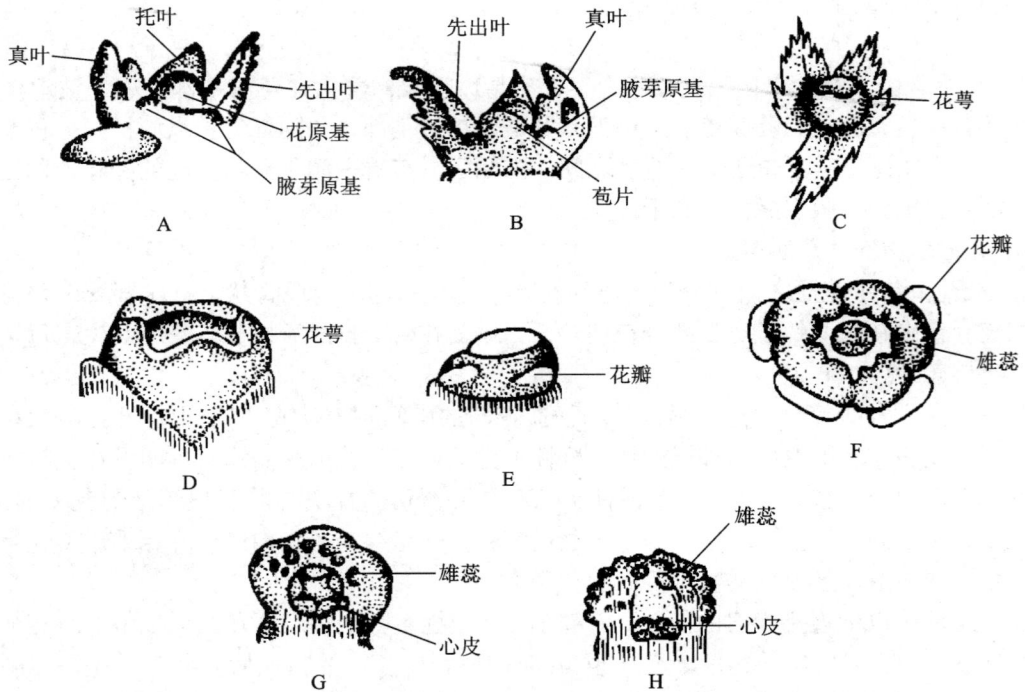

图 12-8　棉花花蕾分化过程（引自中国农业科学院棉花研究所，1983）
A. 花原基伸长期　B. 苞片原基分化期　C. 花萼原基分化期　D、E. 花瓣原基分化期（剥除花萼前后）
F. 雄蕊原基分化期　G、H. 心皮分化期（顶视及侧视）

② 授粉、受精过程　棉花为常异花授粉作物，在自然条件下，异花授粉率可达 5%~20%。开花后 5~6 h，花粉粒的生活力旺盛，24 h 内花粉粒的生活力仅为 68%。柱头的授粉能力可维持 2 d，所以最适宜的授粉时间是上午 9—11 时。

花粉粒落在柱头上，吸取柱头毛的水分，一般 1 h 内萌发花粉管，花粉管穿入柱头、花柱的细胞间隙，经子房壁穿过珠孔而进入胚囊，花粉管顶端开口，放出两个雄核，一个与卵结合成受精卵，发育成胚；另一个与两个极核融合成胚乳原核，发育成胚乳。这一过程称为受精。

12.2.2.5　棉铃的生长及蕾铃脱落

（1）棉铃的形态与生长　棉铃是由开花受精后的子房发育而成的，是棉花的果实，植物学上称蒴果，通常称棉桃。

彩图 12—4
棉花的成铃与吐絮

① 棉铃的形态　多数品种的棉铃为卵圆形，分为铃尖、铃肩和铃基部。铃面平滑，油腺不明显，含有少量叶绿素，成熟棉铃变为红褐色。成熟时铃壳由肉质状转变成革质状，每一心皮中肋处开裂，其后背缝开裂，铃壳薄的棉铃吐絮顺畅。

② 棉铃的生长　棉铃的生长可分为体积增大期、内容充实期及脱水成熟期三个时期。

a. 体积增大期　开花后 24~30 d，棉铃体积达到最大，且以开花后 20 d 棉铃体积增大最快。棉铃直径 2 cm 及以上，称为成铃或大铃；不足 2 cm 的称为幼铃或小铃，易遭虫害。

b. 内容充实期　是籽棉干重增长最快时期，经历 25~30 d。中铃品种，正常棉铃的铃壳重占 22%~25%，棉籽重占 45%~50%，纤维重占 27%~31%。棉铃手感变硬，铃面转成褐色。棉铃内纤维增加，纤维次生胞壁上积累大量纤维素（cellulose）。水分相对较多，易感染病菌，引起烂铃。

c. 脱水成熟期　棉铃生长 50~60 d 后，内部乙烯释放，促使棉铃脱水开裂。正常情况下，棉铃开裂到吐絮脱水（含水量 15% 左右）成熟 5~7 d。

（2）成铃的时空分布　成铃在空间上的分布，纵向分为上部铃、中部铃和下部铃，横向分为内围铃（第一、第二果节上着生的棉铃）、外围铃（第三果节及以外着生的棉铃）。在时间上可分伏前桃、伏桃和秋桃（又分早秋桃和晚秋桃）"三桃"（或"四桃"）。

伏前桃是指 7 月 15 日（长江中游地区为例，下同）前结的成铃，是早发的重要标志，且能协调营养生长与生殖生长的关系，防止疯长，对提高产量和品质有积极作用。伏桃是指 7 月 16 日至 8 月 15 日期间结的成铃，比例最大，是构成产量的主体，而且品质好。秋桃是指 8 月 16 日至有效花终止期（9 月 15 日）所结的成铃，其中 8 月 16 日至 31 日所结的成铃称为早秋桃，9 月 1 日至 15 日结的成铃称为晚秋桃。早秋桃的成铃率较高，铃重较大，品质尚好。

铃重（boll weight）是指单铃籽棉重，用 g 表示。铃重一般为 4~6 g，大铃品种大于 6 g，小铃品种仅 3~4 g。铃重与结铃部位、时间有关。空间上内围铃铃重大于外围铃，中部铃铃重高于上部铃、下部铃的铃重；时间上伏桃＞早秋桃＞伏前桃＞晚秋桃。

（3）蕾铃脱落　棉花从现蕾到成铃期间，落蕾和落铃现象十分普遍，两者合计占现蕾总数的 2/3 左右。

① 蕾铃脱落（falling of buds and bolls）的比例　一般情况下，开花前的落蕾和开花后的落铃，比例海岛棉为 6：4，陆地棉为 4：6。但两者的脱落比例因环境条件不同而有明显的差异。

② 蕾铃脱落的部位　由于蕾铃出现的时间不一、部位不同，不同蕾铃所获得的养分供应量也不一样，因而不同部位的蕾铃脱落情况也有差异，一般越近主茎的果节，脱落率越低，反之则越高。

③ 蕾铃脱落的日龄　棉花从现蕾至成铃的各个时期都可能产生脱落，一般来说，蕾的脱

落以现蕾后 10 d 内为最多，铃的脱落大多数集中在开花后 3 ~ 7 d。但不同棉种也有一定差异。

④ 蕾铃脱落的原因　造成棉花蕾铃脱落的原因很多，其中外界环境条件的影响非常重要。

a. 光照　光照不足是造成脱落的重要环境因素。光照不足，不仅减少同化产物的合成，而且导致一系列生理紊乱，影响生殖器官的发育，特别是对花粉发育和受精作用影响强烈。弱光使进入柱头的花粉管大为减少，造成因不能正常受精而脱落；弱光刺激乙烯的产生，增大释放量，促进脱落；弱光使光合产物的输出减少，并降低其运输速度，使蕾铃养分供应受限。这正是花铃期遇到长期阴雨而造成大量集中脱落的原因。

b. 温度　温度的剧烈变化是造成脱落的又一个环境因素。23 ~ 29 ℃ 范围内，脱落随温度上升而减少，随湿度上升而增加，但两者中低温的影响更大。高温伴随高湿，开花后 3 d 幼铃会大量脱落。高温、高湿也使 50% 左右花粉失去生活力，使子房获得的同化产物显著减少。高温、弱光加剧蕾铃脱落。所以高温、高湿、弱光天气极不利于结铃。高温缺水，导致花药不能正常开裂，甚至出现不育花粉，这也是造成脱落的原因之一。

c. 水分　水分影响蕾铃脱落是通过多种途径而发生的。缺水直接造成幼小子房的逆流失水，刺激果柄离层的分离。当叶片吸水力很大时，中下层叶片就从子房中吸取水分。蕾、花和幼铃的吸水力小于 10 d 以上的大铃，更低于叶片。因而在干旱情况下，幼铃最易脱落。水分亏缺还会降低光合强度，限制同化产物运输、矿物质营养的吸收和运输分配，降低生长素的向基输送，刺激乙烯和脱落酸的合成。水分过多，土壤供氧能力降低，也会诱导乙烯和脱落酸的合成，促进脱落。降雨影响受精，尤以上午降雨和持续降雨影响最大，可造成当日开花的子房90% 脱落。其他凡影响水分利用和土壤气体交换的因素也能间接造成蕾铃的脱落。

12.2.2.6　种子的生长

（1）种子的形态　棉花种子称棉籽，圆锥形，钝圆端称合点端，锐尖端称籽柄端（或珠孔端），有一棘状突起称籽柄，旁有小孔称珠孔或发芽孔。成熟棉籽的种皮为黑褐色，表面有 7 条脉纹，其中有一条较粗的称子脊。棉籽表面附有短绒的称毛籽，无短绒的称光籽，一端或两端有短绒的称端毛籽。短绒多为白色或灰白色。成熟棉籽百粒重称籽指，一般为 9 ~ 12 g。

（2）种子的结构　种子包括种皮和种胚两部分（图 12-9）。

① 种皮　种皮分外种皮和内种皮。外种皮由表皮层、外色素层和无色细胞层组成。表皮层有部分细胞发育成纤维，其他细胞呈莲座状排列。内种皮分栅栏细胞层、内色素层和乳白色层。合点端是棉籽吸水和通气的主要通道，胚根由发芽孔伸出。

② 种胚　种胚由子叶、胚芽、胚轴和胚根组成。子叶充满种子内部。生活力强的新鲜棉籽，子叶呈乳白色，油腺呈红紫色，发芽率高。陈种子的子叶为灰黄色，油腺为黑褐色，发芽率低，不宜作种用。包裹在种胚外的一层乳白色细胞为胚乳遗迹。

（3）种子的生长

① 胚的生长　受精后的第 2 d，受精卵形成两个大小不等的细胞，小的称顶端细胞，发育成胚本体，大的称基细胞，分裂形成胚柄。受精后 4 d，胚变成球形。受精后 6 ~ 10 d，胚呈心形。心形胚的二叉将发育为子叶，二叉中间的圆形突起为胚芽，下部形成下胚轴和胚根。受精后 12 ~ 15 d，

种胚内的器官已形成，20 d 左右的胚呈鱼雷形，已具有 80% 的发芽率，然后迅速增加体积和重量，受精后 45 d 种胚达最大值。

② 棉籽的成熟度与不孕籽　成熟的种子，种仁饱满，发芽率、出苗率高；未成熟的种子，种仁空瘪，种子素质差。因养料缺乏和受精不充分或未受精的棉籽统称瘪籽。未受精的瘪籽称

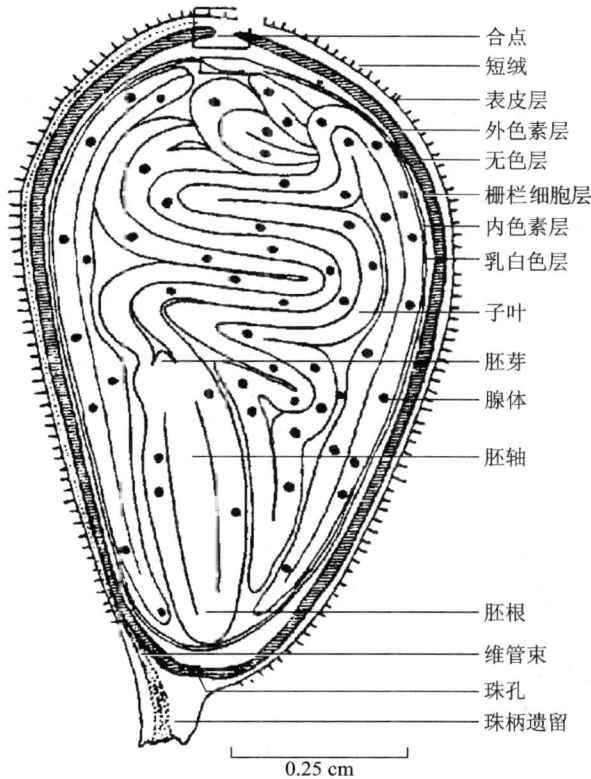

图 12-9 棉花种子结构（引自李正理，1979）

不孕籽，一般在棉瓣基部，因其离柱头较远，花粉管不易到达，受精机会少所致。

12.2.2.7 棉纤维的生长

（1）棉纤维的形态与结构 棉纤维是由胚珠外珠被的表皮细胞延伸而成，是单细胞纤维。

① 棉纤维的形态 成熟纤维的外形是扁平管状，有不规则的扭曲。由基部、中部和顶端三部分组成（图 12-10）。测定纤维细度、强度应取中部纤维方具有代表性。

② 棉纤维的结构 成熟纤维的横切面，可分初生胞壁、次生胞壁、腔壁、腔室四个部分。初生胞壁是纤维细胞的原始胞壁，由果胶构成，外部有蜡质，对纤维有保护作用。次生胞壁由纤维素构成，有轮纹状层次，称纤维日轮（daily circle），层数与生长日数相同，一般有 20～30 层。腔壁位于次生胞壁最内层，组织较紧密。腔室（中腔）的大小，反映了纤维的成熟度。

成熟纤维的细胞壁较厚，中腔小，转曲次数多，横切面呈椭圆形。未成熟纤维（又称死纤维），胞壁较薄，中腔大，无转曲，横切面成"U"字形。半成熟纤维介于两者之间。

（2）棉纤维的生长 纤维是棉籽上的一种表皮毛，由胚珠的表皮细胞分化而来。棉纤维的生长过程，可分为三个时期。

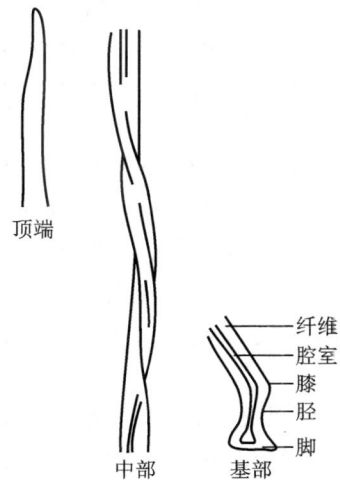

图 12-10 棉纤维不同部位的外形
（引自李正理，1979）

① 纤维伸长期 开花当日，生毛细胞向外隆起，第 2 d 呈棒槌状，第 3 d 变尖。一般开花后 3 d 内，生毛细胞伸长可形成长纤维；开花后第 4 ~ 10 d 隆起的生毛细胞，如中途停止伸长，最后成短纤维或短绒。棉纤维伸长速度在开始时较快，开花后 5 ~ 20 d 最快，20 ~ 30 d 达最大长度。伸长期间，纤维素沉积重量占总干重的 30%。

② 胞壁淀积加厚期 纤维伸长基本结束到裂铃前，历时 25 ~ 35 d。开花 5 ~ 10 d 后，纤维素开始在初生胞壁内，向心层层淀积，使胞壁逐渐加厚。开花后 20 ~ 30 d，胞壁加厚和增重均达最快，淀积量占总量的 70%。胞壁加厚过程中，每日以结晶态纤维素向内淀积一层，形成生长日轮（图 12-11）。

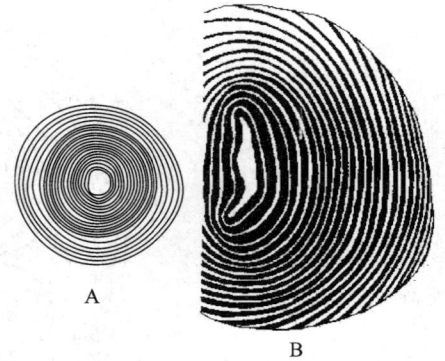

图 12-11 棉纤维生长日轮（A）和经过膨胀处理染色后的状态（B）
（引自李正理，1979）

③ 纤维脱水转曲期 从裂铃到充分吐絮，历时 5 d 左右。棉铃开裂，纤维失水干燥，棉纤维缩成扁管状。同时，由于小纤维束呈螺旋状排列，受内应力的影响，使纤维形成转曲。

12.2.3 棉花对环境条件的要求

12.2.3.1 种子萌发与出苗对环境条件的要求

种用棉籽的发芽率应在 85% 以上。棉籽的萌发和出苗必须具备适当的水分、适宜的温度和充足的氧气。

（1）水分 棉籽萌发需吸收相当于种子干重 60% 以上的水分。棉籽吸水，最初几小时很快，为自然吸水过程，达到萌发需水量后吸水速度减慢，为有限的代谢吸水。棉籽吸水膨胀后，凝胶状态的原生质转变为溶胶状态，酶的活性加强，种子内的贮藏物质很快被用于胚本体的生长。同时，种壳软化破裂，便于胚根突出，促进内外气体交流。

棉籽萌发时，土壤水分以田间最大持水量的 70% ~ 80% 为宜。水分不足，则不能萌发出苗；水分过多，因缺乏氧气而发芽缓慢，甚至烂种。

（2）温度 棉籽萌发时，若温度过高，呼吸作用过于旺盛，消耗的养料增多，幼苗生长就会减弱；温度过低，则种子发芽缓慢，容易烂种。

恒温条件下，棉籽萌发所需的最低临界温度为 10.5 ~ 12.0℃，最高临界温度为 40 ~ 45℃。棉籽出苗时对温度的要求一般比萌发时高，胚根维管束开始分化的温度为 12 ~ 14℃，下胚轴伸长形成导管的温度在 16℃ 以上。平均温度相同的条件下，变温比恒温更有利于发芽。

（3）氧气 在萌发出苗时，呼吸作用和酶的活性显著增强，需氧量也相应增加。如氧气供应不足，则发芽速度缓慢。严重缺氧时，还会产生有害物质，影响发芽和出苗。

因此，在棉花播种之前，应充分整地，做到上虚下实，土面平整，增强土壤的通气性。播种后如遇下雨，造成土面板结，应及时破除土壳，增强通气性，促进棉籽发芽。

12.2.3.2 根系建成对环境条件的要求

棉花根系生长的强弱，主要是受土壤环境条件如土壤的性质、水分、养分、温度及酸碱度等的制约。

（1）土壤性质 棉花根系发展要求有疏松而通气良好的土壤。棉花根尖只有在含氧 1% 以上的土壤状态下才能延长，而以含氧 7% ~ 21% 的土壤最为适宜。当土壤容重在 1.55 g/cm³ 以上时，棉花根系的穿透力逐渐减弱，说明土壤紧实度过大，通气不良，根系的伸展受到抑制。

（2）土壤水分　土壤水分适宜，有利于主根伸长，侧根增多，根系吸收表面积增大。适于棉花根系生长的土壤含水量为田间最大持水量的 55% ~ 70%，地下水位在 1.0 ~ 1.5 m。

（3）土壤温度　棉花根系生长的最适地温为 25 ~ 27℃，温度降到 14.5℃时根系即停止生长，17℃时根系生长十分缓慢，24℃以上根系迅速生长。但是，33℃以上又会对根系产生危害。因为，过高的温度可以使酶逐渐钝化，影响根的正常代谢，从而使根的吸收作用受到抑制；同时，根的老化过程加强，导致根的木质部增大，吸收面积减小，吸收速率也明显下降。

（4）土壤养分　土壤营养元素种类齐全、比例均衡、数量恰当、供应及时等也是棉花根系正常生长的重要条件。如果施肥不当（时间、种类、方法、数量等），则根系吸收困难或发生"烧根"现象，导致根系生长不良。

（5）土壤含盐量　土壤中可溶性盐类过量，会对棉花根系生长不利。土壤含盐量超过 0.25% 时，根系生长不良。

12.2.3.3　茎叶生长对环境条件的要求

充足的水分和氮素营养能加速茎叶生长。苗期外界气温较低，棉苗生长中心在根部，主茎日增长量以 0.5 ~ 0.8 cm 为宜。棉花进入蕾期时，气温逐渐升高，需肥水量增加，生长中心转向地上部分，主茎日增量 1.0 ~ 1.5 cm。盛蕾初花期，根系吸收养分能力增强，主茎日增量以 2.0 ~ 2.5 cm 为宜，超过 3.0 cm 则枝叶茂盛，棉株徒长，蕾铃脱落增加。盛花结铃期，体内有机养料转向以生殖器官为主，主茎生长减慢，日增量为 1.0 ~ 1.5 cm。吐絮期，主茎生长基本停止。

12.2.3.4　现蕾对环境条件的要求

温度与现蕾早迟密切相关。现蕾最低温度要求 19 ~ 20℃（夜间温度影响更大），高于 30℃会抑制腋芽的发育，因此温度过低或过高均会推迟现蕾。棉花对光照时间的要求不很严格，只要温度适宜，水和氮、磷、钾配合比较适宜，棉株体内合成的糖类和蛋白质多，非蛋白质氮积累较少时，则有利腋芽发育为果枝芽，有利于现蕾。当土壤中水和氮较多，棉株吸氮比例过大，加之光照不足，合成糖类少，非蛋白质氮积累较多时，腋芽易形成叶枝芽，不利于现蕾。土壤水分以最大持水量的 60% ~ 70% 为宜，过低或过高都会延迟现蕾。氮、磷、钾比例适宜，有利现蕾，一定范围内以氮磷比、氮钾比值小为宜，如果栽培管理不当会推迟现蕾。

12.2.3.5　开花对环境条件的要求

棉花的开花，受温度的影响较显著。一般棉花开花要求 20℃以上的温度，最适温度是 25 ~ 30℃。在一日中，则以上午 8 ~ 10 时开花最盛，如果气温下降到 14.5℃以下，即使是发育完全的花蕾，也不能正常开放。低温也可使花器官发生变异，如果花蕾在开花前连续几日遭受低温，除苞叶外，花的外形将显著缩小，尤其是花瓣的长度超不过苞叶，花丝不伸长，花药变小而不开裂，柱头不能伸出雄蕊群。

温度低于 20℃或高于 35℃，因降低花粉生活力和造成败育而影响受精。强光有利提高花粉生活力。开花时下雨，花粉粒吸水胀破，丧失受精能力，导致蕾铃脱落。

12.2.3.6　棉铃及纤维形成对环境条件的要求

（1）棉铃生长　棉花开花结铃期，以 25 ~ 30℃的气温为最合适，这时由棉叶等绿色组织合成的有机物最多，并能顺利地由叶片转运到棉铃，供应棉铃生长发育的需要。在此温度范围内，温度的升高与铃重的递增呈正相关，所需积温为 1 200℃左右，铃期约 50 d，铃重高。如平均气温 25℃以下，所需积温为 1 250℃，铃期延长到 60 d 以上，铃重下降。当 ≥ 33℃的气温持续 5 d 以上，对幼铃的生长发育将产生严重的影响，主要是改变了铃结构的比例，增加了瘪子数，减少了结实粒数和减轻了纤维重，从而降低了铃重。若气温 ≤ 12℃，同样对幼铃的生长极为不利，这主要是减少了结实粒数，增加了不孕籽数，减轻了纤维重，从而降低了铃重。

棉铃发育过程中，含水量逐步减少。通常体积增大期含水量达 80%左右，充实末期下降到 65% ~ 70%，棉铃充分吐絮时仅为 15%左右。如氮肥过多，铃壳厚，脱水就慢，遇雨易成僵瓣或霉变。在棉铃室数多，气温过高或过低，光照不足，肥料缺乏等情况下瘪子数会增多。

（2）纤维生长　棉纤维品质的好坏，与纤维素的沉积速率与沉积量密切相关。纤维素的沉积又依靠同化产物的转化，而物质转化过程受当时的外界条件、受精情况等影响较大。

温度是制约棉纤维生长发育的主要因素之一。如果白天温度在 30℃左右，夜间温度又在 21℃以上，则纤维伸长迅速，20 d 左右便能完成纤维的伸长；如果夜间温度降至 10℃左右，则生长速率减慢，伸长时期将会延长。在棉纤维充实期间，也需要较高的温度，日平均温度在 25℃左右，纤维壁增厚的速率较快；日平均温度低于 20℃，纤维壁的增厚就显著减慢。在 21 ~ 30℃，温度越高加厚越快。纤维伸长期间，纤维素沉积对水分尤为敏感。田间持水量低于 55%，土壤含盐量高于 0.4%等都会使纤维伸长受阻而变短。纤维脱水转曲期遇雨，不利形成转曲，易造成僵瓣，使纤维霉烂变质。

12.2.4　棉花的产量形成及纤维的品质指标

12.2.4.1　棉花产量及其形成

生产上通常将单位面积总铃数、平均单铃重和衣分（lint percentage）作为构成产量的因素。皮棉（lint）产量是三者的乘积。三个因素中，除衣分主要受遗传特性支配而变化较小外，总铃数和铃重都容易受环境的影响，变化较大，尤其是总铃数。

皮棉产量（kg/hm^2）= 单位面积总铃数（铃 $/hm^2$）× 单铃重（g）× 衣分（%）× 10^{-3}

（1）单位面积总铃数　单位面积总铃数是单位面积株数（密度）和单株成铃数的乘积。然而，两者之间存在着矛盾的对立和统一的关系。密度过大，单位面积株数的增加已不能补偿单株铃数降低的损失时，总铃数反而减少；反之，密度过小，单株铃数的增加已不能弥补单位面积株数减少的损失时，总铃数也减少。所以，争取最高总铃数必须使群体生产力和个体生产力得到协调。

铃数的时间构成对总铃数的作用很大，只有"三桃"齐结，结构合理，才能高产。伏前桃数量不多，但是是保障棉花从营养生长优势稳定地转入生殖生长优势的关键。适当多结伏前桃，有利棉株稳长，多结伏桃，所以生产上强调带桃入伏。伏桃是构成产量的主体，所以争桃必须以争伏桃为中心，这是高产栽培的关键。秋桃是高产的补充，尤其是早秋桃。"三桃"的合理比例因棉区而异，长江上游为 2：6：2，长江中游为 1：6：3，长江下游为 0：（6~7）：（3~4）。

（2）铃重　铃重受温度与植株部位影响较大，尤其受温度影响突出。温度越低，铃重越小。部位的影响是由同化产物供应状况和温度双重作用的结果。一般规律是：中部 > 下部 > 上部，同一果枝上则为：第一果节 > 第二果节 > 第三果节。因此，提高铃重的关键首先是要使大部分棉铃的发育处于最适宜的温度条件下，至少在开花后 50 d 内日均温不低于 20℃。其次是努力提高内围铃的比率。因而，除正确运筹肥水外，也须注意使果节和果枝数协调。

（3）衣分 衣分性状比较稳定，但温度对衣分也有一定影响，尤其是对于秋桃而言。热量充足时，不仅铃重高，而且纤维发育充实，衣分也高；热量不足时，视下限温度的高低，影响有别。如下限温度不影响种子的充实而影响纤维发育时，则铃重受影响小而衣分低，如下限温度使种子和纤维发育都受影响时，则铃重和衣分都会下降。

12.2.4.2 棉花纤维品质指标

棉花纤维品质指标包括纤维色泽（洁白或乳白）、光洁度、纤维长度、细度、强度和断裂长度等，直接影响到纱线的质量和经济价值。

（1）纤维长度 纤维长度（fibre length）是纤维伸直后的长度，以 mm 表示。纤维长度是纤维品质中最重要的指标之一，当其他品质相同时，纤维越长，其纺纱支数越高，成纱强力较大而均匀。目前，国内主要棉区生产的陆地棉及海岛棉品种的纤维长度分别以 25~31 mm 及 33~39 mm 居多。在纺纱工艺中不仅要求纤维有适宜的长度，而且要求一定的整齐度，否则，纺纱时机械操作困难，废花多，成本高。棉花纤维整齐度可用纤维长度整齐度指数以及短纤维指数来相对说明。纤维长度整齐度指数值越高，表明纤维的一致性越好。短纤维（棉样中短于 16 mm 纤维）指数低，有利于成纱质量的提高和降低纺纱成本。

（2）纤维细度 纤维细度（fibre fineness）是指纤维的粗细程度，纤维越细，纺纱和织布的质量越高，即纱线的细度越高、支数越高。

表示纱线细度的指标主要有：英制支数、公制支数、特克斯数和纤度。

① 英制支数（Ne） 在公定回潮率下，1 磅（约 453 g，后同）重纱线长度的 840 码的倍数，也就是 1 磅重纱线正好 840 码长，为 1 支纱，1 磅重纱线长度为 21×840 码长，纱线的细度为 21 支，写为 21 s。英制支数是定重制单位，因此支数越大纱线越细。英制支数不是我国当今法定的纱线细度指标，但在企业中仍然被广泛地使用，尤其是棉型纺织行业。

② 公制支数（Nm） 在公定回潮率下，1 g 重纱线的长度（m），也就是 1 g 重纱线正好 1 m 长，为 1（公）支纱，1 g 重纱线长度为 200 m 长，纱线的细度为 200 支。公制支数也是定重制单位，因此支数越大纱线越细。棉纺织和毛纺织行业都有使用。陆地棉细度为 5 000~6 000 m/g，海岛棉为 6 500~8 000 m/g。

③ 特克斯（tex）数 又称"号数"，是指 1 000 m 长纱线在公定回潮率下的重量（g）。它是定长制单位，克重越大纱线越粗，常用来表示毛纱。

④ 纤度（D） 又称"旦数"或旦尼尔（denier），是指在公定回潮率下，9 000 m 纱线或纤维所具有的重量（g）。它同样是定长制单位，重量越大纱线或纤维越粗，常用来表示化纤长丝、真丝等。

由于纤维长丝与纱线形状不规则，且纱线表面有毛羽（伸出的纤维短毛），因此我们不能够用直径表示其细度，所以纺织工作者惯用上述指标表示。

（3）纤维成熟度 纤维成熟度（fibre maturity）是指纤维细胞壁加厚的程度。细胞壁越厚，其成熟度越高，纤维转曲多，强度高，弹性强，色泽好，相对的成纱质量也高；成熟度低的纤维，各项经济性状均差，但过熟纤维也不理想，纤维太粗，转曲也少，成纱强度反而不高。

麦克隆值（micronair value）是棉花纤维细度与成熟度的综合指标，即单位长度纤维的重量（μg/in）。美国现用的 Micron-aire 仪器的商业名称作为量和单位的名称。麦克隆值越大，表明棉花纤维越粗且成熟度越好，反之，棉花纤维越细且成熟度较差。按国家棉花标准麦克隆值分为几个级别：A 级为 3.7~4.2；B_1 级为 3.5~3.6；B_2 级为 4.3~4.9；C_1 级为 3.4 及以下；C_2 级为 5.0 及以上。其中，A 级最优，B_1 级、B_2 级次之，C_1 级、C_2 级较差。

（4）纤维强度 纤维强度（fibre strength）又称纤维强力，指拉伸一根或一束纤维在即将断裂时所能承受的最大负荷。纤维强度有绝对强度和相对强度之分。绝对强度是指纤维受外力直接拉伸到断裂时所显示出来每单位线密度所受的力，又称断裂强度或拉伸强度，单纤维强度通常以厘牛顿（cN）表示，束纤维强度以牛顿（N）表示。绝对强度与细度之比称为相对强度，又称断裂强度或断裂比强度（fibre strengthness），以 cN/tex 表示。纤维本身重量与绝对强度相等时的纤维长度称为断裂长度，等于纤维支数与绝对强度的乘积，以米（m）或千米（km）表示，相对强度和断裂长度是为了比较不同细度的纤维强度之用。强度高的纤维在纺纱织布过程中，断头少，落料少。一般陆地棉的单纤维强度为 4~5 g，断裂长度为 20~25 km，海岛棉单纤维强度为 4.5~6.0 g，断裂强度为 29~38 km。

棉花国家标准规定的皮棉分级检验（lint grading）指标包括品级、长度、水分、杂质和麦克隆值等。品级是棉花外观、品质和轧工优劣的综合指标。根据上述三个条件，按其综合优劣程度共分为 7 级。长度也分为 7 级（以 1 mm 为计算单位），即 25~31 mm，以 28 mm 为基本级。水分以含水量 10% 为标准，最高限度为 12%。含杂质的标准为皮辊棉 3%，锯齿棉为2.5%。

上述各项品质指标受品种、气候条件、栽培管理条件等的影响很大。农业部棉花品质监督检验测试中心对我国棉花主产区主栽品种的棉花纤维质量进行抽样检测表明，不同地区棉花纤维品质存在较大差异（表 12-5）。

表 12-5　国家审定的棉花品种三大棉区品质指标比较

时期	棉区	品种数	纤维长度 / mm	纤维强度 / （cN · tex^{-1}）	麦克隆值	纺纱均匀性指数
十五	黄河流域	23	29.9	29.6	4.7	
	长江流域	8	30.1	30.6	4.8	
	西北内陆	4	30.2	29.6	4.3	
十一五	黄河流域	69	30.0	29.9	4.7	145
	长江流域	22	29.9	29.4	4.9	142
	西北内陆	4	30.6	30.8	4.4	154
十二五	黄河流域	25	29.7	30.6	5.1	144
	长江流域	15	30.0	30.0	5.1	143
	西北内陆	13	30.4	30.8	4.4	155
总计	黄河流域	117	29.9	30.0	4.8	
	长江流域	45	30.0	29.8	5.0	
	西北内陆	21	30.4	30.6	4.4	

12.3　棉花栽培技术

棉花高产栽培的中心任务是：协调棉花生长发育与外界环境条件、营养生长与生殖生长、群体与个体之间的矛盾，实现早发稳长、早熟不早衰之目的。

12.3.1 棉田种植制度

12.3.1.1 棉田熟制

彩图 12-5
不同种植模式的棉田

我国棉区分布广泛，地域跨度大，不同棉区生态条件、社会经济条件及农业历史背景差异较大，在此基础上形成了多种类型的棉田熟制。早在 20 世纪 60 年代，棉田就由一熟种植改革为两熟种植，形成麦棉、油棉和蚕豆棉套作两熟种植模式，复种指数达 167%。80 年代后期，麦（油、豆）菜棉、麦棉瓜（蒜）、麦（油）菜椒棉等一年三熟、四熟间套作种植模式发展迅速，复种指数提高到 200% 甚至 250% 以上，收获指数也在 2 以上。如长江流域棉区的棉花与大麦、西瓜、萝卜间套作种植模式，每公顷可收大麦 3 t、西瓜 30 t、萝卜 25 t、皮棉 750 kg，每公顷纯收益可达 3 万元左右。只要作物品种搭配合理、种植规范化程度较高，周年光、热、水资源就能得到较充分的利用。

目前，长江流域棉区普遍实行两熟制；黄河流域棉区水肥条件好的地区以两熟制棉田为主，生长期较短的地区和旱地、盐碱地棉田，仍实行一年一熟制；西北内陆棉区、北部特早熟棉区则基本上是一年一熟制。在两熟制棉田的种植方式上，棉花前茬作物以小麦（包括少部分大麦）为主（占两熟棉田的 87%），其次是油菜。麦棉两熟又以套作（套栽）为主，还有少量的麦后直播棉花。棉田两熟制，是我国棉区实现粮、棉双丰收的一条重要途径。发展麦棉两熟需要充足的热量（≥ 0℃积温 5 000℃）、良好的水浇条件（全年耗水 900 mm）、肥沃的地力和充裕的劳力。在黄河流域棉区，水热条件保证率不高，通过种植方式、麦棉品种和栽培方法的合理搭配，可实现麦棉两熟。麦棉两熟提高了复种指数，由一熟变成两熟，较好的利用光、热和土地资源，提高了光能利用率，充分利用生长季节，提高土地利用率。同时，还有利于发挥边行增产效应。棉花发棵前，对小麦生长有利；小麦收获后，由于棉田的行距较大，封行推迟，中后期通风、透光条件比单作棉田好，可减少脱落，增加结铃。此外，实行麦棉套作，可减轻棉花苗期受蚜虫的危害。

12.3.1.2 棉田轮作

（1）南方棉区棉田轮作类型

① 稻、棉水旱复种轮作　此种植方式在南方平原稻棉兼作区较为普遍，可以有效改善土壤理化性状，提高棉田土壤肥力，减轻病、草害，具有省工、省肥，增产增效的优点。其基本方式有两种：一是一年棉花、一年水稻 2 年 5 熟轮作，如麦（蚕豆、油菜）—早稻—双季晚稻→麦—棉；二是 2~3 年水稻、2~3 年棉花，如绿肥作物（麦、豆）—中稻→麦（或间作绿肥作物）—中稻→麦—棉→麦（间作绿肥作物）—棉。

② 棉花与旱粮轮作　丘陵棉区旱坡地多采用 2 年 4 熟轮作制，如豌豆（蚕豆）—棉花→小麦—夏甘薯（或间作玉米）。沿海棉区普遍采用夏熟半麦半豆、麦豆轮作，秋熟半粮半棉、粮棉轮作的 2 年 4 熟轮作制，如大麦或小麦—棉花→蚕豆—玉米（间作大豆、赤豆）。

（2）北方棉区棉田轮作类型

① 棉花与小麦、杂粮轮作　此轮作方式主要在黄河流域棉区和西北内陆南疆亚区，主要有棉花（3 年）→春播作物（1 年）→小麦—夏播作物（1~2 年）；棉花（1~2 年）→小麦—夏播玉米等（2~3 年）；棉花（2~3 年）→豌豆、夏闲→小麦、夏闲→小麦、复作豆类；小麦、夏玉米等（2~3 年）→小麦（或油菜）、套作（或复作）棉花→棉花；小麦、套作棉花→

绿肥作物、棉花；玉米→冬小麦—棉花（2~3年）；冬小麦→棉花（2~3年）—春小麦。

② 棉花与秋杂粮轮作 此轮作方式主要在北部特早熟棉区，如棉花（2~3年）→秋杂粮（1~2年）。

③ 棉花与瓜类 此轮作方式主要在西北内陆南疆吐鲁番盆地，主要有棉花（2~3年）→高粱→瓜类。

④ 棉花与饲料绿肥作物轮作 如紫苜蓿（3年）→棉花（2~3年）→玉米→小麦、紫苜蓿；紫苜蓿（5~6年）→春播粮食作物→小麦、夏作物→棉花（3年）→豌豆、休闲→小麦、套作紫苜蓿。

12.3.2 播前准备

12.3.2.1 整地造墒

我国北方棉田播前必须适时造墒、保墒，才能保证一播全苗和壮苗早发。造墒要根据土壤质地、水浇条件进行冬灌或春灌，春灌一般要求不迟于播前15 d完成，以确保地温及时回升。南方棉区播前雨水较多，应注意土壤的增温和透气，宜冬翻冻凌，促使生土变活土，板土变松土。

12.3.2.2 种子精选与处理

常规棉应选留上年收花时摘取代表品种特性的棉株中部，靠近主茎、吐絮好、无病虫害的霜前花棉籽作种。棉花播种后能否实现一播全苗和壮苗早发，在外界环境条件满足的前提下，种子本身的品质是决定因素。根据国家标准，棉花种子可分为原种、一代、二代和三代四个等级。原种的纯度不低于99.0%，净度不低于97.0%，发芽率不低于85.0%，水分不高于12.0%，健籽率不低于85.0%。

（1）晒种 可促进种子后熟，消灭种子表面的部分病菌，减轻苗期病害；同时还可加快种子吸水和种皮透气，促进种子的萌发出苗。一般在播种前抢晴天晒3~4 d，每天晒5~6 h，晒到咬棉籽时有响声为止。

（2）播前种子处理 具有杀菌消毒和促进发芽、出苗等作用。目前生产上主要采用以下四种方法。

① 硫酸脱绒 利用硫酸的腐蚀作用，脱绒并杀死种皮外的病菌。硫酸脱绒（delinting）又分为泡沫酸机器脱绒法和手工硫酸脱绒法。

② 温汤浸种 用较高的水温杀死附着和潜伏在种子内外的病菌和害虫，同时利用水蒸气的压力，加快棉籽吸水速度。生产上常用"三开兑一冷"法，水温一般控制在55~60℃，浸泡时间6~8 h。

③ 种衣剂包衣 种衣剂包衣处理后的种子，播种到土壤中后，即可在种子周围（3 cm）形成保护屏障，直接杀死地下害虫和土壤中的病原菌；或被根系吸收，将农药传送到棉花地上部分的各器官，以杀伤棉花苗期的主要害虫和病菌，并起到保护利用天敌、促进生态平衡的作用。脱绒包衣种子的棉苗生长整齐一致，根系发达，促进生长发育，提高棉花产量。同时，还省种、省药和省工，减少植棉成本。

④ 药剂拌种 常用的拌种药剂有多菌灵、稻脚青、401抗菌剂等，对防治苗期病害有一定效果。

目前，杂交棉在我国主产棉区已有一定的种植面积，推广应用的主要是陆地棉品种间高优势杂种棉，其中也有不少为转基因抗虫杂交棉。由于杂交棉制种技术含量、生产成本高，普通农户无法生产，更不能自留种。因此，棉农选用市场上经硫酸脱绒并用种衣剂包衣的小包装良种，要求种子纯度不低于95%，净度不低于99%，发芽率72%以上，水分不高于12%。市场上购买的包装良种，播种以前同样须进行晒种处理。

12.3.3　播种保苗

播种保苗是确保高产的首要环节，要求一次播种，一次全苗，达到"五苗"标准，即"早、全、齐、匀、壮"苗。"早"即早出苗，"全"即无缺苗断垄、保证计划密度，"齐"即棉籽萌发出苗整齐一致，"匀"即棉苗分布均匀一致，"壮"即棉苗生长稳健、根系生长迅速。

12.3.3.1　确定适宜播种期

温度是决定播种期的重要依据，一般以5 cm地温稳定在14℃时为播种适期。生产实践表明，适时播种能充分利用有效的生长季节，使棉花早出苗，早发育，有利于争"五苗"。播种过早，温度偏低，出苗时间长，苗弱，易染病烂籽和死苗。晚播有利于保全苗，但生育期推迟，不能充分利用有效的生长季节，影响产量和品质。

12.3.3.2　播种技术

（1）播种量　在确定播种量时，应先根据目标产量和品种特性确定种植密度，然后根据籽指（100-seed weight）、种子净度和出苗率（与发芽率相关）等按下式计算播种量：

$$播种量（kg/hm^2）= \frac{种植密度 \times 籽指}{种子净度 \times 出苗率 \times 1\,000 \times 100}$$

（2）播种深度　墒情好、质地黏重的土壤宜浅播；墒情差、质地偏沙的土壤宜适当深播。北方棉区，播深以3~4 cm为宜；南方棉区雨水较多，应做到"深不过寸，浅不露籽"。

12.3.4　种植密度

合理的密度与行株距配置对于协调棉株生长发育与环境条件、营养生长与生殖生长、群体与个体的关系具有重要意义。合理的种植密度有利于充分利用地力和光能，增加单位面积的总铃数，充分利用生长季节，增加内围铃数。

12.3.4.1　确定种植密度的原则

棉花种植密度的确定以是否能够充分利用现有的生产条件和当地的光热资源为依据，以协调群体与个体的矛盾，使群体生产力得到充分发挥为准则。

（1）与品种的关系　早熟、株型紧凑或容易早衰的品种，宜适当增加密度；中晚熟、株型松散、后发性强的品种宜适当稀植。

（2）与气候的关系　在棉花生育期间，无霜期长、温度较高、雨水充沛的地区，单株生产潜力大，宜适当稀植；无霜期短、温度较低、雨水少的地区，则宜适当密植。

（3）与水肥的关系　土壤肥水条件好、施肥量大的棉田，利于棉株发棵，密度宜稀；相反，旱薄地、丘陵地、盐碱地等肥水条件较差的棉田，密度宜适当增加，以充分发挥单位土地面积上的增产潜力。

（4）与种植制度的关系 因棉花受前茬作物的影响，一般播种期推迟，单株营养体较小，成熟期延迟，种植密度应较一熟棉田适当增加；夏播短季棉由于生育期短，营养体小，密度常比一熟春棉高 1～2 倍。

（5）与栽培方式的关系 当前我国棉花栽培方式有直播、育苗移栽和地膜覆盖等类型，由于育苗移栽和地膜覆盖棉花可充分利用光热资源，棉株长势好，单株营养体大，所以种植密度可较相同条件下的直播棉降低 10%～20%。

目前，长江中下游棉区杂交棉密度为 20 000～30 000 株 /hm^2，黄河流域棉区麦后棉为 45 000～60 000 株 /hm^2，西北内陆棉区春棉多为 195 000～255 000 株 /hm^2。

12.3.4.2 行株距的合理配置

为了使合理密植充分发挥增产作用，在单位面积上既要有合理的株数，还要有适当的行株距配置。我国主产棉区采用的行株距配置方式有等行距和宽窄行两种，如黄河流域棉区等行距一般为 80～100 cm，宽窄行种植宽行为 110～120 cm，窄行为 50～60 cm。一般中等肥力的棉田和间套作棉田多采用宽窄行，以有利于通风透光，便于后期管理；高产棉田和不易发棵的丘陵旱薄地多采用等行距。

12.3.5 地膜覆盖

棉花地膜覆盖技术发展于 20 世纪 70 年代末和 80 年代初，是在棉花直播或移栽时立即覆盖一层塑料薄膜的技术，目前全国各棉区均有一定的推广面积。地膜覆盖有利于棉田增温保墒、改善土壤理化性状，同时缩短棉花缓苗期，加快生育进程，延长有效结铃期，提高成铃率，增加铃重，从而提高产量。但覆盖地膜后，棉花早期易旺长，后期易早衰，因此棉花开花后，应立即揭膜培土，重施花铃肥，以防棉花后期脱力早衰。

12.3.5.1 地膜直播棉

地膜直播棉又称地膜棉，增产幅度的大小在于"壮苗早发"和"不旺不衰"的管理要求。

（1）播前准备 增施优质农家肥和磷肥，适当控制速效氮肥，一般施优质农家肥 15 000 kg/hm^2；播前 20 d 浇底墒水，及时耙糖保墒，以达到"底墒饱，表墒好"的要求；选用后发性强、不早衰、抗病的品种；根据不同覆膜方式起垄。

（2）播种覆膜 生产上多采用先开沟点播再覆膜的方法，也有采用先覆膜后点播方法，覆膜有利于早增温保墒。覆膜要严，膜边压土 6～10 cm，每隔 4～5 m 在垄背上横压一个腰带，以防地膜积水。地膜覆盖度以 50%～70% 为宜。

（3）放苗管理 先播种后覆膜的田块，待出苗 70%～80% 时，地膜第一次打孔放苗，出苗 100% 时，进行第二次放苗，孔口 3～4 cm，孔口周围用土压实，防止漏气和杂草丛生。

12.3.5.2 移栽地膜棉

移栽地膜棉又称双膜棉，是指在棉花营养钵薄膜育苗的基础上，移栽时再用地膜覆盖。移栽地膜棉充分利用了育苗移栽的早苗、壮苗和地膜棉花早发、快长的双重优势，克服了露地移栽棉栽后缓苗期较长和地膜棉蕾期易旺长的缺点。

（1）播种育苗 主要有营养钵育苗和营养块育苗方式，其他还有穴盘育苗、水浮育苗等。

彩图 12-8

棉花营养钵育苗

① 营养钵育苗　苗床要选择地势较高、排水通畅、管理方便、可就近移栽的地段，苗床地应土壤较肥、无盐碱、无枯萎病。一般苗床宽 1.3 m，长 15~20 m，苗床四周须开好排水沟。

钵土要选择肥沃无病的表土，加腐熟晒干过筛的堆肥或厩肥 20%~30%，还应加 1% 的过磷酸钙。不宜施用尿素，以免影响发芽。制钵前 1 d 要浇足水，水量以手握成团，齐胸落地即散为宜。水量不足或过多，均影响制钵质量。目前仍以人工脚踏制钵器（内径 6.0~7.5 cm，高 10 cm）制钵为主，制钵数应比大田实栽密度增 50% 以上。

边制钵边排钵。排钵前，应在苗床底散施少量呋喃丹等药剂，以防地下害虫和蚯蚓。排钵时要错开紧靠排列，钵面要平，钵间用细土填满，减少水分蒸发，有利出苗整齐。

套作棉一般于 3 月下旬至 4 月上旬播种，麦后移栽棉可在 4 月上中旬播种。播种前，苗床要浇足透水，有利于棉籽发芽。每钵播 2 粒健籽，盖细土厚 1.5~2.0 cm，然后在土面上喷洒棉田除草剂，如扑草净、绿麦隆等，要注意药量和方法，以免引起药害。播种后立即搭棚架盖薄膜，在床边每隔 80 cm 左右插一竹弓，棚架中间高度距床面 50~55 cm，竹弓上覆盖薄膜，膜面绷紧，四周边缘用土压实，膜顶用绳索加固，以防大风掀膜。

② 营养块育苗　有些棉区采用塘泥制作营养块以代替营养钵育苗。一般苗床宽 1.3 m，长 15~20 m，平铺肥沃表土 70%，腐熟过筛厩肥 30%，拌和均匀，然后制成厚为 6.5~13.0 cm 的土畦，浇透水后，用板压实推光后划格，土块大小因苗龄而异。每营养块播 2 粒棉籽，及时盖土、洒水。保温设施同营养钵育苗。

（2）苗床管理　培育壮苗的关键是苗床管理，而管理的中心是控制好苗床的温度、湿度。在播种后密封苗床，保温、保湿，高温催育（35~40℃）。全苗后及时通风，控温在 25~30℃，棉苗红茎比占 50% 为健壮苗。通常采用通风不揭膜的苗床管理方法，即在播种至全苗前为全覆盖，全苗后先揭开苗床两头通风，通风口在夜间关闭，阴雨天则全覆盖，保温、保湿促进棉苗生长，2 叶期以后苗床通风口可日夜开放，适当增加两侧通风。

全苗后及时间苗，拔除杂草，撒泥护根，并结合晒床散湿防治棉苗炭疽病、叶斑病、褐斑病等，及时防治棉盲蝽、棉蓟马、蚜虫等，移栽前治一遍虫，防止将虫带入大田。根据棉苗的长势，苗床可适当采用化学调控。棉苗移栽前一周，日夜揭膜炼苗，但薄膜仍需保留在苗床边，做到苗不栽完，膜不离床。

（3）移栽技术　当气温稳定在 17~18℃ 时即为安全移栽期（一般为 5 月中下旬）。套作棉田应及时扶理前茬，改善通风透光条件。铺膜前 10~15 d 应施足基肥，以有机肥为主，化肥为辅；棉田平整后应均匀喷施棉田除草剂，再覆盖地膜，或直接覆盖除草地膜；宽窄行种植的地膜铺在小行，一膜盖两行棉花，膜宽于小行 20 cm，地膜应紧贴地面，两边压实，防止大风掀膜。棉花采用定距打洞移栽，放钵时，钵面应略低于地面，壅实细土后浇团结水，最后盖土成馒头形。

（4）栽后管理　移栽后，应及时查苗补缺。与前作套栽的棉田，应扶理前作，适时早收，前作收获后及时灭茬、清沟理墒。棉苗成活后要尽快中耕松土、破除板结，促进新根生长，并因苗施肥，防治病虫。

12.3.6　施肥技术

12.3.6.1　棉花需肥规律

棉花是需肥较多的作物。现有研究表明，每生产 100 kg 籽棉从土壤吸收养分的数量大致为纯氮 5 kg、五氧化二磷 1.8 kg、氧化钾 4 kg，吸收比例为 1.00：（0.28～0.35）：（0.82～1.02）。但也常因品种需肥特性、皮棉产量、土壤气候条件、栽培技术及施肥运筹的不同而有较大的差异。棉花除了需要大量的营养元素外，还需硼、锌、钼、锰、铁等微量元素。

苗期吸收氮、磷、钾均占一生总吸收量的 5% 以下，此期棉苗小，需要养分少，栽培上应以促进根系生长，争取壮苗早发为主。

蕾期吸收氮、磷、钾的量增加，不同产量水平吸收的量均占一生总需求量的 30% 左右。低产田的吸收百分率高于高产田，但绝对吸收量低于高产田。此期栽培管理应以促壮棵稳长为主，既要防止氮肥过多，营养生长过旺，导致早期蕾铃脱落，推迟开花期；又要防止肥料不足，影响营养体的发展，导致棵小、蕾少、蕾小。

花铃期是棉花一生生育旺盛时期，也是需肥最多的时期。自开花至吐絮，棉株氮、磷、钾吸收量均占一生需求量的 60% 以上。因此，该期首先应满足棉花生长发育对肥料的需要，同时也要防止施氮肥过多、过晚，以免造成棉株徒长或贪青晚熟。

吐絮期棉株对氮、磷、钾的需要量明显减小，分别只占一生总需求量的 5% 左右。

12.3.6.2 棉花高产施肥技术

在了解棉花营养特性和需肥规律的基础上，必须依据土壤肥力、棉株长势、气候条件、肥料种类等，掌握好施肥时期和数量，同时做到用养结合、经济施肥，充分发挥肥料的增产效益，以确保棉花高产、稳产、高效、优质。

（1）增施有机肥，培肥地力 高产棉田要求土层深厚，团粒结构、通透性好，保水、保肥能力强。一般肥力较高的棉田，土壤有机质含量为 1.2% 以上，全氮含量为 0.08% 以上，速效磷（P_2O_5）含量为 25 mg/kg 以上，速效钾（K_2O）含量为 150 mg/kg 以上，有效锌含量大于 1 mg/kg，有效硼含量大于 0.8 mg/kg；土壤 pH 为 6.5～7.5。

增施有机肥的主要途径有：一是增施厩肥、人粪尿等农家有机肥；二是秸秆和饼肥还田，作物秸秆粉碎直接还田，是提高土壤有机质含量、培肥土壤的一种好方式。

（2）重施基肥，合理追肥 基肥以有机肥为主，再配合适量的磷肥、钾肥。追肥的总原则是"轻施苗肥，稳施蕾肥，重施花铃肥，补施盖顶肥"。高产棉田基肥氮约占总施氮量的 25%。

① 轻施苗肥 在基肥用量不足时，尤其是低中产棉田，应重视苗肥的施用，以促根系发育、壮苗早发。苗肥以化肥为主，一般每公顷施用尿素 6～12 kg、过磷酸钙 300～375 kg、氯化钾 75.0～112.5 kg，或配合追施腐熟好的饼肥和人畜粪。基肥用量足的高产棉田，可不施苗肥。

② 稳施蕾肥 棉花蕾期施肥应采取速效肥与缓效肥相配合，化肥与有机肥相配合，氮肥与磷肥、钾肥相配合的方法。北方棉区，对于地力好、基肥足、棉苗长势强的棉田，可少施或不施速效氮肥，但可酌施磷肥、钾肥；对地力差、基肥不足、棉苗长势弱的棉田，可适当追施速效氮肥，一般每公顷施 150～300 kg 标准氮肥、优质土杂肥 $1.5×10^4$ kg 左右，或饼肥 600～750 kg、掺过磷酸钙 225～375 kg、氯化钾 75.0～112.5 kg。需施速效氮肥的棉田，可与有机肥混合施用。蕾肥一般可在距棉株 10～12 cm 处开深沟施入，随即盖土。遇高温干旱，施肥应与浇水结合进行。

③ 重施花铃肥 一般情况下，花铃肥用量占总肥量的 50% 以上，每公顷施标准氮肥 225～300 kg。施肥水平高的地块分初花期和盛花期两次施用，初花期速效肥与缓效肥混合施

用，盛花期只施用速效肥。化肥用量少时，只进行一次追肥的棉田，以在初花期施用增产作用最大。

④ 补施盖顶肥　盖顶肥施用时间和数量，要在施用花铃肥的基础上，根据棉株长势具体确定。盖顶肥的施用时间一般在立秋前后，北方棉区一般每公顷施标准氮肥 75.0 ~ 112.5 kg，南方棉区一般每公顷施标准氮肥 150 ~ 300 kg。

⑤ 叶面喷肥　棉株生长发育后期，一般在 8 月中旬以后，根据棉花长势，可叶面喷施 1% ~ 2% 尿素、2% ~ 3% 过磷酸钙和 0.3% ~ 0.5% 磷酸二氢钾。根据棉株长势，间隔 7 d 左右，喷 2 ~ 3 次，每次每公顷喷溶液 50 ~ 75 kg。以晴天下午喷于中部、上部叶片的背面为好。

12.3.6.3　微量元素的施用技术

（1）硼　棉花对硼比较敏感，棉花缺硼时，叶片卷曲皱缩，顶端生长受阻，侧枝较多，呈簇生，蕾、花、铃发育均不正常，棉桃畸形，茎和叶柄的维管束受损，出现褪绿环带，导致棉株蕾而不花，花而不铃。硼肥可作为基肥或种肥，每公顷用硼砂 6.0 ~ 7.5 kg，注意避免接触种子。根外喷肥用 0.2% 的硼砂或 0.1% 的硼酸，于蕾期、初花期和花铃期各喷一次。每公顷兑水 375 ~ 750 kg，快速喷雾至叶面滴水为止。

（2）锌　缺锌的植株叶片小，脉间缺绿，呈杯形，严重时叶片坏死，缺绿部分变成青铜色。缺锌土壤，可将硫酸锌、氧化锌等锌肥加入其他肥料中，混合均匀后施入，每公顷用量为 11.3 ~ 22.5 kg，肥效可持续 3 ~ 4 年。叶面喷施用 0.1% ~ 0.2% 硫酸锌水溶液，连续喷 3 ~ 4 次。

（3）钼　缺钼植株叶小，叶片脉间失绿，叶缘出现灰白色或灰色的坏死斑点，边缘枯焦，向内卷曲。酸性土壤易缺钼，可用钼酸铵或钼酸钠 0.01% ~ 0.10% 的水溶液进行叶面喷施，也可按每千克种子用钼酸铵 2 ~ 6 g 拌种。

（4）锰　缺锰的植株叶片呈杯状，脉可缺绿。新叶常先显症状，失绿组织变黄或红灰色。严重缺锰时，节间变短，植株矮化，顶芽最后坏死。叶面喷施 0.1% 的硫酸锰可消除缺锰症状，或每公顷用 7.5 kg 作种肥。在 pH < 5.5 的酸性土壤中，形成过量的有效锰，会引起毒害，可施用石灰防治毒害发生。

（5）铁　缺铁新叶脉间失绿，失绿部分为黄白色，最后叶缘向上卷曲，但不呈杯状。在石灰性土壤中易出现缺铁现象。叶面可喷施 0.75% ~ 1.00% 的硫酸亚铁溶液。

12.3.7　灌溉和排水

12.3.7.1　棉花需水规律

棉花需水量（又称田间耗水量）是指棉花从播种至收获，通过叶面蒸腾和地面蒸发所消耗水量的总和。棉田耗水量受自然条件、农业技术措施和产量水平的影响，最终反映在耗水系数（每生产 1 kg 籽棉的耗水量）不同。棉花的耗水系数一般为 1 300 ~ 2 000。产量提高，耗水量增大，但耗水系数却随产量提高而降低，说明随产量水平的提高，水的利用率也随之提高。

棉花苗期耗水少，耗水量占总耗水量的 15% 以下，以土壤蒸发为主，适宜的土壤含水量为田间持水量的 55% ~ 65%；蕾期耗水量增加，占总耗水量的 12% ~ 20%，土壤蒸发和棉株蒸腾水量大致相等，适宜的土壤含水量为日间持水量的 60% ~ 70%；花铃期耗水量最大，占总耗水量的 45% ~ 65%，且耗水强度最大，以棉株蒸腾为主，适宜的土壤含水量为田间持水量的 70% ~ 80%；吐絮以后，因棉株生理活动衰退，温度降低，耗水量减少。

12.3.7.2 棉田灌溉与排水技术

（1）棉田灌溉技术 棉田播种前造墒，一般在冬季或早春进行。冬灌效果较春灌为好。冬灌可在秋耕后开始，土壤封冻前结束。一般沙质土不宜冬灌，可在播前春灌，最迟于播种前 15～20 d 结束。

棉花生长期灌溉指棉田自出苗至成熟收获整个生长期内进行的灌溉。棉田生长期灌溉应坚持"看天、看地、看棉花"的原则。看天即根据当地的气候特点，并注意当时的天气变化；看地即考虑土壤含水量、地下水位、土壤质地等；看苗即掌握棉花的长势长相和缺水表现，如顶部叶片在中午明显萎蔫，下午 3—4 时仍不能恢复时，应立即灌溉。为防止浇后遇雨，可采取沟灌的形式，每次每公顷灌溉 750～900 m³，随灌随排，不提倡大水漫灌。

长江流域棉区常年 7—8 月发生干旱，此时正值开花结铃盛期，出现干旱须及时灌溉，一般灌水 1～3 次。

（2）棉田排水技术 棉田排水的目的在于排出地面积水，降低地下水位，防止明涝暗渍。南方棉区普遍采用厢（畦）作，排水主要依靠田间主沟、围沟、腰沟和厢沟等排水系统。北方灌溉棉区，棉田排水主要靠挖排水渠系。即在灌溉地区，按一定距离与地下水的流向垂直挖支排水沟、干排水沟，将地下水排至附近河中。在雨季来临前，棉株培好土并疏通好田间排水通道，保证雨后棉田无积水。

12.3.8 整枝

棉花整枝（pruning）主要用于控制棉花株型（plant type），调节营养物质的运输分配，协调营养生长与生殖生长的矛盾，防止徒长；改善棉田通风透光条件，提高光能利用率，减少蕾铃脱落，促进早熟，提高产量，改善纤维品质。

棉花传统整枝项目包括去叶枝、打顶、打边心、抹赘芽、打老叶等五个方面。随化学调控技术的发展，整枝项目和内容有了很大变革，许多项目已被化学调控所代替，目前棉花生产上主要进行去叶枝和打顶两项整枝作业。

（1）去叶枝 可促使果枝生长发育良好，避免田间荫蔽。通常在棉花现蕾后，可以区别果枝与叶枝时，及时去掉第一果枝节位以下的叶枝，过迟既消耗养料也易损伤茎皮。在棉田边行或缺苗断垄处可适当保留部分叶枝，待叶枝长大长出几个次生果枝后及早打去叶枝的顶心。

（2）打顶 打顶（top removal）可控制棉株主茎生长，避免出现无效果枝；打破顶端优势，集中养分运向果枝，供应结实器官；有利于多结铃，增加铃重。打顶的关键在于掌握时间和方法。打顶时间，应根据气候、地力、密度、长势等情况而定。凡无霜期短、肥力低、密度大、长势弱的田块宜早打顶；反之，应适当推迟。棉农的经验是"时到不等枝，枝到看长势"。南方棉区在常年长势正常的情况下，一般在大暑至立秋打顶为宜；北方棉区多在 7 月中旬进行。打顶方法，营养较好、长势较旺的棉花宜打小顶（只去掉顶芽不带叶）；反之，宜打大顶（去1 顶 2 叶）。选择晴天打顶，有利于伤口愈合。

12.3.9 中耕、除草、培土

中耕在棉花栽培中是一项重要的促控措施。棉田早期中耕，可使土温升高 0.5～1.0℃，有利于长根发苗，促壮苗早发；在蕾期当棉株长势旺时，适当地进行深中耕可控旺长；进入花铃期后，则应注意保护根系免受损伤，应尽量不中耕。中耕的深度随着棉花生育进程的发展、棉株的大小，应由浅到深再浅；与棉株的距离应由近到远。

棉田杂草的清除，除结合中耕进行外，还可在棉花移栽前，或棉花生育前期，根据棉田杂草的种类，运用灭生性或选择性除草剂进行化学除草。

培土常结合中耕进行 1～2 次，培土高度由低增高，最后高度在子叶节附近为宜，不能超过第 1 果枝。生产上中耕、除草、培土等管理措施常一起进行。

12.3.10　化学调控

自棉花播种出苗后，生产上即可根据棉苗的长势利用缩节胺（DPC）塑造棉花株型，提高棉花产量。DPC 具有抑制细胞伸长而不抑制细胞分裂的特性，能使棉株节间变短，叶色深绿，叶片增厚，延长叶片功能期。

棉株盛蕾期喷洒 7.5～15.0 g/hm² DPC（浓度 50～100 mg/kg），能抑制盛蕾初花期的旺长。DPC 喷施 3～6 d 后见效，药效一般持续 25 d 左右。待药效消失后，可进行下一次调控。开花期可应用 37.5～45.0 g/hm²（浓度 150～200 mg/kg）DPC 进行第 2 次化控，可使棉株中上部节间缩短，协调棉田群体结构，增加棉株中下部叶片的受光量。打顶后 7～10 d，可应用 45.0 g/hm²（浓度 150～200 mg/kg）的 DPC 进行第 3 次化控，可控制顶部果枝的长度。喷洒 DPC 时要注意"喷高不喷低"，每次用量不宜过多，以免造成果枝伸展不开，吐絮不畅而严重减产。

12.3.11　收获

12.3.11.1　人工收花

棉铃吐絮后必须适时采收。一般棉铃开裂后 5～7 d 采收最好。收花时要坚持好花、次花分开收，有利于提高纤维质量和品级。过早采收或收剥桃花，纤维成熟度差，强度低，色泽差，采收费工，易发热变色；如采收过迟，纤维在日光下曝晒过久，易发生光氧化作用，纤维强度下降，长度变短，成纱品质差。试验表明，吐絮后 6～7 d，纤维强力最佳，吐絮后 20 d 强力比最佳期下降约 20%。在连续阴雨时，为防止烂铃，应及时采摘黄壳铃，及早摊晒，或先喷生长调节剂乙烯利，闷几个小时后摊晒，裂铃吐絮效果更佳，可减少损失。

在迟发棉田或秋季气温下降早且快时，可用乙烯利进行催熟。施用后可使棉铃铃期缩短，提早 7～10 d 吐絮，使单株吐絮铃数的高峰提前到来，僵黄花与残留青铃数减少，达到早熟、增产、改善纤维品质的效果。施用乙烯利的效果取决于气候条件、棉株的生育状况和施用技术。在秋季气温低、棉株迟发、秋桃多时，施用后效果显著；当秋季气候好、棉株早发、早熟，则效果不明显，甚至可不使用。施用时期为不稳定成熟的中期铃和不能正常开裂的晚期铃的成熟度已达铃期的 70%～80%（铃龄在 40～45 d，或单株吐絮达 2/3 以上果枝），气温不低于20℃，施用量为每公顷用 40% 的原液（粉）225～300 g 兑水 600～750 kg 直接喷洒到棉铃上。

收花时要精收细摘，做好分收、分晒、分藏、分售工作；还要做好防止异性纤维混入，才能保证优棉优价，既利于提高棉农经济收益，又符合纺织工业的需要。

12.3.11.2　机械收花

近年来，新疆棉花机械化收花已有较大的面积，机械收花作业主要包括三个环节：一是化学脱叶催熟；二是机械收花；三是清理加工。

（1）化学脱叶催熟　化学脱叶催熟剂（chemical defoliate and ripener）主要为噻苯隆（或脱

彩图 12-9
棉花机械收获

落宝）和乙烯利的复配剂。噻苯隆具有优良的脱叶效果，而乙烯利的催熟效果显著。施用脱叶催熟剂的时间不宜过早，应保证棉株吐絮率达40%以上时使用，不但能有效促使棉花叶片快速脱落，而且能提高棉铃吐絮率，特别是在贪青晚熟的棉田可起到催熟及提高霜前花率的效果。脱叶催熟剂最佳喷施时间应在计划采收前20~25 d进行，且7~10 d内平均气温稳定在18~20℃时喷施较为适宜，不宜在气温迅速下降的高温天气喷药。生产上一般以每公顷噻苯隆（50%可湿性粉剂）450 g加2 250 mL乙烯利（40%水剂）兑水600 kg/hm² 喷施，具体用药量应根据施药时期的气候条件和棉花长势来确定，使用剂量不宜太高，否则容易造成药害，引起青铃脱落或形成僵瓣，影响棉花品质。

（2）机械收花　又分2次收花和1次收花。2次收花适于我国北方无霜期短的地区。第1次在65%~80%棉铃吐絮时收霜前花，第2次在枯霜后收霜后花。1次收花适于北部特早熟棉区株型紧凑的棉花，用采棉机摘下全部籽棉和个别青铃，再通过气流将籽棉和青铃分开。

机械采收的籽棉含杂质多，需要清理加工，包括烘棉、清棉、轧花和打包。烘棉可使纤维变得蓬松、光滑，减少杂质和纤维的黏结，便于清理和轧花。清理和轧花应将籽棉中的断果枝、铃壳等大杂质、碎叶、不孕籽等小杂质清除掉。

12.4　棉花栽培技术的发展

12.4.1　简化栽培

深入学习 12-5
棉花夏直播高效种植技术

随着棉花新品种的培育、化学除草剂的推广应用和农业机械化的发展，有些农艺措施（如整枝等）可以减免，有的可以用除草剂或农业机械耕作替代。因而，简化栽培应运而生，某些方面已取得了阶段性进展。简化栽培是在几乎不降低单位面积产量和品质的前提下，改革某些不合理的管理环节，简化一些不必要的工序，节省用工，降低成本，减轻劳动强度，即减少无效或低效作业，增加物化劳动的投入以替代活劳力，从而提高经济效益。

12.4.1.1　简化育苗

为进一步发挥育苗移栽的优势，从降低成本、简便苗床管理、提高棉苗素质的要求出发，以改农膜覆盖为地膜覆盖和选用棉花穴盘育苗等为中心，辅之以包衣棉种防病，采用短苗床、高支架、只通风不揭膜管理，苗床化学除草等育苗技术，使播种后至移栽前基本做到不补种、不浇水、不施肥、不喷药、不除草、不间苗、不揭膜。生产实践表明，既节省了用工，也节省了农膜和苗床用地。

12.4.1.2　简化移栽

江苏沿江、沿海一带棉田大部分为大麦后或油菜后移栽棉花，为了抢农时、争季节，常采取板茬移栽的方法，即大麦或油菜收获后，板茬打洞，将沾有河泥的营养体移栽入洞，四周拥紧土壤，待栽完后再进行灭茬工作。这样，既省去耕地、整地时间，争取了季节，又有利于棉苗早发。

12.4.1.3　简化施肥

目前生产上已出现了不少可应用于简化施肥技术的缓释性肥料，如可控缓释专用肥，是以速溶性颗粒氮肥为核心，用氮、磷、钾、微量元素、硝化抑制剂及其他农化产品为包裹层制成；棉花专用包膜肥，是一种新型复混专用肥料，肥粒外有一层缓溶包涂层；棉花专用活性长效肥，是在包膜肥的基础上添加了有机活性肥。这些肥料具有养分多元、针对性强，养分缓慢释放、肥力持久等特点，肥料养分利用率高达 40% 以上等优点。棉花缓释包裹肥采用一次全量基施，至棉花花铃期再用适量的速效氮肥追肥一次或结合病虫防治对叶面进行 2～3 次肥药混喷，确保棉花前期不旺长，中期发育稳定，后期不脱力早衰，形成了"一基一追"或"一基三喷"新型简化施肥模式。该模式对于减少施肥次数和肥料用量，减少施肥过程中棉花的伤害，减少施肥用工，实现轻简栽培具有十分重要的意义。

12.4.1.4　简化治虫

随着我国 *Bt* 转基因抗虫棉品种的大量推广应用，各地棉农在治虫方法上也作了较大改进。治虫策略上，抓住主治棉蚜、玉米螟、棉铃虫，兼治红蜘蛛、红铃虫、盲蝽象、棉蓟马等其他害虫，从而提高了防效，减少了防治次数，降低了用药量，一般每公顷省工 45～60 个。

12.4.1.5　化学除草

棉田化学除草具有效果好、节省用工、降低劳动强度、减少对棉花的机械损伤等优点，从而使植棉的劳动生产效率和经济效益均有较大提高。作为近代先进除草技术的化学除草，在我国研究应用较晚。20 世纪 70 年代中期才开始使用敌草隆、伏草隆和除草醚进行棉田化学除草，但推广面积不大。80 年代中期，棉田大量推广使用稳杀得、盖草能、禾草克、拿捕净等茎叶处理剂防除禾本科杂草，使得棉田危害猖獗的一年生禾本科杂草得到控制。

12.4.2　农机与农艺相结合

棉花生长期长，栽培作业项目多、要求严、难度高、作业量大，靠人、畜力作业不仅效率低，而且劳动条件差，劳动强度大，难以达到高产、优质、高效的目的。中国棉花生产的劳动生产率很低，远远落后于美国等棉花机械化生产发达的国家。因此，根据我国实际情况，逐步实现棉花播种（或移栽）机械化、管理机械化、收获机械化等，不仅可以减轻劳动强度，而且提高了作业质量和效率，使棉花生产走向现代化。

12.4.3　节水灌溉

棉花节约灌溉用水是指减少渠系输水损失和田间用水损失等。目前，世界各植棉国都很重视节水灌溉，千方百计地采用各种节水灌溉新技术。美国各州立大学农学院专门研究棉田灌溉定额。以色列为节约用水，20 世纪 70 年代末主要采用喷灌，占全国灌溉面积的 87%，滴灌占 10%；80 年代以后，普遍采用滴灌技术。1988 年，滴灌面积已占棉田面积的 50% 以上，占农田总灌溉面积的 85%～90%。我国新疆生产建设兵团在地膜棉田改膜间沟灌为膜上灌溉，减少深层渗漏和地表蒸发损失。膜下灌溉较沟灌节省水量 60% 以上，皮棉增产 15% 以上。

深入学习 12-6
计算机与信息技术在棉花栽培中的应用

名词解释

纤维作物　种子纤维　大田生育期　全生育期　现蕾　初花　盛花　吐絮　单轴分枝

多轴分枝 叶枝 果枝 有限果枝 零式果枝 无限果枝 成铃 幼铃 伏前桃 伏桃
秋桃 铃重 籽棉 毛籽 光籽 籽指 皮棉 衣分 纤维长度 纤维细度 麦克隆值
纤维强度 纤维成熟度 营养钵育苗 整枝 打顶 打边心 抹赘芽

问答题

1. 我国棉花生产区域及其划分依据是什么？
2. 简述棉花根系特点及其生长过程。
3. 简述棉花分枝类型及其特点。
4. 棉花现蕾开花有什么规律？棉铃在时间上和空间上是如何分布的？
5. 棉纤维生长有哪些特点？
6. 棉花生长发育与环境条件的关系是什么？
7. 棉花种子处理有哪些方法？棉花"五苗"的内涵及关键措施有哪些？
8. 棉花如何做到合理密植？
9. 根据棉花需肥规律，提出棉花合理的施肥技术。
10. 结合棉花生育特性，简述棉花需水规律。
11. 棉花整枝的作用和关键技术有哪些？
12. 简述棉花双膜栽培及其关键技术。
13. 简述棉麦两熟栽培的技术要点。
14. 简述棉花化学调控原理和措施。

分析思考与讨论

1. 试述棉花产量构成及其相互间的关系。
2. 试述棉花简化栽培提出的背景和途径。

13

苎 麻

【本章提要】 利用韧皮纤维和叶纤维的作物通常称为麻，其中在中国种植面积最大的麻类作物是苎麻。苎麻原产于中国西南地区，是中国古代重要的纤维作物之一。新石器时代长江中下游地区就已有苎麻种植，考古出土年代最早的是浙江钱山漾新石器时代遗址出土的苎麻布和细麻绳，距今已有 4 700 余年。一直以来，中国是最大的苎麻生产国，苎麻产量占全世界苎麻产量的 90% 以上。苎麻产品具有挺括滑爽、通风透气、吸湿排汗、易洗快干的优点，是人们理想的夏季衣料；同时也是风格别致、粗犷挺括的高级春秋装面料。

本章介绍了麻类作物的基本概念及种类、苎麻的用途、苎麻的起源及生产概况、我国苎麻的种植分区。要求了解麻类作物的分类方法，苎麻新老麻园的宿根特性。掌握一年中不同季节植株的生长发育差异以及营养器官形成过程与特点。能根据生产实际条件灵活应用苎麻的有性繁殖与无性繁殖方法，熟悉新麻园建立、常年麻园冬培，以及苎麻纤维收获与初加工等基本环节的原理与操作技术。

13.1 概述

苎麻（ramie）是麻类作物中的一种，别名野麻、线麻、白麻、圆麻、青麻。麻类作物是我国的一种特有称法，一般是指主要利用其茎秆韧皮部、叶片或叶鞘中纤维进行纺织的一类作物。麻类作物的名称中最后一个字通常是"麻"，如黄麻、红麻、大麻、亚麻、剑麻、罗布麻等。

彩图 13—1
主要麻类作物纤维

麻类作物的种类很多，全世界可利用的韧皮纤维（phloem fiber）植物和叶纤维（leaf fiber）植物有几百种，但作为经济作物大量栽培的，只有几十种。按照纤维主要着生部位，可分为韧皮纤维作物和叶纤维作物。前者纤维质地柔软，商业上称为"软质纤维"；后者纤维质地粗硬，商业上称为"硬质纤维"。在麻类作物中，苎麻的纤维为单纤维，其他麻类作物则主要为束纤维。

深入学习 13—1
麻类作物的分类

13.1.1 苎麻的用途

苎麻是我国重要的纺织纤维原料作物之一，为我国特产。世界上称之为"中国草"。随着现代化工业的发展和科学技术水平的提高，又开辟了苎麻更多、更新的利用途径。

13.1.1.1 纺织工业原料

在麻类纤维中，苎麻的纤维品质最好，其主要特点包括：① 单纤维细长，单纤维长度一般 60~250 mm，是棉花的 3~7 倍；纤维细度为 1 000~3 000 支，目前生产上大面积推广良种一般在 1 900 支以上；② 纤维构造中有一条沟状型自然空隙，透气性好，且吸湿、散湿及吸热、散热都很快；③ 脱胶后纤维洁白有丝样光泽，比棉花轻 20%，并具有抑制细菌繁殖及霉变功能；④ 纤维强度大且伸缩性小，湿纤维的强度更大，单纤维强度为 25~40 g，是棉花的 8~10 倍。由于具有这些特点，所以无论苎麻纯纺还是与棉、丝、毛、化纤等原料混纺，其产品均具有挺括滑爽，通风透气，吸湿排汗，易洗快干的优点，成为人们理想的夏季衣料；同时也是风格别致，粗犷挺括的高级春秋装面料。它也可以通过抽纱、刺绣、针织等方式制成各种精美的手帕、台布、餐巾、床单、蚊帐和各种室内装饰布，美观耐用，手感柔软，享誉海内外。

彩图 13-2
苎麻服装及产品

同时，由于苎麻纤维十分坚韧，伸缩性小，绝缘性好，所以也常用于生产渔网、吊绳、钢索芯、帆布、传动带、水龙带、车胎衬布、飞机翼布、电线包皮等产品，应用于航海、渔业、消防、交通、国防等多个领域。

13.1.1.2 造纸和制纤维板的原料

苎麻的纤维以及纺织加工中产生的麻绒、麻屑等短纤维，可用于制造沙发套、地毯，或用于生产高级纸张、人造丝、火药等。苎麻纤维是制造纤维板的优质原料，其副产物如麻骨（木质部）等亦可用于制造纤维板。

13.1.1.3 可供药用

苎麻根、叶的药用价值早在《本草纲目》中就有记载。从苎麻根中提出的咖啡酸胺，具有止血作用。我国民间用苎麻的根、叶煎剂治疗感冒发烧、麻疹高烧、尿路感染、肾炎水肿、孕妇腹痛、胎动不安等。在外科上则用于治疗跌打损伤、骨折等。现代研究表明，苎麻根中含有的有机酸、生物碱具有抗菌作用。麻叶中含有的绿原酸，加热生成咖啡酸和奎尼酸，对金色葡萄球菌有抑制作用。

13.1.1.4 茎叶饲用

苎麻叶、梢部和幼嫩茎秆蛋白质含量很高，尤其是叶和嫩梢，其粗蛋白的含量为 23%~26%，还含有钙、磷、维生素 A、核黄素以及种类齐全的各种氨基酸，尤其是维生素 A 的含量高达 100 mg/kg 以上，而一般谷物中所缺少的赖氨酸含量为 0.86%~1.15%。因而可以将苎麻作为一种营养丰富的高蛋白饲料进行试验研究。目前，在国内外已有不少报道，且已在饲养鸡、鱼、猪、牛、羊、兔等畜禽中收到理想效果。苎麻在年收三季纤维的同时，每公顷可收获干叶至少 1 500 kg，可用作饲料。若收获苎麻幼嫩全株作饲料，年收次数可达 10 次以上，产量潜力很大。

另外，越南及我国福建等地，一直有将苎麻嫩叶食用的习惯。苎麻嫩叶经石灰脱湿后，揉入米粉中制成糕点，十分清香可口。苎麻的萝卜根含有丰富的淀粉，亦可食用。苎麻的麻骨也可用于酿酒和制糖。

13.1.1.5 其他用途

深入学习 13-2
苎麻多种用途研究
与应用新进展

麻骨与由鲜麻皮刮下的麻壳（初生韧皮部以外的部分）均可用于培养食用菌。据研究，它们的营养成分高于棉籽壳。麻壳还可以用来提取糖醛。

随着苎麻纤维新用途、新产品的开发和综合利用的研究，其用途将不断拓宽。

13.1.2 苎麻的起源与发展

中国是苎麻的原产地，也是世界上栽培和利用苎麻最早的国家，我国古代称苎麻为纻。最早的文献记载见于公元前 6 世纪的各种经典著作中，如《诗经·阵风》中的"东门之池，可以沤纻"。公元前 5 世纪的《春秋·左传》中有"子产献纻衣焉"之语。从浙江吴兴钱山漾新石器时代遗址中发掘出三块苎麻残片，证明我国在 4 700 多年前就已种植并纺织苎麻。在湖南彭头山遗址中发现的粗麻编织物可以追溯到 6 000 多年前。1972 年，湖南马王堆古墓的出土文物中，就有不少加工精细的苎麻织物。公元 5 世纪前后，苎麻在我国南方的种植面积迅速扩大，至公元 1 000 年左右，苎麻已遍及长江以南的绝大部分地区，这使得唐宋初期的麻织品十分灿烂绚丽，如"皱布""苎布""练布""鱼谏布"等驰名中外。但南宋以后，随着加工较容易的棉花引入，苎麻的种植面积逐渐减少。

我国苎麻最初东传至朝鲜、日本，有"南京麻"之称；1733 年传入荷兰，1810 年传入英国，被称之为"中国草"；以后又进入法国、德国、美国、比利时以及非洲等地，俄罗斯苎麻可能由中国或朝鲜引入，栽培利用历史也较长；而南美洲的巴西、乌拉圭、古巴、哥伦比亚等国家的苎麻，大多由日本或美国引入。目前以中国的苎麻产量最大，占世界总产量的 90%左右，其次为巴西和菲律宾。此外，印度尼西亚、朝鲜、越南、印度、美国等国家也有苎麻种植。

1925—1936 年，全世界苎麻年产量约为 12.5×10^4 t，我国年产量约 10×10^4 t，占世界总产量的 80%以上。1937 年抗日战争开始后，我国的苎麻生产急剧下降，至 1949 年下降至 2×10^4 t。中华人民共和国成立后恢复生产，1958 年产量上升至 6×10^4 t，随后再次陡降，1977 年年产量仅为 0.24×10^4 t，直到 1981 年才逐渐恢复。1984 年总产量回升至 5×10^4 t，1987 年出现历史最高水平的 56.75×10^4 t，种植面积近 50×10^4 hm²。此后面积和产量逐年降低，1993 年总产量再次回落至 5×10^4 t 左右，1994 年产量又开始有所回升，1998 年和 1999 年略有下降，21 世纪后，进入稳步发展时期。2000—2005 年我国苎麻种植面积依此为 9.54×10^4、11.37×10^4、12.52×10^4、12.78×10^4、12.58×10^4、13.20×10^4 hm²，总产量依此为 16.10×10^4、19.70×10^4、23.85×10^4、24.49×10^4、25.50×10^4、27.71×10^4 t。2006 年以后，我国苎麻种植面积和产量逐渐下降，面积由 2006 年的 14.2×10^4 hm² 下降到 2016 年的 5.2×10^4 hm²。由于库存原料已消耗完，2017 年种植面积开始出现回升。

13.1.3 我国苎麻的产区划分

苎麻的适应性较广，45°N ~ 45°S 均可种植。世界苎麻产区多分布在 38°N ~ 25°S。

罗素玉根据苎麻分布的自然条件，将我国的苎麻产区划分为三大麻区。

（1）长江流域麻区 长江流域是我国主要的产麻区，主要包括四川、湖南、湖北、安徽、江西、贵州、浙江、江苏等省，其苎麻面积和产量约占全国苎麻总面积、总产量的 90%以上。

（2）华南麻区 华南麻区主要包括广西、广东、福建、云南、台湾等省，其苎麻种植面积和产量约占全国的 5%。

（3）黄河流域麻区 黄河流域麻区主要包括陕西南部、河南南部、山东南部，其栽培面积占全国总面积的 3%左右。

13.2 苎麻栽培的生物学基础

13.2.1 苎麻的植物学特征与生长发育

苎麻为荨麻科（Urticaceas）苎麻属（*Boehmeria*）的多年生宿根性草本植物，人工栽培的主要为普通苎麻（白叶苎麻）[*B. nivea*（L.）Gandich.]。

苎麻有发育强大的地下部分，由根和地下茎组成，俗称麻蔸或根蔸（dimorphic root system）。地下茎上有许多芽，伸出地面后，形成地上部分的茎、叶、花、果实和种子等器官。

13.2.1.1 根的形态与生长

苎麻的根系由萝卜根（smooth storage root）、支根和细根组成。

用种子繁殖的实生苗，发芽时首先生出胚根，胚根向下伸长，形成主根。主根分枝，形成支根和细根。无性繁殖的麻株没有主根，萌发时首先生出许多不定根，其中一部分肥大生长，成为长纺锤形的肉质根，俗称萝卜根，具有代替主根和贮藏有机养分的功能，所以又称贮藏根。

根群大部分分布在地表下 30~50 cm 的耕作层中，细根可深达 1.5~2.0 m。根的入土深浅因土质和品种而异。不同品种有深根型、浅根型和中间型之别。

13.2.1.2 地下茎的形态与生长

地下茎为根状茎，由实生苗根颈部或繁殖用地下茎的腋芽发育而成，可以多次分枝，向四周和上方扩展，一般在地表下 5~15 cm 处蔓延，其顶芽和侧芽伸出地面，就发育成为地上茎。一般栽植 3~4 年后，地下茎可蔓延至整个麻地，地上茎也随之分布于整个麻地，这种现象称为满园。

地下茎有强大的再生能力，把它切成小块，播入土中，能够发芽并发生不定根，故可用来无性繁殖，俗称种根（kind of root）。按照不同部位地下茎的形态和生长习性，通常把地下茎分为三种：将发生不久、直径较小、向四周生长较快、细长似鞭的地下茎称为跑马根（rhizome）；跑马根长粗后，先端丛生许多芽或分枝的部分，形如龙头，称为龙头根（budded rhizome）；在许多龙头根之间的粗地下茎，像扁担一样横生在土中，称为扁担根（budded storage root）（图 13-1）。粗大的地下茎也贮藏有大量营养物质和水分。

13.2.1.3 地上茎的形态与生长

苎麻的地上茎丛生，一般深根型品种蔸型较紧凑，浅根型品种较松散。

茎圆柱形、直立，高度一般为 1.5~2.0 m，高的可达 3 m。茎离地表 30 cm 处的直径，一般为 0.6~1.5 cm。茎绿色、多毛，成熟时逐渐变为褐色，称为黑秆。每茎

图 13-1 苎麻的根蔸（引自中国农业科学院麻类研究所，1993）

1. 龙头根　2. 扁担根　3. 跑马根　4. 萝卜根

上有节 30 ~ 60 个。地上茎一般不分枝。苎麻茎木质部（麻骨）的颜色，一般为白色，也有黄白色、棕色或青绿色等。

苎麻每蔸每季从地下茎上萌发的地上茎，称为分株（division of sucker, offshoot），常年麻园一般为 10 ~ 20 根。其中生长矮小，无收获利用价值的称为无效分株。茎的鲜重越向基部越重；纤维量以离地 20 ~ 40 cm 处最重，向先端逐渐减轻，在茎高度的 70% 以下，纤维重占总重量的 93%，梢部 20 cm 只占 1%；含纤维率以茎的中部最高，向梢部逐渐降低，基部也较低。

13.2.1.4 叶的形态与生长

苎麻的叶为单叶，互生，卵圆形或心形，顶端渐尖，叶缘有锯齿，叶色黄绿、绿、深绿，有时有皱纹，背面密生银白色茸毛能反射太阳光，有减少蒸发和防热功能。叶柄长 3 ~ 15 cm，托叶两片狭长尖细，绿色、淡红色或紫红色。

13.2.1.5 花

苎麻的花为单性，雌雄同株（图 13-2）。花序复穗状，雄花序生在茎的中下部，雌花序生在梢部。一般每一叶腋中由花序主轴分出 2 ~ 7 条柔软的花梗再分枝，每分枝上着生许多雄花簇或雌花簇。每一花序长 7 ~ 15 cm，每一雄花簇中有雄花 5 ~ 9 朵，每一雌花簇中有雌花 100 朵左右，集成球形。

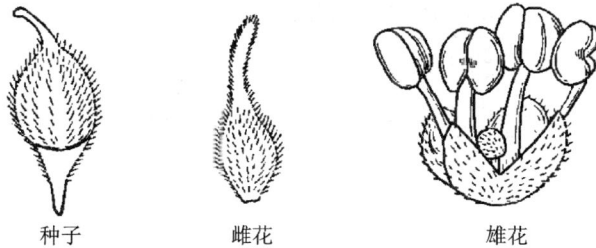

| 种子 | 雌花 | 雄花 |

图 13-2　苎麻的花及种子（引自南京农学院，1979）

13.2.1.6 果实或种子

苎麻的果实为瘦果，内含一粒种子。果实或种子深褐色，扁平短纺锤形或椭圆形，有毛，先端往往带有残余的花柱，外面为宿存的花被所包裹。

果实或种子很小，一般长约 0.7 mm，宽约 0.5 mm，千粒重为 0.059 ~ 0.110 g。种子内有油质胚乳，可以榨油。

13.2.2　苎麻的生长发育时期

13.2.2.1 宿根时期

苎麻的宿根年限一般为 10 ~ 30 年，多的可达百年以上。新麻栽植后的 1 ~ 2 年为幼龄期，此时根和地下茎正在逐渐形成但不发达，地上茎数也较少，产量较低。一般从第 3 年起，每蔸麻的有效茎数、麻茎高度和纤维产量可接近或达到常年的水平，进入壮龄期。壮龄期一般长达几十年，但也有几年后麻蔸就败坏的。当生长势衰退，麻株矮小，产量锐减时，即进入衰老期。衰老期的苎麻若及时采取措施进行更新，还可以复壮。

彩图 13—4
苎麻的三个生育时期

13.2.2.2 生育期

壮龄期的苎麻在我国苎麻主产区的长江流域一般能够年收获 3 次，陕西、河南及长江流域高山区只能年收获 2 次，广东、广西秋季雨水调匀的年份可收获 4 次，台湾可收获 5 次。各季麻从萌芽到工艺成熟所需时间的长短，随地区、季节和品种而异，气温高则时间短。长江流域的苎麻一般在 3 月上中旬开始萌芽，完成三季生长发育共需 210～230 d。三季麻的生育期长短分别为：头麻 80～90 d，二麻 50～60 d，三麻 70～80 d。一般只有三麻才开花结实，到 11—12 月种子成熟。一年中每一季麻地上茎的生长可分为三个阶段。

（1）苗期 苗期指出苗至封行前的生长时期。头麻苗期气温低，生长慢，需 35 d 左右；二麻、三麻气温高，生长迅速，仅需要 10～15 d。

（2）旺长期 旺长期指封行至黑秆 1/3 时。此期若温度和湿度适宜，水肥充足，则麻茎伸长十分迅速。这一时期头麻约需要 40 d，二麻、三麻需要 30 d。

（3）工艺成熟期 工艺成熟期指黑秆 1/3 至黑秆距顶部 30 cm 左右时。这一时期头麻、三麻需要 25～30 d，二麻需要 15～20 d。

13.2.3 苎麻的产量结构

13.2.3.1 苎麻的产量构成因素

苎麻茎秆去掉木质部和表皮所获得的纤维层晒干后称为原麻（ramie fiber ribbon, raw ramie）。苎麻原麻的产量主要由单位面积有效茎数、单株鲜茎重或鲜皮重以及鲜茎或鲜皮出麻率三个方面因素所构成。可由下面的公式计算理论产量。

$$单位面积的原麻产量（kg）= \frac{单位面积有效茎数 × 单株鲜茎重或鲜皮重（g）× 鲜茎或鲜皮出麻率（\%）}{1\ 000}$$

其中：

$$单位面积有效茎数 = 单位面积麻蔸数 × 每蔸总茎数 × 有效茎率（\%）$$

$$鲜茎（或鲜皮）出麻率（\%）= \frac{原麻干重}{鲜茎（或鲜皮）重} × 100$$

单位面积的有效茎数与群体的大小有关；而鲜茎重或鲜皮重、出麻率则主要与个体的生长发育有关。要进行苎麻高产栽培，需要恰当协调群体与个体的矛盾，使两者处于相对统一的最佳状态，从而获得高产。在一般情况下，常年麻园的分株数可达（30～45）×10⁴株/hm²，有效茎数为（15.0～37.5）×10⁴株/hm²，单蔸分株数为 10～20 株，有效茎率为 60%～85%，株高 1.2～2.5 m，茎中部直径 0.6～1.5 cm，麻皮厚 0.5～1.2 mm。鲜皮出麻率为 8%～15%，鲜茎出麻率为 3%～6%。株高、茎粗、皮厚和出麻率均因品种、季节、栽培条件的影响而发生变化。

13.2.3.2 高产苎麻的产量结构

综合不同高产大田试验研究的结果，高产苎麻的产量结构可以确定为：原麻产量要达到 3 t/hm² 以上，有效茎数 ≥ 300 000 株/hm²，株高 ≥ 200 cm，茎粗 ≥ 1.0 cm，皮厚 ≥ 0.8 mm，鲜

皮出麻率 ≥ 13%。但不同类型品种和不同栽培条件下产量构成因素有所不同。如若株高超过 230 cm，则需要的有效茎数则相应减少，反之亦然。

13.2.4 苎麻纤维结构与理化性质

13.2.4.1 苎麻茎的构造

苎麻成熟茎，一般由表皮、皮层、韧皮部、形成层、木质部和髓等组成，其横切面构造如图 13-3。表皮、皮层、木质部和髓的结构与一般双子叶植物相同。韧皮部由韧皮纤维、韧皮薄壁组织、筛管、伴胞组成。初生韧皮纤维的纺织价值比次生韧皮纤维高。苎麻的纤维为单纤维，其韧皮部的纤维细胞，大部分呈零星分布，纤维细胞之间有薄壁细胞隔开。形成层是麻茎的分生组织，其细胞向内分裂形成次生木质部，向外形成次生韧皮部。

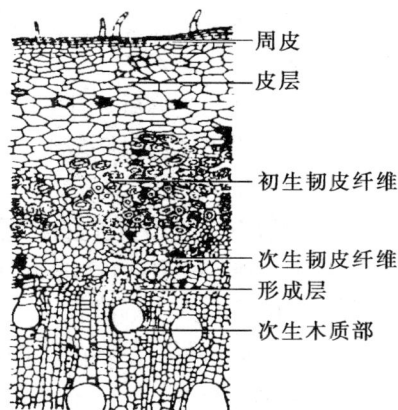

图 13-3　苎麻地上茎的横切面
（引自南京农学院，1979）

（周皮、皮层、初生韧皮纤维、次生韧皮纤维、形成层、次生木质部）

13.2.4.2 苎麻纤维的化学成分及性质

苎麻纤维除含有纤维素外，还含有半纤维素、木质素、果胶、脂肪、蜡质、水溶物和灰分（表 13-1）。

（1）纤维素　苎麻含量与亚麻、大麻相当，在 65% 左右。

表 13-1　主要麻类作物纤维的化学成分 /%

麻类	纤维素	半纤维素	果胶	木质素	水溶物	脂肪与蜡质	水分
亚麻	64.1	16.7	1.8	2.0	3.9	1.5	10
黄麻	64.4	12.0	0.2	11.8	1.1	0.5	10
苎麻	65.6	13.1	1.9	0.6	5.5	0.3	10
大麻	67.0	16.1	0.8	3.3	2.1	0.7	10
剑麻	65.8	12.0	0.8	9.9	1.2	0.3	10
蕉麻	63.2	19.6	0.5	5.1	1.4	0.2	10

注：韧皮纤维根据英国亚麻研究所分析结果；叶纤维根据 A. J. Juvnes 分析结果

（2）半纤维素　纤维中半纤维素的含量与纤维品质有关，含量越高，纤维品质越低，纤维脆硬从而影响纤维强力。苎麻中半纤维素含量为 13% 左右，相对较低。

（3）木质素　纤维中由于木质素的存在，可以增加纤维的强度，但若木质素含量过高，则纤维会变得粗硬、发脆，缺乏弹性和柔软度差。苎麻的木质素含量在麻类作物中是最低的，仅占 0.6%。木质素不与一般酸类物起化学反应，但易被硝酸所硝化，也易被氧化。

（4）果胶　苎麻的果胶含量在麻类作物中偏高。纤维中果胶含量高，则会使其手感粗硬，色泽差，但强力强，如脱胶过度则强力脆弱。因此，只强调脱胶适度，不求彻底脱胶，各种麻类纤维脱胶后，大多有一定的残胶量。

（5）脂肪与蜡质　若脂肪和蜡质多，则纤维柔软，光泽较好，在纺织过程中可以减少纤维与机件的摩擦，起润滑作用，并使纤维不缠绕成团，但不利于纱线的强度，也不利于纤维的染色和吸湿。

（6）灰分 苎麻纤维中都含有一定量的灰分。一般成熟度差的麻纤维中，灰分含量较高，而成熟度好的灰分含量则较低。

13.2.4.3 苎麻纤维的物理特性

苎麻及麻类纤维的物理品质指标包括纤维细度、长度、强度、柔软度、色泽、光泽、弹性、吸湿性等，其中纤维长度、细度、强度的定义及单位与棉花一致。

（1）纤维长度 苎麻的纤维长度远超过纺织的需求，所以到目前为止苎麻纤维长度未作为品质指标加以要求。

（2）纤维细度 苎麻纤维细度在1 400支以下的品种为低支（或劣质）品种，1 400～1 799支的为中支（或中质）品种，1 800～2 199支的为高支（或优质）品种，2 200支以上的为特优质品种。

（3）纤维强度 苎麻单纤维强度一般为25～45 g，超过棉花及其他韧皮纤维。与纤维长度一样，苎麻的纤维强度也超过了纺织需求，故一般未作为品质指标加以要求。

（4）纤维弹性和伸长率 纤维受外力作用时，其形状或体积常发生变化，在去掉外力后，能产生恢复原形的抵抗力称为弹性，不能恢复原形的伸长称为永久伸长，达到永久伸长前的伸长度称为弹性伸长。若纤维缺乏弹性，则织物易发皱变形。目前常用断裂伸长率表示纤维弹性，伸长率大的弹性好。苎麻的断裂伸长率一般在4%左右，超过4.5%的弹性优良。

（5）吸湿性和热导性 麻类纤维具有吸湿、散湿快的特性，苎麻纤维还具有传热、散热快的特性，故夏季穿着特别凉爽，但保暖性较差。

苎麻与我国几种主要麻类作物纤维的物理特性见表13-2。

表 13-2 主要麻类作物纤维的物理特性

作物	单纤维长度 /mm	束纤维长度 /mm	纤维细胞宽度 /μm	麻束绝对强度 /（N·g^{-1}）	断裂伸长率 /%	标准回潮率 /%
苎麻	60～250		20～60	392～490	3.8	9～11
亚麻	25～30	500～750	12～25	147～294	2.5～3.0	11～12
黄麻	1～6	1 000～2 000	15～25	235.2～325.8	2～4	13～14
红麻	2～6	1 000～2 000	18～27	313.6～441.0	2～4	13～14
大麻	7～50	800～1 500	16～50	245.0～372.4	2.43～2.73	12.7
剑麻	1.7～2.2	1 200～1 500	20～32	784～882	2.6～3.0	11.3
蕉麻	3～12	1 000～3 000	12～40	1 244.6	2～4	11.9

注：表中数据根据中国大百科全书纺织卷等资料综合而来

13.2.5 苎麻类型与品种

13.2.5.1 苎麻的类型

苎麻属植物有100种以上，包括草本植物和木本植物。我国已发现32个种及11个变种。有栽培价值的只有普通苎麻和青叶苎麻（*B. nivea* var. *tenacissima*）两个种。世界各国以栽培白叶苎麻为主，青叶苎麻仅适于热带或亚热带地区生长。

根据苎麻地下部分的分布及地上茎丛生状态，可以将其分为三种类型。

（1）深根丛生型　每蔸麻茎丛生，较高较粗；贮藏根肥大，根系入土深；地下茎粗短，龙头如拳状；发蔸较慢，如广西的"黑皮蔸"、湖南的"湘苎1号"等。

（2）浅根散生型　根系入土浅，贮藏根细而多；地下茎细长，龙头如鸡爪状，向四周蔓延较快，容易满园；地上茎较矮较细，蔸型较松散，如湖南的"浏阳鸡骨白"、广西的"六白麻"等。

（3）中间型　蔸型介于上述两者之间，如湖南的"白里子青""芦竹青"等。

13.2.5.2　苎麻的优良品种

我国目前种植面积较大的主要地方良种有湖南的"芦竹青""雅麻""黄壳麻"，广西的"黑皮蔸"，湖北的"细叶绿"，贵州的"大蔸麻"和四川的"川南红皮小麻"等。

我国 20 世纪 80 年代以来选育推广了一批优质高产新品种：中国农业科学院麻类研究所和湖南农业大学选育的"湘苎"系列新品种（"湘苎2号"至"湘苎7号"）以及"中苎2号"，华中农业大学选育的"华苎"系列新品种（"华苎1号"至"华苎7号"），江西省麻类研究所选育的"赣苎"系列新品种（"赣苎1号"至"赣苎4号"），四川达州市农科所选育的"川苎"系列新品种（"川苎4号"至"川苎16号"）等。这些新品种除了产量高之外，单纤维支数多在优质以上。

13.2.6　苎麻的生长发育与环境条件的关系

13.2.6.1　温度

苎麻原产热带和亚热带，其生长发育要求有较高的温度。

苎麻种子发芽的最低温度 6~9℃，在 40℃ 的温度下不能发芽，最适温度为 25~30℃。早春当气温上升到 9℃ 以上时，地下茎上的芽便开始萌发出土，出苗后气温在 3℃ 以下，幼苗就会受冻害。苎麻的生长极限温度为 3~40℃；生长最适温度 15~30℃；韧皮纤维发育的最适温度为 17~32℃。较长时间的 -2℃ 以下低温会使地下茎幼芽受冻害，地下温度较长时间在 -5~-3℃，地下茎就会冻死。

13.2.6.2　光

苎麻是喜光作物，在阳光充足的条件下，苎麻出苗早，地上茎多，茎秆粗壮，纤维发育好，麻皮厚，工艺成熟早，出麻率高，产量高。阳光不足时，则有效茎减少，纤维细胞不发达，细胞壁薄，茎秆软弱，产量低，但纤维较细软。但阳光过强，则易使苎麻纤维木质化。

苎麻是短日照植物，短日照可以促进苎麻现蕾开花。

13.2.6.3　水分

苎麻生长一般要求高温、多湿，年降雨量要求在 800~1 000 mm，而且分布要均匀，大气相对湿度要求在 80% 以上。苎麻生长快，叶片大，蒸腾量高，需水量多，如果遇上干旱，土壤水分不足，就会引起卷叶或落叶，生长停滞，纤维细胞发育不良，木质化程度增加，纤维粗硬。苎麻地的土壤含水量以 20%~24% 或最大持水量的 80%~85% 最适宜。在山间多雾处，往往品质较好。

13.2.6.4 风

由于苎麻茎秆高而细，叶片大，麻骨脆弱，容易遭受风害。强风会吹伤嫩芽，使之不易伸长或发生分枝；或者使麻茎摩擦而损伤韧皮纤维，擦伤部分纤维呈红褐色斑疵（称为风斑），容易拉断，并降低纤维品质；严重的甚至引起茎秆倒伏、折断，从而严重影响产量和品质。但1~3级微风有利于苎麻地的气体交换。4级风以上则开始出现风害。

13.2.6.5 土壤

苎麻对土壤的要求不严格，无论是平原或丘陵山区都可以种植。但由于其地上茎收获次数多，因此要获得高产还必须选择土壤肥沃，含有机质丰富，土层深厚，通气良好，保水保肥的土壤。苎麻比较耐酸，在土壤 pH 5.5 以上能正常生长，但地下水位必须在地表 75 cm 以下，否则根系发育不良，甚至会引起败蔸。

13.2.6.6 营养

苎麻由于地下茎和根系强大，株高叶大，生长繁茂，而且一年收三季，因此对养料的消耗量大。在苎麻的生长发育所需的大量元素中，以钙含量最高，氮、钾含量次之，磷含量最少，这些元素分别占干物重的 1.57% ~ 6.07%、2.37% ~ 5.30%、1.85% ~ 3.51%、0.61% ~ 0.84%。在微量元素中，以锰、铁含量最多，锌、硼含量次之，铜的含量较少。

苎麻年收多次，生物产量很高，对养分的吸收量较大，并随着产量的增加，吸肥量也相应提高。一般每生产 100 kg 原麻，实际需要吸收纯氮 11.0 ~ 15.6 kg、五氧化二磷 2.6 ~ 3.9 kg、氧化钾 13.8 ~ 21.5 kg，其吸收比例基本稳定在 4 : 1 : 5。

从氮、磷、钾肥料三要素对苎麻生长发育的影响来看，氮素能促进苎麻营养生长，使茎粗叶茂，增加每蔸的有效茎数，提高出麻率。缺氮使发蔸不良，株矮茎细，叶片发黄，地上茎少，产量低。但氮素过多，也会使麻茎软弱，易遭风害和病虫害。钾能促进纤维的积累和细胞壁的加厚，提高纤维品质和抗风、抗倒、抗病能力。缺钾则叶片萎缩，麻蔸发育不良，茎软，易倒伏。磷能促进纤维发育、根系生长和种子成熟。缺磷使生育迟缓，成熟慢。此外，苎麻茎叶中钙的含量也相当高，生产中也应适当施用。

13.3 苎麻栽培技术

13.3.1 繁殖方法

13.3.1.1 有性繁殖（种子繁殖）

有性繁殖的优点是繁殖系数高，运输方便，成本低，不附带病虫害。种子繁殖的主要缺点是后代性状容易分离，使品种退化变劣，分枝多，生长不整齐，纤维产量和质量降低。但在需要大面积繁殖苎麻而种源又有限时，只要选择适宜用种子繁殖的良种，育苗时注意去劣去杂，上述现象是可以减小的。近年来，苎麻自交系间杂交种的选育成功，使苎麻的种子繁殖方法有了更广阔的前景。

（1）选用良种，适时留种采种　采用种子繁殖的方法，首先应注意选用产量高、品质好、后代分离变异小的品种，并隔离留种。如湖北的"细叶绿"，广西的"黑皮蔸"及新选育品种"湘苎 2 号""华苎 4 号"等。此外，四川的"川苎 8 号""川苎 9 号"为利用雄性不育系配制的杂交种，生产上主要采用种子繁殖。苎麻为异花授粉作物，留种田周围 500 m 内应没有其他品种的苎麻种植，防止不同品种花粉授粉。长江流域采收种子的时期，一般以初霜后，麻叶枯萎、种子变褐色时为宜。

（2）培育壮苗　苎麻种子很小，大田直播难以保苗，因此一般都进行育苗移栽。同其他作物相比，苎麻育苗要求管理更加精细，也相对比较费工。种子繁殖成功的关键是地、水、草，其主要技术要点如下。

① 精细整地　选背风向阳，排灌方便、土质疏松肥沃的土地作苗床。除净杂草，施有机肥，深耕 10 ~ 15 cm，细耙整平后作畦，宽 1.2 m 左右，在细碎的表土上撒细粪土 1 cm 厚，并施药防治地下害虫。

② 适时早播　长江流域多在惊蛰左右开始播种，薄膜覆盖可提前至 2 月上中旬，这样可在 4 月上中旬移栽，有利于提高当年产量。播种量为 7.5 kg/hm^2，拌草木灰或细沙 20 ~ 30 倍，均匀撒籽。

③ 覆盖保苗　播种后及时覆盖一层稻草或茅草，以不见土为宜，也可搭高 10 cm 的低平棚遮阴防雨。3 月上中旬前播种应覆盖薄膜。一般在齐苗后，揭去 1/3 的覆盖物，4 片真叶时再揭 1/3，5 ~ 6 片真叶时全部揭完。覆盖薄膜时应在膜内温度上升到 30℃时揭开两端通风，出苗后控制在 25℃左右，4 片真叶后可在晴天的夜间揭膜露苗，6 叶期全部揭膜。

④ 苗床管理　在 4 叶期前，注意经常浇水，保持土表不发白。到 4 叶期时可结合浇水看苗施肥，肥水浓度逐渐加大。出苗后，要及时间苗、除草、去杂、去劣。麻苗 10 ~ 12 片真叶后，萝卜根开始形成，可分批选大苗移栽。

13.3.1.2　无性繁殖（营养体繁殖）

无性繁殖的主要优点是能够保持品种的优良特性，缺点是运输不便、成本高、繁殖速率慢、地下茎繁殖易带病虫等。苎麻的无性繁殖方法，主要包括以下几种。

（1）地下茎繁殖　地下茎繁殖又称种根繁殖、分蔸繁殖或分根繁殖（reproduction by root division），是利用龙头根、扁担根、跑马根等具有生根成苗能力的地下茎繁殖新植株的方法。

传统的地下茎繁殖是把地下茎切成重 250 g 以上的小块或小段直接栽于大田，一般每公顷老麻地全部挖起来仅可繁殖新麻地 5 ~ 10 hm^2，繁殖系数（5 ~ 10）很低。

将麻园的麻蔸全部挖出作为种蔸的方法称作翻蔸法。在常龄麻园还常采用边蔸法（挖取麻蔸一边的 1/3 ~ 1/4）、盘蔸法（挖取麻蔸四周的一部分）、剃蔸法（用利锄削取深根型品种根蔸表层的龙头根与扁担根）、抽蔸抽行法（在密植或满园的麻地隔行或隔蔸挖取一行或一蔸）等方法获取种蔸。这些方法的繁殖系数为 1 ~ 3，但并不影响老麻的产量，并有更新复壮老麻的作用。

为了提高繁殖系数，产生了细切种根繁殖法，具体做法是将跑马根切成 1 ~ 5 g（约 3 cm 长）的小段，龙头根、扁担根切成 10 ~ 50 g 的小块，经过育苗后移栽到大田。此法的繁殖系数可达 30 ~ 50，而且减少了病虫朽根，麻苗生活力更强，成活率高，是生产上广泛应用的一种方法。细切种根的苗床应精细整地，开浅沟放入种根并盖约 2 cm 厚的土杂肥或细土，之后再盖草，保温防渍，当苗高为 20 cm 左右时移栽。

地下茎繁殖一年四季都可进行，但多在春季 2—3 月或秋季 10—11 月进行，加强管理，当年或翌年可收麻 2 ~ 3 次。

（2）地上茎繁殖　利用成熟茎秆进行繁殖的方法有两种。

① 压条繁殖　压条繁殖（layering）有离体与不离体两种方式，均在头麻、二麻成熟时进

行。不离体是在老熟粗壮茎周围开出船底形沟，将麻茎去掉叶片，不折断顺势压入沟内后盖压细土，梢部露出 15~20 cm。离体压条则齐地割下老熟茎后，摘下叶片，将茎秆压入准备好的苗床沟内，稍部带叶露出表土，覆土保湿，形成新的植株后切段移栽大田。

②　插条繁殖　插条繁殖（cutting）是在头麻、二麻成熟期（三麻成熟期须在温室或大棚内进行）将成熟茎秆中下部切成 12~21 cm（有 2~3 节），斜插在土质疏松苗床的插沟上（沙土宜直播）。上端露出地表约 3 cm 并用黄泥浆封口，覆土浇水盖草保持表土湿润，20 d 左右开始出苗，幼苗长至 12~15 cm 时可连根带土移栽。

（3）嫩梢扦插繁殖　嫩梢扦插繁殖（shoot cutting）是利用苎麻茎秆顶部或打顶后叶腋发生的侧枝顶部 8~10 cm 嫩梢，带叶 3~4 片插入溶液（或水）、土、沙中至少一节。嫩梢及基质（水、土、沙）均可用 0.05~0.10 g/kg 高锰酸钾溶液消毒，可明显提高成活率。在 5—9 月适宜的条件下（20~30℃，空气相对湿度 85%~95%）4~6 d 便可生根，约 20 d 后可育成大苗并移栽大田。嫩梢扦插能否形成新植株的关键在于光、温、水的管理，一般需要搭棚遮阴。

彩图 13-5
苎麻喷雾生根育苗

此外，可不用水、沙、土等基质，而直接将剪好的嫩梢插入悬在空中的渔网眼中，渔网四周固定在木桩上，网上方固定连接自来水的喷雾器头，向苗上喷水，即所谓悬空喷雾全光照繁殖。这种方法由于使苗悬在空中，氧气充足，且可接受阳光直射，故生根快，成活率高，适合于工厂化育苗。

（4）分株繁殖　分株繁殖（reproduction by division of sucker, offshoot）是指在麻园挖取较小的麻株，连根带土移栽的方法。该法可以在两个时期进行：在幼苗期挖取密度较大的麻苗进行繁殖可称为麻笋繁殖；在头麻、二麻成熟期，挖取较矮小植株或无效植株进行移栽可称为脚麻（non-available plant）繁殖。分株宜在阴天或雨前进行，以免麻苗或麻株失水过多，影响成活。这种方法较为简便，操作容易，不减老麻产量。

（5）组织培养　组织培养（tissue culture）是采用苎麻嫩茎、嫩叶及腋芽，在无菌培养基上培养出试管苗，再移栽到苗圃炼苗、培苗，最后移栽大田的方法。这种方法技术性强，成本高并需要一定的设备，目前多用于育种和科研。

13.3.2　新麻园的建立与管理

13.3.2.1　麻园的选择与规划

苎麻是多年生宿根作物，因此新麻园建立要有长远规划。新麻园选地很重要，山坡地应选择背风向阳或山间平坦窝地，坡度应在 30° 以内，以 5° 左右最适宜，5°~15° 最好筑成水平梯田；平原、湖区主要是选择地下水位比较低的地栽麻。新麻园最好能集中连片，并设防风林带，建设好排灌系统，以防风害和解决排灌问题。此外，新麻园还要求建在土层深厚的土地上，以利宿根发育成强大根系。

13.3.2.2　新麻园的栽培管理技术

（1）深耕整地，重施基肥　苎麻根蔸发达，而且一旦栽植后不可能再全面深耕。因此，一般要求新开荒地应深耕 35 cm 以上，熟地需要深耕 25~30 cm，这样可以使新麻发蔸快，并延长宿根寿命。翻耕后的土壤应整碎、整平，清除杂草，开沟做厢，一般厢宽 3~6 m。山地应沿麻园四周开好围山沟，防止山水冲刷，提高保土、保水、保肥能力。平原麻区，一般南北向窄厢，深沟整地为宜。

各地麻区都有在栽麻前增施人畜粪尿、土杂肥、饼肥、塘泥的经验，这样可以促进新麻壮蔸、壮芽、出壮苗，并兼有改善土壤的作用。一般中等肥力的土壤，应施猪牛栏粪 30 ~ 45 t/hm² 或人畜粪尿 20 t/hm²；或饼肥 1.2 ~ 1.5 t/hm²，加土杂肥 200 ~ 300 t/hm² 作基肥。施用方法以穴施为主，有利于保肥及植物及时吸收。若土壤为酸性可施石灰 750 ~ 1 200 kg/hm²。

（2）栽植时期和方法　苎麻一年四季均可栽植，但考虑到合理用地及当年的经济收益，种根繁殖多在秋末初冬和早春 2—3 月栽植。细切种根繁殖和种子繁殖，宜抢在早春育苗，5—6 月移栽。压条繁殖和插条繁殖一般头年育苗，第二年早春移栽。分株及嫩梢扦插均以头麻生长期进行最好，因为较易成活，并可当年受益。夏季栽麻就必须灌溉，或用湖草、茅草覆盖。

种子繁殖的麻苗，在移栽时覆土应到子叶节之上。其他方式的育苗移栽，覆土 3 cm 左右，以利成活和产生分株。栽后及时浇水，使根土结合紧密。种根繁殖应注意用快刀砍分种根，云掉病虫危害和腐烂的部分。已砍好的种根可用硫酸铜溶液浸泡 1 min，或用 2% 福尔马林溶液浸泡 10 min，再闷种 1 h 进行消毒。直接栽种于大田的种根，夏秋季盖土 4 ~ 5 cm 以防伏旱、秋旱，春季盖土为 2 ~ 3 cm 以利于早出苗、出苗齐。不同种类的地下茎因出苗快慢以及苗的壮弱不一致，应分开栽植。

（3）种植密度　适当密植可以显著提高新麻的产量，这是近几年生产上普遍采用的方法。一般发蔸快的品种，如"细叶绿""芦竹青"宜栽植（2.25 ~ 3.00）× 10⁴ 蔸 /hm²；而发蔸较慢的深根型品种，如"黑皮蔸"以（3.75 ~ 4.50）× 10⁴ 蔸 /hm² 为宜。实生苗和小扦插苗的栽植密度以（6 ~ 12）× 10⁴ 株 /hm² 为宜。

（4）新麻园的管理　新麻园管理主要是保证全苗，促进发蔸，培育壮蔸。用地下茎繁殖的麻，在栽植 3 ~ 4 周萌发出苗后，或苗床苗移栽成活后，应及时查苗补缺。当苗高 16 cm 左右时，施尿素 15 ~ 22 kg/hm² 提苗。苗高 33 cm 左右时深中耕 10 ~ 13 cm，并同时施尿素 37 ~ 52 kg/hm²，促进发蔸。春栽麻在春季雨水多的季节，应注意排渍。伏旱、秋旱时，除引水灌溉外，最好还要用山青、湖草、茅草等覆盖行间，以减少土壤蒸发，并要及时防治病虫草害。

新栽麻的第一次收获称为破秆（stem breaking）。一般春季栽的麻，在 8 月上中旬，若麻茎高度达 1 m 以上，黑秆 1/2 ~ 2/3 时，即可破秆收麻。及时培育管理，当年可收两次麻，破秆太早会影响麻蔸的生长并影响下季和下年的产量。破秆太迟则当年的受益少且纤维品质下降。破秆最好用快刀砍下麻株后剥皮，若直接在田间扯皮，要注意轻用力，不要摇动和损伤麻蔸，以免影响生长。

新麻若生长发育不良则不易破秆，可让其继续生长直至成熟老化，受霜枯死，这种方法称为蓄蔸（reservation stem）。不能破秆的新麻，还可将地上茎靠近地面捻曲打成一个结，抑制茎秆继续生长，促进地下部分生长发育，这一方法称为挽蔸（shoot knotting）或闭蔸。

13.3.2.3 "三当"栽培技术

"三当"是指"当年育苗、当年移栽、当年受益"，是 20 世纪 90 年代发展起来的一种提高新麻园产量和收益的新技术，该技术的核心可概括为"种、早、密、肥、快"五个字。

"种"是指选用中熟、晚熟优质丰产良种。"早"是指早育苗（2 月中旬至 3 月上旬）、早移栽（4 月中旬至 5 月底）、早打顶（麻苗移栽成活后，对生长健壮的植株在株高 10 ~ 15 cm，有 5 ~ 6 片叶时进行）、早破秆（未经打顶的麻苗，当株高为 50 ~ 70 cm 时，生长速率减慢，黑秆 1/3 ~ 1/2 时进行）、早收获（三季麻分别为 7 月中旬、9 月初、10 月底或 11 月初收获）。"密"是指增加种植密度。一般栽植（3.75 ~ 4.50）× 10⁴ 蔸 /hm² 或（12 ~ 15）× 10⁴ 株 /hm²。"肥"是指增加施肥量。每公顷施农家肥 15.0 ~ 22.5 t、饼肥 750 kg、过磷酸钙 300 ~ 375 kg 作底肥，每季麻苗期追施尿素 150 kg/hm²。"快"是指麻收五快，即快收麻、快砍秆、快中耕、快施肥、快盖草。采用此技术，可当年收麻 750 ~ 1 500 kg/hm²。

13.3.3 常年麻园的管理

深入学习 13-3
常年麻园套作技术

彩图 13-6
常年麻园冬季套作蔬菜

新植麻在正常培育管理条件下，2 ~ 3 年可进入壮龄期，此期的麻园称为常年麻园或老麻园。常年麻园的栽培管理技术主要有如下几个方面。

13.3.3.1 中耕除草

在各季麻生长期间进行中耕除草，可以及时防止杂草滋生，而且保持土壤疏松，提高抗旱、保肥能力。生长期的中耕除草，多在各季麻苗期进行。在长江中下游地区，头麻苗期应中耕 2 ~ 3 次，分别在麻苗出土（只在行中间浅中耕破土）、齐苗期（浅耕 4 ~ 5 cm）、封行前（清除杂草一次）进行。二麻、三麻苗期短，应尽早在苗期浅中耕一次，深 2 ~ 3 cm。

头麻幼苗出土时，可以用化学除草剂除草。每公顷用 50% 扑草净 2.25 ~ 3.00 kg，或 25% 的敌草隆 5.6 ~ 7.5 kg，或阿特拉津 1.5 ~ 3.0 kg 等，兑水 600 kg 喷在麻土上，除草效果较好。

13.3.3.2 季季追肥

苎麻施肥分为冬季培管时施肥和生长期间的追肥。冬季的施肥量约占全年施肥的 50%，在重施冬肥的基础上，必须做好季季早追肥。

头麻苗期较长，追肥应前轻后重，进行 2 ~ 3 次，结合中耕除草进行。二麻、三麻苗期短，应在上季麻收后立即追肥。每季施肥量为人粪尿 11 ~ 15 t/hm²，或饼肥 300 ~ 375 kg/hm²，或尿素 180 ~ 225 kg/hm²。二麻、三麻还应配施过磷酸钙、氯化钾各 75 ~ 95 kg/hm²，追肥应以速效肥为主。人粪尿或畜粪可兑水泼蔸，饼肥、化肥则结合中耕条施或穴施。

叶面追肥用肥量少，肥效快。在苎麻旺长期，叶面喷施 1.0% 尿素、0.2% 磷酸二氢钾和 0.1% 的硼和锰，可增加株高和皮厚，提高纤维产量。喷施生长激素或调节剂如赤霉素、"802"等，也有明显的增产效果。

13.3.3.3 灌溉与排水

苎麻生育期间遇旱，叶片易萎蔫凋落，麻茎生长停止，从而影响产量和质量。但干旱一般不会引起麻蔸死亡。长江流域二麻、三麻常有伏旱和秋旱影响苎麻生长并使之减产。除在麻地行间进行覆盖外，还应注意及时灌溉。一般当地下 12 ~ 15 cm 的土壤取出用手捏成团，一松即散或上午 10—11 时麻叶轻微萎蔫时，说明麻园缺水，需要灌溉。灌水忌漫灌，沟灌以湿透耕作层为准，速灌速排，避免麻园渍水。喷灌应增加灌溉次数。

苎麻怕涝，麻地排水不良或积水会引起烂蔸、败蔸或全蔸死亡。一般淹水 2 d 以上就会引起败蔸、败园。因此，在平地上栽麻，要深沟高畦，保持畦面平整，雨季随时清沟，使排水通畅，做到明水快排，暗水能滤，沟沟相通，雨停水干。

13.3.3.4 防治病虫害

苎麻的主要病害有白纹羽病、根腐线虫病、炭疽病、褐斑病、角斑病、花叶病、疫病细菌性青枯病等。主要虫害有苎麻夜蛾、苎麻黄蛱蝶、苎麻赤蛱蝶、苎麻天牛、金龟子、黄（白）

蚂蚁等。除化学药剂防治外，还应注意排水，防止渍水，加强冬培，增施磷肥、钾肥，这些都有强秆和减少病虫害的作用。

13.3.3.5 防风防霜冻

选择抗风品种是防风最简便有效的方法。此外，适当增施磷肥、钾肥，营造防风林，冬季培土，在麻地周围栽高秆作物以及迎风面编篱笆挡风，大风前拌绳防倒等都有防风作用。若孕育后期大风后出现倒伏则应及时收获。

苎麻霜冻害主要发生在头麻苗期，当幼苗生长至 18～30 cm 时降霜（温度低于 2℃）易受冻害。若地上部分全部冻死变枯，可以再出苗生长。若只是生长点冻死，则会造成分枝，麻皮薄，脚麻多，产量大幅度降低。因此，生长点冻死时要及时齐地刈掉麻苗，让其再出苗生长。防止方法主要有加强冬培、降霜前用草木灰撒在麻株上、麻园熏烟等。

13.3.3.6 冬季培管

冬季适时的培育管理，不仅能供给麻蔸孕芽发根和生长发育所需要的营养，同时起到增温防冻，安全越冬的作用。因而冬培是夺取常年麻园高产、稳产的关键措施。增产效果可达 36.6%～44.8%。长江中下游一般在 11 月下旬以后的霜后冻前进行冬培，主要措施有以下四点。

（1）深中耕　深中耕的主要目的是疏松土壤，提高土壤的通气性和保肥、保温能力，有利麻蔸呼吸、土壤微生物活动和有机质的分解。结合深中耕可斩断部分伸向行间的跑马根，起到更新复壮作用。一般中耕深度为 10～15 cm。

（2）重施肥　重施冬肥是补充苎麻一年生长所消耗的土壤养分，供给下年的生长所需养分，促进冬季孕芽，这是防冻害的一个重要环节。冬肥施用量占总施肥量的 40%～60%，以有机肥为主，配施一定量的氮肥、磷肥、钾肥和复合肥。一般施土杂肥 150～225 t/hm²，或猪牛栏粪 4.5～6.0 t/hm²，或人粪尿 20.0～22.5 t/hm²，或饼肥 1.5 t/hm² 左右，再配施磷肥、钾肥各 225 kg/hm² 左右。除粗肥结合中耕满园撒施外，其余以采用中穴施或条施为好。

（3）覆土培蔸　苎麻根蔸上的许多地下茎，既向横长、又向上长。因此在深中耕施肥之后，麻园要全面覆土培蔸。覆土要求做到肥、碎、平，厚约 3 cm。及时覆土培蔸，不仅能促进苎麻发蔸，还能起到防冻、防旱、防倒的作用。

（4）清沟培边　清沟培边就是要结合覆土，将厢沟、围沟疏通加深，培好厢周围的边蔸麻，防止厢边麻蔸外露受冻，并保持厢与沟宽的正常比例。

13.3.3.7 麻园更新

如果麻园地下部分腐烂，支根不发达，地下茎孕芽、出苗少，地上部分麻株矮小，生长参差不齐，叶色发黄，即使经过增施肥料也难以获得较好产量，则称为败蔸。引起苎麻败蔸的原因是多方面的，如地下水位高、排水不良、密度过大、冬季培土迟而、土壤板结、草荒严重、地下病虫害等。败蔸麻园应及时查清原因，采取相应措施进行更新。如加深排水沟，宽厢改窄厢；冬季深中耕和疏蔸；加厚冬季培土，平整和提高厢面；结合增施肥料，适当撒施石灰等。力求使败蔸麻园恢复生长。但严重败蔸、衰老的麻园，则应毁园，换地栽新麻。

13.4 苎麻的收获与加工

13.4.1 收获时期与方法

13.4.1.1 收获时期

苎麻达到工艺成熟时便应及时收获。工艺成熟标准是：茎秆停止伸长，黑秆 1/2 ~ 2/3，纤维含量高且品质好，中部叶变黄，下部叶脱落，梢部不易用手捏断，有些品种会萌发一些"催蔸芽"。

苎麻的适时收获是提高产量、改进品质的关键措施之一。收获过早，纤维没有充分成熟，剥麻不能到顶，刮麻损失大，出麻率低，影响产量和质量。但收获过迟，则纤维木质化，粗硬，色泽不良，品质降低，同时腋芽发育成分枝，剥麻困难，纤维黏骨，也降低出麻率和产量。长江流域一般头麻 6 月上旬、二麻 8 月上旬、三麻 10 月中下旬收获为宜。

13.4.1.2 收获方法

收麻最好选择晴天，力争当天收，当天剥制纤维，当天晒干。应注意麻收"四快"，即"快收麻、快砍秆、快中耕、快施肥"，争取季季平衡增产。

收获方法有扯皮法（田间剥皮）和砍剥法（砍下麻茎后，再剥皮制纤）两种。前者省工，而且麻叶、麻骨可以直接还田。剥皮要成片，不带麻骨、麻叶和叶柄。

13.4.2 原麻加工

手工加工原麻分为两个步骤：剥皮（skinning）与刮制（scrape）。前者是将茎皮与木质部分开，后者是将麻皮初生韧皮部（纤维层）以外的周皮及皮层刮掉。剥下的麻皮要及时浸水，使之饱含水分，麻壳变脆，容易与纤维分离，便于刮制。一般浸水时间 1 ~ 2 h。浸水后即可进行刮制。

13.4.2.1 手工刮制

我国过去都是用手工刮麻，刮麻者右手执刮麻刀，大拇指套一竹筒，左手每次取麻皮 1 ~ 2 片，麻壳（表皮）朝上，留出麻头长约 20 cm 夹入麻刀与竹筒之间，双手配合用力抽拉，使麻壳在刀口上折断并由纤维上分离出来。手工刮麻，一般每人每天只能刮制干纤维 3.5 ~ 4.0 kg，工效很低，劳动强度大。

13.4.2.2 简易刮麻器加工

为了提高刮麻工效，我国各地研制出多种刮麻器，其中以中国农业科学院麻类研究所研制的"72 型"刮麻器性能最好，结构简单，成本低，操作简便，容易学会，工效比手工刮麻可提高 1 ~ 2 倍，而且部分减轻了劳动强度。

13.4.2.3 机械加工

手工剥麻、刮麻的劳动强度大，效率低，是目前影响苎麻发展的重要因素。

彩图 13—7
苎麻机械化剥制

目前我国使用的主要有中国农业科学院麻类研究所研制的 6BZ-400 型和 6BM-350 型苎麻剥麻机，上述两种机型均以去叶鲜茎为原料，人工喂入及反拉，经过滚筒的刮打，加工出原麻，约比手工刮麻提高功效 6 倍。反拉式剥麻机由于剥制出的原麻色泽差、人工反拉劳动强度大以及反转喂麻时有伤手的危险等，在生产上使用并不广泛。目前生产上使用较广泛的是湖南、四川、湖北的一些改进型反拉式剥麻机。此外华中农业大学研制成功直喂式动力剥麻机。

13.4.3　原麻脱胶

剥制得到的原麻，含有 25%~35% 的胶杂物质使苎麻的单纤维结成束状。在用于工厂纺织之前，还必须进行脱胶（degumming），脱胶后所获得的洁白、松散、柔软并保持最大强度的单纤维称精干麻（refined ramie fiber）。

目前脱胶主要以化学脱胶为主，使用较多的是烧碱煮炼法，其工艺流程包括扎把、装笼、浸酸、煮炼、拷麻、漂白、过酸、冲洗、脱水、抖麻、精炼、脱水、抖麻、给油、脱水、烘干等。此外，原麻微生物脱胶和酶制剂脱胶已获成功，其主要优点是不需要大量的化工原料，耗能少，污染少，成本也较低，是麻纺工业应用的发展方向。

彩图 13-8
苎麻原麻与精干麻

应用实例 13-1
苎麻综合种养与技术应用

名词解释

麻蔸（根蔸）　萝卜根　种根　跑马根　龙头根　扁担根　分株　黑秆　满园　分根繁殖　压条繁殖　插条繁殖　嫩梢扦插繁殖　分株繁殖　蓄蔸　破秆　挽蔸（闭蔸）　原麻　脱胶　精干麻

问答题

1. 麻类作物的分类方法及主要类型有哪些？
2. 麻类作物纤维理化特性与加工的关系如何？
3. 简述苎麻的起源和生长发育特性与其分布的关系。
4. 简述苎麻繁殖方法的特点和原理。
5. 如何进行苎麻新麻园管理？
6. 如何进行苎麻常年麻园管理？
7. 苎麻进行冬季培管的意义和主要措施有哪些？
8. 苎麻的收获时期和方法有哪些？

分析思考与讨论

1. 种植苎麻怎样增加综合效益？
2. 苎麻生产主要面临哪些困难，如何克服？

14

油　菜

【本章提要】油菜学名芸薹，是十字花科的一类一年生草本植物。白菜型油菜和芥菜型油菜的起源中心分别在中国和印度，甘蓝型油菜的起源中心在欧洲。中国和印度种植油菜已有几千年的历史。20世纪50年代中期以后，中国开始引进推广甘蓝型油菜，并选育出一批适合于中国栽培的甘蓝型油菜品种，使油菜生产得到迅速发展。21世纪以来，油菜除用作榨取食用油之外，其蔬菜、饲料、蜜源、能源以及在食品、化工、医药等方面的用途正在全世界被不断开发利用，其观赏价值结合不同地区的地形地貌、历史文化已成为中国重要的特色观光资源。

本章介绍了油菜的用途及其开发趋势，生产概况及栽培技术的发展，我国油菜种植分区和特点。要求了解油菜不同分类方法以及甘蓝型、白菜型、芥菜型三大类型特点，掌握油菜的生长发育过程及管理目标、器官形成过程与特点、油菜温光反应特性及其在生产上的应用，熟悉冬油菜以及长江流域不同区域的生态条件及其栽培技术要点，理解油菜高产优质栽培、轻简化栽培技术。

14.1　概述

14.1.1　发展油菜生产的意义

油菜（rapeseed）最早在我国作蔬菜食用，从蔬用发展为油用的历史，是人类认识和利用自然的过程。我国油菜栽培始于北方旱作区，随后渐次扩展到江南稻区，再后发展形成了我国以黄河流域上游为中心的春油菜区和长江流域为中心的冬油菜区。

14.1.1.1　油菜的用途

（1）重要的保健优质食用油　油菜种子油分占其干重的40%~50%。除直接食用外，也可用于制造色拉油、人造奶油、起酥油等食用产品。低芥酸菜油容易吸收消化、色泽清淡、不混浊、味香，可直接用于加工保健菜油。高油酸菜油的油酸、亚油酸含量合计高达85%以上。

（2）提供多种用途的工业用油　可用于橡胶工业的添加剂、鞣制皮革、制作清漆和喷漆、毛纺工业上的漂洗染等化学剂的原料，以及香料、肥皂、尼龙丝、油墨等产品。特别是芥酸含量超过55%的菜油是理想的冷轧钢及喷气发动机的润滑剂和脱模剂。

（3）提供植物蛋白与优质饲料　菜籽榨油后得到约50%的饼粕，饼中含35%~40%的蛋白质、维生素及多种矿物质。50 kg菜饼可加工28 kg精蛋白，高于牛肉、瘦猪肉和牛奶，是优质的肉制品的代用品。低硫苷油菜品种的发展使菜饼的饲用价值大大提高。也可将开花期油

深入学习14-1
我国饲料油菜的发展与应用

菜直接作为青饲作物，即饲料油菜，其种植成本低。营养价值高、适口性好。

（4）提供食品加工与医药保健原料　菜籽皮中可纯化提取植物多酚和植酸，替代市场上对人体健康有一定副作用的食品添加剂。榨油的脱臭馏出物，可提取天然维生素 E 和植物甾醇。

（5）具有良好发展前景的冬季蔬菜　双低油菜菜薹具有不同于普通菜薹的甜味与风味，作为蔬菜食用已逐渐被消费者接受和喜爱。做法是利用春节前长势好的油菜摘薹作蔬菜，同时在摘薹以后加强管理，再利用分枝获得油菜籽，这项技术称之为"一菜两用"或"一种两收"。

（6）发展可再生的生物柴油的理想原料　以低芥酸菜油为原料生产的生物柴油是矿物柴油的理想替代品，其优势在于：油的脂肪酸碳链组成与柴油分子的碳链数相近，现有的柴油机和柴油配送系统可以基本不作调整；油的含氧量高而硫的含量为零，不产生二氧化硫和硫化物的排放，一氧化碳的排放量显著减少，可降解性高，环保特性优良。

> 📖 **深入学习 14—2**
> 优质油菜"油蔬两用"栽培关键技术

14.1.1.2　发展油菜在生态及农业生产上的意义

（1）促进生态旅游业的发展　隆冬油菜地一片碧绿，春季油菜花开一片金黄。近年来，我国云南罗平、江西婺源等地已将油菜作为旅游区景观作物大力发展，每年吸引大量旅游和摄影爱好者。

> 📖 **深入学习 14—3**
> 我国主要油菜花观赏地点索引

（2）促进养蜂业的发展　油菜花期长，花器官及蜜腺数目多，是我国三大蜜源作物之一。

（3）有利于作物合理布局　油菜可在不同的气候带实行春播和秋播，又能与稻、棉、玉米、高粱等多种作物轮作复作。油菜是唯一的冬季油料作物，较易安排茬口。

（4）有利于改良土壤　油菜根系能分泌有机酸溶解土壤中难以溶解的磷素，提高土壤中磷肥的有效性。大量的落叶、落花以及收获后的残根和秸秆还田，能显著提高土壤肥力，改善土壤结构。菜饼更是优质肥料。也可将开花期油菜直接作为培肥作物，即绿肥油菜。此外，油菜强大根系对重金属等也有很好地吸收能力，即土壤、水体的生物整治与环境修复作用。

14.1.2　油菜生产的发展

14.1.2.1　油菜的起源与发展

中国和印度种植油菜的历史已有几千年。一般认为栽培油菜有两个起源中心。白菜型油菜和芥菜型油菜的起源中心分别在中国和印度，甘蓝型油菜的起源中心在欧洲。

中国古代称白菜型油菜为芸薹或胡菜，自宋代苏颂等编著的《图经本草》（1061 年）开始采用"油菜"这个名称。在西安半坡原始社会遗址发现的炭化菜籽，经同位素 ^{14}C 测定距今有 6 000 ~ 7 000 年。欧洲各国约在 13 世纪开始种植甘蓝型油菜，到 16—17 世纪才有较广泛的栽培。

14.1.2.2　世界油菜生产概况

油菜在 60°N ~ 40°S 都有种植。20 世纪 80 年代以来，世界油菜籽生产发展迅速。2016 年与 1990 年相比，世界油菜产量增加了 4.443×10^7 t，增产率为 181.85%；种植面积增加了 1.606×10^7 hm^2，增长了 91.42%，每公顷单产量提高了 656 kg，增长了 47.30%（表 14-1）。从油菜生产的地区来看，主要分布在欧盟、加拿大和中国，1995 年以来三者产量占全球油菜总产量的 70% ~ 80%。2016 年主产国加拿大、中国、印度三国产量合计达到 4.050×10^7 t，占世界总产量的 58.8%。十大油菜生产国中单产量最高的是德国与捷克，分别达到 3 454 kg/hm^2 和 3 458 kg/hm^2，其次为英国和法国。

联合国粮农组织（FAO）统计资料表明，与 1990 年相比，2005 年世界油菜籽进口量增加了 0.357×10^7 t，增长了 76.9%；出口量增加了 0.404×10^7 t，增长了 87.5%。加拿大、法国、澳大利亚等 3 个主要出口国的出口量合计达到 0.621×10^7 t，占世界总出口量 0.866×10^7 t 的71.7%。日本、德国、墨西哥等 3 个主要进口国的进口量合计为 0.482×10^7 t，占世界总进口量0.821×10^7 t 的 58.7%。

表 14-1　世界油菜主要生产国变化情况

国家	2016 年			1990 年		
	产量 /10^4 t	面积 /10^4 hm^2	单产量 / (kg · hm^{-2})	产量 /10^4 t	面积 /10^4 hm^2	单产量 / (kg · hm^{-2})
加拿大	1 842	799	2 306	327	253	1 291
中国	1 528	761	2 007	696	550	1 264
印度	680	576	1 180	413	497	831
法国	473	155	3 049	198	68	2 907
德国	458	133	3 454	209	72	2 891
澳大利亚	294	236	1 249	10	7	1 350
波兰	222	83	2 684	121	50	2 410
英国	178	58	3 066	126	39	3 226
美国	140	69	2 045	5	3	1 742
捷克	136	39	3 458	3.8	1.6	2 778
斯洛伐克 *	43	12	3 459			
世界	6 886	3 371	2 043	2 443	1 761	1 387

*：根据 FAO 粮农统计数据库 2018 年 4 月 10 日下载资料整理，1990 年捷克与斯洛伐克为一个国家

油菜生产的快速发展，除受市场需求量不断增长影响外，主要有四个方面的原因：一是优质高产油菜新品种的育成和推广。双低品种（低芥酸、低硫苷），以及杂交优质油菜品种的应用，不仅提高了菜籽品质，同时也大大提高了菜籽产量。二是农业新技术及产品在油菜上得到大量应用。如化肥、除草剂、微肥以及调节剂的应用对提高油菜产量起了很大作用。三是多种用途开发及加工产业的发展。油菜、油菜籽在食品、生物能源、植物蛋白、工业原料等方面的综合利用价值越来越高。国外还培育出专用油菜品种，用于生产月桂油、月桂酸等天然高级化妆品原料，并将芥酸用于航空航天工业、高级摄影材料等。四是机械化程度的提高促进了油菜的发展。加拿大等国的油菜生产的播种、除草、收获等各个环节均实行机械化作业，平均每名油菜种植工可种植 750 hm^2 油菜地。

14.1.2.3　中国油菜生产概况

油菜是我国排在水稻、小麦、玉米、大豆之后的第五大作物，栽培面积和总产量均居世界之首，并都占世界 1/3。但是 1979 年以前，我国油菜种植面积一直在（0.20 ~ 0.25）× 10^7 hm^{2}徘徊，总产量则在 0.2×10^7 t 以下。此后由于需求的增长及科学技术的进步使油菜生产发展迅速。在 20 世纪 80 年代总产量平均达到 0.492×10^7 t，1980 年总产量跃居世界第一位，1992

年单产量超过了世界平均水平。2000 年以来，种植面积保持在 0.7×10^7 hm^2 左右，产量在 1.0×10^7 t 以上；2014 年种植面积创最高纪录 0.759×10^7 hm^2，2015 年总产量达 1.493×10^7 t（中国农业农村部种植业司数据库资料）。

2016 年我国油菜种植面积排在前五位的是湖南、湖北、四川、安徽和江苏五省，分别为 1.30×10^6、1.15×10^6、1.03×10^6、0.50×10^6、0.33×10^6 hm^2。总产量排前五位的则是湖北、四川、湖南、安徽、江苏，分别为 2.42×10^6、2.41×10^6、2.11×10^6、1.17×10^6、0.94×10^6 t。湖北油菜总产量连续 22 年居全国第一位，油菜产量约占全国的 1/6。江苏油菜种植水平较高，2016 年单产量达到 2 785 kg/hm^2。

长江流域冬油菜是我国油菜主产区，也是世界上油菜分布最为集中、规模最大、开发潜力最大的油菜集中产区。全流域面积约 1.8×10^6 km^2，油菜产量占全国的 85% 以上，占世界的 1/4 以上。长江流域冬油菜区的油菜产业水平代表着我国油菜产业的整体水平。

14.1.2.4　中国油菜的分布与分区

我国油菜的分布遍及全国。按农业区划和油菜生产的特点，大致分为冬油菜和春油菜两大产区（图 14-1）。六盘山以东和延河以南，太岳山以东为冬油菜区；六盘山以西和延河以北，太岳山以西为春油菜区。冬油菜区无霜期长，冬季温暖，一年两熟或三熟，适于油菜秋播夏收，种植面积和总产量约占全国的 90%。冬油菜区又分六个亚区：华北关中亚区、云贵高原亚区、四川盆地亚区、长江中游亚区、长江下游亚区和华南沿海亚区。其中四川盆地、长江中游、长江下游三个亚区是冬油菜的主产区，均以水稻生产为中心，实行油—稻或油—稻—稻的—年两熟或三熟制。

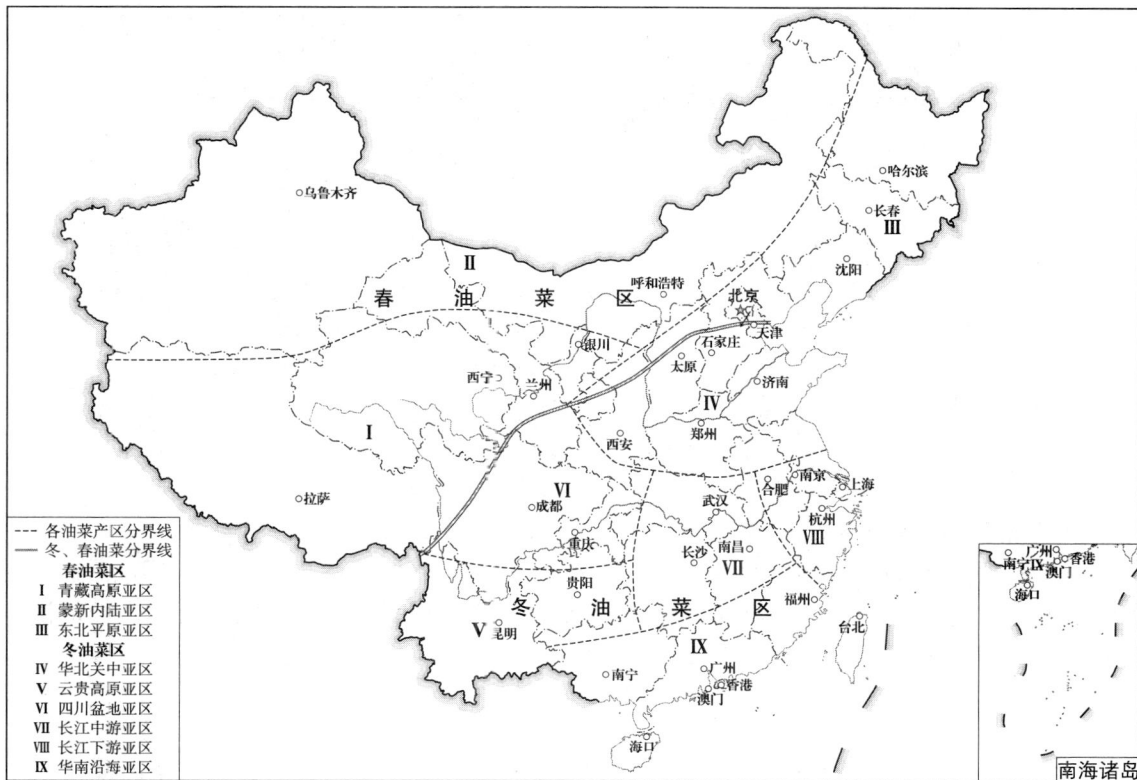

图 14-1　中国油菜产区的划分（引自刘后利，1987）

春油菜区冬季严寒，生长季节短，降雨量少，日照长且强度及昼夜温差大，对油菜种子发育有利；1月平均温度为 –20～–10℃ 或更低，为一年一熟制，实行春种（或夏种）秋收，种植面积及产量均只占全国油菜的 10% 以上。春油菜区又分三个亚区：青藏高原亚区，蒙新内陆亚区和东北平原亚区。春油菜区有西北原产的白菜型小油菜和分布广泛的芥菜型油菜。蒙新内陆亚区与冬油菜区的云贵高原亚区，是我国芥菜型油菜类型分布最多和种植面积最大的地区。

14.1.3 油菜的类型

广义的油菜包括十字花科（Cruciferae）植物许多不同的物种，如油菜、甘蓝、芥菜、萝卜、白芥、芝麻菜等。而一般通称的油菜为十字花科芸薹属（Brassica）多个变种组成。

根据油菜的起源进化，以及形态学、细胞学的相互关系，油菜有三个基本种，即黑芥（B. nigra Koch. $n=8$）、甘 蓝（B. oleracea L. $n=9$）、白 菜（B. campestris L. 或 B. chinensis L. $n=10$）；还有三个复合种，即埃塞俄比亚芥（B. carinata Braun. $n=17$）、芥菜（B. juncea Czern. et Coss. 或 B. cernua Coss. $n=18$）、甘蓝型油菜（B. napus L. 或 B. napella Chaix. $n=19$）。经过长期的自然选择和人工选择，白菜型（B. campestris）、芥菜型（B. juncea）和甘蓝型（B. napus）油菜（图 14-2），成为广泛利用与生产的栽培种。

深入学习 14-4
三大类型油菜特征比较表

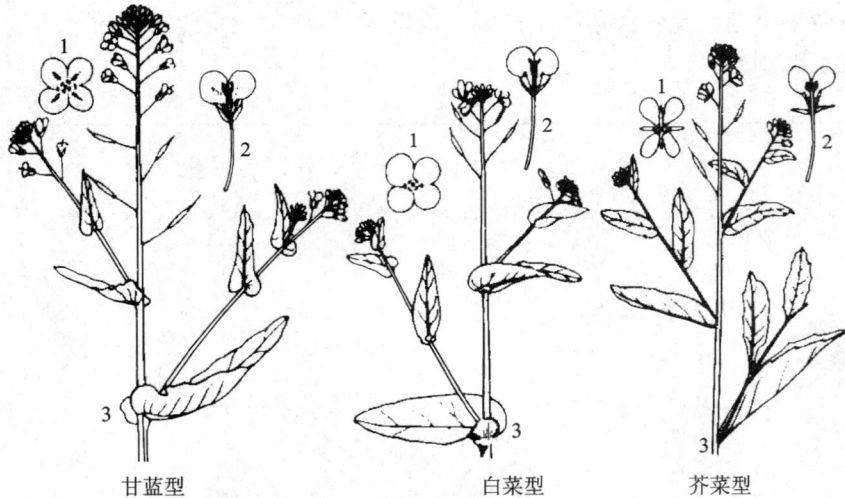

图 15-2　油菜三大类型的薹茎叶与花序（引自季道藩，1994）
1. 花俯视图　2. 花纵切面　3. 薹茎叶

14.1.3.1 按农艺性状分类

以农艺性状为基础，我国油菜可分为白菜型、芥菜型和甘蓝型三大类。白菜型油菜适宜在季节较短、土壤瘠薄、高海拔地区栽培，可作蔬菜和榨油兼用作物。芥菜型油菜是芥菜的油用变种，主要分布在我国西北和西南各省的山区、寒冷地带及土壤瘠薄地区。甘蓝型油菜适应性广，在我国广泛栽培，占油菜种植面积的 70% 以上。

14.1.3.2 生产上的类别

（1）常规（普通）油菜　按常规育种方法育成的高产油菜品种。如"中油 821""湘油 10

号”"高油 605"等。

（2）杂交油菜　在培育新品种的过程中，利用两个遗传基础不同的油菜品种或品系，采取一定的生产杂种的技术措施，如三系育科、两系育种、化学杀雄、自交不亲和等得到第一代杂交种，如"秦油 2 号"。如杂种具有优良品质特性的则称优质杂交油菜，如"华杂 3 号""华杂 4 号""中油杂 19 号"等。

（3）优质油菜　按常规育种方法育成的具有优质特性的油菜。目前主要指菜油中为低芥酸，菜饼中低硫苷含量的油菜。包括单低油菜（低芥酸），如"中油低芥 2 号""淮油 12 号"等；目前我国品种多为双低油菜（double-low rapeseed，canola），如"华双 3 号""华双 4 号""湘油 13 号""中双 4 号""中双 11 号""浙大 622""浙大 630"等。

14.2　油菜栽培的生物学基础

14.2.1　油菜的生长发育过程

14.2.1.1　油菜的生育期
甘蓝型油菜全生育期 170~230 d；白菜型 150~200 d，芥菜型 160~210 d。秋播油菜随纬度增加，油菜生育期延长。

14.2.1.2　油菜的生育时期
油菜的生育时期划分方法，在不同国家与区域、不同研究领域存在一定差异。

（1）油菜生育时期的国际划分方法　国际上油菜生育时期划分与记载方法，不同国家有较大差异。澳大利亚通常将油菜分为 0~6 共 7 个发育阶段，不同生育阶段描述见表 14-2。

表 14-2　油菜生育时期的划分方法（澳大利亚）

一级代码	生育时期	二级代码	植株形态
0	萌发	0.0~0.8	0.2 种子吸胀，0.4 胚根出现，0.6 下胚轴伸长，0.8 子叶伸出
1	叶发育	1.00~1.20	1.00 子叶平展变绿，1.01 第 1 叶平展，1.10 第 10 叶平展
2	茎伸长	2.00~2.20	2.00 植株莲座状，2.01 一个伸长节间可见，2.10 十个伸长节间可见
3	花蕾发育	3.0~3.9	3.0 只见叶芽，3.1 蕾被叶包围，3.3 绿蕾露出植株顶端，3.7 主花序第一个花蕾露出黄色（黄蕾），3.9 主花序超过 1/2 的花蕾变黄
4	开花	4.1~4.9	4.1 第一朵花开放，4.5 主花序 50% 花开放，4.9 主花序所有蕾开花
5	果实发育	5.1~5.9	5.1 最下面的角果长大于 2 cm，5.9 主花序所有角果长大于 2 cm
6	种子发育	6.1~6.9	6.0 种子出现，6.1 多数种子半透明，6.5 多数种子褐色，6.7 所有种子变黑但不硬，6.9 所有种子黑而硬

注：根据澳大利亚新南威尔士州初级产业部 Jan Edwards 主编《油菜生长与发育》（2011）整理

（2）油菜生育时期的中国划分方法　中国作物科学工作者多将油菜植株的生长和发育划分为发芽出苗期、苗期、蕾薹期、开花期及角果成熟期等不同阶段（图 14-3）。

① 发芽出苗期　发芽出苗期（germination and emergence stage）是指油菜播种到出苗经历

📷 彩图 14-1
油菜的不同生育时期

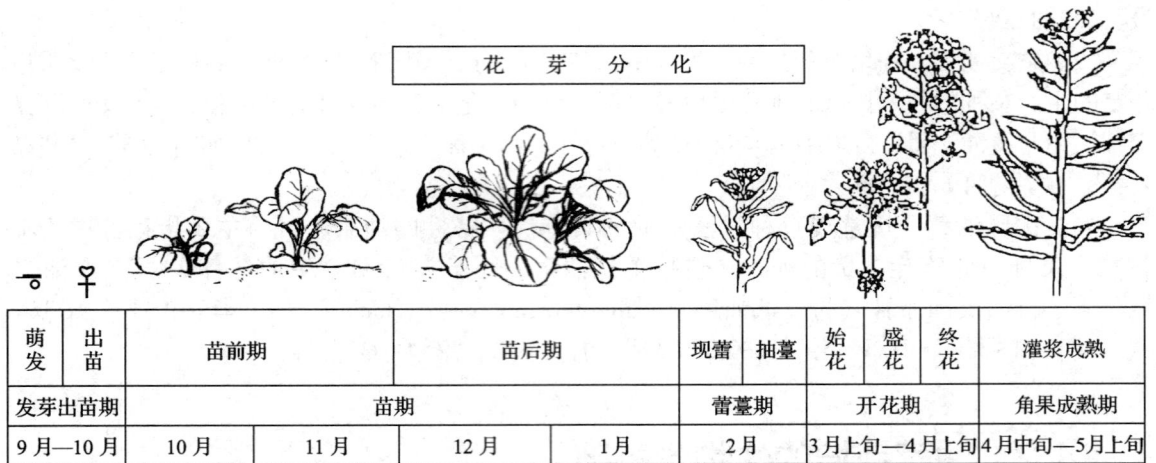

图 14-3 冬油菜的生长发育阶段

的时期。油菜种子无明显休眠期，成熟种子播种后条件适宜即可发芽。种子吸水膨大后，胚根先突破种皮，幼根深入表土 2 cm 左右时，根尖生长出许多白色根毛。胚根向上伸长，幼茎直立于地面，两片子叶张开，由淡黄转绿，称为出苗。

种子发芽最适温度为 25℃，低于 3～4℃，高于 36～37℃，都不利于发芽。一般 5℃ 以下需要 20 d 以上才能出苗，月均温度 16～20℃时，3～5 d 即可出苗。种子需吸水达自身干重 60% 左右才能萌动，发芽时以土壤水分为田间最大持水量的 60%～70% 较为适宜。当胚根、胚茎突破种皮后，氧的需要量猛增。由于油菜种子脂肪含量高，与水稻、小麦种子相比萌发需要的氧气较多。因此保证土壤疏松不板结，避免播种覆土过深或土壤水分过多，才能使油菜顺利发芽。

② 苗期　苗期是指油菜出苗后子叶平展至现蕾阶段。冬油菜的苗期常占全生育期的 1/2 或 1/2 以上，甘蓝型中熟品种苗期 120～130 d。苗期地下根系明显生长快于地上茎叶的生长；主茎基部着生的叶片节距很短，各叶片间呈紧密排列状，幼苗则呈匍匐、半直立或直立生长；整个株型呈莲座状（rosette，或丛生型）。

一般从出苗至开始花芽分化为苗前期，开始花芽分化至现蕾为苗后期。也有以冬至节气为界划分苗前期和苗后期的。甘蓝型中熟品种于 10 月初播种，叶龄达到 10～12 片，主花序一般可在 12 月上旬开始花芽分化。苗前期主要是营养器官如根系、缩茎段、叶片等分化生长的时期。苗后期营养生长仍占绝对优势，主根膨大，并进行花芽分化。

苗前期发育好，则主茎节数多，叶片多，可制造和积累较多的养分，促进苗后期主根膨大，幼苗健壮，分化较多的有效花芽，有利于壮苗早发，防冻保苗，安全越冬，为高产打好基础。越冬期油菜仍缓慢生长，根部养分积累和花蕾发育，是春发高产的重要基础。

③ 蕾薹期　蕾薹期（stem elongation and bud formation stage）是油菜从现蕾至始花的阶段。现蕾期（buding stage）是指扒开主茎顶端 1～2 片幼叶可见到明显花蕾的时期。抽薹期（elongation stage）是指油菜现蕾后或在现蕾的同时主茎节间开始伸长的时期。当主茎高度达 10 cm 时，进入抽薹期。长江流域的甘蓝型油菜蕾薹期一般为 25～30 d，正常情况下出现在 2 月中旬至 3 月中旬。蕾薹期气温较高、肥水充足、种植密度过大、春性强品种播种偏早均可促进油菜的生长发育，使现蕾抽薹提早，反之则晚。

蕾薹期油菜为营养生长旺盛、生殖生长由弱转强的时期。在这一时期根系继续扩展，主茎迅速伸长增粗，分枝不断出现。长柄叶功能逐渐减弱，短柄叶迅速伸展成为这一时期的主要功能叶；无柄叶也陆续伸展出来。花芽分化速率显著加快，花蕾加倍增长。蕾薹期是实现油菜春发稳长，达到根强、秆壮、枝多，为角果多、粒多、粒重打下扎实基础的关键时期。

④　开花期　油菜始花到开花结束阶段称为开花期（flowering stage）。全田有 25% 植株开花为初花期，75% 以上的花序开花为盛花期，75% 以上的花序停止开花称为终花期。长江流域的花期为 25~30 d。甘蓝型中熟品种开花的最佳时间模式是：3 月上中旬始花，4 月上中旬终花。早熟品种开花早，花期长，反之则短。气温低时开花进度慢，花期长；气温高的条件下开花快，花期短。

开花期是油菜营养生长和生殖生长两旺的时期，此时对环境条件更为敏感。始花后根系生长较快，至盛花时根系积累总量及植株的吸收能力达到一生的最大值，根群密布于整个耕作层内。茎秆的长度和粗度在开花期时基本定型，但茎内的干物质重量快速增加，终花时茎秆干物质总量达到最大值。分枝边开花边结角果，至终花时停止伸长。进入初花期主茎叶全部长齐，叶面积在盛花期时达到最大值。盛花期后植株体转入生殖生长阶段。此时期是决定角果数和每果粒数的重要时期。

⑤　角果成熟期　角果成熟期（ripening stage）是指终花至角果种子成熟的一段时期。终花后受精子房膨大形成幼嫩的角果，逐渐发育成熟。此时，叶片已大量脱落，角果皮逐渐转化为光合作用的主要器官，提供种子发育所需的大部分营养物质。同时根系吸收的部分营养物质和茎枝中贮藏的营养物质也不断向种子输送积累贮藏直至种子完全成熟。此期是油菜种子充实，形成高产的重要时期。

14.2.2　油菜的形态特征

14.2.2.1　根的形态及发育

（1）根系　直根系呈圆锥形，由主根、侧根、支根（二级侧根）、细根（三级侧根和根毛）组成。种子萌发后，其胚根伸入土中逐渐形成主根；当油菜第一片真叶出现时，侧根从主根的基部两侧开始长出，然后在侧根上生长出许多支细根。一般耕作水平下，直播油菜的主根入土深度在 40~50 cm，在深耕和干旱条件下，主根可达 100 cm 以上。支细根多集中在表土下 20~30 cm 耕作层。根系水平扩展范围一般 40~50 cm，宽者可达 100 cm 以上。育苗移栽的油菜因主根损伤折断，故入土较浅，而支细根则较为发达。

油菜苗前期主根以下扎为主，苗后期除继续下扎外，主根膨大，进行根颈充实，贮积养分。在越冬期间，气温逐渐下降，地上部分生长减慢，而此时土温高于气温，而根系生长要求的温度又比地上茎叶低。因此在越冬期间根系生长仍比地上部分茎叶生长快。开春后，随着气温的升高，根系向水平方向发生大量支细根，到盛花期达最大限度，这时根系的活力最强。盛花后根系逐渐衰老。

（2）根颈　油菜出苗是由下胚轴伸长将子叶顶出土表来完成的。这段伸长的下胚轴通常称之为幼茎，到第一片真叶展开时，它就基本上停止伸长，且随着幼苗的生长，不断增粗并木质化。栽培学上把子叶以下至开始发生侧根的这段幼茎称为根颈（crown）。

根颈的生长包括伸长与增粗两个方面，油菜种子发芽至第一片真叶展开，是根颈的伸长期。第一片真叶展开后，根颈伸长基本停止，继而形成层开始活动，产生次生韧皮部和次生木质部，根颈进入增粗期，第一片至第三片真叶期间是根颈快速增粗的时期，5 叶期以后增粗减缓，而以内部组织充实为主。

彩图 14-2
油菜根颈及其不同条
件下形成的高脚苗

根颈是油菜冬前养分的重要贮藏器官，短粗直立的根颈可贮藏较多的营养物质，有利于安全越冬。4~5 叶期根颈靠根端的皮层破裂，产生不定根，使根系扩大。因此，5 叶期菜苗的根颈是否产生不定根也是衡量菜苗生长是否健壮的标志之一。

14.2.2.2 茎和分枝

（1）主茎 主茎一般呈圆柱形，株高达 100~200 cm。下粗上细，柱面上常有不规则的棱；中熟品种主茎有 25~30 节。茎色有绿、微紫和深紫色；茎表覆盖有一薄层蜡质粉状物质、光滑或被有稀疏刺毛。

油菜子叶以上的幼茎向上延伸生长形成主茎。主茎的茎段和茎节在花芽开始分化的时候就已经完成，各节之间处于紧密相接的状态，到现蕾抽薹后才可见到明显伸长的节间。但苗期在种植密度过大或冬性不强的品种早播的情况下，主茎会有伸长（称高脚弱苗或为早薹）。主茎过早伸长由于基部裸露，遇低温易受冻害。始花时茎的伸长基本停止。

甘蓝型油菜的主茎可根据其节间的长短变化和茎节上所着生的叶片特征，由下而上分为缩茎段（contracting stem）、伸长茎段（elongating stem）、薹茎段（bolting stem）三个部分（图 14-4）。

① 缩茎段 位于主茎基部，节间短缩密集，圆形无棱，着生长柄叶。缩茎段的节间在正常栽培条件下均不伸长。

② 伸长茎段 位于主茎中部，节间由下而上依次由短变长、后又依次由长变短，茎表突起的棱逐渐明显，各节上着生短柄叶，叶痕较宽，两端略向下垂。

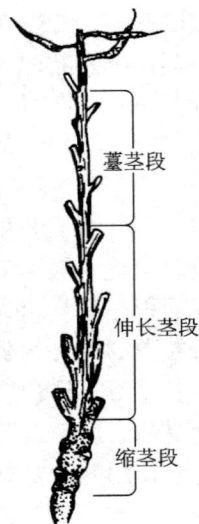

图 14-4 油菜的茎
（引自傅寿仲等，1983）

③ 薹茎段 位于主茎上部，顶端着生主花序轴，节间依次变短，有明显的棱；节上着生无柄叶，叶柄背部与茎相接处较平整，多呈圆弧状，叶痕较窄，中部凸，两端平伸。

茎的生长可分为三个时期，即伸长期、充实期和物质分解运转期。第一个时期是从始薹至始花的 20 多天时间内，茎秆迅速伸长长粗，一般在薹高 10 cm 时称抽薹；第二个时期在始花后，茎秆质量迅速增加，贮藏物质不断积累，茎逐渐充实；第三个时期贯穿结角及发育成熟全过程，在此期间，茎秆贮藏物质逐渐分解转移，以供角果中的种子发育充实所需。

深入学习 14-5
油菜抽薹初期薹高
与短柄叶关系

茎的粗细与其上着生的一次有效分枝数、每株的角果数、每果的粒数和粒重间有着密切的关系。因此，在栽培上也将茎粗作为衡量植株长势强弱及其经济性状优劣的重要指标。要使油菜茎秆生长粗壮，首先必须培育壮苗、促进根颈粗壮，同时在茎的伸长期和充实期，保持田间植株群体中下部有较好的光照条件，并供应充足的肥水，保证短柄叶合成较多的糖类物质，避免薹茎过分伸长。

（2）分枝 油菜的每一叶腋都有 1 个腋芽，在条件适宜时形成分枝。着生在主茎上的分枝称第一次分枝；由一次分枝的腋芽形成的分枝称第二次分枝，依此类推。一般以第一次分枝较多，第二次分枝较少。

油菜主茎下部缩茎段上的长柄叶的腋芽在越冬前形成，很少能形成分枝或多形成无效分枝。中部伸长茎段上的短柄叶腋芽在越冬期形成，大多数可以形成分枝，其中有部分为有效分枝。上部薹茎段的无柄叶的腋芽在春后形成，一般都可以成为有效分枝。

在提高油菜单株生产力实现增产的种植模式下，一次分枝是构成油菜产量的重要因子，与产量之间存在高度正相关（$r=0.902$）。同时，油菜一次分枝数与主茎绿叶数有密切关系。据中国农业科学院油料作物研究所和长江大学农学院试验表明，主茎总叶数与一次分枝数呈高度正相关（*r*=0.70 ~ 0.87）；抽薹期主茎绿叶数与一次分枝数也呈正相关（*r*=0.81）。因此在花芽分化前争取有较多的绿叶数，对提高一次分枝数和角果数有重要意义。

彩图 14-3
不同栽培条件下的油菜分枝数

稀植、通风透光、营养状况良好、适时早播，培育壮苗的条件下则分枝较多，反之分枝则少。合理施肥，尤其是在抽薹期（薹高 17.0 ~ 20 cm 时）及时施肥，可显著地增加一次分枝。

14.2.2.3 叶及其功能

（1）子叶 油菜种子发芽出苗时，首先出现的黄绿色肥厚小叶片，一大一小两片即为子叶。子叶见光平展后逐渐转为绿色，叶面积逐渐扩大，甘蓝型油菜子叶的形状为肾形，它既是幼苗生长初期的营养供体，也能进行光合作用制造养料。

彩图 14-4
不同栽培条件下的油菜叶片数

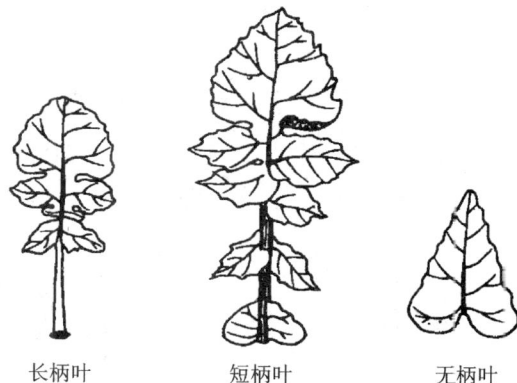

（2）真叶 油菜子叶以上的胚轴延伸形成茎，茎上各节着生的叶片都称为真叶，是不完全叶，只有叶片和叶柄（或无叶柄）。中熟品种可生长 25 ~ 30 片叶，肥水条件好，播种期早则叶片数多。

叶色因品种而异，呈或淡或深的绿、蓝绿、紫色等；叶形有椭圆形、卵圆形、琴形、花叶形和披针形；叶面被有蜡粉，一般为光滑状或有茸毛；叶有细锯齿、深锯齿、波状皱裢、浅裂、深裂、全缘等。着生在中肋两侧的裂片称侧裂片，侧裂片着生的状态有对生、羽状和错位着生的琴状；着生在中肋顶端的称为顶裂片，有椭圆形、半圆形、心形、长椭圆形、卵圆形、倒卵圆形、披针形、匙形等。

油菜主茎上叶片是在苗期分化形成的。早熟品种 20 ~ 25 片，晚熟品种 30 ~ 40 片。甘蓝型品种按真叶发生的顺序有长柄叶、短柄叶和无柄叶三种形态（图 14-5）。

① 长柄叶（long-petiole leaf） 有明显的叶柄，基部两侧无叶翅，着生在主茎基部的缩茎段上，故又称缩茎叶、基叶或莲座叶。丛生型冬油菜在苗前期生长的真叶均为此类叶片。

② 短柄叶（short-petiole leaf） 叶柄不明显，叶基部（与主茎交接处）两侧有明显的叶翅或部分着生有叶翅。着生在伸长茎段上，亦称伸长茎叶。冬油菜在苗后期生长的叶片一般为此类叶片，是油菜一生中主茎上叶面积最大的一组叶片。

图 14-5 甘蓝型油菜的三种叶型（引自四川省农业科学院，1964）

（长柄叶　短柄叶　无柄叶）

③ 无柄叶（less-petiole leaf） 叶片无叶柄，叶身两侧向下方延伸呈耳状，呈半抱茎着生。有鞋形、戟形和三角形，着生薹茎段，亦称薹茎叶。

油菜三组叶片各有不同的功能。长柄叶的主要功能期在苗期，它的直接作用是影响根和根颈的生长，同时对主茎、分枝、花序、角果和种子也有间接作用。短柄叶的功能期主要在蕾薹期。短柄叶对主茎、分枝、角果、种子影响最大，对根和根颈也有一定作用。短柄叶是一组上下兼顾的功能叶，要实现春发稳长就必须使短柄叶生长良好。短柄叶太少则春发不足，而短柄叶太多又会徒长。无柄叶是叶面积最小的一组叶片，功能期主要在初花后。无柄叶的光合产物只向主茎、分枝和角果输送，对种子粒重也有一定影响。分枝上的无柄叶主要影响本分枝。

14.2.2.4 花的发育与开花

油菜的花序属总状花序（raceme），其中着生于主茎顶端的花序称为主花序（main

inflorescence），着生在各级分枝顶端的花序称为分枝花序（branch inflorescence）。

彩图 14-5
电镜观察的油菜不同
花芽分化时期图

（1）花芽分化 油菜的花序是由主茎顶端和分枝顶端的生长锥分生组织细胞分化而成。整株分化顺序是先主花序，其次是一次分枝花序，再次为二次分枝花序，以此类推，不同分枝花序的分化顺序是先上部分枝，后下部分枝。同一个花序分化顺序是由下而上依次进行的。

（2）花蕾分化 油菜每个花蕾的分化过程可分为 5 个时期（图 14-6）。

① 花蕾原始体形成期 生长锥伸长，并在生长锥中下部周围出现半圆形的小突起，即为花蕾原始体。

② 花萼形成期 花蕾原始体逐渐伸长和膨大，在上端四周又出现新月形突起，即为花萼原始体。

③ 雌雄蕊形成期 花萼原始体伸长至顶端相互合拢时，花蕾原始体上又出现新的半球状突起。中间为雌蕊原始体，四周有 4 个小突起为雄蕊原始体。其中有两个相对的雄蕊从顶端纵裂为二，发育成 4 个长的雄蕊，共形成 4 长 2 短的 6 个雄蕊。

④ 花瓣形成期 当雌蕊原始体略有伸长时，在花蕾原始体基部靠近雄蕊原始体的下方，出现新的舌状花瓣原始体突起。

⑤ 花药、胚珠形成期 雌蕊子房膨大形成假隔膜，出现胚珠。雄蕊形成花药，花粉母细胞经减数分裂后的四分体发育成花粉粒。同时花瓣、花萼、花柄也相继伸长。花药发育进入花粉粒成熟期过程中，当花蕾柄长约 6 mm 时，是对营养条件最敏感的时期。此时营养不足，幼蕾极易发黄脱落。

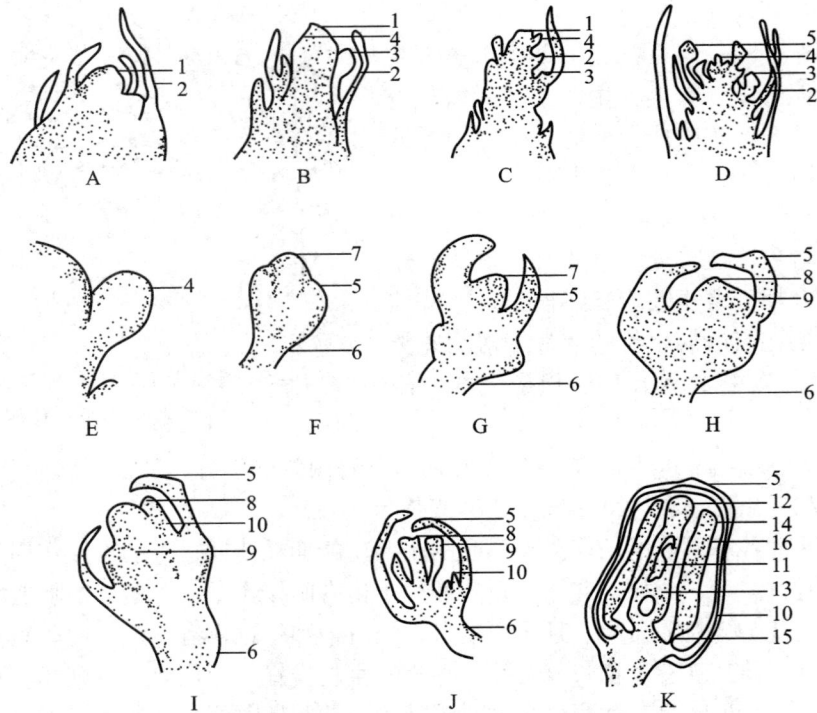

图 14-4 油菜花序花蕾分化过程（引自刁操铨，1996）

A. 油菜生长锥 B. 主轴开始分化 C. 主轴继续分化 D. 分枝开始分化 E. 花蕾原始体 F. 花蕾突起
G. 花蕾伸长 H. 雌雄蕊突起 I. 花瓣突起 J. 雌雄蕊伸长 K. 胚珠花粉粒形成

1. 生长锥 2. 叶原始体 3. 腋芽或分枝 4. 花蕾原始体 5. 花萼 6. 花柄 7. 分化原始体 8. 雌蕊突起或伸长
9. 雄蕊突起或膨大 10. 花瓣突起或花瓣 11. 胚珠 12. 柱头 13. 子房 14. 花药 15. 花丝 16. 花粉粒

（3）花的形态　油菜花器由花柄、花萼、花冠、雄蕊、雌蕊、蜜腺等部分构成。花柄着生在花轴上。花萼位于花的最外层，由 4 片完全分离且狭长的萼片所组成，蕾期为绿色，花期逐渐转淡呈黄绿色。花冠由 4 枚花瓣组成，开花时展开呈十字形，花瓣两侧常两两相互重叠，为黄或鲜黄等色泽。雄蕊由 4 长 2 短共 6 枚组成，又称四强雄蕊。雌蕊 1 枚，细长，形似瓶状。4 枚蜜腺分布在两个短雄蕊的内侧与 4 个长雄蕊的外侧，与花萼对生；粒状，绿色，可分泌蜜汁。

（4）开花与授粉　油菜通常在开花的前一天下午花萼顶端露出黄色花瓣，第二天上午 8—10 时花瓣完全展开并散出花粉。开花后 2 d 左右，花瓣凋萎脱落。中熟品种花期一般约 30 d。

成熟花粉粒借助昆虫或风力黏附到雌蕊柱头上即为授粉。花粉粒落到柱头上约 45 min 后即可萌发，经 18～24 h 完成双受精过程。雌蕊受精能力以开花后 1～2 d 最强。油菜有一定的异花授粉率，不同品种或与其他十字科作物相邻种植时常易"串粉"。

14.2.2.5　角果

油菜角果（pod）由果柄、果身、果喙（pod beak）三部分构成。果喙由花柱和柱头发育而成，与下端的果身相连；果身由子房发育而成，果柄由花柄发育而成。

甘蓝型油菜的角果一般长 7～9 cm；粗 4～10 mm。角果的发育是先纵向伸长，约 15 d 长度基本定型，20～22 d 粗细基本定型。角果成熟时，多数品种由于其果瓣失水收缩能自动开裂（也称裂角），也有的品种因其果壳的厚皮机械组织发达，表现出强的抗裂果性。

开花期以后角果皮面积上升，使角果皮成为油菜后期进行光合作用的主要器官。它具有表面积大，处于植株的冠层，在果轴上呈螺旋形排列，易于接受阳光的特点；具有与叶片相近似的高光合强度。因此，在角果的发育和成熟期，使角果皮充分地接受阳光，延长其光合作用功能期就能有效提高油菜籽的产量。油菜结角层不同则角果皮生产力不同，上层、中层角果（自上而下约 30 cm）比下层角果生产力好，饱果率高，阴角率低，大角果多，每角粒数高，千粒重高。所以在生产实践中，应使群体结角层分布合理，可通过合理密植、科学施肥、适当控制二次分枝的数量等措施，促进一次分枝上下位枝序的均衡发展，使各枝序发育良好，整体产量才可得到提高。

14.2.2.6　种子

受精卵经 4～5 d 的静止后进入细胞增殖和种胚分化发育期，最后形成种子。种子为球形或近似球形。色泽有黄、淡黄、淡褐、红褐、暗褐及黑色等。甘蓝型品种千粒重一般在 3～4 g。一般大粒品种含油量高，中粒次之，小粒最低。种皮色泽浅的种子含油量高。

种子由种皮、胚乳（遗迹）和胚三大部分构成。胚乳是包围在胚外的一层薄膜，细胞较大，含有较多的糊粉粒和油滴，是蛋白质的贮藏层；胚位于种子中央，主要成分是油脂和蛋白质，由胚根、胚芽、胚轴和子叶所组成，两片子叶占种子比重最大，在种皮内纵向折叠或球状。

油菜每角有胚珠 15～40 粒，但能结成正常饱满种子的一般 10～30 粒。其他都是空粒（呈半透明薄膜状的胚珠）和秕粒。形成空粒、秕粒的主要原因是光照不足和光合产物供应不足。种胚发育经历静止期后 3～9 d，光照不足易形成空粒，之后光照不足和养分不足则易形成秕粒。

油菜籽中干物质的来源有三个方面：一是来自残留叶片制造的和茎秆内贮藏的光合产物，约占 15%；二是来自绿色茎皮制造的光合产物，约占 20%；三是来自绿色角果皮制造的光合产物，约占 65%，其中约 8% 来源于果喙。

14.2.3 油菜生长发育对环境条件的要求

14.2.3.1 油菜对温度的要求

苗期生长的适宜温度为 10～20℃，适宜的温度可促进根系生长良好，加快叶片的分化和生长速率，叶面积增大，花芽分化增多。在日平均气温降至 3℃ 以下，到次年春天气温回升到 3℃ 以上时，油菜处于越冬期。南方冬油菜一般并不停止生长，但菜苗遇到持续时间较长的低温，将会发生不同程度的冻害，并造成减产。一般连续 3 d 以上低于 −3℃，菜苗将受到严重冻害。冬油菜的有效花芽分化期是越冬前后，低温会使花芽分化速率和发育速率减缓。大约在日平均气温 0℃，日最高气温 5℃ 以上花芽才能缓慢分化。

冬油菜一般在开春后气温稳定在 5℃ 以上时开始现蕾抽薹，气温达 10℃ 以上则抽薹迅速。若气温过高，使抽薹速度过快，茎组织疏松，易出现茎薹弯曲现象，不利于产量的形成。同时在此期间若遇到 0℃ 以下的低温，植株就有受冻的危险，轻者可逐渐恢复生长，重者折断枯死。

开花的适宜温度为 12～20℃，最适温度为 14～18℃。气温下降到 10℃ 以下时，开花数明显减少，5℃ 以下时多不开花，到 0℃ 或 0℃ 以下时，正开放的花朵大量脱落，幼蕾黄化，出现分段结实现象。相反，当气温升到 30℃ 以上时，虽可开花，但结实不良。

气温 15～20℃ 是油菜角果发育的适宜温度，有利于干物质和种子油分的积累。粒重增长的最适温度大致在日均温 13.0～16.5℃。菜籽灌浆成熟期间，在适宜温度范围内，温度越低，灌浆时间越长，日夜温差越大，越有利于子粒的增重饱满。日均温达 22℃ 以上使灌浆缓慢，成熟加快。日最高温度 30℃ 以上时，有高温逼熟现象。在胚珠形成期较高的温度和充足的营养可以使胚珠数增加。所以冬油菜在前期形成的角果，胚珠数较少，而后期形成的角果则胚珠数较多。

14.2.3.2 油菜生长发育对光照的要求

苗期充足的光照及较长的日照时数有利于增加叶片叶绿素含量，提高叶片光合效率，增大根系的扩展范围，提早花芽分化的时间。适时早播是增加苗期光照时数最直接有效的措施。蕾薹期的合理密度及光照肥水条件充足，有利于群体通风透光良好，植株中下部腋芽发育为有效分枝。反之中下部腋芽不能正常发育成有效分枝。花期充足的阳光既有利于叶片和角果皮的光合物质积累，也有利于花朵开放和蜜蜂传粉。在此期间长江中游各省时有长期阴雨，是造成油菜减产原因之一。充足的光照既有利于胚珠的发育促进种子形成，也有利于种子中干物质和油分的积累，这是华东和川西平原油菜产量高的重要原因之一。

14.2.3.3 油菜的温光反应及阶段发育

引起油菜生长点发生质变迟早的主要因子是苗期温度和光周期条件。在长期系统发育过程中形成对一定温度和光周期条件的敏感性称为油菜的感温性和感光性，又称春化作用及光周期作用。

（1）油菜的感温性 大量研究表明，油菜完成春化作用的器官可以是生长中幼苗的根、茎、叶，也可以是萌发过程中的幼胚。有些可在发芽过程中完成，另一部分则只能在菜苗的 7～10 叶期才能完成。油菜的不同品种类型对低温条件的要求分为 3 种类型。

① 冬性型　这一类品种对低温要求严格，一般需要在 0～5℃ 的低温条件下，经历 30～40 d，才开始花芽分化。这一类型多为冬油菜中的晚熟或中晚熟品种。

② 春性型　此类型对低温的要求不严格，一般 15～20℃ 的温度条件下，经历 15～20 d 就开始花芽分化。一般为极早熟、早熟和部分早中熟品种。

③ 半冬性型　该类型对低温的要求介于以上两者之间，菜苗一般在 5～15℃ 温度条件下，经历 20～30 d 才能进入花芽分化。大多数甘蓝型油菜的中熟和中晚熟品种均属此类型。

（2）油菜的感光性　油菜是长日照作物。感光最敏感的时期为：冬播春油菜和春播春油菜在 9～10 叶期，偏冬性和半冬性油菜在 11～12 叶期。一般认为，日照在 10 h 以下油菜不能正常现蕾开花；延长日照至 14 h 以上则可提早现蕾开花。据观察这种提早效应不显著，说明油菜不是典型的长日照作物。特别是春性和半冬性油菜品种，对光照条件的要求不太严格，在冬前也可现蕾开花。

根据油菜对日照长短反应的不同可将油菜分为两大类型。

① 强感光型　北美加拿大西部、欧洲北部和我国西北部的春油菜多为此类型。其花前经历的平均日长分别为 16 h 左右、15 h 以上和 14 h 以上。

② 弱感光型　所有的冬油菜和极早熟春油菜均为此类型。其花前所经历的日长为 10～11 h。

油菜的温光反应特性有 4 种类型：即冬性－弱感光性（冬油菜），半冬性－弱感光性（冬油菜），春性－弱感光性（主要为冬油菜，亦有少量春油菜品种），春性－强感光性（春油菜）。

（3）阶段发育与其他性状的关系　油菜花芽的出现是油菜春化阶段发育结束或光照阶段发育开始的标志，而开花则是光照阶段发育结束的标志。从外部形态看短柄叶的出现可作为油菜完成春化阶段的外部形态标志。油菜冬前出现短柄叶，即预示着年前有早花早薹的可能，应及时采取相应预防措施。从生理上看，油菜抗寒力在春化阶段较强，一旦度过春化阶段，由于营养物资大量消耗，植株细胞浓度下降，生长点外露，则失去抗寒力，一遇低温就会受冻，甚至死亡。

（4）温光反应特性在生产上的应用

① 在引种上的应用　将北方冬性－弱感光性的油菜引到南方种植，因不能满足对低温的要求，会发育缓慢，成熟期明显推迟，在海南和广东甚至不能抽薹开花。而将西南地区春性强的冬油菜品种向北或向东引种时，其发育明显加快，若秋播过早易产生早薹早花现象，导致严重冻害发生。加拿大和欧洲的甘蓝型春油菜品种引入我国长江流域秋播时，生长发育慢，生育期较长，是由于这些品种的感光性较强所致。一般情况下，在我国冬油菜主产区的长江中下游各省种植的中熟品种可相互引种。而华南、西南、西北各省春性较强的品种，不宜引入长江中下游各省种植。

② 在品种布局上的应用　长江流域三熟制地区要求种植能迟播早收的半冬性品种，而两熟制地区可采用苗期生长慢的冬性较强品种。

③ 在栽培管理上的应用　春性强的品种应结合当地的气候特点适当迟播，各项田间管理措施应适当提前进行，以免造成营养生长不足而产量不高。而冬性强的品种苗期生长发育慢，则应适时早播，促进其营养生长旺盛，并加强越冬和春后管理，充分发挥品种的高产优势。

14.2.3.4　水分

油菜是需水较多的作物，形成 1 g 干物质蒸腾耗水量为 337～912 g。高产油菜一生需水量

为 $3\,690 \sim 4\,650\ \text{m}^3/\text{hm}^2$。不同生育期日平均需水量为（$\text{m}^3/\text{hm}^2$）：苗期 12.75，蕾期 20.55，花期 28.35，角果期 18.00。薹花期是油菜一生中对水分反映最敏感的临界期。初花期及角果形成期进行灌溉或增加土壤湿度，增产十分显著。甘蓝型油菜一般耐旱性较白菜型油菜差。

（1）苗期 油菜播种时若土壤湿度降至 10% ~ 15%，则严重影响出苗和全苗，移栽油菜苗受旱则叶片易黄化脱落甚至幼苗不能成活。缺水会延缓菜苗的生长发育过程，水分过多时则氧气不足，影响根系下扎、生长，严重时还会导致毒害过重而根部死亡。直播油菜幼苗在高湿下易发生猝倒病。油菜苗期适宜的土壤湿度应不低于田间最大持水量的 70%，以 80% ~ 85% 为最佳。

（2）蕾薹期 随着气温升高和植株叶面积的迅速扩大，蒸腾作用增强，水分不足将导致主茎变短、叶片变小、幼蕾脱落等现象发生；抽薹后植株缺水，中午下部叶片萎蔫，严重时早上叶片也出现萎蔫。生长中的油菜受渍害后，叶色变淡，黄叶出现早而多，表土须根多，支根白根少，植株生长较弱，抗寒性较差。水分过多，在偏施氮肥的条件下，极易引起植株徒长、贪青、倒伏并招致冻害和病害。蕾薹期田间水分达最大持水量的 80% 最为有利。

（3）开花期 对水分最敏感的时期，空气相对湿度以 70% ~ 80% 为宜，低于 60% 或高于 95% 都不利于开花，并导致结果率和每角粒数减少，特别是上午 9—11 时降雨对结实的影响最大。缺水时个体生长受到抑制，叶面积明显下降，造成有机物积累少，甚至使开花提早结束，花序明显缩短，植株早衰，花蕾大量脱落，有效角果少，造成严重减产。土壤水分达田间最大持水量的 85% 最为适宜。

（4）角果成熟期 由于植株自然衰老，蒸腾量明显减小，除果皮在进行旺盛的光合作用外，就是茎、叶、果皮中的物质向角果内运转的活跃生理活动，要求土壤水分不低于田间最大持水量的 60%，缺水会使秕粒增加，粒重和种子含油量降低；水分过多又会使植株贪青迟熟，严重渍水时还导致根系衰败，倒伏严重，形成大量秕粒，或引起病毒病等病害的严重发生，以致减产和降低菜籽品质。

14.2.3.5 油菜的营养特性

油菜对氮磷钾的需要量比水稻、小麦、大麦、大豆等作物都多，而且对磷、硼敏感，对硫的吸收量很高。长江流域三熟制条件下，甘蓝型油菜在每公顷产量为 $1\,500 \sim 2\,250\ \text{kg}$ 时，每生产 100 kg 菜籽需吸收 N $8 \sim 11$ kg，P_2O_5 $3 \sim 5$ kg，K_2O $8.5 \sim 12.8$ kg；N：P：K 为 1：（$0.4 \sim 0.5$）：1。

油菜在不同生育时期积累的干物质量不同，所吸收的氮、磷、钾三要素的量也不相同（表 14-3）。苗期约历经 100 d，积累干物重虽只有 20%，但吸收三要素的量却相对较多；蕾薹期是吸肥最多的时期，也是吸肥强度最大的时期；开花结角期积累干物质最多，但三要素的吸收量却相对较少。油菜对主要营养元素的反应及吸收特点如下。

（1）氮素 缺氮时植株矮小，分株少，角果数、子粒数、子粒重减少，叶片瘦小，叶色变淡甚至发红或呈紫色，花期缩短，产量降低。油菜对氮素的吸收量变化的总趋势是抽薹前约占 45%，抽薹开花期约占 45%，角果发育期约占 10%，以抽薹至初花是需氮临界期，此时缺氮，对油菜生长影响很大。氮素过多会增加油菜籽的蛋白质含量，降低油菜籽的含油量。

彩图 14-6
油菜缺氮植株形态

表 14-3　甘蓝型油菜各生育时期对三要素的吸收

生育时期	干物重 /%	N/%	P₂O₅/%	K₂O/%
苗期	20	42 ~ 44	20 ~ 31	24 ~ 25
蕾薹期	21	33 ~ 46	22 ~ 25	54 ~ 66
开花结角期	59	10 ~ 25	54 ~ 58	9 ~ 22

注：根据中国农科院油料作物研究所（1975）及刁操铨（1996）资料整理

（2）磷素　油菜要求土壤速效磷含量在 10 ~ 15 mg/kg，小于 5 mg/kg 则出现明显缺磷症状。缺磷植株根系小，叶片小而厚，叶色深绿灰暗，缺乏光泽，严重时呈暗紫色，并逐渐枯萎；茎秆纤细，分枝少，花芽分化迟缓，开花推迟，甚至花序不能正常发育。但油菜根系能分泌大量有机酸溶解难溶性磷，因此对磷矿粉的利用率比水稻高 30 ~ 50 倍。油菜在不同生育期吸收磷的比例是苗期 20% ~ 30%，蕾薹期 22% ~ 65%，开花结角期 4% ~ 58%。由于磷在土壤中移动性差，多作基肥施用。

彩图 14-7
油菜缺磷植株形态

（3）钾素　油菜需钾量与需氮量相近。不同生育期钾的吸收比例为苗期 24% ~ 25%，蕾薹期 54% ~ 66%，开花结角期 9% ~ 22%，以抽薹期最多。当土壤速效钾低于 50 mg/kg 时，必须增施钾肥。油菜缺钾时幼苗呈匍匐状，叶肉出现"烫伤状"，叶面凹凸不平，叶片弯曲呈弓状，松脆易折，常常焦枯脱落；叶色呈深蓝绿色或紫色，边缘和叶尖出现"焦边"和淡褐色至暗褐色枯斑。茎枝细小，机械组织不发达，表面呈褐色条斑，易折断倒伏，直至整个植株枯萎、死亡。钾肥也多做基肥施用，但生育后期迟当追施钾肥对提高子粒产量不利。

彩图 14-8
油菜缺钾植株形态

（4）硫素　油菜对硫的吸收量仅次于氮钾而接近或略大于磷的需求。油菜缺硫症状与缺氮相似，但缺硫多出现在抽薹期和开花期。缺硫使叶脉间叶片失绿，特别是幼叶受影响最大；花色变淡，开花延续不断，能够成熟的角果尖端干瘪，种子少。严重缺硫时植株矮小，只有正常大小的一半，茎变短并趋向木质化。在土壤氮、磷、钾含量充足，有效硫范围在 10.2 ~ 21.1 μg 时，施用硫黄和过磷酸钙等含硫肥料，特别是后期供硫充足可促进植株开花结果及提高子粒饱满度，利于油菜蛋白质向脂肪的转化或促进氨基酸向脂肪酸的合成，提高菜籽产量和含油量。但硫是含硫氨基酸和硫苷的组成元素，高量施硫则明显提高蛋白质和硫苷含量。氮硫配合对提高产量和含油量有显著作用。

彩图 14-9
油菜缺硫植株形态

（5）硼素　油菜对硼的吸收随生育进程而增加，初花至收获的吸收量占总量的 87% 左右。土壤水溶性硼含量在 0.3 mg/L 以下为严重缺硼，油菜缺硼症状的明显出现是从盛花期到结果期，特别是出现大量"花而不实"现象，或花瓣枯干皱缩，不能开花，减产严重。土壤缺硼越早，对油菜生长发育的影响越严重，因而硼应早施，一般作基肥施用。

彩图 14-10
油菜缺硼植株形态

14.2.4　油菜产量与品质的形成

14.2.4.1　油菜产量的构成因素

油菜的产量由单位面积上的角果数、每果粒数和粒重三个因素所构成。在三因素中，以单位面积的角果数变异最大，不同栽培条件可相差 1 ~ 5 倍，是大面积生产中调节潜力最大的产量因素，并且与产量形成一定的比例关系，基本上为 1 万个角果可以获得 0.5 kg 种子（即"万角斤籽"）。每果粒数和粒重变异幅度则相对较小，不同栽培条件下，相差不超过 1 倍，若为同一品种，则变量更小，一般每果粒数变化范围在 10% 以内，千粒重在 5% 以内。不过当产量上升到一定程度，单位面积角果数已达到较高水平时，每果粒数与粒重对产量的影响则不可忽视。

（1）单位面积角果数 单位面积角果数的增加依赖于单位面积株数和单株角果数两者的提高。单位面积的株数即密度，一般来说通过增加密度来提高产量，效果是比较明显的。但超过一定的密度，特别是在肥沃的土壤上，产量不仅不能提高，甚至得到相反的效果。单株角果数主要由主花序角果数、一次分枝角果数及二次分枝角果数构成。其中一次分枝角果数是主要的，约占全株角果数的70%。因此增加单株角果数应以增加一次分枝数与每个分枝上的角果数为主，适时早播，培育壮苗，合理密植与施肥，防止蕾、花、角果的脱落。

（2）每角粒数 油菜的每角粒数与每角胚珠数多少、胚珠受精率和结合子发育率有关。每角胚珠数的多少，除与品种特性有关外，胚珠分化期间的植株长势和栽培条件也对它有很大影响，整株花的胚珠数约在现蕾前期至开花期决定。天气晴朗适于昆虫活动，或养蜂传粉，人工辅助授粉都有利于提高胚珠受精率。每角结合子发育率与油菜后期长势和栽培条件好坏有关。

（3）粒重 增加粒重，必须保证油菜花后叶片、茎枝和角果皮有较旺盛的光合能力，保持根系活力，使子粒获得充足的营养。

在目前生产条件下，对于角果数、每角粒数、粒重等产量构成因素都居于中等以上水平的品种来说，要获得 2 250 ~ 3 000 kg/hm² 的产量，需要每公顷有角果数（5.25 ~ 6.75）× 10⁷ 个，平均每角果有 20 粒以上的种子，千粒重 2.8 ~ 3.3 g（表 14–4）。

表 14–4　油菜在不同产量等级下产量因素和变幅（引自中国农科院油料作物研究所，1975）

产量变幅 / （kg · hm⁻²）	实际产量		角果数		每角粒数		千粒重	
	kg · hm⁻²	%	× 10⁴ （个 · hm⁻²）	%	粒	%	g	%
750 以下	537.0	100.0	3 451.5	100.0	17.4	100.0	2.78	100.0
750 ~ 1 500	1 248.0	232.1	4 774.5	138.3	18.1	104.0	3.00	107.9
1 500 ~ 2 250	1 827.0	339.7	6 097.5	176.7	19.8	113.8	2.89	104.0
2 250 ~ 3 000	2 425.5	451.3	6 769.5	196.1	20.6	118.4	3.13	112.6

14.2.4.2　产量构成因素的形成

（1）产量形成过程 油菜各产量因素形成出现的顺序是：角数在前，粒数随后，粒重最迟。油菜主茎顶端开始分化花芽是角果数形成的开始。当主花序第一个花芽分化的雌蕊内出现胚珠突起，是粒数形成的开始。始花以后，当第一朵花的胚珠开始长大增重，是粒重形成的开始。

各产量构成因素在数量的消长上又具有阶段性。随着分枝开始分化，花芽和植株进入旺盛生长时期，花芽分化加快，至始花期花芽总数达高峰，这一阶段是角果数的增长期。此后由于蕾、花、角果的脱落，以及部分角果变成阴角，角果数逐渐变小。到鱼雷期，受精胚珠的胚胎发育在终花后 15 ~ 20 d 角果数才定型，因此这段时期是角果数的决定期。由于在现蕾抽薹前后分化的花芽有效性的差异，可以现蕾期为界，从花芽开始分化至现蕾为有效花芽分化期，现蕾至始花为无效花芽分化期。随着花芽的发育，至开花时胚珠发育完成的过程中有少部分胚珠的胚囊可能因发育不全而退化，或开花时未能授粉或受精而败育。开花受精后，由于营养不足等原因，胚胎只能发育到鱼雷期之前，成为空瘪粒。至鱼雷期后随饱满种子的形成，粒数趋于稳定。由此可知，就一个角果而言，在胚珠数的基础上，粒数只是不断减少的。减少的时期可分为两个阶段，受精前属胚囊退化，受精后属胚胎退化。以单株或群体而言，大致在始花前，随单株或群体花芽分化和数量的增长，粒数也随之增长；始花后随胚胎滞育而减少，至终花后15 d左右，粒数定型。粒重在胚囊受精后就不断增大，但增长的速率也有阶段性。一般开花后25 d内为缓慢增长期，此后为快速增长期。总之，油菜产量的形成过程可概括为三个时期：① 花芽开始分化至开花前为角果数、粒数奠定期；② 始花和终花后15 d左右为角果数、粒数定型期；③ 始花后15～20 d至成熟为粒重的决定期。

油菜产量构成的三个因素是在花芽分化以后开始形成的，但只有苗前期有足够的生长量，才能分化较多的叶原基，为分枝结角做好准备，并提高幼苗的抗寒能力。生长前期宜在最适宜出叶的温度（20～16℃）下生长，然后在较低温度（<16℃）下缓慢通过春化阶段，最终在4～5℃（半冬性品种）或2～3℃（冬性品种）下结束春化。在这个过程中需要充足的光照和适量的肥水条件，保证适时进入花芽分化，同时合理的水肥管理促进发根长叶。但要避免过早的通过春化进行花芽分化。

（2）油菜高产途径　油菜栽培途径不断地发生改变，在生产上已经应用或正在发展的主要有三种。

① 油菜冬发高产途径　油菜幼苗有5～6片绿叶越冬、叶面积指数0.4以上的称为"冬养"类型；幼苗有7～8片绿叶，叶面积指数0.8左右的称为"冬壮"类型；幼苗有9～10片绿叶，叶面积指数1.5以上，开盘直径在30 cm以上者，称为"冬发"类型。一般冬养油菜产量约750 kg/hm²，冬壮油菜为1 500 kg/hm²左右，冬发油菜可达2 250 kg/hm²左右。冬发技术需要采用甘蓝型中熟品种，移栽6～7片叶的大壮苗，80%的肥料在冬前施用，其中底肥约占50%，并注意防止菌核病。

② 油菜秋发高产途径　油菜在秋末开盘发棵称"秋发"。即油菜在11月底有绿叶9～10片，叶面积指数1.5～2.0，每公顷植株干重2 250 kg以上；到12月底，植株绿叶达12～13片（四川13～14片），叶面积指数2.5～3.0，每公顷植株干重3 750 kg以上。在长江中上游两熟制地区，秋发油菜每公顷产量为3 000 kg以上，长江下游为3 375 kg以上，比冬发型增产30%。秋发栽培也需要选用增产潜力大，抗性强，高产稳产的中迟熟甘蓝型良种。这项技术一般在早播及育苗移栽条件下采用，由于发育早、个体大，存在易早薹、早花及发生倒伏的风险。

③ 油菜密植增角高产途径　随着油菜直播与机械化栽培技术的发展，选用早中熟品种，适当推迟采取以密为主、密肥结合的技术途径，主攻目标为单位面积角果数，种植密度提高到（15～45）×10⁴株/hm²，使油菜花期整齐，群体一次有效分枝数、有效角果数、实粒数增加，油菜个体与群体生长协调，在相对较短的生育期内，实现油菜的丰产栽培，产量达到3 000 kg/hm²以上。

14.2.4.3　油菜品质的形成

（1）油菜籽的物质组成与品质特性　油菜籽由30%～50%的脂肪（即菜油），21%～30%的蛋白质，以及糖类、维生素、矿物质、植物固醇、酶、磷脂和色素等物质组成。

菜油的脂肪酸主要有棕榈酸、硬脂酸、油酸、亚油酸、亚麻酸、花生烯酸、芥酸（erucic acid）7种。普通菜籽油的主要问题是芥酸（50%左右）和亚麻酸含量高，油酸和亚油酸含量较低，而双低油菜籽的芥酸含量在2%以下，甚至不含芥酸，使菜油的脂肪酸组成更加理想：① 双低油菜油的饱和脂肪酸只有7%，是普通食用油最低的，比大豆油（15%）低1倍，比动物油（猪油43%，牛油48%）低6～7倍；② 双低油菜油酸含量为60%，仅次于橄榄油，而高油酸双低油菜油的油酸含量达到75%～80%，超过了橄榄油。同时油菜油中亚油酸的含量远低于红花、向日葵、大豆、芝麻等植物油。

硫苷（thioglycoside）是一类葡萄糖衍生物的总称，是普通菜籽饼中的主要有害成分。它本身无毒，但能溶于水，在芥子酶的作用下裂解成为几种有毒物质。这些产物的毒性大小顺序为：腈 > 唑烷硫酸 > 异硫氰酸盐 > 硫氰酸盐。

国内外油菜育种家们认为最理想的食用油菜品种应该具有：脂肪酸组成中应少或无芥酸、高油酸和低亚麻酸；饼粕中含硫苷低，含芥子碱、植酸微量；高油分和高蛋白含量、低纤维素含量或具有黄色种皮颜色（黄皮子粒一般含油量高，油黄清澈透明）等优良品质。当前所说的优质油菜主要是指双低油菜（油中低芥酸、饼中低硫苷含量）。

（2）优质油菜的品质指标　一般分为物理指标和化学指标。

① 物理指标　主要包括种皮色泽、厚薄、皮壳率，油的色泽、透明度、气味等。

② 化学指标（即化学成分）　a. 种子含油量 40%～45%。国际上高含油量的标准是 45% 以上，我国一般要求达到 40%～42%；b. 油中脂肪酸组成为芥酸含量 < 1% 或 > 55%，亚麻酸含量 < 3%；c. 饼中硫苷含量 < 40 μmol/g（国内标准），或 < 30 μmol/g（国际标准）；d. 纤维素含量 < 10%；e. 叶绿素含量低，成熟不好的菜籽一般叶绿素含量高。

2001 年 4 月 1 日我国农业部颁布实施的农业行业标准规定，低芥酸、低硫苷油菜籽中芥酸含量不高于 5%，硫苷含量不高于 45 μmol/g。

（3）油菜品质的形成　油菜花后 25 d 子粒增重加快，40 d 左右子粒干重超过果皮。当子叶形成时，子叶中就有油滴出现，以后脂肪含量随种子重量增加而增加，开花后 20～30 d，种子发育缓慢，脂肪积累占种子干重的 6% 以下，开花后 25～30 d 增加最快。开花后 40 d 粗脂肪含量可达到 46% 左右。成熟期至完熟期，种子脱水变色，含油量停止增长并略有降低。油菜开花后 25～45 d 是粒重与含油量增加最多时期，种子中所有养分 70% 左右，所有脂肪 90% 左右是在这 20 d 中形成的。当子粒油分逐渐增加时，含糖量相对减少。可溶性糖含量在开花后 25～35 d 子粒由 35%～45% 快速下降到 10% 左右。随种子成熟，低芥酸油菜的油酸含量上升，亚油酸、亚麻酸含量下降，低芥酸品种的芥酸含量变化不大，高芥酸品种在开花 21 d 后逐渐上升，49 d 达到 40% 以上。

油菜在终花至成熟阶段，一个月内氮素积累量占全生育期总氮量的 15%～18%。进入生殖生长后即氮素从营养器官流向生殖器官。角果的氮素积累在开花后不断增加，终花期比初花期总氮量增长 6 倍，成熟期又比终花期增长 2.5 倍。其中果壳与种子的氮素积累有明显的库源关系，根吸收的氮素及营养器官积累氮先向角壳集中，最后集中于种子。花后 28 d 果皮全氮含量迅速下降，子粒全氮含量直线上升，氮代谢中心从角果皮向子粒转移。种子发育前期的蛋白质积累速率快于脂肪，在花后 16 d 蛋白质含量为 8%～16%，开花 35 d 后稳定在 25% 左右。

在开花后约 20 d 种子发育初期，高硫苷和低硫苷品种的总硫苷含量几乎没有差异，随种子的发育，两类品种硫苷含量均降低。但低硫苷品种持续下降，至花后 44 d 稳定在 20 μmol/g 左右或更低，而高硫苷品种则在种子成熟后期回升到 60 μmol/g 以上。

14.3　油菜栽培技术

14.3.1　种植

14.3.1.1　轮作换茬

（1）双季稻、油菜三熟制　早稻—晚稻—油菜一年三熟种植制度季节矛盾突出，油菜只能育苗移栽。此外，三季作物的品种选择十分重要，早稻、晚稻、油菜都选用中熟品种较为合适，可保证三季作物都获得高产。

（2）一水二旱三熟制　如早稻—秋大豆—油菜；早稻—秋季绿肥—油菜等。

（3）水稻、油菜两熟制　包括中稻—油菜两熟制和一季晚稻—油菜两熟制。前者可实行油菜直播，后者由于季节矛盾，油菜要采取育苗移栽。

（4）旱作（棉花、玉米、高粱、烟草等）、油菜两熟制　如油菜—夏玉米；油菜—棉花等。油菜可移栽或直播于前作物的行间，但要在前作物宽行内种植，以保证油菜苗的正常生长。

14.3.1.2　土壤条件与整地

（1）对土壤的要求　油菜对土壤酸碱度的要求为 pH 5~8，而以弱酸性或中性最为有利。油菜也能忍受盐碱，在含盐量为 0.20%~0.26% 的土壤上能正常生长。油菜最忌土壤僵板不透气，若土壤板结，播种时种子不能发芽，出土易烂种，幼苗期植株苗易僵化老死；移栽时不易发新根，幼苗生长缓慢甚至死亡。

（2）整地技术

① 苗床地整地　选用土地平整肥沃，背风向阳，排灌方便的旱地、早茬地、半沙半黏地作苗床，前作为花生、芝麻或早黄豆比较理想。油菜种子小，耕整要求达到"平、细、实、净、融"，即床面平整，土层细碎并适当紧实、无残茬杂草、土肥融合。地势较低或土质黏重，必须制成高床（厢），床面宽 1.3~1.7 m，沟宽 0.27~0.33 m，沟深 0.15~0.25 m，便于排水。

② 直播地整地　整地质量是实现全苗、齐苗、壮苗的关键。前茬收割后，趁土壤湿润进行翻耕，以免表土板结。翻耕后充分曝晒，疏松土壤。在土壤干湿适宜时进行耕耙保墒。要求达到土细、土碎，床面平整无大土块，不留大孔隙，土粒均匀疏松，干湿适度。如前茬收获较晚，应抢时抢墒整地。床面宽一般为 1.5~3.0 m，沟宽 0.3 m，深 0.2 m，做到"四沟"配套，沟沟相通。

③ 稻田整地　水稻收获前适时排水晒田，收获后抓住晴天及时耕翻坑土晒垡，切忌湿耕。研究表明，水稻田干耕比湿耕的土温、土壤有效养分及土壤孔隙度都有提高，并能降低土壤容重和湿度，减少大僵块的形成。耕翻后的土壤应耙细整平，开沟作畦。在土壤黏重、地势低、排水困难的田块，宜采用深沟窄畦。畦宽 1.65~2.00 m，沟深 35 cm。

（3）优质油菜生产基地的隔离保优措施　油菜在种植过程中容易混杂，原因有三种。一是生物学混杂，主要由于插花种植了双高油菜品种或其他十字花科作物，发生开花期间相互串粉；二是机械混杂，主要途径有播种、清沟、脱粒、晒种、清选、贮藏、调运、收购等环节中，控制不严格发生混杂；三是稆生油菜（自生油菜）混杂，即落在地里的油菜籽发芽出苗并产生混杂。

保优栽培措施包括以下三个方面。第一，采取隔离措施，优质品种和普通品种种植区域至少相隔 800 m 以上，或利用现有高大林带、天然山丘或湖泊，以及不同作物种植区进行隔离；或安排好播种时间，错开油菜与其他十字花科作物的开花季节。第二，严把从播种到种子收获、调运全过程的每一道关口。第三，防止稆生油菜混杂，可实行水旱复作轮作；或油菜收获后、播种前灌水，促使落地种子发芽，播种前喷施一遍灭生性除草剂。

（4）免耕栽培　我国长江流域油菜播种移栽时间往往与水稻、棉花茬口发生矛盾，同时常出现的"夹秋旱"、阴雨连绵的天气，以及由于冷浸田、土壤黏重、翻耕地困难而延误油菜播栽期，免耕栽培可有效解决季节矛盾及湿害等问题，同时具有保持土壤结构、提高播栽质量、省工节本等优越性。目前生产上主要推广的有免耕直播或移栽，或在水稻、棉花收获前进行行间免耕套播、套栽。

免耕直（套）播油菜表现为生育期伸缩性大，成熟期相对稳定；株体小，靠多株多角高产。因此应选用早熟耐迟播、种子发芽势强、春发抗倒、株高适中、株型紧凑、直立、抗病性好的双低油菜新品种。在管理上应注意保证播种移栽质量，合理密植，及时中耕培土与除草，增施腊肥、追施薹肥、后期看苗补施花肥、防止早衰。稻田免耕栽培最关键的问题是避免渍害。

14.3.1.3　适时播种

（1）确定适宜播期的原则　应综合考虑气候、种植制度、品种、病虫害等因素。

①　气候条件　播种期一般在旬平均气温 20℃ 左右为宜，秋季气温下降早，降温快的地区和高寒山区应适当早播，秋雨多和秋旱严重的地区，应抓住时机及时播种。

②　种植制度　根据茬口情况安排适宜的播种期，同时考虑移栽油菜的苗龄及移栽期，与前作顺利连接，避免形成老化苗、高脚苗。

③　品种特性　春性强的品种应适当晚播，冬性和半冬性品种适当早播，营养期增长，有利于发挥品种的潜力争取高产。长江流域一般甘蓝型迟熟品种宜早播（9 月上旬），中早熟品种可略迟播（9 月中下旬），早熟品种可在 10 月上中旬播种。

④　病虫害情况　一般病毒病、菌核病与播种期关系密切，在发病严重地区，应适当迟播。

（2）适宜播种时间　冬油菜适宜播种期变幅在 8 月下旬至 10 月下旬。直播应根据茬口天气掌握适宜播种期。长江中下游杂交油菜一般宜在 9 月 25 日以前播种。双季晚稻田油菜可选用"湘油 15 号"等耐迟播品种，在 10 月中旬前播种，一般不宜超过 10 月底；但采用适宜密植的耐迟播半冬性品种如"浙大 630"，10 月中旬至 11 月上旬播种仍然可行。

（3）种子处理　种子在播种前要进行晒种、选种、消毒。晒种 1~2 d，每天晒 3~4 h。然后利用风力或筛将大小粒、菌核、空粒、秕粒、杂物等分开，也可以用浓度为 8%~15% 的盐水选种，黄泥浊液相对密度 1.05~1.08，达到无秕粒、无霉粒、无菌核、无病粒和无虫蛀粒的标准。用 50~54℃ 的温水浸种 15~20 min 可以起到杀灭病菌及催芽两种作用。播种前还可用 80 mg/kg 的尿素加 16 mg/kg 的硼溶液浸种 5 h，能促进壮苗早发。

（4）播种技术　为了播种均匀，可将种子分床定量，拌适量细土或草木灰撒播，或用 1.5 kg 细沙或炒熟的商品油菜籽拌匀，来回撒播、高抛远撒、确保落籽出苗均匀。播种深度 0.5~2.0 cm。

播种后每公顷用火土灰、土杂肥 7 500 kg，以及 1 500 kg 稻草覆盖，以利于保温、保湿。干旱时应进行沟灌抗旱促出苗，但严禁畦面漫灌。坚持"三湿"（床土湿、种子湿、盖土湿）播种法，就是连续晴天，也可保证 4~5 d 出苗。

14.3.1.4　育苗移栽

（1）壮苗的标准　壮苗是指苗龄足够，器官发达，功能旺盛，生活力强，有利于形成高产群体的油菜苗。一般壮苗比弱苗能增产 10% 以上。各地对油菜壮苗形态特征的描述归纳起来有如下标准：株型矮健紧凑，茎节密集不伸长；根茎粗短，无高脚苗、弯脚苗；叶片数多，叶大而厚，叶色正常，叶柄粗短；根系发达，主根粗壮；无病虫害。对壮苗的要求可简述为：绿叶 6~7 片，苗高 20~23 cm，根颈粗 6~7 mm。

（2）苗床准备　结合整地应施足底肥，以有机肥为主，也应注意氮、磷、钾配合。可每公顷施入土杂肥 30 000~37 500 kg，加过磷酸钙 300~450 kg，草木灰 1 500~2 250 kg，硼砂

彩图 14—11
油菜壮苗形态

7.5 kg，肥力不足的可加施尿素 22.5 kg 撒施于苗床表面。

（3）播种量　苗床应留足，苗床与大田比例一般为 1：（4~5）。一般甘蓝型油菜每公顷播种量 7.5~10.5 kg，杂交品种为 6.0~9.0 kg，白菜型可适当增加播种量，芥菜型则反之。

（4）苗床管理　苗床管理应做到两早两勤。

① 早间苗定苗　齐苗后第一次间苗，做到苗不挤苗。一片真叶时第二次间苗，苗距为 3.0~6.5 cm，做到叶不搭叶。三片真叶时定苗，苗距 8~9 cm。应去小留大、去病留健、去弱留强、去杂留纯。

② 早追肥除草　油菜出苗时即处于"离乳期"，5 叶以前需要较多的养分，因而追肥要早，多在定苗期施第一次追肥；5 叶期后不施或少施。移栽前 6~7 d 施一次"起身肥"。结合施肥注意除草。

③ 勤浇水排水　长江中下游播种后常有干旱发生，要及时抗旱保苗。雨多土湿则应及时清沟排水。

④ 勤防治病虫　苗期主要害虫有蚜虫、菜青虫、跳甲虫等，以蚜虫危害最重，除直接危害油菜外，还传播病毒病，可用 2.5% 敌杀死 300 倍液防治。苗期病害有猝倒病、病毒病、霜霉病、白锈病等，在秋雨多的年份猝倒病危害严重，可用波尔多液防治。

（5）移栽　一般以旬平均气温 13~15℃ 移栽为好，长江中下游在 10 月中下旬为宜。有明显越冬期的地区，移栽至冬前应有 40~50 d 的有效生长期，以利于形成壮苗越冬。移栽前一天应将苗床用水浇湿，取苗时要多带土，少伤根。最好边取苗，边移栽，边施定根肥。栽后浇足定根水。

14.3.1.5　直播

早期直播油菜通常处于播期偏迟、耕作粗放的条件之下，由于发苗不足，抗旱排涝环境条件较差，产量不宜保证等原因，曾经被育苗移栽技术所替代。近年来通过改进栽培技术，直播油菜在一定范围内也能充分利用群体生长优势，争取每公顷有足够的有效角果数，从而取得理想的产量。

我国已开始推广机械直播，湖南、湖北等地已推广应用了浅耕、开沟、施肥、条播等多种工序一次完成的油菜直播机。

（1）做好播前准备　播种前如果土壤干燥，要沟灌一次跑马水，待畦面土壤湿润后，排干水马上播种。农民习惯以"田土不陷脚"为适宜直播的标准。若田间墒情好，可随时施肥耕耙、整好沟厢后撒种，然后轻直耙一遍即可。若田间墒情差，可施肥整地后，打上封闭除草剂待播。

（2）提高播种质量，争取一播全苗　油菜直播栽培成败的关键是保证足苗、匀苗和壮苗。一般 9 月播种温度较高，如水分不足不易出苗，或易遭鸟害，播种量宜在 0.3 kg 左右。10 月 15 日前播种每 667 m² 用种量 0.2 kg，10 月 15 日以后播种每 667 m² 用种量 0.25 kg。播种后浅覆盖并注意灌水。

（3）确保适宜密度　3 叶 1 心期间苗，5 叶期定苗。定苗数量根据地力确定。

（4）科学施肥，促进冬壮春发　基肥一般在开沟前施下。苗肥在 2~3 片真叶和 5~6 片真叶时分次施用，每公顷施尿素 75.0~112.5 kg。

（5）病虫草害防治　直播油菜草害严重，又很难进行中耕除草，因此必须选用合适的化学除草剂进行播种前、播种后化学除草，控制草害。

14.3.1.6 种植密度

合理密植就是要使全田油菜有适宜的叶面积指数。甘蓝型油菜单产量 3 000 ~ 3 750 kg/hm² 的群体叶面积动态大体是：越冬前叶面积指数 1.5 ~ 2.0，现蕾抽薹期 1.5 ~ 2.5，盛花期 4.0 ~ 4.5。

（1）确定种植密度的原则　一般水肥条件好、气温高、雨水较多的地方，以及在播种期早、个体生长旺盛、株型松散、分枝部位低、晚熟品种情况下，应适当栽稀些，反之宜密。菌核病严重地区应适当稀植，而病毒病严重的地区应适当增大密度，以提高田间相对湿度，控制蚜虫的繁殖和迁移，减轻病毒病的传播和蔓延。

（2）适宜种植密度的范围　不同条件下的适宜种植密度差异较大。如采用育苗移栽方式，移栽（6 ~ 12）× 10⁴ 株 /hm²。近年来直播技术的发展与应用，发现密度为（30 ~ 45）× 10⁴ 株 /hm² 较为适宜。一般在较肥地力条件下，早播以种植（15 ~ 30）× 10⁴ 株 /hm² 为宜，中等地力水平下可种植（30 ~ 45）× 10⁴ 株 /hm² 为宜，瘦地迟播以（60 ~ 75）× 10⁴株/hm²为宜。

9月下旬播种的，定苗（22.5 ~ 30.0）× 10⁴ 株 /hm²，10 月上旬播种的，定苗（30.0 ~ 37.5）× 10⁴ 株 /hm²，10 月下旬播种可增加到 45 × 10⁴ 株 /hm²。

（3）种植方式配置　宽窄行：可采用宽行 45 cm，窄行 25 cm 的行距种植。宽行窄株：放宽行距，缩小株距（如行距 33 cm，株距 13 ~ 16 cm）的种植方式。等行株距：行距、株（穴）距相等的种植方法。在低密度下多采用。这种种植方式油菜的分枝分布较均匀，分枝及结果较多。

14.3.2 施肥技术

14.3.2.1 根据目标产量及土壤肥力确定施肥量

应根据种植油菜想要达到的目标产量及土壤肥力状况确定营养元素的施用量。表 14-5 列出了根据油菜籽目标产量确定的土壤的氮磷钾参考使用量。

表 14-5　根据油菜籽目标产量确定的肥料推荐施用量（单位：kg/667 m²）（引自鲁建威，2006）

油菜籽目标产量	N	P₂O₅	K₂O
< 100	6 ~ 9	1.3	2.0
100 ~ 150	8 ~ 11	1.3 ~ 2.7	2.0 ~ 4.0
150 ~ 200	10 ~ 13	3.0 ~ 4.3	4.0 ~ 5.3
200 ~ 250	12 ~ 16	4.3 ~ 5.7	5.3 ~ 6.7
> 250	15 ~ 20	5.7 ~ 6.7	6.7 ~ 8.0

14.3.2.2 基肥施用技术

翻耕整地应施足以农家肥、有机肥为主的基（底）肥。基肥也可施在移栽穴内作"随根肥"，尤其是双季稻前作，移栽前来不及翻耕的田地，将基肥穴施更为有利。移栽油菜一般施肥量占总量的 30% ~ 40%，高产田可增至 50%。一般每公顷施土杂肥 112 500 kg 左右，复合肥 375 ~ 450 kg。每公顷基肥用量参考配方为：碳酸氢铵 300 ~ 375 kg，过磷酸钙 225 ~ 375 kg，草木灰 2 250 kg 或硫酸钾 75 ~ 150 kg，以及硼砂 7.5 kg 拌和厩肥、土杂肥施下。直播油菜大田生活周期要长一些，基肥施用量可占总施肥量的 40% ~ 60%。

14.3.2.3 追肥施用技术

（1）早施增施苗肥 油菜苗期长，吸肥量大，必须重视苗肥的施用。一般在直播定苗后或移栽成活后及时施第一次苗肥，如底肥少、长势差则半月后再酌情追施一次。第一次施肥可每公顷用尿素 45～75 kg。在 12 月中旬至 1 月中旬，油菜必须重施一次苗肥（腊肥），这次施肥具有保冬壮、促春发的作用。腊肥以迟效性农家肥为宜，生长过旺的幼苗，腊肥可少施或适当推迟施用，一般每公顷施猪牛栏粪 15 000～22 500 kg。若不施农家肥，可根据苗情以及是否施用薹肥选择施用尿素 45～150 kg。

（2）稳施薹肥 薹肥的施用应看苗而定，若叶色淡黄或发红，甚至全株带紫色，茎细弱则应早施、重施；反之应少施。通常在 1 月下旬至 2 月中旬施用。采用秋发高产栽培或播种期较晚的直播油菜品种，薹肥用量为每公顷施 75～150 kg 尿素，并根据苗情在现蕾后或薹高 12～18 cm 时酌量施下。稳施薹肥可实现春发稳长，争取薹壮枝多，角果多，产量高。为防止"花而不实"，在蕾薹期每公顷施用高效速容硼肥 1 500 g 加水 450 kg 均匀喷施。

（3）巧施花肥，补施粒肥 对春发不足，植株个体与群体均较少，到花期叶片未能封行，叶色淡绿或发黄的油菜地，应用人畜尿水加尿素追施花肥。否则可只对少数生长较差的植株补施。花肥一般在开花前后或初花期施用，用量为每公顷 45～75 kg 尿素或硫酸铵 105～225 kg。初花期用尿素 1.0%，磷酸二氢钾 0.3%～0.5%，硼砂 0.2%～0.3%溶液喷施作粒肥（每公顷用水 1 500～1 950 kg），是补救和控制油菜生长发育的有效方法，不仅增角、增粒、增重，还可以提高含油量。

14.3.3 灌溉排水

长江流域一般秋冬干旱情况比较普遍，应注意抗旱保苗。但三叶期以前宜采用浇水灌溉，尤其以清粪水为佳。大水漫灌易造成土表结壳和板结，空气减少，导致出苗困难和死苗现象，移栽油菜则易长期处于"假死"状态。因而移栽和定苗后，要及时浇定根水，保持土壤湿润。油菜苗期干旱，可引水沟灌，或结合追肥进行灌溉，促进发根长叶，形成壮苗越冬。冬前灌越冬水，可以缩小土壤的昼夜温差，减轻冻害死苗现象，增产效果很好。灌冬水是华北平原冬季严寒地区油菜栽培的关键措施。长势好的油菜可在土壤封冻前 10～15 d 灌水，以利于中耕培土；长势差的则应适当提早进行，以促进冬前发育。我国北方及西南各省，薹期气候干燥，应根据土壤墒情进行适当灌溉，春发不足的油菜要结合施肥早灌；发而不稳的油菜要推迟灌水，以水控肥。花期遇干旱应酌情进行灌溉。

开春后，我国南方时有阴雨连绵，造成土壤含水量过高，通气不良，不利于油菜根系发育，但有利于菌核病的发生，春后及时清理三沟，保证排水畅通，雨住田干，可减少花角脱落及无效角果。

14.3.4 植物生长调节剂的应用

应用生长调节剂培育矮壮苗是近年来采用较多的一项技术，特别是使用多效唑和烯效唑。三叶期叶面喷施 100 mg/kg 的多效唑或稀效唑（即 15% 多效唑，或烯效唑粉剂 50 g 兑水 50 kg 均匀喷施至叶片滴水），油菜幼苗高度显著矮化，根茎横向增粗，分枝数目明显增加，叶色变为深绿，移栽后成活快，有利于增产。但若幼苗生长不良，长势弱时不宜喷施。

14.3.5 中耕除草及培土

直播油菜一般在定苗后进行一次浅中耕（3 ~ 5 cm），11 月进行一次深中耕（7 ~ 10 cm），并结合培土壅蔸，可减少冻害和防止春后倒伏。移栽油菜栽后成活半月左右进行第一次浅中耕，消除表土板结，促进根系生长；11 月下旬和 12 月上旬进行一次深中耕，疏松土层，促进根系下扎；在 12 月下旬至 1 月上旬可再进行一次浅中耕，并结合培土壅蔸。应注意在大霜冻之时不宜中耕，以免损伤根系，加重冻害程度。三熟制油菜田，由于脱水时间短，不能晒田，收割水稻后来不及整地或整地质量不太好，冬季深中耕尤为重要。

直播油菜特别要加强化学除草，播种前每 667 m² 大田用 10% 草甘膦 500 mL 加水 50 kg 喷雾；播种后杂草三叶期每 667 m² 用 15% 精稳杀得 50 mL 或 5% 精禾草克 50 mL 或 10.8% 高效盖草能 30 mL 加水 40 kg 喷雾。草多的田块在 2 月 10 日前后要进行第二次化学除草。

14.3.6 防止早花和冻害

14.3.6.1 防止早花

早花是指冬前和越冬时出现抽薹和开花现象。油菜提早抽薹开花，植株容易受冻害，影响生长发育和受精结实，降低产量。早花的原因是春性品种和一部分半冬性早中熟品种播种过早造成的，特别是秋冬温度较高的地区和年份更为严重。此外，水肥条件差、留苗过密、苗龄太长等，都会促使早花的出现。防止油菜早花可采取以下措施。

（1）确定适宜播期 根据不同品种的感温性确定适宜的播种时间。

（2）中耕松土 疏松土壤，使之通气良好，有利于油菜生长发育，同时通过损伤部分根系，暂时控制生长，有缓和抽薹开花的作用。

（3）及时摘薹 已经抽薹的油菜，在薹高低于 30 cm 时及时摘薹，可以延迟开花，避开早春低温冻害，对生长健壮的油菜，还有促进分枝、增加结实的作用。摘薹后应及时追施速效性肥料，瘦弱植株若不及时追肥反而会造成损失。

14.3.6.2 防止冻害

油菜冻害有春冻和冬冻两种。冬冻是越冬期低温引起的幼苗叶、根受冻；春冻是春季寒潮引起的叶、茎和蕾薹、幼果受冻，一般冬冻发生比较严重，冻害的表现主要有以下三种情况。

（1）叶片受冻 是油菜受冻最普遍的现象。当气温下降至 –5 ~ –3℃时，叶片的细胞间隙和细胞内部结冰，细胞失水，叶片会出现冻伤斑块，呈现苍白和枯黄。当春季寒潮气温下降不太大时，叶背表皮生长受阻，叶片其他部分仍继续生长，则导致叶片出现凹凸不平的皱缩现象。

彩图 14–12
油菜叶片受冻

（2）根拔 当播种或移栽过迟，整地质量差，且土壤水分较多时，瘦小或扎根不深的油菜苗，若遇夜晚 –7 ~ –5℃的低温，土壤便会结冰膨胀，土层抬起并带起油菜根系；待白天气温上升，冻土融化下沉时根系便被扯断形成根拔外露，再遇冷风日晒，则造成大量死苗。

彩图 14–13
油菜蕾薹受冻

（3）蕾薹受冻 油菜抽薹后抗寒力下降，遇到 0℃以下低温则易受冻。蕾受冻呈黄红色而后枯死。薹受冻初呈水烫状，嫩薹弯曲下垂，进而破裂；轻者可恢复生长，重者折断枯死。

预防冻害首先应选用抗寒性强的冬性晚熟品种，在此基础上培养壮苗。叶片数多、根茎粗壮的幼苗耐寒性强。在栽培管理上应做到适时灌水防冻；合理配合施用氮肥、磷肥、钾肥，在腊月于行间壅施有机肥，或降温前撒施草木灰、谷壳灰于叶面；施用多效唑、烯效唑或矮壮素可增加油菜抗寒力，一旦冻害发生应立即摘除受冻叶片及薹部，同时施少量速效肥，使植株恢复生长，若产生根拔情况应及时培土压蔸，减少冻害损失。

14.3.7　防止倒伏及高温逼熟

终花后至角果大小基本定型时常发生倒伏折断现象。特别在遇大雨、大风等气候时，有旺长、密度过大、移栽过浅、培土不够、排水不畅或菌核病使茎秆受害等情况的油菜田最易发生。倒伏的植株输导系统受损，营养物质不能正常运输；压在下层的角果接受阳光大大减少，光合作用减弱；田间通风、透光差，相对湿度提高，易引发霉烂，加剧菌核病的发生和蔓延。防止和减轻倒伏，应选用抗倒性强的品种，注意合理密植；移栽取苗时应注意保留一定长度的主根，栽植深度适宜；开好深沟，降低地下水位，搞好中耕松土、培土培根等。

长江中下游地区一般在旬平均温度接近 10℃ 时油菜始花，4 月中旬以后常有大于 30℃ 的高温出现，气温过高会使养分来不及转运而造成逼熟现象，不仅使子粒灌浆不足，千粒重下降，也大大降低含油量。因此，在这类地区种植应注意选择适宜熟期的品种，尽量避开高温天气。在有条件的地方，可在高温期间进行喷灌，改善田间小气候。

14.3.8　防治病虫害

油菜的病虫种类较多，已发现有 30 多种。病害以菌核病、病毒病、白锈病、霜霉病发生较普遍。虫害以蚜虫、菜青虫、跳甲发生较普遍，应进行综合防治。苗期蚜虫防治可用 10% 蚜虱净每 667 m² 15 g 加水 40 kg 喷雾。开春后抓好蚜虫及菌核病的防治工作。

除了适时喷洒化学药剂以外，综合防治的主要措施还包括以下四点。

（1）合理轮作，适时换茬　尤其南方冬油菜产区应提倡稻油水旱轮作。轮作换茬对菌核病防治效果最好。对病毒病、霜霉病也有防治作用，油菜与十字花科蔬菜连作病害显著增加。

（2）选用高产抗病品种，合理布局　品种单一化，包括大面积连片种植和连年种植同一品种，会引起品种抗性的丧失和退化，也有利于病虫的积累和传播，应做到多品种合理布局。

（3）精选种子，适时播种和移栽　播种前精选并处理种子，可清除混在种子中或种子表面的病菌和虫瘿。油菜播种过早会加剧蚜虫、病毒病和软腐病的发生和危害。

（4）加强田间管理　深耕培土可将菌核和越冬跳甲等深埋土中，蕾薹期中耕培土可在菌核萌发前埋杀，合理密植与施肥，清沟排渍，降低田间湿度，可减轻大多数病虫害的发生，但蚜虫危害严重的地区和年份应适时灌溉。

春雨多的年份易流行菌核病。因此在上述措施基础上，还应注意在盛花期至终花期，晴天露水干后及时摘除黄叶、老叶、病叶并带到田外销毁，以减少病源，改善田间通风、透光条件。增施钾肥可增强植株抗病能力，在翌年 2 月下旬至 3 月上旬进行，每公顷用氯化钾 75～80 kg，选择晴天下午兑水浇施油菜根部。也可在现蕾期至开花期，根外喷施磷酸二氢钾溶液。对感病品种田、连作田、低洼田及偏施氮肥长势过旺的油菜田，则应在初花期至盛花期田间病叶率达到 8%～10%、病茎率 1% 时，每公顷用 40% 的多菌灵胶悬剂 2.25 kg，兑水 750～1 125 kg 喷施，隔 7～10 d 再喷一次。喷药时应喷在油菜中下部茎叶上，以提高防治效果。

14.3.9 收获

14.3.9.1 适宜的收获时期

油菜的花序为总状无限花序，角果成熟早晚很不一致。如收获过早，未成熟角果多，种子不饱满，含油率低。收获过迟，角果易炸裂，落粒严重，粒重和含油量也有下降。适宜的收获期在油菜终花后 25 ~ 30 d，掌握全田有 2/3 的角果呈黄绿色、主轴中部角果呈枇杷色、全株仍有 1/3 角果显绿色、子粒转为固有色泽时收获为宜。油菜适宜收获期较短，要掌握好时机，抓紧晴天抢收。

我国各地冬油菜的成熟收获时间有较大的差异，海口至昆明、桂林、福州一线，11 月下旬到 12 月初播种的白菜型油菜；次年 3 月即可收获。长江中上游地区白菜型油菜在 4 月下旬至 5 月初收获，甘蓝型油菜在 5 月上中旬收获。长江下游地区较长江中上游地区迟 10 ~ 15 d。关中、黄淮流域 5 月下旬收获甘蓝型油菜。而渭北、晋冀平原地区的白菜型油菜 6 月上旬成熟收获。

14.3.9.2 收获方法及脱粒干燥

应在早晨带露水收割，以防角果裂角落粒。主要采用人工割收和机械收获两种方法。

（1）人工割收 用镰刀割下植株，运回晒场堆垛后脱粒。应注意轻割、轻放、轻捆、轻运，以及边收、边捆、边拉、边堆。

割倒的油菜应及时捆好运出田外交错上堆，堆心不能过实以利于通气散热。堆放时应把角果放在垛内，以利于后熟。经过后熟的油菜籽重和含油量都会增加，且容易脱粒。堆顶用稻草或薄膜覆盖，防止雨水浸入以及高温、高湿导致菜籽霉变。一般堆放 5 ~ 7 d 后，抓住晴天清晨及时散堆，均匀摊晒，厚度不宜超过 33 cm，连枷拍打可稍薄。基本脱粒干净后，清除秆、壳、渣，把种子晒干扬净。

（2）机械收获 有分解割晒和联合收获两种方式。分解割晒适用于生长繁茂，分枝多，角果成熟不整齐的田块。联合收获省工、省时，但收割时期只宜在黄熟后期，种子含水量 20% 左右时收获，过早脱粒不净，过晚碎粒率较高。

若采用机械收获，应选用产量高、抗性强、分枝少或不分枝、成熟期一致、角果不易炸裂的油菜品种栽培，适当增加种植密度，使成熟期相对集中。

14.3.9.3 贮藏

油菜入库的含水量不能超过 10%，长期贮藏的含水量必须控制在 8% 以下，应采用晾晒与烘干等方法降低含水量。可用一些简易的方法鉴定油菜籽的干燥程度，如手抓一把菜籽，子粒可从拳头两端或指缝中向外流出，或手搓菜籽发出沙沙的响声，表明油菜籽干燥状态良好。

14.3.10 油菜栽培技术的发展趋势

（1）栽培理念及技术途径需要重塑 我国油菜生产急需采用低成本、工序简化、适于机械化栽培技术，因此借鉴育苗移栽、秋发栽培理论与技术积累，探索与秋发栽培不同的高密度小个体、环境友好的新型栽培模式是理论与技术研究的发展方向之一。

（2）大力降低油菜生产成本 降低成本主要有三条途径：一是发挥优质高产品种潜力的配

套栽培技术；二是省工高效保优栽培技术的应用和普及，目前油菜生产上的省工栽培技术主要是免耕和直播，机械化生产以及相配套的农艺技术研究显得尤为迫切；三是以配方施肥为主的标准化生产管理技术。中国油菜的生产成本降低的最大潜力是降低劳动力成本，其中最主要的就是减少用工量。

（3）协同提高油菜产量与品质　同步提高油菜品质和产量是提高油菜产业科技含量的关键。根据不同品种对气候和栽培措施等的反应模式，确定品种的最佳种植区域、优化栽培管理措施，定向调控油菜关键品质（含油量、硫苷和芥酸），协调油菜产量、质量、环境矛盾，提高温、光、水、肥等自然资源利用率具有极其重要的意义和作用。目前我国需要在理论研究的基础上，建立较为完善的优质高效的油菜生产技术体系，质量控制技术体系，同时提高菜籽的质量和产量。

（4）发挥技术的综合优势　研究各地高产栽培经验、总结升华为具有普遍意义的油菜优质高产高效栽培理论。同时要注重学习吸取国外成熟的栽培理论成果，借鉴水稻、小麦等作物的单项栽培技术，通过集成组装优化，指导油菜生产。

（5）用高新技术武装和改造传统油菜生产　油菜栽培管理计算机专家系统、决策支持系统（DSS）、投入/产出会计系统（input/output accounting system）、以 3S 技术集成为主的油菜生长信息采集和实时监测技术，基于 3S 技术的变量投入技术等，已成为精准农业的核心内容。将这些高新技术积极应用于油菜生产，使油菜生产向标准化、精准化发展是必然趋势。

名词解释

白菜型油菜　芥菜型油菜　甘蓝型油菜　常规油菜　杂交油菜　优质油菜　双低油菜　一菜两用　蕾薹期　抽薹　初花期　盛花期　终花期　根颈　缩茎段　伸长茎段　薹茎段　长柄叶　短柄叶　无柄叶　主花序　分枝花序　稻生油菜　早薹早花　根拔　高温逼熟

问答题

1. 简述油菜的分类以及优质油菜的品质标准。
2. 简述油菜主茎叶片的分类及功能。
3. 简述油菜的温光反应特性及其在生产上的应用。
4. 简述油菜的产量构成因素及产量形成过程。
5. 油菜的品质形成有哪些特点？环境及农艺措施如何影响油菜的品质？
6. 矿质元素对油菜的产量和品质有哪些影响？
7. 油菜在不同生育时期如何追肥？

分析思考与讨论

1. 直播油菜与移栽油菜在生育特性及栽培管理上有什么差异？
2. 长江流域油菜直播可在 9 月中下旬至 10 月中下旬进行，从品种特性、种植密度、施肥量及施肥时间、基追比例等方面考虑，不同播种时间应该有哪些差异？

15

花　生

【本章提要】 花生别名众多，其中多数人较熟悉的是"落花生"，因为它是一种地上开花、花落以后在地下结果的特别作物。花生也常被称作"长生果"，因为人体需要的 42 种营养素，花生中含有 37 种，因此具有很好的滋养补益、延年益寿功能。全世界栽培花生已有几千年历史，多数人认为栽培花生最早起源于南美洲的巴西，大约在明代中后期被引入中国的东南沿海种植。发展至今，中国已成为世界最大的花生生产国。

本章介绍了花生的用途、花生的生产概况、花生栽培的生物学基础及栽培技术的发展。要求掌握花生的生长发育过程及不同阶段的管理目标、花生的器官形成过程与特点、花生产量与品质形成的基本规律，掌握花生开花下针的基本原理及促进下针结实的关键技术。

15.1　概述

花生（groundnut，peanut）拉丁名为 *Arachis hypogaea* Linn.，别名落花生、长生果、地豆、落花参、落地松、成寿果、番豆无花果、地果、唐人豆等。

15.1.1　种植花生的意义

15.1.1.1　花生是优质高产的油料作物
花生仁（peanut kernel）含油量 50% 左右，少数品种高达 60%。花生油含有一定量的亚油酸、多种维生素和矿物质，是一种品质优良的烹调用油。花生是世界五大油料作物之一，单产量较高。据测算，在优越的条件下，花生产量最高可达 17 340 kg/hm^2。

15.1.1.2　花生的营养价值高
花生仁含蛋白质约 30%，含有人体所必需的 8 种氨基酸，且比例适宜，其中赖氨酸含量比粮食制品高 3 ~ 5 倍。花生还含有维生素 B$_1$、B$_6$、D、E、K，以及卵磷脂、胆碱和多种矿物质，人体需要的 42 种营养素，花生中含有 37 种。所以花生有滋养补益、延年益寿的功能，其营养价值可与鸡蛋、牛奶、肉类等一些动物性食物相媲美。

15.1.1.3　花生的药用价值高
《本草纲目》记载："花生悦脾和胃润肺化痰，滋养补气，清咽止痒"。食用花生仁具有开胃、健脾、润肺、祛痰、清喉、补气等功效。此外，花生荚壳（peanut shell）有降低血压作用；花生种衣（peanut seed capsule）对多种出血性疾病都有良好的止血功效。20 世纪 90 年代以来，花生及花生油中富含白藜芦醇、β- 谷固醇和植物异黄酮等植物固醇引起了广泛关注。特别是白藜芦醇，它是一种生物活性很强的天然多酚类物质，可预防肿瘤疾病，降低血小板聚集，预防和治疗动脉粥样硬化、心脑血管疾病。

15.1.1.4　花生是优良的食品加工原料和饲料

花生是 100 多种食品的重要原料，花生烘烤过程中有二氧化碳、香草醛、氨以及一些其他物质挥发出来，构成花生果仁特殊的香气。可以炒、炸、煮食，制成花生酥、各种糖果、糕点等传统食品，还可制成人造肉、人造奶、人造蛋白等新型食品。

花生饼（peanut cake）中含有 6% ~ 8% 的脂肪，且蛋白质含量达 50% 以上，高于其他饼，同时消化率也高于其他饼，适口性好，是优良的牲畜、禽、鱼类的精饲料。花生藤（peanut rattan）含有 12% ~ 14% 的蛋白质，是良好的饲草。花生荚壳含有 5% ~ 13% 的粗蛋白和较多矿物质，可生产食用菌或作为饲料和肥料。荚壳可用于制成纤维板，还可作黏胶的原料。

15.1.1.5　花生是用养结合的作物

花生有根瘤菌共生，能增进土壤肥力。同时，花生具有抗旱、耐瘠等特性，在轮作中具有重要地位。落花生属中的野生种抗逆性强，在热带、亚热带地区能四季生长，保持常绿并周年开花，是红壤山地生态和观光果园的优良套作植物，也是水土保持、培肥地力和绿化的优良草种。

15.1.2　花生生产概况

15.1.2.1　世界花生的生产及贸易概况

世界花生生产在 20 世纪 90 年代发展迅速，21 世纪以来发展较平稳。据联合国粮农组织统计资料，2001—2016 年，世界花生总产量增加了 816.6×10^4 t，种植面积增加了 458.0×10^4 hm^2，单产量提高了 38.4 kg/hm^2。在世界前十位生产国中，中国、印度、尼日利亚、美国、缅甸、印度尼西亚和阿根廷产量 2016 年合计达到 $3\ 512.5 \times 10^4$ t，占世界总产量的 76.9%，其中中国总产量 $1\ 668.6 \times 10^4$ t，占世界总产量的 37.9%，是世界最大的花生主产国。印度花生种植面积约 580×10^4 hm^2，总产量 $6\ 857 \times 10^4$ t，面积居世界第一位，总产量仅次于中国，居第二；塞内加尔花生面积占全国耕地面积的 40% 以上，花生控制着整个国家的经济命脉，故有"花生王国"之美称；美国花生总产量 257.9×10^4 t，居世界第四位，但单产量是世界十大主产国中最高的，为 4 118 kg/hm^2。世界花生单产量最高的国家是巴基斯坦，达到 5 355 kg/hm^2。但是近 30 年来，花生生产仍然没有发生根本性的变化，这是因为占世界花生面积 1/3 的印度和非洲地区，生产条件差，栽培技术和管理水平落后，单产量一直徘徊在 750 ~ 1 721 kg/hm^2 的水平，影响了世界花生产量水平的提高。

世界花生贸易量和进口市场一直比较稳定，每年的贸易量在总产量中约占 5% 的份额。20 世纪 70 年代以前塞内加尔、苏丹、南非等非洲国家是世界上的花生主要出口国。自 1975 年起中国、美国、阿根廷、印度花生出口发展迅速，逐渐成为世界主要花生生产国和出口国，其中以阿根廷在 21 世纪初的生产和出口发展最为迅速。目前中国、美国、印度、阿根廷四国出口量占世界总出口量的 66.7%。

15.1.2.2 中国花生的生产及贸易概况

我国花生分布甚广，除了西藏、青海、宁夏三省（区）外都有种植。花生生产主要集中在华北平原、渤海湾沿岸和华南沿海及四川盆地。河南、山东、广东、河北、辽宁、四川、广西、湖北、吉林、安徽等10个省（区）的花生面积占全国总面积的83%以上，总产量占全国总产量的88%。根据各地的地理条件、气候因素、耕作制度、品种类型和今后的发展趋势，我国花生生产可划分为7个自然区域：北方大花生区、南方春秋两熟花生区、长江流域春夏交作区、云贵高原花生区、东北早熟花生区、黄土高原花生区、西北内陆花生区。

随着我国农业供给侧改革的深入和食用油的需求形势，花生生产力度加大。2016年我国花生种植面积为 473.0×10^4 hm² 左右，单产量达到 3 657 kg/hm²，总产量达到 $1\ 729 \times 10^4$ t。种植面积最大的是河南（113×10^4 hm²）；其余依次是山东（74×10^4 hm²）、广东（37×10^4 hm²）、河北（34×10^4 hm²）、辽宁（28×10^4 hm²）、四川、广西、湖北、吉林、安徽；总产量最高的是河南，达到 509×10^4 t，其余依次是山东、河北、广东、安徽、辽宁、湖北、四川、吉林、广西等省（区）；单产量最高的是新疆，达到 5 827.05 kg/hm²，其次是安徽，为 4 955.00 kg/hm²，第三是河南，为 4 513.00 kg/hm²。据科技日报 2014 年报道，山东当年花生高产纪录达到 11 289 kg/hm²。

花生是我国传统的出口农产品之一。20世纪90年代以来，我国花生总产量不断增加，在满足国内市场需求迅速增长的同时，花生出口量保持了相对稳定的局面。花生出口量最大的年份是2002年，达到 49.3×10^4 t，创汇 15 550.4 万美元。近年来，山东是我国最大的花生出口省，出口量占全国的2/3以上，近三年年均出口花生（包括花生及其制品）60×10^4 t 左右；其次是河南、河北、辽宁、广东、江苏、安徽等省。中国花生主要出口到欧盟、东盟、日本、北美洲、大洋洲和东欧国家。目前，我国花生出口主要遭遇两大问题：一是产品结构处于较低水平，高附加值的花生产品出口少；二是容易遭受农药残留和黄曲霉素等为标志的国外贸易壁垒。

深入学习 15-1 世界主要花生进口市场对进口花生的要求

15.2 花生栽培的生物学基础

15.2.1 花生的类型及起源

15.2.1.1 花生的植物学分类及起源

花生属豆科（Leguminosae）、蝶形花亚科（Papillionoideae）、落花生属（*Arachis* Linn.），一年生双子叶草本植物。落花生属共有21个种，其中只有一个栽培种，其余均为野生种。栽培种为异源四倍体或区段异源四倍体，体细胞染色体数为40（$2n=4X=40$），包括A、B两个染色体组。而野生种多为二倍体，染色体数为20（$2n=2X=20$），少数为四倍体。栽培种花生（*A. hypogaea* Linn.）是由野生种演化而来。

花生栽培已有几千年历史，其地理起源尚有争议。多数人认为栽培花生最早起源于南美洲的巴西，而克拉波维卡斯（Krapovickas）研究认为花生栽培种很可能起源于玻利维亚的南部和阿根廷的西北部安第斯山麓或丘陵地区，也有学者认为花生可能最早种植于秘鲁。花生大约在明代中后期引入中国粤闽地区，在东南沿海种植，逐渐传播至全国各地。

15.2.1.2 花生的类型

1960年，克拉波维卡斯将花生栽培种分为密枝亚种（subsp. *hypogaea*）［交替开花型

（alternative flowering type），subsp. *alteniforens* Bai］和疏枝亚种（subsp. *fastigiata* Waldron）［连续开花型（continuous flowering type），subsp. *continueflorens* Bai］。前者又可区分为密枝变种和茸毛变种，后者进一步区分为疏枝变种和珠豆变种。这一分类方法已为国际所公认（表 15-1）。

表 15-1 花生栽培种的分类

中文名	学名	国际所称类型	我国所称类型
栽培种花生	*Arachis hypogaea* Linn.		
密枝亚种（交替开花型）	subsp. *hypogaea*		
1. 密枝变种	1. var. *hypogaea*	弗吉尼亚型（Virginia type）	普通型
2. 茸毛变种	2. var. *hirsuta* Kohler	秘鲁型（Peruvian type）	龙生型
疏枝亚种（连续开花型）	subsp. *fastigiata* Waldron		
1. 疏枝变种	1. var. *fastigiata*	瓦棱西亚型（Valencia type）	多粒型
2. 珠豆变种	2. var. *vulgaris* Harz	西班牙型（Spanish type）	珍珠豆型

1956 年，我国孙大容等根据荚果内种子数、果形、开花型及其他性状，将我国花生划分为以下四大类型。

（1）普通型（var. *hypogaea*） 该类型的主要特征是交替开花型，荚果为普通形，较大。果壳较厚，网纹平滑，种子二粒。花期较长，主茎不着生花。分枝性强，能生第三次分枝。生育期较长，春播 145~180 d。种子休眠期长，一般 50 d 以上。种子发芽对温度的要求较高，发芽温度为 18℃。

（2）珍珠豆型（var. *vulgaris* Harz） 该类型是连续开花型，荚果为茧形或长葫芦形，果较小，果壳薄，含种子二粒。花期短而集中，主茎可着生花。分枝性弱，很少有第三次分枝。生育期短，春播 120~130 d。种子休眠期短或无。种子发芽对温度的要求较低，发芽温度 12~15℃，适于早播。耐旱性较强。

（3）龙生型（var. *hirsuta* Kohler） 该类型为交替开花型，荚果为曲棍形，有明显的果嘴和龙骨状突起，网纹深，含种子三四粒。主茎不着生花。分枝性很强，有三次以上分枝。生育期长，春播 150 d 以上。种子休眠期长，发芽对温度的要求较高。抗逆性强。

（4）多粒型（var. *fastigiata*） 该类型为连续开花型，荚果为串珠形，果壳薄，含种子 3~4 粒。主茎着生花。分枝性弱，没有第三次分枝。生育期短，春播 120 d 左右。种子休眠期短，种子发芽对温度要求低，发芽温度 12℃左右。

上述各类型，按生态表现型并结合生产实践的需求，可分为直立型、半蔓生型和蔓生型三大型。按生育期的长短可分为晚熟种（春播 160 d 以上）、中熟种（春播 130~160 d）、早熟种（春播 130 d 以下）。按种子的大小可分为大粒种（百仁重 80 g 以上）、中粒种（百仁重 50~80 g）、小粒种（百仁重 50 g 以下）。

15.2.2 花生的植物学性状

15.2.2.1 根和根瘤

花生根系是由主根、侧根和次生侧根组成的圆锥形直根系（图15-1）。主根维管束四出，四列侧根呈十字形排列，侧根维管束三出或二出。主根和侧根上有根瘤。根系发达，主根入土深度最大可达2 m左右，一般为40～50 cm；根系主要分布在土表下0～30 cm，视耕作层厚度等土壤条件而变化。花生的根具有根毛。

花生的根由于有次生生长和根颈部易发生不定根的特性，耐旱力较强。因此，栽培上适当加深耕作层，能明显增强花生耐旱性及发挥增产潜力。

花生根瘤菌属于豇豆根瘤菌属（*Rhizobium* spp.），有专化性。根瘤能固定空气中的游离态氮，供给植株氮素营养。一般每公顷花生可固定氮素37.5～75.0 kg，其中2/3左右供给花生生长需要，1/3左右残留土中。一般在主茎出现4～5片真叶时开始形成根瘤，瘤体的直径为3～4 mm，呈圆形单个着生于主根上，再逐渐着生于侧根。开花以前根瘤数少，瘤体小，固氮能力弱，不但不能为植株提供氮素，而且还要吸收植株中的氮

图15-1 花生根系
（引自山东省花生研究所，1982）

素和糖类来维持根瘤菌自身的生长和繁殖，此时根瘤菌与花生是寄生关系。随着植株生长，根瘤数增多，瘤体变大，固氮能力逐渐加强。开花以后，根瘤菌除从植株中吸收必要的营养和水分外，能为花生植株提供氮素，此时根瘤菌与花生是共生关系。盛花期至结荚初期固氮能力最强，提供氮素最多。饱果期固氮能力逐渐衰退，最后停止，根瘤破裂，根瘤菌回到土壤中。

深入学习 15-2
花生根瘤菌剂的应用

15.2.2.2 主茎和分枝

栽培种花生多数品种主茎直立，位于植株中央，一般为绿色，有的品种呈红色或紫色。花生出苗后，主茎增长较慢，到开始开花时，主茎高度一般在5～8 cm，开花后，主茎生长速率加快，到盛花期达到高峰。主茎高度在15～75 cm，少数可达100 cm。主茎上一般有15～20个节间。主茎的高矮与粗细程度是衡量个体发育好坏和群体大小的指标之一，矮壮苗是高产花生的重要特征之一。

花生分枝由叶腋的腋芽发育而来。从主茎上长出的分枝称为第一分枝，从第一分枝上长出的分枝称为第二分枝，其余类推。一般早熟品种只有二次分枝，而晚熟品种则有三次以上的分枝。

花生开花结果主要在分枝上。最先长出的两个分枝是由子叶节上两个侧芽发育而来的，是对生的，称为第一对侧枝。接着由主茎上第一、第二片真叶腋中的侧芽发育成为第三、第四分枝，是互生的，但由于这两片叶节间距很短，这两个分枝很靠近，似对生，故习惯上称它们为第二对侧枝。花生的第一对和第二对侧枝生长势很强，花生的开花结果主要集中在第一对和第二对侧枝及它们的次生分枝上，一般占单株结果数的80%～90%，其中第一对和第二对侧枝占60%以上。因此，栽培上促进第一对和第二对侧枝的健壮发育对实现花生高产有重要意义。

花生侧枝生长的姿态以及侧枝与主茎高、长短比例构成株丛形态，称为株型。第一对侧枝长度与主茎高度的比例称为株型指数。按分枝与主茎所成的角度和株型指数，可将花生分为直立型（endlong-plant type）、半蔓生型（hemi-rambler type）和蔓生型（rambler type）三种。直立型品种第一对侧枝与主茎间角度小于 45°，株型指数一般为 1.1 ~ 1.2；半蔓生型品种第一对侧枝近基部与主茎约呈 60° 的夹角，株型指数为 1.5 左右；蔓生型品种第一对侧枝与主茎近于直角，株型指数为 2 左右。

彩图 15-1

栽培种花生的主要株型

15.2.2.3　叶

花生叶片分为不完全的变态叶和完全叶两类。不完全的变态叶包括子叶、磷叶（分枝先出叶）和苞叶（花序）。花生的真叶属完全叶，由叶片、叶柄、托叶和叶鞘组成。叶片互生，为 4 片小叶的羽状复叶（pinnate compound leaf），但有时也可见多于或少于 4 片小叶的畸形叶。小叶形状因品种而异，分为椭圆形、长椭圆形、倒卵形和阔倒卵形图（图 15-2），可作为识别品种的标志。叶柄基部膨大部分称叶枕（leaf cushion），小叶基部也有叶枕。托叶位于叶柄基部，两片，其形状因品种而异，也可作为鉴别品种的依据之一。

图示 15-1

花生叶片各种畸形叶

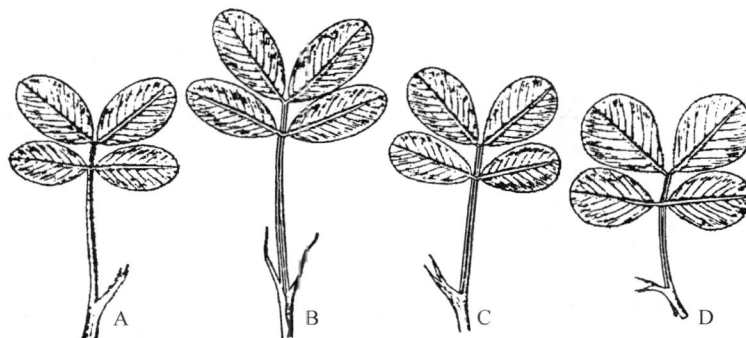

图 15-2　花生叶片形状（引自万书波，2003）
A. 椭圆形　B. 长椭圆形　C. 倒卵形　D. 阔倒卵形

花生真叶的 4 个小叶具有昼开夜闭的特性，称为感夜运动（nyctitropism）或睡眠运动。引起感夜运动的原因是花生小叶叶枕上半部和下半部薄壁细胞的胞膜透性，随外界光线强弱发生变化所致。当光线减弱时，上半部薄壁细胞体积收缩，下半部薄壁细胞体积扩张，小叶上举闭合，而同时在复叶柄基部的大叶枕内发生相反的变化，从而使各个小叶柄下垂。感夜运动可降低气孔的蒸腾作用，又能调节花生植株的温度和增强抗旱力，是花生叶片对环境条件适应性的一种表现。花生叶片还表现出相当明显的向阳运动，当夏季中午烈日直射时，顶部叶片上举竖立，以避免过强的阳光照射。

15.2.2.4　花序和花

彩图 15-2

花生的花序和花

花序着生在叶腋间。它实际上是着生花的变态枝，亦称生殖枝或花枝。花序轴上一般只着生苞叶，不生真叶，每一节的苞叶中着生一朵花。花序轴很短，着生 1 ~ 3 朵花，近似簇状，称为短花序；花序轴明显伸长，着生 4 ~ 7 朵花或更多花称为长花序；在花序上部出现真叶，从而使花序转变为营养枝，这种花序称为混合花序；在侧枝基部集中有几个短花序，形似丛生，这种花序称为复总状花序（图 15-3）。

有的品种如珍珠豆型花生，主茎和侧枝的每一节均可着生花序，这种排列方式称为连续开

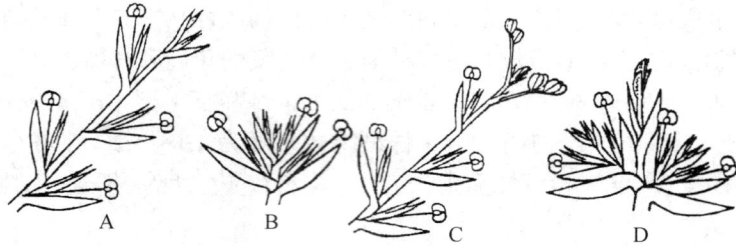

图 15-3 花生各类花序模式（引自万书波，2003）

A. 长花序 B. 短花序 C. 混合花序 D. 复总状花序

花型或连续分枝型；有的品种如普通型花生，侧枝基部的 1~2 节或 1~3 节只着生营养枝，不着生花序，其后的几节只着生花序，不着生营养枝，营养枝与花序交替出现，称为交替开花型或交替分枝型（图 15-4）。

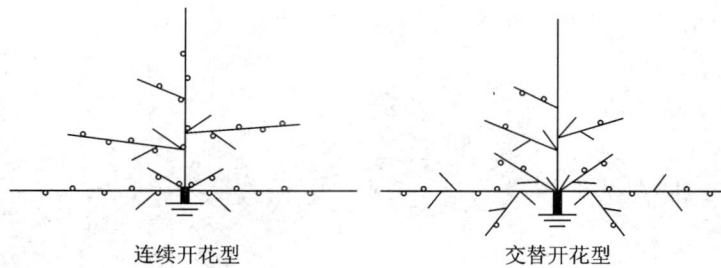

连续开花型　　　　交替开花型

图 15-4 花生开花习性（引自苏广达，2000）

花生的花为两性完全花，属总状花序。每朵花由苞叶、花萼、花冠、雄蕊和雌蕊组成（图 15-5）。苞叶 2 片；花萼即萼片 5 枚，其中 4 枚联合，1 枚分离，基部联合成花萼管。蝶形花冠黄色；雄蕊 10 枚，其中 8 枚发育成花药。雌蕊着生于雄蕊管内，子房上位，位于花萼管基部，内有 2~6 个胚珠。花生是典型的自花授粉作物。

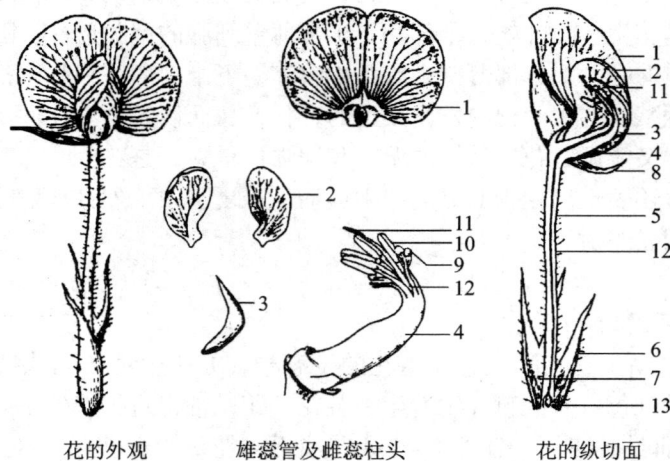

花的外观　　　雄蕊管及雌蕊柱头　　　花的纵切面

图 15-5 花生花的结构（引自万书波，2003）

1. 旗瓣 2. 翼瓣 3. 龙骨瓣 4. 雄蕊管 5. 花萼管 6. 外苞叶
7. 内苞叶 8. 萼片 9. 圆花药 10. 长花药 11. 柱头 12. 花柱 13. 子房

15.2.2.5　荚果和种子

花生荚果（pod）顶端突出部分称果喙（pod beak）或果嘴，荚果各室间缩缢部位称果腰（pod waist），荚果表面凸起的条纹称网纹（reticulate pattern）。

荚果的形状因品种而异，是花生分类的重要特征之一。其形状大体可分为以下七种类型：① 普通形；② 斧头形；③ 葫芦形；④ 蜂腰形；⑤ 茧形；⑥ 曲棍形；⑦ 串珠形。前 5 种果型具 2 粒种子，后两种具 3 粒以上种子（图 15-6）。

彩图 15-3
花生的果实与种子

普通形　斧头形　葫芦形　蜂腰形　茧形　曲棍形　串珠形

图 15-6　花生荚果果形（引自苏广达，2000）

花生种子也称花生仁、花生米。粒型分为三角形、桃圆形、圆锥形、椭圆形和圆柱形。花生种子由种皮和胚两部分组成。种皮也称花生衣，有各种颜色，常见的有深紫（黑）、紫、褐、紫红、深红、红、粉红、黄、花皮等，是辨别品种的基本特征之一。胚由子叶、胚芽、胚根和胚轴等组成。子叶两片，肥厚，重量和体积均占种子的 90% 以上，是种子的主要部分。胚芽由一个主芽和两个侧芽组成，位于两片子叶内侧。主芽以后发育成主茎，侧芽发育成第一对侧枝。胚根位于两片子叶之下，发育成根。胚轴为连接胚芽和胚根的部分，形成根颈。

图示 15-2
花生的粒型

15.2.3　花生的生长发育过程

花生的一生要经历种子萌发、出苗、幼苗生长、分枝、开花、下针、结荚、鼓粒、成熟等过程。花生具有无限生长的习性，其开花期和结荚期很长，而且在开花以后很长一段时间里，开花、下针、结荚是连续不断地交错进行。

美国学者 K. J. Boote（1982）提出了根据花生植株形态表现记载生育时期的方法，这种方法已为越来越多的研究者所采用（表 15-2 和表 15-3）。这些时期的划分标准适于群体或单一植株。

表 15-2　花生营养生长时期的划分

发育时期代号	发育时期简称	植株形态
VE	出苗期	子叶接近土壤表面，幼苗部分可见
V0	子叶展开期	子叶平展，在土壤表面或下面展开
V1～Vn	1～n 节期	主轴上生有 1～n 个节，当四小叶复叶不再卷曲，小叶片平展时，记为一节

表 15-3　花生生殖生长时期的划分

发育时期代号	发育时期简称	植株形态
R1	始花期	植株上第一朵花开放
R2	始针期	植株上第一根果针伸长
R3	始荚期	土壤中的果针顶端子房膨大至其直径相当于果针直径的 2 倍

图示 15-3
花生生殖生长各时期

续表

发育时期代号	发育时期简称	植株形态
R4	饱荚期	一个荚果完全膨大至相应品种应有的大小（荚果长成）
R5	始种期	在一个完全膨大的荚果内，横截荚果，种子子叶可见
R6	饱种期	一个鲜果内空隙被种子填满（子仁长成）
R7	始熟期	一个荚果自然着色，或内果皮和种皮变色
R8	收获成熟期	2/3~3/4 成熟荚果的种皮或果皮呈现品种固有颜色，其比例因品种而异，弗吉尼亚型相对低些
R9	过熟期	一个未损坏的荚果的种皮呈现橙褐色或果柄自然脱落

在我国，一般将花生生长发育过程划分为出苗期、幼苗期、开花下针期（简称花针期）、结荚期和饱果成熟期（简称饱果期）五个时期。

（1）出苗期　从播种到50%的幼苗出土并展开第一片真叶为出苗期。在正常条件下，此期一般春播早熟种需要10~15 d，中晚熟种需要12~18 d，夏播需要4~10 d。

彩图 15—4
花生的主要发育时期

花生种子要吸收相当于本身重量的50%左右的水分才能开始萌动，播种时最适宜的土壤水分为土壤田间最大持水量的50%~60%。种子发芽的最低温度为12~15℃，25~35℃为发芽的最适温度，40℃以上对出苗不利。花生种子萌发时，胚根最先突破种皮深入土中发育成为主根，胚轴也随之形成粗壮的根颈，并向上伸长，将子叶、胚芽推向地表。与此同时，胚芽不断生长，形成茎、叶。当子叶生长接近地表时，上胚轴迅速伸长，第1、第2片真叶即从子叶间伸出土面。当展开第2、第3片真叶时，即伸出第一对侧枝（图15-7）。在萌发出苗过程中，胚轴将子叶推至土表见到阳光时便停止伸长，因此两片子叶一般不出土。但是在播种很浅，土壤疏松，或黑暗和阴天条件下，两片子叶可出土。因此，花生被称为子叶半出土作物。花生若播种过深、种子倒放或土壤板结，均会使胚轴伸长受阻，影响出苗和第一对侧枝生长。

（2）幼苗期　从50%种子出苗到50%的植株第一朵花开放为幼苗期或苗期。此期是侧枝分生、根系生长与根瘤形成、花芽分化的主要时期，生理活动比较活跃，氮代谢占优势。因此，苗期施用速效氮肥，可以满足幼苗生长及根瘤菌的需要，对于促壮苗有一定的作用。在北方地区，一般春播25~35 d，夏播20~25 d；广东春播35~40 d，海南则30 d左右。

（3）开花下针期　开花株率达50%的日期为开花期。始花至盛花（此时50%植株出现鸡头状幼果）这一时期称开花下针期（flowering and gynophore elongation stage）。此期是花生植株大量开花、下针、营养体迅速生长时期。此期北方春播花生25~35 d，夏播花生15~20 d；广东春播花生22~25 d。

花生的开花顺序为自下而上，由内向外依次开放。其特点可概括为：花期长，花量大，不孕花多，有效花少。珍珠豆型品种，从始花到终花需60 d左右，单株花量50~100朵，多的可达200朵以上；普通型品种，花期达100~120 d，单株花量100~200朵，多的可达1 000朵以上；其中不孕花约占总花量的30%。在不孕花中，由低温、干旱、缺乏营养等生理因素引起的不孕，称为生理不孕，约占全株总花数的25%。由花器发育不健全，造成

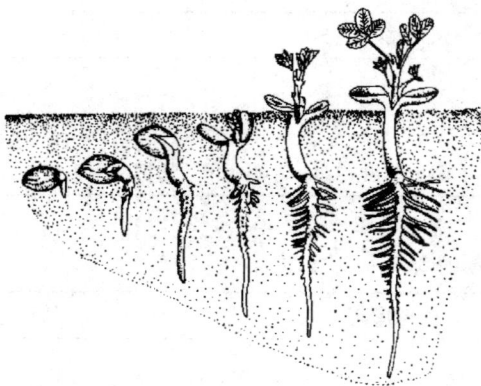

图 15-7　花生种子发芽和出土过程
（引自苏广达，2000）

形态缺陷引起的不孕，称为形态不孕，约占 5%。由于不孕花多，有效花少，因而结果少。据统计，花针率占开花总数的 50%~70%，花果率占 15%~20%，饱果率仅占 10%~15%。这就是所谓"花多果少，秕多实少"现象。开花最多的一段时间称为盛花期。

一般盛花期以前开的花多数能成为有效花，盛花期以后开的花多数为无效花。花生常为闭花授粉，即花蕾开始膨大时雄蕊管很短，到花瓣将开放时，雄蕊管伸长，花药接近柱头，同时散出花粉，但此时旗瓣尚未完全张开，龙骨瓣还紧包着花蕊。授粉后，花粉在柱头上萌发，萌发适宜温度为 18.5~35.0℃，萌发形成的花粉管 6~7 h 后可达花柱基部；12 h 左右进入珠孔，穿过胚囊后，花粉管破裂，放出两个精核进行双受精，即一个精核与卵细胞结合成受精卵，将来发育成花生种子的胚；另一个精核与一个极核结合成胚乳核；但有时会发生单受精现象，即只有卵子结合而极核未受精，或极核受精而卵未受精，致使胚珠都不能发育成种子；花生子房中至少有一个胚珠受精。荚果先端的胚珠不能受精的百分率高，故收获时常见基部仅有一粒饱满的荚果，称鸡嘴果。这些荚果直接会导致荚果产量降低，栽培上应引起足够的重视。

开花受精后，子房基部的分生组织进行细胞分裂形成子房柄，把子房往外推出。在开花后 3~5 d 即肉眼可见由子房柄和先端的子房构成的针状物，形象地称之为果针（gynophore）（图 15-8）。果针具有向地性伸长的特性，它把子房送入土中结果。果针向地性伸长的过程称为下针。果针的伸长只限于果针入土之前，子房处于原胚阶段时期。当果针入土后，子房膨大，至原胚分化后，果针的伸长停止。果针伸长和入土是结荚的前提条件，即不形成果针的花和不伸长入土的果针都不能形成荚果。果针还像根系那样具有吸收水分和养分的功能，供荚果发育需要。

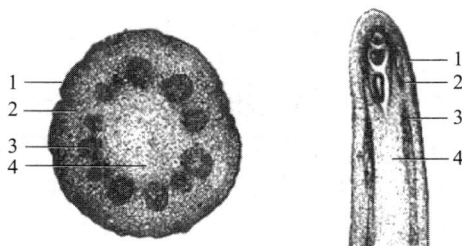

图 15-8　花生果针纵横剖面（引自 Jacobs，1947）
1. 表皮　2. 下皮细胞层　3. 维管束　4. 内薄壁细胞层

彩图 15-5
果针入土及荚果形成

（4）结荚期　从 50% 植株出现鸡头状幼果（即盛花期）至 50% 植株上出现饱果为止的一段时期称为结荚期（pod bearing stage）。此期所形成的果数可占总果数的 60%~70%，高的可达 90% 以上。结荚期是花生一生中生长最旺盛时期。此期广东春花生 20~25 d。

果针入土后，子房膨大，发育成为荚果，这个过程叫结荚。一个荚果从开始发育到完全成熟约需 60 d。花生是自然界罕有的地上开花、地下结果的作物。因此，荚果发育对环境条件的要求有其特殊性。

① 黑暗　受精子房必须在黑暗条件下才能膨大。在大田条件下，就是果针必须入土或遮光处理，才能膨大，发育成为荚果。悬空的果针始终不能成为荚果。

② 机械刺激　有试验结果表明，将荚果伸入一暗室中，并定时洒水和营养液，子房能膨大但发育不正常。如果将果针伸入一盛有蛭石的小管中，荚果便能正常发育，说明蛭石、土壤等机械刺激是荚果发育的条件之一。

③ 水分　荚果发育需要吸收充足的水分，结荚期荚果区干燥，则荚果发育受阻，果小或出现畸形。

④ 氧气　荚果发育需要充足氧气，如果土壤水分过多，发育缓慢，甚至出现烂果、烂柄。结荚期以土壤田间持水量的 60%~70% 为宜。此外土壤过于板结，也不利于荚果发育。

⑤ 温度　荚果发育的适宜温度为 25~30℃，低于 20℃ 发育缓慢，低于 15℃ 发育停止。

⑥ 营养　果针和荚果具有吸收矿质营养的能力，因此结荚区土壤矿质养分状况与荚果发

育有关系密切。用 ^{15}Ca 示踪证明，结荚期间，荚果发育所需要的钙主要靠荚果本身从土壤中吸收，缺钙和其他营养元素时，秕果增加，甚至产生空荚。此外，糖类等有机营养的供应也是非常重要的。据广东省农业科学院试验研究表明，在结荚期人工剪叶，剪叶 1/2 时减产 42%；剪叶 3/4 时减产 65%；全部剪叶减产 73%。

花生的结荚有明显的不一致性。对整株花生来说，首先是结荚时间不一致，有早有迟，早入土的果针早结荚，迟入土的迟结荚。因此，收获时，成熟果与非成熟果共存，成熟度很不整齐。其次是荚果的质量不一致，有饱果、秕果、幼果、果针，有双仁果、单仁果、多仁果，有大果、中果、小果。因此果与果间的含油率、蛋白质含量、果重等相差很大。

（5）饱果成熟期　又称饱果期，从 50% 的植株出现饱果到荚果饱满成熟收获为饱果成熟期（full of pod stage）。就一个荚果而言，果针入土后 55~60 d，脂肪、蛋白质积累达到最高峰，荚果饱满，称为成熟期。这一时期荚果大量增重，饱果数大量增加，营养生长逐渐衰退，是花生生殖器官大量增重时期。此期所增加的果重一般占总果重的 50%~70%，是花生产量形成的主要时期。在南方此期约为 30 d。

15.2.4　花生产量的形成

花生产量一般是指单位面积内荚果的重量，是由株数、单株荚果数和果重三个基本因素构成的。一般情况下，株数是决定产量的主导因素，主要受播种量、出苗率和成株率的影响。播种量因品种、气候条件、土壤条件、水肥条件和栽培管理水平而异，一般珍珠豆型为（30.0~37.5）× 10^4 粒 /hm²，普通型为（18.0~22.5）× 10^4 粒 /hm²。单株荚果数是一个非常不稳定的因素，变幅很大，少者只有 3~5 个，一般为 10~20 个，多则几十个，主要受第一、第二对侧枝发育状况、花芽分化状况以及受精率和结实率的影响。决定果重的因素主要是荚果内种子的粒数和粒重。其中粒重与果针入土迟早和结荚期、饱果期营养的供应有关。

15.2.5　花生品质的形成

花生油中以不饱和脂肪酸含量最高，如含油酸 65.7%~71.6%，含亚油酸 13.0%~19.2%，含饱和脂肪酸仅 13.8%~16.8%。据研究，花生荚果发育 10 d 后，有一小部分脂肪、蛋白质等不溶性有机物开始贮藏，到 30 d 左右，种子的增长基本稳定，渐次进入脂肪、蛋白质及淀粉等不溶性有机物大量转化积累时期。以后，糖类和种子含水量显著降低，干物质和脂肪积累迅速增加。至 50 d 左右，含油率达到高峰。

种子中盐溶蛋白占子叶总蛋白质 90% 以上。盐溶蛋白在种子发育过程中呈双峰曲线变化（图 15-9）。在果针入土 12~16 d，种子中盐溶蛋白含量很低，20~40 d 积累迅速，40 d 时达到第一个峰值，随后变慢，至 50 d 后又再大幅度增加，55~60 d 达到第二个峰值，此后开始下降，但维持较高水平。

影响花生品质形成的因素主要有品种、气候环境及栽培条件三大因素。

值得一提的是，黄曲霉菌（*Aspergillus flavus*）侵染对花生品质有明显的不良影响，在不适条件下，花生在收获前、收获中和收获后的贮藏、运输和加工过程中都可能感染黄曲霉菌，其产生的黄曲霉毒素对人畜有强烈致癌作用。

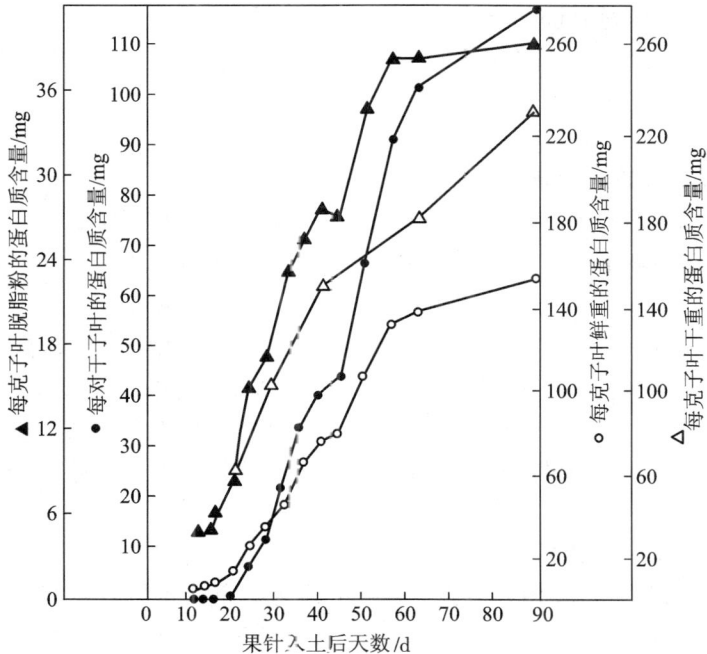

图 15-9　种子发育过程中盐溶蛋白含量的变化
（引自傅寿仲，1995）

15.3　花生栽培技术

15.3.1　播种

15.3.1.1　品种的选用与种子的准备

（1）品种的选用　各地应因地制宜地选用良种才能优质高产。播种前要进行种子精选，选色泽新鲜、粒大饱满、无霉变伤残的子仁作种，分级粒选，分级播种，以免因种子大小不一而形成大小株。目前，大规模生产制种采用机械筛选分级，再将分级种子通过"色选"的光电装置将变色的种子筛除。

（2）种子的准备

① 秋植留种　南方春秋两熟花生区，春花生采用上年秋植花生种子作种，称为秋植留种或翻秋留种。秋植留种较春植留种，种子贮藏时间短、新鲜，贮藏条件低温、干燥，不易酸败霉变，加上秋植花生种子本身的抗逆性好，生活力强。因此，易萌发出苗，出苗率高，有利于齐苗和全苗。

② 播前晒种，适时剥壳　播种前带壳晒种 1～2 d，使种子更加干燥，增强种皮透性，以增强吸水力，促进种子萌发出苗。晒种还有杀死病菌、减少病害的作用。晒种最好放在土晒场上，不宜放在水泥晒场或石板上，以免高温损伤种子。同时要翻动，晒得均匀一致。

播种前 1～2 d 剥壳，即剥即播。不要过早剥壳，种子失去果壳保护，容易吸水受潮，增强呼吸作用和酶的活性，消耗养分，降低生活力，也容易受病菌和昆虫侵袭以及机械损伤。同时注意将种子用塑料膜袋包藏好，防止吸湿受潮，降低呼吸作用。

③ 药剂拌种　播种时，用 0.3% 的多菌灵或 0.5% 的菲醌等杀菌剂拌种，可以防止或减轻

病害。用 2 % ~ 3 % 的氯丹乳油等药剂拌种，对防止地下害虫和鸟兽有良好效果。用根瘤菌剂和钼肥拌种能加速根瘤形成，增强固氮作用。另外，采用聚乙二醇（PEG-6000）处理可以提高花生种子活力，促进种子萌发，增强抗寒能力。

15.3.1.2 播种与种植方式

（1）花生播种对整地的要求　花生适宜的入土条件是耕作层深厚、排水性好、有机质丰富、有钙质、疏松易碎的土壤。花生忌重茬和迎茬，是最不耐连作的作物之一，因此花生一定要实行轮作。

整地质量与种子萌发出苗及幼苗生长关系密切。整地首先要早，春花生在秋冬作物收获后，春雨来临之前要抓紧进行；秋花生则在夏收后立即进行。这样使土壤有一段时间晒白风化，促进有机质腐烂分解，增加养分和使土壤逐步沉实，达到上松下实，提高土壤蓄水保肥能力。其次，在整地质量方面要做到深耕、平整、疏松、细碎、湿润。第三是畦作或垄作。第四是搞好排灌系统。

（2）播种期的确定　当土层 5 cm 平均地温稳定超过 15 ℃ 即可播种。在适宜气温环境下，气温每升高 0.5 ℃，出苗时间会相应缩短 3 ~ 4 d。南方大部分地区 3 月起即可播种，广东 2 月即可播种，海南 1 月可播种。华中地区春花生在清明到谷雨期间，麦套种花生在谷雨至立夏期间播种，也有不套作，在麦收后抢播的。从土壤湿度来说，只要土壤田间持水量不低于 50 %，不高于 70 %，就适宜播种。

（3）播种密度与方式　播种密度一般指单位面积上的播种粒数，它与株数有密切关系，而株数则是构成花生产量的主要因素。播种密度或栽培密度与产量的关系不是呈直线关系，而是呈抛物线变化的，因此，确定合理的播种密度非常重要。一般生长条件下，珍珠豆型花生播种密度为（30.0 ~ 37.5）× 10^4 粒 /hm²，实收株数为（27 ~ 33）× 10^4 株 /hm²；普通型花生播种密度为（18.0 ~ 22.5）× 10^4 粒 /hm²，实收株数（16.5 ~ 21.0）× 10^4 株 / hm²。具体的播种密度还应根据品种类型、自然条件、栽培水平和种子出苗率等因素来确定。生育期长、植株高大、分枝性强、蔓生型的品种宜疏些，反之宜密些；高温、多雨、多日照地区，土壤肥沃、水肥充足、管理水平高的田块宜疏些，反之宜密些。

播种方式有双粒条播、单粒条播、宽窄行、宽行窄株、大垄双行、大垄三行等。行距和株距的大小是种植方式的核心，目前一般采用行距约大于株距的种植方式，行距为 25 ~ 45 cm，株距 15 ~ 25 cm。

此外，要注意播种深度。花生的播种深度应掌握"干不种深，湿不种浅，深浅一致"的原则，一般以 3 ~ 5 cm 为宜。过深氧气少，过浅易落干，过深、过浅均不利发芽出苗，影响第一对侧枝的生长。

15.3.2 田间管理

15.3.2.1 营养与施肥

（1）花生的营养特点　花生 N、P、K 三要素缺素症状可以形象地概括为："花生缺氮叶基红，叶片淡黄不旺盛；花生缺磷壳里空，老叶蓝绿基部红；花生缺钾棵秧弱，叶色淡绿空壳多。"

花生全生育期由于品种、生育特性、环境条件不同而对各种营养元素的吸收量不同。据研究，每生产 100 kg 荚果，吸收氮 5.0 ~ 7.0 kg，钾（K_2O）3.0 ~ 4.0 kg，钙（CaO）2.5 ~ 3.0 kg，

📖 深入学习 15-3
花生地膜覆盖栽培技术

磷（P_2O_5）1.0 ~ 1.5 kg。花生对主要营养元素吸收动态呈 N > K_2O > CaO > P_2O_5 趋势。所吸收的氮，约 1/2 来自根瘤菌固氮，1/2 左右来自土壤和施肥，其余元素几乎全部来自土壤和施肥。不同生育阶段对 N、P、K、Ca 的吸收量不同，其中花生吸收钙素在全生育期中较为均衡。对氮、磷、钾的吸收量，苗期占总量的 5% ~ 10%，K_2O > P_2O_5 > N；花针期占 10% ~ 20%，P_2O_5 > K_2O > N；结荚期占 40% ~ 50%，K_2O > P_2O_5 > N；饱果成熟期减少，占 20% ~ 30%，N > P_2O_5 > K_2O。不同品种和产量水平，每生产 100 kg 荚果所吸收的 N、P、K、Ca 不同，晚熟种 > 中熟种 > 早熟种，低产田 > 肥力中等田 > 肥力高的田。

（2）花生施肥

① 施足基肥　结合深耕整地，施足基肥是花生高产、稳产的一项重要措施，也是花生施肥的主要方法。花生基肥一般是以厩肥、堆肥、饼肥、火烧土等有机肥为主，适当配合速效氮、磷、钾等。基肥的用量一般占施肥总量的 70% ~ 80%。据有关资料表明，南方产量为 4 500 kg/hm² 以上的高产田，中等肥力土壤，基肥量为土杂肥 12 500 kg/hm² 或者优质猪牛粪 15 000 kg/hm²，过磷酸钙 375 kg/hm²，尿素 150 ~ 250 kg/hm²，在土壤偏酸时，还应增施一定数量的石灰。如果土壤中微量元素缺乏，还可以将适量的微肥与有机肥混合施下。

② 合理追肥　氮、磷、钾、钙等肥料的施用量，应根据土壤营养水平、花生产量指标、肥料种类和肥料的利用率等因素来决定，一般用 20% ~ 30% 的肥料作为追肥。

苗期尤其三叶、四叶期，施适量的速效氮、磷、钾，有利于营养器官的生长，培育壮苗，促进花芽分化。花针期根据植株生长情况，适当补施速效氮、磷、钾、硼、钼，可促进开花受精和根瘤固氮。此时应增施钙肥（石灰和石膏），以供荚果发育吸收大量钙的需要。结荚期植株生长最旺盛，根的吸收机能和根瘤固氮供氮能力最强，要根据植株生长情况，适当追肥，防止植株徒长倒伏和病虫害发生，养根保叶，防早衰，促果饱，增果重。

追肥方法有：根际追肥、结荚区施肥（指将肥料施于结荚区域）和根外追肥。

15.3.2.2　水分管理

（1）花生的需水特点　花生全生育期的需水量因环境条件和品种类型而异。总的来说，北方多，南方少；晚熟种多，早熟种少。花生不同生育阶段，需水量不一样。据测定，南方珍珠豆型中小粒花生的需水量，播种至出苗阶段占全生育期的 3.2% ~ 6.5%，齐苗至开花阶段为 16.3% ~ 19.5%，开花至结荚阶段为 52.1% ~ 61.4%，结荚至成熟阶段为 14.4% ~ 25.1%；北方普通型大花生则分别为 4.1% ~ 7.2%、11.9% ~ 24.0%、48.2% ~ 59.1%、22.4% ~ 32.7%。即两头少，中间多。花生的需水临界期为盛花期。

花生是较耐旱的作物。这是因为花生除了有较深的根系外，叶片有巨型的贮水细胞，从而适应干旱环境。花生不耐渍，土壤水分过多，根系生长和对养分的吸收受阻，根瘤菌的活动与固氮作用受抑，导致植株"发水黄"，开花减少，荚果发育不良，甚至出现烂根烂果。

（2）花生的水分管理　根据花生的需水特点，既要保证有充足的水分供应，尤其是在花针期和结荚期，又要防止干旱和水分过多的危害。一般以保持土壤最大持水量的 50% ~ 70% 为宜。当持水量低于 40% 以下时，要注意灌溉；当持水量大于 80% 以上时，应注意排水。但是，不同的生育阶段水分管理的要求略有不同。各生育期的水分管理经验可概括为"燥苗、湿花、润荚"。就是苗期水分宜少，土壤适当干燥，促进根系深扎和幼苗矮壮；花针期宜多水，土壤宜较湿润，促进开花与下针；结荚期土壤宜湿润，既满足荚果发育需要，又防止水分过多引起茎叶徒长和烂果烂根。据此，苗期土壤水分控制在田间持水量的 50% 左右，花针期 70% 左右，结荚期 60% 左右，饱果期 50% 左右较为适宜。

深入学习 15-4
控制花生下针
（AnM）栽培法

15.3.2.3 炼苗和清棵

（1）炼苗 炼苗（exercising seedling）也叫饿苗、蹲苗。就是在幼苗期控制水分，促进幼苗根系深扎，培育良好根系。由于控制水也控制了肥，幼苗地上部分的生长受抑制，主茎和第一对侧枝伸长缓慢，茎节短密，形成矮壮苗。当恢复供水供肥后，迟生的第二对侧枝便容易赶上第一对侧枝，生长整齐一致，充分发挥第一、第二对侧枝的增产作用，为花多花齐和果多果饱打下基础，也有利于防止后期徒长倒伏。炼苗一般在幼苗四片真叶时开始。炼苗以土壤干旱不危及植株正常的生理活动为度，即不出现反叶、卷叶现象。水肥条件好的田块才炼苗，而瘦瘠的旱坡地和生长纤弱的幼苗不宜炼苗，应及早施肥和防旱。

（2）清棵 清棵（remove the dirt on cotyledon）是在深播条件下，为了解放埋在土中的第一对侧枝所采取的一项增产措施。做法是在齐苗后结合第一次中耕，用小锄将花生植株周围泥土扒开，使两片子叶恰好露出土面，这样子叶腋内两个侧芽在充足的阳光和空气条件下迅速发育成为健壮的第一对侧枝，否则生长迟缓纤弱。经过 15~20 d，第一、第二对侧枝健壮成长后，再将扒开的泥土埋窝，培土还针。

15.3.2.4 中耕除草与培土

苗期幼苗生长缓慢，植株矮小，杂草生长快。及早中耕除草，可为幼苗生长创造一个"净、松、湿、肥"的环境，是培育壮苗的重要措施。花生除草，除结合中耕用人工除草外，目前已全面推广化学除草。一般是在播种后发芽前将除草剂均匀地喷洒在土壤表面。常用的除草剂有乙草胺、丁草胺、拉索、都尔、恶草灵、扑草净等。覆膜花生使用除草剂效果较好，可适当减少药量，而露地花生则要适当加大药量。北方花生区春花生播种前后，土壤干旱，药效不易发挥，以致露地使用除草剂防效不理想，应注意造墒保墒。

适当培土，可以缩短果针与地面距离，促使果针早入土结荚，从而增加结实率。此外，适当培土还能减少土壤流失，加厚土层，增加养分，尤其加强边行植株的培土，有利于充分发挥边行优势的增产作用。花生的培土结合中耕除草进行，一般在始花期后或花针期为宜，以不超过 5 cm 为度。

15.3.2.5 防止花生旺长

降雨较为集中的季节，也是花生生长发育最旺盛时期，此期花生易出现旺长现象。为控制旺长，可采取化控技术，也可采取人为的踩秧技术。踩秧可控上促下，控秧促根，具有促使果针下扎的双重作用，可使单穴果数增加 3~5 个有效果，花生产量提高 15%。具体措施如下：

（1）踩秧 在花生开花下针期，选晴天下午 3 时以后，人为将直立的花生秧田踩倒，缩短果针与地面距离，促使果针下扎，达到控上促下，控秧促果的目的。踩秧时用力要轻，踩倒即可。

（2）化学调控 花生开花后 25~30 d，每公顷用 15% 的多效唑 600~750 g，加水 1 125 kg均匀喷洒，能显著地延缓植株伸长生长，使主茎高度降低，侧枝长度缩短，从而有效地控制旺盛的营养生长，增强植株的抗倒伏能力。

15.3.2.6 防治病虫害

据估计，每年因病虫害损失的花生约占总产量的 10%。搞好花生病虫害的防治是保苗、保叶、高产、稳产、优质的重要措施。

花生的病害有 20 多种，较严重的有花生病毒病（花生黄花叶病毒病、花生条纹病毒病、花生矮化病毒病和花生芽枯病毒病）、花生青枯病、锈病、黑斑病、褐斑病、网斑病、花生疮痂病等。对于花生病害的防治，目前主要采取合理轮作、改善栽培管理、选育抗病品种和药剂防治等综合防治措施，其中合理轮作和改善栽培管理是主要的。

花生的虫害近百种，较普遍较严重的有蛴螬、蝼蛄、地老虎、蚜虫、斜纹夜蛾、蓟马、花生根结线虫等。对花生害虫的防治，除农业措施外，目前主要采用药剂防治。

15.3.3　收获与贮藏

15.3.3.1　适期收获

适期收获是保证花生丰产优质的重要环节。适期收获就是根据花生的成熟度、品种生育期和气候条件等，确定适宜的收获日期，既不提早又不过迟，保质保量。成熟的花生植株地上部分停止生长，下部叶脱落，顶部叶转黄，叶片睡眠运动消失，地下部分大多数荚果网纹清晰，充实饱满，果壳硬而薄，种皮呈品种固有颜色，并达到该品种全生育期的天数，例如华南地区珍珠豆型品种春植 130～140 d，秋植 120～130 d。东北地区和湘、鄂、赣等省一般在 9—10 月收获。此外，宜选晴天收获，避免雨天收获。

15.3.3.2　安全贮藏

合理的贮藏方法可防止种子酸败霉变，为食用和种用提供优良的产品、加工原料和种子，是花生栽培的最终目的。安全贮藏的条件首先是荚果和种子必须充分晒干，晒至安全水分以下，即含水量达非油物质的 14%～15%，以全果计 10% 以下，以种子计 8% 以下。其次是保护好果壳，防止在晒、运过程中果壳破损。第三是贮藏环境条件保持干燥、低温、通风、干净，一般要求空气相对湿度低于 70%，温度低于 20℃，越低越好，有通风散热设备，空气无异味。第四是注意翻晒，一般入贮后每隔 3～6 个月翻晒一次，使之保持干燥状态。花生种子安全贮藏的关键是减少水分，降低种子呼吸作用，防止病虫侵害。

值得注意的是花生在栽培过程中和收获后都容易受到黄曲霉菌和寄生由霉菌（*A. parasiticus*）的侵染，侵染后产生的代谢产物——黄曲霉毒素（aflatoxin，AFT）对人和动物有很大的危害。AFT 是由黄曲霉菌、寄生曲霉菌、集蜂曲霉菌（*A. nornius*）、黑曲霉菌（*A. niger*）和溜曲霉菌（*A. tamarii*）产生的具有生物活性的次生代谢产物。AFT 不是单一的化合物，而是一大群结构十分相似的化合物，目前至少分离出 18 种。根据它们在紫外光下发出的荧光颜色分为两大族，即 B 族（蓝紫乌荧光）和 G 族（绿色荧光）。

土壤的高温和低湿会加剧黄曲霉菌的侵染和产毒。目前，防治黄曲霉菌的侵染和产毒是花生生产领域研究的热点问题。防治措施主要有：① 茉莉酸类诱导花生黄曲霉菌抗性；② 利用基因调控抑制黄曲霉毒素的产生，黄曲霉菌和寄生曲霉菌中 AFT 生物合成途径基因簇中有一个调节基因——*dflR* 和 18 个结构基因，包括最新发现的 *ordA*、*cypX*、*moxY* 等基因；③ 利用生物杀虫剂——抗产毒素真菌，其原理是将良性霉菌的孢子接种在花生周围的土壤，孢子在花生荚果区定居，这样霉菌成为抗产毒素真菌的有生命的防护物；④ 利用某些化合物抑制黄曲霉菌侵染，相对分子质量为 36×10^3 的 α–淀粉酶抑制剂（AILP）是一种类似凝集素的蛋白质，可以抑制真菌的 α–淀粉酶，抑制黄曲霉菌孢子萌发和菌丝的生长；花青素也可以抑制黄曲霉菌产生 $AFTB_1$。

📖 深入学习 15—5
我国花生生产和栽培技术研究展望

名词解释

普通型　珍珠豆型　龙生型　多粒型　蔓生型　半蔓生型　直立型　叶枕　感夜运动　向阳运动　连续分枝型　交替分枝型　果喙　果腰　开花下针期　果针　下针　饱果成熟期　炼苗（饿苗）　清棵　踩秧

问答题

1. 简述花生的分类与起源。
2. 为什么花生具有较强的抗旱性？
3. 简述花生感夜运动的概念及其形成的原因。
4. 从花生栽培的基本环节，讨论花生无公害生产的关键技术。
5. 根据花生的营养特性，如何做到合理施肥？

分析思考与讨论

1. 根据花生开花下针特性及其影响因素，分析思考如何提高花生结实率。
2. 根据花生的生育特性，谈谈花生优质、高产栽培的关键技术。

16

甘　蔗

【本章提要】 甘蔗是一年生或多年生热带和亚热带草本植物，属 C_4 作物。中国在 2 000 多年前就开始利用甘蔗加工制糖，也是世界蔗糖贸易的先行者。甘蔗中含有丰富的糖分、水分，还含有对人体新陈代谢非常有益的各种维生素、脂肪、蛋白质、有机酸、钙、铁等物质，按用途可分为果蔗和糖蔗。甘蔗是制造蔗糖的好原料，在世界食糖总产量中，蔗糖约占 80%，而在我国则占 90% 以上。甘蔗还是一种重要的生物能源作物，可直接生产乙醇。甘蔗表皮一般为紫色和绿色两种常见颜色，也有红色和褐色，但比较少见。

本章介绍甘蔗的用途、生产概况、起源与分类，甘蔗栽培的生物学基础及其主要栽培技术。要求学生在理解甘蔗的生长发育特性、产量形成和蔗糖糖分积累特点及其对环境条件要求等栽培理论基础上，掌握甘蔗高产、高糖、高效、低耗栽培技术措施，并能在生产实践中加以应用，解决生产实际问题。

16.1　概述

16.1.1　发展甘蔗生产的意义

甘蔗（sugarcane）是世界上最重要的糖料作物，在世界食糖总产量中，蔗糖（sucrose）约占 80%，而我国则占 90% 以上。甘蔗除用于制糖外，其副产品的综合利用也十分广泛。如蔗渣可以造纸、造纤维板、提取糠醛以及作为食用菌培养料等；制糖生产中产生的糖蜜直接作饲料，还可制乙醇、酵母、甘油、柠檬酸和干冰等；滤泥可提取蔗蜡、蔗脂和乌头酸，而且可作肥料。蔗梢和蔗叶可以作饲料和回田作肥料、食用菌、培养基等。

甘蔗在农业生产结构中占有重要地位。甘蔗与粮油作物、蔬菜等合理轮作、间作、套作，既可增产，又可改良土壤肥力。另外一些皮脆汁多的甘蔗品种还可作"果蔗"生吃，所以种植甘蔗还有助于发展多种经营，促进其他行业的发展。

甘蔗还是一种高产的生物能源作物。甘蔗是高光效的 C_4 作物，年均生物产量高达 180 ~ 200 t/hm²，蔗茎含糖量达 11% ~ 17%，可直接生产乙醇。甘蔗作为乙醇原料的产量和乙醇产率都显著优于玉米、木薯、甘薯、马铃薯、小麦等生物能源作物。同时，甘蔗具有再生性，可多年宿根种植，这是其他生物能源作物不可媲美的。

16.1.2　甘蔗生产概况

16.1.2.1　甘蔗的起源与传播

关于甘蔗的起源地，国际上有各种不同的说法，比较集中的说法是在印度、非洲的伊里安以及中国三地。但据有关考证表明，中国是世界上最古老的植蔗国之一，主要依据是：① 世界上有关甘蔗的文字记载中国最早，公元前 3 世纪（战国）的《楚辞·招魂赋》里就有甘蔗制品"柘浆"的记述，"柘"字是"蔗"字的古写；公元前 1 世纪刘尚的《杖铭》和公元 1 世纪张衡的《七辩》等也有植蔗制糖的记载，这些说明在 2 000 多年前中国已利用甘蔗加工制糖，这较其他起源中心之说的时间要早得多；② Н.И. 瓦维洛夫 1935 年提出世界栽培植物有八大起源中心，甘蔗的起源中心在中国；A. G. Alexander 和周可涌等有关甘蔗生理和形态构造方面的研究也证明中国种的竹蔗等栽培历史最长。

中国不仅是世界最早的植蔗制糖国，而且还是世界蔗糖贸易的先行者。在元朝的《马可·波罗游记》、明朝王世懋的《闽部疏》和陈懋仁的《泉南杂志》等均有中国蔗糖出口贸易的记述。我国的植蔗制糖技术向世界各地传播的途径大致分为三路：一路由中国向东传往日本等国，是公元 75 年由唐鉴真以制糖法传入；一路向南，是 1550 年由华侨携竹蔗将植蔗和制糖技术同时传往菲律宾及南洋诸国；另一路向西，主要是由商人经印度传入阿拉伯国家，再传入到西班牙南部。公元 1490 年哥伦布第二次去美洲时，带去甘蔗，植于圣多明哥，以后渐传入美洲各国。至 18 世纪，甘蔗已遍及全世界。

16.1.2.2　世界甘蔗生产概况

甘蔗原产热带和亚热带地区，由于品种驯化和栽培技术的改进，目前甘蔗的分布在 $33°N \sim 30°S$，其中以 $25°N \sim 25°S$ 最多，在 $33°N \sim 37°N$ 和 $30°S \sim 35°S$ 亦有零星栽培，但因无霜期较短，生长期不足，甘蔗单产量和含糖量较低，通常只供制酒或果蔗用。甘蔗的垂直分布在赤道附近海拔 1 500 ~ 1 600 m。世界蔗区分布的温度界限是年平均气温 17 ~ 18 ℃的等温线，而以年平均气温 24 ~ 25 ℃为最适宜；年降雨量以 1 500 ~ 2 000 mm 且分布较均匀的为好，但有灌溉条件的则不受此限制。

全世界现有植蔗榨糖的国家和地区 84 个。根据国际粮农组织（FAO）数据，2016 年甘蔗种植面积排列前十位的国家是巴西、印度、中国、泰国、巴基斯坦、墨西哥、印度尼西亚、菲律宾、美国和古巴，甘蔗总产量排列前十位的国家是巴西、印度、中国、泰国、巴基斯坦、墨西哥、印度尼西亚、澳大利亚、古巴、哥伦比亚。全世界 2016 年的甘蔗种植面积 $2\,667.4 \times 10^4\ hm^2$，蔗茎总产量为 $189\,066 \times 10^4\ t$，单产量为 70.6 t/hm²。根据英国 Czarnikow 公司及广西糖业协会年报资料，2016/2017 年制糖期世界蔗糖总产量为 $13\,764.1 \times 10^4\ t$，排列前十位的国家是巴西、印度、泰国、中国、美国、墨西哥、巴基斯坦、澳大利亚、危地马拉、菲律宾。前五大生产国蔗糖产量占全球总产量的 66.82%。

16.1.2.3　中国甘蔗生产概况

我国甘蔗分布南至海南，北至 $33°N$ 的陕西汉中地区，东至台湾东部，西到西藏东南部的雅鲁藏布江。我国蔗区主要分布在长江流域以南的广西、云南、广东、海南、台湾、江西、福建、四川、贵州、湖南、浙江等省（区），湖北、安徽、江苏、河南、山西等省也有零星种植。

我国是世界第四大蔗糖生产国。根据中国糖业协会年报，2016/2017 年制糖期，全国糖料种植面积 139.6×10⁴ hm²，其中甘蔗 122.5×10⁴ hm²，占 87.75%；蔗茎总产量 7 533.5×10⁴ t，单产量 61.5 t/hm²，甘蔗蔗糖含量 13.54%，产糖率 12.06%。食糖总产量 928.82×10⁴ t，其中蔗糖产量 824.11×10⁴ t，占 88.73%。广西、云南、广东是我国的三大蔗区，2016/2017 年制糖期甘蔗种植面积分别占全国甘蔗总面积的 60.98%、25.14%、9.80%，蔗糖产量分别占全国蔗糖总产量的 64.25%、22.79%、9.37%。

📖 深入学习 16—1
我国甘蔗生产的区域转移

16.1.2.4　我国甘蔗种植的分区

　　根据我国甘蔗分布的现状和地理气候特点，我国划分为华南蔗区、华中蔗区和西南蔗区三大蔗区。为了进一步优化我国甘蔗生产的布局，提升优势产区的生产能力，国家农业部颁布了《我国甘蔗优势区域布局规划（2008–2015）》，其中选建了桂中南、滇西南、粤西、琼北作为我国的甘蔗优势区域，并从中选择 60 个县（广西 33 个、云南 18 个、广东 6 个、海南 3 个）为全国甘蔗生产基地县。

16.1.3　甘蔗的类型与品种

16.1.3.1　甘蔗的栽培种

　　甘蔗（*Saccharum officinarum* Linn.）在分类学上属于禾本科（Poaceae/Gramineae）甘蔗属（*Saccharum* Linn.）多年生草本植物。甘蔗属约有 12 种，其中 3 个栽培种，分别为中国种、热带种和印度种。中国种（竹蔗，*S. sinense* Roxb.，2*n*=118）起源于中国。

📖 深入学习 16—2
甘蔗的三个栽培种

16.1.3.2　甘蔗品种类型

　　（1）按甘蔗直茎大小分类　划分为大茎品种、中茎品种和小茎品种 3 个类型。蔗茎上中下部平均茎径大于 3.0 cm 的称为大茎品种；茎径在 2.5~3.0 cm 为中茎品种；茎径小于 2.5 cm 的为小茎品种。大茎品种植株高大，一般分蘖力较弱，宿根性和抗逆性较差，但产量潜力大，在栽培管理水平高和水肥条件好的情况下可获得高产。而中茎和小茎品种分蘖力较好，宿根性和抗逆性较强，适应性较广，稳产性好。

　　（2）按蔗糖含量高低分类　按工艺成熟期蔗糖含量的高低划分为高糖、中糖和低糖 3 类品种。目前，通常把甘蔗蔗糖含量达 15% 及以上者称为高糖品种，低于 12% 的为低糖品种，介于两者之间为中糖品种。甘蔗糖分含量高低，除了由品种的遗传性决定以外，也受环境条件和栽培技术的影响，高水高肥、偏施迟施氮肥、阳光不足、行距过窄、病虫危害、倒伏等都会降低蔗糖含量。

　　（3）按工艺成熟期分类　划分为早熟品种、中熟品种和晚熟品种。所谓早熟品种是指在榨季早期蔗糖含量高，有利于糖厂提早开榨的品种；而晚熟品种则是榨季早期糖分含量较低，到榨季后期糖分才高的品种；中熟品种则指介乎两者之间的品种。同一地区必须因地制宜地按一定比例推广早熟、中熟、晚熟品种，以延长榨季，并使整个榨季保持有较高的蔗糖含量，提高制糖生产的经济效益。

16.1.3.3　甘蔗主要栽培品种

　　我国的糖料蔗栽培品种以新台糖系列、桂糖系列、粤糖系列为主。2016/2017 制糖期三大系列品种占总种植面积的 90.74%，其他品种占 9.26%。新台糖系列主要有"新台糖 16 号""新台糖 22 号""新台糖 25 号"等，桂糖系列主要有"桂糖 29 号""桂糖 42 号""柳城

05/136"等，粤糖系列主要有"粤糖93-159""粤糖00-236""粤糖60号"等。"新台糖22号"在主产区的栽培面积占甘蔗总面积的60%以上。

16.2 甘蔗栽培的生物学基础

16.2.1 甘蔗的形态特征

16.2.1.1 根

甘蔗的根属须根系。生产上通常用蔗茎作种苗进行无性繁殖，其根系由茎节上的根点萌发长成。根据根发生部位和生长时间的不同，甘蔗的根又分为种根和苗根两种（图16-1）。种根由种茎节上的根点萌发长成。种根一般分枝较多且纤细，颜色较深，入土力和吸收能力均较弱。它的作用是在苗根未长出之前负责吸收供应幼苗生长所需的水分和养分。种根的寿命较短，待苗根长出后，它的作用便由苗根所代替，故又称为临时根。苗根由蔗株基部茎节上的根点萌发长成，也称为株根。苗根粗而多，颜色较浅且分枝少，根冠较大。苗根的生长势强，入土力和吸收力都很强，寿命长，故亦称永久根，是甘蔗根系的主要组成部分。苗根一般是在幼苗长出3~4片叶时产生，随着蔗株的生长和覆土的增厚，蔗株的基部不断长出新根，逐步取代老苗根，以保持蔗株旺盛的吸收能力来维持其生长发育。

甘蔗拔节伸长后，地上部分茎节上的根点有时也可萌动长成根，称为气根。气根不具吸收养分和水分作用，反而它的生长需要消耗养分，是一种不良性状，生产上要尽可能防止其发生。

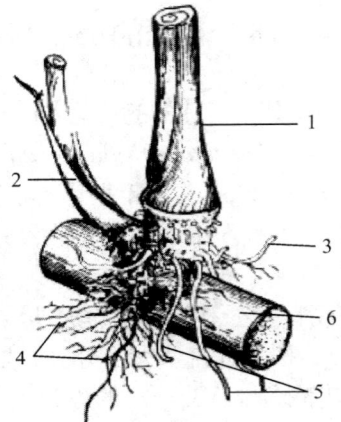

图16-1 甘蔗的种根与苗根
（引自轻工业部甘蔗糖业科学研究所等，1985）

1. 主茎 2. 分蘖茎 3、5. 苗根 4. 种根 6. 蔗种

16.2.1.2 茎

甘蔗的茎一般直立或微曲，由若干个节和节间组成（图16-2）。蔗茎的节和节间数量因品种和植期不同而异。一般春植甘蔗的蔗茎有30多个节和节间，其中地上部分可收获的蔗茎有20~25个。

（1）节 下自叶痕上至生长带止的蔗茎部分称为节。节以根带为主体，包括生长带、根带、根点、叶痕和芽等器官（图16-2）。

① 生长带（growth ring） 位于根带之上、节间之下的一条狭窄环带，其宽窄因品种而异。生长带一般不被蜡粉，颜色多为淡黄色、绿色或淡绿色。未成熟的生长带一般与节平，成熟节的生长带则向外隆起，未成熟生长带中的分生组织细胞可以不断分裂增殖和伸长，从而使节间得以伸长增粗。

② 根带（root band）和根点 根带位于叶痕和生长带之间，其上分布有一行至数行排列成行或排列不规则的根点。根点是甘蔗的根原基，在适宜的温度、氧气和湿度条件下，能萌发长成根。

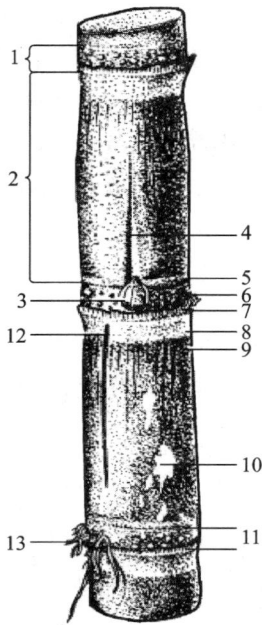

图 16-2 蔗茎的构造

（引自轻工业部甘蔗糖业科学研究所等，1985）

1. 节　2. 节间　3. 芽　4. 芽沟　5. 生长带
6. 根点　7. 叶痕　8. 蜡粉带　9. 木栓裂缝
10. 木栓斑块　11. 根带　12. 生长裂缝　13. 气根

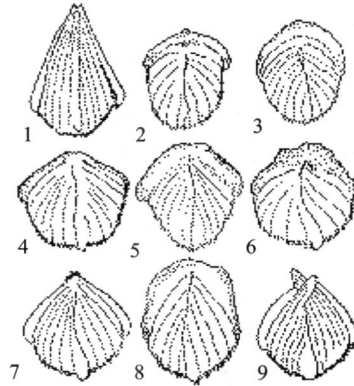

图 16-3 芽的形状

（引自轻工业部甘蔗糖业科学研究所等，1985）

1. 三角形　2. 椭圆形　3. 倒卵形
4. 五角形　5. 菱形　6. 圆形
7. 卵圆形　8. 长方形　9. 鸟嘴形

③ 芽　甘蔗的芽有侧芽（俗称芽）和顶芽两种，着生在茎节上的芽称为侧芽，着生于茎端的芽称顶芽，即植株的生长点。芽在节上的着生位置、芽的形状（图 16-3）随品种不同而异，是甘蔗品种识别的重要特征之一。

④ 叶痕（leaf scar）　位于根带与蜡粉带之间，是叶鞘脱落后留下的痕迹。

（2）节间　指生长带以上叶痕以下的蔗茎部分。节间形状（图 16-4）因品种而异，也是识别甘蔗品种的重要特征。成熟节间的长度在 5~25 cm，节间的大小和长度受品种特性和栽培条件影响较大。节间的颜色自淡黄绿色至紫黑色，因品种而异，常见的节间颜色有黄绿色、紫红色、深紫色等。多数品种节间的颜色随曝光时间的延长而加深。节间表皮细胞会分泌出蜡粉，覆盖表皮，具有保护茎的作用。蜡粉开始时呈白色，后因霉菌滋生会逐渐变黑。一般在叶痕下的节间部分蜡粉最多，称为蜡粉带。有些品种在位于芽上方的节间部分具有一凹陷的纵沟，称为芽沟。节间上有时会出现木栓条纹、木栓斑块或生长裂缝（俗称水裂）。

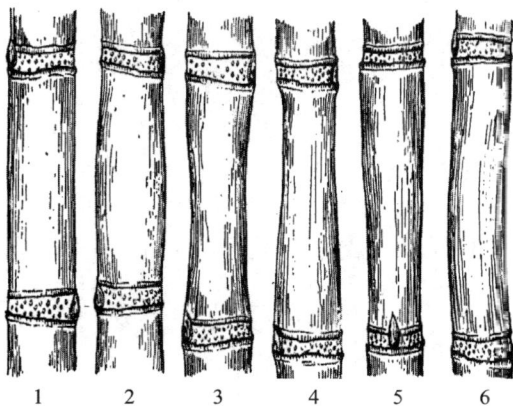

图 16-4 甘蔗茎的节间形状

（引自轻工业部甘蔗糖业科学研究所等，1985）

1. 圆筒形　2. 腰鼓形　3. 细腰形
4. 圆锥形　5. 倒圆锥形　6. 弯曲形

16.2.1.3 叶

甘蔗的叶由叶片、叶鞘和叶环三部分组成

（图 16-5），互生于茎上。叶因叶片中脉的发达程度和肥厚带的大小、厚薄，而呈疏散、弯曲、斜集、挺直和下垂等姿态。叶片位于叶环之上，其大小、长短、厚薄和颜色等因品种而异。正常生长的叶片多呈青绿色。叶鞘位于叶环之下，自节的叶痕处长出，两边缘相互重叠且紧包裹茎节，形如管状。叶鞘背部颜色、茸毛多少及叶鞘脱落的难易均因品种而异。叶环即叶鞘与叶片接合处，包括叶喉、肥厚带（dewlap）、叶舌、叶耳等附属器官。肥厚带的形状、叶耳的有无和形状也是识别品种的特征之一。

16.2.1.4　花和果实

甘蔗的花为顶生圆锥花序，由主轴、支轴、小穗梗和小穗组成（图 16-6）。甘蔗的子实为颖果，成熟时为棕色，长卵圆形，长约 1.5 mm，宽约 0.5 mm。颖果的纵切面可分为果皮、种皮、胚乳和胚四部分。胚由胚芽、胚根、胚轴和子叶四部分组成。

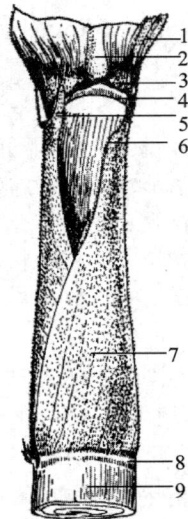

图 16-5　蔗叶的构造
（引自轻工业部甘蔗糖业科学研究所，1985）
1. 子房　2. 柱头　3. 花药
4. 叶舌　5. 叶耳　6. 外叶耳
7. 叶鞘　8. 鞘基　9. 节间

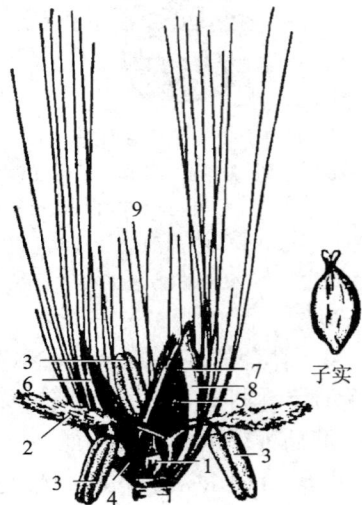

图 16-6　甘蔗的花和果实
（引自轻工业部甘蔗糖业科学研究所，1985）
1. 叶片　2. 叶中脉　3. 肥厚带　4. 鳞片
5. 孕内颖　6. 内护颖　7. 不孕内颖
8. 外护颖　9. 茸毛

16.2.2　甘蔗的生长发育及其对环境条件的要求

彩图 16-1
甘蔗的生育时期

甘蔗的生育期可划分为萌芽期、幼苗期、分蘖期、伸长期和成熟期等五个时期。各个时期的生长发育特性及其对环境条件的要求有所不同。

16.2.2.1　萌芽期

自甘蔗种苗下种后至蔗芽萌发出土数占播种总芽数 80% 的生长阶段称为萌芽期。种苗下种后，在适宜的温度、水分和氧气等环境条件下，蔗茎上的芽和根点的休眠状态便被打破，根点吸水突起伸出种根，侧芽吸水膨胀，生长点萌动，从芽孔伸出并逐渐发育成幼苗。

甘蔗萌芽要求最低温度 13℃，随温度升高发芽速度加快，最适发芽温度是 30℃ 左右。发根对温度的要求较萌芽低，通常蔗根萌发最低温度10℃，以20～27℃最适宜，故在温度较低的早春植或冬植条件下常先发根后发芽，这有利于种苗扎根，为壮苗打基础。甘蔗种茎本身含水量达70%左右，可满足发芽的需要。如要加快蔗种内养分的分解，或为了避免土壤干旱使蔗种失水干枯，还需要浸种补充水分。下种后的土壤湿度保持在最大持水量的70%左右为宜。但在黏重土壤及排水不良的蔗田要防止渍水。萌芽期土壤高温、低湿、通气良好，有利于提高萌芽势和萌芽率。

16.2.2.2　幼苗期

自蔗芽萌芽出土后有10%出现第一片真叶起，至有50%以上的幼苗出现第5片真叶止，称为幼苗期。幼苗期主要以长叶、发根（苗根）和孕育分蘖为生长中心。幼苗期的根系由种根和苗根组成。当幼苗长出3~4片真叶时，苗根开始发生，根系吸收能力逐渐增强。与此同时，幼苗基部的侧芽萌动，开始孕育分蘖。幼苗期节间尚未伸长，地上部分生长主要是叶数增加、单叶面积扩大和假茎增粗。苗根发生后，幼苗的生长从完全依靠种茎养分维持生长，过渡到完全靠自身独立吸收养分供应生长。

幼苗生长要求温度在15℃以上，最适温度为30～32℃。冬季和早春气温较低，幼苗生长较慢，进入3—4月后，气温回升较快，幼苗生长逐渐加快。幼苗期甘蔗需水不多，土壤只需保持在最大持水量的60%即可。土壤适当干旱，氧气充足，有利于根的萌发和生长，但幼苗生长对水分敏感，水分不足时生长缓慢，严重时调萎甚至死亡。光照充足，幼苗的根、叶生长快，基部粗大，有利于壮苗形成。

16.2.2.3　分蘖期

自有分蘖的幼苗达10%起，至全田幼苗开始拔节伸长，称为分蘖期。由种苗的侧芽萌发长成的植株成茎后称为主茎。蔗茎基部节上的侧芽萌发长成新的植株，称为分蘖。一般幼苗长出6～7片真叶时开始发生分蘖。分蘖期以分蘖的发生为生长中心，同时幼苗也不断地发生新苗根，出叶速度加快，蔗茎平均伸长速度为3 cm/d时止。收获时茎长达1 m以上，能作为原料蔗的分蘖称为有效分蘖，反之为无效分蘖。

彩图 16—2
甘蔗的分蘖

影响分蘖的因素很多。品种间因遗传特性不同而有很大差异，但外界环境因素如光、温、水、气等的影响亦很大。强光能促进分蘖发生，阳光充足时分蘖早而多，分蘖苗粗壮，光照不足时分蘖显著减少。分蘖发生要求的最低温度为20℃，此后随着温度的升高分蘖增加并加快，至30℃左右时分蘖最旺盛。土壤疏松，水分充足，可促进分蘖生长，但水分过多或田间渍水会使土壤通气不良，也会导致分蘖发生少或发生迟。N、P、K养分的缺乏都会影响分蘖的正常生长，其中以N和P的影响最为明显。

16.2.2.4　伸长期

通常当蔗株长出12～13片真叶时蔗茎开始拔节伸长。从蔗茎开始拔节伸长、平均伸长速度达到3 cm/d以上时起，至蔗茎伸长基本停止为止，为甘蔗伸长期。伸长期是甘蔗一生中生长最旺盛的时期，具体表现为茎长和茎粗绝大部分在这一时期形成，因此是甘蔗单茎重形成的主要时期，也是提高甘蔗产量的关键时期。

伸长期要求高温、强光、重肥和足水的环境条件，最适伸长温度是30℃左右，低于20℃伸长缓慢，10℃以下则停止生长，当温度高于34℃时，蔗株的生长也会受到抑制。伸长期光照充足，光照时间长，蔗茎粗壮，单茎重大，不易倒伏；反之则蔗茎细长，单茎重小，易倒伏，影响产量。伸长期甘蔗需水量最大，占全生育期的 50% ~ 60%。此时缺水干旱会使蔗茎伸长缓慢、节间变短、植株变矮，严重缺水时还会使蔗茎空心或蒲心，产量下降。但田间渍水也会导致根系的正常生理功能受到破坏而影响地上部分生长，使叶片变黄，蔗茎生长受阻。伸长期也是甘蔗需肥最多的时期，其中氮肥约占整个生长期的 50%，磷肥、钾肥为 70% 以上，因此栽培上应加强前中期的水肥管理等，让甘蔗在伸长期充分利用光温条件，保证旺盛的生长，达到高产高糖的目的。

16.2.2.5 成熟期

彩图 16-3
成熟期不同果皮类型的果蔗

甘蔗的成熟通常分为工艺成熟和生理成熟。生理成熟是指甘蔗在适宜的自然条件下，由营养生长转向生殖生长，进行孕穗、抽穗、开花和结实的过程。工艺成熟是指蔗茎中蔗糖的积累程度。栽培上甘蔗成熟是指工艺成熟。

甘蔗进入伸长末期后，在适宜的环境条件下，蔗茎液泡中积累糖分速度加快。当蔗茎中糖分积累达到特定品种的最高峰，全茎上下节段糖分含量比较一致，蔗汁纯度达最适宜工厂压榨制糖时，称为甘蔗工艺成熟期。生产上常用蔗汁锤度比判断甘蔗的工艺成熟度。蔗汁锤度（brix）是指蔗汁中固溶物重量占蔗汁重量的百分比。工艺成熟期，蔗茎上部、下部的蔗汁锤度比为 0.90 ~ 1.00。当上节、下节间蔗汁锤度比达 0.90 ~ 0.95 为初熟，达 0.95 ~ 1.00 为全熟，超过 1.00 则为过熟。甘蔗工艺全熟期最适宜砍收。过熟时，蔗茎下部节间的糖分开始转化为还原糖，俗称"回糖"，蔗糖产量降低。"回糖"是从下向上逐节进行的。高温、高湿条件下"回糖"速度加快。甘蔗工艺成熟期的外部形态特征表现为叶片由浓绿色变为黄绿色，新生叶片短小而直立，枯叶增多，蔗茎颜色加深，蜡粉脱落，节间光滑，蔗茎剖面呈玻璃样反光状。

影响甘蔗糖分高低和成熟迟早的内因主要有品种、株龄。不同品种甘蔗糖分高低差异较大，目前我国甘蔗主栽品种的蔗糖糖分以 14% ~ 16% 居多。此外，不同品种的工艺成熟期早晚也不同，早熟种糖分积累早，榨季早期糖分高。不同栽培制度下，秋植蔗比春植蔗、宿根蔗比冬植蔗和春植蔗、冬植蔗比春植蔗早成熟；同一丛甘蔗，主茎比分蘖、早生分蘖比迟生分蘖早成熟。在生产上，应该尽量提早种植，促进早生分蘖，延长甘蔗生长期，可达到增产增糖。

影响甘蔗工艺成熟的外界因素主要有温度、水分、光照、养分等。甘蔗工艺成熟需要冷凉、干燥和晴朗的气候环境。一般极端低温在 5℃ 以上，日平均温度在 13 ~ 18℃，且昼夜温差 10℃ 左右最有利于蔗糖含量积累。生长后期蔗田适当控水有利于蔗糖含量积累，高温、多雨会使甘蔗迟熟低糖，收获前一个月蔗田应停止灌溉。另外，偏施、迟施氮肥会使甘蔗迟熟低糖，氮、磷、钾配施可提高甘蔗糖分。病虫害、倒伏、土壤质地等因子对甘蔗工艺成熟的影响也较大。

16.2.3 甘蔗的产量形成

甘蔗产量由单位面积有效茎数和一茎重（也称单茎重）乘积构成。收获时茎长 ≥ 1 m 的蔗茎为有效茎。有效茎数一般由 80% ~ 90% 主茎和 10% ~ 20% 分蘖茎组成。一茎重由茎长和茎粗（茎径）决定。即：

$$一茎重（kg/条）= 茎长（cm）× 茎径^2（cm^2）× 0.785\,4 × 比重（g/cm^3）× 10^{-3}$$

式中，0.785 4 约等于 $1/4\pi$。10^{-3} 是比重取 1.00 时，以体积 1 000 cm^3 折算 1 kg 重的换算系数。

影响甘蔗产量的最重要因素是有效茎数，其次是茎径，茎长的贡献率最小。在一定种植密度范围内甘蔗产量随有效茎数增加而提高，超过一定密度范围则下降。因此，甘蔗的产量形成，适宜种植密度是基础，合理的下种量在很大程度上决定了单位面积植株数。萌芽期是保证有效茎数的关键时期，萌芽期的萌芽率高，则单位面积苗数多。幼苗期的生长直接影响到分蘖发生的迟早和多少，是增加有效茎数的积极时期。分蘖期是增加有效茎数的主要时期，分蘖多而早，则单位面积内的有效茎数就可能多。进入伸长期后，群体逐渐趋于稳定，生长中心由原来的以增加苗数为主的群体生长，转入以形成一茎重为主的单株生长，甘蔗的株高和茎粗绝大部分在这段时间形成，所以伸长期是形成单茎重的决定时期。工艺成熟期是蔗茎的缓慢增长期，株高还有一定的增长量，对提高一茎重具有积极意义。

16.3　甘蔗栽培技术

16.3.1　蔗田准备

甘蔗生长期长，植株高大，产量高，是需水需肥较多的作物，必须有一个发育良好的根系，使其具有较强的吸水吸肥能力和抗风抗倒能力。为此，只有创造一个"深、松、细、平、肥"的土壤环境，提高土壤保肥保水能力和通气性，才能满足甘蔗对水、肥、气、热等生活条件的需要。

16.3.1.1　深耕深松整地

目前我国蔗区多采用全面深耕深松整地方法。深耕深松的方法有深翻耕和深松耕。深翻耕是进行土壤全面深翻耕，深度一般为 30 ~ 45 cm，翻耕后晒垡 10 ~ 15 d，然后按 20 cm 左右的旋耕深度旋耕碎土，将土壤耙平耙碎。土壤瘠瘦耕层浅薄的高旱坡地或沙砾地、沙地等不宜一次翻耕过深，应逐年增加耕松深度。深松耕对耕作层深松但不翻土，一般松土深度为40 ~ 45 cm。如采用牛套犁、耙整地，应尽可能加大犁耙深度，提高整地质量。地下水位高、土壤肥沃的冲积土，在深翻晒白、耙碎耙平后开好排水沟，以降低地下水位。

16.3.1.2　开植蔗沟

开植蔗沟的主要作用是防旱、保水、保温，便于施用有机基肥，有利于培土等田间作业，并能使甘蔗根系发达，增强抗风防倒能力。

开植蔗沟之前首先要确定好植蔗沟行距。行距的宽窄由品种、气候、土壤肥力、耕作水平、水肥条件等因素决定。生长期长的南方蔗区或大茎品种、水肥条件好的种植行距应适当宽些，生长期较短的北方蔗区或中小茎品种、土壤高旱瘠瘦、水肥条件较差的则宜窄一些。当前机械化作业的蔗地行距为 120 ~ 140 cm，人畜耕作的蔗地行距为 80 ~ 100 cm。植蔗沟的深浅根据地下水位高低、耕层厚薄和排水难易而定。地下水位高的蔗田，植蔗沟宜浅；排水良好，土层较深厚的蔗田可深些。植蔗沟的宽度应视播幅的宽窄和土壤情况而定，播幅宽的应宽些，沙质土因沟壁易崩塌宜宽些。一般植蔗沟深 15 ~ 30 cm、沟底宽 20 ~ 25 cm、沟顶宽 35 ~ 50 cm。

开好的植蔗沟要求达到"深沟平底，底土松细"，以利于发根和根系生长。坡地种蔗要注意沿着等高线开种植沟，有利于保水保肥，防旱抗旱；水田种蔗则要注意开通田中沟、田边沟和小排水沟，做到沟沟相通，雨停水干，蔗田干爽。对地势低洼、地下水位高、土质黏重的蔗田，也应注意搞好排灌系统，以利排水和土壤通气，使甘蔗旺盛生长。

16.3.1.3 施足基肥

基肥应以有机肥为主，配施适量速效化肥。在旱地蔗区，目前多采用蔗叶还田方法解决有机肥源的问题，人工可将蔗叶埋入植蔗沟内作基肥；具备机械化生产条件的，在机收时或整地前，采用机械碎叶后铺盖蔗田，然后通过旋耕和翻耕，使蔗叶与土壤混合，达到全层增施有机肥的目的。

作基肥的速效化肥主要是氮肥、磷肥和钾肥或等量养分的复合肥等。一般基肥施氮量占总施氮量的 1/2、1/3 或 1/8。甘蔗对磷、钾元素的吸收主要集中在前期和中期，且前中期所吸收的磷、钾元素可以转移到后期利用。因此，磷肥一般全部作基肥施用，钾肥如果总施用量少时也全部作基肥，用量多时可一半作基肥，另一半留作追肥使用。

16.3.2 播种

16.3.2.1 种苗的选择和处理

（1）种苗选择　甘蔗栽培是用蔗茎作种，通称种苗（stock）。优质种苗能使蔗苗早生快发，全苗壮苗。种苗选择一般经过块选（田块）、株选、段选和芽选四个程序。

块选是在甘蔗收获前选择生长良好、品种纯度高、无病虫害发生或发生较轻的新植田块作为留种田。株选是在留种田收获时选择生长正常、健康无病虫害的蔗株作种苗。段选是在斩种时选择蔗茎较粗大、蔗芽饱满、芽鳞新鲜的节段作种苗，剔除混杂品种和干枯或霉烂、伤损无芽、病虫危害、弱老死芽的节段。芽选是在下种时将受到机械损伤或其他因素损伤的种苗剔除。

甘蔗采种应结合收获进行，有霜冻害的蔗区应在临近霜期时采收和藏种。采种时先削去蔗株的叶片，保留叶鞘，以保护蔗芽。按留种要求不同，采种部位也不同。一般生产上采用梢部茎作种苗，在良种快繁、秋植用种或种苗不足时采用全茎种，机械化播种时采用半茎种。

（2）种苗处理　播种前根据具体情况对种苗进行晒种、砍种、浸种、消毒、催芽等处理，能促进种苗萌发，提高发芽势和萌芽率。

① 晒种与砍种　对于久贮蔗种，在播种时土壤水分充足，或具浸种条件下，砍种前将种苗摊开晾晒 1~2 d，能提高种温，增强种皮的通透性。一般晒种至幼嫩节间表皮稍有皱缩为宜。

砍种的作用是消除种苗上位芽的顶端优势，促进下位芽的萌发。砍种前先将叶鞘剥去，然后将蔗种砍成 2 个芽一段的双芽苗，良种繁殖或秋植时也可砍成单芽苗，对梢部的幼嫩节段或土壤水分不足、干旱威胁较大或播种时温度较低又无地膜覆盖栽培条件的，宜砍成 3~5 个芽一段的多芽苗，以增强种苗的保水能力和抗寒能力，确保全苗。斩种时将种茎置于木板上，芽向两侧，砍刀要锋利，刀身要薄，落刀要准，做到一刀两断，切口平滑、不破裂。

② 浸种与消毒　目前生产上常用的浸种方法有流动清水浸种 1~2 d 和 2% 石灰水浸种 12~24 h。以后者效果较好。种苗消毒的目的是预防播种后至幼苗 3 片真叶前凤梨病菌和赤腐病菌对种苗的侵害。浸种后，先将种苗捞起沥干水滴，如果用石灰水浸种，还要将黏在种苗上的石灰冲洗干净，再进行消毒。一般生产上常用多菌灵、甲基托布津、本来特等杀菌剂进行药剂消毒，也可用 52℃ 热水的温汤浸种法消毒。对于宿根矮化病可采用 50℃ 热水浸种 2 h，有较好的效果。

③ 催芽　催芽处理对于冬植蔗、早春植蔗、萌芽力弱的品种的效果更好。但播种时土壤

干旱、水分不足时不宜催芽，以免种苗失水影响出苗而降低发芽率。

深入学习 16-3
甘蔗健康种子（苗）
技术研究与应用

常用的催芽方法有堆肥催芽法和塑料薄膜覆盖催芽法。堆肥催芽法是利用半腐熟的堆肥或厩肥与种苗分层堆放，利用微生物在分解有机质的过程中产生的和种苗呼吸作用所释放的热量作热源，提高堆内温度，同时保持堆内适当的水分和通气条件，促进蔗芽萌发。塑料薄膜覆盖催芽法是将经过消毒后的种苗直接自然堆放，或用编织袋装好堆放，其上覆盖塑料薄膜，四周压膜密封，依靠种苗的呼吸热和太阳辐射热作热源提高堆内温度，促进蔗种发芽。催芽过程中要注意保持种堆温度在 25～35℃，其中以 30～32℃最适宜，湿度则以保持种苗湿润为宜。一般催芽至蔗芽呈"鹦哥嘴"状，根点刚刚突起为适度。

16.3.2.2　播种技术

（1）播种期　一般当土表以下 10 cm 土层的温度稳定在 10℃以上、土壤水分适宜时即可播种。耐寒力强、幼苗生长较快的品种，可在温度条件基本满足时及早播种。夏植蔗宜在前作收获后及时抢种，或在前作生长后期套种或育苗栽移，尽量提早植期，延长生长期。秋植蔗播种期以确保入冬前生育期处在分蘖盛期为原则，一般 8 月下旬至 10 月上旬播种最适宜。冬植蔗主要根据冬季气温和降雨条件选择播种期。一般来说，在水分是限制萌芽和幼苗生长主要因素的地区，早冬植比晚冬植增产效果大，而在低温霜冻是主要限制因素的地区，晚冬植比早冬植稳产。

（2）播种量　一般高温多雨、水肥条件好、栽培管理水平高的蔗区，或大茎品种、萌芽力和分蘖力强的品种，播种量宜小一些，反之则宜大一些。根据各地的实践经验和当前的生产水平，一般认为比较适宜的每公顷有效茎数和相应的下种量大致是：大茎种有效茎数 6×10^4 条，下种量（$7.5 \sim 10.5$）$\times 10^4$ 芽；中茎种有效茎数（$7.5 \sim 10.5$）$\times 10^4$ 条，下种量（$12.0 \sim 13.5$）$\times 10^4$ 芽；细茎种有效茎数（$9 \sim 12$）$\times 10^4$ 条，下种量（$13.5 \sim 15.0$）$\times 10^4$ 芽。

（3）播种方法　目前甘蔗生产使用的排种方式主要有单行条植、双行条植、双行品字形条植（双行三角形条植）、斜排种植等（图 16-7）。其中双行品字形条植因蔗芽排列分布疏密一致，蔗芽间相隔距离较远，有利于幼苗生长，有效茎数多，产量高，而最为常用；在播种量较大时采用双行顶接条植的也较多。

无论采用哪一种排种方式，排种时都要求将种苗平放在植蔗沟底，长度方向与植沟方向一致，种苗要紧贴土壤，芽向两侧，避免"天地"芽和种苗"架天桥"，以利于种苗吸收水分萌芽生根。双行排种的要求播幅（两行蔗种之间的距离）在 10 cm 左右，有利于田间通风透光和

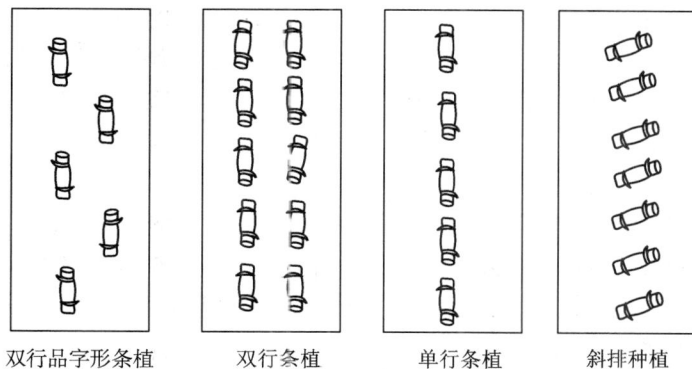

双行品字形条植　　双行条植　　单行条植　　斜排种植

图 16-7　甘蔗排种示意图

（引自轻工业部甘蔗糖业科学研究所等，1985）

深入学习 16—4
甘蔗地膜覆盖栽培
技术要点

田间管理。为了防治萌芽期及幼苗期的地下虫害，排种完后先在种苗的两侧撒施农药，然后再覆土盖种。覆土的厚薄要根据土壤质地、温度、水分等因素综合决定，一般覆土厚 3~10 cm。盖种后喷施除草剂防除杂草，起到防除萌芽期和幼苗期杂草的作用。冬植蔗和早春植蔗宜采用地膜覆盖栽培，在覆土和喷施除草剂后再覆盖地膜。

16.3.3　甘蔗大田管理

16.3.3.1　甘蔗施肥管理

（1）甘蔗对营养元素的要求　甘蔗对氮、磷、钾的需要量较大，必须通过人工施肥补充。一些酸性土壤还需要施用石灰或钙肥等补充钙营养。

（2）甘蔗对氮、磷、钾吸收规律　甘蔗对氮、磷、钾 3 种元素的需要量是 $K_2O > N > P_2O_5$，三者的吸收比例为 $1.0 : (0.6 \sim 0.7) : (1.2 \sim 1.6)$。一般情况下，生长期长的和单产量高的甘蔗需要吸收较多的养分。若以收获每吨原料蔗茎（millable stalk）的吸收量计算，则生长期长、单产量高的甘蔗比生长期短的、单产量低的吸肥量少。据测定，沙围田春植蔗平均每吨原料蔗需要吸收氮（N）2.04 kg、磷（P_2O_5）1.3 kg、钾（K_2O）2.4 kg。

甘蔗不同生长时期对氮、磷、钾的需要量不同，表现为幼苗期 < 分蘖期 < 伸长期 > 工艺成熟期。幼苗期生长缓慢且营养体较小，吸收量不大；分蘖期不断增生分蘖，苗数急剧增加，且叶面积逐渐增大，需肥量也逐渐增多；伸长期是甘蔗生长最旺盛、单株干物质增长最快的时期，对氮、磷、钾的吸收量也是一生中最多的时期；工艺成熟期甘蔗的根、茎、叶生长渐趋缓慢至基本停止，对养分的吸收量又逐渐减少；其中幼苗期和分蘖期的养分吸收量虽然不多，但非常迫切，一旦缺肥，则会导致幼苗生长瘦弱和分蘖减少，即使以后再增施肥料，也难以补救，最终影响产量形成。

氮、磷、钾营养被甘蔗吸收后可重复利用。甘蔗枯老叶片在失去生理功能前，可将叶片中的养分转移到鲜嫩叶及梢头和茎部，再供这些组织利用。甘蔗的氮营养重复利用率约为 1/3、磷和钾各为 1/2 以上。因此，甘蔗前中期施足氮肥一般后期不会早衰，磷肥、钾肥在前期集中施用，可以提高肥料利用率。

（3）施肥技术　甘蔗施肥应遵循"基肥与追肥并重，有机肥与无机肥配合施用，氮肥、磷肥、钾肥合理配施，看天、看地、看蔗、看肥灵活施肥"的施肥原则，做到施足基肥，适早追肥，适量施肥，平衡施肥，深层施肥，满足甘蔗生长对养分的需求。

① 施肥量　旱地甘蔗在生产原料蔗 90 t/hm² 以上的产量水平下，每公顷推荐施肥量为农家肥或土杂肥 15 000 kg 以上、氮肥（N）345 ~ 480 kg、磷肥（P_2O_5）95 ~ 105 kg、钾肥（K_2O）225 ~ 270 kg，酸性土壤加施石灰粉 1 500 kg。围田甘蔗在生产原料蔗 120 t/hm² 以上的产量水平下，每公顷推荐施肥量为农家肥或土杂肥 15 000 kg 以上、氮肥（N）490 kg、磷肥（P_2O_5）84 kg、钾肥（K_2O）180 kg。

② 施肥时期和施用方法

a. 有机肥　有机肥宜全部作基肥，在施肥量较大时也可留部分作攻茎肥。作基肥时可用作底肥，结合整地表土全层施肥，或用作种肥于甘蔗下种时集中施在植蔗沟内，视施肥量大小而定。作追肥时一般结合大培土，将肥料集中施于根际附近。增施有机肥既能满足甘蔗生长的需求，又有利于改良土壤。

b. 氮肥　氮肥宜早施。旱地蔗区着重在生长前中期施用，要求在甘蔗开始拔节时将计划的氮肥施肥量全部施完。不覆盖地膜的露地栽培采用三次施肥法，将总施肥量的 10% ~ 20%

作基肥，在甘蔗下种时与其他肥料混合后集中施于种植沟内；20%～30%作苗蘖肥，在主苗发生5～7片真叶时，结合小培土根际施肥；50%～60%作攻茎肥，在甘蔗分蘖末期至开始拔节伸长时，结合大培土根际施肥。在地膜覆盖栽培条件下，可采用一次施肥法或二次施肥法施肥。一次施肥法是将全部氮肥作基肥，以后的甘蔗生长期间不追肥，也不揭膜，到伸长初期时大培土；二次施肥法是将氮肥施肥量的30%～50%作基肥，50%～70%作攻茎肥，施肥后大培土。一次施肥法或二次施肥法由于肥料集中施用，肥料浓度较大，要注意肥料与种苗隔开，避免造成肥害。

c. 磷肥、钾肥　甘蔗磷肥、钾肥强调早施和集中施，将总施肥量作为基肥施用，且以集中施于植蔗沟内为好。如果基肥缺施磷、钾肥，也应在苗期及早补施。磷肥施用前先与有机肥混合堆沤10～15 d，有利于提高磷肥当年的利用率。对保水保肥力较差的蔗作土，也可分一部分钾肥在伸长期（大培土前）作追肥施用。磷肥和钾肥作基肥施用时，要与有机肥、氮肥等混合后施于植蔗沟底或种苗的两侧，避免肥料与种苗接触，影响根、芽的萌发；如作追肥施用，施肥后要覆土盖肥，以提高肥料利用效率。

16.3.3.2 甘蔗需水与水分管理

（1）甘蔗的需水规律　甘蔗生长期长，植株高大，生长旺盛，生物产量大，蔗茎产量高，生长前期生态需水多，是一个需水量很大的作物。一般来说，甘蔗生长期长、日平均露天蒸发量大、单位面积蔗茎产量高的，其总需水量就较大；对每吨甘蔗而言，需水量随着单位面积产量的增加而降低。根据广东、广西等省（区）的试验资料，春植和秋植"台糖134"每公顷产45～195 t蔗茎，全生育期每公顷耗水量为8 800～22 100 m³，每千克蔗茎耗水量为171～212 kg。

甘蔗不同生育期对水分的需求是不同的，呈现出"两头少，中间多"的需水规律，即萌芽期、分蘖期和成熟期耗水量少，伸长期耗水量多。根据广东、广西等亚热带蔗区的资料，一般萌芽期的耗水量占全生育期的8.4%～18.1%，分蘖期占15.4%～21.7%，伸长期占54.3%～57.8%，成熟期占2.4%～19.6%。

（2）蔗田水分管理　蔗田的水分管理包括蔗田灌溉和排水与降低地下水位。

① 灌溉　甘蔗的适灌期可根据如下3个依据确定。一是根据不同生育期土壤持水量来确定灌溉时期。其标准是：下种前后，耕作层内土壤水分低于最大持水量50%时，应于下种前后灌水一次，以利于萌芽；萌芽期在20～30 cm土层内和分蘖期在30～40 cm土层内持水量低于50%时，应即行灌溉；伸长期在50～70 cm土层内持水量低于60%时应即行灌溉；成熟期在50～60 cm土层内持水量低于50%时，应即行灌溉。二是测定叶鞘水分含量确定灌溉时期。在甘蔗生长期中，测量1～6叶的叶鞘水分含量，从收获前7个月开始测定，每两周测一次，收获前3～4个月每周测一次，通过灌溉使生长期中叶鞘含水量维持在83%。而在生长后期，则要通过减少乃至停止灌溉，使叶鞘水分含量逐渐降低，以利于成熟，到收获时叶鞘的水分要降到73%～75%。三是通过测定蔗株生长速度来确定灌溉。一般认为6—9月蔗株日平均生长速度0.9～1.0 cm时，应即进行灌溉。

甘蔗的灌溉方式主要有沟灌、喷灌、滴灌、渗灌、微喷灌等，沟灌设施简单，投入少，是当前甘蔗的主要灌溉方式。滴灌系统可同时完成施肥、施农药等作业，实现"水肥一体化"，提高肥料利用率和节约用工成本，是目前示范推广的甘蔗灌溉方式。

② 排水与降低地下水位　首先要甘蔗连片种植，避免稻蔗插花；其次要认真搞好排灌系统，方便排水。地下水位的高低要根据甘蔗不同生育期而定，苗期根系较浅，地下水位在

30 cm 处为宜，伸长期根系分布深，地下水位在 80 ~ 100 cm 处为宜。临界的地下水位应不高于地表下 50 cm 处，否则将大大影响甘蔗生长。

16.3.3.3 田间管理

（1）查苗补苗 当蔗田大部分幼苗长出 2 ~ 3 片真叶时进行田间查苗，若蔗行长达 30 cm 以上缺苗的要及时补苗。补苗一般不宜用蔗种直接补种，而是采用预先准备的蔗苗进行补植。补苗宜在傍晚、阴天或雨天后进行，补苗后要淋足定根水，促进成活。补植苗成活后，应及时增施速效氮肥，促其生长，使群体平衡生长，整齐一致。

（2）间苗定苗 间定苗的原则可归纳为"四去四留"，即去弱留强、去病留健、去密留疏、去迟留早（去迟生分蘖，留早生分蘖）。间定苗应首先确定单位面积应留的苗数［一般（7.50 ~ 8.25）× 10^4 株 /hm^2］，最后定苗数一般应多于预期有效茎数的 10% ~ 15%；间定苗一般进行两次，在分蘖盛期结合中耕进行第一次间苗，在拔节伸长初期结合大培土进行第二次间苗定株。

（3）除草和中耕培土 甘蔗生长前期地上部分生长缓慢，田间裸露面积大，易滋生杂草，影响幼苗生长和分蘖产生。及时清除杂草，可减少田间荫蔽度，促进分蘖早生、培育壮蘖和壮苗，提高成茎率。除草方法有化学除草和人工除草。化学除草又分为芽前处理（土壤处理、封闭处理）和芽后处理（叶面喷施）。芽前处理是在甘蔗下种后于蔗芽和杂草种子萌芽出土前，将芽前除草剂均匀喷施在土壤表面，使药剂在土壤表面形成一层药膜；芽后处理是在甘蔗萌芽出土后生长期间，田间杂草 2 ~ 3 叶期时将芽后除草剂均匀喷施在杂草叶面。化学除草要注意正确使用除草剂种类、浓度和施药方法，避免蔗苗遭受药害。

目前甘蔗主产区多用中耕机械进行蔗田中耕。在未实现机械化耕作的蔗区，除用锄头中耕除草外，也可用牛牵引型进行中耕，犁耕时只松土但不翻土而达到中耕除草的目的。

培土通常结合中耕除草和追肥进行。目前生产上一般中耕培土 1 ~ 2 次。在主苗发生 5 ~ 7 片真叶时，结合追施壮苗攻蘖肥进行小培土，培土厚度为 2 ~ 4 cm；在甘蔗分蘖末期至开始拔节伸长时，结合追施攻茎肥进行大培土。培土厚度要因地制宜，一般为 20 ~ 25 cm。在一些水田蔗区大培土后还进行一次高培土。培土能抑制迟生分蘖，促使新根生长，扩大根系体积和吸收范围，促进植株地上部生长和预防倒伏。施肥时通过培土覆盖肥料，可提高肥效。培土时土壤要细碎，要将土壤覆盖到蔗株基部，培土后蔗行畦面呈"馒头状"，防止培成"尖塔形"。采用甘蔗中耕培土机进行中耕培土作业，一次可完成松碎土、除草、培土（有些中耕机还可进行施肥）等作业工序，大大提高工作效率和作业质量，节约生产成本，节本增效效果显著。

（4）剥除枯叶 甘蔗剥叶主要是在伸长期和成熟期进行。剥除时应掌握"三剥三不剥"原则，即地势平坦、水肥条件好、甘蔗生势茂盛、田间荫蔽度大的蔗田，要及时剥除枯叶；病叶和蔗螟、粉介壳虫、棉蚜虫严重的蔗田，要多剥、早剥枯叶；田间湿度大、甘蔗气根多的要早剥除枯叶；高旱坡地甘蔗容易受旱，一般不剥叶，利用蔗叶保持水分，增强抗旱能力；良种繁育田或全茎留种田不剥叶，利用蔗叶保持蔗茎水分，保护蔗芽；青叶不剥，大田甘蔗应保留单株绿叶数 9 叶以上。病虫害发生不严重的蔗田，可将剥下的枯叶覆盖行间，以减少土壤水分蒸发。

（5）防治病虫鼠害 甘蔗生长期长，病、虫、鼠害较严重，必须认真做好防治工作，防重于治，做到治早、治少、治了。冬植、春植蔗萌芽期低温阴雨，要做好植前种茎消毒、植后保温排积水等预防凤梨病工作。甘蔗生长前中期有 5 ~ 6 世代螟虫重叠并发为害，发生枯心苗；

4—6月温度高、光照强、氮肥足，易诱发梢腐病；5—6月防蓟马；6—7月和9—11月两次防蚜虫，秋冬季主要防鼠害。

（6）预防倒伏　甘蔗生长中后期植株高大，遇台风易倒伏，影响产量和糖分。沿海蔗区每年的8—10月台风出现频繁，必须做好防倒工作。选用抗倒力强品种、深沟浅种、剥除枯叶、高培土、台风到来前将相邻蔗株扎束或打篱等，都是预防倒伏的有效措施。

（7）防霜防冻　在有霜冻的蔗区，常因工艺成熟期受霜冻而影响产量和质量。采用以下措施可避免或减轻霜冻害：①选择抗寒性强的品种；②培育健壮植株，减少虫害和防止倒伏，增强甘蔗抗霜冻能力；③霜前灌水或熏烟，霜期保持土壤湿润，可缓和降温，减轻冻害。若甘蔗已遭受冻害，应尽快砍收送糖厂压榨，以减少糖分损失。

16.3.4　收获与蔗种贮藏

16.3.4.1　收获期的确定
适时收获是保证蔗糖增产的主要环节之一。甘蔗达到工艺成熟度，是决定收获期的主要依据。当大田甘蔗表现出工艺成熟形态特征，田间蔗汁锤度比达0.95~1.00或甘蔗糖分达到品种最高水平时，即可收获。不同品种、栽培制度、气候条件、土壤类型和栽培条件下甘蔗成熟期的早晚差异较大。因此，确定甘蔗收获期时要贯彻"先熟先砍，迟熟后砍"原则，使榨季早期以至整个榨季都有比较高的蔗糖含量。同时，收获期还应考虑要有利于留种蔗和留宿根的护茎养蔸。一般早熟品种比中迟熟品种先砍，秋植、宿根蔗比冬植、春植蔗先砍，旱地蔗比水田蔗先砍，不留宿根的比留宿根的先砍，不留种的比留种的先砍。此外，甘蔗砍收还要与糖厂生产计划相结合，做到砍、运、榨相互衔接，以保证原料蔗的新鲜度。

16.3.4.2　砍收技术
合理的砍收技术，对于提高工效，增收蔗茎产量，促进宿根蔗发株和生长，都具有重要意义。目前，我国多数蔗区仍采用人工"快锄低砍"的方法砍下蔗株，然后用蔗刀将嫩梢、须根、泥沙和枯叶残叶一并削除干净，再砍下尾梢。这种方法劳动强度大，劳动效率低，人日均最多也只能收1 000 kg蔗茎，因此，发展机械收获技术势在必行。

甘蔗收获要求低砍。低砍收获既有利于当年增加蔗茎产量，又有利于促进宿根蔗蔸的中下位芽发株，减少病虫尤其是蔗螟的越冬场所。不留宿根蔗的甘蔗应尽量低砍乃至整株挖起，留宿根蔗的蔗田可保留10~15 cm的蔗桩。

📖 深入学习 16—5
甘蔗生产机械化的农艺配套技术

16.3.4.3　留种与蔗种贮藏
生产上一般留梢部做种。先将梢部削去叶片（留下叶鞘），然后砍至生长点（见鸡蛋黄），再根据需种量多少，砍留长50~70 cm或更长的梢部茎做种。留下的蔗种按头尾对齐扎成10~15 kg一小捆。蔗种最好是边砍边种，新鲜蔗种发芽高。如果留种后不能及时种植，则要将蔗种集中贮藏越冬，以保持蔗种质量。华南蔗区或其他较温暖的蔗区，可边砍边种，蔗种无须贮藏或只需短时藏种后下种。而华中、西南等偏北蔗区，蔗种必须在霜冻来临前采收，并需经2~4个月的贮藏后才能下种。

贮藏蔗种的方法一般有窖藏和短期贮种。窖藏蔗种有田坑窖藏和蔗沟平窖（或沙沟平窖）两种基本方法，前者又可分为平窖法和立窖法。田坑窖藏时，窖地要选择在地势较高、土层深厚、土壤沙性且能回润、排水良好、避风向阳、离蔗田较近、便于管理的地方，按要求开窖和放置蔗种贮藏；蔗沟平窖是利用留宿根蔗的蔗田行间，隔沟整理成深 25～30 cm，宽约 35 cm，长度随定的蔗窖，将蔗种贮藏于内。短期贮种是在蔗种砍下后进行暂时堆贮，以便度过短期冻害或等待整地下种。常用的方法有：蔗沟堆积，即利用蔗田畦沟贮种，此法可贮存 1 个月左右；泥沙堆藏，即把蔗种平放或斜放或竖放堆积后，用碎土或细沙把蔗种基部覆盖好，上面盖蔗叶或薄膜，此法可贮存 1～2 个月；室内堆积，把蔗种放置于室内阴凉潮湿的地方，加盖蔗叶，此法可保存 1 个月时间。

安全贮藏应做到防热防冻（保持种堆温度 4～10℃）、防干防湿（保持种皮湿润状态，种堆内不积水）、防白蚁防鼠害，透气性要求较低，但又不致闷坏蔗芽为好。

16.4 宿根甘蔗栽培技术

宿根蔗（ratoon）是指上季甘蔗收获后，留在地下的蔗蔸侧芽萌发出土，经过栽培管理而成的一季甘蔗，也叫老根蔗、旧根蔗或老蔸蔗。由新植甘蔗收获后留下来的蔗蔸萌发长成的宿根甘蔗称为第一年宿根蔗，从第一年宿根蔗收获后留下来的蔗蔸长成的甘蔗称为第二年宿根蔗，依此类推。宿根蔗是一项"双利"的栽培制度。对农民来说，宿根蔗可以省种、省工，降低甘蔗生产成本；并且宿根蔗早生快发，田间管理比春植蔗提早 30～60 d，可以错开农时，利于安排劳动力。对于糖厂，宿根蔗成熟早，早期蔗糖含量高，有利于提早开榨，提高榨季早期蔗糖含量。因此，宿根蔗在我国蔗区的栽培面积很大，常年占甘蔗栽培总面积的 40%～60%，在广西、广东和云南等甘蔗主产区，都习惯实行 1 年新植，1～2 年宿根的甘蔗栽培制度，甚至还有留 3～4 年宿根蔗的。

16.4.2.1 选用宿根性好的品种

宿根性好的品种表现为发株多而且整齐，是宿根高产稳产的基础。在新植时，应选用宿根性好的品种，如"新台糖 25 号""桂糖 29 号"等品种，可延长宿根年限。

16.4.2.2 种好上季蔗，培育健壮蔗蔸

上季蔗收获后留下具有良好的根系和健壮地下芽的蔗蔸，是宿根蔗发株多、早、壮和整齐的基础。通常上季蔗产量高，其宿根蔗也较易获得高产。因此，种好管好上季蔗，使蔗蔸有更多的活根和活芽为获得宿根蔗高产稳产打下良好基础。

16.4.2.3 管理好上季蔗蔸

适时砍收和提高砍收质量，有利于保护好上季蔗蔸，维持蔗蔸生活力，减少死芽死根，增加宿根蔗发株数和促进生长。我国甘蔗主产区留宿根的蔗地一般安排在 1 月下旬以后砍收，并以 2—3 月为最适宜。要避免雨天砍蔗，尽量不踩踏垄顶，以免土壤板结。要做到小锄入土低砍，尽量避免砍裂蔗头，避免蔗头裸露出垄面，以减少病虫、干旱和霜冻危害。有霜冻蔗区应在霜冻到来之前收获，以蔗叶或地膜覆盖蔗蔸安全过冬。

16.4.2.4 抓好宿根蔗早发的"四早"管理措施

宿根蔗和春植蔗相比，生长的最大特点是一个"早"字，即早发株，早分蘖，早封行，早拔节伸长，早缩尾，早成熟。因此，田间管理措施要提早 30 d 进行。

（1）早开垄松蔸，促进发株　开垄松蔸是指将蔗垄和蔗蔸周围的土翻开，让蔗蔸完全裸露在地面，以利于土壤风化，消除有毒物质，改善土壤的水、肥、气、热状况，促进低位芽萌发、分蘖和生长。开垄松蔸前要将上季蔗收获时留下的秋冬笋砍下，连同残茎一起清出蔗田外，起到促进低位芽萌发和减少越冬病虫源的作用。对上季蔗收获时遗留在蔗田中的蔗叶、蔗梢，可采用隔行覆盖还田、机械碎叶还田方法，起到改良土壤、保水防草作用，也可就地焚烧，减少越冬病虫源。开垄松蔸后，要根据天气状况、土壤水分、蔗芽萌发情况适时覆土回垄。

（2）早施肥灌水，促进早生长　宿根蔗施肥强调"早"和"多"。应结合覆土回垄施一次基肥，旱坡地宿根蔗在 5 月下旬至 6 月初、水田蔗在 6 月中旬前结束攻茎肥施用及大培土。宿根蔗的肥料种类与新植蔗相同，但施肥量特别是氮肥应比春植蔗增多 20% 左右。有灌溉条件的蔗区，在开垄松蔸后 3～4 d 灌一次水，能明显增加发株数。宿根蔗生长中后期抗旱性较差，应做好防旱、抗旱和灌溉工作，以提高成茎率、延缓衰老，提高产量和品质。

（3）早查苗补苗，保证株数　宿根蔗缺株断垄严重，要早查苗补苗，以保证苗数，并均匀分布在全田。宿根蔗宜被蔸或被育苗，不宜直接补蔗种。补植苗成活后要多施一次以速效氮肥为主的"偏心肥"，促进全田生长均匀。

（4）早防治病虫草鼠害，保证稳产　宿根蔗栽培是一种连作栽培制度，病虫草鼠害较新植蔗发生早且严重，要注意早检查和早防治，以确保宿根蔗的稳产、高产。

16.5　果蔗栽培技术

我国果蔗栽培历史悠久，地域分布广，主产区是广东、广西、海南、福建、浙江等省（区）。近年来，河南、河北和山西等地果蔗生产有较大的发展。

16.5.1　商品质量和优良品种

果蔗的商品质量包括卖相（外观质量）和品质（内观质量）。外观质量要求蔗茎粗大、平直、上下均匀，节间长度达 12 cm 以上，节上叶痕干净；全茎色泽一致，新鲜悦目、无气根、水裂、斑纹，无虫孔。内观质量要求蔗茎肉质皮薄、松脆易断，组织充实无空心绵心；咬吃成块脱落、嚼之酥软多汁，咽之清甜润喉，品之具冰糖风味，回味又无咸、酸、味淡感觉。

我国果蔗品种按皮色主要分黄皮（青皮）果蔗和黑皮果蔗两种类型。优良品种主要有"潭州大蔗""福州白眉蔗""杭州青皮蔗""云南罗汉蔗""四川洋红蔗""桂林五通果蔗""宜山果蔗""拔地拉（Badila）"等。

16.5.2　果蔗栽培技术要点

（1）选土和整地　选择土层深厚、质地松软、排灌方便、阳光充足的蔗田。要进行深耕、精细整地和起畦种植，或不起畦而开沟种植。

（2）下种　由于果蔗原产热带，不耐低温和干旱，一般以气温回升稳定在 15℃ 以上，春雨开始时下种为好。种苗处理同糖蔗，但果蔗多数采用梢头作种。果蔗种苗容易干枯腐烂，因而种苗宜长些，一般采用 5～6 个芽的多芽苗。下种时先开植沟或在畦中央开浅沟，在沟内淋水，拌成泥浆，然后下种。下种后一般不覆盖土，只把种苗大部压入泥浆中即可。行距比糖蔗宽些，下种量一般每公顷（9~10）×10⁴个蔗芽。

（3）施肥　为了使果蔗松脆多汁和高产，应多施氮肥、河泥、堆肥、厩肥、花生饼、菜籽饼、棉籽饼等优质基肥，以保证果蔗的商品质量。施肥量可比糖蔗多20%~30%。也要适当增施磷肥，以提高蔗汁甜味。适当少施钾肥可避免蔗皮坚硬和纤维粗糙。施用氯化钾、海肥和人粪尿会使蔗汁带咸味，宜少施、旱施或不施。果蔗除施足基肥之外，氮肥要早施、勤施、薄施、多次施，施氮量最高达每公顷1 100~1 500 kg。一般采取两头轻施中间重施，即苗期和后期轻施，分蘖盛期和伸长期重施，止肥期适当迟些。

（4）灌溉和排水　果蔗比糖蔗对水分的要求高，前期既要注意灌溉又要防渍水死芽；中后期抗旱力也比糖蔗弱，要勤灌水，干旱易造成果蔗节密，导致减产。在伸长盛期需水量大，要求沟内保持水层，止水期较迟，最后一次剥叶后要灌一次水。

（5）防倒　由于果蔗嫩脆和对质量要求高，要认真做好生长中后期的培土、搭架等防倒工作。

（6）剥叶　黑皮果蔗要常剥叶，剥叶能使蔗茎匀净，颜色黑亮，鲜艳美观，提高糖分和减少虫害，一般每15 d或30 d剥一次，剥叶间隔和每次剥叶数要保持一致，以防止茎色深浅不一。青皮果蔗为使蔗茎青绿，蔗肉脆嫩，一般不剥叶，但要加强病虫害防治。

（7）围篱　当青皮果蔗长到150~180 cm高时，应用剥下的蔗叶或用黑色塑料纱网围住田边的蔗株，减少日晒风吹，使蔗色鲜艳，汁多嫩脆。

（8）病虫害防治　由于果蔗汁多，皮薄嫩脆，易感染病虫害，同时果蔗的商品质量要求高，必须加强病虫害防治。以生物防治为主，必须化学防治时，应选用低毒、安全的农药品种，并应严格控制使用浓度和用药时间。

（9）收获与留种　果蔗的收获时期依成熟度、气候和市场而定，一般不留宿根也不宜连作，收获时成株挖起，砍去梢部叶片，留下梢头30~45 cm作为翌年生产用种，其余按商品包装或捆扎成束出售。

名词解释

大茎品种　中茎品种　小茎品种　高糖品种　中糖品种　低糖品种　工艺成熟　生理成熟　种根　苗根　株根　永久根　生长带　根带　叶痕　蜡粉带　芽沟　水裂　蔗汁锤度　回糖　种苗　块选　株选　段选　芽选　宿根蔗

问答题

1. 甘蔗的一生可划分为五个生长时期，这些时期对甘蔗产量和糖分的形成或积累有什么影响？

2. 甘蔗节间伸长增粗有什么规律？根据这些规律，应采取什么措施进行调控才能取得高产？

3. 甘蔗的种植可采用单芽苗、双芽苗和多芽苗，不同种苗有什么优点和缺点？在甘蔗生产上应如何运用？

4. 甘蔗各生长发育阶段有什么生长特点？

5. 试述甘蔗下种前各项种苗处理技术的作用。

6. 试述甘蔗下种后田间管理各项措施的作用。

分析思考与讨论

　　根据甘蔗的生长发育以及产量构成因素特点，讨论不同生长发育阶段对甘蔗产量和糖分积累的影响。

17

烟 草

【本章提要】 烟草起源于美洲，在哥伦布发现新大陆之前，美洲人种植与使用烟草已有 3 000~5 000 年之久。明朝嘉靖年间，烟草首先被当作一种药物传入中国。到崇祯末年，抽烟已经成为我国一种普遍现象。至今烟草税收仍是各国政府财政收入的重要来源之一，因此烟草行业在世界各国经济中占有很重要的地位。随着人民生活水平的提高和社会的发展进步，人们越来越认识到吸烟的危害。因此，各国均采取各种政策措施进行控烟，我国则主要实行"以销定产，以需定销"的调控措施。目前，采用更安全的加工原料与方法降低卷烟焦油与有害物含量，开发烟草新用途是烟草行业正在关注的热点问题。

本章介绍烟草的用途和类型，烟草的生产概况及栽培技术的发展，我国烟草种植情况。学习本章应掌握烟草的生长发育特性及不同生育时期的管理要点，烟草产量与品质形成的基本规律，烟叶的形态与品质要素、烟草质量指标。掌握烟草的育苗、施肥、打顶抹杈，收获与调制技术。了解烟草营养特性与施肥方法，烤烟的调制与分级技术。

烟草（tobacco）是我国重要的经济作物之一，种植面积和总产量均居世界第一位。自 1987 年以来，烟草行业实现的税利已连续 20 年高居国民经济各行业之首。自 1996 年以来，我们烟草行业每年实现税利 1×10^9 元以上，为增加国家财政积累、满足市场消费做出了重要贡献。

17.1 概述

17.1.1 烟草的用途

烟草在我国最初是被人们作为一种"避瘴气，去污秽，去寒凉，治寒疾"的良药。烟草叶片经调制后成为制烟工业的主要原料，可以制成卷烟（cigarette）、旱烟（smoking tobacco）、水烟（water tobacco）、斗烟（pipe tobacco）、鼻烟（snuff）、嚼烟（chewing）、雪茄烟（cigar）等多种制品。由于烟叶中含有的烟碱具有特殊兴奋作用而使烟草制品成为许多人的特殊消费品，烟草的生产和消费也成为一种历史悠久、极为普遍的社会现象。烟草是一种特殊商品，除与茶叶一样具有品质重要性特点外，"吸烟与健康"的争论又赋予了烟草更为复杂的质量概念——安全性。

随着烟草研究的深入，人们对烟草的利用有更深入的认识。从烟叶中提取果胶、柠檬酸、苹果酸等，可供糖果、食品及香料工业使用。利用烟茎、低次烟叶、烟叶碎屑可制作良好的杀虫剂。烟籽含有 35% ～ 39% 的脂肪，是油脂工业原料，饼粕可作饲料。烟茎可制成防虫蛀纤维板，烟花可提取香精。

此外，烟叶中含有 12% ～ 17% 的蛋白质，其中 25% 是可溶性蛋白。烟叶中 F I 蛋白营养价值极高，其蛋白质效率比率超过公认的蛋白质标准酪朊，在美国已作为高级营养补品和保健食品添加剂。其他可溶性蛋白（如 F II 蛋白）可作为动物饲料添加剂。据 Patel 报道，高密度种植嚼烟的纯蛋白质产量高达 933 kg/hm^2，相当于 7 740 kg/hm^2 小麦的蛋白质产量。在调制前去掉烟叶中蛋白质将有利于生产安全的卷烟产品。均质化调制新技术则可获得大量的烟叶蛋白质来满足社会需求，又可生产较安全的卷烟原料。烟叶蛋白质是亟待开发的一种新食品资源。20 世纪 90 年代初，加拿大科学家又发现烟叶中辅酶 Q 对治疗脑血管、心血管等疾病有显著疗效，并已开始生产中成药。烟草还是模式作物，利用生物技术进行基因改造，作为胰岛素、抗癌疫苗、血液蛋白质活化剂等生物反应器。由于世界禁烟运动日益高涨，开发烟草新用途及发展相关工业显得尤为重要。

17.1.2 烟草的发展与生产概况

17.1.2.1 烟草的起源与分布

目前人们普遍认为烟草最早源于美洲。有记载发现人类吸食烟草是在 14 世纪的圣萨尔瓦多。烟草传入中国，最早于 16 世纪中叶至 17 世纪初。烟草对环境条件有广泛的适应性，自 60°N ～ 45°S 的广大地区均有种植，几乎遍及世界各地。主要产区分布在 45°N ～ 30°S。

📖 深入学习 17-1
烟草的起源与传播

17.1.2.2 烟草生产概况

全世界种植烟草的国家和地区大约有 130 个，其中主要生产国为中国、巴西、美国、印度、阿根廷、马拉维、土耳其、希腊、意大利以及津巴布韦，这些国家的烟草总产量占全球的 80% 以上。年产量 5×10^4 t 以上的国家还有巴基斯坦、加拿大、菲律宾、泰国和日本。从总产量看，以亚洲最多，占世界总产量的 67.8%；美洲次之，占世界总产量的 20.2%；总产量居第三位的是非洲，占世界总产量的 8.5%；第四位和第五位依次是欧洲和大洋洲，分别占世界总产量的 3.4% 和 0.1%。

中国烟叶产区分布广泛，主产集中在农村经济欠发达的省和地区。近年来，烟叶种植面积稳定在 1×10^6 hm^2 左右，烟农 300 万户左右，年产烟叶 2×10^6 t 左右。产区逐步向适宜区转移，生产集中度逐渐提高，1.5×10^4 t 以上重点地市级烟草公司烟叶收购量占全国的 80% 左右。形成了以烤烟种植为主，白肋烟、香料烟、地方名优晾晒烟种植为辅，植烟面积南方烟区约占 80%、黄淮烟区约占 14%、北方烟区约占 6% 的种植格局。

📖 深入学习 17-2
世界烟叶生产与出口

17.1.3 我国烟草种植区的划分

根据烟草的生态适宜性，将我国烤烟划分为最适宜区、适宜区、次适宜区和不适宜区。按照区域区划二级分区制，我国烟草划分为 5 个一级烟草种植区和 26 个二级烟草种植区。

（1）西南烟草种植区 包括云南、贵州全部，四川西南部和南部，以及广西西北部，是我国烤烟主产区之一。其中，云南保山是我国重要的香料烟产区。

（2）东南烟草种植区 东南烟草科植区东部和南部靠近东海和南海、西与西南烟草种植区接壤，北与黄淮烟草种植区相接，包括海南、广东、广西、福建、浙江、江西、台湾等省

（区）全部，江苏、安徽的南部，湖南东南部，湖北的东部。

（3）长江中上游烟草种植区 包括重庆全部、四川东部和北部、湖北西部、湖南西部以及陕西南部，是我国烤烟主产区之一。

（4）黄淮烟草种植区 该区北起40°N，南至33°N，主要包括黄河、淮河流域中下游的山东、河南全部，河北、北京和天津的大部分地区，江苏、安徽两省北部的徐淮地区。

（5）北方烟草种植区 该区自40°N的渤海岸起，经山海关，沿长城顺太行山南下，经太岳山和吕梁山至陕西北山以北地区。包括吉林、辽宁、黑龙江、内蒙古全部，山西大部，河北、陕西、甘肃和新疆的一部分。

17.1.4 烟草的类型

调制（curing）是烟叶的干制过程。调制方法不同的烟叶，要求栽培特点差异较大，烟叶质量有很大不同，进而形成了烟草的类型。因此，烟草类型的划分与植物学分类和烟草制品的种类关系较小。根据不同的调制方法把烟草分为烤烟、晒烟、晾烟、熏烟四大类型。

（1）烤烟（flue-cured tobacco） 烤烟亦称弗吉尼亚型烟。烤烟是当今世界上种植面积最大的类型。烤烟主要是以火管传热调制，烤房内没有明火。烤烟是我国栽培面积最大的烟草类型，是卷烟工业的主要原料。

（2）晒烟（sun-cured tobacco） 烟叶利用阳光调制，在不同的自然条件、栽培技术和晒制方法下，形成许多晒烟类别，主要有晒红烟（dark sun-cured tobacco）与晒黄烟（light sun-cured tobacco）。晒烟主要用于斗烟、水烟和卷烟，也作为雪茄芯叶、束叶和鼻烟、嚼烟的原料。

香料烟（aromatic or oriental tobacco） 是一种特殊的晒烟，又称东方型或土耳其型烟，特点是株型和叶片小，芳香、吃味好，烟碱含量较低，容易燃烧及填充力强。它是晒烟香型和混合型卷烟的重要原料，斗烟丝中也多掺用。

黄花烟（nicotiana rustica）是烟草属中的另一种，其调制方法也是晒烟。我国甘肃兰州、皋兰的"水烟"、黑龙江"蛤蟆烟"和新疆的"莫合烟"，均以品质优良而驰名。吸用时主要用其叶子，但新疆的莫合烟则是将烟叶和茎秆混合捣碎，制成颗粒供吸用。

（3）晾烟（air-cured tobacco） 实际是"自然调制法"，晾制时不直接放在阳光下，而是在烟叶收获后，用线穿或绑在烟杆上放在通风的室内或室外适当场所，完成其自然变化和干燥，是一个缓慢的调制过程。根据品种、栽培方法的不同，晾烟有浅色晾烟（白肋烟、马里兰烟）和深色晾烟之别。

（4）熏烟（fire-cured tobacco） 也称为明火烤烟，方法是直接在调制房内用木柴烟熏，将烟叶熏干。烟叶直接接触烟气，调制后颜色深暗，有一种浓郁的杂酚油特殊香味，在卷烟时作为配合原料之一，在制作嚼烟、鼻烟、斗烟等制品时也有配合应用的。我国没有熏烟种植。

此外，我国也有学者按照烟叶品质特点、生物学性状和栽培调制方法分类，将烟草分为烤烟、晒烟，晾烟、白肋烟、香料烟、黄花烟和野生烟等七个类型。

17.2 烟草栽培的生物学基础

烟草在植物分类上属于双子叶植物纲（Dicotyledoneae）管状花目（Tubiflorae）茄科（Solanaceae）烟草属（*Nicotiana*），该属有66个种。烟草属大都是草本，少数是乔木或灌

彩图 17-1 烤烟植株形态

深入学习 17-3 我国主要的晾烟类别

彩图 17-2 白肋烟植株形态

深入学习 17-4 烟草主要栽培品种

木。在烟草种中，大多数是野生的，栽培种主要是红花烟草（*N. tabacum* L.）和黄花烟草（*N. rustica* L.）两种，均为一年生草本。

红花烟草的花为红色，又称普通烟草，在全世界普遍栽培；黄花烟草的花为黄色，在亚洲部分地区有少量栽培，因其生长期短，耐寒性较强，适宜种植在高纬度或高海拔和无霜期短的地区。我国栽培的烤烟和晾晒烟绝大部分是普通烟草，西北和东北部分省区栽培的晒烟中，有小部分是黄花烟草。

17.2.1 烟草的植物学特征

17.2.1.1 根系

烟草的根属圆锥根系，由主根、侧根和不定根三部分组成。根系的 80% 分布在 0~40 cm 的耕作层中，根深可达 150 cm。烟草的发根能力很强，采用培土的方法可使根茎部长出很多不定根。烟草的根也是重要的合成器官，烟草特有物质烟碱（$C_{10}H_{14}N_2$）有 99.5% 是在根部合成而后输送到茎和叶，还有氨基酸、酰胺、激素等重要有机物也是在根部合成的。

17.2.1.2 茎

烟草具有圆柱形直立的主茎，一般为鲜绿色，有一定的光合能力，老时呈黄绿色，只有白肋烟的主茎是乳白色。茎分节，叶在茎上分布有疏有密。茎高、节间长度及茎的粗细随烟草品种和栽培条件不同而异。茎高一般为 80~120 cm。主茎的高度取决于节数和节距的大小，节间一般是下部较短，上部较长。烟草每个叶腋都有腋芽，所有的腋芽都能萌发而形成分枝。烟草茎的主要生理机能是输送水分和养料。

17.2.1.3 叶

烟草叶片是没有托叶的不完全叶，除黄花烟和少数晒烟品种外，多数烟草种类无叶柄（图17-1）。调制后的烤烟主脉重量一般为全叶重的 25% 左右。主脉的粗细影响烟叶的出丝率和卷烟成本。叶片厚度因品种和栽培条件不同而异，一般多叶型品种叶片较薄，少叶型品种叶片较厚。同株叶片由下而上逐渐加厚，同一叶片则从叶尖向叶基、从叶缘向主脉两侧逐渐减薄。叶片颜色除白肋烟叶脉呈乳白色、叶片呈黄绿色外，其他类型都是绿色，只是品种之间有深绿和浅绿之分，同一品种叶色深浅与栽培条件有关。

彩图 17-3
烟草的叶

烟叶大小和叶形差别很大。多数品种的叶面积指数为 0.634 5 左右。叶片的形状可分为椭圆形、长椭圆形、宽椭圆形、卵圆形、长卵圆形、宽卵圆形、披针形和心形等八种（图17-2）。

单株有效叶片数因类型和品种而异。香料烟叶片 30 片左右，黄花烟、晒烟只有 10 余片。烤烟多数品种 20 片左右，也有 30~40 片的，多叶型品种可达 70 片以上。同一品种的单株叶片数比较稳定，但环境条件会显著影响叶片数。

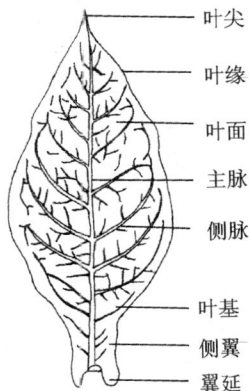

图 17-1 烤烟叶片各部分名称
（引自覃天镇等，1996）

叶尖
叶缘
叶面
主脉
侧脉
叶基
侧翼
翼延

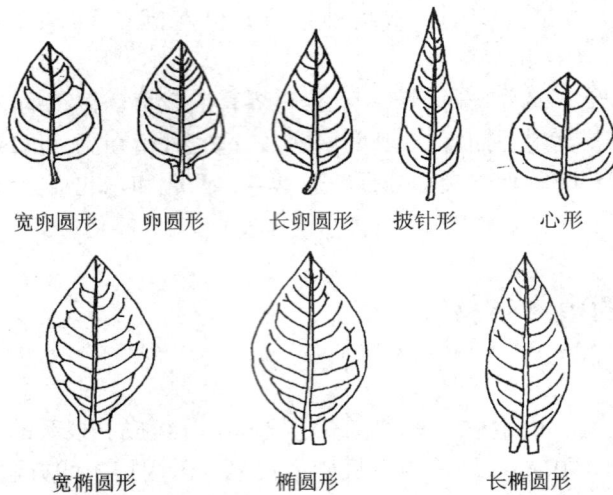

图 17-2 烟草的叶形（引自訾天镇等，1996）

叶表面密生茸毛，根据形态和功能可分为保护毛和腺毛两类。其中，腺毛细胞能合成、分泌芳香油、树脂和蜡质，其多少对烟叶致香物质有影响。香料烟的香气量与叶表面单位面积内腺毛密度呈正相关。保护毛则对叶片起保护作用，叶面腺毛分泌物对烟草抵御病虫害有一定的作用（图 17-3）。

根据烟叶在植株上的着生部位可将叶片分为 5 组。通常将烟株下部 2~3 片叶称为脚叶（priming），这组叶片含水量高；向上 4~5 片叶称为下二棚叶（lug）。烟株顶端 3~4 片叶称为顶叶（tip），该叶组叶厚色深，含水量少，烘烤时难度大。向下 4~5 片叶称为上二棚叶（smoking leaf），叶片较厚，水分减少，成熟慢，成熟期叶色淡黄。中部 4~6 片叶称为腰叶（cutter），该组叶片含水量适中，黄绿色，主脉乳白，成熟时叶片下垂。脚叶和下二棚叶又合称为下部叶，上二棚叶和顶叶合称为上部叶。一般以腰叶和上二棚叶或下二棚叶（白肋烟）质量较高，香料烟则是顶叶质量最好。

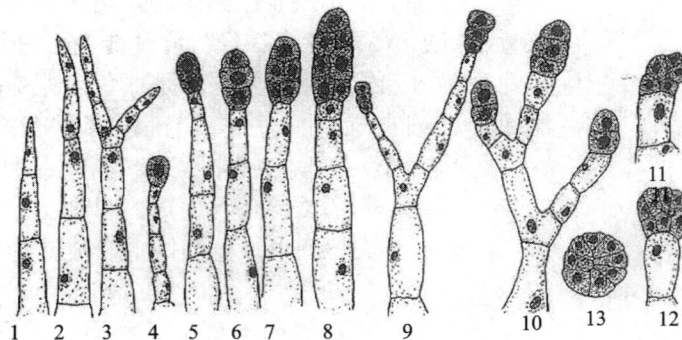

图 17-3 烟叶上表皮腺毛特征（引自戴冕，1997）

1~3. 保护毛　4~8. 长柄腺毛　9~10. 分支的长柄腺毛　11~12. 短柄腺毛　13. 短柄腺毛的腺头横切面

影响烟叶品质的因素主要有以下 5 个方面。

（1）叶的着生部位　通常下部叶片处于低温、高湿、寡照以及营养不足的情况下，成熟不够，质量较差。中部叶片光照和营养充足，厚薄适中，品质较佳。上部叶片处于植株顶端，光照强，烟叶香气量足、劲头大、有刺激性，只要管理得当，充分成熟和适期采收，烟叶品质优良。

（2）含梗率 主脉占叶片重量的比率。主脉太粗，则叶片出丝率低。一般主脉占叶重的25％左右，与品种和生产条件有关。

（3）叶片厚度 下部叶不过薄，上部叶不过厚，整株叶以厚薄适中为好。

（4）单叶重 这是质量的重要指标，烤烟平均单叶重达6～9g的品质较好，并非越重越好，应结合厚度评价。

（5）叶表面的腺毛与胶质 腺毛数量多和胶质含量多的烟叶，品质和香气一般都好。

17.2.1.4 花

烟草花序为有限聚伞花序，花是两性完全花，五基数，自花授粉。5个花瓣结合构成管状花冠，雄蕊5枚，雌蕊1枚，2心皮、子房2室（图17-4）。花的颜色和大小是烟草不同种的特征之一。普通烟草花冠较长，红色，或基部淡黄色，上部粉红色，轮状排列与花瓣相间。花丝4长1短，花药肾形，由4个花粉囊构成，成熟时通常连成2室。从现蕾到花凋谢，可以分成现蕾、含蕾、花始开、花盛开、凋谢等5个阶段。

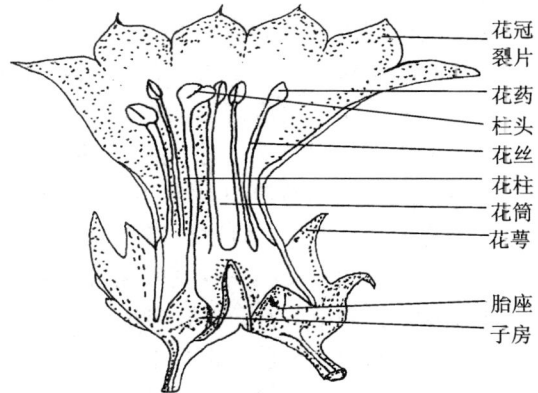

图17-4 烟草花的结构（引自訾天镇等，1995）

17.2.1.5 果实和种子

果实为蒴果（图17-5），蒴果长卵圆形，成熟时花萼宿存，子房2室，内含2 000～4 000粒种子。种子很小，千粒重为6～26 mg，黄花烟草种子较大，千粒重为普通烟草种子重量的3倍以上。种子一般淡褐色至深褐色，形态不一，表面有凸凹不平的网状花纹。我国烤烟种子利用年限一般为2年。

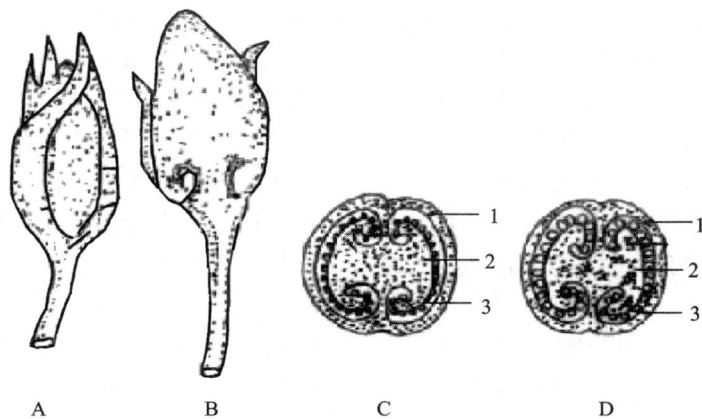

图17-5 烟草的果实（引自訾天镇等，1996）

A. 蒴果外形 B. 蒴果纵剖图 C. 未成熟的果实横剖图 D. 成熟果实横剖图

1. 子房壁 2. 胎座 3. 种子

17.2.2 烟草的生育时期

彩图 17—4

烟草主要的生育时期

根据栽培过程烟草的生育时期可分为苗床期和大田期。全生育期可分为 8 个生育时期。

17.2.2.1 苗床期

从播种到成苗的这段时间称为苗床期。因各地的环境条件和农业技术措施不同，苗床期长短不一，一般为 60~75 d。

（1）出苗期 当幼胚脱离种皮，子叶平展时称为出苗。从播种到子叶展开的日期称之为出苗期，约需要 16 d。这一时期是异养向自养的过渡阶段，烟草种子小，贮藏养分少，要求适宜的温度、湿度和光照条件使种子顺利发芽出苗。种子萌发最低温度为 7.5~10.0℃。幼芽在 17~25℃内顺利生长，以 25~28℃最为适宜，超过 33℃幼胚易受伤害。

（2）十字期 幼苗在第三片真叶出现时，第一片和第二片片真叶与两片子叶大小相近，交叉呈"十"字形时称为十字期。该期幼苗已完全进入自养阶段，叶片很小，主要功能叶是子叶，幼苗疏导组织刚刚开始发生，主根入土约 4 cm，侧根开始发生。土壤湿度保持田间最大持水量的 65%~75%，可适当追肥促进生长。

（3）生根期 从第三片真叶出现到第七片真叶出生为生根期。当第三片真叶出现以后，侧根陆续发生，到第五片真叶出现时，根、茎、叶的输导组织健全，烟苗进入快速生长阶段。应及时追肥，间苗、定苗，促进烟苗茎叶与根系、个体与群体的协调发展。

（4）成苗期 从第七片真叶出生到幼苗达到移栽壮苗标准的时期称为成苗期。此期烟苗已形成完整的根系，茎叶生长快，所以需要有适量的水分和充足的养分及光照。在移栽前应适当控制水肥供应，进行炼苗。烟苗有 8~10 片真叶，茎高 5~8 cm时就可以移栽。

17.2.2.2 大田期

烟草从移栽到采收完毕为大田期，一般 110~120 d。

（1）还苗期 烟苗从移栽到成活称为还苗期，一般为 7~10 d。根系恢复生长，叶色转绿，日晒不出现萎蔫状态，心叶开始生长，烟苗即为成活。返苗期的生长特点是根系恢复生机，茎叶恢复生长。还苗期的长短与移栽苗的素质和移栽质量的好坏有关，越短越好。带土移栽或假植移栽往往无明显的还苗期。该期应特别加强水分供应，确保烟苗及时成活。

（2）伸根期 从成活到团棵称为伸根期，一般需要 25~30 d。移栽后 35 d 株高约 33 cm，叶数达 13~16 片，叶片横向生长的宽度与纵向生长的高度比例约为 2：1，株形近似半球形，心叶下凹，称为团棵。伸根期烟株地上地下同步生长，根系扩展大于地上部分生长速度。新叶不断出现，平均约每 3 d 产生一片新叶，茎部伸长加粗，体内代谢活动以氮素代谢为主。此期是烟株的营养体建造阶段和烟株旺盛生长的准备阶段，也是决定烟株叶片数目和栽培管理的重要时期。

（3）旺长期 从团棵到现蕾称为旺长期，一般需要 25~30 d。心叶开始拔高并显黄绿，即为旺长的开始。生长中心由地下部分转移到地上部分，茎迅速伸长加粗，每两天就产生 1 片叶，接近现蕾时每天可产生 1 片叶，叶面积迅速扩大，茎高平均每天增高 3~4 cm。该期是烟株营养体快速增大的阶段，仍以营养生长为主。这一时期对光、肥和水的要求较高，若肥水不适会导致烟株徒长或早衰，对烟叶质量形成不利。

（4）成熟期 从现蕾到烟叶采收完毕称为成熟期，一般需 50~60 d。现蕾时烟株体内代谢由氮代谢为主转为碳代谢为主，叶内制造的有机养分主要供应开花结实的需要，不利于叶内干物质的积累，烤烟、晒烟、白肋烟等应及时打顶、抹杈，并采取措施控制腋芽生长，以利于烟叶品质的形成。香料烟则不打顶。

17.2.3　烟草对环境条件的要求

17.2.3.1　光照

烟草是喜光作物，需要充足而不强烈的光照条件。光照不足，干物质积累减慢，叶片大而薄，单位叶面积重量显著降低，蛋白质和全氮含量增加，油分少，香气不足，内在品质较差。光照过强，烟叶栅栏组织和海绵组织加厚，叶脉突出，形成所谓"粗筋暴叶"，品质降低。当阳光充足和煦并且有适宜的温度时，有利于烟叶的干物质积累和品质形成。但雪茄外裹要求叶薄脉细，需要在遮阴条件下栽培。烟草大田生长期要求日照达到 500 h 以上，日照百分率达到 40% 以上，成熟期间日照达到 280 ~ 300 h，日照百分率达到 30% 以上，才能生产出优质烟叶。

17.2.3.2　温度

烟草是一种喜温作物，生长要求最适温度 22 ~ 28 ℃，最低温度 10 ~ 13 ℃，最高温度 38 ℃。烤烟生长适宜的日平均气温前期为 17 ~ 19 ℃，中期为 22 ~ 28 ℃，成熟期为 20 ~ 25 ℃。在高温条件下会因烟碱含量增高而影响烟叶品质；在日平均温度低于 18 ℃时，将抑制生长促进发育，导致早花。不同烤烟类型对低温的反应不同，晒晾烟、白肋烟对温度的要求较烤烟低，只要日平均温度达到 18 ℃以上，持续 90 d 就能种植。黄花烟草更耐冷凉气候。

烟草完成一个生命周期需要一定的积温。美国主要烟区大田期昼夜平均温度总和是 2 495 ~ 3 180 ℃。一般认为苗床期 >10 ℃ 的活动积温为 950 ~ 1 100 ℃，有效积温为 350 ~ 450 ℃，大田发育期间 >10 ℃ 活动积温为 2 000 ~ 2 800 ℃，>8 ℃ 的有效积温为 1 200 ~ 2 000 ℃，>10 ℃ 的有效积温为 1 000 ~ 1 800 ℃，可以生产品质优良的烟叶。

📖 深入学习 17—5
主要烟区春烟大田生长和成熟采收平均气温和积温比较

17.2.3.3　水分

烟草是较耐旱的作物，但因叶片大，蒸腾量高，正常生长所需的水量是很大的。烟株体内含水量占株重的 70% ~ 80%，未熟叶片含水量在 90% 以上，成熟叶片含水量仍在 80% 以上。在生长期中，叶片水分减少 6% ~ 8%，会出现萎蔫。干旱会抑制生长，造成株小叶小叶少，叶片不柔软，暗绿，成熟不一致，烟碱、氮、蛋白质含量相对增加，糖类减少，产量和质量下降；严重缺水时，叶片凋萎，甚至干枯死亡。水分过多则叶片薄，组织疏松，油分少，弹性差，烟味平淡。降雨过多还会损伤叶面腺毛，使树脂类似物流失，香气不足。

烟草大田生长期降雨量的多少与分布，直接影响到烟叶的产量和品质。在适宜的温光条件下，雨量分布均匀则烟叶生长良好，成熟度好，厚薄适中，叶脉较细，调制后色泽金黄、橘黄。不同类型的烟草对降雨量要求不同。烤烟在充足的雨量条件下所产烟叶品质最佳，大田期要求月平均降雨量在 100 ~ 130 mm 比较适宜，而且分布要合理；理想的月降雨量分布是前期 80 ~ 100 mm，旺长期 100 ~ 200 mm，成熟期 100 mm 左右。香料烟大田生长期降雨量少于 200 mm，所产烟叶品质最佳。雨量的分布也直接影响烟叶的品质。移栽期较多的降雨有利于烟苗成活；伸根期雨水少一些有利于促进根系生长，为旺长期打下良好的基础；旺长期充足的雨水有利于茎叶迅速生长和叶片扩展；当烟叶进入成熟阶段后，雨水又不要太多，否则会影响成熟，降低烟叶品质。东南烟区雨量充沛，但时有季节性干旱或雨涝危害，要及时做好抗旱防涝工作。

17.2.3.4 土壤

烟草对土壤的适应性很强，除重盐碱土外，几乎在所有土壤都可以生长，但不同土壤上所产烟叶品质有明显差异。不同类型的烟草对土壤要求不同，烤烟要求土壤结构良好、沙黏适中、有机质含量适中的土壤。平原地区以轻壤土至中壤土为宜，山地丘陵区以中壤土至轻黏土为宜；晒烟适宜于黏重而有机质含量高的土壤。土壤 pH 在 5.5 ~ 8.5 时烟草都可生长，但烟叶形成优良品质最适宜的土壤酸碱度为弱酸性至弱碱性，即 pH 5.5 ~ 8.0。

17.2.4 烟草的产量与品质

17.2.4.1 烟草的产量

烟草的产量是指单位土地面积上生产的有经济价值的烟叶重量，由单位面积上的株数、单株叶片数和单叶重三个因素构成。单叶重取决于叶面积大小、叶质重（即单位叶面积重量）、梗重，对质量有重要作用，过重或过轻对烟叶质量均有不利影响，而且通过增加单叶重来增加产量幅度有限。在一定范围内适当增加株数或单株叶片数，产量随之提高；但两者增加过度后会产生严重遮阴，叶片变薄变小，单叶重会下降，产量不高或反而下降。因此，三个产量构成因素之间相互依存、相互制约，提高产量时必须以质量目标为前提，以单叶重（6 ~ 10 g）为表征，协调好各产量构成因素的关系，获得最好的效益。烟株根、茎、叶各器官所占的比例因品种类型和栽培条件而异。叶占比例最大，占整株干重的 54% ~ 60%；茎占 23% ~ 37%；根部最小，占 7% ~ 15%。烟草的经济系数一般为 0.5 左右。

17.2.4.2 烟叶的质量

（1）烟叶质量的概念　烟叶质量是一个具有时间性、相对性和区域性的术语。概括地讲，烟叶质量是消费者对烟叶燃吸过程中所产生的香气、劲头、吃味、刺激性等烟气特性的综合感受和吸烟安全性的综合评价。主要包括外观质量和内在质量两个方面，前者指烟叶的商品等级质量，包括烟叶的成熟度、身份、结构、部位、颜色、油分、弹性、叶片大小及形状、杂色和破损等因素；内在质量指烟叶化学成分的含量和协调性，烟叶燃吸时的香气、吃味、劲头、刺激性等烟气质量特征和安全性。

（2）烟叶品质的评价

① 外观品质　指人们的感观直接能感触和识别的烟叶外观特征，是划分烟叶商品等级（official standard grade）的主要依据。优质烟叶要求成熟度（maturity）好，叶面颜色（leaf color）均匀一致，色度（color intensity）浓，叶片正反面色差小，身份（body）厚薄适中，结构疏松，油分足，弹性强，叶片大小适中，破损和杂色面积小。不同部位烟叶质量有一定差异，一般认为烤烟的腰叶和上二棚叶片质量最好，香料烟以顶叶质量最好，白肋烟以下二棚叶和腰叶质量最好。

② 内在质量　指烟支或烟丝通过燃烧所产生的烟气特征。鉴定烟叶内在质量，主要还是通过评吸。主要指标包括香气、生理强度、刺激性、杂气、燃烧性。香气（aroma）是指烟叶燃烧之后进入烟气中所表现出来的一种特殊芳香，或令人愉快的感觉。香气主要取决于烟叶中的类胡萝卜素降解产物、类西柏烷类、赖百当类、多酚类、树脂物、挥发酸等。

③ 物理特性 烟草的物理特性主要指叶片的燃烧性（combustibility）、弹性（elasticity）、厚度（thickness）、叶质量（unit leaf area weight）、单叶重（weight per leaf）、平衡水含量、填充值（filling value）、含梗率（stem ratio）等，是卷烟加工有关的一些因素。以烤烟为例，烤后叶的厚度多为 0.10 ~ 0.14 mm。叶质量指单位叶面积重量，一般为 65 ~ 90 g/m²。单叶重的适宜范围在 6 ~ 12 g。平衡水含量一定程度上代表内含物的类型和质量，一般为 12% 左右。填充值与叶片弹性有关，一般为 3.5 ~ 4.5 cm³/g，下部叶和上部叶填充值较高，中部叶填充值较低。含梗率是主脉重量占单叶重的比值，一般为 25% ~ 30%。从叶片质量、出丝率和卷烟成本角度考虑含梗率应是越低越好。

④ 化学成分 目前已从烟草中鉴定出 5 289 种化学物质，依据其化学性质可分为 9 类：糖类及其有关物质、氨基酸和蛋白质及其他含氮化合物、生物碱和其他含氮杂环化合物、酶类、有机酸、酚类化合物、色素、石油醚提取物、矿物质。一般认为优质烤烟常规化学成分含量适宜的范围为：水溶性总糖 18% ~ 23%，还原糖 16% ~ 18%，还原糖与总糖的比值应 ≥ 0.9；总氮 1.5% ~ 3.5%，蛋白质 8% ~ 10%，烟碱（nicotine）1.5% ~ 3.5%；钾（K$_2$O）2% 以上，氯离子 1% 以下，淀粉 2% ~ 4%。

主要成分之间比例还要协调。评价协调性的主要指标有 5 个：总糖 / 蛋白质（又称施木克值），用来衡量烟叶香气吃味，以 2.0 ~ 2.5 为宜；糖碱比（还原糖 / 烟碱），衡量劲头大小和醇和性。糖碱比适宜，则其他化学成分也大体趋于平衡。糖碱比以 6 ~ 12 为宜；氮碱比（总氮 / 烟碱）与烟叶颜色、香味有关，比值增大，色淡香味不足，过低则味浓且刺激性大。该值以 ≤ 1 为宜；钾氯比（燃烧性指标）以大于 4 为宜；焦油烟碱比（吸烟安全性指标）以 10 以下为宜。根据我国国家标准，每支香烟中焦油含量小于 15 mg 属于低焦油含量，15 ~ 20 mg 属于中焦油含量，20 mg 以上属于高焦油含量。

⑤ 烟叶安全性 烟叶安全性是一种评价吸烟与健康的指标。包括两个方面内容，一是烟叶烟气中特有的有害物质，如焦油、烟碱、特有亚硝胺等；二是农药残毒和霉菌污染问题。这些需要借助化学成分分析来鉴定烟叶安全性。

⑥ 烟叶可用性 烟叶可用性是卷烟工业企业对产区烟叶在其卷烟配方中是否好使用的一种直接反映和评价。国际烟草科研合作中心（CORESTA）农业组对有关烟叶质量的定义进行研究认为，从农业观点给质量下定义要考虑到工业的观点和使用价值，用"可用性"一词比用"质量"一词更合适。它主要包括两个因素：一是烟气特性，包括其香味、化学成分以及烟气中有害成分、农药残留符合规定等；二是制造卷烟的经济性，包括烟叶梗片比率、填充性、燃烧性、加工回潮与干燥难易、加工造碎率高低、烟叶组织的疏密等。

17.2.4.3 烟草产量与质量的关系

在一定生态环境条件和烟叶产量范围内，烟草的产量与质量可以协调发展，表现出高产优质。但两者错位时，会造成产高质劣或产低质劣。据研究报道，烟叶产量在 1.5 × 10³ kg/hm² 以下时，产量和质量均较低；达到 2.6 × 10³ kg/hm² 以上，质量随产量的提高相应下降；只有产量在（1.5 ~ 2.6）× 10³ kg/hm² 时，产量和质量可以同步增长。美国烟草专家茄纳（W. W. Garner）研究提出"在一定程度限制植物养分，以约束烟株生长，能取得烤烟生产良好的效果"。因此，烟草生产追求的应是在质量最优时提高产量，即做到优质适产。片面追求产量和产值而忽视质量，激化了产量和质量的矛盾。科学研究证明，合理的群体结构是保证烟草质量、获得适宜产量的基础。其实质也就是要协调好株数、叶数、单叶重三者之间的关系，这也就构成了烟草栽培管理的根本任务。

根据近年生产实践，我国优质适产的产量在南方烟区宜为（2.1~2.3）× 10^3 kg/hm^2，北方烟区宜为（2.1~2.7）× 10^3 kg/hm^2。

17.3 烟草栽培技术

17.3.1 种植制度

17.3.1.1 实行轮作并选好前作

📖 深入学习 17—7
烟草轮作的必要性

烟草是不耐连作的作物，连作病害发生严重。烟草轮作对改善土壤理化性状和生物学特性，提高土壤肥力和肥效，减轻烟草病虫害和提高烟叶品质具有重要作用。

轮作中要注意前作的选择，主要从以下两个方面考虑：一是前作收获后土壤中氮素的残留量不能过多，否则烟草施肥时氮素用量不易准确控制，因此，烟草不宜置于施用氮肥较多的作物或豆科作物之后。二是前作与烟草不能有同源病虫害，茄科作物如马铃薯、番茄、辣椒、茄子等，葫芦科作物如南瓜、西瓜等都不能作为烟草的前作。禾谷类作物中的粟、水稻、小麦、大麦、黑麦和油料作物中的芝麻、油菜都是烟草较好的前作。

17.3.1.2 烟草的轮作制度

我国烟草轮作制度有一年一熟、两年三熟、三年五熟和烟稻轮作制等。东北烟区，一般在春烟之后实行冬季休闲，形成三年或四年轮作的一年一熟制。贵州、云南、广东等省多实行春烟、小麦或油菜的两年三熟轮作。黄淮烟区多实行三年五熟轮作制，两季烟叶之间相隔两年，种烟之前土地经过冬季休闲，充分熟化，有利于烟草的生长发育；同时轮作的周期也较长，烟草病虫害也较少，与两年三熟有共同的优点。主要方式如下：

第一年	第二年	第三年	第四年
春烟—小麦 ⟶	玉米或大豆—小麦 ⟶	甘薯—冬闲（种植绿肥）⟶	春烟（河南）

我国南方如福建、广西、广东、湖南等烟区，烤烟的前作多为水稻，实行烟稻轮作制。水旱轮作有利于土壤有机质的积累与分解过程得到适当调节，也可有效防治烟草立枯病、青枯病等病害的发生，但长期烟稻轮作，有些土传病害会严重发生。

17.3.2 培育壮苗

目前我国育苗方式正在向现代化、集约化设施育苗方式转变，并以漂浮育苗方式为主。

17.3.2.1 育苗的要求

烟草育苗的要求是壮、齐、足和适时。"壮"要求烟苗生长健壮无病害。漂浮和托盘育苗的壮苗特征是苗龄 55~75 d，单株叶数 7~9 片，茎高 8~15 cm，茎围 2.0~2.5 cm；烟苗清秀无病，叶色正绿，叶片稍厚，根系发达，茎秆柔韧性好。"齐"要求烟苗群体整齐一致，无过大、过小的苗和瘦苗、高脚苗。"足"要求有足够数量的壮苗（strong seedling），保证完成种植面积。"适时"要求在最适宜移栽的季节烟苗达到壮苗要求，适于移栽。

17.3.2.2 育苗设施的基本组成

设施育苗一般采用聚乙烯塑料制成厚度不足 1 mm 的蜂窝托盘,把基质(media)装填盘中,播种后把托盘整齐摆放在塑料大棚地面上,靠喷淋供水培育烟苗。所谓漂浮育苗(float system),即采用膨化聚苯乙烯塑料制成育苗盘(polystyrene tray),装上基质,播种,把浮盘放入约 15 cm 水深的水床中。现阶段福建等烟区也采取把聚苯乙烯塑料盘放在铺垫塑料薄膜的苗床上,依靠基质的吸水作用培育烟苗,称为湿润育苗。托盘、漂浮或湿润育苗都是在温室或塑料大棚内进行。

彩图 17-5
烟草漂浮育苗

育苗设施主要由基质、育苗盘、育苗池、育苗棚和营养液五个部分组成,其中基质是整个技术体系的关键。基质主要是为烟苗生长提供一个固定和支撑作用,因此,对基质成分的要求:一要质地轻,二要孔隙度大,三要通气性和持水性能好,四要有一定的营养物质。漂浮育苗基质的主要原料有泥炭或草炭、膨胀珍珠岩和蛭石。育苗池用于盛营养液,可以分为永久性固定池和一次性池,池深度一般 15 cm 左右,长和宽根据地点和育苗盘大小而定。我国育苗棚多采用竹木、水泥或钢架结构的塑料大棚。营养液是保证烟苗的生长发育能正常进行的另一个关键,肥料中 N、P、K 比例必须协调,同时补充适量的中量、微量元素。

17.3.2.3 育苗操作与管理技术

(1)育苗选址及环境设置 育苗地要选地势平坦的无遮阴的开阔地带,西、北方向有防风屏障,便于管理和运输烟苗的地方。避免前作为茄科、葫芦科及蔬菜等。

(2)苗床和苗棚 苗床多为长方形。小棚育苗的苗床宽度一般为 120 cm,长度 10 m。苗床底部整平后拍实,喷洒除草剂和杀虫剂。用黑色塑料薄膜铺底,薄膜的边缘要盖在苗床边埂上。播种前一周灌水,盖上无滴膜以提高水温,并检查是否有漏水发生。

苗棚包括小棚和大棚,小棚用直径 8~10 mm 的钢筋或 8 mm 厚的竹片做拱架,拱高大于 1 m。棚架上盖 40 目尼龙网纱,以隔离害虫。最后覆上 0.10~0.12 mm 无滴塑料薄膜。大棚骨架多为钢管、塑料管或水泥柱等,大棚超过 30 m 长时,在棚两端安装排风扇。育苗前可选用 25% 甲霜灵锰锌或 49% 福尔马林,用 200~300 倍溶液喷雾。

(3)水源和水质 苗床用水必须清洁、无污染,可用自来水、井水或无污染的河水,禁止用坑塘水,以防黑胫病、根黑腐病等发生。可事先做几次水质分析,保证水质清洁。

(4)育苗基质 基质中富含有机质的材料是泥炭、草炭、炭化或腐熟的植物残体,再配以适当比例的疏水材料,如蛭石和膨化珍珠岩等。几种常用的基质配方如表 17-1 所示。

表 17-1 几种常用基质配方(体积分数%)

成分	草炭	泥炭	蛭石	膨化珍珠岩	花生壳(腐熟)	玉米秸(腐熟)	炭化谷壳(水洗)
1	60~70		15~20	15~20			
2	30~40		20	20	20~30		
3	30~40		20	20		20~30	
4		30~40	15~20	15~20			30~40

(5)装盘和播种 装盘前可选用 30% 有效氯的漂白粉 20 倍液或 1:100 的二氧化氯溶液进行苗盘消毒。将基质喷水搅拌,让基质稍湿润。装盘时要均匀一致,松紧适度。装盘后用

压穴板在每个苗穴的中心压出小穴，每穴播 1～2 粒包衣种子，播种后喷水，然后覆盖约 2 mm 厚基质。

（6）施肥 将肥料溶液沿苗池走向均匀倒入苗床水中混匀。严禁从苗盘上方加肥料溶液和水。出苗后、播种后第 5 周，苗池中各加一次 100 mg/L 浓度的氮素营养液；移栽前 2 周，根据烟苗长势可追施 50 mg/L 的氮素营养液。施肥时补充苗床水位至起始水位。

（7）苗床管理 苗床管理质量决定烟苗质量。主要是做好以下五方面的工作。

① 温湿度管理 播种后使盘表面温度保持在 25℃ 左右。从出苗期到十字期，以保温为主，若棚内温度达到 35℃，应及时将棚膜两侧打开，通风排湿。成苗期应加大通风量，使烟苗适应外界的温度和湿度条件，提高抗逆性。

② 间苗和定苗 当烟苗长至小十字期开始间苗、定苗，保证每穴一苗。间苗、定苗时注意保持苗床卫生和烟苗大小一致。

③ 烟苗修剪 修剪是漂浮育苗过程中的一项必要措施。通过剪叶调节烟苗均匀一致，增加茎粗和茎长。剪叶应掌握在烟苗 6 片真叶后开始，在距生长点 4 cm 以上位置剪叶，一般修剪 3～4 次即可。剪叶的时间最好在晴天下午叶片干燥时，操作人员和剪叶工具要严格消毒。

④ 消除绿藻 采用腐熟不充分的秸秆为基质材料，水面直接受光时易产生绿藻。绿藻对成苗期的烟苗影响不大。控制绿藻的具体做法：苗盘摆放后不暴露水面，若有露出地方，宜用其他遮光材料将其覆盖。采用黑色塑料薄膜铺池。用适当浓度的硫酸铜杀藻。

⑤ 炼苗 烟苗达 7 片叶后应逐步进行炼苗，揭去苗棚薄膜或加强光照和通风。

17.3.3 大田整地、施肥与移栽

17.3.3.1 整地起垄
在春季降雨量较少地区或质地较黏的土壤，应在冬前深耕、冻垡、耙糖、起垄，尽可能多地保蓄冬季在土壤表层聚集的土壤水分。春季多雨地区，要在冬前耕翻，移栽前 1 个月左右在土壤含水量相对较低时起垄。对于绿肥翻压种烟的田块，宜根据所种植绿肥的土壤腐解特性，在移栽前 40～50 d 翻压，待绿肥腐解后再进行整地和起垄。

在移栽前 15～20 d 完成起垄。不同产区由于气候、土壤条件不同，对垄体的规格、走向要求不一样。一般行距 110～120 cm，垄高 18～35 cm，垄面宽 40 cm。要求垄体饱满，土壤细碎，垄直、平整。平原地区烟田以南北行向，缓坡地顺坡向起垄；坡度较大，尤其是土层浅薄的山坡地，要沿等高线起垄。

17.3.3.2 施肥技术
（1）烟草的营养特点 烟草对氮肥敏感，氮肥缺少或过多都不利于其品质的形成。烟草是喜钾作物，增施钾肥有利于其品质的提高。根据 McCants 和 Wolz 等的研究表明，生产 100 kg 烤烟干烟叶需要从土壤中吸收 N 3.5 kg、P_2O_5 0.6 kg、K_2O 7.2 kg、Ca 1.6 kg、Mg 0.5 kg 及少量的 S、Mn、B 和微量的 Mo、Fe、Cu、Zn 等元素。

（2）烟草施肥 遵循平衡施肥原则，采用测土配方施肥方法实现精准用肥。适量施用氮肥（67.5～165.0 kg/hm²），合理搭配磷钾肥［氮磷钾比例为 1.0 : 0.8 :（2.0 : 3.0）］，满足烤烟"少时富，老来贫，烟株长成肥退劲"的需肥要求。我国北方烟区一般基肥占总需肥量的 70% 或更多，追肥占 30% 左右。南方烟区因为温暖多雨，为减少养分的流失，基肥用量一般为 50%～70%，适当增加追肥量。

①　基肥施用方法　生产上一般用厩肥、饼肥、复合肥、重过磷酸钙或钙镁磷肥、硫酸钾以及腐殖酸类肥料等作为基肥。施肥时间一般分起垄前和移栽时，起垄前基肥以撒施、条施较多，农家肥结合深翻施入土壤。移栽时施穴肥。

②　追肥施用方法　烤烟第一次追肥约在移栽后 10 d 进行，第二次在移栽后 20～25 d 进行，以促进烟株旺长。中期和后期追肥一般是根据烟株的长势来确定。后期主要是追硫酸钾，或在氮素过多烟叶不落黄时，用磷酸二氢钾溶液进行灌根或叶面追施。

17.3.3.3　种植密度

烤烟、白肋烟、地方晒烟密度较小，香料烟密度较大。烤烟适宜密度为 1 500～1 650 株 /hm²，白肋烟适宜密度为 1 500～1 800 株 /hm²；香料烟适宜密度为 18 000～19 900 株 /hm²。

17.3.3.4　移栽技术

（1）移栽期的确定　移栽时气温必须稳定在 15℃以上。烤烟、白肋烟、马里兰烟，在移栽成活以后，应有适当的雨量，以保证还苗后能正常生长；中期应有充足的雨量，以促进烟株旺长；后期应有较少的雨量，以保证烟叶的成熟和及时采收，提高烟叶质量。香料烟则要求在大田生长中后期无雨，适宜的移栽期应当使上部叶在高温干燥、少雨多日照的条件下成熟，这样的条件有利于形成叶小、身份厚、香气足的烟叶，同时有利于香料烟的晒制。根据上述要求并结合各地前后茬作物、品种特性和成苗因素，我国南方烟区春烟一般在 3 月下旬至 4 月上旬移栽，福建、广东等气温较高的地区在 3 月上旬移栽。

（2）移栽方法及要求　选择健壮、无病、大小一致的烟苗进行移栽。移栽时采用三角定苗，先按预定的行距、株距开沟或刨穴旎肥，将土、肥充分拌匀，再栽下烟苗，壅土培垛。每株烟苗浇定苗水约 1.5 kg，水渗透后及时施药覆土。香料烟的移栽多采用直径为 1～2 cm、长20～25 cm 的圆锥形打孔器移栽。机械栽烟分挖穴式和挖沟式两种，比较完善的移栽机能同时完成栽植、浇水、施肥、喷药、覆土等作业。

移栽深度要求达到近心叶处，特别是高茎烟苗更应深栽；同时移栽应做到施好肥、浇足水、行直棵匀，烟苗直立。土壤水分过六或雨后都不宜栽烟，春烟移栽时若温度低，最好在无风的晴天进行。

17.3.4　大田管理

17.3.4.1　查苗补苗，促小控大

大田查苗补苗是田间管理上的第一关，关键是要保证移栽质量高，栽后要浇水保苗，查苗补苗，促小苗、控大苗，及早防治地下害虫，使全田整齐一致，达到苗全、苗齐、苗壮。

17.3.4.2　中耕培土

一般中耕 2～3 次，结合除草和培土进行。返苗期进行第一次中耕，以保墒、保苗、清除杂草为目的，并调节移栽时由于局部灌水而造成的土壤水分差异，此次中耕易浅锄，破除板结，切忌伤根或触动烟株。移栽后 25 d 前后进行第二次中耕，可结合追肥，要求锄深、锄透、锄匀。第二次中耕后 10～15 d 进行第三次中耕，南方烟区在团棵之前可结合培土上高厢进行，此次中耕宜浅，以疏松表土，减少土壤水分消耗，清除杂草为目的，避免损伤根系。干湿交替频繁的条件下，可进行第四次中耕，其方法同第三次中耕。

培土增加活土层，促进不定根大量发生，在增强根系吸收能力、促进上部叶开展等方面具有重要意义。烟田培土后，行间形成了垄沟，从而方便了灌溉和排水。

培土一般进行两次，第一次在移栽后 20 d 左右进行，可结合追肥进行低培土；第二次培土在接近团棵时进行高培土。若采用一次培土，以团棵时为宜。培土过低，不能产生应有的效果。当培土高度达到 10 cm 后所产生的培土效应明显优于 5 cm 培土，整个根系发育和吸收活性明显提高。一般来说，北方烟区培土较低，垄高以 20 ~ 25 cm 为宜，南方烟区雨水较多，培土较高，垄高以 30 ~ 35 cm 为宜。

深入学习 17-8
不同栽培方式对烤烟植物学和经济性状的影响

17.3.4.3 打顶抹杈

（1）打顶抹杈的作用

① 提高单叶重　打顶去除了顶端优势，减少养分消耗，促使烟株养分更多地分配到叶片中。同时，打顶可增大上部叶的净光合速率和单叶面积，从而增加叶片糖类积累、单位叶面积重量和干重。美国北卡罗来纳州立大学的研究结果表明：在现蕾期打顶能显著提高烟叶产量和质量，如果现蕾之后 3 周内不打顶，烟叶产量每天可下降 1%。

② 促进根系发育　打顶增加次生根量，进而增加了根部对水分和养分的吸收能力，因而地上部分生长良好，也增强了烟碱的合成和积累。由图 17-6 可见，在打顶以前的各个时期，吸收的氮素用于合成烟碱的数量基本上保持不变，大约有 2.5% 的总氮用于合成烟碱。但打顶后，用于合成烟碱的氮素急剧增加，大约 63% 的氮素用于合成烟碱。

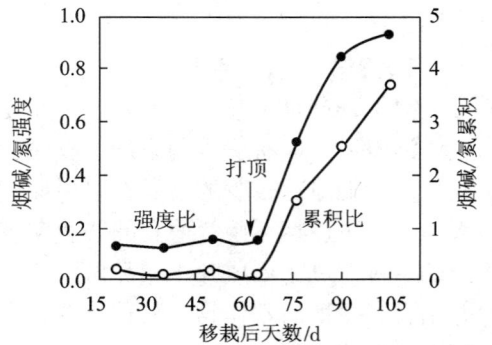

图 17-6　打顶对氮吸收与烟碱累积的关系
（引自胡国松等，2000）

③ 改善叶片成熟度　打顶可更好地供应叶片维持其生命活动所必需的营养，延长叶片寿命，有利于提高烟叶的成熟度。

④ 减少病虫害　烟株顶端和烟芽是烟株的幼嫩组织，是烟蚜赖以生存的部位，故打顶结合抹杈去除了烟蚜、害虫卵和幼虫生存的幼嫩器官，可明显减少烟蚜及其传播的病毒危害。

（2）打顶时期的确定　以烟棵能形成优质烟的田间长势长相为主要衡量标准，即圆顶期（打顶后 1 ~ 2 周）烟株呈"桶形"或"腰鼓形"，避免形成"塔形"和"伞形"。

① 扣心打顶　当花蕾还包在顶端小叶内时，就扒开幼叶，用镊子或竹签将花蕾摘去。这种方法打顶消耗养分最少，但容易导致顶叶生长过大、过厚，节间伸长不够。一般仅适用于土壤肥力差、施肥不足或因降水过多、养分淋失严重等土壤供肥能力差的烟田。

② 现蕾打顶　当花蕾长到长 4 ~ 6 cm 时，花蕾与幼叶已明显分开，此时将花蕾、花梗连同其下 2 ~ 3 片小叶（俗称花叶）一并摘除。这种方法打顶较早，烟株消耗养分较少，顶叶能充分展开，便于操作，效果较好，是生产上普遍采用的方法之一。

③ 初花打顶　当顶端花序伸出顶叶，有几朵花开放时，将整个花序连同其下 2 ~ 3 片小叶一并摘除。这种方法适宜于烟株营养充足、土壤供肥能力较高的烟田，也是普遍采用的方法。

④ 盛花打顶　当烟株花序展开，大量花开放时将整个花序连同其下 2 ~ 3 片小叶一并摘除。这种方法打顶晚，消耗养分过多，不利于顶叶展开，主茎顶端木质化，且伤口较大，容易传染病害。此方法适宜于氮肥过量或旺长期遇干旱、肥料未能被烟株充分吸收而残留过多的烟田，让花序多消耗部分氮素，以减轻叶片中氮素过量的程度，促进烟叶适时落黄成熟。

（3）单株留叶数与品种和营养的关系 叶数较多的品种不耐肥，打顶适当晚些，适当多留叶；叶数较少的耐肥品种，打顶适当偏早，适当少留叶。我国烤烟主产区当前的主栽品种"K326""NC89""云烟85"可留叶19～22片，"NC82""红花大金元"留叶18～20片。烟株营养状况良好时，应适当推迟打顶时期，适当多留叶；对于贪青晚熟的烟株，打顶时期更迟，可采用盛花打顶或打顶后留杈的方式。烟株营养状况差、长势弱，应适当早打顶、少留叶，避免因养分不足导致烟叶小而薄、内含物少，影响烟叶产量和质量。在雨水充足、气候温暖、无霜期较长的地区，可适当晚打顶、多留叶；反之，在雨水较少、气温较低、无霜期短或移栽较迟、烟株生长期短的地区，可适当早打顶、少留叶。根据气候条件来确定打顶时期和留叶数，以所留叶片均能正常、充分成熟为原则。

（4）打顶方法 打顶是将整个花蕾连同其下2～3片小叶一起摘除。同一烟田烟株生长整齐一致的，采取一次性打顶。生长不整齐的烟田，一般在一周内进行2～3次打顶，以利于相同部位烟叶成熟度一致，利于采收烘烤。打顶应在晴天上午进行，有利于烟株伤口愈合，避免伤口感染和病菌侵入，引起病害的发生。机械打顶是采用专门设备一次性打顶。

（5）除芽抹杈 每一个叶腋有2～3个腋芽，打顶后由于顶端优势被解除，腋芽和烟杈会快速生长而消耗大量养分，影响主茎叶片产量和品质的形成。所以，必须立即采取除芽抹杈措施。

① 人工抹杈 应掌握早抹、勤抹、彻底抹的原则。腋芽小时组织柔嫩、操作方便，伤口也容易愈合。一般人工抹杈应掌握在腋芽长到3～5 cm时进行。

② 化学抑芽（chemical sucker control） 人工抹杈费工较多，操作过程又容易传染病害，世界各地都在使用化学药剂抑制烟草腋芽。腋芽抑制剂主要分为三大类，即内吸剂（systemic chemical）、局部内吸剂和触杀剂（contact）。

烟草的再生能力很强，尤其腋芽的生长。故不打顶、抹杈一次或抹杈两次对烟叶的产量和品质影响很大（表17-2）。

表17-2 人工去芽和腋芽剂对烤烟产量和枯黄烟叶比例的影响（引自Papenfus，1997）

处理	腋芽干物质产量/（kg·hm⁻²）	烟叶产量/（kg·hm⁻²）	枯黄烟叶比例/%
不处理	2 970	2 449	15.5
手工（两周一次）	592	3 160	36.3
手工（一周一次）	213	3 495	56.6
抑芽剂	97	3 882	60.8

a. 触杀剂 以脂肪醇类为主，多是正辛醇和正癸醇，其生理作用是接触芽使之灼伤，应用浓度以4%～5%为宜。当腋芽长度不足2.5 cm时，除芽效果较好。

b. 内吸剂 是细胞分裂抑制剂，对细胞的伸长、扩大没有影响。在烟株体内输送到每个生长点，抑制分生组织的活动。优点是药效较长，一般能达到20 d以上。缺点是会给烤后的烟叶带来不良影响，如填充力降低、烟碱减少，平衡水和糖分升高，吸湿性增强，烟叶不耐贮藏。我国目前应用的内吸剂主要有芽敌2号30.2%液剂（MH钾盐）、芽敌58%乳剂（MH胆碱盐），台湾生产的利收（21.7% MH钾盐）等3种。

c. 局部内吸剂 兼具触杀剂与内吸剂两种作用。主要是抑制腋芽生长点的细胞分裂。其优点是作用力强，只需施用一次，叶片内残留量低。缺点是有难闻气味，药剂原液毒性大，药剂与使用器皿要妥善管理；药液必须接触腋芽，才能有抑芽作用。局部内吸剂主要有抑芽敏25%

乳油（Prime+250E）、除芽通 33% 乳油（Accotab 330E）和止芽素 36% 乳油（Tamex 360E）。

d. 抑芽剂的使用方法　触杀剂的使用浓度一般为 4% ~ 5%。局部内吸剂因药剂品种不同，使用方法亦不同。抑芽敏 25% 乳油，打顶后 24 h 内施用效果最好，使用浓度一般为 340 ~ 400 倍液。除芽通 33% 乳油，使用浓度为 80 ~ 100 倍液于顶叶长度大于 20 cm 时施药。涂抹时每升水中加入 10 ~ 12 mL 原药液，混合均匀。杯淋法每株用药量 15 ~ 20 mL。止芽素 36% 乳油，使用浓度为 80 ~ 100 倍液。内吸性抑芽剂的施药方法以喷雾法为主，使用浓度为 60 ~ 80 倍液，每株用药液 20 ~ 25 mL 为宜，每公顷用药液 450 kg 左右，稀释液若低于 40 倍，易出现药害，若高于 80 倍则抑芽效果不佳。MH 使用时间宜在打顶后 7 ~ 10 d 施用，一般是打顶后将所有超过 2.5 cm 的腋芽全部抹掉后再施药。

17.3.4.4　乙烯利促熟

乙烯利是唯一被许可用于烟叶促黄的化学物质。在烟叶贪青晚熟或气候寒冷地区，或上部叶一次性采收或机械化采收时，喷施乙烯利可以促进烟叶成熟落黄，便于采收。乙烯利的使用方法主要有喷雾法和浸柄法。喷雾法是用 500 ~ 700 mg/kg 浓度的药液进行田间喷雾。浸柄法是将收获烟叶的叶柄在 400 ~ 700 mg/kg 的水溶液中浸 30 min，取出平放堆积 50 ~ 70 cm 厚，堆放 2 h 后，烟叶均匀变黄即可绑竿烘烤。乙烯利处理的烟叶变黄快，烘烤过程中应加速排湿，以保证烟叶质量。

17.3.4.5　早花与底烘的预防

（1）早花的原因及预防　早花（early flowering）是指烟株未达到正常栽培季节和品种应有的高度和叶数时就提前现蕾、开花的异常现象。发生早花的烟株现蕾期明显提前，叶片数明显减少。低温、营养不足、干旱、涝灾、短日照等不良环境因素，都能造成烟草早花。其中低温是关键因素，特别是 13℃ 左右的低温能抑制烟株生长，促进烟株生长锥由分化叶片向分化花芽转变，从而出现早花。烟草是怕旱、怕涝的作物，在其可变营养生长期间遇干旱、涝灾的恶劣环境，可变营养期缩短，花芽分化提前。

为防止早花的发生，达到优质丰产之目的，在栽培管理上应创造一个适宜烟株生长的环境条件，促使烟株迅速生长。选择适当的品种和适宜的移栽期，加强田间管理，可以预防或减轻早花的发生。当发生早花时，应根据主茎可收叶数来采取平衡增叶的方法培育杈烟，主茎和杈烟的叶数之和约接近正常单株所产生的叶数。原则上把握及时打顶，杈烟留叶数能弥补早花的损失即可。一般留叶 4 ~ 7 片。对于主茎只能收 8 ~ 12 片叶的早花烟株，可采取驳枝的方法，还能生长 8 ~ 10 片叶，较好地弥补产量损失。

（2）底烘的原因与预防　烟叶不到成熟期，近地面叶片就发黄或枯萎称底烘（early bottom leaf yellowing）。底烘会造成产品质量严重降低。底烘是因环境条件不良造成，从而使烟株体内正常代谢失调，下部叶片生长受到破坏。田间严重荫蔽，湿度过大引起的称"水烘"；由严重干旱引起的称"旱烘"；此外，氮亏缺也会导致底烘。

底烘应以预防为主，合理密植与肥水管理为辅，实行规范化栽培，改善田间环境。底烘发生后，应及时采摘烘坏叶。

17.3.5　地膜覆盖栽培

（1）整地与起垄　要求垄体饱满，土壤细碎，平整，无杂草，以便于地膜的覆盖。

（2）施肥　在烤烟生育前中期降雨量大、养分淋溶和流失量大的烟区，覆盖栽培的施肥量应比常规裸栽时大幅度减少。生长前中期降雨量少，产量较低的烟区，要增加施肥量。

（3）覆盖地膜　多数地区选用普通聚乙烯透明膜。但在多雨和杂草危害严重的烟田，采用两边黑色，中间 25 cm 宽透明的配色地膜为宜。一般情况下，在烟苗移栽后立即覆盖地膜即可。土壤温度偏低的地区，应在整地、施肥、起垄后，提前 10 ~ 15 d 覆盖地膜。

（4）地膜覆盖的方法　覆盖方法分两种。一般覆盖法：垄高 15 ~ 18 cm，宽 60 ~ 75 cm，垄面呈半圆拱形，栽烟后即行覆盖，随即破膜掏苗，用湿土封严烟苗周围，薄膜四周压封严实，以保湿，防除杂草。改良覆盖法：挖深穴，移栽后烟苗在垄面以下，地膜压封严实。约在移栽后 10 d，在烟苗上方膜面处打小孔，以利于降温通气。当气温达 20℃ 以上时把烟苗掏出，用碎土封严烟苗四周。此法保温防霜冻效果良好。

（5）揭膜培土　一般在移栽后 30 ~ 35 d 揭膜。如需防春寒促早发则可在日最高气温超过 28℃ 时及时揭膜，从而防止温度过高对烟株造成伤害；如需保水防春旱田块可在雨季来临时揭膜。揭膜后必须及时培土封根，以免表土层水分散失过多造成根系损失。

17.4　烟叶调制与分级

17.4.1　烟草的成熟与采收

（1）烟叶的成熟　烤烟一般在移栽后 60 ~ 65 d，叶片开始由下向上逐渐成熟。判断烟叶成熟的依据有：① 叶色变浅，绿色减退变为绿黄色、浅黄色；② 主脉变白发亮，支脉褪青变白；③ 茸毛部分脱落或基本脱落，叶面有光泽，树脂类物质增多，手摸烟叶有黏手的感觉，多采几片烟叶会粘上一层不易洗掉的黑色物质（俗称烟油）；④ 叶基部产生离层，容易采下，采摘时声音清脆，断面整齐，不带茎皮；⑤ 叶尖下垂，叶边缘松弛，茎叶角度增大；⑥ 中部、上部叶片出现黄白色成熟斑，叶面皱，叶尖黄色程度增大。

（2）烟叶采收　通常情况下，烤烟自脚叶至顶叶可 5 次采收结束，每次采 3 ~ 4 片叶，顶部 4 ~ 6 片叶往往一次收获。两次采收间隔 7 ~ 10 d。应依据烟叶农艺性状、品种特性、着生部位、烟株的营养发育水平、环境条件、气候情况和烤房烘烤能力来确定采收数量。

香料烟一般在移栽后 50 d 开始采收，一次采收 4 ~ 5 片叶，每隔 5 d 左右采一次，整个收获期采 6 ~ 8 次。每次采收的烟叶，在穿叶之前要将适熟、过熟、不熟、病叶和残缺不全的烟叶分别穿。当天采收的烟叶要求当天穿叶上架，避免鲜烟堆积过夜。烟串长度根据穿叶绳强度和调制架宽度而定，一般为 1 m 长。

白肋烟和其他晾晒烟采用逐叶采收的方法，也有采用整株或半整株砍株收获的，名晾晒烟都各有其独特的调制方法，所以对成熟和收获的要求也不尽相同。

17.4.2　烟叶调制

17.4.2.1　烟叶调制的作用与方法

调制（curing）就是将田间鲜烟叶收获后，放置在特定的设备内，设备内部提供必要的温湿度条件，保持一定的时间，使烟叶的变化达到人们要求的程度并使其干燥的过程。烟叶调制的实质是烟叶脱水干燥的物理过程和生物化学变化过程的统一。核心是碳素和氮素代谢的程度及其与水分动态的协调性，必须向有利于烟叶品质的方向发展。烟叶调制是决定烟叶最终质量和可用性的一个重要环节。调制方法可以分为烘烤、晒制和晾制。

彩图 17-6
调制烤烟的烤房

深入学习 17-9
我国烤烟的三段式烘烤工艺

17.4.2.2　烟叶烘烤

烟叶烘烤（flue curing）是在特建的烤房内，通过火管的间接热力，使烟叶逐渐干燥并发生一定的物理化学变化。我国烤烟的烘烤工艺主要是三段式烘烤工艺（图 17-7），包括变黄（yellowing）阶段、定色（color setting）阶段和干筋（stem drying）阶段，每个阶段的干球温度分升温控制和稳温控制两步。

17.4.2.3　白肋烟调制技术

白肋烟属于晾烟，其调制是依靠自然通风进行晾制（air curing）的过程。

（1）晾房建造　晾房一般建造在通风、排水良好的地段上，使空气易于穿过烟株。晾房两侧面应有 1/3 的面积为活动通风门窗，供调节房内温度、湿度条件。晾房宽度对空气流动的影响很大，一般为 7.3 m；高度应在挂烟后，叶尖距地面有 80 cm 的空间，上面各层的空间应大于 1.5 m。

（2）调制过程　分为凋萎与变黄期、变褐期、干筋期 3 个时期。

① 凋萎与变黄期　这个时期，烟叶水分的散失量占整个失水量的 55% 左右；因呼吸作用，在调制第 7 d 90% 的糖分已消耗。此期应使烟叶充分变黄，防止过快干燥出现青色烟。一般需要 14~16 d。

② 变褐期　随着水分的继续散失，烟叶由黄色逐渐向近红黄色、咖啡色转变。此期是烟叶香气形成的重要时期，除继续脱水外，烟叶发生一系列的生理生化变化过程，其中最为主要的是氧化反应。此期应保持烟叶有足够的水分，防止过快干燥形成杂色烟。一般需要 10~12 d。

③ 干筋期　主要是烟叶的物理变化过程。此时期烟叶中的大部分水分已排干，颜色已基本固定，烟叶的生命活动基本停止，仅叶片的主脉部分有较高的含水量。此时期的主要任务是及时调节烟叶调制条件，尽快散失烟叶中多余的水分。一般需要 21~25 d。

烟杆一般长 1 m，每根烟杆串烟 5~6 株。烟株根部向上垂直挂于晾房。保持每株烟间隔 20~25 cm。晾房内 24 h 的平均相对湿度要求为：凋萎与变黄期 70%~80%；变褐期 65%~70%；干筋期 45%~50%。温度均控制在 16~32℃。烟叶在晾制期间应防止阳光照射和雨水淋湿。

17.4.2.4　香料烟调制技术

香料烟是晒烟，调制过程以晒制（sun curing）为主，同时也要防雨淋及露水潮湿。

（1）调制设备　晒棚可用塑料薄膜搭建，棚宽 2~3 m，脊高 1.6 m，檐高 1.0~1.2 m，棚内晒烟架高 0.8~1.0 m，一般每公顷香料烟需要 180~225 m² 晒棚。晒烟架多采用 5 cm×5 cm 的方木做成长方形框架，长 200 cm，宽 100~120 cm。在框架两边主竿上，每隔 10~15 cm 钉一颗小钉子，用于挂烟串。一般采用塑料棚或晾棚（房）加晒场调制，凋萎变黄期间烟叶在晾棚内晾制，变黄达到要求后在晒场进行晒制。降雨时将烟叶移到晾棚内。

（2）调制方法　应掌握先凋萎后变黄、稳步失水完成定色干筋，直至烟叶调制成橘黄色、深黄色的调制原则。一般下部叶含水量高，内含物不充实，叶片薄，适当凋萎后即可进行晒制。中上部叶则以随部位升高逐步延长凋萎变黄时间，凋萎变黄期应控制棚内的相对湿

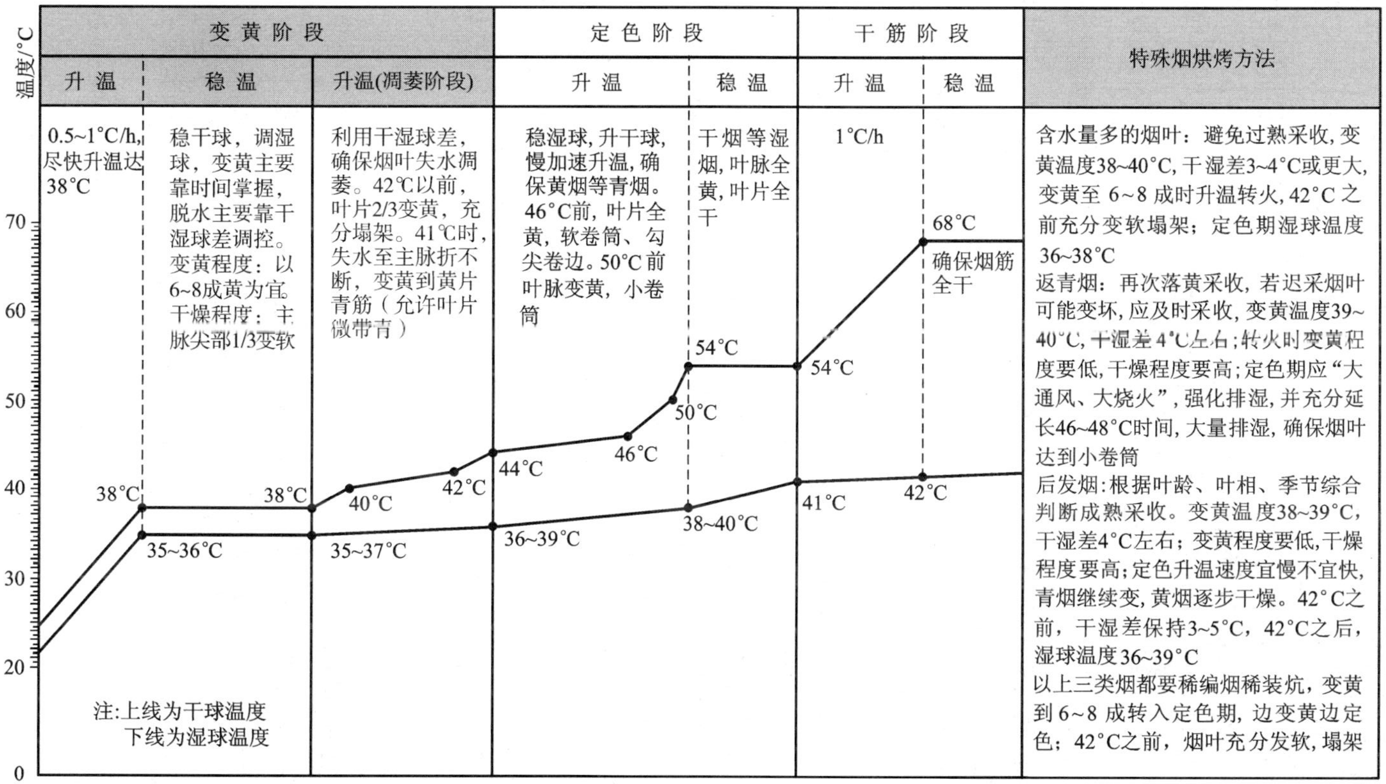

变黄阶段		升温（凋萎阶段）	定色阶段		干筋阶段		特殊烟烘烤方法
升温	稳温	升温	升温	稳温	升温	稳温	
0.5~1℃/h，尽快升温过38℃	稳定干球，调湿球，变黄主要靠干球，变黄时间同掌握。脱水主要靠干湿球差调控：以变黄程度为主，6~8成黄为宜。干燥程度：主脉尖部1/3变软	利用干湿球差，确保烟叶失水凋萎。42℃以前，叶片2/3变黄，充分塌架。41℃时，失水至主脉折不断，变黄到黄片：主筋青（允许叶片微带青）	稳湿球，升干球，慢加速升温，确保黄烟等青烟。46℃前，叶片全黄，软卷筒，勾尖卷边。50℃前叶脉变黄，小卷筒	干烟等湿烟，叶脉全黄，叶片全干	1℃/h	确保烟筋全干	含水量多的烟叶：避免过熟采收，变黄温度38-40℃，干湿差3~4℃或更大，变黄至6~8成时升温转火，42℃之前充分变软塌架；定色期湿球温度36~38℃ 返青烟：再次落黄采收，若迟采烟叶可能变软，应及时采收，变黄温度39~40℃，干湿差4℃左右；托火时变黄程度要高；定色变黄要高，强化排湿，并充分延长46~48℃时间，大量排湿，确保烟叶达到小卷筒 后发烟：根据叶龄、叶相、季节综合判断成熟采收。变黄温度38~39℃，干湿差4℃左右；变黄程度要高；定色升温速度宜慢不宜快，青烟继续变，黄烟逐步干燥，42℃之前，干湿差保持3~5℃，42℃之后，湿球温度36~39℃ 以上三类烟都要稀编烟稀装炕，变黄到6~8成转入定色期，边变黄边定色；42℃前，烟叶充分发软，塌架

温度/℃（纵轴刻度：70、60、50、40、30、20、0）

干球温度线关键点：35~36℃、38℃、35~37℃、40℃、42℃、44℃、46℃、50℃、54℃、54℃、68℃

湿球温度线关键点：38℃、35~37℃、36~39℃、38~40℃、41℃、42℃

注：上线为干球温度，下线为湿球温度

图17-7 烤烟三段式烘烤工艺简图

度在 80% ~ 85%，确保烟叶失水速度与变黄速度协调，从而降低烟叶的含青度。当烟叶变为橘黄色至红黄色、主脉完全干燥时调制结束，下部叶以 7 ~ 10 d、中部叶以 10 ~ 12 d、上部叶以 12 ~ 15 d 为宜。

17.4.3　烟叶分级

烟叶分级（grading）就是按照烟叶类型、内在质量的性质和特点、质量优劣划分成若干个等级，以便于按质论价，充分发挥烟草原料作用，为卷烟工业配方合理使用提供条件。目前对烟叶等级的划分是建立在感官基础上的，按照"分类→分型→分组→分级"的烟叶分级方法进行。我国现行烟叶分级国家标准中，把烤烟划分为 42 级，白肋烟分 28 级，香料烟分 10 级。

17.4.3.1　烤烟分级

现行的国家标准共设置主组 29 个等级，副组 13 个等级。我国烤烟国家标准对每个等级的成熟度、叶片结构、身份、油分、色度、长度和残伤 7 个外观品级因素进行划分。部位代号：下部叶组——X，中部叶组——C，上部叶组——B；颜色代号：柠檬黄色——L，橘黄色——F，红棕色——R，杂色叶组——K，微带青叶组——V，青黄叶组——GY；光滑叶组——S；完熟叶组——H。

依据质量序列划分等级如下。上等烟（11 个）：C1F、B1F、C2F、C1L、H1F、C3F、B1R、B2F、C2L、B1L、X1F。中等烟（19 个）：B2R、H2F、B3F、C3L、C4F、C4L、B2L、X1L、B2V、C3V、B3R、B4F、X2F、X2L、X2V、S1、B3L、B3V、X3F。下低等烟（12 个）：B1K、X3L、CX1K、S2、B4L、B2K、X4F、GY1、X4L、CX2K、B3K、GY2。

17.4.3.2　白肋烟分级

白肋烟分级标准采用的分级因素与烤烟有些不同。特点是白肋烟属于晾烟，理化性状与烤烟有很大的差异，并且质量要求也不同，品质因素没有油分，而规定了叶面品质要求。现行白肋烟国家标准共设置 28 个等级。其中：主要组别 21 个等级，过熟 2 个等级，杂色 4 个等级，末级 1 个等级。中下部叶组——C，上部叶组——B，浅黄色——L，浅红黄色——FR，红黄色——R，红棕色——D，微带青——V。

17.4.3.3　香料烟分级

按照香料烟品种、生产地区、栽培方法，把香料烟分成 B 型和 S 型，再依据烟叶着生部位进行分组。同一型烟叶分组之后，依据分级因素进行等级划分。分级因素主要包括：部位、长度、颜色、光泽、身份、油分、组织结构 7 项品质因素；叶片完整度、杂色与残伤两项控制因素。现行香料烟分级标准中，下部叶组 3 个级，中部叶组 3 个级、上部叶组 3 个级，另设一个末级。

📖 **深入学习 17—10**
特色优质烟叶"精准轻简"生产技术研究

名词解释

烤烟　晒烟　晾烟　薰烟　脚叶　下二棚叶　上二棚叶　腰叶　团棵　叶质重　填充值　施木克值　糖碱比　漂浮育苗　打顶抹杈　扣心打顶　早花　底烘　烟叶调制　变黄阶段　定色阶段　干筋阶段

问答题

1. 简述烟草的用途和类型。
2. 烟草叶片形态与功能是什么？影响鲜烟叶品质的因素主要有哪些？
3. 烤烟生长发育可划分为哪几个时期？每个时期生长特点是什么？
4. 如何培育烟草壮苗？
5. 简述促进烟草根系发育的意义和措施。
6. 烤烟为什么要打顶抹杈？怎样打顶抹杈？
7. 如何判断田间烟叶是否成熟？怎样采收成熟的烟叶？
8. 试述烟叶烘烤的基本原理及三段式烘烤工艺关键技术。
9. 简述烟叶分级原理和烤烟分级的因素。

分析思考与讨论

什么是烟叶质量？分析讨论烟草产量与质量的关系及实现优质适产的途径。

18

其他作物

【本章提要】 中国地大物博，气候差异大，作物资源丰富。不同区域种植有许多面积小、经济价值高的特色小宗作物，据不完全统计比较常见的有 150 多种，涉及杂粮、油料、糖料、饲料、中草药材、蔬菜、瓜果等不同类别。随着我国社会经济和现代农业的快速发展，尤其是"一县一品""一乡一品""一村一品""一户一品"战略的快速推进，很多特色小宗农作物的开发利用走上了"快车道"，发展成为具有地方特色的主要经济作物。

本章介绍了大麦、粟、高粱、荞麦、木薯、大麻、亚麻、红麻、向日葵、芝麻、甜菜、绿肥作物与饲料作物 13 种作物的用途、分布、生物学特性等基本情况，以及这些作物对环境条件的要求和关键栽培技术。

18.1　大麦

18.1.1　大麦概述

18.1.1.1　大麦的用途

大麦（*Hordeum vulgare* L.）子粒营养丰富，干物质中含淀粉 45%～70%、蛋白质 8%～14%、脂肪 2%～3%，以及多种维生素和磷、钙等，可制成面、米，以及制作多种食品，同时是酿造啤酒和乙醇的重要原料。大麦饲用价值较高，以子粒作饲料，可改进猪肉肉质，提高牛奶质量；以茎叶青贮或晒成干草作粗饲料，其饲用价值高于玉米茎叶。大麦通常在深秋或早春播种，可利用冬、春的光热资源，有利于提高复种指数和土地利用效率。

18.1.1.2　大麦的起源与分布

长期以来，人们认为大麦起源于伊拉克、叙利亚、黎巴嫩和以色列等国所处的中东地区。但浙江大学张国平与华中农业大学孙东发两位教授在 2014 年共同发表的论文证实，中国西藏及周边地区也是栽培大麦的一个重要起源中心。

大麦在世界上分布广泛，从南至 50°S 的阿根廷到北至 70°N 的挪威，从海拔 1～2 m 的低地到 4 750 m 的高原都有种植。据联合国粮食及农业组织（FAO）统计资料，2016 年全球大麦产量约为 1.41×10^8 t，比 2015 年减少 718×10^4 t，降幅为 4.8%。这主要是由于澳大利亚、加拿大、土耳其、阿根廷等大麦主产国（地区）的大麦产量均出现下降。全球主要大麦进口国为沙特阿拉伯、中国、日本、伊朗和美国，主要大麦出口国（地区）分别是欧盟、澳大利亚、俄罗斯、阿根廷和乌克兰。

中国大麦栽培历史悠久。全国大部分省市区均有大麦栽培，但产区主要分布在长江中下游、黄河流域、青藏高原和新甘蒙农牧区，以及东南沿海地区。中国农业科学院（1986）根据光温生态条件以及地理位置、播种期等，将全国大麦种植划分为三大区域，12个生态区。

① 裸大麦区　主要指青藏高原裸大麦区，以春播、食用的多棱裸大麦种植为主。

② 春大麦区　包括东北平原春大麦区、晋冀北部春大麦区、西北春大麦区、内蒙古高原春大麦区、新疆干旱荒漠春大麦区。

③ 冬大麦区　包括黄淮冬大麦区、秦巴山地冬大麦区、长江中下游冬大麦区、四川盆地冬大麦区、西南高原冬大麦区、华南冬大麦区。

我国大麦收获面积较大的省是江苏、云南、安徽、甘肃、黑龙江和河南，约占全国收获总面积的75%；平均单产量较高的省为甘肃、安徽、河南、山东、宁夏、江苏，六省区的平均单产量（5 064 kg/hm²）高出全国平均单产量的20%以上；总产量较高的江苏、安徽、甘肃、云南、河南和黑龙江六省，合计总产量约占全国总产量的80%。

18.1.2　大麦的生物学特性

8.1.2.1　大麦的分类

大麦属禾本科（Gramineae）小麦族（Triticeae）大麦属（*Hordeum*）。中国的栽培大麦为普通大麦（*Hordeum vulgare* L.）。普通大麦有三个亚种：二棱大麦（two-rowed barley）、中间型大麦（inter-type barley）和多棱大麦（multi-rowed barley）。中国所栽培的大麦多属于多棱大麦亚种，其次是二棱大麦亚种，中间型大麦亚种则较少。

🖼 **彩图 18-1**
不同类型大麦的形态

18.1.2.2　大麦生育特点

（1）生育期　春大麦的生育期为60~140 d，冬大麦为160~250 d。同一品种的生育期长短又因纬度、海拔及播种期不同而不同。与小麦相比，大麦的生育期有较大的变异幅度。

（2）阶段发育　不同品种的春化阶段对低温程度和低温持续时间的要求不同，冬性品种要求为0~8℃，20~45 d；春性品种要求为10~25℃，5~10 d；半冬性品种介于上两者之间。我国大麦品种冬春性程度总趋势是冬大麦以华南品种春性最强，自南向北推移，冬性程度逐渐增强，以北部冬大麦区的品种冬性较强。春大麦区的品种多属春性。大麦属长日照作物，在日照长度为10~12 h或12 h以上时，光照敏感型品种要求持续时间为15~16 d，光照迟钝型品种仅需8~10 d就可以完成光照阶段。一般北方冬大麦区的冬性品种，以及东北、西北和青藏高原的春性品种对光照反应敏感，而南方的春性品种对光照反应迟钝。

（3）种子萌发和出苗　裸大麦的胚芽鞘紧接着"露嘴"而伸出，而皮大麦的胚芽鞘则须在稃壳里面向上延伸至种子顶端后方可破壳而出。当第一真叶从芽鞘顶端抽出、离地表2 cm时，称为"出苗"。大麦胚芽鞘很短，且第一真叶顶端钝圆（这与小麦类似），故顶土能力差，出苗慢，出苗率低。

（4）营养生长　大麦的根为须根系。主胚根发生后，接连发生1~4对侧根，形成初生根系。初生根通常为3~5条，多的可达7~9条。随着分蘖发生，次生根在基部茎节上长出。由于胚芽鞘节不发根或很少发根，故第一叶所着生的节便是最低的发根节位。而次生根的最高发根节位在第一伸长节间的基部茎节上。主茎总叶数和总茎节数均为7~17个。大麦的株高与小麦相似或稍高。地上部伸长节间通常为5~7个。基部节间较小麦长，茎秆较弱，不抗倒伏。在所有麦类作物中，唯大麦幼苗叶片最宽，叶色最淡，叶耳、叶舌最大，叶耳上无茸毛。大麦每出生一片叶需 60℃ 左右积温（小麦为 65 ~ 80℃）。同时，由于大麦叶鞘较短，上下相邻两片叶的出生有相当部分重叠，出叶速度较快。

（5）生殖生长 大麦穗为穗状花序。穗轴节片上着生三联小穗，每小穗有 1 朵小花（二棱大麦的侧生小穗不孕）。小穗轴位于子实（子粒）的腹沟内，连接在穗轴节片的顶端，并退化为刺状（基刺）。颖片细长，也退化为刺状物。有芒品种的外稃伸长形成麦芒。子实为颖果，中间宽，两端尖。子实与内稃紧密结合，难以分开者叫皮大麦（有稃大麦），与内稃易分离者叫裸大麦（米大麦、元麦或青稞）。穗顶部第一小穗露出旗叶鞘即为抽穗。一般情况下，穗子未完全抽出之前，就已经开花、授粉，但也有在完全抽出之后才开花的。一天中以 8 ~ 10 时和 15 ~ 17 时开花最多。四棱和二棱弯穗型大麦开花时内外稃开放，进行开稃授粉；而六棱和二棱直穗型大麦因鳞片不发达，内外稃不开放，多进行闭稃授粉。受精后经 10 ~ 15 d，麦粒长度达到最大值，并进入灌浆成熟期。

18.1.2.3 大麦对环境条件的要求

（1）土壤质地及含盐量 最适宜大麦栽培的土壤是排水良好的肥沃沙壤土或黏壤土。大麦耐酸性较弱，以 pH 6.5 ~ 7.8 最为适宜，pH 5.5 以下则会产生酸害。其对盐碱的抵抗力也较弱，形成盐害的土壤含盐量阈值约为 5 mg/g。

（2）温度 种子发芽的最低、最适和最高温度分别为 1 ~ 2℃、20℃ 和 28 ~ 30℃。春大麦在 4℃ 时播种，5 ~ 7 d 后萌发。春大麦营养生长的最适温度为 10 ~ 15℃，抽穗前后的最适温度为 17 ~ 18℃。冬大麦在 18 ~ 20℃ 条件下，72 h 后种子萌发；而在 10℃ 条件下播种，发芽不整齐。相比之下，冬大麦的抗寒性不如冬小麦。

（3）水分 当吸水达本身重量的 1/2 时，种子开始发芽。挑旗期至抽穗期需水量达到高峰（需水临界期）。生育后期仍需保证一定的水分供应，水分亏缺影响产量和品质。研究表明，乳熟期缺水导致子粒中淀粉形成停止，蛋白质含量提高，啤酒大麦品质降低；生育后期降水过多，则导致子粒颜色变暗，品质降低。

（4）矿质营养 每生产 100 kg 大麦子粒所吸收氮、磷、钾的数量，因品种、气候及栽培技术水平等而有较大变化：氮为 2.37 ~ 3.25 kg，纯磷 0.46 ~ 2.14 kg，纯钾 1.31 ~ 2.60 kg。与冬小麦相比，大麦的耗肥量小，生育期短，且生育前期对营养物质的吸收较快。从出苗到分蘖末期已吸收全部氮、1/2 钾和 1/3 磷，孕穗到抽穗阶段，吸肥最快，达到全部养分的 2/3 以上。与冬大麦相比，春大麦生育期短，吸收养分速度快，拔节期就已吸收 50% 的氮及 40% 的磷和钾，抽穗期已积累 80% ~ 90% 的营养。

18.1.3 大麦栽培技术

18.1.3.1 轮作倒茬

冬大麦一般比冬小麦早熟 10 ~ 18 d，是大宗粮食和经济作物的良好前作。在冬大麦区一年两熟制中，大麦收获后可复种棉花、水稻、玉米、甘薯、大豆等作物；在一年两熟和两年三熟制中，可与夏季作物套作或与烟草、粟、甘薯等作物轮作。而春大麦区基本是一年一熟或两年三熟制，大麦可与棉花、玉米、甘薯、大豆等多种作物轮作。

18.1.3.2 播前整地与施肥

冬大麦整地的时间和方法，与冬小麦类似。春大麦在冬前深耕，并结合耕地施足基肥。

基肥用量一般占总施肥量的 50%，在山区、深丘、瘦地和迟播等情况下应加大基肥比重。基肥应以农家肥为主，每公顷可施用有机肥 4.5 t；同时搭配适量的速效氮肥，并注意磷钾比例。大麦宜早施苗肥，通常在三叶期前施完苗肥。抽穗后根外追施磷肥、钾肥，可促进麦粒饱满，增加淀粉含量，提高啤酒大麦品质。

产量为 6 000 kg/hm² 以上时，每公顷施纯氮 180 ~ 210 kg；产量为 3 750 ~ 4 500 kg/hm² 时，每公顷施纯氮 150 ~ 180 kg。同时，每公顷配合施用过磷酸钙 300 ~ 450 kg，缺钾田块施用硫酸钾 120 ~ 150 kg。一般有机肥和磷肥、钾肥作基肥，氮肥重视基肥，并根据苗情进行追肥。

18.1.3.3 选用良种

全国各地表现较好的裸大麦和皮大麦地方良种有江苏的"盐引 1 号""扬啤 1 号""单 2 大麦""盐麦 3 号"，安徽的"皖啤 1 号"，上海的"沪麦 4 号"，河南的"豫大麦 1 号""豫大麦 2 号""驻大麦 3 号""驻大麦 4 号"，甘肃的"甘啤 3 号""甘啤 4 号""9303"，云南的"V06""V24""S500""港啤 1 号""澳选 3 号"，浙江的"浙皮 1 号"，以及引进品种"法瓦维特""贝赖勒斯""苏引麦 3 号""艾苏尔"等。

18.1.3.4 适期播种，适当稀植

北方冬大麦冬性、半冬性和春性品种的最适播种期，分别为当地日平均气温稳定通过 18 ~ 16℃、16 ~ 14℃ 和 14 ~ 12℃ 的日期，这与小麦不同类型品种的最适播种期基本相当或稍迟（低 1 ~ 2℃）。春大麦在平均气温恢复到 0 ~ 3℃、土壤表层解冻时即可顶凌播种。冬大麦适宜的基本苗数为每公顷（3.0 ~ 3.3）× 10⁶ 苗，春大麦适宜的基本苗数为每公顷（3.8 ~ 4.5）× 10⁶ 苗。生产中一般采用窄行（15 cm）条播。种子覆土深度比小麦微浅，以 2 ~ 3 cm 为宜。

18.1.3.5 田间管理

（1）灌排水 在北方大麦产区常进行灌溉补水。尤其是啤酒大麦，挑旗期至灌浆期间进行灌溉，对提高子粒产量和品质均具有重要作用。而在南方多雨地区，应完善排灌系统，搞好排涝、防渍工作。

（2）防治病虫草害 大麦生长期间，主要病虫害有黄花叶病、条纹病、根腐病、散黑穗病、坚黑穗病、白粉病和红蜘蛛、蚜虫等，防治方法与小麦相似。防除阔叶杂草，可在分蘖期间每公顷用 72% 2,4-D 丁酯乳油 750 mL，兑水 600 ~ 750 kg 喷洒。防除野燕麦等禾本科杂草，可在杂草的 1 ~ 2 叶期每公顷用 15% 燕麦灵乳剂 3.0 ~ 3.5 kg，兑水 250 ~ 300 kg 喷雾。

18.1.3.6 收获

大麦蜡熟末期，子粒干物质积累达最大值，为收获适期。收获过早，千粒重低，饱满度差，品质劣；收获过迟，易断穗、落粒，多雨年份因雨水淋溶作用而导致粒重降低，甚至造成穗发芽，产量和品质均降低。二棱大麦成熟时，穗轴脆硬，容易折断，造成损失，应提早收获。对酿造用的二棱大麦，若在蜡熟期末收获，麦粒中含氮化合物多，会使啤酒混浊，降低品质，应推迟至完熟期收获。啤酒大麦对收获期有严格要求，通常掌握在子粒正常失水、茎叶稍失绿现黄、成熟初期收获最好。此时收获，子粒蛋白质含量较低，利于提高啤酒品质。

18.2 粟

18.2.1 粟概述

粟（*Setaria italic* Beauv.）属禾本科（Gramineae）狗尾草属（*Setaria*），俗称谷子。粟起源于我国，是我国最古老的栽培作物之一。据对西安半坡遗址、河北磁山遗址、河南裴李岗遗址等出土的大量炭化粟考证，粟在我国有 5 000～8 000 年的栽培历史。在古代中国和其他国家交往中，将粟传到国外，普遍认为是由阿拉伯、小亚细亚、奥地利传入欧洲。

粟或粟类作物是世界第六大谷类作物，在世界上分布很广，粟的主要产区是亚洲东南部、非洲中部和中亚等地。根据 FAO 统计资料，2016 年全世界粟种植面积 31 705.5 khm²，总产量 28 357 kt，单产量 894.4 kg/hm²。栽培面积最大的国家是印度，其次是尼日尔、苏丹、马里和尼日利亚。据中国农业种植网资料，2016 年中国粟播种面积 746.4 khm²，总产量 1 996.4 kt，单产量 2 674.5 kg/hm²。粟种植面积较大的省区依次为山西、河北、内蒙古、陕西、辽宁、吉林、河南等。全国粟产区划分为四个栽培区：东北春谷区、华北平原夏谷区、内蒙古高原春谷区、黄河中上游黄土高原春夏谷区。

18.2.2 粟的生物学特性

18.2.2.1 粟的形态

彩图 18-2
粟的形态

粟为一年生草本植物，须根系，初生根入土较浅，次生根是粟根系的主体。抽穗前近地表的地上茎节上也可发生气生根。茎直立，圆柱形，茎高 60～150 cm，茎节数 15～25 节。叶为长披针形，由叶片、叶舌、叶枕及叶鞘组成，无叶耳。叶片有明显的中脉和小脉，具有细毛。粟穗为顶生穗状圆锥花序，由穗轴、分枝、小穗、小花和刚毛组成。由于穗轴一级分枝长短不同，以及穗轴顶端分叉的有无，构成了不同穗型。常见的穗型有纺锤形、圆筒形、棍棒形、鞭形、鸭嘴形、龙爪形等。每个谷穗有小穗 3 000～10 000 个，一般生产田每穗结实 2 000～4 000 粒。粟子粒小，千粒重 2.5～3.5 g。粟的稃壳有白、红、黄、黑、橙、紫各种颜色，俗称"粟有五彩"。

18.2.2.2 粟的分类

粟的类型划分，通常有以下几种：

（1）按穗型、稃色等划分 依穗型可划分为纺锤形、圆筒形、棍棒形、龙爪形等，依稃色可划分为白色、红色、黄色、黑色、橙色、紫色等；

（2）按植株叶色、鞘色、分蘖多少划分 如依鞘色可划分为白秆谷、紫秆谷、青卡谷等；

（3）按生育期划分 可分为早熟类型（春谷少于 110 d，夏谷 70～80 d）、中熟类型（春谷 111～125 d，夏谷 81～90 d）和晚熟类型（春谷 125 d 以上，夏谷 90 d 以上）。

18.2.2.3 粟的生育时期及生育特性

从播种到成熟，可以把粟的一生分为出苗期、拔节期、抽穗期、开花期和成熟期等几个生育时期。从种子萌发开始到拔节期为止为营养生长阶段，是粟根、茎、叶等营养器官分化形成阶段，春谷为 45 ~ 55 d，夏谷为 22 ~ 30 d。从拔节期开始到抽穗期为止为营养生长与生殖生长并进阶段，是粟根、茎、叶大量生长和穗生长锥的伸长、分化与生长阶段，春谷为 25 ~ 28 d，夏谷为 18 ~ 20 d。抽穗期到子粒成熟期为生殖生长阶段，是粟穗粒重的决定期，春谷为 40 ~ 60 d，夏谷为 42 ~ 50 d。

18.2.3 粟栽培技术

18.2.3.1 种植制度

根据各地自然条件、耕作制度、种植方式，全国粟产区划分为四个栽培区，粟在不同地区有不同的种植制度。东北春谷区，一年一熟，常与大豆、高粱、玉米轮作；华北平原春夏谷区，以夏谷为主，夏谷一般在冬小麦收获后播种，丘陵山地有少量春谷栽培；内蒙古高原春谷区，一年一熟，主要与玉米、高粱、马铃薯轮作；黄河中上游黄土高原春夏谷区，以春谷为主，在平川地区小麦收获后种植夏谷，一年一熟或两年三熟。

18.2.3.2 整地技术

春谷多在旱地种植，前作收获后应灭茬，及时深耕接纳雨水，提高水分利用率。早春季节进行顶凌耙糖和镇压，防止土壤水分蒸发，是保苗和促进根系生长的重要措施。夏播粟为了争取时间，应在前茬作物生育后期浇水蓄墒，以利于收获后及时整地和播种。

18.2.3.3 播种技术

（1）种子处理　播种前用清水清洗种子，去除秕谷和种子上的病菌孢子。对易感染粟白发病的品种，用 35% 瑞毒霉按种子重量的 0.3% ~ 0.5% 拌种进行预防。用 50% 多菌灵按种子重量的 0.5% 拌种，预防黑穗病。用种子重量的 0.1% ~ 0.2% 辛硫磷闷种 3 ~ 4 h，防治地下害虫。

（2）播种期及播种方式　我国北方春谷多在 4 月下旬至 5 月上旬播种。播种过早病虫害较重，拔节期、孕穗期在雨季之前进行，常因干旱造成"胎里旱"和"卡脖早"，影响穗粒发育，形成空壳和秕谷。播种过晚，生育后期易受低温危害。播种方式多为条播，行距 40 ~ 50 cm。播种量为 15.0 ~ 22.5 kg/hm^2，播种深度为 3 ~ 4 cm。播后及时镇压，如过雨应及时破除板结以利出苗。春播每公顷留苗（22.5 ~ 45.0）×10^4 株，夏播每公顷留苗（60 ~ 75）×10^4 株为宜。

18.2.3.4 施肥技术

粟对肥料的吸收，苗期较少，拔节期至抽穗期为吸肥高峰期，抽穗期至成熟期逐渐减少。施用有机肥做基肥，应在耕地时一次性施入，一般施有机肥 15 ~ 30 t/hm^2。也可在播种前施入氮磷钾复合肥 450 ~ 600 kg/hm^2。拔节期结合中耕追施纯氮 130 ~ 200 kg/hm^2，满足中后期对养分的需要。

18.2.3.5 田间管理技术与收获

（1）田间管理技术　粟子粒小，一般播量大，出苗后幼苗密集，为了减少相互竞争，有利于幼苗生长，一般在 3 ~ 5 叶期间苗，6 ~ 7 叶期定苗。定苗与中耕结合进行。拔节期结合中耕进行培土。拔节期如遇干旱，有灌溉条件的应及时灌水追肥，灌水以沟灌较好，避免大水漫灌造成倒伏。生育后期注意防涝、防倒伏。

（2）收获　粟要在成熟时及时收获。收获过早，子粒尚未完全成熟，造成秕粒或子粒不饱满；收获过晚，如遇大风穗粒相互摩擦造成落粒，或遇阴雨天气容易引起穗粒发芽，影响子粒品质。因此当粒色变为本品种固有色泽，子粒变硬时及时收获。

18.3　高粱

18.3.1　高粱概述

高粱（*Sorghum bicolor* Moench）的形态变异类型较多，非洲、印度和中国都是高粱多态性丰富的地区。而关于高粱的起源地，迄今尚无一致结论。多数学者认为，高粱原产于非洲，经驯化后先传入印度，后传入我国及远东。中国高粱有许多特征、特性与非洲、印度高粱不同，根据一些考古发现，有些学者认为中国也是高粱起源地之一，或至少在中国已有几千年的栽培历史。

高粱是世界第五大谷类作物，分布广泛，主要种植在非洲、亚洲和美洲。根据 FAO 资料，2016 年全世界高粱种植面积 44 771.1 khm^2，总产量 63 931 kt，单产量 1 427.9 kg/hm^2。栽培面积最大的国家是苏丹，其次是尼日利亚、印度、尼日尔和美国。中国农业种植网资料表明，2016 年中国高粱播种面积 535.5 khm^2，总产量 2 404.3 kt，单产量 4 490.1 kg/hm^2。高粱种植面积较大的省（区、市）依次为吉林、内蒙古、贵州、四川、辽宁、黑龙江、山西、重庆、陕西、河北等。高粱具有较强的抗旱、耐涝、耐盐碱特性和适应性，在平原、山丘、涝洼、盐碱地均可种植，属于高产、稳产的作物。

18.3.2　高粱的生物学特性

18.3.2.1　高粱的形态

彩图 18–3
高粱的形态

一年生草本，但有多年生特性。高粱属须根系作物，次生根是庞大根系的主体，其根系发达，入土深广，吸水、吸肥能力强。高粱根的内皮层中有硅质沉淀物，使根非常坚韧，能承受土壤缺水收缩产生的压力。在孕穗阶段，根皮层薄壁细胞破坏死亡，形成通气的空腔，与叶鞘中类似组织相连通，起到通气的作用。这些特点使高粱具有较强的抗旱、耐涝性。茎秆较粗壮，株高 0.60 ~ 4.50 m，茎粗 1.5 ~ 5.5 cm。高粱生育的中后期，在茎秆表面上形成白色蜡粉，能防止水分蒸腾，增强抗旱能力；茎的表皮是由排列整齐的厚壁细胞组成，其外部硅质化，致密、坚硬，不透水，也增强了茎秆的机械强度和抗旱涝能力。高粱叶由叶片、叶鞘和叶舌三部分组成。进入拔节期以后，叶面生有一层白色蜡粉，具有减少水分蒸腾的作用；部分高粱品种叶片具有持绿性，是开花后的抗旱机制之一；叶上有多排运动细胞，在叶片失水较多时，使叶片向内卷曲以减少水分的进一步散失。高粱叶鞘中的薄壁细胞，在孕穗期前后破坏死亡，形成通气的空腔，与根系的空腔相连通，有利于气体交换，增强耐涝性。高粱的穗为圆锥花序，中间有一主轴，称为穗轴，在穗轴上生有 4 ~ 10 个节，每节轮生 5 ~ 10 个分枝，称为第一级枝梗，第一级枝梗上长出第二、第三级枝梗。由于穗轴长度不同，第一级枝梗长度及其在穗轴上着生的部位也不同，则形成了形状各异的穗形，如纺锤形、牛心形、筒形、伞形、帚形等。高粱颖果两面平凸，长 3.5 ~ 4.0 mm，宽 2.5 ~ 3.0 mm，成熟时呈白、黄、红、棕色等。

18.3.2.2　高粱的分类

高粱属于禾本科（Gramineae）高粱族（Andropogoneae）高粱属（*Sorghum*）植物，染色体

数目 2*n*=20。根据用途不同，可将高粱分为四类。

（1）粒用高粱　以获取子粒为目的。子粒产量高，品质较佳。按子粒淀粉的性质不同，可分为粳型与糯型。子粒主要用于酿造（白酒和醋）、食用和饲用。

（2）糖用高粱（甜高粱）　茎高，茎内富含汁液，含糖量一般可达 8% ~ 19%。目前主要用于牛、羊的青贮饲料。甜高粱茎秆可用于制糖和乙醇，被认为是有发展前途的新型生物能源作物。

（3）帚用高粱　穗大而散，通常无穗轴或有极短的穗轴，侧枝发达而长，穗下垂，用于笤帚制作。

（4）饲用高粱　茎秆细，分蘖力和再生力强，生长势旺盛。茎内多汁，含糖较高，是牛、羊的良好秸秆料。

18.3.2.3　高粱的生育时期及生育特性

高粱栽培品种的生育期一般在 100 ~ 140 d。在高粱的整个生育期间，根据植株外部形态和内部器官发育的状况，可分为苗期、拔节期、挑旗期、抽穗开花期、成熟期等几个主要生育时期。

高粱的整个生长发育过程也可划分为三个生长阶段。自种子发芽，生根出叶到幼穗分化以前，称为营养生长阶段。营养生长阶段以长根、长叶为主，并进行茎叶的分化。苗全、苗齐、苗壮、根系发达是该阶段的主攻方向。幼穗分化标志着生殖生长的开始，在进行生殖生长的同时，根、茎、叶等营养器官也旺盛生长，直到抽穗开花为止，称为营养生长与生殖生长并进阶段。该阶段的主攻方向是促进中上部叶片增大，茎秆粗壮，穗大花多。抽穗开花到成熟阶段，营养生长基本停止，只进行生殖生长，即进行子粒的形成和内容物充实。该阶段的主攻方向是防早衰，防贪青晚熟，确保粒饱、粒重。

18.3.3　高粱栽培技术

18.3.3.1　种植制度

高粱在不同地区有不同的种植模式。高粱忌重茬和迎茬，实行合理轮作可减轻病虫及杂草危害，也有利于土壤肥力的保持，应进行 3 年以上轮作。秦岭黄河以北种植的高粱多为春播，一年一熟。黄河、长江之间的地区，既可春季种植又可夏季种植，一年二熟或二年三熟，但高粱以夏播为主。长江以南地区，春、夏、秋三季均可种植，并有再生栽培，部分地区采用育苗移栽种植。

18.3.3.2　整地技术

根据土壤状况可选择不同整地技术，要求地面平整、土壤细碎、防旱保墒。土壤黏重、结构紧密的地块，要进行秋季耕翻，耕深 20 ~ 25 cm。耕翻后要连续进行耙地、镇压整地作业。土壤紧实且干旱的地块，可采用深松整地技术，松土深度 30 ~ 40 cm，一般 2 ~ 3 年深松一次。目前生产上较常见的是旋耕，旋耕深度一般 10 ~ 15 cm，与翻耕轮换应用。

18.3.3.3　播种技术

土壤 5 cm 处地温稳定在 10 ~ 12℃时开始播种较宜。种植方式主要有等距条播、大小垄、大垄双行、穴种及间种等。等距条播是最主要的种植方式，行距一般为 50 ~ 60 cm。种植密度较小时，采用小行距种植有利于植株对土壤养分、水分和光能的充分利用；种植密度较大时，应增大行距，以利于后期田间的通风透光；种植密度更大时，可实行大垄双行或穴种等种植方式。播种深度一般以 3～4 cm 为宜，播后应适时进行镇压保墒。粒用高粱杂交种，一般适宜密度为（8～15）×10⁴ 株/hm²；饲用品种为（30～45）×10⁴ 株/hm²；高秆甜高粱、帚用高粱为（6.5～7.5）×10⁴ 株/hm²。

18.3.3.4 施肥技术

基肥一般每公顷施用 30～45 t 有机肥。种肥最常用的复合肥为磷酸二铵，每公顷用量150 kg 左右。在高粱生育期长或后期易脱肥的地块，应分两次追肥。两次追肥应掌握"前重后轻"的原则，重追拔节肥，用量约占追肥总量的 2/3，轻追挑旗期肥。一般生产田可只在拔节期进行一次追肥，追肥量为每公顷 300～450 kg 尿素。

18.3.3.5 田间管理技术与收获

苗期田间管理主要包括破除土表板结、查田补苗、间苗与定苗、中耕除草或化学除草、去除分蘖等。高粱对许多除草剂表现敏感，应用时应注意选择，一般以阿特拉津与金都尔配合使用效果较好。拔节期至抽穗期田间管理主要包括追肥、灌水、中耕除草、防治病虫害等。抽穗期至成熟期田间管理主要包括灌溉、防治病虫害等。

在高粱完熟期，当子粒变硬呈固有粒形和粒色时，及时收获。机械化收获，在叶片枯死后，子粒含水量下降到 20% 左右时进行。

18.4 荞麦

18.4.1 荞麦概述

18.4.1.1 荞麦的用途与特点

荞麦（*Fagopyrum esculentum* Moench）属一年生草本双子叶植物，蓼科（Polygonaceae）荞麦属（*Fagopyrum*）栽培种，又名乔麦、乌麦、花麦、三角麦、荞子，为非禾本科谷物。我国栽培荞麦包括：甜荞（*F. esculentum*），即普通荞麦，英文名 buckwheat；苦荞（*F. tataricum*），亦称鞑靼荞麦，英文名 tartary buckwheat。

荞麦子粒含蛋白质 10.6%～15.5%，脂肪 2.1%～2.8%，淀粉 63.0 %～71.2%，纤维素5.2%～6.3%，还含有 B₁、B₂ 等多种维生素和钙、磷、钾、铁等矿物元素。荞麦子粒、花、子叶、茎含有丰富的生物类黄酮，具有降血脂、血糖、胆固醇，治疗糖尿病等功用。荞麦全身是宝，经济价值高，幼叶嫩叶、成熟秸秆、茎叶花果、米面皮壳无一废物。从食用到防病、治病，从农业到畜牧业，从食品加工到轻工业生产，从国内市场到外贸出口，都有一席之地。同时荞麦在发展中西部地方特色农业和帮助贫困地区农民脱贫致富中有着特殊的地位。

荞麦耐旱、耐贫瘠，适应性强，生育期短，可春、夏、秋播种，能合理利用自然资源，在作物布局中占有特殊地位。同时，由于荞麦生长发育快，能在较短的时间内有效利用光、热、水等资源，获得较好的产量。因此又是备荒救灾、添闲补缺最理想、最经济的优势作物。此外，荞麦还是我国三大蜜源作物之一，也是一种较好的压青绿肥作物。

18.4.1.2 荞麦的起源与分布

中国是荞麦起源地，至今已有 2 000 多年的栽培历史。因此，荞麦在我国古代农业中是极为重要的作物。历代史书、著名古农书、古医书、诗词、地方志以及农家俚言等，无不有关于荞麦形态、特性、栽培和利用方面的记述。荞麦首先在亚洲东部各国开始栽培，其后传入世界各地。目前，荞麦主要生产国是俄罗斯、中国、乌克兰、波兰、日本、韩国和加拿大等。全世界栽培总面积为（700 ~ 800）× 10^4 hm²，总产量为（500 ~ 600）× 10^4 t。

我国是荞麦生产大国，面积和产量居世界第二位。据不完全统计，目前全国 20 省区甜荞种植面积约 54.6 × 10^4 hm²，总产量约 50 × 10^4 t。其中面积较大的为内蒙古、陕西、甘肃、云南等省区；其次为四川、宁夏、贵州、山西等省区。我国苦荞种植面积约 30 × 10^4 hm²，总产量约 30 × 10^4 t，居世界第一位。云南、四川、贵州是苦荞的主要产区，占全国苦荞种植面积的 80% 左右。陕西、山西、湖北、重庆、湖南、广西等省区也有种植，面积为（5 ~ 6）× 10^4 hm²。

（1）北方春荞麦区　包括黑龙江西北部、吉林、辽宁西北部，内蒙古中东部、河北北部、晋西北、陕北、宁夏和青海东部地区。本区是我国甜荞主要产区，种植面积占全国甜荞的 80% ~ 90%。

（2）北方夏荞麦区　包括黄淮海、晋南、关中、陇东、辽东半岛等地。甜荞是冬小麦后茬，种植面积占全国甜荞的 10% ~ 15%。

（3）南方秋、冬荞麦区　包括淮河以南、长江中下游地区及其以东的福建、广东、广西大部，云南南部、海南、台湾等地。甜荞、苦荞多零星种植。

（4）西南高原春、秋荞麦区　包括青藏高原、云贵高原、川鄂湘黔山地丘陵和秦巴山区南麓。本区是我国苦荞主产区。种植面积占全国苦荞的 80% 以上。

18.4.2 荞麦的生物学特性

18.4.2.1 荞麦的形态

荞麦根属直根系，由种子根和次生根组成。种子根是由胚根发育而来，又叫初生根。胚根长 2 ~ 5 cm 时，开始生长侧根，即次生根；3 叶期即可形成网状根系结构。荞麦茎直立，株高 60 ~ 100 cm，最高可达 130 cm。主茎粗 5 ~ 7 mm，有节 10 ~ 15 个。茎为圆形，稍有棱角，绿色或红色。节处膨大，略弯曲。主茎节叶腋处长出的分枝为一级分枝，一级分枝叶腋处长出的分枝叫二级分枝，以此类推。荞麦的叶有子叶（胚叶）、真叶和花序上的苞片。子叶出土，对生于子叶节上。真叶为完全叶，由叶片、叶柄和托叶三部分组成。甜荞叶片顶端渐尖，基部心形或箭形；苦荞叶片顶端急尖，基部心形。

荞麦花序是一种混合花序，既有聚伞花序（有限花序）的特征，也有总状花序（无限花序）的特征。荞麦花属于单被花，具 5 个花被片；雄蕊 8 枚，雌蕊 1 枚，雄蕊基部具有 8 个蜜腺。甜荞花为两型花，异花授粉，即一种植株生长的花为短柱花，长雄蕊。另一种植株生长的花为长柱花，短雄蕊；同型花之间授粉才能受精结实，一般情况下只有 8% ~ 10% 的花能正常结实。苦荞为同型花，雌雄蕊等长，自花授粉。甜荞花较大，直径 6 ~ 8 mm，花被片为长椭圆形，基部呈绿色，中上部为白色、粉色或红色。苦荞花小，直径约 3 mm。花被片较小，基部绿色，中上部为淡绿或淡黄绿色。荞麦种子为三棱卵圆形瘦果。种子由种皮、胚乳和胚组成。种子有灰、棕、褐、黑等多种颜色，棱翅有大有小，千粒重 15 ~ 37 g，皮壳率 20% ~ 25%。

彩图 18—4
荞麦的形态

18.4.2.2　荞麦生长发育对环境条件的要求

荞麦是喜温作物，但不耐高温，畏霜冻。生育期间要求 ≥ 0℃以上积温 1 000 ~ 1 500℃。种子萌发最适温度为 15 ~ 20℃，低于 8℃或高于 30℃对萌发不利。幼苗生长期要求平均气温在 16℃以上，-4 ~ -3℃时植株全部冻死。开花结实期最适温度为 18 ~ 25℃，低于 15℃或高于 30℃的高温干燥天气均不利于授粉和结实。荞麦是短日照非专化性作物，在短日照和长日照条件下都能开花结实。幼苗期缩短日照可明显促进生殖生长，提早开花结实，但茎叶生长减缓，分枝和花序减少。荞麦是喜湿作物，蒸腾系数 450 ~ 630。苗期需水较少，比较耐旱。

荞麦是一种需肥较多的作物，每生产 100 kg 子粒需氮 3.3 kg，磷 1.5 kg，钾 4.3 kg。荞麦适应性强，根系有很高的生理活性，能够吸收土壤中难溶的磷酸化合物。荞麦对土壤要求不严，但以土壤疏松、富含养分的壤土或沙壤土最为适宜。

18.4.3　荞麦栽培技术

18.4.3.1　耕作制度

荞麦忌连作，以豆类、马铃薯、稷、亚麻、油菜等作物茬为宜。荞麦生长迅速，茎叶覆盖地面能防止土壤水分蒸发，抑制杂草生长，在轮作中又是良好的前茬作物。

18.4.3.2　精细整地

（1）深耕　荞麦根系弱，子叶大，顶土能力差，要求土壤具有良好的结构。深耕对荞麦发芽、出苗，生长发育非常有利，同时可减轻病、虫、杂草对荞麦的危害。深耕也能使荞麦根系活动范围扩大，吸收土壤中更多的水分和养分。

（2）耙糖　耙深耕后及时进行耙糖，不仅能破碎坷垃、疏松表土，还有平隙保墒的作用，也有镇压的效果，是对深耕措施的补充。黏土地耕翻后要耙，沙壤土耕后要糖。沙性严重的土壤，耙后还应该进行镇压，以减少水分蒸发。

18.4.3.3　合理施肥

荞麦生育期短，生长发育快，营养生长和生殖生长同时进行。所以在短期内需肥量比较大。要使荞麦高产，就必须增施肥料。施肥应掌握"基肥为主、种肥为辅""有机肥为主、无机肥为辅"的原则。

（1）基肥　基肥一般以有机肥为主，结合深翻一次性施入。一般使用量为 15 000 ~ 20 000 kg/hm²。也可配合施入适量无机肥。实践证明，适施氮磷肥对榆林市山地、旱地荞麦有明显的增产作用，一般以磷酸二铵（75 ~ 90）kg/hm² 为宜，可以基肥随翻耕施入，也可作种肥施用。

（2）种肥　种肥是在荞麦播种时将肥料施于种子周围的一项措施，包括播前的肥滚子、播种时溜肥及"种子包衣"等。种肥能弥补基肥的不足，以满足荞麦生育初期对养分的需要，并能促进根系发育。

（3）追肥　追肥就是在荞麦生长发育过程中为弥补基肥和种肥的不足，增补养分的一项措施。追肥一般宜用尿素等速效氮肥，用量不宜过多，每公顷以 75 kg 左右为宜，旱地荞麦若要追肥要选择在阴雨天气进行。

18.4.3.4 播种

（1）种子处理　主要有选种、晒种、浸种和拌种等几种方法。

（2）播种期　南方高海拔地区荞麦可春播，也可夏播。春播适宜中晚熟品种，但播种期不宜太早，太早植株生长旺盛，结实率低，宜选择在3月下旬至4月上中旬，使盛花期最好安排在5月至6月上旬。夏播适宜早熟品种，一般在8月下旬播种为宜。

（3）播种方法　播种方法有撒播、条播和点播几种。撒播因撒子不均，覆土深浅不一，出苗不整齐，通风透光不良，田间管理不便，难以获得高产。点播太费工。条播是一种较为精细的播种方法，播种质量较高，有利于合理密植和群体与个体的协调发育。

（4）播种深度　荞麦适宜播种深度，一要看土壤水分，土壤水分充足时宜浅播，土壤水分欠缺时要稍深播；二要看播种季节，春荞宜深些，夏荞可稍浅；三要看土质，沙质土和旱地可适当深一些，但不宜超过6 cm，黏土则要求稍浅些；四要看种植区域，在干旱风大的西北地区，如种子裸露很难发芽，要注意播后覆土，并要视墒情适当镇压。

（5）播种量及密度　荞麦播种量要根据土壤肥力、品种、种子发芽率、播种方式和群体密度来确定。一般每0.5 kg甜荞种子可出苗1×10^4株左右，适宜播种量为37.5～45.0 kg/hm²。

18.4.3.5 田间管理

（1）保全苗　保证荞麦全苗壮苗，播种前应做好整地保墒、防治地下害虫的工作。出苗前后如不良气候，造成缺苗，需积极采取破除板结、补苗等保苗措施。

（2）中耕锄草　荞麦第一片真叶出现后进行中耕。中耕除草次数和时间根据土壤、苗情及杂草多少而定，一般2～3次。需在开花前结束。中耕锄草的同时进行疏苗和间苗，去掉弱苗、多余苗，减少幼苗防止拥挤，提高荞麦植株的整齐度和结实率。

（3）辅助授粉　甜荞是异花授粉作物，虫媒花，又为两型花，一般结实率较低，为6%～10%，因而限制了产量的提高。提高甜荞结实率较好的方法是进行辅助授粉。

蜜蜂等昆虫能提高甜荞授粉结实率。据内蒙古农业科学院对蜜蜂等昆虫传粉与荞麦产量关系研究表明，在相同条件下昆虫传粉能使单株粒数增加37.84%～81.98%，产量增加83.3%～205.6%。蜜蜂辅助授粉应在甜荞盛花期进行，即在甜荞开花前2～3 d，每公顷安放蜜蜂7～8箱。蜂箱应靠近甜荞地。在没有放蜂的地方，在甜荞盛花期，每隔2～3 d，于上午9—11时用一块200～300 m长、0.5 m宽的布，两头各系一条绳子，由两人各执一端，沿甜荞顶部轻轻拉过，摇动植株，使植株相互接触、相互授粉。

18.4.3.6 虫害防治

（1）荞麦钩翅蛾　荞麦钩翅蛾（*Spica parallelangula* Alpheraky）又叫荞麦卷叶虫，是荞麦的主要害虫，属鳞翅目，钩蛾科，是危害荞麦叶、花和果实的专食性害虫，转移危害寄主是牛耳大黄。防治方法主要为：深翻灭蛹、灯光诱杀、人工捕杀、药剂防治。

（2）其他害虫　除荞麦钩翅蛾外，荞麦害虫还有黏虫、草地螟（黄绿条螟、网锥额野螟）等，主要危害荞麦的叶、花和果实，大发生时，可造成重大损失。防治方法主要为：网捕成虫、灯光诱杀、除草灭卵、药剂防治等。

18.4.3.7 收获贮藏

荞麦开花期较长，子粒成熟极不一致，一般全株2/3子粒成熟，即子粒变为褐色、灰色，呈现本品种固有色泽时为适宜收获期。收获太早或太晚，均会影响子粒产量。收获应选阴天或早晨露水未干时进行，以防落粒造成损失。荞麦具有完整的皮壳，在贮存中能缓和荞麦的吸湿和温度影响，对虫、霉有一定的抵抗能力。一般仓储水分含量在 13% 左右，但外贸出口一般要求水分含量为 15%。

18.5 木薯

18.5.1 木薯概述

木薯（*Manihot esculenta* Crantz）用途广泛。其块根可鲜食（或菜食，或作主食）。木薯还是生产淀粉、变性淀粉、乙醇、葡萄糖、果糖、山梨醇、赖氨酸、柠檬酸、染料、涂料、化妆品等工业产品的重要原料。木薯淀粉易消化，适宜于儿童及病弱者食用。淀粉渣可作饲料或酿酒。木薯叶片作饲料，其营养价值与红薯相当。木薯茎可作燃料或造纸。木薯块根的汁液浓缩后，可制成肉类防腐剂（卡特立）。木薯整株含有毒素（氰酸），无论是鲜食还是加工成饲料，都必须先脱毒。

木薯原产于热带美洲的圭亚那、哥伦比亚和巴西等地，分布于 30°N～30°S，垂直分布在海拔 2 000 米以下。16 世纪传入非洲，18 世纪传入亚洲。我国于 19 世纪 20 年代引种，主要栽培于广东、广西、福建及台湾等地区。

广西是全国最大的木薯产区，其面积和产量均居全国首位。广西木薯常年种植面积为 270 000 hm²，占全国木薯种植面积的 60% 以上，主要分布在武鸣、邕宁、宾阳、横县、扶绥、江州、大新等县（区）。近年来，广西木薯品种更新加快，单产量水平不断提高。淀粉和乙醇深加工已形成较好基础，淀粉年产量近 30×10^4 t，木薯乙醇年产量约 8×10^4 t，变性淀粉年产量约 6×10^4 t，山梨醇产量 4.5×10^4 t。

18.5.2 木薯的生物学特性

18.5.2.1 木薯的形态

▨🖼 彩图 18-5
木薯的形态

生产上一般采用木薯植株成熟的主茎（种茎）进行繁殖，从种茎上长出来的根可分为须根和粗根两种。须根一般 20～38 条，不能膨大，其主要功能是吸收水分和养分。粗根从种茎的形成层发育而来，能膨大形成块根，是木薯的主要收获器官。高产栽培木薯田，单株木薯块根重可达 25～35 kg。木薯块根一般为圆筒形，顶端较细，能发生分枝，即大薯能产生小薯。块根表皮的颜色有多种，如淡黄、紫、红、白等。木薯茎直立，木质，基部圆形，上部多角形，高 1～3 m，颜色有紫色、青紫色、青白色等。茎的表面光滑，但蜡粉较多。有的品种的茎能发生分枝。茎节上有潜伏芽，因而能用来进行繁殖。木薯的叶为掌状复叶，互生，有小叶 3～9 片。叶绿色，上被白色绒毛。叶柄圆筒形，细长，基部两侧各有一片托叶。

木薯的短日性较强，仅在广东、海南等少数地区能开花。圆锥花序（或称穗状花序），为雌雄同株异花作物，但雌花和雄花同生在一个花序上，其中，雌花紫红色，分布在花序的下部，雄花序黄白色，分布在花序的上部。木薯为异花授粉作物。果实为蒴果，棱形多面状。种子猪腰形，千粒重 53～74 g，种子的发芽率极低，仅 20%～30%，在生产上不能作种用。

18.5.2.2 木薯各生育时期的生长发育特性

木薯一生可分为四个生育期。

（1）幼苗期 从下种至植后 60 d 为幼苗期。当气温在 20℃ 以上，木薯植后一般在 7 ~ 10 d 可发芽出土。这时期植株地上部分生长缓慢，但幼根生长旺盛。幼苗生长初期主要靠种茎贮藏的养分供应，种茎新鲜而健壮的发根多而快。

（2）块根形成期 植后约 60 d，块根开始形成，植后 70 ~ 90 d 达结薯盛期。植后 90 d，块根的数量和长度已基本稳定。在土壤疏松、湿润、养料充足的条件下，块根形成早且数量多。在块根形成期如果土壤板结或严重干旱和缺肥，就会减少块根的数量和产量。此期茎叶生长较迅速，开始出现顶端分枝。

（3）块根膨大期 这时茎叶生长量很大，叶量达到全生长期的最高峰。在块根膨大后期，叶片大量脱落，块根基本停止增粗。

（4）块根成熟期 块根已充分膨大，地上部分几乎停止生长，叶片大量脱落，块根也基本停止增粗，含水量很少，这时为块根成熟期，可以开始收获。

18.5.2.3 木薯的生态适应性

木薯生长发育要求高温、多湿、无霜期长、日光充足的环境。木薯发芽的最低温度是 14 ~ 16℃。在年平均温度为 16 ~ 18℃，无霜期在 210 d 以上的地区均可种植。木薯的耐旱能力特别强，在年降雨量为 350 ~ 600 mm 地区，木薯均可正常生长。干旱条件下，木薯叶片收缩并下垂，以减少蒸腾量。木薯虽然对干旱的适应能力强，但干旱条件下，木薯块根中的纤维素含量增加，淀粉含量减少。多湿有利于木薯的生长和高产。木薯对土壤没有严格的要求，在瘠薄沙土和黏土中均可栽培，且耐酸、耐碱的能力强，可作为山区的先锋作物来栽培。

18.5.3 木薯栽培技术

18.5.3.1 轮作和套作

木薯连作时，其产量不断下降。因此，一般 2 ~ 5 年进行轮作。木薯的株距较大，前期生长较慢，因此生产上可在其行间套作花生。

18.5.3.2 选地与整地

切忌选择土壤黏重，地势低洼，排水不良的地块，最好选择阳光充足，排水良好，透水性强的沙质壤土。考虑到木薯是块根作物，选好地后，一般要深耕和精细整地，其深度约为 25 cm。如果种植地为土壤肥力较高，排灌方便的田块，可进行平作。如果种植地较黏，耕作层较浅，且排灌不便，可采用开沟作厢进行垄作。

18.5.3.3 选种、繁殖与栽种

"华南 205"和"华南 201"是我国木薯当家品种，但品种退化现象比较严重。可因地制宜选用适应性好的高产高粉的木薯新品种，如"新选 048""华南 8 号""华南 9 号""GR891"等。种茎以成熟茎秆的下段为宜，因为未成熟或幼茎的含水量较高，易干枯。选好的种茎一般经过越冬后才能栽种，此时应注意将种茎放入温室或地窖，或加以覆盖物，以保护种茎安全越冬。当温度上升至 15℃ 以上时，即可进行栽插或育苗。

育苗或栽种时，先将种茎斜切成 10 ~ 13 cm 长，带有 3 个以上芽，做到切面平整无损伤，

表皮种芽无破损。为了提高出苗率，种茎上每 10 cm 环状剥去 3 mm 宽的皮（使茎叶养分为向顶部运输），然后进行扦插，可直插，也可斜插，插时芽向侧面，以保证向下发根，向上长芽。一般中等肥力每公顷植 9 000 ~ 12 000 株，瘠薄地每公顷植 13 500 ~ 18 000 株。

18.5.3.4　补苗与间苗

栽后若发现缺株，应尽早在阴天补栽。种植后通常有 2 ~ 4 个或更多的幼芽出土，如果不及时间苗任其生长，会造成荫蔽和消耗养分。间苗一般在苗高 20 cm 左右时进行，每茎留 2 株生长旺盛、粗壮的苗，其余的全部抹掉。贫瘠或缺苗的地块每株可适当留 1 ~ 2 个幼芽生长。间苗时注意去密留稀，去弱留强。

18.5.3.5　中耕除草与施肥

种植后 1 周内，赶在苗出之前，喷乙草胺等除草剂，对土壤全面封草，防止杂草生长。植后 40 ~ 50 d，苗高 20 cm 左右时，进行第一次中耕除草，促进幼苗生长。种植后 70 ~ 80 d，进行第二次中耕除草。种植后 100 d 左右，如草多可进行第三次中耕除草。

木薯每公顷生产的根、茎、叶总量约为 37 500 kg，需从土壤中吸收氮素 7.3 kg，P_2O_5 1.4 kg，K_2O 11.7 kg，N、P、K 比例为 5 : 1 : 8。因此，木薯施肥原则是：施足基肥，分期追肥，重施钾肥。栽种前施基肥，穴施，每公顷施厩肥 15 000 kg，如果土壤肥力不高，每公顷补施 150 kg 的硫酸铵和磷肥。出苗后一个月（苗高 23 ~ 26 cm），开始形成块根，此时进行第一次追肥，每公顷施 450 ~ 750 kg 人畜粪。以后每 25 d 施粪肥和草木灰各一次，共 2 ~ 3 次，中耕 2 ~ 3 次，苗高 70 cm 左右时摘除顶芽，此时若分枝较多，不必打顶。

18.5.3.6　病虫害防治

主要有白蚁、地老虎、蝗虫对种苗危害较大，配制浓度 20 mg/L 锌硫磷，15 mg/L 敌敌畏，普遍喷撒土壤，除虫每日一次，连续喷撒三日。

18.5.3.7　适时收获

当植株下部叶片黄萎脱落，茎秆变色，茎梢干萎，薯块表皮易开裂时，即可收获，一般在 11 月上旬前后收获，开春后薯块淀粉逐渐水解，一般在 2 月底后便丧失收获价值。

18.5.3.8　调制

调制的目的是除去块根中毒素（氰酸）。方法是在食用前将皮层去掉（90% 以上氰酸在皮层中），切成薄片浸水半天，然后再煮沸 1 ~ 2 h。如果作饲料，也要经过煮沸才能饲用。

18.6　亚麻

18.6.1　亚麻概述

亚麻（*Linum usitatissimum* L.）为亚麻科亚麻属一年生草本，喜凉爽湿润气候，耐寒，怕高温。一万年以前，古埃及人就开始在尼罗河谷种植亚麻。国外纤维亚麻主要在欧洲，尤其是法国产量最大；油用亚麻则以加拿大产量最大。国内纤维亚麻主要分布在东北三省和新疆，云南、湖南等南方地区曾有大面积的冬季亚麻；油用亚麻主要分布在华北地区。亚麻用途广泛，如作为纺织品、造纸、工程材料、医疗保健品原料等。

　　亚麻茎直立，高 30 ~ 150 cm，多在上部分枝；叶互生，线状披针形或披针形；花单生，花瓣 5，多为蓝色，亦有白、紫、红等色；蒴果球形，成熟时黄褐色，直径 6 ~ 9 mm，种子 8 ~ 10 粒，棕褐色。亚麻全生育期北方 70 ~ 80 d，南方冬季种植 130 ~ 180 d。亚麻生育期分为出苗期、枞形期、快速生长期、现蕾开花期、工业成熟期和种子成熟期。

▣ 彩图 18-6
亚麻的形态

18.6.2　亚麻生长发育对环境条件的要求

　　（1）温度　在 1 ~ 3℃ 的低温条件下可开始发芽，最适发芽温度为 20 ~ 25℃。以二对真叶时对低温的忍耐力强，短暂的 -3 ~ -1℃ 对幼苗影响不大。亚麻生育期间要求冷凉湿润以及昼夜温差小的气候条件，出苗到开花日平均适宜温度 15 ~ 18℃ 下生长，麻茎长，细而均匀，产品质量高。快速生长前期日均气温超过 22℃ 则加快麻茎发育，提前现蕾开花，纤维组织疏松，导致纤维产量降低。但开花期以后温度稍高，有利于种子成熟。

　　（2）光照　亚麻是长日照作物。从出苗到成熟，日照时数以 600 ~ 700 h 为宜。在每天 13 h 以上光照下，会提前开花结果。若每天少于 8 h 光照，亚麻则不能通过光照阶段，延长营养生育期。在密植和云雾较多的条件下，由于光照不足，营养生长期延长，麻茎长得高，分枝少，原茎产量高，纤维品质亦好。

　　（3）水分　亚麻是需水较多的作物。种子发芽时所吸收的水分等于种子本身重量的 110% ~ 160%，亚麻的需水量随植株的生长而增加。从出苗到快速生长前期的耗水量占全生育期总耗水量的 9% ~ 13%。从快速生长期到开花末期为亚麻一生中需水的临界期，占 75% ~ 80%，开花后到工艺成熟期占 11% ~ 14%。

　　（4）土壤　亚麻是一种吸肥能力差的作物，对土壤要求较严格。要求在地势平坦、土质肥沃、疏松、保水保肥能力强、排水良好、土层深厚的土壤上种植，利于抗旱保苗和防止渍涝。黏重土壤及沙土、瘠薄以及易旱地块不宜种植。多数品种适宜土壤 pH 在 6.5 ~ 7.0。

　　（5）营养　亚麻需肥较多，主要对氮、钾需要量大，对磷肥需要量相对较少。每生产 100 kg 原茎，需从土壤中吸收氮 470 g，磷 70 g，钾 420 g。亚麻在枞形期吸收氮素量最多，以后逐渐减少，到工艺成熟期有所增加。于花期吸收磷肥最多，工艺成熟期次之。对钾肥需要较多的时期，则为开花期和快速生长期。

18.6.3　纤维亚麻栽培技术

18.6.3.1　选用良种
　　可选用黑亚系列和双亚系列的新品种，以及国外引进的"阿里亚纳""阿卡塔""高斯""代安娜""伊诺那""汉姆斯"等优良品种。

18.6.3.2　适时轮作、精细整地
　　亚麻不宜连作和迎茬。连作易引起养分失衡，出苗率低、死苗多、病虫草害严重而降低产量。可与绿肥、豆类、马铃薯、小麦、玉米、高粱等轮作。轮作周期应在 4 年以上。

　　亚麻种子小，萌发时顶土力弱。在播种前必须精细整地，除净杂草和残留作物秸秆，使墒面表土疏松、细碎、平整。南方整地后应开厢播种，厢宽 2.0 ~ 2.5 m，厢沟深 20 cm、宽

25 cm，整平厢面。

18.6.3.3　适时播种、合理密植

我国北方地区一般在 4 月中旬—5 月中旬播种。在气温稳定在 5℃、土温达 7～8℃时播种为宜。播种期宜早不宜迟，利用冬雪土壤墒情保全苗。抢墒播种是北方亚麻种植成功和高产的关键。南方亚麻播种时间以 10 月最佳。海拔 1 500 m 以下、年均气温 17℃以上地区，10 月中旬开始播种，10 月底前播完；海拔 1 700 ～ 1 900 m、年均气温 14.0～15.5℃地区，10 月初开始播种，10 月中旬播完。

种子要求纯净、饱满、有光泽、无病虫；播前用种子量 0.3% 的炭疽福美或多菌灵拌种，减少病害发生。北方每公顷播种 100～110 kg，保证每公顷基本苗（1 800～2 000）×10⁴株。南方播种后厢面用木榔锤敲碎土块或盖一层薄细土，提高出苗率，每公顷播种量以 120～150 kg 为宜。确保每公顷出苗（2 100～2 250）×10⁴株。播种深度 3.0～3.5 cm 为宜。

18.6.3.4　科学追肥、合理灌水

每公顷施用腐熟有机肥 7 500～15 000 kg，亚麻专用复合肥 450～900 kg，缺锌地块增施 15～30 kg 硫酸锌。在株高 10 cm 时每公顷追施尿素 75～150 kg，追肥不能过晚或过早。

南方每公顷施有机肥 30～45 t 作基肥，并用 600 kg 亚麻复合肥或烤烟复合肥作中层肥。播种后根据土壤墒情渗灌出苗水；苗高 5～10 cm 时根据土壤墒情再灌水一次，并每公顷追尿素 225～300 kg；开春后亚麻进入快速生长期，根据土壤湿度和苗情，及时灌水 2～4 次，每公顷追施尿素 300～450 kg，硫酸钾 225～375 kg。

18.6.3.5　防治病虫杂草

亚麻播种后出苗前每公顷使用 1 500～3 000 mL 异丙甲草胺进行土壤封闭除草。人工除草在苗高 30 cm 前进行。在苗高 3～6 cm 时第一次人工除草，浅锄、锄细，达到地表疏松，土面无杂草。第二次在苗高 15～18 cm 时适当深锄，但不能伤根。化学除草在苗高 5～8 cm 时进行，禾本科杂草 4～5 叶、阔叶杂草 2～4 叶时，每公顷用粉剂二甲四氯 0.75 kg、25% 精稳杀得 0.50～0.75 L；或每公顷用 20% 拿扑净 3.0～4.5 kg+70% 的二甲四氯 0.75～1.05 g，兑水 450 ～ 600 kg，杀灭单子叶、双子叶类杂草。

亚麻出苗后易受炭疽病、立枯病和金龟子、地老虎的危害，苗期易受白粉病、锈病的危害。采用水稻（玉米、烤烟）—亚麻—水稻（玉米、烤烟）—油菜（蚕豆）等轮作形式可有效减少病害。使用种子重量 0.5% 的甲基托布津拌种、出苗后用 70% 甲基托布津可湿性粉剂或 50% 多菌灵可湿性粉剂 800 倍液喷施防治炭疽病和立枯病；50% 粉锈宁悬浮剂 500～600 倍液喷施、10 天 1 次、连续 2～3 次，或 70% 甲基托布津可湿性粉剂 800 倍液、7 天 1 次、连续喷施 3～4 次，防治白粉病和锈病。播种前每公顷用辛硫磷 7.5 kg 或甲基异柳磷 3.0 kg，拌细土 300 kg 撒入田间，可防治地下害虫；生长期间发现虫害，及时喷药防治。

18.6.3.6　适时收获

纤维亚麻有 1/3 的蒴果变成黄褐色、麻茎 1/3 叶片脱落、麻茎的 1/3 变杏黄色时收获。采收种子的亚麻在有 2/3 蒴果变黄褐色时收获。南方亚麻收获前 10～15 d 停止灌水，以免亚麻"返青"和二次开花。在土壤潮湿或／和氮肥过多地块，亚麻茎变黄、叶脱落不明显，可以 1/3 蒴果呈黄褐色为收获标准。

18.6.4 油用亚麻栽培技术

油用亚麻又称作胡麻。种子含油量为 30% ~ 45%，比大豆含油率高 1 倍多，是我国华北、西北地区人民生活的主要食用油。

18.6.4.1 整地与施基肥
胡麻地应在秋季深翻 20 ~ 25 cm。结合秋翻，每公顷施农家肥 37 500 ~ 52 500 kg 和重过磷酸钙 750 kg 作基肥。水地秋翻后耙耱，春季解冻再次耙耱；旱地在前作收获后及时伏耕或秋耕，次年播前及时耙耱，做到秋雨春用，玉地提墒。

18.6.4.2 选用良种
优良品种主要有"宁亚 19 号""轮选 2 号""陇亚 12 号""陇亚 11 号""坝选 3 号""天亚 9 号"和"定亚 23 号"等。

18.6.4.3 播种密度
播种时间与纤维亚麻相同。旱坡地每公顷播种 45.0 ~ 52.5 kg，留苗（375 ~ 450）× 10^4 株，行距 25 ~ 27 cm；水地及旱滩地每公顷播种 60 ~ 75 kg，留苗（450 ~ 600）× 10^4 株，行距 15 ~ 20 cm。

18.6.4.4 肥水管理
胡麻肥水管理关键时期在现蕾前。胡麻出苗后 40 d 左右，进入现蕾期，此时浇水、追肥效果显著。旱地于现蕾前每公顷施硫酸铵 150 ~ 225 kg 或尿素 75.0 ~ 112.5 kg，均匀撒施后中耕或雨前撒施。水田胡麻在苗高 15 ~ 20 cm 时第一次追肥、浇水，每公顷施尿素 75 kg；现蕾前第二次追肥、浇水，每公顷施尿素 37.5 kg。必要时在现蕾至开花期，每公顷用磷酸二氢钾 1 500 ~ 3 000 g，加尿素 1 250 g，兑水 300 kg，喷施 1 ~ 2 次，增产作用明显。

18.6.4.5 病虫草害防治
早春杂草生长速率比胡麻快，易形成草荒。除草及病虫防治方法与纤维亚麻相同。

18.6.4.6 适时收获
待田间植株 2/3 蒴果变为褐色，下部叶片脱落，种子变硬时即可收获，收获后及时晾晒脱粒，防止蒴果干裂落粒而影响产量和种皮变厚降低出油率。

18.7 工业大麻

🖼 彩图 18—7
大麻的雌株和雄株

大麻（*Cannabis sativa* L.）是桑科大麻属一年生草本植物，主要应用于纺织、造纸、军需、化工、新型材料、生物能源、食品保健、医药和饲料等方面。人类栽培利用大麻的历史在一万年以上。

工业大麻是指四氢大麻酚含量低于 0.3% 的大麻，近年来美国的工业大麻合法化推进迅速。国外工业大麻主要分布在欧洲和北美，其中加拿大的籽用大麻产量最大。我国黑龙江、山东以及云南部分地区有较大规模的纤维大麻栽培。籽用大麻主要分布在华北及广西等地。

（1）工业大麻形态 茎直立，高 2～4 m，茎、枝具纵沟槽。叶掌状全裂，裂片披针形或线状披针形，叶柄长 3～15 cm。雄花黄绿色、花被 5、雄蕊 5，雌花绿色、花被 1。瘦果被黄褐色苞片，果皮坚脆，表面具细网纹。

（2）大麻生育时期及对环境条件要求 大麻生育时期分为出苗期、幼苗期、快速生长期、现蕾开花期、工艺成熟期和种子成熟期。喜光、耐大气干旱而不耐土壤干旱，不耐水渍。种子萌发最低温 1～3℃、最适温 25～35℃，生长期最适温度 19～28℃；生育期 100～150 d。

18.7.1 纤维大麻栽培技术

18.7.1.1 品种选择
国内大麻品种较多，如云南、黑龙江、安徽、山西和广西都有当地选育的优良品种，近年还引进了不少国外品种。大麻的感光性很强，选择品种应予注意，如欧洲、北美品种和国内高纬度地区品种在南方低纬度地区种植表现生育期极度缩短、植株矮小、早花、产量极低，南方品种在北方种植，植株高大、生育期延长、现蕾开花晚、种子不能成熟，但麻茎和纤维产量高。云南培育的"云麻 1 号""云麻 5 号""云麻 6 号""云麻 7 号"和"云麻杂 2 号""云麻杂 3 号"等是符合法律规定标准的工业大麻品种，其他品种在选用时需注意其四氢大麻酚含量是否超标。

18.7.1.2 选地与整地
黑龙江、山东等省采用高密度种植的大麻地需选用地力肥沃、土层深厚、保水保肥能力强、排灌条件好的沙壤土或壤土，前茬以玉米、大豆和蔬菜为好；秋耕 20～25 cm，播种前浅耙 10～15 cm，土壤平整细碎，无根茬。

西南地区夏季湿润多雨，大麻种植宜选择排水良好和前作为油菜、烟草、玉米的土地。前作收获后即行深耕 25～30 cm，播种前再碎土耙平，按 3 m 左右开畦，畦沟深 20 cm、宽 50 cm，畦面平整。易积水地块四周开排水沟，沟深 30 cm，必要时在地块中央开十字形排水沟，保证田间不渍水，雨停水尽。

18.7.1.3 施肥
每公顷施用有机肥 15～75 t，或复合肥 200～350 kg 作基肥。有机肥结合深耕施入土壤中，化肥在播种前耙地时施入土壤，或播种时作为种肥施入土壤中，但要减少与种子直接接触。间苗后视苗情每公顷追施尿素 120 kg 为提苗肥。麻苗进入快速生长期之前（苗高 80～100 cm），结合间苗、中耕和灌水，每公顷追施尿素 110～150 kg，土壤含钾量低的加施钾肥 150 kg。

18.7.1.4 播种
播种前用杀菌剂、防虫剂拌种或浸种，减少病虫害。当日均温稳定通过 5℃，5～10 cm 土层地温达 8～12℃ 时即可播种。东北地区一般 4 月中下旬—5 月上旬播种；南方冬春干旱，大麻播期主要由土壤墒情和降雨决定，云南多在 3 月上旬—5 月下旬播种。播种过迟，由于营养生长期变短，产量明显下降。

北方多采用高密度栽培，收获期株高 150 cm 的，每公顷播种 90～120 kg，保苗（400～500）×10⁴ 株；株高 200 cm 的，播种为 70～100 kg，保苗（300～400）×10⁴ 株；株高

在 270 cm 以上的，播种 50 ~ 70 kg，保苗（120 ~ 150）× 10^4 株。人工条播，行距 25 cm，机械播种，行距 15 cm 左右，播深 3 ~ 4 cm。南方的纤维大麻枝繁叶茂、植株高大，因此种植密度偏低。一般每公顷播种 30 ~ 45 kg，保苗（37.5 ~ 52.5）× 10^4 株。采用人工条播，行距 40 cm，播种深度 3 ~ 5 cm，播种、盖土均匀，利于出苗整齐。

18.7.1.5 田间管理

高密度栽培大麻进入快速生长期之前就能封行，因此间苗、定苗一次进行，甚至省略。必要时在 2 ~ 3 对真叶期进行间苗、定苗，剔除徒长苗、病虫苗和矮化苗。高密度栽培大麻封行早，杂草不宜生长，一般无须中耕除草。若前季杂草多，可在播种后出苗前土表喷施除草剂进行封闭除草，也可在株高 5 ~ 10 cm 时喷施除草剂除草，但要注意筛选适宜除草剂，防止伤害麻苗。大麻生长过程中，如遇干旱可采用沟灌方式灌水，灌透即排，防止长时间泡水；雨季经常进行田间巡视，及时清沟排水。

南方麻苗长至 3 ~ 4 对真叶时，按照去两头留中间的原则进行间苗和定苗，拔除过强和过弱的麻苗，同时进行人工除草，每公顷定苗（37.5 ~ 52.5）× 10^4 株。播种后若土壤板结，要及时松土，破碎硬壳，增强土壤透气性，利于根系生长，同时去除杂草。南方地区夏季多雨，大麻生长期一般不需灌溉，但要注意保持田间排水通畅，防止渍害发生。如需灌水，应采用沟灌，让水自然渗透到畦面土壤，畦面不能淹水。

18.7.1.6 病虫害防治

高密度栽培致使田间密闭、潮湿、温暖，容易发生病虫害。常见病害有霜霉病、霉斑病、白星病和茎腐病等，害虫主要有玉米螟、跳甲、小象鼻虫和天牛等。病虫害以预防为主，及时发现病虫害，采取相应措施进行防治。

18.7.1.7 适时收获

纤维大麻适时收获有利于高产优质。当雄株进入盛花期，叶片变为黄绿色，下部 1/3 麻叶脱落时为最适宜收获期。或根据生育天数，北方播种后 90 d 左右、南方播种后 110 d 左右即可收获。人工收获，用镰刀齐地刈除，去掉梢部枝叶，将麻茎按长短、粗细、老嫩分别打捆，每捆直径不超过 25 cm，竖立田间，干燥后运回贮藏，等待沤麻；或鲜茎打捆下水沤麻。提倡机械收割，提高效率，降低劳动强度。

18.7.2 籽用大麻栽培技术

大麻籽营养价值很高，性能独特，是大麻种植的主要产品之一。我国华北、西南和广西等地有较多籽用大麻栽培。籽用大麻品种选用、选地与整地、种子处理均可参见纤维大麻。

18.7.2.1 施肥

基肥以有机肥加复合肥为佳，相对于纤维用大麻，籽用大麻应增施磷肥，多施含钙、镁的肥料，配合施用铁、硼、铜、锌、碘的微肥。基肥作为种肥施于播种沟内，但注意避免与种子接触。苗高 20 cm 时每公顷追施尿素 75 kg 为提苗肥，株高 130 ~ 150 cm 时（现蕾前）追施复合肥 150 kg、硫酸钾 150 kg、硼砂 45 kg 为促花肥。施肥后适当培土，保证肥料的充分利用和防止倒伏。

18.7.2.2　播种

多数地区以 4 月中旬—5 月下旬播种最好；延迟播种的单株发育较小，应适当加大密度，以保证产量；广西地区 8 月秋播，麻籽产量更高。籽用大麻宜稀播，以求多分枝，多结籽。一般每公顷播种为 3 ~ 6 kg，保苗（9 ~ 2）× 10⁴ 株；通常采用条播，行距 50 ~ 100 cm，也有采用点播的，播种深度 3 ~ 5 cm。

18.7.2.3　田间管理

3 ~ 4 对真叶期间苗、定苗，拔除瘦弱的麻苗；现蕾期均匀地割除一半雄株，留出更多的空间让雌麻充分生长；雄麻终花期、雌麻果实开始灌浆膨大时，全部砍去雄株，并去掉长势弱的雌麻，增加田间通风透光，利于种子发育。砍雄麻时间不要过早，否则影响雌麻授粉。籽用大麻密度低、封垄晚，前期要注意除草，可结合中耕松土进行。中耕时进行培土，增强大麻抗风、抗倒伏能力。

18.7.2.4　病虫鸟鼠害防治

籽用大麻除一般病虫害之外，对产量影响最大的是在种子成熟时期鸟类和老鼠的危害。对于鸟害可在田间放置稻草人（高出冠层）或在冠层挂彩带、光盘，还可设置防鸟网或使用鸟铳驱赶。可使用老鼠喜欢的食物拌药毒杀老鼠，或采用捕鼠笼捕杀老鼠。

18.7.2.5　适时收获

当 80% 的大麻果实成熟时即可开始收获。先收割果穗，或先砍倒麻株再割果穗，集中到场院干燥，摔打脱粒或用棍棒捶打脱粒、晒干、风净、贮藏。迟播高密度籽用大麻可以试行机械收获，减少人工投入和劳动强度。收获过程中应尽量减少种子撒落。

18.8　红麻

18.8.1　红麻概述

18.8.1.1　起源与分布

红麻（*Hibiscus cannabinus*）正式中文学名大麻槿，为锦葵科（Malvaceae）木槿属（*Hibiscus*）一年生草本植物，$2n = 36$。其韧皮纤维具有抑菌、吸湿、透气性好等特性，传统上用作生产麻袋、土工布、地毯底布、墙布和窗帘布产品，经软化处理后可与棉花混纺，生产中高档棉麻混纺面料。

多数学者认为红麻起源于非洲，是热带和亚热带非洲一种常见的野生植物，遗传多样性丰富，在亚洲为野生或逃逸为野生。公元前 4 000 年，苏丹西部农民已在本地驯化了野生红麻。随后，红麻相继被引种至印度、苏联、伊朗、古巴、中国等地。中国 1908 年首次从印度引进栽培，1943 年传入浙江，此后逐步向东南沿海各省发展。东北吉林于 1927 年从苏联引入，并逐步向我国华北发展。目前，以安徽、河南两省栽培面积最大，河北、山东、浙江、湖南、湖北、四川、广东、福建等省也有栽培。

18.8.1.2 形态

红麻为圆锥形直根系，由主根和多级侧根组成，根系发达。茎直立，圆柱形，呈绿、红、紫红、微红色。株高一般可达 3 ~ 4 m，最高可达 5 m 以上。茎粗 1 ~ 2 cm，皮厚 1.2 ~ 2.0 mm。主茎、分枝、叶柄、蒴果着生有疏落的锐刺，纤维支数一般在 280 公支左右，高的可达 350 公支左右。叶分为掌状裂叶型和全叶型两种，叶缘均有锯齿。花为离瓣花冠，形态丰富，有螺旋形花、叠生形花、离散形花等。花 5 瓣，花大色艳，多为黄色，花喉紫红色，也有个别品种为紫花。红麻子房一般为 5 室，花药着生在花柱上，花药多数为紫色或深褐色，也有少数品种为黄色。为常异花授粉作物，异交率可达 20% ~ 30%。果实为桃形蒴果，萼片有稀疏锐刺，蒴果内层表面附有银白色的绒毛，成熟蒴果长 1.5 ~ 2.5 cm，宽 2 cm。蒴果分五室，每室有 4 ~ 5 粒种子，栽培品种种子多数为三角形，少数品种的子粒为肾状形或亚肾形。种皮褐色，千粒重 25 ~ 30 g。

彩图 18—8
红麻的形态

18.8.1.3 各生育时期的生育特性

红麻全生育期分为营养生长期（工艺生长期）和生育生长期两个发育阶段，营养生长期又分为苗期、旺长期、稳长期，生殖生长期又分为现蕾期、开花期和种子成熟期。红麻生育期迟熟品种约 220 d，中熟品种约为 190 d，早熟品种约 150 d。

（1）苗期 红麻在土温 15 ~ 16℃时即可播种，播后在土壤水分适宜时 3 ~ 4 d 即可出苗。苗期生长日数一般为 45 ~ 50 d。幼苗期日生长速率为 0.1 ~ 0.3 cm；中苗期为 0.4 ~ 1.0 cm；大苗期为 1.1 ~ 2.3 cm

（2）旺长期 一般约 60 d。进入旺长期后，生长势旺，生长速率快，株高的日生长速率在旺长高峰期最高可达 5.0 cm。茎粗日平均增长量为每日 0.16 mm。旺长高峰期也是纤维生长发育的重要时期，表现为纤维细胞束增多和延长。

（3）稳长期 红麻从 8 月中旬至 9 月上旬为稳长期，约 30 d 左右。此时株高生长速率减缓，茎粗增长进入高峰期，直径日平均增长量可达 0.18 mm 以上，是纤维累积的重要时期。这个时期为纤维束细胞加厚时期，也是营养生长期向花芽分化生殖生长期过渡的重要时期。

（4）生殖生长期 红麻为短日照作物，9 月初开始现蕾并进入生殖生长期，这一时期是生长发育的第二次高峰期，从现蕾、开花到种子成熟需 70 ~ 80 d。一般 9 月后的自然短日照，能满足红麻花蕾的生长发育，从现蕾到开花一般需要 20 d 左右。红麻一般在凌晨 3—4 时开花，清晨花冠张开最大，是当天开花的盛期，8 点以后花冠开始收缩，至下午 4—5 时凋谢，第三天早晨花冠脱落。红麻从开花到种子成熟一般需 30 d 左右。

18.8.1.4 产量构成因素

红麻纤维产量主要由单位面积上的有效株数和单株纤维产量所决定。有效株数的提高有赖于合理密植，合理密植可协调群体与个体发育关系。合理的群体结构，有利提高有效茎，减少笨麻率，有利提高中下部节位纤维的形成和积累，达到高产优质增收的目的。根据我国红麻南北不同生态区高产栽培的调查，黄淮海流域及北方麻区，夏麻每公顷要达 7 500 kg 原麻产量，每公顷定苗数 24 万左右，有效茎 22.5 万株左右。长江流域及以南麻区，春麻每公顷定苗数 22.5 万苗左右，有效茎在 18 万株左右为宜。

18.8.2 红麻栽培技术

18.8.2.1 种植制度
红麻植株高大，根系发达，其生物产量高，对地力消耗大，尤其对土壤中的速效钾损耗更大。连年重茬，会引起土壤养分失调，地力下降，实行轮作可起到用地与养地结合，对减轻麻田根结线虫病、炭疽病、立枯病病源有重要的作用。目前生产上的合理轮作，在南方多以稻麻轮作，在黄淮海麻区有稻麻轮作、麻棉轮作和麻麦轮作等栽培模式。此外，在部分地区还可实行间作、套作。

18.8.2.2 整地
北方麻区采取秋季早翻耕，南方麻区也有采用冬季早翻耕，一般耕深 20~25 cm，第二年播前整地、做畦。早翻耕有利土壤风化、释放养分、贮水保墒和防治病虫害。整地要做到"细、平、伏"，达到早耕、深耕、细整。南方春季雨水多，做到深沟高畦，以利排水保苗。

18.8.2.3 播种
选用良种是红麻高产的重要保障。当前，我国红麻优良品种有"福红 2 号""福红 3 号""福红 951""福红 952""福红 992""中红麻 10 号""中红麻 11 号""H305"和"红引 135"等，这些品种在水肥条件较好的大田每公顷产量都可达 7 500 kg 左右。

适时早播、合理密植是红麻高产的重要条件，可以延长营养生长期和充分利用光能，保证合理的高产群体结构。南方春麻一般在清明至谷雨前后播种，生产上多采用条播，红麻每公顷播种量为 18.0~22.5 kg。南方雨水多，多以垄畦栽培，以利于排水。具体做法是畦宽 90~100 cm，沟宽 40 cm，每畦在离畦沟 6~9 cm 各开一条播幅。每公顷定苗在 22.5 万株，有效茎达 18 万株为宜。长江中下游麻区及黄淮海流域麻区在立夏至小满期间播种，每公顷播种量红麻为 22.5 kg，每公顷定苗在 25 万株，有效茎达 23 万株为宜。

18.8.2.4 施肥
基肥每公顷用尿素 150 kg，过磷酸钙 450 kg。苗肥要轻施，一般结合间苗、定苗施用 1~2 次。以速效氮肥为主，适当施用磷肥与钾肥，以促进早生快发和根系发育。旺长期要重施肥，一般在 6 月上旬结合清沟培土进行。旺长期群体光能利用率高，吸收氮、磷、钾营养元素分别占全生育期的 60.0%、63.8% 和 66.8%，是一生中吸收肥料最多的时期。一般结合中耕每公顷施尿素 300 kg，钾肥 300 kg。稳长期是纤维干物质累积的高峰期，其氮代谢下降，碳代谢旺盛，氮、磷、钾吸收强度日益减少，分别约占全生育期的 12.1%、20.0% 和 8.4%，这时施肥的原则是要促控结合，做到"看天、看地、看麻"巧施赶梢肥（壮尾肥）。进入工艺成熟期（现蕾期）是纤维发育成熟时期，氮代谢直线下降，钾素吸收明显上升，所以在工艺成熟期前控制氮肥，增施钾肥，每公顷可酌施钾肥 100 kg，是促进纤维加速成熟的重要手段。

18.8.2.5 田间管理
（1）早定苗，早中耕 红麻苗期管理要抓全苗、早定苗、早中耕，一般当麻苗长到 3 片真叶时，要进行一次间苗。早定苗有利培育壮苗和构建合理的群体结构；早中耕除草，可减少杂草对地力的损耗，有利促进苗期早生快发和群体整齐平衡发展。旺长期时，结合中耕除草进行一次培土和重施旺长肥，有利防风抗倒和促进群体苗壮成长。

（2）科学管水，以水调肥　红麻每生产 1 kg 干物质需耗用 500 ~ 600 kg 水。播种后要适当灌水有利全苗，苗期生长量小，春季雨水多，以排渍为主，保持土壤干湿适度，促进根系发育。旺长期生长量大，生理代谢旺盛，应及时补充水分，同时达到以水调肥，促进微生物活动和有机物质分解与释放养分。灌溉方便的地块要保持土壤湿润，丘陵旱地尽可能保持干湿交替，并与除草中耕结合，在伏旱前除草松土能达到减少蒸发和保墒的效果。

18.8.2.6　纤维的收获与加工

（1）适时收获　适时收获是决定红麻产量高低、品质优劣、实现高产优质的重要环节。红麻顶部叶片出现披针叶时即达到工艺收获时期，长江流域以南麻区一般在 9 月底，长江流域以北麻区一般在 10 月初为宜，北方麻区应考虑到沤洗的水温问题，适当提早收获，有利红麻剥皮或全杆沤洗，提高纤维品质。收获方法有拔麻法和砍麻法两种。

（2）纤维脱胶　红麻纤维脱胶有鲜株沤洗脱胶、剥皮沤洗脱胶等形式。沤洗（沤麻）是指利用自然水源浸沤麻茎或麻皮，通过微生物发酵除去胶质，使束纤维分离出来的过程。此外，还有化学脱胶法、机械加工法和纯种微生物脱胶法等加工方法。水源充足的地方一般利用河湾、湖泊、池塘等较为适宜，水源较缺的地方，也有利用稻田蓄水沤洗脱胶或纯种微生物快速脱胶。华南及长江以南麻区多在工艺成熟后收获原麻为主，即在人工收获后剥皮沤洗，北方麻区则多为鲜株直接沤洗为主。

（3）种子收获与贮藏　红麻留种有原株留种、插梢留种和夏播留种三种方式。红麻种子发育可分为乳熟期、黄熟期、完熟期、枯熟期四个时期，完熟期为采种的适期。这个时期的主要特征是蒴果黄色或淡褐色，果皮干皱，种子充实，发芽率高。蒴果成熟有先后，一般当中上部蒴果种子变成棕色即可收获。一般红麻种子库存的安全含水量为 13% 以下，含水量降低到 2% 以下也不影响种子的生活力。因此低温、干燥的环境有利于延长种子寿命。

18.9　向日葵

18.9.1　向日葵概述

18.9.1.1　起源与分布

向日葵（*Helianthus annuus* L.）又名太阳花、葵花、转日莲，是一种经济价值很高的油料作物。原产于墨西哥，现已遍及全世界。近年来，全世界向日葵收获面积超过 2.62×10^7 hm^2，总产量约 4.734×10^7 t。俄罗斯是世界上种植向日葵最多的国家，其次为乌克兰、阿根廷、罗马尼亚、中国、西班牙、印度、法国、保加利亚、匈牙利、美国、土耳其等国。

向日葵于 16 世纪末—17 世纪初，传入我国西南，过去只有零星种植，现已大面积种植。我国向日葵常年栽培面积约 1.1×10^6 hm^2，总产量约 2.9×10^6 t。内蒙古是我国最大的向日葵主产区，种植面积近 0.5×10^6 hm^2，总产量超 1.6×10^6 t。其次为新疆、吉林、黑龙江、山西、宁夏、甘肃、陕西、河北、辽宁等省（区），其他各地均有零星栽培。

18.9.1.2　形态

向日葵的根系属于直根系，根系发达，主根入土可深达 2.0 ~ 2.5 m。茎圆形，多棱角，

彩图 18-9

向日葵的形态

质硬，被有稀短的刚毛。向日葵的幼茎多呈绿色，也有淡紫色或紫色，茎色是苗期鉴别品种，进行去杂提纯的重要标志。株高因品种和栽培条件而异，早熟品种 1.5～2.0 m，晚熟品种 3～4 mm。叶片阔卵形，边缘有锯齿，上有粗茸毛。茎基部的叶对生，中部的叶常 3 叶轮生，上部互生。叶面有一层很薄的蜡质层，有反射光线、减少蒸腾的作用。叶片有明显的向阳性。

头状花序又称花盘，着生在茎秆的顶端，花盘的四周生 3～4 层绿色苞叶。花有两种，在四周的为大而鲜黄色的舌状花，无雌雄蕊，具有引诱蜂、蝶及其他昆虫前来采蜜传粉的作用；位于舌状花以内的为管状花，是两性花。每一管状花有 5 片联合的花瓣，5 枚雄蕊和 1 枚雌蕊。子房下位，花柱细长，柱头分两叉。雄蕊呈不规则的聚药雄蕊，花丝扁平，花药暗褐色。属异花授粉作物。果实（子实）是呈倒卵形且具有坚硬外壳的瘦果，表面光滑有棱线。食用种瘦果长而稍窄，为 18～25 mm，以黑底白纹、白底灰黑纹、白底黑褐纹居多。多数食用种的果皮中无硬壳层。果皮较厚，壳内有空隙，皮壳率 30%～40%，千粒重 130～200 g。油用种瘦果短小，8～14 mm，果皮多为黑底灰白纹，有硬壳层；子仁饱满，无空隙，果皮薄，子仁率 70%～80%，千粒重 40～110 g。向日葵果实习惯上称种子，种子称种仁。

18.9.1.3 分类

向日葵属菊科、向日葵属的一年生草本植物。这个属是多态性的，有很多种，根据染色体数目多少，可将它们分为二倍体种（$2n=34$）、四倍体种（$2n=68$，分布在美国东部的 *H. laevigatus* 和 *H. smithii*）和六倍体种（$2n=102$，分布在美国东部和东南部的 *H. tuberosus* 和 *H. resinosus*）。一般栽培向日葵多属于二倍体种。栽培上按种子用途可分为三种类型。

（1）食用种（食葵） 子实大，长 15～25 mm，百粒重 12 g 以上，果壳厚而有棱，子仁率 40%～60%。种仁含油率 30%～50%。株高 2.5～3.0 m，不分枝，生育期 120～150 d，多为晚熟品种，要求短日照。其抗锈病能力差，但较耐叶斑病。育成品种有"甘葵 2 号""科阳 1 号""龙食葵 3 号"等。主要地方品种有"长岭大喀""三道眉"，分布于东北、华北和内蒙古各地区。

（2）油用种（油葵） 子实小，长 8～15 mm，百粒重 5～8 g，果壳较薄，子仁率 70%～80%。种仁含油率 50%～70%，适宜榨油。株高 1～2 m，生育期 90～120 d，多为早熟品种，日照反应不敏感。较抗锈病，而抗叶斑病较差。如"新启源 1 号""内葵杂 4 号""TY0409"等品种。

（3）中间型 种子接近油用种，株型与食用种相似，产量较高。它既可作为炒食用，也可作榨油用，但两方面的用途都不很突出。

18.9.1.4 生长发育与外界环境的关系

（1）温度 适应性较强，既喜温热又耐低温，广泛分布于世界各地。发芽最低温度约为 5℃，最适为 25℃，最高为 40℃，幼苗可耐 -7.5～-6℃的低温。只要温度不低于 10℃就能正常生长，15℃时就能授粉结实。但在长出第 2 对真叶至花盘形成盛期，遇到 -3～-2℃的低温就会受到冻害，低至 -5℃时就会全株冻死。温度高至 40℃时生长变慢，尤其在高温伴随着高湿时。气温 40℃与相对湿度 90% 是向日葵生理成熟前半个月内所能忍耐的极限。

（2）光照 喜充足的阳光，属短日照作物。但由于多年种植及选择，有些品种已成为中性日照作物。一般品种对日照反应不敏感，特别是生育期较短的早熟品种更不敏感，只有在日照特长的高纬度地区才有较明显的光周期反应。向日葵从幼苗开始直到形成花盘，都有强烈的向阳性。当大部分花授粉以后，向阳性消失。花盘停止的方向也有一定的规律，一般 90% 以上的花盘向东或略向东南倾斜，为确定适宜机械收获的栽培垄向提供了依据。

向日葵生育期间所需的辐射能较多。食用种生育期为130 d左右，所需辐射能为 25×10^4 J/cm²，油用种生育期约为100 d，所需辐射能为 18×10^4 J/cm²。我国的太阳能辐射资源丰富，东北、内蒙古、西北和华北各地全年太阳辐射能在 50×10^4 J/cm² 以上，生长季节的4—9月辐射能也在 33×10^4 J/cm² 以上，足够向日葵生育的需要。

（3）水分　向日葵植株高大、叶片宽大而多，在旱田作物中其蒸腾系数（形成1单位干物质消耗水的单位数）高达450~570，因此需水量较多，但向日葵的根系发达，能吸收土壤深层水分，同时其茎、叶上密生白色茸毛，减少水分损失，故仍具有较强的抗旱力。

向日葵种子必须吸收相当其自身重量的55%的水分才能发芽。出苗期到现蕾期之前，是向日葵抗旱能力最强阶段，这时干旱有利于蹲苗壮秆，促进根系发育，水分过多则会造成徒长。从现蕾期到开花期需水量最大，占总需水量的60%以上，要求田间土壤最大持水量的65%以上，水分不足，花盘小，结实少，粒轻，产量低；雨水过多，阴雨连绵也会导致授粉不良，病害蔓延，降低产量。从终花期到成熟期前只占总需水量的20%，需有晴朗天气。此时如雨水过多、空气湿度大，会加重病害，延迟成熟，给收获带来麻烦。

（4）土壤　向日葵的适应性强，一般土地均能种植，甚至在含盐量0.3%的盐碱土上也能正常生长。但以土层深厚、有团粒结构和排水良好的土壤为最宜。土壤肥沃，子实产量和种仁含油量高。含氮过多的土壤，种仁含油量则低，反之则高。盐碱土上的向日葵种仁含油量低。土壤中钠离子和碳酸根离子不利于油分的形成，增施磷肥可起到调解作用。

（5）养分　向日葵体内的氮素一般只占1%~3%，但对其生长发育非常重要。在整个生长期，氮大部分集中在叶部，而在生理成熟期集中于子实。据测定，出苗期至现蕾期吸收总氮量的35%，现蕾期至开花期为32%；开花期至成熟期是33%。

磷可促进幼苗根系发育，生长健壮。磷素在植株中的分布，开花前主要在叶部，开花期在花盘中，生理成熟期在子实中。磷在任何情况下对油分的形成都有良好的作用。用磷肥作底肥、种肥和早期追肥，利用效率最高。

钾主要分布在向日葵最活跃的部分，如生长点、幼叶等生长旺盛的器官；随着器官的衰老，含钾量降低。向日葵不同生育阶段吸收钾量不等，出苗期至现蕾期吸收全量的40%，现蕾期至开花期为26%，开花期至成熟期为34%，钾肥不足，茎秆变细，引起倒伏，降低产量，含油量也相应降低。磷肥和钾肥一起使用，效果更好。

18.9.2　向日葵栽培技术

18.9.2.1　合理轮作

向日葵吸肥力很强，连年种植造成土壤营养失调，病害严重，产量显著下降。向日葵对前茬要求不严，禾谷类和绿肥作物是向日葵的良好前作，轮作周期越长，病害越轻，产量幅度越大，但周期太长不利于向日葵生产发展，通常轮作周期以3~6年为宜。豆科作物能传播一些病害，因此在菌核病等严重发生地区，向日葵不能选择豆科作物作前作。在黄萎病和白腐病严重发生地区，马铃薯则不能作向日葵的前茬作物。后作则以禾谷类如小麦、玉米、高粱及大豆等豆科作物为佳。

18.9.2.2　早播、早间苗

（1）播种期　向日葵种子在4~6℃低温下就能发芽，幼苗能耐 -2℃ 的短期冰冻。早播对向日葵有利，迟播的向日葵皮壳率增高，油分降低，花盘小，结子少。一般春播地区以 4 月上旬为宜，高寒地区可延迟到 5 月上旬，华北地区可将播种期提前到 3 月下旬。夏播地区最好从 7 月 1 日开犁播种，到 7 月 10 日以前结束，部分水浇地区可延迟至 7 月 15 日。

（2）直播　每穴播 4 ~ 5 粒，每公顷播种约 15 kg。出苗后，当幼苗有 1 对真叶时即可间苗，使幼苗生长环境良好，分化更多小花，每花序可达 2 000 朵以上。如迟至 3 对真叶时间苗，则苗脚细长，幼苗在穴内相互拥挤，花序分化不良，小花数目显著减少。

（3）育苗移栽　子叶平展至一对真叶时即可移栽，大苗移栽后容易提早现蕾、下部死叶。油用种的密度大于食用种，其最佳密度分别为每公顷 39 000 ~ 75 000 株和 30 000 ~ 45 000 株。早熟品种可密些，晚熟品种应稀些。行株距可用方形（50 × 50 cm）或近方形（70 × 50 cm）。每穴留苗（或移苗）以 1 株为好。

18.9.2.3　加强肥水管理

（1）施肥　向日葵植株高大，需肥很多。生长前期需氮肥较多，以促进营养生长；后期则应施钾肥和磷肥，以提高油分，增强茎秆，防止倒伏。要施足基肥，每公顷施厩肥 22 ~ 30 t。第一次追肥以速效氮肥为主，以促进生长；第二次施用多量钾肥，最理想是用向日葵的茎秆灰作追肥。如前作施肥不足，可进行叶面喷肥。花期或灌浆期喷施 0.005% 的锌、铜、猛和钼溶液，能提高子实含油率，用 0.1% 尿素溶液进行叶面喷施，有明显增产作用。向日葵开花时喷施氮、磷、钾溶液 1：3：3，可显著增产，含油量也略有提高。

（2）水分管理　向日葵是需水较多的植物，根系发达，主根长达 2 m 左右，能吸收深层土壤中水分。向日葵从播种期到发芽期对水分的需求较小，土壤含水量在 12% 时就能满足向日葵种子萌发的需要，之后一直到现蕾期对水分的要求都不高。现蕾到开花结束是需水量最多的时期，要求土壤中水分含量在最大持水量的 65% 左右。

18.9.2.4　打杈与辅助授粉

向日葵多数品种有分枝特性，即在现蕾过程中，除茎顶的花蕾外，每叶腋皆能萌生幼蕾，以后伸长成分枝。这些分枝在良好的肥水条件下也能形成花盘，但多半为空盘或空壳。因此在现蕾期应随时除去叶腋间的幼蕾，或及时将分枝打掉，即为打杈。否则会因分枝的发育而影响主茎花盘发育，导致产量低、品质差。

向日葵自花不结实，一般结实率为 70%，提高结实率则增产潜力很大。一般同一花序上，外层小花的结实率最高，中层次之，内层最低。采用人工辅助授粉，能提高中、内层的小花结实率。人工辅助授粉一般用厚纸剪成如花盘大小的圆形纸板，上放一块棉花，然后用细纱布或绒布包住棉花和纸板，在纸板反面用绳扎紧，做成正面隆起的半球形粉扑，或用软细布做成无指手套，套在手上。在上午 8—11 时（花粉生活力最强时），将粉扑（或手套）在花盘上逐株轻扑，就可以促进授粉结实。也可采用相邻两株花盘互相轻扑的方式，但此法只限于两株花粉互相交换，效果不及前述的方法。人工辅助授粉次数应连续或隔日进行 3 ~ 4 次。

有条件地区可在向日葵田边放置蜂箱，可大大提高结实率。蜜蜂授粉要特别注意蜂箱与向日葵田的距离远近，一般蜂箱距向日葵田 120 m 为最好。蜂箱在田间的密度以每公顷 3 箱蜂最好，可以增产 10% ~ 20%，同时每箱蜂可产 30 ~ 35 kg 蜂蜜。

18.9.2.5　病虫防治

向日葵的病害有菌核病（白腐病）、黑斑病、褐斑病、黄萎病、锈病、霜霉病、黑茎病、细菌性茎腐病、叶枯病、白粉病等。主要采用合理轮作，因大多数病害是土壤传播，轮作年限应为 6 ~ 7 年；应选用抗病良种和种子处理，加强田间管理及药剂防治。

向日葵的虫害有金龟甲、蒙古灰象甲（又名象鼻虫）、地老虎、向日葵螟、双斑长趾萤叶甲、草地螟、向日葵花蚤甲、拟地甲、潜叶蝇、桃蛀螟等，应及时防治。主要选用抗虫品种，秋季深翻，在向日葵开花前挂置光控式频振杀虫灯诱捕成虫，或利用性引诱剂诱杀雄性成虫降低虫源基数；50% 向日葵开花后，可喷洒苏云金杆菌（简称 Bt）类生物杀虫剂等。

18.9.2.6　向日葵列当防控

向日葵列当是一种寄生植物，又叫高加索列当，俗称毒根草、独根草；肉质，株高 20 ~ 50 cm，没有真正的根，主要寄生在向日葵中，靠须根入侵向日葵根系汲取营养。花序呈穗状，每株开花 20 ~ 70 朵，多时可达 200 多朵。多为群生，严重影响向日葵的生长发育。

主要防控措施有：对调运种子应严格检疫，将向日葵列当控制在一定范围内，使其发生区不再继续扩大；推广选用抗列当品种如免疫品种"TP3313"、高抗品种"TP3314"；轮作倒茬，适期早播；利用列当镰孢菌、枯萎镰刀菌、欧式杆菌寄生，使寄生列当的病原物侵染列当而使其感病；用 0.2% 2,4-D 丁酯水溶液，喷洒于列当植株和土壤表面，用药液量为 4 500 ~ 5 250 L/hm²，8 ~ 12 d 后可杀列当 80% 左右。但必须注意，向日葵的花盘直径普遍超过 10 cm 时，才能进行田间喷药，否则易发生药害。在向日葵和豆类间作地不能施药，因豆类易受药害死亡。也可在播种后至出苗前喷氟乐灵 10 000 倍稀释液于表土，或在列当盛花期之前用 10% 硝胺水灌根，每株 150 mL 左右，9 d 后即死亡。

18.9.2.7　收获与贮藏

当向日葵花盘背面呈现柠檬黄色，茎秆变黄，大部分叶片枯萎脱落，舌状花冠脱落，子粒变硬现出本色，此时即可收获。收获前还要进行田间选种，备好下年用种，挑选植株生长健壮、茎秆高矮一致、花盘大小适中、子粒饱满的花盘，去掉外轮和中央的种子，仅留中部几轮作种用。

人工收获一般不能太早，否则葵盘、子实含水过多，给脱粒、晾晒造成困难，易发生高温和发霉。机械收获应提前 2 ~ 3 d 进行。可在收获前 15 d 左右（子实含水量约 25%）施用脱叶剂使向日葵叶片迅速枯死，花盘、种子脱水而提早成熟，避免病害蔓延，利于机械化收获。收获后的花盘必须及时脱粒晾晒，使子实迅速脱水干燥，种子含水量低于 13%，在夏季最高气温 20 ~ 25℃，冬季最低气温 3 ~ 7℃的贮藏条件下，1 ~ 3 年保持发芽率达 95% ~ 99%。

18.10　芝麻

18.10.1　芝麻概述

18.10.1.1　起源与分布

芝麻（*Sesamum indicum* L.）是胡麻科（Pedaliaceae）胡麻属（*Sesamum*）栽培芝麻种的一年生草本植物，原产埃塞俄比亚，在 45°N ~ 45°S 的地带分布，但 95% 的种植面积在亚洲和非洲。芝麻种植面积较大的国家为印度、中国、苏丹、缅甸和尼日利亚等国，总产量和单产量较高的国家为中国、印度、苏丹、缅甸和尼日利亚。我国芝麻栽培历史悠久，春秋战国时期已有栽培。我国芝麻分布南起海南，北至黑龙江，跨越 30° 纬度的范围内均有种植，但主要集中分布在黄淮平原和长江流域。河南、湖北、安徽、河北和江西是种植芝麻最为集中的省。

彩图 18—10
芝麻的形态

18.10.1.2　形态

（1）根　直根系。主根入土深度可达 1 m，但整个根群在土壤中分布较浅，侧根多分布于 20 cm 左右耕层内，属浅根性作物。根的水平伸展可达 40 ~ 50 cm。绝大部分的侧根集中发生在主根入土后 6 ~ 10 cm。

（2）茎　直立。主茎高 50 ~ 150 cm。茎四棱，上具短毛。茎上具节，节上着生叶片，叶腋着生分枝或花束。分枝与否和分枝的多少，是区分芝麻品种类型的主要依据之一。

（3）叶　子叶很小，扁卵圆形。真叶下部对生，上部互生，无托叶，有柄。叶片形状因在茎上着生的部位而异。下部叶片为尖椭圆形，有较浅的缺刻。上部叶片全缘，狭窄，披针形。中部叶片大而宽，有的具 3 ~ 5 个深缺刻而呈掌状复叶；有的缺刻浅，呈不规则形状。

（4）花　叶腋内可不断分化花芽，为无限花序。花单生或 3 个簇生于叶腋间（当单生时也可在其两侧各有 1 个未发育的黄色圆形花痕）。有短花梗；苞叶小，披针形；花萼 5 裂，基部联合；花冠为 5 个花瓣联合成筒状或钟状，先端五裂，下裂较长而成唇形。花白色至淡红色，内具紫色斑点。四棱芝麻雄蕊 4 枚，2 长 2 短；六棱或八棱芝麻多为 6 枚雄蕊。雌蕊 1 枚，柱头 2 ~ 4 裂。花基部生有蜜腺。花单生或簇生的性状稳定，是区分品种类型的主要依据之一。

（5）果实和种子　果实为长形蒴果，上具纵沟。子房由 2 ~ 4 枚心皮组成，形成 2 ~ 4 室，每室有 2 排胚珠。心皮的边缘向内弯曲，在各室之间形成假隔膜，因而每室被分为 2 个假室。从蒴果外形看每室具二棱，故芝麻有四棱、六棱、八棱之称。假隔膜发育完全的类型，当蒴果成熟开裂时，可以起到阻止子粒散落的作用。假隔膜发育不完全的类型，当成熟时会掉落大量的种子。种子小，扁平，倒卵形。颜色有白、黄、褐、黑等色。以颜色浅、种皮薄、种皮上具"鸡爪纹"的品种类型含油量高。千粒重 3 g 左右。

18.10.1.3　分类

根据芝麻蒴果心皮数目不同，栽培芝麻（*Sesamum indicum*）可以分为二心皮亚种（*S. indicum* subsp. *bicarpellatum* Hiltebr.）和四心皮亚种（*S. indicum* subsp. *quadricarpellatum* Hiltebr.）两个亚种。二心皮亚种的蒴果由 2 个心皮组成，横断面呈矩形，花瓣、花萼均为 5 片，雌蕊柱头 2 裂；四心皮亚种的蒴果由 4 个心皮组成，横断面呈正方形，花瓣、花萼有时多于 5 片，雌蕊柱头 4 裂。中国栽培芝麻品种统一以株型、叶腋间着生花数、花冠颜色、蒴果棱数、果形和种皮色等 6 个性状为分类系统。

（1）按株型分类　根据分枝有无和多少分成单秆型、少分枝型和多分枝型等三类。

① 单秆型　株高 130 ~ 170 cm。无分枝或有少数分枝（1 ~ 2 个）。这些分枝多在近地面的 2 ~ 3 个节位发生，且其长度与主茎相等，如"霸王鞭""一条鞭"等品种。

② 少分枝型　植株高度 100 ~ 170 cm，主茎分枝 3 ~ 5 个，分枝上不再出现二级分枝。分枝发生部位不高，发育程度较差，分枝纤细，如"小八权""香炉腿"等品种。

③ 多分枝型　植株高大，一般在 170 ~ 230 cm，主茎分枝 6 ~ 10 个，且其上生有多数二级分枝。分枝部位高，主茎发育也健壮，如"大八权"等品种。

（2）按叶腋开花结蒴数分类　可分为单花型、三花型和多花型。

（3）按花冠颜色分类　可分为白色花、浅紫色花和深紫色花。

（4）按蒴果棱数分类　可分为四棱芝麻、多棱芝麻（六棱和八棱）、混生型（单株上四棱、六棱和八棱混生）。

（5）按果型分类 可分为短蒴型（蒴果长度小于 3.0 cm）、中蒴型（3.1~4.0 cm）和长蒴型（4.1~6.0 cm）。

（6）按种皮色分类 可分成白、黄、褐、黑等色。地方品种命名时往往又佐以其他特征，如"八筒白""紧口黄"等。

（7）生产上按播种季节分类 芝麻品种大多光周期反应钝感，但地方品种中，南方品种的短日光周期反应较强，生产中在几个季节播种。根据播种季节可分为春芝麻（在中国中部地区 4 月—5 月初播种）、夏芝麻（5 月中旬—6 月中旬播种）和秋芝麻（6 月下旬—7 月上旬播种）。

18.10.1.4 各生育时期的生育特性

（1）播种出苗期 幼苗出土子叶平展为出苗的标准，播种期是指播种的日期，出苗期为出苗数达 75% 以上的日期，播种出苗期为播种期至出苗期经历的时期（天数）。条件适宜下播种出苗期一般为 3~5 d。刚出土的幼苗靠子叶提供有机营养，当出现 3~5 对真叶时，子叶就枯黄脱落。

（2）苗期 出苗至现蕾经历的时期为苗期。现蕾是指芝麻植株出现肉眼可见的绿色花蕾，现蕾期是指出现绿色花蕾的植株（心叶呈上耸状）达 60% 以上的日期。一般植株出苗 15 d 左右开始花芽分化，花芽开始分化至现蕾经历 15~20 d。苗期历期 30~35 d。苗期芝麻根量少，吸收能力较差，植株生长缓慢，抗逆性差。苗期壮苗的标准是叶色清秀，茎粗节密，一般株高为 25 cm 左右，6~8 对真叶时现蕾。

（3）蕾花期 现蕾至终花为蕾花期，一般历时 40~50 d。植株现蕾至初花约 10 d，初花至盛花约 15 d，盛花期至终花期约 20 d。芝麻现蕾后植株生长速率明显快于苗期，开花后生殖器官和全株干物质积累均达到峰值，表现为生殖生长和营养生长两旺；终花期茎叶停止生长，茎叶的干物质积累达到最大值，蒴果和子粒干物质积累维持较高的水平。蕾花期是芝麻营养生长和生殖生长并旺的时期，也是芝麻产量形成的关键期。蕾花期后植株逐渐过渡到以生殖生长为主的时期。蕾花期壮苗标准为主茎日增长量 3 cm 左右，先开花结蒴位的叶片形态呈现出品种的典型叶形特征，叶面积达到最大值。

（4）成熟期 终花封顶至成熟收获的时期为成熟期。一般历期 15 d 左右。一朵花从开花受精发育至具有发芽能力的新种子一般约历期 30 d，因此盛花中期为有效花终止期，此时开的花，在终花后能有 10 d 左右的发育时间，在收获期时可以成熟；而盛花中期以后开的花在收获期由于发育时间不够，不能正常成熟形成产量，多为无效花蕾。成熟期维持根系活力保证一定的绿叶面积，能促进干物质向种子中转运，提高芝麻粒重和含油量。

18.10.1.5 产量构成因素

芝麻单株产量是由单株蒴果数、每蒴粒数和千粒重三个产量构成因素所决定的。其中，单株蒴果数对单株产量影响最大，呈极显著正相关关系，其次是千粒重。这些产量因素受栽培条件、气候条件及病虫等的影响而发生变化，其中变化幅度最大的是单株蒴果数，少的单株只有 40~50 个蒴果，多的则达到 200 个左右。

18.10.2 芝麻栽培技术

18.10.2.1 种植制度

芝麻适宜种植在排水良好、土壤肥力高、pH 5~7 的土壤中。芝麻不耐连作，重茬地种植往往因为病虫草害严重和营养失调造成减产。芝麻需肥水平高、土传病害重和幼苗细弱、苗期易草荒等特点，在种植制度上适宜与禾本科、豆科、油菜和棉花等作物轮作。一般轮作方式有：小麦＝棉花→蚕豆—芝麻；油菜（或蚕豆、豌豆）—芝麻→小麦＝玉米→小麦—甘薯；大麦（或小麦）＝大豆—秋芝麻→小麦＝棉花或花生等。此外，由于芝麻生育期较短，植株直立性好，是很好的填闲补空作物，适宜与棉花、花生、大豆、甘薯、绿豆和豇豆等混种，也是林果植物行间的很好间作作物。

18.10.2.2 整地

芝麻种子小，含油率高，幼苗细小顶土力弱，耐渍性差，耕地整地质量要求达到上虚下实、表土细碎、杂草灭净、沟渠畅通、田间无涝渍。春芝麻田要早耕晒垡去湿增温，横直耙地达到表土细碎；夏、秋芝麻要根据茬口抢季节、保土墒，也可边收前作边整地施肥播种，水分不足的地区播种后可盖种和进行土壤镇压保墒。

18.10.2.3 播种

（1）播种期 芝麻发芽的起点温度为15℃，发芽出苗和苗期适宜温度为20℃以上，决定春芝麻适宜播种期的因子是温度，一般5 cm地温稳定在18～20℃以后播种。夏、秋芝麻在前作收获腾茬早的情况下，应尽可能适时早播，达到延长生长时期、降低始蒴部位和植株抗逆增产，迟播不利高产。夏芝麻一般适宜在5月中下旬播种，秋芝麻在6月下旬至7月播种，热量条件好的地区最迟可延至8月上旬。

（2）播种量 芝麻种子小，每500 g种子有（16～20）×10⁴粒，一般每公顷用种量撒播为6 kg，条播为5 kg，点播为4 kg。出苗率高的土壤条件下可适当减少用种量，反之则适量增加。

（3）播种方式 可分撒播、条播和点播三种。江淮地区传统上习惯撒播，撒播适于抢墒播种；撒播种子均匀分散，出苗快，但不利于后期间苗与管理；条播是按一定行距进行分行撒播，利于合理密植，方便间苗、中耕除草，适于机械化操作；但条播要防止播种过深和播种深度不匀造成的缺苗；点播是在一定行距上按一定株距进行播种，一般每穴播种4～6粒，播后盖土杂肥。芝麻的播种应浅播匀播，播深在2～3 cm为宜，过深过浅均不利成苗，播种时可适当混合细土或土杂肥在种子中，达到匀播。

18.10.2.4 施肥

芝麻适于肥力水平高的土壤，芝麻施肥可归纳为"基肥蕾肥定要施，苗肥只有瘦苗施，花肥看苗可喷施"。基肥以中迟效有机肥为主，一般每公顷施用厩肥（22.5～75.0）t，土壤中磷素和钾素含量低的地区，基肥中增施磷肥和钾肥，增产效果明显。基肥不足的，可用饼肥、腐熟有机肥做种肥施用，但需要与种子隔开，以防烧苗。除了特别贫瘠的土壤外，肥力中等以上土壤一般不施用速效氮做种肥和苗肥。芝麻蕾花肥一般在现蕾期至始花期施用，分枝型品种在分枝出现时施用，每公顷施用尿素75～150 kg；始花至盛花期根据苗情可以进行根外追肥，于晴天下午4时后，喷施0.4%磷酸二氢钾，间隔3～5 d，连续喷施2次即可。

18.10.2.5 田间管理

（1）间苗定苗 芝麻出苗数常常高于留苗数的5～8倍，及时间苗、定苗是形成壮苗的关键。为了保证设定的留苗数，间苗需分次进行。第一次间苗可在第一对真叶出现时进行，后再依次进行 1～2 次，到芝麻苗有 3～4 对真叶时定苗。

（2）中耕除草　芝麻忌草荒，出苗至始花前，一般中耕除草 3～4 次，也可结合喷施除草剂进行杂草的防除。

（3）水分管理　芝麻对涝渍最敏感，农谚有"天旱收一半，雨涝不见面"之说。芝麻各生育时期适宜的土壤田间持水量，出苗期至初花期为 60%～75%，初花期至封顶期为 75%～85%，封顶后至成熟期为 65%～75%。土壤田间持水量为 50% 以下时，及时进行小水沟灌，且随灌随排为宜。芝麻防涝渍措施有：①选择地势较高的排水良好田块；②选用耐渍性良好的芝麻品种；③田间作畦开沟，达到明水能排，暗水能滤；④雨后及时清理厢沟，保持排水流畅。

（4）打顶技术　芝麻为无限开花习性，盛花后期开的花剩下的发育天数不足 30 d，一般为无效花。精细栽培时，于芝麻盛花后期及时摘除顶稍幼蕾和披针形叶，使有机营养供应给中下部的有效花的发育，利于增加粒重，减少空瘪粒，达到增产。

（5）收获与贮藏　芝麻全株的蒴果成熟时间不一致，因此应适时收获，防止中下部蒴果开裂造成产量损失。成熟的标志因品种而异，有些品种茎、叶和蒴果由绿转黄并有大量落叶时为成熟，有些品种成熟时茎、叶和蒴果仍然呈现青绿色，这时需要根据种子成熟度和品种的成熟种子固有颜色来判断。一般中部蒴果的种子饱满、干燥且呈现品种固有色泽时可以收获。收获后芝麻扎成捆，搭成塔形支架在晒场进行暴晒，防止雨水淋湿造成霉变。大部分蒴果开裂进行第一次脱粒，脱粒后再晒，进行 2～3 次脱粒即可收尽。

芝麻种子含油量高，收获后要及时降低含水量，进仓前种子含水量不能大于 7%。贮藏期要注意防潮湿、防病虫和鼠害。

18.11　甜菜

18.11.1　甜菜概述

甜菜是中国及世界的主要制糖原料之一。甜菜的产量仅次于甘蔗，占世界总产量的 1/3 左右。甜菜主要分布在欧洲和北美的发达国家，少量在亚洲地区。甜菜制糖后的副产品糖蜜、滤泥和菜丝有重要的综合利用价值。除此而外，《国家可再生资源中长期发展规划》提出，发展非粮燃料乙醇。能源甜菜是新兴的可再生能源作物，对环境几乎没有污染；同时又是糖饲兼收的作物。利用能源甜菜通过乙醇发酵创造乙醇燃料新能源，可以减轻或消除与粮食争地的矛盾，是保证粮食安全和能源安全的双赢举措。

彩图 18-11
甜菜的形态

18.11.1.1　起源与分布

甜菜具有耐低温、耐旱、耐盐碱等特性，在 30°N～60°N 和 25°S～35°S 地带均可种植。据 FAO 资料统计，2016 年全世界有 50 个国家种植甜菜。世界甜菜种植面积为 4 564.8 khm²，块根总产量 277 230×10³ t，平均单产量 60 731 kg/hm²。按甜菜种植面积排序，前五位国家分别是：俄罗斯 1 092.0×10³ hm²、美国 455.8×10³ hm²、法国 402.7×10³ hm²、德国 334.5×10³ hm² 和土耳其 322.0×10³ hm²。按总产量排序，前五位国家分别是：俄罗斯 51 366×10³ t、法国 33 795×10³ t、美国 33 458×10³ t、德国 25 497×10³ t 和土耳其 19 465×10³ t。

中国甜菜栽培历史较短，1906 年开始引种，至今只有 100 多年的栽培历史。主要产区分布在 40°N 以北的东北、华北和西北地区。根据中国农业种植网资料统计，2016 年全国甜菜种植面积为 165.7×10^3 hm²，总产量 $9\,566.6 \times 10^3$ t，单产量 57 703 kg/hm²。栽培面积最大的省（区）是新疆（77.1×10^3 hm²），其次是内蒙古（60.2×10^3 hm²）、河北（19.3×10^3 hm²）、黑龙江（3.32×10^3 hm²）、甘肃（2.9×10^3 hm²）。单产量最高的是新疆（71 954 kg/hm²），其次是甘肃（57 340 kg/hm²）、山西（51 145 kg/hm²）、辽宁（50 547 kg/hm²）、河北（48 306 kg/hm²）、吉林（47 110 kg/hm²）和内蒙古（44 188 kg/hm²）。此外，山东、江苏及四川等地也有种植。

18.11.1.2 分类

甜菜（*Beta vulgaris* L.）属于藜科（Chenopodiaceae）甜菜属（*Beta*），该属包括 14 个野生种和一个栽培种。栽培种根据用途可分为以下五个变种。

（1）食用甜菜（*B. vulgaris* L. var. *cruenta* Alef.）又称火焰菜，火红的根肉作蔬菜用。块根球形，叶片较小，长椭圆形。

（2）观赏甜菜（*B. vulgaris* L. var. *melallica*）彩叶甜菜，绮丽的红色彩叶，供观赏用。块根瘦小，圆筒形，根皮有红色、黄色。

（3）叶用甜菜（*B. vulgaris* L. var. *cicla* L.）又叫厚皮菜，叶部发达、肥厚、叶柄宽大，叶丛再生能力强，供食用。块根瘦小，含糖不多。

（4）饲料甜菜（*B. vulgaris* L. var. *crassa* Joh）肥大块根作饲料用。饲料甜菜的根皮颜色各式各样。根汁浓度低，含糖少，叶片薄，色淡。

（5）糖甜菜（*B. vulgaris* L. var. *saccharifera* Alef.）含糖多的肥大块根，制糖用。糖甜菜品种分属于丰产、标准或高糖的某一类型。

18.11.1.3 生物学特性

甜菜为二年生异花授粉作物，第一年主要进行营养生长，长出繁茂的叶丛，形成肥大的直根（俗称块根），在块根中积累大量的糖分。制糖的块根称为原料根，留种用的块根称为母根。在我国北方春播甜菜区自然条件下，母根经窖藏越冬并通过春化阶段，第二年春季栽植后，进行生殖生长，根头上重生叶丛，接着抽薹、孕蕾开花、结子，完成生殖生长过程。

18.11.2 甜菜栽培技术

18.11.2.1 选地与轮作

甜菜是深根喜肥作物，适于生长在地势平坦、排水良好、土质肥沃的平川地或平岗地。地下水位高的低洼地，渗水性差，排水不良，土壤通透性差，妨碍甜菜根系发育，容易发生立枯病和根腐病。须在中性或微碱性的土壤（pH 为 6.5~7.5）上种植。

甜菜忌重茬和迎茬。一般采用四年以上的轮作。前作以小麦为宜，其次是玉米和马铃薯等。豆茬就营养而言是甜菜的良好前作，但因蛴螬成虫有寻找豆科植物产卵的习性，使得豆茬蛴螬多，不宜保苗。

18.11.2.2 深翻整地

深厚疏松的土壤耕层，有利于甜菜块根的膨大和根系发育。因此甜菜生长在深翻的土地上，增产显著。在栽培技术水平和机械化作业程度高的地方，甜菜的适宜耕深为 22~25 cm；在耕层较薄的土壤上，耕深应为 18~20 cm。近几年的甜菜生产实践证明，在 18~20 cm 浅翻基础上进行深松效果好。具体做法是在浅翻 18～20 cm 的基础上，用深松铲松土到 30 cm，打破犁底层并结合深施肥，为甜菜根系生长发育创造良好条件。

我国北方无灌溉条件的甜菜产区，因春季风大，干旱严重，最好进行伏翻或秋翻，如不得已春翻时，要及早顶浆翻地，做到翻、耙、耢、起垄、镇压连续作业。深翻或深松后，精细整地很重要，它是夺取甜菜一次播种保全苗的基础。

18.11.2.3　播种

（1）选择品种　要根据当地的自然条件和栽培技术水平，并要注意品种合理搭配。一般选用种球直径大于 2.5 mm，发芽率 75% 以上，千粒重 20 g 以上的新种球做种子。为使机械播种下种流畅，促进种子吸水萌发，应将种子碾磨一下，脱去部分木质化花萼和外果皮。用温水（40℃左右）浸种一昼夜，捞出阴干或半干时播种，可用福美双、甲基硫环磷等药剂闷种 24 h，稍一风干，即可播种。

（2）播种期　在播种适期内尽量早播。一般在 5～10 cm 土温达 5～6℃时即可开始播种。

（3）播种量　为了保证全苗，播种量以每公顷 15～18 kg 为宜。

（4）播种方式　分条播、穴播两种。行距 50～60 cm，株距 20～25 cm 为宜。播深以 3 cm 为宜。播后要及时镇压。

18.11.2.4　施肥

根据甜菜吸肥特点，为及时、适量地供给甜菜各生育期所需要的营养物质，可采用基肥、种肥、追肥相结合的施肥技术。一般基肥占总量的 55%～60%，种肥占总量的 15%～20%，其余 20%～25% 做追肥。

通常每公顷施腐熟有机肥 30 000 kg 以上，可全层撒施，结合翻地扣到土中；亦可集中施用，将肥料条施在原垄沟中，然后破茬起垄，同时将作为基肥的磷肥和钾肥一同施入。磷肥和钾肥余下部分可全部做种肥。氮肥可用总量的 1/3～1/2 做种肥，余下部分做追肥。定苗后结合铲趟，一般可追施纯氮 60～75 kg/hm^2；如出现缺磷症状，可追施 P$_2$O$_5$ 15.0～22.5 kg/hm^2；如缺钾，可追施 K$_2$O 15.0～22.5 kg/hm^2。当前简化的施肥方式是除将 10% 的氮和 30% 的磷作为种肥外，其余的氮、磷和全部的钾肥作为基肥，结合秋季起垄一次性深施于垄下 12～15 cm 处。

18.11.2.5　田间管理

一对真叶出现时为间苗适期，不应晚于二对真叶。条播甜菜间成单株，株距 5 cm。穴播的每穴保留 2～3 株。在间苗时，发现缺苗进行补栽。定苗在间苗一周后进行，每穴选留一株壮苗，条播的按株距留苗。北方甜菜的合理密度，以每公顷保苗 60 000～80 000 株，在生产上做到一次播种保全苗，防止通过若干次移苗补栽达到合理密度，是甜菜获得高产的关键。

甜菜生育期间至少要进行三次中耕除草。第一次中耕除草，应结合间苗进行浅锄，用窄铧趟或用深松铲深松。第二次在定苗后，结合追肥进行深铲，用大犁铧趟地培土。第三次在封垄前，以大犁铧趟地，达到培土和开顺水沟的作用。培土要覆盖根头，以抑制根头生长，提高根体比重。秋后再拔一次大草。要积极推广甜菜化学除草技术。可在甜菜播种后出苗前，用 30% 毒草安 5～6 kg/hm^2（有效成分）或杀草安 10 kg/hm^2（有效成分）进行土壤封闭处理，对于禾本科及阔叶杂草均有较好的防效。此外，在甜菜出苗后，田间大部分杂草生出后，亦可用 16.7% 的甜菜宁 1 kg/hm^2（有效成分）进行叶面喷洒。

甜菜苗期地下害虫主要是蛴螬和地老虎。蛴螬可采用辛硫磷灌根防治，地老虎用辛硫磷制成毒饵施于田间进行防治。甘蓝夜盗蛾是生长中后期的主要虫害，应于幼虫 3 龄前喷施溴氰菊酯 800 ~ 1 000 倍液防治。甜菜生育中后期易感染褐斑病、黄化青枯病和白粉病，应及时喷施杀菌剂进行防治。

此外，甜菜生育期间应杜绝人为擗叶，只有保护好叶片，才能增产增糖。

18.11.2.6 收获

甜菜生长达到工艺成熟期时是起收甜菜的最佳时期。此时，块根增长基本停止，根中含糖量达到当年整个生育期间最高水平，非糖物质含量最低，纯度达 80% 以上。外层叶片变枯黄色，中层叶片由深绿色变成浅绿色，内层心叶散开，大部分叶片平伏下垂。一般当气温降至 5℃ 以下，初霜降后为甜菜的收获适期。

甜菜收获时，做到随起、随拣、随切削、随埋藏保管等连续作业。

目前在栽培规模比较大的甜菜生产基地，采用大型的联合收获机械进行收获，一次性完成挖掘、切削等作业，大大提高了收获效率。

18.12 绿肥作物与饲料作物

18.12.1 绿肥作物

18.12.1.1 概述

绿肥（green manure）泛指用作肥料的绿色植物体。凡是栽培用作绿肥的作物统称为绿肥作物。种植绿肥可增加土壤有机质和氮素的积累、富集和转化土壤养分、改良低产土壤，同时可减少水土流失、改善生态环境，绿肥与饲草相结合可促进农牧发展。

我国幅员辽阔，各地水热条件差异较大，分布于不同地区的绿肥作物种类、种植时期和方式也各不相同。根据分类原则不同，有下列各种类型的绿肥。

彩图 18—12
代表性绿肥作物

（1）按绿肥来源划分 ①栽培绿肥，指人工栽培的绿肥作物，如紫云英、金花菜、田菁、竹豆等；②野生绿肥，又称秧草、山青等，是利用野生的青草、水草和树木嫩枝叶做肥料，如马桑、山蚂蝗、紫穗槐等。

（2）按植物学科划分 ①豆科绿肥，具有根瘤菌生物固氮能力的植物，如紫云英、野豌豆、柽麻、田菁、三叶草等；②非豆科绿肥，指一切没有根瘤的，本身不能固定空气中氮素的植物，如饲用油菜、肥田萝卜等。

（3）按栽培季节划分 ①冬季绿肥，指秋冬播种，第二年春季或初夏利用，如鼠茅草、紫云英、野豌豆、肥田萝卜、蚕豆等；②夏季绿肥，指春夏播种，夏秋收割的绿肥，如田菁、柽麻、竹豆、猪屎豆等。

（4）按栽培年限划分 ①一年生或越年生绿肥，如柽麻、竹豆、豇豆、野豌豆等；②多年生绿肥，如紫苜蓿、白三叶、鼠茅草、山毛豆、木豆、银合欢、葛藤等。

18.12.1.2 栽培技术要点

（1）种植方式 种植绿肥须基于不影响粮食或经济作物生产为前提，因此绿肥栽培方式应依据实际情况进行选择。目前主要的绿肥栽培方式有以下几种。

① 单种绿肥 单一地种植一种绿肥作物，如在开荒地上先种一季或一年绿肥作物，以便

增加土壤有机质，利于后作。我国人多地少，目前这种方式已十分罕见。

② 间种绿肥　同一季节内将绿肥作物与其他作物相间种植，绿肥作为下茬作物的追肥用。如在玉米行间种竹豆、田菁，甘蔗行间种绿豆、豇豆，小麦行间种紫云英等。

③ 套种绿肥　将绿肥套种在其他粮、棉、油等作物的株行间，用作下茬的基肥。如在晚稻乳熟期播种紫云英或野豌豆，麦田套种草木犀、箭筈豌豆等。

④ 混种绿肥　两种以上的绿肥作物按一定比例混合播种于同一块田，例如紫云英与肥田萝卜混播，紫云英或野豌豆与油菜混播等。

（2）翻压绿肥　翻压绿肥是绿肥利用的主要方式，一般用作基肥，间作、套作绿肥也可就地掩埋作为作物追肥。绿肥施入土壤后，在微生物的作用下进行分解，把有机养分转变成无机养分，供作物吸收利用。合理施用绿肥须做到以下五点。

① 翻压时期　绿肥的翻压期原则上应在绿肥鲜草产量和总氮量最高的时期进行。一般豆科绿肥植株适宜在初花期至盛花期、结荚前期进行翻压，而禾本科绿肥植株最好在抽穗期翻压，十字花科绿肥植株最好在上花下荚期。如作基肥，翻压期与后作的播种期或栽培期之间有一段间隔，以免绿肥分解过程中产生的有机酸等中间有害物质影响种子萌发和幼苗生长。一般水田翻压绿肥，要在栽秧前 10 d 进行；夏、秋绿肥翻压期，应选择在水分充足时期翻压；一般小麦播前 40 d 翻压为宜。

② 翻压深度　绿肥翻压深度应根据土壤、气候、绿肥的品种及生育期等因素来考虑。旱田要翻压适中，翻压过深供氧不足，减慢绿肥腐解速率。翻压如超过耕层，使生土转于地面，还会导致作物减产。早稻田土温低宜稍浅耕翻压，而晚稻田和稻、麦两熟田则宜结合深耕，深埋绿肥以延长肥效。气候干燥、田土少墒宜深翻，雨水多的季节宜浅翻。

③ 翻压量　绿肥的翻压量与有效养分的供应量和土壤有机质的保持量呈正相关。一般每公顷施 15 000 ~ 22 500 kg 鲜苗基本能满足作物的需要，施用量过大，可能造成作物后期贪青迟熟。

④ 配施磷肥　豆科绿肥是一种高氮低磷的绿肥作物。豆科绿肥施入土壤中，增加了土壤氮素水平，同时打破了土壤养分的平衡。因此在翻压过程中，配施磷肥，可以调节土壤中的氮/磷值，协调土壤供氮、磷能力，充分发挥绿肥肥效。

⑤ 绿肥的综合利用　豆科绿肥大多数可作为家畜良好的饲料，利用绿肥先喂牲畜，再用粪便肥田，是一种经济有效的利用绿肥方法。此外，绿肥可掺和到秸秆、圈肥、杂草、肥泥和其他废弃物中，利用微生物的发酵作用制作沤肥。沤制后的绿肥肥效较好，还能避免绿肥直接翻压引起的危害。

18.12.2　饲料作物

18.12.2.1　概述

饲料作物（feeding crop）是经过人工栽培的用作家畜饲用的植物，主要以收获茎叶等营养体为主。大力推进饲料作物生产是我国农业种植制度变革的重要组成部分，即从"粮食—经济作物"二元结构向"粮食—经济作物—饲料作物"三元结构转变。饲料作物既是家畜重要的饲草资源，种植饲料作物也可改良土壤、提高土壤肥力、减少土壤侵蚀、保护生态环境。

18.12.2.2　分类

我国地跨寒温带至赤道，饲料作物种类繁多，生产中可供栽培利用的饲料作物种类 200 多种。根据饲料作物的栽培利用及生长习性，将其分为以下几类。

（1）按植物学特点分类

① 禾本科饲料作物　为一年生或多年生单子叶草本植物，根须状，没有主根；该类植物因其茎秆的生长点在每个节的基部，叶片的生长点在叶的基部，茎叶上部被收割或采食后，基本仍能继续生长，再生性及耐牧性较强。主要种类包括燕麦、黑麦草、苏丹草、青贮玉米、鸭茅、䅟草等。

② 豆科饲料作物　为一年生或多年生双子叶草本植物，也有少数茎秆较为坚硬，近似木质；根为直根系，主根粗壮，入土较深，根上着生根瘤，可固定大气中的氮素；该类饲料作物的茎秆干燥速度慢，叶片干燥快，加工调制干草时叶片容易脱落。主要的种类包括紫苜蓿、三叶草、豌豆、柱花草等。

③ 其他科作物　除禾本科、豆科之外的所有饲料作物，如菊苣、千穗谷、饲用甜菜、聚合草等。

（2）按发育速率和寿命分类

① 一年生或越年生饲料作物　即播种当年完成整个发育过程，开花结实后死亡；或秋季播种，当年营养生长，次年开花结实后死亡。主要的品种有墨西哥玉米、多花黑麦草、燕麦、千穗谷、豌豆等。

② 多年生饲料作物　寿命在2年以上，如多年生黑麦草、高燕麦草、披碱草、红三叶等平均寿命为3～4年；猫尾草、鸭茅、紫苜蓿、白三叶等平均寿命为5～6年；无芒雀麦、草地早熟禾、小康草、野豌豆等平均寿命10年或10年以上。

（3）按叶的分布和植株高矮分类

① 上繁草　植株高度40 cm以上，株丛中生殖枝及长营养枝占优势，叶片分布比较均匀，收割时留茬重量不超过地上部分的5%～10%，适于刈除利用。如披碱草、苇状羊茅、紫苜蓿、草木犀等。

② 下繁草　植株高度很难超过40 cm，生殖枝不多，而营养枝特别是短营养枝占优势，收割时留茬重量占地上部的20%以上，不宜刈除利用，适于放牧利用。如紫羊茅、白三叶、草地早熟禾等。

18.12.2.3　栽培技术要点

（1）种植方式　饲料作物既可单播也可与其他作物混播、间作、套作或轮作。各地可根据生产需要及农业生产结构，选择适宜的种植方式。

① 单作　单一的种植一种饲料作物，如甜高粱、青贮玉米、高丹草、皇竹草、紫苜蓿等高产饲料作物品种，适于机械化收割、加工，是集约化养殖场主要的饲草基地。

② 混播　两种或两种以上饲料作物同时播种，多由禾本科和豆科饲料作物组成，是多年生人工草地主要的种植方式，如白三叶与多年生黑麦草、苇状羊茅与紫苜蓿混播。

③ 粮饲间作　同一块土地上，成行或带状相间地种植饲料作物和粮食作物，如玉米（小麦）与紫苜蓿、草木犀、豌豆等间作。

④ 粮饲复种　同一块土地上，在一个年度或者一个周期内，先后种植一茬以上粮食作物和一茬以上饲料作物。如水稻收获前套种紫云英，小麦收割前套种箭筈豌豆、柽麻等夏季饲料作物。

⑤ 粮饲轮作　同一块土地上，种一年到几年饲料作物，再种一年到几年粮食作物。如夏初播种夏季饲料作物，如田菁、柽麻、竹豆、黑麦草等，冬前收割，第二年种粮食作物；紫苜

蓿、沙打旺、草木犀等多年生饲料作物生长 3～5 年后割草翻耕，再轮种 3～5 年粮食作物。

（2）饲料作物的利用　合理利用饲料作物是保证畜牧业健康发展的物质基础。饲料作物可直接放牧利用、刈除青饲或刈除后贮存利用。

适宜的刈除时期是决定饲料品质的关键。一般来说禾本科饲料作物适宜的刈除时期是抽穗期，而豆科饲料作物为现蕾期至初花期。有些饲料作物只刈除一次，如青贮玉米，而多数饲料作物可多次刈除，具体次数根据作物生物学特性、气候条件、栽培管理技术水平而定，一般每年可刈除 2～6 次。

高产饲料作物可通过加工成干草或青贮饲料，作为冬春饲草不足时的饲草来源，也可运输至周边畜牧场或出口到国外。干草（hay）是指植株地上部分在未结子实前刈除下来，经一定干燥方法制成的粗饲料。干草是草食动物最基本、最主要的饲料。青贮（silage）是指在密闭厌氧条件下，将含水率为 65%～75% 的青绿饲料经切碎后，通过乳酸菌的发酵作用使饲料变酸，而得到的一种粗饲料。青贮饲料气味酸香、柔软多汁、适口性好、营养丰富、利于长期保存，是家畜优良的饲料来源。

名词解释

皮大麦（有稃大麦）　裸大麦（青稞）　甜高粱　甜荞　苦荞　木薯种茎　油用亚麻与胡麻　工业大麻　红麻沤洗（沤麻）　油葵　向日葵打杈　四棱芝麻　多棱芝麻　混生型芝麻　甜菜母根　绿肥作物　饲料作物　干草　青贮

问答题

1. 不同类型大麦收获时期的差异及其原因是什么？
2. 高粱的哪些形态特征表明它是一种既耐旱又耐涝的作物？
3. 为何荞麦需要辅助授粉？如何进行操作？
4. 木薯不同生育期具有怎样的生长发育特性？
5. 亚麻有哪些类型？收获上有哪些异同点？
6. 红麻的产量构成因素有哪些？
7. 向日葵生长发育与光照之间的关系如何？

分析思考与讨论

1. 韧皮纤维作物一般需要进行初加工，这些初加工对也这些作物产业的发展存在哪些影响？
2. 粟、高粱、荞麦等杂粮作物一般抗性较强，如何利用这些特性，发挥它们在乡村振兴战略中的作用？

中英文对照索引

读者意见反馈

为收集对教材的意见建议，进一步完善教材编写并做好服务工作，读者可将对本教材的意见建议通过如下渠道反馈至我社。

咨询电话　400-810-0598

反馈邮箱　gjdzfwb@pub.hep.cn

通信地址　北京市朝阳区惠新东街4号富盛大厦1座
　　　　　高等教育出版社总编辑办公室

邮政编码　100029

防伪查询说明

用户购书后刮开封底防伪涂层，使用手机微信等软件扫描二维码，会跳转至防伪查询网页，获得所购图书详细信息。

防伪客服电话　　（010）58582300